위험물기능사 논스탑 패스

필기 실기

필기

실기

머리말

"위험물기능사는 자격증이 아니라 면허다."

오늘날 산업 현장이 복잡·고도화되어 가는 것에 발맞추어 한층 민감한 수준의 안전관리 체계가 요구되고 있습니다. 특히 위험물에 의한 사고는 참사 수준의 대형사고로 이어질 가능성이 매우 큰 것으로서 위험물을 저장, 취급하고 운반하는 경우에 있어서 이를 체계적으로 관리하는 것은 매우 중요한 요소가 되었으므로 위험물기능사 자격증은 단순히 자격증의 수준을 넘어서는 위험물을 다루는 산업 현장에서 반드시 필요한 면허라고 말하고 싶습니다.

2012년부터 2022년까지 11개년간의 위험물기능사 시험 통계자료를 보면 15만 여명이 응시하고 5만 여명이 합격하였으며 매년 2만 여명이 넘는 수험생이 위험물기능사 자격증을 취득하기 위해 접수하고 1만 7, 8천 여명이 응시하는 분야로 관심도가 높은 자격증임을 보여줍니다(23년도 통계자료는 집계 안됨).

이미 시중에는 위험물기능사 시험에 관련된 개념서나 기출문제 해설집들이 다수 선을 보이고 있습니다. 그러하기에 후발 주자에 해당하는 본 해설서가 기존의 책들에 비해서 차별화 되어 있지 못하거나 한층 자세하고 논리적인 해설이 뒷받침 되어 주지 못한다면 경쟁력이 없다는 것은 본 저자뿐 아니라 출판사의 모든 임직원들이 공감하는 부분이었습니다. 따라서 1년하고도 반 년이라는 긴 시간동안 때로는 밤을 새우다시피 작업하고 탈고에 탈고를 거듭함으로써 **다른 책들과 비교해서도 전혀 손색이 없는, 아니 제일 좋은 책**을 만들기 위해 심혈을 기울였습니다.

이 책의 필기 파트의 특징은 다음과 같습니다.

❶ 빈출문제에 관한 주제를 출제기준의 목차에 따라 **"출제테마 대표 85유형"으로 구성**하여 집중과 선택으로 학습하기 용이하도록 하고 보다 효율적인 공부를 할 수 있도록 하였습니다.

❷ **15회의 기출문제를 수록**하여 풍부한 해설과 함께 풀어볼 수 있도록 하였습니다. 그리고 **반복해서 출제된 문제는 "기출표시"**를 통해서 어느 문제가 자주 출제되는 지를 파악할 수 있도록 하였습니다.

❸ 앞으로 출제될만한 문제를 엄선하여 **"최종모의고사 4회분"으로 구성**함으로서 집중적인 학습을 통해 부족한 점과 마지막 정리는 무엇을 할 것인가를 파악할 수 있도록 하였으며, 자

머리말

주출제되는 꼭 알아야 하는 지문 200개를 엄선하여 추출한 **"기출핵심지문 200제"를 부록으로 수록**하였습니다.

이 책의 실기 파트의 특징은 다음과 같습니다.

❶ **2016년부터 2022년까지 출제된 기출문제로 내용을 구성**하였습니다. 문제의 핵심을 해설하여 수험생들이 집중과 선택이 가능하도록 해설을 하려고 노력하였습니다.

❷ **2014년부터 2019년까지 출제된 작업형 문제 중에서 출제가능성이 높은 문제를** 필답형 문제로 변형·수록하여 앞으로 출제될 예상문제를 수록하였습니다. 기출문제로 부족한 부분을 보완하는 기회로 삼으면 좋을 것 같습니다.

다른 자격증과 마찬가지로 위험물기능사도 60점 이상만 획득하면 합격하는 시험이며 문제은행식으로 출제되기 때문에 매년 동일하거나 유사한 문제들이 반복해서 출제되고 있습니다. 2016년까지만 기출문제가 공개되어 그 이후에는 정확한 통계를 제시하기 어려운 점도 있으나 시험 본 직후의 문제 복원 등을 통해 확인해 본 결과 최근까지도 문제은행식으로 반복 출제되는 경향성은 유지되는 것으로 사료됩니다. 본 교재는 이러한 경향에 맞추어 동일한 문제일지라도 해설을 생략한 것이 아니라 반복 제시해 줌으로써 충분히 정리되고 자연스럽게 암기되도록 하였으며 이 한 권의 책만 공부하더라도 충분히 합격할 수 있도록 하였습니다.

부디 이 책으로 공부하시는 수험생들이 "좋은 책을 이제서야 만났구나"라고 느끼시기를 희망하며 모두 합격의 영광을 누리시기 바랍니다.

그리고 이 책을 출간한 후 적당한 시기(하반기)에 내용 중 수정이 되는 사항이나 변화된 출제경향 등을 유튜브 "위험물사격채널"을 통해서 소개할 예정이니 참고하시길 바랍니다.

2024년 3월

필기 공부방법론

필기 공부방법론

❶ 60점 이상이면 합격하는 절대평가

위험물기능사 시험은 실업계고 관련학과 졸업생이 지니고 있는 지식 수준이라면 합격 가능한 비교적 쉬운 자격증 시험이다. 화재예방과 소화방법, 위험물의 화학적 성질 및 취급과 같이 크게 두 가지 영역으로 구분하여 출제된다.

상대평가가 아닌 60점 이상만 획득하면 합격하는 절대평가로서 총 60문항 중 36문항만 맞추면 되는 시험이다. 그러니 드물게 출제되는 문제를 신경 쓸 필요는 없으며 100점을 맞는다고 금테를 두른 자격증을 주는 것도 아니다. 자주 출제되는 문제 중심으로 철저한 개념 정리만 되어 있다면 누구나 합격의 영광을 누릴 수 있을 것이다.

❷ 법령은 출제 비중의 절반, 선택과 집중으로 해결

출제 문제의 절반 정도는 법령에 관한 사항이다. 보통 법령이라함은 법과 시행령을 말하나 위험물기능사 시험은 위험물안전관리법, 위험물안전관리법 시행령은 물론 위험물안전관리법 시행규칙, 위험물안전관리에 관한 세부기준에서도 문제가 출제된다. 심지어는 소방법에 관련된 법률을 찾아 보아야 문제에 대한 근거자료를 찾게 되는 경우도 있다. 그러나 걱정하실 필요는 없다. 매년 단골로 출제되는 내용은 정해져 있어 그 부분만 확실하게 정리하면 합격하는 데에는 어려움이 없을 것이다. 위험물안전관리에 관한 세부기준이나 소방법에 관련된 법률 부분은 과감하게 버려도 합격하는데는 아무런 지장이 없다. 법령 부분을 공부하는 수험생 중에 제1조부터 모조리 읽어보는 수험생이 있던데 참으로 어처구니 없는 공부 방법이다. 나오는 부분만 집중적으로 파헤치면 된다. 대부분 수험생들, 특히 이공계를 전공한 수험생들에게 법이란 난공불락의 요소처럼 느껴지는게 사실이지만 절대 그럴 필요가 없다.

❸ 기출문제가 가장 중요

기출문제를 풀어보며 출제유형을 파악하는 것이 중요하다. 다시 말하지만 모든 내용을 다 알

필기 공부방법론

아야할 필요도 없으며 그것은 현업에 종사할 때 책이나 문서 자료를 찾아가며 실무 경험을 익히면 되는 것이다. 화학적 기초지식이 어느 정도 형성된 수험생이라면 개념서를 보기 보다는 기출문제집으로 반복해서 문제 유형과 내용을 파악·정리하는 것이 훨씬 효과적이라는 말씀을 드린다.

❹ 무작정 암기보다는 이해와 원리 중심의 공부가 중요

자주 출제되는 위험물 분류나 위험물의 종류, 지정수량, 위험등급 등을 대부분 인터넷이나 유튜브 강의에서는 첫글자를 따서 외우거나 하던데 그럴 필요가 있나 싶다. 체계적으로 몇 번만 반복하면 자연스럽게 정리가 되도록 학습해야 하고 또 그렇게 된다. 마찬가지로 화학 반응식도 무작정 암기하는 것이 아니다. 원리를 알면 반응식을 충분히 추정할 수 있고 생성물도 충분히 예측 가능하게 문제가 출제된다. 원리 중심으로 공부하길 권한다. 왜냐하면 원리를 알면 암기는 자동으로 따라 오기 때문이다.

❺ 한권으로 충분한 기출문제 풀이집을 선택

이 책 저 책 여러권을 사서 보기보다는 제대로 된 책 한 권을 여러 번 반복해서 공부하고, 나머지 학습에 필요한 세부 정보는 인터넷 검색으로 해결하면 충분하다. 위편삼절(韋編三絕)이란 말이 꼭 들어 맞는 말이다.

❻ 기출 분석 총평

2016년 제5회 이후부터는 기출문제가 공개되지 않아 정확한 분석이 어려웠다. 아래의 2016년부터 2013년까지의 15회차 기출문제를 분석한 총정리자료를 보면 위험물의 종류 및 성질 부분이 40% 이상 50%까지도 출제되고, 나머지 부분이 5%에서 10% 내외 수준으로 엇비슷하게 출제됨을 알 수 있다. 본 자료에는 제시되어 있지 않지만 각 회차 기출문제를 분석해보면 분야별 출제비율이 비슷한 정도로 이루어졌다는 것을 알 수 있다. 기출문제가 미공개된 2016년 5회차부터 최근까지의 시험을 보고 난 후 최대한 기억을 되살려 문제를 복원하고 판단해볼 때, 출제경향은 이전의 공개된 문제의 출제경향과 별반 다르지 않다는 것을 알 수

실기 공부방법론

있었다. 즉 문제은행식으로 출제됨으로 중요한 문제는 반복 출제되는 경향을 보였다. 본 기출문제집은 이러한 경향을 철저하게 분석하여 이론을 요약하고 대표빈출 85제로 상세하게 다뤘다는 점을 다시 한 번 밝힌다.

❼ 4년간 출제분석 총정리

	2013-2016 (15회분)	
	문항 수	출제비율
기초화학	30	3.3
일반이론(연소, 화재, 소화, 화재예방 및 소화방법)	83	9.3
소화약제 및 소화기	52	5.9
위험물의 종류 및 성질	404	44.5
소방시설(소화, 피난, 경보설비)의 종류 및 설치기준	106	11.6
위험물의 안전기준(저장, 취급, 운송 및 운반)	75	8.4
제조소등의 위치, 구조 및 설비기준	102	11.6
행정 및 법규 일반(예방규정, 정기점검, 자체소방대 등), 정의	48	5.4
총 문항 수 / 비율	900	100.00%

실기 공부방법론

❶ 기출 분석 및 전체 학습 방향

위험물기능사 실기시험은 위험물의 특징을 주로 물어보는 필기시험과는 다르게 화학적 지식을 확인하는 문제들이 절반에 이를 정도로 출제되고 있다. 더불어 25% 정도가 법령에 관련된 문제이다.

실기시험은 필기시험에 합격한 수험생들이 치루는 2차 시험이다. 따라서 기본 이론과 개념이 정립되어 있다고 본다면 실기시험에 합격하는 것은 그리 어려운 일이 아니다. 기출문제만 제대로 풀어보고 경향을 파악한 후 반복 정리한다면 모두 합격의 영광을 누릴 수 있을 것이다.

실기 공부방법론

특정 영역을 전부 포기하는 전략보다는 모든 영역에 대해 공부하면서 정리하기 어렵거나 자신에게 힘들게 다가오는 부분들만 선택적으로 버리는 전략을 쓴다면 쉽게 60점 이상은 득점하지 않을까 사료된다.

취사선택, 선택과 집중이 필요하다.

❷ 출제분석에 들어가면서

- 위험물기능사 실기시험은 2020년도부터 작업형은 실시되지 않으며 필답형으로만 20문항이 출제되고 각 문항 당 배점은 5점으로 동일하다. 따라서 기출분석 및 교재구성도 필답형 위주로 되어 있음을 밝힌다. 본교재는 2022년 기출문제까지 수록하였다.

- 위험물기능사 실기시험은 2019년까지는 필답형의 경우 13~14 문항 정도 출제되었고 문항 당 배점도 4~6점으로 편차를 두었다. 분석표를 보면 실제 출제된 문항 수보다 많게 표시되어 있으며 출제년도와 회차별로 문항 수가 상이하게 되어 있는 바 이는 한 문제 당 소문항이 여러 개 있는 경우, 동일한 개념을 물어본 경우에는 1문항으로 표기하였으나 소문항이 각각 다른 개념을 물어보는 독립적인 문제로 판단되는 경우에는 각각의 소문항을 별도의 문항으로 표기하였기 때문이다.

❸ 각 항목별 출제경향과 공부방법

- 소화약제에 대한 문제가 자주 출제되고 있으며 내용을 살펴보면 유형이 정해져 있다. 제1종부터 제4종까지의 분말소화약제에 대한 문제(연소반응식, 각 종별 특징 등), 할론 번호와 그에 따른 화학식의 표현 방법이 주로 출제되고 있다.

- 계산문제에 있어서 몰 개념을 이해하고 있어야 해결할 수 있는 문제가 매년·매회 출제되고 있다. 아울러 이상기체상태방정식을 이용한 계산문제도 몰 개념을 알아야 적용할 수 있으며 궁극적으로는 화학반응식을 꾸밀 수 있어야 몰 개념을 적용할 수 있으니 화학반응식과 몰 개념은 반드시 숙지하여야 한다.

- 법령 관련 문제는 분석표에 보면 거의 전반에 걸쳐 모두 알아야하는 것처럼 보일 수 있으나 각 항목별 출제되는 문제 내용 및 유형은 정해져 있다. '지정수량', '위험물 혼재기

실기 공부방법론

준', '운반용기 외부 표시 (주의)사항'은 특정 법령에 해당하지만 빈도수가 높게 출제되는 내용으로서 별도로 추출하여 분석표에 제시하였으니 이 부분에 관련된 내용은 반드시 알아두어야 한다.

- 화학식 중 구조식, 시성식에 대해서 매년·매회 마다 출제되고 있으며 주로 제4류와 제5류 위험물에 대한 문제가 출제되고 있다.

- 위험물의 품명, 지정수량, 위험등급은 제1류부터 제6류에 이르기까지 모든 위험물에 대해 문제가 출제되므로 정리해 두어야 한다. 필기를 준비하면서 이 부분은 어느 정도 되어 있을테니 잊지 않을 정도로 반복해서 주기적으로 되뇌면 될 것이다.

❹ 학습방향

- 앞에서도 언급했듯이 실기시험을 준비하는 수험생은 이미 필기시험 준비 과정에서 위험물에 대한 전반적 지식을 쌓고 합격한 사람들이므로 공부하는데 있어 그렇게 어렵지는 않을 것이라 사료된다. 따라서 개념서를 탐독하기 보다는 기출문제 해설서를 선정하여 기출 유형을 파악하고 대비하는 것이 올바른 학습방향이라 말하고 싶다.

- 실기시험은 필기와는 조금 다른 각도로 출제되며 단답형이지만 주관식으로 출제되므로 어설프게 알아서는 아니 되며 확실한 정리가 요구된다. 하지만, 60%만 득점하면 합격하는 시험이므로 모든 것을 완벽하게 알 필요는 없다. 강점과 약점을 파악하여 자기에 맞는 부분을 선택하고 집중하는 것도 하나의 합격전략이 될 수 있다.

- 보통 계산문제를 포기하는 경우가 많은데 그렇게 하지 말라고 조언하고 싶다. 그리 어려운 계산문제는 출제되지 않으며 기본 개념을 숙지한 연후에 최근 5~6년 동안의 기출 문제만 풀어보아도 대부분의 계산문제는 해결할 수 있다는 자신감이 붙을 것이다. 특히 '증기비중', '지정수량의 배수 총합'과 같은 것은 초등 수준의 단순 계산이기에 개념만 숙지하고 기출문제 중심으로 익혀만 둔다면 쉽게 득점할 수 있는 문제들이다.

- 화학반응식에 관련된 문제는 실기시험의 핵심이라고 할 수 있다. 따라서 반응식을 쓸 줄 알아야 하고 암기해야 하는 것은 맞다. 그러나 무턱대고 암기부터 하려고 하면 모든 공부가 어려워지고 스트레스로 이어질 것이다. 왜 반응이 그렇게 일어날 수밖에 없는지를 고

실기 공부방법론

민해보고 이해하려고 노력하면 나중에는 외우지 않더라도 반응식을 쓸 수 있는 자신을 발견하게 될 것이다. 본 기출문제 해설서에는 이러한 점을 고려하여 반응식에 대한 적절한 comment도 제시하였으며 반응식을 모두 표기하도록 노력하였다.

- 출제된 문제 중심으로 제4류와 제5류 위험물의 구조식 및 시성식을 알아두어야 한다.
- 주로 제4류 위험물과 제5류 위험물에 대한 문제들이 많이 출제되고 있으니 잘 대비해 두어야 한다. 제4류 위험물은 각 위험물의 수용성 여부, 지정수량, 비중, 연소반응식, 인화점의 대소 관계, 특정 온도와 압력조건에서 증기로 변했을 때의 부피 계산문제 등 다양한 문제들이 출제되고 있다. 제5류 위험물은 주로 시성식과 구조식에 대해 물어보며 니트로화반응 시 사용하는 물질에 대해 출제된다.

❺ 출제 빈도수가 높은 꼭 알아두어야 할 위험물 및 출제 키워드

- 과산화나트륨(무기과산화물) – 물과의 반응식
- 질산칼륨 – 흑색화약
- 과망간산칼륨 – 열분해반응식
- 무수크롬산(삼산화크롬) – 열분해반응식
- 황화인 – 연소반응식, 물과의 반응식
- 알루미늄분 – 물과의 반응식
- 황린과 적린 – 동소체, 연소반응식 & 연소생성물
- 칼륨, 나트륨 – 물, 알코올, 이산화탄소와의 반응식
- 트리에틸알루미늄 – 물과 반응하여 발생되는 가연성 가스
- 탄화칼슘 – 질소와의 반응
- 탄화알루미늄 – 물과의 반응식 & 생성되는 가연성 기체(메탄)
- 이황화탄소 – 연소반응식 & 연소반응 시 생성되는 기체 부피 구하기
- 벤젠 – 증기비중, 연소반응식

실기 공부방법론

- 아닐린 - 화학식(시성식, 구조식), 지정수량, 품명
- 트리니트로톨루엔 - 제조방법, 구조식
- 트리니트로페놀 - 제조방법, 구조식
- 니트로글리세린 - 화학식, 제조방법, 다이너마이트
- 제4류 위험물 - 화학식(시성식), 인화점, 품명구분, 지정수량
- 제5류 위험물 - 화학식(시성식, 구조식), 품명구분, 지정수량
- 과염소산
- 질산 - 크산토프로테인 반응, 빛에 의한 분해반응식

❻ 2016년 ~ 2022년 실기 필답형 기출 빈도수 분석

구분	회차	2016	2017	2018	2019	2020	2021	2022	소계	합계
기초 이론	연소·소화이론 & 연소형태	3	1	1	1	2	1	0	9	48 (7.9%)
	화재 종류	1	0	0	0	0	0	0	1	
	소화약제	3	6	5	4	3	3	6	30	
	요오드값	0	1	1	3	1	2	0	8	
위험물 관련	명칭, 특징, 정의, 분류*	10	12	18	10	20	30	24	124	124 (20.0%)
반응식 관련	연소반응식	2	4	2	1	8	9	11	37	122 (20.0%)
	물과의 반응식	4	7	1	2	9	3	7	33	
	햇빛 또는 열분해반응식	4	2	5	3	3	3	4	24	
	이산화탄소와의 반응식	0	1	0	2	1	0	1	5	
	기타 반응식	1	2	2	4	7	3	4	23	
화학식	분자식, 시성식, 구조식	8	4	9	7	9	17	11	65	65 (10.7%)
계산 문제	몰 개념 관련	5	4	2	2	8	7	4	32	90 (14.8%)
	이상기체상태방정식 이용	0	1	2	2	3	1	5	14	
	탱크 내용적, 공간용적	1	0	1	0	2	3	3	10	
	분자량, 물질함량	1	0	1	0	4	1	2	9	
	지정수량 배수 총합	1	2	1	1	1	2	4	12	
	증기비중	0	1	0	1	2	3	4	11	
	단위환산	0	0	1	0	1	0	0	2	

실기 공부방법론

법령 관련	소요단위	1	1	1	1	2	2	1	9	146 (23.9%)
	지정수량	3	4	4	3	8	9	4	35	
	자체소방대	1	0	1	0	0	0	0	2	
	게시판, 표지판	1	2	1	0	0	1	2	7	
	안전거리	1	0	0	0	1	1	0	3	
	위험물 혼재기준	1	2	1	2	2	2	1	11	
	운반용기 외부 표시사항	2	2	2	3	2	2	3	16	
	소화설비 관련(적응성 포함)	1	2	1	0	2	1	2	9	
	정전기 제거설비	0	0	1	1	0	0	0	2	
	위험물의 저장·취급·운반	0	1	2	1	1	2	0	7	
	탱크용적 산정기준	1	0	0	0	0	0	1	2	
	제조소 관련	0	1	2	1	1	2	1	8	
	주유취급소 관련	1	0	1	1	0	1	1	5	
	판매취급소 관련	1	0	0	0	1	0	0	2	
	옥내저장소 관련	0	0	1	0	0	1	1	3	
	옥외저장소 관련	1	0	0	0	0	0	0	1	
	이동탱크저장소 관련	2	2	1	1	1	0	3	10	
	옥내탱크저장소 관련	0	1	0	2	1	1	1	6	
	옥외탱크저장소 관련	0	0	0	1	1	1	0	3	
	간이탱크저장소 관련	1	0	0	1	0	1	0	3	
	지하탱크저장소 관련	0	1	0	0	1	0	0	2	
기타**		0	1	2	3	1	3	5	15	15 (2.4%)

* 위험물의 분류(품명 및 위험등급)는 위험물안전관리법 시행령 별표1과 위험물안전관리법 시행규칙 별표19에서 규정하는 법령 사항이지만 편의상 위험물 관련 부분으로 산정하였다.
** 출제 빈도가 높지 않은 유형의 문제(한 번 정도 출제된 문제)는 기타 항목에 산정하였다.

시험 소개

시험 소개

❶ 시험일정과 원서접수

1. **시험일정** : 2024년 시험일정은 산업인력공단의 큐넷(http://www.q-net.or.kr)에서 반드시 확인하시기 바랍니다(2023년 11월경 공고될 예정).

2. **원서접수** : 원서접수시간은 원서접수 첫날 10:00부터 마지막 날 18:00까지 이고, 주일 및 공휴일, 공단창립기념일(3.18)에는 원서 접수가 불가합니다.

❷ 시험일정과 원서접수

1. **응시자격** : 연령, 학력, 경력, 성별, 지역 등에 제한없음
2. **수수료** : (1) 필기 : 14,500원   (2) 실기 : 17,200원
3. **시험과목 및 검정방법**

구분	시험과목	검정방법
필기시험	1. 화재예방과 소화방법 2. 위험물의 화학적 성질 및 취급	객관식 4지 택일형, 60문항(60분)
실기시험	위험물취급 실무	필답형(1시간 30분)

4. **합격기준**

(1) 필기 : 100점을 만점으로 하여 60점 이상

(2) 실기 : 100점을 만점으로 하여 60점 이상

❸ 과정평가형 자격 취득정보

※ 위 자격은 과정평가형으로도 취득할 수 있습니다. - 단, 해당종목을 운영하는 교육훈련기관이 있어야 가능

시험 소개

과정평가형 자격은 국가직무능력표준(NCS)을 기반으로 설계되어 지정된 교육·훈련과정을 충실히 이수한 후, 내·외부평가를 거쳐 일정 합격기준을 충족하는 교육훈련생에게 국가기술자격을 부여하는 제도로서 자세한 사항은 큐넷의 위험물기능사 시험 소개를 통하여 확인할 수 있습니다.

❹ 위험물기능사의 진로와 전망

1. 위험물 제조, 저장, 취급 전문 업체, 도료제조, 고무제조, 금속제련, 유기합성물제조, 염료제조, 화장품제조, 인쇄잉크제조 등 지정 수량 이상의 위험물 취급 업체 및 위험물안전관리 대행기관에 종사할수 있습니다
2. 상위직으로 승진하기 위해서는 관련 분야의 상위자격을 취득하거나 기능을 인정받을 수 있는 경험이 있어야 합니다.
3. 유사직종의 자격을 취득하여 독극물취급, 소방설비, 열관리, 보일러 환경분야로 전직할 수 있습니다.

❺ 종목별 검정현황(2012년 ~ 2022년)

종목명	연도	필기			실기		
		응시	합격	합격률(%)	응시	합격	합격률(%)
위험물기능사	2020	13,464	6,156	45.7%	9,140	3,482	38.1%
위험물기능사	2019	19,498	8,433	43.3%	12,342	4,656	37.7%
위험물기능사	2018	17,658	7,432	42.1%	11,065	4,226	38.2%
위험물기능사	2017	17,426	7,133	40.9%	9,266	3,723	40.2%
위험물기능사	2016	17,615	5,472	31.1%	7,380	3,109	42.1%
위험물기능사	2015	17,107	4,951	28.9%	7,380	3,578	48.5%
위험물기능사	2014	16,873	4,902	29.1%	6,801	2,907	42.7%
위험물기능사	2013	14,926	3,661	24.5%	5,753	2,018	35.1%
위험물기능사	2012	13,479	3,611	26.8%	4,345	1,424	32.8%
위험물기능사	2021	16,304	7,173	44.0%	9,185	4,069	44.3%
위험물기능사	2022	14,098	5,956	42.2%	7,762	3,181	41.0%
위험물기능사	소계	178,448	64,880	36.2%	90,419	36,373	40.1%

출제 기준

❺ 출제기준

필기 출제기준

- 적용기간　20.1.1~24.12.31
- 문제수　　60
- 시험시간　1시간

1. 화재 예방 및 소화 방법

(1) 화학의 이해
  ① 물질의 상태 및 성질
  ② 화학의 기초법칙
  ③ 유기, 무기화합물의 특성

(2) 화재 및 소화
  ① 연소이론　　② 소화이론
  ③ 폭발의 종류 및 특성　④ 화재의 분류 및 특성

(3) 화재 예방 및 소화 방법
  ① 위험물의 화재 예방
  ② 위험물의 화재 발생 시 조치 방법

2. 소화약제 및 소화기

(1) 소화약제
  ① 소화약제의 종류
  ② 소화약제별 소화원리 및 효과

(2) 소화기
  ① 소화기의 종류 및 특성
  ② 소화기별 원리 및 사용법

3. 소방시설의 설치 및 운영

(1) 소화설비의 설치 및 운영
  ① 소화설비의 종류 및 특성
  ② 소화설비 설치 기준
  ③ 위험물별 소화설비의 적응성
  ④ 소화설비 사용법

(2) 경보 및 피난설비의 설치기준
  ① 경보설비 종류 및 특징
  ② 경보설비 설치 기준
  ③ 피난설비의 설치기준

4. 위험물의 종류 및 성질

(1) 제1류 위험물 : 종류, 성질, 위험성, 화재예방 및 진압대책

(2) 제2류 위험 : 종류, 성질, 위험성, 화재예방 및 진압대책

(3) 제3류 위험물 : 종류, 성질, 위험성, 화재예방 및 진압대책

(4) 제4류 위험물 : 종류, 성질, 위험성, 화재예방 및 진압대책

(5) 제5류 위험물 : 종류, 성질, 위험성, 화재예방 및 진압대책

(6) 제6류 위험물 : 종류, 성질, 위험성, 화재예방 및 진압대책

5. 위험물안전관리 기준

(1) 위험물 저장 · 취급 · 운반 · 운송기준
  ① 위험물의 저장기준　② 위험물의 취급기준
  ③ 위험물의 운반기준　④ 위험물의 운송기준

6. 기술기준

(1) 제조소등의 위치구조설비기준
  ① 제조소의 위치구조설비 기준
  ② 옥내저장소의 위치구조 설비 기준
  ③ 옥외탱크저장소의 위치 구조설비 기준
  ④ 옥내탱크저장소의 위치 구조설비 기준

출제 기준

⑤ 지하탱크저장소의 위치 구조설비 기준
⑥ 간이탱크저장소의 위치 구조설비 기준
⑦ 이동탱크저장소의 위치 구조설비 기준
⑧ 옥외저장소의 위치 구조설비 기준
⑨ 암반탱크저장소의 위치 구조설비 기준
⑩ 주유취급소의 위치 구조설비 기준
⑪ 판매취급소의 위치 구조설비 기준
⑫ 이송취급소의 위치 구조설비 기준
⑬ 일반취급소의 위치 구조설비 기준

(2) 제조소등의 소화설비, 경보설비 및 피난설비기준
① 제조소등의 소화난이도등급 및 그에 따른 소화설비
② 위험물의 성질에 따른 소화설비의 적응성
③ 소요단위 및 능력단위 산정법
④ 옥내소화전의 설치기준
⑤ 옥외소화전의 설치기준
⑥ 스프링클러의 설치기준
⑦ 물분무소화설비의 설치기준
⑧ 포소화설비의 설치기준
⑨ 불활성가스 소화설비의 설치기준
⑩ 할로겐화물소화설비의 설치기준
⑪ 분말소화설비의 설치기준
⑫ 수동식소화기의 설치기준
⑬ 경보설비의 설치기준
⑭ 피난설비의 설치기준

7. 위험물안전관리법상 행정사항

(1) 제조소등 설치 및 후속절차
① 제조소등 허가
② 제조소등 완공검사
③ 탱크안전성능검사
④ 제조소등 지위승계
⑤ 제조소등 용도폐지

(2) 행정처분
① 제조소등 사용정지, 허가취소
② 과징금처분

(3) 안전관리 사항
① 유지·관리
② 예방규정
③ 정기점검
④ 정기검사
⑤ 자체소방대

(4) 행정감독
① 출입 검사
② 각종 행정명령
③ 벌금 및 과태료

실기 출제기준

● 적용기간   20.1.1~24.12.31
● 실기검정방법   필답형
● 시험시간   1시간 30분

1. 위험물 성상

(1) 각 류별 위험물의 특성을 파악하고 취급하기
① 제1류 위험물 특성을 파악하고 취급할 수 있다.
② 제2류 위험물 특성을 파악하고 취급할 수 있다.
③ 제3류 위험물 특성을 파악하고 취급할 수 있다.
④ 제4류 위험물 특성을 파악하고 취급할 수 있다.
⑤ 제5류 위험물 특성을 파악하고 취급할 수 있다.
⑥ 제6류 위험물 특성을 파악하고 취급할 수 있다.

(2) 위험물의 소화 및 화재 예방하기
① 일반화학의 기초를 파악할 수 있다.
② 화재의 종류와 소화이론을 파악할 수 있다.

출제 기준

③ 위험물간의 반응으로 인한 폭발, 화재 위험성을 파악할 수 있다.

2. 주요 항목 : 위험물시설, 저장 · 취급 기준

(1) 위험물 시설 파악하기

① 위험물제조소등의 위치, 구조 및 설비에 대한 기준을 파악할 수 있다.

② 위험물제조소등의 소화설비, 경보설비 및 피난설비에 대한 기준을 파악할 수 있다.

(2) 위험물의 저장 · 취급에 관한 사항 파악하기

① 위험물의 저장 및 취급 기준을 파악할 수 있다.

3. 관련 법규의 적용

(1) 위험물 안전관리 법규 적용하기

① 위험물제조소등과 관련된 안전관리 법규를 검토하여 허가, 완공절차 및 안전 기준을 파악할 수 있다.

② 위험물 안전관리 법규의 벌칙규정을 파악하고 준수할 수 있다.

4. 운송 · 운반 기준 파악

(1) 운송 · 운반 기준 파악

① 운송 기준을 검토하여 운송 시 준수 사항을 확인할 수 있다.

② 운반 기준을 검토하여 적합한 운반용기를 선정할 수 있다.

③ 운반 기준을 확인하여 적합한 적재방법을 선정할 수 있다.

④ 운반 기준을 조사하여 적합한 운반방법을 선정할 수 있다.

(2) 운송시설의 위치 · 구조 · 설비 기준 파악하기

① 이동탱크저장소의 위치 기준을 검토하여 위험물을 안전하게 관리할 수 있다.

② 이동탱크저장소의 구조 기준을 검토하여 위험물을 안전하게 운송할 수 있다.

③ 이동탱크저장소의 설비 기준을 검토하여 위험물을 안전하게 운송할 수 있다.

④ 이동탱크저장소의 특례 기준을 검토하여 위험물을 안전하게 운송할 수 있다.

(3) 운반시설 파악하기

① 위험물 운반시설(차량 등)의 종류를 분류하여 안전하게 운반을 할 수 있다.

② 위험물 운반시설(차량 등)의 구조를 검토하여 안전하게 운반할 수 있다.

5. 위험물 운송 · 운반 관리

(1) 운송 · 운반 안전 조치하기

① 입 · 출하 차량 동선, 주정차, 통제 관련 규정을 파악하고 적용하여 운송 · 운반 안전조치를 취할 수 있다.

② 입 · 출하 작업 사전에 수행해야 할 안전조치 사항을 파악하고 적용하여 운송 · 운반 안전조치를 취할 수 있다.

③ 입 · 출하 작업 중 수행해야 할 안전조치 사항을 파악하고 적용하여 운송 · 운반 안전조치를 취할 수 있다.

④ 사전 비상대응 매뉴얼을 파악하여 운송 · 운반 안전조치를 취할 수 있다.

필기 차례

PART 1 출제테마정리 및 출제대표 85유형

CHAPTER 1 위험물 2

SECTION 1 출제테마정리 2

01 제1류 위험물 2

02 제2류 위험물 5

03 제3류 위험물 8

04 제4류 위험물 11

05 제5류 위험물 15

06 제6류 위험물 17

SECTION 2 출제테마 대표 85유형 20

01 위험물 총론 20

대표빈출 1 각 유별 일반적 성질 20

대표빈출 2 화학반응 생성물 21

02 위험물 각론 22

대표빈출 3 염소산나트륨 22

대표빈출 4 과염소산칼륨 23

대표빈출 5 과염소산나트륨 23

대표빈출 6 과산화바륨 24

대표빈출 7 과산화나트륨 25

대표빈출 8 황화린 26

대표빈출 9 적린과 황린의 비교 27

대표빈출 10 적린 28

대표빈출 11 유황 29

대표빈출 12 금속분 30

대표빈출 13 알루미늄분 30

대표빈출 14 금속칼륨, 금속나트륨 31

대표빈출 15 황린 33

대표빈출 16 탄화칼슘 34

대표빈출 17 인화칼슘 35

대표빈출 18 이황화탄소 36

대표빈출 19 디에틸에테르 36

필기 차례

대표빈출 20 벤젠 … 38
대표빈출 21 휘발유(가솔린) … 39
대표빈출 22 메탄올과 에탄올 … 40
대표빈출 23 과산화벤조일 … 41
대표빈출 24 니트로셀룰로오스 … 41
대표빈출 25 니트로글리세린 … 42
대표빈출 26 트리니트로페놀(피크린산) … 44
대표빈출 27 트리니트로톨루엔 … 44
대표빈출 28 과염소산 … 45
대표빈출 29 과산화수소 … 46
대표빈출 30 질산 … 47

CHAPTER 2 화재예방 및 소화방법 … 49

SECTION 1 출제테마정리 … 49

01 자연발화 … 49
02 분진폭발 … 50
03 발화점이 낮아지는 조건 … 50
04 연소의 조건 및 가연성 가스·고체의 연소 … 51
05 화재의 유형 및 소화방법 … 53
06 정전기 제거설비 … 54
07 소화약제 … 54

SECTION 2 출제테마 대표 85유형 … 61

01 기초화학 … 61
대표빈출 31 미정계수법에 의한 화학식결정 … 61
대표빈출 32 증기비중과 증기밀도 … 61
02 화재 예방 및 소화 방법, 연소이론 … 62
대표빈출 33 할론 번호와 화학식 … 62
대표빈출 34 할론 소화약제 … 62
대표빈출 35 분말 소화약제 … 63
대표빈출 36 강화액 소화약제(소화기) … 64
대표빈출 37 기타 소화약제(소화기) … 65
대표빈출 38 소화방법 및 효과 … 66
대표빈출 39 분진폭발 … 68
대표빈출 40 연소의 형태 … 68
대표빈출 41 화재의 유형 … 70

필기 차례

대표빈출 42 정전기 방지대책 … 72
대표빈출 43 발화점, 인화점 … 72
대표빈출 44 제4류 위험물의 인화점 … 73
대표빈출 45 자연발화 … 74
대표빈출 46 연소가 잘 일어나기 위한 조건 … 75
대표빈출 47 발화점이 낮아지는 조건 … 76
대표빈출 48 금수성물질 적응성 소화설비 … 77
대표빈출 49 동식물유류와 요오드값 … 77

CHAPTER 3 위험물안전관리법령

SECTION 1 출제테마정리 … 79
01 위험물안전관리법 … 79
02 위험물안전관리법 시행령 … 82
03 위험물안전관리법 시행규칙 … 83
04 위험물안전관리에 관한 세부기준 … 96

SECTION 2 출제테마 대표 85유형 … 98
01 위험물안전관리법령 관련 … 98

대표빈출 50 법령상 제반 신고사항 … 98
대표빈출 68 옥외 저장탱크의 통기관 … 114
대표빈출 69 소화설비의 적응성 … 114
대표빈출 70 소요단위 … 116
대표빈출 71 소화설비의 능력단위 … 117
대표빈출 72 자동화재탐지설비 설치기준(1) … 117
대표빈출 73 자동화재탐지설비 설치기준(2) … 118
대표빈출 74 피난설비(유도등) … 119
대표빈출 75 유별이 다른 위험물의 저장 … 120
대표빈출 76 위험물운반 용기의 수납 기준 … 121
대표빈출 77 운반 위험물 적재 후 조치 … 122
대표빈출 78 운반용기 외부 표시사항 … 123
대표빈출 79 유별이 다른 운반위험물의 혼재 … 124
대표빈출 80 위험물의 위험등급 … 125
대표빈출 81 위험물 운송 … 126
대표빈출 82 내용적, 공간용적, 탱크용적 등 … 127
대표빈출 83 탱크용량 - 계산문제 … 129

필기 차례

대표빈출 84 연소의 우려가 있는 외벽   129

대표빈출 85 분말소화약제의 가압용 가스   130

PART 2 기출문제 및 최종모의고사

CHAPTER 1 기출문제   132

01 2016년 제4회 기출문제 및 해설   132
02 2016년 제2회 기출문제 및 해설   156
03 2016년 제1회 기출문제 및 해설   182
04 2015년 제5회 기출문제 및 해설   208
05 2015년 제4회 기출문제 및 해설   232
06 2015년 제2회 기출문제 및 해설   258
07 2015년 제1회 기출문제 및 해설   282
08 2014년 제5회 기출문제 및 해설   308
09 2014년 제4회 기출문제 및 해설   333
10 2014년 제2회 기출문제 및 해설   353
11 2014년 제1회 기출문제 및 해설   378
12 2013년 제5회 기출문제 및 해설   403
13 2013년 제4회 기출문제 및 해설   422
14 2013년 제2회 기출문제 및 해설   441
15 2013년 제1회 기출문제 및 해설   462

CHAPTER 2 최종모의고사   482

01 제1회 최종모의고사   482
02 제2회 최종모의고사   489
03 제3회 최종모의고사   496
04 제4회 최종모의고사   503

PART 3 최종모의고사해설 및 기출핵심지문 200제

CHAPTER 1 최종모의고사 해설   512

BONUS CHAPTER 기출핵심지문 200제   545

실기 차례

PART 1 실기기출문제와 해설

CHAPTER 1 2022년 기출문제   4

01 2022년 제4회 필답형 실기시험   4

02 2022년 제3회 필답형 실기시험   19

03 2022년 제2회 필답형 실기시험   30

04 2022년 제1회 필답형 실기시험   44

CHAPTER 2 2021년 기출문제   58

01 2021년 제4회 필답형 실기시험   58

02 2021년 제3회 필답형 실기시험   70

03 2021년 제2회 필답형 실기시험   83

04 2021년 제1회 필답형 실기시험   98

CHAPTER 3 2020년 기출문제   111

01 2020년 제4회 필답형 실기시험   111

02 2020년 제3회 필답형 실기시험   123

03 2020년 제2회 기출문제 및 해설   135

04 2020년 제1회 기출문제 및 해설   147

CHAPTER 4 2019년 기출문제   158

01 2019년 제4회 필답형 실기시험   158

02 2019년 제3회 필답형 실기시험   165

03 2019년 제2회 필답형 실기시험   173

04 2019년 제1회 필답형 실기시험   180

CHAPTER 5 2018년 기출문제   188

01 2018년 제4회 필답형 실기시험   188

02 2018년 제3회 필답형 실기시험   195

03 2018년 제2회 필답형 실기시험   203

04 2018년 제1회 필답형 실기시험   211

CHAPTER 6 2017년 기출문제   219

01 2017년 제4회 필답형 실기시험   219

02 2017년 제3회 필답형 실기시험   227

실기 차례

03 2017년 제2회 필답형 실기시험   234

04 2017년 제1회 필답형 실기시험   243

CHAPTER 7 2016년 기출문제   250

01 2016년 제5회 필답형 실기시험   250

02 2016년 제4회 필답형 실기시험   258

03 2016년 제2회 필답형 실기시험   266

04 2016년 제1회 필답형 실기시험   273

PART 2 작업형 적중예상문제와 해설

CHAPTER 1 출제가능 작업형기출문제   280

위험물기능사 필기

기출문제와 해설

기출문제의 핵심을 파악하여 단번에 합격하기

PART 1

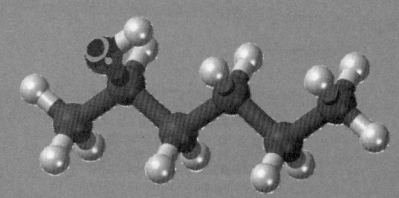

출제테마정리 및 출제대표85유형

CHAPTER 1 위험물

SECTION 1 출제테마정리

01 제1류 위험물

＊ 출제 빈도가 높은 품명과 위험물 종류는 별도의 색으로 구분하였다.

[위험물안전관리법 시행령 별표1] & [위험물안전관리법 시행규칙 별표19]

성 질	품 명	종 류	지정수량	위험등급
산화성 고체	1. 아염소산염류	아염소산나트륨, 아염소산칼륨	50kg	I
	2. 염소산염류	염소산나트륨, 염소산칼륨, 염소산암모늄		
	3. 과염소산염류	과염소산나트륨, 과염소산칼륨, 과염소산암모늄		
	4. 무기과산화물	과산화나트륨, 과산화칼륨, 과산화바륨, 과산화마그네슘, 과산화칼슘, 과산화리튬		
	5. 브롬산염류	브롬산나트륨, 브롬산칼륨	300kg	II
	6. 질산염류	질산나트륨, 질산칼륨, 질산암모늄, 질산은		
	7. 요오드산염류	요오드산칼륨, 요오드산칼슘, 요오드산나트륨		
	8. 과망간산염류	과망간산나트륨, 과망간산칼륨	1,000kg	III
	9. 중크롬산염류	중크롬산나트륨, 중크롬산칼륨, 중크롬산암모늄		
	10. 그 밖에 행정안전부령으로 정하는 것	- 차아염소산염류	50kg	I
		- 과요오드산염류 - 과요오드산 - 크롬, 납 또는 요오드의 산화물 - 아질산염류 - 염소화이소시아눌산 - 퍼옥소이황산염류 - 퍼옥소붕산염류	300kg	II
	11. 제1호 내지 제10호의 1에 해당하는 어느 하나 이상을 함유한 것		50kg, 300kg 또는 1,000kg	I, II 또는 III

1. 제1류 위험물의 일반적 성질 및 특성

(1) 산화성 고체로서 강산화제이다.

(2) 대부분 산소를 포함하는 무기화합물이다(염소화이소시아눌산 제외).

(3) 대부분 백색의 분말이거나 무색의 결정이다.

(4) 물보다 무겁다.

(5) 수용성인 것이 많으며 조해성의 특징을 보이는 것도 있다.

(6) 나트륨을 포함하고 있으면 대부분 조해성이 있다.

(7) 자신은 불연성이지만 조연성(지연성)의 성질을 지니고 있다.

(8) 가열, 충격, 마찰 등에 의해 분해되며 산소 기체를 발생한다.

(9) 가연물과 혼합된 경우에는 연소·폭발할 수 있다.

(10) 운반 및 적재 시 제6류 위험물 이외에 다른 류의 위험물과는 혼재할 수 없다.

(11) 무기과산화물은 물과 반응하여 산소를 발생하고 발열한다. → 금수성 물질인 이유

(12) 특히 알칼리금속의 과산화물은 물과 격렬하게 반응한다.

(13) 과산화칼륨, 과산화나트륨 등의 무기과산화물은 부식성이 있다.

(14) 질산염류, 염소산염류, 중크롬산염류 등은 독성을 나타낸다.

(15) 황린과 접촉하면 폭발할 수도 있으며 염산과의 혼합, 접촉에 의해 발열한다.

2. 저장·취급 및 소화 방법

(1) 운반 용기 외부에는 다음의 주의사항을 표기한다.

① 알칼리금속의 과산화물 : 화기·충격주의, 물기엄금 및 가연물 접촉주의

② 그 외 : 화기·충격주의, 가연물 접촉주의

(2) 직사일광 및 열원, 가연물을 피하도록 하며 통풍이 잘되는 냉소에 저장한다.

(3) 조해성 위험물은 용기를 밀폐하여 습기를 차단한다.

(4) 무기과산화물의 경우 공기(수분)나 물과의 접촉을 금하도록 한다.

(5) 가열, 충격, 마찰을 차단하며 강산류와의 접촉을 금한다.

(6) 무기과산화물(알칼리금속 과산화물)이나 삼산화크롬을 제외하고 다량의 물로 주수소화가 가능하다.

3. 대표 반응식

(1) 열분해 반응하면 공통적으로 산소 기체가 발생한다.

(2) 무기과산화물은 물과 반응하면 공통적으로 산소 기체를 발생한다.

(3) 무기과산화물은 산과 반응하면 공통적으로 과산화수소를 발생한다.

(4) 무기과산화물 중 이산화탄소와 반응하는 위험물은 산소 기체를 발생한다.

품 명	물질명	반응유형	화학반응식
아염소산염류	아염소산나트륨	열분해 반응	$NaClO_2 \rightarrow NaCl + O_2 \uparrow$
		염산과의 반응	$3NaClO_2 + 2HCl \rightarrow 3NaCl + 2ClO_2 + H_2O_2$
염소산염류	염소산나트륨	열분해 반응	$2NaClO_3 \rightarrow 2NaCl + 3O_2 \uparrow$
		물과의 반응	$2NaClO_3 + H_2O \rightarrow Na_2O + 2HClO_3$
		염산과의 반응	$2NaClO_3 + 2HCl \rightarrow 2NaCl + 2ClO_2 + H_2O_2$
	염소산칼륨	열분해 반응	$2KClO_3 \rightarrow 2KCl + 3O_2 \uparrow$
		황산과의 반응	$4KClO_3 + 4H_2SO_4 \rightarrow 4KHSO_4 + 4ClO_2 \uparrow + O_2 \uparrow + 2H_2O$
과염소산염류	과염소산칼륨	열분해 반응	$KClO_4 \rightarrow KCl + 2O_2 \uparrow$
	과염소산나트륨	열분해 반응	$NaClO_4 \rightarrow NaCl + 2O_2 \uparrow$
	과염소산암모늄	열분해 반응 (130℃ 이상)	$NH_4ClO_4 \rightarrow NH_4Cl + 2O_2 \uparrow$
		열분해 반응 (300℃ 이상 또는 강한 충격)	$2NH_4ClO_4 \rightarrow N_2 \uparrow + 2O_2 \uparrow + Cl_2 \uparrow + 4H_2O \uparrow$
무기과산화물	과산화리튬	물과의 반응	$2Li_2O_2 + 2H_2O \rightarrow 4LiOH + O_2 \uparrow$
		CO_2와의 반응	$2Li_2O_2 + 2CO_2 \rightarrow 2Li_2CO_3 + O_2 \uparrow$
	과산화나트륨	열분해 반응	$2Na_2O_2 \rightarrow 2Na_2O + O_2 \uparrow$
		물과의 반응	$2Na_2O_2 + 2H_2O \rightarrow 4NaOH + O_2 \uparrow$
		CO_2와의 반응	$2Na_2O_2 + 2CO_2 \rightarrow 2Na_2CO_3 + O_2 \uparrow$
		염산과의 반응	$Na_2O_2 + 2HCl \rightarrow 2NaCl + H_2O_2 \uparrow$
		초산과의 반응	$Na_2O_2 + 2CH_3COOH \rightarrow 2CH_3COONa + H_2O_2 \uparrow$
	과산화칼륨	열분해 반응	$2K_2O_2 \rightarrow 2K_2O + O_2 \uparrow$
		물과의 반응	$2K_2O_2 + 2H_2O \rightarrow 4KOH + O_2 \uparrow$
		CO_2와의 반응	$2K_2O_2 + 2CO_2 \rightarrow 2K_2CO_3 + O_2 \uparrow$
		염산과의 반응	$K_2O_2 + 2HCl \rightarrow 2KCl + H_2O_2$
		초산과의 반응	$K_2O_2 + 2CH_3COOH \rightarrow 2CH_3COOK + H_2O_2$
	과산화마그네슘	열분해 반응	$2MgO_2 \rightarrow 2MgO + O_2 \uparrow$
		물과의 반응	$2MgO_2 + 2H_2O \rightarrow 2Mg(OH)_2 + O_2 \uparrow$
		염산과의 반응	$MgO_2 + 2HCl \rightarrow MgCl_2 + H_2O_2$
	과산화바륨	열분해 반응	$2BaO_2 \rightarrow 2BaO + O_2 \uparrow$
		물과의 반응	$2BaO_2 + 2H_2O \rightarrow 2Ba(OH)_2 + O_2 \uparrow$
		염산과의 반응	$BaO_2 + 2HCl \rightarrow BaCl_2 + H_2O_2$
		황산과의 반응	$BaO_2 + H_2SO_4 \rightarrow BaSO_4 + H_2O_2$

품 명	물질명	반응유형	화학반응식
질산염류	질산나트륨	열분해 반응	$2NaNO_3 \rightarrow 2NaNO_2 + O_2 \uparrow$
	질산칼륨	열분해 반응	$2KNO_3 \rightarrow 2KNO_2 + O_2 \uparrow$
	질산암모늄	열분해 반응	$2NH_4NO_3 \rightarrow 2N_2 \uparrow + 4H_2O \uparrow + O_2 \uparrow$
과망간산염류	과망간산칼륨	열분해 반응	$2KMnO_4 \rightarrow K_2MnO_4 + MnO_2 + O_2 \uparrow$
		염산과의 반응	$2KMnO_4 + 16HCl \rightarrow 2KCl + 2MnCl_2 + 8H_2O + 5Cl_2$
		황산과의 반응	$4KMnO_4 + 6H_2SO_4 \rightarrow$ $2K_2SO_4 + 4MnSO_4 + 6H_2O + 5O_2 \uparrow$

02 제2류 위험물

성 질	품 명	종 류	지정수량	위험등급
가연성 고체	황화린	삼황화린, 오황화린, 칠황화린	100kg	II
	적린	적린		
	유황	유황		
	철분	철분	500kg	III
	금속분	알루미늄분, 아연분, 은분, 카드뮴분 등		
	마그네슘	마그네슘		
	인화성 고체	고형알코올	1,000kg	

1. 일반적 성질 및 특성

(1) 산소가 없는 강력한 환원제(환원성 물질)이다.

(2) 비교적 낮은 온도에서 착화하는 가연성 고체이다.

(3) 대부분 비중은 1보다 큰 값을 가지며 비수용성이다.

(4) 연소속도가 빠르며 연소 시 많은 양의 빛과 열을 발생한다.

(5) 산화되기 쉬우므로(산소와 결합하기 쉬우므로) 산화제와의 접촉은 피하도록 한다.

(6) 가연물이므로 산화제와 접촉하면 가열, 충격, 마찰에 의해 연소하거나 폭발할 수 있다.

(7) 연소할 경우 유독가스를 발생하는 물질도 존재한다.

(8) 무기과산화물과 혼합된 것은 수분에 의해 발화할 수 있다.

(9) 철분, 금속분, 마그네슘은 물, 습기, 산과 접촉하면 수소 기체를 발생하며 발열하고 폭발할 수 있다.

(10) 철분, 금속분, 마그네슘은 산소와의 결합력이 크며 (이온화되면 양이온이 되는 것이므로) 이온화 경향이 클수록 산화되기 쉬운 것이다.

(11) 유황, 철분, 금속분은 밀폐된 공간 내에서 부유하면 분진폭발 할 위험이 있다.

2. 저장·취급 및 소화 방법

(1) 운반 용기 외부에는 다음의 주의사항을 표기한다.

① 철분·금속분·마그네슘 또는 이들 중 어느 하나 이상을 함유한 것 : 화기주의, 물기엄금

② 인화성 고체 : 화기엄금

③ 그 밖의 것 : 화기주의

(2) 제1류(산화성 고체)와 제6류(산화성 액체) 위험물 및 산화제와의 접촉을 금한다.

(3) 철분, 금속분, 마그네슘은 물, 습기, 산과의 접촉을 피하도록 한다.

(4) 저장 용기는 밀봉하여 통풍이 잘되는 냉암소에 보관하며 파손에 의한 위험물 누출에 주의한다.

(5) 화기, 불꽃, 고온체와의 접촉을 피하도록 한다.

(6) 적린, 유황, 인화성 고체는 물에 의한 주수 냉각소화가 가능하다.

(7) 철분, 금속분, 마그네슘은 주수하면 수소 기체를 발생하여 폭발 위험이 증대되고 금속의 비산에 의한 화재 확대 가능성이 있으므로 분말 소화약제나 건조사, 팽창진주암, 팽창질석을 이용하여 질식소화하도록 한다.

(8) 황화린은 유독성의 황화수소 가스를 발생하므로 주수 냉각소화는 적당하지 않으며 분말, 이산화탄소, 건조사 등으로 질식소화한다.

3. 위험물의 조건

(1) **유황** : 순도가 60 중량퍼센트 이상인 것

(2) **철분** : 철의 분말로서 53㎛의 표준체를 통과하는 것이 50 중량퍼센트 이상인 것

(3) **금속분** : 알칼리금속·알칼리토류금속·철 및 마그네슘 외의 금속의 분말로서 150㎛의 체를 통과하는 것이 50 중량퍼센트 이상인 것. 구리분, 니켈분 제외

(4) **마그네슘** : 2mm의 체를 통과하지 아니하는 덩어리 상태의 것이나 지름 2mm 이상의 막대 모양의 것은 위험물에서 제외한다.

(5) **인화성 고체** : 고형알코올 그 밖에 1기압에서 인화점이 섭씨 40℃ 미만인 고체

 금속분에서 제외되는 것들

- 철분, 마그네슘 : 제2류 위험물의 별도 품명으로 규정하고 있다.
- 알칼리금속, 알칼리토금속 : 제3류 위험물로서 별도로 규정하고 있다.
- 코발트분, 니켈분, 구리분, 로듐분 : 가연성, 폭발성이 없어 제외한다.
- 수은 : 상온에서 액체 상태로 존재하므로 제외한다.
- 기타 지구상에 존재가 희박한 희귀한 원소들

4. 대표 반응식

(1) 황화린은 연소하면 유독성의 오산화인과 이산화황을 발생한다.
(2) 황화린이 물과 반응하면 유독성의 황화수소 기체를 발생한다.
(3) 적린이 연소하면 유독성의 오산화인을 발생한다.
(4) 금속류(철분, 금속분, 마그네슘)는 물과 반응하여 수소 기체를 발생한다. → 금수성 물질
(5) 금속류(철분, 금속분, 마그네슘)는 산과 반응하여 수소 기체를 발생한다.

품 명	물질명	반응유형	화학반응식
황화린	삼황화린	연소반응	$P_4S_3 + 8O_2 \rightarrow 2P_2O_5 \uparrow + 3SO_2 \uparrow$
	오황화린	연소반응	$2P_2S_5 + 15O_2 \rightarrow 2P_2O_5 \uparrow + 10SO_2 \uparrow$
		물과의 반응	$P_2S_5 + 8H_2O \rightarrow 5H_2S + 2H_3PO_4$
	칠황화린	연소반응	$P_4S_7 + 12O_2 \rightarrow 2P_2O_5 \uparrow + 7SO_2 \uparrow$
		물과의 반응	$P_4S_7 + 13H_2O \rightarrow H_3PO_4 + 3H_3PO_3 + 7H_2S$ 아인산
적린	적린	연소반응	$4P + 5O_2 \rightarrow 2P_2O_5 \uparrow$
		강산화제와의 혼합	$6P + 5KClO_3 \rightarrow 5KCl + 3P_2O_5 \uparrow$
유황	유황	연소반응	$S + O_2 \rightarrow SO_2 \uparrow$
철분	철분	물과의 반응	$3Fe + 4H_2O \rightarrow Fe_3O_4 + 4H_2 \uparrow$
		염산과의 반응	$Fe + 2HCl \rightarrow FeCl_2 + H_2 \uparrow$
금속분	알루미늄분	연소반응	$4Al + 3O_2 \rightarrow 2Al_2O_3$
		물과의 반응	$2Al + 6H_2O \rightarrow 2Al(OH)_3 + 3H_2 \uparrow$
		염산과의 반응	$2Al + 6HCl \rightarrow 2AlCl_3 + 3H_2 \uparrow$
		황산과의 반응	$2Al + 3H_2SO_4 \rightarrow Al_2(SO_4)_3 + 3H_2 \uparrow$
		NaOH 과의 반응	$2Al + 2NaOH + 2H_2O \rightarrow 2NaAlO_2 + 3H_2 \uparrow$ 알루민산나트륨
		KOH 과의 반응	$2Al + 2KOH + 2H_2O \rightarrow 2KAlO_2 + 3H_2 \uparrow$
	아연분	물과의 반응	$Zn + 2H_2O \rightarrow Zn(OH)_2 + H_2 \uparrow$

품 명	물질명	반응유형	화학반응식
마그네슘	마그네슘	연소반응	$2Mg + O_2 \rightarrow 2MgO$
		물과의 반응	$Mg + 2H_2O \rightarrow Mg(OH)_2 + H_2 \uparrow$
		염산과의 반응	$Mg + 2HCl \rightarrow MgCl_2 + H_2 \uparrow$
		CO_2와의 반응	$2Mg + CO_2 \rightarrow 2MgO + C$ $Mg + CO_2 \rightarrow MgO + CO$

03 제3류 위험물

성 질	품 명	종 류	지정수량	위험등급
자연 발화성 및 금수성 물질	칼륨	칼륨	10kg	I
	나트륨	나트륨		
	알킬알루미늄	트리메틸알루미늄, 트리에틸알루미늄, 트리이소뷰틸알루미늄		
	알킬리튬	뷰틸리튬, 메틸리튬		
	황린	황린	20kg	
	알칼리금속 (칼륨·나트륨 제외)	Li, Rb, Cs, Fr	50kg	II
	알칼리토금속 (마그네슘 제외)	Be, Ca, Sr, Ba, Ra		
	유기금속화합물 (알킬알루미늄·알킬리튬 제외)	디에틸아연, 디메틸텔르륨, 디에틸텔르륨, 나트륨아미드		
	금속의 수소화물	수소화리튬, 수소화나트륨, 수소화칼륨, 수소화알루미늄리튬(LiAlH₄), 수소화칼슘	300kg	III
	금속의 인화물	인화알루미늄, 인화아연, 인화칼슘, 인화갈륨		
	칼슘 또는 알루미늄의 탄화물	탄화칼슘, 탄화알루미늄		
	행정안전부령으로 정하는 것	염소화규소화합물		
	위에 해당하는 어느 하나 이상을 함유한 것		10kg, 20kg, 50kg 또는 300kg	I, II 또는 III

1. 일반적 성질 및 특성

(1) 대부분 고체이다(알킬알루미늄, 알킬리튬은 액체).

(2) 알킬알루미늄, 알킬리튬, 유기금속화합물은 유기화합물이며 나머지는 무기물이다.

(3) 황린을 제외하면 모두 금수성 물질이며 물과 반응하여 가연성 가스를 발생한다.

(4) 칼륨, 나트륨, 알킬알루미늄, 알킬리튬, 일부의 금속수소화물은 물보다 가벼우며 이들 외에는 물보다 무겁다.

(5) 수분과 접촉하거나 공기 중에 장시간 노출되면 자연 발화한다.

　① 황린은 발화점이 낮아 공기와 접촉하면 자연 발화할 수 있다.

(6) 알킬알루미늄, 알킬리튬은 물 또는 공기와 접촉하면 폭발할 수 있다.

(7) 가열 또는 산화성 물질, 강산류와의 접촉으로 위험성이 증가한다.

2. 저장·취급 및 소화 방법

(1) 운반 용기 외부에는 다음의 주의사항을 표기한다.

　① 자연발화성 물질 : 화기엄금, 공기접촉엄금

　② 금수성 물질 : 물기엄금

(2) 제1류와 제6류 위험물과 같은 강산류와 산화성 물질과의 혼합을 방지한다.

(3) 저장 용기는 완전히 밀폐하여 공기의 접촉을 차단하며 파손 및 부식에 주의하여 물이나 수분의 침투, 접촉을 방지하여야 한다.

(4) 황린은 pH 9로 조정된 물속에 저장한다.

(5) 칼륨, 나트륨, 알칼리금속은 석유(등유, 경유, 유동성 파라핀 등) 속에 보관한다.

(6) 용기가 가열되지 않도록 하고 보호액 속에 들어있는 것은 공기 중으로 노출되지 않도록 한다.

(7) 황린은 저장액인 물의 증발 또는 용기파손에 의한 물의 누출을 방지하여야 한다.

(8) 물에 의한 주수 냉각소화는 엄금한다(황린의 경우에는 주수소화 가능).

(9) 화재진압에는 건조사, 팽창질석, 팽창진주암, 탄산수소염류 분말 소화약제가 적응성이 있다.

(10) 칼륨, 나트륨은 화재 시 격렬하게 연소하므로 화재의 진압보다는 연소 확대 방지에 주력해야 한다.

3. 물과 반응한 금수성 물질의 발생 가스

(1) **칼륨, 나트륨** : 수소　　　　　　　(2) **트리메틸알루미늄** : 메탄

(3) **트리에틸알루미늄** : 에탄　　　　　(4) **메틸리튬** : 메탄

(5) **알칼리금속, 알칼리토금속** : 수소 (6) **금속의 수소화물** : 수소
(7) **금속의 인화물** : 포스핀(인화수소) (8) **탄화칼슘** : 아세틸렌
(9) **탄화알루미늄** : 메탄

4. 대표 반응식

(1) 금수성 위험물이 물과 반응할 경우 발생 되는 가스의 종류를 꼭 숙지하도록 한다.
(2) 황린이 연소하면 적린과 같이 유독성의 오산화인을 발생하며 알칼리 수용액과 반응하면 포스핀 가스를 생성한다.
(3) 금속의 수소화물은 물과 반응하면 수소 기체를 발생하고 발열한다.
(4) 금속의 인화물이 물과 반응하면 유독성의 포스핀 가스를 발생한다.

품명	물질명	반응유형	화학반응식
칼륨	금속칼륨	물과의 반응	$2K + 2H_2O \rightarrow 2KOH + H_2$
		CO_2와의 반응	$4K + 3CO_2 \rightarrow 2K_2CO_3 + C$ (연소폭발)
		CCl_4와의 반응	$4K + CCl_4 \rightarrow 4KCl + C$ (폭발)
		에탄올과의 반응	$2K + 2C_2H_5OH \rightarrow 2C_2H_5OK + H_2$
나트륨	금속나트륨	물과의 반응	$2Na + 2H_2O \rightarrow 2NaOH + H_2 \uparrow$
		CO_2와의 반응	$4Na + 3CO_2 \rightarrow 2Na_2CO_3 + C$
		CCl_4와의 반응	$4Na + CCl_4 \rightarrow 4NaCl + C$
		에탄올과의 반응	$2Na + 2C_2H_5OH \rightarrow 2C_2H_5ONa + H_2$
알킬알루미늄	트리메틸알루미늄	물과의 반응	$(CH_3)_3Al + 3H_2O \rightarrow Al(OH)_3 + 3CH_4$
	트리에틸알루미늄	물과의 반응	$(C_2H_5)_3Al + 3H_2O \rightarrow Al(OH)_3 + 3C_2H_6$ (에탄)
		염소와의 반응	$(C_2H_5)_3Al + 3Cl_2 \rightarrow AlCl_3 + 3C_2H_5Cl \uparrow$
알킬리튬	메틸리튬	물과의 반응	$CH_3Li + H_2O \rightarrow LiOH + CH_4 \uparrow$
황린	황린	연소반응	$P_4 + 5O_2 \rightarrow 2P_2O_5$
		알칼리 수용액과의 반응	$P_4 + 3KOH + 3H_2O \rightarrow PH_3 \uparrow + 3KH_2PO_2$ 차아인산칼륨 $2P_4 + 3Ca(OH)_2 + 6H_2O \rightarrow 2PH_3 \uparrow + 3Ca(H_2PO_2)_2$ 차아인산칼슘 $4P_4 + 3Ca(OH)_2 + 18H_2O \rightarrow 10PH_3 \uparrow + 3Ca(H_2PO_4)$ 인산이수소칼슘

품명	물질명	반응유형	화학반응식
금속의 수소화물	수소화나트륨	물과의 반응	$NaH + H_2O \rightarrow NaOH + H_2 + Q\,kcal$
	수소화칼륨	물과의 반응	$KH + H_2O \rightarrow KOH + H_2 \uparrow + Q\,kcal$
	수소화칼슘	물과의 반응	$CaH_2 + 2H_2O \rightarrow Ca(OH)_2 + 2H_2 \uparrow + Q\,kcal$
금속의 인화물	인화칼슘	물과의 반응	$Ca_3P_2 + 6H_2O \rightarrow 3Ca(OH)_2 + 2PH_3 \uparrow$
		염산과의 반응	$Ca_3P_2 + 6HCl \rightarrow 3CaCl_2 + 2PH_3 \uparrow$ (포스핀)
	인화알루미늄	물과의 반응	$AlP + 3H_2O \rightarrow Al(OH)_3 + PH_3 \uparrow$
	인화아연	물과의 반응	$Zn_3P_2 + 6H_2O \rightarrow 3Zn(OH)_2 + 2PH_3 \uparrow$
칼슘 또는 알루미늄의 탄화물	탄화칼슘	연소반응	$2CaC_2 + 5O_2 \rightarrow 2CaO + 4CO_2 \uparrow$
		물과의 반응	$CaC_2 + 2H_2O \rightarrow Ca(OH)_2 + C_2H_2 \uparrow$ (아세틸렌)
		질소와의 반응	$CaC_2 + N_2 \rightarrow CaCN_2 + C$ (700℃ 이상 고온 가열)
	탄화알루미늄	물과의 반응	$Al_4C_3 + 12H_2O \rightarrow 4Al(OH)_3 + 3CH_4$ (메탄)
		염산과의 반응	$Al_4C_3 + 12HCl \rightarrow 4AlCl_3 + 3CH_4 \uparrow$

04 제4류 위험물

❂ 위험물의 유별 중 제4류 위험물에 대한 출제 빈도가 가장 높다. 품명 및 종류에 따른 지정수량, 위험등급을 확실하게 구분해 두어야 하며 인화점에 관련된 문제도 자주 출제된다. 핵심 유형 85제에서 자세히 다룬다.

성질	품명		종류	지정수량	위험등급
인화성 액체	특수인화물	비수용성	디에틸에테르, 이황화탄소, 황화디메틸, 펜탄, 이소펜탄, 이소프렌	50ℓ	I
		수용성	아세트알데히드, 산화프로필렌, 이소프로필아민, 에틸아민		
	제1석유류	비수용성	가솔린(휘발유), 벤젠, 톨루엔, 에틸벤젠, 시클로헥산, 메틸에틸케톤, 초산메틸, 초산에틸, 초산프로필, 의산에틸, 의산프로필, 염화아세틸	200ℓ	II
		수용성	아세톤, 피리딘, 시안화수소, 아세토니트릴, 포름산(의산)메틸	400ℓ	
	알코올류	수용성	메틸알코올(메탄올), 에틸알코올, 이소프로필알코올, 변성알코올, 퓨젤유	400ℓ	

성 질	품 명		종 류	지정수량	위험등급
	제2석유류	비수용성	등유, 경유, 자일렌(크실렌), 스티렌, 테레핀유, 장뇌유, 송근유, 클로로벤젠, 부틸알데히드, 브롬화페닐, 큐멘	1,000ℓ	III
		수용성	포름산(의산), 아세트산(초산), 히드라진, 아크릴산	2,000ℓ	
	제3석유류	비수용성	중유, 클레오소트유, 아닐린, 벤질알콜, 니트로톨루엔, 니트로벤젠, 니코틴	2,000ℓ	
		수용성	에틸렌글리콜, 글리세린, 포르말린, 에탄올아민	4,000ℓ	
	제4석유류		윤활유, 기어유, 실린더유, 기계유	6,000ℓ	
	동식물유류	건성유	들기름, 대구유, 아마인유, 동유 해바라기유, 정어리유, 상어유 등	10,000ℓ	
		반건성유	콩기름, 참기름, 면실유, 채종유, 목화씨유, 옥수수유, 청어유, 미강유 등		
		불건성유	소기름, 돼지기름, 고래기름, 올리브유, 팜유, 땅콩유, 피마자유, 야자유 등		

1. 일반적 성질 및 특성

(1) 인화성 액체이다.

(2) 대부분 유기화합물이다.

(3) 대부분 물보다 가볍고 비수용성이다[예외 : 이황화탄소는 물보다 무겁고 알코올은 물에 잘 녹는다.].

(4) 발생 증기는 가연성이며 대부분이 공기보다 무거워 낮은 곳에 체류한다.

(5) 발생 증기의 연소 하한이 낮아 소량 누설에 의해서도 인화되기 쉽다.

(6) 비교적 발화점이 낮고 폭발 위험성이 상존한다.

(7) 비점이 낮으면 기화하기 쉬우며 공기와 혼합된 증기는 연소할 수 있다.

(8) 발화점이 낮거나 비점이 낮을수록 위험성은 증가한다.

(9) 전기의 불량도체이므로 정전기 축적에 의한 화재 발생에 주의한다.

(10) 대량으로 연소가 일어나면 복사열이나 대류열에 의한 열전달이 진행되어 화재가 확대된다.

2. 저장·취급 및 소화 방법

(1) 운반 용기의 외부에는 화기엄금이라는 주의사항을 표기한다.

(2) 통풍이 잘되는 냉암소에 보관한다.

(3) 화기의 접근은 절대적으로 피하도록 하고 인화점 이상으로 가열하지 않는다.
(4) 저장 용기는 밀전 밀봉하고 증기 및 액체가 누출되지 않도록 한다.
(5) 액체의 혼합 및 이송 시 접지를 하여 정전기를 방지한다.
(6) 증기는 가급적이면 높은 곳으로 배출시키도록 하며 증기의 축적을 방지하기 위하여 통풍장치를 설치한다.
(7) 주수소화는 화재면 확대의 위험성이 있어 적합하지 않으며 질식소화나 억제소화 방법이 적합하다.
(8) 소량의 화재에는 물을 제외한 이산화탄소, 할로겐화합물, 분말 소화약제로 질식소화하며 대량의 화재에는 포 소화약제에 의한 질식소화가 효과적이다.
(9) 수용성 위험물의 화재에는 알코올 포 소화약제를 사용하거나 다량의 물로 희석소화하여 가연성 증기의 발생을 억제한다.

3. 품명의 구분

(1) **특수인화물** : 이황화탄소, 디에틸에테르 그 밖에 1기압에서 발화점이 100℃ 이하인 것 또는 인화점이 -20℃ 이하이고 비점이 40℃ 이하인 것
(2) **제1석유류** : 아세톤, 휘발유 그 밖에 1기압에서 인화점이 21℃ 미만인 것
(3) **알코올류** : 1분자를 구성하는 탄소 원자의 수가 1개부터 3개까지인 포화 1가알코올(변성알코올을 포함)
(4) **제2석유류** : 등유, 경유 그 밖에 1기압에서 인화점이 21℃ 이상 70℃ 미만인 것
(5) **제3석유류** : 중유, 클레오소트유 그 밖에 1기압에서 인화점이 70℃ 이상 200℃ 미만인 것
(6) **제4석유류** : 기어유, 실린더유 그 밖에 1기압에서 인화점이 200℃ 이상 250℃ 미만의 것
(7) **동식물유류** : 동물의 지육(枝肉: 머리, 내장, 다리를 잘라 내고 아직 부위별로 나누지 않은 고기를 말한다) 등 또는 식물의 종자나 과육으로부터 추출한 것으로서 1기압에서 인화점이 250℃ 미만인 것

4. 인화점을 기준으로 한 제4류 위험물의 분류 및 종류

분류	인화점(1기압 기준)	종류
특수인화물	-20℃ 이하	이황화탄소, 디에틸에테르, 산화프로필렌, 황화디메틸, 에틸아민, 아세트알데히드, 이소프렌, 펜탄, 이소펜탄, 이소프로필아민
제1석유류	21℃ 미만	아세톤, 포름산메틸, 휘발유, 벤젠, 에틸벤젠, 톨루엔, 아세토니트릴, 염화아세틸, 시클로헥산, 시안화수소, 메틸에틸케톤, 피리딘

분류	인화점(1기압 기준)	종류
제2석유류	21℃ 이상 70℃ 미만	등유, 경유, 브롬화페닐, 자일렌, 큐멘, 포름산, 아세트산, 클로로벤젠, 아크릴산, 히드라진, 스티렌, 부틸알데히드, 테레핀유
제3석유류	70℃ 이상 200℃ 미만	중유, 클레오소트유, 아닐린, 니트로벤젠, 에틸렌글리콜, 글리세린, 포르말린, 에탄올아민, 니트로톨루엔
제4석유류	200℃ 이상 250℃ 미만	기어유, 실린더유, 기계유, 방청유, 담금질유, 절삭유
동식물유류	250℃ 미만	동물의 지육, 식물의 종자나 과육 추출물(건성유·반건성유·불건성유)

 제4류 위험물의 인화점

- 품명의 분류에 따른 인화점 기준은 반드시 숙지하도록 한다.
- 제4류 위험물의 인화점에 관한 문제는 인화 온도를 외워야만 답을 구할 수 있는 것은 아니다. → 같은 품명에 속하는 위험물끼리 인화점을 비교하는 문제가 나오기는 하지만 극히 드물다.
- 인화점은 특수인화물 → 제1 → 제2 → 제3 → 제4석유류로 갈수록 높아지므로 이들에 속하는 위험물을 품명별로 잘 구분만 해 놓는다면 쉽게 답을 구할 수 있을 것이다.

5. 대표 반응식

○ 제조에 관한 반응식 문제가 출제된다.

(1) 이황화탄소가 연소하면 이산화탄소와 이산화황이 발생된다.

(2) 다른 제4류 위험물의 연소 생성물은 이산화탄소와 물이다.

(3) 이황화탄소는 물과 반응하여 유독성의 황화수소 가스를 생성한다.

품 명	물질명	반응유형	화학반응식
특수인화물	이황화탄소	연소반응	$CS_2 + 3O_2 \rightarrow CO_2 + 2SO_2$
		물과의 반응	$CS_2 + 2H_2O \rightarrow CO_2 + 2H_2S$ (150℃ 이상 가열 시)
	디에틸에테르	제조반응	(H_2SO_4, 140℃) $C_2H_5OH + C_2H_5OH \rightarrow C_2H_5OC_2H_5 + H_2O$
		연소반응	$C_2H_5OC_2H_5 + 6O_2 \rightarrow 4CO_2 + 5H_2O$
	아세트알데히드	연소반응	$2CH_3CHO + 5O_2 \rightarrow 4CO_2 + 4H_2O$
제1석유류	톨루엔	제조 - 벤젠의 알킬화 반응	$AlCl_3$무수물 $C_6H_6 + CH_3Cl \rightarrow C_6H_5CH_3 + HCl$
		연소반응	$C_6H_5CH_3 + 9O_2 \rightarrow 7CO_2 + 4H_2O$
	벤젠	연소반응	$2C_6H_6 + 15O_2 \rightarrow 12CO_2 + 6H_2O$
	의산메틸	제조반응	$HCOOH + CH_3OH \rightarrow HCOOCH_3 + H_2O$
	초산메틸	제조반응	$CH_3COOH + CH_3OH \rightarrow CH_3COOCH_3 + H_2O$

품 명	물질명	반응유형	화학반응식
알코올류	메탄올	연소반응	$2CH_3OH + 3O_2 \rightarrow 2CO_2 + 4H_2O$
		알칼리금속과의 반응	$2CH_3OH + 2Na \rightarrow 2CH_3ONa + H_2 \uparrow$
		산화반응	$CH_3OH \rightarrow HCHO \rightarrow HCOOH$
	에탄올	연소반응	$C_2H_5OH + 3O_2 \rightarrow 2CO_2 + 3H_2O$
		분해반응	$C_2H_5OH \rightarrow C_2H_4 + H_2O$ (황산 존재하에 160℃로 가열)
		알칼리금속과의 반응	$2C_2H_5OH + 2Na \rightarrow 2C_2H_5ONa + H_2 \uparrow$
		산화반응	$CH_3CH_2OH \rightarrow CH_3CHO \rightarrow CH_3COOH$ 　　　　　　$-H_2$　　　　$+O$

05 제5류 위험물

★ 니트로소화합물 이후의 품명에 대해서는 거의 출제된 적이 없다.
★ 질산구아니딘에 대해서는 행정안전부령이 정하는 제5류 위험물의 예시문으로 몇 차례 출제되었다.

성 질	품 명	종 류	지정수량	위험등급
자기반응성 물질	1. 유기과산화물	과산화벤조일, 아세틸퍼옥사이드	10kg	I
	2. 질산에스테르류	니트로글리세린, 니트로셀룰로오스, 니트로글리콜, 셀룰로이드, 질산메틸		
	3. 니트로화합물	트리니트로톨루엔, 트리니트로페놀, 디니트로벤젠, 디니트로페놀, 테트릴	200kg	II
	4. 니트로소화합물	파라디니트로소벤젠, 디니트로소레조르신		
	5. 아조화합물	아조벤젠, 아조디카본아미드		
	6. 디아조화합물	디아조메탄, 디아조아세토니트릴		
	7. 히드라진 유도체*	염산히드라진, 황산히드라진, 히드라진모노하이드레이트		
	8. 히드록실아민		100kg	
	9. 히드록실아민염류	황산히드록실아민		
	10. 그 밖에 행정안전부령으로 정하는 것	• 금속의 아지화합물(아지드화나트륨, 아지드화납) • 질산구아니딘	200kg	
	11. 제1호 내지 제10호의 1에 해당하는 어느 하나 이상을 함유한 것		10kg, 100kg 또는 200kg	I 또는 II

* 히드라진은 제4류 위험물 중 제2석유류에 속하는 물질이다.

1. 일반적 성질 및 특성

(1) 히드라진 유도체를 제외한 나머지는 모두 유기화합물이다.

(2) 유기과산화물을 제외하면 모두 질소를 포함하고 있다.

(3) 모두 가연성의 액체 또는 고체이며 연소할 때에는 다량의 유독성 가스를 발생한다.

(4) 대부분 물에 불용이며 물과의 반응성도 없다.

(5) 비중은 1보다 크다(일부의 유기과산화물 제외).

(6) 가열, 충격, 마찰에 민감하다.

(7) 강산화제 또는 강산류와 접촉 시 발화가 촉진되고 위험성도 현저히 증가한다.

(8) 연소속도가 대단히 빠른 폭발성의 물질로 화약, 폭약의 원료로 사용된다.

(9) 분자 내에 산소를 함유하고 있으므로 가연물과 산소공급원의 두 가지 조건을 충족하고 있으며 가열이나 충격과 같은 환경이 조성되면 스스로 연소, 폭발할 수 있다(자기반응성 물질-화약의 원료).

(10) 공기 중에서 장시간 저장 시 분해되고 분해열 축적에 의해 자연 발화할 수 있다.

(11) 고농도의 아조화합물이나 디아조화합물류는 충격에 민감하고 연소 시 순간적으로 폭발할 수 있다.

2. 저장·취급 및 소화 방법

(1) 운반 용기 외부에는 화기엄금, 충격주의라는 주의사항을 표기한다.

(2) 분해를 촉진시키는 물질로부터 멀리하고 가열, 충격, 마찰을 피한다.

(3) 습도나 직사광선에 유의하며 통풍이 잘되는 냉소에 보관한다.

(4) 강산화제, 강산류와 혼합되지 않도록 한다.

(5) 대량 화재 시 소화가 곤란하므로 저장할 경우에는 소량으로 나누어 저장한다.

(6) 화재 시 폭발의 위험성이 있으므로 충분한 안전거리를 확보하여야 한다.

(7) 산소를 함유하고 있는 자기반응성 물질이므로 질식소화는 효과가 없고 다량의 물로 주수 소화한다.

(8) 안정제를 함유한 위험물은 안정제의 증발을 막도록 하며 증발 시 즉시 보충하도록 한다.

3. 대표 반응식

✪ 주로 제조에 관한 화학반응식이 출제된다.

품 명	물질명	반응유형	화학반응식
질산에스테르류	질산메틸	제조반응	$CH_3OH + HNO_3 \rightarrow CH_3ONO_2 + H_2O$
	질산에틸	제조반응	$C_2H_5OH + HNO_3 \rightarrow C_2H_5ONO_2 + H_2O$
	니트로글리세린	제조반응	$\begin{array}{l} CH_2-OH \\ | \\ CH-OH \\ | \\ CH_2-OH \end{array} + 3HNO_3 \xrightarrow{H_2SO_4} \begin{array}{l} CH_2-ONO_2 \\ | \\ CH-ONO_2 \\ | \\ CH_2-ONO_2 \end{array} + 3H_2O$
니트로화합물	트리니트로톨루엔	제조반응	$C_6H_5CH_3 + 3HNO_3 \xrightarrow{진한 황산} C_6H_2CH_3(NO_2)_3 + 3H_2O$
		분해 폭발	$2C_6H_2CH_3(NO_2)_3 \rightarrow 12CO + 2C + 5H_2 + 3N_2$
	트리니트로페놀	제조반응	$C_6H_5OH + 3HNO_3 \xrightarrow{H_2SO_4} C_6H_2(NO_2)_3OH + 3H_2O$

06 제6류 위험물

성 질	품 명	지정수량	위험등급
산화성 액체	1. 과염소산	300kg	I
	2. 과산화수소		
	3. 질산		

	4. 행정안전부령으로 정하는 것
	  - 할로겐간화합물
	  (삼불화브롬, 오불화브롬, 오불화요오드)		

* "산화성 액체"라 함은 액체로서 산화력의 잠재적인 위험성을 판단하기 위하여 고시로 정하는 시험에서 고시로 정하는 성질과 상태를 나타내는 것을 말한다.

* 과산화수소는 그 농도가 36중량 퍼센트 이상인 것에 한한다.

* 질산은 그 비중이 1.49 이상인 것에 한한다.

1. 일반적 성질 및 특성

(1) 자신은 불연성 물질이며 조연성(지연성)의 산화성 액체이다.

(2) 수용성이며 과산화수소를 제외하면 강산성을 나타낸다.

(3) 모두 산소를 포함하고 있어 다른 물질을 산화시키며 부식성이 있다.

(4) 비중은 1보다 크다.

(5) 가연물이나 유기물과의 혼합으로 발화할 수 있다.

(6) 물과 접촉하면 심하게 발열하나 연소는 일어나지 않는다(과산화수소 예외).

2. 저장·취급 및 소화 방법

(1) 운반 용기 외부에는 가연물 접촉주의라는 주의사항 문구를 표기한다.

(2) 조연성 물질이므로 환원성 물질, 유기물, 가연물과 격리하도록 한다.

(3) 내산성의 용기를 사용하고 파손, 전도나 변형 방지에 신경 쓰며 밀전, 밀봉하여 습기를 차단한다.

(4) 물과 반응하여 발열하므로 원칙적으로는 주수소화는 하지 않으나 소량 누출 시에는 다량의 물로 희석소화 할 수 있다.

(5) 과산화수소의 화재는 양에 관계없이 다량의 물로 희석소화할 수 있으며 상황에 따라 분무주수도 효과를 보인다.

(6) 화재 시 일반적으로 포 소화약제나 마른모래(건조사)가 적응성을 보인다.

(7) 이산화탄소와 할로겐화합물 소화기는 적응성이 없다.

(8) 화재진압 후 다량의 물을 방사하여 재발화를 방지하며 마른모래로 덮어 위험물의 비산을 방지한다.

3. 위험물의 조건

(1) **과산화수소** : 농도가 36 중량퍼센트 이상인 것에 한한다.

(2) **질산** : 비중이 1.49 이상인 것에 한한다.

기억해 두면 좋은 꿀팁

- 제2류 위험물에는 위험등급 I에 해당하는 위험물은 없다.
- 제5류 위험물에는 위험등급 III에 해당하는 위험물은 없다.
- 제6류 위험물은 모두 위험등급 I에 해당하는 위험물이다.
- 위험등급 I, II, III에 해당하는 위험물을 모두 포함하고 있는 것은 제1류, 제3류, 제4류 위험물이다.
- 지정수량에 리터(ℓ) 단위를 사용하는 것은 제4류 위험물 뿐이며 나머지는 모두 kg 단위를 사용한다.
- 제2류 위험물과 제4류 위험물에는 행정안전부령으로 정하는 위험물이 법령상 규정되어 있지 않다.
- 지정수량이 20kg인 것은 제3류 위험물의 황린이 유일하다. ✪ 황린의 출제 빈도 매우 높음.

4. 대표 반응식

(1) 분해반응이 진행되면 모두 산소 기체를 발생한다.

품 명	물질명	반응유형	화학반응식
과염소산	과염소산	열분해 반응	$HClO_4 \rightarrow HCl \uparrow + 2O_2 \uparrow$
과산화수소	과산화수소	히드라진과의 반응	$2H_2O_2 + N_2H_4 \rightarrow 4H_2O + N_2 \uparrow$
		열분해 반응	$2H_2O_2 \rightarrow 2H_2O + O_2 \uparrow$
질산	질산	빛에 의한 분해반응	$4HNO_3 \rightarrow 2H_2O + 4NO_2 \uparrow + O_2 \uparrow$
		묽은 질산의 금속과의 반응	$Ca + 2HNO_3 \rightarrow Ca(NO_3)_2 + H_2 \uparrow$

SECTION 2 출제테마 대표 85유형

01 위험물 총론

대표빈출 1 각 유별 일반적 성질

✪ 제1류 위험물부터 제6류 위험물의 일반적 성질 및 저장, 취급에 대한 내용은 앞의 "위험물 출제테마정리" 부분을 참조한다.

01 제1류 위험물의 일반적인 성질에 해당하지 않는 것은? 13년·4
① 고체상태이다.
② 분해하여 산소를 발생한다.
③ 가연성 물질이다.
④ 산화제이다.

02 제5류 위험물의 일반적 성질에 관한 설명으로 옳지 않은 것은? 14년·2
① 화재발생 시 소화가 곤란하므로 적은 양으로 나누어 저장한다.
② 운반 용기 외부에 충격주의, 화기엄금의 주의사항을 표시한다.
③ 자기연소를 일으키며 연소속도가 대단히 빠르다.
④ 가연성 물질이므로 질식소화 하는 것이 가장 좋다.

03 제2류 위험물에 대한 설명으로 옳지 않은 것은? 15년·5
① 대부분 물보다 가벼우므로 주수소화는 어려움이 있다.
② 점화원으로부터 멀리하고 가열을 피한다.
③ 금속분은 물과의 접촉을 피한다.
④ 용기파손으로 인한 위험물의 누설에 주의한다.

04 제4류 위험물에 대한 일반적인 설명으로 옳지 않은 것은? 15년·5
① 대부분 연소 하한값이 낮다.
② 발생 증기는 가연성이며 대부분 공기보다 무겁다.
③ 대부분 무기화합물이므로 정전기 발생에 주의한다.
④ 인화점이 낮을수록 화재 위험성이 높다.

05 위험물에 관한 설명 중 틀린 것은? 17년·1
① 할로겐간화합물은 제6류 위험물이다.
② 할로겐간화합물의 지정수량은 $200kg$이다.
③ 과염소산은 불연성이나 산화성이 강하다.
④ 과염소산은 산소를 함유하고 있으며 물보다 무겁다.

06 위험물안전관리법령상 제5류 위험물의 공통된 취급방법으로 옳지 않은 것은? 18년·2

① 저장 시 과열, 충격, 마찰을 피한다.
② 불티, 불꽃, 고온체와의 접근을 피한다.
③ 운반 용기 외부에 주의사항으로 '화기주의' 및 '물기엄금'을 표기한다.
④ 용기의 파손 및 균열에 주의한다.

해설 제5류 위험물의 운반 용기 외부에는 '화기엄금'과 '충격주의'를 표기한다.

07 제4류 위험물에 대한 주수소화 시 위험성이 커지는 이유와 관계되는 것은?
20년·1 ▌16년·2 유사

① 수용성과 인화성
② 비중과 착화점
③ 비중과 인화성
④ 비중과 화재확대성

해설 대부분의 제4류 위험물은 물보다 가벼워서 주수소화하게 되면 위험물이 부유하여 화재면을 확대시킬 위험성이 커지므로 물에 의한 소화는 적당하지 않다.

대표빈출 2
화학반응 생성물 (최다빈출)

★ 극히 일부분의 문제만 수록하였다. 위험물 출제테마의 각 위험물 유형별로 정리·수록된 반응식을 잘 살펴보도록 한다.

08 오황화린과 칠황화린이 물과 반응했을 때 공통으로 나오는 물질은? 14년·1

① 이산화황   ② 황화수소
③ 인화수소   ④ 삼산화황

해설 $P_2S_5 + 8H_2O \rightarrow 5H_2S + 2H_3PO_4$
$P_4S_7 + 13H_2O \rightarrow 7H_2S + H_3PO_4 + 3H_3PO_3$
(아인산)

09 다음 중 물과 반응하여 가연성 가스를 발생하지 않는 것은? 14년·4

① 리튬   ② 나트륨
③ 유황   ④ 칼슘

해설 ① $2Li + 2H_2O \rightarrow 2LiOH + H_2$
② $2Na + 2H_2O \rightarrow 2NaOH + H_2$
④ $Ca + 2H_2O \rightarrow Ca(OH)_2 + H_2$

10 트리메틸알루미늄이 물과 반응 시 생성되는 물질은? 15년·1

① 산화알루미늄   ② 메탄
③ 메틸알코올   ④ 에탄

해설 $(CH_3)_3Al + 3H_2O \rightarrow Al(OH)_3 + 3CH_4$

11 과산화칼륨과 과산화마그네슘이 염산과 각각 반응했을 때 공통으로 나오는 물질의 지정수량은? 15년·1

① 50ℓ   ② 100kg
③ 300kg   ④ 1,000ℓ

해설 $K_2O_2 + 2HCl \rightarrow 2KCl + H_2O_2$
$MgO_2 + 2HCl \rightarrow MgCl_2 + H_2O_2$

정답 01 ③ 02 ④ 03 ① 04 ③ 05 ② 06 ③ 07 ④ 08 ② 09 ③ 10 ② 11 ③

12 인화칼슘, 탄화알루미늄, 나트륨이 물과 반응하였을 때 발생하는 가스에 해당하지 않는 것은? 16년 · 2

① 포스핀 가스 ② 수소
③ 이황화탄소 ④ 메탄

해설 $Ca_3P_2 + 6H_2O \rightarrow 3Ca(OH)_2 + 2PH_3\uparrow$ (포스핀)
$Al_4C_3 + 12H_2O \rightarrow 4Al(OH)_3 + 3CH_4\uparrow$ (메탄)
$2Na + 2H_2O \rightarrow 2NaOH + H_2\uparrow$ (수소)

13 메틸리튬과 물의 반응 생성물로 옳은 것은? 16년 · 4

① 메탄, 수소화리튬
② 메탄, 수산화리튬
③ 에탄, 수소화리튬
④ 에탄, 수산화리튬

해설 $CH_3Li + H_2O \rightarrow LiOH + CH_4\uparrow$

14 연소생성물로 이산화황이 생성되지 않는 것은? 19년 · 4

① 황린 ② 삼황화린
③ 오황화린 ④ 황

해설 $P_4 + 5O_2 \rightarrow 2P_2O_5$
$P_4S_3 + 8O_2 \rightarrow 2P_2O_5\uparrow + 3SO_2\uparrow$
$2P_2S_5 + 15O_2 \rightarrow 2P_2O_5\uparrow + 10SO_2\uparrow$
$S + O_2 \rightarrow SO_2\uparrow$

02 위험물각론

대표비출 3 염소산나트륨 $NaClO_3$

- 제1류 위험물 중 염소산염류
- 지정수량 50kg, 위험등급 Ⅰ
- 분자량 106.5, 녹는점 248℃, 비중 2.49, 증기비중 3.67
- 무색, 무취의 주상결정이다.
- 물, 에테르, 글리세린, 알코올에 잘 녹는다.
- 산화력이 강하며 인체에 유독하다.
- 환기가 잘되며 습기 없는 냉암소에 보관하며 조해성이 강하므로 밀전·밀봉하여 저장한다.
- 철을 부식시키므로 철제용기에 저장하지 않고 유리용기에 저장한다.
- 목탄, 황, 유기물 등과 혼합한 것은 위험하다.
- 강산과 반응하여 유독한 폭발성의 이산화염소를 발생시킨다.
  $2NaClO_3 + 2HCl \rightarrow 2NaCl + 2ClO_2 + H_2O_2$
- 300℃에서 분해되기 시작하며 염화나트륨과 산소를 발생한다.
  $2NaClO_3 \rightarrow 2NaCl + 3O_2\uparrow$
- 화재 시 다량의 물을 방사하여 냉각소화 한다.

15 $NaClO_3$에 대한 설명으로 옳은 것은? 12년 · 1

① 물, 알코올에 녹지 않는다.
② 가연성 물질로 무색, 무취의 결정이다.
③ 유리를 부식시키므로 철제용기에 저장한다.
④ 산과 반응하여 유독성의 ClO_2를 발생한다.

16 염소산나트륨과 반응하여 ClO_2 가스를 발생시키는 것은? 13년 · 5

① 글리세린 ② 질소
③ 염산 ④ 산소

17 염소산나트륨에 대한 설명으로 틀린 것은? 16년 · 2

① 조해성이 크므로 보관용기는 밀봉하는 것이 좋다.
② 무색. 무취의 고체이다.
③ 산과 반응하여 유독성의 이산화나트륨 가스가 발생한다.
④ 물, 알코올, 글리세린에 녹는다.

18 비중은 약 2.5이고 냄새가 없으며 알코올, 물에 잘 녹고 조해성이 있으며 산과 반응하여 유독한 ClO_2를 발생하는 위험물은 무엇인가? 18년·2

① 염소산칼륨 ② 과염소산암모늄
③ 염소산나트륨 ④ 과염소산칼륨

대표빈출 4
과염소산칼륨 $KClO_4$

- 제1류 위험물의 과염소산염류
- 지정수량 50kg, 위험등급 I
- 무색·무취의 백색 결정이다.
- 분해온도 400℃, 녹는점 482℃, 비중 2.52
- 용해도는 1.8(20℃) 정도이므로 물에 약간 녹는 정도이다(난용성).
- 알코올과 에테르에는 녹지 않는다.
- 진한 황산과 접촉하면 폭발할 수 있다.
- 목탄분, 인, 황, 유기물 등과 혼합 시 외부 충격이 가해지면 폭발할 수 있다.
- 400℃에서 분해가 시작되며 600℃에서 완전히 분해되고 산소를 방출한다.
  $KClO_4 \rightarrow KCl + 2O_2 \uparrow$
- 강력한 산화제이다.
- 염소산칼륨보다는 안정하지만 가열, 마찰, 충격에 의해 폭발한다.
- 화약, 폭약, 시약, 섬광제, 불꽃류 등에 사용된다.

19 과염소산칼륨의 성질에 대한 설명 중 틀린 것은? 14년·5

① 무색, 무취의 결정으로 물에 잘 녹는다.
② 화학식은 $KClO_4$이다.
③ 에탄올, 에테르에는 녹지 않는다.
④ 화약, 폭약, 섬광제 등에 쓰인다.

20 과염소산칼륨의 성질에 관한 설명 중 틀린 것은? 15년·5

① 무색·무취의 결정이다.
② 알코올, 에테르에 잘 녹는다.
③ 진한 황산과 접촉하면 폭발할 위험이 있다.
④ 400℃ 이상으로 가열하면 분해하여 산소가 발생할 수 있다.

21 다음 물질 중 과염소산칼륨과 혼합하였을 때 발화폭발의 위험이 가장 높은 것은? 20년·4 ▮16년·4

① 석면 ② 금
③ 유리 ④ 목탄

대표빈출 5
과염소산나트륨 $NaClO_4$

- 제1류 위험물 중 과염소산염류
- 지정수량 50kg, 위험등급 I
- 비중 2.50, 융점 482℃, 분해온도 400℃, 용해도 170
- 물, 에틸알코올, 아세톤에 잘 녹고 에테르에 녹지 않는다.
- 무색(또는 백색)무취의 결정이며 조해성이 있다.
- 가열하면 분해되어 산소를 발생시킨다.
  $NaClO_4 \rightarrow NaCl + 2O_2 \uparrow$
- 금속분이나 유기물 등과 폭발성 혼합물을 형성한다.
- 화약이나 폭약, 로켓연료, 과염소산($HClO_4$)의 제조에 쓰인다.

정답 12 ③ 13 ② 14 ① 15 ④ 16 ③ 17 ③ 18 ④ 19 ① 20 ② 21 ④

22 과염소산나트륨의 성질이 아닌 것은? 13년·1

① 수용성이다.
② 조해성이 있다.
③ 분해온도는 약 400℃이다.
④ 물보다 가볍다.

23 과염소산나트륨에 대한 설명으로 옳지 않은 것은? 14년·2

① 가열하면 분해하여 산소를 방출한다.
② 환원제이며 수용액은 강한 환원성이 있다.
③ 수용성이며 조해성이 있다.
④ 제1류 위험물이다.

24 과염소산나트륨의 성질이 아닌 것은?
16년·2 ▌13년·4

① 물과 급격히 반응하여 산소를 발생한다.
② 가열하면 분해되어 조연성 가스를 방출한다.
③ 융점은 400℃보다 높다.
④ 비중은 물보다 무겁다.

대표빈출 6
과산화바륨 BaO_2

- 제1류 위험물 중 무기과산화물
- 지정수량 50kg, 위험등급 I
- 백색의 정방결정계 분말이다.
- 분자량 169.3, 녹는점 450℃, 비중 4.96
- 알칼리토금속의 과산화물 중에서 가장 안정적이다.
- 과산화바륨의 비중은 4.96이므로 물보다 무겁다.
- 산과의 반응식
  $BaO_2 + 2HCl \rightarrow BaCl_2 + H_2O_2$
  $BaO_2 + H_2SO_4 \rightarrow BaSO_4 + H_2O_2$
- 고온에서 분해되어 산소를 발생한다.
  $2BaO_2 \rightarrow 2BaO + O_2 \uparrow$
- 찬물에는 소량 녹고 뜨거운 물에는 분해한다.
  $2BaO_2 + 2H_2O \rightarrow 2Ba(OH)_2 + O_2 \uparrow$
- 연소물질이나 산화제와 접촉하면 화재 및 폭발의 위험이 있다.
- 조연성 물질이며 포, 탄산가스, 분말 소화약제는 소화효과가 미약하므로 사용하지 않는다.
- 화재 시 유독가스가 발생되므로 바람을 등지거나 공기호흡기를 착용하고 소화한다.

25 분자량이 약 169인 백색의 정방정계 분말로서 알칼리토금속의 과산화물 중 매우 안정한 물질이며 테르밋의 점화제 용도로 사용되는 제1류 위험물은? 12년·2

① 과산화칼슘
② 과산화바륨
③ 과산화마그네슘
④ 과산화칼륨

26 과산화바륨의 취급에 대한 설명 중 틀린 것은?
12년·4

① 직사광선을 피하고, 냉암소에 둔다.
② 유기물, 산 등의 접촉을 피한다.
③ 피부와 직접적인 접촉을 피한다.
④ 화재 시 주수소화가 가장 효과적이다.

27 과산화바륨과 물이 반응하였을 때 발생하는 것은? 15년·5

① 수소
② 산소
③ 탄산가스
④ 수성가스

대표빈출 7
과산화나트륨 Na_2O_2

- 제1류 위험물의 무기과산화물
- 지정수량 50kg, 위험등급은 I
- 순도가 높은 것은 백색이나 보통 황색 분말 형태를 띤다.
- 비중 2.8, 융점 460℃, 끓는점 657℃, 분자량 78
- 알코올에 잘 녹지 않는다.
- 상온에서 물과 격렬히 반응하여 산소와 열을 발생시킨다.
  $2Na_2O_2 + 2H_2O \rightarrow 4NaOH + O_2 \uparrow + Q\,kcal$
- 산과 반응하여 과산화수소를 발생한다.
  $Na_2O_2 + 2HCl \rightarrow 2NaCl + H_2O_2 \uparrow$
  $Na_2O_2 + 2CH_3COOH \rightarrow 2CH_3COONa + H_2O_2 \uparrow$
- 가열하면 분해되어 산소가 발생된다.
  $2Na_2O_2 \rightarrow 2Na_2O + O_2 \uparrow$
- 가연성 물질과 접촉하면 발화한다.
- 조해성이 있으므로 물이나 습기가 적으며 서늘하고 환기가 잘되는 곳에 보관한다.
- CO_2와 CO 제거제로 작용한다.
  $2Na_2O_2 + 2CO_2 \rightarrow 2Na_2CO_3 + O_2 \uparrow$
  $Na_2O_2 + CO \rightarrow Na_2CO_3$
- 알칼리금속의 과산화물이므로 주수소화는 절대로 금하고 이산화탄소와 할로겐화합물 소화약제도 사용할 수 없다.
- 팽창질석, 팽창진주암, 마른모래, 탄산수소염류 분말소화약제 등으로 질식소화 한다.

28 과산화나트륨이 물과 반응하면 어떤 물질과 산소를 발생하는가?   15년·1
① 수산화나트륨   ② 수산화칼륨
③ 질산나트륨   ④ 아염소산나트륨

29 과산화나트륨에 대한 설명 중 틀린 것은?   15년·4
① 순수한 것은 백색이다.
② 상온에서 물과 반응하여 수소 가스를 발생한다.
③ 화재 발생 시 주수소화는 위험할 수 있다.
④ CO 및 CO_2 제거제를 제조할 때 사용된다.

30 과산화나트륨에 대한 설명으로 틀린 것은?   16년·4
① 알코올에 잘 녹아서 산소와 수소를 발생시킨다.
② 상온에서 물과 격렬하게 반응한다.
③ 비중이 약 2.8이다.
④ 조해성 물질이다.

31 과산화나트륨의 화재 시 주수소화가 위험한 이유는?   18년·1
① 수소와 열을 발생하기 때문이다.
② 산소와 열을 발생하기 때문이다.
③ 수소를 발생하고 열을 흡수하기 때문이다.
④ 산소를 발생하고 열을 흡수하기 때문이다.

32 물과 반응하여 가연성 가스를 발생하지 않는 것은?   20년·1
① 칼륨   ② 과산화나트륨
③ 탄화알루미늄   ④ 트리에틸알루미늄

해설 과산화나트륨은 물과 반응하여 조연성의 산소 기체를 발생한다.
$2Na_2O_2 + 2H_2O \rightarrow 4NaOH + O_2 \uparrow + Q\,kcal$

PART 1
출제테마정리 /
출제대표85유형

정답 22 ④ 23 ② 24 ① 25 ② 26 ④ 27 ② 28 ① 29 ② 30 ① 31 ② 32 ②

대표빈출 8 황화린

1. 제2류 위험물, 지정수량 100kg, 위험등급 II
2. 종류 : 삼황화린(P_4S_3), 오황화린(P_2S_5), 칠황화린(P_4S_7)

(1) 삼황화린(P_4S_3)
- 황색의 결정성 덩어리이다.
- 조해성이 없다.
  - 질산, 이황화탄소(CS_2), 알칼리에는 녹지만 염산, 황산, 물에는 녹지 않는다.
- 연소반응식
  $P_4S_3 + 8O_2 \rightarrow 2P_2O_5 + 3SO_2 \uparrow$
- 공기 중 약 100℃에서 발화하고 마찰에 의해 자연발화 할 수 있다.
- 과산화물, 과망간산염, 금속분과 공존하면 자연발화 할 수 있다.

(2) 오황화린(P_2S_5)
- 담황색의 결정이다.
- 조해성과 흡습성이 있으며 알코올이나 이황화탄소(CS_2)에 녹는다.
- 습한 공기 중에서 분해되어 황화수소를 발생시킨다.
- 물이나 알칼리와 반응하여 황화수소와 인산을 발생한다.
  $P_2S_5 + 8H_2O \rightarrow 5H_2S + 2H_3PO_4$
- 연소반응식
  $2P_2S_5 + 15O_2 \rightarrow 2P_2O_5 \uparrow + 10SO_2 \uparrow$
- 주수 냉각소화는 적절하지 않으며 분말, 이산화탄소, 건조사 등으로 질식소화 한다.

(3) 칠황화린(P_4S_7)
- 담황색 결정이다.
- 조해성이 있다.
- 이황화탄소(CS_2)에 약간 녹는다.
- 냉수에서는 서서히 분해되며 더운물에서는 급격하게 분해되어 황화수소와 인산을 발생시킨다.
  $P_4S_7 + 13H_2O \rightarrow H_3PO_4 + 3H_3PO_3 + 7H_2S$
  (아인산)
- 연소반응식 :
  $P_4S_7 + 12O_2 \rightarrow 2P_2O_5 + 7SO_2$

❖ 황화린의 종류에 따른 물리적 특성

구분 \ 종류	삼황화린	오황화린	칠황화린
성상	황록색 결정	담황색 결정	담황색 결정
화학식	P_4S_3	P_2S_5	P_4S_7
비중	2.03	2.09	2.19
융점(℃)	172.5	290	310
비점(℃)	407	490	523
착화점(℃)	약 100	142	-
조해성	×	○	○

33 삼황화린과 오황화린의 공통점이 아닌 것은?

13년·2

① 물과 접촉하여 인화수소가 발생한다.
② 가연성 고체이다.
③ 분자식이 P와 S로 이루어져 있다
④ 연소 시 오산화린과 이산화황이 생성된다.

34 오황화린이 물과 작용 했을 때 주로 발생되는 기체는?

13년·4

① 포스핀   ② 포스겐
③ 황산가스   ④ 황화수소

35 삼황화린의 연소 시 발생하는 가스에 해당하는 것은?

14년·4 ▌14년·5 유사

① 이산화황   ② 황화수소
③ 산소   ④ 인산

36 오황화린이 물과 반응하였을 때 생성된 가스를 연소시키면 발생하는 독성이 있는 가스는?

18년·1

① 이산화질소   ② 포스핀
③ 염화수소   ④ 이산화황

해설
- $P_2S_5 + 8H_2O \rightarrow 5H_2S + 2H_3PO_4$
- $2H_2S + 3O_2 \rightarrow 2SO_2 + 2H_2O$

37 다음 중 일반적으로 알려진 황화린의 세 종류가 아닌 것은? 18년·2

① P_4S_3
② P_2S_5
③ P_4S_7
④ P_2S_9

대표비중 9 적린과 황린의 비교

❖ 적린과 황린의 비교

특성		구분	적린	황린
공통점			• 서로 동소체 관계이다(성분 원소가 같다). • 연소할 경우 오산화인(P_2O_5)을 생성한다. • 주수소화가 가능하다. • 물에 잘 녹지 않는다. • 물보다 무겁다. (적린 비중 : 2.2, 황린 비중 : 1.82) • 알칼리와 반응하여 포스핀 가스를 발생한다.	
차이점	화학식		P	P_4
	분류		제2류 위험물	제3류 위험물
	성상		암적색의 분말	백색 또는 담황색 고체
	착화온도		약 260℃	34℃ (미분), 60℃ (고형)
	자연발화		×	○
	이황화탄소에 대한 용해성		×	○
	화학적 활성		작다	크다
	안정성		안정하다	불안정하다

38 적린과 동소체 관계에 있는 위험물은? 12년·4

① 오황화린
② 인화알루미늄
③ 인화칼슘
④ 황린

39 적린에 관한 설명 중 틀린 것은? 12년·5

① 물에 잘 녹는다.
② 화재 시 물로 냉각소화 할 수 있다.
③ 황린에 비해 안정하다.
④ 황린과 동소체이다.

40 황린에 관한 설명 중 틀린 것은? 15년·4

① 물에 잘 녹는다.
② 화재 시 물로 냉각소화 할 수 있다.
③ 적린에 비해 불안정하다.
④ 적린과 동소체이다.

41 적린과 황린의 공통적인 성질로 옳은 것은? 19년·1

① 맹독성이다.
② 물, 이황화탄소에 녹는다.
③ 냄새가 없는 적색가루이다.
④ 연소할 때는 흰 연기의 오산화인을 발생한다.

해설 ① 적린은 독성이 강하지 않다.
② 둘 다 물에는 불용이며 적린은 이황화탄소에도 녹지 않는다.
③ 적린은 냄새가 없지만 황린은 마늘과 같은 냄새를 풍긴다.

정답 33 ① 34 ④ 35 ① 36 ④ 37 ④ 38 ④ 39 ① 40 ① 41 ④

대표빈출 10 적린 P

- 2류 위험물(가연성 고체)
- 지정수량 100kg, 위험등급 II
- 냄새 없는 암적색의 분말이며 황린(P_4)과 동소체이다.
- 공기 차단 후 황린을 260℃로 가열하면 적린이 된다.
- 조해성이 있다.
- 발화점 260℃, 녹는점 600℃, 비중 2.2
- 브롬화인에는 녹으나 물, 이황화탄소(CS_2), 에테르, 암모니아 등에는 녹지 않는다.
- 황린에 비해 안정하고 자연발화성 물질은 아니며 맹독성을 나타내지도 않는다.
- 연소하면 흰 연기의 유독성 오산화인(P_2O_5)을 발생한다.
  $4P + 5O_2 \rightarrow 2P_2O_5$
- 밀폐 공기 중 분진 상태로 부유하면 점화원으로 인해 분진폭발을 일으킬 수 있다.
- 무기과산화물과 혼합한 상태에서 소량의 수분이 침투하면 발화한다.
- 화재 시에는 다량의 물로 주수 냉각소화 한다.
- 강산화제와 혼합되면 충격, 마찰, 가열 등에 의해 폭발할 수 있다.
  $6P + 5KClO_3 \rightarrow 5KCl + 3P_2O_5 \uparrow$
- 산화제인 염소산염류(염소산칼륨)와의 혼합을 절대 금한다.

42 적린의 성질에 대한 설명 중 틀린 것은?

13년·1

① 물이나 이황화탄소에 녹지 않는다.
② 발화온도는 약 260℃ 정도이다.
③ 연소할 때 인화수소 가스가 발생한다.
④ 산화제가 섞여 있으면 마찰에 의해 착화하기 쉽다.

43 적린의 성질에 대한 설명 중 옳지 않은 것은?

15년·1

① 황린과 성분 원소가 같다.
② 발화온도는 황린보다 낮다.
③ 물, 이황화탄소에 녹지 않는다.
④ 브롬화인에 녹는다.

44 적린의 위험성에 관한 설명 중 옳은 것은?

15년·1

① 공기 중에 방치하면 폭발한다.
② 산소와 반응하여 포스핀 가스를 발생한다.
③ 연소 시 적색의 오산화인이 발생한다.
④ 강산화제와 혼합하면 충격·마찰에 의해 발화할 수 있다.

45 적린의 성질 및 취급 방법에 대한 설명 중 옳지 않은 것은?

17년·1

① 화재 발생 시 냉각소화가 가능하다.
② 공기 중에 방치하면 자연발화 할 수 있다.
③ 비금속 원소이다.
④ 산화제와 격리하여 보관, 저장한다.

46 적린의 위험성에 관한 설명 중 옳은 것은?

18년·2

① 물과 반응하여 발화 및 폭발한다.
② 공기 중에 방치하면 폭발한다.
③ 염소산칼륨과 혼합하면 마찰에 의해 발화할 수 있다.
④ 황린에 비해 불안정하다.

대표빈출 11
유황 S

- 제2류 위험물 중 유황
- 지정수량 100kg, 위험등급 II
- 순도가 60중량% 이상인 것을 위험물로 간주한다.
- 황색 결정 또는 미황색 분말
- 원자량 32, 녹는점 115.2℃, 끓는점 444.6℃, 인화점 207℃, 비중 2.07
- 동소체 – 단사황, 사방황, 고무상황
- 산소를 함유하지 않은 강한 환원성 물질이다.
- 물에는 녹지 않으며 알코올에는 난용성이고 이황화탄소에는 고무상황 이외에는 잘 녹는다.
- 연소 시 유독가스인 이산화황(SO_2)을 발생시킨다.
- 고온에서 용융된 유황은 수소와 반응하여 H_2S를 생성하며 발열한다.
- 밀폐된 공간에서 분진 상태로 존재하면 폭발할 수 있다.
- 전기의 부도체로서 마찰에 의한 정전기가 발생할 수 있다.
- 염소산염이나 과염소산염 등과의 접촉을 금한다.
- 가연물이나 산화제와의 혼합물은 가열, 충격, 마찰 등에 의해 발화할 수 있다.
- 산화제와의 혼합물이 연소할 경우 다량의 물에 의한 주수소화가 효과적이다.

47 황의 성질로 옳은 것은? 13년·2
① 전기 양도체이다.
② 물에는 매우 잘 녹는다.
③ 이산화탄소와 반응한다.
④ 미분은 분진폭발의 위험성이 있다.

48 유황에 대한 설명으로 옳지 않은 것은? 14년·5
① 연소 시 황색 불꽃을 보이며 유독한 이황화탄소를 발생한다.
② 미세한 분말 상태에서 부유하면 분진폭발의 위험이 있다.
③ 마찰에 의해 정전기가 발생할 우려가 있다.
④ 고온에서 용융된 유황은 수소와 반응한다.

49 유황의 특성 및 위험성에 대한 설명 중 틀린 것은? 15년·5
① 산화성 물질이므로 환원성 물질과 접촉을 피해야 한다.
② 전기의 부도체이므로 전기 절연체로 쓰인다.
③ 공기 중 연소 시 유해가스를 발생한다.
④ 일반상태의 경우 분진폭발의 위험성이 있다.

50 다음 위험물의 화재 시 주수소화가 가능한 것은? 17년·1
① 철분 ② 마그네슘
③ 나트륨 ④ 황

정답 42 ③ 43 ② 44 ④ 45 ② 46 ③ 47 ④ 48 ① 49 ① 50 ④

대표빈출 12 금속분

1. 금속분의 의의
"금속분"이라 함은 알칼리금속·알칼리토류금속·철 및 마그네슘 외의 금속의 분말을 말하고, 구리분·니켈분 및 150 μm의 체를 통과하는 것이 50중량퍼센트 미만인 것은 제외한다.

2. 금속분에서 제외되는 것들
- 알칼리금속, 알칼리토금속 : 제3류 위험물로서 별도로 규정하고 있다.
- 철분, 마그네슘 : 제2류 위험물의 별도 품명으로 규정하고 있다.
- 코발트분, 니켈분, 구리분, 로듐분, 팔라듐분 : 가연성, 폭발성이 없어 제외한다.
- 수은 : 상온에서 액체 상태로 존재하므로 제외한다.
- 기타 지구상에 존재가 희박한 희귀한 원소들

51 분말의 형태로서 150 마이크로미터의 체를 통과하는 것이 50 중량퍼센트 이상인 것만 위험물로 취급되는 것은? 12년·1
① Fe　　② Sn
③ Ni　　④ Cu

52 위험물안전관리법령상 품명이 금속분에 해당하는 것은? (단, 150μm의 체를 통과하는 것이 50wt % 이상인 경우이다.) 16년·2 15년·1
① 니켈분　　② 마그네슘분
③ 알루미늄분　④ 구리분

53 분말의 형태로서 150 마이크로미터의 체를 통과하는 것이 50 중량퍼센트 이상인 것만 위험물로 취급되는 것은? 18년·2 15년·5
① Zn　　② Fe
③ Ni　　④ Ca

대표빈출 13 알루미늄분

- 제2류 위험물 중 금속분
- 지정수량 500kg, 위험등급 Ⅲ
- 은백색의 광택이 있는 무른 금속이다.
- 녹는점 660℃, 끓는점 2,327℃, 비중 2.7
- 연성과 전성이 좋으며 열전도율과 전기전도도가 크다.
- 진한 질산에는 녹지 않으며 황산, 묽은 염산, 묽은 질산 등에 잘 녹는다.
- 산화제와 혼합하면 가열, 충격, 마찰 등으로 발화·폭발한다.
- 할로겐 원소와 혼합되면 자연 발화할 가능성이 있다.
- 온수와도 격렬하게 반응하여 수소 기체를 발생한다. $2Al + 6H_2O \rightarrow 2Al(OH)_3 + 3H_2 \uparrow$
- 염산이나 황산과 반응하면 가연성의 수소 기체를 발생한다.
  $2Al + 6HCl \rightarrow 2AlCl_3 + 3H_2 \uparrow$
  $2Al + 3H_2SO_4 \rightarrow Al_2(SO_4)_3 + 3H_2 \uparrow$
- 알칼리 수용액과 반응하여 수소 기체를 발생한다.
  $2Al + 2NaOH + 2H_2O \rightarrow 2NaAlO_2 + 3H_2 \uparrow$
  $2Al + 2KOH + 2H_2O \rightarrow 2KAlO_2 + 3H_2 \uparrow$
- 분말 자체가 발화하기는 쉽지 않으나 한 번 발화하면 많은 열을 발생하며 연소한다.
  $4Al + 3O_2 \rightarrow 2Al_2O_3 + 339 kcal$
- 수분이나 산, 알칼리 수용액 등과 접촉하면 수소 기체가 발생하므로 밀폐 용기에 넣어 건조한 곳에 보관해야 한다.
- 화재 시 물을 이용한 냉각소화는 부적당하다. 주수하게 되면 물로 인해 급격히 발생하는 수증기의 압력과 수증기 분해에 의한 수소 발생으로 인하여 금속분이 비산·폭발하고 화재범위를 확대시킨다.

54 알루미늄분의 위험성에 대한 설명 중 틀린 것은? 14년·1

① 할로겐 원소와 접촉 시 자연발화의 위험성이 있다.
② 산과 반응하여 가연성 가스인 수소를 발생한다.
③ 발화하면 다량의 열이 발생한다.
④ 뜨거운 물과 격렬히 반응하여 산화알루미늄을 발생한다.

55 알루미늄분의 위험성에 대한 설명 중 틀린 것은? 18년·1

① 연소 시 수산화알루미늄과 수소를 발생한다.
② 뜨거운 물과 접촉 시 격렬하게 반응한다.
③ 산화제와 혼합하면 가열, 충격 등으로 발화할 수 있다.
④ 염산과 반응하면 수소를 발생한다.

해설 알루미늄이 연소하면 산화알루미늄이 된다.
$4Al + 3O_2 \rightarrow 2Al_2O_3$

56 알루미늄분의 위험성에 대한 설명 중 틀린 것은? 18년·2

① 물보다 무겁다.
② 산과 반응하여 가연성 가스인 수소를 발생한다.
③ 할로겐원소와는 반응하지 않는다.
④ 알칼리 수용액과 반응하여 수소를 발생한다.

57 알루미늄분에 대한 설명으로 옳은 것은? 20년·1 ▮ 16년·4 ▮ 20년·2 유사

① 끓는 물과 반응하면 수소 기체를 발생한다.
② 안전한 저장을 위해 할로겐 원소와 혼합한다.
③ 금속 중에서 연소 열량이 가장 작다.
④ 수산화나트륨 수용액과 반응하면 산소를 발생한다.

해설 ③ 연소반응이 진행되면 몰 당 약 85kcal의 열을 발생시키며 간혹 200℃ 정도의 고온이 형성되기도 한다.
$4Al + 3O_2 \rightarrow 2Al_2O_3 + 339kcal$

대표빈출 14
금속칼륨 K 금속나트륨 Na

1. 나트륨과 칼륨의 공통점
- 제3류 위험물이며 자연발화성과 금수성을 모두 지니고 있는 물질이다.
- 지정수량 10kg, 위험등급 I
- 은백색 광택의 무른 경금속이다.
- 제3류 위험물 대부분은 불연성이나 나트륨과 칼륨은 가연성이다.
- 공기 중에서 방치하면 자연발화 할 수 있다.
- 물과 격렬하게 반응하여 수산화물과 수소를 생성한다.
$2K + 2H_2O \rightarrow 2KOH + H_2$
$2Na + 2H_2O \rightarrow 2NaOH + H_2 \uparrow$
- 알코올과 반응하여 알콕시화물이 되며 수소 기체를 발생한다.
$2K + 2C_2H_5OH \rightarrow 2C_2H_5OK + H_2 \uparrow$
칼륨에텔레이트
$2Na + 2C_2H_5OH \rightarrow 2C_2H_5ONa + H_2 \uparrow$
나트륨에텔레이트
- 이산화탄소 및 사염화탄소와 폭발반응을 일으킨다.
$4K + 3CO_2 \rightarrow 2K_2CO_3 + C$ (연소폭발)

정답 51 ② 52 ③ 53 ① 54 ④ 55 ① 56 ③ 57 ①

$4Na + 3CO_2 \rightarrow 2Na_2CO_3 + C$
$4K + CCl_4 \rightarrow 4KCl + C$ (폭발)
$4Na + CCl_4 \rightarrow 4NaCl + C$

- 액체 암모니아에 녹아 수소 기체를 발생한다.
- 산과 반응하고 수소 기체를 발생한다.
- 공기 중 수분이나 산소와의 접촉을 피하기 위해 유동성 파라핀, 경유, 등유 속에 저장한다.
- 물보다 가볍다.
- 실온의 공기 중에서 빠르게 산화되어 피막을 형성하며 광택을 잃는다.

2. 금속칼륨(K)

- 녹는점 63.7℃, 끓는점 774℃, 비중 0.86, 증기비중 1.3
- 나트륨보다 반응성이 크다.
- 가열하면 보라색의 불꽃을 내면서 연소한다.
- 연소 중인 칼륨에 건조사를 뿌리면 모래 중의 규소와 격렬히 반응하므로 위험하다.

3. 금속나트륨(Na)

- 녹는점 97.7℃, 끓는점 877.5℃, 인화점 115℃, 비중 0.97
- 공기 중에서 연소하면 독특한 노란색 불꽃을 낸다.
- 나트륨은 공기 중에 노출되면 표면이 산화물 및 수산화물로 피복되는데 수산화물은 흡습성이 있어 대기 중의 수분을 흡수하게 되고 이 수분이 금속과 반응하여 화재를 일으킨다.
- 나트륨은 덩어리 상태로 있어도 용융되며 발생된 수소는 연소된다.
- 화재가 일어날 경우 소화의 어려움이 있으므로 가급적이면 소량씩 나누어서 저장한다.

58 금속나트륨과 금속칼륨의 공통적인 성질에 대한 설명으로 옳은 것은?   13년·5

① 불연성 고체이다.
② 물과 반응하여 산소를 발생한다.
③ 은백색의 매우 단단한 금속이다.
④ 물보다 가벼운 금속이다.

59 금속나트륨에 대한 설명으로 옳지 않은 것은?   14년·2

① 물과 격렬히 반응하여 발열하고 수소가스를 발생한다.
② 에틸알코올과 반응하여 나트륨에틸라이트와 수소가스를 발생한다.
③ 할로겐화합물 소화약제는 사용할 수 없다.
④ 은백색의 광택이 있는 중금속이다.

60 금속칼륨과 금속나트륨은 어떻게 보관하여야 하는가?   15년·1

① 공기 중에 노출하여 보관
② 물속에 넣어서 밀봉하여 보관
③ 석유 속에 넣어서 밀봉하여 보관
④ 산소 존재하의 그늘지고 통풍이 잘되는 곳에 보관

61 나트륨에 관한 설명으로 옳은 것은?   15년·5

① 물보다 무겁다.
② 융점이 100℃보다 높다.
③ 물과 격렬히 반응하여 산소를 발생시키고 발열한다.
④ 등유는 반응이 일어나지 않아 저장에 사용된다.

62 석유 속에 저장되어 있는 금속 조각을 떼어 불꽃반응을 하였더니 노란 불꽃을 나타내었다. 이 금속은 무엇인가?   17년·1

① 칼륨   ② 나트륨
③ 바륨   ④ 리튬

63 금속칼륨의 보호액으로 적당하지 않은 것은?

19년 · 4

① 등유　　② 유동성 파라핀
③ 경유　　④ 에탄올

해설 금속칼륨은 에탄올과 만나면 칼륨에틸레이트와 수소를 발생하므로 에탄올은 보호액으로 적당하지 않다.

64 취급을 잘못하여 나트륨 표면이 회백색으로 변하였다. 변화된 나트륨의 분자식으로 옳은 것은?

20년 · 1

① NaCl　　② NaOH
③ Na_2O　　④ $NaNO_3$

해설 금속나트륨은 공기 중의 산소와 반응하면 산화나트륨(Na_2O)이 되어 표면이 회백색으로 변한다.
$4Na + O_2 \rightarrow 2Na_2O$

대표빈출 15
황린 P_4

- 제3류 위험물 중 황린 – 자연발화성 물질
- 지정수량 20kg, 위험등급 I
- 착화점 34°C(미분) 60°C(고형), 녹는점 44°C, 끓는점 280°C, 비중 1.82, 증기비중 4.4
- 마늘과 같은 자극적인 냄새가 나는 백색 또는 담황색의 가연성 고체이다.
- 벤젠이나 이황화탄소에는 녹지만 물에는 녹지 않는다.
- 물과의 반응성이 없고 공기와 접촉하면 자연발화 할 수 있으므로 물속에 넣어 보관한다.
- $Ca(OH)_2$를 첨가함으로써 물의 pH를 9로 유지하여 포스핀(인화수소)의 생성을 방지한다.
- 발화점이 낮고 화학적 활성이 커서 공기 중에 노출되면 자연발화 한다.
- 충격, 마찰, 강산화제와의 접촉 등으로 발화할 수 있다.

- 공기 중에서 격렬히 연소하며 흰 연기의 오산화인(P_2O_5)을 발생시킨다(오산화인은 흡입 시 치명적이며 피부에 심한 화상과 눈에 손상을 일으킨다.).
  $P_4 + 5O_2 \rightarrow 2P_2O_5$
- 강알칼리 수용액과 반응하여 유독성의 포스핀(PH_3) 가스를 발생시킨다.
  $P_4 + 3KOH + 3H_2O \rightarrow 3KH_2PO_2 + PH_3 \uparrow$
- 분무주수에 의한 냉각소화가 효과적이며 분말 소화설비에는 적응성이 없다.
- 공기를 차단하고 260°C 정도로 가열하면 적린이 된다.

65 황린의 저장 및 취급에 있어서 주의할 사항 중 옳지 않은 것은?

13년 · 1

① 독성이 있으므로 취급에 주의할 것
② 물과의 접촉을 피할 것
③ 산화제와의 접촉을 피할 것
④ 화기의 접근을 피할 것

66 황린의 저장 방법으로 옳은 것은? 14년 · 2

① 물속에 저장한다.
② 공기 중에 보관한다.
③ 벤젠 속에 저장한다.
④ 이황화탄소 속에 보관한다.

67 황린의 위험성에 대한 설명으로 틀린 것은?

14년 · 5

① 공기 중에서 자연발화의 위험성이 있다.
② 연소 시 발생되는 증기는 유독하다.
③ 화학적 활성이 커서 CO_2, H_2O 와 격렬히 반응한다.
④ 강알칼리 용액과 반응하여 독성 가스를 발생한다.

정답 58 ④　59 ④　60 ③　61 ④　62 ②　63 ④　64 ③　65 ②　66 ①　67 ③

68 황린의 취급 및 주의사항으로 잘못된 것은?

17년 · 2

① 강한 독성을 지니며 피부에 닿으면 화상을 입는다.
② 공기와의 접촉을 차단하기 위해 물속에 저장한다.
③ 온도가 높아지면 용해도는 증가한다.
④ 공기와의 접촉을 차단하기 위해 등유 속에 보관한다.

69 황린에 대한 설명으로 틀린 것은? 18년 · 3

① 환원력이 강하다.
② 담황색 또는 백색의 고체이다.
③ 벤젠에는 불용이나 물에는 잘 녹는다.
④ 마늘 냄새와 같은 자극적인 냄새가 난다.

70 담황색의 고체로 물속에 보관하며 치사량이 0.02~0.05g의 맹독성 물질인 제3류 위험물은?

18년 · 4

① 칼륨
② 적린
③ 탄화칼슘
④ 황린

71 저장 용기에 물을 넣어 보관하고, $Ca(OH)_2$을 넣어 pH 9의 약알칼리성으로 유지시키면서 저장하는 물질은? 19년 · 1 ▌13년 · 5

① 적린
② 황린
③ 질산
④ 황화린

대표빈출 16
탄화칼슘 CaC_2

- 제3류 위험물 중 칼슘 또는 알루미늄의 탄화물
- 지정수량 300kg, 위험등급 Ⅲ
- 일명 '칼슘카바이드'
- 순수한 것은 무색투명하나 대부분 흑회색의 불규칙한 덩어리 상태로 시판된다.
- 녹는점 2,370℃, 비중 2.2
- 건조 공기 중에서는 비교적 안정하다.
- 350℃ 이상으로 가열하면 산화된다.
  $2CaC_2 + 5O_2 \rightarrow 2CaO + 4CO_2 \uparrow$
- 질소 존재하에서 고온(보통 700℃ 이상)으로 가열하면 칼슘시안아미드(석회질소)가 생성된다.
  $CaC_2 + N_2 \rightarrow CaCN_2 + C$
- 물과 반응하면 소석회(수산화칼슘)와 아세틸렌가스가 생성된다.
  $CaC_2 + 2H_2O \rightarrow Ca(OH)_2 + C_2H_2 \uparrow$
- 아세틸렌이나 석회질소 제조, 탈수제, 용접용 단봉 등에 사용된다.
- 화재 시 물을 사용해서는 안되며 탄산수소염류 분말소화약제, 건조사, 팽창질석, 팽창진주암을 사용하여 질식소화한다.
- 금속화재용 분말 소화약제에 의한 질식소화가 가능하다.
- 습기가 없고 환기가 잘되는 냉소에 보관한다.
- 밀폐용기에 보관하는 것이 가장 좋고 장기간 보관할 경우에는 불연성 가스(질소, 아르곤 등)를 충전하도록 한다.

72 탄화칼슘에 대한 설명으로 틀린 것은? 12년 · 5

① 시판품은 흑회색이며 불규칙한 형태의 고체이다.
② 물과 작용하여 산화칼슘과 아세틸렌을 만든다.
③ 고온에서 질소와 반응하여 칼슘시안아미드(석회질소)가 생성된다.
④ 비중은 약 2.2이다.

73 탄화칼슘의 취급 방법에 대한 설명으로 옳지 않은 것은? 14년·2

① 물, 습기와의 접촉을 피한다.
② 건조한 장소에 밀봉·밀전하여 보관한다.
③ 습기와 작용하여 다량의 메탄이 발생하므로 저장 중에 메탄가스의 발생유무를 조사한다.
④ 저장 용기에 질소가스 등 불활성가스를 충전하여 저장한다.

74 탄화칼슘의 성질에 대하여 옳게 설명한 것은? 16년·1

① 공기 중에서 아르곤과 반응하여 불연성 기체를 발생한다.
② 공기 중에서 질소와 반응하여 유독한 기체를 낸다.
③ 물과 반응하면 탄소가 생성된다.
④ 물과 반응하여 아세틸렌가스가 생성된다.

75 탄화칼슘은 물과 반응 시 위험성이 증가하는 물질이다. 물과 반응하면 어떤 가스가 발생하기 때문인가? 18년·1

① 에탄   ② 에틸렌
③ 메탄   ④ 아세틸렌

76 화재발생 시 주수소화 하면 오히려 위험성이 증대되는 것은 무엇인가? 18년·1

① 황린   ② 적린
③ 탄화칼슘   ④ 니트로셀룰로오스

대표빈출 17
인화칼슘 Ca_3P_2

- 제3류 위험물 중 금속의 인화물
- 지정수량 300kg, 위험등급 Ⅲ
- 분자량 182, 비중 2.51, 융점 1,600℃
- 적갈색의 결정성 분말이다.
- 알코올, 에테르에 녹지 않는다.
- 물과 반응하여 수산화칼슘과 포스핀을 생성한다.
  $Ca_3P_2 + 6H_2O \rightarrow 3Ca(OH)_2 + 2PH_3 \uparrow$ (포스핀)
- 산과 반응하면 염화칼슘과 포스핀을 생성한다.
  $Ca_3P_2 + 6HCl \rightarrow 3CaCl_2 + 2PH_3 \uparrow$ (포스핀)
- 건조한 공기 중에서는 안정하다.
- 습기 존재하에서 에테르, 벤젠, 이황화탄소 등과 접촉하면 발화할 수 있다.
- 물이나 포 약제를 이용한 소화는 절대 금지사항이며 마른 모래를 이용한 피복소화가 효과적이다.

77 인화칼슘이 물과 반응하였을 때 발생하는 가스에 대한 설명으로 옳은 것은? 13년·2

① 폭발성인 수소를 발생한다.
② 유독한 인화수소를 발생한다.
③ 조연성인 산소를 발생한다.
④ 가연성인 아세틸렌을 발생한다.

78 인화칼슘이 물과 반응할 경우에 대한 설명 중 틀린 것은? 16년·2

① 발생 가스는 가연성이다.
② 포스겐 가스가 발생한다.
③ 발생 가스는 독성이 강하다.
④ $Ca(OH)_2$가 생성된다.

정답 68 ④ 69 ③ 70 ④ 71 ② 72 ② 73 ③ 74 ④ 75 ④ 76 ③ 77 ② 78 ②

79 물과 반응하여 포스핀 가스를 발생시키는 것은?
17년·2
① Ca_3P_2　　② CaC_2
③ P　　④ P_4

80 인화칼슘으로 인한 화재 시 소화약제로 적절하지 않은 것은?
17년·4
① 이산화탄소
② 물
③ 건조사
④ 금속화재용 분말 소화약제

81 인화칼슘이 물 또는 염산과 반응했을 때 공통적으로 생성되는 물질은?
19년·4
① $Ca(OH)_2$　　② $CaCl_2$
③ PH_3　　④ H_3PO_4

대표빈출 18
이황화탄소 CS_2

- 제4류 위험물 중 특수인화물
- 지정수량 50ℓ, 위험등급 Ⅰ
- 분자량 76, 인화점 −30℃, 착화점 100℃, 연소범위 1~44%
- 순수한 것은 무색투명한 휘발성 액체이지만 햇빛에 노출되면 황색으로 변한다.
- 비수용성이며 알코올, 에테르, 벤젠 등에는 녹는다.
- 비중이 1.26이므로 물보다 무겁고 독성이 있다.
- 증기비중이 2.62로 공기보다는 무거워 증기 누출 시 바닥에 깔린다.
- 착화온도는 100℃로 제4류 위험물 중 가장 낮다.
- 연소반응 : $CS_2 + 3O_2 \rightarrow CO_2 + 2SO_2$
- 150℃ 이상의 고온의 물과 반응하여 황화수소를 발생한다.

$CS_2 + 2H_2O \rightarrow CO_2 + 2H_2S$

- 알칼리금속과 접촉하면 발화하거나 폭발할 수 있다.
- 비스코스 레이온(인조섬유), 고무용제, 살충제, 도자기 등에 사용된다.
- 가연성 증기의 발생 억제를 위해 물속에 저장한다.
- 분말, 포말, 할로겐화합물 소화기를 이용해 질식소화 한다.

82 비스코스 레이온 원료로서, 비중이 약 1.3, 인화점이 약 −30℃이고, 연소 시 유독한 아황산가스를 발생시키는 위험물은?
14년·4
① 황린　　② 이황화탄소
③ 테레핀유　　④ 장뇌유

83 다음 중 무색투명한 휘발성 액체로서 물에 녹지 않고 물보다 무거워서 물속에 보관하는 위험물은?
17년·5 ▮ 12년·5
① 경유　　② 황린
③ 유황　　④ 이황화탄소

84 이황화탄소를 화재 예방상 물속에 저장하는 이유는?
15년·4 ▮ 14년·1 유사 ▮ 19년·2 유사
① 불순물을 물에 용해시키기 위해
② 가연성 증기의 발생을 억제하기 위해
③ 상온에서 수소 가스를 발생시키기 때문에
④ 공기와 접촉하면 즉시 폭발하기 때문에

대표빈출 19
디에틸에테르 $C_2H_5OC_2H_5$

- 제4류 위험물 중 특수인화물
- 지정수량 50ℓ, 위험등급 Ⅰ
- 에틸에테르라고도 함

- 구조식

$$H-\overset{\overset{H}{|}}{\underset{\underset{H}{|}}{C}}-\overset{\overset{H}{|}}{\underset{\underset{H}{|}}{C}}-O-\overset{\overset{H}{|}}{\underset{\underset{H}{|}}{C}}-\overset{\overset{H}{|}}{\underset{\underset{H}{|}}{C}}-H$$

- 제조방법

$$C_2H_5OH + C_2H_5OH \xrightarrow{(H_2SO_4,\ 140℃)} C_2H_5OC_2H_5 + H_2O$$

- 분자량 74, 인화점 −45℃, 착화점 180℃, 비중 0.71, 증기비중 2.55, 연소범위 1.9 ~ 48%
- 인화점이 −45℃로 제4류 위험물 중 인화점이 가장 낮은 편에 속한다.
- 무색투명한 유동성 액체이다.
- 알코올에는 잘 녹지만, 물에는 잘 녹지 않으며 물 위에 뜨므로 물속에 저장하지는 않는다.
- 유지 등을 잘 녹이는 용제이다.
- 휘발성이 강하며 마취성이 있어 전신마취에 사용된 적도 있다.
- 전기의 부도체로 정전기가 발생할 수 있으므로 저장할 때 소량의 염화칼슘을 넣는다.
- 강산화제 및 강산류와 접촉하면 발열 발화한다.
- 체적 팽창률(팽창계수)이 크므로 용기의 공간 용적을 2% 이상 확보하도록 한다.
- 공기와 장시간 접촉하면 산화되어 폭발성의 불안정한 과산화물이 생성된다.
- 직사일광에 의해서도 분해되어 과산화물이 생성되므로 이의 방지를 위해 갈색 병에 밀전, 밀봉하여 보관하며 증기누출이 용이하고 증기압이 높아 용기가 가열되면 파손, 폭발할 수도 있으므로 불꽃 등 화기를 멀리하고 통풍이 잘되는 냉암소에 보관한다.
- 과산화물의 생성 방지 및 제거
  - 생성 방지 : 과산화물의 생성을 방지하기 위해 저장 용기에 40 메시(mesh)의 구리망을 넣어둔다.
  - 생성 여부 검출 : 10% 요오드화칼륨 수용액으로 검출하며 과산화물 존재 시 황색으로 변한다.
  - 과산화물 제거시약 : 황산제1철, 환원철
- 대량으로 저장할 경우에는 불활성가스를 봉입한다.
- 화재 시 이산화탄소에 의한 질식소화가 적당하다.

85 디에틸에테르의 성질에 대한 설명으로 옳은 것은? 15년·2

① 발화온도는 400℃이다.
② 증기는 공기보다 가볍고, 액상은 물보다 무겁다.
③ 알코올에 용해되지 않지만 물에 잘 녹는다.
④ 연소범위는 1.9 ~ 48% 정도이다.

86 디에틸에테르에 대한 설명으로 틀린 것은? 16년·2

① 일반식은 R − CO − R′이다.
② 연소범위는 약 1.9~48%이다.
③ 증기비중 값이 비중 값보다 크다.
④ 휘발성이 높고 마취성을 가진다.

87 디에틸에테르의 과산화물 검출 시약은? 18년·4

① 요오드화나트륨
② 요오드화칼륨
③ 염화칼륨
④ 황산제일철

88 다음 중 분자량이 약 74, 비중이 약 0.71인 물질로서 에탄올 두 분자에서 물이 빠지면서 축합반응이 일어나 생성되는 물질은? 20년·1 ▎13년·4

① $C_2H_5OC_2H_5$
② C_2H_5OH
③ C_6H_5Cl
④ CS_2

정답 79 ① 80 ② 81 ③ 82 ② 83 ④ 84 ② 85 ④ 86 ① 87 ② 88 ①

89 디에틸에테르의 안전관리에 대한 설명 중 틀린 것은? 20년·2

① 정전기 불꽃에 의한 발화에 주의하여야 한다.
② 물에 잘 녹으므로 대규모 화재 시 다량의 물로 주수소화 한다.
③ 과산화물의 생성 여부는 요오드화칼륨 수용액으로 확인한다.
④ 증기는 마취성이 있으므로 흡입하지 않도록 주의한다.

대표빈출 20
벤젠 C_6H_6

- 제4류 위험물 중 제1석유류(비수용성)
- 지정수량 200ℓ, 위험등급Ⅱ
- 인화점 -11℃, 착화점 562℃, 융점 5.5℃, 비점 80℃, 연소범위 1.4~7.1%, 비중 0.88
- 무색투명한 휘발성의 액체로 방향성을 지니며 증기는 마취성과 독성이 있다.
- 알코올·에테르 등의 유기용제에 녹고 물에는 녹지 않는다.
- 수지나 유지, 고무 등을 용해시킨다.
- 방향족 탄화수소 중 가장 간단한 구조이며 공명구조를 하고 있어 화학적으로 매우 안정하다.
- 증기비중은 2.7 정도이다.
- 탄소 수 대비 수소의 개수가 적기 때문에 연소 시 그을음이 많이 난다.
- 융점이 5.5℃이므로 겨울철에는 고체상태로 존재할 수도 있으며 인화점은 -11℃이므로 고체상태이면서도 가연성 증기를 발생할 수 있으므로 취급에 주의한다.
- 비전도성이므로 정전기 발생에 주의한다.
- 피부 부식성이 있으며 고농도의 증기(2% 이상)를 5~10분 정도 흡입하게 되면 치명적이다.
- 공식적으로 지정된 1급 발암물질이다.
- 치환반응이나 첨가반응을 한다. - 공명구조가 유지되는 치환반응을 선호한다.

90 벤젠의 저장 및 취급 시 주의사항에 대한 설명으로 틀린 것은? 13년·1

① 정전기 발생에 주의한다.
② 피부에 닿지 않도록 주의한다.
③ 증기는 공기보다 가벼워 높은 곳에 체류하므로 환기에 주의한다.
④ 통풍이 잘되는 서늘하고 어두운 곳에 저장한다.

91 벤젠에 관한 설명 중 틀린 것은? 13년·4

① 인화점은 약 -11℃ 정도이다.
② 이황화탄소보다 착화온도가 높다.
③ 벤젠 증기는 마취성은 있으나 독성은 없다.
④ 취급할 때 정전기 발생을 조심해야 한다.

92 벤젠(C_6H_6)의 일반 성질로서 틀린 것은?
15년·2 ▌14년·4 유사

① 휘발성이 강한 액체이다.
② 인화점은 가솔린보다 낮다.
③ 물에 녹지 않는다.
④ 화학적으로 공명구조를 이루고 있다.

93 벤젠에 대한 설명으로 틀린 것은? 18년·2

① 휘발성이 강한 액체이다.
② 인화점은 0℃보다 낮다.
③ 이황화탄소보다 착화온도가 낮다.
④ 증기는 유독하여 흡입 시 위험하다.

해설 벤젠의 착화온도는 562℃로 이황화탄소(100℃)보다 높다.

대표비출 21
휘발유(가솔린)

- 제4류 위험물 중 제1석유류(비수용성)
- 지정수량 200ℓ, 위험등급Ⅱ
- 인화점 −43 ~ −20℃, 끓는점 30 ~ 210℃, 비중 0.6~0.8, 증기비중 3~4, 연소범위 1.4 ~ 7.6%
- 원유의 분별증류 시 끓는점이 30 ~ 210℃ 정도되는 휘발성의 석유류 혼합물을 말한다.
- 원유의 성질, 상태, 처리 방법 등에 따라 탄화수소의 혼합비율은 매우 다양지며 일반적으로 탄소 수 5~9개 사이의 포화 및 불포화 탄화수소를 포함하는 혼합물이다.
- 무색투명한 휘발성의 액체이나 용도별로 구분하기 위해 첨가물로 착색시켜 청색 또는 오렌지색을 나타낸다.
  - 자동차용 휘발유 : 오렌지색(유연휘발유), 연한 노란색(무연 휘발유)
  - 항공기용 휘발유 : 청색 또는 붉은 오렌지색
  - 공업용 휘발유 : 무색
- 물에는 녹지 않으나 유기용제에 잘 녹는다.
- 전기의 부도체로 정전기를 유발할 위험성이 있다.
- 연소 시 포함된 불순물에 의해 유독가스인 이산화황, 이산화질소가 발생된다.

94 휘발유에 대한 설명으로 옳은 것은? 13년·5
① 가연성 증기를 발생하기 쉬우므로 주의한다.
② 발생된 증기는 공기보다 가벼워서 주변으로 확산하기 쉽다.
③ 전기를 잘 통하는 도체이므로 정전기를 발생시키지 않도록 조치한다.
④ 인화점이 상온보다 높으므로 여름철에 각별한 주의가 필요하다.

95 휘발유의 일반적인 성질에 관한 설명으로 틀린 것은? 15년·2
① 인화점이 0℃보다 낮다.
② 위험물안전관리법령상 제1석유류에 해당한다.
③ 전기에 대해 비전도성 물질이다.
④ 순수한 것은 청색이나 안전을 위해 검은색으로 착색해서 사용해야 한다.

96 휘발유의 성질 및 취급 시의 주의사항에 관한 설명 중 틀린 것은? 15년·5
① 증기가 모여 있지 않도록 통풍을 잘 시킨다.
② 인화점이 상온이므로 상온 이상에서는 취급 시 각별한 주의가 필요하다.
③ 정전기 발생에 주의해야 한다.
④ 강산화제 등과 혼촉 시 발화할 위험이 있다.

97 가솔린의 연소범위(vol%)에 가장 가까운 것은? 16년·1
① 1.4 ~ 7.6   ② 8.3 ~ 11.4
③ 12.5 ~ 19.7   ④ 22.3 ~ 32.8

98 휘발유의 일반적인 성질에 관한 설명으로 틀린 것은? 17년·5
① 물에 녹지 않는다.
② 주성분은 알칸 또는 알켄계 탄화수소이다.
③ 물보다 가볍다.
④ 전기전도성이 뛰어나다.

정답 89 ② 90 ③ 91 ③ 92 ② 93 ③ 94 ① 95 ④ 96 ② 97 ① 98 ④

대표빈출 22 메탄올과 에탄올

★ 주로 메탄올이 출제된다.

1. 메탄올과 에탄올의 공통점
- 제4석유류 중 알코올류에 속하는 위험물이다.
- 지정수량 400ℓ, 위험등급 II
- 1가 알코올이다.
- 무색투명한 액체로서 휘발성이 있다.
- 비중값이 0.79로서 물보다 가볍다.
  (메탄올 : 0.792 / 에탄올 : 0.789)
- 증기는 공기보다 무겁다.
- 수용성이다.
- 알칼리금속과 반응하여 수소 기체를 발생시킨다.

$$2CH_3OH + 2Na \rightarrow 2CH_3ONa + H_2 \uparrow$$
$$2C_2H_5OH + 2Na \rightarrow 2C_2H_5ONa + H_2 \uparrow$$

2. 메탄올과 에탄올의 차이점

	메탄올	에탄올
증기비중	1.1	1.59
연소범위	7.3~36(%)	4.3~19(%)
끓는점(℃)	65	78
인화점(℃)	11	13
발화점(℃)	464	363
독 성	○	×
술의 원료	×	○
산화 최종생성물	개미산 (HCOOH)	아세트산 (CH_3COOH)
	0차 알코올	1차 알코올

99 메탄올에 관한 설명으로 옳지 않은 것은?
13년·4

① 인화점은 약 11℃이다.
② 술의 원료로 사용된다.
③ 휘발성이 강하다.
④ 최종산화물은 의산(포름산)이다.

100 메틸알코올의 위험성에 대한 설명으로 틀린 것은?
14년·1

① 겨울에는 인화의 위험이 여름보다 작다.
② 증기밀도는 가솔린보다 크다.
③ 독성이 있다.
④ 연소범위는 에틸알코올보다 넓다.

101 메틸알코올의 위험성으로 옳지 않은 것은?
15년·1

① 나트륨과 반응하여 수소 기체를 발생한다.
② 휘발성이 강하다.
③ 연소범위가 알코올류 중 가장 좁다.
④ 인화점이 상온(25℃)보다 낮다.

102 연소할 때 연기가 거의 나지 않아 밝은 곳에서 연소상태를 잘 느끼지 못하는 물질로 독성이 매우 강해, 먹으면 실명 또는 사망에 이를 수 있는 것은?
16년·1

① 메틸알코올　　② 에틸알코올
③ 등유　　　　　④ 경유

103 메탄올과 에탄올의 공통점에 대한 설명으로 틀린 것은?
17년·1

① 증기 비중이 같다.
② 무색투명한 액체이다.
③ 비중이 1보다 작다.
④ 물에 잘 녹는다.

104 메탄올과 비교한 에탄올의 성질에 대한 설명 중 틀린 것은?
19년·2

① 인화점이 낮다.　② 발화점이 낮다.
③ 증기비중이 크다.　④ 비점이 높다.

대표빈출 23
과산화벤조일

- 제5류 위험물(자기반응성 물질) 중 유기과산화물
- 지정수량 10kg, 위험등급 I
- 벤조일퍼옥사이드
- $(C_6H_5CO)_2O_2$
- 분해 온도 75~100℃, 발화점 125℃, 융점 103~105℃, 비중 1.33
- 무색무취의 백색 분말 또는 결정형태이다.
- 상온에서는 비교적 안정하나 가열하면 흰색의 연기를 내며 분해된다.
- 산화제이므로 환원성 물질, 가연성 물질 또는 유기물과의 접촉은 금한다.
  - 접촉 시 화재 및 폭발할 위험성이 있다.
- 에테르 등의 유기용매에 잘 녹으며 물에는 녹지 않고 알코올에는 약간 녹는다.
- 건조상태에서는 마찰 및 충격에 의해 폭발할 위험이 있다. 그러므로 건조 방지를 위해 물을 흡수시키거나 희석제(프탈산디메틸이나 프탈산디부틸 따위)를 사용함으로써 폭발의 위험성을 낮출 수 있다.
- 강력한 산화성 물질이므로 진한 황산이나 질산 등과 접촉하면 화재나 폭발의 위험이 있다.
- 습기 없는 냉암소에 보관한다.
- 소량 화재 시에는 마른 모래, 분말, 탄산가스에 의한 소화가 효과적이며 대량 화재 시에는 주수소화가 효과적이다.

105 과산화벤조일에 대한 설명 중 틀린 것은?
13년 · 5

① 진한 황산과 혼촉 시 위험성이 증가한다.
② 폭발성을 방지하기 위하여 희석제를 첨가할 수 있다.
③ 가열하면 약 100℃에서 흰 연기를 내면서 분해한다.
④ 물에 녹으며, 무색무취의 액체이다.

106 과산화벤조일 취급 시 주의사항에 대한 설명 중 틀린 것은?
15년 · 5

① 수분을 포함하고 있으면 폭발하기 쉽다.
② 가열·충격·마찰을 피해야 한다.
③ 저장 용기는 차고 어두운 곳에 보관한다.
④ 희석제를 첨가하여 폭발성을 낮출 수 있다.

107 벤조일퍼옥사이드의 위험성에 대한 설명으로 틀린 것은?
19년 · 2 ▎18년 · 5

① 상온에서 분해되며 수분이 흡수되면 폭발성을 가지므로 건조된 상태로 보관·운반한다.
② 강산에 의한 분해·폭발의 위험이 있다.
③ 충격, 마찰 등에 의해 분해되어 폭발할 위험이 있다.
④ 가연성 물질과 접촉하면 발화의 위험이 높다.

대표빈출 24
니트로셀룰로오스

- 제5류 위험물 중 질산에스테르류
- 지정수량 10kg, 위험등급 I
- 화학식 : $[C_6H_7(NO_2)_3O_5]_n$
- 일명 '질화면' '면화약'
  도료나 셀룰로이드 등에 쓰일 경우에는 '질화면'이라 하고 화약에 쓰이는 경우에는 '면화약'이라고도 부른다.
- 무색이나 백색의 고체로 햇빛에 의해 황갈색으로 변한다.
- 인화점 12℃, 발화점 160~170℃, 끓는점 83℃, 분해온도 130℃, 비중 1.7
- 진한 질산과 황산에 셀룰로오스를 혼합시켜 제조한다.

정답 99 ② 100 ② 101 ③ 102 ① 103 ① 104 ① 105 ④ 106 ① 107 ①

- 물에는 녹지 않고 니트로벤젠, 아세톤, 초산 등에 녹는다.
- 니트로셀룰로오스에 포함된 질소농도(질화도)가 클수록 폭발성, 위험도 등이 증가한다.
- 건조 상태에서는 폭발할 수 있으나 물이 침수될수록 위험성이 감소하므로 물이나 알코올을 첨가하여 습윤시킨 상태로 저장하거나 운반한다.
- 130℃에서 서서히 분해되고 180℃에서 격렬하게 연소하며 유독성 가스를 발생한다.
- 산·알칼리의 존재 또는 직사일광 하에서 자연발화 한다.
- 정전기 불꽃에 의해 폭발할 수 있다.
- 자체적으로 불안정하여 분해반응을 하며 생성 기체 몰수가 반응 기체 몰수보다 월등하게 많으므로 폭발적인 반응을 한다.
- 화재 시 대량 주수에 의해 냉각소화 한다.

108 니트로셀룰로오스의 저장 방법으로 올바른 것은? 14년·5

① 물이나 알코올로 습윤시킨다.
② 에탄올과 에테르 혼액에 침윤시킨다.
③ 수은염을 만들어 저장한다.
④ 산에 용해시켜 저장한다.

109 니트로셀룰로오스의 위험성에 대하여 옳게 설명한 것은? 15년·5

① 물과 혼합하면 위험성이 감소한다.
② 공기 중에서 산화되지만 자연발화의 위험은 없다.
③ 건조할수록 발화의 위험성이 낮다.
④ 알코올과 반응하여 발화한다.

110 니트로셀룰로오스에 대한 설명으로 옳은 것은? 18년·4

① 물에 녹지 않으며 물보다 무겁다.
② 질화도가 높을수록 폭발 위험성은 낮다.
③ 질화도와 폭발 위험성과는 관계가 없다.
④ 수분과 접촉하면 위험하다.

111 니트로셀룰로오스의 저장방법으로 올바른 것은? 19년·1

① 건조한 상태로 보관하여야 한다.
② 알코올과 혼합하면 자연발화할 수 있으므로 주의하여야 한다.
③ 물이나 알코올로 습윤시킨다.
④ 수분과 접촉하면 위험하므로 제습제를 첨가한다.

112 질화면의 성질을 설명한 것 중 옳은 것은? 20년·2

① 불용성이며 물보다 가벼워 물 위에 뜬다.
② 질화도가 클수록 폭발성이 크다.
③ 수분을 많이 포함할수록 폭발성이 크다.
④ 외관상 솜뭉치처럼 생긴 진한 갈색의 물질이다.

대표빈출 25
니트로글리세린 $C_3H_5(NO_3)_3$

- 제5류 위험물 중 질산에스테르류
- 지정수량 10kg, 위험등급 I
- 분자식 : $C_3H_5N_3O_9$, $C_3H_5(NO_3)_3$
- 분자량 227, 비중 1.6, 증기비중 7.83, 녹는점 13.5℃, 끓는점 160℃

- 구조식

$$CH_2 - ONO_2$$
$$CH\ \ - ONO_2$$
$$CH_2 - ONO_2$$

- 무색투명한 기름 형태의 액체이다(공업용은 담황색).
- 물에 녹지 않으며 알코올, 벤젠, 아세톤 등에 잘 녹는다.
- 가열, 충격, 마찰에 매우 예민하며 폭발하기 쉽다.
- 상온에서 액체로 존재하나 겨울철에는 동결의 우려가 있다.
- 니트로글리세린을 다공성의 규조토에 흡수시켜 제조한 것을 다이너마이트라고 한다.
- 직사광선을 피하고 통풍이 잘되는 냉암소에 보관한다.
- 연소가 개시되면 폭발적으로 반응이 일어나므로 미리 연소위험 요소를 제거하는 것이 중요하다.
- 주수소화가 효과적이다.
- 질산과 황산의 혼산 중에 글리세린을 반응시켜 제조한다.

$$\begin{array}{c} CH_2-OH \\ CH-OH \\ CH_2-OH \end{array} + 3HNO_3 \xrightarrow{H_2SO_4} \begin{array}{c} CH_2-ONO_2 \\ CH-ONO_2 \\ CH_2-ONO_2 \end{array} + 3H_2O$$

113 충격이나 마찰에 민감하고 가수분해 반응을 일으키는 단점을 가지고 있어 이를 개선하여 다이너마이트를 발명하는데 주원료로 사용한 위험물은?   14년·5 ▮ 14년·1유사

① 셀룰로이드
② 니트로글리세린
③ 트리니트로톨루엔
④ 트리니트로페놀

114 니트로글리세린에 관한 설명으로 틀린 것은?   15년·5

① 상온에서 액체 상태이다.
② 물에는 잘 녹지만 유기용제에는 녹지 않는다.
③ 충격 및 마찰에 민감하므로 주의해야 한다.
④ 다이너마이트의 원료로 쓰인다.

115 니트로글리세린에 대한 설명으로 옳은 것은?   16년·4

① 물에 매우 잘 녹는다.
② 공기 중에서 점화하면 연소하나 폭발의 위험은 없다.
③ 충격에 민감하여 폭발을 일으키기 쉽다.
④ 제5류 위험물의 니트로화합물에 속한다.

116 니트로글리세린에 대한 설명으로 옳지 않은 것은?   18년·2

① 비중은 약 1.6이다.
② 알코올, 벤젠 등에 녹는다.
③ 충격이나 마찰에 매우 둔감하나 동결형태는 민감하다.
④ 규조토에 흡수시킨 것이 다이너마이트이다.

117 니트로글리세린에 대한 설명으로 옳지 않은 것은?   21년·2

① 다이너마이트의 원료이다.
② 연소가 폭발적으로 일어나므로 화재 시 소화하기 힘들다.
③ 유기용매에는 잘 녹지 않고 물에 잘 녹는다.
④ 시판제품은 담황색이다.

정답 108 ① 109 ① 110 ① 111 ③ 112 ② 113 ② 114 ② 115 ③ 116 ③ 117 ③

대표빈출 26
트리니트로페놀 $(C_6H_2OH(NO_2)_3)$, 피크린산, 피크르산

- 제5류 위험물 중 니트로화합물
- 지정수량 200kg, 위험등급 II
- 분자량 229, 비중 1.8, 녹는점 122.5℃, 끓는점 255℃, 인화점 150℃, 발화점 300℃
- 구조식

- 순수한 것은 무색이고 공업용은 휘황색에 가까운 결정이다.
- 쓴맛과 독성이 있으며 수용액은 황색을 띤다.
- 차가운 물에는 소량 녹고 온수나 알코올, 에테르에는 잘 녹는다.
- 페놀(C_6H_5OH)을 질산과 황산의 혼산으로 니트로화하여 제조한다.

$$C_6H_5OH + 3HNO_3 \xrightarrow{H_2SO_4} C_6H_2(NO_2)_3OH + 3H_2O$$

- 공기 중에서 자연 분해하지 않으므로 장기간 저장할 수 있으며 충격이나 마찰에 둔감하다.
- 단독으로 연소 시 폭발은 하지 않으나 에탄올과 혼합된 경우에는 충격에 의해서 폭발할 수 있다.
- 덩어리 상태로 용융된 것은 타격에 의해 폭굉하며 이때의 폭발력은 TNT보다 크다.
- 철, 납, 구리, 아연 등의 금속과 화합하여 예민한 금속염(피크린산염)을 만들며 건조한 것은 폭발하기도 한다.
- 주수소화가 효과적이다.
- 저장 및 운반 용기로는 나무상자가 적당하며 10~20% 정도의 수분을 침윤시켜 운반한다.

118 피크린산의 성상에 대한 설명 중 틀린 것은?
13년 · 1
① 융점은 약 61℃이고 비점은 약 120℃이다.
② 쓴맛이 있으며 독성이 있다.
③ 단독으로는 마찰, 충격에 비교적 안정하다.
④ 알코올, 에테르, 벤젠에 녹는다.

119 트리니트로페놀에 대한 일반적인 설명으로 틀린 것은?
13년 · 5
① 가연성 물질이다.
② 공업용은 보통 휘황색의 결정이다.
③ 알코올에 녹지 않는다.
④ 납과 화합하여 예민한 금속염을 만든다.

120 제5류 위험물에 관한 내용으로 틀린 것은?
14년 · 1
① $C_2H_5ONO_2$: 상온에서 액체이다.
② $C_6H_2OH(NO_2)_3$: 공기 중 자연분해가 잘 된다.
③ $C_6H_2(NO_2)_3CH_3$: 담황색의 결정이다.
④ $C_3H_5(ONO_2)_3$: 혼산 중에 글리세린을 반응시켜 제조한다.

121 피크린산의 위험성과 소화방법으로 틀린 것은?
20년 · 1
① 건조할수록 위험성이 증가한다.
② 알코올 등과 혼합한 것은 폭발할 수 있다.
③ 금속과 반응하여 생성된 금속염은 위험하다.
④ 질식소화로 화재를 진압한다.

대표빈출 27
트리니트로톨루엔 $C_6H_2(NO_2)_3CH_3$

- 제5류 위험물 중 니트로화합물
- 지정수량 200kg, 위험등급 II
- 분자량 227, 비중 1.66, 녹는점 81℃, 끓는점 240℃, 발화점 300℃
- 구조식

- 담황색의 결정으로 강력한 폭약이다.
- 직사광선에 노출되면 갈색으로 변한다.
- 충격과 마찰에 비교적 둔감하며 안정성이 있고 방수 효과도 뛰어나다.
- 가열이나 급격한 타격에 의해 폭발한다.
  - 자연분해나 보통 충격에 의한 폭발은 어려우며 뇌관이 있어야 폭발시킬 수 있다.
- 폭발하며 분해 시엔 다량의 질소, 일산화탄소, 수소 기체가 발생한다.
  $2C_6H_2CH_3(NO_2)_3 \rightarrow 12CO + 2C + 5H_2 + 3N_2$
- 물에 녹지 않으며 아세톤, 에테르, 벤젠에 잘 녹고 알코올에는 가열하면 녹는다.
- 피크르산과 비교하면 약한 충격 감도를 나타낸다.
- 금속과의 반응성은 없고 자연분해의 위험성도 적어 장기간 보관도 가능하다.
- 톨루엔을 진한 질산과 진한 황산의 혼합액으로 니트로화 반응시키면 생성된다.

122 트리니트로톨루엔에 대한 설명으로 가장 거리가 먼 것은? 12년·4

① 물에 녹지 않으나 알코올에는 녹는다.
② 직사광선에 노출되면 다갈색으로 변한다.
③ 공기 중에 노출되면 쉽게 가수분해한다.
④ 이성질체가 존재한다.

123 트리니트로롤루엔의 성질에 대한 설명 중 옳지 않은 것은? 15년·1

① 담황색의 결정이다.
② 폭약으로 사용된다.
③ 자연분해의 위험성이 적어 장기간 저장이 가능하다.
④ 조해성과 흡습성이 매우 크다.

124 $C_6H_2CH_3(NO_2)_3$을 녹이는 용제가 아닌 것은? 15년·4 ▮17년·4 유사

① 물　　　　　② 벤젠
③ 에테르　　　④ 아세톤

125 TNT 분해 시 생성되지 않는 물질은 무엇인가? 18년·1

① 질소　　　　② 수소
③ 일산화탄소　④ 암모니아

대표비중 28
과염소산 $HClO_4$

- 제6류 위험물(산화성 액체)
- 지정수량 300kg, 위험등급 I
- 산소공급원으로 작용하는 산화제이다.
- 제6류 위험물은 불연성이며 무기화합물이다.
- 무색, 무취, 강한 휘발성 및 흡습성을 나타내는 액체이다.
- 분자량 100.5, 비중 1.76, 증기비중 3.5, 융점 -112℃, 비점 39℃
- 염소의 산소산 중 가장 강력한 산이다.
  ($HClO < HClO_2 < HClO_3 < HClO_4$)
- 물과 접촉하면 소리를 내며 발열하고 고체 수화물을 만든다.
- 가열하면 폭발, 분해되고 유독성의 염화수소(HCl)를 발생한다.
  $HClO_4 \rightarrow HCl\uparrow + 2O_2\uparrow$
- 철, 구리, 아연 등과 격렬하게 반응한다.
- 황산이나 질산에 버금가는 강산이다.
- 독성이 강하며 피부에 닿으면 부식성이 있어 위험하고 종이, 나무 등과 접촉하면 연소한다.
- 직사광선을 피하고 통풍이 잘되는 냉암소에 보관한다.
- 다량의 물로 주수소화나 분무하여 소화히고 내산성 용기를 사용하여 저장한다.

126 과염소산에 대한 설명으로 틀린 것은?

14년 · 1

① 물과 접촉하면 발열한다.
② 불연성이지만 유독성이 있다.
③ 증기비중은 약 3.5이다.
④ 산화제이므로 쉽게 산화할 수 있다.

127 과염소산의 화재 예방에 요구되는 주의사항에 대한 설명으로 옳은 것은?

16년 · 2

① 유기물과 접촉 시 발화의 위험이 있으므로 가연물과 접촉시키지 않는다.
② 자연발화의 위험이 높으므로 냉각시켜 보관한다.
③ 공기 중 발화하므로 공기와의 접촉을 피해야 한다.
④ 액체 상태는 위험하므로 고체 상태로 보관한다.

128 과염소산에 대한 설명 중 틀린 것은?

17년 · 2

① 산화제로 이용된다.
② 휘발성이 강한 가연성 물질이다.
③ 철, 아연, 구리와 격렬하게 반응한다.
④ 증기 비중이 약 3.5이다.

대표빈출 29
과산화수소 H_2O_2

- 제6류 위험물(산화성 액체)
- 지정수량 300kg, 위험등급 I
- 색깔이 없고 점성이 있는 쓴맛을 가진 액체이다. 양이 많은 경우에는 청색을 띤다.
- 석유, 벤젠 등에는 녹지 않으나 물, 알코올, 에테르 등에는 잘 녹는다.
- 발열하면서 산소와 물로 쉽게 분해된다.
- 증기는 유독성이 없으나 액상일 때는 유독하며 반응성도 크다.
- 농도에 따라 물리적 성질이 달라진다(밀도, 녹는점, 끓는점 등).
- 불연성이지만 유기물질과 접촉하면 스스로 열을 내며 연소하는 강력한 산화제이다.
- 순수한 과산화수소의 어는점은 −0.43℃, 끓는점 150.2℃이다.
- 비중 1.465로 물보다 무거우며 어떤 비율로도 물에 녹는다.
- 36중량퍼센트 농도 이상인 것부터 위험물로 취급한다.
- 60중량퍼센트 농도 이상에서는 단독으로 분해폭발 할 수 있으며 판매제품은 보통 30~35% 수용액으로 되어 있다(약국 판매 옥시풀은 3% 수용액이다).
- 히드라진과 접촉하면 분해·폭발할 수 있으므로 주의한다.
  $2H_2O_2 + N_2H_4 \rightarrow 4H_2O + N_2 \uparrow$
- 암모니아와 접촉하면 폭발할 수 있다.
- 열이나 햇빛, 알칼리에 의해 분해가 촉진되며 분해 시 생겨난 발생기 산소는 살균작용이 있다.
  $H_2O_2 \rightarrow H_2O + [O]$ (살표표백작용)
- 강산화제이지만 환원제로도 사용된다.
- 분해방지 안정제(인산, 요산)를 넣어 저장하거나 취급함으로서 분해를 억제한다.
- 용기는 밀전하지 말고 통풍을 위하여 작은 구멍이 뚫린 마개를 사용하며 갈색 용기에 보관한다.
- 금속용기와 반응하여 산소를 방출하고 폭발할 수도 있으므로 사용하지 않는다.
- 주수소화 한다.

129 과산화수소의 위험성으로 옳지 않은 것은?

14년 · 2

① 산화제로서 불연성 물질이지만 산소를 함유하고 있다.
② 이산화망간 촉매 하에서 분해가 촉진된다.
③ 분해를 막기 위해 히드라진을 안정제로 사용할 수 있다.
④ 고농도의 것은 피부에 닿으면 화상의 위험이 있다.

130 〈보기〉에서 설명하는 물질은 무엇인가?

15년 · 1

〈보 기〉
○ 살균제 및 소독제로도 사용된다.
○ 분해할 때 발생하는 발생기 산소 [O]는 난분해성 유기물질을 산화시킬 수 있다.

① $HClO_4$ ② CH_3OH
③ H_2O_2 ④ H_2SO_4

131 과산화수소의 성질에 대한 설명 중 틀린 것은?

15년 · 4

① 알칼리성 용액에 의해 분해될 수 있다.
② 산화제로 사용할 수 있다.
③ 농도가 높을수록 안정하다.
④ 열, 햇빛에 의해 분해될 수 있다.

132 다음 중 과산화수소의 저장용기로 가장 적합한 것은?

18년 · 4

① 뚜껑을 밀전, 밀봉한 투명한 용기
② 구리나 철로 만든 용기
③ 요오드화칼륨을 첨가한 철제용기
④ 뚜껑에 작은 구멍을 뚫은 갈색 용기

133 위험물안전관리법령상 위험물에 해당하는 과산화수소의 농도 기준은 얼마인가?

19년 · 4

① 36wt% 이상 ② 36vol% 이상
③ 1.49wt% 이상 ④ 1.49vol% 이상

대표빈출 30
질산 HNO_3

- 제6류 위험물(산화성 액체)
- 지정수량 300kg, 위험등급 I
- 제6류 위험물은 불연성이며 무기화합물이다.
- 무색의 흡습성이 강한 액체이나 보관 중에 담황색으로 변색된다.
- 독성이 매우 강하며 3대 강산 중 하나이다.
- 분자량 63, 비중 1.49, 증기비중 2.17, 융점 -42℃, 비점 86℃
- 비중이 1.49 이상인 것부터 위험물로 취급한다.
- 부식성이 강한 강산이지만 금, 백금, 이리듐, 로듐만은 부식시키지 못한다.
- 진한 질산은 철, 코발트, 니켈, 크롬, 알루미늄 등을 부동태화 한다.
- 묽은 산은 금속을 녹이고 수소 기체를 발생한다.
  $Ca + 2HNO_3 \rightarrow Ca(NO_3)_2 + H_2 \uparrow$
- 빛을 쪼이면 분해되어 유독한 갈색 증기인 이산화질소(NO_2)를 발생시킨다.
  $4HNO_3 \rightarrow 2H_2O + 4NO_2 \uparrow + O_2 \uparrow$
- 직사일광에 의한 분해 방지 : 차광성의 갈색 병에 넣어 냉암소에 보관한다.
- 물에 잘 녹으며 물과 반응하여 발열한다.
- 단백질과는 크산토프로테인 반응이 일어나 노란색으로 변한다. - 단백질 검출에 이용
- 염산과 질산을 3 : 1의 비율로 혼합한 것을 왕수라고 하며 금, 백금 등을 녹일 수 있다.
- 톱밥, 섬유, 종이, 솜뭉치 등의 유기물과 혼합하면 발화할 수 있다.
- 다량의 질산화재에 소량의 주수소화는 위험하므로 마른모래 및 CO_2로 소화한다.
- 위급 화재 시에는 다량의 물로 주수소화한다.

정답 126 ④ 127 ① 128 ② 129 ③ 130 ③ 131 ③ 132 ④ 133 ①

134 HNO_3에 대한 설명으로 틀린 것은? 14년·4

① Al, Fe은 진한 질산에서 부동태를 생성해 녹지 않는다.
② 질산과 염산을 3 : 1 비율로 제조한 것을 왕수라고 한다.
③ 부식성이 강하고 흡습성이 있다.
④ 직사광선에서 분해하여 NO_2를 발생한다.

135 질산이 직사일광에 노출될 때 어떻게 되는가?
15년·1 ▌20년·2 유사

① 분해되지는 않으나 붉은색으로 변한다.
② 분해되지는 않으나 녹색으로 변한다.
③ 분해되어 질소를 발생한다.
④ 분해되어 이산화질소를 발생한다.

136 질산의 저장 및 취급 방법이 아닌 것은?
15년·4

① 직사광선을 차단한다.
② 분해 방지를 위해 요산, 인산 등을 가한다.
③ 유기물과의 접촉을 피한다.
④ 갈색 병에 넣어 보관한다.

137 질산의 성상에 대한 설명 중 틀린 것은?
17년·1

① 부식성이 강한 산성 물질이다.
② 백금이나 금은 부식시키지 못한다.
③ 톱밥, 솜뭉치 등과 혼합하면 발화할 수 있다.
④ 햇빛에 의해 분해되어 유독한 일산화탄소를 발생한다.

138 위험물안전관리법령에서 위험물로 규정하는 질산은 그 비중이 얼마 이상이어야 하는가?
19년·1

① 1.29　② 1.39　③ 1.49　④ 1.59

정답 134 ②　135 ④　136 ②　137 ④　138 ③

화재예방 및 소화방법

SECTION 1 출제테마정리

01 자연발화

1. 자연발화

자연발화란 어떤 물질이 외부로부터 열의 공급을 받지 않았음에도 온도가 상승하여 발화점 이상이 되었을 때 발화하는 현상을 말한다. 인위적인 가열 없이도 고무 분말, 셀룰로이드, 석탄, 플라스틱의 가소제, 금속 가루 등은 일정한 장소에 장시간 저장하게 되면 열이 발생하여 축적됨으로써 발화점에 도달하여 발화하게 된다.

2. 자연발화 하기 좋은 조건

(1) 주위의 온도가 높을 것
(2) 표면적이 클 것
(3) 발열량이 클 것
(4) 열전도율이 작을 것
(5) 미생물 번식에 필요한 적당량의 수분이 있을 것

3. 자연발화 방지법

(1) 통풍이 잘되게 한다. ➡ 가연물이 응집되는 것을 방지
(2) 주변의 온도를 낮춘다. ➡ 발화점 도달 방지
(3) 습도를 낮게 유지한다. ➡ 미생물 번식 억제
(4) 열의 축적을 방지한다.
(5) 정촉매 작용하는 물질과 멀리한다. ➡ 반응속도가 빠르게 진행되는 것을 방지
(6) 직사일광을 피하도록 한다.
(7) 불활성가스를 주입한다. ➡ 산소 차단 효과

02 분진폭발

1. 분진폭발의 전파 조건

(1) 분진은 가연성이어야 하며
(2) 적당한 공기로 수송될 수 있어야 하고
(3) 공기 중에 부유하는 시간이 길어야 하며
(4) 화염을 전파할 수 있는 분진 크기 분포를 가지고 있어야 하고
(5) 화염을 개시할 정도의 충분한 에너지를 갖는 점화원이 있어야 하고
(6) 연소를 도와주고 유지할 수 있을 정도의 충분한 산소가 존재해야 하며
(7) 폭발범위 이내의 분진농도가 형성되어 있어야 한다.

2. 분진폭발 하는 물질

(1) 석탄, 코크스, 카본블랙 등
(2) **금속분** : 알루미늄분, 마그네슘분, 아연분, 철분 등
(3) **식료품** : 밀가루, 분유, 전분, 설탕가루, 건조효모 등
(4) **가공 농산품** : 후추가루, 담배가루 등
(5) **목질유** : 목분, 코르크분, 종이가루 등

3. 분진폭발 위험성이 없는 물질

시멘트가루, 모래, 석회 분말, 가성소오다 등

03 발화점이 낮아지는 조건

1. **압력이 높을수록** 물질의 인력이 증대되고 에너지 축적이 용이해짐으로 발화점은 낮아진다.
2. **산소 농도는 클수록** 착화가 용이해짐으로 발화점은 낮아진다.
3. **물질의 산소친화도가 높을수록** 산소와의 반응성도 증가할 것이므로 발화점은 낮아진다.
4. **이산화탄소와의 친화도는 낮을수록** 소화되기 어렵고 연소가 잘 일어날 것이므로 발화점은 낮아진다.
5. **반응표면적이 넓을수록** 접촉 가능성이 증대되어 발화가 용이하므로 발화점이 낮아진다.

6. **물질의 열전도도(열전도율)가 작을수록** 열의 축적이 용이하여 연소가 잘 일어날 것이므로 발화점이 낮아진다.
7. **발열량이 클수록** 연소가 잘 이루어질 것이므로 발화점은 낮아진다.
8. **화학적 활성도가 커질수록** 반응성이 증가하는 것이므로 발화점은 낮아진다.
9. **활성화에너지는 작을수록** 반응성이 커지는 것이므로 발화점은 낮아진다.
10. **분자구조가 복잡할수록** 열축적이 용이해짐으로 발화점은 낮아진다.
11. **(물질 내) 습도가 낮을수록** 발화가 잘 일어남으로 발화점은 낮아진다.
12. **유속이 빠를수록** 인화성 액체와 같은 비전도성 물질의 정전기 발생 위험성이 증가하여 연소 가능성이 커지므로 발화점은 낮아지게 된다.

04 연소의 조건 및 가연성 가스·고체의 연소

1. 연소가 잘 일어나기 위한 조건

(1) 발열량이 클 것
(2) 산소 친화력이 클 것
(3) 열전도율이 작을 것
(4) 활성화 에너지가 작을 것(= 활성화 에너지 장벽이 낮을 것)
(5) 화학적 활성도는 높을 것
(6) 연쇄반응을 수반할 것
(7) 반응 표면적이 넓을 것
(8) 산소 농도가 높고 이산화탄소의 농도는 낮을 것
(9) 물질 자체의 습도는 낮을 것

2. 가연성 가스의 연소범위

(1) **연소범위의 의미**

폭발범위, 폭발한계, 연소한계라고도 하며 공기와 혼합된 가연성 가스의 연소반응을 일으킬 수 있는 적정 농도 범위를 말한다. 즉, 공기와 혼합된 가연성 증기가 혼합 상태에서 차지하는 부피를 말하며 연소농도의 최저한도를 하한이라 하고, 최고한도를 상한이라 한다.

(2) **가연성 가스의 농도와 연소**

혼합물 중 가연성 가스의 농도가 너무 희박하거나 너무 농후해도 연소는 일어나지 않는데 이것은 가연성 가스의 분자와 산소의 분자 중 상대적으로 어느 한쪽이 많으면 유효 충돌 횟수가 감소하여 충돌했다 하더라도 충돌에너지가 주위에 흡수·확산되어 연소반응의 진행이 방해를 받기 때문이다.

① 하한계 : 폭발이 일어날 수 있는 가연성 가스의 공기 중 최소 농도이다. 가연성 가스의 농도가 하한계보다 적으면 연소를 위한 충분한 농도에 이르지 못해 연소 및 폭발이 진행되지 않는다.

② 상한계 : 폭발이 일어날 수 있는 가연성 가스의 공기 중 최대 농도이다. 가연성 가스가 상한계보다 많으면 산소의 농도가 상대적으로 부족해 연소 및 폭발이 일어나지 않는다.

(3) **온도 · 압력과 연소범위**

연소범위는 수소, 일산화탄소를 제외하고는 온도와 압력이 상승함에 따라 확대되어 위험성이 증가한다.

(4) **연소범위의 특징**

① 가연성 가스의 온도가 높아지면 연소범위는 넓어진다.

② 가연성 가스의 압력이 높아지면 연소범위는 넓어진다.

③ 압력상승 시 상한계는 상승하고, 하한계는 변화가 없다.

④ 산소농도가 높을수록 연소범위는 넓어진다.

⑤ 불활성가스의 농도에 비례하여 좁아진다.

⑥ 연소범위의 하한계는 그 물질의 인화점에 해당된다.

3. 고체의 연소

고체 가연물에 열을 가했을 때 우선적으로 증발하는 가연물에서 증발연소가 일어나며 다음으로 열분해해서 분해연소가 일어나고 나머지 남은 물질이 표면연소를 한다.

(1) **증발연소** : 열분해를 일으키지 않고 증발하여 그 증기가 연소하거나(나프탈렌이나 유황 등) 또는 열에 의해 융해되어 액체로 변한 다음 이 액체 상태에서 기화된 증기가 연소하는[파라핀(양초), 왁스 등] 현상을 말한다. 이러한 증발연소는 가솔린, 경유, 등유 등과 같은 증발하기 쉬운 가연성 액체에서도 잘 일어난다.

(2) **표면연소** : 직접연소라고도 부르며 가연성 고체가 열분해 되어도 휘발성분이 없어 증발하지 않아 가연성 가스를 발생하지 않고 고체 자체의 표면에서 산소와 반응하여 연소되는 현상을 말하는 것으로 금속분, 목탄(숯), 코크스 등이 여기에 해당된다.

(3) **자기연소** : 내부연소 또는 자활연소라고도 하며 가연성 물질이 자체 내에 산소를 함유하고 있어 공기 중의 산소를 필요로 하지 않고 자체의 산소에 의해서 연소되는 현상을 말하는 것으로 제5류 위험물의 연소가 여기에 해당된다. 대부분 폭발성을 지니고 있으므로 폭발성 물질로 취급되고 있다.

(4) **분해연소**: 열분해에 의해 발생된 가연성 가스가 공기와 혼합하여 연소하는 현상이며 연소열에 의해 고체의 열분해는 가연물이 없어질 때까지 계속된다. 종이, 석탄, 목재, 섬유, 플라스틱 등의 연소가 해당된다.

05 화재의 유형 및 소화방법

1. 화재의 유형

화재급수	화재종류	소화기표시 색상	적용대상물
A급	일반화재	백색	일반 가연물(종이, 목재, 섬유, 플라스틱 등)
B급	유류화재	황색	가연성 액체(제4류 위험물 및 유류 등)
C급	전기화재	청색	통전상태에서의 전기기구, 발전기, 변압기 등
D급	금속화재	무색	가연성 금속(칼륨, 나트륨, 금속분, 철분, 마그네슘 등)

2. 소화방법

(1) **냉각소화**: 가연물의 온도를 발화점 이하로 낮춤으로써 연소의 진행을 막는 소화 방법으로 주된 소화약제는 물이다. 옥내소화전 설비, 옥외소화전 설비, 스프링클러 소화설비, 물분무 소화설비 등이 있다.

(2) **제거소화**: 가연물을 제거함으로써 소화하는 방법으로 사용되는 부수적인 소화약제는 없다. 가스화재 시 가스 밸브를 폐쇄시켜 공급을 차단하거나 전기화재 시 전원공급을 차단하는 행위, 산림화재 시 벌목에 의한 화재 확대를 방지하는 행위 등이 제거소화에 해당한다.

(3) **질식소화**: 산소 공급을 차단하여 공기 중 산소농도를 한계산소농도 이하(15% 이하)로 낮춤으로써 소화의 목적을 달성하는 것으로 주로 이산화탄소 소화기가 사용되며 분말소화기, 포 소화기 등이 사용되기도 한다.

(4) **억제소화**: 할로겐화합물 소화약제(할론 1301, 할론 1211, 할론 2402 등)의 주된 소화 방식이며 연소의 연쇄반응을 차단하거나 특정 반응의 진행을 억제함으로써 연소가 확대되지 않도록 하는 화학적 소화 방식으로 부촉매 소화라고도 한다.

(5) **희석소화**: 물에 용해되는 수용성 물질의 화재 시 많은 양의 물을 일시에 방사하여 가연물의 농도를 연소농도 이하로 묽게 희석시켜 소화하는 것으로서 물 소화약제의 기본 소화작용 중 하나이다. 또한 가연성 기체나 가스의 농도를 연소하한계 이하로 떨어트려 소화하는 것도 희석소화에 해당된다.

06 정전기 제거설비

1. 정전기 제거설비 [위험물안전관리법 시행규칙 별표4]

위험물을 취급함에 있어서 정전기가 발생할 우려가 있는 설비에는 다음에 해당하는 방법으로 정전기를 유효하게 제거할 수 있는 설비를 설치하여야 한다.

(1) 접지에 의한 방법

(2) 공기 중의 상대습도를 70% 이상으로 하는 방법

(3) 공기를 이온화하는 방법

2. 정전기 발생을 줄이는 방법

(1) **유속제한** : 인화성 액체는 비전도성 물질이므로 빠른 유속으로 배관을 통과할 때 정전기가 발생할 위험이 있어 주의한다.

(2) **제전제 사용** : 물체에 대전전하를 완전히 중화시키는 것이 아니고 정전기에 의한 재해가 발생하지 않을 정도까지 중화시킨다.

(3) **전도성 재료 사용** : 전기저항이 높은 물질 대신 전도성이 있는 물질을 사용하여 정전기를 방지한다.

(4) 물질 간의 마찰 감소

07 소화약제

1. 소화약제의 분류

(1) **수계 소화약제**

① 물 소화약제　　　　　　② 포 소화약제

(2) **가스계 소화약제**

① 이산화탄소 소화약제　　② 할로겐화합물 소화약제

(3) **분말 소화약제**

2. 소화약제가 갖추어야 할 조건

(1) 가격이 저렴할 것
(2) 저장 안정성이 있을 것
(3) 환경 오염이 적을 것
(4) 인체 독성이 없을 것
(5) 연소의 4요소 중 한 가지 이상을 제거할 수 있는 능력이 탁월할 것

3. 물 소화약제

(1) **소화 효과**

① 냉각효과 : 물의 소화 효과 중 가장 일반적이며 대표적인 효과이다. 물의 높은 비열과 기화열(증발잠열)에 의해 발휘되는 효과로 화재 면에 방사 시 많은 양의 에너지를 흡수하여 가연물의 온도를 인화점 또는 발화점 이하로 낮춘다.

② 질식효과 : 끓는점에 도달하여 물이 수증기로 변하면 부피가 1,700배 정도 증가하기 때문에 화재 현장의 공기를 대체하거나 희석시켜 결국 산소농도를 저하시킴으로써 질식효과를 나타낸다.

③ 유화효과 : 유류화재의 경우에 물을 고압 상태로 **분무 주수**하면 유류의 표면에 불연성의 유화막을 형성하고 에멀젼(유탁액) 상태를 유지하면서 가연성 가스의 증발을 막는 차단 효과를 보인다. 그러므로 가연성 가스의 생성이 억제되고 소화되는 것이다.

④ 희석효과 : 수용성이면서 가연성 물질의 화재 시 다량의 물을 일시적으로 방사하여 가연 물질의 농도를 연소농도 이하로 희석함으로써 소화 효과를 발휘한다.

⑤ 파괴 및 타격효과 : 봉상 주수나 적상으로 주수하여 연소물을 파괴함으로써 연소가 중단되는 효과를 얻을 수 있다.

(2) **장 점**

① 손쉽게 구할 수 있다.
② 가격이 저렴하다.
③ 비열과 증발잠열이 커서 냉각 효과가 탁월하다.
④ 취급이 간편하다.
⑤ 인체에 해가 없다.

(3) **단 점**

① 화재 면의 확대 위험이 있어 유류화재(B급화재)에는 사용할 수 없다.
② 감전 사고의 위험이 있어 통전 중인 전기화재(C급화재)에는 사용할 수 없다.
③ 금속과 반응하여 가연성의 수소 기체를 발생하므로 금속화재(D급 화재)에는 사용할 수 없다.

④ 사용 후 2차 피해인 물에 의한 손상을 야기한다.

⑤ 동결하므로 추운 곳이나 겨울철에 사용할 수 없다.

4. 포 소화약제

거품을 발생시켜 질식소화에 사용되는 약제. 물이 주성분으로 냉각 효과도 발휘한다.

(1) **화학포 소화약제**(포핵 : 이산화탄소) : 황산알루미늄과 탄산수소나트륨의 화학반응으로 발생한 이산화탄소 거품을 이용하여 소화한다. 현재는 사용하지 않는다.

(2) **기계포 소화약제**(공기포 소화약제) (포핵 : 공기)

포수용액과 공기(포핵으로 작용)를 교반 혼합하여 발포기로 발포함으로서 인공적으로 포를 생성시킨다. 질식, 냉각, 유화, 희석작용을 나타내어 소화한다.

종 류	특 징	적 용
알코올형포 소화약제	• 천연단백질 분해물 성분 약제와 합성계면활성제 성분 약제로 구분 • 물과 혼합하면 수용성 위험물이 불용성이 되므로 알코올류의 위험물 소화에 사용됨	수용성 액체위험물 (알코올류, 케톤류)
단백포 소화약제	• 동식물성 단백질의 가수분해 생성물에 안정제로 제1철염을 첨가한 것 • 포의 유동성이 작아 소화 속도가 늦는 단점 • 내화성 및 내유성 우수 • 동결방지제로 에틸렌글리콜 사용 • 부패됨으로 보관상의 문제점 발생	석유류 탱크 석유 화학 플랜트
불화 단백포 소화약제	• 불소계 계면활성제의 소량 첨가로 단백포의 단점인 유동성을 보완 • 포의 유동성이 좋고 저장성 우수 • 착화율이 낮고 고가인 단점	석유류 탱크 석유 화학 플랜트
합성계면활성제포 소화약제	• 계면활성제에 안정제를 첨가한 것 • 다양한 발포 배율 조정이 가능함. - 팽창범위가 넓어 사용범위가 넓다. • 유동성은 좋으나 내유성이 약하며 포가 빠르게 소멸되는 단점이 있음	고압가스 액화가스 위험물 저장소 화학 플랜트 고체연료
수성막포 소화약제	• 불소계 계면활성제에 안정제를 첨가한 것 • 화학적으로 안정하여 보존성과 내약품성이 우수함 • 유류화재의 표면에 유화층의 표면막을 형성하여 소화 • Twin Agent System에 사용하여 소화효과를 높일 수 있음 • 대형화재나 고온화재 시 표면막 생성이 어려운 단점이 있음	유류 탱크 화학 플랜트

5. 이산화탄소 소화약제

(1) 가스계 소화약제로 사용되는 이산화탄소는 연소반응이 일어나지 않는 탄소의 최종 산화물이다.

(2) **소화 효과** : 질식 효과가 주된 효과이며 약간의 냉각 효과도 보인다. 질식 효과는 방사된 이산화탄소에 의해 대기 중 산소농도가 약 15% 농도 이하로 떨어져 소화되는 효과이며 냉각 효과는 방사된 이산화탄소의 일부가 급격하게 냉각되어 $-79\,°C$에 이르는 드라이아이스로 승화되어 주변을 냉각시키는 효과이다.

(3) 유류화재(B급), 전기화재(C급)에 주로 사용된다.

(4) **밀폐된 공간에서 방출되는 경우** : 일반화재(A급)에도 사용할 수 있다.

(5) **소화약제의 오손** : 소화 후 소화약제에 의한 오손이 전혀 없다. 따라서, 통신실, 전산실, 변전실 등의 전기설비, 물에 의한 오손이 걱정되는 도서관이나 미술관 등의 소화에 유용하다.

(6) 증기압이 높아 자체 압력으로 방출되므로 별도의 가압동력이 필요하지 않다.

(7) 동결의 염려가 없으며 장기간 저장해도 변질되지 않는다.

(8) 전기 절연성이다.

(9) 제5류 위험물과 같이 자체 산소를 가지고 있는 물질에는 사용하지 않는다.

(10) 금속수소화물 또는 반응성이 커서 이산화탄소를 분해시킬 수 있는 금속(Na, K, Mg, Ti 등)에는 사용이 제한된다.

(11) 이산화탄소의 자체 독성보다는 이산화탄소 방출에 의한 상대적인 산소농도의 저하로 인해 인명피해가 발생한다.

6. 할로겐화합물 소화약제

(1) 메탄(CH_4)이나 에탄(C_2H_6) 등의 수소 원자 전부 또는 일부가 할로겐 원소로 치환된 소화약제. 주된 소화 효과는 연쇄반응을 차단시켜 화재를 진압하는 억제(부촉매) 소화 효과이다.

(2) **대표물질**

Halon 번호	분자식
1001	CH_3Br
10001	CH_3I
1011	CH_2ClBr
1202	CF_2Br_2
1211	CF_2ClBr
1301	CF_3Br

Halon 번호	분자식
104	CCl_4
2402	$C_2F_4Br_2$

(3) 유류화재(B급화재), 전기화재(C급화재)에 유효하며 전역 방출 방식으로 밀폐된 장소에서 방출하는 경우에는 일반화재(A급화재)에도 효과가 있다.

(4) **사용이 제한되는 위험물**

① 자기 반응성 물질 또는 이들의 혼합물

② Na, K, Mg, U 같은 반응성이 큰 금속

③ 금속의 수소 화합물

④ 유기과산화물, 히드라진(N_2H_4)과 같이 스스로 발열 분해하는 위험물

(5) **오존층 파괴지수** : CFC-11($CFCl_3$ / 삼염화불화탄소)의 오존 파괴 능력을 1로 보았을 때, 다른 물질들의 오존층 파괴 능력을 나타내는 상대적인 값이다. 할론 계통의 오존층 파괴지수가 높게 나타나며 CFC의 대체물질로 개발된 수소염화불화탄소(HCFCs) 계통의 지수는 0.05 이하로 낮게 나타난다.

화학물질	오존층 파괴지수	화학물질	오존층 파괴지수
Halon-1301	10.0	CFC-114($C_2F_4Cl_2$)	1.0
Halon-2402	6.0	CFC-115(C_2F_5Cl)	0.6
Halon-1211	3.0	HCFC-22(CHF_2Cl)	0.055
사염화탄소(CCl_4)	1.1	HCFC-31(CH_2FCl)	0.02
CFC-11($CFCl_3$)	1.0	HCFC-123($CHCl_2CF_3$)	0.02
CFC-12(CF_2Cl_2)	1.0	HCFC-131($C_2H_2FCl_3$)	0.007~0.05
CFC-13(CF_3Cl)	1.0		

7. 분말 소화약제

(1) **분말 소화약제의 분류, 주성분 및 적응화재**

구분	주성분	화학식	적응화재	분말색
제1종 분말	탄산수소나트륨	$NaHCO_3$	B, C	백색
제2종 분말	탄산수소칼륨	$KHCO_3$	B, C	담자색
제3종 분말	제1인산암모늄	$NH_4H_2PO_4$	A, B, C	담홍색
제4종 분말	탄산수소칼륨 + 요소	$KHCO_3 + (NH_2)_2CO$	B, C	회색

* 적응화재 = A : 일반화재 / B : 유류화재 / C : 전기화재

(2) **분말 소화약제의 열분해 반응식**

구 분	열분해 반응식
제1종 분말	$2NaHCO_3 \rightarrow Na_2CO_3 + CO_2 + H_2O$
제2종 분말	$2KHCO_3 \rightarrow K_2CO_3 + CO_2 + H_2O$
제3종 분말	$NH_4H_2PO_4 \rightarrow HPO_3 + NH_3 + H_2O$
제4종 분말	$2KHCO_3 + (NH_2)_2CO \rightarrow K_2CO_3 + 2NH_3 + 2CO_2$

8. 강화액 소화약제(소화기)

(1) **의미** : 수계 소화약제의 하나이며 물의 동결현상을 해결하기 위해 탄산칼륨(K_2CO_3)이나 인산암모늄[$(NH_4)_2PO_4$] 등의 염류와 침투제 등을 물에 용해시켜 빙점을 강하시킨 것으로 pH 12 이상을 나타내는 강알칼리성 약제이다. 어는점은 대략 −30~−26℃ 정도로 동절기나 한랭지역 등에서도 사용할 수 있도록 만든 약제이다.

(2) **작용** : 물이 주성분인 소화약제이므로 물에 의한 냉각소화 효과를 나타내는 동시에 이들 첨가제에 의해 연소의 연쇄반응을 차단하여 소화력을 발휘하는 억제소화 효과도 나타낸다. 첨가제와 침투제가 혼합되어 물의 표면장력이 약화되고 침투작용이 용이해짐으로서 심부화재의 소화에 효과적으로 사용된다.

(3) **적용** : A급(일반화재)과 B급(유류화재) 화재에 적용한다.

(4) 액체 상태로 되어 있어 굳지 않고 장기보관이 가능하나 할론보다는 소화능력이 떨어지는 단점이 있다.

9. 청정 소화약제

(1) **의미** : 할로겐화합물(할론 1301, 할론 2402, 할론 1211 제외) 및 불활성가스 청정 소화약제로 구분되며 전기적으로 비전도성이고 휘발성이 있거나 증발 후 잔여물을 남기지 않는 소화약제를 말한다.

(2) **할로겐화합물 청정 소화약제** : 불소, 염소, 브롬 또는 요오드 중 하나 이상의 원소를 포함하고 있는 유기화합물을 기본성분으로 하는 소화약제를 말한다. 냉각, 부촉매 효과로 소화한다.

소화약제	화학식(시성식)
HFC-227ea	CF_3CHFCF_3
HFC-236fa	$CF_3CH_2CF_3$
HFC-125	CHF_2CF_3
HFC-23	CHF_3

소화약제		화학식(시성식)
FIC-13I1		CF_3I
FK-5-1-12		$CF_3CF_2C(O)CF(CF_3)_2$
FC-3-1-10		C_4F_{10}
HCFC BLEND A	HCFC-123 (4.75%)	$CHCl_2CF_3$
	HCFC-22 (82%)	$CHClF_2$
	HCFC-124 (9.5%)	$CHClFCF_3$
	$C_{10}H_{16}$ (3.75%)	$C_{10}H_{16}$

(3) **불활성가스 청정 소화약제**: 헬륨, 네온, 아르곤 또는 질소가스 중 하나 이상의 원소를 기본 성분으로 하는 소화약제를 말한다. 질식효과로 소화한다. CO_2 기체가 약제에 포함되기도 한다.

소화약제	구성 성분비
IG-541	$N_2(52\%)$, $Ar(40\%)$, $CO_2(8\%)$
IG-100	N_2
IG-55	$N_2(50\%)$, $Ar(50\%)$
IG-01	Ar

(4) **불활성가스 청정 소화약제 저장 용기의 설치기준**

① 방호구역 외의 장소에 설치할 것

② 온도가 40℃ 이하이며 온도 변화가 적은 장소에 설치할 것

③ 직사광선 및 빗물의 침투 우려가 적은 장소에 설치할 것

④ 저장 용기에 안전장치를 설치할 것

TIP 사염화탄소의 반응식

- $2CCl_4 + O_2 \rightarrow 2COCl_2 + 2Cl_2$
- $CCl_4 + H_2O \rightarrow COCl_2 + 2HCl$
- $CCl_4 + CO_2 \rightarrow 2COCl_2$

SECTION 2 출제테마 대표 85유형

01 기초 화학

대표빈출 31 미정계수법에 의한 화학식결정

01 1몰의 에틸알코올이 완전 연소하였을 때 생성되는 이산화탄소는 몇 몰인가? 14년·1회

① 1몰 ② 2몰 ③ 3몰 ④ 4몰

해설 2014년 제1회 40번 해설 참조

02 다음 아세톤의 완전 연소 반응식에서 ( )에 알맞은 계수를 차례대로 옳게 나타낸 것은?

15년·4 ▌21년·1

$$CH_3COCH_3 + (\ )O_2 \rightarrow (\ )CO_2 + 3H_2O$$

① 3, 4 ② 4, 3
③ 6, 3 ④ 3, 6

해설 2015년 제4회 48번 해설 참조

03 다음은 P_2S_5와 물과의 반응식이다. ( )에 알맞은 숫자를 차례대로 나열한 것은?

20년·2 ▌16년·1

$$P_2S_5 + (\ )H_2O \rightarrow (\ )H_2S + (\ )H_3PO_4$$

① 2, 5, 8 ② 2, 8, 5
③ 8, 2, 5 ④ 8, 5, 2

해설 2016년 제1회 59번 해설 참조

대표빈출 32 증기비중과 증기밀도

1. 증기비중
동일한 체적 조건에서 어떤 기체(증기)의 질량과 표준물질의 질량과의 비를 말하며 표준물질로는 0℃, 1기압에서의 공기를 기준으로 한다. 질량비는 분자량의 비로 계산해도 되며 공기의 평균분자량은 29이다.

$$공기비중 = \frac{증기의\ 분자량}{공기의\ 평균분자량} = \frac{증기의\ 분자량}{29}$$

2. 증기밀도

$$밀도 = \frac{질량}{부피}$$ 으로 구할 수 있으며

표준상태에서 1몰의 기체가 차지하는 부피는 기체의 종류에 관계없이 22.4ℓ이므로 이 부피 당 1몰에 해당하는 물질의 분자량을 대입하여 구한다.

$$증기밀도 = \frac{1몰당\ 분자량}{22.4\ ℓ}$$

✪ 증기비중이나 증기밀도의 대소관계만을 비교하는 문제는 값을 직접 구하는 것이 아니라 분모값은 상수로 정해져 있으므로 물질의 분자량만 비교하여 정답을 구한다.

04 다음 중 증기의 밀도가 가장 큰 것은? 14년·2

① 디에틸에테르 ② 벤젠
③ 가솔린(옥탄 100%) ④ 에틸알코올

정답 01 ② 02 ② 03 ④ 04 ③

05 다음 중 벤젠 증기의 비중에 가장 가까운 값은?
14년·2

① 0.7　　② 0.9
③ 2.7　　④ 3.9

06 이황화탄소 기체는 수소 기체보다 20℃, 1기압에서 몇 배 더 무거운가?
14년·4

① 11　　② 22
③ 32　　④ 38

07 에틸알코올의 증기 비중은 약 얼마인가?
16년·2 ▮ 13년·2

① 0.72　　② 0.91
③ 1.13　　④ 1.59

02 화재 예방 및 소화 방법, 연소 이론

대표빈출 33 할론 번호와 화학식

- 할론(halon)이란 할로겐화 탄화수소(Halogenated hydrocarbon)에서 비롯된 용어로 탄화수소인 메탄이나 에탄 분자의 수소 일부 또는 전부가 할로겐 원소로 치환된 할로겐화합물 소화약제이다.
- 할론 번호는 C – F – Cl – Br 순서대로 화합물 내에 존재하는 각 원자의 개수를 표시하며 수소(H)의 개수는 할론 번호에 포함시키지 않는다.
- 탄소의 곁가지에 할론 번호에 있는 개수만큼 할로겐 원소가 부착되고 남은 자리에는 수소가 부착되어 있음을 나타낸다.

08 할로겐화합물의 소화약제 중 할론 2402의 화학식은?
15년·1

① $C_2Br_4F_2$　　② $C_2Cl_4F_2$
③ $C_2Cl_4Br_2$　　④ $C_2F_4Br_2$

09 다음은 어떤 화합물의 구조식인가?
14년·5

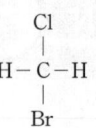

① 할론 1301
② 할론 1201
③ 할론 1011
④ 할론 2402

10 Halon 1211에 해당하는 물질의 분자식은?
15년·5

① CBr_2FCl　　② CF_2ClBr
③ CCl_2FBr　　④ FC_2BrCl

대표빈출 34 할론 소화약제

11 오존층파괴지수가 가장 큰 소화약제는?
19년·5 ▮ 13년·4 유사

① Halon 1301
② Halon 2402
③ Halon 1211
④ IG-541

해설 [58쪽] 6의 (5) 참조

12 Halon 1301 소화약제에 대한 설명으로 틀린 것은?
20년·4 ▮ 18년·1

① 공기보다 가볍다.
② 화학식은 CF_3Br이다.
③ 비점이 낮아서 기화가 용이하다.
④ 고압 용기 내에 액체 상태로 충전한다.

13 화재 소화 시 유독성의 $COCl_2$ 가스를 발생시킬 가능성이 가장 높은 소화약제는? 20년·4

① 사염화탄소
② 제1종 분말 소화약제
③ 이산화탄소
④ 강화액 소화약제

해설
- $2CCl_4 + O_2 \rightarrow 2COCl_2 + 2Cl_2$
- $CCl_4 + H_2O \rightarrow COCl_2 + 2HCl$
- $CCl_4 + CO_2 \rightarrow 2COCl_2$

14 할론 소화약제가 갖춰야 할 조건 중 틀린 것은?
21년·1 19년·4

① 기화하기 쉬워야 한다.
② 비점이 낮아야 한다.
③ 불연성이어야 한다.
④ 공기보다 가벼워야 한다.

해설 할론 소화약제의 구비조건
- 방사 후 증발 잔유물이 없어야 한다.
- 불연성이고 공기보다 무거워야 한다.
- 비점이 낮고 기화되기 쉬워야 한다.

분말 소화약제

○ 최다 빈출 유형

❖ 분말 소화약제의 분류, 주성분 및 적응화재

구 분	주성분	화학식
제1종 분말	탄산수소나트륨	$NaHCO_3$
제2종 분말	탄산수소칼륨	$KHCO_3$
제3종 분말	제1인산암모늄	$NH_4H_2PO_4$
제4종 분말	탄산수소칼륨 + 요소	$KHCO_3 + (NH_2)_2CO$

구 분	적응화재	분말색
제1종 분말	B, C	백색
제2종 분말	B, C	담자색
제3종 분말	A, B, C	담홍색
제4종 분말	B, C	회색

★ 적응화재 = A : 일반화재 / B : 유류화재 / C : 전기화재

[분말 소화약제의 열분해 반응식]

구 분	열분해 반응식
제1종 분말	$2NaHCO_3 \rightarrow Na_2CO_3 + CO_2 + H_2O$
제2종 분말	$2KHCO_3 \rightarrow K_2CO_3 + CO_2 + H_2O$
제3종 분말	$NH_4H_2PO_4 \rightarrow HPO_3 + NH_3 + H_2O$
제4종 분말	$2KHCO_3 + (NH_2)_2CO \rightarrow K_2CO_3 + 2NH_3 + 2CO_2$

15 제1종 분말 소화약제의 적응화재 종류는?
15년·4

① A급
② BC급
③ AB급
④ ABC급

16 제1종 분말 소화약제의 주성분으로 사용하는 것은? 15년·5

① $KHCO_3$
② H_2SO_4
③ $NaHCO_3$
④ $NH_4H_2PO_4$

17 제3종 분말 소화약제의 열분해 시 생성되는 메타인산의 화학식은? 16년·1

① H_3PO_4
② HPO_3
③ $H_4P_2O_7$
④ $CO(NH_2)_2$

18 분말 소화약제 중 제1종과 제2종 분말이 각각 열분해 될 때 공통적으로 생성되는 물질은?
16년·2 13년·4

① N_2, CO_2
② N_2, O_2
③ H_2O, CO_2
④ H_2O, N_2

정답 05 ③ 06 ④ 07 ④ 08 ④ 09 ④ 10 ② 11 ① 12 ① 13 ① 14 ④ 15 ② 16 ③ 17 ② 18 ③

19 A급, B급, C급 화재에 모두 적용이 가능한 소화약제는? 17년·4 ▮ 12년·4

① 제1종 분말 소화약제
② 제2종 분말 소화약제
③ 제3종 분말 소화약제
④ 제4종 분말 소화약제

20 제1종, 제2종, 제3종 분말 소화약제를 열분해시켰을 때 공통적으로 발생되는 물질은? 19년·2

① 이산화탄소   ② 물
③ 암모니아   ④ 메타인산

21 분말 소화약제와 함께 트윈 에이전트 시스템(Twin Agent System)으로 사용되는 포 소화약제는? 21년·1 신유형

① 단백포   ② 합성계면활성제포
③ 수성막포   ④ 내알코올포

대표빈출 36
강화액 소화약제(소화기)

- 수계 소화약제의 하나이며 물의 동결현상을 해결하기 위해 탄산칼륨(K_2CO_3)이나 인산암모늄[$(NH_4)_2PO_4$] 등의 염류와 침투제 등을 물에 용해시켜 빙점을 강하시킨 것으로 pH가 12 이상을 나타내는 **강알칼리성** 약제이다. 어는점은 대략 −30~−26℃ 정도로 동절기나 한랭지역 등에서도 사용할 수 있도록 만든 약제이며 물이 주성분인 소화약제이므로 물에 의한 **냉각소화** 효과를 나타내는 동시에 이들 첨가제에 의해 연소의 연쇄반응을 차단하여 소화력을 발휘하는 **억제소화** 효과도 나타낸다.
- 첨가제와 침투제가 혼합되어 물의 표면장력이 약화되고 침투작용이 용이해짐으로서 심부화재의 소화에 효과적으로 사용되며 액체상태로 되어 있어 굳지 않고 장기보관이 가능하나 할론보다는 소화능력이 떨어지는 단점이 있다.
- A급(일반화재)과 B급(유류화재) 화재에 적용한다.

22 강화액 소화기에 대한 설명이 아닌 것은? 13년·1

① 알칼리 금속염류가 포함된 고농도의 수용액이다.
② A급 화재에 적응성이 있다.
③ 어는점이 낮아서 동절기에도 사용이 가능하다.
④ 물의 표면장력을 강화시킨 것으로 심부화재에 효과적이다.

23 물의 소화능력을 향상시키고 동절기 또는 한랭지에서도 사용할 수 있도록 탄산칼륨 등의 알칼리 금속염을 첨가한 소화약제는? 14년·4 ▮ 17년·2 유사

① 강화액   ② 할로겐화합물
③ 이산화탄소   ④ 포(Foam)

24 다음 중 강화액 소화약제의 주된 소화원리에 해당하는 것은? 16년·4

① 냉각소화   ② 절연소화
③ 제거소화   ④ 발포소화

25 다음 중 강화액 소화약제의 주성분에 해당하는 것은? 19년·2 ▮ 19년·5 ▮ 16년·2

① K_2CO_3 ② K_2O_2
③ CaO_2 ④ $KBrO_3$

26 영하 20도 이하의 겨울철이나 한랭지역에서 사용하기에 적합한 소화기는? 20년·2

① 봉상주수 소화기 ② 분무주수 소화기
③ 강화액 소화기 ④ 적상주수 소화기

대표빈출 37
기타 소화약제(소화기)

물, 이산화탄소, 포, 청정 소화약제 및 소화기

27 이산화탄소 소화약제에 관한 설명 중 틀린 것은? 16년·4 12년·4 유사

① 소화약제에 의한 오손이 없다.
② 소화약제 중 증발잠열이 가장 크다.
③ 전기 절연성이 있다.
④ 장기간 저장이 가능하다.

[해설] 물 소화약제의 증발잠열(539cal/g)이 이산화탄소 소화약제의 증발잠열(56cal/g)보다 더 크다.

28 이산화탄소가 소화약제로 사용되는 이유를 가장 옳게 설명한 것은? 17년·1

① 착화 직후에 불이 꺼지기 때문이다.
② 산소와의 반응이 느리기 때문이다.
③ 산소와 반응하지 않기 때문이다.
④ 전도성의 불연성 가스이기 때문이다.

[해설] 이산화탄소는 유기물 연소에 의해 생기는 탄소의 최종산화물로 더 이상 산소와 반응하지 않는다.

29 물이 소화약제로 이용되는 이유는 무엇인가? 17년·4

① 공기를 차단하여 산소 공급을 방해하기 때문
② 물이 기화하며 가연물을 냉각하기 때문
③ 물의 환원성 때문
④ 물이 가연물을 제거하기 때문

30 소화약제로서 물의 단점인 동결현상을 방지하기 위해서 주로 사용되는 물질은? 17년·4 16년·2

① 탄산칼슘 ② 에틸렌글리콜
③ 글리세린 ④ 에탄올

31 물과 친화력이 있는 수용성 용매의 화재에 일반적인 포 소화약제를 사용하면 포가 파괴되어 소화 효과를 상실한다. 이와 같은 단점을 보완한 소화약제로서 가연성의 수용성 용매의 화재에 유효한 효과를 보이는 소화약제는? 19년·2

① 알코올형포 소화약제
② 수성막포 소화약제
③ 불화단백포 소화약제
④ 합성계면활성제포 소화약제

32 이산화탄소 소화약제의 주된 소화 효과 두 가지는? 19년·1

① 부촉매효과, 질식효과
② 억제효과, 질식효과
③ 냉각효과, 질식효과
④ 제거효과, 냉각효과

정답 19 ③ 20 ② 21 ③ 22 ④ 23 ① 24 ① 25 ① 26 ③ 27 ② 28 ③ 29 ② 30 ② 31 ① 32 ③

33 화재 시 내알코올포 소화약제를 사용하는 것이 적합한 위험물은? 19년·4

① 휘발유 ② 경유
③ 등유   ④ 아세톤

해설 내알코올포 소화약제는 비수용성 석유류에는 적합하지 않으며 알코올이나 아세톤과 같은 수용성 액체에 적합한 소화약제이다.

34 이산화탄소 소화기에 대한 설명으로 옳은 것은? 19년·4

① C급 화재에 적응성이 없다.
② 밀폐되지 않은 공간에서 사용할 때 효과가 크다.
③ 별도의 방출용 동력은 필요 없다.
④ 다량의 물질이 연소하는 A급 화재에 가장 효과적이다.

35 물이 소화약제로 쓰이는 이유 중 가장 거리가 먼 것은? 20년·1

① 제거소화가 잘 된다.
② 기화잠열이 크다.
③ 취급이 간편하다.
④ 쉽게 구할 수 있다.

36 IG-541 소화약제의 구성성분이 아닌 것은? 20년·4

① N_2 ② Ar
③ CO_2 ④ CCl_4

37 물이 소화약제로 사용될 수 있는 특징에 대한 설명 중 틀린 것은? 21년·1

① 비교적 쉽게 구해서 사용할 수 있다.
② 펌프나 호스 등을 이용하여 쉽게 이송할 수 있다.
③ 봉상수 소화기는 A급 화재뿐 아니라 B급, C급 화재에도 뛰어난 적응성을 보인다.
④ 증발잠열이 크므로 냉각 효과가 뛰어나다.

해설 물을 사용한 소화기 중 A, B, C급 화재에 모두 적응성을 보이는 것은 무상주수 소화기이다. 봉상주수는 막대 형태의 물줄기를 뿜어내어 소화하는 것으로 B급(유류화재), C급 화재(전기화재)에는 사용하지 않는다.

대표빈출 38 소화방법 및 효과

1. **냉각소화** : 가연물의 온도를 발화점 이하로 낮춤으로써 연소의 진행을 막는 소화 방법으로 주된 소화약제는 물이다. 옥내소화전 설비, 옥외소화전 설비, 스프링클러 소화설비, 물분무 소화설비 등이 있다.

2. **제거소화** : 가연물을 제거함으로써 소화하는 방법으로 사용되는 부수적인 소화약제는 없다. 가스화재 시 가스 밸브를 폐쇄시켜 공급을 차단하거나 전기화재 시 전원공급을 차단하는 행위, 산림화재 시 벌목에 의한 화재 확대를 방지하는 행위 등이 제거소화에 해당한다.

3. **질식소화** : 산소 공급을 차단하여 공기 중 산소농도를 한계산소농도 이하(15% 이하)로 낮춤으로써 소화의 목적을 달성하는 것으로 주로 이산화탄소 소화기가 사용되며 분말소화기, 포 소화기 등이 사용되기도 한다.

4. **억제소화** : 할로겐화합물 소화약제(할론 1301, 할론 1211, 할론 2402 등)의 주된 소화 방식이며 연소의 연쇄반응을 차단하거나 특정 반응의 진행을 억제함으로써 연소가 확대되지 않도록 하는 화학적 소화 방식으로 부촉매 소화라고도 한다.

5. **희석소화** : 물에 용해되는 수용성 물질의 화재 시 많은 양의 물을 일시에 방사하여 가연물의 농도를 연소농도 이하로 묽게 희석시켜 소화하는 것으로서 물 소화약제의 기본 소화작용 중 하나이다. 또한 가연성 기체나 가스의 농도를 연소하한계 이하로 떨어트려 소화하는 것도 희석소화에 해당한다.

38 소화설비의 주된 소화효과를 옳게 설명한 것은? 13년·2

① 옥내·옥외소화전 설비 : 질식소화
② 스프링클러 설비, 물분무 소화설비 : 억제소화
③ 포, 분말 소화설비 : 억제소화
④ 할로겐화합물 소화설비 : 억제소화

39 가연물이 연소할 때 공기 중의 산소농도를 떨어뜨려 연소를 중단시키는 소화 방법은? 13년·4 ▮19년·4 유사

① 제거소화 ② 질식소화
③ 냉각소화 ④ 억제소화

40 다음 중 질식소화 효과를 주로 이용하는 소화기는? 14년·1

① 포 소화기 ② 강화액 소화기
③ 수(물) 소화기 ④ 할로겐화합물 소화기

41 수용성의 가연성 물질의 화재 시 다량의 물을 방사하여 가연물질의 농도를 연소농도 이하가 되도록 하여 소화시키는 것은 무슨 소화원리인가? 13년·5

① 제거소화 ② 촉매소화
③ 희석소화 ④ 억제소화

42 다음 중 스프링클러 설비의 소화작용으로 가장 거리가 먼 것은? 15년·5

① 질식작용 ② 희석작용
③ 냉각작용 ④ 억제작용

43 주된 소화 효과가 산소공급원의 차단에 의한 소화가 아닌 것은? 19년·4

① 포 소화기
② 건조사
③ 이산화탄소 소화기
④ 할론 1211 소화기

해설 산소공급원의 차단에 의한 소화 효과는 질식소화에서 보여주는 효과이며 할론 1211은 할로겐화합물 소화약제의 일종으로 부촉매 소화 효과를 나타낸다.

44 제거소화 방식이 잘못 적용된 예는? 20년·4

① 유전의 화재 시 다량의 물을 이용하였다.
② 가스화재 시 밸브를 잠궜다.
③ 산불화재 시 벌목하였다.
④ 통전 중에 전기화재가 일어나 전원을 차단하였다.

해설 유전 화재 시 다량의 물을 사용하면 물보다 가볍고 불용성인 유류 성분이 물 위로 부유하고 화재면이 확대되어 위험성이 더 커질 수 있다. 또한 물에 의한 주수소화 방식은 냉각소화 방식이다.

정답 33 ④ 34 ③ 35 ① 36 ④ 37 ③ 38 ④ 39 ② 40 ① 41 ③ 42 ④ 43 ④ 44 ①

대표빈출 39 분진폭발

1. 정 의
가연성 분진이 공기 중에 일정 농도 이상으로 분산되어 있을 때 점화원에 의해서 연소·폭발하는 현상이다. 특히 분진의 경우에는 단위 무게 당 표면적의 비율이 높아진 상태이므로 반응속도가 증가하여 위험성이 높은 특징을 나타낸다.

2. 분진폭발의 조건
- 분진은 가연성이어야 하며
- 공기 중에 부유하는 시간이 길어야 하며
- 화염을 개시할 정도의 충분한 에너지를 갖는 점화원이 있어야 하고
- 연소를 도와주고 유지할 수 있을 정도의 충분한 산소가 존재해야 하며
- 폭발범위 이내의 분진 농도가 형성되어 있어야 한다.

3. 분진폭발 하는 물질
- 석탄, 코크스, 카본블랙 등
- 금속분 : 알루미늄분, 마그네슘분, 아연분, 철분 등
- 식료품 : 밀가루, 분유, 전분, 설탕 가루, 건조효모 등
- 가공 농산품 : 후추가루, 담배가루 등
- 목질유 : 목분, 코르크분, 종이가루 등

4. 분진폭발 위험성이 없는 물질 : 시멘트가루, 모래, 석회 분말, 가성소오다 등

45 가연성 고체의 미세한 분말이 일정 농도 이상 공기 중에 분산되어 있을 때 점화원에 의하여 연소 폭발되는 현상은? 12년·4
① 분진폭발 ② 산화폭발
③ 분해폭발 ④ 중합폭발

46 다음 물질 중 분진폭발의 위험성이 가장 낮은 것은? 13년·1
① 밀가루 ② 알루미늄분말
③ 모래 ④ 석탄

47 황가루가 공기 중에 떠 있을 때의 주된 위험성에 해당하는 것은? 16년·1
① 수증기 발생 ② 전기 감전
③ 분진폭발 ④ 인화성 가스 발생

48 분진폭발 시 일반적인 소화방법에 대한 설명으로 틀린 것은? 18년·1
① 금속분에 대해서는 물을 사용해서는 안 된다.
② 할로겐화합물 소화약제는 금속분에 대하여 적절하지 않다.
③ 분진폭발은 1차로 끝나지 않을 수 있으므로 2차, 3차 폭발에 대비하여야 한다.
④ 분진폭발 시 직사주수에 의하여 순간적으로 소화하여야 한다.

49 다음 물질 중 분진폭발의 위험성이 가장 낮은 것은? 19년·2 ■ 매년 다수 출제
① 마그네슘가루 ② 아연가루
③ 밀가루 ④ 시멘트가루

대표빈출 40 연소의 형태

1. 연소의 상황에 따른 구분
- 정상 연소 : 열의 발생과 방열이 균형을 유지하면서 연소한다.
- 비정상 연소 : 위의 균형이 깨져 연소속도가 급격히 증가하여 폭발적으로 연소하는 것이다.

2. 불꽃의 존재 유무에 따른 구분
- 불꽃연소 : 불꽃이 있는 연소. 확산연소, 예혼합연소, 자연발화 등이 해당된다.
- 작열연소 : 불꽃이 없이 빛만 내는 연소. 작열연소와 훈소(다공성 물질의 내부에서 발생하는 연소. 대표적인 것이 깜부기불이나 담배의 연소이다)가 해당된다.

3. 가연물의 상태(변화)에 따른 구분

- **기체의 연소**
  - 확산연소 : 버너 주변에 가연성 가스를 확산시켜 산소와 함께 연소범위의 혼합가스를 생성함으로서 연소하는 현상으로 예열대가 존재하지 않으며 기체의 일반적 연소 형태이다.
  - 예혼합연소 : 연소 가능한 혼합가스를 연소 전에 미리 만들어 연소시키는 것. 즉, 예열대가 존재하여 화염을 자력으로 수반하는 연소를 말하며 혼합기로의 역화를 일으킬 위험성이 크고 반응속도가 빠르다.
  - 폭발연소 : 가연성 기체와 공기의 혼합가스가 밀폐용기 안에서 점화되어 연소가 폭발적으로 일어나는 비정상 연소를 말한다. 예혼합연소의 경우 밀폐된 용기로의 역화가 일어나면 폭발할 위험성이 크다.

- **액체의 연소**
  - 증발연소 : 액체 가연물질의 표면에 발생한 가연성 증기와 공기가 혼합된 상태에서 연소가 진행되는 것으로 액면연소라고도 하며 액체의 가장 일반적인 연소 형태이다. 연소원리는 화염에서 복사나 대류로 액체 표면에 열이 전파되어 증발이 일어나고 발생된 증기가 공기와 접촉하여 액면의 상부에서 연소되는 현상이다. 에테르, 이황화탄소, 알콜류, 아세톤, 석유류, 양초 등에서 볼 수 있다.
  - 분해연소 : 점도가 높고 비휘발성이거나 비중이 큰 액체 가연물이 열분해하여 증기를 발생하게 함으로써 연소가 이루어지는 형태를 말한다. 이는 상온에서 고체상태로 존재하고 있는 고체 가연물질의 경우도 분해연소의 형태를 보여준다.
  - 분무연소 : 점도가 높고 휘발성이 낮은 액체를 가열 등의 방법을 이용하여 점도를 낮추고 버너를 이용하여 액체의 입자를 안개상태로 부출하여 표면적을 넓게 함으로써 공기와의 접촉을 증대시켜 연소하는 것으로 액적연소라고도 한다.
  - 등심연소 : 석유스토브나 램프와 같이 연료를 심지로 빨아올려 심지 표면에서 증발시켜 연소하는 것을 말한다.

- **고체의 연소**
  - 고체 가연물에 열을 가했을 때 우선적으로 증발하는 가연물에서 증발연소가 일어나며 다음으로 열분해해서 분해연소가 일어나고 나머지 남은 물질이 표면연소를 한다.
  - 증발연소 : 열분해를 일으키지 않고 증발하여 그 증기가 연소하거나(나프탈렌이나 유황 등) 또는 열에 의해 융해되어 액체로 변한 다음 이 액체 상태에서 기화된 증기가 연소하는[파라핀(양초), 왁스 등] 현상을 말한다. 이러한 증발연소는 가솔린, 경유, 등유 등과 같은 증발하기 쉬운 가연성 액체에서도 잘 일어난다.
  - 표면연소 : 직접연소라고도 부르며 가연성 고체가 열분해 되어도 휘발성분이 없어 증발하지 않아 가연성 가스를 발생하지 않고 고체 자체의 표면에서 산소와 반응하여 연소되는 현상을 말하는 것으로 금속분, 목탄(숯), 코크스 등이 여기에 해당된다.
  - 자기연소 : 내부연소 또는 자활연소라고도 하며 가연성 물질이 자체 내에 산소를 함유하고 있어 공기 중의 산소를 필요로 하지 않고 자체의 산소에 의해서 연소되는 현상을 말하는 것으로 제5류 위험물의 연소가 여기에 해당된다. 대부분 폭발성을 지니고 있으므로 폭발성 물질로 취급되고 있다.
  - 분해연소 : 열분해에 의해 발생된 가연성 가스가 공기와 혼합하여 연소하는 현상이며 연소열에 의해 고체의 열분해는 가연물이 없어질 때까지 계속된다. 종이, 석탄, 목재, 섬유, 플라스틱 등의 연소가 해당된다.

정답 45 ① 46 ③ 47 ③ 48 ④ 49 ④

50 니트로화합물과 같은 가연성 물질이 자체 내에 산소를 함유하고 있어 공기 중의 산소를 필요로 하지 않고 자체의 산소에 의해서 연소되는 현상은?
13년·1

① 자기연소 ② 등심연소
③ 훈소연소 ④ 분해연소

51 주된 연소의 형태가 나머지 셋과 다른 하나는?
14년·4 ▌13년·5 유사

① 아연분 ② 양초
③ 코크스 ④ 목탄

52 다음 중 수소, 아세틸렌과 같은 가연성 가스가 공기 중으로 누출되어 연소하는 형식에 가장 가까운 것은?
15년·1

① 확산연소 ② 증발연소
③ 분해연소 ④ 표면연소

53 가연성 물질과 주된 연소 형태의 연결이 틀린 것은?
15년·2

① 종이, 섬유 – 분해연소
② 셀룰로이드, TNT – 자기연소
③ 목재, 석탄 – 표면연소
④ 유황, 알코올 – 증발연소

54 금속분, 목탄, 코크스 등의 연소형태에 해당하는 것은?
17년·1

① 표면연소 ② 자기연소
③ 분해연소 ④ 증발연소

55 제2류 위험물인 유황의 대표적인 연소 형태는?
20년·2

① 확산연소 ② 증발연소
③ 분해연소 ④ 표면연소

대표빈출 41 ★★최다 빈출유형
화재의 유형

❖ **화재의 유형**

화재급수	화재종류	소화기표시 색상	적용대상물
A급	일반화재	백색	일반 가연물(종이, 목재, 섬유, 플라스틱 등)
B급	유류화재	황색	가연성 액체(제4류 위험물 및 유류)
C급	전기화재	청색	통전상태에서의 전기기구, 발전기, 변압기 등
D급	금속화재	무색	가연성 금속(칼륨, 나트륨, 금속분, 철분, 마그네슘 등)

56 유류화재의 급수와 표시색상으로 옳은 것은?
13년·1

① A급, 백색 ② B급, 백색
③ A급, 황색 ④ B급, 황색

57 가연물에 따른 화재의 종류 및 표시 색의 연결이 옳은 것은?
13년·4

① 폴리에틸렌 – 유류 화재 – 백색
② 석탄 – 일반 화재 – 청색
③ 시너 – 유류 화재 – 청색
④ 나무 – 일반 화재 – 백색

58 전기화재의 급수와 표시색상을 옳게 나타낸 것은?
14년·1

① C급 – 백색 ② D급 – 백색
③ C급 – 청색 ④ D급 – 청색

59 어떤 소화기에 "ABC"라고 표시되어 있다. 다음 중 사용할 수 없는 화재는?

14년·4 12년·1

① 금속 화재 ② 유류 화재
③ 전기 화재 ④ 일반 화재

60 금속화재를 옳게 설명한 것은? 15년·5

① C급 화재이고, 표시색상은 청색이다.
② C급 화재이고, 표시색상은 없다.
③ D급 화재이고, 표시색상은 청색이다.
④ D급 화재이고, 표시색상은 없다.

61 다음 중 D급 화재에 해당하는 것은? 16년·2

① 플라스틱 화재 ② 휘발유 화재
③ 나트륨 화재   ④ 전기 화재

62 유류화재에 해당되는 표시색상은? 18년·1

① 백색 ② 황색
③ 청색 ④ 흑색

63 제2류 위험물 중 지정수량이 500kg인 물질에 의한 화재는? 19년·1 신유형

① A급 화재 ② B급 화재
③ C급 화재 ④ D급 화재

해설 제2류 위험물 중 지정수량이 500kg인 물질은 철분, 금속분, 마그네슘이므로 이들 물질에 의한 화재는 금속 화재이며 D급 화재에 해당한다.

대표빈출 42 정전기 방지대책

[위험물안전관리법 시행규칙 별표4 / 제조소의 위치·구조 및 설비의 기준] - 정전기 제거설비
위험물을 취급함에 있어서 정전기가 발생할 우려가 있는 설비에는 다음에 해당하는 방법으로 정전기를 유효하게 제거할 수 있는 설비를 설치하여야 한다.
• 접지에 의한 방법
• 공기 중의 상대습도를 70% 이상으로 하는 방법
• 공기를 이온화하는 방법

※ 정전기 발생을 줄이는 방법
• 유속제한 : 인화성 액체는 비전도성 물질이므로 빠른 유속으로 배관을 통과할 때 정전기가 발생할 위험이 있어 주의한다.
• 제전제 사용 : 물체에 대전 전하를 완전히 중화시키는 것이 아니고 정전기에 의한 재해가 발생하지 않을 정도까지 중화시키는 것
• 전도성 재료 사용 : 전기저항이 높은 물질 대신 전도성이 있는 물질을 사용하여 정전기 방지
• 물질 간의 마찰 감소

64 점화원으로 작용할 수 있는 정전기를 방지하기 위한 예방 대책이 아닌 것은? 13년·5

① 정전기 발생이 우려되는 장소에 접지시설을 한다.
② 실내의 공기를 이온화하여 정전기 발생을 억제한다.
③ 정전기는 습도가 낮을 때 많이 발생하므로 상대습도를 70% 이상으로 한다.
④ 전기의 저항이 큰 물질은 대전이 용이하므로 비전도체 물질을 사용한다.

65 위험물을 취급함에 있어서 정전기를 유효하게 제거하기 위한 설비를 설치하고자 한다. 위험물안전관리법령상 공기 중의 상대습도를 몇 % 이상 되게 하여야 하는가? 13년·1

① 50   ② 60   ③ 70   ④ 80

66 다음 중 정전기 방지대책으로 가장 거리가 먼 것은? 16년·2 12년·5 유사 14년·5 유사

① 접지를 한다.
② 공기를 이온화한다.
③ 21% 이상의 산소농도를 유지하도록 한다.
④ 공기의 상대습도를 70% 이상으로 한다.

67 정전기로 인한 재해방지 대책으로 올바르지 않은 것은? 17년·2

① 접지를 한다.
② 공기를 일정 온도 이하로 냉각한다.
③ 공기를 이온화한다.
④ 공기 중 상대습도를 70% 이상으로 유지한다.

68 위험물안전관리법에서 정한 정전기를 유효하게 제거할 수 있는 방법에 해당하지 않는 것은? 20년·4 15년·2

① 위험물 이송 시 배관 내 유속을 빠르게 하는 방법
② 공기를 이온화하는 방법
③ 접지에 의한 방법
④ 공기 중의 상대습도를 70% 이상으로 하는 방법

대표빈출 43 ★★최다 빈출유형
발화점, 인화점

★ 주로 제4류 위험물에서 출제된다.

[출제된 위험물의 발화점]

위험물	발화점(℃)	위험물	발화점(℃)
삼황화린	100	오황화린	142
유황	232.2	적린	260
이황화탄소	100	산화프로필렌	465
디에틸에테르	180	아세트알데히드	175
메탄올	464	에탄올	363
등유	250	가솔린	300
아세톤	465	톨루엔	480
트리니트로톨루엔	≒300	과산화벤조일	125
니트로셀룰로오스	180	트리니트로페놀	300

[출제된 위험물의 인화점] – 주로 제4류 위험물에 대한 문제가 출제됨

위험물	인화점(℃)	위험물	인화점(℃)
이황화탄소	-30	산화프로필렌	-37
디에틸에테르	-45	아세트알데히드	-40
이소펜탄	-51	벤젠	-11
아세톤	-18	톨루엔	4
메탄올	11	에탄올	13
이소프로필알코올	12	가솔린	-43 ~ -20
피리딘	16	테레핀유	35
아닐린	75	글리세린	160
에틸렌글리콜	120	니트로벤젠	88
클로로벤젠	27	중유	60~150
에틸벤젠	18	트리니트로페놀	150
실린더유	200 이상		

1. **발화점** : 착화점이라고도 하며 물체를 가열하거나 마찰하여 특정 온도에 도달하면 불꽃과 같은 착화원(점화원)이 없는 상태에서도 스스로 발화하여 연소를 시작하는 최저온도를 말한다. 발화점에 도달해야 물질은 연소할 수 있으며 발화점이 높을수록 발화점이 낮은 물질에 비해서 연소하기 어렵다. 가열되는 용기의 표면 상태, 압력, 가열되는 속도 등에 영향을 받으며 일반적으로 인화점보다 발화점이 높다.

2. **인화점** : 발생된 증기에 외부로부터 점화원이 관여하여 연소가 일어날 수 있도록 하는 최저온도를 말하는 것으로 인화점은 주로 상온에서 액체 상태로 존재하는 인화성 물질의 연소하기 쉬운 정도를 측정하는 데 사용된다.

69 다음 위험물 중 착화온도가 가장 낮은 것은?

12년·4

① 이황화탄소 ② 디에틸에테르
③ 아세톤 ④ 아세트알데히드

70 인화점이 상온 이상인 위험물은? 14년·1

① 중유 ② 아세트알데히드
③ 아세톤 ④ 이황화탄소

71 다음 중 발화점이 가장 낮은 것은?

15년·1 ▎12년·2

① 이황화탄소 ② 산화프로필렌
③ 휘발유 ④ 메탄올

72 위험물의 인화점에 대한 설명으로 옳은 것은?

16년·1

① 톨루엔이 벤젠보다 낮다.
② 피리딘이 톨루엔보다 낮다.
③ 벤젠이 아세톤보다 낮다.
④ 아세톤이 피리딘보다 낮다.

73 다음 위험물 중 착화온도가 가장 높은 것은?

16년·1

① 이황화탄소 ② 디에틸에테르
③ 아세트알데히드 ④ 산화프로필렌

74 다음 물질 중 인화점이 가장 높은 것은?

15년·5

① 아세톤 ② 디에틸에테르
③ 에탄올 ④ 벤젠

75 점화원을 가까이했을 때 연소가 시작되는 최저온도를 무엇이라 하는가? 17년·5

① 인화점 ② 연소점
③ 착화점 ④ 발화점

대표빈출 44
제4류 위험물의 인화점

★ 품명의 분류에 따른 인화점 기준은 반드시 숙지하도록 한다. 제4류 위험물의 인화점에 관한 문제는 인화 온도를 외워야만 답을 구할 수 있는 것은 아니다 (같은 품명에 속하는 위험물끼리 인화점을 비교하는 문제가 나오기는 하지만 극히 드물다).

★ 인화점은 특수인화물 - 제1 - 제2 - 제3 - 제4석유류로 갈수록 높아지므로 이들에 속하는 위험물을 품명별로 잘 구분만 해 놓는다면 쉽게 답을 구할 수 있을 것이다.

정답 65 ③ 66 ③ 67 ② 68 ① 69 ① 70 ① 71 ① 72 ④ 73 ④ 74 ③ 75 ①

❖ 인화점을 기준으로 한 제4류 위험물의 분류

분류	인화점 (1기압 기준)	종류
특수인화물	-20℃ 이하	이황화탄소, 펜탄, 아세트알데히드, 산화프로필렌, 디에틸에테르, 에틸아민, 황화디메틸, 이소프렌, 이소프로필아민, 이소펜탄
제1석유류	21℃ 미만	아세톤, 포름산메틸, 휘발유, 벤젠, 에틸벤젠, 아세토니트릴, 톨루엔, 염화아세틸, 시클로헥산, 시안화수소, 메틸에틸케톤, 피리딘
제2석유류	21℃ 이상 70℃ 미만	등유, 경유, 브롬화페닐, 자일렌, 포름산, 아세트산, 클로로벤젠, 아크랄산, 히드라진, 스티렌, 큐멘, 부틸알데히드, 테레핀유,
제3석유류	70℃ 이상 200℃ 미만	중유, 클레오소트유, 니트로벤젠, 아닐린, 에틸렌글리콜, 글리세린, 포르말린, 에탄올아민, 니트로톨루엔
제4석유류	200℃ 이상 250℃ 미만	기어유, 실린더유, 기계유, 방청유, 담금질유, 절삭유
동식물유류	250℃ 미만	동물의 지육, 식물의 종자나 과육 추출물(건성유·반건성유·불건성유)

76 다음 중 인화점이 가장 높은 것은? 13년·2
① 니트로벤젠   ② 클로로벤젠
③ 톨루엔   ④ 에틸벤젠

77 1기압 20℃에서 액상이며 인화점이 200℃ 이상인 물질은? 13년·4
① 벤젠   ② 톨루엔
③ 글리세린   ④ 실린더유

78 다음 설명 중 제2석유류에 해당하는 것은?
(단, 1기압 상태이다.) 14년·5
① 착화점이 21℃ 미만인 것
② 착화점이 30℃ 이상 50℃ 미만인 것
③ 인화점이 21℃ 이상 70℃ 미만인 것
④ 인화점이 21℃ 이상 90℃ 미만인 것

79 위험물 분류에서 제1석유류에 대한 설명으로 옳은 것은? 14년·2
① 아세톤, 휘발유 그밖에 1기압에서 인화점이 섭씨 21도 미만인 것
② 등유, 경유 그 밖에 액체로서 인화점이 섭씨 21도 이상 70도 미만의 것
③ 중유, 도료류로서 인화점이 섭씨 70도 이상 200도 미만의 것
④ 기계유, 실린더유 그 밖의 액체로서 인화점이 섭씨 200도 이상 250도 미만인 것

80 다음 중 인화점이 0℃보다 작은 것은 모두 몇 개인가? 14년·5

$C_2H_5OC_2H_5$, CS_2, CH_3CHO

① 0개   ② 1개
③ 2개   ④ 3개

81 다음 중 물에 녹고 물보다 가벼운 물질로 인화점이 가장 낮은 것은? 15년·1
① 아세톤   ② 이황화탄소
③ 벤젠   ④ 산화프로필렌

82 다음 물질 중 인화점이 가장 낮은 것은? 15년·2
① CH_3COCH_3 ② $C_2H_5OC_2H_5$
③ $CH(CH_3)_2OH$ ④ CH_3OH

대표빈출 45 자연발화

1. 자연발화 하기 좋은 조건
• 주위의 온도가 높을 것 • 표면적이 클 것

- 발열량이 클 것
- 열전도율이 적을 것
- 미생물 번식에 필요한 적당량의 수분이 있을 것

2. 자연발화 방지법
- 통풍이 잘되게 함 : 가연물이 응집되는 것을 방지
- 주변의 온도를 낮춤 : 발화점 도달 방지
- 습도를 낮게 유지 : 미생물 번식 억제
- 열의 축적을 방지한다.
- 정촉매 작용하는 물질과 멀리함 : 반응속도가 빠르게 진행되는 것을 방지
- 직사일광을 피하도록 한다.
- 불활성가스를 주입 : 산소 차단 효과

83 자연발화를 방지하기 위한 방법으로 옳지 않은 것은? 13년·4

① 습도를 가능한 한 높게 유지한다.
② 열 축적을 방지한다.
③ 저장실의 온도를 낮춘다.
④ 정촉매 작용을 하는 물질을 피한다.

84 위험물의 자연발화를 방지하는 방법으로 가장 거리가 먼 것은? 16년·4

① 통풍을 잘 시킬 것
② 저장실의 온도를 낮출 것
③ 습도가 높은 곳에서 저장할 것
④ 정촉매 작용을 하는 물질과의 접촉을 피할 것

85 자연발화의 조건으로 옳은 것은? 17년·2

① 주위의 온도가 낮을 것
② 표면적이 작을 것
③ 발열량이 클 것
④ 열전도율이 클 것

86 분해열에 의한 발열이 자연발화의 주된 요인으로 작용하는 것은? 18년·2

① 건성유
② 퇴비
③ 목탄
④ 셀룰로이드

해설
- 산화열에 의한 자연발화 : 석탄, 고무분말 등
- 흡착열에 의한 자연발화 : 활성탄, 목탄분말 등
- 분해열에 의한 자연발화 : 셀룰로이드, 니트로셀룰로오스 등
- 미생물에 의한 자연발화 : 퇴비 등에 존재하는 미생물에 의한 발화
- 중합열에 의한 발화 : 산화프로필렌, 염화비닐 등

대표빈출 46
연소가 잘 일어나기 위한 조건

- 발열량이 클 것
- 산소 친화력이 클 것
- 열전도율이 작을 것
- 활성화에너지가 작을 것(= 활성화에너지 장벽이 낮을 것)
- 화학적 활성도는 높을 것
- 연쇄반응을 수반할 것
- 반응 표면적이 넓을 것
- 산소농도가 높고 이산화탄소의 농도는 낮을 것
- 물질 자체의 습도는 낮을 것

87 다음 중 연소반응이 일어날 수 있는 가능성이 가장 큰 물질은? 12년·2

① 산소와 친화력이 작고 활성화 에너지가 작은 물질
② 산소와 친화력이 크고 활성화 에너지가 큰 물질
③ 산소와 친화력이 작고 활성화 에너지가 큰 물질
④ 산소와 친화력이 크고 활성화 에너지가 작은 물질

정답 76 ① 77 ④ 78 ③ 79 ① 80 ④ 81 ④ 82 ② 83 ① 84 ③ 85 ③ 86 ④ 87 ④

88 연소가 잘 이루어지는 조건으로 거리가 먼 것은? 16년·1

① 가연물의 발열량이 클 것
② 가연물의 열전도율이 클 것
③ 가연물과 산소와의 접촉 표면적이 클 것
④ 가연물의 활성화에너지가 작을 것

89 연소에 대한 설명으로 옳지 않은 것은? 16년·4

① 산화되기 쉬운 것일수록 타기 쉽다.
② 산소와의 접촉 면적이 큰 것일수록 타기 쉽다.
③ 충분한 산소가 있어야 타기 쉽다.
④ 열전도율이 큰 것일수록 타기 쉽다.

90 질소가 가연물이 될 수 없는 이유는 무엇 때문인가? 17년·1-신유형

① 산소와 반응하지만 반응 시 열을 방출하기 때문
② 산소와 반응하지만 반응 시 열을 흡수하기 때문
③ 산소와 반응하지 않고 열의 변화도 없기 때문
④ 산소와 반응하지 않고 열을 방출하기 때문

91 가연물이 되기 쉬운 조건이 아닌 것은? 18년·2

① 활성화에너지가 커야 한다.
② 표면적이 넓어야 한다.
③ 열전도율이 낮아야 한다.
④ 산소 친화도가 높아야 한다.

대표빈출 47 발화점이 낮아지는 조건

- 압력이 높을수록 물질의 인력이 증대되고 에너지 축적이 용이해짐으로 발화점은 낮아진다.
- 산소 농도는 클수록 착화가 용이해짐으로 발화점은 낮아진다.
- 물질의 산소친화도가 높을수록 산소와의 반응성도 증가할 것이므로 발화점은 낮아진다.
- 이산화탄소와의 친화도는 낮을수록 소화되기 어렵고 연소가 잘 일어날 것이므로 발화점은 낮아진다.
- 반응표면적이 넓을수록 접촉 가능성이 증대되어 발화가 용이하므로 발화점이 낮아진다.
- 물질의 열전도도(열전도율)가 작을수록 열의 축적이 용이하여 연소가 잘 일어날 것이므로 발화점이 낮아진다.
- 발열량이 클수록 연소가 잘 이루어질 것이므로 발화점은 낮아진다.
- 화학적 활성도가 커질수록 반응성이 증가하는 것이므로 발화점은 낮아진다.
- 활성화에너지는 작을수록 반응성이 커지는 것이므로 발화점은 낮아진다.
- 분자구조가 복잡할수록 열축적이 용이해짐으로 발화점은 낮아진다.
- (물질 내) 습도가 낮을수록 발화가 잘 일어남으로 발화점은 낮아진다.
- 유속이 빠를수록 인화성 액체와 같은 비전도성 물질의 정전기 발생 위험성이 증가하여 연소 가능성이 커지므로 발화점은 낮아지게 된다.

92 착화온도가 낮아지는 원인과 가장 관계가 있는 것은? 16년·2

① 발열량이 적을 때
② 압력이 높을 때
③ 습도가 높을 때
④ 산소와의 결합력이 나쁠 때

93 물질의 발화온도가 낮아지는 경우는?

18년·2 ▌18년·5 유사

① 발열량이 작을 때
② 산소의 농도가 작을 때
③ 화학적 활성도가 클 때
④ 산소와 친화력이 작을 때

94 다음 중 발화점이 낮아지는 경우는?

19년·2 ▌17년 유사 ▌12년·5 유사 등 다수 출제

① 화학적 활성도가 낮을 때
② 발열량이 클 때
③ 산소와 친화력이 나쁠 때
④ 주위의 압력이 낮을 때

대표빈출 48
금수성물질에 적응성 있는 소화설비

금수성 물질은 물에 의한 주수소화는 엄금이며 탄산수소염류 등을 이용한 분말소화설비나 마른모래, 팽창질석, 팽창진주암 등을 사용한다. 불활성가스 소화설비, 할로겐화합물 소화설비, 이산화탄소 소화기 등은 적응성이 없으므로 사용하지 않는다. (이산화탄소나 할로겐원소와도 폭발적으로 반응할 수 있다.)

95 제3류 위험물 중 금수성 물질에 적응할 수 있는 소화설비는?

13년·4

① 포 소화설비
② 이산화탄소 소화설비
③ 탄산수소염류 분말소화설비
④ 할로겐화합물 소화설비

96 다음 중 위험물안전관리법령에서 정한 제3류 위험물 금수성 물질의 소화설비로 적응성이 있는 것은?

14년·5 ▌15년·1 ▌13년·4 유사

① 이산화탄소 소화설비
② 할로겐화합물 소화설비
③ 인산염류등 분말 소화설비
④ 탄산수소염류등 분말 소화설비

97 위험물안전관리법령상 제3류 위험물의 금수성 물질 화재 시 적응성이 있는 소화약제는?

15년·2 ▌17년·18년·19년 유사 매년 출제

① 탄산수소염류 분말 ② 물
③ 이산화탄소 ④ 할로겐화합물

98 철분, 금속분, 마그네슘의 화재에 적응성이 있는 소화약제는?

15년·5

① 탄산수소염류 분말 ② 할로겐화합물
③ 물 ④ 이산화탄소

대표빈출 49
동식물유류와 요오드값

1. **동식물유류** : 동물의 지육 등 또는 식물의 종자나 과육으로부터 추출한 것으로 1기압에서 인화점이 250℃ 미만인 것.

2. **요오드값** : 유지 100g에 흡수되는 요오드의 g 수. 유지 중 불포화 지방산의 이중결합 정도를 나타내는 수치로 요오드값이 큰 것은 이중결합이 많아 불포화도가 높다는 것을 의미한다.

3. 불포화도가 높을수록 공기 중에서 산화되기 쉽고 산화열이 축적되어 자연발화 할 가능성도 커진다. 산화되거나 산패 시에 요오드값은 감소한다.

정답 88 ② 89 ④ 90 ② 91 ① 92 ② 93 ③ 94 ② 95 ③ 96 ④ 97 ① 98 ①

4. 요오드값에 따른 동식물유류의 분류

- **건성유** : 요오드값이 130 이상인 것. 이중결합이 많아 불포화도가 높으므로 공기 중에 노출되면 산소와 반응하여 액 표면에 피막을 만들고 굳어 버리는 기름이다. 섬유 등 다공성 가연물에 스며들어 공기와 반응함으로써 자연 발화하기 쉽다. 정어리유, 대구유, 상어유, 아마인유, 오동유, 해바라기유, 들기름 등이 있다.
- **반건성유** : 100~130 사이의 요오드값을 갖는다. 공기 중에서 서서히 산화되면서 점성은 증가하지만 건조한 상태까지는 되지 않는 기름이다. 면실유, 청어유, 대두유, 채종유, 옥수수기름, 참기름, 콩기름 등이 있다.
- **불건성유** : 요오드값이 100 이하이다. 불포화 지방산의 함유량이 적기 때문에 공기 중에 두어도 산화되거나 굳어지거나 엷은 막을 형성하지 않는 기름이다. 올리브유, 야자유, 동백유, 피마자유, 땅콩기름(낙화생유), 쇠기름, 돼지기름 등이 있다.

99 다음 중 자연발화의 위험성이 가장 큰 물질은?

14년 · 2

① 아마인유　　② 야자유
③ 올리브유　　④ 피마자유

100 다음 중 요오드값이 가장 낮은 것은?

15년 · 4

① 해바라기유　　② 오동유
③ 아마인유　　④ 낙화생유

101 다음 중 요오드값의 정의로 올바른 것은?

17년 · 1

① 유지 10kg에 흡수되는 요오드의 g 수
② 유지 100kg에 흡수되는 요오드의 g 수
③ 유지 10g에 흡수되는 요오드의 g 수
④ 유지 100g에 흡수되는 요오드의 g 수

102 동식물유류에 대한 설명 중 틀린 것은?

16년 · 1

① 연소하면 열에 의해 액온이 상승하여 화재가 커질 위험이 있다.
② 요오드값이 작을수록 자연발화의 위험이 높다.
③ 동유는 건성유이므로 자연발화의 위험이 있다.
④ 요오드값이 100~130인 것을 반건성유라고 한다.

103 다음 중 아마인유에 대한 설명 중 틀린 것은?

17년 · 2

① 자연발화의 위험성이 있다.
② 요오드값은 올리브유보다 작다.
③ 건성유로 불포화도가 높다.
④ 공기중에서 산소와 결합하기 쉽다.

104 다음 중 저장 시 섬유류에 흡수되어 자연발화의 위험성이 커지는 물질은?

18년 · 4

① 해바라기유　　② 피마자유
③ 야자유　　④ 올리브유

정답 99 ①　100 ④　101 ④　102 ②　103 ②　104 ①

CHAPTER 3 위험물안전관리법령

SECTION 1 출제테마정리

01 위험물안전관리법

1. 위험물의 정의 [위험물안전관리법 제2조]

위험물이라 함은 인화성 또는 발화성 등의 성질을 가지는 것으로서 대통령령이 정하는 물품을 말한다.

2. 위험물 제조소등 [위험물안전관리법 제2조] 및 [위험물안전관리법 시행령 별표2, 3]

- 제조소
- 옥내저장소
- 옥외저장소
- 옥내 탱크저장소
- 옥외 탱크저장소
- 지하 탱크저장소
- 간이 탱크저장소
- 이동 탱크저장소
- 암반 탱크저장소
- 주유취급소
- 판매취급소
- 이송취급소
- 일반취급소

3. 위험물안전관리법령상 제반 신고사항

(1) **변경** [위험물안전관리법 제6조 제2항]

　제조소등의 위치·구조 또는 설비의 변경 없이 당해 제조소등에서 저장하거나 취급하는 위험물의 품명·수량 또는 지정수량의 배수를 변경하고자 하는 자는 **변경하고자 하는 날의 1일 전까지** 행정안전부령이 정하는 바에 따라 시·도지사에게 신고하여야 한다.

(2) **지위승계** [위험물안전관리법 제10조 제3항]

　제조소등의 설치자의 지위를 승계한 자는 행정안전부령이 정하는 바에 따라 **승계한 날부터 30일 이내**에 시·도지사에게 그 사실을 신고하여야 한다.

(3) **폐지** [위험물안전관리법 제11조]

　제조소등의 관계인은 당해 제조소등의 용도를 폐지한 때에는 행정안전부령이 정하는 바에 따라 제조소등의 용도를 **폐지한 날부터 14일 이내**에 시·도지사에게 신고하여야 한다.

(4) **사용중지** [위험물안전관리법 제11조의 2]

제조소등의 관계인은 제조소등의 사용을 중지하거나 중지한 제조소등의 사용을 재개하려는 경우에는 해당 제조소등의 사용을 중지하려는 날 또는 재개하려는 날의 14일 전까지 행정안전부령으로 정하는 바에 따라 제조소등의 사용 중지 또는 재개를 시·도지사에게 신고하여야 한다.

(5) **안전관리자 선임 및 신고** [위험물안전관리법 제15조]

① 안전관리자를 선임한 제조소등의 관계인은 그 안전관리자를 해임하거나 안전관리자가 퇴직한 때에는 해임하거나 퇴직한 날부터 30일 이내에 다시 안전관리자를 선임하여야 한다.

② 안전관리자를 선임한 경우에는 선임한 날부터 14일 이내에 행정안전부령으로 정하는 바에 따라 소방본부장 또는 소방서장에게 신고하여야 한다.

4. 위험물 안전관리자의 대리자

(1) **위험물안전관리자의 대리자 지정·대리** [위험물안전관리법 제15조 제5항]

안전관리자가 여행·질병 등의 사유로 인하여 직무를 수행할 수 없거나 해임 또는 퇴직과 동시에 다른 안전관리자를 선임하지 못하는 경우에는 대리자(代理者)를 지정하여 그 직무를 대행하게 하여야 한다. 이 경우 대리자가 안전관리자의 직무를 대행하는 기간은 **30일을 초과할 수 없다.**

(2) **안전관리자 대리자의 자격요건** [위험물안전관리법 시행규칙 제54조]

① 소방청장이 실시하는 안전교육을 받은 자
② 제조소등의 위험물 안전관리업무에 있어서 안전관리자를 지휘·감독하는 직위에 있는 자

5. 예방규정

(1) **재해 발생 예방 규정의 제출** [위험물안전관리법 제17조 제1항]

대통령령이 정하는 제조소등의 관계인은 당해 제조소등의 화재 예방과 화재 등 재해 발생 시의 비상조치를 위하여 행정안전부령이 정하는 바에 따라 예방 규정을 정하여 당해 제조소등의 사용을 시작하기 전에 시·도지사에게 제출하여야 한다. 예방 규정을 변경한 때에도 또한 같다.

(2) **제조소등의 규정** [위험물안전관리법 시행령 제15조]

위 법조문에서 "대통령령이 정하는 제조소등"이라 함은 다음에 해당하는 제조소등을 말한다.

① 지정수량의 10배 이상의 위험물을 취급하는 제조소
② 지정수량의 100배 이상의 위험물을 저장하는 옥외저장소

③ 지정수량의 150배 이상의 위험물을 저장하는 옥내저장소

④ 지정수량의 200배 이상의 위험물을 저장하는 옥외 탱크저장소

⑤ 암반 탱크저장소

⑥ 이송취급소

⑦ 지정수량의 10배 이상의 위험물을 취급하는 일반취급소. 다만, 제4류 위험물(특수인화물을 제외)만을 지정수량의 50배 이하로 취급하는 일반취급소(제1석유류·알코올류의 취급량이 지정수량의 10배 이하인 경우에 한한다)로서 다음의 어느 하나에 해당하는 것을 제외한다.
 • 보일러·버너 또는 이와 비슷한 것으로서 위험물을 소비하는 장치로 이루어진 일반취급소
 • 위험물을 용기에 옮겨 담거나 차량에 고정된 탱크에 주입하는 일반취급소

6. 정기점검

(1) **정기점검과 기록·보존** [위험물안전관리법 제18조 제1항]

대통령령이 정하는 제조소등의 관계인은 그 제조소등에 대하여 행정안전부령이 정하는 바에 따라 규정에 따른 기술기준에 적합한지의 여부를 정기적으로 점검하고 점검 결과를 기록하여 보존하여야 한다.

(2) **정기점검의 대상인 제조소등** [위험물안전관리법 시행령 제15조와 제16조]

위 법조문에서 "대통령령이 정하는 제조소등"이라 함은 다음에 해당하는 제조소등을 말한다.

① 지하 탱크저장소

② 이동 탱크저장소

③ 위험물을 취급하는 탱크로서 지하에 매설된 탱크가 있는 제조소, 주유취급소, 일반취급소

④ 관계인이 예방규정을 정하여야 하는 제조소등
 • 지정수량의 10배 이상의 위험물을 취급하는 제조소
 • 지정수량의 100배 이상의 위험물을 저장하는 옥외저장소
 • 지정수량의 150배 이상의 위험물을 저장하는 옥내저장소
 • 지정수량의 200배 이상의 위험물을 저장하는 옥외 탱크저장소
 • 암반 탱크저장소
 • 이송취급소
 • 지정수량의 10배 이상의 위험물을 취급하는 일반취급소

02 위험물안전관리법 시행령

1. 운송책임자의 감독·지원을 받아 운송하여야 하는 위험물 [위험물안전관리법 시행령 제19조]

(1) 알킬알루미늄
(2) 알킬리튬
(3) 알킬알루미늄 또는 알킬리튬을 함유하는 위험물

2. 위험물의 유별에 따른 성질 [위험물안전관리법 시행령 별표1]

(1) 제1류 위험물 : 산화성 고체
(2) 제2류 위험물 : 가연성 고체
(3) 제3류 위험물 : 자연발화성 물질 및 금수성 물질
(4) 제4류 위험물 : 인화성 액체
(5) 제5류 위험물 : 자기반응성 물질
(6) 제6류 위험물 : 산화성 액체

3. 복수성상 물품의 품명 규정 [위험물안전관리법 시행령 별표1] - 비고란 제24호

위험물의 성질로 규정된 성상을 2가지 이상 포함하는 물품(이하 "복수성상 물품"이라 한다)이 속하는 품명은 아래의 규정을 따른다.

(1) 복수성상 물품이 산화성 고체의 성상 및 가연성 고체의 성상을 가지는 경우 : 가연성 고체의 품명
(2) 복수성상 물품이 산화성 고체의 성상 및 자기반응성 물질의 성상을 가지는 경우 : 자기반응성 물질의 품명
(3) 복수성상 물품이 가연성 고체의 성상과 자연발화성 물질의 성상 및 금수성 물질의 성상을 가지는 경우 : 자연발화성 물질 및 금수성 물질의 품명
(4) 복수성상 물품이 자연발화성 물질의 성상, 금수성 물질의 성상 및 인화성 액체의 성상을 가지는 경우 : 자연발화성 물질 및 금수성 물질의 품명
(5) 복수성상 물품이 인화성 액체의 성상 및 자기반응성 물질의 성상을 가지는 경우 : 자기반응성 물질의 품명

4. 옥외저장소에서 저장할 수 있는 위험물의 종류 [위험물안전관리법 시행령 별표2]

(1) 제2류 위험물 중 유황 또는 인화성 고체(인화점이 0℃ 이상인 것에 한한다)

(2) 제4류 위험물 중 제1석유류(인화점이 0℃ 이상인 것에 한한다)·알코올류·제2석유류·제3석유류·제4석유류 및 동식물유류

(3) 제6류 위험물

(4) 제2류 위험물 및 제4류 위험물 중 특별시·광역시 또는 도의 조례에서 정하는 위험물(관세법 제154조의 규정에 의한 보세구역 안에 저장하는 경우에 한한다)

(5) 「국제해사기구에 관한 협약」에 의하여 설치된 국제해사기구가 채택한 국제해상위험물규칙(IMDG Code)에 적합한 용기에 수납된 위험물

5. 위험물 취급자격자의 자격요건 [위험물안전관리법 시행령 별표5]

위험물 취급자격자의 구분	취급할 수 있는 위험물
「국가기술자격법」에 따라 위험물기능장, 위험물산업기사, 위험물기능사의 자격을 취득한 사람	모든 위험물
안전관리자 교육이수자 (소방청장이 실시하는 안전관리자 교육을 이수한 자를 말한다.)	위험물 중 제4류 위험물
소방공무원 경력자 (소방공무원으로 근무한 경력이 3년 이상인 자를 말한다.)	위험물 중 제4류 위험물

03 위험물안전관리법 시행규칙

1. 행정안전부령으로 정하는 위험물 [위험물안전관리법 시행규칙 제3조]

(1) 제1류 위험물 중 행정안전부령으로 정하는 위험물

① 과요오드산염류 ② 과요오드산 ③ 크롬, 납 또는 요오드의 산화물

④ 아질산염류 ⑤ 차아염소산염류 ⑥ 염소화이소시아눌산

⑦ 퍼옥소이황산염류 ⑧ 퍼옥소붕산염류

(2) 제3류 위험물 중 행정안전부령으로 정하는 위험물 : 염소화규소화합물

(3) 제5류 위험물 중 행정안전부령으로 정하는 위험물

① 금속의 아지화합물 ② 질산구아니딘

(4) 제6류 위험물 중 행정안전부령으로 정하는 위험물 : 할로겐간화합물

2. 주의사항 게시판 [위험물안전관리법 시행규칙 별표4]

제조소 뿐 아니라 모든 취급소와 모든 저장소에도 동일하게 적용된다.

저장 또는 취급하는 위험물 종류	표시할 주의사항	표시색상
• 제1류 위험물 중 알칼리금속의 과산화물 • 제3류 위험물 중 금수성 물질	물기엄금	청색 바탕 백색 문자
• 제2류 위험물(인화성 고체 제외)	화기주의	적색 바탕 백색 문자
• 제2류 위험물 중 인화성 고체 • 제3류 위험물 중 자연발화성 물질 • 제4류 위험물 • 제5류 위험물	화기엄금	

※ 제1류 위험물 중 알칼리금속의 과산화물 이외의 물질과 제6류 위험물은 해당사항 없음

3. 안전거리 [위험물안전관리법 시행규칙 별표4]

이 규정은 제조소 뿐 아니라 옥내저장소, 옥외저장소, 옥외 탱크저장소, 일반취급소에 동일 적용한다.

안전거리	해당 대상물
3m 이상	7,000V 초과 35,000V 이하의 특고압 가공전선
5m 이상	35,000V를 초과하는 특고압 가공전선
10m 이상	주거용으로 사용되는 건축물 및 그 밖의 공작물
20m 이상	고압가스, 액화석유가스 또는 도시가스를 저장 또는 취급하는 시설
30m 이상	학교, 병원, 300명 이상 수용시설(영화관, 공연장), 20명 이상 수용시설(아동·노인·장애인·한부모가족 복지시설, 어린이집, 성매매 피해자 지원 시설, 정신건강 증진시설, 가정폭력 피해자 보호시설)
50m 이상	유형문화재, 지정문화재

(1) **안전거리 규제대상이 아닌 제조소등**: 제6류 위험물을 취급하는 제조소, 옥내 탱크저장소, 지하 탱크저장소, 이동 탱크저장소, 간이 탱크저장소, 암반 탱크저장소, 판매취급소, 주유취급소는 시설의 안전성과 그 설치 위치의 특수성을 감안하여 안전거리 규제대상에서 제외한다.

(2) 이송취급소에 적용되는 안전거리는 별도로 존재한다. [시행규칙 별표15]

4. 보유공지

(1) 제조소의 보유공지 [위험물안전관리법 시행규칙 별표4]

취급하는 위험물의 최대수량	공지의 너비
지정수량의 10배 이하	3m 이상
지정수량의 10배 초과	5m 이상

(2) 옥내저장소의 보유공지 [위험물안전관리법 시행규칙 별표5]

저장 또는 취급하는 위험물의 최대수량	공지의 너비	
	벽·기둥 및 바닥이 내화구조로 된 건축물	그 밖의 건축물
지정수량의 5배 이하		0.5m 이상
지정수량의 5배 초과 10배 이하	1m 이상	1.5m 이상
지정수량의 10배 초과 20배 이하	2m 이상	3m 이상
지정수량의 20배 초과 50배 이하	3m 이상	5m 이상
지정수량의 50배 초과 200배 이하	5m 이상	10m 이상
지정수량의 200배 초과	10m 이상	15m 이상

※ 지정수량의 20배를 초과하는 옥내저장소와 동일한 부지 내에 있는 다른 옥내저장소와의 사이에는 동표에 정하는 공지의 너비의 3분의 1(당해 수치가 3m 미만인 경우에는 3m)의 공지를 보유할 수 있다.

(3) 옥외 탱크저장소의 보유공지 [위험물안전관리법 시행규칙 별표6]

저장 또는 취급하는 위험물의 최대수량	공지의 너비
지정수량의 500배 이하	3m 이상
지정수량의 500배 초과 1,000배 이하	5m 이상
지정수량의 1,000배 초과 2,000배 이하	9m 이상
지정수량의 2,000배 초과 3,000배 이하	12m 이상
지정수량의 3,000배 초과 4,000배 이하	15m 이상
지정수량의 4,000배 초과	당해 탱크의 수평 단면의 최대지름(횡형인 경우에는 긴 변)과 높이 중 큰 것과 같은 거리 이상. 다만, 30m 초과의 경우에는 30m 이상으로 할 수 있고, 15m 미만의 경우에는 15m 이상으로 하여야 한다.

(4) **옥외저장소의 보유공지** [위험물안전관리법 시행규칙 별표11]

저장 또는 취급하는 위험물의 최대수량	공지의 너비
지정수량의 10배 이하	3m 이상
지정수량의 10배 초과 20배 이하	5m 이상
지정수량의 20배 초과 50배 이하	9m 이상
지정수량의 50배 초과 200배 이하	12m 이상
지정수량의 200배 초과	15m 이상

※ 단, 제4류 위험물 중 제4석유류와 제6류 위험물을 저장 또는 취급하는 옥외저장소의 보유공지는 위 표에 의한 공지 너비의 1/3 이상의 너비로 할 수 있다.

5. 방유제

(1) **위험물 제조소의 방유제** [위험물안전관리법 시행규칙 별표4]

위험물 제조소의 옥외에 있는 위험물 취급 탱크로서 액체 위험물(이황화탄소를 제외한다)을 취급하는 것의 주위에는 다음의 기준에 의하여 방유제를 설치할 것

① 하나의 취급 탱크 주위에 설치하는 방유제의 용량은 당해 탱크용량의 50% 이상으로 하고, 2 이상의 취급 탱크 주위에 하나의 방유제를 설치하는 경우의 방유제 용량은 당해 탱크 중 용량이 최대인 것의 50%에 나머지 탱크용량 합계의 10%를 가산한 양 이상이 되게 할 것

② 방유제의 구조 및 설비 : 옥외 저장탱크의 방유제의 기준에 적합하게 할 것

(2) **옥외 탱크저장소의 방유제** [위험물안전관리법 시행규칙 별표6]

① 방유제 용량

- <u>인화성 액체 위험물의 옥외 탱크저장소에 설치하는 방유제의 용량 기준</u> : 방유제 안에 설치된 탱크가 하나인 때에는 그 탱크용량의 110% 이상, 2기 이상인 때에는 용량이 최대인 것의 110% 이상으로 할 것

- <u>비인화성 액체 위험물의 옥외 탱크저장소에 설치하는 방유제의 용량 기준</u> : 방유제 안에 설치된 탱크가 하나인 때에는 그 탱크용량의 100% 이상, 2기 이상인 때에는 용량이 최대인 것의 100% 이상으로 할 것

② 인화성 및 비인화성 액체 위험물 저장탱크 공통 적용 사항

- 방유제 높이 : 0.5m 이상 3m 이하
- 방유제 두께 : 0.2m 이상
- 지하 매설 깊이 : 1m 이상

③ 인화성 액체 위험물 저장탱크에만 적용
- 방유제 내의 면적 : 8만m² 이하
- 방유제 내에 설치 가능한 저장탱크의 수 : 10 이하 (원칙)
  - 방유제에 설치하는 모든 옥외저장탱크의 용량이 20만ℓ 이하이고 저장 또는 취급하는 위험물의 인화점이 70℃ 이상 200℃ 미만인 경우 → 20 이하로 할 수 있다.
  - 인화점이 200℃ 이상인 위험물을 저장, 취급하는 경우 → 개수에 제한 없음

6. 방유제와 탱크 사이의 거리 - 옥외 탱크저장소 [위험물안전관리법 시행규칙 별표6]

인화성 액체 위험물(이황화탄소를 제외한다)의 옥외 탱크저장소의 탱크 주위에 설치하는 방유제는 **옥외 저장탱크의 지름**에 따라 그 탱크의 옆판으로부터 다음에 정하는 거리를 유지할 것. 다만, 인화점이 200℃ 이상인 위험물을 저장 또는 취급하는 것에는 적용하지 않는다.

(1) **지름이 15m 미만인 경우** : 탱크 높이의 3분의 1 이상
(2) **지름이 15m 이상인 경우** : 탱크 높이의 2분의 1 이상

7. 옥외 저장탱크의 통기관 [위험물안전관리법 시행규칙 별표6]

옥외 저장탱크 중 압력탱크 외의 탱크에 있어서는 밸브 없는 통기관 또는 대기밸브 부착 통기관을 설치하여야 한다.

(1) **밸브 없는 통기관**

① 직경은 30mm 이상일 것

② 선단은 수평면보다 45°이상 구부려 빗물 등의 침투를 막는 구조로 할 것

③ 인화점이 38℃ 미만인 위험물만을 저장 또는 취급하는 탱크에 설치하는 통기관에는 화염방지 장치를 설치하고, 그 외의 탱크에 설치하는 통기관에는 40메쉬(mesh) 이상의 구리망으로 된 인화 방지 장치를 설치할 것. 다만, 인화점이 70℃ 이상인 위험물만을 해당 위험물의 인화점 미만의 온도로 저장 또는 취급하는 탱크에 설치하는 통기관에는 인화 방지 장치를 설치하지 않을 수 있다.

④ 가연성의 증기를 회수하기 위한 밸브를 통기관에 설치하는 경우에 있어서는 당해 통기관의 밸브는 저장탱크에 위험물을 주입하는 경우를 제외하고는 항상 개방되어 있는 구조로 히고 폐쇄하였을 경우에 있어서는 10kPa 이하의 압력에서 개방되는 구조로 할 것. 이 경우 개방된 부분의 유효 단면적은 777.15mm² 이상이어야 한다.

(2) 대기밸브 부착 통기관

① 5kPa 이하의 압력 차이로 작동할 수 있을 것

② 인화점이 38℃ 미만인 위험물만을 저장 또는 취급하는 탱크에 설치하는 통기관에는 화염 방지 장치를 설치하고, 그 외의 탱크에 설치하는 통기관에는 40메쉬(mesh) 이상의 구리망으로 된 인화 방지 장치를 설치할 것. 다만, 인화점이 70℃ 이상인 위험물만을 해당 위험물의 인화점 미만의 온도로 저장 또는 취급하는 탱크에 설치하는 통기관에는 인화 방지 장치를 설치하지 않을 수 있다.

8. 판매취급소 [위험물안전관리법 시행규칙 별표14]

(1) 저장 또는 취급하는 위험물의 지정수량의 배수에 따라 제1종과 제2종으로 구분

① 제1종 판매취급소 : 저장 또는 취급하는 위험물의 수량이 지정수량의 20배 이하

② 제2종 판매취급소 : 저장 또는 취급하는 위험물의 수량이 지정수량의 40배 이하

(2) 판매취급소의 위치 : 건축물의 1층에 설치할 것

(3) 위험물 배합실의 기준

① 바닥면적은 $6m^2$ 이상 $15m^2$ 이하로 할 것

② 내화구조 또는 불연재료로 된 벽으로 구획할 것

③ 바닥은 위험물이 침투하지 않는 구조로 하여 적당한 경사를 두고 집유 설비를 할 것

④ 출입구에는 자동폐쇄식의 갑종 방화문을 설치할 것

⑤ 출입구 문턱의 높이는 바닥면으로부터 0.1m 이상으로 할 것

⑥ 가연성 증기 또는 가연성 미분을 지붕 위로 방출하는 설비를 할 것

9. 소화난이도 등급 I 의 옥내저장소에 설치하여야 하는 소화설비 [위험물안전관리법 시행규칙 별표17]

옥내저장소의 구분	소화설비
처마높이가 6m 이상인 단층 건물 또는 다른 용도의 부분이 있는 건축물에 설치한 옥내저장소	스프링클러 설비 또는 이동식 외의 물분무등 소화설비
그 밖의 것	옥외소화전 설비, 스프링클러 설비, 이동식 외의 물분무등 소화설비 또는 이동식 포 소화설비(포 소화전을 옥외에 설치하는 것에 한한다)

10. 소화설비의 적응성 [위험물안전관리법 시행규칙 별표17]

소화설비의 구분			건축물·그 밖의 공작물	전기설비	제1류 위험물		제2류 위험물			제3류 위험물		제4류 위험물	제5류 위험물	제6류 위험물
					알칼리금속과 산화물 등	그 밖의 것	철분·금속분·마그네슘 등	인화성 고체	그 밖의 것	금수성 물품	그 밖의 것			
옥내소화전 또는 옥외소화전 설비			○			○		○	○		○		○	○
스프링클러 설비			○			○		○	○		○	△	○	○
물분무등소화설비	물분무 소화설비		○	○		○		○	○		○	○	○	○
	포 소화설비		○			○		○	○		○	○	○	○
	불활성가스 소화설비			○				○				○		
	할로겐화합물 소화설비			○				○				○		
	분말소화설비	인산염류 등	○	○		○		○	○			○		○
		탄산수소염류 등		○	○		○	○		○		○		
		그 밖의 것			○		○			○				
대형·소형수동식소화기	봉상수(棒狀水) 소화기		○			○		○	○		○		○	○
	무상수(霧狀水) 소화기		○	○		○		○	○		○		○	○
	봉상강화액 소화기		○			○		○	○		○		○	○
	무상강화액 소화기		○	○		○		○	○		○	○	○	○
	포 소화기		○			○		○	○		○	○	○	○
	이산화탄소 소화기			○				○				○		△
	할로겐화합물 소화기			○				○				○		
	분말소화기	인산염류 소화기	○	○		○		○	○			○		○
		탄산수소염류 소화기		○	○		○	○		○		○		
		그 밖의 것			○		○			○				
기타	물통 또는 수조		○			○		○	○		○		○	○
	건조사				○	○	○	○	○	○	○	○	○	○
	팽창질석 또는 팽창진주암				○	○	○	○	○	○	○	○	○	○

* "○"표시는 당해 소방대상물 및 위험물에 대하여 소화설비가 적응성이 있음을 표시하고, "△"표시는 제4류 위험물을 저장 또는 취급하는 장소의 살수 기준면적에 따라 스프링클러 설비의 살수 밀도가 특정 기준 이상인 경우에는 당해 스프링클러 설비가 제4류 위험물에 대하여 적응성이 있음을, 제6류 위험물을 저장 또는 취급하는 장소로서 폭발의 위험이 없는 장소에 한하여 이산화탄소 소화기가 제6류 위험물에 대하여 적응성이 있음을 각각 표시한다.

11. 소요단위 [위험물안전관리법 시행규칙 별표17]

(1) **소요단위** : 소화설비 설치대상이 되는 건축물 그 밖의 공작물의 규모 또는 위험물의 양의 기준단위이다.

구분 \ 외벽	내화구조	비 내화구조
제조소 또는 취급소	연면적 100m²	연면적 50m²
저장소	연면적 150m²	연면적 75m²
위험물	지정수량의 10배	

12. 소화설비의 능력단위 [위험물안전관리법 시행규칙 별표17]

(1) **능력단위** : 소요단위에 대응하는 소화설비의 소화능력의 기준단위이다.

소화설비	용량(ℓ)	능력단위
소화전용 물통	8	0.3
수조(소화전용 물통 3개 포함)	80	1.5
수조(소화전용 물통 6개 포함)	190	2.5
마른 모래(삽 1개 포함)	50	0.5
팽창질석 또는 팽창진주암(삽 1개 포함)	160	1.0

13. 방호대상물로부터 수동식 소화기까지의 보행거리 [위험물안전관리법 시행규칙 별표17]

(1) **소형 수동식 소화기** : 20m 이하

(2) **대형 수동식 소화기** : 30m 이하

14. 옥내소화전과 옥외소화전 소화설비의 설치기준 [위험물안전관리법 시행규칙 별표17]

[위험물안전관리에 관한 세부기준 제129, 130조]

구 분	옥내소화전	옥외소화전
수원의 수량	옥내소화전이 가장 많이 설치된 층의 옥내소화전 설치개수(설치개수가 5개 이상인 경우는 5개)에 7.8m³를 곱한 양 이상	옥외소화전의 설치개수(설치개수가 4개 이상인 경우는 4개)에 13.5m³를 곱한 양 이상
호스 접속구까지의 수평거리	각 층의 해당 부분에서 25m 이하	해당 건축물로부터 40m 이하
노즐 선단의 방수압력 (모든 소화전을 동시 사용할 경우)	350kPa 이상	350kPa 이상

구 분	옥내소화전	옥외소화전
방수량(1분당)	260ℓ	450ℓ
방사 범위	건축물의 각 층	건축물의 1층 및 2층
비상 전원의 용량	45분 이상 작동	45분 이상 작동
개폐밸브 및 호스 접속구의 설치 높이	바닥면으로부터 1.5m 이하 높이	지반면으로부터 1.5m 이하 높이
옥외소화전함의 위치	-	옥외소화전으로부터 보행거리 5m 이하

15. 경보설비의 설치기준 및 종류 [위험물안전관리법 시행규칙 제42조]

(1) 지정수량의 10배 이상의 위험물을 저장 또는 취급하는 제조소등(이동 탱크저장소를 제외한다)에는 화재 발생 시 이를 알릴 수 있는 경보설비를 설치하여야 한다.

(2) **제조소등에 설치하는 경보설비** : 자동화재 탐지설비 · 자동화재 속보설비 · 비상경보 설비(비상벨 장치 또는 경종을 포함한다) · 확성장치(휴대용 확성기를 포함한다) 및 비상방송 설비

16. 자동화재탐지설비의 설치기준 [위험물안전관리법 시행규칙 별표17]

(1) **경계구역** : 화재가 발생한 구역을 다른 구역과 구분하여 식별할 수 있는 최소단위의 구역

① 경계구역은 건축물 그 밖의 공작물의 2 이상의 층에 걸치지 아니하도록 할 것

② **하나의 경계구역의 면적** : 600m² 이하(당해 건축물 그 밖의 공작물의 주요한 출입구에서 그 내부 전체를 볼 수 있는 경우에는 1,000m² 이하로 할 수 있다.)

③ **하나의 경계구역의 한 변의 길이** : 50m 이하(광전식 분리형 감지기를 설치할 경우에는 100m)

(2) 자동화재탐지설비의 감지기는 지붕 또는 벽의 옥내에 면한 부분에 유효하게 화재의 발생을 감지할 수 있도록 설치할 것

(3) 자동화재탐지설비에는 비상 전원을 설치할 것

17. 제조소등에 적용되는 자동화재탐지설비의 설치기준 [위험물안전관리법 시행규칙 별표17]

제조소등의 구분	설치 적용기준
제조소 및 일반취급소	• 연면적 500m² 이상인 것 • 옥내에서 지정수량의 100배 이상을 취급하는 것(고인화점 위험물만을 100℃ 미만의 온도에서 취급하는 것 제외) • 일반취급소로 사용되는 부분 외의 부분이 있는 건축물에 설치된 일반취급소

제조소등의 구분	설치 적용기준
옥내저장소	• 지정수량의 100배 이상을 저장 또는 취급하는 것(고인화점 위험물만을 저장 또는 취급하는 것 제외) • 저장창고의 연면적이 150m²를 초과하는 것 • 처마높이가 6m 이상인 단층 건물의 것 • 옥내저장소로 사용되는 부분 외의 부분이 있는 건축물에 설치된 옥내저장소
옥내 탱크저장소	단층 건물 외의 건축물에 설치된 옥내 탱크저장소로서 소화난이도 등급 I 에 해당하는 것
주유취급소	옥내주유취급소

(1) **특수인화물, 제1석유류 및 알코올류를 저장 또는 취급하는 탱크의 용량이 1,000만ℓ 이상인 옥외 탱크저장소** : 자동화재탐지설비와 자동화재속보설비를 경보설비로 설치해야 한다.

(2) 위 표에 제시된 제조소등과 옥외 탱크저장소를 제외한 자동화재탐지설비 설치대상에 해당하지 아니하는 제조소등으로서 지정수량의 10배 이상을 저장 또는 취급하는 것 : 반드시 자동화재탐지설비를 설치하지 않아도 되며 자동화재탐지설비, 비상경보설비, 확성장치 또는 비상방송설비 중 1종 이상의 설비만 갖추면 된다.

18. 피난설비 [위험물안전관리법 시행규칙 별표17]

(1) 주유취급소 중 건축물의 2층 이상의 부분을 점포·휴게음식점 또는 전시장의 용도로 사용하는 것에 있어서는 당해 건축물의 2층 이상으로부터 주유취급소의 부지 밖으로 통하는 출입구와 당해 출입구로 통하는 통로·계단 및 출입구에 유도등을 설치하여야 한다.

(2) 옥내 주유취급소에 있어서는 당해 사무소 등의 출입구 및 피난구와 당해 피난구로 통하는 통로·계단 및 출입구에 유도등을 설치하여야 한다.

(3) 유도등에는 비상 전원을 설치하여야 한다.

19. 유별을 달리하는 위험물의 동일 저장소에 저장이 가능한 경우 [위험물안전관리법 시행규칙 별표18]

옥내저장소 또는 옥외저장소에 있어서 다음의 위험물을 유별로 정리하여 서로 1m 이상의 간격을 두는 경우에는 동일한 저장소에 저장할 수 있다.

(1) 제1류 위험물(알칼리금속의 과산화물 또는 이를 함유한 것을 제외한다)과 제5류 위험물을 저장하는 경우

(2) 제1류 위험물과 제6류 위험물을 저장하는 경우

(3) 제1류 위험물과 제3류 위험물 중 자연발화성 물질(황린 또는 이를 함유한 것에 한한다)을 저장하는 경우

(4) 제2류 위험물 중 인화성 고체와 제4류 위험물을 저장하는 경우

(5) 제3류 위험물 중 알킬알루미늄등과 제4류 위험물(알킬알루미늄 또는 알킬리튬을 함유한 것에 한한다)을 저장하는 경우
(6) 제4류 위험물 중 유기과산화물 또는 이를 함유하는 것과 제5류 위험물 중 유기과산화물 또는 이를 함유한 것을 저장하는 경우

20. 유별이 같은 위험물이라도 동일 저장소에 저장할 수 없는 경우 [위험물안전관리법 시행규칙 별표18]

제3류 위험물 중 황린과 금수성 물질

21. 위험물의 종류에 따른 운반 용기 외부에 표시하여야 할 주의사항 [위험물안전관리법 시행규칙 별표19]

류별	성질	표시할 주의사항
제1류 위험물	산화성 고체	• 알칼리금속의 과산화물 또는 이를 함유한 것 : 화기·충격주의, 물기엄금 및 가연물 접촉주의 • 그 밖의 것 : 화기·충격주의, 가연물 접촉주의
제2류 위험물	가연성 고체	• 철분·금속분·마그네슘 또는 이들 중 어느 하나 이상을 함유한 것 : 화기주의, 물기엄금 • 인화성 고체 : 화기엄금 • 그 밖의 것 : 화기주의
제3류 위험물	자연발화성 및 금수성 물질	• 자연발화성 물질 : 화기엄금, 공기접촉엄금 • 금수성 물질 : 물기엄금
제4류 위험물	인화성 액체	화기엄금
제5류 위험물	자기반응성 물질	화기엄금, 충격주의
제6류 위험물	산화성 액체	가연물 접촉주의

22. 위험물 운반 용기의 수납률 [위험물안전관리법 시행규칙 별표19]

(1) 고체 위험물은 운반 용기 내용적의 95% 이하의 수납률로 수납할 것
(2) 액체 위험물은 운반 용기 내용적의 98% 이하의 수납률로 수납하되 55℃의 온도에서 누설되지 아니하도록 충분한 공간용적을 유지하도록 할 것
(3) **자연발화성 물질 중 알킬알루미늄등** : 운반 용기의 내용적의 90% 이하의 수납률로 수납하되, 50℃의 온도에서 5% 이상의 공간용적을 유지하도록 할 것

23. 위험물 운반을 위한 적재 후 조치사항 [위험물안전관리법 시행규칙 별표19]

(1) 차광성이 있는 피복으로 가려야 할 위험물

① 제1류 위험물　　　　　　　② 제3류 위험물 중 자연발화성 물질

③ 제4류 위험물 중 특수인화물　④ 제5류 위험물

⑤ 제6류 위험물

(2) 방수성이 있는 피복으로 덮어야 할 위험물

① 제1류 위험물 중 알칼리금속의 과산화물 또는 이를 함유한 것

② 제2류 위험물 중 철분·금속분·마그네슘 또는 이들 중 어느 하나 이상을 함유한 것

③ 제3류 위험물 중 금수성 물질

(3) 보냉 컨테이너에 수납하는 등 적정한 온도관리를 해야 할 위험물

제5류 위험물 중 55℃ 이하의 온도에서 분해될 우려가 있는 것

(4) 충격 등을 방지하기 위한 조치를 강구해야 할 위험물

액체 위험물 또는 위험등급Ⅱ의 고체 위험물을 기계에 의하여 하역하는 구조로 된 운반 용기에 수납하여 적재하는 경우

24. 운반 시 유별을 달리하는 위험물의 혼재 기준 [위험물안전관리법 시행규칙 별표19] [부표2]

구분	제1류	제2류	제3류	제4류	제5류	제6류
제1류		×	×	×	×	○
제2류	×		×	○	○	×
제3류	×	×		○	×	×
제4류	×	○	○		○	×
제5류	×	○	×	○		×
제6류	○	×	×	×	×	

* 'ㅇ'는 혼재할 수 있음을, '×'는 혼재할 수 없음을 표시한다.
* 이 표는 지정수량 1/10 이하의 위험물에는 적용하지 않는다.

25. 이동 탱크저장소에 의한 위험물의 장거리 운송 시 2명의 운전자로 하지 않아도 되는 경우
[위험물안전관리법 시행규칙 별표21]

(1) 운송책임자가 이동 탱크저장소에 동승하여 운송 중인 위험물의 안전 확보에 관하여 운전자에게 필요한 감독 또는 지원을 하는 경우

(2) 운송하는 위험물이 제2류 위험물, 제3류 위험물(칼슘 또는 알루미늄의 탄화물과 이것만을 함유한 것에 한한다) 또는 제4류 위험물(특수인화물을 제외한다)인 경우

(3) 운송 도중에 2시간 이내마다 20분 이상씩 휴식하는 경우

26. 화학소방자동차에 갖추어야 하는 소화능력 및 설비의 기준 [위험물안전관리법 시행규칙 별표23]

화학 소방자동차의 구분	소화능력 및 설비의 기준
포수용액 방사차	• 포 수용액의 방사 능력이 매분 2,000ℓ 이상일 것 • 소화약액 탱크 및 소화약액 혼합장치를 비치할 것 • 10만ℓ 이상의 포수용액을 방사할 수 있는 양의 소화약제를 비치할 것
분말 방사차	• 분말의 방사 능력이 매초 35kg 이상일 것 • 분말 탱크 및 가압용 가스설비를 비치할 것 • 1,400kg 이상의 분말을 비치할 것
할로겐화합물 방사차	• 할로겐화합물의 방사 능력이 매초 40kg 이상일 것 • 할로겐화합물 탱크 및 가압용 가스설비를 비치할 것 • 1,000kg 이상의 할로겐화합물을 비치할 것
이산화탄소 방사차	• 이산화탄소의 방사 능력이 매초 40kg 이상일 것 • 이산화탄소 저장 용기를 비치할 것 • 3,000kg 이상의 이산화탄소를 비치할 것
제독차	• 가성소오다 및 규조토를 각각 50kg 이상 비치할 것

27. 자체소방대에 두는 화학소방자동차 및 인원 [위험물안전관리법 시행령 별표8]

사업소의 구분	구비조건
제조소 또는 일반취급소에서 취급하는 제4류 위험물의 최대수량의 합이 지정수량의 3천 배 이상 12만 배 미만인 사업소	• 화학소방자동차 : 1대 • 자체 소방대원의 수 : 5인
제조소 또는 일반취급소에서 취급하는 제4류 위험물의 최대수량의 합이 지정수량의 12만 배 이상 24만 배 미만인 사업소	• 화학소방자동차 : 2대 • 자체 소방대원의 수 : 10인
제조소 또는 일반취급소에서 취급하는 제4류 위험물의 최대수량의 합이 지정수량의 24만 배 이상 48만 배 미만인 사업소	• 화학소방자동차 : 3대 • 자체 소방대원의 수 : 15인
제조소 또는 일반취급소에서 취급하는 제4류 위험물의 최대수량의 합이 지정수량의 48만 배 이상인 사업소	• 화학소방자동차 : 4대 • 자체 소방대원의 수 : 20인
옥외탱크 저장소에 저장하는 제4류 위험물의 최대수량이 지정수량의 50만 배 이상인 사업소	• 화학소방자동차 : 2대 • 자체 소방대원의 수 : 10인

※ 화학소방자동차에는 행정안전부령으로 정하는 소화능력 및 설비를 갖추어야 하고 소화활동에 필요한 소화약제 및 기구(방열복 등 개인장구를 포함한다)를 비치하여야 한다.

28. 포 수용액을 방사하는 화학소방자동차 [위험물안전관리법 시행규칙 제75조]

포수용액을 방사하는 화학소방자동차의 대수는 규정에 의한 화학소방자동차의 대수의 3분의 2 이상으로 하여야 한다.

04 위험물안전관리에 관한 세부기준

1. 내용적·공간용적·탱크용량

(1) **원통형 탱크의 내용적 계산식** [위험물안전관리에 관한 세부기준 별표1]

① 횡으로 설치한 원통형 탱크의 내용적

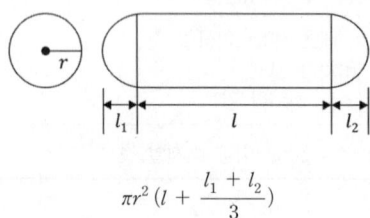

$$\pi r^2 \left(l + \frac{l_1 + l_2}{3} \right)$$

② 종으로 설치한 원통형 탱크의 내용적

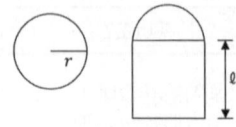

내용적 $= \pi r^2 \ell$

(2) **탱크 유형별 공간용적** [위험물안전관리에 관한 세부기준 제25조]

① 일반탱크 : 탱크의 내용적의 100분의 5 이상 100분의 10 이하의 용적

② 소화설비(소화약제 방출구를 탱크 안의 윗부분에 설치하는 것에 한한다)를 설치하는 탱크 : 당해 소화설비의 소화약제 방출구 아래의 0.3m 이상 1m 미만 사이의 면으로부터 윗부분의 용적

③ 암반 탱크 : 당해 탱크 내에 용출하는 7일간의 지하수의 양에 상당하는 용적과 당해 탱크의 내용적의 100분의 1의 용적 중에서 보다 큰 용적

(3) **탱크용량의 산정기준** [위험물안전관리법 시행규칙 제5조]

해당 탱크의 내용적에서 공간용적을 뺀 용적으로 한다.

2. 연소의 우려가 있는 외벽 [위험물안전관리에 관한 세부기준 제41조]

[위험물안전관리법 시행규칙 별표 4의 Ⅳ, 제2호]의 규정에 따른 연소의 우려가 있는 외벽은 다음 어느 하나에 정한 선을 기산점으로 하여 3m(2층 이상의 층에 대해서는 5m) 이내에 있는 제조소 등의 외벽을 말한다. 다만, 방화상 유효한 공터, 광장, 하천, 수면 등에 면한 외벽은 제외한다.

(1) 제조소등이 설치된 부지의 경계선
(2) 제조소등에 인접한 도로의 중심선
(3) 제조소등의 외벽과 동일 부지 내의 다른 건축물의 외벽 간의 중심선

※ [위험물안전관리법 시행규칙 별표4 / 제조소의 위치·구조 및 설비의 기준] - Ⅳ. 제2호

벽·기둥·바닥·보·서까래 및 계단을 불연재료로 하고, 연소(延燒)의 우려가 있는 외벽은 출입구 외의 개구부가 없는 내화구조의 벽으로 하여야 한다. 이 경우 제6류 위험물을 취급하는 건축물에 있어서 위험물이 스며들 우려가 있는 부분에 대하여는 아스팔트 그 밖에 부식되지 아니하는 재료로 피복하여야 한다.

3. 이동 저장탱크의 외부도장 [위험물안전관리에 관한 세부기준 제109조]

시행규칙 별표 10 Ⅴ 제2호의 규정에 따른 이동저장 탱크의 외부도장은 다음 표와 같다.

유 별	도장의 색상	비 고
제1류	회색	1. 탱크의 앞면과 뒷면을 제외한 면적의 40% 이내의 면적은 다른 유별의 색상 외의 색상으로 도장하는 것이 가능하다. 2. 제4류에 대해서는 도장의 색상 제한이 없으나 적색을 권장한다.
제2류	적색	
제3류	청색	
제5류	황색	
제6류	청색	

> "다른 사람들이 할 수 있거나 할 일을 하지 말고, 다른 이들이 할 수 없고 하지 않을 일들을 하라."
> - Amelia Earhart(아멜리아 에어하트) -

SECTION 2 출제테마 대표 85유형

01 위험물안전관리법령 관련

대표빈출 50 법령상 제반 신고사항

1. 변경 [위험물안전관리법 제6조 제2항]
제조소등의 위치·구조 또는 설비의 변경 없이 당해 제조소등에서 저장하거나 취급하는 위험물의 품명·수량 또는 지정수량의 배수를 변경하고자 하는 자는 변경하고자 하는 날의 1일 전까지 행정안전부령이 정하는 바에 따라 시·도지사에게 신고하여야 한다.

2. 지위승계 [위험물안전관리법 제10조 제3항]
제조소등의 설치자의 지위를 승계한 자는 행정안전부령이 정하는 바에 따라 승계한 날부터 30일 이내에 시·도지사에게 그 사실을 신고하여야 한다.

3. 폐지 [위험물안전관리법 제11조]
제조소등의 관계인은 당해 제조소등의 용도를 폐지한 때에는 행정안전부령이 정하는 바에 따라 제조소등의 용도를 폐지한 날부터 14일 이내에 시·도지사에게 신고하여야 한다.

4. 사용중지 [위험물안전관리법 제11조의 2]
제조소등의 관계인은 제조소등의 사용을 중지하거나 중지한 제조소등의 사용을 재개하려는 경우에는 해당 제조소등의 사용을 중지하려는 날 또는 재개하려는 날의 14일 전까지 행정안전부령으로 정하는 바에 따라 제조소등의 사용 중지 또는 재개를 시·도지사에게 신고하여야 한다.

5. 선임 및 신고 [위험물안전관리법 제15조]
• 안전관리자를 선임한 제조소등의 관계인은 그 안전관리자를 해임하거나 안전관리자가 퇴직한 때에는 해임하거나 퇴직한 날부터 30일 이내에 다시 안전관리자를 선임하여야 한다.

• 안전관리자를 선임한 경우에는 선임한 날부터 14일 이내에 행정안전부령으로 정하는 바에 따라 소방본부장 또는 소방서장에게 신고하여야 한다.

01 위험물 관련 신고 및 선임에 관한 사항으로 옳지 않은 것은? 13년·4 ▌19년·2 유사

① 제조소등의 위치·구조의 변경 없이 위험물의 품명 변경 시는 변경하고자 하는 날의 14일 이전까지 신고하여야 한다.

② 제조소 설치자의 지위를 승계한 자는 승계한 날로부터 30일 이내에 신고하여야 한다.

③ 위험물안전관리자를 선임한 경우는 선임한 날로부터 14일 이내에 신고하여야 한다.

④ 위험물안전관리자가 퇴직한 경우는 퇴직일로부터 30일 이내에 선임하여야 한다.

02 제조소등의 위치·구조 또는 설비의 변경 없이 해당 제조소등에서 저장하거나 취급하는 위험물의 품명·수량 또는 지정수량의 배수를 변경하고자 하는 자는 변경하고자 하는 날의 며칠 전까지 행정안전부령이 정하는 바에 따라 시·도지사에게 신고하여야 하는가?
18년·2 ▌16년·1-문제 수정

① 1일 ② 14일
③ 21일 ④ 30일

03 제조소등의 용도를 폐지한 경우 제조소등의 관계인은 용도를 폐지한 날로부터 며칠 이내에 용도폐지 신고를 하여야 하는가? 17년·1
① 1일 ② 7일
③ 14일 ④ 30일

04 위험물안전관리에 대한 설명 중 옳지 않은 것은? 15년·5
① 이동 탱크저장소는 위험물안전관리자 선임대상에 해당되지 않는다.
② 위험물안전관리자가 퇴직한 경우 퇴직한 날부터 30일 이내에 다시 안전관리자를 선임하여야 한다.
③ 위험물안전관리자를 선임한 경우에는 선임한 날로부터 14일 이내에 소방본부장 또는 소방서장에게 신고하여야 한다.
④ 위험물안전관리자가 일시적으로 직무를 수행할 수 없는 경우에는 안전교육을 받고 6개월 이상 실무경력이 있는 사람을 대리자로 지정할 수 있다.

해설 위험물안전관리자가 일시적으로 직무를 수행할 수 없는 경우에는 국가기술자격법에 따른 위험물의 취급에 관한 자격취득자 또는 위험물 안전에 관한 기본지식과 경험이 있는 자로서 소방청장이 실시하는 안전교육을 받은 자나 제조소등의 위험물 안전관리 업무에 있어서 안전관리자를 지휘·감독하는 직위에 있는 자를 대리자로 지정하여 그 직무를 대행하게 하여야 한다.

※ 2016.8.2. / 2017.7.26자로 법이 개정되면서 일정 기간의 실무경력을 요구하는 조항은 삭제되었다. 따라서, 6개월 이상의 실무경력은 대리자의 요건이 아닙니다. 법 개정 이전에는 1년 이상의 실무경력을 요구하였으므로 법 개정 이전에 출제된 지문인 6개월 이상이라는 자체도 틀린 것이다.

05 위험물 안전관리자를 해임한 후 며칠 이내에 후임자를 선임하여야 하는가? 20년·3 15년·4
① 14일 ② 15일
③ 20일 ④ 30일

대표빈출 51
예방규정

1. 예방규정 [위험물안전관리법 제17조 제1항]
대통령령이 정하는 제조소등의 관계인은 당해 제조소등의 화재 예방과 화재 등 재해 발생 시의 비상조치를 위하여 행정안전부령이 정하는 바에 따라 예방 규정을 정하여 당해 제조소등의 사용을 시작하기 전에 시·도지사에게 제출하여야 한다. 예방 규정을 변경한 때에도 또한 같다.

2. 관계인이 예방 규정을 정하여야 하는 제조소등
[위험물안전관리법 시행령 제15조]
위 법조문에서 "대통령령이 정하는 제조소등"이라 함은 다음에 해당하는 제조소등을 말한다.
- 지정수량의 10배 이상의 위험물을 취급하는 제조소
- 지정수량의 100배 이상의 위험물을 저장하는 옥외저장소
- 지정수량의 150배 이상의 위험물을 저장하는 옥내저장소
- 지정수량의 200배 이상의 위험물을 저장하는 옥외 탱크저장소
- 암반 탱크저장소
- 이송취급소
- 지정수량의 10배 이상의 위험물을 취급하는 일반취급소. 다만, 제4류 위험물(특수인화물을 제외한다)만을 지정수량의 50배 이하로 취급하는 일반취급소(제1석유류·알코올류의 취급량이 지정수량의 10배 이하인 경우에 한한다)로서 다음의 어느 하나에 해당하는 것을 제외한다.
  - 보일러·버너 또는 이와 비슷한 것으로서 위험물을 소비하는 장치로 이루어진 일반취급소

정답 01 ① 02 ① 03 ③ 04 ④ 05 ④

– 위험물을 용기에 옮겨 담거나 차량에 고정된 탱크에 주입하는 일반취급소

06 위험물안전관리법령상 예방규정을 정하여야 하는 제조소등에 해당하지 않는 것은? 13년·2

① 지정수량 10배 이상의 위험물을 취급하는 제조소
② 이송취급소
③ 암반 탱크저장소
④ 지정수량의 200배 이상의 위험물을 저장하는 옥내 탱크저장소

07 위험물안전관리법령상 제조소등의 관계인은 제조소등의 화재 예방과 재해 발생 시의 비상조치에 필요한 사항을 서면으로 작성하여 허가청에 제출하여야 한다. 이는 무엇에 관한 설명인가? 14년·4

① 예방규정 ② 소방계획서
③ 비상계획서 ④ 화재영향평가서

08 제조소등의 관계인이 예방규정을 정하여야 하는 제조소등이 아닌 것은?
14년·5 ▎19년·5 유사

① 지정수량 100배의 위험물을 저장하는 옥외 탱크저장소
② 지정수량 150배의 위험물을 저장하는 옥내저장소
③ 지정수량 10배의 위험물을 취급하는 제조소
④ 지정수량 5배의 위험물을 취급하는 이송취급소

09 위험물안전관리법령에 따라 제조소등의 관계인이 예방규정을 정하여야 하는 제조소등에 해당하지 않는 것은? 17년·1 ▎12년·1

① 지정수량의 200배 이상의 위험물을 저장하는 옥외 탱크저장소
② 지정수량의 10배 이상의 위험물을 취급하는 제조소
③ 암반 탱크저장소
④ 지하 탱크저장소

10 위험물안전관리법령상 제조소등의 관계인은 예방규정을 정하여 누구에게 제출하여야 하는가? 20년·2

① 소방청장 또는 행정안전부장관
② 소방청장 또는 소방서장
③ 시·도지사 또는 소방서장
④ 한국소방안전원장 또는 소방청장

해설 위험물안전관리법 제17조에는 시·도지사에게 제출하는 것으로 되어 있고 소방서장은 없으나 위험물안전관리법 시행규칙 제63조에는 시·도지사 또는 소방서장에게 제출하여야 한다고 규정하고 있다. 법령의 수정이 필요해 보인다.

대표빈출 52 정기점검

1. 정기점검 및 정기검사

[위험물안전관리법 제18조 제1항]

대통령령이 정하는 제조소등의 관계인은 그 제조소등에 대하여 행정안전부령이 정하는 바에 따라 규정에 따른 기술기준에 적합한지의 여부를 정기적으로 점검하고 점검결과를 기록하여 보존하여야 한다.

2. 정기점검의 대상인 제조소등

[위험물안전관리법 시행령 제15조와 제16조]

위 법조문에서 "대통령령이 정하는 제조소등"이라 함은 다음에 해당하는 제조소등을 말한다.
- 지하 탱크저장소
- 이동 탱크저장소
- 위험물을 취급하는 탱크로서 지하에 매설된 탱크가 있는 제조소, 주유취급소, 일반취급소
- 관계인이 예방규정을 정하여야 하는 제조소등
  (아래 7가지)
  - 지정수량의 10배 이상의 위험물을 취급하는 제조소
  - 지정수량의 100배 이상의 위험물을 저장하는 옥외저장소
  - 지정수량의 150배 이상의 위험물을 저장하는 옥내저장소
  - 지정수량의 200배 이상의 위험물을 저장하는 옥외 탱크저장소
  - 암반 탱크저장소
  - 이송취급소
  - 지정수량의 10배 이상의 위험물을 취급하는 일반취급소. 단, 제4류 위험물(특수인화물 제외)만을 지정수량의 50배 이하로 취급하는 일반취급소(제1석유류·알코올류의 취급량이 지정수량의 10배 이하인 경우에 한함)로서 다음에 해당하는 것은 제외한다.
    가. 보일러, 버너 또는 이와 비슷한 것으로서 위험물을 소비하는 장치로 이루어진 일반취급소
    나. 위험물을 용기에 옮겨 담거나 차량에 고정된 탱크에 주입하는 일반취급소

11 위험물안전관리법령상 정기점검 대상인 제조소등의 조건이 아닌 것은? 15년·5 ▌13년·1

① 예방규정 작성대상인 제조소등
② 지하 탱크저장소
③ 이동 탱크저장소
④ 지정수량 5배의 위험물을 취급하는 옥외 탱크를 둔 제조소

12 위험물안전관리법령상 제조소등의 관계인이 정기적으로 점검하여야 할 대상이 아닌 것은? 16년·2

① 지정수량의 10배 이상의 위험물을 취급하는 제조소
② 지하 탱크저장소
③ 이동 탱크저장소
④ 지정수량의 100배 이상의 위험물을 저장하는 옥외 탱크저장소

13 정기점검 대상 제조소등에 해당하지 않는 것은? 19년·2 ▌16년·1 ▌13년·4

① 이동 탱크저장소
② 지정수량 120배의 위험물을 저장하는 옥외저장소
③ 지정수량 120배의 위험물을 저장하는 옥내저장소
④ 이송취급소

대표빈출 53 자체소방대

1. 자체소방대 [위험물안전관리법 제19조]

다량의 위험물을 저장·취급하는 제조소등으로서 대통령령이 정하는 제조소등이 있는 동일한 사업소에서 대통령령이 정하는 수량 이상의 위험물을 저장 또는 취급하는 경우 당해 사업소의 관계인은 대통령령이 정하는 바에 따라 당해 사업소에 자체소방대를 설치하여야 한다.

2. 자체소방대를 설치하여야 하는 사업소
[위험물안전관리법 시행령 제18조]

- 법 제19조에서 "대통령령이 정하는 제조소등"이란 다음의 어느 하나에 해당하는 제조

정답 06 ④ 07 ① 08 ① 09 ④ 10 ③ 11 ④ 12 ④ 13 ③

소등을 말한다.
- 제4류 위험물을 취급하는 제조소 또는 일반취급소. 다만, 보일러로 위험물을 소비하는 일반취급소 등 행정안전부령[위험물안전관리법 시행규칙 제73조]으로 정하는 일반취급소는 제외한다.
- 제4류 위험물을 저장하는 옥외 탱크저장소
• 법 제19조에서 "대통령령이 정하는 수량 이상"이란 다음의 구분에 따른 수량을 말한다
- 제조소 또는 일반취급소에서 취급하는 제4류 위험물의 최대수량의 합이 지정수량의 3천 배 이상
- 옥외 탱크저장소에 저장하는 제4류 위험물의 최대수량이 지정수량의 50만 배 이상

14 위험물 제조소등에 자체소방대를 두어야 할 대상의 위험물안전관리법령상 기준으로 옳은 것은? (단, 원칙적인 경우에 한한다.) 13년·1

① 지정수량 3,000배 이상의 위험물을 저장하는 저장소 또는 제조소
② 지정수량 3,000배 이상의 위험물을 취급하는 제조소 또는 일반취급소
③ 지정수량 3,000배 이상의 제4류 위험물을 저장하는 저장소 또는 제조소
④ 지정수량 3,000배 이상의 제4류 위험물을 취급하는 제조소 또는 일반취급소

15 위험물 제조소등에 자체소방대를 두어야 할 대상으로 옳은 것은?
18년·4 ▮12년·2 ▮17년·1 유사

① 지정수량 300배 이상의 제4류 위험물을 취급하는 저장소
② 지정수량 300배 이상의 제4류 위험물을 취급하는 제조소
③ 지정수량 3,000배 이상의 제4류 위험물을 취급하는 저장소
④ 지정수량 3,000배 이상의 제4류 위험물을 취급하는 제조소

16 위험물안전관리법령상 사업소의 관계인이 자체소방대를 설치하여야 할 제조소등의 기준으로 옳은 것은? 21년·2 ▮16년·2

① 제4류 위험물을 지정수량의 3천배 이상 취급하는 제조소 또는 일반취급소
② 제4류 위험물을 지정수량의 5천배 이상 취급하는 제조소 또는 일반취급소
③ 제4류 위험물 중 특수인화물을 지정수량의 3천배 이상 취급하는 제조소 또는 일반취급소
④ 제4류 위험물 중 특수인화물을 지정수량의 5천배 이상 취급하는 제조소 또는 일반취급소

대표빈출 54 화학소방자동차 및 인원

1. 자체소방대에 두는 화학소방자동차 및 인원
[위험물안전관리법 시행령 별표8]

자체소방대를 설치하는 사업소의 관계인은 자체소방대에 화학소방자동차 및 자체 소방대원을 두어야 한다.

사업소의 구분	구비조건
제조소 또는 일반취급소에서 취급하는 제4류 위험물의 최대수량의 합이 지정수량의 3천 배 이상 12만 배 미만인 사업소	• 화학소방자동차 : 1대 • 자체 소방대원의 수 : 5인
제조소 또는 일반취급소에서 취급하는 제4류 위험물의 최대수량의 합이 지정수량의 12만 배 이상 24만 배 미만인 사업소	• 화학소방자동차 : 2대 • 자체 소방대원의 수 : 10인
제조소 또는 일반취급소에서 취급하는 제4류 위험물의 최대수량의 합이 지정수량의 24만 배 이상 48만 배 미만인 사업소	• 화학소방자동차 : 3대 • 자체 소방대원의 수 : 15인
제조소 또는 일반취급소에서 취급하는 제4류 위험물의 최대수량의 합이 지정수량의 48만 배 이상인 사업소	• 화학소방자동차 : 4대 • 자체 소방대원의 수 : 20인

옥외탱크 저장소에 저장하는 제4류 위험물의 최대수량이 지정수량의 50만 배 이상인 사업소	• 화학소방자동차 : 2대 • 자체 소방대원의 수 : 10인

※ 화학소방자동차에는 행정안전부령으로 정하는 소화능력 및 설비를 갖추어야 하고 소화활동에 필요한 소화약제 및 기구(방열복 등 개인장구를 포함한다)를 비치하여야 한다.

2. 포수용액을 방사하는 화학소방자동차
[위험물안전관리법 시행규칙 제75조 제2항]
포수용액을 방사하는 화학소방자동차의 대수는 규정에 의한 화학소방자동차의 대수의 3분의 2 이상으로 하여야 한다.

17 제조소에서 취급하는 제4류 위험물의 최대수량의 합이 지정수량의 24만 배 이상 48만 배 미만인 사업소의 자체소방대에 두는 화학소방자동차 수와 소방대원의 인원 기준으로 옳은 것은? 　　　　　　　　　14년·1
① 2대, 4인　　　② 2대, 12인
③ 3대, 15인　　　④ 3대, 24인

18 위험물안전관리법령상 제조소에서 취급하는 제4류 위험물의 최대수량의 합이 지정수량의 3천 배 이상 12만 배 미만인 사업소에 두어야 하는 화학소방자동차 및 자체 소방대원의 수의 기준으로 옳은 것은? 19년·1 ▍16년·1
① 1대 - 5인　　　② 2대 - 10인
③ 3대 - 15인　　　④ 4대 - 20인

해설 법령 개정으로 인해 사업소의 구분 중 '12만 배 미만인 사업소'는 '3천 배 이상 12만 배 미만인 사업소'로 '3천 배 이상'이라는 문구가 추가된 것이며 옥외 탱크저장소 부분이 추가되었다.
❂ 옥외 탱크저장소 부분이 출제될 가능성이 높다고 예상해 본다.

19 취급하는 제4류 위험물의 수량이 지정수량의 30만 배인 일반취급소가 있는 사업장에 자체소방대를 설치함에 있어서 전체 화학소방차 중 포수용액을 방사하는 화학소방차는 몇 대 이상 두어야 하는가? 　　　14년·5
① 필수적인 것은 아니다.　　② 1
③ 2　　　　　　　　　　　④ 3

대표빈출 55 ★★최다 빈출유형
위험물의 운송

운송책임자의 감독·지원을 받아 운송하여야 하는 위험물 [위험물안전관리법 시행령 제19조]
• 알킬알루미늄
• 알킬리튬
• 알킬알루미늄 또는 알킬리튬을 함유하는 위험물

20 위험물안전관리법령상 운송책임자의 감독 지원을 받아 운송하여야 하는 위험물에 해당하는 것은? 　　　18년·2 ▍15년·5
① 알킬알루미늄, 산화프로필렌, 알킬리튬
② 알킬알루미늄, 산화프로필렌
③ 알킬알루미늄, 알킬리튬
④ 산화프로필렌, 알킬리튬

21 다음의 위험물 중에서 이동 탱크저장소에 의하여 위험물을 운송할 때 운송책임자의 감독·지원을 받아야 하는 위험물은? 14년·2
① 알킬리튬　　　② 아세트알데히드
③ 금속의 수소화물　④ 마그네슘

정답 14 ④　15 ④　16 ①　17 ④　18 ①　19 ③　20 ③　21 ①

22 위험물안전관리법상 운송책임자의 감독 지원을 받아 운송하여야 하는 위험물에 해당하는 것은? 18년·1
① 칼륨
② 알킬알루미늄
③ 질산에스테르류
④ 아염소산염류

23 위험물안전관리법령상 운송책임자의 감독·지원을 받아 운송하여야 하는 위험물에 해당하는 것은? 21년·1 ▌16년·1 ▌20년·2 유사
① 특수인화물
② 알킬리튬
③ 질산구아니딘
④ 히드라진 유도체

대표빈출 56 위험물의 유별에 따른 성질

[위험물안전관리법 시행령 별표1]
- 제1류 위험물 : 산화성 고체
- 제2류 위험물 : 가연성 고체
- 제3류 위험물 : 자연발화성 및 금수성물질
- 제4류 위험물 : 인화성 액체
- 제5류 위험물 : 자기반응성 물질
- 제6류 위험물 : 산화성 액체

24 위험물의 유별과 성질을 잘못 연결한 것은?
12년·4 ▌17년·5 유사 ▌21년·1 유사
① 제2류 - 가연성 고체
② 제3류 - 자연 발화성 및 금수성 물질
③ 제5류 - 자기반응성 물질
④ 제6류 - 산화성 고체

25 다음 중 제4류 위험물에 대한 설명으로 가장 옳은 것은? 14년·1
① 물과 접촉하면 발열하는 것
② 자기 연소성 물질
③ 많은 산소를 함유하는 강산화제
④ 상온에서 액상인 가연성 액체

26 위험물안전관리법령에서 정한 위험물의 유별 성질을 잘못 나타낸 것은? 14년·4
① 제1류 : 산화성
② 제4류 : 인화성
③ 제5류 : 자기반응성
④ 제6류 : 가연성

27 위험물의 유별에 따른 성질과 해당 품명의 예가 잘못 연결된 것은? 18년·1 ▌12년·5
① 제1류 : 산화성 고체 - 무기과산화물
② 제2류 : 가연성 고체 - 금속분
③ 제3류 : 자연발화성 물질 및 금수성 물질 - 황화린
④ 제5류 : 자기반응성 물질 - 히드록실아민염류

대표빈출 57 ★★최다 빈출유형 위험물 분류(류별 및 품명)

위험물 및 지정수량[위험물안전관리법 시행령 별표1]
- 매년 매회 복수로 출제되는 문제로 chapter 1 위험물 출제테마 부분에 수록된 위험물 분류표는 반드시 숙지하여야 한다.
- 가끔 위험물 종류를 분자식으로 표현하여 물어보는 경우도 있으므로 분자식도 숙지하여야 한다.
- 제4류 위험물과 제5류 위험물의 출제 빈도수가 가장 높다.
- 품명에 같은 명칭이 부분적으로 포함되었으나 서로 다른 류별로 분류되는 위험물들을 잘 구분해 두도록 한다.

28 다음 위험물 중 특수인화물이 아닌 것은?

13년·4

① 메틸에틸케톤퍼옥사이드
② 산화프로필렌
③ 아세트알데히드
④ 이황화탄소

29 다음 중 질산에스테르류에 속하는 것은? 13년·4

① 피크린산
② 니트로벤젠
③ 니트로글리세린
④ 트리니트로톨루엔

30 자기반응성 물질인 제5류 위험물에 해당하는 것은?

14년·5

① $CH_3(C_6H_4)NO_2$ ② CH_3COCH_3
③ $C_6H_2(NO_2)_3OH$ ④ $C_6H_5NO_2$

31 위험물의 품명 분류가 잘못된 것은? 15년·1

① 제1석유류 : 휘발유
② 제2석유류 : 경유
③ 제3석유류 : 포름산
④ 제4석유류 : 기어유

32 다음 물질 중 위험물 유별에 따른 구분이 나머지 셋과 다른 하나는?

15년·2

① 질산은
② 질산메틸
③ 무수크롬산
④ 질산암모늄

33 제3류 위험물에 해당하는 것은?   16년·2

① NaH   ② Al   ③ Mg   ④ P_4S_3

34 다음 물질 중 위험물 유별에 따른 구분이 나머지 셋과 다른 하나는? 20년·2 ▌13년·1 유사

① 벤젠   ② 아조벤젠
③ 니트로벤젠   ④ 클로로벤젠

35 위험물안전관리법령상 품명이 나머지 셋과 다른 하나는? 21년·2 ▌17년·5 ▌16년·1

① 트리니트로톨루엔   ② 니트로글리세린
③ 니트로글리콜   ④ 셀룰로이드

대표빈출 58 ★★최다 빈출유형
지정수량

위험물 및 지정수량[위험물안전관리법 시행령 별표1]

• 매년 매회 복수로 출제되는 문제로 chapter 1. 위험물출제테마 부분에 수록된 위험물 분류표에 위험등급과 함께 구분해 놓았으므로 반드시 숙지하도록 한다.

36 지정수량이 50 킬로그램이 아닌 위험물은?

13년·4

① 염소산나트륨   ② 리튬
③ 과산화나트륨   ④ 나트륨

37 위험물안전관리법령상 지정수량이 다른 하나는?

14년·2

① 인화칼슘   ② 루비듐
③ 칼슘   ④ 차아염소산칼륨

정답 22 ② 23 ② 24 ④ 25 ④ 26 ④ 27 ③ 28 ① 29 ③ 30 ③ 31 ③ 32 ② 33 ① 34 ② 35 ④ 36 ① 37 ①

38 다음 중 위험물안전관리법령에 따라 정한 지정수량이 나머지 셋과 다른 것은? 15년·2
① 황화린   ② 적린
③ 유황   ④ 철분

39 과산화벤조일과 과염소산의 지정수량의 합은 몇 kg인가? 16년·1
① 310 ② 350 ③ 400 ④ 500

40 다음 위험물의 지정수량의 총합은? 17년·2

$HClO_4$, HNO_3, H_2O_2

① 300kg   ② 600kg
③ 900kg   ④ 1,200kg

41 지정수량이 나머지 셋과 다른 하나는? 19년·1
① 칼슘   ② 나트륨아미드
③ 인화아연   ④ 바륨

42 메탄올의 지정수량을 kg단위로 환산하면 얼마인가? (단, 메탄올의 비중은 0.80이다) 20년·2
① 200 ② 320 ③ 400 ④ 460

해설 • 메탄올의 지정수량 : 400ℓ
• 메탄올의 밀도 : 0.8kg/ℓ

($\because$ 메탄올의 비중 $= \dfrac{\text{메탄올의 밀도}}{\text{물의 밀도}}$)

• 밀도 $= \dfrac{\text{질량}}{\text{부피}}$ $\therefore$ 질량 = 밀도 × 부피

• 0.8kg/ℓ × 400ℓ = 320kg

대표빈출 59
지정수량의 배수(의 합)

• 지정수량의 배수 $= \dfrac{\text{저장수량}}{\text{지정수량}}$

43 Ca_3P_2 600kg을 저장하려 한다. 지정수량의 배수는 얼마인가? 13년·1
① 2배 ② 3배 ③ 4배 ④ 5배

44 위험물 제조소에서 "브롬산나트륨 300kg, 과산화나트륨 150kg, 중크롬산나트륨 500kg"의 위험물을 취급하고 있는 경우 각각의 지정수량 배수의 총합은 얼마인가? 14년·1
① 3.5 ② 4.0 ③ 4.5 ④ 5.0

45 아조화합물 800kg, 히드록실아민 300kg, 유기과산화물 40kg의 총 양은 지정수량의 몇 배에 해당하는가? 16년·4
① 7배 ② 9배 ③ 10배 ④ 11배

46 염소산칼륨 20kg과 아염소산나트륨 10kg을 과염소산과 함께 저장하는 경우 지정수량 1배로 저장하려면 과염소산은 얼마나 저장할 수 있는가? 18년·1 ▮13년·4
① 20kg ② 40kg ③ 80kg ④ 120kg

47 특수인화물 200ℓ와 제4석유류 12,000ℓ를 저장할 때 각각의 지정수량 배수의 합은 얼마인가? 20년·2
① 3 ② 4 ③ 5 ④ 6

대표빈출 60 옥외저장소 저장 위험물

옥외저장소에서 저장할 수 있는 위험물의 종류
[위험물안전관리법 시행령 별표2]

- 제2류 위험물 중 유황 또는 인화성 고체(인화점이 0℃ 이상인 것에 한한다)
- 제4류 위험물 중 제1석유류(인화점이 0℃ 이상인 것에 한한다)·알코올류·제2석유류·제3석유류·제4석유류 및 동식물유류
- 제6류 위험물
- 제2류 위험물 및 제4류 위험물 중 특별시·광역시 또는 도의 조례에서 정하는 위험물 (관세법 제154조의 규정에 의한 보세구역 안에 저장하는 경우에 한한다)
- 「국제해사기구에 관한 협약」에 의하여 설치된 국제해사기구가 채택한 국제해상위험물규칙(IMDG Code)에 적합한 용기에 수납된 위험물

48 위험물안전관리법령에 의해 옥외저장소에 저장을 허가받을 수 없는 위험물은? 15년·1

① 제2류 위험물 중 유황(금속제 드럼에 수납)
② 제4류 위험물 중 가솔린(금속제 드럼에 수납)
③ 제6류 위험물
④ 국제 해상위험물 규칙(IMDG Code)에 적합한 용기에 수납된 위험물

해설 가솔린은 제4류 위험물 중 제1석유류에 속하는 물질이지만 인화점이 -43℃ ~ -20℃ 범위로서 '인화점이 0℃ 이상인 것에 한하여 저장할 수 있다'는 규정을 벗어나므로 가솔린은 옥외저장소에 저장할 수 없다.

49 옥외저장소에서 저장 또는 취급할 수 있는 위험물이 아닌 것은? (단, 국제 해상위험물 규칙에 적합한 용기에 수납된 위험물의 경우는 제외한다.) 15년·4

① 제2류 위험물 중 유황
② 제1류 위험물 중 과염소산염류
③ 제6류 위험물
④ 제2류 위험물 중 인화점이 10℃인 인화성 고체

50 다음 위험물 중에서 옥외저장소에서 저장·취급할 수 없는 것은? (단, 특별시·광역시 또는 도의 조례에서 정하는 위험물과 IMDG Code에 적합한 용기에 수납된 위험물의 경우는 제외한다.) 16년·2

① 아세트산 ② 에틸렌글리콜
③ 크레오소트유 ④ 아세톤

해설 아세톤은 제4류 위험물 중 제1석유류에 속하지만 인화점이 -18℃로서 '인화점이 0℃ 이상인 것에 한한다'라는 조항에 부합하지 않으므로 옥외저장소에 저장·취급할 수 없다.

51 다음 위험물 중에서 옥외저장소에서 저장·취급할 수 없는 것은? (단, 특별시·광역시 또는 도의 조례에서 정하는 위험물과 IMDG Code에 적합한 용기에 수납된 위험물의 경우는 제외한다.) 17년·4

① 인화점이 20℃인 인화성 고체
② 피리딘
③ 아세톤
④ 질산

정답 38 ④ 39 ① 40 ③ 41 ③ 42 ② 43 ① 44 ③ 45 ④ 46 ④ 47 ④ 48 ② 49 ② 50 ④ 51 ③

52 위험물안전관리법령상 위험물 옥외저장소에 저장할 수 있는 품명은? (단, 국제해상위험물규칙에 적합한 용기에 수납하는 경우를 제외한다.)

20년·2 ▌13년·4 ▌19년·2 유사

① 특수인화물   ② 무기과산화물
③ 알코올류   ④ 칼륨

대표빈출 61 행안부령으로 정하는 위험물

위험물 품명의 지정[위험물안전관리법 시행규칙 제3조]
- 행정안전부령으로 정하는 제1류 위험물
  - 과요오드산염류
  - 과요오드산
  - 크롬, 납 또는 요오드의 산화물
  - 아질산염류
  - 차아염소산염류
  - 염소화이소시아눌산
  - 퍼옥소이황산염류
  - 퍼옥소붕산염류
- 행정안전부령으로 정하는 제3류 위험물
  - 염소화규소화합물
- 행정안전부령으로 정하는 제5류 위험물
  - 금속의 아지화합물
  - 질산구아니딘
- 행정안전부령으로 정하는 제6류 위험물
  - 할로겐간화합물

53 다음 중 제1류 위험물에 속하지 않는 것은?

14년·4

① 질산구아니딘
② 과요오드산
③ 납 또는 요오드의 산화물
④ 염소화이소시아눌산

54 위험물안전관리법령상 염소화이소시아눌산은 제 몇 류 위험물인가? 14년·5

① 제1류   ② 제2류
③ 제5류   ④ 제6류

55 위험물안전관리법령상 행정안전부령으로 정하는 제1류 위험물에 해당하지 않는 것은?

15년·1

① 과요오드산   ② 질산구아니딘
③ 차아염소산염류   ④ 염소화이소시아눌산

56 위험물안전관리법령상 제6류 위험물에 해당하지 않는 것은? 19년·4

① H_3PO_4 ② IF_5 ③ BrF_5 ④ BrF_3

해설 인산은 위험물안전관리법령상 위험물에 해당하지 않는다. 나머지(오불화요오드, 오불화브롬, 삼불화브롬)는 모두 행정안전부령으로 정하는 제6류 위험물로 할로겐간화합물에 해당한다.

대표빈출 62 경보설비의 기준

[위험물안전관리법 시행규칙 제42조]
- 지정수량의 10배 이상의 위험물을 저장 또는 취급하는 제조소등(이동 탱크저장소 제외)에는 화재 발생 시 이를 알릴 수 있는 경보설비를 설치하여야 한다.
- 제조소등에 설치하는 경보설비는 자동화재 탐지설비·자동화재 속보설비·비상경보 설비(비상벨 장치 또는 경종 포함)·확성장치(휴대용 확성기 포함) 및 비상방송 설비로 구분한다.

※ 2020.10.12.부로 개정된 내용을 적용하였다. 개정 이전에는 자동화재 속보설비가 빠져 있었으나 개정되면서 자동화재 속보설비가 경보설비로 추가되었다.

57 위험물안전관리법령상 지정수량 10배 이상의 위험물을 저장하는 제조소에 설치하여야 하는 경보설비의 종류가 아닌 것은? 15년·2
① 자동화재탐지설비 ② 자동화재속보설비
③ 휴대용 확성기 ④ 비상방송 설비

58 지정수량의 몇 배 이상의 위험물을 취급하는 제조소에는 화재 발생 시 이를 알릴 수 있는 경보설비를 설치하여야 하는가?
16년·1 ▌13년·2
① 5 ② 10 ③ 20 ④ 100

59 위험물안전관리법령에서 정한 경보설비가 아닌 것은? 20년·2 ▌19년·5 ▌17년·2 유사 ▌13년·5
① 자동화재 탐지설비 ② 비상조명 설비
③ 비상경보 설비 ④ 비상방송 설비

대표빈출 63 위험물제조소의 주의사항 게시판

[위험물안전관리법 시행규칙 별표4]
• 저장 또는 취급하는 위험물에 따라 규정에 의한 주의사항을 표시한 게시판을 설치할 것

저장 또는 취급하는 위험물 종류	표시할 주의사항	색 상
• 제1류 위험물 중 알칼리금속의 과산화물 • 제3류 위험물 중 금수성 물질	물기엄금	청색바탕 백색문자
• 제2류 위험물(인화성고체 제외)	화기주의	적색바탕 백색문자
• 제2류 위험물 중 인화성고체 • 제3류 위험물 중 자연발화성 물질 • 제4류 위험물 • 제5류 위험물	화기엄금	

• 제1류 위험물 중 알칼리금속의 과산화물 이외의 물질과 제6류 위험물은 해당사항 없음

60 제5류 위험물을 취급하는 위험물 제조소에 설치하는 주의사항 게시판에서 표시하는 내용과 바탕색, 문자색으로 옳은 것은? 13년·2
① '화기주의', 백색 바탕에 적색 문자
② '화기주의', 적색 바탕에 백색 문자
③ '화기엄금', 백색 바탕에 적색 문자
④ '화기엄금', 적색 바탕에 백색 문자

61 제4류 위험물을 저장 및 취급하는 위험물 제조소에 설치한 "화기엄금" 게시판의 색상으로 올바른 것은? 15년·2
① 적색 바탕에 흑색 문자
② 흑색 바탕에 적색 문자
③ 백색 바탕에 적색 문자
④ 적색 바탕에 백색 문자

62 위험물안전관리법령상 제3류 위험물 중 금수성 물질의 제조소에 설치하는 주의사항 게시판의 바탕색과 문자색을 옳게 나타낸 것은?
16년·4 ▌18년·2 유사
① 청색 바탕에 황색 문자
② 황색 바탕에 청색 문자
③ 청색 바탕에 백색 문자
④ 백색 바탕에 청색 문자

63 제조소의 게시판 사항 중 위험물의 종류에 따른 주의사항이 옳게 연결된 것은? 18년·1

① 제2류 위험물(인화성 고체 제외) —화기엄금
② 제3류 위험물 중 금수성 물질 —물기엄금
③ 제4류 위험물 —화기주의
④ 제5류 위험물 —물기엄금

64 위험물 제조소의 게시판에 '물기엄금'이라고 쓰여 있다. 취급할 것으로 예상할 수 없는 위험물은? 21년·2

① 칼륨   ② 과산화나트륨
③ 황린   ④ 트리에틸알루미늄

대표빈출 64
방유제 - 위험물제조소

[위험물안전관리법 시행규칙 별표4]
위험물 제조소의 옥외에 있는 위험물 취급 탱크로서 액체 위험물(이황화탄소를 제외한다)을 취급하는 것의 주위에는 다음의 기준에 의하여 방유제를 설치할 것
• 하나의 취급 탱크 주위에 설치하는 방유제의 용량은 당해 탱크용량의 50% 이상으로 하고, 2 이상의 취급 탱크 주위에 하나의 방유제를 설치하는 경우 그 방유제의 용량은 당해 탱크 중 용량이 최대인 것의 50%에 나머지 탱크용량 합계의 10%를 가산한 양 이상이 되게 할 것

65 제조소의 옥외에 모두 3개의 휘발유 취급 탱크를 설치하고 그 주위에 방유제를 설치하고자 한다. 방유제 안에 설치하는 각 취급 탱크의 용량이 5만ℓ, 3만ℓ, 2만ℓ 일 때 필요한 방유제의 용량은 몇 ℓ 이상인가? 15년·5

① 66,000   ② 60,000
③ 33,000   ④ 30,000

66 위험물안전관리법령상 위험물 제조소의 옥외에 있는 하나의 액체 위험물 취급 탱크 주위에 설치하는 방유제의 용량은 해당 탱크용량의 몇 % 이상으로 하여야 하는가? 16년·2

① 50%   ② 60%
③ 100%   ④ 110%

대표빈출 65
방유제 - 옥외 탱크저장소

[위험물안전관리법 시행규칙 별표6]
• 방유제 용량 : 인화성 액체 위험물(이황화탄소 제외)의 옥외 탱크저장소의 탱크 주위에 설치하는 방유제의 용량 기준은 다음과 같다.
 - 방유제의 용량은 방유제 안에 설치된 탱크가 하나인 때에는 그 탱크용량의 110% 이상, 2기 이상인 때에는 그 탱크 중 용량이 최대인 것의 용량의 110% 이상으로 할 것
• 방유제와 탱크 사이의 거리 : 인화성 액체 위험물(이황화탄소 제외)의 옥외 탱크저장소의 탱크 주위에 설치하는 방유제는 옥외 저장탱크의 지름에 따라 그 탱크의 옆판으로부터 다음에 정하는 거리를 유지할 것. 다만, 인화점이 200℃ 이상인 위험물을 저장 또는 취급하는 것에 있어서는 그러하지 아니하다.
 - 지름이 15m 미만인 경우에는 탱크 높이의 3분의 1 이상
 - 지름이 15m 이상인 경우에는 탱크 높이의 2분의 1 이상

67 인화성 액체 위험물을 저장 또는 취급하는 옥외 탱크저장소의 방유제 내에 용량 10만ℓ와 5만ℓ인 옥외 저장탱크 2기를 설치하는 경우에 확보하여야 하는 방유제의 용량은? 13년·1

① 50,000ℓ 이상
② 80,000ℓ 이상
③ 110,000ℓ 이상
④ 150,000ℓ 이상

68. 인화점이 섭씨 200℃ 미만인 위험물을 저장하기 위하여 높이가 15m이고 지름이 18m인 옥외 저장탱크를 설치하는 경우 옥외 저장탱크와 방유제와의 사이에 유지하여야 하는 거리는? 13년·1

① 5.0m 이상 ② 6.0m 이상
③ 7.5m 이상 ④ 9.0m 이상

69. 경유를 저장하는 옥외 저장탱크의 반지름이 2m이고 높이가 12m일 때 탱크 옆판으로부터 방유제까지의 거리는 몇 m 이상이어야 하는가? 13년·2

① 4 ② 5 ③ 6 ④ 7

70. 옥외 탱크저장소의 탱크용량이 10,000ℓ인 탱크 1기에 경유가 저장되어 있다. 이 곳의 방유제 용량은 얼마 이상이 되어야 하는가? 18년·4

① 5,000리터 ② 10,000리터
③ 11,000리터 ④ 20,000리터

71. 위험물안전관리법령상 옥외 탱크저장소의 기준에 따라 다음의 인화성 액체 위험물을 저장하는 옥외 저장탱크 1~4호를 동일의 방유제 내에 설치하는 경우 방유제에 필요한 최소 용량으로서 옳은 것은? (단, 암반 탱크 또는 특수 액체위험물 탱크의 경우는 제외한다.) 16년·2

| 1호 탱크 - 등유 1,500kℓ |
| 2호 탱크 - 가솔린 1,000kℓ |
| 3호 탱크 - 경유 500kℓ |
| 4호 탱크 - 중유 250kℓ |

① 1,650kℓ ② 1,500kℓ
③ 500kℓ ④ 250kℓ

대표빈출 66
안전거리

[위험물안전관리법 시행규칙 별표4]
이 규정은 제조소뿐 아니라 옥내저장소, 옥외저장소, 옥외 탱크저장소, 일반취급소에 동일 적용한다.

안전거리	해당 대상물
3m 이상	7,000V 초과 35,000V 이하의 특고압 가공전선
5m 이상	35,000V를 초과하는 특고압 가공전선
10m 이상	주거용으로 사용되는 건축물 그 밖의 공작물
20m 이상	고압가스, 액화석유가스 또는 도시가스를 저장 또는 취급하는 시설
30m 이상	학교, 병원, 300명 이상 수용시설(영화관, 공연장), 20명 이상 수용시설(아동·노인·장애인·한부모가족 복지시설, 어린이집, 성매매피해자 지원시설, 정신건강 증진시설, 가정폭력 피해자 보호시설)
50m 이상	유형문화재, 지정문화재

• 안전거리 규제대상이 아닌 제조소등
제6류 위험물을 취급하는 제조소, 옥내 탱크저장소, 지하 탱크저장소, 이동 탱크저장소, 간이 탱크저장소, 암반 탱크저장소, 판매취급소, 주유취급소는 시설의 안전성과 그 설치 위치의 특수성을 감안하여 안전거리 규제대상에서 제외한다.

• 이송취급소에 적용되는 안전거리는 별도로 존재한다. [시행규칙 별표15]

72. 제3류 위험물을 취급하는 제조소는 300명 이상을 수용할 수 있는 극장으로부터 몇 m 이상의 안전거리를 유지하여야 하는가? 15년·5 ▎12년·2

① 5 ② 10 ③ 30 ④ 70

정답 63 ② 64 ③ 65 ④ 66 ① 67 ③ 68 ④ 69 ① 70 ③ 71 ① 72 ③

73 위험물 제조소등에서 위험물안전관리법령상 안전거리 규제대상이 아닌 것은? 14년·2

① 제6류 위험물을 취급하는 제조소를 제외한 모든 제조소
② 주유취급소
③ 옥외저장소
④ 옥외 탱크저장소

74 위험물 제조소의 안전거리 기준으로 틀린 것은?
14년·2

① 초·중등교육법 및 고등교육법에 의한 학교 – 20m 이상
② 의료법에 의한 병원 – 30m 이상
③ 문화재보호법 규정에 의한 지정문화재 – 50m 이상
④ 사용전압이 35,000V를 초과하는 특고압 가공전선 – 5m 이상

75 위험물안전관리법령상 위험물 제조소등에서의 안전거리 규제대상이 아닌 것은? 17년·2

① 지하에 매설된 이송취급소의 배관
② 일반취급소
③ 옥내 탱크저장소
④ 옥내저장소

76 다음 중 위험물안전관리법령상 위험물 제조소와의 안전거리가 가장 먼 것은? 19·15년·1

① 「고등교육법」에서 정하는 학교
② 「의료법」에 따른 병원급 의료기관
③ 「고압가스 안전관리법」에 의하여 허가를 받은 고압가스 제조시설
④ 「문화재보호법」에 의한 유형문화재와 기념물 중 지정문화재

대표빈출 67
보유공지

저장 또는 취급하는 위험물의 최대수량에 따라 다음과 같은 너비의 공지를 보유하여야 한다.

1. 제조소의 보유공지 [위험물안전관리법 시행규칙 별표4]

취급하는 위험물의 최대수량	공지의 너비
지정수량의 10배 이하	3m 이상
지정수량의 10배 초과	5m 이상

2. 옥내저장소의 보유공지
[위험물안전관리법 시행규칙 별표5]

저장 또는 취급하는 위험물의 최대수량	공지의 너비	
	벽, 기둥 및 바닥이 내화구조로 된 건축물	그 밖의 건축물
지정수량의 5배 이하	–	0.5m 이상
지정수량의 5배 초과 10배 이하	1m 이상	1.5m 이상
지정수량의 10배 초과 20배 이하	2m 이상	3m 이상
지정수량의 20배 초과 50배 이하	3m 이상	5m 이상
지정수량의 50배 초과 200배 이하	5m 이상	10m 이상
지정수량의 200배 초과	10m 이상	15m 이상

* 지정수량의 20배를 초과하는 옥내저장소와 동일한 부지 내에 있는 다른 옥내저장소와의 사이에는 동표에 정하는 공지의 너비의 3분의 1(당해 수치가 3m 미만인 경우에는 3m)의 공지를 보유할 수 있다.

3. 옥외 탱크저장소의 보유공지
[위험물안전관리법 시행규칙 별표6]

저장 또는 취급하는 위험물의 최대수량	공지의 너비
지정수량의 500배 이하	3m 이상
지정수량의 500배 초과 1,000배 이하	5m 이상
지정수량의 1,000배 초과 2,000배 이하	9m 이상
지정수량의 2,000배 초과 3,000배 이하	12m 이상
지정수량의 3,000배 초과 4,000배 이하	15m 이상

위험물의 최대수량	공지의 너비
지정수량의 4,000배 초과	당해 탱크의 수평 단면의 최대지름(횡형인 경우에는 긴 변)과 높이 중 큰 것과 같은 거리 이상. 다만, 30m 초과의 경우에는 30m 이상으로 할 수 있고, 15m 미만의 경우에는 15m 이상으로 하여야 한다.

※ 제6류 위험물을 저장 또는 취급하는 경우에는 위 표의 너비의 3분의 1 이상(최소 보유공지 너비는 1.5m 이상)

4. 옥외저장소의 보유공지
[위험물안전관리법 시행규칙 별표11]

위험물의 최대수량	공지의 너비
지정수량의 10배 이하	3m 이상
지정수량의 10배 초과 20배 이하	5m 이상
지정수량의 20배 초과 50배 이하	9m 이상
지정수량의 50배 초과 200배 이하	12m 이상
지정수량의 200배 초과	15m 이상

단, 제4류 위험물 중 제4석유류와 제6류 위험물을 저장 또는 취급하는 옥외저장소의 보유공지는 위 표에 의한 공지 너비의 1/3 이상의 너비로 할 수 있다.

77 위험물 제조소에서 지정수량 이상의 위험물을 취급하는 건축물(시설)에는 원칙상 최소 몇 미터 이상의 보유공지를 확보하여야 하는가?
(단, 최대수량은 지정수량의 10배이다.) 13년 · 4

① 1m 이상　　② 3m 이상
③ 5m 이상　　④ 7m 이상

78 위험물안전관리법령상 제4류 위험물을 지정수량의 3천 배 초과 4천 배 이하로 저장하는 옥외탱크저장소 보유공지의 너비는 얼마인가? 14년 · 5

① 6m 이상　　② 9m 이상
③ 12m 이상　　④ 15m 이상

79 저장 또는 취급하는 위험물의 최대수량이 지정수량의 500배 이하일 때 옥외 저장탱크의 측면으로부터 몇 m 이상의 보유공지를 유지하여야 하는가? (단, 제6류 위험물은 제외한다.)
16년 · 1 19년 · 3 유사

① 1　　② 2　　③ 3　　④ 4

80 저장하는 위험물의 최대수량이 지정수량의 15배일 경우, 건축물의 벽·기둥 및 바닥이 내화구조로 된 위험물 옥내저장소의 보유공지는 몇 m 이상이어야 하는가? 16년 · 1

① 0.5　　② 1　　③ 2　　④ 3

81 옥내저장소에 제3류 위험물인 황린을 저장하면서 위험물안전관리법령에 의한 최소한의 보유공지로 3m를 옥내저장소 주위에 확보하였다. 이 옥내저장소에 저장하고 있는 황린의 수량은? (단, 옥내저장소의 구조는 벽·기둥 및 바닥이 내화구조로 되어 있고 그 외의 다른 사항은 고려하지 않는다.) 16년 · 2

① 100kg 초과 500kg 이하
② 400kg 초과 1,000kg 이하
③ 500kg 초과 5,000kg 이하
④ 1,000kg 초과 40,000kg 이하

82 위험물 옥외저장소에서 지정수량 200배 초과의 위험물을 저장할 경우 보유공지의 너비는 몇 m 이상으로 하여야 하는가? (단, 제4류 위험물과 제6류 위험물이 아닌 경우)
17년 · 2 16년 · 4 13년 · 2

① 0.5　　② 2.5　　③ 10　　④ 15

정답 73 ②　74 ①　75 ③　76 ④　77 ②　78 ④　79 ③　80 ③　81 ②　82 ④

대표빈출 68 옥외 저장탱크의 통기관

[위험물안전관리법 시행규칙 별표6]
옥외 저장탱크 중 압력탱크 외의 탱크(제4류 위험물에 한함)에 있어서는 밸브 없는 통기관 또는 대기밸브 부착 통기관을 설치하여야 한다.

- 밸브 없는 통기관
  - 직경은 30mm 이상일 것
  - 선단은 수평면보다 45°이상 구부려 빗물 등의 침투를 막는 구조로 할 것
  - 인화점이 38℃ 미만인 위험물만을 저장 또는 취급하는 탱크에 설치하는 통기관에는 화염 방지 장치를 설치하고, 그 외의 탱크에 설치하는 통기관에는 40메쉬(mesh) 이상의 구리망으로 된 인화 방지 장치를 설치할 것. 다만, 인화점이 70℃ 이상인 위험물만을 해당 위험물의 인화점 미만의 온도로 저장 또는 취급하는 탱크에 설치하는 통기관에는 인화 방지 장치를 설치하지 않을 수 있다.
  - 가연성의 증기를 회수하기 위한 밸브를 통기관에 설치하는 경우에 있어서는 당해 통기관의 밸브는 저장탱크에 위험물을 주입하는 경우를 제외하고는 항상 개방되어 있는 구조로 하고 폐쇄하였을 경우에 있어서는 10kPa 이하의 압력에서 개방되는 구조로 할 것. 이 경우 개방된 부분의 유효 단면적은 777.15mm² 이상이어야 한다.

- 대기밸브 부착 통기관
  - 5kPa 이하의 압력 차이로 작동할 수 있을 것
  - 인화점이 38℃ 미만인 위험물만을 저장 또는 취급하는 탱크에 설치하는 통기관에는 화염 방지 장치를 설치하고, 그 외의 탱크에 설치하는 통기관에는 40메쉬(mesh) 이상의 구리망으로 된 인화 방지 장치를 설치할 것. 다만, 인화점이 70℃ 이상인 위험물만을 해당 위험물의 인화점 미만의 온도로 저장 또는 취급하는 탱크에 설치하는 통기관에는 인화 방지 장치를 설치하지 않을 수 있다.

83 위험물안전관리법령상 옥외 저장탱크 중 압력탱크 외의 탱크에 통기관을 설치하여야 할 때 밸브 없는 통기관인 경우 통기관의 직경은 몇 mm 이상으로 하여야 하는가? 13년·5

① 10 ② 15 ③ 20 ④ 30

84 제4류 위험물의 옥외 저장탱크에 대기밸브 부착 통기관을 설치할 때 몇 kPa 이하의 압력 차이로 작동하여야 하는가? 14년·1

① 5 kPa 이하 ② 10 kPa 이하
③ 15 kPa 이하 ④ 20 kPa 이하

85 위험물 옥외 저장탱크의 통기관에 관한 사항으로 옳지 않은 것은? 16년·4 ▮ 12년·5

① 밸브 없는 통기관의 직경은 30mm 이상으로 한다.
② 대기밸브 부착 통기관은 항시 열려 있어야 한다.
③ 밸브 없는 통기관의 선단은 수평면보다 45도 이상 구부려 빗물 등의 침투를 막는 구조로 한다.
④ 대기밸브 부착 통기관은 5kPa 이하의 압력 차이로 작동할 수 있어야 한다.

대표빈출 69 ★★최다 빈출유형 소화설비의 적응성

[위험물안전관리법 시행규칙 별표17]
Chapter 3. 위험물안전관리법령의 출제테마정리 부분 89쪽 표 내용 참조

86 위험물별로 설치하는 소화설비 중 적응성이 없는 것과 연결된 것은? 14년·1

① 제3류 위험물 중 금수성 물질 이외의 것 – 할로겐화합물 소화설비, 이산화탄소 소화설비
② 제4류 위험물 – 물분무 소화설비, 이산화탄소 소화설비
③ 제5류 위험물 – 포 소화설비, 스프링클러 설비
④ 제6류 위험물 – 옥내소화전 설비, 물분무 소화설비

87 위험물안전관리법령에서 정한 "물분무등 소화설비"의 종류에 속하지 않는 것은? 15년·4

① 스프링클러 설비
② 포 소화설비
③ 분말 소화설비
④ 이산화탄소 소화설비

88 위험물안전관리법령상 소화설비의 적응성에 관한 내용이다. 옳은 것은? 16년·2

① 마른 모래는 대상물 중 제1류 ~ 제6류 위험물에 적응성이 있다.
② 팽창 질석은 전기설비를 포함한 모든 대상물에 적응성이 있다.
③ 분말 소화약제는 셀룰로이드류의 화재에 가장 적당하다.
④ 물 분무 소화설비는 전기설비에 사용할 수 없다.

89 위험물안전관리법령상 제6류 위험물에 적응성이 없는 것은? 16년·1

① 스프링클러 설비
② 포 소화설비
③ 불활성가스 소화설비
④ 물분무 소화설비

90 위험물안전관리법령상 제4류 위험물에 적응성이 있는 소화가 아닌 것은? 16년·4

① 이산화탄소 소화기
② 봉상 강화액 소화기
③ 포 소화기
④ 인산염류분말 소화기

91 위험물안전관리법령상 스프링클러 설비가 제4류 위험물에 대하여 적응성을 갖는 경우는? 18년·5

① 살수 기준 면적에 따른 살수 밀도가 특정 기준 이상일 경우
② 증발의 우려가 없는 경우
③ 수용성 위험물인 경우
④ 폭발 위험이 없는 것일 경우

92 위험물안전관리법령상 물분무등 소화설비 중에서 전기설비에 적응성이 없는 소화설비는? 20년·4

① 포 소화설비
② 물분무 소화설비
③ 할로겐화합물 소화설비
④ 불활성가스 소화설비

정답 83 ④ 84 ① 85 ② 86 ① 87 ① 88 ① 89 ③ 90 ② 91 ① 92 ①

대표빈출 70 ★★최다 빈출유형
소요단위

[위험물안전관리법 시행규칙 별표17]
• 소요단위 : 소화설비 설치대상이 되는 건축물 그 밖의 공작물의 규모 또는 위험물의 양의 기준단위

구분 \ 외벽	내화구조	비 내화구조
제조소 또는 취급소	연면적 100m²	연면적 50m²
저장소	연면적 150m²	연면적 75m²
위험물	지정수량의 10배	

* 제조소등의 옥외에 설치된 공작물은 외벽이 내화구조인 것으로 간주하고 공작물의 최대수평투영면적을 연면적으로 간주하여 소요단위를 산정할 것

93 건물의 외벽이 내화구조로서 연면적 300m²의 옥내저장소에 필요한 소화기 소요단위 수는?
13년·5

① 1단위 ② 2단위
③ 3단위 ④ 4단위

94 위험물안전법령에서 정한 소화설비의 소요단위 산정방법에 대한 설명 중 옳은 것은?
14년·4

① 위험물은 지정수량의 100배를 1 소요단위로 함
② 저장소용 건축물로 외벽이 내화구조인 것은 연면적 100m²를 1 소요단위로 함
③ 제조소용 건축물로 외벽이 내화구조가 아닌 것은 연면적 50m²를 1 소요단위로 함
④ 저장소용 건축물로 외벽이 내화구조가 아닌 것은 연면적 25m²를 1 소요단위로 함

95 알코올류 20,000ℓ에 대한 소화설비 설치시 소요단위는?
15년·1

① 5 ② 10 ③ 15 ④ 20

96 소화설비의 설치기준에서 유기과산화물 1,000kg은 몇 소요단위에 해당하는가?
15년·5 ▌12년·1

① 10 ② 20 ③ 30 ④ 40

97 제조소등의 소화설비 설치 시 소요단위 산정에 관한 내용으로 다음 (   )안에 알맞은 수치를 차례대로 나열한 것은?
18년·4

제조소 또는 취급소의 건축물은 외벽이 내구조인 것은 연면적 (   )m²를 1소요단위로 하며 외벽이 내화구조가 아닌 것은 연면적 (   )m²를 1소요단위로 한다.

① 200, 100 ② 150, 100
③ 150, 50 ④ 100, 50

98 질산의 비중이 1.5일 경우에 1소요단위는 몇 ℓ인가?
20년·2

① 150 ② 200
③ 1,500 ④ 2,000

해설 질산의 지정수량은 300kg이며 비중이 1.5이므로 부피는 200ℓ이다.
• 질산의 밀도 : 1.5kg/ℓ
• 질산의 비중 = $\frac{질산의 밀도}{물의 밀도}$
• 밀도 = $\frac{질량}{부피}$ ∴ 부피 = $\frac{질량}{밀도}$
• $\frac{300kg}{1.5kg/ℓ}$ = 200ℓ

위험물의 1소요단위는 지정수량의 10배이므로 200ℓ의 10배인 2,000ℓ가 된다.

대표빈출 71 소화설비의 능력단위

[위험물안전관리법 시행규칙 별표17]
- **능력단위** : 소요단위에 대응하는 소화설비의 소화능력의 기준단위

소화설비	용량(ℓ)	능력단위
소화전용 물통	8	0.3
수조(소화전용 물통 3개 포함)	80	1.5
수조(소화전용 물통 6개 포함)	190	2.5
마른 모래(삽 1개 포함)	50	0.5
팽창질석 또는 팽창진주암 (삽 1개 포함)	160	1.0

99 팽창질석(삽 1개 포함) 160리터의 소화 능력 단위는?   15년·1
① 0.5   ② 1.0   ③ 1.5   ④ 2.0

100 팽창진주암(삽 1개 포함)의 능력단위 1은 용량이 몇 ℓ인가?   15년·4
① 70   ② 100   ③ 130   ④ 160

101 메틸알코올 8,000ℓ에 대한 소화능력으로 삽을 포함한 마른 모래를 몇 리터 설치하여야 하는가?   16년·1 ▌19년·2 유사
① 100   ② 200   ③ 300   ④ 400

102 소화전용 물통 8리터의 능력단위는 얼마인가?   17년·2 ▌13년·5
① 0.1   ② 0.3   ③ 0.5   ④ 1.0

103 마른모래(삽 1개 포함) 50리터의 능력단위는?   20년·2
① 0.1   ② 0.5   ③ 1.0   ④ 5.0

대표빈출 72 자동화재탐지설비의 설치기준 - 1

[위험물안전관리법 시행규칙 별표17]
- **경계구역** : 화재가 발생한 구역을 다른 구역과 구분하여 식별할 수 있는 최소단위의 구역
  - 경계구역은 건축물 그 밖의 공작물의 2 이상의 층에 걸치지 아니하도록 할 것 다만, 하나의 경계구역 면적이 $500m^2$ 이하이면서 당해 경계구역이 2개의 층에 걸치는 경우이거나 계단·경사로·승강기의 승강로 그 밖에 이와 유사한 장소에 연기감지기를 설치하는 경우에는 그러하지 아니하다.
  - 하나의 경계구역의 면적 : $600m^2$ 이하(당해 건축물 그 밖의 공작물의 주요한 출입구에서 그 내부 전체를 볼 수 있는 경우에는 $1,000m^2$ 이하로 할 수 있다.)
  - 하나의 경계구역의 한 변의 길이 : 50m 이하(광전식 분리형 감지기를 설치할 경우에는 100m)
- 자동화재탐지설비의 감지기는 지붕 또는 벽의 옥내에 면한 부분에 유효하게 화재의 발생을 감지할 수 있도록 설치할 것
- 자동화재탐지설비에는 비상 전원을 설치할 것

104 위험물 제조소등에 설치하여야 하는 자동화재탐지설비의 설치기준에 대한 설명 중 틀린 것은?   15년·1

① 자동화재탐지설비의 경계구역은 건축물 그 밖의 공작물의 2 이상의 층에 걸치도록 할 것
② 하나의 경계구역에서 그 한 변의 길이는 50m(광전식분리형 감지기를 설치할 경우에는 100m) 이하로 할 것
③ 자동화재탐지설비의 감지기는 지붕 또는 벽의 옥내에 면한 부분에 유효하게 화재의 발생을 감지할 수 있도록 설치할 것
④ 자동화재탐지설비에는 비상 전원을 설치할 것

정답 93 ② 94 ③ 95 ① 96 ① 97 ④ 98 ④ 99 ② 100 ④ 101 ② 102 ② 103 ② 104 ①

105 위험물 제조소 및 일반취급소에 설치하는 자동화재탐지설비의 설치기준으로 틀린 것은?

19년·2 15년·4

① 비상 전원을 설치하여야 한다.
② 광전식분리형 감지기를 설치할 경우에는 하나의 경계구역을 1,000m² 이하로 할 수 있다.
③ 주요한 출입구에서 내부 전체를 볼 수 있는 경우 경계구역은 1,000m² 이하로 할 수 있다.
④ 하나의 경계구역은 600m² 이하로 하고 한 변의 길이는 50m 이하로 한다.

해설 광전식분리형 감지기를 설치할 경우에 경계구역의 한 변의 길이를 100m 이하로 할 수 있다는 것이며 주요한 출입구에서 내부 전체를 볼 수 없다면 광전식분리형 감지기를 설치하였더라도 경계구역은 600m² 이하로 하여야 할 것이다.

106 위험물시설에 설비하는 자동화재탐지설비의 하나의 경계구역 면적과 그 한 변의 길이의 기준으로 옳은 것은? (단, 광전식 분리형 감지기를 설치하지 않은 경우이다.) 15년·4

① 300m² 이하, 50m 이하
② 300m² 이하, 100m 이하
③ 600m² 이하, 50m 이하
④ 600m² 이하, 100m 이하

107 위험물안전관리법령상 자동화재탐지설비의 경계구역 하나의 면적은 몇 m² 이하이어야 하는가? (단, 원칙적인 경우에 한한다.)

14년·5

① 250 ② 300 ③ 400 ④ 600

대표빈출 73
자동화재탐지설비의 설치기준 - 2

[위험물안전관리법 시행규칙 별표17]

제조소등의 구분	설치 적용기준
제조소 및 일반취급소	• 연면적 500m² 이상인 것 • 옥내에서 지정수량의 100배 이상을 취급하는 것(고인화점 위험물만을 100℃ 미만의 온도에서 취급하는 것 제외) • 일반취급소로 사용되는 부분 외의 부분이 있는 건축물에 설치된 일반취급소
옥내저장소	• 지정수량의 100배 이상을 저장 또는 취급하는 것(고인화점 위험물만을 저장 또는 취급하는 것 제외) • 저장창고의 연면적이 150m²를 초과하는 것 • 처마높이가 6m 이상인 단층 건물의 것 • 옥내저장소로 사용되는 부분 외의 부분이 있는 건축물에 설치된 옥내저장소
옥내 탱크저장소	단층 건물 외의 건축물에 설치된 옥내 탱크저장소로서 소화난이도 등급 I 에 해당하는 것
주유취급소	옥내주유취급소

* 특수인화물, 제1석유류 및 알코올류를 저장 또는 취급하는 탱크의 용량이 1,000만ℓ 이상인 옥외 탱크저장소는 자동화재탐지설비와 자동화재속보설비를 경보설비로 설치해야 한다.
* 위 표에 제시된 제조소등과 옥외 탱크저장소를 제외한 자동화재탐지설비 설치대상에 해당하지 아니하는 제조소등으로서 지정수량의 10배 이상을 저장 또는 취급하는 것에는 반드시 자동화재탐지설비를 설치하지 않아도 되며 자동화재탐지설비, 비상경보설비, 확성장치 또는 비상방송설비 중 1종 이상의 설비만 갖추면 된다.

108 옥내에서 지정수량 100배 이상을 취급하는 일반취급소에 설치하여야 하는 경보설비는? (단, 고인화점 위험물만을 취급하는 경우는 제외한다.) 13년·1

① 비상경보설비
② 자동화재탐지설비
③ 비상방송설비
④ 비상벨설비 및 확성장치

109 위험물안전관리법령상 경보설비로 자동화재탐지설비를 설치해야 할 위험물 제조소의 규모 기준에 대한 설명으로 옳은 것은? 15년·4

① 연면적 500m² 이상인 것
② 연면적 1,000m² 이상인 것
③ 연면적 1,500m² 이상인 것
④ 연면적 2,000m² 이상인 것

110 위험물 제조소의 경우 연면적이 최소 몇 m² 이면 자동화재탐지설비를 설치해야 하는가? (단, 원칙적인 경우에 한한다.)
16년·1 ▌17년·1 유사

① 100 ② 300 ③ 500 ④ 1,000

111 위험물안전관리법령상 지정수량 100배 이상의 위험물을 저장 또는 취급하는 옥내저장소에 설치하여야 하는 경보설비는 무엇인가? (단, 고인화점 위험물만을 저장 또는 취급하는 것은 제외한다.) 18년·2

① 비상경보설비
② 자동화재탐지설비
③ 비상방송설비
④ 확성장치

112 옥내저장소에서 지정수량의 몇 배 이상을 저장 또는 취급할 때 자동화재탐지설비를 설치하여야 하는가? (단, 원칙적인 경우에 한한다.) 18년·4

① 10배 이상 ② 50배 이상
③ 100배 이상 ④ 150배 이상

대표빈출 74
피난설비(유도등)

[위험물안전관리법 시행규칙 별표17]
- 주유취급소 중 건축물의 2층 이상의 부분을 점포·휴게음식점 또는 전시장의 용도로 사용하는 것에 있어서는 당해 건축물의 2층 이상으로부터 주유취급소의 부지 밖으로 통하는 출입구와 당해 출입구로 통하는 통로·계단 및 출입구에 유도등을 설치하여야 한다.
- 옥내 주유취급소에 있어서는 당해 사무소 등의 출입구 및 피난구와 당해 피난구로 통하는 통로·계단 및 출입구에 유도등을 설치하여야 한다.
- 유도등에는 비상 전원을 설치하여야 한다.

113 주유취급소 중 건축물의 2층에 휴게음식점의 용도로 사용하는 것에 있어 해당 건축물의 2층으로부터 직접 주유취급소의 부지 밖으로 통하는 출입구와 해당 출입구로 통하는 통로·계단에 설치하여야 하는 것은?
16년·4 ▌14년·1

① 비상경보설비 ② 유도등
③ 비상조명등   ④ 확성장치

114 위험물안전관리법령상 옥내 주유취급소에 있어서 해당 사무소 등의 출입구 및 피난구와 당해 피난구로 통하는 통로·계단 및 출입구에 무엇을 설치하게 하는가?
17년·1 ▌15년·5

① 화재감지기
② 스프링클러설비
③ 자동화재탐지설비
④ 유도등

정답 105 ② 106 ③ 107 ④ 108 ② 109 ① 110 ③ 111 ② 112 ③ 113 ② 114 ④

115 위험물안전관리법령에 따라 다음 ( ) 안에 알맞은 용어는? 21년·2 ▮16년·2 ▮15년·2

> 주유취급소 중 건축물의 2층 이상의 부분을 점포·휴게음식점 또는 전시장의 용도로 사용하는 것에 있어서는 당해 건축물의 2층 이상으로부터 주유취급소의 부지 밖으로 통하는 출입구와 당해 출입구로 통하는 통로·계단 및 출입구에 ( )을(를) 설치하여야 한다.

① 피난사다리 ② 경보기
③ 유도등 ④ CCTV

대표빈출 75 유별이 다른 위험물의 저장

[위험물안전관리법 시행규칙 별표18]
옥내저장소 또는 옥외저장소에 있어서 다음의 위험물을 유별로 정리하여 서로 1m 이상의 간격을 두는 경우에는 동일한 저장소에 저장할 수 있다.
• 제1류 위험물(알칼리금속의 과산화물 또는 이를 함유한 것을 제외한다)과 제5류 위험물을 저장하는 경우
• 제1류 위험물과 제6류 위험물을 저장하는 경우
• 제1류 위험물과 제3류 위험물 중 자연발화성 물질(황린 또는 이를 함유한 것에 한한다)을 저장하는 경우
• 제2류 위험물 중 인화성 고체와 제4류 위험물을 저장하는 경우
• 제3류 위험물 중 알킬알루미늄 등과 제4류 위험물(알킬알루미늄 또는 알킬리튬을 함유한 것에 한한다)을 저장하는 경우
• 제4류 위험물 중 유기과산화물 또는 이를 함유하는 것과 제5류 위험물 중 유기과산화물 또는 이를 함유한 것을 저장하는 경우

116 위험물을 유별로 정리하여 상호 1m 이상의 간격을 유지하는 경우에도 동일한 옥내저장소에 저장할 수 없는 것은? 12년·1

① 제1류 위험물(알칼리금속의 과산화물 또는 이를 함유한 것을 제외한다)과 제5류 위험물
② 제1류 위험물과 제6류 위험물
③ 제1류 위험물과 제3류 위험물 중 황린
④ 인화성 고체를 제외한 제2류 위험물과 제4류 위험물

117 위험물안전관리법령상 위험물을 유별로 정리하여 저장하면서 서로 1m 이상의 간격을 두면 동일한 옥내저장소에 저장할 수 있는 경우는? 18년·4

① 과산화칼륨과 벤조일퍼옥사이드
② 과염소산나트륨과 질산
③ 황린과 트리에틸알루미늄
④ 유황과 아세톤

해설 제1류 위험물과 제6류 위험물은 유별로 정리하여 저장하면서 서로 1m 이상의 간격을 두면 동일한 옥내저장소에 저장할 수 있다.
③ 황린과 금수성 물질은 동일 저장소에 저장할 수 없다.

118 다음 중 옥내저장소의 동일한 실에 서로 1m 이상의 간격을 두고 저장할 수 없는 것은? 13년·4

① 제1류 위험물과 제3류 위험물 중 자연발화성 물질(황린 또는 이를 함유한 것에 한한다.)
② 제4류 위험물과 제2류 위험물 중 인화성 고체
③ 제1류 위험물과 제4류 위험물
④ 제1류 위험물과 제6류 위험물

119 위험물안전관리법령에 따라 위험물을 유별로 정리하여 서로 1m 이상의 간격을 두었을 때 옥내저장소에서 함께 저장하는 것이 가능한 경우가 아닌 것은?

15년·5 ▮ 13년·2 유사

① 제1류 위험물(알칼리금속의 과산화물 또는 이를 함유한 것을 제외한다)과 제5류 위험물을 저장하는 경우
② 제3류 위험물 중 알킬알루미늄과 제4류 위험물(알킬알루미늄 또는 알킬리튬을 함유한 것에 한한다)을 저장하는 경우
③ 제1류 위험물과 제3류 위험물 중 금수성 물질을 저장하는 경우
④ 제2류 위험물 중 인화성 고체와 제4류 위험물을 저장하는 경우

대표빈출 76
위험물운반 용기의 수납 기준(수납률)

[위험물안전관리법 시행규칙 별표19]
위험물은 규정에 의한 운반 용기에 다음의 기준에 따라 수납하여 적재하여야 한다.
- 위험물이 온도변화 등에 의하여 누설되지 않도록 운반 용기를 밀봉하여 수납할 것.
- 수납하는 위험물과 위험한 반응을 일으키지 아니하는 등 당해 위험물의 성질에 적합한 재질의 운반 용기에 수납할 것
- 고체 위험물은 운반 용기 내용적의 95% 이하의 수납률로 수납할 것
- 액체 위험물은 운반 용기 내용적의 98% 이하의 수납률로 수납하되 55℃의 온도에서 누설되지 아니하도록 충분한 공간용적을 유지하도록 할 것
- 하나의 외장용기에는 다른 종류의 위험물을 수납하지 아니할 것
- 제3류 위험물은 다음의 기준에 따라 운반 용기에 수납할 것

- 자연발화성 물질 : 불활성 기체를 봉입하여 밀봉하는 등 공기와 접하지 아니하도록 할 것
- 자연발화성 물질 외의 물품 : 파라핀, 경유, 등유 등의 보호액으로 채워 밀봉하거나 불활성 기체를 봉입하여 밀봉하는 등 수분과 접하지 아니하도록 할 것
- 자연발화성 물질 중 알킬알루미늄 등 : 운반용기의 내용적의 90% 이하의 수납률로 수납하되, 50℃의 온도에서 5% 이상의 공간용적을 유지하도록 할 것

120 다음 ( )안에 적합한 숫자를 차례대로 나열한 것은?

14년·5

| 자연발화성 물질 중 알킬알루미늄 등은 운반용기의 내용적의 ( )% 이하의 수납율로 수납하되, 50℃의 온도에서 ( )% 이상의 공간용적을 유지하도록 할 것 |

① 90, 5   ② 90, 10
③ 95, 5   ④ 95, 10

121 위험물안전관리법령상 위험물의 운반 시 운반 용기에 다음의 기준에 따라 수납 적재하여야 한다. 다음 중 틀린 것은?

16년·2 ▮ 19년·2 유사

① 수납하는 위험물과 위험한 반응을 일으키지 않아야 한다.
② 고체 위험물은 운반 용기 내용적의 95% 이하로 수납하여야 한다.
③ 액체 위험물은 운반 용기 내용적의 95% 이하로 수납하여야 한다.
④ 하나의 외장용기에는 다른 종류의 위험물을 수납하지 않는다.

정답 115 ③ 116 ④ 117 ② 118 ④ 119 ③ 120 ① 121 ③

122 위험물안전관리법령상의 위험물 운반에 관한 기준에서 액체 위험물은 운반 용기 내용적의 몇 % 이하의 수납율로 수납하여야 하는가?　　　15년·1 ▌14년·1 유사

① 80　　② 85　　③ 90　　④ 98

123 위험물의 운반 용기 및 적재 방법에 대한 기준으로 틀린 것은?　　17년·1

① 고체 위험물은 운반 용기 내용적의 90% 이하의 수납률로 수납하여야 한다.
② 운반 용기의 재질로 나무를 사용할 수 있다.
③ 액체 위험물은 운반 용기 내용적의 98% 이하의 수납률로 수납하되 55℃의 온도에서 누설되지 아니하도록 충분한 공간용적을 유지하도록 한다.
④ 알킬알루미늄 등: 운반 용기의 내용적의 90% 이하의 수납률로 수납하되 50℃의 온도에서 5% 이상의 공간용적을 유지하도록 한다.

124 고체 위험물을 운반 용기에 수납할 때 내용적의 몇 % 이하의 수납률로 수납하여야 하는가?　　18년·1

① 80　　② 85　　③ 90　　④ 95

대표빈출 77 운반 위험물 적재 후 조치

[위험물안전관리법 시행규칙 별표19]
• 차광성이 있는 피복으로 가려야 할 위험물
　- 제1류 위험물
　- 제3류 위험물 중 자연발화성 물질
　- 제4류 위험물 중 특수인화물
　- 제5류 위험물
　- 제6류 위험물
• 방수성이 있는 피복으로 덮어야 할 위험물
　- 제1류 위험물 중 알칼리금속의 과산화물 또는 이를 함유한 것
　- 제2류 위험물 중 철분·금속분·마그네슘 또는 이들 중 어느 하나 이상을 함유한 것
　- 제3류 위험물 중 금수성 물질
• 보냉 컨테이너에 수납하는 등 적정한 온도관리를 해야 할 위험물
　- 제5류 위험물 중 55℃ 이하의 온도에서 분해될 우려가 있는 것
• 충격 등을 방지하기 위한 조치를 강구해야 할 위험물
　- 액체 위험물 또는 위험등급Ⅱ의 고체 위험물을 기계에 의하여 하역하는 구조로 된 운반 용기에 수납하여 적재하는 경우

125 운반을 위하여 위험물을 적재하는 경우에 차광성이 있는 피복으로 가려주어야 하는 것은?　　14년·2

① 특수인화물　　② 제1석유류
③ 알코올류　　　④ 동식물유류

126 위험물안전관리법령상 위험물 운반 시 차광성이 있는 피복으로 덮지 않아도 되는 것은?　　15년·1

① 제1류 위험물
② 제2류 위험물
③ 제3류 위험물 중 자연발화성 물질
④ 제4류 위험물 중 특수인화물

127 위험물안전관리법령상 위험물 운반 시 방수성 덮개를 하지 않아도 되는 위험물은?　　16년·1

① 나트륨　　② 적린
③ 철분　　　④ 과산화칼륨

128 위험물의 운반에 관한 기준에서 다음 ( ) 안에 알맞은 온도는 몇 ℃인가? 16년·4

> 적재하는 제5류 위험물 중 ( )℃ 이하의 온도에서 분해될 우려가 있는 것은 보냉 컨테이너에 수납하는 등 적정한 온도관리를 유지하여야 한다.

① 40　② 50　③ 55　④ 60

129 운반을 위하여 위험물을 적재하는 경우에 차광성이 있는 피복으로 가려주어야 하는 것은? 18년·1

① 아세트알데히드　② 아세톤
③ 에탄올　④ 아세트산

해설 제4류 위험물 중에서 차광성이 있는 피복으로 가려주어야 하는 위험물은 특수인화물이다.

130 위험물의 운반기준에 있어 차량 등에 적재하는 위험물의 성질에 따라 취하여야 하는 조치로 적합하지 않은 것은? 18년·4

① 제5류 위험물 또는 제6류 위험물은 방수성이 있는 피복으로 덮어야 한다.
② 제5류 위험물 중 55℃ 이하의 온도에서 분해될 우려가 있는 것은 보냉 컨테이너에 수납하는 등의 방법으로 적정한 온도관리를 하여야 한다.
③ 제2류 위험물 중 철분, 금속분, 마그네슘은 방수성이 있는 피복으로 덮는다.
④ 제1류 위험물 중 알칼리금속의 과산화물 또는 이를 함유한 것은 차광성과 방수성이 모두 갖춰진 피복으로 덮어야 한다.

대표빈출 78 운반용기 외부 표시사항

[위험물안전관리법 시행규칙 별표19]
위험물은 그 운반 용기의 외부에 다음에 정하는 바에 따라 위험물의 품명, 수량 등을 표시하여 적재하여야 한다.
• 위험물의 품명·위험등급·화학명 및 수용성
("수용성"표시는 제4류 위험물로서 수용성인 것에 한함)
• 위험물의 수량
• 수납하는 위험물에 따라 규정된 주의사항

류별	성질	표시할 주의사항
제1류 위험물	산화성 고체	• 알칼리금속의 과산화물 또는 이를 함유한 것 : 화기·충격주의, 물기엄금 및 가연물 접촉주의 • 그 밖의 것 : 화기·충격주의, 가연물 접촉주의
제2류 위험물	가연성 고체	• 철분·금속분·마그네슘 또는 이들 중 어느 하나 이상을 함유한 것 : 화기주의, 물기엄금 • 인화성 고체 : 화기엄금 • 그 밖의 것 : 화기주의
제3류 위험물	자연발화성 및 금수성 물질	• 자연발화성 물질 : 화기엄금, 공기접촉엄금 • 금수성 물질 : 물기엄금
제4류 위험물	인화성 액체	화기엄금
제5류 위험물	자기반응성 물질	화기엄금, 충격주의
제6류 위험물	산화성 액체	가연물 접촉주의

131 위험물안전관리법령상 제4류 위험물 운반용기 외부에 표시하여야 하는 주의사항으로 옳은 것은? 20년·4

① 화기엄금
② 물기엄금
③ 화기엄금 및 충격주의
④ 가연물 접촉주의

정답 122 ④　123 ①　124 ④　125 ①　126 ②　127 ②　128 ③　129 ①　130 ①　131 ①

132 $NaClO_2$을 수납하는 운반 용기의 외부에 표시하여야 할 주의사항으로 옳은 것은?
14년 · 1

① 화기엄금 및 충격주의
② 화기주의 및 물기엄금
③ 화기·충격주의 및 가연물 접촉주의
④ 화기엄금 및 공기접촉엄금

133 위험물안전관리법령상 제4류 위험물 운반 용기의 외부에 표시해야 하는 사항이 아닌 것은?
15년 · 2

① 규정에 의한 주의사항
② 위험물의 품명 및 위험등급
③ 위험물의 관리자 및 지정수량
④ 위험물의 화학명

134 수납하는 위험물에 따라 위험물의 운반 용기 외부에 표시하는 주의사항으로 잘못된 것은?
18년 · 2

① 제1류 위험물 중 알칼리금속의 과산화물 : 화기·충격주의, 물기엄금 및 가연물 접촉주의
② 제4류 위험물 : 화기엄금
③ 제3류 위험물 중 자연발화성 물질 : 화기엄금 및 공기접촉 엄금
④ 제2류 위험물 중 마그네슘 : 화기엄금

135 과산화수소의 운반 용기 외부에 표시하여야 하는 주의사항은?
14년 · 1

① 화기주의
② 충격주의
③ 물기엄금
④ 가연물 접촉주의

대표빈출 79 ★★최다 빈출유형
유별이 다른 운반위험물의 혼재

[위험물안전관리법 시행규칙 별표19] [부표2]

구분	제1류	제2류	제3류	제4류	제5류	제6류
제1류		×	×	×	×	○
제2류	×		×	○	○	×
제3류	×	×		○	×	×
제4류	×	○	○		○	×
제5류	×	○	×	○		×
제6류	○	×	×	×	×	

※ 'o'는 혼재할 수 있음을, '×'는 혼재할 수 없음을 표시한다.
※ 이 표는 지정수량 1/10 이하의 위험물에는 적용하지 않는다.

136 위험물을 운반 용기에 담아 지정수량의 1/10 초과하여 적재하는 경우 위험물을 혼재하여도 무방한 것은?
13년 · 5

① 제1류 위험물과 제6류 위험물
② 제2류 위험물과 제6류 위험물
③ 제2류 위험물과 제3류 위험물
④ 제3류 위험물과 제5류 위험물

137 위험물안전관리법령상 혼재할 수 없는 위험물은? (단, 위험물은 지정수량의 1/10을 초과하는 경우이다.)
15년 · 2

① 적린과 황린
② 질산염류와 질산
③ 칼륨과 특수인화물
④ 유기과산화물과 유황

138 위험물안전관리법령상 운반 차량에 혼재해서 적재할 수 없는 것은? (단, 각각의 지정수량은 10배인 경우이다.)
16년 · 1

① 염소화규소화합물 - 특수인화물
② 고형알코올 - 니트로화합물
③ 염소산염류 - 질산
④ 질산구아니딘 - 황린

139 다음 중 위험물안전관리법령상 지정수량의 1/10을 초과하는 위험물을 운반할 때 혼재할 수 없는 경우는? 16년·4

① 제1류 위험물과 제6류 위험물
② 제2류 위험물과 제4류 위험물
③ 제4류 위험물과 제5류 위험물
④ 제5류 위험물과 제3류 위험물

140 지정수량의 10배 이상의 벤조일퍼옥사이드 운송 시 혼재 가능한 위험물의 류별로 옳은 것은? 18년·1

① 제1류 ② 제2류
③ 제3류 ④ 제6류

해설 벤조일퍼옥사이드는 제5류 위험물이므로 제2류와 제4류 위험물과 혼재 가능하다.

141 위험물 운반 시 지정수량 얼마 이하의 위험물에는 위험물의 혼재 기준을 적용하지 않는가? 20년·2

① 1/2 ② 1/5
③ 1/10 ④ 1/100

대표빈출 80 ★★최다 빈출유형
위험물의 위험등급

- Chapter 1. 위험물 출제테마의 위험물 분류 도표를 참고해도 된다.
- 이 부분은 완벽하게 정리하여야 한다.
- 매년 매회 복수의 문제로 출제되며 아래에는 극히 일부의 기출문제만 수록된 것이다.

[위험물안전관리법 시행규칙 별표19]
위험물의 위험등급은 위험등급Ⅰ·위험등급Ⅱ 및 위험등급Ⅲ으로 구분하며 각 위험등급에 해당하는 위험물은 다음과 같다.

- 위험등급Ⅰ의 위험물
  - 제1류 위험물 중 아염소산염류, 염소산염류, 과염소산염류, 무기과산화물 그 밖에 지정수량이 50kg인 위험물
  - 제3류 위험물 중 칼륨, 나트륨, 알킬알루미늄, 알킬리튬, 황린 그 밖에 지정수량이 10kg 또는 20kg인 위험물
  - 제4류 위험물 중 특수인화물
  - 제5류 위험물 중 유기과산화물, 질산에스테르류 그 밖에 지정수량이 10kg인 위험물
  - 제6류 위험물

- 위험등급Ⅱ의 위험물
  - 제1류 위험물 중 브롬산염류, 질산염류, 요오드산염류 그 밖에 지정수량이 300kg인 위험물
  - 제2류 위험물 중 황화린, 적린, 유황 그 밖에 지정수량이 100kg인 위험물
  - 제3류 위험물 중 알칼리금속(칼륨 및 나트륨을 제외한다) 및 알칼리토금속, 유기금속화합물(알킬알루미늄 및 알킬리튬을 제외한다) 그 밖에 지정수량이 50kg인 위험물
  - 제4류 위험물 중 제1석유류 및 알코올류
  - 제5류 위험물 중 위험등급Ⅰ에 정하는 위험물 외의 것

- 위험등급Ⅲ의 위험물
  - 위에서 정하지 아니한 위험물

142 위험등급이 나머지 셋과 다른 것은? 12년·2

① 알칼리토금속
② 아염소산염류
③ 질산에스테르류
④ 제6류 위험물

정답 132 ③ 133 ③ 134 ④ 135 ④ 136 ① 137 ① 138 ④ 139 ④ 140 ② 141 ③ 142 ①

143 위험물 운반에 관한 기준 중 위험등급 I 에 해당하는 위험물은? 13년·5

① 황화린
② 피크린산
③ 벤조일퍼옥사이드
④ 질산나트륨

144 위험물안전관리법령상 위험등급 I의 위험물로 옳은 것은? 14년·5

① 무기과산화물
② 황화린, 적린, 유황
③ 제1석유류
④ 알코올류

145 위험물안전관리법령상 제2류 위험물의 위험등급에 대한 설명으로 옳은 것은? 15년·1

① 제2류 위험물은 위험등급 I 에 해당되는 품명이 없다.
② 제2류 위험물의 위험등급 III에 해당되는 품명은 지정수량이 500kg인 품명만 해당된다.
③ 제2류 위험물 중 황화린, 적린, 유황 등 지정수량이 100kg인 품명은 위험등급 I 에 해당한다.
④ 제2류 위험물 중 지정수량이 1,000kg인 인화성 고체는 위험등급 II 에 해당한다.

146 위험물안전관리법령상 위험등급의 종류가 나머지 셋과 다른 하나는? 16년·2

① 제1류 위험물 중 중크롬산염류
② 제2류 위험물 중 인화성 고체
③ 제3류 위험물 중 금속의 인화물
④ 제4류 위험물 중 알코올류

대표빈출 81 위험물 운송

1. 위험물의 운송책임자
[위험물안전관리법 시행규칙 제52조]
위험물 운송책임자는 다음에 해당하는 자로 한다.

- 당해 위험물의 취급에 관한 국가기술자격을 취득하고 관련 업무에 1년 이상 종사한 경력이 있는 자
- 법 규정에 의한 위험물의 운송에 관한 안전교육을 수료하고 관련 업무에 2년 이상 종사한 경력이 있는 자

2. 위험물 운송책임자의 감독 또는 지원의 방법
[위험물안전관리법 시행규칙 별표21]

- 운송책임자가 이동 탱크저장소에 동승하여 운송 중인 위험물의 안전확보에 관하여 운전자에게 필요한 감독 또는 지원을 하는 방법. 다만, 운전자가 운송책임자의 자격이 있는 경우에는 운송책임자의 자격이 없는 자가 동승할 수 있다.
- 운송의 감독 또는 지원을 위하여 마련한 별도의 사무실에 운송책임자가 대기하면서 다음의 사항을 이행하는 방법
  - 운송경로를 미리 파악하고 관할 소방관서 또는 관련업체(비상 대응에 관한 협력을 얻을 수 있는 업체를 말한다)에 대한 연락체계를 갖추는 것
  - 이동 탱크저장소의 운전자에 대하여 수시로 안전 확보 상황을 확인하는 것
  - 비상시의 응급처치에 관하여 조언을 하는 것
  - 그 밖에 위험물의 운송 중 안전 확보에 관하여 필요한 정보를 제공하고 감독 또는 지원하는 것

3. 이동 탱크저장소에 의한 위험물의 장거리 운송 시 2명의 운전자로 하지 않아도 되는 경우
[위험물안전관리법 시행규칙 별표21]

- 운송책임자가 이동 탱크저장소에 동승하여 운송 중인 위험물의 안전 확보에 관하여 운전자에게 필요한 감독 또는 지원을 하는 경우
- 운송하는 위험물이 제2류 위험물, 제3류 위험물(칼슘 또는 알루미늄의 탄화물과 이것만을 함유한 것에 한한다.) 또는 제4류 위험물(특수인화물 제외)인 경우
- 운송 도중에 2시간 이내마다 20분 이상씩 휴식하는 경우

147 위험물안전관리법령상 이동 탱크저장소에 의한 위험물 운송 시 위험물 운송자는 장거리에 걸치는 운송을 하는 때에는 2명 이상의 운전자로 하여야 한다. 다음 중 그러하지 않아도 되는 경우는? 19년·4 ▍17년·4

① 황린을 운송하는 경우
② 과산화수소를 운송하는 경우
③ 인화칼슘을 운송하는 경우
④ 탄화알루미늄을 운송하는 경우

148 위험물안전관리법령상 이동 탱크저장소에 의한 위험물의 운송 시 장거리에 걸친 운송을 하는 때에는 2명 이상의 운전자로 하는 것이 원칙이다. 다음 중 예외적으로 1명의 운전자가 운송하여도 되는 경우의 기준으로 옳은 것은? 15년·5

① 운송 도중에 2시간 이내마다 10분 이상씩 휴식하는 경우
② 운송 도중에 2시간 이내마다 20분 이상씩 휴식하는 경우
③ 운송 도중에 4시간 이내마다 10분 이상씩 휴식하는 경우
④ 운송 도중에 4시간 이내마다 20분 이상씩 휴식하는 경우

149 위험물안전관리법령상 이동 탱크저장소에 의한 위험물 운송 시 위험물 운송자는 장거리에 걸치는 운송을 하는 때에는 2명 이상의 운전자로 하여야 한다. 다음 중 그러지 않아도 되는 경우가 아닌 것은? 16년·2

① 적린을 운송하는 경우
② 알루미늄의 탄화물을 운송하는 경우
③ 이황화탄소를 운송하는 경우
④ 운송 도중에 2시간 이내마다 20분 이상씩 휴식하는 경우

150 위험물안전관리법령에 따른 위험물의 운송에 관한 설명 중 틀린 것은? 14년·5 12년·2

① 알킬리튬과 알킬알루미늄 또는 이 중 어느 하나 이상을 함유한 것은 운송책임자의 감독 지원을 받아야 한다.
② 이동 탱크저장소에 의하여 위험물을 운송할 때 운송책임자에는 법정의 교육을 이수하고 관련 업무에 2년 이상 경력이 있는 자도 포함된다.
③ 서울에서 부산까지 금속의 인화물 300 kg을 1명의 운전자가 휴식 없이 운송해도 규정위반이 아니다.
④ 운송책임자의 감독 또는 지원 방법에는 동승하는 방법과 별도의 사무실에 대기하면서 규정된 사항을 이행하는 방법이 있다.

대표빈출 82
내용적, 공간용적, 탱크용적 등

1. 탱크의 내용적 계산방법
[위험물안전관리에 관한 세부기준 별표1]

• 횡으로 설치한 원통형 탱크의 내용적

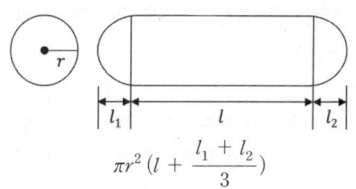

$$\pi r^2 \left(l + \frac{l_1 + l_2}{3} \right)$$

• 종으로 설치한 원통형 탱크의 내용적

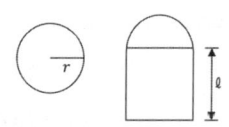

내용적 = $\pi r^2 \ell$

정답 143 ③ 144 ① 145 ① 146 ④ 147 ④ 148 ② 149 ③ 150 ③

2. 공간용적
[위험물안전관리에 관한 세부기준 제25조]
- **일반탱크** : 탱크의 내용적의 100분의 5 이상 100분의 10 이하의 용적
- **소화설비**(소화약제 방출구를 탱크 안의 윗부분에 설치하는 것에 한한다)를 **설치하는 탱크** : 당해 소화설비의 소화약제 방출구 아래의 0.3m 이상 1m 미만 사이의 면으로부터 윗부분의 용적
- **암반 탱크** : 당해 탱크 내에 용출하는 7일간의 지하수의 양에 상당하는 용적과 당해 탱크의 내용적의 100분의 1의 용적 중에서 보다 큰 용적

3. 탱크용량 [위험물안전관리법 시행규칙 제5조]
탱크의 용량은 해당 탱크의 내용적에서 공간용적을 뺀 용적으로 한다.

151 위험물 저장탱크의 공간용적은 탱크 내용적의 얼마 이상, 얼마 이하로 하는가?

15년·1 ▌17년·2 ▌18년·1 ▌21년·1외 다수

① 2/100 이상, 3/100 이하
② 2/100 이상, 5/100 이하
③ 5/100 이상, 10/100 이하
④ 10/100 이상, 20/100 이하

152 다음은 위험물을 저장하는 탱크의 공간용적 산정기준이다. ( )에 알맞은 수치로 옳은 것은?

15년·5

암반탱크에 있어서는 당해 탱크 내에 용출하는 ( )일간의 지하수의 양에 상당하는 용적과 당해 탱크의 내용적의 ( )의 용적 중에서 보다 큰 용적을 공간용적으로 한다.

① 7, 1/100 ② 7, 5/100
③ 10, 1/100 ④ 10, 5/100

153 위험물안전관리법령상 위험물의 탱크 내용적 및 공간용적에 관한 기준으로 틀린 것은?

16년·2

① 위험물을 저장 또는 취급하는 탱크의 용량은 해당 탱크의 내용적에서 공간용적을 뺀 용적으로 한다.
② 탱크의 공간용적은 탱크의 내용적의 100분의 5 이상 100분의 10 이하의 용적으로 한다.
③ 소화설비(소화약제 방출구를 탱크 안의 윗부분에 설치하는 것에 한한다)를 설치하는 탱크의 공간용적은 해당 소화설비의 소화약제 방출구 아래의 0.3m 이상 1m 미만 사이의 면으로부터 윗부분의 용적으로 한다.
④ 암반 탱크에 있어서는 해당 탱크 내에 용출하는 30일 간의 지하수의 양에 상당하는 용적과 해당 탱크의 내용적의 100분의 1의 용적 중에서 보다 큰 용적을 공간용적으로 한다.

154 소화약제 방출구를 탱크 안의 윗부분에 설치하는 탱크의 공간용적은 해당 소화설비의 소화약제 방출구 아래의 어느 범위의 면으로부터 윗부분의 용적으로 하는가?

19년·1

① 소화약제 방출구 아래의 0.1미터 이상 0.5미터 미만 사이의 면
② 소화약제 방출구 아래의 0.3미터 이상 1.0미터 미만 사이의 면
③ 소화약제 방출구 아래의 0.5미터 이상 1.0미터 미만 사이의 면
④ 소화약제 방출구 아래의 0.5미터 이상 1.5미터 미만 사이의 면

대표빈출 83 탱크용량 - 계산문제

155 횡으로 설치한 원통형 위험물 저장탱크의 내용적이 500ℓ일 때 공간용적은 최소 몇 ℓ 이어야 하는가? (단, 원칙적인 경우에 한한다.)
13년·1
① 15   ② 25   ③ 35   ④ 50

156 그림의 종으로 설치된 원통형 탱크에서 공간용적을 내용적의 10%라고 하면 탱크용량(허가용량)은 약 얼마인가? 14년·5

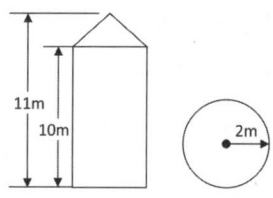

① 113.04   ② 124.34
③ 129.06   ④ 138.16

157 그림과 같이 횡으로 설치한 원형 탱크의 용량은 약 몇 m³인가? (단, 공간용적은 내용적의 10/1000이다.) 15년·2 ▌12년·5

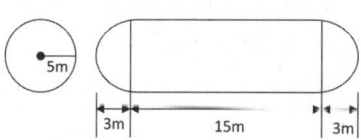

① 1690.9   ② 1335.1
③ 1268.4   ④ 1201.7

158 그림과 같이 횡으로 설치한 원통형 위험물 탱크에 대하여 탱크의 용량을 구하면 약 몇 m³인가? (단, 공간용적은 탱크 내용적의 100분의 5로 한다.)
16년·1 ▌13년·1

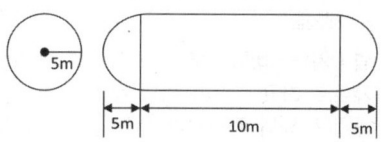

① 196.3   ② 261.6
③ 785.0   ④ 994.8

159 내용적이 20,000ℓ인 옥내 저장탱크에 대하여 저장 또는 취급의 허가를 받을 수 있는 최대 용량은? (단, 원칙적인 경우에 한한다.)
19년·4
① 17,000ℓ   ② 18,000ℓ
③ 19,000ℓ   ④ 20,000ℓ

160 횡으로 설치한 원통형 위험물 저장탱크의 내용적이 300ℓ일 때 탱크용량은 최대 몇 ℓ인가? 20년·2
① 270   ② 285   ③ 15   ④ 30

대표빈출 84 연소의 우려가 있는 외벽

[위험물안전관리에 관한 세부기준 제41조]
위험물안전관리법 시행규칙 별표 4의 Ⅳ, 제2호의 규정에 따른 연소의 우려가 있는 외벽은 다음 어느 하나에 정한 선을 기산점으로 하여 3m (2층 이상의 층에 대해서는 5m) 이내에 있는 제조소 등의 외벽을 말한다. 다만, 방화상 유효한 공터, 광장, 하천, 수면 등에 면한 외벽은 제외한다.

- 제조소등이 설치된 부지의 경계선
- 제조소등에 인접한 도로의 중심선
- 제조소등의 외벽과 동일 부지 내의 다른 건축물의 외벽 간의 중심선

※ [위험물안전관리법 시행규칙 별표4] – Ⅳ. 제2호
벽·기둥·바닥·보·서까래 및 계단을 불연재료로 하고, 연소(延燒)의 우려가 있는 외벽은 출입구 외의 개구부가 없는 내화구조의 벽으로 하여야 한다. 이 경우 제6류 위험물을 취급하는 건축물에 있어서 위험물이 스며들 우려가 있는 부분에 대하여는 아스팔트 그 밖에 부식되지 아니하는 재료로 피복하여야 한다.

161 위험물 제조소의 건축물 구조기준 중 연소의 우려가 있는 외벽은 출입구 외의 개구부가 없는 내화구조의 벽으로 하여야 한다. 이때 연소의 우려가 있는 외벽은 제조소가 설치된 부지의 경계선에서 몇 m 이내에 있는 외벽을 말하는가? (단, 단층 건물일 경우이다.)
15년·1 ▌12년·4

① 3 ② 4 ③ 5 ④ 6

162 위험물안전관리법령상 "연소의 우려가 있는 외벽"은 기산점이 되는 선으로부터 3m(2층 이상의 층에 대해서는 5m) 이내에 있는 제조소등의 외벽을 말하는데 이 기산점이 되는 선에 해당하지 않는 것은? 18년·1 ▌16년·1

① 동일 부지 내의 다른 건축물과 제조소 부지 간의 중심선
② 제조소등에 인접한 도로의 중심선
③ 제조소등이 설치된 부지의 경계선
④ 제조소등의 외벽과 동일 부지 내의 다른 건축물의 외벽 간의 중심선

대표빈출 85
분말소화약제의 가압용 가스

[위험물안전관리에 관한 세부기준 제136조] & [분말 소화설비의 화재안전기준(NFSC 108) 제5조]
전역 방출방식 또는 국소 방출방식 분말 소화설비의 기준 중 가압용 또는 축압용 가스는 질소 또는 이산화탄소로 하여야 한다.

163 위험물 제조소에 설치하는 분말 소화설비의 기준에서 분말소화약제의 가압용 가스로 사용할 수 있는 것은? 14년·1 ▌19년·1 유사

① 헬륨 또는 산소
② 네온 또는 염소
③ 아르곤 또는 산소
④ 질소 또는 이산화탄소

164 다음 중 분말 소화약제를 방출시키기 위해 주로 사용되는 가압용 가스는? 14년·5

① 산소   ② 질소
③ 헬륨   ④ 아르곤

165 위험물안전관리법령상 분말소화설비의 기준에서 규정한 전역방출방식 또는 국소방출방식 분말소화설비의 가압용 또는 축압용 가스에 해당하는 것은? 15년·1

① 네온 가스   ② 아르곤 가스
③ 수소 가스   ④ 이산화탄소 가스

정답 161 ① 162 ① 163 ④ 164 ② 165 ④

PART 2

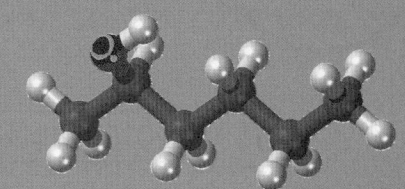

기출문제 및
최종모의고사

CHAPTER 1 기출문제

01 2016년 제4회 기출문제 및 해설 (16년 7월 10일)

1과목 화재예방과 소화방법

01 다음과 같은 반응에서 5m³의 탄산가스를 만들기 위해 필요한 탄산수소나트륨의 양은 약 몇 kg인가? (단, 표준 상태이고 나트륨의 원자량은 23이다.)   13년 · 5 동일

$$2NaHCO_3 \rightarrow Na_2CO_3 + CO_2 + H_2O$$

① 18.75 ② 37.5 ③ 56.25 ④ 75

해설 위의 분해반응에서 탄산수소나트륨 2몰이 분해되면 이산화탄소 가스 1몰이 만들어지므로 다음과 같은 비례식이 성립된다(탄산수소나트륨의 분자량은 84, 이산화탄소 1몰이 차지하는 부피 22.4ℓ).

$168kg : 22.4m^3 = X : 5m^3$

∴ $X = 37.5kg$

[참고] 단위환산

1kg = 1,000g / 1m³ = 1,000ℓ이며 탄산수소나트륨 2몰에 해당하는 질량 168g에 대해 이산화탄소 22.4ℓ가 생성되므로 168kg에 대해서는 22.4m³가 생성되는 것으로 단위를 변환할 수 있다.

02 연소에 대한 설명으로 옳지 않은 것은?

16년 · 1 유사

① 산화되기 쉬운 것일수록 타기 쉽다.
② 산소와의 접촉 면적이 큰 것일수록 타기 쉽다.
③ 충분한 산소가 있어야 타기 쉽다.
④ 열전도율이 큰 것일수록 타기 쉽다.

해설 열전도율이 큰 물질이란 자신이 지니고 있는 열에너지를 외부로 전달해주기 쉬운 물질을 말하는 것으로 열 축적이 이루어지지 않아 자신의 열 함량은 줄어들어 연소하기 어렵다. 가연물의 열전도율은 작아야 열이 흩어지지 않고 포집되어 있어 자신의 열함량이 늘어나게 되므로 온도의 상승이 빠르게 진행되고 연소가 잘 일어나게 되는 것이다.

[참고]

접촉 금속의 경우에 있어서는 열전도율이 클수록 접촉된 금속 간에 열전달이 잘되므로 발화가 더 잘 일어난다. 위 문제는 접촉된 금속이란 표현이 없으므로 일반적인 위험물 연소의 경우에 대해서 물어 본 것으로 해석한다.

① 산화되기 쉬운 물질은 산소 친화도가 높을 것이므로 연소가 잘 될 것이다. 산화되기 쉬운 물질이란 반응에 참여한 다른 물질을 환원시키면서 자신은 산화되는 것이므로 환원제를 지칭하는 것이다.

[참고]

산화력이 있다라는 말은 자신은 환원되고 남을 산화시키는 능력이 있다라는 것이므로 산화제를 의미하는 것이다.

② 산소와의 접촉 표면적이 넓을수록 반응 가능성이 증대되어 연소가 용이해진다.
③ 산소 농도가 높을수록 연소가 잘되는 것은 당연하다. 공기 중 산소 농도는 21% 정도이며 이 농도를 약 15% 농도 이하 수준으로 떨어뜨려 연소의 진행을 막는다(위험물에 따라 더 낮은 농도로 감소시켜야 소화가 이루어지기도 한다).

❖ 연소가 잘 일어나기 위한 조건
• 발열량이 클 것
• 산소 친화력이 클 것
• 열전도율이 작을 것
• 활성화 에너지가 작을 것(= 활성화 에너지 장벽이 낮을 것)
• 화학적 활성도는 높을 것
• 연쇄반응을 수반할 것
• 반응 표면적이 넓을 것
• 산소 농도가 높고 이산화탄소 농도는 낮을 것
• 물질 자체의 습도는 낮을 것

03 위험물의 자연발화를 방지하는 방법으로 가장 거리가 먼 것은? 12년·1 ■ 13년·4 유사

① 통풍을 잘 시킬 것
② 저장실의 온도를 낮출 것
③ 습도가 높은 곳에서 저장할 것
④ 정촉매 작용을 하는 물질과의 접촉을 피할 것

해설 퇴비나 건초더미 등의 환경에서는 습도가 높으면 미생물 생육이 활발하고 발효가 진행되어 내부 온도가 상승함으로 자연발화가 일어나기 쉽다. 산화작용(미생물 발효에 의한 산화 등)이 진행되면서 중심부에 축적된 열이 외부로 쉽게 방출될 수 없는 이와 같은 환경 조건에서 내부의 온도가 발화점까지 서서히 증가하면서 연소하게 된다.

- 자연발화의 의의 : 자연발화란 어떤 물질이 외부로부터 열의 공급을 받지 않았음에도 온도가 상승하여 발화점 이상이 되었을 때 발화하는 현상을 말한다. 인위적인 가열 없이도 고무분말, 셀룰로이드, 석탄, 플라스틱의 가소제, 금속가루 등은 일정한 장소에 장시간 저장하게 되면 열이 발생하여 축적됨으로써 발화점에 도달하며 부분적으로 발화하게 된다.

- 자연발화하기 좋은 조건
  - 주위의 온도가 높을 것
  - 표면적이 클 것
  - 발열량이 클 것
  - 열전도율이 적을 것
  - 미생물 번식에 필요한 적당량의 수분이 있을 것

- 자연발화 방지법
  - 통풍이 잘되게 한다(가연물이 응집되는 것을 방지).
  - 주변의 온도를 낮춘다(발화점 도달 방지).
  - 습도를 낮게 유지한다(미생물 번식 억제).
  - 열의 축적을 방지한다.
  - 정촉매 작용하는 물질과 멀리한다(반응속도가 빠르게 진행되는 것을 방지).
  - 직사일광을 피하도록 한다.
  - 불활성 가스를 주입한다(산소 차단 효과).

04 탄화칼슘은 물과 반응 시 위험성이 증가하는 물질이다. 주수소화 시 물과 반응하면 어떤 가스가 발생하는가?

① 수소   ② 메탄
③ 에탄   ④ 아세틸렌

해설 탄화칼슘은 제3류 위험물 중 칼슘 또는 알루미늄의 탄화물로 분류되는 위험물이며 물과 반응하면 수산화칼슘과 아세틸렌 가스를 발생시킨다.

$CaC_2 + 2H_2O \rightarrow Ca(OH)_2 + C_2H_2 \uparrow$ (아세틸렌)

❖ 제3류 위험물은 황린을 제외하고 물과 반응하여 가연성 가스를 발생한다. 품명별로 반응식을 나타내면 다음과 같다.

- 칼륨 : $2K + 2H_2O \rightarrow 2KOH + H_2 \uparrow$
- 나트륨 : $2Na + 2H_2O \rightarrow 2NaOH + H_2 \uparrow$
- 알킬알루미늄
  $(CH_3)_3Al + 3H_2O \rightarrow Al(OH)_3 + 3CH_4 \uparrow$
- 알킬리튬
  $CH_3Li + H_2O \rightarrow LiOH + CH_4 \uparrow$
- 알칼리금속 및 알칼리토금속
  $2Li + 2H_2O \rightarrow 2LiOH + H_2 \uparrow$
- 유기금속화합물
  $(C_2H_5)_2Zn + H_2O \rightarrow ZnO + 2C_2H_6 \uparrow$
- 금속의 수소화물
  $NaH + H_2O \rightarrow NaOH + H_2 \uparrow$
- 금속의 인화물
  $Ca_3P_2 + 6H_2O \rightarrow 3Ca(OH)_2 + 2PH_3 \uparrow$ (포스핀)

 ＊ 포스핀(phosphine) : 맹독성의 무색기체로 가연성이 있으며 마늘 냄새와 유사한 냄새가 남

- 칼슘 또는 알루미늄의 탄화물
  $Al_4C_3 + 12H_2O \rightarrow 4Al(OH)_3 + 3CH_4 \uparrow$

정답 01 ② 02 ④ 03 ③ 04 ④

05 위험물안전관리법령상 제3류 위험물 중 금수성 물질의 제조소에 설치하는 주의사항 게시판의 바탕색과 문자색을 옳게 나타낸 것은?

18년 · 2 유사

① 청색바탕에 황색문자
② 황색바탕에 청색문자
③ 청색바탕에 백색문자
④ 백색바탕에 청색문자

해설 제3류 위험물 중 금수성 물질을 저장 또는 취급하는 제조소에는 청색바탕에 백색문자로 "물기엄금"의 주의사항을 표시한 게시판을 설치하여야 한다.

[위험물안전관리법 시행규칙 별표4 / 제조소의 위치·구조 및 설비의 기준] – Ⅲ. 표지 및 게시판
• 제조소에는 보기 쉬운 곳에 다음 기준에 따라 "위험물 제조소"라는 표시를 한 표지를 설치하여야 한다.
  – 표지는 한 변의 길이가 0.3m 이상, 다른 한 변의 길이가 0.6m 이상인 직사각형으로 할 것
  – 표지의 바탕은 백색으로, 문자는 흑색으로 할 것
• 제조소에는 보기 쉬운 곳에 다음 기준에 따라 방화에 관하여 필요한 사항을 게시한 게시판을 설치하여야 한다.
  – 게시판은 한 변의 길이가 0.3m 이상, 다른 한 변의 길이가 0.6m 이상인 직사각형으로 할 것
  – 게시판에는 저장 또는 취급하는 위험물의 유별·품명 및 저장 최대수량 또는 취급 최대수량, 지정수량의 배수 및 안전관리자의 성명 또는 직명을 기재할 것
  – 게시판의 바탕은 백색으로, 문자는 흑색으로 할 것
• 제조소에는 위의 게시판 외에 저장 또는 취급하는 위험물에 따라 아래와 같은 주의사항을 표시한 게시판을 설치할 것이며 정해진 바탕색과 문자색으로 표시하여야 한다.

저장 또는 취급하는 위험물 종류	표시할 주의사항	색 상
• 제1류 위험물 중 알칼리금속의 과산화물 • 제3류 위험물 중 금수성 물질	물기엄금	청색바탕 백색문자
• 제2류 위험물(인화성고체 제외)	화기주의	
• 제2류 위험물 중 인화성고체 • 제3류 위험물 중 자연발화성 물질 • 제4류 위험물 • 제5류 위험물	화기엄금	적색바탕 백색문자

※ 제1류 위험물 중 알칼리금속의 과산화물 이외의 물질과 제6류 위험물은 해당사항 없다.

06 공기 중의 산소 농도를 한계산소량 이하로 낮추어 연소를 중지시키는 소화 방법은?

① 냉각소화   ② 제거소화
③ 억제소화   ④ 질식소화

해설 • 소화방법
  – 냉각소화 : 가연물의 온도를 낮춤으로써 연소의 진행을 막는 소화 방법으로 주된 소화약제는 물이다.
  – 질식소화 : 공기 중의 산소 농도를 15% 이하 수준으로 낮춤으로써 연소의 진행을 막는 소화 방법으로 주로 이산화탄소를 소화약제로 사용한다.
  – 제거소화 : 가연물을 제거함으로써 소화하는 방법이며 사용되는 부수적인 소화약제는 없다.
  – 억제소화 : 연소의 연쇄반응을 차단하거나 억제함으로써 소화하는 방법으로 부촉매 소화라고도 한다. 주된 소화약제로는 할로겐화합물이 있다.

질식, 냉각, 제거소화는 물리적 소화이며 억제소화는 화학적 소화에 해당된다.

07 다음 중 제5류 위험물의 화재 시에 가장 적당한 소화 방법은?

① 물에 의한 냉각소화
② 질소에 의한 질식소화
③ 사염화탄소에 의한 부촉매 소화
④ 이산화탄소에 의한 질식소화

해설 자기반응성 물질인 제5류 위험물은 산소를 자체 포함하고 있는 가연성 물질이므로 CO_2, 할론, 분말 등에 의한 질식소화는 효과가 없으며 다량의 물로 냉각소화하는 방법이 효과적이다.

❖ **제5류 위험물의 일반적 성질**
- 히드라진 유도체를 제외한 나머지는 모두 유기화합물이다.
- 유기과산화물을 제외하면 모두 질소를 포함하고 있다.
- 모두 가연성의 액체 또는 고체이며 연소할 때에는 다량의 유독성 가스를 발생한다.
- 대부분 물에 불용이며 물과의 반응성도 없다.
- 비중은 1보다 크다(일부의 유기과산화물 제외).
- 가열, 충격, 마찰에 민감하다.
- 강산화제 또는 강산류와 접촉 시 발화가 촉진되고 위험성도 현저히 증가한다.
- 연소속도가 대단히 빠른 폭발성의 물질로 화약, 폭약의 원료로 사용된다.
- 분자 내에 산소를 함유하고 있으므로 가연물과 산소공급원의 두 가지 조건을 충족하고 있으며 가열이나 충격과 같은 환경이 조성되면 스스로 연소할 수 있다(자기반응성 물질).
- 공기 중에서 장시간 저장 시 분해되고 분해열 축적에 의해 자연발화할 수 있다.
- 산소를 함유하고 있어 질식소화는 효과가 없고 다량의 물로 주수소화한다.
- 대량화재 시 소화가 곤란하므로 저장할 경우에는 소량으로 나누어 저장한다.
- 화재 시 폭발의 위험성이 있으므로 충분한 안전거리를 확보하여야 한다.

08 폭굉 유도거리(DID)가 짧아지는 경우는?

① 정상 연소속도가 작은 혼합가스일수록 짧아진다.
② 압력이 높을수록 짧아진다.
③ 관 지름이 넓을수록 짧아진다.
④ 점화원 에너지가 약할수록 짧아진다.

해설 폭굉 유도거리가 짧아진다는 것은 폭굉이 빠르게 진행한다는 의미이다.

- **폭굉 유도거리가 짧아지는 조건**
  - 정상 연소속도가 큰 혼합가스일수록
  - 압력이 높을수록
  - 관 속에 이물질이 있거나 관 지름이 작을수록
  - 점화원의 에너지가 클수록
- **폭굉 유도거리** : 최초의 정상적인 연소에서 격렬한 폭굉으로 진행할 때까지의 거리.
- **폭발** : 급속한 연소 반응 등에 의해 물질의 상태가 급변하면서 일시에 다량의 에너지를 방출하는 비정상적인 연소형태로 파의 진행속도와 충격파의 발생 유무 등에 따라 폭연과 폭굉으로 세분한다.

구 분	폭 연	폭 굉
전파속도	음속보다 느리다 (0.1~10m/s)	음속보다 빠르다 (1,000~3,500m/s)
충격파 발생유무	무	유
폭발압력 증가	10배 이하	10배 이상
화재의 파급효과	크다	작다
발화과정	연소열	단열압축(자연발화)
전파 메커니즘	열 분자 확산 + 난류확산	충격파에 의한 에너지 반응

09 연소의 3요소인 산소의 공급원이 될 수 없는 것은?

① H_2O_2 ② KNO_3
③ HNO_3 ④ CO_2

해설 이산화탄소는 소화약제로 사용되는 불연성 기체이며 산소 공급원으로 작용하지 않는다. 산화성 고체인 제1류 위험물과 산화성 액체인 제6류 위험물은 자신은 불연성이지만 분해되어 산소를 공급하는 조연성의 성질을 지니고 있어 가연성 물질의 연소를 돕는다.
① H_2O_2 : 제6류 위험물 중 과산화수소
② KNO_3 : 제1류 위험물 중 질산염류
③ HNO_3 : 제6류 위험물 중 질산

10 인화칼슘이 물과 반응하였을 때 발생하는 가스는?

① 수소 ② 포스겐
③ 포스핀 ④ 아세틸렌

해설 인화칼슘(Ca_3P_2)은 제3류 위험물 중 금속의 인화물에 속하는 물질로 물과 반응하여 수산화칼슘과 포스핀을 생성한다.
$Ca_3P_2 + 6H_2O \rightarrow 3Ca(OH)_2 + 2PH_3 \uparrow$ (포스핀)

11 수성막포 소화약제에 사용되는 계면활성제는?

① 염화단백포 계면활성제
② 산소계 계면활성제
③ 황산계 계면활성제
④ 불소계 계면활성제

해설 수성막포 소화약제는 불소계 계면활성제가 주성분인 소화약제이며 물과 혼합하여 사용한다. 적당한 비율로 물과 혼합하여 포 방출구로 방사하면 물보다 가벼운 인화성 액체 위에 물이 떠 있도록 만든 제품이다. 기름 표면에 거품과 수성막(aqueous film)을 형성하여 질식과 냉각작용이 우수하며 유류화재에 탁월한 효과를 나타낸다. 약제는 독성은 없으나 내열성이 약하고 가격이 비싼 편이며 한정된 조건에서만 수성막이 형성되는 단점이 있다.

* 포 소화약제에 대한 자세한 내용은 [20번] 해설 참조

12 질소와 아르곤과 이산화탄소의 용량비가 52대 40대 8인 혼합물 소화약제에 해당하는 것은?

① IG-541 ② HCFC BLEND A
③ HFC-125 ④ HFC-23

해설 [청정소화약제 소화설비의 화재안전기준(NFSC 107A)] - 제3조 및 제4조

- "청정소화약제"는 할로겐화합물(할론 1301, 할론 2402, 할론 1211 제외) 및 불활성가스 청정소화약제로 구분되며 전기적으로 비전도성이고 휘발성이 있거나 증발 후 잔여물을 남기지 않는 소화약제를 말한다.
- "할로겐화합물 청정소화약제"란 불소, 염소, 브롬 또는 요오드 중 하나 이상의 원소를 포함하고 있는 유기화합물을 기본성분으로 하는 소화약제를 말한다. 냉각, 부촉매 효과로 소화한다.

소화약제	화학식(시성식)
HFC-227ea	CF_3CHFCF_3
HFC-236fa	$CF_3CH_2CF_3$
HFC-125	CHF_2CF_3
HFC-23	CHF_3
FIC-13I1	CF_3I
FK-5-1-12	$CF_3CF_2C(O)CF(CF_3)_2$
FC-3-1-10	C_4F_{10}
HCFC-123 (4.75%)	$CHCl_2CF_3$
HCFC-22 (82%)	$CHClF_2$
HCFC-124 (9.5%)	$CHClFCF_3$
$C_{10}H_{16}$ (3.75%)	$C_{10}H_{16}$

- "불활성가스 청정소화약제"란 헬륨, 네온, 아르곤 또는 질소가스 중 하나 이상의 원소를 기본 성분으로 하는 소화약제를 말한다. 질식효과로 소화한다. CO_2 기체가 약제에 포함되기도 한다

소화약제	구성 성분비
IG-541	N_2(52%), Ar(40%), CO_2(8%)
IG-100	N_2
IG-55	N_2(50%), Ar(50%)
IG-01	Ar

13 위험물안전관리법령상 알칼리금속 과산화물에 적응성이 있는 소화설비는?

① 할로겐화합물 소화설비

② 탄산수소염류 분말 소화설비

③ 물 분무 소화설비

④ 스프링클러 설비

해설 [위험물안전관리법 시행규칙 별표17 / 소화설비, 경보설비 및 피난설비의 기준] - Ⅰ. 소화설비 中 4. 소화설비의 적응성
위험물안전관리법령상 제1류 위험물에 속하는 알칼리금속 과산화물에 적응성을 보이는 소화설비는 탄산수소염류 분말 소화설비(소화기), 팽창질석, 팽창진주암, 마른 모래 등이다. 주수소화설비, 불활성가스 소화설비, 이산화탄소 소화기, 할로겐화합물 소화설비(소화기) 등은 적응성이 없다.

14 이산화탄소 소화약제에 관한 설명 중 틀린 것은?

12년 · 4 유사

① 소화약제에 의한 오손이 없다.

② 소화약제 중 증발잠열이 가장 크다.

③ 전기 절연성이 있다.

④ 장기간 저장이 가능하다.

해설 물 소화약제의 증발잠열(539cal/g)이 이산화탄소 소화약제의 증발잠열(56cal/g)보다 더 크다.

❖ **이산화탄소 소화약제**
- 가스계 소화약제로 사용되는 이산화탄소는 연소반응이 일어나지 않는 탄소의 최종 산화물이다.
- 질식 효과가 주된 효과이며 약간의 냉각 효과도 보인다.
  질식 효과는 방사된 이산화탄소에 의해 대기 중 산소농도가 약 15% 농도 이하로 떨어져 수화되는 효과이며 냉각 효과는 방사된 이산화탄소의 일부가 급격하게 냉각되어 -79℃에 이르는 드라이아이스로 승화되어 주변을 냉각시키는 효과이다.
- 유류화재(B급), 전기화재(C급)에 주로 사용된다.
- 밀폐된 공간에서 방출되는 경우 일반화재(A급)에도 사용할 수 있다.
- 소화 후 소화약제에 의한 오손이 전혀 없다(①). 따라서, 통신실, 전산실, 변전실 등의 전기설비, 물에 의한 오손이 걱정되는 도서관이나 미술관 등의 소화에 유용하다.
- 증기압이 높아 자체 압력으로 방출되므로 별도의 가압동력이 필요하지 않다.
- 동결의 염려가 없으며 장기간 저장해도 변질되지 않는다(④).
- 전기 절연성이다(③).
- 제5류 위험물과 같이 자체 산소를 가지고 있는 물질에는 사용하지 않는다.
- 금속수소화물 또는 반응성이 커서 이산화탄소를 분해시킬 수 있는 금속인 Na, K, Mg, Ti 등에는 사용이 제한된다.
- 이산화탄소의 자체 독성보다는 이산화탄소 방출에 의한 상대적인 산소농도의 저하로 인해 인명피해가 발생한다.

✻ 빈틈없이 촘촘하게 **One more Step**

❖ **잠열(latent heat)이란?**
숨은열이라고도 하며 물질의 물리적 상태가 변화할 때 온도의 변화 없이 흡수하거나 방출하는 에너지의 양을 말한다. 다시 말하면 '상변화(상태변화)를 일으키기 위해 사용되는 열'을 말하는 것이다.
- **증발잠열** : 액체 상태에서 기체 상태로 또는 기체 상태에서 액체 상태로 상변화가 일어날 때 출입하는 열을 말한다. 물의 증발잠열은 539.55cal/g이며 이산화탄소의 증발잠열은 56.13cal/g이다.
- **융융잠열(융해잠열)** : 고체 상태에서 액체 상태로 또는 액체에서 고체 상태로 상변화가 일어날 때 출입하는 열을 말한다.

정답 09 ④ 10 ③ 11 ④ 12 ① 13 ② 14 ②

15 Halon 1001의 화학식에서 수소 원자의 수는?

① 0　　② 1　　③ 2　　④ 3

해설 할론 넘버란 탄소와 그곳에 연결된 할로겐 원소의 종류 및 개수를 C – F – Cl – Br의 순서대로 나열한 것이며 탄소에 결합된 수소 원자에 대한 정보는 숨겨져 있다.
C는 4족 원소로 4개의 홀전자를 가지고 있어 원칙적으로 C 원자 한 개에는 4개의 다른 원자들이 결합할 수 있다.

```
Halon 1 0 0 1
      | | | |
      ① ② ③ ④
```

①의 숫자 '1'은 중심탄소의 수를 나타낸다. 중심탄소가 1개이므로 4곳에서 다른 원자들이 결합할 수 있다.
②부터 ④까지의 숫자는 수소를 제외한 F, Cl, Br이 순서대로 중심탄소에 결합된 수를 의미하며 ②와 ③의 '0'은 F와 Cl이 결합되지 않았다는 것이고 ④의 '1'은 Br 한 개가 결합되어 있다는 것을 나타낸다. 따라서 Halon 1001은 하나의 중심탄소에 1개의 Br만이 결합되어 있다는 것을 보여주는 것이므로 나머지 3곳에는 3개의 H가 결합되어 있다는 것을 알 수 있다(아래 구조식 참조). 4곳의 홀전자 위치에 수소를 제외한 F, Cl, Br이 모두 결합되어 있다면 그 합은 4가 (②+③+④ =4)되어야 하지만 수소가 하나 이상 결합되어 있는 상태라면 4보다 적은 수치를 나타낼 것이다. 즉, ②+③+④=1이므로 나머지 3은 수소가 결합되어 있다는 뜻이다.

```
    H              H
    |              |
H – C – H   →   H – C – Br
    |              |
    H              H
```

16 다음 중 강화액 소화약제의 주된 소화원리에 해당하는 것은?

① 냉각소화　　② 절연소화
③ 제거소화　　④ 발포소화

해설 강화액 소화약제는 수계 소화약제의 하나로 물의 동결현상을 해결하기 위해 첨가제를 물에 용해시켜 빙점을 강하시킨 소화약제로 겨울철에도 사용 가능하며 주수냉각 방식으로 소화한다.

❖ **강화액 소화약제**
물 소화약제의 동결현상을 해결하기 위해 탄산칼륨(K_2CO_3), 인산암모늄[$(NH_4)_2PO_4$]과 침투제 등을 첨가하여 제조된 소화약제로 pH가 12 이상을 나타내는 강알칼리성 약제이며 어는점은 대략 -30 ~ -26℃ 정도로서 동절기나 한랭지역 등에서도 사용 가능하도록 만든 약제이다. 첨가제와 침투제가 혼합됨으로서 물의 표면장력이 약화되고 침투작용이 용이해짐으로서 심부화재의 소화에 효과적으로 사용된다. A급(일반화재)과 B급(유류화재) 화재에 적용한다.

17 불활성가스 청정소화약제의 기본성분이 아닌 것은?

① 헬륨　　② 질소　　③ 불소　　④ 아르곤

해설 불활성가스 청정소화약제의 기본 성분은 He, Ne, Ar, N_2로 구성된다. 불소는 할로겐화합물 청정소화약제의 기본성분이다.
[12번] 해설 참조

'불활성(비활성) 가스'란 주기율표 상의 18족에 위치하는 원소들(He, Ne, Ar)을 칭하는 것으로서 다른 원소들과의 반응성이 없고 심지어 자기 자신들과도 반응하지 않을 정도로 안정하여 단원자분자 형태로 자연계에 존재한다.
반면 N_2기체는 18족 원소 성분은 아니지만 질소 원자들 간에 삼중결합을 형성하고 있어 반응성이 극히 적으며 독성도 없고 공기 중의 78%를 차지할 정도로 흔한 기체이기에 값도 저렴해서 과자봉지나 기타 포장 용기의 충진제로 많이 사용된다.
반면에, 불소(플루오린)는 17족에 속하는 할로겐족 원소 중 가장 가벼운 기체로 이원자 분자인 F_2의 상태로 존재한다. 원소 중에서 가장 반응성이 크고 강력한 산화제이며 높은 독성과 부식성을 가지고 있다.

18 다음 중 탄산칼륨을 물에 용해시킨 강화액 소화약제의 pH에 가장 가까운 것은?

① 1   ② 4   ③ 7   ④ 12

해설 [16번] 해설 참조

19 위험물안전관리법령상 제4류 위험물에 적응성이 있는 소화기가 아닌 것은? 16년·2 유사

① 이산화탄소 소화기
② 봉상 강화액 소화기
③ 포 소화기
④ 인산염류분말 소화기

해설 제4류 위험물은 인화성 액체로서 발생 증기가 가연성이며 대부분 물보다 가볍고 물에 녹기도 어려운 특징이 있다(예외 : 알코올은 물에 잘 녹음. 이황화탄소는 물보다 무거움).
봉상 강화액 소화기는 주수냉각 소화방식을 취하는 소화기로서 주수소화 방식은 유증기의 발생 우려가 있고 연소 면의 확대 가능성을 키우게 되므로 사용하지 않는다.
제4류 위험물은 이산화탄소 소화기, 포 소화기, 분말 소화기와 같은 질식소화 방식이 효과적이다. 주수소화 방식 중 물 분무 소화 방식은 질식소화 효과를 나타내므로 사용 가능하며 할로겐화합물 소화설비는 유류화재와 전기화재에 유용하게 쓰이므로 제4류 위험물에 적응성이 있다.
[위험물안전관리법 시행규칙 별표17 / 소화설비, 경보설비 및 피난설비의 기준] - Ⅰ. 소화설비 中 4. 소화설비의 적응성
'위험물안전관리법령상 제4류 위험물의 소화에 적응성이 없는 소화설비는 옥내소화전, 옥외소화전 설비, 봉상수·무상수·봉상강화액 소화기, 물통 또는 수조 등이다.
무상수 소화기는 적응성이 없으나 무상강화액 소화기는 적응성이 있다.
제4류 위험물에 대한 스프링클러 설비의 보편적인 적응성은 없으나 제4류 위험물을 저장 또는 취급하는 장소의 살수기준면적에 따라 스프링클러 설비의 살수밀도가 정해진 일정 기준 이상인 경우에는 당해 스프링클러 설비가 제4류 위험물에 대해서도 적응성을 갖는다.

✱ 빈틈없이 촘촘하게   **One more Step**

- 봉상주수 : 가늘고 긴 봉 모양의 물줄기를 형성하여 방사하는 주수방법으로 옥내소화전, 옥외소화전 설비가 해당된다.
- 분무상주수(무상주수) : 안개와 같은 분무상태로 주수하는 방식이며 물 분무 소화설비가 해당된다.
- 적상주수 : 물방울 형태로 주수하는 것을 말하며 스프링클러 설비가 이에 해당한다.

20 물과 친화력이 있는 수용성 용매의 화재에 보통의 포 소화약제를 사용하면 포가 파괴되기 때문에 소화 효과를 잃게 된다. 이와 같은 단점을 보완한 소화약제로 가연성인 수용성 용매의 화재에 유효한 효과를 가지고 있는 것은?

① 알코올형포 소화약제
② 단백포 소화약제
③ 합성계면활성제포 소화약제
④ 수성막포 소화약제

해설 알코올과 같이 물과 친화력이 있는 수용성 액체의 화재에 보통의 포 소화약제를 사용하면 수용성 액체가 포에 있는 물을 빼앗아가며 포가 파괴되기 때문에 소화효과를 상실하게 된다. 이와같은 현상은 화재가 발생하여 액체의 온도가 상승하면 더욱 뚜렷하게 나타난다.
알코올형포 소화약제는 수용성 액체용 소화약제라고도 하며 이러한 포 소화약제의 단점을 보완하기 위해 만들어진 소화약제로 가연성인 수용성 액체의 화재에 유효한 효과를 나타낸다.

정답 15 ④   16 ①   17 ③   18 ④   19 ②   20 ①

※ 빈틈없이 촘촘하게 One more Step

❖ **포소화약제**

거품을 발생시켜 질식소화에 사용되는 약제

- 화학포 소화약제(포핵 : 이산화탄소) : 황산알루미늄과 탄산수소나트륨의 화학반응으로 발생한 이산화탄소 거품을 이용하여 소화한다. 현재는 사용하지 않는다.
- 기계포 소화약제(공기포 소화약제) : 포수용액과 공기(포핵으로 작용)를 교반 혼합하여 발포기로 발포함으로서 인공적으로 포를 생성시킨다. 질식, 냉각, 유화, 희석작용을 나타내어 소화한다.

[기계포 소화약제의 종류]

종류별 특징	적용
〈알코올형포 소화약제〉 • 천연단백질 분해물 성분 약제와 합성계면활성제 성분 약제로 구분 • 물과 혼합하면 수용성 위험물이 불용성이 되므로 알코올류의 위험물 소화에 사용됨	수용성 액체위험물 (알코올류, 케톤류)
〈단백포 소화약제〉 • 동식물성 단백질의 가수분해 생성물에 안정제로 제1철염을 첨가한 것 • 포의 유동성이 작아 소화속도가 늦는 단점 • 내화성 및 내유성 우수 • 동결방지제로 에틸렌글리콜 사용 • 부패됨으로 보관상의 문제점 발생	석유류탱크 석유화학플랜트
〈불화단백포 소화약제〉 • 불소계 계면활성제의 소량 첨가로 단백포의 단점인 유동성을 보완 • 포의 유동성이 좋고 저장성 우수 • 착화율이 낮고 고가인 단점	석유류탱크 석유화학플랜트
〈합성계면활성제포 소화약제〉 • 계면활성제에 안정제를 첨가한 것 • 다양한 발포 배율 조정이 가능 – 팽창범위가 넓어 사용범위가 넓다. • 유동성은 좋으나 내유성이 약하며 포가 빠르게 소멸되는 단점이 있음	고압가스 액화가스 위험물저장소 화학플랜트 고체연료
〈수성막포 소화약제〉 • 불소계 계면활성제에 안정제를 첨가한 것 • 화학적으로 안정하여 보존성과 내유품성이 우수함 • 유류화재의 표면에 유화층의 표면막을 형성하여 소화 • Twin Agent System에 사용하여 소화효과를 높일 수 있음 • 대형화재나 고온화재 시 표면막 생성이 어려움	유류탱크 화학플랜트

2과목 위험물의 화학적 성질 및 취급

21 알루미늄분의 성질에 대한 설명으로 옳은 것은?
20년 · 1 동일 ▎20년 · 2 유사

① 금속 중에서 연소 열량이 가장 작다.
② 끓는 물과 반응해서 수소를 발생한다.
③ 수산화나트륨 수용액과 반응해서 산소를 발생한다.
④ 안전한 저장을 위해 할로겐 원소와 혼합한다.

해설 알루미늄분은 제2류 위험물의 금속분에 속하며 지정수량은 500kg, 위험등급은 Ⅲ등급이다. 뜨거운 물과 반응하여 가연성 및 폭발성의 수소 기체를 생성한다.
$$2Al + 6H_2O \rightarrow 2Al(OH)_3 + 3H_2 \uparrow$$

① 높은 연소열을 나타내는 알루미늄은 연소반응이 진행되면 몰 당 약 85kcal의 열을 발생시키며 간혹 200℃ 정도의 고온이 형성되기도 한다. 나노 크기로 작은 알루미늄분말은 낮은 점화 온도, 짧은 반응시간과 높은 연소반응열로 인해 수중 추진기관과 우주 추진의 주 에너지원으로 연구되고 있다.
$$4Al + 3O_2 \rightarrow 2Al_2O_3 + 339kcal$$

알루미늄의 비열은 0.21(cal/g·K)로 다른 금속에 비해 높은 편으로 열량도 높은 편이다.

③ 수산화나트륨 수용액과 반응하여 수소 기체를 발생한다.
$$2Al + 2NaOH + 2H_2O \rightarrow 2NaAlO_2 + 3H_2 \uparrow$$
알루민산나트륨

④ 할로겐 원소와 접촉하게 되면 자연 발화할 수 있으므로 피하도록 하고 물이 닿지 않는 건조한 냉소에 보관한다.

22 위험물안전관리법령에서는 특수인화물을 1기압에서 발화점이 100℃ 이하인 것 또는 인화점이 얼마 이하이고 비점이 40℃ 이하인 것으로 정의하는가?
12년 · 5 유사

① $-10℃$ ② $-20℃$
③ $-30℃$ ④ $-40℃$

해설 [위험물안전관리법 시행령 별표1 / 위험물 및 지정수량] - 비고란 제12호
특수인화물이라 함은 이황화탄소, 디에틸에테르 그 밖에 1기압에서 발화점이 섭씨 100도 이하인 것 또는 <u>인화점이 섭씨 영하 20도 이하</u>이고 비점이 섭씨 40도 이하인 것을 말한다.

23 트리니트로톨루엔의 작용기에 해당하는 것은?

① $-NO$ ② $-NO_2$
③ $-NO_3$ ④ $-NO_4$

해설 ❖ 트리니트로톨루엔(TNT)
- 제5류 위험물 중 니트로화합물
- 지정수량 200kg, 위험등급 II
- 분자량 227, 비중 1.66, 녹는점 81℃, 끓는점 240℃
- 구조식

- 담황색의 결정으로 강력한 폭약이다.
- 직사광선에 노출되면 갈색으로 변하며 가열이나 급격한 타격에 의해 폭발한다.
- 폭발하며 분해 시에 질소, 일산화탄소, 수소가스가 발생한다.
- 물에 녹지 않으며 아세톤, 에테르, 벤젠에 잘 녹고 알코올에는 가열하면 녹는다.
- 피크르산과 비교하면 약한 충격 감도를 나타낸다.
- 금속과의 반응성은 없다.
- 톨루엔을 진한 질산과 진한 황산의 혼합액으로 니트로화 반응시키면 생성된다.

24 니트로글리세린에 대한 설명으로 옳은 것은?

① 물에 매우 잘 녹는다.
② 공기 중에서 점화하면 연소하나 폭발의 위험은 없다.
③ 충격에 대하여 민감하여 폭발을 일으키기 쉽다.
④ 제5류 위험물의 니트로화합물에 속한다.

해설 충격이나 마찰에 매우 민감하여 폭발을 일으키기 쉬우므로 조심하도록 하며 직사광선을 피하고 환기가 잘 이루어지는 냉암소에 보관한다.

❖ 니트로글리세린(Nitroglycerin)
- <u>제5류 위험물 중 질산에스테르류(④)</u>
- 지정수량 10kg, 위험등급 I
- 분자식 : $C_3H_5N_3O_9$, $C_3H_5(NO_3)_3$
- 분자량 227, 비중 1.6, 증기비중 7.83, 녹는점 13.5℃, 끓는점 160℃
- 구조식

$$CH_2 - ONO_2$$
$$CH - ONO_2$$
$$CH_2 - ONO_2$$

- 무색투명한 기름 형태의 액체이다(공업용은 담황색).
- <u>물에 녹지 않으며(①)</u> 알코올, 벤젠, 아세톤 등에 잘 녹는다.
- <u>가열, 충격, 마찰에 매우 예민하며 폭발하기 쉽다(③).</u>
- 상온에서 액체로 존재하나 겨울철에는 동결의 우려가 있다.
- 니트로글리세린을 다공성의 규조토에 흡수시켜 제조한 것을 다이너마이트라고 한다.
- 직사광선을 피하고 통풍이 잘되는 냉암소에 보관한다.
- <u>연소가 개시되면 폭발적으로 반응이 일어나므로(②)</u> 미리 연소위험 요소를 제거하는 것이 중요하다.
- 주수소화가 효과적이다.

정답 21 ② 22 ② 23 ② 24 ③

25 위험물의 성질에 대한 설명 중 틀린 것은?

① 황린은 공기 중에서 산화할 수 있다.

② 적린은 $KClO_3$와 혼합하면 위험하다.

③ 황은 물에 매우 잘 녹는다.

④ 황화인은 가연성 고체이다.

해설 제2류 위험물에 속하는 황은 물이나 알코올에 녹지 않고 이황화탄소에 잘 녹는다. 물속에 보관한다.

① 황린은 제3류 위험물이며 발화점이 상당히 낮고 화학적 활성이 커서 공기 중에 노출되면 서서히 자연발화하고 산화할 수 있다.

② 적린은 제2류 위험물로 분류되는 가연물로서 $KClO_3$와 혼합하면 마찰, 충격으로 인해 폭발할 수 있으므로 위험하다.

$6P + 5KClO_3 \rightarrow 5KCl + 3P_2O_5 \uparrow$

④ 황화인은 제2류 위험물에 속하므로 가연성 고체이며 삼황화인(P_4S_3), 오황화인(P_2S_5), 칠황화인(P_4S_7)이 있다. 연소생성물은 모두 유독하며 직사광선을 피하여 건조한 장소에 보관하여야 한다.

삼황화인과 오황화인은 연소 시 오산화인과 이산화황을 발생시키며 오황화인과 칠황화인은 물과 반응하여 황화수소와 인산을 발생시킨다.

$P_4S_3 + 8O_2 \rightarrow 2P_2O_5 \uparrow + 3SO_2 \uparrow$

$2P_2S_5 + 15O_2 \rightarrow 2P_2O_5 \uparrow + 10SO_2 \uparrow$

$P_2S_5 + 8H_2O \rightarrow 2H_3PO_4 + 5H_2S \uparrow$

$P_4S_7 + 13H_2O \rightarrow H_3PO_4 + 3H_3PO_3 + 7H_2S \uparrow$

26 피리딘의 일반적인 성질에 대한 설명 중 틀린 것은?

① 순수한 것은 무색 액체이다.

② 약알칼리성을 나타낸다.

③ 물보다 가볍고 증기는 공기보다 무겁다.

④ 흡습성이 없고 비수용성이다.

해설 피리딘(C_5H_5N)은 물, 알코올, 에테르에 잘 녹으며 강한 악취와 독성이 있고 흡습성이 있다.

❖ 피리딘(C_5H_5N)
- 제4류 위험물 중 제1석유류(수용성)
- 지정수량 400ℓ, 위험등급 Ⅱ
- 방향족 고리화합물이다.
- 구조

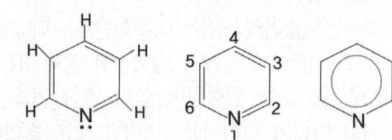

- 순수한 것은 무색투명하고 불순물이 섞여 있으면 담황색을 나타내는 액체이다(①).
- 인화점 16℃, 발화점 482℃, 끓는점 115℃, 비중 0.98, 증기비중 2.72(③)
- 수용액 상태에서도 인화될 수 있는 인화성 액체이다.
- 약알칼리성이며(②) 독성이 강하고 흡습성이 있다(④).
- 물에 잘 녹고 유기용매와도 잘 섞인다(④). 피리딘의 질소원자가 물과 수소결합을 형성하므로 물에 잘 녹으며 비극성 유기용매이므로 같은 성질의 유기용매에도 잘 녹는다.
- 휘발성 액체로 악취를 풍기며 독성을 나타낸다.

27 다음 물질 중 과염소산칼륨과 혼합하였을 때 발화폭발의 위험이 가장 높은 것은?

20년·4 동일

① 석면   ② 금

③ 유리   ④ 목탄

해설 ❖ 과염소산칼륨($KClO_4$)
- 제1류 위험물의 과염소산염류
- 지정수량 50kg, 위험등급 Ⅰ
- 무색 무취의 백색 결정이다.
- 분해온도 400℃, 녹는점 482℃, 비중 2.52
- 용해도는 1.8(20℃) 정도이므로 물에 약간 녹는 정도이다(난용성).
- 알코올과 에테르에는 녹지 않는다.
- 진한 황산과 접촉하면 폭발할 수 있다.
- 목탄분, 인, 황, 유기물 등과 혼합 시 외부 충격이 가해지면 폭발할 수 있다.
- 400℃에서 분해가 시작되며 600℃에서 완전히 분해되고 산소를 방출한다.

$KClO_4 \rightarrow KCl + 2O_2 \uparrow$
- 강력한 산화제이다.
- 염소산칼륨보다는 안정하지만 가열, 마찰, 충격에 의해 폭발한다.

28 메틸리튬과 물의 반응 생성물로 옳은 것은?

① 메탄, 수소화리튬
② 메탄, 수산화리튬
③ 에탄, 수소화리튬
④ 에탄, 수산화리튬

해설 ❖ 메틸리튬(CH_3Li)
- 제3류 위험물 중 알킬리튬
- 지정수량 10kg, 위험등급 I
- 분자량 21.97, 비중 0.9
- 금수성 물질이면서 동시에 자연발화성 물질이다.
- 무색의 가연성 액체이다.
- <u>물 또는 수증기와 격렬하게 반응하여 수산화리튬과 메탄가스를 생성한다.</u>
  $CH_3Li + H_2O \rightarrow LiOH + CH_4 \uparrow$
- 공기 중에 노출되면 산소와 빠른 속도로 반응하여 자연발화한다.
- 산, 산화제, 가연성 물질, 할로겐 등과 혼합하면 발화하고 폭발할 수 있다.

29 다음 위험물 중 물보다 가벼운 것은?

① 메틸에틸케톤　　② 니트로벤젠
③ 에틸렌글리콜　　④ 글리세린

해설 제4류 위험물의 분류 및 비중에 관한 문제이다. 제1석유류는 비중값이 1보다 작아 물보다 가벼우며 제3석유류는 1보다 큰 값을 가지므로 물보다 무겁다.
① 메틸에틸케톤 : 제4류 위험물 중 제1석유류. 비중 0.8
② 니트로벤젠 : 제4류 위험물 중 제3석유류. 비중 1.2
③ 에틸렌글리콜 : 제4류 위험물 중 제3석유류. 비중 1.11
④ 글리세린 : 제4류 위험물 중 제3석유류. 비중 1.26

30 제4류 위험물의 일반적인 성질에 대한 설명 중 틀린 것은?　　12년·5 유사

① 대부분 유기화합물이다.
② 액체 상태이다.
③ 대부분 물보다 가볍다.
④ 대부분 물에 녹기 쉽다.

해설 ❖ 제4류 위험물의 일반적 성질
- <u>인화성 액체이다(②).</u>
- <u>대부분 유기화합물이다(①).</u>
- <u>대부분 물보다 가볍고(③) 비수용성이다(④).</u>
  [예외 : 이황화탄소는 물보다 무겁고 알코올은 물에 잘 녹는다.]
- 발생 증기는 가연성이며 대부분이 공기보다 무거워 낮은 곳에 체류한다.
- 발생 증기의 연소 하한이 낮아 소량 누설에 의해서도 인화되기 쉽다.
- 비교적 발화점이 낮고 폭발 위험성이 상존한다.
- 공기와 혼합된 증기는 연소할 수 있다.
- 전기의 불량도체이므로 정전기 축적에 의한 화재 발생에 주의한다.
- 대량으로 연소가 일어나면 복사열이나 대류열에 의한 열전달이 진행되어 화재가 확대된다.
- 주수소화는 화재면 확대의 위험성이 있어 적합하지 않고 질식소화나 억제소화 방법이 적합하다.

＊ 빈틈없이 촘촘하게　One more Step

❖ 제4류 위험물의 저장 및 취급 방법
- 통풍이 잘되는 냉암소에 보관한다.
- 화기의 접근은 절대적으로 피하도록 한다.

정답 25 ③　26 ④　27 ④　28 ②　29 ①　30 ④

- 저장용기는 밀전 밀봉하고 증기 및 액체가 누출되지 않도록 한다.
- 액체의 혼합 및 이송 시 접지를 하여 정전기를 방지한다.
- 증기의 축적을 방지하기 위하여 통풍장치를 설치한다.

31 질산과 과염소산의 공통성질이 아닌 것은?

15년 · 2 유사

① 가연성이며 강산화제이다.

② 비중이 1보다 크다.

③ 가연물과 혼합으로 발화의 위험이 있다.

④ 물과 접촉하면 발열한다.

해설 제6류 위험물은 산화성 액체로서 자신은 <u>불연성이나</u> 산소공급원의 역할을 함으로써 조연성을 나타내며 강산화제로 작용한다.
② 질산의 비중은 1.49이며 과염소산의 비중은 1.76이므로 1보다 크다.
③ 가연물과 접촉하면 산소공급원으로 작용하게 되어 발화 가능성이 있다(조연성).
④ 물과 접촉하면 반응하여 발열한다.

❖ 질산(HNO_3)
- 제6류 위험물(산화성 액체)
- 지정수량 300㎏, 위험등급 I
- <u>제6류 위험물은 불연성이며 무기화합물이다.(①)</u>
- 무색의 흡습성이 강한 액체이나 보관 중에 담황색으로 변색된다.
- 독성이 매우 강하며 3대 강산 중 하나이다.
- 분자량 63, <u>비중 1.49(②)</u>, 증기비중 2.17, 융점 −42℃, 비점 86℃
- 비중이 1.49 이상인 것부터 위험물로 취급한다.
- 부식성이 강한 강산이지만 금, 백금, 이리듐, 로듐만은 부식시키지 못한다.
- 진한 질산은 철, 코발트, 니켈, 크롬, 알루미늄 등을 부동태화 한다.
- 묽은 산은 금속을 녹이고 수소 기체를 발생한다.
  $Ca + 2HNO_3 → Ca(NO_3)_2 + H_2 ↑$
- 빛을 쪼이면 분해되어 유독한 갈색 증기인 이산화질소(NO_2)를 발생시킨다.

  $4HNO_3 → 2H_2O + 4NO_2 ↑ + O_2 ↑$
- 직사일광에 의한 분해 방지 : 차광성의 갈색병에 넣어 냉암소에 보관한다.
- <u>물에 잘 녹으며 물과 반응하여 발열한다(④).</u>
- 단백질과는 크산토프로테인 반응이 일어나 노란색으로 변한다. – 단백질 검출에 이용
- 염산과 질산을 3:1의 비율로 혼합한 것을 왕수라고 하며 금, 백금 등을 녹일 수 있다.
- <u>톱밥, 섬유, 종이, 솜뭉치 등의 유기물과 혼합하면 발화할 수 있다.(③)</u>
- 다량의 질산화재에 소량의 주수소화는 위험하므로 마른모래 및 CO_2로 소화한다.
- 위급 화재 시에는 다량의 물로 주수소화한다.

❖ 과염소산($HClO_4$)
- 제6류 위험물(산화성 액체)
- 지정수량 300㎏, 위험등급 I
- 산소공급원으로 작용하는 산화제이다.
- <u>제6류 위험물은 불연성이며 무기화합물이다.(①)</u>
- 무색, 무취, 강한 휘발성 및 흡습성을 나타내는 액체이다.
- 분자량 100.5, <u>비중 1.76(②)</u>, 증기비중 약 3.5, 융점 −112℃, 비점 39℃
- 염소의 산소산 중 가장 강력한 산이다.
  ($HClO < HClO_2 < HClO_3 < HClO_4$)
- <u>물과 접촉하면 소리를 내며 발열하고(④)</u> 고체 수화물을 만든다.
- 가열하면 폭발, 분해되고 유독성의 염화수소(HCl)를 발생한다.
  $HClO_4 → HCl ↑ + 2O_2 ↑$
- 철, 구리, 아연 등과 격렬하게 반응한다.
- 황산이나 질산에 버금가는 강산이다.
- 독성이 강하며 피부에 닿으면 부식성이 있어 위험하고 <u>종이, 나무 등과 접촉하면 연소한다.(③)</u>
- 직사광선을 피하고 통풍이 잘되는 냉암소에 보관한다.
- 다량의 물로 주수소화나 분무하여 소화하고 내산성 용기를 사용하여 저장한다.

32 과산화나트륨에 대한 설명으로 틀린 것은?

① 알코올에 잘 녹아서 산소와 수소를 발생시킨다.

② 상온에서 물과 격렬하게 반응한다.

③ 비중이 약 2.8이다.

④ 조해성 물질이다.

해설 ❖ 과산화나트륨(Na_2O_2)
- 제1류 위험물의 무기과산화물
- 지정수량 50kg, 위험등급은 Ⅰ
- 순도가 높은 것은 백색이나 보통 황색 분말 형태를 띤다.
- 비중 2.8(③), 융점 460℃, 끓는점 657℃, 분자량 78
- 알코올에 잘 녹지 않는다(①).
- 상온에서 물과 격렬히 반응하여 산소와 열을 발생시킨다(②).
  $2Na_2O_2 + 2H_2O \rightarrow 4NaOH + O_2 \uparrow + Q Kcal$
- 산과 반응하여 과산화수소를 발생한다.
  $Na_2O_2 + 2HCl \rightarrow 2NaCl + H_2O_2 \uparrow$
  $Na_2O_2 + 2CH_3COOH \rightarrow 2CH_3COONa + H_2O_2 \uparrow$
- 가열하면 분해되어 산소가 발생된다.
  $2Na_2O_2 \rightarrow 2Na_2O + O_2 \uparrow$
- 가연성 물질과 접촉하면 발화한다.
- 조해성이 있으므로 물이나 습기가 적으며 서늘하고 환기가 잘되는 곳에 보관한다(④).
- CO_2와 CO 제거제로 작용한다.
  $2Na_2O_2 + 2CO_2 \rightarrow 2Na_2CO_3 + O_2 \uparrow$
- 알칼리금속의 과산화물이므로 주수소화는 절대로 금하고 이산화탄소와 할로겐화합물 소화약제도 사용할 수 없다.
- 팽창질석, 팽창진주암, 마른모래, 탄산수소염류 분말소화약제 등으로 질식소화 한다.

33 다음 중 제5류 위험물로만 나열되지 않은 것은?

① 과산화벤조일, 질산메틸

② 과산화초산, 디니트로벤젠

③ 과산화요소, 니트로글리콜

④ 아세토니트릴, 트리니트로톨루엔

해설 ① • 과산화벤조일 - 제5류 위험물 중 유기과산화물 / 지정수량 10kg, 위험등급 Ⅰ
- 질산메틸 - 제5류 위험물 중 질산에스테르류 / 지정수량 10kg, 위험등급 Ⅰ
② • 과산화초산 - 제5류 위험물 중 유기과산화물 / 지정수량 10kg, 위험등급 Ⅰ
- 디니트로벤젠 - 제5류 위험물 중 니트로화합물 / 지정수량 200kg, 위험등급 Ⅱ
③ • 과산화요소 - 제5류 위험물 중 유기과산화물 / 지정수량 10kg, 위험등급 Ⅰ
- 니트로글리콜 - 제5류 위험물 중 질산에스테르류 / 지정수량 10kg, 위험등급 Ⅰ
④ • 아세토니트릴 - 제4류 위험물 중 제1석유류의 수용성 액체 / 지정수량 400ℓ, 위험등급 Ⅱ
- 트리니트로톨루엔 - 제5류 위험물 중 니트로화합물 / 지정수량 200kg, 위험등급 Ⅱ

34 아조화합물 800kg, 히드록실아민 300kg, 유기과산화물 40kg의 총 양은 지정수량의 몇 배에 해당하는가?

① 7배 ② 9배 ③ 10배 ④ 11배

해설 모두 제5류 위험물(자기반응성 물질)에 속하는 물질들로서 각 지정수량은 아조화합물 200kg, 히드록실아민 100kg, 유기과산화물 10kg이므로 이들 총 양의 지정수량의 배수는 11배이다.
$\frac{800}{200} + \frac{300}{100} + \frac{40}{10} = 11$ (단위 생략)

정답 31 ① 32 ① 33 ④ 34 ④

35 물과 반응하여 가연성 가스를 발생하지 않는 것은?

① 칼륨
② 과산화칼륨
③ 탄화알루미늄
④ 트리에틸알루미늄

해설 ① $2K + 2H_2O \rightarrow 2KOH + H_2 \uparrow$
② $2K_2O_2 + 2H_2O \rightarrow 4KOH + O_2 \uparrow$
　　산소는 조연성 가스이다.
③ $Al_4C_3 + 12H_2O \rightarrow 4Al(OH)_3 + 3CH_4 \uparrow$
④ $(C_2H_5)_3Al + 3H_2O \rightarrow Al(OH)_3 + 3C_2H_6 \uparrow$

✽ 빈틈없이 촘촘하게　One more Step

- 가연성 가스 : 산소와 결합하여 빛과 열을 내며 연소하는 가스를 말하며 수소, 메탄, 에탄, 프로판 등 32종과 공기 중에서 연소하는 가스로서 폭발한계 하한이 10% 이하인 것과 폭발한계의 상한과 하한의 차가 20% 이상인 것을 대상으로 한다. 따라서 하한이 낮을수록 상한과 하한의 폭이 클수록 위험한 가스라 할 수 있다.
- 불연성 가스 : 질소나 이산화탄소와 같이 스스로 연소하지도 못하고 다른 물질을 연소시키는 성질도 갖지 않는 가스.
- 조연성 가스 : 공기, 산소, 염소 등과 같이 가연성 가스가 연소되는 데 필요한 가스. 지연성 가스라고도 한다.

36 다음 중 인화점이 가장 높은 것은?

① 등유
② 벤젠
③ 아세톤
④ 아세트알데히드

해설 제4류 위험물의 인화점은 특수인화물이 가장 낮으며 제1 - 제2 - 제3 - 제4석유류로 갈수록 인화점은 증가한다. 따라서 각 위험물의 인화점을 외우지 않아도 위험물이 어느 품명에 속하는지를 구별함으로서 정답을 구할 수 있다.
① 등유 : 제2석유류 / 인화점 30~60℃
② 벤젠 : 제1석유류 / 인화점 -11℃
③ 아세톤 : 제1석유류 / 인화점 -18℃
④ 아세트알데히드 : 특수인화물 / 인화점 -40℃

✽ 인화점을 기준으로 한 제4류 위험물의 분류

분류	인화점 (1기압 기준)	종류
특수인화물	-20℃ 이하	이황화탄소, 디에틸에테르, 펜탄, 산화프로필렌, 황화디메틸, 에틸아민, **아세트알데히드**, 이소프렌, 이소프로필아민, 이소펜탄
제1석유류	21℃ 미만	**아세톤**, 포름산메틸, 휘발유, **벤젠**, 에틸벤젠, 톨루엔, 아세토니트릴, 염화아세틸, 시클로헥산, 시안화수소 메틸에틸케톤, 피리딘
제2석유류	21℃ 이상 70℃ 미만	**등유**, 경유, 브롬화페닐, 자일렌, 포름산, 아세트산, 클로로벤젠, 아크릴산, 히드라진, 스티렌, 큐멘, 부틸알데히드, 테레핀유
제3석유류	70℃ 이상 200℃ 미만	중유, 클레오소트유, 아닐린, 니트로벤젠, 에틸렌글리콜, 글리세린, 포르말린, 에탄올아민, 니트로톨루엔
제4석유류	200℃ 이상 250℃ 미만	기어유, 실린더유, 기계유, 방청유, 담금질유, 절삭유
동식물유류	250℃ 미만	동물의 지육, 식물의 종자나 과육 추출물(건성유·반건성유·불건성유)

37 다음 중 제6류 위험물이 아닌 것은?

① 할로겐간화합물
② 과염소산
③ 아염소산
④ 과산화수소

해설 아염소산($HClO_2$)은 위험물로 분류되지 않는다. 제6류 위험물은 산화성 액체이며 과염소산, 과산화수소, 질산, 할로겐간화합물로 구성된다.
[17쪽] 제6류 위험물의 분류 도표 참조

38 제4류 위험물인 클로로벤젠의 지정수량으로 옳은 것은?

① 200ℓ
② 400ℓ
③ 1,000ℓ
④ 2,000ℓ

해설 클로로벤젠은 제2석유류의 비수용성에 해당되므로 지정수량은 1,000ℓ이다.

[11쪽] 제4류 위험물의 분류 도표 참조

39 아염소산나트륨의 저장 및 취급 시 주의사항으로 가장 거리가 먼 것은?

① 물속에 넣어 냉암소에 저장한다.
② 강산류와의 접촉을 피한다.
③ 취급 시 충격, 마찰을 피한다.
④ 가연성 물질과 접촉을 피한다.

해설 일반적으로 (수용액 상태로 제조하여 이용하지 않는 한) 물에 잘 녹는 위험물을 물속에 넣어 저장하지는 않는다. 의료분야에 이용되는 아염소산나트륨 수용액도 한 시간 정도 직사광선에 노출되면 효력이 사라질 정도로 불안정하므로 저장할 때는 분말 상태로 밀폐하여 건조한 냉암소에 보관하는 것이 좋다.
아염소산나트륨($NaClO_2$) 분말은 미량의 수분을 함유한 상태에서 온도가 높아지면 자연 분해되므로 직사광선을 피하여 환기가 잘되는 건조한 냉암소에 밀폐하여 보관해야 한다.
가연성 물질과 혼합·혼재하지 않으며 저장 용기의 취급 시 넘어지거나 떨어지게 함으로써 충격을 주면 폭발할 수 있으므로 주의한다.

❖ 아염소산나트륨($NaClO_2$)
- 제1류 위험물 중 아염소산염류
- 지정수량 50kg, 위험등급 I
- 무색의 결정성 분말로 물에 잘 녹으며 조해성이 있다(①).
- 수용액은 염소 냄새가 나는 담황색 액체이다.
- 직사광선을 피하고 환기가 잘되는 냉암소에 보관한다.
- 산을 가하거나 햇빛에 노출되면 유독가스인 이산화염소(ClO_2)가 발생한다.(②)
  $3NaClO_2 + 2HCl \rightarrow 3NaCl + 2ClO_2 + H_2O_2$
- 가연물과 혼합하면 충격에 의해 폭발한다(④).
- 가열, 충격, 마찰에 의해 폭발적으로 분해된다(③).
  $NaClO_2 \rightarrow NaCl + O_2 \uparrow$
- 생식독성 및 발암성 물질이므로 취급에 주의해야 한다.

40 다음 중 제1류 위험물에 해당되지 않는 것은?

① 염소산칼륨   ② 과염소산암모늄
③ 과산화바륨   ④ 질산구아니딘

해설
① 염소산칼륨 : 제1류 위험물 중 염소산염류에 속함. 지정수량 50kg, 위험등급 I
② 과염소산암모늄 : 제1류 위험물 중 과염소산염류에 속함. 지정수량 50kg, 위험등급 I
③ 과산화바륨 : 제1류 위험물 중 무기과산화물에 속함. 지정수량 50kg, 위험등급 I
④ 질산구아니딘 : 행정안전부령으로 정하는 제5류 위험물로 지정수량 200kg, 위험등급 II

[02쪽] 제1류 위험물의 분류 도표 참조 &
[15쪽] 제5류 위험물의 분류 도표 참조

41 다음 위험물 중 지정수량이 나머지 셋과 다른 하나는?

① 마그네슘   ② 금속분
③ 철분   ④ 유황

해설 제2류 위험물(가연성 고체)의 지정수량에 대한 문제이다.
마그네슘, 철분, 금속분의 지정수량은 500kg이며 유황의 지정수량은 100kg이다.

[05쪽] 제2류 위험물의 분류 도표 참조

42 위험물안전관리법령상 연면적이 450m^2인 저장소의 건축물 외벽이 내화구조가 아닌 경우 이 저장소의 소요단위는?

① 3   ② 4.5   ③ 6   ④ 9

해설 건축물 외벽이 비 내화구조인 저장소이므로 연면적 75m^2를 1 소요단위로 산정한다. 따라서 연면적 450m^2에 대한 소요단위는 6단위가 된다.

정답 35 ② 36 ① 37 ③ 38 ③ 39 ① 40 ④ 41 ④ 42 ③

[위험물안전관리법 시행규칙 별표17 / 소화설비, 경보설비 및 피난설비의 기준] – Ⅰ. 소화설비 中 5. 소화설비의 설치기준
소요단위란 소화설비의 설치대상이 되는 건축물 그 밖의 공작물의 규모 또는 위험물의 양의 기준단위를 말하는 것으로 1 소요단위의 계산방법은 아래와 같다.

❖ 1. 소요단위 산정(계산)방법

구분	외벽	내화구조	비 내화구조
제조소 또는 취급소		연면적 100m²	연면적 50m²
저장소		연면적 150m²	연면적 75m²
위험물		지정수량의 10배	

※ 제조소등의 옥외에 설치된 공작물은 외벽이 내화구조인 것으로 간주하고 공작물의 최대수평투영면적을 연면적으로 간주하여 소요단위를 산정할 것

43 위험물안전관리법령상 주유취급소에 설치·운영할 수 없는 건축물 또는 시설은?

① 주유취급소를 출입하는 사람을 대상으로 하는 그림전시장
② 주유취급소를 출입하는 사람을 대상으로 하는 일반음식점
③ 주유원 주거시설
④ 주유취급소를 출입하는 사람을 대상으로 하는 휴게음식점

해설 '주유취급소에 출입하는 사람을 대상으로 한 점포, 휴게음식점 또는 전시장'은 설치·운영할 수 있으나 일반음식점은 그럴 수 없다.

[위험물안전관리법 시행규칙 별표13 / 주유취급소의 위치·구조 및 설비의 기준] – Ⅴ. 건축물 등의 제한 등 中 제1호
주유취급소에는 주유 또는 그에 부대하는 업무를 위하여 사용되는 다음의 건축물 또는 시설 외에는 다른 건축물 그 밖의 공작물을 설치할 수 없다.
• 주유 또는 등유, 경유를 옮겨 담기 위한 작업장
• 주유취급소의 업무를 행하기 위한 사무소
• 자동차 등의 점검 및 간이정비를 위한 작업장
• 자동차 등의 세정을 위한 작업장
• 주유취급소에 출입하는 사람을 대상으로 한 점포, 휴게음식점 또는 전시장(①, ④)
• 주유취급소의 관계자가 거주하는 주거시설(③)
• 전기자동차용 충전설비(전기를 동력원으로 하는 자동차에 직접 전기를 공급하는 설비를 말한다.)
• 그 밖의 소방청장이 정하여 고시하는 건축물 또는 시설

44 위험물안전관리법령상 옥외저장소 중 덩어리 상태의 유황만을 지반면에 설치한 경계표시의 안쪽에서 저장 또는 취급할 때 경계표시의 높이는 몇 m 이하로 하여야 하는가?

① 1 ② 1.5 ③ 2 ④ 2.5

해설 [위험물안전관리법 시행규칙 별표11 / 옥외저장소의 위치·구조 및 설비의 기준] – Ⅰ. 옥외저장소의 기준 中 제2호
옥외저장소 중 덩어리 상태의 유황만을 지반면에 설치한 경계표시의 안쪽에서 저장 또는 취급하는 것의 위치·구조 및 설비의 기술기준은 제1호의 기준(위험물을 용기에 수납하여 저장 또는 취급하는 것의 위치·구조 및 설비의 기술기준)을 따르는 외에 다음 기준에 적합해야 한다.
• 하나의 경계표시의 내부의 면적은 100m² 이하일 것
• 2 이상의 경계표시를 설치하는 경우에 있어서는 각각의 경계표시 내부의 면적을 합산한 면적은 1,000m² 이하로 하고, 인접하는 경계표시와 경계표시와의 간격을 규정에 의한 공지의 너비의 2분의 1 이상으로 할 것. 다만, 저장 또는 취급하는 위험물의 최대수량이 지정수량의 200배 이상인 경우에는 10m 이상으로 하여야 한다.
• 경계표시는 불연재료로 만드는 동시에 유황이 새지 아니하는 구조로 할 것
• 경계표시의 높이는 1.5m 이하로 할 것
• 경계표시에는 유황이 넘치거나 비산하는 것을 방지하기 위한 천막 등을 고정하는 장치를 설치하되, 천막 등을 고정하는 장치는 경계표시의 길이가 2m마다 한 개 이상 설치할 것
• 유황을 저장 또는 취급하는 장소의 주위에는 배수구와 분리장치를 설치할 것

45 위험물 옥외 저장탱크의 통기관에 관한 사항으로 옳지 않은 것은?   12년 · 5 동일

① 밸브 없는 통기관의 직경은 30mm 이상으로 한다.
② 대기밸브 부착 통기관은 항시 열려 있어야 한다.
③ 밸브 없는 통기관의 선단은 수평면보다 45° 이상 구부려 빗물 등의 침투를 막는 구조로 한다.
④ 대기밸브 부착 통기관은 5kPa 이하의 압력 차이로 작동할 수 있어야 한다.

해설 대기밸브 부착 통기관은 대기밸브라는 장치가 부착된 통기관으로써 평소에는 닫혀 있으나 5kPa 이하의 압력 차이가 나면 작동하여 열리게 된다.

[위험물안전관리법 시행규칙 별표6 / 옥외 탱크 저장소의 위치·구조 및 설비의 기준] - Ⅵ. 옥외 저장탱크의 외부구조 및 설비 제7호 중 필요 부분만 발췌

옥외 저장탱크 중 압력탱크(최대 상용압력이 부압 또는 정압 5kPa을 초과하는 탱크를 말한다)외의 탱크(제4류 위험물의 옥외 저장탱크에 한한다)에 있어서는 밸브 없는 통기관 또는 대기밸브 부착 통기관을 다음에 정하는 바에 의하여 설치하여야 하고, 압력탱크에 있어서는 별도 규정에 의한 안전장치를 설치하여야 한다.

• 밸브 없는 통기관
 - 직경은 30mm 이상일 것(①)
 - 선단은 수평면보다 45°이상 구부려 빗물 등의 침투를 막는 구조로 할 것(③).
 - 인화점이 38℃ 미만인 위험물만을 저장 또는 취급하는 탱크에 설치하는 통기관에는 화염방지장치를 설치하고, 그 외의 탱크에 설치하는 통기관에는 40메쉬(mesh) 이상의 구리망 또는 동등 이상의 성능을 가진 인화방지장치를 설치할 것. 다만, 인화점이 70℃ 이상인 위험물만을 해당 위험물의 인화점 미만의 온도로 저장 또는 취급하는 탱크에 설치하는 통기관에는 인화방지장치를 설치하지 않을 수 있다.

• 대기밸브 부착 통기관
 - 5kPa 이하의 압력 차이로 작동할 수 있을 것(④)
 - 인화점이 38℃ 미만인 위험물만을 저장 또는 취급하는 탱크에 설치하는 통기관에는 화염방지장치를 설치하고, 그 외의 탱크에 설치하는 통기관에는 40메쉬(mesh) 이상의 구리망 또는 동등 이상의 성능을 가진 인화방지장치를 설치할 것. 다만, 인화점이 70℃ 이상인 위험물만을 해당 위험물의 인화점 미만의 온도로 저장 또는 취급하는 탱크에 설치하는 통기관에는 인화방지장치를 설치하지 않을 수 있다.

46 위험물안전관리법령상 주유취급소 중 건축물의 2층을 휴게음식점의 용도로 사용하는 것에 있어 해당 건축물의 2층으로부터 직접 주유취급소의 부지 밖으로 통하는 출입구와 해당 출입구로 통하는 통로·계단에 설치하여야 하는 것은?   [최다 빈출 유형]

① 비상경보설비   ② 유도등
③ 비상조명등   ④ 확성장치

해설 [위험물안전관리법 시행규칙 별표17 / 소화설비, 경보설비 및 피난설비의 기준] - Ⅲ. 피난설비

• 주유취급소 중 건축물의 2층 이상의 부분을 점포·휴게음식점 또는 전시장의 용도로 사용하는 것에 있어서는 당해 건축물의 2층 이상으로부터 주유취급소의 부지 밖으로 통하는 출입구와 당해 출입구로 통하는 통로·계단 및 출입구에 유도등을 설치하여야 한다.
• 옥내 주유취급소에 있어서는 당해 사무소 등의 출입구 및 피난구와 당해 피난구로 통하는 통로·계단 및 출입구에 유도등을 설치하여야 한다.
• 유도등에는 비상 전원을 설치하여야 한다.

정답 43 ②   44 ②   45 ②   46 ②

47 위험물안전관리법령상 위험물제조소에 설치하는 배출 설비에 대한 내용으로 틀린 것은?

① 배출설비는 예외적인 경우를 제외하고는 국소방식으로 하여야 한다.
② 배출설비는 강제 배출방식으로 한다.
③ 급기구는 낮은 장소에 설치하고 인화방지망을 설치한다.
④ 배출구는 지상 2m 이상 높이에 연소의 우려가 없는 곳에 설치한다.

해설 [위험물안전관리법 시행규칙 별표4 / 제조소의 위치·구조 및 설비의 기준] - Ⅵ. 배출설비
가연성의 증기 또는 미분이 체류할 우려가 있는 건축물에는 그 증기 또는 미분을 옥외의 높은 곳으로 배출할 수 있도록 다음 각호의 기준에 의하여 배출설비를 설치하여야 한다.
• 배출설비는 국소방식으로 하여야 한다(①). 다만, 다음에 해당하는 경우에는 전역방식으로 할 수 있다.
  - 위험물 취급설비가 배관 이음 등으로만 된 경우
  - 건축물의 구조·작업장의 분포 등의 조건에 의하여 전역방식이 유효한 경우
• 배출설비는 배풍기·배출 덕트·후드 등을 이용하여 강제적으로 배출하는 것으로 해야 한다(②).
• 배출능력은 1시간당 배출장소 용적의 20배 이상인 것으로 하여야 한다. 다만, 전역방식의 경우에는 바닥면적 1m²당 18m³ 이상으로 할 수 있다.
• 배출설비의 급기구 및 배출구는 다음 각목의 기준에 의하여야 한다.
  - 급기구는 높은 곳에 설치하고, 가는 눈의 구리망 등으로 인화방지망을 설치할 것(③)
  - 배출구는 지상 2m 이상으로서 연소의 우려가 없는 장소에 설치하고(④), 배출 덕트가 관통하는 벽 부분의 바로 가까이에 화재 시 자동으로 폐쇄되는 방화댐퍼를 설치할 것
• 배풍기는 강제 배기 방식으로 하고, 옥내 덕트의 내압이 대기압 이상이 되지 아니하는 위치에 설치하여야 한다.

48 위험물안전관리법령상 소화전용 물통 8ℓ의 능력단위는?

① 0.3 ② 0.5 ③ 1.0 ④ 1.5

해설 [위험물안전관리법 시행규칙 별표17 / 소화설비, 경보설비 및 피난설비의 기준] - Ⅰ. 소화설비 / 5. 소화설비의 설치기준 中

❖ 소화설비의 능력단위

소화설비	용량(ℓ)	능력단위
소화전용 물통	8	0.3
수조(소화전용 물통 3개 포함)	80	1.5
수조(소화전용 물통 6개 포함)	190	2.5
마른 모래(삽 1개 포함)	50	0.5
팽창질석 또는 팽창진주암(삽 1개 포함)	160	1.0

49 위험물의 운반에 관한 기준에서 다음 ( ) 안에 알맞은 온도는 몇 ℃인가? 빈출 유형

적재하는 제5류 위험물 중 ( )℃ 이하의 온도에서 분해될 우려가 있는 것은 보냉 컨테이너에 수납하는 등 적정한 온도 관리를 유지하여야 한다.

① 40 ② 50 ③ 55 ④ 60

해설 [위험물안전관리법 시행규칙 별표19 / 위험물의 운반에 관한 기준] - Ⅱ. 적재방법 제5호
• 차광성이 있는 피복으로 가려야 할 위험물
  - 제1류 위험물
  - 제3류 위험물 중 자연발화성 물질
  - 제4류 위험물 중 특수인화물
  - 제5류 위험물
  - 제6류 위험물
• 방수성이 있는 피복으로 덮어야 할 위험물
  - 제1류 위험물 중 알칼리금속의 과산화물 또는 이를 함유한 것
  - 제2류 위험물 중 철분·금속분·마그네슘 또는 이들 중 어느 하나 이상을 함유한 것
  - 제3류 위험물 중 금수성 물질
• 보냉 컨테이너에 수납하는 등 적정한 온도관리를 해야 할 위험물
  - 제5류 위험물 중 55℃ 이하의 온도에서 분해될 우려가 있는 것

- 충격 등을 방지하기 위한 조치를 강구해야 할 위험물
  - 액체 위험물 또는 위험등급 II의 고체 위험물을 기계에 의하여 하역하는 구조로 된 운반 용기에 수납하여 적재하는 경우

50 위험물안전관리법령상 옥내소화전 설비의 기준에 따르면 펌프를 이용한 가압송수 장치에서 펌프의 토출량은 옥내소화전의 설치개수가 가장 많은 층에 대해 해당 설치개수(5개 이상인 경우에는 5개)에 얼마를 곱한 양 이상이 되도록 하여야 하는가?

① 260L/min ② 360L/min
③ 460L/min ④ 560L/min

해설 [위험물안전관리에 관한 세부기준 제129조 / 옥내소화전 설비의 기준] – 9. 가압송수장치 中 펌프를 이용한 가압송수 장치에서 펌프의 토출량은 옥내소화전의 설치개수가 가장 많은 층에 대해 당해 설치개수(설치개수가 5개 이상인 경우에는 5개로 한다)에 260ℓ/min를 곱한 양 이상이 되도록 할 것

51 위험물안전관리법령상 제4류 위험물의 품명에 따른 위험등급과 옥내저장소 하나의 저장창고 바닥면적 기준을 옳게 나열한 것은? (단, 전용의 독립된 단층 건물에 설치하며, 구획된 실이 없는 하나의 저장창고인 경우에 한한다.)

① 제1석유류 : 위험등급 I, 최대 바닥면적 1,000m²
② 제2석유류 : 위험등급 I, 최대 바닥면적 2,000m²
③ 제3석유류 : 위험등급 II, 최대 바닥면적 2,000m²
④ 알코올류 : 위험등급 II, 최대 바닥면적 1,000m²

해설 ① 제1석유류 : 위험등급 II, 최대 바닥면적 1,000m²
② 제2석유류 : 위험등급 III, 최대 바닥면적 2,000m²
③ 제3석유류 : 위험등급 III, 최대 바닥면적 2,000m²
④ 알코올류 : 위험등급 II, 최대 바닥면적 1,000m²

❖ 제4류 위험물(인화성 액체)의 지정수량 및 위험등급

품 명		지정수량(ℓ)	위험등급
특수인화물		50	I
제1석유류	비수용성	200	II
	수용성	400	
알코올류		400	
제2석유류	비수용성	1,000	III
	수용성	2,000	
제3석유류	비수용성	2,000	
	수용성	4,000	
제4석유류		6,000	
동식물유류		10,000	

[위험물안전관리법 시행규칙 별표5 / 옥내저장소의 위치·구조 및 설비의 기준] – I. 옥내저장소의 기준 제6호

하나의 저장창고의 바닥면적(2 이상의 구획된 실이 있는 경우에는 각 실의 바닥면적의 합계)은 다음 각목의 구분에 의한 면적 이하로 하여야 한다. 이 경우 가목의 위험물과 나목의 위험물을 같은 저장창고에 저장하는 때에는 가목의 위험물을 저장하는 것으로 보아 그에 따른 바닥면적을 적용한다.

가. 다음의 위험물을 저장하는 창고 : 1,000m²
- 제1류 위험물 중 아염소산염류, 염소산염류, 과염소산염류, 무기과산화물 그 밖에 지정수량이 50kg인 위험물
- 제3류 위험물 중 칼륨, 나트륨, 알킬알루미늄, 알킬리튬 그 밖에 지정수량이 10kg인 위험물 및 황린
- 제4류 위험물 중 특수인화물, 제1석유류 및 알코올류
- 제5류 위험물 중 유기과산화물, 질산에스테르류 그 밖에 지정수량이 10kg인 위험물
- 제6류 위험물

정답 47 ③ 48 ① 49 ③ 50 ① 51 ④

나. 가목의 위험물 외의 위험물을 저장하는 창고 : 2,000m²
다. 가목의 위험물과 나목의 위험물을 내화구조의 격벽으로 완전히 구획된 실에 각각 저장하는 창고 : 1,500m²(가목의 위험물을 저장하는 실의 면적은 500m²를 초과할 수 없다)

❈ Tip
위험등급만 구분할 수 있다면 최대 바닥면적에 대한 내용을 몰라도 해결할 수 있는 문제이다. 이런 부류의 문제가 의외로 많이 출제되므로 생소하다고 생각되는 내용이 나왔다고 당황하거나 포기하지는 말아야겠다.

52 위험물안전관리법령상 위험물 안전관리자의 책무에 해당하지 않는 것은?

① 화재 등의 재난이 발생한 경우 소방관서 등에 대한 연락업무
② 화재 등의 재난이 발생한 경우 응급조치
③ 위험물 취급에 관한 일지의 작성·기록
④ 위험물 안전관리자의 선임·신고

해설 자기가 자기 자신을 선임하고 신고한다는 것이니 틀린 것이라 할 것이며 위험물 안전관리자의 선임·신고는 제조소등의 관계인(소유자, 관리자 또는 점유자)이 하는 것이다.

[위험물안전관리법 시행규칙 제55조 / 안전관리자의 책무]
안전관리자는 위험물의 취급에 관한 안전관리와 감독에 관한 다음 각 호의 업무를 성실하게 수행하여야 한다.
• 위험물의 취급작업에 참여하여 당해 작업이 법 규정에 의한 저장 또는 취급에 관한 기술기준과 예방규정에 적합하도록 해당 작업자에 대하여 지시 및 감독하는 업무
• 화재 등의 재난이 발생한 경우 응급조치(②) 및 소방관서 등에 대한 연락업무(①)
• 위험물시설의 안전을 담당하는 자를 따로 두는 제조소등의 경우에는 그 담당자에게 다음 각목의 규정에 의한 업무의 지시, 그 밖의 제조소등의 경우에는 다음 각목의 규정에 의한 업무
  - 제조소등의 위치·구조 및 설비를 법에 정한 기술기준에 적합하도록 유지하기 위한 점검과 점검상황의 기록·보존
  - 제조소등의 구조 또는 설비의 이상을 발견한 경우 관계자에 대한 연락 및 응급조치
  - 화재가 발생하거나 화재발생의 위험성이 현저한 경우 소방관서 등에 대한 연락 및 응급조치
  - 제조소등의 계측장치·제어장치 및 안전장치 등의 적정한 유지·관리
  - 제조소등의 위치·구조 및 설비에 관한 설계도서 등의 정비·보존 및 제조소등의 구조 및 설비의 안전에 관한 사무의 관리
• 화재 등의 재해의 방지와 응급조치에 관하여 인접하는 제조소등과 그 밖의 관련되는 시설의 관계자와 협조체제의 유지
• 위험물의 취급에 관한 일지의 작성·기록(③)
• 그 밖에 위험물을 수납한 용기를 차량에 적재하는 작업, 위험물 설비를 보수하는 작업 등 위험물의 취급과 관련된 작업의 안전에 관하여 필요한 감독의 수행

[위험물안전관리법 제15조 / 위험물안전관리자]
• 제조소등의 관계인은 위험물의 안전관리에 관한 직무를 수행하게 하기 위하여 제조소등마다 대통령령이 정하는 위험물의 취급에 관한 자격이 있는 자(이하 "위험물취급자격자"라 한다)를 위험물안전관리자(이하 "안전관리자"라 한다)로 선임하여야 한다(④).
• 안전관리자를 선임한 제조소등의 관계인은 그 안전관리자를 해임하거나 안전관리자가 퇴직한 때에는 해임하거나 퇴직한 날부터 30일 이내에 다시 안전관리자를 선임하여야 한다.
• 안전관리자를 선임한 경우에는 선임한 날부터 14일 이내에 행정안전부령으로 정하는 바에 따라 소방본부장 또는 소방서장에게 신고하여야 한다(④).

53 인화점이 21℃ 미만인 액체 위험물의 옥외 저장탱크 주입구에 설치하는 "옥외 저장탱크 주입구"라고 표시한 게시판의 바탕 및 문자색을 옳게 나타낸 것은?

① 백색 바탕 – 적색 문자
② 적색 바탕 – 백색 문자
③ 백색 바탕 – 흑색 문자
④ 흑색 바탕 – 백색 문자

해설 인화점이 21℃ 미만인 위험물의 옥외 저장탱크의 주입구에 설치하는 게시판에는 백색 바탕에 흑색 문자로 "옥외저장 탱크 주입구"라고 표시한다.

[위험물안전관리법 시행규칙 별표6 / 옥외 탱크 저장소의 위치·구조 및 설비의 기준] – Ⅵ. 옥외 저장탱크의 외부구조 및 설비 제9호
액체 위험물의 옥외 저장탱크의 주입구는 다음 각목의 기준에 의하여야 한다.
- 화재예방 상 지장이 없는 장소에 설치할 것
- 주입 호스 또는 주입관과 결합할 수 있고, 결합하였을 때 위험물이 새지 아니할 것
- 주입구에는 밸브 또는 뚜껑을 설치할 것
- 휘발유, 벤젠 그 밖에 정전기에 의한 재해가 발생할 우려가 있는 액체 위험물의 옥외 저장탱크의 주입구 부근에는 정전기를 유효하게 제거하기 위한 접지전극을 설치할 것
- 인화점이 21℃ 미만인 위험물의 옥외 저장탱크의 주입구에는 보기 쉬운 곳에 다음의 기준에 의한 게시판을 설치할 것. 다만, 소방본부장 또는 소방서장이 화재예방 상 당해 게시판을 설치할 필요가 없다고 인정하는 경우에는 그러하지 아니하다.
  - 게시판은 한 변이 0.3m 이상, 다른 한 변이 0.6m 이상인 직사각형으로 할 것
  - 게시판에는 "옥외 저장탱크 주입구"라고 표시하는 것 외에 취급하는 위험물의 유별, 품명 및 별표4 Ⅲ 제2호 라목의 규정에 준하여 주의사항을 표시할 것
  - 게시판은 백색 바탕에 흑색 문자(별표4 Ⅲ 제2호 라목의 주의사항은 적색 문자)로 할 것
- 주입구 주위에는 새어 나온 기름 등 액체가 외부로 유출되지 아니하도록 방유턱을 설치하거나 집유설비 등의 장치를 설치할 것

54 위험물안전관리법령상 옥내 탱크저장소의 기준에서 옥내 저장탱크 상호 간에는 몇 m 이상의 간격을 유지하여야 하는가?

① 0.3 ② 0.5 ③ 0.7 ④ 1.0

해설 [위험물안전관리법 시행규칙 별표7 / 옥내 탱크저장소의 위치, 구조 및 설비의 기준] – Ⅰ. 옥내 탱크저장소의 기준 中
옥내 저장탱크와 탱크 전용실의 벽과의 사이 및 옥내 저장탱크의 상호 간에는 0.5m 이상의 간격을 유지할 것. 다만, 탱크의 점검 및 보수에 지장이 없는 경우에는 그러하지 아니하다.

55 제2류 위험물 중 인화성 고체를 취급하는 제조소에 설치하는 주의사항 게시판에 표시할 내용을 옳게 나타낸 것은?

① 적색 바탕에 백색 문자로 "화기엄금" 표시
② 적색 바탕에 백색 문자로 "화기주의" 표시
③ 백색 바탕에 적색 문자로 "화기엄금" 표시
④ 백색 바탕에 적색 문자로 "화기주의" 표시

해설 제2류 위험물 중 인화성 고체를 저장 또는 취급하는 제조소에는 적색 바탕에 백색 문자로 '화기엄금'이란 주의사항을 표시한 게시판을 설치하여야 한다.

[05번] 문제 해설 참조

정답 52 ④ 53 ③ 54 ② 55 ①

56 위험물안전관리법령상 배출설비를 설치하여야 하는 옥내저장소의 기준에 해당하는 것은?

① 가연성 증기가 액화할 우려가 있는 장소
② 모든 장소의 옥내저장소
③ 가연성 미분이 체류할 우려가 있는 장소
④ 인화점이 70℃ 미만인 위험물의 옥내저장소

해설 [위험물안전관리법 시행규칙 별표5 / 옥내저장소의 위치·구조·설비의 기준] - Ⅰ. 옥내저장소의 기준 中
인화점이 70℃ 미만인 위험물의 저장창고에 있어서는 내부에 체류한 가연성의 증기를 지붕 위로 배출하는 설비를 갖추어야 한다.

❖ 배출설비 설치기준
· 위험물 제조소 : 가연성의 증기 또는 미분이 체류할 우려가 있는 건축물
· 옥내저장소 : 인화점이 70℃ 미만인 위험물의 저장창고

57 다음 중 위험물안전관리법령상 지정수량의 1/10을 초과하는 위험물을 운반할 때 혼재할 수 없는 경우는? [최다 빈출 유형]

① 제1류 위험물과 제6류 위험물
② 제2류 위험물과 제4류 위험물
③ 제4류 위험물과 제5류 위험물
④ 제5류 위험물과 제3류 위험물

해설 제5류 위험물과 제3류 위험물은 혼재할 수 없다.
[위험물안전관리법 시행규칙 별표19 / 위험물의 운반에 관한 기준] [부표2] - 유별을 달리하는 위험물의 혼재 기준

구분	제1류	제2류	제3류	제4류	제5류	제6류
제1류		×	×	×	×	○
제2류	×		×	○	○	×
제3류	×	×		○	×	×
제4류	×	○	○		○	×
제5류	×	○	×	○		×
제6류	○	×	×	×	×	

* 'O'는 혼재할 수 있음을, '×'는 혼재할 수 없음을 표시한다.
* 이 표는 지정수량 1/10 이하의 위험물에는 적용하지 않는다.

58 이동 저장탱크에 알킬알루미늄을 저장하는 경우에 불활성 기체를 봉입하는데 이때의 압력은 몇 kPa 이하이어야 하는가?

① 10 ② 20 ③ 30 ④ 40

해설 [위험물안전관리법 시행규칙 별표18 / 제조소등에서의 위험물의 저장 및 취급에 관한 기준] - Ⅲ. 저장의 기준 中
이동 저장탱크에 알킬알루미늄등을 저장하는 경우에는 20kPa 이하의 압력으로 불활성의 기체를 봉입하여 둘 것

59 그림과 같은 위험물 저장탱크의 내용적은 약 몇 m³인가?

① 4681 ② 5482
③ 6283 ④ 7080

해설 · 탱크의 내용적
- 근거 : [위험물안전관리에 관한 세부기준 별표1] - 탱크의 내용적 계산방법
횡으로 설치한 원형탱크의 내용적은 다음의 공식을 이용하여 구한다.

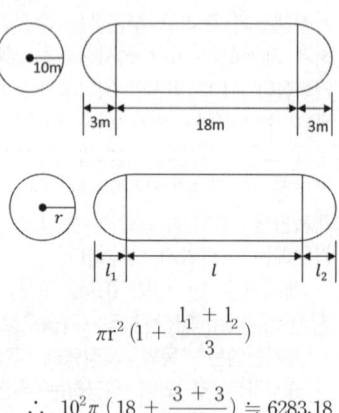

$$\pi r^2 \left(1 + \frac{l_1 + l_2}{3}\right)$$

$$\therefore 10^2 \pi \left(18 + \frac{3+3}{3}\right) \fallingdotseq 6283.18$$

60 위험물 옥외저장소에서 지정수량 200배 초과의 위험물을 저장할 경우 경계표시 주위의 보유공지 너비는 몇 m 이상으로 하여야 하는가? (단, 제4류 위험물과 제6류 위험물이 아닌 경우이다.) 13년·2 ▮ 17년·2 동일

① 0.5 ② 2.5 ③ 10 ④ 15

해설 [위험물안전관리법 시행규칙 별표11 / 옥외저장소의 위치·구조 및 설비의 기준] - Ⅰ. 옥외저장소의 기준 中

위험물을 저장 또는 취급하는 장소의 주위에는 경계표시(울타리의 기능이 있는 것에 한한다.)를 하여 명확하게 구분하여야 하며 경계표시의 주위에는 그 저장 또는 취급하는 위험물의 최대수량에 따라 다음 표에 의한 너비의 공지를 보유해야 한다.

위험물의 최대수량	공지의 너비
지정수량의 10배 이하	3m 이상
지정수량의 10배 초과 20배 이하	5m 이상
지정수량의 20배 초과 50배 이하	9m 이상
지정수량의 50배 초과 200배 이하	12m 이상
지정수량의 200배 초과	15m 이상

단, 제4류 위험물 중 제4석유류와 제6류 위험물을 저장 또는 취급하는 옥외저장소의 보유공지는 위 표에 의한 공지 너비의 1/3 이상의 너비로 할 수 있다.

"내가 보기에 사람들은 엄청난 잠재력을 가지고 있다. 많은 이들이 자신감을 갖거나 위험을 무릅쓴다면 위대한 일을 해낼 수 있다. 하지만 대부분 그러지 못한다. 사람들은 TV 앞에 앉아 삶은 영원할 것이라 생각한다."

– Philip Adams(필립 애덤스) –

정답 56 ④ 57 ④ 58 ② 59 ③ 60 ④

02. 2016년 제2회 기출문제 및 해설 (16년 4월 2일)

1과목 화재예방과 소화방법

01 다음 중 제4류 위험물의 화재 시 물을 이용한 소화를 시도하기 전에 고려해야 하는 위험물의 성질로 가장 옳은 것은?

① 수용성, 비중
② 증기비중, 끓는점
③ 색상, 발화점
④ 분해온도, 녹는점

해설
- 제4류 위험물(인화성 액체) 대부분은 물보다 비중이 작고 물에 녹지 않아 물 위에 뜨는 성질을 지니고 있으므로 주수소화를 하게 되면 화재 면을 확대시킬 우려가 있어 물을 이용한 소화는 적당하지 않다.
- 제4류 위험물 중 수용성 위험물의 화재에는 다량의 물로 희석소화하는 것이 가능하며 알코올형포 소화약제를 사용하여 소화한다.
- 제4류 위험물 중 물보다 무거운 물질에는 직접적인 물에 의한 냉각소화는 적절하지 않으나 무상(霧狀) 소화설비를 이용하여 위험물의 유동을 발생시키지 않으면서 피복하여 질식소화 및 유화소화 하는 것은 가능하다.

따라서, 수용성의 여부와 비중을 고려하여 적절한 소화 방식을 적용하는 것이 타당할 것이다.

02 다음 점화 에너지 중 물리적 변화에서 얻어지는 것은?

① 압축열
② 산화열
③ 중합열
④ 분해열

해설 압축열은 공기에 압력이 가해져 부피가 감소할 때 발생되는 열을 말하며 기계적 에너지에 해당되고 물리적 변화를 통해 얻어지는 것이다. 나머지는 화학적 변화에 의해서 얻어지는 화학적 에너지이다.

❖ 점화원과 점화에너지
- 점화원 : 정전기, 스파크(전기불꽃), 불꽃, 마찰열, 충격, 화기 등
- 가연물의 활성화 에너지 크기보다는 점화에너지의 크기가 커야 연소가 진행된다.
- 화학 반응성이 작은 가연물일수록 점화 에너지값은 커야 한다.
- 점화 에너지의 종류

분 류	종 류
화학적 에너지	연소열(산화열), 분해열, 용해열, 중합열 등
기계적 에너지	마찰열, 압축열 등
전기적 에너지	정전기열, 저항열, 낙뢰에 의한 열
원자력 에너지	핵분열, 핵융합

03 금속분의 연소 시 주수소화 하면 위험한 원인으로 옳은 것은? 12년·5 동일

① 물에 녹아 산이 된다.
② 물과 작용하여 유독가스를 발생한다.
③ 물과 작용하여 수소가스를 발생한다.
④ 물과 작용하여 산소가스를 발생한다.

해설 제2류 위험물(가연성 고체) 중 금속분(알루미늄분, 아연분 등)은 물과 반응하면 수소기체를 발생시켜 위험하다. 수소기체는 공기와 혼합되었을 때 폭발과 함께 화재를 동반할 수 있는 가연성 기체이다. 따라서, 물을 이용한 주수냉각소화보다는 마른모래나 팽창질석, 팽창진주암, 탄산수소염류 분말 소화약제 등을 이용하여 질식소화하는 것이 효과적이다.

화재 시 주수를 하게 되면 수증기가 급격하게 생겨나 압력을 증대시키며 그러한 수증기와 반응하여 발생된 수소에 의해 금속분이 비산하고 폭발하게 되며 화재 범위를 확대시킨다.

$2Al + 6H_2O \rightarrow 2Al(OH)_3 + 3H_2 \uparrow$
$Zn + 2H_2O \rightarrow Zn(OH)_2 + H_2 \uparrow$

04 다음 중 유류저장 탱크화재에서 일어나는 현상으로 거리가 먼 것은?

① 보일 오버 ② 플래시 오버
③ 슬롭 오버 ④ BLEVE

해설 ① 보일 오버(Boil over) : 화재가 발생하여 고온층이 형성된 유류탱크 밑면에 물이 고여 있는 경우 화재가 진행됨에 따라 바닥의 물이 급격하게 증발함으로써 불붙은 기름을 분출시키는 현상
② 플래시 오버(Flash over) : 건축물의 실내에서 화재가 발생하였을 때 화재가 서서히 진행되다가 어느 정도 시간이 지남에 따라 대류와 복사현상에 의해 일정 공간 안에 열과 가연성 가스가 축적되고 발화온도에 이르게 되어 화염이 순간적으로 실내 전체로 확대되는 현상.
③ 슬롭 오버(Slop over) : 유류탱크 화재 시에 물이나 포 소화약제를 유류표면에 분사할 때 물의 비점 이상으로 뜨거워진 유류 표면으로부터 소화용수가 기화하고 부피가 팽창하면서 기름을 함께 분출시키는 현상으로 유류의 표면에 한정되기 때문에 비교적 격렬하지는 않다.
④ BLEVE(Boiling Liquid Expanding Vapor Explosion) : LPG 탱크와 같은 고압 상태인 액화가스 탱크 주변에서 화재가 발생하여 탱크 강판이 국부적으로 가열되면 그 부분의 강도가 약해져서 그로 인해 탱크가 파열된다. 이때 내부의 가열된 액화가스의 급속한 유출 팽창에 의한 물리적 폭발이 순간적으로 화학적 폭발로 이어지는 현상을 말한다.

✱ 빈틈없이 촘촘하게 `One more Step`

• 백 드래프트(Back draft) : 산소가 부족하거나 화재 감퇴기에 있는 밀폐된 실내에 산소가 일시적으로 다량 공급됨으로써 연소가스가 순간적으로(폭발적으로) 발화하는 현상이다.
• 플래시 백(Flash back) : 일반적인 역화 현상으로 환기가 잘 되지 않는 곳에서 발생하며 문의 개방 등을 통해 갑자기 신선한 공기의 유입으로 연소가 다시 시작되는 현상을 말한다. 백 드래프트와의 차이점은 밀폐된 공간이 아니라는 점과 폭발의 형태로 실외로 분출하지 않으며 공간 내부에서 화염이 확대된다는 것이다
• 프로스 오버(Froth over) : 탱크 안에 존재하는 물이 점성이 있는 뜨거운 기름 표면 아래에서 끓을 때 화재를 수반하지 않고 기름이 넘쳐흐르는 현상이다.
• 화이어 볼(Fire ball) : BLEVE 현상으로 분출된 대량의 인화성 액체 증기가 갑자기 발화될 때 발생하는 공 모양의 화염.
• 폴 다운(Fall down) : 이미 진행 중인 화재에서 떨어져 나온 연소물질이나 불씨에 의해 시작된 연소를 말한다.

05 다음 중 정전기 방지대책으로 가장 거리가 먼 것은?

12년 · 5 ▮ 13년 · 5 ▮ 14년 · 5 유사 ▮ 빈출유형

① 접지를 한다.
② 공기를 이온화한다.
③ 21% 이상의 산소농도를 유지하도록 한다.
④ 공기의 상대습도를 70% 이상으로 한다.

해설 21% 이상의 산소농도를 유지하는 것은 연소의 3요소 중 산소공급원에 관련된 내용으로 정전기 방지대책과는 거리가 멀다.

[위험물안전관리법 시행규칙 별표4 / 제조소의 위치·구조 및 설비의 기준] - Ⅷ. 기타설비 中 제6호. 정전기 제거설비
위험물을 취급함에 있어서 정전기가 발생할 우려가 있는 설비에는 다음에 해당하는 방법으로 정전기를 유효하게 제거할 수 있는 설비를 설치하여야 한다.
• 접지에 의한 방법
• 공기 중의 상대습도를 70% 이상으로 하는 방법
• 공기를 이온화하는 방법

정답 01 ① 02 ① 03 ③ 04 ② 05 ③

✽ 빈틈없이 촘촘하게　One more Step

❖ **정전기 발생을 줄이는 방법**
- 유속제한 : 인화성 액체는 비전도성 물질이므로 빠른 유속으로 배관을 통과할 때 정전기가 발생할 위험이 있어 주의한다.
- 제전제 사용 : 물체에 대전전하를 완전히 중화시키는 것이 아니고 정전기에 의한 재해가 발생하지 않을 정도까지 중화시키는 것
- 전도성 재료 사용 : 전기저항이 높은 물질 대신 전도성이 있는 물질을 사용하여 정전기 방지
- 물질 간의 마찰 감소

06 폭발의 종류에 따른 물질이 잘못 짝지어진 것은?

① 분해폭발 - 아세틸렌, 산화에틸렌
② 분진폭발 - 금속분, 밀가루
③ 중합폭발 - 시안화수소, 염화비닐
④ 산화폭발 - 히드라진, 과산화수소

해설 산화폭발이란 가연성 가스가 공기 중에 누설되거나 인화성 액체 저장 탱크에 공기가 유입되어 폭발성 혼합가스를 형성함으로써 점화원에 의해 폭발하는 현상을 말하며 LPG, LNG 등이 여기에 해당된다. 히드라진(hydrazine, N_2H_4)과 과산화수소는 분해폭발 방식을 취한다.

① 분해폭발 : 높은 온도와 압력조건 하에서 산소의 도움 없이 일어나는 화학적 폭발 현상. 아세틸렌, 산화에틸렌, 히드라진 등의 물질에서 일어난다.
② 분진폭발 : 가연성 고체가 공기 중에 미세한 분말 상태로 부유할 경우 점화원에 의해 급격한 연소가 일어나며 폭발하는 현상. 금속분, 밀가루, 설탕가루, 코크스, 담배가루 등에서 발생한다.
③ 중합폭발 : 단량체로부터 분자량이 큰 중합체가 형성될 때 발생되는 열에 의해 압력이 상승하고 용기가 파열되면서 일어나는 폭발 현상. 시안화수소, 염화비닐 등의 물질에서 일어난다.

07 착화온도가 낮아지는 원인과 가장 관계가 있는 것은?
12년·1 ▌12년·5 유사

① 발열량이 적을 때
② 압력이 높을 때
③ 습도가 높을 때
④ 산소와의 결합력이 나쁠 때

해설 착화온도는 착화점 또는 발화점이라고도 하며 외부의 직접적인 착화원(점화원)이 없는 상태에서도 가열된 열의 축적에 의하여 스스로 발화하여 연소를 시작하는 최저온도를 말한다. 착화점에 도달해야 물질은 연소할 수 있으며 착화온도(발화점)가 높을수록 상대적으로 더 높은 온도에서 불이 붙는다는 것이므로 착화온도가 낮은 물질에 비해서 연소하기 어렵다. 가열되는 용기의 표면상태, 압력, 가열되는 속도 등에 영향을 받으며 일반적으로 인화점보다 착화점(발화점)이 높다.
착화 온도가 낮아진다는 의미는 낮은 온도 조건에서도 연소될 가능성이 높아진다는 것이므로 화재 가능성이 그만큼 커진다는 뜻이다. 따라서, 연소가 잘 일어날 수 있는 조건을 찾으면 된다. 압력을 증가시키게 되면 단위 체적 당 입자 수가 증가하고 입자 간의 충돌 가능성도 커져 에너지 상승과 축적이 잘 이루어짐으로 연소 가능성도 증대된다.
① 발열량이 많을수록 연소가 잘 일어날 것이므로 착화온도는 낮아지게 된다.
③ (물질 자체 내의) 습도가 낮을수록 발화가 잘 진행되므로 착화온도는 낮아진다.
④ 산소와의 친화력이 클수록 연소반응이 촉진될 것이므로 착화온도는 낮아진다.

✽ 빈틈없이 촘촘하게　One more Step

❖ **발화점이 낮아지는 조건**
- 압력이 높을수록 물질의 인력이 증대되고 에너지 축적이 용이해짐으로 발화점은 낮아진다.

[참고]
압력은 물체의 안쪽으로 작용하는 힘인데 반하여 증기압은 증기가 밖으로 밀치고 나가려는 힘이므로 증기압은 낮을수록 발화점이 낮아진다.

- 산소농도는 <u>클수록</u> 착화가 용이해짐으로 발화점은 낮아진다.
- 물질의 <u>산소친화도가 높을수록</u> 산소와의 반응성도 증가할 것이므로 발화점은 낮아진다.
- <u>이산화탄소와의 친화도는 낮을수록</u> 소화되기 어렵고 연소가 잘 일어날 것이므로 발화점은 낮아진다.
- <u>반응표면적이 넓을수록</u> 접촉 가능성이 증대되어 발화가 용이하므로 발화점이 낮아진다.
- 물질의 <u>열전도도(열전도율)가 작을수록</u> 열의 축적이 용이하여 연소가 잘 일어날 것이므로 발화점은 낮아진다.
- <u>발열량이 클수록</u> 연소가 잘 이루어질 것이므로 발화점은 낮아진다.
- <u>화학적 활성도가 커질수록</u> 반응성이 증가하는 것이므로 발화점은 낮아진다.
- <u>활성화에너지는 작을수록</u> 반응성이 커지는 것이므로 발화점은 낮아진다.
- <u>분자구조가 복잡할수록</u> 열축적이 용이해짐으로 발화점은 낮아진다.

[참고]
발화점은 점화원 없이 연소가 일어나야 하는 것이므로 '열축적'이 중요하다. 분자구조가 복잡한 것일수록 열 손실이 적고 축적이 잘 이루어질 것이다. 인화점은 분자구조가 크고 복잡할수록 올라간다.

- <u>(물질 내) 습도가 낮을수록</u> 발화가 잘 일어남으로 발화점은 낮아진다.

[참고]
자연발화가 일어나지 않는 물질이라면 물질 내의 수분이 적을수록 발화점이 낮아진다고 볼 수 있으나 자연발화를 일으키는 경우에 있어서는 오히려 수분이 열 생성 및 전달의 촉매 역할을 함으로써 자연발화가 촉진되기도 한다. 예를 들면, 습도가 높은 건초더미는 습도가 낮은 것 보다는 미생물 생육이 활발하고 발효진행이 더 잘되어 내부 온도 상승을 부추기며 발화점까지 도달되어 자연발화 할 수 있다.

- <u>유속이 빠를수록</u> 인화성 액체와 같은 비전도성 물질의 정전기 발생 위험성이 증가하여 연소 가능성이 커지므로 발화점은 낮아지게 된다.

08 소화약제로서 물의 단점인 동결현상을 방지하기 위하여 주로 사용되는 물질은? 17년·4동일

① 에틸알코올   ② 글리세린
③ 에틸렌글리콜   ④ 탄산칼슘

해설 물의 최대 단점인 저온에서의 동결현상을 방지하기 위해 에틸렌글리콜, 프로필렌글리콜, 디에틸렌글리콜, 글리세린, 염화칼슘 등이 사용되며 이 중 에틸렌글리콜이 가장 널리 쓰인다.
에틸렌글리콜은 제4류 위험물 중 제3석유류에 속하는 물질이며 냄새가 없고 단맛이 나는 무색의 액체로 물과 알코올에 잘 녹으며 부동액의 원료로 사용된다.

❖ 에틸렌글리콜($C_2H_4(OH)_2$)
- 제4류 위험물 중 제3석유류(수용성)
- 지정수량 4,000ℓ, 위험등급 Ⅲ
- 인화점 120℃, 발화점 398℃, 비점 198℃, 융점 -13℃
- 분자량 62, 비중 1.113, 증기비중 2.14, 연소범위 3.2~15.3%
- 2가 알코올(히드록시기 / −OH기가 2개) 중 가장 간단한 구조이다.

$$\begin{array}{c} H\ \ \ H \\ |\ \ \ \ | \\ H-C-C-H \\ |\ \ \ \ | \\ OH\ OH \end{array}$$

- 무색의 점성이 있는 액체이며 단맛이 있다.
- 흡습성이 있으며 독성이 있다.
- 물, 에탄올, 아세톤, 글리세린에 잘 녹으며 이황화탄소, 사염화탄소, 클로로포름 등에는 녹지 않는다.
- 가열하면 인화될 위험성이 높아진다(인화점 120℃).
- 자동차용 부동액, 내한성의 윤활유, 글리세린의 대용품, 의약품 등으로 사용된다.

정답 06 ④ 07 ② 08 ③

09 제5류 위험물의 화재예방상 유의사항 및 화재 시 소화방법에 관한 설명으로 옳지 않은 것은?

① 대량의 주수에 의한 소화가 좋다.

② 화재초기에는 질식소화가 효과적이다.

③ 일부 물질의 경우 운반 또는 저장 시 안정제를 사용해야 한다.

④ 가연물과 산소공급원이 같이 있는 상태이므로 점화원의 방지에 유의하여야 한다.

해설 제5류 위험물은 자기반응성 물질로서 대부분이 물질 자체에 산소를 함유하고 있어 점화원의 환경이 조성되면 자기연소를 일으키며 연소속도가 빠른 특징을 지니고 있다. 따라서, 화재 초기 상태나 소형화재 이외에는 소화하는 데 어려움이 있으므로 가급적이면 소량씩 소분하여 저장하고 점화원 및 분해를 촉진시키는 물질로부터 멀리하도록 한다. 화재초기에는 다량의 물을 이용하여 주수소화하고 소화가 어려울 경우에는 모두 연소할 때까지 화재의 확산을 막는 데 주안점을 두어야 한다. 질식소화는 산소 공급을 차단하여 공기 중 산소 농도를 한계 하한치 이하(보통 15% 이하)로 떨어뜨려 소화하는 방법이지만 제5류 위험물은 자체에 산소를 함유하고 있으므로 질식소화 방식에 의해 연소를 중지시키기는 어렵다.

③ 유기과산화물의 경우 폭발력을 감소시키기 위해 프탈산디메틸이나 프탈산디부틸 같은 희석제를 첨가하거나 물이나 알코올을 첨가하여 안정성을 유지하기도 한다. 질산에스테르류에 속하는 니트로셀룰로오스 같은 위험물은 물이 침투할수록 안정성이 증가하므로 저장·운반 시에는 물이나 알코올을 첨가하여 습윤시킨다.

❖ 제5류 위험물의 일반적 성질

- 히드라진 유도체를 제외한 나머지는 모두 유기화합물이다.
- 유기과산화물을 제외하면 모두 질소를 포함하고 있다.
- 모두 가연성의 액체 또는 고체이며 연소할 때에는 다량의 유독성 가스를 발생한다.
- 대부분 물에 불용이며 물과의 반응성도 없다.
- 비중은 1보다 크다(일부의 유기과산화물 제외).
- 가열, 충격, 마찰에 민감하다.
- 강산화제 또는 강산류와 접촉 시 발화가 촉진되고 위험성도 현저히 증가한다.
- 연소속도가 대단히 빠른 폭발성의 물질로 화약, 폭약의 원료로 사용된다.
- 분자 내에 산소를 함유하고 있으므로 가연물과 산소공급원의 두 가지 조건을 충족하고 있으며 가열이나 충격과 같은 환경이 조성되면 스스로 연소할 수 있다(자기반응성 물질)(④).
- 공기 중에서 장시간 저장 시 분해되고 분해열 축적에 의해 자연발화할 수 있다.
- 산소를 함유하고 있어 질식소화는 효과가 없고(②) 다량의 물로 주수소화 한다(①).
- 대량화재 시 소화가 곤란하므로 저장할 경우에는 소량으로 나누어 저장한다.
- 화재 시 폭발의 위험성이 있으므로 충분한 안전거리를 확보하여야 한다.
- 운반용기의 외부에는 "화기엄금" 및 "충격주의"라는 주의사항을 표시한다.

10 과염소산의 화재 예방에 요구되는 주의사항에 대한 설명으로 옳은 것은?

① 유기물과 접촉 시 발화의 위험이 있으므로 가연물과 접촉시키지 않는다.

② 자연발화의 위험이 높으므로 냉각시켜 보관한다.

③ 공기 중 발화하므로 공기와의 접촉을 피해야 한다.

④ 액체 상태는 위험하므로 고체 상태로 보관한다.

해설 제6류 위험물인 과염소산은 자기자신은 불연성이지만 산소를 다량 포함하고 있어 다른 물질의 연소를 돕는 조연성 물질로 작용하므로 유기물 등과 같은 가연물과의 접촉을 피하도록 한다.

②·③·④ 과염소산은 휘발성 및 흡습성이 강한 액체이지만 불연성이므로 자연발화의 위험성은 거의 없다고 할 것이며 가연물과 접촉하지 않으면 발화하지 않는다. 내산성 용기를 사용하여 직사광선을 피하고 통풍이 잘되는 냉암소에 보관한다. 물과의 접촉을

피하고 강산화제, 환원제, 알코올류, 시안화합물, 염화바륨, 알칼리와 격리 보관한다.

❖ **과염소산(HClO₄)**
- 제6류 위험물(산화성 액체)
- 지정수량 300kg, 위험등급 I
- 산소공급원으로 작용하는 산화제이다.
- 제6류 위험물은 불연성이며 무기화합물이다.
- 무색, 무취, 강한 휘발성 및 흡습성을 나타내는 액체이다.
- 분자량 100.5, 비중 1.76, 증기비중 3.5, 융점 -112℃, 비점 39℃
- 염소의 산소산 중 가장 강력한 산이다. (HClO 〈 HClO₂ 〈 HClO₃ 〈 HClO₄)
- 물과 접촉하면 소리를 내며 발열하고 고체 수화물을 만든다.
- 가열하면 폭발, 분해되고 유독성의 염화수소(HCl)를 발생한다.
  HClO₄ → HCl↑ + 2O₂↑
- 철, 구리, 아연 등과 격렬하게 반응한다.
- 황산이나 질산에 버금가는 강산이다.
- 독성이 강하며 피부에 닿으면 부식성이 있어 위험하고 종이, 나무 등과 접촉하면 연소한다.
- 직사광선을 피하고 통풍이 잘되는 냉암소에 보관한다.
- 다량의 물로 주수소화나 분무하여 소화하고 내산성 용기를 사용하여 저장한다.

11 15℃의 기름 100g에 8000J의 열량을 주면 기름의 온도는 몇 ℃가 되겠는가? (단, 기름의 비열은 2 J/g·℃이다.) 13년·5 동일

① 25 ② 45
③ 50 ④ 55

해설 • 공식에 의한 풀이
Q(열량) = c(비열) × m(질량) × Δt(온도변화)
(Δt=나중온도 - 처음온도)
Q = 8,000 / c = 2 / m = 100 (단위생략)
∴ Δt = $\frac{Q}{c \times m} = \frac{8,000}{2 \times 100} = 40℃$

따라서, 초기 온도가 15℃이며 온도변화가 40℃로 계산되므로 반응이 종결된 후의 온도는 55℃이다.

• 원리에 의한 풀이
비열이란 '물질 1g의 온도를 1℃ 상승시키는데 필요한 열량'이다. 위의 문제 조건에서 비열은 2J이므로 100g의 기름을 1℃ 상승시키는 데에는 200J의 열량이 필요한 것이다. 따라서, 8,000J의 열량을 주었으므로 기름의 온도는 현재 15℃보다 40℃ 상승된 55℃까지 올려줄 수 있게 된다.

12 제6류 위험물의 화재에 적응성이 없는 소화설비는? 14년·1 | 16년·1 유사

① 옥내소화전 설비
② 스프링클러 설비
③ 포 소화설비
④ 불활성가스 소화설비

해설 [위험물안전관리법 시행규칙 별표17 / 소화설비, 경보설비 및 피난설비의 기준] - I. 소화설비 中 4. 소화설비의 적응성

제6류 위험물은 불활성가스 소화설비, 할로겐화합물 소화설비, 탄산수소염류 분말소화설비에는 적응성이 없다(제6류 위험물을 저장 또는 취급하는 장소로서 폭발의 위험이 없는 장소에 한하여 이산화탄소 소화기는 제6류 위험물에 대하여 적응성이 있다).
제6류 위험물은 불연성이지만 산소를 포함하고 있어 산소공급원으로 작용할 수 있기에 질식소화는 적합하지 않으며(질식소화란 공기 중 산소 농도를 15% 이하로 낮추어 소화하는 방법이다), **주수소화 및 냉각소화가 효과적이다.**

③ 포 소화설비는 질식소화의 성격을 띠고 있으나 다량의 수분을 포함하고 있어 주수 및 냉각효과도 지니고 있으므로 적응성이 있다고 할 것이다.

정답 09 ② 10 ① 11 ④ 12 ④

13 위험물안전관리법령상 철분, 금속분, 마그네슘에 적응성이 있는 소화설비는? 12년·2 유사

① 불활성가스 소화설비
② 할로겐화합물 소화설비
③ 포 소화설비
④ 탄산수소염류 소화설비

해설 [위험물안전관리법 시행규칙 별표17 / 소화설비, 경보설비 및 피난설비의 기준] - Ⅰ. 소화설비 中 4. 소화설비의 적응성

위험물안전관리법령상 제2류 위험물에 속하는 철분, 금속분, 마그네슘 등의 화재에는 마른 모래나 팽창질석, 팽창진주암, <u>탄산수소염류등의 분말소화설비</u>가 적응성을 보인다.
탄산수소염류 소화설비에 쓰이는 분말소화약제는 금속 표면을 덮어 산소의 공급을 차단하거나 온도를 낮춤으로써 소화한다.
① 마그네슘은 반응성이 강해서 CO_2와 반응하여 산화마그네슘(MgO)을 생성하므로 CO_2를 이용한 질식소화는 좋은 소화 방법이 아니며 크롬분, 마그네슘 등은 고온에서 불활성 기체인 질소와도 반응한다.
② 알루미늄분, 크롬분, 카드뮴분 등은 할로겐원소와 접촉하면 발화할 수 있으며 마그네슘도 염소와 심한 반응을 일으키므로 할로겐화합물 소화설비는 적합하지 않다.
③ 금속은 물과 반응하여 가연성의 수소 기체를 발생시키므로 주수소화 설비는 금한다. 포 소화설비는 질식소화가 주목적이나 다량의 물을 함유하고 있어 사용하지 않는다.

14 다음 중 D급 화재에 해당하는 것은?
[최다 빈출 유형]

① 플라스틱 화재 ② 휘발유 화재
③ 나트륨 화재   ④ 전기 화재

해설 ❖ 화재의 유형

화재급수	화재종류	소화기표시 색상
A급	일반화재	백색
B급	유류화재	황색
C급	전기화재	청색
D급	금속화재	무색

화재급수	적용대상물
A급	일반 가연물 (종이, 목재, 섬유, 플라스틱 등)
B급	가연성 액체 (제4류 위험물 및 유류 등)
C급	통상태에서의 전기기구, 발전기, 변압기 등
D급	가연성 금속 (칼륨, 나트륨, 금속분, 철분, 마그네슘 등)

15 위험물안전관리법령상 제4류 위험물에 적응성이 없는 소화설비는? 16년·4 유사

① 옥내소화전 설비
② 포 소화설비
③ 불활성가스 소화설비
④ 할로겐화합물 소화설비

해설 제4류 위험물은 인화성 액체로서 발생 증기가 가연성이며 대부분 물보다 가볍고 물에 녹기도 어려운 특징이 있다(예외 : 알코올은 물에 잘 녹음. 이황화탄소는 물보다 무거움).
제4류 위험물(인화성 액체)의 화재에는 불활성가스 소화설비, 이산화탄소 소화기, 포 소화기, 분말 소화기 등을 이용한 질식소화가 효과적이며 옥내소화전 설비와 같이 유증기의 발생 우려가 있고 연소 면의 확대 가능성을 키우게 되는 주수냉각 소화의 원리를 이용한 것은 적응성이 없다. 주수소화 방식 중 물 분무 소화 방식은 질식소화 효과를 나타내므로 사용 가능하며 할로겐화합물 소화설비는 유류화재와 전기화재에 유용하게 쓰이므로 제4류 위험물에 적응성이 있다.

[위험물안전관리법 시행규칙 별표17 / 소화설비, 경보설비 및 피난설비의 기준] - Ⅰ. 소화설비 中 4. 소화설비의 적응성

위험물안전관리법령상 제4류 위험물의 소화에 적응성이 없는 소화설비는 옥내소화전, 옥외소화전 설비, 봉상수·무상수·봉상강화액 소화기, 물통 또는 수조 등이다.

무상수 소화기는 적응성이 없으나 무상강화액 소화기는 적응성이 있다.

제4류 위험물에 대한 스프링클러 설비의 보편적인 적응성은 없으나 제4류 위험물을 저장 또는 취급하는 장소의 살수 기준면적에 따라 스프링클러 설비의 살수 밀도가 정해진 일정 기준 이상인 경우에는 당해 스프링클러 설비가 제4류 위험물에 대해서도 적응성을 갖는다.

❈ 빈틈없이 촘촘하게 **One more Step**

- **봉상주수** : 가늘고 긴 봉 모양의 물줄기를 형성하여 방사하는 주수방법으로 옥내소화전, 옥외소화전 설비가 해당된다.
- **분무상주수**(무상주수) : 안개와 같은 분무상태로 주수하는 방식이며 물 분무 소화설비가 해당된다.
- **적상주수** : 물방울 형태로 주수하는 것을 말하며 스프링클러 설비가 이에 해당한다.

16 물은 냉각소화가 주된 대표적인 소화약제이다. 물의 소화 효과를 높이기 위하여 무상주수를 함으로서 부가적으로 작용하는 소화 효과로 이루어진 것은?

① 질식소화 작용, 제거소화 작용
② 질식소화 작용, 유화소화 작용
③ 타격소화 작용, 유화소화 작용
④ 타격소화 작용, 피복소화 작용

해설 무상(霧狀)주수란 안개 모양의 상태로 물을 흩뿌려 소화하는 방식으로 냉각소화 작용 이외에 산소를 차단하는 작용(질식소화)과 물보다 비중이 큰 중유 등의 화재 시 유류 표면에 얇은 막을 형성시켜 공기(산소)의 접촉을 막아주는 동시에 가연성 가스의 증발도 막아주는 작용(유화소화)을 함으로써 물의 소화 효과를 배가시킨다. 유류 표면에 형성된 얇은 막은 물과 기름의 중간적 성질을 나타낸다.

안개 형태로 뿌려지는 물의 입자는 서로 이격되어 있어 전기전도성이 없으므로 전기화재에도 사용할 수 있다.

[참고] 피복소화
이산화탄소와 같이 공기보다 무거운 물질을 포함한 소화약제를 방사함으로써 가연물 주위를 덮어 소화하는 방법이다.

17 다음 중 강화액 소화약제의 주성분에 해당하는 것은? 19년·2 ▮ 19년·5 동일

① K_2CO_3
② K_2O_2
③ CaO_2
④ $KBrO_3$

해설 강화액 소화약제는 수계 소화약제의 하나이며 물의 동결현상을 해결하기 위해 탄산칼륨(K_2CO_3), 인산암모늄[$(NH_4)_2PO_4$]과 침투제 등을 물에 용해시켜 빙점을 강하시킨 것으로 pH가 12 이상을 나타내는 강알칼리성 약제이다. 어는점은 대략 -30 ~ -26℃ 정도로 동절기나 한랭지역 등에서도 사용할 수 있도록 만든 약제이며 주수냉각 방식으로 소화한다.

첨가제와 침투제가 혼합되어 물의 표면장력이 약화되고 침투작용이 용이해짐으로서 심부화재의 소화에 효과적으로 사용되며 액체 상태로 되어 있어 굳지 않고 장기보관이 가능하나 할론보다는 소화능력이 떨어지는 단점이 있다.

A급(일반화재)과 B급(유류화재) 화재에 적용한다.

정답 13 ④ 14 ③ 15 ① 16 ② 17 ①

18 위험물안전관리법령상 소화설비의 적응성에 관한 내용이다. 옳은 것은?

① 마른 모래는 대상물 중 제1류 ~ 제6류 위험물에 적응성이 있다.
② 팽창 질석은 전기설비를 포함한 모든 대상물에 적응성이 있다.
③ 분말 소화약제는 셀룰로이드류의 화재에 가장 적당하다.
④ 물 분무 소화설비는 전기설비에 사용할 수 없다.

해설 [위험물안전관리법 시행규칙 별표17 / 소화설비, 경보설비 및 피난설비의 기준] - Ⅰ. 소화설비 中 4. 소화설비의 적응성 참조

마른 모래, 팽창 질석, 팽창 진주암은 위험물이 아닌 건축물·그 밖의 공작물과 전기설비에 대해서는 적응성이 없으나 제1류 위험물부터 제6류 위험물에 이르기까지 모든 위험물에 대해서는 적응성을 보인다.
② 마른 모래, 팽창 질석, 팽창 진주암은 전기설비의 화재에는 적응성이 없다.
③ 제5류 위험물(자기반응성 물질)에 속하는 셀룰로이드류의 화재에는 분말 소화약제에 의한 질식소화는 효과적이지 못하며 주수소화가 적당하다. 자기반응성 물질은 자체 분자 내에 산소를 포함하고 있어 외부로부터의 산소 공급이 원활하지 않더라도 연소를 지속할 수 있다.
④ 물 분무 소화설비는 전기설비에 적응성이 있다.

* 빈틈없이 촘촘하게   One more Step

❖ **전기설비에 적응성을 보이는 소화설비**
• 물 분무 소화설비
• 불활성가스 소화설비
• 할로겐화합물 소화설비
• 분말 소화설비   • 무상수 소화기
• 무상강화액 소화기   • 이산화탄소 소화기
• 할로겐화합물 소화기   • 분말 소화기

19 다음 중 공기포 소화약제가 아닌 것은?

① 단백포 소화약제
② 합성계면활성제포 소화약제
③ 화학포 소화약제
④ 수성막포 소화약제

해설 ❖ **포 소화약제**

거품을 발생시켜 질식소화에 사용되는 약제로서 화재의 확대가 우려되는 가연성 또는 인화성 액체의 화재나 주수소화로는 효과가 미비한 경우에 사용한다. 화학포 소화약제와 공기포 소화약제로 구분한다.

• 화학포 소화약제(포핵 : 이산화탄소) : 황산알루미늄과 탄산수소나트륨의 화학반응으로 발생한 이산화탄소 거품을 이용하여 소화한다. 현재는 사용하지 않는다.
• 공기포(기계포) 소화약제(포핵 : 공기) : 일정한 비율로 혼합한 물과 포 소화약제의 수용액을 공기와 혼합 교반하여 발포함으로써 소화하는 것으로 아래와 같이 세분된다.
  - 단백포 소화약제 : 동물성 가수분해 생성물과 안정제로 구성되어 있으며 유류화재 소화용으로 쓰인다. 동결방지제로 에틸렌글리콜을 사용한다.
  - 합성계면활성제포 소화약제 : 탄화수소계열의 합성계면 활성제와 안정제로 구성되어 있으며 고압가스, 액화가스, 위험물 저장소의 화재에 쓰인다.
  - 수성막포 소화약제 : 불소계 계면활성제와 안정제가 주성분으로 유류화재 표면에 유화층을 형성하여 소화한다.
  - 불화단백포 소화약제 : 단백포 소화약제에 불소계 계면활성제를 첨가하여 단백포와 수성막포의 단점을 상호 보완한 약제로서 포의 유동성이 좋고 저장성이 우수하며 기름에 의한 오염이 적으나 착화율이 낮고 가격이 비싼 것이 단점이다.
  - 내알코올포 소화약제 : 수용성 액체용포 소화약제라고도 하며 알코올, 케톤, 에테르, 알데히드, 에스테르, 카르복실산, 아민과 같은 가연성의 수용성 액체 화재에 효과적으로 작용한다.

20 분말 소화약제 중 제1종과 제2종 분말이 각각 열분해 될 때 공통적으로 생성되는 물질은?

13년 · 4 동일 ▌[최다 빈출 유형]

① N_2, CO_2
② N_2, O_2
③ H_2O, CO_2
④ H_2O, N_2

해설 ❖ 분말 소화약제의 열분해 반응식

구 분	열분해 반응식
제1종 분말	$2NaHCO_3 \rightarrow Na_2CO_3 + CO_2 + H_2O$
제2종 분말	$2KHCO_3 \rightarrow K_2CO_3 + CO_2 + H_2O$
제3종 분말	$NH_4H_2PO_4 \rightarrow HPO_3 + NH_3 + H_2O$
제4종 분말	$2KHCO_3 + (NH_2)_2CO \rightarrow$ $K_2CO_3 + 2NH_3 + 2CO_2$

2과목 위험물의 화학적 성질 및 취급

21 포름산에 대한 설명으로 옳지 않은 것은?

① 물, 알코올, 에테르에 잘 녹는다.
② 개미산이라고도 한다.
③ 강한 산화제이다.
④ 녹는점이 상온보다 낮다.

해설 포름산은 제4류 위험물 중 제2석유류에 속하는 물질이며 산화제 역할을 하는 위험물은 제1류 위험물과 제6류 위험물이다. 포름산은 구조 내에 산화되기 쉬운 알데히드기를 지니고 있어 환원제로 작용한다.

❖ 포름산(HCOOH)
- 제4류 위험물의 제2석유류(수용성)
- 지정수량 2,000ℓ, 위험등급 Ⅲ
- 구조식

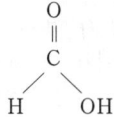

- 무색투명한 액체로 코를 찌르는 듯한 자극성 냄새가 있고 신맛이 있다.
- 개미산 또는 의산이라고도 한다(②).
- 분자량 46, 인화점 55℃, 발화점 540℃, 비중 1.2, 증기비중 1.6
- 물, 알코올, 에테르에 녹고(①) 독성이 있다.
- 녹는점 8.4℃, 끓는점 100.8℃로서 상온에서 액체로 존재한다(④).
- 산성도는 초산(아세트산)보다 훨씬 강하다.
- 분자구조 내에 카르복시기와 알데히드기를 모두 지니고 있어 산성의 특징과 환원성(환원력)을 동시에 나타낸다. - 은거울 반응과 펠링용액 환원반응이 일어난다.
- 백금 촉매에 의해 분해되어 수소와 이산화탄소 기체가 발생된다.
$HCOOH \xrightarrow{P_t} H_2 \uparrow + CO_2 \uparrow$
- 진한 황산과는 접촉하지 않도록 주의한다. 접촉하면 탈수되고 맹독성의 일산화탄소가 발생된다.
$HCOOH \xrightarrow{H_2SO_4} H_2O \uparrow + CO \uparrow$
- 알칼리금속(칼륨, 나트륨 등)과 반응하여 수소 기체를 발생한다.
- 공기와 혼합된 증기는 쉽게 인화될 수 있다.

22 제3류 위험물에 해당하는 것은?

① NaH   ② Al   ③ Mg   ④ P_4S_3

해설 수소화나트륨은 제3류 위험물(자연발화성 물질 및 금수성 물질) 중 '금속의 수소화물'로 분류되는 위험물로 회백색의 결정 또는 분말이며 독성이 있고 불안정한 가연성 물질이다. 건조한 공기 중에서는 안정하지만 습기가 있는 공기 중에 노출되면 자연발화하는 자연발화성 물질인 동시에 실온에서 물과 격렬히 반응하는 금수성 물질이다.
$NaH + H_2O \rightarrow NaOH + H_2 \uparrow + Q Kcal$
나머지는 제2류 위험물(가연성 고체)에 속한다.

정답 18 ① 19 ③ 20 ③ 21 ③ 22 ①

23 지방족 탄화수소가 아닌 것은?

① 톨루엔   ② 아세트알데히드
③ 아세톤   ④ 디에틸에테르

해설 아세트알데히드, 아세톤, 디에틸에테르는 분자구조 내에 작용기(기능기)를 포함하고 있는 지방족 탄화수소의 유도체이며 이들도 지방족 탄화수소의 범주에 포함된다.

톨루엔	아세트알데히드
(CH₃-C₆H₅ 구조)	H-C(=O)-H with CH₃
아세톤	디에틸에테르
H-C(H)(H)-C(=O)-C(H)(H)-H	H-C(H)(H)-C(H)(H)-O-C(H)(H)-C(H)(H)-H

✱ **빈틈없이 촘촘하게** One more Step

❖ **방향족 탄화수소** : 고리 모양의 탄화수소로서 벤젠과 그 유도체를 포함하는 탄화수소를 말하며 고리 내에 이중결합과 단일결합이 교대로 존재하지만 이중결합의 위치가 고정되어 있지 않은 공명 구조를 갖는다.

❖ **지방족 탄화수소** : 벤젠고리가 없는 탄화수소로서 방향족 탄화수소를 제외한 나머지 탄화수소들을 말하며 아래와 같이 분류할 수 있다.

• **포화탄화수소** : 단일결합으로만 이루어진 탄화수소
 - 사슬형 : 알케인(Alkane, 알칸).
   일반식은 C_nH_{2n+2}이며 메테인(메탄), 에테인(에탄), 프로페인(프로판) 가스 등이 여기에 속한다.
 - 고리형 : 사이클로알케인(cycloalkane, 시클로알칸).
   일반식은 C_nH_{2n}이며 사이클로프로페인(시클로프로판), 사이클로뷰테인(시클로부탄), 사이클로헥세인(시클로헥산) 등이 속한다.

• **불포화탄화수소** : 탄화수소 내에 이중결합을 지니고 있는 알킨(Alkene, 알켄)과 삼중결합을 갖는 알카인(Alkyne, 알킨)이 포함된다.

24 셀룰로이드에 대한 설명으로 옳은 것은?

12년 · 5 동일

① 질소가 함유된 무기물이다.
② 질소가 함유된 유기물이다.
③ 유기의 염화물이다.
④ 무기의 염화물이다.

해설 셀룰로이드는 제5류 위험물 중 질산에스테르류에 속하는 물질로서 니트로셀룰로오스에 장뇌를 섞어 압착하여 만든 반투명성의 플라스틱이다. 오늘날에는 탄소를 포함하는 화합물을 유기화합물이라 하며 셀룰로이드는 질소를 포함한 탄소 기반 화합물이므로 '질소가 함유된 유기물'이라 할 것이다.

❖ **셀룰로이드(Celluloid) [니트로셀룰로오스 + 장뇌의 혼합물]**
• 제5류 위험물 중 질산에스테르류
• 지정수량 10kg, 위험등급 I
• $[C_6H_7O_2(ONO_2)_3]n + C_{10}H_{16}O$
• 비중 약 1.4
• 질화도가 낮은 니트로셀룰로오스에 장뇌를 섞어 압착하여 만든 반투명성의 플라스틱이다 (니트로셀룰로오스 약 75% + 장뇌 약 25%로 구성됨).
• 무색 또는 황색의 탄력성 있는 반투명한 고체이다.
• 물에 녹지 않고 알코올, 아세톤, 에테르류, 초산에스테르류 등에 녹는다.
• 포함된 장뇌로 인하여 연소 시에는 심한 악취가 나며 유독성 가스(HCN, CO 등)가 발생한다.
• 60℃ ~ 90℃ 정도로 가열하면 가공하기 쉬울 정도로 유연해진다.
• 햇빛이나 고온다습한 환경에 장기간 방치되면 분해될 수 있으며 이때 생긴 분해열의 축적으로 인해 자연발화 할 수 있다.
• 140℃에서 연기가 발생하며 불투명하게 되고 165℃ 정도 되면 착화한다.
• 니트로셀룰로오스가 포함되어 있어 온도가 상승하면 자연발화 할 가능성이 있다.
• 화기나 열원을 피하고 통풍이 잘되는 냉암소에 저장한다.

- [위험물안전관리법 시행규칙 별표5] - Ⅰ. 옥내저장소의 기준 제17호
  제5류 위험물 중 셀룰로이드 그 밖에 온도의 상승에 의하여 분해·발화할 우려가 있는 것의 저장창고는 당해 위험물이 발화하는 온도에 달하지 아니하는 온도를 유지하는 구조로 하거나 기준에 적합한 비상 전원을 갖춘 통풍장치 또는 냉방장치 등의 설비를 2 이상 설치하여야 한다.
- 자기반응성 물질이므로 이산화탄소, 분말, 할로겐 등에 의한 질식소화는 효과가 없고 다량의 물로 냉각소화하는 것이 효과적이다.

25 에틸알코올의 증기 비중은 약 얼마인가?

13년 · 2 동일

① 0.72   ② 0.91   ③ 1.13   ④ 1.59

해설
- 증기비중 : 동일한 체적 조건하에서 어떤 기체(증기)의 질량과 표준물질의 질량과의 비를 말하며 표준물질로는 0℃, 1기압에서의 공기를 기준으로 한다[분자량의 비로 계산해도 됨].

$$\text{증기비중} = \frac{\text{증기의 분자량}}{\text{공기의 평균분자량}} = \frac{\text{증기의 분자량}}{29}$$

- 평균대기 분자량(공기의 평균분자량) : 대기를 구성하는 기체 성분들의 함량을 고려하여 구하는데 산소와 질소 두 성분 기체가 차지하는 비율이 거의 100%에 가까우므로 이 두 기체의 평균분자량을 평균대기 분자량으로 간주한다.
  대기 중의 질소 기체의 함량은 79%이고 분자량은 28이며 대기 중의 산소 기체의 함량은 21%이고 분자량은 32이므로
  $\frac{28 \times 79 + 32 \times 21}{100} = 28.84 ≒ 29$가 평균대기 분자량(공기의 평균분자량) 값이다.
- 에틸알코올의 분자량 = 46
- 공기의 평균분자량(평균대기분자량) = 29
  그러므로 에틸알코올의 증기비중은
  $\frac{46}{29} = 1.59$이다.

26 위험물안전관리법령상 위험물의 지정수량으로 옳지 않은 것은?

① 니트로셀룰로오스 : 10kg
② 히드록실아민 : 100kg
③ 아조벤젠 : 50kg
④ 트리니트로페놀 : 200kg

해설
① 제5류 위험물 중 질산에스테르류에 속하며 지정수량은 10kg, 위험등급은 Ⅰ등급
② 제5류 위험물 중 히드록실아민에 속하며 지정수량은 100kg, 위험등급은 Ⅱ등급
③ 제5류 위험물 중 아조화합물에 속하며 지정수량은 200kg, 위험등급은 Ⅱ등급
④ 제5류 위험물 중 니트로화합물에 속하며 지정수량은 200kg, 위험등급은 Ⅱ등급

[15쪽] 제5류 위험물의 분류 도표 참조

27 과염소산나트륨의 성질이 아닌 것은?

13년 · 4 동일

① 물과 급격히 반응하여 산소를 발생한다.
② 가열하면 분해되어 조연성 가스를 방출한다.
③ 융점은 400℃보다 높다.
④ 비중은 물보다 무겁다.

해설 과염소산나트륨은 제1류 위험물 중 과염소산염류에 속하는 물질이며 가열하면 분해되어 산소를 발생시킨다.
$NaClO_4 \rightarrow NaCl + 2O_2 \uparrow$
물과 격렬히 반응하여 산소를 발생시키는 것은 과염소산염류가 아닌 무기과산화물의 특징이다.

❖ **과염소산나트륨($NaClO_4$)**
- 제1류 위험물 중 과염소산염류
- 지정수량 50kg, 위험등급 Ⅰ
- 비중 2.50(④), 융점 482℃(③), 분해온도 400℃, 용해도 170

정답 23 ① 24 ② 25 ④ 26 ③ 27 ①

- 물, 에틸알코올, 아세톤에 잘 녹고 에테르에 녹지 않는다.
- 무색(또는 백색)무취의 결정이며 조해성이 있다.
- 130℃ 이상으로 가열하면 분해되어 산소를 발생시킨다(②).
  $NaClO_4 \rightarrow NaCl + 2O_2 \uparrow$
- 금속분이나 유기물 등과 폭발성 혼합물을 형성한다.
- 화약이나 폭약, 로켓연료, 과염소산($HClO_4$)의 제조에 쓰인다.

28 인화칼슘이 물과 반응할 경우에 대한 설명 중 틀린 것은?

① 발생 가스는 가연성이다.
② 포스겐 가스가 발생한다.
③ 발생 가스는 독성이 강하다.
④ $Ca(OH)_2$가 생성된다.

해설 인화칼슘이 물과 반응하면 포스핀(PH_3) 가스가 생성된다.
$Ca_3P_2 + 6H_2O \rightarrow 3Ca(OH)_2 + 2PH_3 \uparrow$ (포스핀)

❖ 인화칼슘(Ca_3P_2)
- 제3류 위험물 중 금속의 인화물
- 지정수량 300kg, 위험등급 Ⅲ
- 분자량 182, 비중 2.51, 융점 1,600℃
- 적갈색의 결정성 분말이다.
- 알코올, 에테르에 녹지 않는다.
- 물과 반응하여 수산화칼슘과 포스핀을 생성한다.
  $Ca_3P_2 + 6H_2O \rightarrow 3Ca(OH)_2 + 2PH_3 \uparrow$ (포스핀)
- 산과 반응하면 염화칼슘과 포스핀을 생성한다.
  $Ca_3P_2 + 6HCl \rightarrow 3CaCl_2 + 2PH_3 \uparrow$ (포스핀)
- 건조한 공기 중에서는 안정하다.
- 습기 존재하에서 에테르, 벤젠, 이황화탄소 등과 접촉하면 발화할 수 있다.
- 물이나 포 약제를 이용한 소화는 절대 금지사항이며 마른 모래를 이용한 피복소화가 효과적이다.

✱ 빈틈없이 촘촘하게 One more Step

❖ 포스핀(PH_3)
- 끓는점 -87.7℃, 녹는점 -133℃, 발화점 38℃, 비중 0.8, 증기밀도 1.17
- 유독성의 가연성 가스이다.
- 발화점이 낮아 공기와 접촉하거나 38℃가 되면 연소한다.
- 수생생물에 매우 강한 독성을 나타내며 인체에 흡입되면 치명적이다.
- 환기가 잘되는 곳에 단단히 밀폐하여 보관한다.

❖ 포스겐($COCl_2$)
- 끓는점 8℃, 녹는점 -118℃, 비중 1.435
- 유독성의 질식성 기체로 흡입하면 폐부종에 의해 사망한다.
- 공업적으로 일산화탄소와 염소를 다공성 활성탄에 통과시켜 생산한다.
- 플라스틱 제조원료나 요소비료를 합성 시 사용되며 우리나라도 세계주요 생산국 중 하나이다.
- 사염화탄소가 산소, 수분 및 이산화탄소 등과 반응하면 생성된다.

29 위험물안전관리법령상 품명이 다른 하나는?

① 니트로글리콜   ② 니트로글리세린
③ 셀룰로이드   ④ 테트릴

해설
- 니트로글리콜, 니트로글리세린, 셀룰로이드 : 제5류 위험물 중 질산에스테르류
- 테트릴 : 제5류 위험물 중 니트로화합물
[15쪽] 제5류 위험물의 분류 도표 참조

❖ 테트릴
- 제5류 위험물 중 니트로화합물
- 지정수량 200kg, 위험등급 Ⅱ
- 담황색 결정으로 흡습성은 없다.
- 분자량 287.15, 녹는점 131.5℃, 비중 1.7
- 물에는 녹지 않으나 아세톤·에테르·벤젠·아세트산 등에는 녹는다.
- 피크린산·TNT보다 충격, 마찰에 예민하고 폭발력이 높다.
- 세계 1, 2차 대전 중에 TNT와 혼합하여 테트리톨로 사용되었고 현재는 사용되지 않는다.
- 흔히 발목지뢰라고 불리는 지뢰에 사용되었으며 TNT보다 폭발력이 크고 안정해서 오랜 기간 매설되는 지뢰에 많이 사용된 것으로 보인다.

30 화학적으로 알코올을 분류할 때 3가 알코올에 해당하는 것은?

① 에탄올 ② 메탄올
③ 에틸렌글리콜 ④ 글리세린

해설

에탄올(1가)	메탄올(1가)
H H │ │ H−C−C−OH │ │ H H	H │ H−C−OH │ H
에틸렌글리콜(2가)	**글리세린(3가)**
H H │ │ H−C−C−H │ │ OH OH	H H H │ │ │ H−C−C−C−H │ │ │ OH OH OH

✱ 빈틈없이 촘촘하게　**One more Step**

❖ **알코올의 분류**
- 한 분자 내에 존재하는 히드록시기(−OH)의 수에 따라 1가, 2가, 3가 알코올로 분류한다.

1가 알코올	2가 알코올
│ │ −C−C−OH │ │	│ │ OH−C−C−OH │ │
3가 알코올	
│ │ │ OH−C−C−C−OH │ │ │ 　　OH	

- 히드록시기(−OH)와 연결된 탄소 원자에 몇 개의 알킬기(Alkyl group, R로 표시)가 부착되었느냐에 따라 0차, 1차, 2차, 3차 알코올로 분류한다. 0차 알코올은 메탄올이 유일하며 구조상 4차 알코올은 생성될 수 없다.

0차 알코올	1차 알코올
H │ H−C−OH │ H	H │ R_1−C−OH │ H
2차 알코올	**3차 알코올**
R_2 │ R_1−C−OH │ H	R_2 │ R_1−C−OH │ R_3

31 다음 중 제6류 위험물에 해당하는 것은?

① IF_5 ② $HClO_3$
③ NO_3 ④ H_2O

해설 IF_5(오불화요오드)는 제6류 위험물 중 행정안전부령으로 정하는 위험물인 할로겐간화합물에 속한다.
② $HClO_4$(과염소산)은 제6류 위험물로 분류되나 $HClO_3$(염소산)은 위험물로 분류되지 않는다.
③ HNO_3(질산)은 제6류 위험물로 분류되나 NO_3 (NO_3^-, 질산염)은 위험물로 분류되지 않는다.

❖ **오불화요오드(IF_5)**
- 제6류 위험물의 할로겐간화합물
- 지정수량 300kg, 위험등급 I
- 끓는점 100.5℃, 녹는점 9.43℃, 비중 3.19
- 무색 또는 노란색의 액체이다.
- 자극적인 냄새가 나며 유독성·부식성이 있다.
- 물과 격렬하게 반응하여 불산(HF)을 만든다.
- 소화에 사용된 물은 화재나 폭발을 야기할 수 있으므로 폭발에 대비하여 충분한 안전거리를 확보한 후 소화한다

정답 28 ② 29 ④ 30 ④ 31 ①

32 주수소화를 할 수 없는 위험물은?

12년・5 ▌16년・2 유사

① 금속분　　② 적린
③ 유황　　　④ 과망간산칼륨

해설 [03번] 해설 참조

제1류 위험물에 속하는 과망간산칼륨이나 제2류 위험물에 속하는 적린, 유황은 다량의 주수소화가 효과적이다.

33 제1류 위험물 중 흑색화약의 원료로 사용되는 것은?

① KNO_3　　② $NaNO_3$
③ BaO_2　　④ NH_4NO_3

해설 황, 목탄 등과 혼합하여 흑색화약을 제조하는 데 쓰이는 물질은 질산칼륨(KNO_3)이다.
흑색화약은 KNO_3 : C : S = 75 : 15 : 10의 비율로 섞어 제조하며 가장 오래된 화약이다.

❖ 질산칼륨(KNO_3)
- 제1류 위험물의 질산염류
- 지정수량 300kg, 위험등급 Ⅱ
- 비중 2.1, 융점 336℃, 분해온도 400℃
- 냄새는 없으나 짠맛을 내는 무색 또는 흰색 결정이다.
- 물이나 글리세린에는 잘 녹으며 에탄올에는 소량 녹고 에테르에는 녹지 않는다.
- 가연물이나 유기물과의 접촉 또는 혼합은 위험하며 건조하고 환기가 잘 되는 곳에 보관한다.
- 주수소화가 효과적이다
- 조해성은 있으나 흡습성은 없다.
- 강산화제이며 가열하면 분해되어 산소를 방출한다.
  $2KNO_3 \rightarrow 2KNO_2 + O_2 \uparrow$
- <u>황, 목탄 등과 혼합하여 흑색화약을 제조하는 데 쓰인다.</u>

34 다음 중 제4류 위험물에 해당하는 것은?

① $Pb(N_3)_2$　　② CH_3ONO_2
③ N_2H_4　　　④ NH_2OH

해설 ❖ 아지드화납($Pb(N_3)_2$)
- 제5류 위험물 중 금속의 아지화합물(행정안전부령으로 정하는 위험물)
- 지정수량 200kg, 위험등급 Ⅱ
- 발화점 330℃, 비중 4.7, 폭발속도 5100m/s
- 순수한 것은 무색결정이지만 햇빛에 노출되면 갈변한다.
- 물속에서도 폭발할 가능성이 있으므로 결정이 커져서 부서지거나 서로 마찰하지 않도록 주의해야 한다.
- 탄약과 기폭장치의 기본적인 구성물이다.
- 구리와는 매우 격렬하게 반응하므로 뇌관 제조 시 구리관체의 사용을 금하도록 한다.

❖ 질산메틸(CH_3ONO_2)
- 제5류 위험물 중 질산에스테르류
- 지정수량 10kg, 위험등급 Ⅰ
- 분자량 77, 비점 66℃, 증기비중 2.65, 비중 1.22
- 메탄올과 질산을 반응시켜 제조한다.
  $CH_3OH + HNO_3 \rightarrow CH_3ONO_2 + H_2O$
- 무색투명한 액체로서 단맛이 있으며 방향성을 갖는다.
- 물에는 녹지 않으며 알코올, 에테르에는 잘 녹는다.
- 폭발성은 거의 없으나 인화의 위험성은 있다.

❖ 히드라진(N_2H_4)
- 제4류 위험물의 제2석유류(수용성)
- 지정수량 2,000ℓ　위험등급 Ⅲ
- 분자량 32, 비중 1.011, 증기비중 1.59, 인화점 37.8℃, 발화점 270℃
- 녹는점(2℃)과 끓는점(113℃)이 물과 유사하며 외관도 물과 같이 무색투명하므로 취급에 주의한다.
- 알칼리성으로 부식성이 큰 맹독성 물질이다.
- 물, 알코올, 암모니아 등과 같은 극성 용매에 잘 녹는다.
- 산소가 없어도 분해되어 폭발할 수 있다.

- 히드라진의 증기가 공기와 혼합하면 폭발적으로 연소한다.
  $N_2H_4 + O_2 \rightarrow N_2 \uparrow + 2H_2O \uparrow$
- 과산화수소와 폭발적으로 반응하여 물과 질소 기체를 만든다.
  $N_2H_4 + 2H_2O_2 \rightarrow N_2 \uparrow + 4H_2O \uparrow$
- 공기 중에서 180℃ 정도로 가열하면 분해되어 암모니아, 질소, 수소 기체를 발생시킨다.
  $2N_2H_4 \rightarrow 2NH_3 \uparrow + N_2 \uparrow + H_2 \uparrow$

❖ 히드록실아민(NH_2OH)
- 제5류 위험물 중 히드록실아민
- 지정수량 100kg, 위험등급 II
- 분자량 33, 녹는점 33℃, 끓는점 57℃, 비중 1.22
- 무색인 바늘모양의 결정이며 조해성이 강한 불안정한 물질로 실온에서도 습기와 이산화탄소가 존재하면 서서히 분해 가열되면서 격렬하게 폭발한다.
- 공기 중에서 가열하면 폭발하여 질소가스와 수증기를 발생한다.
  $4NH_2OH + O_2 \rightarrow 2N_2 \uparrow + 6H_2O \uparrow$
- 수용액은 알칼리성이며 환원성을 나타낸다.
- 물, 메탄올, 에탄올, 글리세린 등에는 용해되나 에틸에테르, 클로로포름, 벤젠 등에는 난용성이다.
- 금속 이온(철, 구리, 크롬, 니켈, 티타늄 이온 등)과 접촉하면 상온에서도 발화 분해 폭발할 수 있다.

35 다음의 분말은 모두 150 마이크로미터의 체를 통과하는 것이 50 중량퍼센트 이상이 된다. 이들 분말 중 위험물안전관리법령상 품명이 "**금속분**"으로 분류되는 것은? '15년·Ⅰ 동일

① 철분 ② 구리분
③ 알루미늄분 ④ 니켈분

해설 [위험물안전관리법 시행령 별표1 / 위험물 및 지정수량] - 비고란 제5호
"금속분"이라 함은 알칼리금속, 알칼리토금속, 철 및 마그네슘 외의 금속의 분말을 말하고 구리분, 니켈분 및 150 마이크로미터의 체를 통과하는 것이 50 중량퍼센트 미만인 것은 제외한다.
정리하자면 알칼리금속, 알칼리토금속, 철, 마그네슘, 구리분, 니켈분, 150 마이크로미터의 체를 통과하는 것이 50 중량퍼센트 미만인 것 모두 금속분에서 제외된다는 뜻이다.
알칼리금속, 알칼리토금속, 철 및 마그네슘이 금속분에서 제외되는 이유는 이들은 별도 품명의 위험물로 지정하고 있기 때문이다.

✱ 빈틈없이 촘촘하게 One more Step

❖ 금속분에서 제외되는 것들
- 알칼리금속, 알칼리토금속 : 제3류 위험물로서 별도로 규정하고 있다.
- 철분, 마그네슘 : 제2류 위험물의 별도 품명으로 규정하고 있다.
- 코발트분, 니켈분, 구리분, 로듐분, 팔라듐분 : 가연성, 폭발성이 없어 제외한다.
- 수은 : 상온에서 액체 상태로 존재하므로 제외한다.
- 기타 지구상에 존재가 희박한 희귀한 원소들

36 연소 시 발생하는 가스를 옳게 나타낸 것은?

① 황린 - 황산가스
② 황 - 무수인산가스
③ 적린 - 아황산가스
④ 삼황화사인(삼황화린) - 아황산가스

해설 ① 황린 : 제3류 위험물 중 황린
  $P_4 + 5O_2 \rightarrow 2P_2O_5$ (오산화인)
② 황 : 제2류 위험물 중 유황
  $S + O_2 \rightarrow SO_2 \uparrow$ (이산화황 - 아황산가스)
③ 적린 : 제2류 위험물 중 적린
  $4P + 5O_2 \rightarrow 2P_2O_5$ (오산화인)
④ 삼황화사인 : 제2류 위험물 중 황화린
  $P_4S_3 + 8O_2 \rightarrow 2P_2O_5 + 3SO_2 \uparrow$
  (오산화인) (이산화황)

정답 32 ① 33 ① 34 ③ 35 ③ 36 ④

37 인화칼슘, 탄화알루미늄, 나트륨이 물과 반응하였을 때 발생하는 가스에 해당하지 않는 것은?

① 포스핀 가스 ② 수소
③ 이황화탄소 ④ 메탄

해설
- 인화칼슘 : 제3류 위험물 중 금속의 인화물
  $Ca_3P_2 + 6H_2O \rightarrow 3Ca(OH)_2 + 2PH_3 \uparrow$ (포스핀)
- 탄화알루미늄 : 제3류 위험물 중 칼슘 또는 알루미늄의 탄화물
  $Al_4C_3 + 12H_2O \rightarrow 4Al(OH)_3 + 3CH_4 \uparrow$ (메탄)
- 나트륨 : 제3류 위험물 중 나트륨
  $2Na + 2H_2O \rightarrow 2NaOH + H_2 \uparrow$ (수소)

38 다음 중 분자량이 가장 큰 위험물은?

① 과염소산 ② 과산화수소
③ 질산 ④ 히드라진

해설 원자량은 H : 1, Cl : 35.5, O : 16, N : 14이므로 제시된 위험물의 분자량은 아래와 같다.
① $HClO_4 = 1 + 35.5 + (16 \times 4) = 100.5$
② $H_2O_2 = (1 \times 2) + (16 \times 2) = 34$
③ $HNO_3 = 1 + 14 + (16 \times 3) = 63$
④ $N_2H_4 = (14 \times 2) + (1 \times 4) = 32$

✱ 빈틈없이 촘촘하게 **One more Step**

❖ **원자량** : 탄소원자의 (^{12}C) 원자량을 12로 정하고 이 값과 비교하여 다른 원자들의 질량을 상대적으로 나타낸 값이다.
❖ **분자량** : 분자를 구성하는 각 원자들의 원자량의 합을 말한다.
❖ **화학식량** : 분자 상태로 존재하지 않는 이온결정, 원자결정, 금속결정 등에서 분자량이란 용어 대신 사용한다. 화학식을 이루는 원자들의 원자량의 합으로 나타낸다.
❖ **이온식량** : 전자의 질량은 무시할 정도로 매우 작으므로 전자의 이출입으로 형성된 이온의 질량은 원자량과 같은 값으로 생각하면 된다.

이들 모두는 단위 없이 숫자로만 표기한다.

39 염소산나트륨에 대한 설명으로 틀린 것은?

① 조해성이 크므로 보관용기는 밀봉하는 것이 좋다.
② 무색·무취의 고체이다.
③ 산과 반응하여 유독성의 이산화나트륨 가스가 발생한다.
④ 물, 알코올, 글리세린에 녹는다.

해설 ❖ 염소산나트륨($NaClO_3$)
- 제1류 위험물 중 염소산염류
- 지정수량 50kg, 위험등급 I
- 분자량 106.5, 녹는점 248℃, 비중 2.49, 증기비중 3.67
- 무색, 무취의 주상결정이다(②).
- 물, 에테르, 글리세린, 알코올에 잘 녹는다(④).
- 산화력이 강하며 인체에 유독하다.
- 환기가 잘되며 습기 없는 냉암소에 보관하며 조해성이 강하므로 밀전·밀봉하여 저장한다(①).
- 철을 부식시키므로 철제용기에 저장하지 않고 유리용기에 저장한다.
- 목탄, 황, 유기물 등과 혼합한 것은 위험하다.
- 강산과 반응하여 유독한 폭발성의 이산화염소를 발생시킨다(③).
  $2NaClO_3 + 2HCl \rightarrow 2NaCl + 2ClO_2 + H_2O$
- 300℃에서 분해되기 시작하며 염화나트륨과 산소를 발생한다.
  $2NaClO_3 \rightarrow 2NaCl + 3O_2 \uparrow$
- 화재 시 다량의 물을 방사하여 냉각소화 한다.

40 질산칼륨을 약 400℃에서 가열하여 열분해시킬 때 주로 생성되는 물질은?

① 질산과 산소
② 질산과 칼륨
③ 아질산칼륨과 산소
④ 아질산칼륨과 질소

해설 질산칼륨(KNO_3)을 열분해시키면 아질산칼륨과 산소가 발생된다. $2KNO_3 \rightarrow 2KNO_2 + O_2 \uparrow$

[질산칼륨의 특성에 대한 내용은 33번 해설 참조]

41 위험물안전관리법령에서 정한 피난설비에 관한 내용이다. ( )에 알맞은 것은?

[최다 빈출 유형]

> 주유취급소 중 건축물의 2층 이상의 부분을 점포, 휴게음식점 또는 전시장의 용도로 사용하는 것에 있어서는 해당 건축물의 2층 이상으로부터 주유취급소의 부지 밖으로 통하는 출입구와 해당 출입구로 통하는 통로, 계단 및 출입구에 ( )을(를) 설치하여야 한다.

① 피난사다리 ② 유도등
③ 공기호흡기 ④ 시각경보기

해설 [위험물안전관리법 시행규칙 별표17 / 소화설비, 경보설비 및 피난설비의 기준] - Ⅲ. 피난설비
• 주유취급소 중 건축물의 2층 이상의 부분을 점포・휴게음식점 또는 전시장의 용도로 사용하는 것에 있어서는 당해 건축물의 2층 이상으로부터 주유취급소의 부지 밖으로 통하는 출입구와 당해 출입구로 통하는 통로・계단 및 출입구에 유도등을 설치하여야 한다.
• 유도등에는 비상 전원을 설치하여야 한다.

42 옥내저장소에 제3류 위험물인 황린을 저장하면서 위험물안전관리법령에 의한 최소한의 보유공지로 3m를 옥내저장소 주위에 확보하였다. 이 옥내저장소에 저장하고 있는 황린의 수량은? (단, 옥내저장소의 구조는 벽・기둥 및 바닥이 내화구조로 되어 있고 그 외의 다른 사항은 고려하지 않는다.)

① 100kg 초과 500kg 이하
② 400kg 초과 1,000kg 이하
③ 500kg 초과 5,000kg 이하
④ 1,000kg 초과 40,000kg 이하

해설 제3류 위험물인 황린은 지정수량 20kg, 위험등급 Ⅰ등급이다.
벽, 기둥 및 바닥이 내화구조로 된 옥내저장소의 보유공지가 3m일 경우 저장 또는 취급하는 위험물의 최대수량은 지정수량의 20배 초과 50배 이하이므로 400kg 초과 1,000kg 이하가 된다.

[위험물안전관리법 시행규칙 별표5 / 옥내저장소의 위치・구조 및 설비의 기준] - Ⅰ. 옥내저장소의 기준 - 제2호
옥내저장소의 주위에는 그 저장 또는 취급하는 위험물의 최대수량에 따라 다음 표에 의한 너비의 공지를 보유하여야 한다. 다만, 지정수량의 20배를 초과하는 옥내저장소와 동일한 부지 내에 있는 다른 옥내저장소와의 사이에는 동표에 정하는 공지의 너비의 3분의 1(당해 수치가 3m 미만인 경우에는 3m)의 공지를 보유할 수 있다.

저장 또는 취급하는 위험물의 최대수량	공지의 너비	
	벽, 기둥 및 바닥이 내화구조로 된 건축물	그 밖의 건축물
지정수량의 5배 이하	-	0.5m 이상
지정수량의 5배 초과 10배 이하	1m 이상	1.5m 이상
지정수량의 10배 초과 20배 이하	2m 이상	3m 이상
지정수량의 20배 초과 50배 이하	3m 이상	5m 이상
지정수량의 50배 초과 200배 이하	5m 이상	10m 이상
지정수량의 200배 초과	10m 이상	15m 이상

43 각각 지정수량의 10배인 위험물을 운반할 경우 제5류 위험물과 혼재 가능한 위험물에 해당하는 것은?

[최다 빈출 유형]

① 제1류 위험물
② 제2류 위험물
③ 제3류 위험물
④ 제6류 위험물

정답 37 ③ 38 ① 39 ③ 40 ③ 41 ② 42 ② 43 ②

해설 [위험물안전관리법 시행규칙 별표19 / 위험물의 운반에 관한 기준] [부표2] – 유별을 달리하는 위험물의 혼재기준

구 분	제1류	제2류	제3류	제4류	제5류	제6류
제1류		×	×	×	×	○
제2류	×		×	○	○	×
제3류	×	×		○	×	×
제4류	×	○	○		○	×
제5류	×	○	×	○		×
제6류	○	×	×	×	×	

※ 'O'는 혼재할 수 있음을, '×'는 혼재할 수 없음을 표시한다.
※ 이 표는 지정수량 1/10 이하의 위험물에는 적용하지 않는다.

44 위험물안전관리법령상 이동 탱크저장소에 의한 위험물 운송 시 위험물 운송자는 장거리에 걸치는 운송을 하는 때에는 2명 이상의 운전자로 하여야 한다. 다음 중 그러하지 않아도 되는 경우가 아닌 것은?

① 적린을 운송하는 경우
② 알루미늄의 탄화물을 운송하는 경우
③ 이황화탄소를 운송하는 경우
④ 운송 도중에 2시간 이내마다 20분 이상씩 휴식하는 경우

해설 이황화탄소는 제4류 위험물 중 특수인화물에 해당하므로 이동탱크 저장소에 의한 장거리에 걸치는 운송을 하는 때에는 2명 이상의 운전자로 운송해야 한다.
① 적린은 제2류 위험물이므로 2명 이상의 운전자로 운송할 필요가 없다.
② 제3류 위험물 중 알루미늄의 탄화물을 운송하는 경우에는 2명 이상의 운전자로 운송할 필요가 없다.
④ 운송 도중에 2시간 이내마다 20분 이상씩 휴식하는 경우에는 2명 이상의 운전자로 운송할 필요가 없다.

[위험물 안전관리법 시행규칙 별표 21] – 제2호. 이동 탱크저장소에 의한 위험물의 운송 시에 준수하여야 하는 기준 나목
위험물 운송자는 장거리(고속국도에 있어서는 340km 이상, 그 밖의 도로에 있어서는 200km 이상을 말한다)에 걸치는 운송을 하는 때에는 2명의 운전자

로 할 것. 다만, 다음에 해당하는 경우에는 그러하지 아니하다.
• 운송책임자가 이동 탱크저장소에 동승하여 운송 중인 위험물의 안전 확보에 관하여 운전자에게 필요한 감독 또는 지원을 하는 경우
• 운송하는 위험물이 제2류 위험물, 제3류 위험물(칼슘 또는 알루미늄의 탄화물과 이것만을 함유한 것에 한함) 또는 제4류 위험물(특수인화물을 제외)인 경우
• 운송 도중에 2시간 이내마다 20분 이상씩 휴식하는 경우

45 위험물안전관리법령상 옥외 탱크저장소의 기준에 따라 다음의 인화성액체 위험물을 저장하는 옥외 저장탱크 1～4호를 동일의 방유제 내에 설치하는 경우 방유제에 필요한 최소 용량으로서 옳은 것은? (단, 암반 탱크 또는 특수액체 위험물 탱크의 경우는 제외한다.) 13년·1 유사

1호 탱크 – 등유 1,500㎘
2호 탱크 – 가솔린 1,000㎘
3호 탱크 – 경유 500㎘
4호 탱크 – 중유 250㎘

① 1,650㎘ ② 1,500㎘
③ 500㎘ ④ 250㎘

해설 위험물안전관리법령상 '인화성액체 위험물(이황화탄소를 제외)의 옥외 탱크저장소의 탱크 주위에 설치하여야 하는 방유제의 용량은 방유제 안에 설치된 탱크가 하나인 때에는 그 탱크 용량의 110% 이상, 2기 이상인 때에는 그 탱크 중 용량이 최대인 것의 용량의 110% 이상으로 할 것.'이라 규정되어 있다.
따라서, 탱크가 두 개 이상이고 최대 용량을 나타내는 것은 1호 탱크의 1,500㎘이므로 이것의 110%인 1,650㎘가 방유제에 필요한 최소 용량이다.

[위험물안전관리법 시행규칙 별표6 / 옥외 탱크저장소의 위치·구조 및 설비의 기준] – Ⅸ. 방유제 中
인화성액체 위험물(이황화탄소를 제외한다)의 옥외

탱크저장소의 탱크 주위에 설치하는 방유제의 용량기준은 다음과 같다.
- 방유제의 용량은 방유제 안에 설치된 탱크가 하나인 때에는 그 탱크 용량의 110% 이상, 2기 이상인 때에는 그 탱크 중 용량이 최대인 것의 용량의 110% 이상으로 할 것

46 위험물안전관리법령상 사업소의 관계인이 자체소방대를 설치하여야 할 제조소등의 기준으로 옳은 것은?

12년 · 2 ▌13년 · 1 유사 ▌21년 · 2 동일

① 제4류 위험물을 지정수량의 3천배 이상 취급하는 제조소 또는 일반취급소
② 제4류 위험물을 지정수량의 5천배 이상 취급하는 제조소 또는 일반취급소
③ 제4류 위험물 중 특수인화물을 지정수량의 3천배 이상 취급하는 제조소 또는 일반취급소
④ 제4류 위험물 중 특수인화물을 지정수량의 5천배 이상 취급하는 제조소 또는 일반취급소

해설 최대수량의 합이 지정수량의 3천배 이상인 제4류 위험물을 취급하는 제조소 또는 일반취급소는 자체 소방대 설치대상이다.

[위험물안전관리법 제19조 / 자체 소방대]
다량의 위험물을 저장·취급하는 제조소등으로서 대통령령이 정하는 제조소등이 있는 동일한 사업소에서 대통령령이 정하는 수량 이상의 위험물을 저장 또는 취급하는 경우 당해 사업소의 관계인은 대통령령이 정하는 바에 따라 당해 사업소에 자체 소방대를 설치하여야 한다.

[위험물안전관리법 시행령 제18조 / 자체 소방대를 설치하여야 하는 사업소]
- 법 제19조에서 "대통령령이 정하는 제조소 등"이란 다음의 어느 하나에 해당하는 제조소등을 말한다.
  - 제4류 위험물을 취급하는 제조소 또는 일반취급소. 다만, 보일러로 위험물을 소비하는 일반취급소 등 행정안전부령[위험물안전관리법 시행규칙 제73조]으로 정하는 일반취급소는 제외한다.
  - 제4류 위험물을 저장하는 옥외 탱크저장소
- 법 제19조에서 "대통령령이 정하는 수량 이상"이란 다음의 구분에 따른 수량을 말한다
  - 제조소 또는 일반취급소에서 취급하는 제4류 위험물의 최대수량의 합이 지정수량의 3천배 이상
  - 옥외탱크 저장소에 저장하는 제4류 위험물의 최대수량이 지정수량의 50만 배 이상

[위험물안전관리법 시행규칙 제73조 / 자체 소방대의 설치 제외대상인 일반취급소]
- 보일러, 버너 그 밖에 이와 유사한 장치로 위험물을 소비하는 일반취급소
- 이동저장 탱크 그 밖에 이와 유사한 것에 위험물을 주입하는 일반취급소
- 용기에 위험물을 옮겨 담는 일반취급소
- 유압장치, 윤활유 순환장치 그 밖에 이와 유사한 장치로 위험물을 취급하는 일반취급
- 「광산안전법」의 적용을 받는 일반취급소

47 다음 중 위험물안전관리법이 적용되는 영역은?

① 항공기에 의한 대한민국 영공에서의 위험물의 저장, 취급 및 운반
② 궤도에 의한 위험물의 저장, 취급 및 운반
③ 철도에 의한 위험물의 저장, 취급 및 운반
④ 자가용 승용차에 의한 지정수량 이하의 위험물의 저장, 취급 및 운반

해설 [위험물안전관리법 제3조 / 적용제외]
이 법은 항공기·선박·철도 및 궤도에 의한 위험물의 저장·취급 및 운반에 있어서는 이를 적용하지 아니한다. 따라서 위 법 조항에 해당되지 않는 ④가 위험물안전관리법이 적용된다고 할 것이다.

정답 44 ③ 45 ① 46 ① 47 ④

48 소화난이도 등급Ⅱ의 제조소에 소화설비를 설치할 때 대형 수동식 소화기와 함께 설치하여야 하는 소형 수동식 소화기 등의 능력단위에 관한 설명으로 옳은 것은?

① 위험물의 소요단위에 해당하는 능력단위의 소형 수동식 소화기 등을 설치할 것
② 위험물의 소요단위의 1/2 이상에 해당하는 능력단위의 소형 수동식 소화기 등을 설치할 것
③ 위험물의 소요단위의 1/5 이상에 해당하는 능력단위의 소형 수동식 소화기 등을 설치할 것
④ 위험물의 소요단위의 10배 이상에 해당하는 능력단위의 소형 수동식 소화기 등을 설치할 것

해설 [위험물안전관리법 시행규칙 별표17 / 소화설비, 경보설비 및 피난설비의 기준] - Ⅰ. 소화설비 中 소화난이도 등급Ⅱ의 제조소등에 설치하여야 하는 소화설비

소화난이도 등급 Ⅱ의 제조소, 옥내저장소, 옥외저장소, 주유취급소, 판매취급소, 일반취급소에는 방사능력 범위 내에 당해 건축물, 그 밖의 공작물 및 위험물이 포함되도록 대형 수동식 소화기를 설치하고 당해 위험물의 소요단위의 1/5 이상에 해당되는 능력단위의 소형 수동식 소화기 등을 설치하도록 한다.

49 위험물안전관리법령상 위험물의 운반 시 운반 용기에 수납 적재하는 기준으로 틀린 것은? 빈출유형

① 수납하는 위험물과 위험한 반응을 일으키지 않아야 한다.
② 고체 위험물은 운반 용기 내용적의 95% 이하로 수납하여야 한다.
③ 액체 위험물은 운반 용기 내용적의 95% 이하로 수납하여야 한다.
④ 하나의 외장용기에는 다른 종류의 위험물을 수납하지 않는다.

해설 [위험물안전관리법 시행규칙 별표19 / 위험물의 운반에 관한 기준] - Ⅱ. 적재방법 제1호
위험물은 규정에 의한 운반용기에 다음의 기준에 따라 수납하여 적재하여야 한다.

- 위험물이 온도변화 등에 의하여 누설되지 않도록 운반용기를 밀봉하여 수납할 것. 다만, 온도변화 등에 의해 위험물로부터 가스가 발생하여 운반용기 안의 압력이 상승할 우려가 있는 경우(발생한 가스가 독성 또는 인화성을 갖는 등 위험성이 있는 경우를 제외한다)에는 가스의 배출구(위험물의 누설 및 다른 물질의 침투를 방지하는 구조로 된 것)를 설치한 운반용기에 수납할 수 있다.
- 수납하는 위험물과 위험한 반응을 일으키지 아니하는 등 당해 위험물의 성질에 적합한 재질의 운반용기에 수납할 것 (①)
- 고체 위험물은 운반용기 내용적의 95% 이하의 수납률로 수납할 것 (②)
- 액체 위험물은 운반용기 내용적의 98% 이하의 수납률로 수납하되(③) 55℃의 온도에서 누설되지 아니하도록 충분한 공간용적을 유지하도록 할 것
- 하나의 외장용기에는 다른 종류의 위험물을 수납하지 아니할 것 (④)
- 제3류 위험물은 다음의 기준에 따라 운반용기에 수납할 것
  - 자연발화성물질 : 불활성기체를 봉입하여 밀봉하는 등 공기와 접하지 아니하도록 할 것
  - 자연발화성물질 외의 물품 : 파라핀, 경유, 등유 등의 보호액으로 채워 밀봉하거나 불활성기체를 봉입하여 밀봉하는 등 수분과 접하지 아니하도록 할 것
  - 자연발화성물질 중 알킬알루미늄 등 : 운반용기의 내용적의 90% 이하의 수납률로 수납하되, 50℃의 온도에서 5% 이상의 공간용적을 유지하도록 할 것

50 위험물안전관리법령상 위험물을 운반하기 위해 적재할 때 예를 들어 제6류 위험물은 1가지 유별(제1류 위험물)하고만 혼재할 수 있다. 다음 중 가장 많은 유별과 혼재가 가능한 것은?
(단, 지정수량의 1/10을 초과하는 위험물이다.)

① 제1류   ② 제2류
③ 제3류   ④ 제4류

해설 제4류 위험물은 제2류 위험물, 제3류 위험물, 제5류 위험물과 혼재 가능함으로 가장 많은 유별과 혼재 가능함을 알 수 있다.

[43번] 해설 도표 참조

51 다음 위험물 중에서 옥외저장소에서 저장·취급할 수 없는 것은? (단, 특별시·광역시 또는 도의 조례에서 정하는 위험물과 IMDG Code에 적합한 용기에 수납된 위험물의 경우는 제외한다.)   13년 · 4 유사

① 아세트산   ② 에틸렌글리콜
③ 크레오소트유   ④ 아세톤

해설 아세톤은 제4류 위험물 중 제1석유류에 속하지만 인화점이 −18℃로서 '인화점이 0℃ 이상인 것에 한한다'라는 단서조항에 부합하지 않으므로 옥외저장소에 저장·취급할 수 없다.
① 제4류 위험물 중 제2석유류
② 제4류 위험물 중 제3석유류
③ 제4류 위험물 중 제3석유류

[위험물안전관리법 시행령 별표2 / 지정수량 이상의 위험물을 저장하기 위한 장소와 그에 따른 저장소의 구분]
• 옥외저장소에서 저장할 수 있는 위험물의 종류
  - 제2류 위험물 중 유황 또는 인화성 고체
    (인화점이 0℃ 이상인 것에 한한다)
  - 제4류 위험물 중 제1석유류(<u>인화점이 0℃ 이상인 것에 한한다</u>)·알코올류·제2석유류·제3석유류·제4석유류 및 동식물유류
  - 제6류 위험물
  - 제2류 위험물 및 제4류 위험물 중 특별시·광역시 또는 도의 조례에서 정하는 위험물(관세법 제154조의 규정에 의한 보세구역 안에 저장하는 경우에 한한다)
  - 「국제해사기구에 관한 협약」에 의하여 설치된 국제해사기구가 채택한 국제해상위험물규칙(IMDG Code)에 적합한 용기에 수납된 위험물

[참고] 크레오소트유
콜타르를 증류하여 얻어지는 혼합물로 황색이나 암록색을 띠는 액체이며 나프탈렌, 안트라센, 크레졸, 페놀류 등의 성분이 함유되어 있다. 물보다 무겁고 물에 녹지 않으나 알코올, 벤젠 등에 녹는다. 목재방부제나 도료, 연료 등으로 사용된다.

52 디에틸에테르에 대한 설명으로 틀린 것은?

① 일반식은 R − CO − R′이다.
② 연소범위는 약 1.9~48%이다.
③ 증기비중 값이 비중 값보다 크다.
④ 휘발성이 높고 마취성을 가진다.

해설 ① 에테르의 일반식은 R − O − R′이다(아래 구조식 참조). R − CO − R′는 케톤의 일반식이다.

❖ 디에틸에테르($C_2H_5OC_2H_5$)
• 제4류 위험물 중 특수인화물
• 지정수량 50ℓ, 위험등급 I
• 에틸에테르라고도 함
• 구조식

$$H-\underset{\underset{H}{|}}{\overset{\overset{H}{|}}{C}}-\underset{\underset{H}{|}}{\overset{\overset{H}{|}}{C}}-O-\underset{\underset{H}{|}}{\overset{\overset{H}{|}}{C}}-\underset{\underset{H}{|}}{\overset{\overset{H}{|}}{C}}-H$$

• 제조방법
$$(H_2SO_4, 140℃)$$
$$C_2H_5OH + C_2H_5OH \rightarrow C_2H_5OC_2H_5 + H_2O$$

• 분자량 74, 인화점 −45℃, 착화점 180℃, <u>비중 0.71, 증기비중 2.55(③), 연소범위 1.9~48(%)(②)</u>
• 인화점이 −45℃로 제4류 위험물 중 인화점이 가장 낮은 편에 속한다.

정답 48 ③ 49 ③ 50 ④ 51 ④ 52 ①

- 무색투명한 유동성 액체이다.
- 물에는 약간 녹으나 알코올에는 잘 녹는다.
    - 물에는 잘 녹지 않으며 물 위에 뜨므로 물속에 저장하지는 않는다.
- 유지 등을 잘 녹이는 용제이다.
- <u>휘발성이 강하며 마취성이 있어 전신마취에 사용된 적도 있다(④).</u>
- 전기의 부도체로 정전기가 발생할 수 있으므로 저장할 때 소량의 염화칼슘을 넣어 정전기를 방지한다.
- 강산화제 및 강산류와 접촉하면 발열 발화한다.
- 체적 팽창률(팽창계수)이 크므로 용기의 공간 용적을 2% 이상 확보하도록 한다.
- 공기와 장시간 접촉하면 산화되어 폭발성의 불안정한 과산화물이 생성된다.
- 직사일광에 의해서도 분해되어 과산화물이 생성되므로 이의 방지를 위해 갈색 병에 밀전, 밀봉하여 보관하며 증기누출이 용이하고 증기압이 높아 용기가 가열되면 파손, 폭발할 수도 있으므로 불꽃 등 화기를 멀리하고 통풍이 잘되는 냉암소에 보관한다.
- 과산화물의 생성 방지 및 제거
    - 생성방지 : 과산화물의 생성을 방지하기 위해 저장용기에 40메시(mesh)의 구리망을 넣어둔다.
    - 생성여부 검출 : 10% 요오드화칼륨 수용액으로 검출하며 과산화물 존재 시 황색으로 변한다.
    - 과산화물 제거시약 : 황산제1철 또는 환원철
- 대량으로 저장할 경우에는 불활성 가스를 봉입한다.
- 화재 시 이산화탄소에 의한 질식소화가 적당하다.

53 위험물안전관리법령상 지하 탱크저장소 탱크 전용실의 안쪽과 지하 저장탱크와의 사이는 몇 m 이상의 간격을 유지하여야 하는가?

12년·4 동일

① 0.1　② 0.2　③ 0.3　④ 0.5

해설 [위험물안전관리법 시행규칙 별표8 / 지하 탱크저장소의 위치·구조 및 설비의 기준] - Ⅰ. 지하 탱크저장소의 기준 - 제2호

탱크 전용실은 지하의 가장 가까운 벽·피트·가스관 등의 시설물 및 대지경계선으로부터 0.1m 이상 떨어진 곳에 설치하고, 지하저장탱크와 탱크 전용실의 안쪽과의 사이는 0.1m 이상의 간격을 유지하도록 하며, 당해 탱크의 주위에 마른 모래 또는 습기 등에 의하여 응고되지 아니하는 입자지름 5mm 이하의 마른 자갈 분을 채워야 한다.

54 위험물안전관리법령상 제조소등의 위치·구조 또는 설비 가운데 행정안전부령이 정하는 사항을 변경허가를 받지 아니하고 제조소등의 위치·구조 또는 설비를 변경한 때 1차 행정처분기준으로 옳은 것은?

① 사용정지 15일

② 경고 또는 사용정지 15일

③ 사용정지 30일

④ 경고 또는 업무정지 30일

해설 [위험물안전관리법 시행규칙 별표2 / 행정처분기준] - 2. 개별기준

법 제6조 제1항의 후단의 규정에 의한 변경허가를 받지 아니하고 제조소 등의 위치, 구조 또는 설비를 변경한 때에는 다음과 같은 행정처분을 받게 된다.

- 1차 행정처분 : 경고 또는 사용정지 15일
- 2차 행정처분 : 사용정지 60일
- 3차 행정처분 : 허가취소

✱ 빈틈없이 촘촘하게　One more Step

[위험물안전관리법 제6조 제1항]

제조소 등을 설치하고자 하는 자는 대통령령이 정하는 바에 따라 그 설치장소를 관할하는 특별시장·광역시장·특별자치시장·도지사 또는 특별자치도지사(이하 "시·도지사"라 한다)의 허가를 받아야 한다. 제조소등의 위치·구조 또는 설비 가운데 행정안전부령이 정하는 사항을 변경하고자 하는 때에도 또한 같다.

55 다음 ( ) 안에 들어갈 수치를 순서대로 바르게 나열한 것은? (단, 제4류 위험물에 적응성을 갖기 위한 살수밀도 기준을 적용하는 경우 제외)

> 위험물 제조소등에 설치하는 폐쇄형 헤드의 스프링클러 설비는 30개의 헤드를 동시에 사용할 경우 각 선단의 방사압력이 ( )kPa 이상이고 방수량이 1분당 ( )ℓ 이상이어야 한다.

① 100, 80
② 120, 80
③ 100, 100
④ 120, 100

해설 [위험물안전관리법 시행규칙 별표17 / 소화설비, 경보설비 및 피난설비의 기준] - Ⅰ. 소화설비 中 스프링클러설비의 설치기준은 다음의 기준에 의할 것

- 수원의 수량은 폐쇄형 스프링클러 헤드를 사용하는 것은 30(헤드의 설치개수가 30 미만인 방호대상물인 경우에는 당해 설치개수), 개방형 스프링클러 헤드를 사용하는 것은 스프링클러 헤드가 가장 많이 설치된 방사구역의 스프링클러 헤드 설치개수에 2.4m³를 곱한 양 이상이 되도록 설치할 것
- 스프링클러 설비는 위의 규정에 의한 개수의 스프링클러 헤드를 동시에 사용할 경우에 각 선단의 방사압력이 100kPa(별도로 정한 살수밀도의 기준을 충족하는 경우에는 50kPa) 이상이고, 방수량이 1분당 80ℓ(별도로 정한 살수밀도의 기준을 충족하는 경우에는 56ℓ) 이상의 성능이 되도록 할 것
- 스프링클러 설비에는 비상전원을 설치할 것

* 빈틈없이 촘촘하게   One more Step

❖ 각 소화설비 설치기준에서 요구되는 방수압력(또는 방사압력)과 방수량(또는 방사량)
- 옥내소화전 : 350 kPa 이상, 260ℓ 이상/min
- 옥외소화전 : 350 kPa 이상, 450ℓ 이상/min
- 스프링클러 : 100 kPa 이상, 80ℓ 이상/min
- 물분무 소화설비 : 350 kPa 이상, 표준방사량(당해 소화설비의 헤드의 설계압력에 의한 방사량)

56 위험물안전관리법령상 위험물의 탱크 내용적 및 공간용적에 관한 기준으로 틀린 것은?

① 위험물을 저장 또는 취급하는 탱크의 용량은 해당 탱크의 내용적에서 공간용적을 뺀 용적으로 한다.
② 탱크의 공간용적은 탱크의 내용적의 100분의 5 이상 100분의 10 이하의 용적으로 한다.
③ 소화설비(소화약제 방출구를 탱크 안의 윗부분에 설치하는 것에 한한다)를 설치하는 탱크의 공간용적은 해당 소화설비의 소화약제 방출구 아래의 0.3m 이상 1m 미만 사이의 면으로부터 윗부분의 용적으로 한다.
④ 암반탱크에 있어서는 해당 탱크 내에 용출하는 30일 간의 지하수의 양에 상당하는 용적과 해당 탱크의 내용적의 100분의 1의 용적 중에서 보다 큰 용적을 공간용적으로 한다.

해설 [위험물안전관리법 시행규칙 제5조 / 탱크 용적의 산정기준] - 제1항

위험물을 저장 또는 취급하는 탱크의 용량은 해당 탱크의 내용적에서 공간용적을 뺀 용적으로 한다(①).

[위험물안전관리에 관한 세부기준 제25조 / 탱크의 내용적 및 공간용적]

- 탱크의 공간용적은 탱크의 내용적의 100분의 5 이상 100분의 10 이하의 용적으로 한다(②). 다만, 소화설비(소화약제 방출구를 탱크 안의 윗부분에 설치하는 것에 한한다)를 설치하는 탱크의 공간용적은 당해 소화설비의 소화약제 방출구 아래의 0.3m 이상 1m 미만 사이의 면으로부터 윗부분의 용적으로 한다(③).
- 암반탱크에 있어서는 당해 탱크 내에 용출하는 7일간의 지하수의 양에 상당하는 용적과 당해 탱크의 내용적의 100분의 1의 용적 중에서 보다 큰 용적을 공간용적으로 한다(④).

정답 53 ① 54 ② 55 ① 56 ④

57 위험물안전관리법령상 제조소등의 관계인이 정기적으로 점검하여야 할 대상이 아닌 것은?

① 지정수량의 10배 이상의 위험물을 취급하는 제조소
② 지하 탱크저장소
③ 이동 탱크저장소
④ 지정수량의 100배 이상의 위험물을 저장하는 옥외 탱크저장소

해설 정기점검 대상인 옥외 탱크저장소는 지정수량 200배 이상의 위험물을 저장하는 것으로 한정한다.

[위험물안전관리법 제18조 / 정기점검 및 정기검사] - 제1항
대통령령이 정하는 제조소등의 관계인은 그 제조소등에 대하여 행정안전부령이 정하는 바에 따라 규정에 따른 기술기준에 적합한지의 여부를 정기적으로 점검하고 점검결과를 기록하여 보존하여야 한다.

[위험물안전관리법 시행령 제15조와 제16조 / 정기점검의 대상인 제조소등]
위 법조문에서 "대통령령이 정하는 제조소등"이라 함은 다음에 해당하는 제조소등을 말한다.
• 지하 탱크저장소
• 이동 탱크저장소
• 위험물을 취급하는 탱크로서 지하에 매설된 탱크가 있는 제조소, 주유취급소, 일반취급소
• 관계인이 예방규정을 정하여야 하는 제조소 등
 (아래 7가지)
 - 지정수량의 10배 이상의 위험물을 취급하는 제조소
 - 지정수량의 100배 이상의 위험물을 저장하는 옥외저장소
 - 지정수량의 150배 이상의 위험물을 저장하는 옥내저장소
 - 지정수량의 200배 이상의 위험물을 저장하는 옥외 탱크저장소
 - 암반 탱크저장소
 - 이송취급소
 - 지정수량의 10배 이상의 위험물을 취급하는 일반취급소

단, 제4류 위험물(특수인화물 제외)만을 지정수량의 50배 이하로 취급하는 일반취급소(제1석유류·알코올류의 취급량이 지정수량의 10배 이하인 경우에 한함)로서 다음에 해당하는 것은 제외한다.
 - 보일러, 버너 또는 이와 비슷한 것으로서 위험물을 소비하는 장치로 이루어진 일반취급소
 - 위험물을 용기에 옮겨 담거나 차량에 고정된 탱크에 주입하는 일반취급소

58 위험물안전관리법령상 위험물 제조소의 옥외에 있는 하나의 액체 위험물 취급 탱크 주위에 설치하는 방유제의 용량은 해당 탱크용량의 몇 % 이상으로 하여야 하는가?

① 50%　② 60%　③ 100%　④ 110%

해설 [위험물안전관리법 시행규칙 별표4 / 제조소의 위치·구조 및 설비의 기준] - Ⅸ. 위험물 취급탱크 中
옥외에 있는 위험물 취급 탱크로서 액체 위험물(이황화탄소를 제외한다)을 취급하는 것의 주위에는 다음의 기준에 의하여 방유제를 설치할 것
• 하나의 취급 탱크 주위에 설치하는 방유제의 용량은 당해 탱크용량의 50% 이상으로 하고, 2 이상의 취급 탱크 주위에 하나의 방유제를 설치하는 경우 그 방유제의 용량은 당해 탱크 중 용량이 최대인 것의 50%에 나머지 탱크용량 합계의 10%를 가산한 양 이상이 되게 할 것.
• 방유제의 구조 및 설비는 옥외 저장탱크의 방유제의 기준에 적합하게 할 것

59 위험물안전관리법령상 이송취급소에 설치하는 경보설비의 기준에 따라 이송기지에 설치하여야 하는 경보설비로만 이루어진 것은?

① 확성장치, 비상벨장치
② 비상방송 설비, 비상경보 설비
③ 확성장치, 비상방송 설비
④ 비상방송 설비, 자동화재탐지설비

해설 [위험물안전관리법 시행규칙 별표15 / 이송취급소의 위치·구조 및 설비의 기준] - Ⅳ. 기타 설비 등 제14호 경보설비
이송취급소에는 다음 기준에 의한 경보설비를 설치하여야 한다.
- 이송기지에는 비상벨장치 및 확성장치를 설치할 것
- 가연성 증기를 발생하는 위험물을 취급하는 펌프실 등에는 가연성 증기 경보설비를 설치할 것

60 위험물안전관리법령상 위험등급의 종류가 나머지 셋과 다른 하나는? [최다 빈출 유형]

① 제1류 위험물 중 중크롬산염류
② 제2류 위험물 중 인화성 고체
③ 제3류 위험물 중 금속의 인화물
④ 제4류 위험물 중 알코올류

해설 ① 제1류 위험물 중 중크롬산염류 : 위험등급Ⅲ (지정수량 1,000kg)
② 제2류 위험물 중 인화성 고체 : 위험등급Ⅲ (지정수량 1,000kg)
③ 제3류 위험물 중 금속의 인화물 : 위험등급Ⅲ (지정수량 300kg)
④ 저4류 위험물 중 알코올류 : 위험등급Ⅱ (지정수량 400ℓ)

[위험물안전관리법 시행규칙 별표19 / 위험물의 운반에 관한 기준] - Ⅴ. 위험물의 위험등급
위험물의 위험등급은 위험등급Ⅰ·위험등급Ⅱ 및 위험등급Ⅲ으로 구분하며 각 위험등급에 해당하는 위험물은 다음과 같다.
• 위험등급Ⅰ의 위험물
 - 제1류 위험물 중 아염소산염류, 염소산염류, 과염소산염류, 무기과산화물 그 밖에 지정수량이 50kg인 위험물
 - 제3류 위험물 중 칼륨, 나트륨, 알킬알루미늄, 알킬리튬, 황린 그 밖에 지정수량이 10kg 또는 20kg인 위험물
 - 제4류 위험물 중 특수인화물
 - 제5류 위험물 중 유기과산화물, 질산에스테르류 그 밖에 지정수량이 10kg인 위험물
 - 제6류 위험물
• 위험등급Ⅱ의 위험물
 - 제1류 위험물 중 브롬산염류, 질산염류, 요오드산염류 그 밖에 지정수량이 300kg인 위험물
 - 제2류 위험물 중 황화린, 적린, 유황 그 밖에 지정수량이 100kg인 위험물
 - 제3류 위험물 중 알칼리금속(칼륨 및 나트륨을 제외한다) 및 알칼리토금속, 유기금속화합물(알킬알루미늄 및 알킬리튬을 제외한다) 그 밖에 지정수량이 50kg인 위험물
 - 제4류 위험물 중 제1석유류 및 알코올류
 - 제5류 위험물 중 위험등급Ⅰ에 정하는 위험물 외의 것
• 위험등급Ⅲ의 위험물
 - 위에서 정하지 아니한 위험물

❋ Tip
• 제2류 위험물에는 위험등급Ⅰ에 해당하는 위험물은 없다.
• 제5류 위험물에는 위험등급Ⅲ에 해당하는 위험물은 없다.
• 제6류 위험물은 모두 위험등급Ⅰ에 해당하는 위험물이다.
• 위험등급Ⅰ, Ⅱ, Ⅲ에 해당하는 위험물을 모두 포함하고 있는 것은 제1류, 제3류, 제4류 위험물이다.

정답 57 ④ 58 ① 59 ① 60 ④

03. 2016년 제1회 기출문제 및 해설 (16년 1월 24일)

1과목 화재예방과 소화방법

01 연소가 잘 이루어지는 조건으로 거리가 먼 것은?   16년·4 유사

① 가연물의 발열량이 클 것
② 가연물의 열전도율이 클 것
③ 가연물과 산소와의 접촉 표면적이 클 것
④ 가연물의 활성화 에너지가 작을 것

해설 열전도율이 큰 물질이란 자신이 지니고 있는 열에너지를 외부로 전달해주기 쉬운 물질을 말하는 것으로 열 축적이 이루어지지 않아 자신의 열 함량은 줄어들어 연소하기 어렵다. 가연물의 열전도율은 작아야 열이 흩어지지 않고 포집되어 있어 자신의 열함량이 늘어나게 되므로 온도의 상승이 빠르게 진행되고 연소가 잘 일어나게 되는 것이다.

[참고]
접촉 금속의 경우에 있어서는 열전도율이 클수록 접촉된 금속 간에 열전달이 잘되므로 발화가 더 잘 일어난다. 위 문제는 접촉된 금속이란 표현이 없으므로 일반적인 위험물 연소의 경우에 대해서 물어 본 것으로 해석한다.

① 발열량이 클수록 연소 온도에 도달될 가능성이 커져 연소가 잘 이루어질 것이다.
③ 산소와의 접촉 표면적이 넓을수록 반응 가능성이 증대되어 연소가 용이해진다.
④ 반응에 참여하는 분자들 중 활성화 에너지 이상의 에너지를 획득한 것들만 반응할 자격이 주어진다. 다시 말해 활성화 에너지 이상의 에너지를 획득해야 유효 충돌을 일으킬 수 있고 반응을 진행시킬 수 있다. 따라서, 활성화 에너지가 작을수록 반응을 일으킬 자격을 쉽게 얻을 수 있어 반응할 분자 수가 늘어나고 유효 충돌 가능성도 증대될 것이므로 반응이 잘 진행될 것이다. 연소반응도 화학반응이므로 활성화 에너지가 낮을수록 연소는 더 잘 이루어질 것이며 이런 관점에서 활성화 에너지는 '발화에 필요한 점화 에너지'라고도 말할 수 있다. 연소공학 측면에서의 에너지란 불을 지필 수 있는 원동력이라 할 수 있다.

❋ 빈틈없이 촘촘하게   One more Step

❖ 연소가 잘 일어나기 위한 조건
• 발열량이 클 것
• 산소 친화력이 클 것
• 열전도율이 작을 것
• 활성화 에너지가 작을 것(= 활성화 에너지 장벽이 낮을 것)
• 화학적 활성도는 높을 것
• 연쇄반응을 수반할 것
• 반응 표면적이 넓을 것
• 산소 농도가 높고 이산화탄소의 농도는 낮을 것
• 물질 자체의 습도는 낮을 것

02 위험물안전관리법령상 위험등급Ⅰ의 위험물에 해당하는 것은?   [빈출 유형]

① 무기과산화물   ② 황화린
③ 제1석유류   ④ 유황

해설 무기과산화물은 제1류 위험물로 분류되며 지정수량은 50kg이고 위험등급은 Ⅰ등급이다.
② 황화린은 제2류 위험물에 속하며 지정수량은 100kg이고 위험등급은 Ⅱ등급이다.
③ 제1석유류는 제4류 위험물에 속하며 지정수량은 200ℓ이고 위험등급은 Ⅱ등급이다.
④ 유황은 제2류 위험물에 속하며 지정수량은 100kg이고 위험등급은 Ⅱ등급이다.

[위험물안전관리법 시행규칙 별표19 / 위험물의 운반에 관한 기준] - Ⅴ. 위험물의 위험등급
위험물의 위험등급은 위험등급Ⅰ·위험등급Ⅱ 및 위험등급Ⅲ으로 구분하며 각 위험등급에 해당하는 위험물은 다음과 같다.

- 위험등급 I 의 위험물
  - 제1류 위험물 중 아염소산염류, 염소산염류, 과염소산염류, 무기과산화물 그 밖에 지정수량이 50kg인 위험물
  - 제3류 위험물 중 칼륨, 나트륨, 알킬알루미늄, 알킬리튬, 황린 그 밖에 지정수량이 10kg 또는 20kg인 위험물
  - 제4류 위험물 중 특수인화물
  - 제5류 위험물 중 유기과산화물, 질산에스테르류 그 밖에 지정수량이 10kg인 위험물
  - 제6류 위험물
- 위험등급 II 의 위험물
  - 제1류 위험물 중 브롬산염류, 질산염류, 요오드산염류 그 밖에 지정수량이 300kg인 위험물
  - 제2류 위험물 중 황화린, 적린, 유황 그 밖에 지정수량이 100kg인 위험물
  - 제3류 위험물 중 알칼리금속(칼륨 및 나트륨을 제외한다) 및 알칼리토금속, 유기금속화합물(알킬알루미늄 및 알킬리튬을 제외한다) 그 밖에 지정수량이 50kg인 위험물
  - 제4류 위험물 중 제1석유류 및 알코올류
  - 제5류 위험물 중 위험등급 I 에 정하는 위험물 외의 것
- 위험등급 III 의 위험물
  - 위에서 정하지 아니한 위험물

❄ **Tip**
- 제2류 위험물에는 위험등급 I 에 해당하는 위험물은 없다.
- 제5류 위험물에는 위험등급 III 에 해당하는 위험물은 없다.
- 제6류 위험물은 모두 위험등급 I 에 해당하는 위험물이다.
- 위험등급 I, II, III에 해당하는 위험물을 모두 포함하고 있는 것은 제1류, 제3류, 제4류 위험물이다.

03 위험물안전관리법령상 제6류 위험물에 적응성이 없는 것은? 16년 · 2 ▮ 14년 · 1 유사

① 스프링클러 설비
② 포 소화설비
③ 불활성가스 소화설비
④ 물분무 소화설비

해설 제6류 위험물은 불연성이지만 산소를 포함하고 있어 산소공급원으로 작용할 수 있기에 질식소화는 적합하지 않으며(질식소화란 공기 중 산소 농도를 15% 이하로 낮추어 소화하는 방법이다) 주수소화 및 냉각소화가 효과적이다.
② 포 소화설비는 질식소화의 성격을 띠고 있으나 다량의 수분을 포함하고 있어 주수 및 냉각효과도 지니고 있으므로 적응성이 있다고 할 것이다.

[위험물안전관리법 시행규칙 별표17 / 소화설비, 경보설비 및 피난설비의 기준] - I. 소화설비 中 4. 소화설비의 적응성
제6류 위험물은 불활성가스 소화설비, 할로겐화합물 소화설비, 탄산수소염류 분말소화설비에는 적응성이 없다.
제6류 위험물을 저장 또는 취급하는 장소로서 폭발의 위험이 없는 장소에 한하여 이산화탄소 소화기는 제6류 위험물에 대하여 적응성이 있다.

04 피크르산의 위험성과 소화방법에 대한 설명으로 틀린 것은?

① 금속과 화합하여 예민한 금속염이 만들어질 수 있다.
② 운반 시 건조한 것보다는 물에 젖게 하는 것이 안전하다.
③ 알코올과 혼합된 것은 충격에 의한 폭발 위험이 있다.
④ 화재 시에는 질식소화가 효과적이다.

정답 01 ② 02 ① 03 ③ 04 ④

해설 피크르산(피크린산 또는 트리니트로페놀)은 제5류 위험물 중 니트로화합물에 속하는 위험물로 자체 내에 산소를 함유하고 있어 산소공급원으로 작용하기 때문에 질식소화는 효과가 없다. 피크르산의 화재 시에는 주수소화가 효과적이다.

① 구리, 납, 철 등의 중금속과 반응하여 피크린산염을 생성한다.
② 저장 및 운반 용기로는 나무상자가 적당하며 10~20% 정도의 수분을 침윤시켜 운반한다. 건조한 것보다 물에 젖게 하면 냉각 효과 또는 마찰이나 충격 감소 등의 효과를 보인다.
③ 순수한 피크르산은 충격이나 마찰 등에 비교적 안정하지만 요오드, 가솔린, 알코올, 금속염 등과 혼합된 것은 충격이나 마찰 등에 의해 폭발할 수 있다.

❖ 트리니트로페놀(피크린산, 피크르산)
• 제5류 위험물 중 니트로화합물
• 지정수량 200kg, 위험등급 Ⅱ
• 분자량 229, 비중 1.8, 녹는점 122.5℃, 인화점 150℃, 발화점 300℃
• 구조식

• 순수한 것은 무색이고 공업용은 휘황색에 가까운 결정이다.
• 쓴맛과 독성이 있으며 수용액은 황색을 나타낸다.
• 차가운 물에는 소량 녹고 온수나 알코올, 에테르에는 잘 녹는다.
• 페놀(C_6H_5OH)을 질산과 황산의 혼산으로 니트로화하여 제조한다.

$$C_6H_5OH + 3HNO_3 \xrightarrow{H_2SO_4} C_6H_2(NO_2)_3OH + 3H_2O$$

• 공기 중에서 자연분해하지 않으므로 장기간 저장할 수 있으며 충격이나 마찰에 둔감하다.
• 단독으로 연소 시 폭발은 하지 않으나 에탄올과 혼합된 경우 충격에 의해서 폭발할 수 있다(③).
• 덩어리 상태로 용융된 것은 타격에 의해 폭굉하며 이때의 폭발력은 TNT보다 크다.

• 철, 납, 구리, 아연 등의 금속과 화합하여 예민한 금속염(피크린산염)을 만들며 건조한 것은 폭발하기도 한다(①).
• 주수소화가 효과적이다(④).
• 저장 및 운반 용기로는 나무상자가 적당하며 10~20% 정도의 수분을 침윤시켜 운반한다(②).

05 위험물을 취급함에 있어서 정전기를 유효하게 제거하기 위한 설비를 설치하고자 한다. 위험물안전관리법령상 공기 중의 상대습도를 몇 % 이상 되게 하여야 하는가?

① 50 ② 60
③ 70 ④ 80

해설 [위험물안전관리법 시행규칙 별표4 / 제조소의 위치·구조 및 설비의 기준] - Ⅷ. 기타설비 中 6. 정전기 제거설비

위험물을 취급함에 있어서 정전기가 발생할 우려가 있는 설비에는 다음에 해당하는 방법으로 정전기를 유효하게 제거할 수 있는 설비를 설치하여야 한다.
• 접지에 의한 방법
• 공기 중의 상대습도를 70% 이상으로 하는 방법
• 공기를 이온화하는 방법

❖ 빈틈없이 촘촘하게 One more Step

❖ 정전기 발생을 줄이는 방법
• 유속제한 : 인화성 액체는 비전도성 물질이므로 빠른 유속으로 배관을 통과할 때 정전기가 발생할 위험이 있어 주의한다.
• 제전제 사용 : 물체에 대전전하를 완전히 중화시키는 것이 아니고 정전기에 의한 재해가 발생하지 않을 정도까지 중화시키는 것
• 전도성 재료 사용 : 전기저항이 높은 물질 대신 전도성이 있는 물질을 사용하여 정전기 방지
• 물질 간의 마찰 감소

06 다음 중 연소의 3요소를 모두 갖춘 것은?

① 휘발유 + 공기 + 수소
② 적린 + 수소 + 성냥불
③ 성냥불 + 황 + 염소산암모늄
④ 알코올 + 수소 + 염소산암모늄

해설 연소의 3요소란 가연물, 산소공급원, 점화원을 말하는 것이며 성냥불(점화원) + 황(가연물) + 염소산암모늄(산소공급원 / 제1류 위험물)이 이들 세 가지 조건을 모두 갖춘 경우이다.
① 휘발유(가연물) + 공기(산소공급원) + 수소(가연물)
② 적린(가연물) + 수소(가연물) + 성냥불(점화원)
④ 알코올(가연물) + 수소(가연물) + 염소산암모늄(산소공급원)

✱ 빈틈없이 촘촘하게 One more Step

❖ 산소공급원으로 작용하는 위험물
• 제1류 위험물 – 산화성 고체
• 제5류 위험물 – 자기반응성 물질
• 제6류 위험물 – 산화성 액체

07 위험물 제조소의 경우 연면적이 최소 몇 m² 이면 자동화재탐지설비를 설치해야 하는가?
(단, 원칙적인 경우에 한한다.)   12년·5 동일

① 100 ② 300 ③ 500 ④ 1,000

해설 [위험물안전관리법 시행규칙 별표17 / 소화설비, 경보설비 및 피난설비의 기준] – Ⅱ. 경보설비
다음 조건에 해당하는 제조소 및 일반취급소에는 자동화재탐지설비를 경보설비로 설치하여야 한다.
• 연면적 500m² 이상인 것
• 옥내에서 지정수량의 100배 이상을 취급하는 것(고인화점 위험물만을 100℃ 미만의 온도에서 취급하는 것은 제외)
• 일반취급소로 사용되는 부분 외의 부분이 있는 건축물에 설치된 일반취급소(일반취급소와 일반취급소 외의 부분이 내화구조의 바닥 또는 벽으로 개구부 없이 구획된 것은 제외)

08 그림과 같이 횡으로 설치한 원통형 위험물 탱크에 대하여 탱크의 용량을 구하면 약 몇 m³인가?
(단, 공간용적은 탱크 내용적의 100분의 5로 한다.)
12년·5 ▌15년·2 ▌16년·4 유사 ▌13년·1 동일

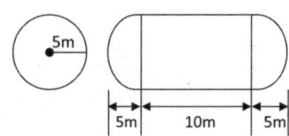

① 52.4 ② 261.6 ③ 994.8 ④ 1047.2

해설 • 탱크의 내용적
– 근거 : [위험물안전관리에 관한 세부기준 별표1]
– 탱크의 내용적 계산방법 : 횡으로 설치한 원형탱크의 내용적은 다음 공식을 이용한다.

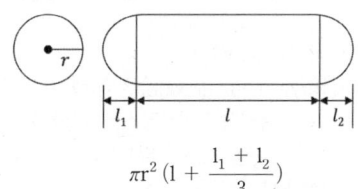

$$\pi r^2 \left(1 + \frac{l_1 + l_2}{3}\right)$$

– 문제의 조건을 식에 대입하여 풀면
$$5^2 \pi \left(10 + \frac{5+5}{3}\right) ≒ 1047.2 (m^3)$$

• 탱크의 공간용적
– 근거 : [위험물안전관리에 관한 세부기준 제25조]
– 탱크의 내용적 및 공간용적 中 탱크의 공간용적은 탱크의 내용적의 100분의 5 이상 100분의 10 이하의 용적으로 한다.
– 문제에서 탱크의 공간용적은 내용적의 100분의 5라고 했으므로
$$1047.2 \times \frac{5}{100} = 52.36 (m^3)$$

• 탱크의 용량
– 근거 : [위험물안전관리법 시행규칙 제5조]
– 탱크 용적의 산정기준 : 위험물을 저장 또는 취급하는 탱크의 용량은 해당 탱크의 내용적에서 공간용적을 뺀 용적으로 한다.
– 탱크의 용량 = 탱크의 내용적 – 탱크의 공간용적
그러므로, 1047.2 – 52.36 = 994.84(m³)

09 석유류가 연소할 때 발생하는 가스로 강한 자극적인 냄새가 나며 취급하는 장치를 부식시키는 것은? 12년·5 동일

① H_2 ② CH_4 ③ NH_3 ④ SO_2

해설 석유에 포함되어 있는 황 성분은 석유를 연소시킬 때 주로 이산화황의 형태로 대기 중으로 발산되는데 이 물질은 대기오염과 호흡기 질환을 일으키는 무색의 자극성 냄새를 지닌 독성 가스로 취급하는 장치를 부식시키기도 한다.
석유에 포함된 황 성분은 석유의 질을 하락시키는 요인이 되며 정제 시 함량을 최대한 낮추는 것이 중요하다.

❋ 빈틈없이 촘촘하게 One more Step

❖ **이산화황(SO_2)**
이산화황(Sulfur dioxide)은 무색의 자극성 냄새가 나는 독성이 강한 가스로 화산 활동과 같은 자연적인 현상으로도 발생하지만 대부분은 산업과정에서 부산물로 생성되며 호흡기계 질환을 유발하는 주요 대기오염 물질 중 하나이다. 화력발전소나 보일러, 선박 등에서 석탄이나 석유를 태우는 과정에서 생기며 자동차의 휘발유나 경유가 연소되는 과정에서도 발생하기 때문에 자동차 배기가스, 도로나 교통관련 시설에서의 관리와 주의가 필요하다. 석탄이나 석유에 포함된 황의 함량은 제품의 품질이나 가격의 기준이 될 정도로 주요한 사항이다.
산업 측면에서 뿐만 아니라 일반 가정이나 실내에서도 이산화황은 발생되는데 그 주된 요인은 석유난로와 가스난로다. 특히 고장난 상태에서의 사용은 이산화황의 농도와 양을 급격히 높이는 요인이므로 주의가 필요하며 사용 전후 환기는 필수적이다.
그러나, 이산화황이 우리 일상생활에 부정적인 물질로만 작용하는 것은 아니다. 섬유, 펄프, 종이 및 기타 화학물질을 생산하는 과정에서 표백제로 사용되기도 하고 상수나 하수, 산업 폐수에서 잔류 염소를 제거하기 위해 사용되고 있다. 또한 건조식품, 통조림, 염장제품 등을 만들 때 이산화황이 음식 보존제로 사용되기도 하며 포도 수확 후 방부제 및 곰팡이 방지제로 쓰이는 등 농업과 식품 가공 시장에서도 요긴하게 사용되기도 한다.
이처럼 광범위하게 사용되고 있는 이산화황은 천식이 있는 어린이, 고령자, 호흡기계 질환이나 심혈관계 질환자 등에는 좋지 않은 영향을 미칠 수 있으며 산성비를 내리게 하고 농작물 수확을 감소시키는 결과도 가져온다.

10 제3종 분말소화약제의 열분해 시 생성되는 메타인산의 화학식은?

① H_3PO_4 ② HPO_3
③ $H_4P_2O_7$ ④ $CO(NH_2)_2$

해설 제3종 분말소화약제의 주성분은 제1인산암모늄이며 다음과 같은 반응으로 분해된다.
$NH_4H_2PO_4 \rightarrow HPO_3 + NH_3 + H_2O$
HPO_3는 메타인산이라 칭하며 무색투명한 고체로 물에 잘 녹는다. 보통 인산에 비해 물 분자 1개가 부족한 것으로 공기 중의 습한 곳에 방치하면 보통의 인산(H_3PO_4)으로 바뀐다.

❖ **분말 소화약제의 분류, 주성분 및 적응화재**

구 분	주성분	화학식
제1종 분말	탄산수소나트륨	$NaHCO_3$
제2종 분말	탄산수소칼륨	$KHCO_3$
제3종 분말	제1인산암모늄	$NH_4H_2PO_4$
제4종 분말	탄산수소칼륨 +요소	$KHCO_3 + (NH_2)_2CO$

구 분	적응화재	분말색
제1종 분말	B, C	백색
제2종 분말	B, C	담자색
제3종 분말	A, B, C	담홍색
제4종 분말	B, C	회색

★ 적응화재 = A : 일반화재 / B : 유류화재 / C : 전기화재

❖ **분말 소화약제의 열분해 반응식**

구 분	열분해 반응식
제1종 분말	$2NaHCO_3 \rightarrow Na_2CO_3 + CO_2 + H_2O$
제2종 분말	$2KHCO_3 \rightarrow K_2CO_3 + CO_2 + H_2O$
제3종 분말	$NH_4H_2PO_4 \rightarrow HPO_3 + NH_3 + H_2O$
제4종 분말	$2KHCO_3 + (NH_2)_2CO \rightarrow K_2CO_3 + 2NH_3 + 2CO_2$

11 위험물안전관리법령상 제조소등의 관계인은 예방규정을 정하여 누구에게 제출하여야 하는가?

① 국민안전처장관 또는 행정안전부장관

② 국민안전처장관 또는 소방서장

③ 시·도지사 또는 소방서장

④ 한국소방안전협회장 또는 국민안전처장관

해설 위험물안전관리법 시행규칙 제63조 제3항

시행령 제15조 각 호의 어느 하나에 해당하는 제조소등의 관계인은 예방규정을 제정하거나 변경한 경우에는 예방규정 제출서에 제정 또는 변경한 예방규정 1부를 첨부하여 시·도지사 또는 소방서장에게 제출하여야 한다.

✱ 빈틈없이 촘촘하게 One more Step

[위험물안전관리법 시행령 제15조 / 관계인이 예방규정을 정하여야 하는 제조소등]
법 제17조 제1항에서 "대통령령이 정하는 제조소등"이라 함은 다음에 해당하는 제조소등을 말한다.
- 지정수량의 10배 이상의 위험물을 취급하는 제조소
- 지정수량의 100배 이상의 위험물을 저장하는 옥외저장소
- 지정수량의 150배 이상의 위험물을 저장하는 옥내저장소
- 지정수량의 200배 이상의 위험물을 저장하는 옥외탱크 저장소
- 암반탱크 저장소
- 이송취급소
- 지정수량의 10배 이상의 위험물을 취급하는 일반취급소. 「다만, 제4류 위험물(특수인화물을 제외한다)만을 지정수량의 50배 이하로 취급하는 일반취급소(제1석유류·알코올류의 취급량이 지정수량의 10배 이하인 경우에 한한다)로서 다음 각목의 어느 하나에 해당하는 것을 제외한다.
  - 보일러·버너 또는 이와 비슷한 것으로서 위험물을 소비하는 장치로 이루어진 일반취급소
  - 위험물을 용기에 옮겨 담거나 차량에 고정된 탱크에 주입하는 일반취급소

[위험물안전관리법 제17조 제1항]
대통령령이 정하는 제조소등의 관계인은 당해 제조소등의 화재예방과 화재 등 재해발생 시의 비상조치를 위하여 행정안전부령이 정하는 바에 따라 예방규정을 정하여 당해 제조소등의 사용을 시작하기 전에 시·도지사에게 제출하여야 한다. 예방규정을 변경한 때에도 또한 같다.

❋ Tip
법 17조와 시행규칙 63조의 서류 제출기관장이 일치하지 않음. 참고바람

12 금속화재에 마른모래를 피복하여 소화하는 방법은?

① 제거소화   ② 질식소화

③ 냉각소화   ④ 억제소화

해설 질식소화란 공기 중의 산소 농도를 15% 이하로 낮추어 연소의 진행을 막는 소화방법으로 보통은 이산화탄소를 소화약제로 사용하나 금속화재의 경우에는 마른모래를 이용하는 것이 효과적이다.

✱ 빈틈없이 촘촘하게 One more Step

- 냉각소화 : 가연물의 온도를 낮춤으로써 연소의 진행을 막는 소화방법으로 주된 소화약제는 물이다.
- 제거소화 : 가연물을 제거함으로써 소화하는 방법으로 별도의 소화약제는 없다.
- 억제소화 : 연소의 연쇄반응을 차단하거나 억제함으로써 소화하는 방법으로 화학적 소화 또는 부촉매 소화라고도 하며 주된 소화약제로는 할로겐원소가 있다.

냉각소화, 질식소화, 제거소화는 물리적 소화에 해당하며 억제소화는 화학적 소화에 해당한다.

정답 09 ④ 10 ② 11 ③ 12 ②

13 단층 건물에 설치하는 옥내 탱크저장소의 탱크전용실에 비수용성의 제2석유류 위험물을 저장하는 탱크 1개를 설치할 경우, 설치할 수 있는 탱크의 최대용량은?

① 10,000ℓ   ② 20,000ℓ
③ 40,000ℓ   ④ 80,000ℓ

해설 [위험물안전관리법 시행규칙 별표7 / 옥내 탱크저장소의 위치·구조 및 설비의 기준] – Ⅰ. 옥내 탱크저장소의 기준 中 제1호 라목
옥내 저장탱크의 용량(동일한 탱크전용실에 옥내저장탱크를 2 이상 설치하는 경우에는 각 탱크의 용량의 합계를 말한다)은 지정수량의 40배(제4석유류 및 동식물유류 외의 제4류 위험물에 있어서 당해 수량이 20,000ℓ를 초과할 때에는 20,000ℓ) 이하일 것

따라서, 제4류 위험물 중 제2석유류 비수용성의 지정수량은 1,000ℓ이므로 지정수량의 40배인 40,000ℓ가 최대용량으로 계산되나 시행규칙 별표7의 규정에 의해 20,000ℓ를 초과하면 20,000ℓ를 최대용량으로 한다는 규정을 적용한다.

14 위험물안전관리법령상 옥내저장소에서 기계에 의하여 하역하는 구조로 된 용기만을 겹쳐 쌓아 위험물을 저장하는 경우 그 높이는 몇 미터를 초과하지 않아야 하는가?

① 2   ② 4   ③ 6   ④ 8

해설 위험물안전관리법 시행규칙 별표18 / 제조소등에서의 위험물의 저장 및 취급에 관한 기준] – Ⅲ. 저장의 기준 제6호
옥내저장소에서 위험물을 저장하는 경우에는 다음의 규정에 의한 높이를 초과하여 용기를 겹쳐 쌓지 아니하여야 한다.
- 기계에 의하여 하역하는 구조로 된 용기만을 겹쳐 쌓는 경우 : 6m
- 제4류 위험물 중 제3석유류, 제4석유류 및 동식물유류를 수납하는 용기만을 겹쳐 쌓는 경우 : 4m
- 그 밖의 경우 : 3m

15 주된 연소 형태가 증발연소인 것은?

① 나트륨   ② 코크스
③ 양초   ④ 니트로셀룰로오스

해설 증발연소란 열분해를 일으키지 않고 증발하여 그 증기가 연소하거나(나프탈렌이나 유황 등) 또는 열에 의해 융해되어 액체로 변한 다음 이 액체 상태에서 기화된 증기가 연소하는[파라핀(양초), 왁스 등] 현상을 말한다. 이러한 증발연소는 가솔린, 경유, 등유 등과 같은 증발하기 쉬운 가연성 액체에서도 잘 일어난다.

✽ 빈틈없이 촘촘하게 One more Step

❖ **고체연료의 연소형태**
- 표면연소 : 직접연소라고도 부르며 가연성 고체가 열분해 되어도 증발하지 않아 가연성 가스를 발생하지 않고 고체 자체의 표면에서 산소와 반응하여 연소되는 현상을 말하는 것으로 금속분, 목탄(숯), 코크스 등이 여기에 해당된다.
- 자기연소 : 내부연소 또는 자활연소라고도 하며 공기 중의 산소에 의해서 연소되는 것이 아니라 가연물 자체에 산소도 함유되어 있기 때문에 외부에서 열을 가하면 분해되어 가연성 기체와 산소를 발생하게 되므로 공기 중의 산소 없이도 그 자체의 산소만으로 연소하는 현상으로 제5류 위험물이 여기에 해당된다. 대부분 폭발성을 지니고 있으므로 폭발성 물질로 취급되고 있다.
- 분해연소 : 열분해에 의해 발생된 가연성 가스가 공기와 혼합하여 연소하는 현상이며 연소열에 의해 고체의 열분해는 가연물이 없어질 때까지 계속된다. 종이, 석탄, 목재, 섬유, 플라스틱 등의 연소가 해당된다.

16 메틸알코올 8,000ℓ에 대한 소화능력으로 삽을 포함한 마른모래를 몇 리터 설치하여야 하는가?

① 100   ② 200   ③ 300   ④ 400

해설 메틸알코올은 제4류 위험물 중 알코올류에 속하는 위험물로 지정수량은 400ℓ이다. 위험물의 '1 소요단위'는 지정수량의 10배이므로 메틸알코올의 1 소요단위는 4,000ℓ가 되며 따라서 메틸알코올 8,000ℓ는 2 소요단위가 된다. 법규상 소화 능력단위는 소요단위에 대응하는 소화설비의 소화능력의 기준단위라고 되어 있으므로 2단위에 상응하는 용량을 설치하여야 할 것이다.
따라서 삽 1개를 포함한 마른모래의 설치용량은 소화 능력단위 0.5 당 50ℓ이므로 설치하여야 할 마른모래는 200ℓ가 된다.

$\left(\dfrac{2}{0.5} \times 50 = 200ℓ \right)$

[위험물안전관리법 시행규칙 별표17 / 소화설비, 경보설비 및 피난설비의 기준] - Ⅰ. 소화설비 中 5. 소화설비의 설치기준
소요단위란 소화설비의 설치대상이 되는 건축물 그 밖의 공작물의 규모 또는 위험물의 양의 기준단위를 말하는 것으로 1 소요단위의 계산방법은 아래와 같다.

❖ **소요단위 산정(계산)방법**

구분	외벽	내화구조	비 내화구조
제조소 또는 취급소		연면적 100m²	연면적 50m²
저장소		연면적 150m²	연면적 75m²
위험물		지정수량의 10배	

* 제조소등의 옥외에 설치된 공작물은 외벽이 내화구조인 것으로 간주하고 공작물의 최대수평투영면적을 연면적으로 간주하여 소요단위를 산정할 것

❖ **소화설비의 능력단위**
• 능력단위 : 소요단위에 대응하는 소화설비의 소화능력의 기준단위

소화설비	용량(ℓ)	능력단위
소화전용 물통	8	0.3
수조(소화전용 물통 3개 포함)	80	1.5
수조(소화전용 물통 6개 포함)	190	2.5
마른 모래(삽 1개 포함)	50	0.5
팽창질석 또는 팽창진주암 (삽 1개 포함)	160	1.0

17 위험물안전관리법령상 위험물의 운반에 관한 기준에서 적재 시 혼재가 가능한 위험물을 옳게 나타낸 것은? (단, 각각 지정수량의 10배 이상인 경우이다.) [빈출유형]

① 제1류와 제4류 ② 제3류와 제6류
③ 제1류와 제5류 ④ 제2류와 제4류

해설 제2류 위험물(가연성 고체)과 제4류 위험물(인화성 액체)은 혼재 가능하다.

[위험물안전관리법 시행규칙 별표19 / 위험물의 운반에 관한 기준] [부표2] - 유별을 달리하는 위험물의 혼재기준

구분	제1류	제2류	제3류	제4류	제5류	제6류
제1류		×	×	×	×	○
제2류	×		×	○	○	×
제3류	×	×		○	×	×
제4류	×	○	○		○	×
제5류	×	○	×	○		×
제6류	○	×	×	×	×	

* '○'는 혼재할 수 있음을, '×'는 혼재할 수 없음을 표시한다.
* 이 표는 지정수량 1/10 이하의 위험물에는 적용하지 않는다.

18 위험물 제조소 표지 및 게시판에 대한 설명이다. 위험물안전관리법령상 옳지 않은 것은?

① 표지는 한 변의 길이가 0.3 m, 다른 한 변의 길이가 0.6 m 이상으로 하여야 한다.
② 표지의 바탕은 백색, 문자는 흑색으로 하여야 한다.
③ 취급하는 위험물에 따라 규정에 의한 주의사항을 표시한 게시판을 설치하여야 한다.
④ 제2류 위험물(인화성 고체 제외)은 "화기엄금" 주의사항 게시판을 설치하여야 한다.

정답 13 ② 14 ③ 15 ③ 16 ② 17 ④ 18 ④

해설 제2류 위험물(인화성 고체 제외)은 "화기주의" 주의사항 게시판을 설치하여야 한다.

[위험물안전관리법 시행규칙 별표4 / 제조소의 위치·구조 및 설비의 기준] - Ⅲ. 표지 및 게시판
- 제조소에는 보기 쉬운 곳에 다음의 기준에 따라 "위험물 제조소"라는 표시를 한 표지를 설치하여야 한다.
  - 표지는 한 변의 길이가 0.3m 이상, 다른 한 변의 길이가 0.6m 이상인 직사각형으로 할 것(①)
  - 표지의 바탕은 백색으로, 문자는 흑색으로 할 것(②)
- 제조소에는 보기 쉬운 곳에 다음 기준에 따라 방화에 관하여 필요한 사항을 게시한 게시판을 설치하여야 한다.
  - 게시판은 한 변의 길이가 0.3m 이상, 다른 한 변의 길이가 0.6m 이상인 직사각형으로 할 것
  - 게시판에는 저장 또는 취급하는 위험물의 유별·품명 및 저장 최대수량 또는 취급 최대수량, 지정수량의 배수 및 안전관리자의 성명 또는 직명을 기재할 것
  - 게시판의 바탕은 백색으로, 문자는 흑색으로 할 것
- 제조소에는 위의 게시판 외에 저장 또는 취급하는 위험물에 따라 규정에 의한 아래와 같은 주의사항을 표시한 게시판을 설치할 것이며 정해진 바탕색과 문자색으로 표시하여야 한다(③).

저장 또는 취급하는 위험물 종류	표시할 주의사항	색 상
• 제1류 위험물 중 알칼리금속의 과산화물 • 제3류 위험물 중 금수성 물질	물기엄금	청색 바탕 백색 문자
• 제2류 위험물 (인화성 고체 제외)	화기주의(④)	
• 제2류 위험물 중 인화성 고체 • 제3류 위험물 중 자연발화성 물질 • 제4류 위험물 • 제5류 위험물	화기엄금	적색 바탕 백색 문자

*제1류 위험물 중 알칼리금속의 과산화물 이외의 물질과 제6류 위험물은 해당사항 없음

19 지정수량의 몇 배 이상의 위험물을 취급하는 제조소에는 화재 발생 시 이를 알릴 수 있는 경보설비를 설치하여야 하는가?

① 5 ② 10 ③ 20 ④ 100

해설 [위험물안전관리법 시행규칙 제42조 / 경보설비의 기준]
- 법 규정에 의한 지정수량의 10배 이상의 위험물을 저장 또는 취급하는 제조소등(이동 탱크저장소를 제외한다)에는 화재 발생 시 이를 알릴 수 있는 경보설비를 설치하여야 한다.
- 제조소등에 설치하는 경보설비는 자동화재탐지설비·자동화재속보설비·비상경보 설비(비상벨 장치 또는 경종을 포함한다)·확성장치(휴대용 확성기를 포함한다) 및 비상방송 설비로 구분하되, 제조소등 별로 설치하여야 하는 경보설비의 종류 및 설치기준은 [위험물안전관리법 시행규칙 별표17]에 제시되어 있다.
- 자동 신호장치를 갖춘 스프링클러 설비 또는 물분무등 소화설비를 설치한 제조소등에 있어서는 자동화재탐지설비를 설치한 것으로 본다.

❈ Tip
2020.10.12.부로 개정된 내용을 적용하였다. 개정 이전에는 자동화재속보설비가 빠져 있었으나 개정되면서 자동화재속보설비가 경보설비로 추가되었다.

20 위험물안전관리법령상 위험물 옥외 탱크저장소에 방화에 관하여 필요한 사항을 게시한 게시판에 기재하여야 하는 내용이 아닌 것은?

① 위험물의 지정수량의 배수
② 위험물의 저장 최대수량
③ 위험물의 품명
④ 위험물의 성질

해설 옥외탱크 저장소에 설치하는 표지 및 게시판은 제조소 표지 및 게시판의 설치기준을 따른다. 제조소의 방화에 관하여 필요한 사항을 게시한 게시판에는 저장 또는 취급하는 위험물의 유별·품명 및 저장 최대수량 또는 취급 최대수량, 지정

수량의 배수 및 안전관리자의 성명 또는 직명을 기재하여야 한다. 따라서 옥외탱크 저장소의 게시판에도 제조소의 위와 같은 기준에 따라 방화에 관하여 필요한 사항을 게시판에 게시하여야 한다. 위험물의 성질에 대한 표기 규정은 없다.

[위험물안전관리법 시행규칙 별표6 / 옥외탱크 저장소의 위치·구조 및 설비의 기준] - Ⅲ. 표지 및 게시판
옥외 탱크저장소에는 **별표4**의 Ⅲ 제1호의 기준에 따라 보기 쉬운 곳에 "위험물 옥외 탱크저장소"라는 표시를 한 표지와 **동표** Ⅲ 제2호의 기준에 따라 방화에 관하여 필요한 사항을 게시한 게시판을 설치하여야 한다.

[18번] 해설 참조

별표4의 Ⅲ이란 [제조소의 위치·구조 및 설비의 기준]의 Ⅲ. 표지 및 게시판을 말하므로 제조소의 표지 및 게시판의 설치 기준에 따라 설치하면 된다.

2과목 위험물의 화학적 성질 및 취급

21 위험물안전관리법령상 품명이 나머지 셋과 다른 하나는? 17년·5 ▌21년·2 동일
① 트리니트로톨루엔   ② 니트로글리세린
③ 니트로글리콜   ④ 셀룰로이드

해설 트리니트로톨루엔은 제5류 위험물 중 니트로화합물에 속하는 위험물이며 나머지 니트로글리세린, 니트로글리콜, 셀룰로이드는 제5류 위험물 중 질산에스테르류에 속하는 위험물이다.

[15쪽] 제5류 위험물의 분류 도표 참조

✲ Tip
'니트로-'명칭이 포함된 위험물들이 모두 같은 품명의 위험물은 아니라는 것을 기억해야 하며 그렇기에 자주 비교하여 출제되고 있다. 또한 히드라진과 히드라진 유도체는 다른 류의 위험물이라는 것도 상기하자.

22 위험물안전관리법령상 자동화재탐지설비의 설치기준으로 옳지 않은 것은? [빈출 유형]
① 경계구역은 건축물의 최소 2개 이상의 층에 걸치도록 할 것
② 하나의 경계구역의 면적은 600㎡ 이하로 할 것
③ 감지기는 지붕 또는 벽의 옥내에 면한 부분에 유효하게 화재의 발생을 감지할 수 있도록 설치할 것
④ 비상 전원을 설치할 것

해설 [위험물안전관리법 시행규칙 별표17 / 소화설비, 경보설비 및 피난설비의 기준] - Ⅱ. 경보설비 中 2. 자동화재탐지설비의 설치기준
• 경계구역 : 화재가 발생한 구역을 다른 구역과 구분하여 식별할 수 있는 최소단위의 구역을 말하는 것으로 자동화재탐지설비의 설치 조건에 부합되는 경계구역은 다음과 같다.
  - 경계구역은 건축물 그 밖의 공작물의 2 이상의 층에 걸치지 아니하도록 할 것(①). 다만, 하나의 경계구역 면적이 500㎡ 이하이면서 당해 경계구역이 2개의 층에 걸치는 경우이거나 계단·경사로·승강기의 승강로 그 밖에 이와 유사한 장소에 연기감지기를 설치하는 경우에는 그러하지 아니하다.
  - 하나의 경계구역의 면적은 600㎡ 이하로 하고(②) 그 한 변의 길이는 50m(광전식분리형 감지기를 설치할 경우에는 100m) 이하로 할 것. 다만, 당해 건축물 그 밖의 공작물의 주요한 출입구에서 그 내부 전체를 볼 수 있는 경우에 있어서는 그 면적을 1,000㎡ 이하로 할 수 있다.
• 자동화재탐지설비의 감지기는 지붕 또는 벽의 옥내에 면한 부분에 유효하게 화재 발생을 감지할 수 있도록 설치할 것(③)
• 자동화재탐지설비에는 비상전원을 설치할 것(④)

정답 19 ② 20 ④ 21 ① 22 ①

23 연소할 때 연기가 거의 나지 않아 밝은 곳에서 연소상태를 잘 느끼지 못하는 물질로 독성이 매우 강해 먹으면 실명 또는 사망에 이를 수 있는 것은?

① 메틸알코올   ② 에틸알코올
③ 등유   ④ 경유

해설 메탄올 분자는 탄소가 1개뿐인 저탄소 물질로서 연소할 때 그을음이나 연기가 거의 발생하지 않으므로 밝은 장소에서 연소하면 발견하지 못하는 경우도 생긴다. 메탄올이 인체 내에 흡수될 경우 포름알데히드로 변환되어 치명적인 결과를 초래할 수 있다. 10ml 정도 섭취 시엔 시신경 마비(실명), 40ml 정도 섭취 시 사망에 이르게 할 수도 있는 독극물이다.

❖ **메탄올(CH_3OH)**
- 제4류 위험물 중 알코올류에 속하는 위험물
- 지정수량 400ℓ, 위험등급 II
- 1가 알코올이며 0차 알코올이다.
- 인화점 11℃, 착화점 464℃, 비중 0.79, 증기비중 1.1, 연소범위 7.3~36%
- 무색투명한 휘발성 액체이며 체내 흡수 시 치명적이다.
- 알코올류 중에서 물에 가장 잘 녹는다.
- 공기와 비슷한 증기 밀도를 나타내기에 확산되면 폭발성의 혼합가스를 만들 수 있다.
- 탄소 함량이 적은 저탄소 물질로서 완전연소하며 그을음이나 연기가 거의 발생하지 않는다.
  $2CH_3OH + 3O_2 \rightarrow 2CO_2 + 4H_2O$
- 알칼리금속과 반응하여 수소 기체를 발생시킨다.
  $2CH_3OH + 2Na \rightarrow 2CH_3ONa + H_2\uparrow$
- 수용액으로 존재할 때도 인화, 폭발할 수 있고 수용액 농도가 진할수록 인화점이 낮아져서 연소 가능성은 증대된다.
- 산화되면 포름알데히드를 거쳐 최종적으로 포름산(HCOOH, 의산)이 된다.
- 질소, 이산화탄소, 아르곤 등의 불활성 기체를 첨가함으로써 연소범위를 축소할 수 있다.
- 질식소화가 효과적이며 알코올형 포 소화기를 사용한다.

24 가솔린의 연소범위(vol%)에 가장 가까운 것은?

① 1.4 ~ 7.6   ② 8.3 ~ 11.4
③ 12.5 ~ 19.7   ④ 22.3 ~ 32.8

해설 가솔린은 제4류 위험물 중 제1석유류에 속하는 위험물로서 연소범위는 1.4 ~ 7.6%이다.

❖ **휘발유**(미, Gasoline / 영, Petroleum)
- 제4류 위험물 중 제1석유류(비수용성)
- 지정수량 200ℓ, 위험등급 II
- 인화 -43 ~ -20℃, 끓는점 30~210℃, 비중 0.6~0.8, 증기비중 3~4, 연소범위 1.4 ~ 7.6(%)
- 원유의 분별증류 시 끓는점이 30~210℃ 정도 되는 휘발성의 석유류 혼합물을 통틀어 일컫는다.
- 원유의 성질, 상태, 처리방법 등에 따라 탄화수소의 혼합비율은 매우 다양해지며 일반적으로 탄소 수 5~9개 사이의 포화 및 불포화 탄화수소를 포함하는 혼합물이다.
- 무색투명한 휘발성의 액체이나 용도별로 구분하기 위해 첨가물로 착색시켜 청색 또는 오렌지색을 나타낸다.
  - 자동차용 휘발유 : 오렌지색(유연휘발유), 연한 노란색(무연 휘발유)
  - 항공기용 휘발유 : 청색 또는 붉은 오렌지색
  - 공업용 휘발유 : 무색
- 물에는 녹지 않으나 유기용제에 잘 녹는다.
- 전기의 부도체로 정전기를 유발할 위험성이 있다.
- 연소 시 포함된 불순물에 의해 유독 가스인 이산화황, 이산화질소가 발생된다.

❈ **빈틈없이 촘촘하게** `One more Step`

❖ **연소범위**

기체 상태의 가연물이 공기 중의 산소와 혼합하여 연소를 일으킬 수 있는 일정 농도의 범위를 말하는 것으로 공기 중 연소에 필요한 혼합가스의 농도를 말한다. 폭발범위, 폭발한계, 연소한계라고도 한다. 연소범위는 가연성 가스가 화재를 일으키는 위험성을 나타내는 기준이 되며 연소범위의 하한값은 그 물질의 인화점에 해당한다. 연소범위의 상한값이 높고 하한값이 낮을수록 위험성은 증가한다. 즉, 연소범위가 넓을수록 위험성은 증가하는 것이다. 가연물에 불활성가스를 첨가하면 일반적으로 연소범위가 좁아지며 연소의 위험성은 감소한다.

25 위험물안전관리법령상 옥내저장소 저장창고의 바닥은 물이 스며 나오거나 스며들지 아니하는 구조로 하여야 한다. 다음 중 반드시 이 구조로 하지 않아도 되는 위험물은?

① 제1류 위험물 중 알칼리금속의 과산화물
② 제4류 위험물
③ 제5류 위험물
④ 제2류 위험물 중 철분

해설 위험물안전관리법령상 제5류 위험물에 대한 언급은 없다.
[위험물안전관리법 시행규칙 별표5 / 옥내저장소의 위치·구조 및 설비의 기준] - Ⅰ. 옥내저장소의 기준 中 제11호
아래 위험물을 저장하는 저장창고의 바닥은 물이 스며 나오거나 스며들지 아니하는 구조로 하여야 한다.
• 제1류 위험물 중 알칼리금속의 과산화물 또는 이를 함유하는 것
• 제2류 위험물 중 철분·금속분·마그네슘 또는 이중 어느 하나 이상을 함유하는 것
• 제3류 위험물 중 금수성 물질
• 제4류 위험물

26 위험물안전관리법령상 제조소에서 취급하는 제4류 위험물의 최대수량의 합이 지정수량의 12만 배 미만인 사업소에 두어야 하는 화학소방자동차 및 자체 소방대원의 수의 기준으로 옳은 것은? 14년·1 유사

① 1대 - 5인   ② 2대 - 10인
③ 3대 - 15인   ④ 4대 - 20인

해설 제조소에서 취급하는 제4류 위험물의 최대수량의 합이 지정수량의 12만 배 미만인 사업소는 1대의 화학소방자동차와 5인의 자체 소방내원을 두어야 한나.

[위험물안전관리법 시행령 별표8 / 자체소방대에 두는 화학소방자동차 및 인원]
자체소방대를 설치하는 사업소의 관계인은 자체소방대에 화학소방자동차 및 자체소방대원을 두어야 한다.

사업소의 구분	구비조건
제조소 또는 일반취급소에서 취급하는 제4류 위험물의 최대수량의 합이 지정수량의 3천 배 이상 12만 배 미만인 사업소	• 화학소방자동차 : 1대 • 자체 소방대원의 수 : 5인
제조소 또는 일반취급소에서 취급하는 제4류 위험물의 최대수량의 합이 지정수량의 12만 배 이상 24만 배 미만인 사업소	• 화학소방자동차 : 2대 • 자체 소방대원의 수 : 10인
제조소 또는 일반취급소에서 취급하는 제4류 위험물의 최대수량의 합이 지정수량의 24만 배 이상 48만 배 미만인 사업소	• 화학소방자동차 : 3대 • 자체 소방대원의 수 : 15인
제조소 또는 일반취급소에서 취급하는 제4류 위험물의 최대수량의 합이 지정수량의 48만 배 이상인 사업소	• 화학소방자동차 : 4대 • 자체 소방대원의 수 : 20인
옥외 탱크저장소에 저장하는 제4류 위험물의 최대수량이 지정수량의 50만 배 이상인 사업소	• 화학소방자동차 : 2대 • 자체 소방대원의 수 : 10인

✻ 화학소방자동차에는 행정안전부령으로 정하는 소화능력 및 설비를 갖추어야 하고 소화활동에 필요한 소화약제 및 기구(방열복 등 개인장구를 포함한다)를 비치하여야 한다

❋ **Tip**
법령 개정으로 인해 위 도표의 사업소의 구분 중 '12만 배 미만인 사업소'는 '3천 배 이상 12만 배 미만인 사업소'로 '3천 배 이상'이라는 문구가 추가된 것이며 옥외 탱크 저장소 부분이 추가되었다. 따라서 문제는 법령 개정 이전에 출제된 문제이기에 3천 배 이상이라는 문구는 누락되어 있는 것이지만 개정 법률에 비춰본다면 수정되어야 할 문제이다. 단순히 12만 배 미만이라고 하면 3천 배 이하인 2천 배, 백 배 등도 해당되는 것이기 때문이다.

정답 23 ① 24 ① 25 ③ 26 ①

27 다음 중 위험물안전관리법에서 정의한 "제조소"의 의미로 가장 옳은 것은?

① "제조소"라 함은 위험물을 제조할 목적으로 지정수량 이상의 위험물을 취급하기 위하여 허가를 받은 장소임
② "제조소"라 함은 지정수량 이상의 위험물을 제조할 목적으로 위험물을 취급하기 위하여 허가를 받은 장소임
③ "제조소"라 함은 지정수량 이상의 위험물을 제조할 목적으로 지정수량 이상의 위험물을 취급하기 위하여 허가를 받은 장소임
④ "제조소"라 함은 위험물을 제조할 목적으로 위험물을 취급하기 위하여 허가를 받은 장소임

해설 [위험물안전관리법 제2조 제3항]
"제조소"라 함은 위험물을 제조할 목적으로 지정수량 이상의 위험물을 취급하기 위하여 동법 제6조 제1항의 규정에 따른 허가를 받은 장소를 말한다.

★ 빈틈없이 촘촘하게 One more Step

[위험물안전관리법 제6조 제1항]
제조소등을 설치하고자 하는 자는 대통령령이 정하는 바에 따라 그 설치장소를 관할하는 특별시장·광역시장·특별자치시장·도지사 또는 특별자치도지사(이하 "시·도지사"라 한다)의 허가를 받아야 한다. 제조소등의 위치·구조 또는 설비 가운데 행정안전부령이 정하는 사항을 변경하고자 하는 때에도 또한 같다.

28 위험물안전관리법령상 위험물 운반 시 방수성 덮개를 하지 않아도 되는 위험물은?

[빈출 유형]

① 나트륨 ② 적린
③ 철분   ④ 과산화칼륨

해설 적린은 제2류 위험물이지만 철분, 금속분, 마그네슘과는 다르며 물기엄금 위험물도 아니므로 방수성 덮개는 하지 않아도 된다.
① 나트륨은 제3류 위험물에 속하며 물과 격렬히 반응하며 발열하고 가연성 기체인 수소를 발생하므로 물과의 접촉을 피하도록 한다(금수성 물질).
③ 철분은 방수 덮개를 해야 하는 물질이다.
④ 과산화칼륨은 제1류 위험물의 무기과산화물에 속하며 칼륨이 알칼리금속에 속하므로 알칼리금속의 과산화물로서 방수 덮개를 하여야 한다.

[위험물안전관리법 시행규칙 별표19 / 위험물의 운반에 관한 기준] - Ⅱ. 적재방법 제5호
• 차광성이 있는 피복으로 가려야 할 위험물
  - 제1류 위험물
  - 제3류 위험물 중 자연발화성 물질
  - 제4류 위험물 중 특수인화물
  - 제5류 위험물
  - 제6류 위험물
• 방수성이 있는 피복으로 덮어야 할 위험물
  - 제1류 위험물 중 알칼리금속의 과산화물 또는 이를 함유한 것
  - 제2류 위험물 중 철분·금속분·마그네슘 또는 이들 중 어느 하나 이상을 함유한 것
  - 제3류 위험물 중 금수성 물질
• 보냉 컨테이너에 수납하는 등 적정한 온도관리를 해야 할 위험물
  - 제5류 위험물 중 55℃ 이하의 온도에서 분해될 우려가 있는 것
• 충격 등을 방지하기 위한 조치를 강구해야 할 위험물
  - 액체 위험물 또는 위험등급Ⅱ의 고체 위험물을 기계에 의하여 하역하는 구조로 된 운반 용기에 수납하여 적재하는 경우

29 위험물안전관리법령상 운반차량에 혼재해서 적재할 수 없는 것은? (단, 각각의 지정수량은 10배인 경우이다.) [빈출 유형]

① 염소화규소화합물 – 특수인화물
② 고형알코올 – 니트로화합물
③ 염소산염류 – 질산
④ 질산구아니딘 – 황린

해설 질산구아니딘은 행정안전부령으로 정하는 제 5류 위험물이며 황린은 제3류 위험물로서 제 3류와 제5류 위험물은 혼재가 불가능하다.
① 염소화규소화합물(행정안전부령으로 정하는 제3류 위험물)과 특수인화물(제4류 위험물) – 혼재 가능
② 고형알코올(제2류 위험물 중 인화성 고체)과 니트로화합물(제5류 위험물) – 혼재 가능
③ 염소산염류(제1류 위험물)와 질산(제6류 위험물) – 혼재 가능

[17번] 해설 도표 참조

30 제4류 위험물의 화재예방 및 취급방법으로 옳지 않은 것은?

① 이황화탄소는 물속에 저장한다.
② 아세톤은 일광에 의해 분해될 수 있으므로 갈색 병에 보관한다.
③ 초산은 내산성 용기에 저장하여야 한다.
④ 건성유는 다공성 가연물과 함께 보관한다.

해설 건성유는 제4류 위험물 중 동식물유류에 속하는 물질로 공기 중의 산소와 결합하기 쉬우며 자연 발화의 위험이 있다. 다공성이란 고체의 표면이나 내부에 작은 구멍(기공)들이 무수히 존재하는 상태를 말하는 것으로 그렇게 되면 기공에 산소도 다량 품어져 있게 되는 것이다. 따라서 건성유와 다공성 가연물을 함께 보관한다면 다공성 가연물이 산소 공급원이 되어 건성유의 자연발화 가능성을 높이게 됨으로 함께 보관하지 않는다.

① 이황화탄소는 제4류 위험물 중 특수인화물에 속하는 물질로 물에 녹지 않으며 물보다 무겁기 때문에 가연성 증기의 발생을 방지할 목적으로 물속에 저장한다.
② 아세톤은 제4류 위험물 중 제1석유류에 속하는 물질로 일광에 의해 분해될 수 있으므로 갈색 병에 넣어 직사광선을 피하고 통풍이 잘되는 서늘한 곳에 보관한다.
③ 초산은 말 그대로 산성 물질이므로 내산성 용기에 저장한다.

31 위험물안전관리법령상 운송책임자의 감독·지원을 받아 운송하여야 하는 위험물에 해당하는 것은? 21년·1 동일 [빈출 유형]

① 특수인화물   ② 알킬리튬
③ 질산구아니딘   ④ 히드라진 유도체

해설 [위험물안전관리법 시행령 제19조 / 운송책임자의 감독·지원을 받아 운송하여야 하는 위험물]
• 알킬알루미늄   • 알킬리튬
• 알킬알루미늄 또는 알킬리튬을 함유하는 위험물

32 다음 중 산화성 고체 위험물에 속하지 않는 것은?

① Na_2O_2 ② $HClO_4$
③ NH_4ClO_4 ④ $KClO_3$

해설 $HClO_4$(과염소산)은 제6류 위험물에 속하는 산화성 액체이다. 산화성 고체란 제1류 위험물을 말하는 것이다.
① Na_2O_2(과산화나트륨) : 제1류 위험물 중 무기과산화물
③ NH_4ClO_4(과염소산암모늄) : 제1류 위험물 중 과염소산염류
④ $KClO_3$(염소산칼륨) : 제1류 위험물 중 염소산염류

정답 27 ① 28 ② 29 ④ 30 ④ 31 ② 32 ②

33 질산암모늄에 대한 설명으로 옳은 것은?

① 물에 녹을 때 발열반응을 한다.

② 가열하면 폭발적으로 분해하여 산소와 암모니아를 생성한다.

③ 소화방법으로 질식소화가 좋다.

④ 단독으로도 급격한 가열, 충격으로 분해·폭발할 수 있다.

해설 질산암모늄은 제1류 위험물 중 질산염류에 속하는 물질로 가열하거나 충격 등이 가해지면 단독으로도 분해·폭발할 수 있는 불안정한 물질이다.

① 불안정한 물질이며 물에 용해될 때 흡열반응을 함으로써 주변의 온도를 떨어뜨린다. 이러한 원리를 이용하여 냉찜질용 팩을 제조하기도 한다.

② 열분해 되어 폭발하면 산소 기체, 질소 기체 및 수증기(물)를 발생한다.
  $2NH_4NO_3 \rightarrow 2N_2 + 4H_2O + O_2$

③ 화재 시 산소공급원으로 작용하여 다른 물질의 연소를 강화시킴으로 질식소화는 적당하지 않으며 주수소화가 효과적이다.

❖ **질산암모늄(NH_4NO_3)**
- 제1류 위험물 중 질산염류에 속하는 물질
- 지정수량 300kg, 위험등급 Ⅱ
- 무색무취의 결정이다.
- 녹는점 165℃, 끓는점 220℃, 비중 1.75
- 물, 알코올 등에 녹으며 조해성과 흡습성이 있다.
- 다른 물질과 섞이지 않은 상태에서는 급격한 변화를 주지 않으면 비교적 안정하다.
- <u>급하게 가열하면 단독으로도 분해·폭발하고</u>(④) 다량의 기체를 생성한다.
  열분해반응식
  $2NH_4NO_3 \rightarrow 2N_2 + 4H_2O + O_2$
- 불안정한 물질이며 물에 녹을 때는 흡열반응한다.
- 폭약, 화약, 불꽃제품, 냉찜질용 팩, 비료, 살충제 등의 제조에 쓰인다.

34 위험물안전관리법령상 위험물 운반 용기의 외부에 표시하여야 하는 사항에 해당하지 않는 것은?

① 위험물에 따라 규정된 주의사항

② 위험물의 지정수량

③ 위험물의 수량

④ 위험물의 품명

해설 '위험물의 지정수량'은 위험물 운반 용기의 외부에 표시하여야 할 사항에 해당하지 않는다.
[위험물안전관리법 시행규칙 별표19 / 위험물의 운반에 관한 기준] - Ⅱ. 적재방법 제8호
위험물은 그 운반 용기의 외부에 아래 항목에 정하는 바에 따라 위험물의 품명, 수량 등을 표시하여 적재하여야 한다. 다만, UN의 위험물 운송에 관한 권고(RTDG, Recommendations on the Transport of Dangerous Goods)에서 정한 기준 또는 소방청장이 정하여 고시하는 기준에 적합한 표시를 한 경우에는 그러하지 아니하다.
- 위험물의 품명·위험등급·화학명 및 수용성
  ("수용성"표시는 제4류 위험물로서 수용성인 것에 한한다)
- 위험물의 수량
- 수납하는 위험물에 따라 다음의 규정에 의한 주의사항

류 별	성 질	표시할 주의사항
제1류 위험물	산화성 고체	• 알칼리금속의 과산화물 또는 이를 함유한 것 : 화기·충격주의, 물기엄금 및 가연물 접촉주의 • 그밖의 것 : 화기·충격주의, 가연물 접촉주의
제2류 위험물	가연성 고체	• 철분·금속분·마그네슘 또는 이들 중 어느 하나 이상을 함유한 것 : 화기주의, 물기엄금 • 인화성 고체 : 화기엄금 • 그 밖의 것 : 화기주의
제3류 위험물	자연발화성 및 금수성 물질	• 자연발화성 물질 : 화기엄금, 공기접촉엄금 • 금수성 물질 : 물기엄금
제4류 위험물	인화성 액체	화기엄금
제5류 위험물	자기반응성 물질	화기엄금, 충격주의
제6류 위험물	산화성 액체	가연물 접촉주의

35 상온에서 액체인 물질로만 조합된 것은?

① 질산메틸, 니트로글리세린
② 피크린산, 질산메틸
③ 트리니트로톨루엔, 디니트로벤젠
④ 니트로글리콜, 테트릴

해설 표준온도는 20℃, 상온은 보통 15~25℃ 범위를 말하므로 이 온도 범위에서 액체로 존재하는 물질로만 묶인 것은 ①의 질산메틸과 니트로글리세린이다.

	구분	융점(℃)	비점(℃)	상태
①	질산메틸	-82.3	66	액체
	니트로글리세린	13.5 (2.8)	160	액체
②	피크린산	122.5	255	고체
	질산메틸	-82.3	66	액체
③	트리니트로톨루엔	81	240	고체
	디니트로벤젠	90	167	고체
④	니트로글리콜	-22.8	75	액체
	테트릴	129.5	187	고체

36 니트로화합물, 니트로소화합물, 질산에스테르류, 히드록실아민을 각각 50kg씩 저장하고 있을 때 지정수량의 배수가 가장 큰 것은?

① 니트로화합물   ② 니트로소화합물
③ 질산에스테르류   ④ 히드록실아민

해설 ① 제5류 위험물로 지정수량 200kg

$$\therefore \text{지정수량 배수} = \frac{50}{200} = 0.25$$

② 제5류 위험물로 지정수량 200kg

$$\therefore \text{지정수량 배수} = \frac{50}{200} = 0.25$$

③ 제5류 위험물로 지정수량 10kg

$$\therefore \text{지정수량 배수} = \frac{50}{10} = 5$$

④ 제5류 위험물로 지정수량 100kg

$$\therefore \text{지정수량 배수} = \frac{50}{100} = 0.5$$

37 다음 위험물 중 착화온도가 가장 높은 것은?

15년·1 유사

① 이황화탄소   ② 디에틸에테르
③ 아세트알데히드 ④ 산화프로필렌

해설 ❖ 각 위험물의 착화온도

이황화탄소	디에틸에테르
100℃	180℃
아세트알데히드	산화프로필렌
175℃	465℃

38 적린이 연소하였을 때 발생하는 물질은?

① 인화수소   ② 포스겐
③ 오산화인   ④ 이산화황

해설 적린은 다음과 같은 연소 반응식에 의해 오산화인을 발생시킨다.

$4P + 5O_2 \rightarrow 2P_2O_5$ (오산화인)

❖ 적린(P)
- 제2류 위험물(가연성 고체)
- 지정수량 100kg, 위험등급Ⅱ
- 냄새없는 암적색의 분말이며, 황린(P_4)과 동소체이다.
- 공기 차단 후 황린을 260℃로 가열하면 적린이 된다.
- 조해성이 있다.
- 발화점 260℃, 녹는점 600℃, 비중 2.2
- 물, 이황화탄소(CS_2), 에테르, 암모니아 등에는 녹지 않는다.
- 황린에 비해 안정하고 자연발화성 물질은 아니며 맹독성을 나타내지도 않는다.
- 연소하면 흰 연기의 유독성 오산화인(P_2O_5)을 발생한다.
  $4P + 5O_2 \rightarrow 2P_2O_5$
- 밀폐공기 중 분진상태로 부유하면 점화원으로 인해 분진폭발을 일으킬 수 있다.
- 무기과산화물과 혼합한 상태에서 소량의 수분이 침투하면 발화한다.
- 화재 시에는 다량의 물로 주수 냉각소화 한다.

정답 33 ④ 34 ② 35 ① 36 ③ 37 ④ 38 ③

- 강산화제와 혼합되면 충격, 마찰, 가열 등에 의해 폭발할 수 있다.
  $6P + 5KClO_3 \rightarrow 5KCl + 3P_2O_5 \uparrow$
- 산화제인 염소산염류(염소산칼륨)와의 혼합을 절대 금한다.

39 저장 또는 취급하는 위험물의 최대수량이 지정수량의 500배 이하일 때 옥외 저장탱크의 측면으로부터 몇 m 이상의 보유공지를 유지하여야 하는가? (단, 제6류 위험물은 제외한다.)

19년·3 유사

① 1　② 2　③ 3　④ 4

해설 [위험물안전관리법 시행규칙 별표6 / 옥외 탱크 저장소의 위치·구조 및 설비의 기준] - Ⅱ. 보유공지 中

옥외 저장탱크(위험물을 이송하기 위한 배관 그 밖에 이에 준하는 공작물을 제외한다)의 주위에는 그 저장 또는 취급하는 위험물의 최대수량에 따라 옥외저장 탱크의 측면으로부터 다음 표에 의한 너비의 공지를 보유하여야 한다.

저장 또는 취급하는 위험물의 최대수량	공지의 너비
지정수량의 500배 이하	3m 이상
지정수량의 500배 초과 1,000배 이하	5m 이상
지정수량의 1,000배 초과 2,000배 이하	9m 이상
지정수량의 2,000배 초과 3,000배 이하	12m 이상
지정수량의 3,000배 초과 4,000배 이하	15m 이상
지정수량의 4,000배 초과	당해 탱크의 수평 단면의 최대지름(횡형인 경우에는 긴 변)과 높이 중 큰 것과 같은 거리 이상. 다만, 30m 초과의 경우에는 30m 이상으로 할 수 있고, 15m 미만의 경우에는 15m 이상으로 하여야 한다.

＊ 제6류 위험물을 저장 또는 취급하는 옥외저장 탱크는 위 표의 규정에 의한 보유 공지의 3분의 1 이상의 너비로 할 수 있다. 이 경우 보유 공지의 너비는 1.5m 이상이 되어야 한다.

40 니트로글리세린은 여름철(30℃)과 겨울철(0℃)에 어떤 상태인가?

① 여름-기체, 겨울-액체

② 여름-액체, 겨울-액체

③ 여름-액체, 겨울-고체

④ 여름-고체, 겨울-고체

해설 제5류 위험물 중 질산에스테르에 속하는 니트로글리세린의 융점은 13.5℃(불안정형은 2.8℃)이고 비점은 160℃이므로 30℃를 나타내는 여름철에는 액체 상태로 존재하며 0℃를 보여주는 겨울철에는 고체 상태로 존재할 것이다.

❖ 니트로글리세린(Nitroglycerin)
- 제5류 위험물 중 질산에스테르류
- 지정수량 10kg, 위험등급 Ⅰ
- 분자식 : $C_3H_5N_3O_9$, $C_3H_5(NO_3)_3$
- 분자량 227, 비중 1.6, 증기비중 7.83, 녹는점 13.5℃, 끓는점 160℃
- 구조식

  $CH_2 - ONO_2$
  |
  $CH\ \ - ONO_2$
  |
  $CH_2 - ONO_2$

- 무색투명한 기름 형태의 액체이다(공업용은 담황색).
- 물에 녹지 않으며 알코올, 벤젠, 아세톤 등에 잘 녹는다.
- 가열, 충격, 마찰에 매우 예민하며 폭발하기 쉽다.
- 상온에서 액체로 존재하나 겨울철에는 동결의 우려가 있다.
- 니트로글리세린을 다공성의 규조토에 흡수시켜 제조한 것을 다이너마이트라고 한다.
- 직사광선을 피하고 통풍이 잘되는 냉암소에 보관한다.
- 연소가 개시되면 폭발적으로 반응이 일어나므로 미리 연소위험 요소를 제거하는 것이 중요하다.
- 주수소화가 효과적이다.

41 동·식물유류에 대한 설명 중 틀린 것은?

① 연소하면 열에 의해 액온이 상승하여 화재가 커질 위험이 있다.
② 요오드값이 작을수록 자연발화의 위험이 높다.
③ 동유는 건성유이므로 자연발화의 위험이 있다.
④ 요오드값이 100~130인 것을 반건성유라고 한다.

해설 요오드값이 클수록 자연발화의 위험이 높다.
요오드값이란 유지에 염화요오드를 떨어뜨렸을 때 유지 100g에 흡수되는 염화요오드의 양으로부터 요오드의 양을 환산하여 그램 수로 나타낸 것으로 '옥소값'이라고도 한다. 일반적으로 유지류에 요오드를 작용시키면 이중결합 하나에 대해 요오드 2 원자가 첨가되기 때문에 유지의 불포화 정도를 확인할 수 있다. 요오드값이 크다는 것은 탄소 간에 이중결합이 많아 불포화도가 크다는 것을 의미하므로 요오드값은 불포화 지방산의 함량이 많을수록 커지는 비례관계이며 불포화도가 높을수록 공기 중에서 산화되기 쉽고 산화열이 축적되어 자연발화 할 가능성도 커진다. 산화되거나 산패 시에 요오드값은 감소한다.
• 건성유 : 요오드값이 130 이상인 것(정어리유, 상어유, 동유, 아마인유, 들기름, 해바라기유 등)
• 반건성유 : 요오드값이 100~130 사이에 있는 것(면실유, 청어유, 쌀겨유, 옥수수유, 채종유, 참기름, 콩기름 등)
• 불건성유 : 요오드값이 100 이하인 것(소기름, 돼지기름, 올리브유, 팜유, 땅콩기름, 야자유 등)

42 위험물안전관리법령상 지정수량이 50kg인 것은?

① $KMnO_4$ ② $KClO_2$
③ $NaIO_3$ ④ NH_4NO_3

해설 $KClO_2$(아염소산칼륨) : 제1류 위험물 중 아염소산염류에 속하는 위험물로 지정수량은 50kg이다.

① $KMnO_4$(과망간산칼륨) : 제1류 위험물 중 과망간산염류에 속하는 위험물로 지정수량은 1,000kg이다.
③ $NaIO_3$(요오드산나트륨) : 제1류 위험물 중 요오드산염류에 속하는 위험물로 지정수량은 300kg이다.
④ NH_4NO_3(질산암모늄) : 제1류 위험물 중 질산염류에 속하는 위험물로 지정수량은 300kg이다.

[02쪽] 제1류 위험물의 분류 도표 참조

43 특수인화물 200ℓ와 제4석유류 12,000ℓ를 저장할 때 각각의 지정수량 배수의 합은 얼마인가?

① 3 ② 4 ③ 5 ④ 6

해설 제4류 위험물 중 특수인화물은 지정수량이 50ℓ이며 제4석유류의 지정수량은 6,000ℓ이다.

$$\therefore 지정수량의 배수의 합 = \frac{200ℓ}{50ℓ} + \frac{12,000ℓ}{6,000ℓ}$$
$$= 4 + 2 = 6$$

44 위험물의 인화점에 대한 설명으로 옳은 것은?

① 톨루엔이 벤젠보다 낮다.
② 피리딘이 톨루엔보다 낮다.
③ 벤젠이 아세톤보다 낮다.
④ 아세톤이 피리딘보다 낮다.

해설 ❖ 각 위험물의 인화점

톨루엔	벤젠	피리딘	아세톤
4℃	-11℃	16℃	-18℃

인화점이란 발생된 증기에 외부로부터 점화원이 관여하여 연소가 일어날 수 있도록 하는 최저온도를 말하는 것으로 인화점은 주로 상온에서 액체 상태로 존재하는 인화성 물질의 연소하기 쉬운 정도를 측정하는 데 사용된다.

정답 39 ③ 40 ③ 41 ② 42 ② 43 ④ 44 ④

* 빈틈없이 촘촘하게　One more Step

❖ **발화점(Ignition point)**
착화점이라고도 하며 물체를 가열하거나 마찰하여 특정 온도에 도달하면 불꽃과 같은 착화원(점화원)이 없는 상태에서도 스스로 발화하여 연소를 시작하는 최저온도를 말한다. 발화점에 도달해야 물질은 연소할 수 있으며 발화점이 높을수록 상대적으로 더 높은 온도에서 불이 붙는다는 것이므로 발화점이 낮은 물질에 비해서 연소하기 어렵다.
가열되는 용기의 표면 상태, 압력, 가열되는 속도 등에 영향을 받으며 일반적으로 인화점보다 발화점이 높다.

❖ **연소점(Fire point)**
발화된 후에 연소를 지속시킬 수 있을 정도의 충분한 증기를 발생시킬 수 있는 온도로서 인화점보다 약 5~10℃ 정도 높은 온도를 형성한다.

45 저장하는 위험물의 최대수량이 지정수량의 15배일 경우, 건축물의 벽·기둥 및 바닥이 내화구조로 된 위험물 옥내저장소의 보유공지는 몇 m 이상이어야 하는가?

① 0.5　② 1　③ 2　④ 3

해설 저장하는 위험물의 최대수량이 지정수량의 15배일 경우, 건축물의 벽, 기둥 및 바닥이 내화구조로 된 옥내저장소의 보유공지는 2m 이상이어야 한다.

[위험물안전관리법 시행규칙 별표5 / 옥내저장소의 위치·구조 및 설비의 기준] - Ⅰ. 옥내저장소의 기준 제2호
옥내저장소의 주위에는 그 저장 또는 취급하는 위험물의 최대수량에 따라 다음 표에 의한 너비의 공지를 보유하여야 한다. 다만, 지정수량의 20배를 초과하는 옥내저장소와 동일한 부지 내에 있는 다른 옥내저장소와의 사이에는 동표에 정하는 공지의 너비의 3분의 1(당해 수치가 3m 미만인 경우에는 3m)의 공지를 보유할 수 있다.

저장 또는 취급하는 위험물의 최대수량	공지의 너비	
	벽, 기둥 및 바닥이 내화구조로 된 건축물	그 밖의 건축물
지정수량의 5배 이하	-	0.5m 이상
지정수량의 5배 초과 10배 이하	1m 이상	1.5m 이상
지정수량의 10배 초과 20배 이하	2m 이상	3m 이상
지정수량의 20배 초과 50배 이하	3m 이상	5m 이상
지정수량의 50배 초과 200배 이하	5m 이상	10m 이상
지정수량의 200배 초과	10m 이상	15m 이상

46 위험물의 저장 방법에 대한 설명으로 옳은 것은?

① 황화린은 알코올 또는 과산화물 속에 저장하여 보관한다.
② 마그네슘은 건조하면 분진폭발의 위험성이 있으므로 물에 습윤하여 저장한다.
③ 적린은 화재 예방을 위해 할로겐 원소와 혼합하여 저장한다.
④ 수소화리튬은 저장 용기에 아르곤과 같은 불활성 기체를 봉입한다.

해설 수소화리튬은 제3류 위험물 중 '금속의 수소화물'에 속하는 위험물로 금수성 물질인 동시에 자연발화성 물질이다. 실온에서 물과 격렬히 반응하여 수산화리튬과 수소 기체를 발생하며 공기 또는 습기 등과의 접촉으로 자연발화를 일으킬 수 있다. 이러한 위험성을 차단하기 위하여 사용하지 않는 용기는 밀폐하고 물과 멀리 떨어진 장소에 저장하며 빛과 공기를 피해 건조한 상태를 유지하여야 한다. 대용량의 용기에 저장할 때는 아르곤과 같은 불활성 기체를 봉입하여 저장한다.
① 황화린은 제2류 위험물에 속하는 위험물로 산화제, 금속분, 과산화물, 알코올류, 알칼리, 과망간산염 등과의 접촉을 피하여야 한다. 삼황화린은 과산화물과 공존하게 되면 자연 발화할 수 있으며 오황화린은 알

코올이나 이황화탄소에 잘 녹는다. 따라서 알코올 또는 과산화물 속에 저장하여 보관하지 않으며 밀봉하여 통풍이 잘되는 냉암소에 보관한다.
② 마그네슘은 제2류 위험물에 속하는 위험물로 물과 접촉하면 가연·폭발성의 수소기체를 발생하므로 물과의 접촉을 차단하고 건조한 냉암소에 보관한다.
③ 적린은 제2류 위험물에 속하는 위험물로 산화제, 가연성물질, 할로겐, 산, 염기, 금속 산화물, 금속염, 과산화물, 환원제, 카바이드, 금속 등과는 혼합하거나 접촉하지 않도록 주의한다.
공기 중에 방치하여도 자연 발화하지 않는 비교적 안정한 물질이지만 염소산염류나 과염소산염류 등 강산화제와 혼합하면 불안정한 상태로 되어 약간의 가열이나 충격, 마찰에 의해서도 폭발할 수 있다.

47 제조소등의 위치·구조 또는 설비의 변경 없이 해당 제조소등에서 저장하거나 취급하는 위험물의 품명·수량 또는 지정수량의 배수를 변경하고자 하는 자는 변경하고자 하는 날의 며칠 전까지 행정안전부령이 정하는 바에 따라 시·도지사에게 신고하여야 하는가?

[법령 개정에 따른 문제변형]

① 1일   ② 14일   ③ 21일   ④ 30일

해설 [위험물안전관리법 제6조 제2항]
제조소등의 위치·구조 또는 설비의 변경 없이 당해 제조소등에서 저장하거나 취급하는 위험물의 품명·수량 또는 지정수량의 배수를 변경하고자 하는 자는 변경하고자 하는 날의 1일 전까지 행정안전부령이 정하는 바에 따라 시·도지사에게 신고하여야 한다.

⟨2016.1.27.개정에 의해 7일 전 → 1일 전으로 변경⟩
⟨2017.7.26. 개정에 의해 총리령 → 행정안전부령으로 변경⟩

48 부틸리튬(n-Butyl lithium)에 대한 설명으로 옳은 것은?

① 무색의 가연성 고체이며 자극성이 있다.
② 증기는 공기보다 가볍고 점화원에 의해 선화의 위험이 있다.
③ 화재발생 시 이산화탄소 소화설비는 적응성이 없다.
④ 탄화수소나 다른 극성의 액체에 용해가 잘되며 휘발성은 없다.

해설 부틸리튬은 제3류 위험물 중 알킬리튬에 속하는 위험물로 지정수량 10kg, 위험등급 I 에 해당한다. 자연발화성 및 금수성 물질로서 공기 중에 노출되면 어떤 온도 조건에서라도 산소와 급격히 반응하여 자연발화하며 물과 접촉하면 심하게 발열하고 수소가스를 발생시킨다. 또한, 이산화탄소와는 격렬하게 반응하여 위험성이 증가하므로 이산화탄소 소화설비는 사용치 않는다.
① 담황색(또는 무색)의 맑은 색을 띠는 가연성 액체이며 자극성이 있다.
② 증기비중은 2.2 정도이므로 공기보다 무거우며 점화원에 의해 역화의 위험이 있다.

$$증기비중 = \frac{측정물질 분자량}{평균대기 분자량} = \frac{64}{29}$$

$$≒ 2.2$$

④ 탄화수소 또는 디에틸에테르, 시클로헥산과 같은 무극성 용매에 잘 녹으며 휘발성이 크다.

✱ 빈틈없이 촘촘하게   One more Step

❖ 역화(back fire)
대부분 기체연료를 연소시킬 때 나타나는 것으로서 연료가스의 분출 속도가 연소속도보다 느릴 때 불꽃이 연소기의 내부로 빨려 들어가 혼합관 속에서 연소하는 이상 현상을 말한다.

정답 45 ③   46 ④   47 ①   48 ③

❖ **선화**(lifting)
역화의 반대 현상을 말하며 연료가스의 분출 속도가 연소속도보다 빠를 때 불꽃이 버너의 노즐 부위에서 떨어진 상태로 연소하는 것으로 불완전 연소의 원인이 된다.

49 과산화벤조일과 과염소산의 지정수량의 합은 몇 kg인가? 빈출유형

① 310   ② 350   ③ 400   ④ 500

해설
- 과산화벤조일 : 제5류 위험물 중 유기과산화물 / 지정수량 10kg
- 과염소산 : 제6류 위험물 중 과염소산 / 지정수량 300kg

∴ 지정수량의 합은 310kg

50 질산과 과산화수소의 공통적인 성질을 옳게 설명한 것은?

① 물보다 가볍다.
② 물에 녹는다.
③ 점성이 큰 액체로서 환원제이다.
④ 연소가 매우 잘된다.

해설 질산과 과산화수소는 제6류 위험물로 분류되는 물질로서 물에 잘 녹는다.
① 질산의 비중은 1.49이며 과산화수소의 비중은 1.465로 모두 물보다는 무겁다.
③ 점도가 거의 없는 액체이며 강산화제이다.
④ 제6류 위험물은 불연성 물질이며 다른 물질의 연소를 돕는 산화성·조연성 물질이다.

❖ **질산**(HNO_3)
- 제6류 위험물(산화성 액체)
- 지정수량 300kg, 위험등급 I
- 제6류 위험물은 불연성이며 무기화합물이다.
- 무색의 흡습성이 강한 액체이나 보관 중에 담황색으로 변색된다.
- 독성이 매우 강하며 3대 강산 중 하나이다.
- 분자량 63, 비중 1.49, 증기비중 2.17, 융점 −42℃, 비점 86℃
- 비중이 1.49 이상인 것부터 위험물로 취급한다.

- 부식성이 강한 강산이지만 금, 백금, 이리듐, 로듐만은 부식시키지 못한다.
- 진한 질산은 철, 코발트, 니켈, 크롬, 알루미늄 등을 부동태화 한다.
- 묽은 산은 금속을 녹이고 수소 기체를 발생한다.
  $Ca + 2HNO_3 \rightarrow Ca(NO_3)_2 + H_2 \uparrow$
- 빛을 쪼이면 분해되어 유독한 갈색 증기인 이산화질소(NO_2)를 발생시킨다.
  $4HNO_3 \rightarrow 2H_2O + 4NO_2 \uparrow + O_2 \uparrow$
- 직사일광에 의한 분해 방지 : 차광성의 갈색병에 넣어 냉암소에 보관한다.
- 물에 잘 녹으며 물과 반응하여 발열한다.
- 염산과 질산을 3:1의 비율로 혼합한 것을 왕수라고 하며 금, 백금 등을 녹일 수 있다.
- 톱밥, 섬유, 종이, 솜뭉치 등의 유기물과 혼합하면 발화할 수 있다.
- 다량의 질산화재에 소량의 주수소화는 위험하므로 마른모래 및 CO_2로 소화한다.
- 위급 화재 시에는 다량의 물로 주수소화한다.

❖ **과산화수소**(H_2O_2)
- 제6류 위험물이며 산화성 액체이다.
- 지정수량 300kg, 위험등급 I
- 색깔이 없고 점성이 있는 쓴맛을 가진 액체이다. 양이 많은 경우에는 청색을 띤다.
- 석유, 벤젠 등에는 녹지 않으나 물, 알코올, 에테르 등에는 잘 녹는다.
- 발열하면서 산소와 물로 쉽게 분해된다.
- 증기는 유독성이 없다.
- 불에 잘 붙지는 않지만 유기물질과 접촉하면 스스로 열을 내며 연소하는 강력한 산화제이다.
- 순수한 과산화수소의 어는점은 −0.43℃, 끓는점 150.2℃이다.
- 비중 1.465로 물보다 무거우며 어떤 비율로도 물에 녹는다.
- 36중량퍼센트 농도 이상인 것부터 위험물로 취급하며 60중량퍼센트 농도 이상에서는 단독으로 분해·폭발할 수 있다.
- 히드라진과 접촉하면 분해·폭발할 수 있으므로 주의한다.
  $2H_2O_2 + N_2H_4 \rightarrow 4H_2O + N_2 \uparrow$
- 암모니아와 접촉하면 폭발할 수 있다.
- 열이나 햇빛에 의해 분해가 촉진되며 분해

시 생겨난 발생기 산소는 살균작용이 있다.
$H_2O_2 \rightarrow H_2O + [O]$ (살균표백작용)
- 강산화제이지만 환원제로도 사용된다.
- 분해방지 안정제(인산, 요산)를 넣어 저장하거나 취급함으로서 분해를 억제한다.
- 용기는 밀전하지 말고 통풍을 위하여 작은 구멍이 뚫린 마개를 사용하며 갈색 용기에 보관한다.
- 주수소화 한다.

51 제3류 위험물 중 금수성 물질을 제외한 위험물에 적응성이 있는 소화설비가 아닌 것은?

① 분말 소화설비 ② 스프링클러 설비
③ 옥내소화전 설비 ④ 포 소화설비

해설 제3류 위험물 중 금수성 물질을 제외한 위험물이란 황린을 말하는 것이다. 황린은 자연발화성 물질이긴 하지만 금수성 물질은 아니다. 실제로 황린은 물에 녹지 않고 물과 반응하지도 않으므로 물속에 넣어 보관한다. 따라서 화재 시에는 물에 의한 냉각소화가 효과적이며 분말 소화설비는 적응성이 없다(화재 초기에는 분말 소화약제의 사용도 유효하긴 하나 화재 확대 시에는 효과가 없다). 물을 이용한 주수 소화설비에는 옥내소화전, 옥외소화전, 스프링클러 설비, 물분무 소화설비, 포 소화설비 등이 포함된다. 분말 소화설비는 질식소화의 원리를 이용한 것으로 금수성 물질의 소화에 사용한다.
④ 포 소화설비는 질식소화의 원리를 이용하여 화재를 진압하는 것이지만 포 소화약제의 대부분이 물로 되어 있어 물에 의한 냉각효과도 지니고 있다.

52 위험물에 대한 설명으로 틀린 것은?

① 과산화나트륨은 산화성이 있다.
② 과산화나트륨은 인화점이 매우 낮다.
③ 과산화바륨과 염산을 반응시키면 과산화수소가 생긴다.
④ 과산화바륨의 비중은 물보다 크다.

해설 과산화나트륨은 제1류 위험물 중 무기과산화물에 속하는 것으로 불연성 물질이므로 인화점을 논할 수 없다.
① 산소를 포함한 산화제이며 환원성물질이나 가연성물질에 대해 강한 산화성을 지니고 있다.
③ $BaO_2 + 2HCl \rightarrow BaCl_2 + H_2O_2$
④ 과산화바륨의 비중은 4.96이므로 물보다 무겁다.

53 위험물안전관리법령에 명기된 위험물의 운반 용기 재질에 포함되지 않는 것은?

① 고무류 ② 유리
③ 도자기 ④ 종이

해설 위험물안전관리법령에 명기된 위험물의 운반 용기 재질에 도자기는 포함되지 않는다.

[위험물안전관리법 시행규칙 별표19 / 위험물의 운반에 관한 기준] - Ⅰ. 운반 용기
운반 용기의 재질은 강판·알루미늄판·양철판·유리·금속판·종이·플라스틱·섬유판·고무류·합성섬유·삼·짚 또는 나무로 한다.

54 위험물안전관리법령상 "연소의 우려가 있는 외벽"은 기산점이 되는 선으로부터 3m(2층 이상의 층에 대해서는 5m) 이내에 있는 제조소 등의 외벽을 말하는데 이 기산점이 되는 선에 해당하지 않는 것은?
18년·1 동일 15년·1 유사

① 동일 부지 내의 다른 건축물과 제조소 부지 간의 중심선
② 제조소등에 인접한 도로의 중심선
③ 제조소등이 설치된 부지의 경계선
④ 제조소등의 외벽과 동일 부지 내의 다른 건축물의 외벽 간의 중심선

정답 49 ① 50 ② 51 ① 52 ② 53 ③ 54 ①

[해설] [위험물안전관리에 관한 세부기준 제41조 / 연소의 우려가 있는 외벽]

[위험물안전관리법 시행규칙 별표 4의 Ⅳ, 제2호]의 규정에 따른 연소의 우려가 있는 외벽은 다음 어느 하나에 정한 선을 기산점으로 하여 3m(2층 이상의 층에 대해서는 5m) 이내에 있는 제조소등의 외벽을 말한다. 다만, 방화상 유효한 공터, 광장, 하천, 수면 등에 면한 외벽은 제외한다.

- 제조소등이 설치된 부지의 경계선
- 제조소등에 인접한 도로의 중심선
- 제조소등의 외벽과 동일 부지 내의 다른 건축물의 외벽 간의 중심선

❋ 빈틈없이 촘촘하게 One more Step

[위험물안전관리법 시행규칙 별표4 / 제조소의 위치·구조 및 설비의 기준] - Ⅳ. 건축물의 구조 제2호

벽·기둥·바닥·보·서까래 및 계단을 불연재료로 하고, 연소(延燒)의 우려가 있는 외벽(소방청장이 정하여 고시하는 것에 한한다. 이하 같다)은 출입구 외의 개구부가 없는 내화구조의 벽으로 하여야 한다. 이 경우 제6류 위험물을 취급하는 건축물에 있어서 위험물이 스며들 우려가 있는 부분에 대하여는 아스팔트 그 밖에 부식되지 아니하는 재료로 피복하여야 한다.

55 염소산칼륨의 성질에 대한 설명으로 옳은 것은?

① 가연성 고체이다.
② 강력한 산화제이다.
③ 물보다 가볍다.
④ 열분해하면 수소를 발생한다.

[해설] 염소산칼륨은 제1류 위험물 중 염소산염류에 속하는 물질이다. 제1류 위험물은 산화성 고체이며 공통적으로 불연성, 조연성, 강산화제 등의 성질을 나타낸다.
① 불연성이며 조연성 고체이다.
③ 비중은 2.3 정도로 물보다 무겁다.
④ 열분해하면 산소를 발생한다.
$2KClO_3 \rightarrow KClO_4 + KCl + O_2 \uparrow$
과염소산칼륨

❖ 염소산칼륨($KClO_3$)
- 제1류 위험물 중 염소산염류
- 지정수량 50kg, 위험등급 Ⅰ
- 분자량 122.55, 녹는점 368℃, 끓는점 400℃, 비중 2.3
- 무색의 판상 결정 또는 백색분말이다.
- 온수나 글리세린에는 잘 녹지만 알코올이나 냉수에는 잘 녹지 않는다.
- 강력한 산화제이며 인체에 유독하다.
- 상온에서는 안정한 편이나 가연성 물질과는 폭발성 혼합물을 형성한다.
- 쉽게 연소하는 물질(이연성 물질)이나 강산, 중금속염 등과 혼합된 경우 폭발하고 유독성의 이산화염소(ClO_2)를 발생시킨다.
- 황산과 접촉하면 격렬히 반응하면서 발열·폭발하고 이산화염소(ClO_2)를 발생시킨다.
$4KClO_3 + 4H_2SO_4 \rightarrow$
$4KHSO_4 + 4ClO_2 \uparrow + O_2 \uparrow + 2H_2O$
또는
$6KClO_3 + 3H_2SO_4 \rightarrow$
$2HClO_4 + 4ClO_2 \uparrow + 3K_2SO_4 + 2H_2O$
- 400℃에서 분해되기 시작하며 610℃ 정도에서 완전히 분해된다.
$2KClO_3 \rightarrow KClO_4 + KCl + O_2 \uparrow$
$\Rightarrow$ 과염소산칼륨[$KClO_4 \rightarrow KCl + 2O_2 \uparrow$]
∴ 완전분해 반응식 :
$2KClO_3 \rightarrow 2KCl + 3O_2 \uparrow$
- 산소를 포함하고 있는 조연성 물질이므로 포, 탄산가스, 분말을 이용한 질식소화는 효과 없다.
- 화재 시 다량의 물로 주수소화한다.
- 화재 시 유독성 가스인 이산화염소가 발생되므로 바람을 등지거나 공기호흡기를 착용하고 소화한다.

56 황가루가 공기 중에 떠 있을 때의 주된 위험성에 해당하는 것은?

① 수증기 발생
② 전기 감전
③ 분진폭발
④ 인화성 가스 발생

[해설] 황은 제2류 위험물이며 미분 상태로 밀폐된 공간 내에서 부유할 때 산소와 결합하여 분진폭발 할 위험성이 있다. 아울러 전기의 부도체이므로 마찰에 의한 정전기가 발생할 수 있으니 주의하여야 한다.

❋ **빈틈없이 촘촘하게** One more Step

분진이란 기체 중에 떠 있는 미세한 고체입자를 총칭하는 것으로 입자의 크기가 작아서 에어로졸 상태로 공기 중에 부유하게 된 것을 말한다.
분진폭발은 가연성 고체가 미세한 분말 상태로 공기 중에 분산되어 있고 점화원이 존재할 때 발생한다. 그 발생 조건은 연소의 개시조건과 같이 일반적으로 가연물, 산소 및 착화원이 주어져야 한다. 특히 분진의 경우 단위 무게 당 표면적(비표면적)이 증가하기 때문에 반응속도가 증가하게 되어 위험성이 높아진다.

❖ 분진폭발의 전파 조건
- 분진이 가연성일 것
- 분진은 적당한 공기로 수송될 수 있을 것
- 화염을 전파할 수 있는 분진 크기 분포를 가질 것
- 폭발범위 이내의 분진 농도일 것
- 화염전파를 개시할 충분한 에너지의 점화원이 존재할 것
- 연소를 도와주고 유지될 수 있도록 충분한 산소가 존재할 것

57 위험물의 저장 방법에 대한 설명 중 틀린 것은?

① 황린은 공기와의 접촉을 피해 물속에 저장한다.
② 황은 정전기의 축적을 방지하여 저장한다.
③ 알루미늄 분말은 건조한 공기 중에서 분진폭발의 위험이 있으므로 정기적으로 분무상의 물을 뿌려야 한다.
④ 황화린은 산화제와의 혼합을 피해 격리해야 한다.

[해설] 알루미늄 분말은 제2류 위험물의 금속분에 속하는 위험물로서 물과 접촉하면 수소가스가 발생 되어 위험하므로 밀폐용기에 넣어 습기가 없고 환기가 잘되는 장소에 보관한다.

$$2Al + 6H_2O \rightarrow 2Al(OH)_3 + 3H_2 \uparrow$$

① 황린은(제3류 위험물) 물에 녹지 않으며 물과의 반응성도 없고 물보다도 무겁다. 공기와 접촉하면 자연발화 할 수 있으므로 물속에 넣어 저장하며 수산화칼슘을 첨가함으로써 물의 pH를 9로 유지하여 유독성 증기인 포스핀(인화수소)의 생성을 방지한다.
② 황은 전기의 부도체이므로 마찰에 의한 정전기가 발생할 수 있으니 저장할 때 정전기 방지조치를 취한다.
④ 제2류 위험물인 황화린은 산화제와 혼합할 경우 폭발이나 발화할 가능성이 있으므로 산화제와의 접촉을 금한다. 가연성 물질인 제2류 위험물은 환원성 물질(환원제)이므로 산화제로 작용하는 강산화성 물질인 제1류 위험물이나 제6류 위험물과의 혼합은 피하도록 한다.

58 정기점검 대상 제조소등에 해당하지 않는 것은?
13년·4 ▌19년·2 동일

① 이동 탱크저장소
② 지정수량 120배의 위험물을 저장하는 옥외저장소
③ 지정수량 120배의 위험물을 저장하는 옥내저장소
④ 이송취급소

[해설] 지정수량 150배 이상의 위험물을 저장하는 옥내저장소가 정기점검 대상이다.
[위험물안전관리법 제18조 / 정기점검 및 정기검사] - 제1항
대통령령이 정하는 제조소등의 관계인은 그 제조소등에 대하여 행정안전부령이 정하는 바에 따라 규정에 따른 기술기준에 적합한지의 여부를 정기적으로 점검하고 점검 결과를 기록하여 보존하여야 한다.

정답 55 ② 56 ③ 57 ③ 58 ③

[위험물안전관리법 시행령 제15조와 제16조]
- 정기점검의 대상인 제조소등
위 법조문에서 "대통령령이 정하는 제조소등"이라 함은 다음에 해당하는 제조소등을 말한다.
- 지하 탱크저장소
- 이동 탱크저장소
- 위험물을 취급하는 탱크로서 지하에 매설된 탱크가 있는 제조소, 주유취급소, 일반취급소
- 관계인이 예방규정을 정하여야 하는 제조소등(아래 7가지)
  - 지정수량의 10배 이상의 위험물을 취급하는 제조소
  - 지정수량의 100배 이상의 위험물을 저장하는 옥외저장소
  - <u>지정수량의 150배 이상의 위험물을 저장하는 옥내저장소</u>
  - 지정수량의 200배 이상의 위험물을 저장하는 옥외 탱크저장소
  - 암반 탱크저장소
  - 이송취급소
  - 지정수량의 10배 이상의 위험물을 취급하는 일반취급소. 단, 제4류 위험물(특수인화물 제외)만을 지정수량의 50배 이하로 취급하는 일반취급소(제1석유류, 알코올류의 취급량이 지정수량의 10배 이하인 경우에 한함)로서 다음에 해당하는 것은 제외한다.
    가. 보일러, 버너 또는 이와 비슷한 것으로서 위험물을 소비하는 장치로 이루어진 일반취급소
    나. 위험물을 용기에 옮겨 담거나 차량에 고정된 탱크에 주입하는 일반취급소

59 다음은 P_2S_5와 물의 화학반응이다. (   )에 알맞은 숫자를 차례대로 나열한 것은?

20년·2 동일

$$P_2S_5 + (\ )H_2O \rightarrow (\ )H_2S + (\ )H_3PO_4$$

① 2, 8, 5 ② 2, 5, 8
③ 8, 5, 2 ④ 8, 2, 5

해설 미정계수법을 이용하여 풀면 다음의 식이 도출된다.
$$P_2S_5 + (8)H_2O \rightarrow (5)H_2S + (2)H_3PO_4$$

❖ **미정계수법에 의한 화학반응식의 계수 결정**
- 반응에 관여하는 각 분자의 계수(몰수)를 미정계수 a, b, c, d로 표기한다.
  $$aP_2S_5 + bH_2O \rightarrow cH_2S + dH_3PO_4$$
- 반응 전후에 원자의 종류와 수는 변하지 않는다는 것을 이용하여 연립방정식을 세운다. 화학반응식에서의 화살표는 '='과 같은 의미로서 반응 물질인 좌변과 생성 물질인 우변의 원자 수는 동일하다는 뜻이다. 위 반응식에서 확인되는 원소는 P, S, H, O 네 종류이다.
  P : 2a = d (P의 원자는 a항에 2개, b와 c항에는 없고 d항에 1개가 있다는 것을 표현한 식이다.)
  S : 5a = c
  H : 2b = 2c + 3d
  O : b = 4d
- 수학적으로 연립방정식을 풀 듯하지 않아도 된다. 즉, a, b, c, d 중 임의로 하나를 1로 정하고 대입해서 나머지 수치를 얻어내면 된다. a=1로 정해서 풀면 b=8, c=5, d=2로 결정된다.
  (간혹 어느 하나를 1로 정해서 풀었는데 자연수가 아닌 분수가 나올 경우도 있다. 그러면 일정한 수를 곱하여 자연수를 만들어주면 된다. 예를 들어, c=1로 놓고 풀어보면 a=1/5, d=2/5, b=8/5이 된다. 그러면 모든 수에 5를 곱하여 a=1, b=8, c=5, d=2의 자연수로 바꿔주면 되는 것이다.)
- 결정된 숫자들을 위의 미정계수 a, b, c, d 자리에 대입하여 반응식을 완성한다.
  $$P_2S_5 + 8H_2O \rightarrow 5H_2S + 2H_3PO_4$$

❋ **Tip**
객관식 문제일 경우에는 굳이 미정계수법을 이용하지 않아도 된다. 지문에 나온 대로 숫자를 직접 대입해보면서 화살표를 기준으로 좌변과 우변의 같은 종류의 원자 수가 일치하는지의 여부를 따지면 빠르게 답을 구할 수 있다.

60 탄화칼슘의 성질에 대하여 옳게 설명한 것은?

① 공기 중에서 아르곤과 반응하여 불연성 기체를 발생한다.
② 공기 중에서 질소와 반응하여 유독한 기체를 낸다.
③ 물과 반응하면 탄소가 생성된다.
④ 물과 반응하여 아세틸렌가스가 생성된다.

해설 탄화칼슘은 제3류 위험물 중 '칼슘 또는 알루미늄의 탄화물'에 속하는 위험물로 지정수량은 300kg이며 위험등급은 Ⅲ이다.
물과 반응하면 수산화칼슘과 아세틸렌가스를 발생한다.
$CaC_2 + 2H_2O \rightarrow Ca(OH)_2 + C_2H_2 \uparrow$

① 아르곤은 탄화칼슘을 장기간 보관할 경우에 충전제로 사용하는 불활성가스이다.
② 질소와 반응하면 칼슘시안아미드와 탄소가 생성되는데 칼슘시안아미드를 주성분으로 한 혼합물을 석회질소라 하며 비료로 사용된다.
$CaC_2 + N_2 \rightarrow CaCN_2 + C$
③ 탄소는 질소와 반응할 때 생성된다(② 반응식 참조). 물과 반응하면 수산화칼슘과 아세틸렌가스가 생성된다.

❖ **탄화칼슘**(CaC_2)
- 제3류 위험물 중 칼슘 또는 알루미늄의 탄화물
- 지정수량 300kg, 위험등급 Ⅲ
- 일명 '칼슘카바이드'
- 순수한 것은 무색투명하나 대부분 흑회색의 불규칙한 덩어리 상태로 시판된다.
- 분자량 64.1, 녹는점 2,370℃, 비중 2.2
- 건조 공기 중에서는 비교적 안정하다.
- 350℃ 이상으로 가열하면 산화된다.
  $2CaC_2 + 5O_2 \rightarrow 2CaO + 4CO_2 \uparrow$
- 질소 존재하에서 고온(보통 700℃ 이상)으로 가열하면 칼슘시안아미드가 생성된다.
  $CaC_2 + N_2 \rightarrow CaCN_2 + C$
- 물과 반응하면 소석회(수산화칼슘)와 아세틸렌가스가 생성된다(④).
  $CaC_2 + 2H_2O \rightarrow Ca(OH)_2 + C_2H_2 \uparrow$
- 아세틸렌이나 석회질소 제조, 탈수제, 용접용 단봉 등에 사용된다.
- 화재 시 물을 사용해서는 안되며 건조사, 팽창질석, 팽창진주암을 사용하여 질식소화한다.
- 금속화재용 분말 소화약제에 의한 질식소화가 가능하다.

04 2015년 제5회 기출문제 및 해설 (15년 10월 10일)

1과목 화재예방과 소화방법

01 위험물안전관리법령상 옥내 주유취급소에 있어서 해당 사무소 등의 출입구 및 피난구와 당해 피난구로 통하는 통로·계단 및 출입구에 무엇을 설치하게 하는가?

17년·1 동일 [최다 빈출 유형]

① 화재감지기
② 스프링클러 설비
③ 자동화재탐지설비
④ 유도등

해설 [위험물안전관리법 시행규칙 별표17 / 소화설비, 경보설비 및 피난설비의 기준] - Ⅲ. 피난설비
- 주유취급소 중 건축물의 2층 이상의 부분을 점포·휴게음식점 또는 전시장의 용도로 사용하는 것에 있어서는 당해 건축물의 2층 이상으로부터 주유취급소의 부지 밖으로 통하는 출입구와 당해 출입구로 통하는 통로·계단 및 출입구에 유도등을 설치하여야 한다.
- <u>옥내 주유취급소에 있어서는 당해 사무소 등의 출입구 및 피난구와 당해 피난구로 통하는 통로·계단 및 출입구에 유도등을 설치하여야 한다.</u>
- 유도등에는 비상 전원을 설치하여야 한다.

02 다음 중 스프링클러 설비의 소화작용으로 가장 거리가 먼 것은?

① 질식작용
② 희석작용
③ 냉각작용
④ 억제작용

해설 스프링클러 설비에 사용하는 물은 비열이 크기 때문에 연소물에 주수를 하면 많은 열을 흡수할 수 있고 수온 상승에 의해 수증기로 기화할 때의 증발잠열(기화열 / 540kcal/kg 정도)이 크기 때문에 많은 열을 빼앗아 가므로 냉각효과가 탁월하다. 아울러 수온 상승으로 물이 기화하면 약 1,700배 정도로 부피가 팽창하면서 화재 근방의 산소농도를 낮추게 되므로 질식효과도 기대할 수 있다. 희석작용이란 물에 용해하는 수용성 물질의 화재 시 많은 양의 물을 일시에 방사하여 가연물의 농도를 소화농도 이하로 묽게 희석시켜 소화하는 방법을 말하는 것으로서 물 소화약제의 기본 소화작용 중 하나이다.
억제작용은 부촉매 효과(작용)라고도 하며 할로겐화합물 소화약제가 취하는 주된 소화 방식이다.

03 다음 중 위험물안전관리법령에서 정한 지정수량이 나머지 셋과 다른 물질은?

① 아세트산
② 히드라진
③ 클로로벤젠
④ 니트로벤젠

해설 클로로벤젠의 지정수량은 1,000ℓ이고 나머지는 모두 2,000ℓ이다.
① 아세트산 : 제2석유류(수용성) 지정수량 2,000ℓ
② 히드라진 : 제2석유류(수용성) 지정수량 2,000ℓ
③ 클로로벤젠 : 제2석유류(비수용성) 지정수량 1,000ℓ
④ 니트로벤젠 : 제3석유류(비수용성) 지정수량 2,000ℓ

[11쪽] 제4류 위험물의 분류 도표 참조

04 가연물이 되기 쉬운 조건이 아닌 것은?

① 산소와 친화력이 클 것
② 열전도율이 클 것
③ 발열량이 클 것
④ 활성화 에너지가 작을 것

해설 열전도율이 크면 발생된 열을 축적하지 못하고 주변으로 분산시킴으로 인화점에 도달하기가 어렵고 발화하기도 어렵게 된다. 열전도율이 작아야 열이 분산되지 않고 함축되어 빠른 온도 상승을 기대할 수 있고 연소하기 쉬워진다.

✻ 빈틈없이 촘촘하게 One more Step

❖ 연소가 잘 일어나기 위한 조건
- 발열량이 클 것
- 산소 친화력이 클 것
- 열전도율이 작을 것
- 활성화 에너지가 작을 것(= 활성화 에너지 장벽이 낮을 것)
- 화학적 활성도는 높을 것
- 연쇄반응을 수반할 것
- 반응 표면적이 넓을 것
- 산소 농도가 높고 이산화탄소의 농도는 낮을 것
- 물질 자체의 습도는 낮을 것

05 Halon 1211에 해당하는 물질의 분자식은?

① CBr_2FCl
② CF_2ClBr
③ CCl_2FBr
④ FC_2BrCl

해설 할론 번호는 C – F – Cl – Br 순서대로 화합물 내에 존재하는 각 원자의 개수를 표시하며 수소(H)의 개수는 할론 번호에 포함시키지 않는다. 따라서 1211은 C 1개, F 2개, Cl 1개, Br 1개를 의미하므로 CF_2ClBr이 된다. 탄소 한 개에는 4개의 곁가지가 있어 4군데에서 결합을 형성할 수 있다. 두 개의 F와 한 개의 Cl, 한 개의 Br이 결합된 것이므로 수소가 결합될 여지는 없다.

[참고] 그렇다면 할론 1011의 화학식은?

CH_2ClBr이 된다. 탄소(C)는 4족 원소로 4곳에서 결합을 형성할 수 있는데 할론 번호에서는 염소(Cl) 1개와 브롬(Br) 1개만 부착한다는 정보를 확인할 수 있어 수소(H)는 할론 번호에 포함되지는 않지만 나머지 두 군데에는 수소가 결합되어 있음을 알 수 있는 것이다. 즉, 탄소의 곁가지에는 할론 번호에 있는 개수만큼 할로겐 원소가 부착되고 남은 자리에는 수소가 부착되어 있음을 나타낸다.

06 위험물안전관리법령상 주유취급소에서의 위험물 취급기준으로 옳지 않은 것은?

① 자동차에 주유할 때에는 고정주유설비를 이용하여 직접 주유할 것

② 자동차에 경유 위험물을 주유할 때에는 자동차의 원동기를 반드시 정지시킬 것

③ 고정주유설비에는 당해 주유 설비에 접속한 전용 탱크 또는 간이탱크의 배관 외의 것을 통하여서는 위험물을 공급하지 아니할 것

④ 고정주유설비에 접속하는 탱크에 위험물을 주입할 때는 당해 탱크에 접속된 고정주유설비의 사용을 중지할 것

해설 자동차 등에 인화점 40℃ 미만의 위험물을 주유할 때에는 자동차 등의 원동기를 정지시킬 것이라 규정되어 있으나 경유의 인화점은 50~70℃ 정도로서 40℃보다는 높으므로 경유에는 적용되지 않는다.

[위험물안전관리법 시행규칙 별표18 / 제조소등에서의 위험물의 저장 및 취급에 관한 기준]
- Ⅳ. 취급의 기준 제5호
- **주유취급소**(항공기 주유취급소·선박 주유취급소 및 철도 주유취급소를 제외한다)에서의 취급기준
  - 자동차 등에 주유할 때에는 고정주유설비를 사용하여 직접 주유할 것(①)(중요기준)
  - 자동차 등에 인화점 40℃ 미만의 위험물을 주유할 때에는 자동차 등의 원동기를 정지시킬 것(②). 다만, 연료탱크에 위험물을 주유하는 동안 방출되는 가연성 증기를 회수하는 설비가 부착된 고정주유설비에 의하여 주유하는 경우에는 그러하지 아니하다.
  - 이동 저장탱크에 급유할 때에는 고정급유설비를 사용하여 직접 급유할 것
  - 고정주유설비 또는 고정급유설비에 접속하는 탱크에 위험물을 주입할 때에는 당해 탱크에 접속된 고정주유설비 또는 고

정답 01 ④ 02 ④ 03 ③ 04 ② 05 ② 06 ②

정급유설비의 사용을 중지하고(④), 자동차 등을 당해 탱크의 주입구에 접근시키지 아니할 것
- 고정주유설비 또는 고정급유설비에는 해당 설비에 접속한 전용 탱크 또는 간이탱크의 배관 외의 것을 통하여서는 위험물을 공급하지 아니할 것(③)
- 자동차 등에 주유할 때에는 고정주유설비 또는 고정주유설비에 접속된 탱크의 주입구로부터 4m 이내의 부분(별표 13 Ⅴ 제1호 다목 및 라목의 용도에 제공하는 부분 중 바닥 및 벽에서 구획된 것의 내부를 제외한다)에, 이동 저장탱크로부터 전용 탱크에 위험물을 주입할 때에는 전용 탱크의 주입구로부터 3m 이내의 부분 및 전용 탱크 통기관의 선단으로부터 수평거리 1.5m 이내의 부분에 있어서는 다른 자동차 등의 주차를 금지하고 자동차 등의 점검·정비 또는 세정을 하지 아니할 것

(이하 생략)

07 표준상태에서 탄소 1몰이 완전히 연소하면 몇 ℓ의 이산화탄소가 생성되는가?

① 11.2 ② 22.4
③ 44.8 ④ 56.8

해설 $C + O_2 \rightarrow CO_2$

완전 연소된 탄소 1몰에 대해 이산화탄소도 1몰의 비율로 생성되며, 표준상태에서 기체 1몰이 차지하는 부피는 22.4ℓ이므로 이산화탄소 22.4ℓ가 생성된다.

08 제3류 위험물을 취급하는 제조소는 300명 이상을 수용할 수 있는 극장으로부터 몇 m 이상의 안전거리를 유지하여야 하는가? 12년·2 동일

① 5 ② 10
③ 30 ④ 70

해설 제3류 위험물을 취급하는 제조소는 300명 이상을 수용할 수 있는 극장으로부터 30m 이상의 안전거리를 유지하여야 한다.

[위험물안전관리법 시행규칙 별표4 / 제조소의 위치·구조 및 설비의 기준] - Ⅰ. 안전거리 중 발췌

- 제조소(제6류 위험물을 취급하는 제조소를 제외한다)는 건축물의 외벽 또는 이에 상당하는 공작물의 외측으로부터 당해 제조소의 외벽 또는 이에 상당하는 공작물의 외측까지의 사이에 아래 규정에 의한 수평거리(이하 "안전거리"라 한다)를 두어야 한다.
- 학교·병원·극장 그 밖에 다수인을 수용하는 시설로서 다음에 해당하는 것에 있어서는 30m 이상
  - 「초·중등교육법」 및 「고등교육법」에 정하는 학교
  - 「의료법」에 따른 병원급 의료기관
  - 「공연법」에 따른 공연장, 「영화 및 비디오물의 진흥에 관한 법률」에 따른 영화상영관 및 그 밖에 이와 유사한 시설로서 3백명 이상의 인원을 수용할 수 있는 것
  - 「아동복지법」에 따른 아동복지시설·「노인복지법」에 해당하는 노인복지시설·「장애인복지법」에 따른 장애인복지시설·「한부모가족지원법」에 따른 한부모가족 복지시설·「영유아보육법」에 따른 어린이집·「성매매방지 및 피해자보호 등에 관한 법률」에 따른 성매매 피해자등을 위한 지원시설·「정신건강증진 및 정신질환자 복지서비스 지원에 관한 법률」에 따른 정신건강 증진시설·「가정폭력방지 및 피해자보호 등에 관한 법률」에 따른 보호시설 및 그 밖에 이와 유사한 시설로서 20명 이상의 인원을 수용할 수 있는 것

안전거리	해당 대상물
3m 이상	7,000V 초과 35,000V 이하의 특고압 가공전선
5m 이상	35,000V를 초과하는 특고압 가공전선
10m 이상	주거용으로 사용되는 건축물 그 밖의 공작물
20m 이상	고압가스, 액화석유가스 또는 도시가스를 저장 또는 취급하는 시설
30m 이상	학교, 병원, 300명 이상 수용시설(영화관, 공연장), 20명 이상 수용시설(아동·노인·장애인·한부모가족 복지시설, 어린이집, 성매매 피해자 지원시설, 정신건강 증진시설, 가정폭력 피해자 보호시설)
50m 이상	유형문화재, 지정문화재

09 위험물안전관리법령에 따라 위험물을 유별로 정리하여 서로 1m 이상의 간격을 두었을 때 옥내저장소에서 함께 저장하는 것이 가능한 경우가 아닌 것은?

12년 · 1 ▮ 13년 · 2 ▮ 13년 · 4 ▮ 15년 · 4 유사

① 제1류 위험물(알칼리금속의 과산화물 또는 이를 함유한 것을 제외한다)과 제5류 위험물을 저장하는 경우

② 제3류 위험물 중 알킬알루미늄과 제4류 위험물(알킬알루미늄 또는 알킬리튬을 함유한 것에 한한다)을 저장하는 경우

③ 제1류 위험물과 제3류 위험물 중 금수성 물질을 저장하는 경우

④ 제2류 위험물 중 인화성 고체와 제4류 위험물을 저장하는 경우

해설 위험물안전관리법령에 따라 위험물을 유별로 정리하여 서로 1m 이상의 간격을 두었을 때 옥내저장소에 저장이 가능한 것은 제1류 위험물과 제3류 위험물 중 <u>자연발화성 물질</u>(황린 또는 이를 함유한 것에 한한다)을 함께 저장하는 경우이다. 금수성 물질이 아니다.

[위험물안전관리법 시행규칙 별표18 / 제조소등에서의 위험물의 저장 및 취급에 관한 기준]
– Ⅲ. 저장의 기준 제2호

유별을 달리하는 위험물은 동일한 저장소(내화구조의 격벽으로 완전히 구획된 실이 2 이상 있는 저장소에 있어서는 동일한 실)에 저장하지 아니하여야 한다. 다만, 옥내저장소 또는 옥외저장소에 있어서 다음의 규정에 의한 위험물을 저장하는 경우로서 위험물을 유별로 정리하여 저장하는 한편, 서로 1m 이상의 간격을 두는 경우에는 그러하지 아니하다(중요기준).

- 제1류 위험물(알칼리금속의 과산화물 또는 이를 함유한 것을 제외한다)과 제5류 위험물을 저장하는 경우
- 제1류 위험물과 제6류 위험물을 저장하는 경우
- 제1류 위험물과 제3류 위험물 중 자연발화성 물질(황린 또는 이를 함유한 것에 한한다)을 저장하는 경우
- 제2류 위험물 중 인화성 고체와 제4류 위험물을 저장하는 경우
- 제3류 위험물 중 알킬알루미늄등과 제4류 위험물(알킬알루미늄 또는 알킬리튬을 함유한 것에 한한다)을 저장하는 경우
- 제4류 위험물 중 유기과산화물 또는 이를 함유하는 것과 제5류 위험물 중 유기과산화물 또는 이를 함유한 것을 저장하는 경우

10 과산화바륨과 물이 반응하였을 때 발생하는 것은?

① 수소　　　　② 산소
③ 탄산가스　　④ 수성가스

해설 ❖ 과산화바륨(BaO_2)
- 제1류 위험물 중 무기과산화물
- 지정수량 50kg, 위험등급 Ⅰ
- 백색의 정방결정계 분말이다.
- 분자량 169.3, 녹는점 450℃, 비중 4.96
- 알칼리토금속의 과산화물 중에서 가장 안정적이다.
- 과산화바륨의 비중은 4.96이므로 물보다 무겁다.
- 산과의 반응식
  $BaO_2 + 2HCl \rightarrow BaCl_2 + H_2O_2$
  $BaO_2 + H_2SO_4 \rightarrow BaSO_4 + H_2O_2$
- 고온에서 분해되어 산소를 발생한다.
  $2BaO_2 \rightarrow 2BaO + O_2 \uparrow$
- <u>찬물에는 소량 녹고 뜨거운 물에는 분해한다.</u>
  $2BaO_2 + 2H_2O \rightarrow 2Ba(OH)_2 + O_2 \uparrow$
- 연소물질이나 산화제와 접촉하면 화재 및 폭발의 위험이 있다.
- 조연성 물질이므로 포, 탄산가스, 분말 소화약제는 소화효과가 미약하므로 사용하지 않는다.
- 화재 시에는 유독성 가스가 발생되므로 바람을 등지거나 가급적 공기호흡기를 착용하고 소화하도록 한다.

정답 07 ② 08 ③ 09 ③ 10 ②

11 다음 중 할로겐화합물 소화약제의 주된 소화효과는?
12년·2 유사

① 부촉매 효과 ② 희석 효과
③ 파괴 효과 ④ 냉각 효과

해설 할로겐화합물 소화약제의 주된 소화효과는 억제효과이다. 이는 연소의 연쇄반응을 차단하거나 특정 반응의 진행을 억제함으로서 연소가 확대되지 않도록 하는 화학적 소화방식으로 부촉매 효과라고도 한다.

＊ 빈틈없이 촘촘하게 One more Step

- 냉각소화 : 가연물의 온도를 낮춤으로써 연소의 진행을 막는 소화방법으로 주된 소화약제는 물이다. 옥내소화전 설비, 옥외소화전 설비, 스프링클러 소화설비, 물분무 소화설비 등이 있다.
- 제거소화 : 가연물을 제거함으로써 소화하는 방법으로 사용되는 부수적인 소화약제는 없다.
- 질식소화 : 산소 공급을 차단하여 공기 중 산소 농도를 한계산소농도 이하(15% 이하)로 유지함으로써 소화의 목적을 달성하는 것으로 주로 이산화탄소 소화기가 사용되며 분말소화기, 포 소화기 등이 사용되기도 한다.

12 소화설비의 설치기준에서 유기과산화물 1,000 kg은 몇 소요단위에 해당하는가?

[최다 빈출 유형]

① 10 ② 20 ③ 100 ④ 200

해설 위험물의 소요단위는 지정수량의 10배를 1 소요단위로 계산하며 제5류 위험물인 유기과산화물은 지정수량이 10kg이므로 이것의 10배인 100kg이 1 소요단위가 된다.
따라서 유기과산화물 1,000kg은 10 소요단위에 해당한다.

[위험물안전관리법 시행규칙 별표17 / 소화설비, 경보설비 및 피난설비의 기준] - Ⅰ. 소화설비 中 5. 소화설비의 설치기준
소요단위란 소화설비의 설치대상이 되는 건축물 그 밖의 공작물의 규모 또는 위험물의 양의 기준단위를 말하는 것으로 1 소요단위의 계산방법은 아래와 같다.

❖ 1 소요단위 산정(계산)방법

구분	외벽	내화구조	비 내화구조
제조소 또는 취급소		연면적 100m²	연면적 50m²
저장소		연면적 150m²	연면적 75m²
위험물		지정수량의 10배	

＊ 제조소등의 옥외에 설치된 공작물은 외벽이 내화구조인 것으로 간주하고 공작물의 최대수평투영면적을 연면적으로 간주하여 소요단위를 산정할 것

13 위험물 안전관리에 대한 설명 중 옳지 않은 것은?

① 이동 탱크저장소는 위험물안전관리자 선임대상에 해당되지 않는다.
② 위험물안전관리자가 퇴직한 경우 퇴직한 날부터 30일 이내에 다시 안전관리자를 선임하여야 한다.
③ 위험물안전관리자를 선임한 경우에는 선임한 날로부터 14일 이내에 소방본부장 또는 소방서장에게 신고하여야 한다.
④ 위험물안전관리자가 일시적으로 직무를 수행할 수 없는 경우에는 안전교육을 받고 6개월 이상 실무경력이 있는 사람을 대리자로 지정할 수 있다.

해설 위험물안전관리자가 일시적으로 직무를 수행할 수 없는 경우에는 국가기술자격법에 따른 위험물의 취급에 관한 자격취득자 또는 위험물 안전에 관한 기본지식과 경험이 있는 자로서 소방청장이 실시하는 안전교육을 받은 자나 제조소등의 위험물 안전관리 업무에 있어서 안전관리자를 지휘·감독하는 직위에 있는 자를 대리자로 지정하여 그 직무를 대행하게 하여야 한다.

2016. 8. 2 / 2017. 7. 26 자로 법이 개정되면서 특정 기간 동안의 실무경력을 요구하는 조항은 삭제되었다. 따라서, 6개월 이상의 실무경력은 대리자의 요건이 아니다.

법 개정 이전에는 1년 이상의 실무경력을 요구하였으므로 법 개정 이전에 출제된 지문인 6개월 이상이라는 자체도 틀린 것이었다.

[위험물안전관리법 제15조 / 위험물안전관리자]
- 제5항
안전관리자를 선임한 제조소등의 관계인은 안전관리자가 여행·질병 그 밖의 사유로 인하여 일시적으로 직무를 수행할 수 없거나 안전관리자의 해임 또는 퇴직과 동시에 다른 안전관리자를 선임하지 못하는 경우에는 국가기술자격법에 따른 위험물의 취급에 관한 자격취득자 또는 위험물 안전에 관한 기본지식과 경험이 있는 자로서 <u>행정안전부령이 정하는 자</u>를 대리자(代理者)로 지정하여 그 직무를 대행하게 하여야 한다. 이 경우 대리자가 안전관리자의 직무를 대행하는 기간은 30일을 초과할 수 없다.

[위험물안전관리법 시행규칙 제54조 / 안전관리자의 대리자]
제15조 제5항의 "행정안전부령이 정하는 자"란 다음의 어느 하나에 해당하는 사람을 말한다.
• 소방청장이 실시하는 안전교육을 받은 자
• 제조소등의 위험물 안전관리 업무에 있어서 안전관리자를 지휘·감독하는 직위에 있는 자

① [위험물안전관리법 제15조 / 위험물안전관리자]
- 제1항
제조소등의 관계인은 위험물의 안전관리에 관한 직무를 수행하게 하기 위하여 제조소등마다 대통령령이 정하는 위험물의 취급에 관한 자격이 있는 자(이하 "위험물 취급자격자"라 한다)를 위험물안전관리자(이하 "안전관리자"라 한다)로 선임하여야 하나 규정에 따라 허가를 받지 아니하는 제조소등과 이동 탱크 저장소(차량에 고정된 탱크에 위험물을 저장 또는 취급하는 저장소를 말한다)는 제외한다.

② [위험물안전관리법 제15조 / 위험물안전관리자]
- 제2항
규정에 따라 안전관리자를 선임한 제조소등의 관계인은 그 안전관리자를 해임하거나 안전관리자가 퇴직한 때에는 해임하거나 퇴직한 날부터 30일 이내에 다시 안전관리자를 선임하여야 한다.

③ [위험물안전관리법 제15조 / 위험물안전관리자]
- 제3항
제조소등의 관계인은 제1항 및 제2항에 따라 안전관리자를 선임한 경우에는 선임한 날부터 14일 이내에 행정안전부령으로 정하는 바에 따라 소방본부장 또는 소방서장에게 신고하여야 한다.

14 철분, 금속분, 마그네슘의 화재에 적응성이 있는 소화약제는?

① 탄산수소염류 분말   ② 할로겐화합물
③ 물   ④ 이산화탄소

해설 물, 할로겐화합물, 이산화탄소 소화약제는 철분, 금속분, 마그네슘에는 적응성이 없다.
• 물 소화약제 : 가연성 기체인 수소를 발생한다.
• 할로겐 원소나 할로겐화합물 소화약제 : 고온에서 접촉하면 자연 발화하거나 혼촉 발화하기도 한다. 마그네슘은 염소와 격렬히 반응하여 염화마그네슘을 생성한다.
• 이산화탄소 소화약제 : 다수의 금속분(티타늄분, 지르코늄분 따위)과 마그네슘 등은 이산화탄소가 존재하는 중에도 연소한다.

제2류 위험물 중 철분, 금속분, 마그네슘은 물기엄금의 금수성 물질로 이들의 화재에는 탄산수소염류 분말 소화약제나 건조사, 팽창질석, 팽창진주암이 적응성을 보인다.

15 주유취급소의 벽(담)에 유리를 부착할 수 있는 기준에 대한 설명으로 옳은 것은?

① 유리 부착 위치는 주입구, 고정주유설비로부터 2m 이상 이격되어야 한다.
② 지반면으로부터 50센티미터를 초과하는 부분에 한하여 설치하여야 한다.
③ 하나의 유리판 가로의 길이는 2m 이내로 한다.
④ 유리의 구조는 기준에 맞는 강화유리로 하여야 한다.

정답 11 ① 12 ① 13 ④ 14 ① 15 ③

해설 [위험물안전관리법 시행규칙 별표13 / 주유취급소의 위치·구조 및 설비의 기준] – Ⅶ. 담 또는 벽
- 주유취급소의 주위에는 자동차 등이 출입하는 쪽 외의 부분에 높이 2m 이상의 내화구조 또는 불연재료의 담 또는 벽을 설치하되, 주유취급소의 인근에 연소의 우려가 있는 건축물이 있는 경우에는 소방청장이 정하여 고시하는 바에 따라 방화상 유효한 높이로 하여야 한다.
- 위의 규정에도 불구하고 다음 각 목의 기준에 모두 적합한 경우에는 담 또는 벽의 일부분에 방화상 유효한 구조의 유리를 부착할 수 있다.
  - 유리를 부착하는 위치는 주입구, 고정주유설비 및 고정급유설비로부터 4m 이상 이격될 것(①)
  - 유리를 부착하는 방법은 다음의 기준에 모두 적합할 것
  - 주유취급소 내의 지반면으로부터 70cm를 초과하는 부분에 한하여 유리를 부착할 것(②)
  - 하나의 유리판의 가로의 길이는 2m 이내일 것(③)
  - 유리판의 테두리를 금속제의 구조물에 견고하게 고정하고 해당 구조물을 담 또는 벽에 견고하게 부착할 것
  - 유리의 구조는 접합유리(두장의 유리를 두께 0.76mm 이상의 폴리비닐부티랄 필름으로 접합한 구조를 말한다)로 하되(④), 「유리구획 부분의 내화시험방법(KS F 2845)」에 따라 시험하여 비차열 30분 이상의 방화성능이 인정될 것
  - 유리를 부착하는 범위는 전체의 담 또는 벽의 길이의 10분의 2를 초과하지 아니할 것

16 위험물안전관리법령상 개방형 스프링클러 헤드를 이용하는 스프링클러 설비에서 수동식 개방밸브를 개방 조작하는 데 필요한 힘은 얼마 이하가 되도록 설치하여야 하는가?

① 5kg ② 10kg ③ 15kg ④ 20kg

해설 [위험물안전관리에 관한 세부기준 제131조 / 스프링클러 설비의 기준] – 제3호
개방형 스프링클러 헤드를 이용하는 스프링클러 설비에는 일제 개방 밸브 또는 수동식개방 밸브를 다음에 정한 것에 의하여 설치할 것
- 일제 개방 밸브의 기동 조작부 및 수동식개방 밸브는 화재 시 쉽게 접근 가능한 바닥면으로부터 1.5m 이하의 높이에 설치할 것
- 위 항목에서 정한 것 외에 일제 개방 밸브 또는 수동식개방 밸브는 아래에 정한 것에 의할 것
  - 방수 구역마다 설치할 것
  - 일제 개방 밸브 또는 수동식개방 밸브에 작용하는 압력은 당해 일제 개방 밸브 또는 수동식개방 밸브의 최고사용압력 이하로 할 것
  - 일제 개방 밸브 또는 수동식개방 밸브의 2차측 배관 부분에는 당해 방수구역에 방수하지 않고 당해 밸브의 작동을 시험할 수 있는 장치를 설치할 것
  - 수동식 개방 밸브를 개방 조작하는데 필요한 힘이 15kg 이하가 되도록 설치할 것

17 제조소의 옥외에 모두 3개의 휘발유 취급 탱크를 설치하고 그 주위에 방유제를 설치하고자 한다. 방유제 안에 설치하는 각 취급 탱크의 용량이 5만ℓ, 3만ℓ, 2만ℓ 일 때 필요한 방유제의 용량은 몇 ℓ 이상인가?

① 66,000 ② 60,000
③ 33,000 ④ 30,000

해설 2 이상의 취급탱크 주위에 하나의 방유제를 설치하는 경우 그 방유제의 용량은 당해 탱크 중 용량이 최대인 것의 50%에 나머지 탱크용량 합계의 10%를 가산한 양 이상이 되게 할 것이라 규정하고 있으므로
$50,000 \times 0.5 + (30,000 + 20,000) \times 0.1 = 30,000(ℓ)$

[위험물안전관리법 시행규칙 별표4 / 제조소의 위치·구조 및 설비의 기준] – Ⅸ. 위험물 취급탱크 中

옥외에 있는 위험물 취급탱크로서 액체 위험물(이황화탄소를 제외한다)을 취급하는 것의 주위에는 다음의 기준에 의하여 방유제를 설치할 것
- 하나의 취급탱크 주위에 설치하는 방유제의 용량은 당해 탱크용량의 50% 이상으로 하고, 2 이상의 취급탱크 주위에 하나의 방유제를 설치하는 경우 그 방유제의 용량은 당해 탱크 중 용량이 최대인 것의 50%에 나머지 탱크용량 합계의 10%를 가산한 양 이상이 되게 할 것
- 방유제의 구조 및 설비는 옥외 저장탱크의 방유제의 기준에 적합하게 할 것

18 제1종 분말소화약제의 주성분으로 사용하는 것은?

① $KHCO_3$ ② H_2SO_4
③ $NaHCO_3$ ④ $NH_4H_2PO_4$

해설 ❖ 분말 소화약제의 분류, 주성분 및 적응화재

구 분	주성분	화학식
제1종 분말	탄산수소나트륨	$NaHCO_3$
제2종 분말	탄산수소칼륨	$KHCO_3$
제3종 분말	제1인산암모늄	$NH_4H_2PO_4$
제4종 분말	탄산수소칼륨 + 요소	$KHCO_3 + (NH_2)_2CO$

구 분	적응화재	분말색
제1종 분말	B, C	백색
제2종 분말	B, C	담자색
제3종 분말	A, B, C	담홍색
제4종 분말	B, C	회색

★ 적응화재 = A : 일반화재 / B : 유류화재 / C : 전기화재

❖ 분말 소화약제의 열분해 반응식

구 분	열분해 반응식
제1종 분말	$2NaHCO_3 \rightarrow Na_2CO_3 + CO_2 + H_2O$
제2종 분말	$2KHCO_3 \rightarrow K_2CO_3 + CO_2 + H_2O$
제3종 분말	$NH_4H_2PO_4 \rightarrow HPO_3 + NH_3 + H_2O$
제4종 분말	$2KHCO_3 + (NH_2)_2CO \rightarrow K_2CO_3 + 2NH_3 + 2CO_2$

19 트리에틸알루미늄의 화재 시 사용할 수 있는 소화약제(설비)가 아닌 것은?

① 마른 모래 ② 팽창질석
③ 팽창진주암 ④ 이산화탄소

해설 제3류 위험물 중 알킬알루미늄에 속하는 트리에틸알루미늄은 물과 폭발적으로 반응하는 금수성 물질이며 공기 중에 노출되면 자연발화한다. 위험물안전관리법령상 적응성을 보이는 소화약제는 탄산수소염류 분말소화약제, 마른 모래, 팽창질석, 팽창진주암이다. 이산화탄소 소화약제는 적응성이 없다.

❖ **Tip**
건조사(마른 모래), 팽창질석, 팽창진주암은 모든 위험물의 소화에 적응성을 보인다는 사실을 알고 있다면 쉽게 정답을 구할 수 있다.

20 금속화재를 옳게 설명한 것은?

① C급 화재이고, 표시색상은 청색이다.
② C급 화재이고, 표시색상은 없다.
③ D급 화재이고, 표시색상은 청색이다.
④ D급 화재이고, 표시색상은 없다.

해설 ❖ 화재의 유형

화재급수	화재종류	소화기표시 색상
A급	일반화재	백색
B급	유류화재	황색
C급	전기화재	청색
D급	금속화재	무색

화재급수	적용대상물
A급	일반 가연물(종이, 목재, 섬유, 플라스틱 등)
B급	가연성 액체(제4류 위험물 및 유류 등)
C급	통전상태에서의 전기기구, 발전기, 변압기 등
D급	가연성 금속(칼륨, 나트륨, 금속분, 철분, 마그네슘 등)

정답 16 ③ 17 ④ 18 ③ 19 ④ 20 ④

2과목 위험물의 화학적 성질 및 취급

21 위험물 제조소등의 종류가 아닌 것은?

① 간이 탱크저장소   ② 일반취급소
③ 이송취급소   ④ 이동 판매취급소

해설 취급소에 이동 판매취급소는 포함되지 않으므로 이동 판매취급소는 위험물 제조소등의 종류가 아니다.

[위험물안전관리법 제2조 / 정의] - 제1항 제6호
"제조소등"이라 함은 제조소·저장소 및 취급소를 말한다.

[위험물안전관리법 제2조 / 정의] - 제1항 제3호
"제조소"라 함은 위험물을 제조할 목적으로 지정수량 이상의 위험물을 취급하기 위하여 규정에 따른 허가를 받은 장소를 말한다.

[위험물안전관리법 제2조 / 정의] - 제1항 제4호
"저장소"라 함은 지정수량 이상의 위험물을 저장하기 위한 대통령령이 정하는 장소로서 규정에 따른 허가를 받은 장소를 말한다.

[위험물안전관리법 시행령 별표2 / 저장소의 구분]
대통령령이 정하는 장소란 아래와 같다.
옥내저장소, 옥외 탱크저장소, 옥내 탱크저장소, 지하 탱크저장소, 간이 탱크저장소, 이동 탱크저장소, 옥외저장소, 암반 탱크저장소

[위험물안전관리법 제2조 / 정의] - 제1항 제5호
"취급소"라 함은 지정수량 이상의 위험물을 제조외의 목적으로 취급하기 위한 대통령령이 정하는 장소로서 규정에 따른 허가를 받은 장소를 말한다.

[위험물안전관리법 시행령 별표3 / 취급소의 구분]
대통령령이 정하는 장소란 아래와 같다.
주유취급소, 판매취급소, 이송취급소, 일반취급소

22 다음 물질 중 물에 대한 용해도가 가장 낮은 것은?

① 아크릴산   ② 아세트알데히드
③ 벤젠   ④ 글리세린

해설
- 제4류 위험물 중 수용성 : 아크릴산(제2석유류), 아세트알데히드(특수인화물), 글리세린(제3석유류)
- 제4류 위험물 중 비수용성 : 벤젠(제1석유류)

[11쪽] 제4류 위험물의 분류 도표 참조

✱ Tip
물에 대한 용해도를 물어보았다고 어렵게 느끼면 안된다. 수용성이냐 비수용성이냐를 판단하는 간단한 문제인 것이다.

23 $CH_3COC_2H_5$의 명칭 및 지정수량을 옳게 나타낸 것은?

① 메틸에틸케톤, 50ℓ
② 메틸에틸케톤, 200ℓ
③ 메틸에틸에테르, 50ℓ
④ 메틸에틸에테르, 200ℓ

해설 케톤기($-CO-$)에 알킬기가 결합한 것으로 메틸에틸케톤이다.
제4류 위험물 중 제1석유류(비수용성)에 속하는 위험물이며 지정수량은 200ℓ이다.

[11쪽] 제4류 위험물의 분류 도표 참조

24 위험물안전관리법령상 정기점검 대상인 제조소등의 조건이 아닌 것은?

13년·1 동일 [빈출 유형]

① 예방규정 작성대상인 제조소등
② 지하 탱크저장소
③ 이동 탱크저장소
④ 지정수량 5배의 위험물을 취급하는 옥외탱크를 둔 제조소

해설 지정수량 10배 이상의 위험물을 취급하는 제조소가 정기점검 대상이다. 또는 위험물을 취급하는 탱크로서 지하에 매설된 탱크가 있는 제조소는 지정수량의 배수에 관계없이 정기점검 대상이나 옥외 탱크를 둔 제조소는 정기점검 대상이 아니다.

[위험물안전관리법 제18조 / 정기점검 및 정기검사] – 제1항
대통령령이 정하는 제조소등의 관계인은 그 제조소등에 대하여 행정안전부령이 정하는 바에 따라 규정에 따른 기술기준에 적합한지의 여부를 정기적으로 점검하고 점검 결과를 기록하여 보존하여야 한다.

[위험물안전관리법 시행령 제15조와 제16조 / 정기점검의 대상인 제조소등]
위 법조문에서 "대통령령이 정하는 제조소등"이라 함은 다음에 해당하는 제조소등을 말한다.
- 지하 탱크저장소
- 이동 탱크저장소
- 위험물을 취급하는 탱크로서 지하에 매설된 탱크가 있는 제조소, 주유취급소, 일반취급소
- 관계인이 예방규정을 정하여야 하는 제조소 등 (아래 7가지)
  - 지정수량의 10배 이상의 위험물을 취급하는 제조소
  - 지정수량의 100배 이상의 위험물을 저장하는 옥외저장소
  - 지정수량의 150배 이상의 위험물을 저장하는 옥내저장소
  - 지정수량의 200배 이상의 위험물을 저장하는 옥외 탱크저장소
  - 암반 탱크저장소
  - 이송취급소
  - 지정수량의 10배 이상의 위험물을 취급하는 일반취급소

단, 제4류 위험물(특수인화물 제외)만을 지정수량의 50배 이하로 취급하는 일반취급소(제1석유류·알코올류의 취급량이 지정수량의 10배 이하인 경우에 한함)로서 다음에 해당하는 것은 제외한다.
  가. 보일러, 버너 또는 이와 비슷한 것으로서 위험물을 소비하는 장치로 이루어진 일반취급소
  나. 위험물을 용기에 옮겨 담거나 차량에 고정된 탱크에 주입하는 일반취급소

25 니트로글리세린에 관한 설명으로 틀린 것은?

① 상온에서 액체 상태이다.
② 물에는 잘 녹지만 유기용제에는 녹지 않는다.
③ 충격 및 마찰에 민감하므로 주의해야 한다.
④ 다이너마이트의 원료로 쓰인다.

해설 ❖ 니트로글리세린[$C_3H_5(ONO_2)_3$ Nitrogly-cerin]
- 제5류 위험물 중 질산에스테르류
- 지정수량 10kg, 위험등급 I
- 분자식 : $C_3H_5N_3O_9$, $C_3H_5(NO_3)_3$
- 분자량 227, 비중 1.6, 증기비중 7.83, 녹는점 13.5℃, 끓는점 160℃
- 구조식

$$CH_2 - ONO_2$$
$$|$$
$$CH - ONO_2$$
$$|$$
$$CH_2 - ONO_2$$

- 무색투명한 기름 형태의 액체이다(공업용은 담황색)(①).
- 물에 녹지 않으며 알코올, 벤젠, 아세톤 등에 잘 녹는다(②).
- 가열, 충격, 마찰에 매우 예민하며 폭발하기 쉽다(③).
- 상온에서 액체로 존재하나 겨울철에는 동결의 우려가 있다.
- 니트로글리세린을 다공성의 규조토에 흡수시켜 제조한 것을 다이너마이트라고 한다(④).
- 직사광선을 피하고 통풍이 잘되는 냉암소에 보관한다.
- 연소가 개시되면 폭발적으로 반응이 일어나므로 미리 연소위험 요소를 제거하는 것이 중요하다.
- 주수소화가 효과적이다.
- 질산과 황산의 혼산 중에 글리세린을 반응시켜 제조한다.

정답 21 ④ 22 ③ 23 ② 24 ④ 25 ②

26 위험물안전관리법령상 제4류 위험물 운반 용기의 외부에 표시하여야 하는 주의사항을 옳게 나타낸 것은?

① 화기엄금 및 충격주의

② 가연물 접촉주의

③ 화기엄금

④ 화기주의 및 충격주의

해설 [위험물안전관리법 시행규칙 별표19 / 위험물의 운반에 관한 기준] - Ⅱ. 적재방법 제8호 다목
수납하는 위험물의 종류에 따라 다음의 규정에 의한 주의사항을 운반 용기의 외부에 표시하여야 한다.

류별	성질	표시할 주의사항
제1류 위험물	산화성 고체	• 알칼리금속의 과산화물 또는 이를 함유한 것 : 화기·충격주의, 물기엄금 및 가연물 접촉주의 • 그밖의 것 : 화기·충격주의, 가연물 접촉주의
제2류 위험물	가연성 고체	• 철분·금속분·마그네슘 또는 이들 중 어느 하나 이상을 함유한 것 : 화기주의, 물기엄금 • 인화성 고체 : 화기엄금 • 그 밖의 것 : 화기주의
제3류 위험물	자연발화성 및 금수성 물질	• 자연발화성 물질 : 화기엄금, 공기접촉엄금 • 금수성 물질 : 물기엄금
제4류 위험물	인화성 액체	화기엄금
제5류 위험물	자기반응성 물질	화기엄금, 충격주의
제6류 위험물	산화성 액체	가연물 접촉주의

27 알루미늄분이 염산과 반응하였을 경우 생성되는 가연성 가스는?

① 산소 ② 질소

③ 메탄 ④ 수소

해설 알루미늄분이 염산과 반응하면 가연성의 수소 기체를 발생한다.
$2Al + 6HCl \rightarrow 2AlCl_3 + 3H_2 \uparrow$

[참고]
• 온수와도 격렬하게 반응하여 수소 기체를 발생한다.
$2Al + 6H_2O \rightarrow 2Al(OH)_3 + 3H_2 \uparrow$
• 알칼리 수용액과 반응하여 수소 기체를 발생한다.
$2Al + 2NaOH + 2H_2O \rightarrow 2NaAlO_2 + 3H_2 \uparrow$
$2Al + 2KOH + 2H_2O \rightarrow 2KAlO_2 + 3H_2 \uparrow$

28 다음 중 지정수량이 가장 큰 것은?

① 과염소산칼륨

② 트리니트로톨루엔

③ 황린

④ 유황

해설 ① 제1류 위험물 중 과염소산염류 : 지정수량 50kg
② 제5류 위험물 중 니트로화합물 : 지정수량 200kg
③ 제3류 위험물 중 황린 : 지정수량 20kg
④ 제2류 위험물 중 유황 : 지정수량 100kg

29 다음은 위험물을 저장하는 탱크의 공간용적 산정기준이다. ( )에 알맞은 수치로 옳은 것은?

> 암반탱크에 있어서는 당해 탱크 내에 용출하는 ( )일간의 지하수의 양에 상당하는 용적과 당해 탱크의 내용적의 ( )의 용적 중에서 보다 큰 용적을 공간용적으로 한다.

① 7, 1/100 ② 7, 5/100

③ 10, 1/100 ④ 10, 5/100

해설 [위험물안전관리에 관한 세부기준 제25조 / 탱크의 내용적 및 공간용적] - 제3항
암반 탱크에 있어서는 당해 탱크 내에 용출하는 (7)일간의 지하수의 양에 상당하는 용적과 당해 탱크의 내용적의 (100분의 1)의 용적 중에서 보다 큰 용적을 공간용적으로 한다.

30 1차 알코올에 대한 설명으로 가장 적절한 것은?

① OH기의 수가 하나이다.

② OH기가 결합된 탄소 원자에 붙은 알킬기의 수가 하나이다.

③ 가장 간단한 알코올이다.

④ 탄소의 수가 하나인 알코올이다.

해설 1차 알코올이란 히드록시기(-OH)가 결합된 탄소에 알킬기가 1개 연결된 알코올이다.
① 1가 알코올을 말하는 것이다.
③ 가장 간단한 알코올은 0차 알코올(메탄올)이다.
④ 1차 알코올의 탄소 수는 적어도 2개 이상이다. 탄소 수가 하나인 알코올은 메탄올이다.

❖ **알코올의 분류**
• 한 분자 내에 존재하는 히드록시기(-OH)의 수에 따라 1가, 2가, 3가 알코올로 분류한다.

1가 알코올	2가 알코올
-C-C-OH	HO-C-C-OH
3가 알코올	
OH-C-C-C-OH 　　　　OH	

• 히드록시기(-OH)와 연결된 탄소 원자에 몇 개의 알킬기(Alkyl group, R로 표시)가 부착되었느냐에 따라 0차, 1차, 2차, 3차 알코올로 분류한다.

0차 알코올	1차 알코올
H-C-OH (H, H)	R_1-C-OH (H, H)
2차 알코올	**3차 알코올**
R_1-C-OH (R_2, H)	R_1-C-OH (R_2, R_3)

31 위험물안전관리법령상 운송책임자의 감독 지원을 받아 운송하여야 하는 위험물에 해당하는 것은? [빈출 유형]

① 알킬알루미늄, 산화프로필렌, 알킬리튬

② 알킬알루미늄, 산화프로필렌

③ 알킬알루미늄, 알킬리튬

④ 산화프로필렌, 알킬리튬

해설 [위험물안전관리법 시행령 제19조 / 운송책임자의 감독·지원을 받아 운송하여야 하는 위험물]
• 알킬알루미늄
• 알킬리튬
• 알킬알루미늄 또는 알킬리튬을 함유하는 위험물

32 위험물안전관리법령상 벌칙의 기준이 나머지 셋과 다른 하나는?

① 제조소등에 대한 긴급 사용정지·제한 명령을 위반한 자

② 탱크시험자로 등록하지 아니하고 탱크시험자의 업무를 한 자

③ 저장소 또는 제조소등이 아닌 장소에서 지정수량 이상의 위험물을 저장 또는 취급한 자

④ 제조소등의 완공검사를 받지 아니하고 위험물을 저장·취급한 자

해설 ① 1년 이하의 징역 또는 1천만 원 이하의 벌금
② 1년 이하의 징역 또는 1천만 원 이하의 벌금
③ 3년 이하의 징역 또는 3천만 원 이하의 벌금
④ 1천500만 원 이하의 벌금

정답 26 ③ 27 ④ 28 ② 29 ① 30 ② 31 ③ 32 정답없음

33 분자량이 약 110인 무기과산화물로 물과 접촉하여 발열하는 것은?

① 과산화마그네슘 ② 과산화벤젠
③ 과산화칼슘 ④ 과산화칼륨

해설 유기과산화물인 과산화벤젠을 제외한 나머지는 모두 제1류 위험물인 무기과산화물이며 물과 접촉하면 발열한다.
따라서 분자량을 계산하여 정답을 구하면 된다.
(Mg의 원자량 : 24, K의 원자량 : 39, Ca의 원자량 : 40)
① 과산화마그네슘(MgO_2)의 분자량 : 56
③ 과산화칼슘(CaO_2)의 분자량 : 72
④ 과산화칼륨(K_2O_2)의 분자량 : 110

34 위험물안전관리법령에서 정한 주유취급소의 고정주유설비 주위에 보유하여야 하는 주유공지의 기준은?

① 너비 10m 이상 길이 6m 이상
② 너비 15m 이상 길이 6m 이상
③ 너비 10m 이상 길이 10m 이상
④ 너비 15m 이상 길이 10m 이상

해설 [위험물안전관리법 시행규칙 별표13 / 주유취급소의 위치·구조 및 설비의 기준] - Ⅰ. 주유공지 및 급유공지
- 주유취급소의 고정주유설비의 주위에는 주유를 받으려는 자동차 등이 출입할 수 있도록 <u>너비 15m 이상, 길이 6m 이상</u>의 콘크리트 등으로 포장한 공지(이하 "주유공지"라 한다)를 보유하여야 하고 고정급유설비를 설치하는 경우에는 고정급유설비의 호스기기의 주위에 필요한 공지(이하 "급유공지"라 한다)를 보유하여야 한다.
- 위 규정에 의한 공지의 바닥은 주위 지면보다 높게 하고, 그 표면을 적당하게 경사지게 하여 새어나온 기름 그 밖의 액체가 공지의 외부로 유출되지 아니하도록 배수구·집유설비 및 유분리장치를 하여야 한다.

35 위험물안전관리법령에서 정한 알킬알루미늄 등을 저장 또는 취급하는 이동 탱크저장소에 비치해야 하는 물품이 아닌 것은?

① 방호복 ② 고무장갑
③ 비상조명등 ④ 휴대용 확성기

해설 [위험물안전관리법 시행규칙 별표18 / 제조소등에서의 위험물의 저장 및 취급에 관한 기준] - Ⅲ. 저장의 기준 제16호
알킬알루미늄 등을 저장 또는 취급하는 이동탱크저장소에는 긴급 시의 연락처, 응급조치에 관하여 필요한 사항을 기재한 서류, <u>방호복</u>, <u>고무장갑</u>, 밸브 등을 죄는 결합 공구 및 <u>휴대용 확성기</u>를 비치하여야 한다.

36 다음 중 산을 가하면 이산화염소를 발생시키는 물질로 분자량이 약 90.5인 것은?

① 아염소산나트륨
② 브롬산나트륨
③ 옥소산칼륨(요오드산칼륨)
④ 중크롬산나트륨

해설 산과 반응하여 유독성의 이산화염소(ClO_2)를 발생시키는 위험물은 제1류 위험물 중 아염소산염류이다. 아염소산나트륨이 아염소산염류에 속하는 물질이며 분자식은 $NaClO_2$로서 분자량은 90.5(23 + 35.5 + 16×2)이다.
$3NaClO_2 + 2HCl \rightarrow 3NaCl + 2ClO_2 + H_2O_2$

❋ **Tip**
산을 가했을 때 이산화염소를 발생시킨다는 것은 반응 물질 내에 염소 성분을 지니고 있다는 것을 말해주는 것으로서 이것만으로도 ①번으로 답을 정할 수 있다. 물론 산 중에 염산과의 반응을 생각한다면 이산화염소의 염소 성분이 염산으로부터 유래된 것이라고도 말할 수 있겠으나 산에는 황산, 질산 등 염소 성분을 가지고 있지 않은 산들이 많으므로 산과의 반응으로 생성된 이산화염소의 염소 성분은 아염소산나트륨으로부터 유래했다고 생각하고 답을 구해도 된다.

37 위험물안전관리법령에서 정한 소화설비의 설치기준에 따라 다음 ( )에 알맞은 숫자를 차례대로 나타낸 것은?

> 제조소등에 전기설비(전기배선, 조명기구 등은 제외한다)가 설치된 경우에는 당해 장소의 면적 ( )m²마다 소형수동식소화기를 ( )개 이상 설치할 것

① 50, 1   ② 50, 2
③ 100, 1   ④ 100, 2

해설 [위험물안전관리법 시행규칙 별표17 / 소화설비, 경보설비 및 피난설비의 기준] - Ⅰ. 소화설비 5. 소화설비의 설치기준 중 전기설비의 소화설비
제조소등에 전기설비(전기배선, 조명기구 등은 제외한다)가 설치된 경우에는 당해 장소의 면적 (100)m²마다 소형수동식소화기를 (1)개 이상 설치할 것

38 위험물안전관리법령상 다음 ( )에 알맞은 수치를 모두 합한 것은?

> ○ 과염소산의 지정수량은 ( )kg이다.
> ○ 과산화수소는 농도가 ( )wt% 미만인 것은 위험물에 해당하지 않는다.
> ○ 질산은 비중이 ( ) 이상인 것만 위험물로 규정한다.

① 349.36   ② 549.36
③ 337.49   ④ 537.49

해설
- 과염소산의 지정수량은 (300)kg이다.
- 과산화수소는 농도가 (36)중량% 이상인 것부터 위험물로 취급한다.
- 질산은 비중이 (1.49) 이상인 것만을 위험물로 규정한다.
따라서 빈칸에 들어가는 수치의 합은 300 + 36 + 1.49 = 337.49이다.

39 과산화벤조일 취급 시 주의사항에 대한 설명 중 틀린 것은?

① 수분을 포함하고 있으면 폭발하기 쉽다.
② 가열·충격·마찰을 피해야 한다.
③ 저장 용기는 차고 어두운 곳에 보관한다.
④ 희석제를 첨가하여 폭발성을 낮출 수 있다.

해설 과산화벤조일은 수분을 함유하거나 희석제를 첨가하면 안정성이 증가한다.

❖ **과산화벤조일**
- 제5류 위험물(자기반응성 물질) 중 유기과산화물
- 지정수량 10kg, 위험등급 Ⅰ
- 벤조일퍼옥사이드
- $(C_6H_5CO)_2O_2$
- 분해온도 75~100℃, 발화점 125℃, 융점 103~105℃, 비중 1.33
- 무색무취의 백색 분말 또는 결정형태이다.
- 상온에서는 비교적 안정하나 가열하면 흰색의 연기를 내며 분해된다.
- 산화제이므로 환원성 물질, 가연성 물질 또는 유기물과의 접촉은 금한다.
  - 접촉 시 화재 및 폭발할 위험성이 있다.
- 에테르 등의 유기용매에 잘 녹으며 물에는 녹지 않고 알코올에는 약간 녹는다.
- <u>건조 상태에서는 마찰 및 충격에 의해 폭발할 위험이 있다. 그러므로 건조방지를 위해 물을 흡수시키거나 희석제(프탈산디메틸이나 프탈산디부틸 따위)를 사용함으로써 폭발의 위험성을 낮출 수 있다(①, ②, ④).</u>
- 강력한 산화성 물질이므로 진한 황산이나 질산 등과 접촉하면 화재나 폭발의 위험이 있다.
- 습기 없는 냉암소에 보관한다(③).
- 소량 화재 시에는 마른 모래, 분말, 탄산가스에 의한 소화가 효과적이며 대량 화재 시에는 주수소화가 효과적이다.

정답 33 ④   34 ②   35 ③   36 ①   37 ③   38 ③   39 ①

40 위험물안전관리법령에서 정한 아세트알데히드등을 취급하는 제조소의 특례에 따라 다음 ( )에 해당하지 않는 것은? 15년·2회 동일

> 아세트알데히드등을 취급하는 설비는 ( ), ( ), 동, ( ) 또는 이들을 성분으로 하는 합금으로 만들지 아니할 것

① 금 ② 은
③ 수은 ④ 마그네슘

해설 [위험물안전관리법 시행규칙 별표4 / 제조소의 위치·구조 및 설비의 기준] - XII. 위험물의 성질에 따른 제조소의 특례 제3호
아세트알데히드등을 취급하는 제조소의 특례는 다음과 같다.
- 아세트알데히드등을 취급하는 설비는 <u>은·수은·동·마그네슘</u> 또는 이들을 성분으로 하는 합금으로 만들지 아니할 것
- 아세트알데히드등을 취급하는 설비에는 연소성 혼합기체의 생성에 의한 폭발을 방지하기 위한 불활성기체 또는 수증기를 봉입하는 장치를 갖출 것
- 아세트알데히드등을 취급하는 탱크(옥외에 있는 탱크 또는 옥내에 있는 탱크로서 그 용량이 지정수량의 5분의 1 미만의 것을 제외한다)에는 냉각장치 또는 저온을 유지하기 위한 장치(이하 "보냉장치"라 한다) 및 연소성 혼합기체의 생성에 의한 폭발을 방지하기 위한 불활성기체를 봉입하는 장치를 갖출 것. 다만, 지하에 있는 탱크가 아세트알데히드등의 온도를 저온으로 유지할 수 있는 구조인 경우에는 냉각장치 및 보냉장치를 갖추지 아니할 수 있다.
- 위 규정에 의한 냉각장치 또는 보냉장치는 2 이상 설치하여 하나의 냉각장치 또는 보냉장치가 고장난 때에도 일정 온도를 유지할 수 있도록 하고, 다음의 기준에 적합한 비상 전원을 갖출 것
  - 상용전력원이 고장인 경우에 자동으로 비상 전원으로 전환되어 가동되도록 할 것
  - 비상 전원의 용량은 냉각장치 또는 보냉장치를 유효하게 작동할 수 있는 정도일 것
- 아세트알데히드등을 취급하는 탱크를 지하에 매설하는 경우에는 별도의 규정에 불구하고 당해 탱크를 탱크 전용실에 설치할 것

41 $C_6H_2(NO_2)_3OH$와 CH_3NO_3의 공통 성질에 해당하는 것은?

① 니트로화합물이다.
② 인화성과 폭발성이 있는 액체이다.
③ 무색의 방향성 액체이다.
④ 에탄올에 녹는다.

해설 $C_6H_2(NO_2)_3OH$(트리니트로페놀)과 CH_3NO_3(질산메틸)은 제5류 위험물이며 모두 에탄올에 잘 녹는다.
① 트리니트로페놀은 니트로화합물이고 질산메틸은 질산에스테르류이다.
② 트리니트로페놀은 결정성의 고체이며 질산메틸은 무색투명한 액체이다. 두 물질 모두 단독으로는 폭발할 가능성이 희박하다.
③ 질산메틸에 대한 설명이며 트리니트로페놀은 휘황색에 가까운 결정이다.

❖ 트리니트로페놀($C_6H_2OH(NO_2)_3$ / 피크린산, 피크르산)
- 제5류 위험물 중 니트로화합물
- 지정수량 200kg, 위험등급 II
- 분자량 229, 비중 1.8, 녹는점 122.5℃, 인화점 150℃, 발화점 300℃
- 구조식

- 순수한 것은 무색이고 공업용은 휘황색에 가까운 결정이다.
- 쓴맛과 독성이 있으며 수용액은 황색을 나타낸다.
- 차가운 물에는 소량 녹고 온수나 알코올, 에테르에는 잘 녹는다.
- 페놀(C_6H_5OH)을 질산과 황산의 혼산으로 니트로화하여 제조한다.

$$C_6H_5OH + 3HNO_3 \xrightarrow{H_2SO_4} C_6H_2(NO_2)_3OH + 3H_2O$$

- 공기 중에서 자연분해하지 않으므로 장기간 저장할 수 있으며 충격이나 마찰에 둔감하다.
- 단독으로 연소 시 폭발은 하지 않으나 에탄올과 혼합된 경우에는 충격에 의해서 폭발할 수 있다.

- 덩어리 상태로 용융된 것은 타격에 의해 폭굉하며 이때의 폭발력은 TNT보다 크다.
- 철, 납, 구리, 아연 등의 금속과 화합하여 예민한 금속염(피크린산염)을 만들며 건조한 것은 폭발하기도 한다.
- 주수소화가 효과적이다.
- 저장 및 운반용기로는 나무상자가 적당하며 10~20% 정도의 수분을 침윤시켜 운반한다.

❖ 질산메틸(CH_3ONO_2)
- 제5류 위험물 중 질산에스테르류
- 지정수량 10kg, 위험등급 I
- 분자량 77, 비점 66°C, 증기비중 2.65, 비중 1.22
- 메탄올과 질산을 반응시켜 제조한다.
  $CH_3OH + HNO_3 \rightarrow CH_3ONO_2 + H_2O$
- 무색투명한 액체로서 단맛이 있으며 방향성을 갖는다.
- 물에는 녹지 않으며 알코올, 에테르에는 잘 녹는다.
- 폭발성은 거의 없으나 인화의 위험성은 있다.

42 제4류 위험물에 대한 일반적인 설명으로 옳지 않은 것은?

① 대부분 연소 하한값이 낮다.
② 발생 증기는 가연성이며 대부분 공기보다 무겁다.
③ 대부분 무기화합물이므로 정전기 발생에 주의한다.
④ 인화점이 낮을수록 화재 위험성이 높다.

해설 대부분이 탄소를 기본골격으로 갖는 유기화합물이다. 전기의 부도체로 정전기의 발생에 주의한다.
④ 인화점이 낮다는 것은 연소가 일어나기 쉽다는 뜻이므로 화재 위험성이 높다고 할 것이다.

❖ 제4류 위험물의 일반적 성질
- 인화성 액체이다.

- 대부분 유기화합물이다(③).
- 대부분 물보다 가볍고 비수용성이다.
  [예외 : 이황화탄소는 물보다 무겁고 알코올은 물에 잘 녹는다.]
- 발생 증기는 가연성이며 대부분 공기보다 무거워 낮은 곳에 체류한다(②).
- 발생 증기의 연소 하한이 낮아 소량 누설에 의해서도 인화되기 쉽다(①).
- 비교적 발화점이 낮고 폭발 위험성이 상존한다.
- 공기와 혼합된 증기는 연소할 수 있다.
- 전기의 불량도체이므로 정전기 축적에 의한 화재 발생에 주의한다.
- 대량으로 연소가 일어나면 복사열이나 대류열에 의한 열전달이 진행되어 화재가 확대된다.
- 주수소화는 화재면 확대의 위험성이 있어 적합하지 않고 질식소화나 억제소화 방법이 적합하다.

❖ 빈틈없이 촘촘하게 **One more Step**

❖ 제4류 위험물의 저장 및 취급 방법
- 통풍이 잘되는 냉암소에 보관한다.
- 화기의 접근은 절대적으로 피하도록 한다.
- 저장 용기는 밀전·밀봉하고 증기 및 액체가 누출되지 않도록 한다.
- 액체의 혼합 및 이송 시 접지를 하여 정전기를 방지한다.
- 증기의 축적을 방지하기 위하여 통풍장치를 설치한다.

43 분말의 형태로서 150 마이크로미터의 체를 통과하는 것이 50 중량퍼센트 이상인 것만 위험물로 취급되는 것은?

① Zn ② Fe ③ Ni ④ Ca

해설 [위험물안전관리법 시행령 별표1 / 위험물 및 지정수량] - 비고란 제5호
"금속분"이라 함은 알칼리금속·알칼리토류금속·철 및 마그네슘 외의 금속의 분말을 말하고, 구리

정답 40 ① 41 ④ 42 ③ 43 ①

분·니켈분 및 150 마이크로미터의 체를 통과하는 것이 50 중량퍼센트 미만인 것은 제외한다. 정리하자면 알칼리금속, 알칼리토금속, 철, 마그네슘, 구리분, 니켈분, 150 마이크로미터의 체를 통과하는 것이 50 중량퍼센트 미만인 것 모두 금속분에서 제외된다는 뜻이다. 알칼리금속, 알칼리토금속, 철 및 마그네슘이 금속분에서 제외되는 이유는 이들을 별도 품명의 위험물로 지정하고 있기 때문이다.

② "철분"이라 함은 철의 분말로서 53 마이크로미터의 표준체를 통과하는 것이 50 중량퍼센트 미만인 것은 제외한다라는 별도의 규정이 있어 별도의 품명으로 지정하고 있으므로 위의 금속분에서 제외되는 것이다.

③ 니켈은 가연성, 폭발성이 없어 금속분에서 제외된다.

④ 칼슘은 알카리토금속으로 별도의 품명으로 지정하고 있으므로 금속분에서 제외된다.

* 빈틈없이 촘촘하게 One more Step

❖ 금속분에서 제외되는 것들
- 알칼리금속, 알칼리토금속 : 제3류 위험물로서 별도로 규정하고 있다.
- 철분, 마그네슘 : 제2류 위험물의 별도 품명으로 규정하고 있다.
- 코발트분, 니켈분, 구리분, 로듐분, 팔라듐분 : 가연성, 폭발성이 없어 제외한다.
- 수은 : 상온에서 액체 상태로 존재하므로 제외한다.
- 기타 지구상에 존재가 희박한 희귀한 원소들

44 과염소산칼륨의 성질에 관한 설명 중 틀린 것은?

① 무색·무취의 결정이다.
② 알코올, 에테르에 잘 녹는다.
③ 진한 황산과 접촉하면 폭발할 위험이 있다.
④ 400℃ 이상으로 가열하면 분해하여 산소가 발생할 수 있다.

해설 ❖ 과염소산칼륨($KClO_4$)
- 제1류 위험물의 과염소산염류
- 지정수량 50kg, 위험등급 I

- 무색·무취의 백색 결정이다(①).
- 분해온도 400℃, 녹는점 482℃, 비중 2.52
- 용해도는 1.8(20℃) 정도이므로 물에 약간 녹는 정도이다(난용성).
- 알코올과 에테르에는 녹지 않는다(②).
- 진한 황산과 접촉하면 폭발할 수 있다(③).
- 목탄분, 인, 황, 유기물 등과 혼합 시 외부 충격이 가해지면 폭발할 수 있다.
- 400℃에서 분해가 시작되며 600℃에서 완전히 분해되고 산소를 방출한다(④).
  $KClO_4 \rightarrow KCl + 2O_2 \uparrow$
- 강력한 산화제이다.
- 염소산칼륨보다는 안정하지만 가열, 마찰, 충격에 의해 폭발한다.
- 화약, 폭약, 시약, 섬광제, 불꽃류 등에 사용된다.

45 위험물 제조소의 환기설비 중 급기구는 급기구가 설치된 실의 바닥면적 몇 m^2마다 1개 이상으로 설치하여야 하는가?

① 100 ② 150 ③ 200 ④ 800

해설 [위험물안전관리법 시행규칙 별표4 / 제조소의 위치·구조 및 설비의 기준] - Ⅴ. 채광·조명 및 환기설비 中 환기설비
- 환기설비는 다음의 기준에 의할 것
  - 환기는 자연배기방식으로 할 것
  - 급기구는 당해 급기구가 설치된 실의 바닥면적 $150m^2$마다 1개 이상으로 하되, 급기구의 크기는 $800cm^2$ 이상으로 할 것. 다만 바닥면적이 $150m^2$ 미만인 경우에는 다음의 크기로 하여야 한다.

바닥면적	급기구의 면적
$60m^2$ 미만	$150cm^2$ 이상
$60m^2$ 이상 $90m^2$ 미만	$300cm^2$ 이상
$90m^2$ 이상 $120m^2$ 미만	$450cm^2$ 이상
$120m^2$ 이상 $150m^2$ 미만	$600cm^2$ 이상

  - 급기구는 낮은 곳에 설치하고 가는 눈의 구리망 등으로 인화방지망을 설치할 것
  - 환기구는 지붕 위 또는 지상 2m 이상의 높이에 회전식 고정 벤티레이터 또는 루푸팬 방식으로 설치할 것

46 살충제 원료로 사용되기도 하는 암회색 물질로 물과 반응하여 포스핀 가스를 발생할 위험이 있는 것은?

① 인화아연

② 수소화나트륨

③ 칼륨

④ 나트륨

해설 제3류 위험물 중 금속의 인화물은 물이나 산과 반응하여 유독성의 포스핀 가스를 발생시킨다.
- $Zn_3P_2 + 6H_2O \rightarrow 3Zn(OH)_2 + 2PH_3 \uparrow$
- $AlP + 3H_2O \rightarrow Al(OH)_3 + PH_3 \uparrow$
- $Ca_3P_2 + 6H_2O \rightarrow 3Ca(OH)_2 + 2PH_3 \uparrow$
- $Ca_3P_2 + 6HCl \rightarrow 3CaCl_2 + 2PH_3 \uparrow$

수소화나트륨, 칼륨, 나트륨은 물과 반응하면 가연성의 수소 기체를 발생한다.

❖ **인화아연(Zn_3P_2)**
- 제3류 위험물 중 금속의 인화물
- 지정수량 300kg, 위험등급 Ⅲ
- 마늘 냄새를 풍기는 암회색의 결정성 분말이다.
- 분자량 258, 녹는점 420℃, 끓는점 1,100℃, 비중 4.55
- 금수성·가연성·부식성 고체이다.
- 물이나 산과 반응하여 포스핀 가스를 생성한다. $Zn_3P_2 + 6H_2O \rightarrow 3Zn(OH)_2 + 2PH_3 \uparrow$
- 화재 시에도 포스핀 가스를 발생하므로 충분히 환기 후 소화작업에 임한다.
- 벤젠이나 이황화탄소에는 녹으며 에탄올, 에테르 등에는 녹지 않는다.
- 건조하며 환기가 잘되는 냉소에 저장한다.
- 살충제, 살서제(쥐약), 훈증제, 반도체 소자, LED 등에 사용된다.

[참고]
황린은 강알칼리 수용액과 반응하여 포스핀 가스를 생성한다.
$P_4 + 3KOH + 3H_2O \rightarrow PH_3 \uparrow + 3KH_2PO_2$

47 다음 물질 중 인화점이 가장 높은 것은?

① 아세톤 ② 디에틸에테르

③ 에탄올 ④ 벤젠

해설 ❖ 각 위험물의 인화점

아세톤	디에틸에테르
-18℃	-45℃
에탄올	벤젠
13℃	-11℃

① 아세톤 : 제1석유류
② 디에틸에테르 : 특수인화물
③ 에탄올 : 알코올류
④ 벤젠 : 제1석유류

인화점이란 발생된 증기에 외부로부터 점화원이 관여하여 연소가 일어날 수 있도록 하는 최저온도를 말하는 것으로 인화점은 주로 상온에서 액체 상태로 존재하는 인화성 물질의 연소하기 쉬운 정도를 측정하는 데 사용된다.

✱ 빈틈없이 촘촘하게 One more Step

❖ **발화점(Ignition point)**
착화점이라고도 하며 물체를 가열하거나 마찰하여 특정 온도에 도달하면 불꽃과 같은 착화원(점화원)이 없는 상태에서도 스스로 발화하여 연소를 시작하는 최저온도를 말한다. 발화점에 도달해야 물질은 연소할 수 있으며 발화점이 높을수록 상대적으로 더 높은 온도에서 불이 붙는다는 것이므로 발화점이 낮은 물질에 비해서 연소하기 어렵다.
가열되는 용기의 표면 상태, 압력, 가열되는 속도 등에 영향을 받으며 일반적으로 인화점보다 발화점이 높다.

❖ **연소점(Fire point)**
발화된 후에 연소를 지속시킬 수 있을 정도의 충분한 증기를 발생시킬 수 있는 온도로서 인화점보다 약 5 ~ 10℃ 정도 높은 온도를 형성한다.

정답 44 ② 45 ② 46 ① 47 ③

48 위험물안전관리법령상 예방규정을 정하여야 하는 제조소등의 관계인은 위험물 제조소등에 대하여 기술기준에 적합한지의 여부를 정기적으로 점검을 하여야 한다. 법적 최소 점검 주기에 해당하는 것은? (단, 50만 리터 이상의 옥외 탱크저장소는 제외한다)

① 월 1회 이상   ② 6개월 1회 이상
③ 연 1회 이상   ④ 2년 1회 이상

해설 2013년 제2회 [54번] 참조

위험물안전관리법령상 예방 규정을 정하여야 하는 제조소 등의 관계인은 그 제조소등에 대하여 연 1회 이상 정기점검을 실시하여 규정에 따른 기술기준에 적합한지의 여부를 점검하여야 한다.

[위험물안전관리법 제18조 / 정기점검 및 정기검사] - 제1항
정기점검의 대상인 제조소등의 관계인은 그 제조소등에 대하여 행정안전부령이 정하는 바에 따라 규정에 따른 기술기준에 적합한지의 여부를 정기적으로 점검하고 점검 결과를 기록하여 보존하여야 한다.

[위험물안전관리법 시행규칙 제64조 / 정기점검의 횟수]
법 제18조 제1항의 규정에 의하여 제조소등의 관계인은 당해 제조소등에 대하여 연 1회 이상 정기점검을 실시하여야 한다.

✳ **Tip**
대통령령은 시행령, 행정안전부령은 시행규칙을 말한다.

49 휘발유의 성질 및 취급 시의 주의사항에 관한 설명 중 틀린 것은?

① 증기가 모여 있지 않도록 통풍을 잘 시킨다.
② 인화점이 상온이므로 상온 이상에서는 취급 시 각별한 주의가 필요하다.
③ 정전기 발생에 주의해야 한다.
④ 강산화제 등과 혼촉 시 발화할 위험이 있다.

해설 휘발유는 제4류 위험물 중 제1석유류에 속하는 위험물이며 인화점은 -43 ~ -20℃ 범위를 나타낸다.
① 발생 증기는 공기보다 무거워 낮은 곳에 체류하고 연소 하한값이 1.4%로 낮아서 인화하기 쉬우므로 통풍을 원활하게 하여 증기가 모여 있지 않도록 하여야 한다.
③ 발생 증기는 정전기 스파크에 의해서 인화될 수 있다.
④ 제1류 위험물과 같은 강산화제와 혼합되거나 또는 이들의 혼합물에 강산류가 첨가되면 혼촉 발화 한다. 휘발유와 염소산칼륨의 혼합물에 진한 황산을 혼합하면 혼촉 발화하는 것이 좋은 예이다.

❖ **휘발유**(미, Gasoline / 영, Petroleum)
• 제4류 위험물 중 제1석유류(비수용성)
• 지정수량 200ℓ, 위험등급Ⅱ
• 인화점 -43 ~ -20℃(②), 끓는점 30 ~ 210℃, 비중 0.6~0.8, 증기비중 3~4, 연소범위 1.4~7.6(%)
• 원유의 분별증류 시 끓는점이 30-210℃ 정도 되는 휘발성의 석유류 혼합물을 통틀어 일컫는다.
• 원유의 성질, 상태, 처리 방법 등에 따라 탄화수소의 혼합비율은 매우 다양해지며 일반적으로 탄소 수 5~9개 사이의 포화 및 불포화 탄화수소를 포함하는 혼합물이다.
• 무색투명한 휘발성의 액체이나 용도별로 구분하기 위해 첨가물로 착색시켜 청색 또는 오렌지색을 나타낸다.
  - 자동차용 휘발유 : 오렌지색(유연휘발유), 연한 노란색(무연 휘발유)
  - 항공기용 휘발유 : 청색 또는 붉은 오렌지색
  - 공업용 휘발유 : 무색
• 물에는 녹지 않으나 유기용제에 잘 녹는다.
• 전기의 부도체로 정전기를 유발할 위험성이 있다(③).
• 연소 시 포함된 불순물에 의해 유독가스인 이산화황, 이산화질소가 발생된다.

50 니트로셀룰로오스의 위험성에 대하여 옳게 설명한 것은?

① 물과 혼합하면 위험성이 감소한다.
② 공기 중에서 산화되지만 자연발화의 위험은 없다.
③ 건조할수록 발화의 위험성이 낮다.
④ 알코올과 반응하여 발화한다.

해설 건조상태에서 폭발하거나 자연발화할 가능성이 높으므로 물이나 알코올과 혼합한 후 저장하거나 이동하여 위험성을 감소시킨다.

❖ 니트로셀룰로오스
- 제5류 위험물 중 질산에스테르류
- 지정수량 10kg, 위험등급 I
- 화학식 : $[C_6H_7(NO_2)_3O_5]_n$
- 일명 "질화면", "면약"
  도료나 셀룰로이드 등에 쓰일 경우에는 '질화면'이라 하고, 화약에 쓰이는 경우에는 '면화약'이라고도 부른다.
- 무색이나 백색의 고체로 햇빛에 의해 황갈색으로 변한다.
- 인화점 12℃, 발화점 160~170℃, 끓는점 83℃, 분해온도 130℃, 비중 1.7
- 진한 질산과 황산에 셀룰로오스를 혼합시켜 제조한다.
- 물에는 녹지 않고 니트로벤젠, 아세톤, 초산 등에 녹는다.
- 니트로셀룰로오스에 포함된 질소 농도(질화도)가 클수록 폭발성, 위험도 등이 증가한다.
- <u>건조상태에서는 폭발할 수 있으나 물이 침수될수록 위험성이 감소하므로 물이나 알코올을 첨가하여 습윤시킨 상태로 저장하거나 운반한다</u> (①,③,④).
- 130℃에서 서서히 분해되고 180℃에서 격렬하게 연소하며 유독성 가스를 발생한다.
- <u>신·알칼리의 존재 또는 직사일광 하에서 자연발화 한다</u>(②).
- 정전기 불꽃에 의해 폭발할 수 있다.

- 자체적으로 불안정하여 분해반응을 하며 생성 기체 몰수가 반응 기체 몰수보다 월등하게 많으므로 폭발적인 반응을 한다.
- 화재 시 대량 주수에 의해 냉각소화한다.

51 위험물안전관리법령상 산화성 액체에 대한 설명으로 옳은 것은?

① 과산화수소는 농도와 밀도가 비례한다.
② 과산화수소는 농도가 높을수록 끓는점이 낮아진다.
③ 질산은 상온에서 불연성이지만 고온으로 가열하면 스스로 발화한다.
④ 질산을 황산과 일정 비율로 혼합하여 왕수를 제조할 수 있다.

해설 산화성 액체란 제6류 위험물을 말한다.
농도가 높을수록 단위 부피 당 분자 수가 증가하여 질량이 증가한 것이므로 밀도도 높아질 것이다.
과산화수소의 농도에 따른 밀도와 끓는점의 변화는 아래 표와 같다.

농도(%)	35	50	70	100
밀도(g/cm³)	1.13	1.19	1.28	1.46
끓는점(℃)	108	114	125	150

② 농도가 높으면 밀도가 높아지는 것이며 끓기가 어려우므로 끓는점은 높아진다.
③ 질산을 포함한 제6류 위험물은 불연성 물질이므로 스스로 발화하지는 않는다. 유기물과 혼합 시엔 발화할 수 있다.
④ 왕수는 질산과 염산을 1 : 3의 부피비로 혼합하여 제조한 것으로 금과 백금도 녹일 수 있다.

정답 48 ③ 49 ② 50 ① 51 ①

52 위험물안전관리법령상 이동 탱크저장소에 의한 위험물의 운송 시 장거리에 걸친 운송을 하는 때에는 2명 이상의 운전자로 하는 것이 원칙이다. 다음 중 예외적으로 1명의 운전자가 운송하여도 되는 경우의 기준으로 옳은 것은?

① 운송 도중에 2시간 이내마다 10분 이상씩 휴식하는 경우
② 운송 도중에 2시간 이내마다 20분 이상씩 휴식하는 경우
③ 운송 도중에 4시간 이내마다 10분 이상씩 휴식하는 경우
④ 운송 도중에 4시간 이내마다 20분 이상씩 휴식하는 경우

해설 위험물 운송자는 장거리에 걸치는 운송을 하는 때에는 2명 이상의 운전자로 하는 것이 원칙이나 운송 도중에 2시간 이내마다 20분 이상씩 휴식하는 경우에는 그러하지 않아도 된다.

[위험물 안전관리법 시행규칙 별표21 / 위험물 운송책임자의 감독 또는 지원의 방법과 위험물의 운송시에 준수하여야 하는 사항] - 제2호
위험물 운송자는 장거리(고속국도에 있어서는 340km 이상, 그 밖의 도로에 있어서는 200km 이상을 말함)에 걸치는 운송을 하는 때에는 2명의 운전자로 할 것이나 다음에 해당하는 경우에는 그러하지 아니하다.
- 2명 이상의 운전자로 하지 않아도 되는 경우
  - 운송책임자가 이동 탱크저장소에 동승하여 운송 중인 위험물의 안전 확보에 관하여 운전자에게 필요한 감독 또는 지원을 하는 경우
  - 운송하는 위험물이 제2류 위험물, 제3류 위험물(칼슘 또는 알루미늄의 탄화물과 이것만을 함유한 것에 한한다) 또는 제4류 위험물(특수인화물을 제외한다)인 경우
  - 운송 도중에 2시간 이내마다 20분 이상씩 휴식하는 경우

53 제2류 위험물에 대한 설명으로 옳지 않은 것은?

① 대부분 물보다 가벼우므로 주수소화는 어려움이 있다.
② 점화원으로부터 멀리하고 가열을 피한다.
③ 금속분은 물과의 접촉을 피한다.
④ 용기파손으로 인한 위험물의 누설에 주의한다.

해설 가연성 고체이며 대부분 비중이 1보다 커서 물보다 무거우며 철분, 마그네슘, 금속분을 제외하면 주수소화는 가능하다.
② 가연성 고체이므로 화기를 멀리하고 가열은 엄격히 금하며 고온체와의 접촉도 금하도록 한다.
④ 모든 위험물에 적용되는 주의사항이다.

❖ **제2류 위험물의 일반적인 성질**
- 산소가 없는 강력한 환원제(환원성 물질)이다.
- 비교적 낮은 온도에서 착화하는 가연성 고체이다.
- 연소속도가 빠르며 연소 시 많은 양의 빛과 열을 발생한다.
- 산화되기 쉬우므로(산소와 결합하기 쉬우므로) 산화제와의 접촉은 피하도록 한다.
- 가연물이므로 산화제와 접촉하면 가열, 충격, 마찰에 의해 연소하거나 폭발할 수 있다.
- 연소할 경우 유독가스를 발생하는 물질도 존재한다.
- <u>금속분은 물, 습기, 산과 접촉하면 수소 기체를 발생하며 발열한다(③).</u>
- <u>대부분 비중은 1보다 큰 값을 가지며 비수용성이다(①).</u>
- 유황, 철분, 금속분은 밀폐된 공간 내에서 부유하면 분진폭발 할 위험이 있다.
- <u>운반 용기 외부에는 다음의 주의사항을 표기한다(②).</u>
  - 철분·금속분·마그네슘 또는 이들 중 어느 하나 이상을 함유한 것 : <u>화기주의, 물기엄금</u>
  - 인화성 고체 : <u>화기엄금</u>
  - 그 밖의 것 : <u>화기주의</u>

54 아세트산에틸의 일반 성질 중 틀린 것은?

① 과일 냄새를 가진 휘발성 액체이다.

② 증기는 공기보다 무거워 낮은 곳에 체류한다.

③ 강산화제와의 혼촉은 위험하다.

④ 인화점은 −20℃ 이하이다.

해설 ❖ 아세트산에틸($CH_3COOC_2H_5$)
- 제4류 위험물 중 제1석유류(비수용성)
- 지정수량 200ℓ, 위험등급 II
- 초산에틸, 에틸아세산
- 인화점 −3℃(④), 발화점 429℃, 끓는점 77.5℃, 녹는점 −84℃, 비중 0.9, 증기비중 3.0(②), 연소범위 2.2~11.5(%)
- 무색투명한 과일 냄새가 나는 휘발성 액체이다(①).
- 물에 약간 녹고 알코올, 에테르, 아세톤, 유기용제에 녹는다.
- 섬유소나 유지, 수지를 잘 녹인다.
- 산화성 물질과 혼합하면 폭발할 수 있다(③).

55 위험물안전관리법령에서 정하는 위험등급 II 에 해당하지 않는 것은?

① 제1류 위험물 중 질산염류

② 제2류 위험물 중 적린

③ 제3류 위험물 중 유기금속화합물

④ 제4류 위험물 중 제2석유류

해설 제4류 위험물 중 제2석유류는 위험등급 III에 해당하며 ①, ②, ③은 모두 위험등급 II에 해당한다.

[위험물안전관리법 시행규칙 별표19 / 위험물의 운반에 관한 기준] - V. 위험물의 위험등급
위험물의 위험등급은 위험등급 I · 위험등급 II 및 위험등급 III으로 구분하며 각 위험등급에 해당하는 위험물은 다음과 같다.

- 위험등급 I 의 위험물
  - 제1류 위험물 중 아염소산염류, 염소산염류, 과염소산염류, 무기과산화물 그 밖에 지정수량이 50kg인 위험물
  - 제3류 위험물 중 칼륨, 나트륨, 알킬알루미늄, 알킬리튬, 황린 그 밖에 지정수량이 10kg 또는 20kg인 위험물
  - 제4류 위험물 중 특수인화물
  - 제5류 위험물 중 유기과산화물, 질산에스테르류 그 밖에 지정수량이 10kg인 위험물
  - 제6류 위험물
- 위험등급 II 의 위험물
  - 제1류 위험물 중 브롬산염류, 질산염류, 요오드산염류 그 밖에 지정수량이 300kg인 위험물
  - 제2류 위험물 중 황화린, 적린, 유황 그 밖에 지정수량이 100kg인 위험물
  - 제3류 위험물 중 알칼리금속(칼륨 및 나트륨을 제외한다) 및 알칼리토금속, 유기금속화합물(알킬알루미늄 및 알킬리튬을 제외한다) 그 밖에 지정수량이 50kg인 위험물
  - 제4류 위험물 중 제1석유류 및 알코올류
  - 제5류 위험물 중 위험등급 I 에 정하는 위험물 외의 것
- 위험등급 III의 위험물
  - 위에서 정하지 아니한 위험물

✻ **Tip**
- 제2류 위험물에는 위험등급 I 에 해당하는 위험물은 없다.
- 제5류 위험물에는 위험등급 III에 해당하는 위험물은 없다.
- 제6류 위험물은 모두 위험등급 I 에 해당하는 위험물이다.
- 위험등급 I, II, III에 해당하는 위험물을 모두 포함하고 있는 것은 제1류, 제3류, 제4류 위험물이다.

정답 52 ② 53 ① 54 ④ 55 ④

56 유황의 특성 및 위험성에 대한 설명 중 틀린 것은?

① 산화성 물질이므로 환원성 물질과 접촉을 피해야 한다.
② 전기의 부도체이므로 전기 절연체로 쓰인다.
③ 공기 중 연소 시 유해가스를 발생한다.
④ 일반상태의 경우 분진폭발의 위험성이 있다.

해설 유황은 제2류 위험물이며 가연성 고체이다. 환원성 물질이므로 산화성 물질과의 접촉을 피해야 한다.
산화성 물질은 제1류 위험물이나 제6류 위험물을 일컫는다.

❖ 유황(S)
- 제2류 위험물 중 유황
- 지정수량 100kg. 위험등급 II
- 순도가 60중량% 이상인 것을 위험물로 간주한다.
- 황색 결정 또는 미황색 분말
- 원자량 32, 녹는점 115.2℃, 끓는점 444.6℃, 인화점 207℃, 비중 2.07
- 동소체 - 단사황, 사방황, 고무상황
- 산소를 함유하지 않은 강한 환원성 물질이다.
- 물에는 녹지 않으며 알코올에는 난용성이고 이황화탄소에는 고무상황 이외에는 잘 녹는다.
- 연소 시 유독가스인 이산화황(SO_2)을 발생시킨다(③).
- 고온에서 용융된 유황은 수소와 반응하여 H_2S를 생성하며 발열한다.
- 밀폐된 공간에서 분진 상태로 존재하면 폭발할 수 있다(④).
- 전기의 부도체로서(②) 마찰에 의한 정전기가 발생할 수 있다.
- 염소산염이나 과염소산염 등과의 접촉을 금한다.
- 가연물이나 산화제와의 혼합물은 가열, 충격, 마찰 등에 의해 발화할 수 있다.
- 산화제와의 혼합물이 연소할 경우 다량의 물에 의한 주수소화가 효과적이다.

57 공기를 차단하고 황린을 약 몇 ℃로 가열하면 적린이 생성되는가?

① 60　② 100　③ 150　④ 260

해설 ❖ 황린(P_4)
- 제3류 위험물 중 황린 - 자연발화성 물질
- 지정수량 20kg, 위험등급 I
- 착화점 34℃(미분) 60℃(고형), 녹는점 44℃, 끓는점 280℃, 비중 1.82, 증기비중 4.4
- 마늘과 같은 자극적인 냄새가 나는 백색 또는 담황색의 가연성 고체이다.
- 벤젠이나 이황화탄소에는 녹지만 물에는 녹지 않는다.
- 물과의 반응성이 없고 공기와 접촉하면 자연발화 할 수 있으므로 물속에 넣어 보관한다.
- $Ca(OH)_2$를 첨가함으로써 물의 pH를 9로 유지하여 포스핀(인화수소)의 생성을 방지한다.
- 발화점이 낮고 화학적 활성이 커서 공기 중에 노출되면 자연발화 한다.
- 충격, 마찰, 강산화제와의 접촉 등으로 발화할 수 있다.
- 공기 중에서 격렬히 연소하며 흰 연기의 오산화인(P_2O_5)을 발생시킨다(오산화인은 흡입 시 치명적이며 피부에 심한 화상과 눈에 손상을 일으킨다.).
$$P_4 + 5O_2 \rightarrow 2P_2O_5$$
- 강알칼리 수용액과 반응하여 유독성의 포스핀(PH_3) 가스를 발생시킨다.
$$P_4 + 3KOH + 3H_2O \rightarrow 3KH_2PO_2 + PH_3 \uparrow$$
- 분무주수에 의한 냉각소화가 효과적이며 분말소화설비에는 적응성이 없다.
- 공기를 차단하고 260℃ 정도로 가열하면 적린이 된다.

58 위험물안전관리법령상 제4석유류를 저장하는 옥내 저장탱크의 용량은 지정수량의 몇 배 이하이어야 하는가?

① 20　② 40　③ 100　④ 150

해설 [위험물안전관리법 시행규칙 별표7 / 옥내 탱크저장소의 위치·구조 및 설비의 기준] - I. 옥내 탱크저장소의 기준
옥내 저장탱크의 용량(동일한 탱크 전용실에 옥내

저장탱크를 2 이상 설치하는 경우에는 각 탱크의 용량의 합계를 말한다)은 <u>지정수량의 40배</u>(제4석유류 및 동식물유류 외의 제4류 위험물에 있어서 당해 수량이 20,000ℓ를 초과할 때에는 20,000ℓ) <u>이하일 것</u>

59 알루미늄 분말의 저장 방법 중 옳은 것은?

① 에틸알코올 수용액에 넣어 보관한다.
② 밀폐 용기에 넣어 건조한 곳에 보관한다.
③ 폴리에틸렌 병에 넣어 수분이 많은 곳에 보관한다.
④ 염산 수용액에 넣어 보관한다.

해설 알루미늄분은 제2류 위험물 중 금속분으로 수분이나 산, 알칼리 수용액 등과 접촉하면 수소 기체가 발생하므로 밀폐 용기에 넣어 건조한 곳에 보관해야 한다.
- $2Al + 6H_2O \rightarrow 2Al(OH)_3 + 3H_2 \uparrow$
- $2Al + 6HCl \rightarrow 2AlCl_3 + 3H_2 \uparrow$
- $2Al + 2NaOH + 2H_2O \rightarrow 2NaAlO_2 + 3H_2 \uparrow$

60 나트륨에 관한 설명으로 옳은 것은?

① 물보다 무겁다.
② 융점이 100℃보다 높다.
③ 물과 격렬히 반응하여 산소를 발생시키고 발열한다.
④ 등유는 반응이 일어나지 않아 저장에 사용된다.

해설 나트륨의 등유에 대한 반응성은 없으므로 등유에 저장함으로써 물이나 공기와의 접촉을 차단한다.
제3류 위험물에 속하는 금속나트륨은 대표적인 금수성 물질로서 공기 중의 수분이나 물과 반응하면 폭발성의 수소 기체를 발생시킨다. 또한 실온의 공기 중에서 빠르게 산화되어 피막을 형성하고 광택을 잃으며 공기 중에 방치하면 자연발화의 위험성도 지니고 있다 (CO_2나 CCl_4와도 폭발적으로 반응한다). 따라서, 공기 중의 수분이나 산소, 물과의 접촉을 막기 위하여 유동성 파라핀, 등유나 경유 등의 보호액 속에 넣어 보관한다.

❖ **금속나트륨(Na)**
- 제3류 위험물
- 지정수량 10kg, 위험등급 I
- <u>녹는점 97.7℃(②)</u>, 끓는점 877.5℃, 인화점 115℃, <u>비중 0.97(①)</u>
- 나트륨은 은백색의 광택이 있는 무른 경금속으로 공기 중에서 연소하면 독특한 노란색 불꽃을 내며 산화나트륨(Na_2O)이 되고 순수한 산소 중에서는 과산화나트륨(Na_2O_2)이 생성된다.
- 나트륨의 자연 발화 온도는 115℃이지만 분말의 경우에는 공기 중에 장시간 방치하면 상온에서도 자연발화 한다.
- <u>물과 격렬히 반응하여 발열하고 수소를 발생한다(③).</u>
  $2Na + 2H_2O \rightarrow 2NaOH + H_2 \uparrow$
- 나트륨은 공기 중에 노출되면 표면이 산화물 및 수산화물로 피복되는데 수산화물은 흡습성이 있어 대기 중의 수분을 흡수하게 되고 이 수분이 금속과 반응하여 화재를 일으킨다.
- 나트륨은 덩어리 상태로 있어도 용융되며 발생된 수소는 연소된다.
- 사염화탄소 및 할로겐화합물과 접촉하면 폭발적으로 반응한다.
  $4Na + CCl_4 \rightarrow 4NaCl + C$
- 이산화탄소와는 다음과 같이 반응하여 폭발한다.
  $4Na + 3CO_2 \rightarrow 2Na_2CO_3 + C$
- <u>공기 중 수분이나 산소와의 접촉을 피하기 위해 유동성 파라핀, 경유, 등유 속에 저장한다(④).</u>
- 화재가 일어날 경우 소화의 어려움이 있으므로 가급적이면 소량씩 나누어서 저장한다.

정답 56 ① 57 ④ 58 ② 59 ② 60 ④

05 2015년 제4회 기출문제 및 해설 (15년 7월 19일)

1과목 화재예방과 소화방법

01 과산화나트륨의 화재 시 물을 사용한 소화가 위험한 이유는?

① 수소와 열을 발생하므로
② 산소와 열을 발생하므로
③ 수소를 발생하고 이 가스가 폭발적으로 연소하므로
④ 산소를 발생하고 이 가스가 폭발적으로 연소하므로

해설 과산화나트륨(Na_2O_2)은 제1류 위험물의 무기과산화물로 분류되며 상온에서 물과 격렬히 반응하여 조연성 가스인 산소와 열을 발생시킨다. 산소는 조연성이므로 폭발적으로 연소하는 가연성 가스의 특징은 보이지 않는다.
$2Na_2O_2 + 2H_2O \rightarrow 4NaOH + O_2 \uparrow + Qkcal$

과산화나트륨은 알칼리금속의 과산화물이므로 화재 시 주수소화는 위험하며 이산화탄소와 할로겐화합물 소화약제도 사용할 수 없다. 팽창질석, 팽창진주암, 마른모래, 탄산수소염류 분말소화약제 등으로 질식소화 한다.

02 $NH_4H_2PO_4$이 열분해하여 생성되는 물질 중 암모니아와 수증기의 부피 비율은?

① 1 : 1 ② 1 : 2
③ 2 : 1 ④ 3 : 2

해설 $NH_4H_2PO_4$(제1인산암모늄)은 제3종 분말 소화약제의 주성분으로 다음과 같이 열분해 된다.
$NH_4H_2PO_4 \rightarrow HPO_3 + NH_3 \uparrow + H_2O \uparrow$

기체 생성반응에서의 발생 기체 부피비는 화학반응식에서의 몰수비이므로 암모니아와 수증기의 생성 부피비는 1 : 1이다.

03 위험물안전관리법령상 경보설비로 자동화재탐지설비를 설치해야 할 위험물 제조소의 규모 기준에 대한 설명으로 옳은 것은?

① 연면적 500m² 이상인 것
② 연면적 1,000m² 이상인 것
③ 연면적 1,500m² 이상인 것
④ 연면적 2,000m² 이상인 것

해설 [위험물안전관리법 시행규칙 별표17 / 소화설비, 경보설비 및 피난설비의 기준] - Ⅱ. 경보설비

다음 조건에 해당하는 제조소 및 일반취급소에는 자동화재탐지설비를 경보설비로 설치하여야 한다.
• 연면적 500m² 이상인 것
• 옥내에서 지정수량의 100배 이상을 취급하는 것(고인화점 위험물만을 100℃ 미만의 온도에서 취급하는 것은 제외)
• 일반취급소로 사용되는 부분 외의 부분이 있는 건축물에 설치된 일반취급소(일반취급소와 일반취급소 외의 부분이 내화구조의 바닥 또는 벽으로 개구부 없이 구획된 것은 제외)

04 위험물안전관리법령에서 정한 탱크안전 성능검사의 구분에 해당하지 않는 것은?

① 기초·지반 검사
② 충수·수압 검사
③ 용접부 검사
④ 배관 검사

해설 [위험물안전관리법 시행령 제8조 / 탱크안전 성능검사의 대상이 되는 탱크등]

[제1항] 탱크안전 성능검사를 받아야 하는 위험물 탱크는 [제2항]의 탱크안전 성능검사별로 다음 어느 하나에 해당하는 탱크로 한다.

- **기초·지반 검사** : 옥외탱크 저장소의 액체 위험물 탱크 중 그 용량이 100만 ℓ 이상인 탱크
- **충수(充水)·수압 검사** : 액체 위험물을 저장 또는 취급하는 탱크. 다만, 다음의 어느 하나에 해당하는 탱크는 제외한다.
  - 제조소 또는 일반취급소에 설치된 탱크로서 용량이 지정수량 미만인 것
  - 「고압가스 안전관리법」에 따른 특정설비에 관한 검사에 합격한 탱크
  - 「산업안전보건법」에 따른 안전 인증을 받은 탱크
- **용접부 검사** : 옥외탱크 저장소의 액체 위험물 탱크 중 그 용량이 100만 ℓ 이상인 탱크. 다만, 탱크의 저부에 관계된 변경공사(탱크의 옆판과 관련되는 공사를 포함하는 것을 제외한다)시에 행하여진 정기검사에 의하여 용접부에 관한 사항이 행정안전부령으로 정하는 기준에 적합하다고 인정된 탱크를 제외한다.
- **암반탱크 검사** : 액체 위험물을 저장 또는 취급하는 암반 내의 공간을 이용한 탱크

[제2항] 탱크안전 성능검사는 기초·지반검사, 충수·수압검사, 용접부검사 및 암반탱크 검사로 구분한다.

05 제3류 위험물 중 금수성 물질에 적응성이 있는 소화설비는?

13년·4 ▮14년·5 ▮15년·1 ▮15년·2 유사

① 할로겐화합물 소화설비
② 포 소화설비
③ 불활성가스 소화설비
④ 탄산수소염류등 분말 소화설비

해설 제3류 위험물 중 금수성 물질은 물과 접촉하면 발열하며 가연성 가스를 발생시키므로 주수소화는 금지한다. 불활성가스 소화설비, 할로겐화합물 소화설비, 이산화탄소 소화기 등도 적응성이 없다. 금수성 물질에 적응성이 있는 소화약제 및 설비는 팽창질석, 팽창진주암, 마른모래, 탄산수소염류등을 이용한 분말 소화설비 등이다. [위험물안전관리법 시행규칙 별표17 / 소화설비의 적응성 참조]

포 소화약제는 주성분이 물이므로 질식소화 이외에 주수소화의 특성도 나타내므로 제3류 위험물의 금수성 물질에는 사용하지 않는다. 알킬알루미늄이나 알킬리튬은 할론이나 이산화탄소와 반응하여 발열하며 소규모 화재 시 팽창질석, 팽창진주암을 사용하여 소화하나 화재 확대 시에는 소화하기가 어렵다. 금속칼륨이나 나트륨은 이산화탄소나 할로겐화합물(사염화탄소)과 반응하여 연소 폭발의 위험성을 증대시키며 기타 알칼리금속이나 알칼리토금속은 칼륨, 나트륨같이 급격한 반응은 일어나지 않으나 이산화탄소 등과 반응하여 산화물을 형성할 수 있다. 이러한 이유로 금수성 물질에는 할로겐화합물 소화설비나 이산화탄소 소화설비는 사용하지 않는다.

[제3류 위험물의 할로겐과 이산화탄소와의 반응 예]
- $4K + CCl_4 \rightarrow 4KCl + C$ (폭발)
- $(C_2H_5)_3Al + 3Cl_2 \rightarrow AlCl_3 + 3C_2H_5Cl \uparrow$
- $4K + 3CO_2 \rightarrow 2K_2CO_3 + C$ (연소폭발)
- $CH_3Li + CO_2 \rightarrow CH_3COOLi$
- $C_4H_9Li + CO_2 \rightarrow C_4H_9COOLi$
  (lithium pentanoate)

마른모래, 팽창질석, 팽창진주암은 제3류 위험물 전체의 소화에 사용할 수 있으며 자연발화성만 가진 위험물(황린)의 소화에는 물 또는 강화액 포와 같은 물 계통의 소화약제도 사용할 수 있다.

06 제5류 위험물을 저장 또는 취급하는 장소에 적응성이 있는 소화설비는?

① 포 소화설비
② 분말 소화설비
③ 불활성가스 소화설비
④ 할로겐화합물 소화설비

정답 01 ② 02 ① 03 ① 04 ④ 05 ④ 06 ①

해설 제5류 위험물은 초기 화재나 소형화재 이외에는 소화하기 어려운 특징을 보이므로 화재 초기에 다량의 물로 주수 냉각소화 하거나 화재가 진행되어 소화하기 어려울 때에는 가연물을 치운 상태에서 화재가 잦아들기를 기다려야 한다.
제5류 위험물은 자기반응성 물질들로 자체에 산소를 함유하고 있어 질식소화 방법은 효과가 없다.
주수 소화설비의 종류에는 옥내소화전, 옥외소화전, 스프링클러 설비, 물분무 소화설비, 포 소화설비 등이 있다. 마른모래, 팽창질석, 팽창진주암은 모든 위험물에 대해 적응성을 보이므로 제5류 위험물의 소화에도 사용할 수 있다.
포 소화설비는 질식효과를 나타내며 유류화재의 소화에 가장 효과적이지만 대부분이 물로 되어 있어 주수 냉각 효과도 보여주므로 제5류 위험물에도 적용할 수 있다.

07 화재의 종류와 가연물이 옳게 연결된 것은?

[최다 빈출 유형]

① A급 - 플라스틱
② B급 - 섬유
③ A급 - 페인트
④ B급 - 나무

해설 ② 섬유는 A급, ③ 페인트는 B급, ④ 나무는 A급에 해당된다.

❖ 화재의 유형

화재급수	화재종류	소화기표시 색상
A급	일반화재	백색
B급	유류화재	황색
C급	전기화재	청색
D급	금속화재	무색

화재급수	적용대상물
A급	일반 가연물(종이, 목재, 섬유, 플라스틱 등)
B급	가연성 액체(제4류 위험물 및 유류 등)
C급	통전상태에서의 전기기구, 발전기, 변압기 등
D급	가연성 금속(칼륨, 나트륨, 금속분, 철분, 마그네슘 등)

08 위험물안전관리법령상 위험물을 유별로 정리하여 저장하면서 서로 1m 이상의 간격을 두면 동일한 옥내저장소에 저장할 수 있는 경우는?

12년·1 ▌13년·2 ▌13년·4 ▌15년·5 유사

① 제1류 위험물과 제3류 위험물 중 금수성 물질을 저장하는 경우
② 제1류 위험물과 제4류 위험물을 저장하는 경우
③ 제1류 위험물과 제6류 위험물을 저장하는 경우
④ 제2류 위험물 중 금속분과 제4류 위험물 중 동식물유류를 저장하는 경우

해설 [위험물안전관리법 시행규칙 별표18 / 제조소등에서의 위험물의 저장 및 취급에 관한 기준]
- Ⅲ. 저장의 기준 제2호

유별을 달리하는 위험물은 동일한 저장소(내화구조의 격벽으로 완전히 구획된 실이 2 이상 있는 저장소에 있어서는 동일한 실)에 저장하지 아니하여야 한다. 다만, 옥내저장소 또는 옥외저장소에 있어서 다음의 위험물을 저장하는 경우로서 위험물을 유별로 정리하여 저장하는 한편, 서로 1m 이상의 간격을 두는 경우에는 그러하지 아니하다.

• 제1류 위험물(알칼리금속의 과산화물 또는 이를 함유한 것을 제외한다)과 제5류 위험물을 저장하는 경우
• <u>제1류 위험물과 제6류 위험물을 저장하는 경우</u>
• 제1류 위험물과 제3류 위험물 중 자연발화성 물질(황린 또는 이를 함유한 것에 한한다)을 저장하는 경우
• 제2류 위험물 중 인화성 고체와 제4류 위험물을 저장하는 경우
• 제3류 위험물 중 알킬알루미늄등과 제4류 위험물(알킬알루미늄 또는 알킬리튬을 함유한 것에 한한다)을 저장하는 경우
• 제4류 위험물 중 유기과산화물 또는 이를 함유하는 것과 제5류 위험물 중 유기과산화물 또는 이를 함유한 것을 저장하는 경우

09 팽창진주암(삽 1개 포함)의 능력단위 1은 용량이 몇 ℓ인가?

① 70　② 100　③ 130　④ 160

해설 [위험물안전관리법 시행규칙 별표17 / 소화설비, 경보설비 및 피난설비의 기준] - Ⅰ. 소화설비 5. 소화설비의 설치기준 中 기타 소화설비의 능력단위

소화설비	용량(ℓ)	능력단위
소화전용 물통	8	0.3
수조(소화전용 물통 3개 포함)	80	1.5
수조(소화전용 물통 6개 포함)	190	2.5
마른 모래(삽 1개 포함)	50	0.5
팽창질석 또는 팽창진주암 (삽 1개 포함)	160	1.0

10 제6류 위험물을 저장하는 장소에 적응성이 있는 소화설비가 아닌 것은?

① 물분무 소화설비
② 포 소화설비
③ 불활성가스 소화설비
④ 옥내소화전 설비

해설 산화성 액체인 제6류 위험물은 불연성이지만 다른 물질의 연소를 돕는 조연성(지연성) 액체이다. 자체 산소를 함유하고 있어 산소공급원으로 작용할 수 있으므로 화재 발생 시 이산화탄소나 불활성가스 소화설비에 의한 질식소화는 적합하지 않다. 소량 화재나 위급 시에는 다량의 물을 이용해 주수소화 할 수 있으나 원칙적으로 물에 의한 소화보다는 마른모래나 팽창질석, 팽창진주암 등으로 소화한다.

11 피난설비를 설치하여야 하는 위험물 제조소 등에 해당하는 것은?

① 건축물의 2층 부분을 자동차 정비소로 사용하는 주유취급소
② 건축물의 2층 부분을 전시장으로 사용하는 주유취급소
③ 건축물의 1층 부분을 주유사무소로 사용하는 주유취급소
④ 건축물의 1층 부분을 관계자의 주거시설로 사용하는 주유취급소

해설 [위험물안전관리법 시행규칙 별표17 / 소화설비, 경보설비 및 피난설비의 기준] - Ⅲ. 피난설비
- 주유취급소 중 건축물의 2층 이상의 부분을 점포·휴게음식점 또는 전시장의 용도로 사용하는 것에 있어서는 당해 건축물의 2층 이상으로부터 주유취급소의 부지 밖으로 통하는 출입구와 당해 출입구로 통하는 통로·계단 및 출입구에 유도등을 설치하여야 한다.
- 옥내주유취급소에 있어서는 당해 사무소 등의 출입구 및 피난구와 당해 피난구로 통하는 통로·계단 및 출입구에 유도등을 설치하여야 한다.
- 유도등에는 비상 전원을 설치하여야 한다.

12 액화 이산화탄소 1kg이 25℃, 2atm에서 방출되어 모두 기체가 되었다. 방출된 기체상의 이산화탄소 부피는 약 몇 ℓ인가?

① 238　② 278　③ 308　④ 340

해설 이상기체 상태방정식을 이용해서 푼다.

$$PV = nRT = \frac{W}{M}RT \quad \therefore V = \frac{WRT}{PM}$$

$$V = \frac{1 \times 0.082 \times 298}{2 \times 44} = 0.2777 m^3 ≒ 278ℓ$$

$(\because 1m^3 = 1,000ℓ)$

정답　07 ①　08 ③　09 ④　10 ③　11 ②　12 ②

13 연소의 3요소를 모두 포함하는 것은?

① 과염소산, 산소, 불꽃

② 마그네슘분말, 연소열, 수소

③ 아세톤, 수소, 산소

④ 불꽃, 아세톤, 질산암모늄

해설 연소의 3요소 : 점화원, 가연물, 산소공급원

① 과염소산(산소공급원), 산소(산소공급원), 불꽃(점화원)
② 마그네슘분말(가연물), 연소열(점화원), 수소(가연물)
③ 아세톤(가연물), 수소(가연물), 산소(산소공급원)
④ 불꽃(점화원), 아세톤(가연물), 질산암모늄(산소공급원)

- 과염소산은 가열하면 폭발적으로 분해되어 염소와 산소 기체를 발생한다.
  $4HClO_4 \rightarrow 2Cl_2 \uparrow + 7O_2 \uparrow + 2H_2O$
- 질산암모늄은 분해되어 산소 기체를 발생시킨다.
  $2NH_4NO_3 \rightarrow 4H_2O + 2N_2 + O_2$

14 제1종 분말소화약제의 적응화재 종류는?

[최다 빈출 유형]

① A급   ② BC급
③ AB급   ④ ABC급

해설 ❖ 분말 소화약제의 분류, 주성분 및 적응화재

구 분	주성분	화학식
제1종 분말	탄산수소나트륨	$NaHCO_3$
제2종 분말	탄산수소칼륨	$KHCO_3$
제3종 분말	제1인산암모늄	$NH_4H_2PO_4$
제4종 분말	탄산수소칼륨 + 요소	$KHCO_3 + (NH_2)_2CO$

구 분	적응화재	분말색
제1종 분말	B, C	백색
제2종 분말	B, C	담자색
제3종 분말	A, B, C	담홍색
제4종 분말	B, C	회색

★적응화재 = A : 일반화재 / B : 유류화재 / C : 전기화재

❖ 분말 소화약제의 열분해 반응식

구 분	열분해 반응식
제1종 분말	$2NaHCO_3 \rightarrow Na_2CO_3 + CO_2 + H_2O$
제2종 분말	$2KHCO_3 \rightarrow K_2CO_3 + CO_2 + H_2O$
제3종 분말	$NH_4H_2PO_4 \rightarrow HPO_3 + NH_3 + H_2O$
제4종 분말	$2KHCO_3 + (NH_2)_2CO \rightarrow K_2CO_3 + 2NH_3 + 2CO_2$

15 소화약제에 따른 주된 소화 효과로 틀린 것은?

① 수성막포 소화약제 : 질식 효과

② 제2종 분말 소화약제 : 탈수 탄화 효과

③ 이산화탄소 소화약제 : 질식 효과

④ 할로겐화합물 소화약제 : 화학 억제 효과

해설 탈수 탄화 효과를 보이는 분말 소화약제는 제3종 분말 소화약제이다. 소화약제의 주성분인 제1인산암모늄이 열분해 될 때 생성되는 인산이 목재나 섬유 등을 구성하는 섬유소를 탈수 탄화시켜 난연성 상태로 변화시킴으로써 연소반응을 중단시킨다. 이런 이유로 다른 분말 소화약제와는 다르게 A급 화재에도 적용할 수 있다.

제2종 분말 소화약제의 소화 효과는 제1종 분말 소화약제와 유사하나 소화능력은 1종보다 우수하다. 이유는 제1종 분말 소화약제의 성분 원소인 Na보다 제2종 분말 소화약제의 성분 원소인 K의 반응성이 더 크기 때문이다(제1종 분말 소화약제 주성분 : $NaHCO_3$, 제2종 분말 소화약제 주성분 : $KHCO_3$).

제2종 분말 소화약제의 분해 반응식은 다음과 같으며 소화 효과 원리는 아래와 같다.
$2KHCO_3 \rightarrow K_2CO_3 + H_2O \uparrow + CO_2 \uparrow$

- 주성분인 탄산수소칼륨이 열분해 될 때 발생하는 이산화탄소와 수증기에 의한 질식 효과
- 열분해 시의 흡열 반응에 의한 냉각 효과
- 분말 분무에 의한 방사열의 차단 효과
- 연소할 때 가연물로부터 생성된 활성부위가 분말의 표면에 흡착되거나 탄산수소칼륨의 K^+ 이온에 의해 안정화되어 연쇄 반응이 차단되는 부촉매 효과

16 위험물안전관리법령에서 정한 "물분무등 소화설비"의 종류에 속하지 않는 것은?

① 스프링클러 설비
② 포 소화설비
③ 분말 소화설비
④ 이산화탄소 소화설비

해설 [위험물안전관리법 시행규칙 별표17 / 소화설비, 경보설비 및 피난설비의 기준] - 소화설비의 적응성의 도표에 의하면 물분무등 소화설비에는 물분무 소화설비, 포 소화설비, 불활성가스 소화설비, 할로겐화합물 소화설비, 분말 소화설비가 포함된다.

✱ 빈틈없이 촘촘하게 One more Step

[화재예방, 소방시설 설치·유지 및 안전관리에 관한 법률 시행령 별표 1 / 소방시설] - 1. 소화설비 中 마. 물분무등 소화설비 (2021.01.05. 개정)
• 물분무 소화설비   • 미분무 소화설비
• 포 소화설비   • 이산화탄소 소화설비
• 할론 소화설비   • 강화액 소화설비
• 할로겐화합물 및 불활성기체 소화설비
  (불활성기체란 다른 원소와 화학반응을 일으키기 어려운 기체를 말한다.)
• 분말 소화설비   • 고체에어로졸 소화설비

17 다음 위험물의 저장창고에 화재가 발생하였을 때 주수(注水)에 의한 소화가 오히려 더 위험한 것은?

① 염소산칼륨   ② 과염소산나트륨
③ 질산암모늄   ④ 탄화칼슘

해설 제3류 위험물(자연발화성 물질 및 금수성 물질)로 분류되는 탄화칼슘은 물과 접촉하면 다음과 같이 반응하여 가연성 가스인 아세틸렌을 발생시키므로 위험하다.

$CaC_2 + 2H_2O \rightarrow Ca(OH)_2 + C_2H_2 \uparrow$

제1류 위험물 중 알칼리금속 과산화물의 화재에는 물을 사용하면 절대로 안 되지만 물과 급격히 반응하지 않는 위험물에는 다량의 물에 의한 냉각소화가 가능하다. 염소산칼륨(제1류 위험물 중 염소산염류), 과염소산나트륨(제1류 위험물 중 과염소산염류), 질산암모늄(제1류 위험물 중 질산염류)은 알칼리금속 과산화물에 해당하지 않으므로 주수소화가 가능하다.

18 위험물시설에 설비하는 자동화재탐지설비의 하나의 경계구역 면적과 그 한 변의 길이의 기준으로 옳은 것은? (단, 광전식 분리형 감지기를 설치하지 않은 경우이다.) [빈출유형]

① $300m^2$ 이하, 50m 이하
② $300m^2$ 이하, 100m 이하
③ $600m^2$ 이하, 50m 이하
④ $600m^2$ 이하, 100m 이하

해설 [위험물안전관리법 시행규칙 별표17 / 소화설비, 경보설비 및 피난설비의 기준] - Ⅱ. 경보설비 中 2. 자동화재탐지설비의 설치기준

• 경계구역 : 화재가 발생한 구역을 다른 구역과 구분하여 식별할 수 있는 최소단위의 구역을 말하는 것으로 자동화재탐지설비의 설치 조건에 부합되는 경계구역은 다음과 같다.
  - 경계구역은 건축물 그 밖의 공작물의 2 이상의 층에 걸치지 아니하도록 할 것. 다만, 하나의 경계구역 면적이 500m^2 이하이면서 당해 경계구역이 2개의 층에 걸치는 경우이거나 계단·경사로·승강기의 승강로 그 밖에 이와 유사한 장소에 연기감지기를 설치하는 경우에는 그러하지 아니하다.
  - 하나의 경계구역의 면적은 600m^2 이하로 하고 그 한 변의 길이는 50m(광전식 분리형 감지기를 설치할 경우에는 100m) 이하로 할 것. 다만, 당해 건축물 그 밖의 공작물의 주요한 출입구에서 그 내부 전체를

정답 13 ④ 14 ② 15 ② 16 ① 17 ④ 18 ③

볼 수 있는 경우에 있어서는 그 면적을 1,000m² 이하로 할 수 있다.
- 자동화재탐지설비의 감지기는 지붕 또는 벽의 옥내에 면한 부분에 유효하게 화재 발생을 감지할 수 있도록 설치할 것
- 자동화재탐지설비에는 비상전원을 설치할 것

19 옥외저장소에 덩어리 상태의 유황만을 지반면에 설치한 경계표시의 안쪽에서 저장할 경우 하나의 경계표시의 내부면적은 몇 m² 이하여야 하는가? 12년 · 5 동일

① 75 ② 100
③ 150 ④ 300

[해설] [위험물안전관리법 시행규칙 별표11 / 옥외저장소의 위치·구조 및 설비의 기준] – Ⅰ. 옥외저장소의 기준 제2호

옥외저장소 중 덩어리 상태의 유황만을 지반면에 설치한 경계표시의 안쪽에서 저장 또는 취급하는 것의 위치·구조 및 설비의 기술기준은 다음과 같다(제1호의 기준은 당연 적용).
- 하나의 경계표시의 내부의 면적은 100m² 이하일 것
- 2 이상의 경계표시를 설치하는 경우에 있어서는 각각의 경계표시 내부의 면적을 합산한 면적은 1,000m² 이하로 하고, 인접하는 경계표시와 경계표시와의 간격을 규정에 의한 공지의 너비의 2분의 1이상으로 할 것. 다만, 저장 또는 취급하는 위험물의 최대수량이 지정수량의 200배 이상인 경우에는 10m 이상으로 하여야 한다.
- 경계표시는 불연재료로 만드는 동시에 유황이 새지 아니하는 구조로 할 것
- 경계표시의 높이는 1.5m 이하로 할 것
- 경계표시에는 유황이 넘치거나 비산하는 것을 방지하기 위한 천막 등을 고정하는 장치를 설치하되, 천막 등을 고정하는 장치는 경계표시의 길이 2m마다 한 개 이상 설치할 것
- 유황을 저장 또는 취급하는 장소의 주위에는 배수구와 분리장치를 설치할 것

20 혼합물인 위험물이 복수의 성상을 가지는 경우에 적용하는 품명에 관한 설명으로 틀린 것은?

① 산화성 고체의 성상 및 가연성 고체의 성상을 가지는 경우 : 산화성 고체의 품명
② 산화성 고체의 성상 및 자기반응성 물질의 성상을 가지는 경우 : 자기반응성 물질의 품명
③ 가연성 고체의 성상과 자연발화성 물질의 성상 및 금수성 물질의 성상을 가지는 경우 : 자연발화성 물질 및 금수성 물질의 품명
④ 인화성 액체의 성상 및 자기반응성 물질의 성상을 가지는 경우 : 자기반응성 물질의 품명

[해설] [위험물안전관리법 시행령 별표1 / 위험물 및 지정수량] – 비고란 제24호

위험물의 성질로 규정된 성상을 2가지 이상 포함하는 물품(이하 "복수성상 물품"이라 한다)이 속하는 품명은 아래의 규정을 따른다.
- 복수성상 물품이 산화성 고체의 성상 및 가연성 고체의 성상을 가지는 경우 : 가연성 고체의 품명
- 복수성상 물품이 산화성 고체의 성상 및 자기반응성 물질의 성상을 가지는 경우 : 자기반응성 물질의 품명
- 복수성상 물품이 가연성 고체의 성상과 자연발화성 물질의 성상 및 금수성 물질의 성상을 가지는 경우 : 자연발화성 물질 및 금수성 물질의 품명
- 복수성상 물품이 자연발화성 물질의 성상, 금수성 물질의 성상 및 인화성 액체의 성상을 가지는 경우 : 자연발화성 물질 및 금수성 물질의 품명
- 복수성상 물품이 인화성 액체의 성상 및 자기반응성 물질의 성상을 가지는 경우 : 자기반응성 물질의 품명

2과목 위험물의 화학적 성질 및 취급

21 황의 성상에 관한 설명으로 틀린 것은?

① 연소할 때 발생하는 가스는 냄새를 가지고 있으나 인체에 무해하다.
② 미분이 공기 중에 떠 있을 때 분진 폭발의 우려가 있다.
③ 용융된 황을 물에서 급랭하면 고무상황을 얻을 수 있다.
④ 연소할 때 아황산가스를 발생한다.

해설 황의 연소 시 발생하는 아황산가스(SO_2)는 대기오염과 호흡기 질환을 일으키는 무색의 자극성 냄새를 지닌 독성 가스로 취급하는 장치를 부식시키기도 한다.
$S + O_2 \rightarrow SO_2 \uparrow$

③ 고무상황은 황의 동소체 중 하나이며 유황을 150~170℃ 정도로 가열하여 용융시킨 후 급랭시켜 얻는다. 고무처럼 탄력성이 있으며 상온에서 방치하면 사방황으로 변하는 특성을 지닌다.

❖ **유황(S)**
- 제2류 위험물 중 유황
- 지정수량 100kg, 위험등급 II
- 순도가 60 중량% 이상이면 위험물로 간주한다.
- 황색 결정 또는 미황색 분말
- 원자량 32, 녹는점 115.2℃, 끓는점 444.6℃, 인화점 207℃, 비중 2.07
- 동소체 – 단사황, 사방황, 고무상황
- 산소를 함유하지 않은 강한 환원성 물질이다.
- 물에는 녹지 않으며 알코올에는 난용성이고 이황화탄소에는 고무상황 이외에는 잘 녹는다.
- 연소 시 유독가스인 SO_2을 발생시킨다(①, ④).
- 고온에서 용융된 유황은 수소와 반응하여 H_2S를 생성하며 발열한다.
- 밀폐된 공간에서 분진 상태로 존재하면 폭발할 수 있다(②).
- 전기의 부도체로서 마찰에 의한 정전기가 발생할 수 있다.
- 염소산염이나 과염소산염과의 접촉을 금한다.
- 가연물이나 산화제와의 혼합물은 가열, 충격, 마찰 등에 의해 발화할 수 있다.
- 산화제와의 혼합물이 연소할 경우 다량의 물에 의한 주수소화가 효과적이다.

22 무색의 액체로 융점이 –112℃이고 물과 접촉하면 심하게 발열하는 제6류 위험물은?

① 과산화수소   ② 과염소산
③ 질산   ④ 오불화요오드

해설 ❖ **과염소산($HClO_4$)**
- 제6류 위험물(산화성 액체)
- 지정수량 300kg, 위험등급 I
- 산소공급원으로 작용하는 산화제이다.
- 제6류 위험물은 불연성이며 무기화합물이다.
- 무색, 무취, 강한 휘발성 및 흡습성을 나타내는 액체이다.
- 분자량 100.5, 비중 1.76, 증기비중 3.5, 융점 –112℃, 비점 39℃
- 염소의 산소산 중 가장 강력한 산이다.
  ($HClO < HClO_2 < HClO_3 < HClO_4$)
- 물과 접촉하면 소리를 내며 발열하고 고체수화물을 만든다.
- 가열하면 폭발, 분해되고 유독성의 염화수소(HCl)를 발생한다.
  $HClO_4 \rightarrow HCl \uparrow + 2O_2 \uparrow$
- 철, 구리, 아연 등과 격렬하게 반응한다.
- 황산이나 질산에 버금가는 강산이다.
- 독성이 강하며 피부에 닿으면 부식성이 있어 위험하고 종이, 나무 등과 접촉하면 연소한다.
- 직사광선을 피하고 통풍이 잘되는 냉암소에 보관한다.
- 다량의 물로 주수소화나 분무하여 소화하고 내산성 용기를 사용하여 저장한다.

정답 19 ② 20 ① 21 ① 22 ②

23 위험물안전관리법령상 위험물의 운송에 있어서 운송책임자의 감독 또는 지원을 받아 운송하여야 하는 위험물에 속하지 않는 것은?

[빈출 유형]

① $Al(CH_3)_3$ ② CH_3Li
③ $Cd(CH_3)_2$ ④ $Al(C_4H_9)_3$

해설 ① 트리메틸알루미늄(제3류 위험물 중 알킬알루미늄)
② 메틸리튬(제3류 위험물 중 알킬리튬)
③ 디메틸카드뮴(제3류 위험물 중 유기금속화합물)
④ 트리이소부틸알루미늄(제3류 위험물 중 알킬알루미늄)

[위험물안전관리법 시행령 제19조 / 운송책임자의 감독·지원을 받아 운송하여야 하는 위험물]
- 알킬알루미늄
- 알킬리튬
- 알킬알루미늄 또는 알킬리튬을 함유하는 위험물

24 과산화수소의 성질에 대한 설명 중 틀린 것은?

① 알칼리성 용액에 의해 분해될 수 있다.
② 산화제로 사용할 수 있다.
③ 농도가 높을수록 안정하다.
④ 열, 햇빛에 의해 분해될 수 있다.

해설 제6류 위험물로 분류되는 과산화수소는 36중량퍼센트(wt%) 농도 이상일 때 위험물로 분류되므로 농도가 높으면 위험하다는 것을 알 수 있다. 특히 60 중량퍼센트 이상의 농도에서는 단독으로 분해 폭발할 정도이므로 농도가 높을수록 위험성은 증가한다.
① 과산화수소 자체는 불안정하므로 인산이나 요산과 같은 산성 물질의 안정제를 첨가하여 pH를 2.5~3.5 정도로 유지함으로써 분해를 억제한다. 과산화수소에 알칼리 성분을 첨가하면 분해가 촉진되는데 실제로 미용실에서 사용하는 모발 탈색제의 주성분은 과산화수소나 탈색 속도가 느려 분해 촉매제인 알칼리 성분을 함유시킨(주로 NH_4OH) 제품을 사용한다. 알칼리 성분에서 유리된 수산화이온이 과산화수소의 분해를 촉진시켜 발생기 산소를 만들어 낸다.

❖ 과산화수소(H_2O_2)
- 제6류 위험물이며 산화성 액체이다.
- 지정수량 300kg, 위험등급 I
- 색깔이 없고 점성이 있는 쓴맛을 가진 액체이다. 양이 많은 경우에는 청색을 띤다.
- 석유, 벤젠 등에는 녹지 않으나 물, 알코올, 에테르 등에는 잘 녹는다.
- 발열하면서 산소와 물로 쉽게 분해된다.
- 증기는 유독성이 없으나 액상일 때는 유독하며 반응성도 크다.
- 농도에 따라 물리적 성질이 달라진다(밀도, 녹는점, 끓는점 등).
- 불연성이지만 유기물질과 접촉하면 스스로 열을 내며 연소하는 <u>강력한 산화제이다(②)</u>.
- 순수한 과산화수소의 어는점은 -0.43℃, 끓는점 150.2℃이다.
- 비중 1.465로 물보다 무거우며 어떤 비율로도 물에 녹는다.
- <u>36중량퍼센트 농도 이상인 것부터 위험물로 취급한다.</u>
- <u>60중량퍼센트 농도 이상에서는 단독으로 분해폭발 할 수 있으며 판매제품은 보통 30~35% 수용액으로 되어 있다(③)</u> (약국 판매 옥시풀은 3% 수용액이다).
- 히드라진과 접촉하면 분해·폭발할 수 있으므로 주의한다.
 $2H_2O_2 + N_2H_4 \rightarrow 4H_2O + N_2 \uparrow$
- 암모니아와 접촉하면 폭발할 수 있다.
- <u>열이나 햇빛, 알칼리에 의해 분해가 촉진되며(①,④)</u> 분해 시 생겨난 발생기 산소는 살균작용이 있다.
 $H_2O_2 \rightarrow H_2O + [O]$ (살균표백작용)
- 강산화제이지만 환원제로도 사용된다.
- 분해방지 안정제(인산, 요산)를 넣어 저장하거나 취급함으로서 분해를 억제한다.
- 용기는 밀전하지 말고 통풍을 위하여 작은 구멍이 뚫린 마개를 사용하며 갈색 용기에 보관한다.
- 금속용기와 반응하여 산소를 방출하고 폭발할 수도 있으므로 사용하지 않는다.
- 주수소화 한다.

25 디에틸에테르의 보관·취급에 관한 설명으로 틀린 것은?

① 용기는 밀봉하여 보관한다.

② 환기가 잘 되는 곳에 보관한다.

③ 정전기가 발생하지 않도록 취급한다.

④ 저장용기에 빈 공간이 없게 가득 채워 보관한다.

해설 디에틸에테르는 제4류 위험물 중 특수인화물에 속하는 물질로 공기와 장시간 접촉하거나 직사일광에 노출되면 분해되어 과산화물을 생성하므로 이의 방지를 위해 갈색병에 밀봉하여 저장한다. 또한 체적 팽창율이 크기 때문에 위험물 간 마찰로 인한 폭발이 일어날 수 있으므로 이의 방지를 위해 저장 시 용기의 공간용적을 2% 이상 확보하도록 한다. 아울러 디에틸에테르는 부도체이므로 정전기에 의한 발화가 일어나지 않도록 주의해서 취급한다.

❖ **디에틸에테르($C_2H_5OC_2H_5$)**
- 제4류 위험물 중 특수인화물
- 지정수량 50ℓ, 위험등급 Ⅰ
- 에틸에테르라고도 함
- 구조식

$$\begin{array}{ccccc} & H & H & & H & H \\ & | & | & & | & | \\ H- & C- & C- & O- & C- & C-H \\ & | & | & & | & | \\ & H & H & & H & H \end{array}$$

- 제조방법

$$(H_2SO_4, 140℃)$$
$$C_2H_5OH + C_2H_5OH \rightarrow C_2H_5OC_2H_5 + H_2O$$

- 분자량 74, 인화점 -45℃, 착화점 180℃, 비중 0.71, 증기비중 2.55, 연소범위 1.9~48(%)
- 인화점이 -45℃로 제4류 위험물 중 인화점이 가장 낮은 편에 속한다.
- 무색투명한 유동성 액체이다.
- 물에는 약간 녹으나 알코올에는 잘 녹는다.
  - 물에는 잘 녹지 않으며 물 위에 뜨므로 물속에 저장하지는 않는다.
- 유지 등을 잘 녹이는 용제이다.
- 휘발성이 강하며 마취성이 있어 전신마취에 사용된 적도 있다.
- 전기의 부도체로 정전기가 발생할 수 있으므로 저장할 때 소량의 염화칼슘을 넣어 정전기를 방지한다(③).
- 강산화제 및 강산류와 접촉하면 발열 발화한다.
- 체적 팽창률(팽창계수)이 크므로 용기의 공간용적을 2% 이상 확보하도록 한다(④).
- 공기와 장시간 접촉하면 산화되어 폭발성의 불안정한 과산화물이 생성된다.
- 직사일광에 의해서도 분해되어 과산화물이 생성되므로 이의 방지를 위해 갈색 병에 밀전, 밀봉하여 보관하며 증기누출이 용이하고 증기압이 높아 용기가 가열되면 파손, 폭발할 수도 있으므로 불꽃 등 화기를 멀리하고 통풍이 잘되는 냉암소에 보관한다(①,②).
- 과산화물의 생성 방지 및 제거
  - 생성방지 : 과산화물의 생성을 방지하기 위해 저장용기에 40메시(mesh)의 구리망을 넣어둔다.
  - 생성여부 검출 : 10% 요오드화칼륨 수용액으로 검출하며 과산화물 존재 시 황색으로 변한다.
  - 과산화물 제거시약 : 황산제1철 또는 환원철
- 대량으로 저장할 경우에는 불활성 가스를 봉입한다.
- 화재 시 이산화탄소에 의한 질식소화가 적당하다.

정답 23 ③ 24 ③ 25 ④

26 알킬알루미늄등 또는 아세트알데히드등을 취급하는 제조소의 특례기준으로서 옳은 것은?

12년 · 5 동일

① 알킬알루미늄등을 취급하는 설비에는 불활성기체 또는 수증기를 봉입하는 장치를 설치한다.

② 알킬알루미늄등을 취급하는 설비는 은·수은·동·마그네슘을 성분으로 하는 것으로 만들지 않는다.

③ 아세트알데히드등을 취급하는 탱크에는 냉각장치 또는 보냉장치 및 불활성기체 봉입장치를 설치한다.

④ 아세트알데히드등을 취급하는 설비의 주위에는 누설범위를 국한하기 위한 설비와 누설되었을 때 안전한 장소에 설치된 저장실에 유입시킬 수 있는 설비를 갖춘다.

해설 아세트알데히드등을 취급하는 탱크에는 냉각장치 또는 저온을 유지하기 위한 장치(이하 "보냉장치"라 한다) 및 연소성 혼합기체의 생성에 의한 폭발을 방지하기 위한 불활성기체를 봉입하는 장치를 갖추어야 한다. 다만, 지하에 있는 탱크가 아세트알데히드등의 온도를 저온으로 유지할 수 있는 구조인 경우에는 냉각장치 및 보냉장치를 갖추지 아니할 수 있다.

[위험물안전관리법 시행규칙 별표4 / 제조소의 위치·구조 및 설비의 기준] - XII. 위험물의 성질에 따른 제조소의 특례 제2호 및 제3호

① 알킬알루미늄등은 물과 격렬하게 반응하므로 수증기 봉입장치는 매우 위험하다.
   (알킬알루미늄 → 아세트알데히드)
- 알킬알루미늄등을 취급하는 설비에는 불활성기체를 봉입하는 장치를 갖출 것
- 아세트알데히드등을 취급하는 설비에는 연소성 혼합기체의 생성에 의한 폭발을 방지하기 위한 불활성기체 또는 수증기를 봉입하는 장치를 갖출 것

② 아세트알데히드등을 취급하는 설비는 은·수은·동·마그네슘 또는 이들을 성분으로 하는 합금으로 만들지 않는다.
   (알킬알루미늄 → 아세트알데히드)

④ 알킬알루미늄등을 취급하는 설비의 주위에는 누설범위를 국한하기 위한 설비와 누설된 알킬알루미늄등을 안전한 장소에 설치된 저장실에 유입시킬 수 있는 설비를 갖추어야 한다. (아세트알데히드 → 알킬알루미늄)

27 과산화나트륨에 대한 설명 중 틀린 것은?

① 순수한 것은 백색이다.

② 상온에서 물과 반응하여 수소 가스를 발생한다.

③ 화재 발생 시 주수소화는 위험할 수 있다.

④ CO 및 CO_2 제거제를 제조할 때 사용된다.

해설 ❖ **과산화나트륨(Na_2O_2)**
- 제1류 위험물의 무기과산화물
- 지정수량 50kg, 위험등급은 I
- 순도가 높은 것은 백색(①)이나 보통 황색 분말 형태를 띤다.
- 비중 2.8, 융점 460°C, 끓는점 657°C, 분자량 78
- 알코올에 잘 녹지 않는다.
- 상온에서 물과 격렬히 반응하여 산소와 열을 발생시킨다(②).
  $2Na_2O_2 + 2H_2O \rightarrow 4NaOH + O_2 \uparrow + QKcal$
- 산과 반응하여 과산화수소를 발생한다.
  $Na_2O_2 + 2HCl \rightarrow 2NaCl + H_2O_2 \uparrow$
  $Na_2O_2 + 2CH_3COOH \rightarrow 2CH_3COONa + H_2O_2 \uparrow$
- 가열하면 분해되어 산소가 발생된다.
  $2Na_2O_2 \rightarrow 2Na_2O + O_2 \uparrow$
- 가연성 물질과 접촉하면 발화한다.
- 조해성이 있으므로 물이나 습기가 적으며 서늘하고 환기가 잘되는 곳에 보관한다.
- CO_2와 CO 제거제로 작용한다(④).
  $2Na_2O_2 + 2CO_2 \rightarrow 2Na_2CO_3 + O_2 \uparrow$
- 알칼리금속의 과산화물이므로 주수소화는 절대로 금하고(③) 이산화탄소와 할로겐화합물 소화약제도 사용할 수 없다.
- 팽창질석, 팽창진주암, 마른모래, 탄산수소염류 분말소화약제 등으로 질식소화 한다.

28 그림의 시험장치는 제 몇 류 위험물의 위험성 판정을 위한 것인가? (단, 고체 물질의 위험성 판정이다.)

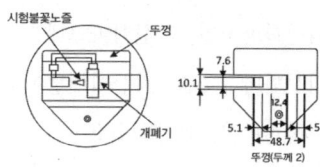

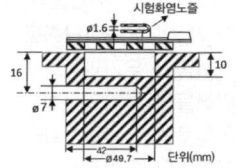

① 제1류　　② 제2류
③ 제3류　　④ 제4류

해설 시험 불꽃 노즐(점화원)이 있다는 것은 발화성 보다는 인화성을 시험한다는 것이기에 인화성 판정시험으로 보아야 하며 인화성 판정시험은 제2류와 제4류 위험물에서 실시하는 것이다. 또한 단서 조항에 고체 물질의 위험성 판정이라 했으니 제2류 위험물(가연성 고체)이 정답이다. 제4류 위험물은 인화성 액체이다.

✱ 빈틈없이 촘촘하게 One more Step

[위험물안전관리에 관한 세부기준 제2조 ~ 제23조 / 위험물의 시험 및 판정]
- 제1류 위험물(산화성 고체) : 산화성 시험(연소시험), 충격민감성 시험(낙구타격감도 시험)
- 제2류 위험물(가연성 고체) : 착화위험성 시험(작은 불꽃 착화시험), **인화위험성 시험**
- 제3류 위험물(자연발화성 물질 및 금수성 물질) : 자연발화성 시험, 금수성 시험
- 제4류 위험물(인화성 액체) : **인화점 측정시험**
- 제5류 위험물(자기반응성 물질) : 폭발성 시험(열분석 시험), 가열분해성 시험(압력용기 시험)
- 제6류 위험물(산화성 액체) : 연소시간 측정시험

29 위험물안전관리법령에서 정한 특수인화물의 발화점 기준으로 옳은 것은?

① 1기압에서 100℃이하
② 0기압에서 100℃이하
③ 1기압에서 25℃이하
④ 0기압에서 25℃이하

해설 [위험물안전관리법 시행령 별표1 / 위험물 및 지정수량] - 비고란 제12호~제18호 제4류 위험물의 정의
- 특수인화물 : 이황화탄소, 디에틸에테르 그 밖에 <U>1기압에서 발화점이 100℃ 이하인 것</U>, 또는 인화점이 -20℃이하이고 비점이 40℃ 이하인 것을 말한다.
- 제1석유류 : 아세톤, 휘발유 그 밖에 1기압에서 인화점이 21℃ 미만인 것을 말한다.
- 제2석유류 : 등유, 경유 그 밖에 1기압에서 인화점이 21℃ 이상 70℃ 미만인 것을 말한다. 다만 도료류 그 밖의 물품에 있어서 가연성 액체량이 40 중량퍼센트 이하이면서 인화점이 40℃ 이상인 동시에 연소점이 60℃ 이상인 것은 제외한다.
- 제3석유류 : 중유, 클레오소트유 그 밖에 1기압에서 인화점이 70℃ 이상 200℃ 미만인 것을 말한다. 다만 도료류 그 밖의 물품은 가연성 액체량이 40 중량퍼센트 이하인 것은 제외한다.
- 제4석유류 : 기어유, 실린더유 그 밖에 1기압에서 인화점이 200℃ 이상 250℃ 미만인 것을 말한다. 다만 도료류 그 밖의 물품은 가연성 액체량이 40 중량퍼센트 이하인 것은 제외한다.
- 알코올류 : 1분자를 구성하는 탄소 원자의 수가 1개부터 3개까지인 포화 1가 알코올(변성 알코올 포함)을 말한다. 다만, 다음은 제외한다.
  - 1분자를 구성하는 탄소 원자의 수가 1개부터 3개의 포화 1가 알코올의 함유량이 60중량 퍼센트 미만인 수용액

정답 26 ③　27 ②　28 ②　29 ①

- 가연성 액체량이 60중량 퍼센트 미만이고 인화점 및 연소점이 에틸알코올 60중량 퍼센트 수용액의 인화점 및 연소점을 초과하는 것
• 동식물유류 : 동물의 지육 등 또는 식물의 종자나 과육으로부터 추출한 것으로서 1기압에서 인화점이 250℃ 미만인 것을 말한다.

30 옥외저장소에서 저장 또는 취급할 수 있는 위험물이 아닌 것은? (단, 국제해상위험물규칙에 적합한 용기에 수납된 위험물의 경우는 제외한다.) 15년·1 유사

① 제2류 위험물 중 유황
② 제1류 위험물 중 과염소산염류
③ 제6류 위험물
④ 제2류 위험물 중 인화점이 10℃인 인화성 고체

해설 [위험물안전관리법 시행령 별표2 / 지정수량 이상의 위험물을 저장하기 위한 장소와 그에 따른 저장소의 구분] - 옥외저장소에 저장할 수 있는 위험물의 종류
옥외저장소에서 저장할 수 있는 위험물의 종류는 다음과 같다.
• <u>제2류 위험물 중 유황</u>(①) 또는 <u>인화성 고체(인화점이 0℃ 이상인 것에 한함)</u>(④)
• 제4류 위험물 중 제1석유류(인화점이 0℃ 이상인 것에 한함)·알코올류·제2석유류·제3석유류·제4석유류 및 동식물유류
• <u>제6류 위험물</u>(③)
• 제2류 위험물 및 제4류 위험물 중 특별시·광역시 또는 도의 조례에서 정하는 위험물 (관세법 제154조의 규정에 의한 보세구역 안에 저장하는 경우에 한함)
• 「국제해사기구에 관한 협약」에 의하여 설치된 국제해사기구가 채택한 국제해상위험물규칙(IMDG Code)에 적합한 용기에 수납된 위험물

31 위험물안전관리법령상 품명이 "유기과산화물"인 것으로만 나열된 것은?

① 과산화벤조일, 과산화메틸에틸케톤
② 과산화벤조일, 과산화마그네슘
③ 과산화마그네슘, 과산화메틸에틸케톤
④ 과산화초산, 과산화수소

해설 ① 두 물질 모두 제5류 위험물의 유기과산화물
② 제5류 위험물의 유기과산화물, 제1류 위험물의 무기과산화물
③ 제1류 위험물의 무기과산화물, 제5류 위험물의 유기과산화물
④ 제5류 위험물의 유기과산화물, 제6류 위험물의 과산화수소

32 염소산염류 250kg, 요오드산염류 600kg, 질산염류 900kg을 저장하고 있는 경우 지정수량의 몇 배가 보관되어 있는가?

① 5배 ② 7배 ③ 10배 ④ 12배

해설 • 염소산염류(제1류 위험물)의 지정수량 : 50kg
• 요오드산염류(제1류 위험물)의 지정수량 : 300kg
• 질산염류(제1류 위험물)의 지정수량 : 300kg
∴ 지정수량의 배수
$= \frac{250}{50} + \frac{600}{300} + \frac{900}{300} = 10$

33 히드라진에 대한 설명으로 틀린 것은?

① 외관은 물과 같이 무색투명하다.
② 가열하면 분해하여 가스를 발생한다.
③ 위험물안전관리법령상 제4류 위험물에 해당한다.
④ 알코올, 물 등의 비극성 용매에 잘 녹는다.

해설 알코올이나 물 등은 극성 용매이다. 물, 알코올, 암모니아 등과 같은 극성 용매에 잘 녹는다.

② 히드라진 수화물은 가열하면 180℃ 정도에서 암모니아와 질소, 수소, 수증기로 분해된다.
$$2N_2H_4 \cdot H_2O \rightarrow 2NH_3 + N_2 + H_2 + H_2O$$
③ 히드라진과 히드라진 수화물은 제4류 위험물로 분류되지만 히드라진 유도체는 제5류 위험물로 분류된다.

❖ 히드라진(N_2H_4)
- 제4류 위험물의 제2석유류(수용성)(③)
- 지정수량 2,000ℓ 위험등급 Ⅲ
- 분자량 32, 비중 1.011, 증기비중 1.59, 인화점 37.8℃, 발화점 270℃
- 녹는점(2℃)과 끓는점(113℃)이 물과 유사하며 외관이 물과 같이 무색투명하므로 취급에 주의한다(①).
- 알칼리성으로 부식성이 큰 맹독성 물질이다.
- 물, 알코올, 암모니아 등과 같은 극성 용매에 잘 녹는다(④).
- 산소가 없어도 분해되어 폭발할 수 있다.
- 히드라진의 증기가 공기와 혼합하면 폭발적으로 연소한다.
$$N_2H_4 + O_2 \rightarrow N_2 \uparrow + 2H_2O \uparrow$$
- 과산화수소와 폭발적으로 반응하여 물과 질소 기체를 만든다.
$$N_2H_4 + 2H_2O_2 \rightarrow N_2 \uparrow + 4H_2O \uparrow$$
- 공기 중에서 180℃ 정도로 가열하면 분해되어 암모니아, 질소, 수소 기체를 발생시킨다(②).
$$2N_2H_4 \rightarrow 2NH_3 \uparrow + N_2 \uparrow + H_2 \uparrow$$

34 시약(고체)의 명칭이 불분명한 시약병의 내용물을 확인하려고 뚜껑을 열어 시계접시에 소량을 담아놓고 공기 중에서 햇빛을 받는 곳에 방치하던 중 시계접시에서 갑자기 연소현상이 일어났다. 다음 물질 중 이 시약의 명칭으로 예상할 수 있는 것은?

① 황 ② 황린
③ 적린 ④ 질산암모늄

[해설] 햇빛이 드는 공기 중에 방치하던 중 연소현상이 일어났으므로 제3류 위험물 중 자연발화성 물질로 예상할 수 있다. 위의 지문 중 자연발화성 물질에 해당하는 것은 황린이다. 황린의 착화점은 미분 상태는 34℃, 고형상태에서는 60℃로서 햇빛에 가열된다면 자연발화 할 수 있으며 유독성 가스인 오산화인을 발생시킨다. $P_4 + 5O_2 \rightarrow 2P_2O_5$
① 황(제2류 위험물) : 착화점은 사방황이 232℃, 고무상황이 360℃로 자연발화하기 어렵다.
③ 적린(제2류 위험물) : 착화점은 260℃로 자연발화하기 어렵다.
④ 질산암모늄(제1류 위험물 중 질산염류) : 산화성 고체인 제1류 위험물은 불연성 물질로 자연발화하고는 관련성이 없다.

35 위험물 제조소 및 일반취급소에 설치하는 자동화재탐지설비의 설치기준으로 틀린 것은?

① 하나의 경계구역은 600m² 이하로 하고, 한 변의 길이는 50m 이하로 한다.
② 주요한 출입구에서 내부 전체를 볼 수 있는 경우 경계구역은 1,000m² 이하로 할 수 있다.
③ 광전식 분리형 감지기를 설치한 경우에는 하나의 경계구역을 1,000m² 이하로 할 수 있다.
④ 비상 전원을 설치하여야 한다.

[해설] 광전식 분리형 감지기를 설치할 경우에는 하나의 경계구역의 한 변의 길이를 100m 이하로 할 수 있는 것이며 면적을 600m² 이하로 해야 한다는 기준은 그내로 적용된다.

[위험물안전관리법 시행규칙 별표17] - Ⅱ. 경보설비 中 2. 자동화재탐지설비의 설치기준
- 경계구역 : 화재가 발생한 구역을 다른 구역과 구분하여 식별할 수 있는 최소단위의 구역을 말하는 것으로 자동화재탐지설비의 설치 조건에 부합되는 경계구역은 다음과 같다.

정답 30 ② 31 ① 32 ③ 33 ④ 34 ② 35 ③

- 경계구역은 건축물 그 밖의 공작물의 2 이상의 층에 걸치지 아니하도록 할 것 다만, 하나의 경계구역 면적이 500m² 이하이면서 당해 경계구역이 2개의 층에 걸치는 경우이거나 계단·경사로·승강기의 승강로 그 밖에 이와 유사한 장소에 연기감지기를 설치하는 경우에는 그러하지 아니하다.
- 하나의 경계구역의 면적은 600m² 이하로 하고 그 한 변의 길이는 50m(광전식분리형 감지기를 설치할 경우에는 100m) 이하로 할 것(①). 다만, 당해 건축물 그 밖의 공작물의 주요한 출입구에서 그 내부 전체를 볼 수 있는 경우에 있어서는 그 면적을 1,000m² 이하로 할 수 있다(②).
- 자동화재탐지설비의 감지기는 지붕 또는 벽의 옥내에 면한 부분에 유효하게 화재 발생을 감지할 수 있도록 설치할 것
- 자동화재탐지설비에는 비상전원을 설치할 것(④)

36 다음 중 제2석유류만으로 짝지어진 것은?

① 시클로헥산 – 피리딘

② 염화아세틸 – 휘발유

③ 시클로헥산 – 중유

④ 아크릴산 – 포름산

해설 ① 시클로헥산(제1석유류) – 피리딘(제1석유류)
② 염화아세틸(제1석유류) – 휘발유(제1석유류)
③ 시클로헥산(제1석유류) – 중유(제3석유류)
④ 아크릴산(제2석유류) – 포름산(제2석유류)

[11쪽] 제4류 위험물의 분류 도표 참조

37 무기과산화물의 일반적인 성질에 대한 설명으로 틀린 것은?

① 과산화수소의 수소가 금속으로 치환된 화합물이다.

② 산화력이 강해 스스로 쉽게 산화한다.

③ 가열하면 분해되어 산소를 발생한다.

④ 물과의 반응성이 크다.

해설 무기과산화물은 강산화제로서 산소공급원으로 작용하기에 다른 물질은 산화시키지만 자기 자신은 환원된다.

① 제1류 위험물인 무기과산화물은 과산화수소(H_2O_2)의 수소가 금속으로 치환된 화합물이며 알칼리금속의 과산화물은 M_2O_2 (Li_2O_2, Na_2O_2, K_2O_2), 알칼리토금속의 과산화물은 MO_2(MgO_2, CaO_2, BaO_2)의 형태를 취한다. 알칼리금속의 과산화물에 있어서는 분자 내의 산소 원자 간 결합이 약하고 불안정하여 안정된 상태로 되려는 경향을 보이며 이때 유리된 발생기 산소는 반응성이 강하고 산소보다 산화력이 더 강한 특징을 보인다.
($Na_2O_2 \rightarrow Na_2O + [O]$)

③ 가열하면 분해되어 산소를 방출한다.
$2K_2O_2 \rightarrow 2K_2O + O_2 \uparrow$
$2BaO_2 \rightarrow 2BaO + O_2 \uparrow$

④ 물과 격렬히 반응하여 산소를 방출하고 열을 발산하므로 화재 시 주수소화는 금한다.
$2Na_2O_2 + 2H_2O \rightarrow 4NaOH + O_2 \uparrow + Qkcal$
$2MgO_2 + 2H_2O \rightarrow 2Mg(OH)_2 + O_2 \uparrow + Qkcal$

38 다음 중 물과의 반응성이 가장 낮은 것은?

① 인화알루미늄   ② 트리에틸알루미늄

③ 오황화린   ④ 황린

해설 황린은(제3류 위험물) 물에 녹지 않으며 물과의 반응성도 없고 물보다도 무겁다. 공기와 접촉하면 자연발화 할 수 있으므로 물속에 넣어 저장하며 수산화칼슘을 첨가함으로써 물의 pH를 9로 유지하여 유독성 증기인 포스핀(인화수소)의 생성을 방지한다.

① 인화알루미늄(제3류 위험물 중 금속의 인화물)은 물과 반응하여 포스핀을 생성한다.
$AlP + 3H_2O \rightarrow Al(OH)_3 + PH_3 \uparrow$

② 트리에틸알루미늄(제3류 위험물 중 알킬알루미늄)은 물과 반응하여 에탄을 생성한다.
$(C_2H_5)_3Al + 3H_2O \rightarrow Al(OH)_3 + 3C_2H_6 \uparrow$

③ 오황화린(제2류 위험물 중 황화린)은 물과 반응하여 황화수소와 인산을 생성한다.
$P_2S_5 + 8H_2O \rightarrow 5H_2S + 2H_3PO_4 \uparrow$

39 위험물 안전관리자를 해임한 때에는 해임한 날로부터 며칠 이내에 위험물 안전관리자를 다시 선임하여야 하는가? 20년·3 유사

① 7 ② 14 ③ 30 ④ 60

해설 [위험물안전관리법 제15조 / 위험물안전관리자]
- 제조소등의 관계인은 위험물의 안전관리에 관한 직무를 수행하게 하기 위하여 제조소 등마다 대통령령이 정하는 위험물의 취급에 관한 자격이 있는 자를 위험물안전관리자로 선임하여야 한다.
- <u>안전관리자를 선임한 제조소등의 관계인은 그 안전관리자를 해임하거나 안전관리자가 퇴직한 때에는 해임하거나 퇴직한 날부터 30일 이내에 다시 안전관리자를 선임하여야 한다.</u>
- 제조소등의 관계인은 안전관리자를 선임한 경우에는 선임한 날부터 14일 이내에 행정안전부령으로 정하는 바에 따라 소방본부장 또는 소방서장에게 신고하여야 한다.
- 제조소등의 관계인이 안전관리자를 해임하거나 안전관리자가 퇴직한 경우 그 관계인 또는 안전관리자는 소방본부장이나 소방서장에게 그 사실을 알려 해임되거나 퇴직한 사실을 확인받을 수 있다.
- 안전관리자를 선임한 제조소등의 관계인은 안전관리자가 여행·질병 그 밖의 사유로 인하여 일시적으로 직무를 수행할 수 없거나 안전관리자의 해임 또는 퇴직과 동시에 다른 안전관리자를 선임하지 못하는 경우에는 국가기술자격법에 따른 위험물의 취급에 관한 자격취득자 또는 위험물 안전에 관한 기본지식과 경험이 있는 자로서 행정안전부령이 정하는 자를 대리자(代理者)로 지정하여 그 직무를 대행하게 하여야 한다. 이 경우 대리자가 안전관리자의 직무를 대행하는 기간은 30일을 초과할 수 없다.

(이하 생략)

40 다음 위험물 중 비중이 물보다 큰 것은?

① 디에틸에테르 ② 아세트알데히드
③ 산화프로필렌 ④ 이황화탄소

해설 이황화탄소를 제외한 나머지 3가지 물질은 모두 비중이 물보다 작은 값을 나타낸다.

❖ 각 위험물의 비중값

디에틸에테르	아세트알데히드
0.72	0.78
산화프로필렌	이황화탄소
0.83	1.26

이황화탄소의 비중은 1.26으로 물보다 무거우며 물에 녹지도 않으므로 가연성 증기의 발생을 억제할 목적으로 물속에 저장한다

41 황린에 관한 설명 중 틀린 것은?

① 물에 잘 녹는다.
② 화재 시 물로 냉각소화 할 수 있다.
③ 적린에 비해 불안정하다.
④ 적린과 동소체이다.

해설 ❖ 황린(P_4)
- 제3류 위험물 중 황린 – 자연발화성 물질
- 지정수량 20kg, 위험등급 I
- 착화점 34°C(미분) 60°C(고형), 녹는점 44°C, 끓는점 280°C, 비중 1.82, 증기비중 4.4
- 마늘과 같은 자극적인 냄새가 나는 백색 또는 담황색의 가연성 고체이다.
- 벤젠이나 이황화탄소에는 녹지만 <u>물에는 녹지 않는다(①).</u>
- 물과의 반응성이 없고 공기와 접촉하면 자연발화 할 수 있으므로 물속에 넣어 보관한다.
- $Ca(OH)_2$를 첨가함으로써 물의 pH를 9로 유지하여 포스핀(인화수소)의 생성을 방지한다.
- 발화점이 낮고 화학적 활성이 커서 공기 중에 노출되면 자연발화 한다.
- **충격**, 마찰, 강산화제와의 **접촉** 등으로 발화할 수 있다.

정답 36 ④ 37 ② 38 ④ 39 ③ 40 ④ 41 ①

- 공기 중에서 격렬히 연소하며 흰 연기의 오산화인(P_2O_5)을 발생시킨다(오산화인은 흡입 시 치명적이며 피부에 심한 화상과 눈에 손상을 일으킨다).
  $P_4 + 5O_2 \rightarrow 2P_2O_5$
- 강알칼리 수용액과 반응하여 유독성의 포스핀(PH_3) 가스를 발생시킨다.
  $P_4 + 3KOH + 3H_2O \rightarrow 3KH_2PO_2 + PH_3 \uparrow$
- 분무주수에 의한 냉각소화가 효과적이며 분말소화설비에는 적응성이 없다(②).
- 공기를 차단하고 260℃ 정도로 가열하면 적린이 된다.

❖ 적린과 황린의 비교

특성	구분	적린	황린
공통점		• 서로 동소체 관계(④) • 연소할 경우 오산화인(P_2O_5)을 생성 • 주수소화가 가능 • 물에 잘 녹지 않는다. • 물보다 무거움 (적린 비중 : 2.2, 황린 비중 : 1.82) • 알칼리와 반응하여 포스핀 가스를 발생	
차이점	화학식	P	P_4
	분류	제2류 위험물	제3류 위험물
	성상	암적색의 분말	백색 또는 담황색 고체
	착화온도	약 260℃	34℃ (미분), 60℃ (고형)
	자연발화	×	○
	이황화탄소에 대한 용해성	×	○
	화학적 활성	작다	크다
	안정성	안정	불안정(③)

❖ 동소체(Allotropy)란?

물질을 구성하는 원소는 동일하지만 구조 등이 달라서 물리적 성질이 다른 물질 간을 일컫는 말이다. 대표적인 예로 탄소 동소체를 들 수 있다. 다이아몬드와 흑연은 물리적 성질에 있어서 확연한 차이를 보이고 있으나 이들을 구성하는 성분 원소는 탄소로 동일하다는 것이다. 더 나아가서 플러렌, 그래핀, 탄소나노튜브도 모두 탄소 동소체이다.
마찬가지로 적린(P)과 황린(P_4)도 성질이 전혀 달라 제2류 위험물과 제3류 위험물로 구분되지만 기본 성분 원소는 인(P)으로 되어 있는 동소체인 것이다.

42 위험물 옥내저장소에 과염소산 300kg, 과산화수소 300kg을 저장하고 있다. 저장창고에는 지정수량 몇 배의 위험물을 저장하고 있는가?

① 4   ② 3   ③ 2   ④ 1

해설 과염소산과 과산화수소는 모두 제6류 위험물로 분류되고 지정수량은 300kg이다. 따라서 두 위험물 모두 지정수량만큼만 저장하고 있는 것이므로 1+1=2배만큼의 위험물을 저장하고 있는 것이 된다.

지정수량의 배수 = $\frac{300kg}{300kg} + \frac{300kg}{300kg}$ = 1+1=2

43 금속나트륨, 금속칼륨 등을 보호액 속에 저장하는 이유를 가장 옳게 설명한 것은?

① 온도를 낮추기 위하여

② 승화하는 것을 막기 위하여

③ 공기와의 접촉을 막기 위하여

④ 운반 시 충격을 적게 하기 위하여

해설 제3류 위험물인 금속나트륨과 금속칼륨은 물과 접촉하면 반응하여 수산화물과 가연성 기체인 수소를 발생시킨다. 공기 중에 방치하면 자연발화 할 수 있으며 실온의 공기 중에서 빠르게 산화되어 피막을 형성하고 광택을 잃는다. 또한 공기 중의 수증기와 반응해서도 수소를 발생시키므로 물이나 공기 중 수분·산소와의 접촉을 막기 위해 유동성 파라핀, 경유, 등유 같은 보호액 속에 저장하는 것이다.

44 위험물안전관리법령에서 정한 품명이 서로 다른 물질을 나열한 것은?

① 이황화탄소, 디에틸에테르

② 에틸알코올, 고형알코올

③ 등유, 경유

④ 중유, 클레오소트유

해설 고형알코올을 제외한 나머지 물질들은 모두 제4류 위험물로 분류된다.

① 두 위험물 모두 제4류 위험물 중 특수인화물
② 에틸알코올(제4류 위험물 중 알코올류), 고형알코올(제2류 위험물 중 인화성 고체)
③ 두 위험물 모두 제4류 위험물 중 제2석유류
④ 두 위험물 모두 제4류 위험물 중 제3석유류

[05쪽] 제2류 위험물의 분류 도표 참조 &
[11쪽] 제4류 위험물의 분류 도표 참조

45 위험물안전관리법령에 의한 위험물 운송에 관한 규정으로 틀린 것은? [법 개정]

① 이동 탱크저장소에 의하여 위험물을 운송하는 자는 당해 위험물을 취급할 수 있는 국가기술자격자 또는 안전교육을 받은 자이어야 한다.
② 안전관리자·탱크 시험자·위험물 운송자 등 위험물의 안전관리와 관련된 업무를 수행하는 자는 시·도지사가 실시하는 안전교육을 받아야 한다.
③ 운송책임자의 범위, 감독 또는 지원의 방법 등에 관한 구체적인 기준은 행정안전부령으로 정한다.
④ 위험물 운송자는 이동 탱크저장소에 의하여 위험물을 운송하는 때에는 행정안전부령으로 정하는 기준을 준수하는 등 당해 위험물의 안전 확보를 위하여 세심한 주의를 기울여야 한다.

해설 [위험물안전관리법 제28조 / 안전교육] - 제1항
안전관리자·탱크시험자·위험물운반자·위험물운송자 등 위험물의 안전관리와 관련된 업무를 수행하는 자로서 대통령령이 정하는 자는 해당 업무에 관한 능력의 습득 또는 향상을 위하여 소방청장이 실시하는 교육을 받아야 한다.
2020년 개정된 법에는 '위험물운반자'가 삽입되었다.

① [위험물안전관리법 제21조 / 위험물의 운송] - 제1항
• 이동 탱크저장소에 의하여 위험물을 운송하는 자(운송책임자 및 이동 탱크저장소 운전자를 말하며, 이하 "위험물운송자"라 한다)는 「국가기술자격법」에 따른 위험물 분야의 자격을 취득한 자 또는 소방청장이 실시하는 안전교육을 수료한 자이어야 한다. 〈개정 2020. 6. 9.〉
③ [위험물안전관리법 제21조 / 위험물의 운송] - 제2항
• 대통령령이 정하는 위험물의 운송에 있어서는 운송책임자(위험물 운송의 감독 또는 지원을 하는 자를 말한다. 이하 같다)의 감독 또는 지원을 받아 이를 운송하여야 한다. 운송책임자의 범위, 감독 또는 지원의 방법 등에 관한 구체적인 기준은 행정안전부령으로 정한다.
④ [위험물안전관리법 제21조 / 위험물의 운송] - 제3항
• 위험물운송자는 이동 탱크저장소에 의하여 위험물을 운송하는 때에는 행정안전부령으로 정하는 기준을 준수하는 등 당해 위험물의 안전 확보를 위하여 세심한 주의를 기울여야 한다.

46 위험물의 지정수량이 잘못된 것은?

① $(C_2H_5)_3Al$: 10kg
② Ca : 50kg
③ LiH : 300kg
④ Al_4C_3 : 500kg

해설 Al_4C_3(탄화알루미늄)은 제3류 위험물 중 칼슘 또는 알루미늄의 탄화물로 분류되며 지정수량은 300kg이고 위험등급은 Ⅲ등급이다. 제3류 위험물에는 지정수량이 500kg인 경우는 없다.
① 트리에틸알루미늄 : 제3류 위험물 중 알킬알루미늄에 속하며 지정수량은 10kg이다.
② 칼슘 : 제3류 위험물 중 알칼리토금속에 속하며 지정수량은 50kg이다.
③ 수소화리튬 : 제3류 위험물 중 금속의 수소화물에 속하며 지정수량은 300kg이다.

정답 42 ③ 43 ③ 44 ② 45 ② 46 ④

47 위험물 탱크의 용량은 탱크의 내용적에서 공간용적을 뺀 용적으로 한다. 이 경우 소화약제 방출구를 탱크 안의 윗부분에 설치하는 탱크의 공간용적은 당해 소화설비의 소화약제 방출구 아래의 어느 범위의 면으로부터 윗부분의 용적으로 하는가?

① 0.1m 이상 0.5m 미만 사이의 면
② 0.3m 이상 1m 미만 사이의 면
③ 0.5m 이상 1m 미만 사이의 면
④ 0.5m 이상 1.5m 미만 사이의 면

해설 [위험물안전관리에 관한 세부기준 제25조 / 탱크의 내용적 및 공간용적] - 제2항 및 제3항
- 탱크의 공간용적은 탱크의 내용적의 100분의 5 이상 100분의 10 이하의 용적으로 한다. 다만, 소화설비(소화약제 방출구를 탱크안의 윗부분에 설치하는 것에 한한다)를 설치하는 탱크의 공간용적은 당해 소화설비의 소화약제 방출구 아래의 <u>0.3m 이상 1m 미만 사이의 면</u>으로부터 윗부분의 용적으로 한다.
- 암반 탱크에 있어서는 당해 탱크 내에 용출하는 7일간의 지하수의 양에 상당하는 용적과 당해 탱크의 내용적의 100분의 1의 용적 중에서 보다 큰 용적을 공간용적으로 한다.

48 다음 아세톤의 완전 연소 반응식에서 ( )에 알맞은 계수를 차례대로 옳게 나타낸 것은?

21년·1 동일

$$CH_3COCH_3 + (\ )O_2 \rightarrow (\ )CO_2 + 3H_2O$$

① 3, 4   ② 4, 3
③ 6, 3   ④ 3, 6

해설 $CH_3COCH_3 + (4)O_2 \rightarrow (3)CO_2 + 3H_2O$
객관식 유형일 경우에는 복잡한 반응식이더라도 지문에 있는 수치를 재빠르게 대입해봄으로써 답을 구할 수도 있으나 주관식 서술형으로 출제가 된 경우라면 아래의 미정계수법에 의한 계수결정 방법을 숙지하고 적용할 수 있어야 한다.

❖ **미정계수법에 의한 화학반응식의 계수 결정**
- 우선 반응물과 생성물에 대해 화학반응식으로 나타낸다. 일반적으로 연소반응에서는 산소가 필요하고 이산화탄소와 물이 생성된다.
  $CH_3COCH_3 + O_2 \rightarrow CO_2 + H_2O$
- 반응에 관여하는 각 분자의 계수(몰수)를 미정계수 a, b, c, d로 표기한다.
  $aCH_3COCH_3 + bO_2 \rightarrow cCO_2 + dH_2O$
- 반응 전후에 원자의 종류와 수는 변하지 않는다는 것을 이용하여 연립방정식을 세운다. 화학반응식에서의 화살표는 '='과 같은 의미로서 반응 물질인 좌변과 생성 물질인 우변의 원자 수는 동일하다는 뜻이다. 위 반응식에서 확인되는 원소는 C, H, O 세 종류이다.
  C : $3a = c$ (탄소원자는 a항에 3개, b항에 없고 c항에 한 개, d항에 없다는 것을 표현한 식이다.)
  H : $6a = 2d$
  O : $a + 2b = 2c + d$
- 수학적으로 연립방정식을 풀 듯하지 않아도 된다. 즉, a, b, c, d 중 임의로 하나를 1로 정하고 대입해서 나머지 수치를 얻어내면 된다. a를 1로 정하고 나머지 계수들을 결정해 보자. a=1이므로 c=3이며 d=3이 된다. 마지막 식에 결정된 숫자들을 넣고 계산하면 b=4가 된다.
  (간혹 어느 하나를 1로 정해서 풀었는데 자연수가 아닌 분수가 나올 경우도 있다. 그러면 일정한 수를 곱하여 자연수를 만들어주면 된다. 예를 들어 c=1로 정하고 풀어보자. 그러면 a=1/3, b=4/3, d=1이 되어 분수가 나오게 된다. 분모가 3이므로 a, b, c, d 모든 수에 3을 곱하여 자연수로 만들어주면 a=1, b=4, c=3, d=3이 되어 알맞은 계수가 결정되어 진다. 물론 분수가 싫다면 재빠르게 다른 미정계수를 1로 넣고 풀면 된다. 결과는 모두 마찬가지이다.)
- 결정된 숫자들을 위의 미정계수 a, b, c, d 자리에 대입하여 반응식을 완성한다.
  $CH_3COCH_3 + 4O_2 \rightarrow 3CO_2 + 3H_2O$

49 위험물안전관리법령상 에틸렌글리콜과 혼재하여 운반할 수 없는 위험물은? (단, 지정수량의 10배일 경우이다.) [최다 빈출 유형]

① 유황
② 과망간산나트륨
③ 알루미늄분
④ 트리니트로톨루엔

해설 에틸렌글리콜은 제4류 위험물 중 제3석유류에 속하는 위험물이다.
제4류 위험물은 제2류, 제3류, 제5류 위험물과는 혼재가 가능하며 제1류, 제6류 위험물과는 혼재할 수 없다.
① 유황 : 제2류 위험물
② 과망간산나트륨 : 제1류 위험물 중 과망간산염류
③ 알루미늄분 : 제2류 위험물 중 금속분
④ 트리니트로톨루엔 : 제5류 위험물 중 니트로화합물
따라서, ②번의 과망간산나트륨은 에틸렌글리콜과 혼재하여 운반할 수 없는 위험물이다.

[위험물안전관리법 시행규칙 별표19 / 위험물의 운반에 관한 기준] [부표2] – 유별을 달리하는 위험물의 혼재기준

구분	제1류	제2류	제3류	제4류	제5류	제6류
제1류		×	×	×	×	○
제2류	×		×	○	○	×
제3류	×	×		○	×	×
제4류	×	○	○		○	×
제5류	×	○	×	○		×
제6류	○	×	×	×	×	

* 'O'는 혼재할 수 있음을, '×'는 혼재할 수 없음을 표시한다.
* 이 표는 지정수량 1/10 이하의 위험물에는 적용하지 않는다.

50 다음 중 위험등급 I의 위험물이 아닌 것은?

① 무기과산화물
② 적린
③ 나트륨
④ 과산화수소

해설 적린은 제2류 위험물에 속하며 위험등급은 II이다(지정수량 100kg).
① 무기과산화물은 제1류 위험물에 속하며 위험등급은 I이다(지정수량 50kg).
③ 나트륨은 제3류 위험물에 속하며 위험등급은 I이다(지정수량 10kg).
④ 과산화수소는 제6류 위험물에 속하며 위험등급은 I이다(지정수량 300kg).

[위험물안전관리법 시행규칙 별표19 / 위험물의 운반에 관한 기준] – V. 위험물의 위험등급
위험물의 위험등급은 위험등급 I·위험등급 II 및 위험등급III으로 구분하며 각 위험등급에 해당하는 위험물은 다음과 같다.
• 위험등급 I의 위험물
  – 제1류 위험물 중 아염소산염류, 염소산염류, 과염소산염류, 무기과산화물 그 밖에 지정수량이 50kg인 위험물
  – 제3류 위험물 중 칼륨, 나트륨, 알킬알루미늄, 알킬리튬, 황린 그 밖에 지정수량이 10kg 또는 20kg인 위험물
  – 제4류 위험물 중 특수인화물
  – 제5류 위험물 중 유기과산화물, 질산에스테르류 그 밖에 지정수량이 10kg인 위험물
  – 제6류 위험물
• 위험등급 II의 위험물
  – 제1류 위험물 중 브롬산염류, 질산염류, 요오드산염류 그 밖에 지정수량이 300kg인 위험물
  – 제2류 위험물 중 황화린, 적린, 유황 그 밖에 지정수량이 100kg인 위험물
  – 제3류 위험물 중 알칼리금속(칼륨 및 나트륨을 제외한다) 및 알칼리토금속, 유기금속화합물(알킬알루미늄 및 알킬리튬을 제외한다) 그 밖에 지정수량이 50kg인 위험물
  – 제4류 위험물 중 제1석유류 및 알코올류
  – 제5류 위험물 중 위험등급 I에 정하는 위험물 외의 것
• 위험등급III의 위험물
  – 위에서 정하지 아니한 위험물

❈ Tip
• 위험등급 I에 해당하는 제2류 위험물은 없다.
• 위험등급III에 해당하는 제5류 위험물은 없다.
• 제6류 위험물은 모두 위험등급 I에 해당하는 위험물이다.
• 위험등급 I, II, III에 해당하는 위험물을 모두 포함하고 있는 것은 제1류, 제3류, 제4류 위험물이다.

정답 47 ② 48 ② 49 ② 50 ②

51 탄소 80%, 수소 14%, 황 6%인 물질 1kg이 완전 연소하기 위해 필요한 이론 공기량은 약 몇 kg인가? (단, 공기 중 산소는 23wt%이다.)

① 3.31   ② 7.05
③ 11.62 ④ 14.41

해설 우선 물질에 포함된 세 성분 원소들의 완전 연소에 필요한 이론산소량을 구한 다음 공기 중 산소의 중량 퍼센트를 적용하여 필요한 이론 공기량을 계산한다.

• 탄소 80%를 완전 연소시키는데 필요한 이론 산소량
$$C + O_2 \rightarrow CO_2$$
위의 탄소 연소반응식에서와 같이 탄소 1몰이 완전 연소하는 데는 산소 1몰이 필요하다.
$C : O_2 = 12 : 32 = (1kg \times 0.8) : x$
∴ $x = 2.13kg$

• 수소 14%를 완전 연소시키는데 필요한 이론 산소량
$$2H_2 + O_2 \rightarrow 2H_2O \text{ (또는 } 4H + O_2 \rightarrow 2H_2O)$$
위의 수소 연소반응식에서와 같이 수소 1몰이 완전 연소하는 데는 산소 0.5몰이 필요하다.
$H_2 : O_2 = 2 : 16 = (1kg \times 0.14) : x$
∴ $x = 1.12kg$

• 황 6%를 완전 연소시키는데 필요한 이론산소량
$$S + O_2 \rightarrow SO_2$$
위의 황 연소반응식에서와 같이 황 1몰이 완전 연소하는 데는 산소 1몰이 필요하다.
$S : O_2 = 32 : 32 = (1kg \times 0.06) : x$
∴ $x = 0.06kg$

따라서 세 물질을 완전 연소시키는 데 필요한 산소량은 2.13 + 1.12 + 0.06 = 3.31kg이고 공기 중의 산소 중량퍼센트는 23wt%이므로 이들 물질의 완전 연소에 필요한 이론공기량은 3.31/0.23 = 14.4kg임을 알 수 있다.

52 다음 중 요오드값이 가장 낮은 것은?
14년·2 유사

① 해바라기유   ② 오동유
③ 아마인유   ④ 낙화생유

해설 일반적으로 요오드값이 낮을수록 자연발화의 가능성은 적다고 할 수 있다.
해바라기유, 오동유, 아마인유는 요오드값이 130 이상인 건성유이며 낙화생유는 100 이하의 요오드값을 갖는 불건성유이다.
요오드값이란 유지에 염화요오드를 떨어뜨렸을 때 유지 100g에 흡수되는 염화요오드의 양으로부터 요오드의 양을 환산하여 그램 수로 나타낸 것으로 '옥소값'이라고도 한다. 일반적으로 유지류에 요오드를 작용시키면 이중결합 하나에 대해 요오드 2 원자가 첨가되기 때문에 유지의 불포화 정도를 확인할 수 있다. 요오드값이 크다는 것은 탄소 간에 이중결합이 많아 불포화도가 크다는 것을 의미하므로 요오드값은 불포화 지방산의 함량이 많을수록 커지는 비례관계이며 불포화도가 높을수록 공기 중에서 산화되기 쉽고 산화열이 축적되어 자연발화 할 가능성도 커진다. 산화되거나 산패 시에 요오드값은 감소한다.

요오드값에 따라 유지는 다음과 같이 분류된다.
• 건성유 : 요오드값이 130 이상인 것. 이중결합이 많아 불포화도가 높으므로 공기 중에 노출되면 산소와 반응하여 액 표면에 피막을 만들고 굳어버리는 기름. 섬유 등 다공성 가연물에 스며들어 공기와 반응함으로써 자연 발화하기 쉽다. 정어리유, 대구유, 상어유, <u>아마인유, 오동유, 해바라기유</u>, 들기름 등이 있다.
• 반건성유 : 100~130 사이의 요오드값을 갖는 것. 공기 중에서 서서히 산화되면서 점성은 증가하지만 건조한 상태까지는 되지 않는 기름. 면실유, 청어유, 대두유, 채종유, 참기름, 콩기름, 옥수수기름 등이 있다.
• 불건성유 : 요오드값이 100 이하인 것. 불포화 지방산의 함유량이 적기 때문에 공기 중에 두어도 산화되거나 굳어지거나 엷은 막을 형성하지 않는 기름. 올리브유, 야자유, 동백유, 피마자유, <u>땅콩기름</u>(낙화생유), 쇠기름, 돼지기름 등이 있다.

53 시클로헥산에 관한 설명으로 가장 거리가 먼 것은?

① 고리형 분자구조를 가진 방향족 탄화수소 화합물이다.
② 화학식은 C_6H_{12}이다.
③ 비수용성 위험물이다.
④ 제4류 위험물 중 제1석유류에 속한다.

해설 시클로헥산은 고리형 분자구조를 가졌으나 벤젠을 함유하지 않아 지방족 탄화수소 화합물로 분류한다.

❖ **시클로헥산(Cyclohexane)**
- 제4류 위험물 중 제1석유류(비수용성)(③, ④)
- 지정수량 200ℓ, 위험등급 Ⅱ
- 분자식 : C_6H_{12}(②)
- 구조식

- 인화점 -18℃, 발화점 260℃, 비중 0.77, 증기비중 2.9, 연소범위 1.3~8.4(%)
- 무색투명한 액체이다.
- 석유와 비슷한 냄새가 나며 자극성이 있다.
- 물에 녹지 않으며 알코올, 에테르에는 녹는다.
- 화학적으로 안정한 물질이다.
- 산화제, 가연성 물질과 혼합하면 발열·발화할 수 있다.
- 통풍과 환기가 잘되는 건조 냉소에 보관한다.

✻ 빈틈없이 촘촘하게 One more Step

❖ **방향족 탄화수소와 지방족 탄화수소**
- 방향족 탄화수소 : 고리 모양의 탄화수소로서 벤젠과 그 유도체를 함유하는 것을 말한다. 방향족 탄화수소는 고리 내에 이중결합과 단일결합이 교대로 존재하나 이중결합의 위치가 고정되어 있지 않아 공명 구조를 갖는다고 말한다.
- 지방족 탄화수소 : 벤젠고리가 없는 탄화수소로서 방향족 탄화수소를 제외한 나머지 탄화수소들을 말하며 아래와 같이 분류할 수 있다.
  - 포화탄화수소 : 단일결합으로만 이루어진 탄화수소
  - 사슬형 : 알케인(Alkane, 알칸). 일반식은 C_nH_{2n+2}이며 메테인(메탄), 에테인(에탄), 프로페인(프로판) 가스 등이 여기에 속한다.
  - 고리형 : 사이클로알케인(cycloalkane, 시클로알칸). 일반식은 C_nH_{2n}이며 사이클로프로페인(시클로프로판), 사이클로뷰테인(시클로부탄), **사이클로헥세인(시클로헥산)** 등이 속한다.
  - 불포화탄화수소 : 탄화수소 내에 이중결합을 지니는 알킨(Alkene, 알켄)과 삼중결합을 갖는 알카인(Alkyne, 알킨)이 포함된다.

54 다음 중 위험물 운반용기의 외부에 "제4류"와 "위험등급 Ⅱ"의 표시만 보이고 품명이 잘 보이지 않을 때 예상할 수 있는 수납 위험물의 품명은?

① 제1석유류
② 제2석유류
③ 제3석유류
④ 제4석유류

해설 제4류 위험물 중 위험등급 Ⅱ에 해당하는 위험물은 제1석유류와 알코올류이다.
①은 위험등급 Ⅱ이며 ②, ③, ④는 모두 위험등급 Ⅲ에 해당된다. 따라서 제4류 위험물 중 위험등급 Ⅱ에 해당하는 제1석유류라고 예상할 수 있다.

[11쪽] 제4류 위험물의 분류 도표 참조

55 이황화탄소를 화재 예방상 물속에 저장하는 이유는? 14년·1 19년·2 유사

① 불순물을 물에 용해시키기 위해
② 가연성 증기의 발생을 억제하기 위해
③ 상온에서 수소가스를 발생시키기 때문에
④ 공기와 접촉하면 즉시 폭발하기 때문에

해설 이황화탄소는 제4류 위험물 중 특수인화물로 분류되며 물에 녹지 않고 물보다 무거워(비중 1.26) 가라앉는다. 이러한 이유로 가연성 증기의 발생을 억제할 목적으로 물속에 저장한다(물에는 녹지 않으나 높은 온도의 물과는 반응하여 황화수소를 발생할 수 있으므로 물의 냉각상태를 유지하는 것이 필요하다).

❖ 이황화탄소(CS_2)
- 제4류 위험물 중 특수인화물
- 지정수량 50ℓ, 위험등급 I
- 분자량 76, 인화점 -30℃, 착화점 100℃, 연소범위 1~44%
- 순수한 것은 무색투명한 휘발성 액체이지만 햇빛에 노출되면 황색으로 변한다.
- 비수용성이며 알코올, 에테르, 벤젠 등에는 녹는다.
- 비중이 1.26이므로 물보다 무겁고 독성이 있다.
- 증기비중이 2.62로 공기보다는 무거워 증기 누출 시 바닥에 깔린다.
- 착화온도는 100℃로 제4류 위험물 중 가장 낮다.
- 연소반응 : $CS_2 + 3O_2 \rightarrow CO_2 + 2SO_2$
- 150℃ 이상의 고온의 물과는 반응하여 황화수소를 발생한다.
  $CS_2 + 2H_2O \rightarrow CO_2 + 2H_2S$
- 알칼리금속과 접촉하면 발화하거나 폭발할 수 있다.
- 비스코스 레이온(인조섬유), 고무용제, 살충제, 도자기 등에 사용된다.
- <u>가연성 증기의 발생 억제를 위해 물속에 저장한다.</u>
- 분말, 포말, 할로겐화합물 소화기를 이용해 질식소화 한다.

56 제6류 위험물을 저장하는 옥내 탱크저장소로서 단층 건물에 설치된 것의 소화 난이도 등급은?

① I 등급
② II 등급
③ III 등급
④ 해당 없음

해설 제6류 위험물을 저장하는 옥내 탱크저장소로서 단층 건물에 설치된 것은 소화난이도 등급 어디에도 속하지 않는다. 즉, 옥내 탱크저장소에 저장되는 제6류 위험물은 소화난이도 등급 I, II, III 중 어디에도 속하지 않는다(탱크전용실이 단층 건물 외의 건축물에 존재한다면 소화난이도 등급 I에 속할 것이나 단층 건물에 설치된 것이므로 관계없으며 또한 제6류 위험물은 불연성 물질이므로 인화점을 정할 수 없어 등급 어디에도 속하지 않는다고 할 것이다).

[위험물안전관리법 시행규칙 별표17 / 소화설비, 경보설비 및 피난설비의 기준] - I. 소화설비 中

❖ 옥내 탱크저장소의 소화난이도 등급

등급	적용조건
I	• 액 표면적이 40m² 이상인 것(제6류 위험물을 저장하는 것 및 고인화점 위험물만을 100℃ 미만의 온도에서 저장하는 것은 제외) • 바닥면으로부터 탱크 옆판의 상단까지 높이가 6m 이상인 것(제6류 위험물을 저장하는 것 및 고인화점 위험물만을 100℃ 미만의 온도에서 저장하는 것은 제외) • 탱크전용실이 단층 건물 외의 건축물에 있는 것으로서 인화점 38℃ 이상 70℃ 미만의 위험물을 지정수량의 5배 이상 저장하는 것(내화구조로 개구부 없이 구획된 것은 제외)
II	소화난이도 등급 I 이외의 것(고인화점 위험물만을 100℃ 미만의 온도로 저장하는 것 및 **제6류 위험물만을 저장하는 것은 제외**)
III	옥내 탱크저장소에 적용되는 규정 없음

57 위험물안전관리법령상 판매취급소에 관한 설명으로 옳지 않은 것은?

① 건축물의 1층에 설치하여야 한다.
② 위험물을 저장하는 탱크시설을 갖추어야 한다.
③ 건축물의 다른 부분과는 내화구조의 격벽으로 구획하여야 한다.
④ 제조소와 달리 안전거리 또는 보유공지에 관한 규제를 받지 않는다.

해설 판매취급소란 위험물을 용기에 담아 판매하기 위하여 지정수량의 40배 이하의 위험물을 취급하는 장소로서 탱크시설을 갖춰야 한다는 법 규정이 없다. 그러므로 탱크시설을 갖추지 않아도 된다.

① [위험물안전관리법 시행규칙 별표14 / 판매취급소의 위치·구조 및 설비의 기준]
판매취급소는 건축물의 1층에 설치할 것 제1종 판매취급소와 제2종 판매취급소 모두에 대해 적용한다.
③ [위험물안전관리법 시행규칙 별표14 / 판매취급소의 위치·구조 및 설비의 기준]
- 제1종 판매취급소의 용도로 사용되는 건축물의 부분은 내화구조 또는 불연재료로 하고, 판매취급소로 사용되는 부분과 다른 부분과의 격벽은 내화구조로 할 것
- 제2종 판매취급소의 용도로 사용하는 부분은 벽·기둥·바닥 및 보를 내화구조로 하고, 천장이 있는 경우에는 이를 불연재료로 하며, 판매취급소로 사용되는 부분과 다른 부분과의 격벽은 내화구조로 할 것
④ 위험물안전관리법령상 안전거리 및 보유공지 확보에 대한 법적 규제내용이 없다.

[위험물안전관리법 시행령 별표3] & [위험물안전관리법 시행규칙 별표14]
판매취급소란 위험물을 용기에 담아 판매하기 위하여 지정수량의 40배 이하의 위험물을 취급하는 장소

- 제1종 판매취급소 : 저장 또는 취급하는 위험물의 수량이 지정수량의 20배 이하인 판매취급소
- 제2종 판매취급소 : 저장 또는 취급하는 위험물의 수량이 지정수량의 40배 이하인 판매취급소

58 $C_6H_2CH_3(NO_2)_3$을 녹이는 용제가 아닌 것은?

17년 · 4 유사

① 물   ② 벤젠
③ 에테르   ④ 아세톤

해설 TNT(트리니트로톨루엔)는 아세톤, 벤젠, 에테르 등에 잘 녹으며 물에는 녹지 않는다.

❖ **트리니트로톨루엔(TNT)**
- 제5류 위험물 중 니트로화합물
- 지정수량 200kg, 위험등급Ⅱ
- 분자량 227, 비중 1.66, 녹는점 81℃, 끓는점 240℃, 발화점 300℃
- 담황색의 결정으로 강력한 폭약이다.
- 직사광선에 노출되면 갈색으로 변한다.
- 충격과 마찰에 비교적 둔감하며 안정성이 있고 방수 효과도 뛰어나다.
- 가열이나 급격한 타격에 의해 폭발한다.
  - 자연분해나 보통 충격에 의한 폭발은 어려우며 뇌관이 있어야 폭발시킬 수 있다.
- 폭발하며 분해 시엔 다량의 질소, 일산화탄소, 수소 기체가 발생한다.
  $2C_6H_2CH_3(NO_2)_3 \rightarrow 12CO + 2C + 5H_2 + 3N_2$
- 물에 녹지 않으며 아세톤, 에테르, 벤젠에 잘 녹고 알코올에는 가열하면 녹는다.
- 피크르산과 비교하면 약한 충격 감도를 나타낸다.
- 금속과의 반응성은 없고 자연분해의 위험성도 적어 장기간 보관도 가능하다.
- 톨루엔을 진한 질산과 진한 황산의 혼합액으로 니트로화 반응시키면 생성된다.

정답 55 ② 56 ④ 57 ② 58 ①

59 질산의 저장 및 취급 방법이 아닌 것은?

① 직사광선을 차단한다.
② 분해 방지를 위해 요산, 인산 등을 가한다.
③ 유기물과의 접촉을 피한다.
④ 갈색 병에 넣어 보관한다.

해설 분해 방지를 위해 요산, 인산 등을 사용하는 것은 과산화수소(제6류 위험물)일 경우이다.
질산은 제6류 위험물로 분류되며 직사광선에 노출되면 분해되어 유독성의 이산화질소(NO_2)가 발생되므로 갈색병에 넣어 냉암소에 보관한다. 또한 톱밥, 섬유, 종이나 솜뭉치와 같은 유기물과 접촉하면 발화의 위험성이 있으므로 유기물과의 접촉은 피하도록 한다.

❖ **질산(HNO_3)**
- 제6류 위험물(산화성 액체)
- 지정수량 300kg, 위험등급 Ⅰ
- 제6류 위험물은 불연성이며 무기화합물이다.
- 무색의 흡습성이 강한 액체이나 보관 중에 담황색으로 변색된다.
- 독성이 매우 강하며 3대 강산 중 하나이다.
- 분자량 63, 비중 1.49, 증기비중 2.17, 융점 -42℃, 비점 86℃
- 비중이 1.49 이상인 것부터 위험물로 취급한다.
- 부식성이 강한 강산이지만 금, 백금, 이리듐, 로듐만은 부식시키지 못한다.
- 진한 질산은 철, 코발트, 니켈, 크롬, 알루미늄 등을 부동태화 한다.
- 묽은 산은 금속을 녹이고 수소 기체를 발생한다.
  $Ca + 2HNO_3 \rightarrow Ca(NO_3)_2 + H_2 \uparrow$
- 빛을 쪼이면 분해되어 유독한 갈색 증기인 이산화질소(NO_2)를 발생시킨다(①).
  $4HNO_3 \rightarrow 2H_2O + 4NO_2 \uparrow + O_2 \uparrow$
- 직사일광에 의한 분해 방지 : 차광성의 갈색 병에 넣어 냉암소에 보관한다(①, ④).
- 물에 잘 녹으며 물과 반응하여 발열한다.
- 단백질과는 크산토프로테인 반응이 일어나 노란색으로 변한다. - 단백질 검출에 이용.
- 염산과 질산을 3:1의 비율로 혼합한 것을 왕수라고 하며 금, 백금 등을 녹일 수 있다.

- 톱밥, 섬유, 종이, 솜뭉치 등의 유기물과 혼합하면 발화할 수 있다(③).
- 다량의 질산화재에 소량의 주수소화는 위험하므로 마른모래 및 CO_2로 소화한다.
- 위급 화재 시에는 다량의 물로 주수소화한다.

❈ 빈틈없이 촘촘하게 **One more Step**

❖ **부동태(부동태화)**
부식 작용이 일어나지 않도록 금속 표면에 산화피막이 형성된 상태를 말하며 화학적, 전기적 반응이 정지된 상태를 말한다. 피막이 형성되면 다른 산이나 용액 등에 접촉되어도 녹이 슬지 않아 금속의 부식을 방지하는데 이용한다.

60 과염소산의 성질로 옳지 않은 것은?

① 산화성 액체이다.
② 무기화합물이며 물보다 무겁다.
③ 불연성 물질이다.
④ 증기는 공기보다 가볍다.

해설 과염소산의 증기비중은 약 3.5 정도로서 공기보다 무겁다.

❖ **과염소산($HClO_4$)**
- 제6류 위험물(산화성 액체)(①)
- 지정수량 300kg, 위험등급 Ⅰ
- 산소공급원으로 작용하는 산화제이다.
- 제6류 위험물은 불연성이며(③) 무기화합물이다(②).
- 무색, 무취, 강한 휘발성 및 흡습성을 나타내는 액체이다.
- 분자량 100.5, 비중 1.76(②), 증기비중 3.5(④), 융점 -112℃, 비점 39℃
- 염소의 산소산 중 가장 강력한 산이다. ($HClO < HClO_2 < HClO_3 < HClO_4$)
- 물과는 소리를 내며 발열반응하고 고체 수화물을 만든다.
- 가열하면 폭발, 분해되고 유독성의 염화수소(HCl)를 발생한다.
  $HClO_4 \rightarrow HCl \uparrow + 2O_2 \uparrow$
- 철, 구리, 아연 등과 격렬하게 반응한다.

- 황산이나 질산에 버금가는 강산이다.
- 독성이 강하며 피부에 닿으면 부식성이 있어 위험하고 종이, 나무 등과 접촉하면 연소한다.
- 직사광선을 피하고 통풍이 잘되는 냉암소에 보관한다.
- 다량의 물로 주수소화나 분무하여 소화하고 내산성 용기를 사용하여 저장한다.

✻ 빈틈없이 촘촘하게 | One more Step

❖ 증기비중 구하는 방법

과염소산의 증기비중

$$= \frac{측정물질분자량}{평균대기분자량} = \frac{100.5}{29} ≒ 3.5$$

- 평균대기분자량(공기의 평균분자량) : 대기를 구성하는 기체 성분들의 함량을 고려하여 구하는데 산소와 질소 두 성분 기체가 차지하는 비율이 거의 100%에 가까우므로 이 두 기체의 평균 분자량을 평균대기분자량으로 간주한다.

  대기 중의 질소 기체의 함량은 79%이고 분자량은 28이며 대기 중의 산소 기체의 함량은 21%이며 분자량은 32이므로

  $$\frac{28 \times 79 + 32 \times 21}{100} = 28.84 ≒ 29가$$

  평균대기분자량 값이다.

- 측정물질 분자량

  $HClO_4$ = 1 + 35.5 + 16 × 4 = 100.5

06 2015년 제2회 기출문제 및 해설 (15년 4월 4일)

1과목 화재예방과 소화방법

01 위험물안전관리법령에 따라 다음 ( ) 안에 알맞은 용어는? [최다 빈출 유형]

> 주유취급소 중 건축물의 2층 이상의 부분을 점포・휴게음식점 또는 전시장의 용도로 사용하는 것에 있어서는 당해 건축물의 2층 이상으로부터 주유취급소의 부지 밖으로 통하는 출입구와 당해 출입구로 통하는 통로・계단 및 출입구에 ( )을(를) 설치하여야 한다.

① 피난사다리   ② 경보기
③ 유도등   ④ CCTV

해설 [위험물안전관리법 시행규칙 별표17 / 소화설비, 경보설비 및 피난설비의 기준] - Ⅲ. 피난설비
- 주유취급소 중 건축물의 2층 이상의 부분을 점포・휴게음식점 또는 전시장의 용도로 사용하는 것에 있어서는 당해 건축물의 2층 이상으로부터 주유취급소의 부지 밖으로 통하는 출입구와 당해 출입구로 통하는 통로・계단 및 출입구에 <u>유도등</u>을 설치하여야 한다.
- 옥내 주유취급소에 있어서는 당해 사무소 등의 출입구 및 피난구와 당해 피난구로 통하는 통로・계단 및 출입구에 <u>유도등</u>을 설치하여야 한다.
- 유도등에는 비상 전원을 설치하여야 한다.

02 다음 중 물이 소화약제로 쓰이는 이유로 가장 거리가 먼 것은?

① 쉽게 구할 수 있다.
② 제거소화가 잘 된다.
③ 취급이 간편하다.
④ 기화잠열이 크다.

해설 소화약제로서의 물은 냉각효과, 질식효과, 희석효과를 나타내며 가연물의 제거효과(제거소화)와는 관련성이 없다.

물을 소화약제로 가장 많이 사용하는 이유는 구하기 쉽고 취급이 간단하며 가격이 저렴하면서 다른 물질에 비해 비열과 기화열 값이 크다는 점이다. 비열이 크기 때문에 연소물에 주수를 하면 많은 열을 흡수할 수 있고 수온 상승에 의해 수증기로 기화할 때의 증발잠열(기화잠열 / 540kcal/kg 정도)이 크기 때문에 많은 열을 빼앗아 가므로 냉각효과가 탁월하다. 아울러 물이 증발하면 약 1,700배 정도로 부피가 팽창하면서 화재 주변의 산소농도를 일시적으로 낮추게 되므로 질식효과도 기대할 수 있다.

제거소화란 가연물을 제거하여 소화하는 방법으로써 사용되는 부수적인 소화약제는 없다.

03 위험물안전관리법령상 전기설비에 적응성이 없는 소화설비는? 14년・2 유사

① 포 소화설비
② 이산화탄소 소화설비
③ 할로겐화합물 소화설비
④ 물분무 소화설비

해설 포 소화설비는 일반화재(A급)와 유류화재(B급)에 적응성을 보이며 전기화재(C급)에는 적응성이 없다. 포 소화약제의 주된 소화 원리는 포에 의한 질식 효과와 물에 의한 냉각 효과이며 소화 후의 오손(汚損) 정도가 심하고 청소가 힘들며 합선이나 누전 등에 의한 감전의 우려가 있어 전기와 관련된 화재에는 사용하지 않는다.

일반적으로 전기화재에는 질식소화 방식을 사용하며 불활성가스(CO_2) 및 할로겐화합물 소화설비를 적용한다. 이산화탄소 소화약제(소화설비)와 할로겐화합물 소화약제(소화설비)는 전기의 부도체이므로 전기화재에 매우 효과적이다.

주수소화 방식은 전기화재에는 적용하지 않으나 분무 형태로 사용하는 물분무 소화설비는 질식 효과를 보이므로 전기화재에 적용할 수 있다.

04 니트로셀룰로오스의 저장·취급 방법으로 틀린 것은? 　　　　　　　　19년·1 유사

① 직사광선을 피해 저장한다.
② 되도록 장기간 보관하여 안정화된 후에 사용한다.
③ 유기과산화물류, 강산화제와의 접촉을 피한다.
④ 건조 상태에 이르면 위험하므로 습한 상태를 유지한다.

해설 니트로셀룰로오스는 제5류 위험물 중 질산에스테르류에 속하는 물질이다. 이 물질은 분해될 때 발생하는 분해열이 축적되어 자연발화하는 특성을 보이므로 열 축적을 방지하고 수분이나 함수 알코올 등에 습윤시켜 냉암소에 보관하며 습윤제의 증발을 억제하여 건조를 방지하여야 하며 장기간 방치하지 않도록 주의하여야 한다. 장기간 보관하면 분해열의 축적, 습윤제의 증발을 통한 건조 상태가 유발될 가능성이 커지므로 장기보관할수록 안정상태가 약해진다고 볼 수 있다. 적정한 재고 관리를 통해 장기간 보관하지 않도록 한다.

① 물에 녹지 않으며 직사일광이나 산의 존재 시 자연발화 할 수 있다.
③ 강알칼리성이나 강산성 물질 또는 산화제와 혼합하면 니트로셀룰로오스는 분해하거나 점화될 수 있으므로 이들 물질과의 접촉을 피한다.
④ 건조한 상태에서는 반응이 빠르게 진행되어 발화하기 쉽고 정전기 등의 원인에 의해서 쉽게 폭발할 수 있으나 수분 또는 함수 알코올 등을 함유하면 폭발 위험성이 감소되어 지장이나 운반이 용이하므로 이들 물질로 습윤시켜 저장·운반한다.

❖ **니트로셀룰로오스**
- 제5류 위험물 중 질산에스테르류
- 지정수량 10kg, 위험등급 I
- 화학식 : $C_{24}H_{36}N_8O_{38}$
- 일명 '질화면', '면화약'
  도료나 셀룰로이드 등에 쓰일 경우에는 '질화면'이라 하고 화약에 쓰이는 경우에는 '면화약'이라고도 부른다.
- 무색이나 백색의 고체로 햇빛에 의해 황갈색으로 변한다.
- 인화점 12℃, 발화점 160~170℃, 끓는점 83℃, 분해온도 130℃, 비중 1.7
- 진한 질산과 황산에 셀룰로오스를 혼합시켜 제조한다.
- 물에는 녹지 않고 니트로벤젠, 아세톤, 초산 등에 녹는다.
- 니트로셀룰로오스에 포함된 질소 농도(질화도)가 클수록 폭발성, 위험도 등이 증가한다.
- 건조상태에서는 폭발할 수 있으나 물이 침수될수록 위험성이 감소하므로 물이나 알코올을 첨가하여 습윤시킨 상태로 저장하거나 운반한다(④).
- 130℃에서 서서히 분해되고 180℃에서 격렬하게 연소하며 유독성 가스를 발생한다.
- 산·알칼리의 존재 또는 직사일광 하에서 자연발화 한다(①).
- 정전기 불꽃에 의해 폭발할 수 있다.
- 자체적으로 불안정하여 분해반응을 하며 생성 기체 몰수가 반응 기체 몰수보다 월등하게 많으므로 폭발적인 반응을 한다.
- 화재 시 대량 주수에 의해 냉각소화한다.

정답 01 ③　02 ②　03 ①　04 ②

05 위험물안전관리법령상 제3류 위험물의 금수성 물질 화재 시 적응성이 있는 소화약제는?

13년 · 4 ▮14년 · 5 ▮15년 · 1 ▮15년 · 4 유사

① 탄산수소염류 분말   ② 물
③ 이산화탄소   ④ 할로겐화합물

해설 위험물안전관리법령상 제3류 위험물의 금수성 물질에는 마른모래, 팽창질석, 팽창진주암이나 탄산수소염류 등을 이용한 분말 소화설비가 적응성을 보인다. 불활성 가스 소화설비, 할로겐화합물 소화설비, 이산화탄소 소화기 등은 적응성이 없으므로 사용하지 않는다.

[위험물안전관리법 시행규칙 별표17] - 소화설비의 적응성 참조

금수성 물질은 물과의 접촉은 엄금이므로 주수소화는 불가하다. 또한 알킬알루미늄이나 알킬리튬은 할론이나 이산화탄소와 반응하여 발열하며 소규모 화재 시 팽창질석, 팽창진주암을 사용하여 소화하나 화재 확대 시에는 소화하기가 어렵다. 금속칼륨이나 나트륨은 이산화탄소나 할로겐화합물(사염화탄소)과 반응하여 연소 폭발의 위험성을 증대시키며 기타 알칼리금속이나 알칼토금속은 칼륨, 나트륨 같이 급격한 반응은 일어나지 않으나 이산화탄소 등과 반응하여 산화물을 형성할 수 있다. 이러한 이유로 금수성 물질에는 할로겐화합물 소화설비나 이산화탄소 소화설비는 사용하지 않는다.

[제3류 위험물의 할로겐과 이산화탄소와의 반응 예]
- $4K + CCl_4 \rightarrow 4KCl + C$ (폭발)
- $(C_2H_5)_3Al + 3Cl_2 \rightarrow AlCl_3 + 3C_2H_5Cl \uparrow$
- $4K + 3CO_2 \rightarrow 2K_2CO_3 + C$ (연소폭발)
- $CH_3Li + CO_2 \rightarrow CH_3COOLi$
- $C_4H_9Li + CO_2 \rightarrow C_4H_9COOLi$
  (lithium pentanoate)

마른모래, 팽창질석, 팽창진주암은 제3류 위험물 전체의 소화에 사용할 수 있으며 자연발화성만 가진 위험물(황린)의 소화에는 물 또는 강화액 포와 같은 물 계통의 소화약제도 사용할 수 있다.

06 할론 1301의 증기 비중은? (단, 불소의 원자량은 19, 브롬의 원자량은 80, 염소의 원자량은 35.5이고 공기의 분자량은 29이다.)

① 2.14   ② 4.15   ③ 5.14   ④ 6.15

해설 할론 넘버는 $C-F-Cl-Br$의 개수를 순서대로 나열한 것이므로 할론 1301은 CF_3Br을 의미한다.

따라서, CF_3Br의 분자량은 $149(12+19 \times 3+80)$이며 공기의 평균분자량은 29이므로

$$증기비중 = \frac{증기의\ 분자량}{공기의\ 평균분자량} = \frac{증기의\ 분자량}{29}$$

의 관계식에 의해 $\frac{149}{29} = 5.1379 ≒ 5.14$인 값을 갖는다.

07 B, C급 화재분만 아니라 A급 화재까지도 사용이 가능한 분말소화약제는? [최다 빈출 유형]

① 제1종   ② 제2종
③ 제3종   ④ 제4종

해설 ❖ 분말 소화약제의 분류, 주성분 및 적응화재

구 분	주성분	화학식
제1종 분말	탄산수소나트륨	$NaHCO_3$
제2종 분말	탄산수소칼륨	$KHCO_3$
제3종 분말	제1인산암모늄	$NH_4H_2PO_4$
제4종 분말	탄산수소칼륨 + 요소	$KHCO_3 + (NH_2)_2CO$

구 분	적응화재	분말색
제1종 분말	B, C	백색
제2종 분말	B, C	담자색
제3종 분말	A, B, C	담홍색
제4종 분말	B, C	회색

★ 적응화재 = A : 일반화재 / B : 유류화재 / C : 전기화재

❖ 분말 소화약제의 열분해 반응식

구 분	열분해 반응식
제1종 분말	$2NaHCO_3 \rightarrow Na_2CO_3 + CO_2 + H_2O$
제2종 분말	$2KHCO_3 \rightarrow K_2CO_3 + CO_2 + H_2O$
제3종 분말	$NH_4H_2PO_4 \rightarrow HPO_3 + NH_3 + H_2O$
제4종 분말	$2KHCO_3 + (NH_2)_2CO \rightarrow K_2CO_3 + 2NH_3 + 2CO_2$

08 위험물안전관리법령상 간이 탱크저장소에 대한 설명 중 틀린 것은?

① 간이 저장탱크의 용량은 600리터 이하여야 한다.
② 하나의 간이 탱크저장소에 설치하는 간이 저장탱크는 5개 이하여야 한다.
③ 간이 저장탱크는 두께 3.2mm 이상의 강판으로 흠이 없도록 제작하여야 한다.
④ 간이 저장탱크는 70kPa의 압력으로 10분간의 수압시험을 실시하여 새거나 변형되지 않아야 한다.

해설 [위험물안전관리법 시행규칙 별표9 / 간이 탱크저장소의 위치·구조 및 설비의 기준 – 필요 내용만 발췌]
- 위험물을 저장 또는 취급하는 간이 저장탱크는 옥외에 설치하여야 한다.
- <u>하나의 간이 탱크저장소에 설치하는 간이 저장탱크는 그 수를 3 이하로 하고(②)</u>, 동일한 품질의 위험물의 간이 저장탱크를 2 이상 설치하지 아니하여야 한다.
- 간이 탱크저장소에는 별도의 기준에 따라 보기 쉬운 곳에 "위험물 간이 탱크저장소"라는 표시를 한 표지와 방화에 관하여 필요한 사항을 게시한 게시판을 설치하여야 한다.
- 간이 저장탱크는 움직이거나 넘어지지 아니하도록 지면 또는 가설대에 고정시키되, 옥외에 설치하는 경우에는 그 탱크의 주위에 너비 1m 이상의 공지를 두고, 전용실 안에 설치하는 경우에는 탱크와 전용실의 벽과의 사이에 0.5m 이상의 간격을 유지하여야 한다.
- <u>간이 저장탱크 용량은 600ℓ 이하여야 한다(①).</u>
- <u>간이 저장탱크는 두께 3.2mm 이상의 강판으로 흠이 없도록 제작하여야 하며(③), 70kPa의 압력으로 10분간의 수압시험을 실시하여 새거나 변형되지 아니하여야 한다(④).</u>
- 간이 저장탱크의 외면에는 녹을 방지하기 위한 도장을 하여야 한다. 다만, 탱크의 재질이 부식의 우려가 없는 스테인레스 강판 등인 경우에는 그러하지 아니하다.

09 가연성 물질과 주된 연소 형태의 연결이 틀린 것은?

① 종이, 섬유 – 분해연소
② 셀룰로이드, TNT – 자기연소
③ 목재, 석탄 – 표면연소
④ 유황, 알코올 – 증발연소

해설 목재, 석탄은 표면연소가 아니라 분해연소 형태를 취한다.
분해연소란 열분해에 의해 발생된 가연성 가스가 공기와 혼합하여 연소하는 현상이며 연소열에 의해 고체의 열분해는 가연물이 없어질 때까지 계속된다. 종이, 석탄, 목재, 섬유, 플라스틱 등의 연소가 해당된다.
① 분해연소 : 열분해에 의해 발생된 가연성 가스가 공기와 혼합하여 연소하는 현상이며 종이, 석탄, 목재, 섬유, 플라스틱 등의 연소가 해당된다.
② 자기연소 : 내부연소 또는 자활연소라고도 하며 공기 중의 산소에 의해서 연소되는 것이 아니라 가연물 자체에 산소도 함유되어 있기 때문에 외부에서 열을 가하면 분해되어 가연성 기체와 산소를 발생하게 되므로 공기 중의 산소 없이도 그 자체의 산소만으로 연소하는 현상으로 제5류 위험물이 해당된다.
④ 증발연소 : 열분해를 일으키지 않고 증발하여 그 증기가 연소하거나 또는 열에 의해 융해되어 액체로 변한 다음 이 액체 상태에서 기화된 증기가 연소하는 현상을 말하며, 나프탈렌, 파라핀(양초), 왁스, 황 등의 연소가 여기에 속한다. 이러한 증발연소는 가솔린, 경유, 등유, 알코올 등과 같은 증발하기 쉬운 가연성 액체에서도 잘 일어난다.

[연소의 구분에 관한 설명은 15년 제1회 06번 해설 참조]

정답 05 ① 06 ③ 07 ③ 08 ② 09 ③

10 식용유 화재 시 제1종 분말 소화약제를 이용하여 화재의 제어가 가능하다. 이때의 소화원리에 가장 가까운 것은?

① 촉매 효과에 의한 질식소화
② 비누화 반응에 의한 질식소화
③ 요오드화에 의한 냉각소화
④ 가수분해 반응에 의한 냉각소화

해설 비누화 반응이란 아래 반응식과 같이 에스테르가 가수분해되어 카르복실산과 알코올을 형성하는 반응을 의미하지만
$RCOOR' + H_2O \rightarrow RCOOH + R'OH$ (R, R'알킬기)
일반적으로는 유지(기름)와 강염기를 반응시켰을 때 지방산의 염과 알코올로 분해되는 반응을 말하며 이때 생겨난 지방산의 염이 바로 비누가 되는 것이다.

$$\begin{array}{c} R_1-COO-CH_2 \\ | \\ R_2-COO-CH \\ | \\ R_3-COO-CH_2 \end{array} + 3NaOH \longrightarrow$$
유지

$$\begin{array}{cc} R_1-COO-Na & CH_2-OH \\ R_2-COO-Na \;+ & CH-OH \\ R_3-COO-Na & CH_2-OH \end{array}$$
비누(soap)　　　글리세린

제1종 분말 소화약제가 아래와 같이 열분해되어 생성된 탄산나트륨과 물이 염기성 환경을 조성하여 식용유와 비누화 반응을 진행하며 이때 생긴 거품 등이 산소의 접촉을 막아주어 질식 효과를 나타낸다. 아울러 글리세롤이나 이산화탄소 등도 소화에 도움을 준다.

제1종 분말소화약제의 열분해 반응식
$2NaHCO_3 \rightarrow Na_2CO_3 + CO_2 + H_2O$

11 위험물안전관리법령에서 정한 자동화재탐지설비에 대한 기준으로 틀린 것은? (단, 원칙적인 경우에 한한다.) [빈출 유형]

① 경계구역은 건축물 그 밖의 공작물의 2 이상의 층에 걸치지 아니하도록 할 것
② 하나의 경계구역의 면적은 600m^2 이하로 할 것
③ 하나의 경계구역의 한 변 길이는 30m 이하로 할 것
④ 자동화재탐지설비에는 비상 전원을 설치할 것

해설 [위험물안전관리법 시행규칙 별표17 / 소화설비, 경보설비 및 피난설비의 기준] - Ⅱ. 경보설비 / 2. 자동화재탐지설비의 설치기준
• 경계구역 : 화재가 발생한 구역을 다른 구역과 구분하여 식별할 수 있는 최소단위의 구역을 말하는 것으로 자동화재탐지설비의 설치조건에 부합되는 경계구역은 다음과 같다.
　- <u>경계구역은 건축물 그 밖의 공작물의 2 이상의 층에 걸치지 아니하도록 할 것(①)</u>. 다만, 하나의 경계구역 면적이 500m^2 이하이면서 당해 경계구역이 2개의 층에 걸치는 경우이거나 계단·경사로·승강기의 승강로 그 밖에 이와 유사한 장소에 연기감지기를 설치하는 경우에는 그러하지 아니하다.
　- <u>하나의 경계구역의 면적은 600m^2 이하로 하고(②) 그 한 변의 길이는 50m</u>(광전식 분리형 감지기를 설치할 경우에는 100m) <u>이하로 할 것(③)</u>. 다만, 당해 건축물 그 밖의 공작물의 주요한 출입구에서 그 내부 전체를 볼 수 있는 경우에 있어서는 그 면적을 1,000m^2 이하로 할 수 있다.
• 자동화재탐지설비의 감지기는 지붕 또는 벽의 옥내에 면한 부분에 유효하게 화재 발생을 감지할 수 있도록 설치할 것
• <u>자동화재탐지설비에는 비상전원을 설치할 것(④)</u>

12 다음 중 산화성 물질이 아닌 것은?

① 무기과산화물 ② 과염소산
③ 질산염류 ④ 마그네슘

해설 무기과산화물과 질산염류는 제1류 위험물에 속하는 산화성 고체이고 과염소산은 제6류 위험물에 속하는 산화성 액체이다.
마그네슘은 제2류 위험물의 가연성 고체이다.

13 유류화재 시 발생하는 이상 현상인 보일 오버(Boil over)의 방지대책으로 가장 거리가 먼 것은?

① 탱크 하부에 배수관을 설치하여 탱크 저면의 수층을 방지한다.
② 적당한 시기에 모래나 팽창질석, 비등석을 넣어 불의 과열을 방지한다.
③ 냉각수를 대량 첨가하여 유류와 물의 과열을 방지한다.
④ 탱크 내용물의 기계적 교반을 통하여 에멀션 상태로 하여 수층 형성을 방지한다.

해설 보일 오버(Boil over)란 화재가 발생하여 고온층이 형성된 유류 탱크 밑면에 물이 고여 있는 경우 화재가 진행됨에 따라 바닥의 물이 급격하게 증발함으로써 상층부의 불붙은 기름을 분출시키는 현상을 말하므로 탱크 하부쪽에 물이 고여 있는 상태를 방지하면 될 것이다. 냉각수를 대량 첨가하면 탱크 하부에 물의 양이 증가하여 유류 화재 발생 시에 위험성이 더욱 커질 것이다.
① 물은 기름보다 무거워 밑으로 가라앉으므로 탱크 하부에 배수관을 실지하여 밑에 고인 물을 주기적으로 제거해준다면 보일 오버를 방지할 수 있다.
② 탱크 내부의 과열을 방지하기 위한 적절한 조치를 취하는 것도 하나의 방법이다.
④ 탱크 내용물의 기계적 교반을 통하여 물과 기름이 섞인 상태로 만들면 하부에 수층은 형성되지 않을 것이다.

14 위험물 제조소에서 국소방식의 배출설비 배출능력은 1시간당 배출장소 용적의 몇 배 이상인 것으로 하여야 하는가?

① 5 ② 10
③ 15 ④ 20

해설 [위험물안전관리법 시행규칙 별표4 / 제조소의 위치·구조 및 설비의 기준] - Ⅵ. 배출설비
가연성의 증기 또는 미분이 체류할 우려가 있는 건축물에는 그 증기 또는 미분을 옥외의 높은 곳으로 배출할 수 있도록 다음의 기준에 의하여 배출설비를 설치하여야 한다.

- 배출설비는 국소방식으로 하여야 한다. 다만, 다음의 경우에는 전역방식으로 할 수 있다.
  - 위험물취급 설비가 배관이음 등으로만 된 경우
  - 건축물의 구조·작업장소의 분포 등의 조건에 의하여 전역방식이 유효한 경우
- 배출설비는 배풍기·배출 덕트(duct)·후드 등을 이용하여 강제적으로 배출하는 것으로 하여야 한다.
- 배출능력은 1시간당 배출장소 용적의 20배 이상인 것으로 하여야 한다. 다만, 전역방식의 경우에는 바닥면적 1m² 당 18m³ 이상으로 할 수 있다.
- 배출설비의 급기구 및 배출구는 다음의 기준에 의하여야 한다.
  - 급기구는 높은 곳에 설치하고, 가는 눈의 구리망 등으로 인화 방지망을 설치할 것
  - 배출구는 지상 2m 이상으로서 연소의 우려가 없는 장소에 설치하고, 배출 덕트가 관통하는 벽부분의 바로 가까이에 화재 시 자동으로 폐쇄되는 방화 댐퍼를 설치할 것
- 배풍기는 강제배기 방식으로 하고, 옥내 덕트의 내압이 대기압 이상이 되지 아니하는 위치에 설치하여야 한다.

정답 10 ② 11 ③ 12 ④ 13 ③ 14 ④

15 20℃의 물 100kg이 100℃ 수증기로 증발하면 몇 kcal의 열량을 흡수할 수 있는가? (단, 물의 증발잠열은 540kcal/kg이다.)

① 540   ② 7,800
③ 62,000   ④ 108,000

해설 20℃의 물을 100℃로 올리기 위해 가해지는 열량(현열)을 계산해야 하고 그런 다음 100kg의 물을 기화시키는데 필요한 열량(잠열)을 계산해서 합해주어야 한다.

• 현열
 $Q = cm\Delta t$ (c = 비열, m = 질량, Δt = 온도변화)
 물의 비열 = 1kcal/1kg・℃
 물의 질량 = 100kg
 온도 변화 = (100 − 20)℃ = 80℃이므로
 ∴ $Q = 1 \times 100 \times 80 = 8000$(kcal)
• 잠열 : $Q = rm$ (r = 증발잠열, m = 질량)
 ∴ $Q = 540 \times 100 = 54,000$(kcal)

따라서, 20℃의 물 100kg이 모두 수증기로 증발하면 62,000kcal의 열량을 흡수하게 된다.

16 제5류 위험물의 화재 시 적응성이 있는 소화설비는?   14년・2 유사

① 분말 소화설비
② 할로겐화합물 소화설비
③ 물분무 소화설비
④ 이산화탄소 소화설비

해설 제5류 위험물은 자기반응성 물질로 자체 산소를 포함하고 있어 공기 중 산소의 공급을 차단하더라도 자체 산소의 공급에 의해 연소가 지속되는 특징을 보이므로 이산화탄소나 불활성가스, 분말, 할론 등에 의한 질식소화는 효과 없다. 다량의 물로 냉각소화하는 것이 가장 적당하다.

[위험물안전관리법 시행규칙 별표17 / 소화설비, 경보설비 및 피난설비의 기준] - Ⅰ. 소화설비 / 4. 소화설비의 적응성 참조
제5류 위험물에 적응성이 있는 소화설비는 옥내소화전 또는 옥외소화전 설비, 스프링클러설비, 물분무소화설비, 포 소화설비, 봉상수 또는 무상수 소화기, 봉상 또는 무상 강화액소화기, 물통 또는 수조, 마른모래, 팽창질석, 팽창진주암이다.
불활성가스 소화설비, 할로겐화합물 소화설비, 분말소화설비, 이산화탄소 소화기, 할로겐화합물 소화기, 분말소화기 등은 적응성이 없다.

17 위험물안전관리법에서 정한 정전기를 유효하게 제거할 수 있는 방법에 해당하지 않는 것은?
   20년・4 동일 [빈출유형]

① 위험물 이송 시 배관 내 유속을 빠르게 하는 방법
② 공기를 이온화하는 방법
③ 접지에 의한 방법
④ 공기 중의 상대습도를 70% 이상으로 하는 방법

해설 배관 내 위험물 이송 속도를 빠르게 하면 마찰이 증대하여 정전기 발생 확률이 커진다.

[위험물안전관리법 시행규칙 별표4 / 제조소의 위치・구조 및 설비의 기준] - Ⅷ. 기타설비 中 제6호. 정전기 제거설비
위험물을 취급함에 있어서 정전기가 발생할 우려가 있는 설비에는 다음에 해당하는 방법으로 정전기를 유효하게 제거할 수 있는 설비를 설치하여야 한다.
• 접지에 의한 방법
• 공기 중의 상대습도를 70% 이상으로 하는 방법
• 공기를 이온화하는 방법

✸ 빈틈없이 촘촘하게   One more Step

❖ 정전기 발생을 줄이는 방법
• 유속제한 : 인화성 액체는 비전도성 물질이므로 빠른 유속으로 배관을 통과할 때 정전기가 발생할 위험이 있어 주의한다.
• 제전제 사용 : 물체에 대전 전하를 완전히 중화시키는 것이 아니고 정전기에 의한 재해가 발생하지 않을 정도까지 중화시키는 것
• 전도성 재료 사용 : 전기저항이 높은 물질 대신 전도성이 있는 물질을 사용하여 정전기 방지
• 물질 간의 마찰 감소

18 다음 중 가연물이 고체 덩어리보다 분말 가루일 때 위험성이 큰 이유로 가장 옳은 것은?

① 공기와 접촉 면적이 크기 때문이다.
② 열전도율이 크기 때문이다.
③ 흡열반응을 하기 때문이다.
④ 활성화 에너지가 크기 때문이다.

해설 위험성이 커진다는 것은 반응이 잘 진행된다는 의미이다. 덩어리 상태보다 분말 상태가 되면 공기와의 접촉 면적(표면적)이 증가하므로 단위시간 또는 단위체적 당 반응에 참여하는 입자 수가 증가하여 위험성이 커진다. 또한 입자 사이에 존재하는 공간에 열의 축적이 용이하게 되어 발화 가능성이 증대된다.
② 열전도율이 작을수록 발생되는 열의 축적이 용이하므로 위험성이 증가한다. 열전도율이 커진다면 열이 분산되므로 위험성은 감소한다.
③ 가연물의 발열량이 클수록 위험성이 커지는 것이므로 흡열반응을 한다면 위험성은 감소한다.
④ 활성화 에너지란 반응물질들의 화학반응이 진행되기 위해서 요구되는 최소한의 에너지 크기라고 말할 수 있으며 이 크기를 극복한 물질들만 반응에 참여할 수 있다. 활성화 에너지 이상의 에너지를 가지고 있는 입자들만 유효 충돌하고 반응에 참여할 수 있는 것이다. 따라서, 활성화 에너지가 작을수록 반응에 참여하는 입자 수가 증가하여 위험성이 커진다. 활성화 에너지가 크다는 것은 반응에 요구되는 필요에너지가 커졌다는 것이므로 반응이 진행되기 어렵다.

19 소화약제로 사용할 수 없는 물질은?

① 이산화탄소   ② 제1인산암모늄
③ 탄산수소나트륨 ④ 브롬산암모늄

해설 브롬산암모늄은 제1류 위험물 중 브롬산염류에 속하는 위험물이므로 소화약제로 사용할 수 없다.
① 이산화탄소는 질식소화 방식으로 화재를 진압하는 곳에 사용되는 주요 소화약제이다.
② 제1인산암모늄은 제3종 분말소화약제의 주성분이다.
③ 탄산수소나트륨은 제1종 분말소화약제의 주성분이다.
[07번] 해설의 분말 소화약제 도표 참조

20 물과 접촉하면 열과 산소가 발생하는 것은?

① $NaClO_2$ ② $NaClO_3$
③ $KMnO_4$ ④ Na_2O_2

해설 제1류 위험물 중 알칼리금속의 과산화물(무기과산화물)인 과산화나트륨은 물과 접촉 시 반응하여 산소와 열을 발생시킨다.
$2Na_2O_2 + 2H_2O \rightarrow 4NaOH + O_2\uparrow + Q\ kcal$
① $NaClO_2$(아염소산나트륨, 제1류 위험물 중 아염소산염류)는 조해성이 있으며 물에 녹아 알칼리성을 나타낸다. 가열, 충격, 마찰 등에 의해 분해되어 산소 기체를 발생한다.
$NaClO_2 \rightarrow NaCl + O_2\uparrow$
산과 접촉하면 유독성의 이산화염소(ClO_2)를 생성한다.
② $NaClO_3$(염소산나트륨, 제1류 위험물 중 염소산염류)는 물과 반응하면 아래와 같은 반응이 진행된다.
$2NaClO_3 + H_2O \rightarrow Na_2O + 2HClO_3$
③ $KMnO_4$(과망간산칼륨, 제1류 위험물 중 과망간산염류)는 물에 녹으면 보라색의 살균력 있는 수용액이 되며 무좀 치료제로도 쓰인다. 물과의 접촉으로 열과 산소를 발생하지는 않는다.
가열하여 분해시키면 아래 반응식과 같이 진행되어 산소 기체를 발생한다.
$2KMnO_4 \rightarrow K_2MnO_4 + MnO_2 + O_2\uparrow$

정답 15 ③ 16 ③ 17 ① 18 ① 19 ④ 20 ④

2과목 위험물의 화학적 성질 및 취급

21 위험물에 대한 설명으로 틀린 것은?

① 적린은 연소하면 유독성 물질이 발생한다.

② 마그네슘은 연소하면 가연성 수소 가스가 발생한다.

③ 유황은 분진폭발의 위험이 있다.

④ 황화린에는 P_4S_3, P_2S_5, P_4S_7 등이 있다.

해설 마그네슘이 연소하면 산화마그네슘이 되며 가연성 수소 기체의 발생은 마그네슘이 물이나 산과 반응할 때 생성된다.

$2Mg + O_2 \rightarrow 2MgO$

$Mg + 2H_2O \rightarrow Mg(OH)_2 + H_2 \uparrow$

$Mg + 2HCl \rightarrow MgCl_2 + H_2 \uparrow$

① 적린이 연소하면 유독성의 오산화인(P_2O_5)이 생성된다. 오산화인은 건조제나 탈수제의 용도로 사용되며 눈, 피부, 점막, 호흡기 등에 심한 손상을 유발할 수 있다.

$4P + 5O_2 \rightarrow 2P_2O_5 \uparrow$

③ 밀폐된 공간에서 분말 상태로 부유 시 분진폭발을 일으킬 수 있다.

④ 황화린에는 삼황화린(P_4S_3), 오황화린(P_2S_5), 칠황화린(P_4S_7) 등이 있다.

22 위험물안전관리법령상 옥내 저장탱크와 탱크 전용실의 벽과의 사이 및 옥내 저장탱크의 상호 간에는 몇 m 이상의 간격을 유지하여야 하는가?

① 0.5   ② 1   ③ 1.5   ④ 2

해설 [위험물안전관리법 시행규칙 별표7 / 옥내 탱크 저장소의 위치·구조 및 설비의 기준] - Ⅰ. 옥내 탱크저장소의 기준 中

옥내 저장탱크와 탱크 전용실의 벽과의 사이 및 옥내 저장탱크의 상호 간에는 0.5m 이상의 간격을 유지할 것. 다만, 탱크의 점검 및 보수에 지장이 없는 경우에는 그러하지 아니하다.

23 벤조일퍼옥사이드에 대한 설명으로 틀린 것은?

① 무색, 무취의 투명한 액체이다.

② 가급적 수분하여 저장한다.

③ 제5류 위험물에 해당한다.

④ 품명은 유기과산화물이다.

해설 ❖ 과산화벤조일

- 제5류 위험물(자기반응성 물질) 중 유기과산화물 (③, ④)
- 지정수량 10kg, 위험등급 Ⅰ
- 벤조일퍼옥사이드
- $(C_6H_5CO)_2O_2$
- 분해온도 75~100℃, 발화점 125℃, 융점 103~105℃, 비중 1.33
- 무색무취의 백색 분말 또는 결정형태이다(①).
- 상온에서는 비교적 안정하나 가열하면 흰색의 연기를 내며 분해된다.
- 산화제이므로 환원성 물질, 가연성 물질 또는 유기물과의 접촉은 금한다.
  - 접촉 시 화재 및 폭발할 위험성이 있다.
- 에테르 등의 유기용매에 잘 녹으며 물에는 녹지 않고 알코올에는 약간 녹는다.
- 건조 상태에서는 마찰 및 충격에 의해 폭발할 위험이 있다. 그러므로 건조 방지를 위해 물을 흡수시키거나 희석제(프탈산디메틸이나 프탈산디부틸 따위)를 사용함으로써 폭발의 위험성을 낮출 수 있다(②).
- 강력한 산화성 물질이므로 진한 황산이나 질산 등과 접촉하면 화재나 폭발의 위험이 있다.
- 습기 없는 냉암소에 보관한다.
- 소량 화재 시에는 마른 모래, 분말, 탄산가스에 의한 소화가 효과적이며 대량 화재 시에는 주수소화가 효과적이다.

24 2가지 물질을 섞었을 때 수소가 발생하는 것은?

① 칼륨과 에탄올

② 과산화마그네슘과 염화수소

③ 과산화칼륨과 탄산가스

④ 오황화린과 물

해설
① $2K + 2C_2H_5OH \rightarrow 2C_2H_5OK + H_2 \uparrow$
　　　　　　　　　　칼륨에틸레이트
② $MgO_2 + 2HCl \rightarrow MgCl_2 + H_2O_2$
③ $2K_2O_2 + 2CO_2 \rightarrow 2K_2CO_3 + O_2 \uparrow$
④ $P_2S_5 + 8H_2O \rightarrow 5H_2S + 2H_3PO_4$

25 다음 위험물의 지정수량 배수의 총합은 얼마인가?
(질산 150kg, 과산화수소 420kg, 과염소산 300kg)
[최다 빈출 유형]

① 2.5　② 2.9　③ 3.4　④ 3.9

해설
- 질산 : 제6류 위험물 중 질산 / 지정수량 300kg
- 과산화수소 : 제6류 위험물 중 과산화수소 / 지정수량 300kg
- 과염소산 : 제6류 위험물 중 과염소산 / 지정수량 300kg

지정수량의 배수 = $\frac{저장용량}{지정수량}$ 이고 각 지정수량의 배수를 구하여 합하면 되는 것이므로
∴ 지정수량배수의 총합은
$\frac{150}{300} + \frac{420}{300} + \frac{300}{300} = 0.5 + 1.4 + 1 = 2.9$

26 위험물안전관리법령상 운송책임자의 감독·지원을 받아 운송하여야 하는 위험물은?
[빈출 유형]

① 알킬리튬　② 과산화수소
③ 가솔린　　④ 경유

해설 [위험물안전관리법 시행령 제19조 / 운송책임자의 감독·지원을 받아 운송하여야 하는 위험물]
- 알킬알루미늄
- 알킬리튬
- 알킬알루미늄 또는 알킬리튬을 함유하는 위험물

27 「자동화재탐지설비 일반점검표」의 점검내용이 "변형·손상의 유무, 표시의 적부, 경계구역 일람도의 적부, 기능의 적부"인 점검항목은?

① 감지기　　② 중계기
③ 수신기　　④ 발신기

해설 [위험물안전관리에 관한 세부기준 별지 제24호 서식] - 자동화재탐지설비 일반점검표

점검항목	점검내용	점검방법
감지기	변형·손상의 유무	육안
	감지장해의 유무	육안
	기능의 적부	작동확인
중계기	변형·손상의 유무	육안
	표시의 적부	육안
	기능의 적부	작동확인
수신기 (통합조작반)	변형·손상의 유무	육안
	표시의 적부	육안
	경계구역 일람도의 적부	육안
	기능의 적부	작동확인
주 음향장치 지구음향장치	변형·손상의 유무	육안
	기능의 적부	작동확인
발신기	변형·손상의 유무	육안
	기능의 적부	작동확인
비상전원	변형·손상의 유무	육안
	전환의 적부	작동확인
배선	변형·손상의 유무	육안
	접속단자의 풀림·탈락의 유무	육안

28 위험물안전관리법령상 지정수량 10배 이상의 위험물을 저장하는 제조소에 설치하여야 하는 경보설비의 종류가 아닌 것은?
12년·2 유사

① 자동화재탐지설비　② 자동화재속보설비
③ 휴대용 확성기　　　④ 비상방송 설비

정답　21 ②　22 ①　23 ①　24 ①　25 ②　26 ①　27 ③　28 정답없음

해설 [위험물안전관리법 시행규칙 제42조 / 경보설비의 기준]
- 법 규정에 의한 지정수량의 10배 이상의 위험물을 저장 또는 취급하는 제조소등(이동 탱크저장소를 제외한다)에는 화재 발생 시 이를 알릴 수 있는 경보설비를 설치하여야 한다.
- 제조소등에 설치하는 경보설비는 자동화재탐지설비·자동화재속보설비·비상경보 설비(비상벨 장치 또는 경종을 포함한다)·확성장치(휴대용 확성기를 포함한다) 및 비상방송 설비로 구분하되, 제조소등 별로 설치하여야 하는 경보설비의 종류 및 설치기준은 [위험물안전관리법 시행규칙 별표 17]에 제시되어 있다.
- 자동 신호장치를 갖춘 스프링클러 설비 또는 물분무등 소화설비를 설치한 제조소등에 있어서는 자동화재 탐지설비를 설치한 것으로 본다.

❋ Tip
2020.10.12.부로 개정된 내용을 적용하였다. 개정 이전에는 자동화재속보설비가 빠져 있었으나 개정되면서 자동화재속보설비가 경보설비로 추가되었다.
그러나 시행규칙 별표17에는 반드시 자동화재탐지설비를 설치해야 하는 제조소에 해당하지 않으나 지정수량의 10배 이상을 저장 또는 취급하는 경우에는 자동화재탐지설비, 비상경보설비, 확성장치 또는 비상 방송설비 중 1종 이상의 경보설비를 설치하면 되는 것으로 명시되어 있어 자동화재속보설비는 제외된 상태이다.

29 위험물안전관리법령상 특수인화물의 정의에 관한 내용이다. ( )에 알맞은 수치를 차례대로 나타낸 것은?

> "특수인화물"이라 함은 이황화탄소, 디에틸에테르 그 밖에 1기압에서 발화점이 100℃ 이하인 것 또는 인화점이 영하 ( )℃ 이하이고 비점이 ( )℃ 이하인 것을 말한다.

① 40, 20   ② 20, 40
③ 20, 100   ④ 40, 100

해설 [위험물안전관리법 시행령 별표1 / 위험물 및 지정수량] - 비고란 제12호
"특수인화물"이라 함은 이황화탄소, 디에틸에테르 그 밖에 1기압에서 발화점이 섭씨 100도 이하인 것 또는 인화점이 섭씨 영하 20도 이하이고 비점이 섭씨 40도 이하인 것을 말한다.

30 제4류 위험물의 옥외 저장탱크에 설치하는 밸브 없는 통기관은 직경이 얼마 이상인 것으로 설치해야 되는가? (단, 압력탱크는 제외한다.)

① 10mm   ② 20mm
③ 30mm   ④ 40mm

해설 [위험물안전관리법 시행규칙 별표6 / 옥외 탱크 저장소의 위치·구조 및 설비의 기준] - Ⅵ. 옥외 저장탱크의 외부구조 및 설비 제7호
옥외 저장탱크 중 압력탱크(최대 상용압력이 부압 또는 정압 5kPa을 초과하는 탱크를 말한다)외의 탱크(제4류 위험물의 옥외 저장탱크에 한한다)에 있어서는 밸브 없는 통기관 또는 대기밸브 부착 통기관을 다음에 정하는 바에 의하여 설치하여야 하고, 압력탱크에 있어서는 별도 규정에 의한 안전장치를 설치하여야 한다.
- 밸브 없는 통기관
  - 직경은 30mm 이상일 것
  - 선단은 수평면보다 45°이상 구부려 빗물 등의 침투를 막는 구조로 할 것.
  - 인화점이 38℃ 미만인 위험물만을 저장 또는 취급하는 탱크에 설치하는 통기관에는 화염 방지장치를 설치하고, 그 외의 탱크에 설치하는 통기관에는 40메쉬(mesh) 이상의 구리망 또는 동등 이상의 성능을 가진 인화방지장치를 설치할 것
  - 가연성의 증기를 회수하기 위한 밸브를 통기관에 설치하는 경우에 있어서는 당해 통기관의 밸브는 저장탱크에 위험물을 주입하는 경우를 제외하고는 항상 개방되어 있는 구조로 하는 한편, 폐쇄하였을 경우에 있어서는 10kPa 이하의 압력에서 개방되는 구조로 할 것. 이 경우 개방된 부분의 유효 단면적은 777.15mm² 이상이어야 한다.
- 대기밸브 부착 통기관
  - 5kPa 이하의 압력 차이로 작동할 수 있을 것

- 인화점이 38℃ 미만인 위험물만을 저장 또는 취급하는 탱크에 설치하는 통기관에는 화염방지장치를 설치하고, 그 외의 탱크에 설치하는 통기관에는 40메쉬(mesh) 이상의 구리망 또는 동등 이상의 성능을 가진 인화방지장치를 설치할 것

31 위험물안전관리법령상 위험등급 I의 위험물에 해당하는 것은? [최다 빈출 유형]

① 무기과산화물 ② 황화린, 적린, 유황
③ 제1석유류   ④ 알코올류

해설 ① 무기과산화물 : 제1류 위험물로 지정수량 50kg, 위험등급 I등급
② 황화린, 적린, 유황 : 제2류 위험물로 지정수량 100kg, 위험등급 II등급
③ 제1석유류 : 제4류 위험물로 지정수량 비수용성은 200ℓ, 수용성은 400ℓ, 위험등급 II등급
④ 알코올류 : 제4류 위험물로 지정수량 400ℓ, 위험등급 II등급

[위험물안전관리법 시행규칙 별표19 / 위험물의 운반에 관한 기준] - Ⅴ. 위험물의 위험등급
위험물의 위험등급은 위험등급 I · 위험등급 II 및 위험등급 III으로 구분하며 각 위험등급에 해당하는 위험물은 다음과 같다.

• 위험등급 I의 위험물
 - 제1류 위험물 중 아염소산염류, 염소산염류, 과염소산염류, <u>무기과산화물</u> 그 밖에 지정수량이 50kg인 위험물
 - 제3류 위험물 중 칼륨, 나트륨, 알킬알루미늄, 알킬리튬, 황린 그 밖에 지정수량이 10kg 또는 20kg인 위험물
 - 제4류 위험물 중 특수인화물
 - 제5류 위험물 중 유기과산화물, 질산에스테르류 그 밖에 지정수량이 10kg인 위험물
 - 제6류 위험물
• 위험등급 II의 위험물
 - 제1류 위험물 중 브롬산염류, 질산염류, 요오드산염류 그 밖에 지정수량이 300kg인 위험물

- 제2류 위험물 중 <u>황화린, 적린, 유황</u> 그 밖에 지정수량이 100kg인 위험물
- 제3류 위험물 중 알칼리금속(칼륨 및 나트륨을 제외한다) 및 알칼리토금속, 유기금속화합물(알킬알루미늄 및 알킬리튬을 제외한다) 그 밖에 지정수량이 50kg인 위험물
- 제4류 위험물 중 <u>제1석유류 및 알코올류</u>
- 제5류 위험물 중 위험등급 I에 정하는 위험물 외의 것
• 위험등급 III의 위험물
 - 위에서 정하지 아니한 위험물

❋ Tip
• 제2류 위험물에는 위험등급 I에 해당하는 위험물은 없다.
• 제5류 위험물에는 위험등급 III에 해당하는 위험물은 없다.
• 제6류 위험물은 모두 위험등급 I에 해당하는 위험물이다.
• 위험등급 I, II, III에 해당하는 위험물을 모두 포함하고 있는 것은 제1류, 제3류, 제4류 위험물이다.

32 〈보기〉에서 나열한 위험물의 공통 성질을 옳게 설명한 것은?

〈보 기〉
나트륨, 황린, 트리에틸알루미늄

① 상온, 상압에서 고체의 형태를 나타낸다.
② 상온, 상압에서 액체의 형태를 나타낸다.
③ 금수성 물질이다.
④ 자연발화의 위험이 있다.

해설 이들은 모두 제3류 위험물에 속하는 물질들이며 자연발화의 공통 성질을 지니고 있다.

	녹는점	끓는점	성상	자연발화성	금수성
나트륨	97.8℃	882.8℃	고체	○	○
황린	44℃	282℃	고체	○	×
트리에틸알루미늄	-45.5℃	194℃	액체	○	○

정답 29 ② 30 ③ 31 ① 32 ④

33 페놀을 황산과 질산의 혼산으로 니트로화하여 제조하는 제5류 위험물은?

① 아세트산   ② 피크르산
③ 니트로글리콜   ④ 질산에틸

해설 ❖ 트리니트로페놀(피크린산, 피크르산)
- 제5류 위험물 중 니트로화합물
- 지정수량 200kg, 위험등급 Ⅱ
- 분자량 229, 비중 1.8, 녹는점 122.5℃, 끓는점 255℃, 인화점 150℃, 발화점 300℃
- 구조식

$$\text{OH에 } NO_2 \text{ 3개 치환}$$

- 순수한 것은 무색이고 공업용은 휘황색에 가까운 결정이다.
- 쓴맛과 독성이 있으며 수용액은 황색을 나타낸다.
- 차가운 물에는 소량 녹고 온수나 알코올, 에테르에는 잘 녹는다.
- 페놀(C_6H_5OH)을 질산과 황산의 혼산으로 니트로화하여 제조한다.

$$C_6H_5OH + 3HNO_3 \xrightarrow{H_2SO_4} C_6H_2(NO_2)_3OH + 3H_2O$$

- 공기 중에서 자연분해하지 않으므로 장기간 저장할 수 있으며 충격이나 마찰에 둔감하다.
- 단독으로 연소 시 폭발은 하지 않으나 에탄올과 혼합된 경우에는 충격에 의해서 폭발할 수 있다.
- 덩어리 상태로 용융된 것은 타격에 의해 폭굉하며 이때의 폭발력은 TNT보다 크다.
- 철, 납, 구리, 아연 등의 금속과 화합하여 예민한 금속염(피크린산염)을 만들며 건조한 것은 폭발하기도 한다.
- 주수소화가 효과적이다.
- 저장 및 운반용기로는 나무상자가 적당하며 10~20% 정도의 수분을 침윤시켜 운반한다.

34 금속염을 불꽃반응 실험을 한 결과 노란색의 불꽃이 나타났다. 이 금속염에 포함된 금속은 무엇인가?

① Cu   ② K
③ Na   ④ Li

해설 금속원소를 포함한 물질이 화염과 접촉하면 금속원소의 종류에 따라 고유의 불꽃색을 나타내는데 이를 불꽃반응이라고 한다. 불꽃반응은 금속원소에서만 나타나는 특징이다. 각 금속원소를 화염에 가져가면 전자가 에너지를 흡수하여 일시적으로 들뜬상태인 에너지준위가 높은 곳으로 올라갔다가 다시 원래 상태인 에너지준위로 떨어지면서 에너지를 방출하게 되는데 이때 방출되는 에너지가 불꽃색으로 관찰되는 것이다. 각기 다른 금속원소는 모두 다른 정도의 에너지준위 차이를 가지고 있기 때문에 서로 다른 불꽃색을 나타낸다. 불꽃색이 비슷하여 정확하게 원소를 구별해내기 어려울 때에는 분광기를 통한 선스펙트럼을 이용한다. 선스펙트럼은 원소마다 다른 유형을 나타내므로 모든 원소의 구별이 가능하다.

① 청록색
② 보라색
③ 노란색
④ 빨간색

그 밖에 칼슘은 주황색, 세슘은 파란색, 바륨은 황록색, 스트론튬은 다홍색의 불꽃색을 나타낸다.

35 위험물안전관리법령에서 정한 메틸알코올의 지정수량을 kg 단위로 환산하면 얼마인가?
(단, 메틸알코올의 비중은 0.8이다.)

① 200   ② 320
③ 400   ④ 450

해설 제4류 위험물의 지정수량은 다른 류의 위험물과는 다르게 'ℓ'단위를 사용한다. 메틸알코올은 제4류 위험물 중 알코올류에 속하는 물질로 지정수량은 400ℓ이고 비중이 0.8이므로 무게 단위인 kg으로 환산하면 400 × 0.8 = 320kg이 된다.

36 위험물안전관리법령상 제1류 위험물의 질산염류가 아닌 것은?

① 질산은
② 질산암모늄
③ 질산섬유소
④ 질산나트륨

해설 질산섬유소는 니트로셀룰로오스를 말하는 것으로 제5류 위험물 중 질산에스테르류(지정수량 10kg, 위험등급 I)에 속한다.
질산은, 질산암모늄, 질산나트륨은 모두 제1류 위험물 중 질산염류에 속하는 물질들이며 지정수량 300kg, 위험등급 II를 나타낸다.

[02쪽] 제1류 위험물의 분류 도표 참조 &
[15쪽] 제5류 위험물의 분류 도표 참조

37 위험물안전관리법령상 제3류 위험물에 해당하지 않는 것은?

① 적린
② 나트륨
③ 칼륨
④ 황린

해설 적린은 제2류 위험물(가연성 고체)로 분류되는 물질이며 지정수량 100kg, 위험등급 II를 나타낸다.
② 나트륨 : 제3류 위험물 / 지정수량 10kg, 위험등급 I
③ 칼륨 : 제3류 위험물 / 지정수량 10kg, 위험등급 I
④ 황린 : 제3류 위험물 / 지정수량 20kg, 위험등급 I

[05쪽] 제2류 위험물의 분류 도표 참조 &
[08쪽] 제3류 위험물의 분류 도표 참조

✲ **Tip**
적린(P)과 황린(P_4)은 서로 동소체 관계이지만 다른 류의 위험물로 분류된다는 것에 주의해야 한다. 두 위험물을 비교하는 내용이 시험에 자주 출제된다.

38 산화성 액체인 질산의 분자식으로 옳은 것은?

① HNO_2
② HNO_3
③ NO_2
④ NO_3

해설 질산은 제6류 위험물로 분류되는 산화성 액체로 지정수량 300kg, 위험등급 I 을 나타낸다.
① 아질산
② 질산
③ 이산화질소
④ 질산기 / 보통 이온 상태로 표기(NO_3^-)하는 질산과 구분 없이 사용하기도 하나 엄밀히 말하면 질산기는 이온이 아니라 전자 한 개가 이탈된 라디칼을 의미한다.

39 위험물안전관리법령상 제4류 위험물 운반 용기의 외부에 표시해야 하는 사항이 아닌 것은?

① 규정에 의한 주의사항
② 위험물의 품명 및 위험등급
③ 위험물의 관리자 및 지정수량
④ 위험물의 화학명

해설 위험물의 관리자 및 지정수량은 운반 용기의 외부에 표시하여야 할 사항이 아니다.
위험물 운반 용기의 외부에는 위험물의 품명·위험등급·화학명 및 수용성("수용성" 표시는 제4류 위험물로서 수용성인 것에 한한다), 위험물의 수량, 그리고 규정에 의한 주의사항으로 제4류 위험물에 있어서는 "화기엄금"을 표시하여야 한다.

[참고]
제조소의 게시판에는 저장 또는 취급하는 위험물의 유별·품명 및 저장 최대수량 또는 취급 최대수량, 지정수량의 배수 및 안전관리자의 성명 또는 직명을 기재하여야 하는 것으로 되어 있어 위험물의 관리자 및 지정수량의 표시는 제조소의 게시판 표시사항에 가깝다.

[위험물안전관리법 시행규칙 별표19 / 위험물의 운반에 관한 기준] - II. 적재방법 제8호
위험물은 그 운반 용기의 외부에 다음에 정하는 바에 따라 위험물의 품명, 수량 등을 표시하여 적재하여야 한다.

정답 33 ② 34 ③ 35 ② 36 ③ 37 ① 38 ② 39 ③

- 위험물의 품명·위험등급(②)·화학명(④) 및 수용성("수용성"표시는 제4류 위험물로서 수용성인 것에 한한다)
- 위험물의 수량
- 수납하는 위험물의 종류에 따라 다음의 규정에 의한 주의사항(①)

류 별	성 질	표시할 주의사항
제1류 위험물	산화성 고체	• 알칼리금속의 과산화물 또는 이를 함유한 것 : 화기·충격주의, 물기엄금 및 가연물 접촉주의 • 그밖의 것 : 화기·충격주의, 가연물 접촉주의
제2류 위험물	가연성 고체	• 철분·금속분·마그네슘 또는 이들 중 어느 하나 이상을 함유한 것 : 화기주의, 물기엄금 • 인화성 고체 : 화기엄금 • 그 밖의 것 : 화기주의
제3류 위험물	자연발화성 및 금수성 물질	• 자연발화성 물질 : 화기엄금, 공기접촉엄금 • 금수성 물질 : 물기엄금
제4류 위험물	인화성 액체	화기엄금
제5류 위험물	자기반응성 물질	화기엄금, 충격주의
제6류 위험물	산화성 액체	가연물 접촉주의

40 위험물안전관리법령상 그림과 같이 횡으로 설치한 원형 탱크의 용량은 약 몇 m³인가?

(단, 공간용적은 내용적의 10/100 이다.)

12년·5 동일 ▮16년·1 ▮16년·4 유사

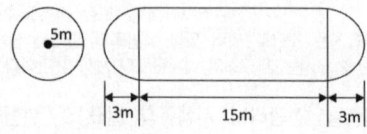

① 1690.9 ② 1335.1
③ 1268.4 ④ 1201.7

해설 [풀이 1]
- 탱크의 내용적
  - 근거 : [위험물안전관리에 관한 세부기준 별표1] - 탱크의 내용적 계산방법

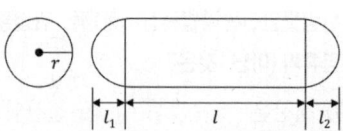

횡으로 설치한 원형 탱크의 내용적은 다음의 공식을 이용하여 구한다.

$\pi r^2 (1 + \dfrac{l_1 + l_2}{3})$

- 문제의 조건을 식에 대입하여 풀면

$5^2 \pi (15 + \dfrac{3+3}{3}) ≒ 1,335.18 (m^3)$

- 탱크의 공간용적
  - 근거 : [위험물안전관리에 관한 세부기준 제25조] - 탱크의 내용적 및 공간용적 中 탱크의 공간용적은 탱크의 내용적의 100분의 5 이상 100분의 10 이하의 용적으로 한다.
  - 문제에서 탱크의 공간용적은 내용적의 100분의 10라고 했으므로

$1,335.18 \times \dfrac{10}{100} = 133.518 (m^3)$

- 탱크의 용량
  - 근거 : [위험물안전관리법 시행규칙 제5조] - 탱크 용적의 산정기준
    위험물을 저장 또는 취급하는 탱크의 용량은 해당 탱크의 내용적에서 공간용적을 뺀 용적으로 한다.
  - 탱크의 용량 = 탱크의 내용적 - 탱크의 공간용적
    ∴ 1,335.18 - 133.518 = 1,201.66(m³)

[풀이 2]
탱크 용량 = 탱크의 내용적 - 탱크의 공간용적
따라서 탱크의 공간용적은 내용적의 10%라고 했으므로 탱크용량은 내용적의 90%에 해당하는 값이 된다.

내용적은 $\pi r^2 (1 + \dfrac{l_1 + l_2}{3})$로 계산하며 이것의 90%에 해당하므로

$5^2 \pi (15 + \dfrac{3+3}{3}) \times 0.9 = 1201.66(m^3)$가 된다.

41 다음 반응식과 같이 벤젠 1kg이 연소할 때 발생되는 CO_2의 양은 약 몇 m^3인가? (단, 27℃, 750mmHg 기준이다.)

$$C_6H_6 + 7.5O_2 \rightarrow 6CO_2 + 3H_2O$$

① 0.72 ② 1.22 ③ 1.92 ④ 2.42

해설 $PV = \dfrac{W}{M}RT$ ∴ $V = \dfrac{WRT}{PM}$

따라서 위의 온도와 압력조건에서 벤젠 1몰에 해당하는 부피는

$V = \dfrac{1 \times 0.082 \times 300}{0.9868 \times 78} ≒ 0.3196(m^3)$ 이다.

0.9868은 다음의 계산으로부터 나온 값이다.
1기압은 760mmHg이므로 760 : 750 = 1 : X,
∴ $X = 0.9868$

반응식에서 벤젠 1몰 연소 시 이산화탄소 6몰이 생성되므로 $0.3196(m^3) \times 6 = 1.9176 ≒ 1.92(m^3)$가 된다.

42 위험물안전관리법령에서 정한 아세트알데히드등을 취급하는 제조소의 특례에 관한 내용이다. ( ) 안에 해당하는 물질이 아닌 것은? 15년·5 동일

아세트알데히드 등을 취급하는 설비는 ( )·( )·( )·( ) 또는 이들을 성분으로 하는 합금으로 만들지 아니할 것

① 동 ② 은 ③ 금 ④ 마그네슘

해설 [위험물안전관리법 시행규칙 별표4 / 제조소의 위치·구조 및 설비의 기준] - Ⅻ. 위험물의 성질에 따른 제조소의 특례 제3호
아세트알데히드등을 취급하는 제조소의 특례는 다음과 같다.
• 아세트알데히드등을 취급하는 설비는 은·수은·동·마그네슘 또는 이들을 성분으로 하는 합금으로 만들지 아니할 것
• 아세트알데히드등을 취급하는 설비에는 연소성 혼합기체의 생성에 의한 폭발을 방지하기 위한 불활성기체 또는 수증기를 봉입하는 장치를 갖출 것
• 아세트알데히드등을 취급하는 탱크(옥외에 있는 탱크 또는 옥내에 있는 탱크로서 그 용량이 지정수량의 5분의 1 미만의 것을 제외한다)에는 냉각장치 또는 저온을 유지하기 위한 장치(이하 "보냉장치"라 한다) 및 연소성 혼합기체의 생성에 의한 폭발을 방지하기 위한 불활성기체를 봉입하는 장치를 갖출 것. 다만, 지하에 있는 탱크가 아세트알데히드등의 온도를 저온으로 유지할 수 있는 구조인 경우에는 냉각장치 및 보냉장치를 갖추지 아니할 수 있다.
• 위 규정에 의한 냉각장치 또는 보냉장치는 2 이상 설치하여 하나의 냉각장치 또는 보냉장치가 고장난 때에도 일정 온도를 유지할 수 있도록 하고, 다음의 기준에 적합한 비상 전원을 갖출 것
  - 상용전력원이 고장인 경우에 자동으로 비상 전원으로 전환되어 가동되도록 할 것
  - 비상 전원의 용량은 냉각장치 또는 보냉장치를 유효하게 작동할 수 있는 정도일 것
• 아세트알데히드등을 취급하는 탱크를 지하에 매설하는 경우에는 별도의 규정에 불구하고 당해 탱크를 탱크 전용실에 설치할 것

43 위험물안전관리법령에 의한 위험물에 속하지 않는 것은?

① CaC_2 ② S
③ P_2O_5 ④ K

해설 P_2O_5(오산화인)은 위험물 연소 시 생성되는 유독물질이며 위험물로 분류되지는 않는다.
  $4P + 5O_2 \rightarrow 2P_2O_5 \uparrow$ $P_4 + 5O_2 \rightarrow 2P_2O_5 \uparrow$
① CaC_2(탄화칼슘) : 제3류 위험물 중 칼슘 또는 알루미늄의 탄화물
  지정수량 300kg, 위험등급 Ⅲ
② S(황) : 제2류 위험물 중 유황
  지정수량 100kg, 위험등급 Ⅱ
④ K(칼륨) : 제3류 위험물 중 칼륨
  지정수량 10kg, 위험등급 Ⅰ

정답 40 ④ 41 ③ 42 ③ 43 ③

44 등유에 관한 설명으로 틀린 것은? 14년·4 유사

① 물보다 가볍다.

② 녹는점은 상온보다 높다

③ 발화점은 상온보다 높다

④ 증기는 공기보다 무겁다.

해설 등유는 제4류 위험물 중 제2석유류에 속한다. 녹는점이 상온보다 높다면 상온에서 고체상태로 존재해야 할 것이다. 등유는 상온에서 액체 상태이므로 녹는점은 상온보다 낮다(등유의 녹는점은 -40℃).
① 등유의 비중은 0.79~0.85 정도의 값을 가지며 물보다 가볍다. 제3석유류와 특수인화물의 이황화탄소 등을 제외하면 대부분의 제4류 위험물은 물보다 가볍다.
③ 등유의 발화점은 220℃이다.
④ 등유의 증기비중은 4~5 정도 되므로 증기는 공기보다 무겁다. 대부분의 제4류 위험물의 증기는 공기보다 무거워 누출될 경우 상당기간 지면 가까이에서 확산됨으로 화재나 폭발위험이 증대된다.

❖ 등유
- 제4류 위험물 중 제2석유류(비수용성)
- 지정수량 1,000ℓ, 위험등급Ⅲ
- 정제한 것은 무색투명하지만 오래 방치하면 담황색을 띤다.
- 물에 녹지 않고 유기용제에 잘 녹는다.
- 등유의 인화점은 40~70℃이다. [가솔린(휘발유)의 인화점은 -43℃~-20℃]
- <u>착화점은 약 220℃(③)</u>, 연소범위는 1.1~6.0% 정도이다.
- <u>비중은 0.79~0.85이므로 물보다 가볍다.(①)</u>
- <u>증기비중은 4~5 정도이므로 공기보다 무겁다.(④)</u>
- 전기의 부도체이다.
- 칼륨, 나트륨 등의 금속을 저장·보관할 때 보호액으로 이용된다.
- 다공성의 가연물질에 스며들거나 분무상으로 분출되면 인화위험이 높아진다.

45 벤젠(C_6H_6)의 일반 성질로서 틀린 것은?
14년·4 유사

① 휘발성이 강한 액체이다.

② 인화점은 가솔린보다 낮다.

③ 물에 녹지 않는다.

④ 화학적으로 공명구조를 이루고 있다.

해설 벤젠은 제4류 위험물 중 제1석유류에 속하는 물질로서 인화점은 -11℃이다. 가솔린의 인화점은 -43℃ ~ -20℃의 범위를 나타내므로 벤젠의 인화점은 가솔린의 그것보다 높다.

❖ 벤젠(C_6H_6)
- 제4류 위험물 중 제1석유류(비수용성)
- 지정수량 200ℓ, 위험등급Ⅱ
- 인화점 -11℃, 착화점 562℃, 융점 5.5℃, 비점 80℃, 연소범위 1.4~7.1%, 비중 0.88
- <u>무색투명한 휘발성의 액체로(①)</u> 방향성을 지니며 증기는 마취성과 독성이 있다.
- 알코올·에테르 등의 유기용제에 녹고 <u>물에는 녹지 않는다(③)</u>.
- 수지나 유지, 고무 등을 용해시킨다.
- 방향족 탄화수소 중 가장 간단한 구조이며 <u>공명구조를 하고 있어 화학적으로 매우 안정하다(④)</u>
- 증기비중은 2.7 정도이다.
- 탄소 수 대비 수소의 개수가 적기 때문에 연소 시 그을음이 많이 난다.
- 융점이 5.5℃이므로 겨울철에는 고체상태로 존재할 수도 있으며 인화점은 -11℃이므로 고체상태이면서도 가연성 증기를 발생할 수 있으므로 취급에 주의한다.
- 비전도성이므로 정전기 발생에 주의한다.
- 피부 부식성이 있으며 고농도의 증기(2% 이상)를 5~10분 정도 흡입하게 되면 치명적이다.
- 공식적으로 지정된 1급 발암물질이다.
- 치환반응이나 첨가반응을 한다. - 공명구조가 유지되는 치환반응을 선호한다.

46 제4류 위험물을 저장 및 취급하는 위험물 제조소에 설치한 "화기엄금" 게시판의 색상으로 올바른 것은?

① 적색 바탕에 흑색 문자
② 흑색 바탕에 적색 문자
③ 백색 바탕에 적색 문자
④ 적색 바탕에 백색 문자

해설 [위험물안전관리법 시행규칙 별표4 / 제조소의 위치·구조 및 설비의 기준] - Ⅲ. 표지 및 게시판 中
- 저장 또는 취급하는 위험물에 따라 다음의 규정에 의한 주의사항을 표시한 게시판을 설치할 것

저장 또는 취급하는 위험물 종류	표시할 주의사항	색 상
• 제1류 위험물 중 알칼리금속의 과산화물 • 제3류 위험물 중 금수성 물질	물기엄금	청색바탕 백색문자
• 제2류 위험물(인화성고체 제외)	화기주의	
• 제2류 위험물 중 인화성고체 • 제3류 위험물 중 자연발화성 물질 • 제4류 위험물 • 제5류 위험물	화기엄금	적색바탕 백색문자

* 제1류 위험물 중 알칼리금속의 과산화물 이외의 물질과 제6류 위험물은 해당사항 없음

47 과염소산암모늄에 대한 설명으로 옳은 것은?

① 물에 용해되지 않는다.
② 청녹색의 침상결정이다.
③ 130℃에서 분해하기 시작하여 CO_2 가스를 방출한다.
④ 아세톤, 알코올에 용해된다.

해설 과염소산암모늄은 제1류 위험물 중 과염소산염류에 속하는 불실이며 아세톤, 알코올, 물에는 용해되지만 에테르, 초산에틸에는 녹지 않는다.

❖ 과염소산암모늄(NH_4ClO_4)
- 제1류 위험물(산화성 고체) 중 과염소산염류
- 지정수량 50kg, 위험등급 Ⅰ
- 분자량 117.5, 분해온도 130℃, 비중 1.87
- 무색, 무취의 수용성 결정이다(②).
- 물, 아세톤, 알코올에는 잘 녹으나 에테르에는 녹지 않는다(①, ④).
- 가연성 물질 또는 산화성 물질 등과 혼합되거나 강산과 접촉할 시 폭발의 위험이 있다.
- 130℃ 정도로 가열하면 분해하여 산소를 방출한다(③).
  $NH_4ClO_4 \rightarrow NH_4Cl + 2O_2 \uparrow$
- 300℃ 이상으로 가열하거나 강한 충격을 주면 급격히 분해·폭발한다.
  $2NH_4ClO_4 \rightarrow N_2\uparrow + 2O_2\uparrow + Cl_2\uparrow + 4H_2O\uparrow$
- 강알칼리와 접촉하면 NH_3(암모니아)가 생성된다.
- 로켓이나 미사일 추진제, 폭약, 성냥 등의 제조에 이용된다.
- 자체적으로 산소를 함유하고 있어 질식소화 보다는 물을 대량 사용하는 냉각소화가 효과적이다.

48 위험물의 품명과 지정수량이 잘못 짝지어진 것은?

① 황화린 - 50kg
② 마그네슘 - 500kg
③ 알킬알루미늄 - 10kg
④ 황린 - 20kg

해설 황화린은 제2류 위험물에 속하는 물질이며 지정수량은 100kg이고 위험등급은 Ⅱ등급이다.
② 마그네슘 : 제2류 위험물에 속하며 지정수량은 500kg이고 위험등급은 Ⅲ등급이다.
③ 알킬알루미늄 : 제3류 위험물에 속하며 지정수량은 10kg이고 위험등급은 Ⅰ등급이다.
④ 황린 : 제3류 위험물에 속하며 지정수량은 20kg이고 위험등급은 Ⅰ등급이다.

[05쪽] 제2류 위험물의 분류 도표 참조 &
[08쪽] 제3류 위험물의 분류 도표 참조

정답 44 ② 45 ② 46 ④ 47 ④ 48 ①

49 휘발유의 일반적인 성질에 관한 설명으로 틀린 것은?

① 인화점이 0℃보다 낮다.
② 위험물안전관리법령상 제1석유류에 해당한다.
③ 전기에 대해 비전도성 물질이다.
④ 순수한 것은 청색이나 안전을 위해 검은색으로 착색해서 사용해야 한다.

해설 순수한 것은 무색에 가까우나 일반적으로 사용되는 옥탄가 91~96 미만의 보통 휘발유는 노란색으로, 옥탄가가 96 이상인 고급휘발유는 녹색으로 착색하며 경유는 푸른빛이 감도는 옅은 노란색, 군수용이나 면세유는 붉은색을 착색시킨다. 공업용은 무색이다. 이것은 식별을 용이하게 하여 주유소에서의 혼유사고를 방지하며 손쉽게 기름의 용도를 구별하기 위한 것이다. 검은색으로 착색하지는 않는다.

❖ **휘발유**(미, Gasoline / 영, Petroleum)
- 제4류 위험물 중 제1석유류(비수용성)(②)
- 지정수량 200ℓ, 위험등급 Ⅱ
- 인화점 -43~-20℃(①), 끓는점 30~210℃, 비중 0.6~0.8, 증기비중 3~4, 연소범위 1.4~7.6(%)
- 원유의 분별증류 시 끓는점이 30~210℃ 정도 되는 휘발성의 석유류 혼합물을 통틀어 일컫는다.
- 원유의 성질, 상태, 처리 방법 등에 따라 탄화수소의 혼합비율은 매우 다양해지며 일반적으로 탄소 수 5~9개 사이의 포화 및 불포화 탄화수소를 포함하는 혼합물이다.
- 무색투명한 휘발성의 액체이나 용도별로 구분하기 위해 첨가물로 착색시켜 청색 또는 오렌지색을 나타낸다.
  - 자동차용 휘발유 : 오렌지색(유연 휘발유), 연한 노란색(무연 휘발유)
  - 항공기용 휘발유 : 청색 또는 붉은 오렌지색
  - 공업용 휘발유 : 무색
- 물에는 녹지 않으나 유기용제에 잘 녹는다.
- 전기의 부도체로 정전기를 유발할 위험성이 있다(③).
- 연소 시 포함된 불순물에 의해 유독가스인 이산화황, 이산화질소가 발생된다.

50 톨루엔에 대한 설명으로 틀린 것은?

① 휘발성이 있고 가연성 액체이다.
② 증기는 마취성이 있다.
③ 알코올, 에테르, 벤젠 등과 잘 섞인다.
④ 노란색 액체로 냄새가 없다.

해설 ❖ **톨루엔**
- 제4류 위험물 중 제1석유류(비수용성)
- 메틸벤젠이라고도 함
- 분자식 및 구조식 : C_7H_8, $C_6H_5CH_3$

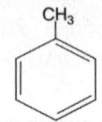

- 지정수량 200ℓ, 위험등급 Ⅱ
- 인화점 4.5℃, 녹는점 -93℃, 끓는점 110℃, 발화점 480℃, 폭발범위 1.27~7.0%
- 분자량 92, 비중 0.86, 증기비중 3.17
- 독특한 냄새가 있는 무색의 액체이며(④) 휘발성이 있다.(①)
- 물에는 녹지 않고 알코올, 벤젠, 에테르, 유기용제 등에 녹으며(③) 고무나 유지를 녹인다.
- 벤젠의 알킬화 반응으로 얻어지며 벤젠의 수소원자 1개가 메틸기($-CH_3$)로 치환된 것이다.

$$C_6H_6 + CH_3Cl \xrightarrow{AlCl_3 \text{ 무수물}} C_6H_5CH_3 + HCl$$

- 진한 질산과 진한 황산의 혼합액으로 니트로화 반응을 일으켜 TNT를 제조한다.
- 산화성 물질과 혼합할 경우 폭발할 수 있다.
- 가연성 액체이며(①) 유체마찰 등으로 인해 정전기가 발생하여 인화할 수도 있는 인화성이 강한 액체이다.
- 용기는 밀봉하며 환기가 잘 되는 건조한 냉소에 보관하고 화기나 직사광선은 피한다.
- 독성은 벤젠의 1/10 수준이다.
- 증기는 눈이나 피부 등을 통해 체내로 흡입될 수 있으며 급성 중독으로 마취 상태를 유발하고(②) 만성 중독으로는 빈혈, 백혈구 감소, 위장장애 등을 유발하기도 한다.

51 디에틸에테르의 성질에 대한 설명으로 옳은 것은?

① 발화온도는 400℃이다.

② 증기는 공기보다 가볍고, 액상은 물보다 무겁다.

③ 알코올에 용해되지 않지만 물에 잘 녹는다.

④ 연소범위는 1.9~48% 정도이다.

해설 ❖ 디에틸에테르($C_2H_5OC_2H_5$)
- 제4류 위험물 중 특수인화물
- 지정수량 50ℓ, 위험등급 I
- 에틸에테르라고도 함
- 구조식

$$H-\underset{\underset{H}{|}}{\overset{\overset{H}{|}}{C}}-\underset{\underset{H}{|}}{\overset{\overset{H}{|}}{C}}-O-\underset{\underset{H}{|}}{\overset{\overset{H}{|}}{C}}-\underset{\underset{H}{|}}{\overset{\overset{H}{|}}{C}}-H$$

- 제조 방법

$$C_2H_5OH + C_2H_5OH \xrightarrow{(H_2SO_4, 140℃)} C_2H_5OC_2H_5 + H_2O$$

- 분자량 74, 인화점 -45℃, 착화점 180℃(①), 비중 0.71, 증기비중 2.55(②), 연소범위 1.9~48(%)(④)
- 인화점이 -45℃로 제4류 위험물 중 인화점이 가장 낮은 편에 속한다.
- 무색투명한 유동성 액체이다.
- 물에는 약간 녹으나 알코올에는 잘 녹는다(③).
  - 물에는 잘 녹지 않으며 물 위에 뜨므로 물속에 저장하지는 않는다.
- 유지 등을 잘 녹이는 용제이다.
- 휘발성이 강하며 마취성이 있어 전신마취에 사용된 적이 있다.
- 전기의 부도체로 정전기가 발생할 수 있으므로 저장할 때 소량의 염화칼슘을 넣어 정전기를 방지한다.
- 강산화제 및 강산류와 접촉하면 발열 발화한다.
- 체적 팽창률(팽창계수)이 크므로 용기의 공간용적을 2% 이상 확보하도록 한다.
- 공기와 장시간 접촉하면 산화되어 폭발성의 불안정한 과산화물이 생성된다.

- 직사일광에 의해서도 분해되어 과산화물이 생성되므로 이의 방지를 위해 갈색 병에 밀전, 밀봉하여 보관하며 증기 누출이 용이하고 증기압이 높아 용기가 가열되면 파손, 폭발할 수도 있으므로 불꽃 등 화기를 멀리하고 통풍이 잘되는 냉암소에 보관한다.
- 과산화물의 생성 방지 및 제거
  - 생성 방지 : 과산화물의 생성을 방지하기 위해 저장 용기에 40메시(mesh)의 구리망을 넣어둔다.
  - 생성 여부 검출 : 10% 요오드화칼륨 수용액으로 검출하며 과산화물 존재 시 황색으로 변한다.
  - 과산화물 제거 시약 : 황산제1철 또는 환원철
- 대량으로 저장할 경우에는 불활성 가스를 봉입한다.
- 화재 시 이산화탄소에 의한 질식소화가 적당하다.

52 위험물안전관리법령상 혼재할 수 없는 위험물은? (단, 위험물은 지정수량의 1/10을 초과하는 경우이다.) [최다 빈출 유형]

① 적린과 황린

② 질산염류와 질산

③ 칼륨과 특수인화물

④ 유기과산화물과 유황

해설 적린은 제2류 위험물이며 황린은 제3류 위험물로서 이들 간에는 혼재할 수 없다.
② 질산염류는 제1류 위험물이며 질산은 제6류 위험물이므로 이들 간에는 혼재 가능하다.
③ 칼륨은 제3류 위험물이며 특수인화물은 제4류 위험물이므로 이들 간에는 혼재 가능하다.
④ 유기과산화물은 제5류 위험물이며 유황은 제2류 위험물이므로 이들 간에는 혼재 가능하다.

정답 49 ④ 50 ④ 51 ④ 52 ①

[위험물안전관리법 시행규칙 별표19 / 위험물의 운반에 관한 기준]
[부표2] - 유별을 달리하는 위험물의 혼재기준

구분	제1류	제2류	제3류	제4류	제5류	제6류
제1류		×	×	×	×	○
제2류	×		×	○	○	×
제3류	×	×		○	×	×
제4류	×	○	○		○	×
제5류	×	○	×	○		×
제6류	○	×	×	×	×	

- 'o'는 혼재할 수 있음을, '×'는 혼재할 수 없음을 표시한다.
- 이 표는 지정수량 1/10 이하의 위험물에는 적용하지 않는다.

53 과산화수소의 성질에 대한 설명으로 옳지 않은 것은?

① 산화성이 강한 무색투명한 액체이다.
② 위험물안전관리법령상 일정 비중 이상일 때 위험물로 취급한다.
③ 가열에 의해 분해하면 산소가 발생한다.
④ 소독약으로 사용할 수 있다.

해설 과산화수소는 36 중량퍼센트(wt%) 이상의 농도를 가질 때 위험물로 간주한다.
일정 비중 이상일 경우에 위험물로 취급하는 것은 질산이며 비중 1.49 이상인 것에 한하여 위험물로 취급한다.

[위험물안전관리법 시행령 별표1 / 위험물 및 지정수량] - 비고란 제22호

과산화수소는 그 농도가 36 중량퍼센트 이상인 것에 한하며, 액체로서 산화력의 잠재적인 위험성을 판단하기 위하여 고시로 정하는 시험에서 고시로 정하는 성질과 상태를 나타내는 것을 말한다.

[위험물안전관리법 시행령 별표1 / 위험물 및 지정수량] - 비고란 제23호

질산은 그 비중이 1.49 이상인 것에 한하며, 액체로서 산화력의 잠재적인 위험성을 판단하기 위하여 고시로 정하는 시험에서 고시로 정하는 성질과 상태를 나타내는 것을 말한다.
① 과산화수소(H_2O_2)는 가장 간단한 형태의 과산화물로 산화성이 강한 무색투명한 액체이다.

③ 열이나 햇빛에 가열되거나 유기물 등의 불순물과 접촉하면 분해되어 산소를 발생한다.
④ 0.1%나 그 미만의 농도에서는 살균제로 10~25%의 농도에서는 소독제로 작용하는 산화제이다.

❖ 과산화수소(H_2O_2)
- 제6류 위험물이며 산화성 액체이다.
- 지정수량 300kg, 위험등급 I
- 색깔이 없고 점성이 있는 쓴맛을 가진 액체이다. 양이 많은 경우에는 청색을 띤다.
- 석유, 벤젠 등에는 녹지 않으나 물, 알코올, 에테르 등에는 잘 녹는다.
- 발열하면서 산소와 물로 쉽게 분해된다.
- 증기는 유독성이 없다.
- 불에 잘 붙지는 않지만 유기물질과 접촉하면 스스로 열을 내며 연소하는 강력한 산화제이다.
- 순수한 과산화수소의 어는점은 -0.43℃, 끓는점 150.2℃이다.
- 비중 1.465로 물보다 무거우며 어떤 비율로도 물에 녹는다.
- 36 중량퍼센트 농도 이상인 것부터 위험물로 취급한다.
- 60 중량퍼센트 농도 이상에서는 단독으로 분해폭발 할 수 있으며 판매제품은 보통 30~35% 수용액으로 되어 있다(약국 판매 옥시풀은 3% 수용액이다).
- 히드라진과 접촉하면 분해·폭발할 수 있으므로 주의한다.
  $2H_2O_2 + N_2H_4 \rightarrow 4H_2O + N_2 \uparrow$
- 암모니아와 접촉하면 폭발할 수 있다.
- 열이나 햇빛에 의해 분해가 촉진되며 분해 시 생겨난 발생기 산소는 살균작용이 있다.
  $H_2O_2 \rightarrow H_2O + [O]$ (살균표백작용)
- 강산화제이지만 환원제로도 사용된다.
- 분해방지 안정제(인산, 요산)를 넣어 저장하거나 취급함으로서 분해를 억제한다.
- 용기는 밀전하지 말고 통풍을 위하여 작은 구멍이 뚫린 마개를 사용하며 갈색 용기에 보관한다.
- 주수소화 한다.

54 다음 물질 중 인화점이 가장 낮은 것은?

① CH_3COCH_3 ② $C_2H_5OC_2H_5$
③ $CH(CH_3)_2OH$ ④ CH_3OH

해설 모두 제4류 위험물에 속하는 위험물이다.
제4류 위험물 중 인화점이 가장 낮은 것은 특수인화물이며 디에틸에테르의 인화점은 -45℃로 특수인화물 중에서도 인화점이 낮은 편에 속한다.

❖ 각 위험물의 인화점

아세톤	디에틸에테르
-18℃	-45℃
이소프로필알코올	메탄올
12℃	11℃

① 아세톤 : 제1석유류(수용성)
② 디에틸에테르 : 특수인화물(비수용성)
③ 이소프로필알코올 : 알코올류(수용성)
④ 메탄올 : 알코올류(수용성)

인화점이란 발생된 증기에 외부로부터 점화원이 관여하여 연소가 일어날 수 있도록 하는 최저온도를 말하는 것으로 인화점은 주로 상온에서 액체 상태로 존재하는 인화성 물질의 연소하기 쉬운 정도를 측정하는 데 사용된다.

✱ 빈틈없이 촘촘하게 One more Step

❖ 발화점(Ignition point)
착화점이라고도 하며 물체를 가열하거나 마찰하여 특정 온도에 도달하면 불꽃과 같은 착화원(점화원)이 없는 상태에서도 스스로 발화하여 연소를 시작하는 최저온도를 말한다. 발화점에 도달해야 물질은 연소할 수 있으며 발화점이 높을수록 상대적으로 더 높은 온도에서 불이 붙는다는 것이므로 발화점이 낮은 물질에 비해서 연소하기 어렵다.
가열되는 용기의 표면 상태, 압력, 가열되는 속도 등에 영향을 받으며 일반적으로 인화점보다 발화점이 높다.

❖ 연소점(Fire point)
발화된 후에 연소를 지속시킬 수 있을 정도의 충분한 증기를 발생시킬 수 있는 온도로서 인화점보다 약 5~10℃ 정도 높은 온도를 형성한다.

❖ 인화점을 기준으로 한 제4류 위험물의 분류 및 종류

분류	인화점 (1기압 기준)	종류
특수인화물	-20℃ 이하	이황화탄소, 디에틸에테르, 산화프로필렌, 황화디메틸, 에틸아민, 아세트알데히드, 이소프렌, 펜탄, 이소펜탄, 이소프로필아민
제1석유류	21℃ 미만	아세톤, 포름산메틸, 휘발유, 벤젠, 에틸벤젠, 톨루엔, 아세토니트릴, 염화아세틸, 시클로헥산, 피리딘, 시안화수소 메틸에틸케톤,
제2석유류	21℃ 이상 70℃ 미만	등유, 경유, 브롬화페닐, 자일렌, 큐멘, 포름산, 아세트산, 스티렌, 클로로벤젠, 아크릴산, 히드라진, 테레핀유, 부틸알데히드
제3석유류	70℃ 이상 200℃ 미만	중유, 클레오소트유, 니트로벤젠, 에틸렌글리콜, 글리세린, 포르말린, 에탄올아민, 아닐린, 니트로톨루엔
제4석유류	200℃ 이상 250℃ 미만	기어유, 실린더유, 기계유, 방청유, 담금질유, 절삭유
동식물유류	250℃ 미만	동물의 지육, 식물의 종자나 과육 추출물(건성유 · 반건성유 · 불건성유)

✱ **Tip**
제4류 위험물 중에서 인화점이 가장 낮은 것을 찾는 문제라면 특수인화물을 찾아내면 된다.

정답 53 ② 54 ②

55 질산과 과염소산의 공통 성질에 해당하지 않는 것은?
16년·4 유사

① 산소를 함유하고 있다.

② 불연성 물질이다.

③ 강산이다.

④ 비점이 상온보다 낮다.

해설 질산(HNO_3)과 과염소산($HClO_4$)은 제6류 위험물에 속하며 두 물질 모두 지정수량은 300kg이고 위험등급은 Ⅰ등급이다.
질산의 융점은 -42℃, 비점은 86℃이며 과염소산의 융점은 -112℃, 비점은 39℃로 비점은 상온보다 높고 상온에서 액체로 존재한다.
① 질산의 분자식은 HNO_3이고 과염소산의 분자식은 $HClO_4$로 모두 산소를 포함하고 있다.
② 제6류 위험물은 불연성 물질이며 조연성을 띠는 무기화합물이다.
③ 강산성의 물질이다.

❖ **질산(HNO_3)**
- 제6류 위험물(산화성 액체)
- 지정수량 300kg, 위험등급 Ⅰ
- 제6류 위험물은 불연성이며 무기화합물이다.
- 무색의 흡습성이 강한 액체이나 보관 중에 담황색으로 변색된다.
- 독성이 매우 강하며 3대 강산 중 하나이다.
- 분자량 63, 비중 1.49, 증기비중 2.17, 융점 -42℃, 비점 86℃
- 비중이 1.49 이상인 것부터 위험물로 취급한다.
- 부식성이 강한 강산이지만 금, 백금, 이리듐, 로듐만은 부식시키지 못한다.
- 진한 질산은 철, 코발트, 니켈, 크롬, 알루미늄 등을 부동태화 한다.
- 묽은 산은 금속을 녹이고 수소 기체를 발생한다.
  $Ca + 2HNO_3 \rightarrow Ca(NO_3)_2 + H_2 \uparrow$
- 빛을 쪼이면 분해되어 유독한 갈색 증기인 이산화질소(NO_2)를 발생시킨다.
  $4HNO_3 \rightarrow 2H_2O + 4NO_2 \uparrow + O_2 \uparrow$
- 직사일광에 의한 분해 방지 : 차광성의 갈색병에 넣어 냉암소에 보관한다.
- 물에 잘 녹으며 물과 반응하여 발열한다.
- 단백질과는 크산토프로테인 반응이 일어나 노란색으로 변한다. – 단백질 검출에 이용.
- 염산과 질산을 3 : 1의 비율로 혼합한 것을 왕수라고 하며 금, 백금 등을 녹일 수 있다.
- 톱밥, 섬유, 종이, 솜뭉치 등의 유기물과 혼합하면 발화할 수 있다.
- 다량의 질산화재에 소량의 주수소화는 위험하므로 마른모래 및 CO_2로 소화한다.
- 위급 화재 시에는 다량의 물로 주수소화한다.

❖ **과염소산($HClO_4$)**
- 제6류 위험물(산화성 액체)
- 지정수량 300kg, 위험등급 Ⅰ
- 산소공급원으로 작용하는 산화제이다.
- 제6류 위험물은 불연성이며 무기화합물이다.
- 무색, 무취, 강한 휘발성 및 흡습성을 나타내는 액체이다.
- 분자량 100.5, 비중 1.76, 증기비중 약 3.5, 융점 -112℃, 비점 39℃
- 염소의 산소산 중 가장 강력한 산이다.
  ($HClO < HClO_2 < HClO_3 < HClO_4$)
- 물과 접촉하면 소리를 내며 발열하고 고체 수화물을 만든다.
- 가열하면 폭발, 분해되고 유독성의 염화수소(HCl)를 발생한다.
  $HClO_4 \rightarrow HCl \uparrow + 2O_2 \uparrow$
- 철, 구리, 아연 등과 격렬하게 반응한다.
- 황산이나 질산에 버금가는 강산이다.
- 독성이 강하며 피부에 닿으면 부식성이 있어 위험하고 종이, 나무 등과 접촉하면 연소한다.
- 직사광선을 피하고 통풍이 잘되는 냉암소에 보관한다.
- 다량의 물로 주수소화나 분무하여 소화하고 내산성 용기를 사용하여 저장한다.

56 위험물안전관리법령상 해당하는 품명이 나머지 셋과 다른 것은? [빈출유형]

① 트리니트로페놀
② 트리니트로톨루엔
③ 니트로셀룰로오스
④ 테트릴

해설 ① 트리니트로페놀
   제5류 위험물 중 니트로화합물
② 트리니트로톨루엔
   제5류 위험물 중 니트로화합물
③ 니트로셀룰로오스
   제5류 위험물 중 질산에스테르류
④ 테트릴
   제5류 위험물 중 니트로화합물

[15쪽] 제5류 위험물의 분류 도표 참조

57 니트로셀룰로오스의 안전한 저장을 위해 사용하는 물질은?

① 페놀
② 황산
③ 에탄올
④ 아닐린

해설 [4번] 문제 해설 참조
니트로셀룰로오스는 제5류 위험물 중 질산에스테르류에 속하는 물질로 이들 물질은 자연분해될 때 발생하는 분해열이 축적되어 자연발화하는 특성을 보이므로 열의 축적을 방지하고, 수분이나 함수 알코올 등에 습윤시켜 냉암소에 보관하며 습윤제의 증발을 억제하여 건조를 방지하고 장기간 방치하지 않도록 주의하여야 한다. 건조한 상태에서는 반응이 빠르게 진행되어 발화하기 쉽고 정전기 등의 원인에 의해서 쉽게 폭발할 수 있으나 수분 또는 함수 알코올 등을 함유하면 폭발 위험성이 현저히 줄어들어 저장이나 운반이 용이하므로 이들 물질로 습윤시켜 저장·운반한다.

58 1분자 내에 포함된 탄소의 수가 가장 많은 것은?

① 아세톤
② 톨루엔
③ 아세트산
④ 이황화탄소

해설 ① 아세톤 : CH_3COCH_3 (3개)
② 톨루엔 : $C_6H_5CH_3$ (7개)
③ 아세트산 : CH_3COOH (2개)
④ 이황화탄소 : CS_2 (1개)

59 다음 중 위험물안전관리법령에 따라 정한 지정수량이 나머지 셋과 다른 것은? [빈출유형]

① 황화린
② 적린
③ 유황
④ 철분

해설 모두 제2류 위험물이며 황화린, 적린, 유황은 지정수량은 100kg이고 위험등급은 II등급이며 철분만 지정수량이 500kg이고 위험등급은 III등급이다.

[05쪽] 제2류 위험물의 분류 도표 참조

60 다음 물질 중 위험물 유별에 따른 구분이 나머지 셋과 다른 하나는?

① 질산은
② 질산메틸
③ 무수크롬산
④ 질산암모늄

해설 ① 질산은 : 제1류 위험물 중 질산염류
② 질산메틸 : 제5류 위험물 중 질산에스테르류
③ 무수크롬산 : 제1류 위험물 중 행정안전부령으로 정하는 크롬의 산화물
④ 질산암모늄 : 제1류 위험물 중 질산염류

[02쪽] 제1류 위험물의 분류 도표 참조 &
[15쪽] 제5류 위험물의 분류 도표 참조

정답 55 ④ 56 ③ 57 ③ 58 ② 59 ④ 60 ②

07 2015년 제1회 기출문제 및 해설 (15년 1월 25일)

1과목 화재예방과 소화방법

01 제3종 분말 소화약제의 열분해 반응식을 옳게 나타낸 것은? [문제변형]

① $NH_4H_2PO_4 \rightarrow HPO_3 + NH_3 + H_2O$

② $2KNO_3 \rightarrow 2KNO_2 + O_2$

③ $KClO_4 \rightarrow KCl + 2O_2$

④ $2NaHCO_3 \rightarrow Na_2CO_3 + CO_2 + H_2O$

해설 ❖ 분말 소화약제의 분류, 주성분 및 적응화재

구 분	주성분	화학식
제1종 분말	탄산수소나트륨	$NaHCO_3$
제2종 분말	탄산수소칼륨	$KHCO_3$
제3종 분말	제1인산암모늄	$NH_4H_2PO_4$
제4종 분말	탄산수소칼륨 + 요소	$KHCO_3 + (NH_2)_2CO$

구 분	적응화재	분말색
제1종 분말	B, C	백색
제2종 분말	B, C	담자색
제3종 분말	A, B, C	담홍색
제4종 분말	B, C	회색

★적응화재 = A : 일반화재 / B : 유류화재 / C : 전기화재

❖ 분말 소화약제의 열분해 반응식

구 분	열분해 반응식
제1종 분말	$2NaHCO_3 \rightarrow Na_2CO_3 + CO_2 + H_2O$
제2종 분말	$2KHCO_3 \rightarrow K_2CO_3 + CO_2 + H_2O$
제3종 분말	$NH_4H_2PO_4 \rightarrow HPO_3 + NH_3 + H_2O$
제4종 분말	$2KHCO_3 + (NH_2)_2CO \rightarrow K_2CO_3 + 2NH_3 + 2CO_2$

02 위험물안전관리법령상 제2류 위험물 중 지정수량이 500kg인 물질에 의한 화재는?

19년·1 동일

① A급 화재　　② B급 화재
③ C급 화재　　④ D급 화재

해설 제2류 위험물 중 지정수량이 500kg인 물질은 철분, 금속분, 마그네슘이다. 따라서 금속화재에 해당하며 D급 화재이다.

[05쪽] 제2류 위험물 분류 도표 참조

❖ 화재의 유형

화재급수	화재종류	소화기표시 색상
A급	일반화재	백색
B급	유류화재	황색
C급	전기화재	청색
D급	금속화재	무색

화재급수	적용대상물
A급	일반 가연물(종이, 목재, 섬유, 플라스틱 등)
B급	가연성 액체(제4류 위험물 및 유류 등)
C급	통전상태에서의 전기기구, 발전기, 변압기 등
D급	가연성 금속(칼륨, 나트륨, 금속분, 철분, 마그네슘 등)

03 할로겐 화합물의 소화약제 중 할론 2402의 화학식은?

① $C_2Br_4F_2$　　② $C_2Cl_4F_2$
③ $C_2Cl_4Br_2$　　④ $C_2F_4Br_2$

해설 할론 번호는 C − F − Cl − Br 순서대로 화합물 내에 존재하는 각 원자의 개수를 표시하며 수소(H)의 개수는 할론 번호에 포함시키지 않는다. 따라서 2402는 C 2개, F 4개, Cl 0개, Br 2개를 의미하므로 $C_2F_4Br_2$가 된다. 탄소 두 개가 중심골격을 형성하여 서로 간에 결합되고 나머지 6개의 곁가지에 네 개의 F와 두 개의 Br이 결합된 형태이며 수소가 부착될 여지는 없다.

[참고] 그렇다면 할론 1011의 화학식은?

CH_2ClBr이 된다. 탄소(C)는 4족 원소로 4곳에서 결합을 형성할 수 있는데 할론 번호에서는 염소(Cl) 1개와 브롬(Br) 1개만 부착한다는 정보를 확인할 수 있어 수소(H)는 할론 번호에 포함되지는 않지만 나머지 두 군데에는 수소가 결합되어 있음을 알 수 있는 것이다. 즉, 탄소의 곁가지에는 할론 번호에 있는 개수만큼 할로겐원소가 부착되고 남은 자리에는 수소가 부착되어 있음을 나타낸다.

04 위험물 제조소등의 용도폐지 신고에 대한 설명으로 옳지 않은 것은?

① 용도폐지 후 30일 이내에 신고하여야 한다.
② 완공검사필증을 첨부한 용도폐지 신고서를 제출하는 방법으로 신고한다.
③ 전자문서로 된 용도폐지 신고서를 제출하는 경우에도 완공검사필증을 제출하여야 한다.
④ 신고의무의 주체는 해당 제조소등의 관계인이다.

해설 [위험물안전관리법 제11조 / 제조소등의 폐지]
제조소등의 관계인(소유자·점유자 또는 관리자를 말한다.)은(④) 당해 제조소등의 용도를 폐지(장래에 대하여 위험물 시설로서의 기능을 완전히 상실시키는 것을 말한다)한 때에는 행정안전부령이 정하는 바에 따라 제조소등의 용도를 폐지한 날부터 14일 이내에 시·도지사에게 신고(①)하여야 한다.

[위험물안전관리법 시행규칙 제23조 / 용도폐지의 신고]
- 법 제11조의 규정에 의하여 제조소등의 용도폐지 신고를 하고자 하는 자는 별도 서식의 신고서(전자문서로 된 신고서를 포함(③)한다)에 제조소등의 완공검사필증을 첨부하여(②) 시·도지사 또는 소방서장에게 제출하여야 한다.
- 전항의 규정에 의한 신고서를 접수한 시·도지사 또는 소방서장은 당해 제조소등을 확인하여 위험물시설의 철거 등 용도폐지에 필요한 안전조치를 한 것으로 인정하는 경우에는 당해 신고서의 사본에 수리사실을 표시하여 용도폐지 신고를 한 자에게 통보하여야 한다.

05 위험물 제조소등에 설치하여야 하는 자동화재탐지설비의 설치기준에 대한 설명 중 틀린 것은? [빈출 유형]

① 자동화재탐지설비의 경계구역은 건축물 그 밖의 공작물의 2 이상의 층에 걸치도록 할 것
② 하나의 경계구역에서 그 한 변의 길이는 50m(광전식분리형 감지기를 설치할 경우에는 100m) 이하로 할 것
③ 자동화재탐지설비의 감지기는 지붕 또는 벽의 옥내에 면한 부분에 유효하게 화재의 발생을 감지할 수 있도록 설치할 것
④ 자동화재탐지설비에는 비상전원을 설치할 것

해설 [위험물안전관리법 시행규칙 별표17 / 소화설비, 경보설비 및 피난설비의 기준] - Ⅱ. 경보설비 中 2. 자동화재탐지설비의 설치기준
- 경계구역은 화재발생 구역을 다른 구역과 구분하여 식별가능한 최소단위 구역으로 자동화재탐지설비 설치 조건에 부합되는 경계구역은 다음과 같다.
  - 경계구역은 건축물 그 밖의 공작물의 2 이상의 층에 걸치지 아니하도록 할 것(①). 다만, 하나의 경계구역 면적이 500m² 이하이면서 당해 경계구역이 2개의 층에 걸치는 경우이거나 계단·경사로·승강기의 승강로 그 밖에 이와 유사한 장소에 연기감지기를 설치하는 경우에는 그러하지 아니하다.
  - 하나의 경계구역의 면적은 600m² 이하로 하고 그 한 변의 길이는 50m(광전식분리형 감지기를 설치할 경우에는 100m) 이하로 할 것(②). 다만, 당해 건축물 그 밖의 공작물의 주요한 출입구에서 그 내부 전체를 볼 수 있는 경우에 있어서는 그 면적을 1,000m² 이하로 할 수 있다.
- 자동화재탐지설비의 감지기는 지붕 또는 벽의 옥내에 면한 부분에 유효하게 화재 발생을 감지할 수 있도록 설치할 것(③)
- 자동화재탐지설비에는 비상전원을 설치할 것(④)

정답 01 ① 02 ④ 03 ④ 04 ① 05 ①

06 다음 중 수소, 아세틸렌과 같은 가연성 가스가 공기 중으로 누출되어 연소하는 형식에 가장 가까운 것은?

① 확산연소 ② 증발연소
③ 분해연소 ④ 표면연소

해설 확산연소란 연소 버너 주변으로 가연성 가스를 확산시키고 산소와 접촉하여 연소범위 내의 혼합가스를 생성함으로써 연소하는 현상으로 발염연소(불꽃연소)라고도 하며 기체의 일반적인 연소형태이다. 수소, 아세틸렌, 프로판, LPG 등에서 나타나는 연소방식이다.

✽ 빈틈없이 촘촘하게 One more Step

❖ **연소의 구분**
- **연소의 상황에 따른 구분**
  - 정상 연소 : 열의 발생과 방열이 균형을 유지하면서 연소한다.
  - 비정상 연소 : 위의 균형이 깨져 연소속도가 급격히 증가하여 폭발적으로 연소하는 것이다.
- **불꽃의 존재 유무에 따른 구분**
  - 불꽃연소 : 불꽃이 있는 연소. 확산연소, 예혼합연소, 자연발화 등이 해당된다.
  - 작열연소 : 불꽃이 없이 빛만 내는 연소. 작열연소와 훈소(다공성 물질의 내부에서 발생하는 연소. 대표적인 것이 깜부기불이나 담배의 연소이다)가 해당된다.
- **가연물의 상태(변화)에 따른 구분**
  - ■ 기체의 연소
    - 확산연소 : 버너 주변에 가연성 가스를 확산시켜 산소와 함께 연소범위의 혼합가스를 생성함으로서 연소하는 현상으로 예열대가 존재하지 않으며 기체의 일반적 연소 형태이다.
    - 예혼합연소 : 연소 가능한 혼합가스를 연소 전에 미리 만들어 연소시키는 것. 즉, 예열대가 존재하여 화염을 자력으로 수반하는 연소를 말하며 혼합기로의 역화를 일으킬 위험성이 크고 반응속도가 빠르다.
    - 폭발연소 : 가연성 기체와 공기의 혼합가스가 밀폐용기 안에서 점화되어 연소가 폭발적으로 일어나는 비정상 연소를 말한다. 예혼합연소의 경우 밀폐된 용기로의 역화가 일어나면 폭발할 위험성이 크다.
  - ■ 액체의 연소
    - 증발연소 : 액체 가연물질의 표면에 발생한 가연성 증기와 공기가 혼합된 상태에서 연소가 진행되는 것으로 액면연소라고도 하며 액체의 가장 일반적인 연소 형태이다. 연소원리는 화염에서 복사나 대류로 액체 표면에 열이 전파되어 증발이 일어나고 발생된 증기가 공기와 접촉하여 액면의 상부에서 연소되는 현상이다. 에테르, 이황화탄소, 알콜류, 아세톤, 석유류, 양초 등에서 볼 수 있다.
    - 분해연소 : 점도가 높고 비휘발성이거나 비중이 큰 액체 가연물이 열분해하여 증기를 발생하게 함으로써 연소가 이루어지는 형태를 말한다. 이는 상온에서 고체 상태로 존재하고 있는 고체 가연물질의 경우도 분해연소의 형태를 보여준다.
    - 분무연소 : 점도가 높고 휘발성이 낮은 액체를 가열 등의 방법을 이용하여 점도를 낮추고 버너를 이용하여 액체의 입자를 안개 상태로 분출하여 표면적을 넓게 함으로써 공기와의 접촉을 증대시켜 연소하는 것으로 액적연소라고도 한다.
    - 등심연소 : 석유스토브나 램프와 같이 연료를 심지로 빨아올려 심지 표면에서 증발시켜 연소하는 것을 말한다.
  - ■ 고체의 연소
    - 고체 가연물에 열을 가했을 때 우선적으로 증발하는 가연물에서 증발연소가 일어나며 다음으로 열분해해서 분해연소가 일어나고 나머지 남은 물질이 표면연소를 한다.
    - 증발연소 : 열분해를 일으키지 않고 증발하여 그 증기가 연소하거나(나프탈렌이나 유황 등) 또는 열에 의해 융해되어 액체로 변한 다음 이 액체 상태에서 기화된 증기가 연소하는(파라핀(양초), 왁스 등) 현상을 말한다. 이러한 증발연소는 가솔린, 경유, 등유 등과 같은 증발하기 쉬운 가연성 액체에서도 잘 일어난다.
    - 표면연소 : 직접연소라고도 부르며 가연성 고체가 열분해 되어도 휘발성분이 없어 증발하지 않아 가연성 가스를 발생하지 않고 고체 자체의 표면에서 산소와 반응하여 연소되는 현상을 말하는 것으로 금속분, 목탄(숯), 코크스 등이 여기에 해당된다.

- 자기연소 : 내부연소 또는 자활연소라고도 하며 가연성 물질이 자체 내에 산소를 함유하고 있어 공기 중의 산소를 필요로 하지 않고 자체의 산소에 의해서 연소되는 현상을 말하는 것으로 제5류 위험물의 연소가 여기에 해당된다. 대부분 폭발성을 지니고 있으므로 폭발성 물질로 취급되고 있다.
- 분해연소 : 열분해에 의해 발생된 가연성 가스가 공기와 혼합하여 연소하는 현상이며 연소열에 의해 고체의 열분해는 가연물이 없어질 때까지 계속된다. 종이, 석탄, 목재, 섬유, 플라스틱 등의 연소가 해당된다.

07 알코올류 20,000ℓ에 대한 소화설비 설치 시 소요단위는?

① 5 ② 10 ③ 15 ④ 20

해설 알코올류는 제4류 위험물에 속하는 물질로 지정수량은 400ℓ이다. 위험물의 1 소요단위는 지정수량의 10배이므로 알코올류의 1 소요단위는 4,000ℓ가 되며 따라서 알코올류 20,000ℓ에 대한 소화설비 설치 시 소요단위는 5가 되는 것이다.

[위험물안전관리법 시행규칙 별표17 / 소화설비, 경보설비 및 피난설비의 기준] - Ⅰ. 소화설비 中 5. 소화설비의 설치기준

소요단위란 소화설비의 설치대상이 되는 건축물 그 밖의 공작물의 규모 또는 위험물의 양의 기준단위를 말하는 것으로 1 소요단위의 계산방법은 아래와 같다.

❖ 1 소요단위 산정(계산)방법

구분	외벽	내화구조	비 내화구조
제소소 또는 취급소		언면적 100m²	연면직 50m²
저장소		연면적 150m²	연면적 75m²
위험물		지정수량의 10배	

* 제조소등의 옥외에 설치된 공작물은 외벽이 내화구조인 것으로 간주하고 공작물의 최대수평투영면적을 연면적으로 간주하여 소요단위를 산정할 것

08 위험물안전관리법령상 분말소화설비의 기준에서 규정한 전역방출방식 또는 국소방출방식 분말소화설비의 가압용 또는 축압용 가스에 해당하는 것은? 14년 · 1 ▌14년 · 5 유사

① 네온 가스
② 아르곤 가스
③ 수소 가스
④ 이산화탄소 가스

해설 [위험물안전관리에 관한 세부기준 제136조 / 분말소화설비의 기준] - 제4호 & [분말소화설비의 화재안전기준(NFSC 108) 제5조 / 가압용 가스용기] - 제4항

전역방출방식 또는 국소방출방식 분말소화설비의 기준 중 <u>가압용 또는 축압용 가스는 질소 또는 이산화탄소로 하여야 한다</u>.

(이하 생략)

★ 빈틈없이 촘촘하게   One more Step

❖ 분말 소화설비의 종류 - [분말소화설비의 화재안전기준(NFSC 108) 제3조 / 정의]
• 전역방출방식 : 고정식 분말소화약제 공급장치에 배관 및 분사 헤드를 고정 설치하여 밀폐 방호구역 내에 분말소화약제를 방출하는 설비를 말한다.
• 국소방출방식 : 고정식 분말소화약제 공급장치에 배관 및 분사 헤드를 설치하여 직접 화점에 분말소화약제를 방출하는 설비로 화재 발생 부분에만 집중적으로 소화약제를 방출하도록 설치하는 방식을 말한다.
• 호스릴식 : 분사 헤드가 배관에 고정되어 있지 않고 소화약제 저장 용기에 호스를 연결하여 사람이 직접 화점에 소화약제를 방출하는 이동식 소화설비를 말한다.

정답 06 ① 07 ① 08 ④

09 위험물안전관리법령에 의해 옥외저장소에 저장을 허가받을 수 없는 위험물은? 15년·4 유사

① 제2류 위험물 중 유황(금속제 드럼에 수납)
② 제4류 위험물 중 가솔린(금속제 드럼에 수납)
③ 제6류 위험물
④ 국제해상위험물규칙(IMDG Code)에 적합한 용기에 수납된 위험물

해설 가솔린은 제4류 위험물 중 제1석유류에 속하는 물질이지만 인화점이 −43℃ ~ −20℃ 범위에 속하므로 제1석유류 중 인화점이 섭씨 0℃ 이상인 것에 한하여 저장할 수 있다는 규정을 벗어나므로 가솔린은 옥외저장소에는 저장할 수 없다.
[위험물안전관리법 시행령 별표2 / 지정수량 이상의 위험물을 저장하기 위한 장소와 그에 따른 저장소의 구분] - 옥외저장소에 저장할 수 있는 위험물의 종류
옥외저장소에서 저장할 수 있는 위험물의 종류는 다음과 같다.
- <u>제2류 위험물 중 유황(①)</u> 또는 인화성 고체 (인화점이 섭씨 0℃ 이상인 것에 한한다)
- <u>제4류 위험물 중 제1석유류(인화점이 섭씨 0℃ 이상인 것에 한한다)(②)</u>·알코올류·제2석유류·제3석유류·제4석유류 및 동식물유류
- <u>제6류 위험물(③)</u>
- 제2류 위험물 및 제4류 위험물 중 특별시·광역시 또는 도의 조례에서 정하는 위험물 (관세법 제154조의 규정에 의한 보세구역 안에 저장하는 경우에 한한다)
- 「국제해사기구에 관한 협약」에 의하여 설치된 국제해사기구가 채택한 <u>국제해상위험물규칙(IMDG Code)에 적합한 용기에 수납된 위험물(④)</u>

10 과산화칼륨의 저장창고에서 화재가 발생하였다. 다음 중 가장 적합한 소화약제는?

① 물   ② 이산화탄소
③ 마른모래   ④ 염산

해설 과산화칼륨은 제1류 위험물 중 무기과산화물 그중에서도 알칼리금속 과산화물에 속하는 위험물로 물에 의한 주수소화는 엄금이다. 마른모래, 팽창진주암, 팽창질석, 탄산수소염류 분말소화약제로 소화한다.
① 물과 반응하면 수산화칼륨과 산소의 발생을 동반하는 발열반응을 나타내며 폭발 위험성이 생긴다.
  $2K_2O_2 + 2H_2O \rightarrow 4KOH + O_2 \uparrow$
② 이산화탄소와도 반응하여 탄산칼륨과 산소를 발생시켜 위험하다.
  $2K_2O_2 + 2CO_2 \rightarrow 2K_2CO_3 + O_2 \uparrow$
④ 염산과 반응하여 과산화수소를 발생시킨다. 과산화수소는 제6류 위험물(산화성 액체)로 산소공급원으로 작용하여 화재를 확대시킨다. $K_2O_2 + 2HCl \rightarrow 2KCl + H_2O_2$

❋ **Tip**
마른모래, 팽창진주암, 팽창질석은 모든 위험물에 대해서 적응성을 보이므로 문제의 지문에 있다면 정답으로 선택해도 된다.

11 플래시 오버에 대한 설명으로 틀린 것은?

① 국소화재에서 실내의 가연물들이 연소하는 대화재로의 전이
② 환기지배형 화재에서 연료지배형 화재로의 전이
③ 실내의 천정 쪽에 축적된 미연소 가연성 증기나 가스를 통한 화염의 급격한 전파
④ 내화건축물의 실내화재 온도 상황으로 보아 성장기에서 최성기로의 진입

해설 플래시 오버(Flash over)란 건축물의 <u>실내에서 화재가 발생하였을 때 일어나는 현상이다. 화재가 서서히 진행되다가 어느 정도 시간이 지남에 따라 대류와 복사 현상에 의해 일정 공간 안에 열과 가연성 가스가 축적되고 발화 온도에 이르게 되어 화염이 순간적으로 실내 전체로 확대되는 현상을 말하며 성장기에서 최성기로 이행하는 과정에서 일어난다. 가연물에 의해 좌우되는 성장기를 지나 실내 환기에 의해 좌우되는 최성기로 이행되는 것이 보편적이므로 연료지배형 화재에서 환기지배형 화재로의 전이가 맞는 서술이다.</u>

12 위험물안전관리법령상 제3류 위험물 중 금수성 물질의 화재에 적응성이 있는 소화설비는?

14년·5 동일 ▌13년·4 ▌15년·2, 4 유사

① 탄산수소염류의 분말소화설비
② 이산화탄소 소화설비
③ 할로겐화합물 소화설비
④ 인산염류의 분말소화설비

해설 위험물안전관리법령상 제3류 위험물의 금수성 물질에는 마른모래, 팽창질석, 팽창진주암이나 탄산수소염류 등을 이용한 분말 소화설비가 적응성을 보인다. 불활성가스 소화설비, 할로겐화합물 소화설비, 이산화탄소 소화기 등은 적응성이 없으므로 사용하지 않는다.

[위험물안전관리법 시행규칙 별표17] - 소화설비의 적응성 참조

금속화재용 분말소화약제를 이용하여 질식소화 할 수 있다.

금수성 물질은 물과의 접촉은 엄금이므로 주수소화는 불가하다. 또한 알킬알루미늄은 할론이나 이산화탄소와 반응하여 발열하며 소규모 화재 시 팽창질석, 팽창진주암을 사용하여 소화하나 화재 확대 시에는 소화하기가 어렵다. 금속칼륨이나 나트륨은 이산화탄소나 할로겐화합물(사염화탄소)과 반응하여 연소 폭발의 위험성을 증대시킨다. 이러한 이유로 금수성 물질에는 할로겐화합물 소화설비나 이산화탄소 소화설비는 사용하지 않는다.

[제3류 위험물의 할로겐과 이산화탄소와의 반응 예]

- $4K + CCl_4 \rightarrow 4KCl + C$ (폭발)
- $(C_2H_5)_3Al + 3Cl_2 \rightarrow AlCl_3 + 3C_2H_5Cl \uparrow$
- $4K + 3CO_2 \rightarrow 2K_2CO_3 + C$ (연소폭발)
- $CH_3Li + CO_2 \rightarrow CH_3COOLi$
- $C_4H_9Li + CO_2 \rightarrow C_4H_9COOLi$
  (*lithium pentanoate*)

마른모래, 팽창질석, 팽창진주암은 제3류 위험물 전체의 소화에 사용할 수 있으며 자연발화성만 가진 위험물(황린)의 소화에는 물 또는 강화액 포와 같은 물 계통의 소화약제도 사용할 수 있다.

13 제1종, 제2종, 제3종 분말소화약제의 주성분에 해당하지 않는 것은?

① 탄산수소나트륨   ② 황산마그네슘
③ 탄산수소칼륨   ④ 인산암모늄

해설 [01번] 해설 참조

14 가연성 액화가스의 탱크 주위에서 화재가 발생한 경우에 탱크의 가열로 인하여 그 부분의 강도가 약해져 탱크가 파열됨으로 내부의 가열된 액화가스가 급속히 팽창하면서 폭발하는 현상은?

① 블레비(BLEVE)현상
② 보일 오버(Boil over)현상
③ 플래시 백(Flash back)현상
④ 백 드래프트(Back draft)현상

해설 ① <u>BLEVE(Boiling Liquid Expanding Vapor Explosion)</u> : LPG 탱크와 같은 고압 상태인 액화가스 탱크 주변에서 화재가 발생하여 탱크 강판이 국부적으로 가열되면 그 부분의 강도가 약해져서 그로 인해 탱크가 파열된다. 이때 내부의 가열된 액화가스의 급속한 유출 팽창에 의한 물리적 폭발이 순간적으로 화학적 폭발로 이어지는 현상을 말한다.

② <u>보일 오버(Boil over)</u> : 화재가 발생하여 고온층이 형성된 유류 탱크 밑면에 물이 고여 있는 경우 화재가 진행됨에 따라 바닥의 물이 급격하게 증발함으로써 불붙은 기름을 분출시키는 현상이다.

정답 09 ② 10 ③ 11 ② 12 ① 13 ② 14 ①

③ 플래시 백(Flash back) : 일반적인 역화 현상으로 환기가 잘 되지 않는 곳에서 발생하며 문의 개방 등을 통해 갑자기 신선한 공기의 유입으로 연소가 다시 시작되는 현상을 말한다. 백 드래프트와의 차이점은 밀폐된 공간이 아니라는 점과 폭발의 형태로 실외로 분출하지 않으며 공간 내부에서 화염이 확대된다는 것이다.

④ 백 드래프트(Back draft) : 산소가 부족하거나 화재 감퇴기에 있는 밀폐된 실내에 산소가 일시적으로 다량 공급됨으로써 연소가스가 순간적으로(폭발적으로) 발화하는 현상이다.

✽ 빈틈없이 촘촘하게 One more Step

- 플래시 오버(Flash over) : 건축물의 실내에서 화재가 발생하였을 때 화재가 서서히 진행되다가 어느 정도 시간이 지남에 따라 대류와 복사현상에 의해 일정 공간 안에 열과 가연성 가스가 축적되고 발화 온도에 이르게 되어 화염이 순간적으로 실내 전체로 확대되는 현상을 말하며 성장기에서 최성기로 이행하는 과정에서 일어난다.
- 슬롭 오버(Slop over) : 유류탱크 화재 시에 물이나 포 소화약제를 유류 표면에 분사할 때 물의 비점이상으로 뜨거워진 유류 표면으로부터 소화 용수가 기화하고 부피가 팽창하면서 기름을 함께 분출시키는 현상으로 유류의 표면에 한정되기 때문에 비교적 격렬하지는 않다.
- 프로스 오버(Froth over) : 탱크 안에 존재하는 물이 점성이 있는 뜨거운 기름 표면 아래에서 끓을 때 화재를 수반하지 않고 기름이 넘쳐흐르는 현상
- 화이어 볼(Fire ball) : BLEVE 현상으로 분출된 대량의 인화성 액체 증기가 갑자기 발화될 때 발생하는 공 모양의 화염
- 폴 다운(Fall down) : 이미 진행 중인 화재에서 떨어져 나온 연소물질이나 불씨에 의해 시작된 연소

15 소화 효과에 대한 설명으로 틀린 것은?

① 기화잠열이 큰 소화약제를 사용할 경우 냉각소화 효과를 기대할 수 있다.
② 이산화탄소에 의한 소화는 주로 질식소화로 화재를 진압한다.
③ 할로겐화합물 소화약제는 주로 냉각소화를 한다.
④ 분말소화약제는 질식 효과와 부촉매 효과 등으로 화재를 진압한다.

해설 할로겐화합물 소화약제는 연쇄반응을 차단함으로서 반응의 진행을 억제하는 억제소화 효과를 나타내며 부촉매 소화라고도 한다(화학적 소화에 해당).

① 기화잠열(증발잠열)이 클수록 기화할 때 주변의 열을 빼앗아 흡수하는 정도가 커지므로 주변의 온도를 더 떨어뜨리게 된다. 즉, 냉각 효과를 기대할 수 있으며 이러한 성질을 이용한 소화약제가 바로 물이다.
② 공기보다 무거운 이산화탄소는 가연물에 피복되어 산소의 접촉을 차단하는 질식 효과를 보인다.
④ 분말 소화약제는 열분해 될 때 생성된 이산화탄소나 수증기 등에 의해 질식 효과를 나타내며 열분해 과정을 통해 발생된 이온 등(제1종의 경우 Na^+, 제3종의 경우 NH_4^+ 등)에 의해 연소의 연쇄반응이 차단되거나 지연되는 부촉매 효과도 지닌다.

16 건조사와 같은 불연성 고체로 가연물을 덮는 것은 어떤 소화에 해당하는가?

① 제거소화   ② 질식소화
③ 냉각소화   ④ 억제소화

해설 건조사(마른모래) 등의 불연성 고체로 가연물을 덮어 산소와의 접촉을 차단하는 소화 방식은 질식소화에 해당한다.

17 금속칼륨과 금속나트륨은 어떻게 보관하여야 하는가? 12년·5회 유사

① 공기 중에 노출하여 보관
② 물속에 넣어서 밀봉하여 보관
③ 석유 속에 넣어서 밀봉하여 보관
④ 산소 존재하의 그늘지고 통풍이 잘되는 곳에 보관

해설 제3류 위험물에 속하는 금속칼륨과 금속나트륨은 대표적인 금수성 물질로서 공기 중의 수분이나 물과 반응하면 폭발성의 수소 기체를 발생시킨다. 이들 금속은 실온의 공기 중에서 빠르게 산화되어 피막을 형성하고 광택을 잃으며 공기 중에 방치하면 자연발화의 위험성도 지니고 있다. CO_2나 CCl_4와도 폭발적으로 반응한다. 따라서, 이들 물질은 공기 중의 수분이나 산소, 물과의 접촉을 막기 위하여 유동성 파라핀, 등유나 경유 등의 보호액 속에 넣어 보관한다. 화재가 일어났을 경우 소화의 어려움이 있으므로 가급적이면 소량씩 나누어서 저장한다.

❖ **나트륨과 칼륨의 공통점**
- 제3류 위험물이며 자연발화성과 금수성을 모두 지니고 있는 물질이다.
- 지정수량 10㎏, 위험등급 I
- 은백색 광택의 무른 경금속이다.
- 제3류 위험물 대부분은 불연성이나 나트륨과 칼륨은 가연성이다.
- 공기 중에서 방치하면 자연발화 할 수 있다.
- 물과 격렬하게 반응하여 수산화물과 수소를 생성한다.
  $2K + 2H_2O \rightarrow 2KOH + H_2 \uparrow$
  $2Na + 2H_2O \rightarrow 2NaOH + H_2 \uparrow$
- 알코올과 반응하여 알콕시화물이 되며 수소 기체를 발생한다.
  $2K + 2C_2H_5OH \rightarrow 2C_2H_5OK + H_2 \uparrow$
      칼륨에틸레이트
  $2Na + 2C_2H_5OH \rightarrow 2C_2H_5ONa + H_2 \uparrow$
      나트륨에틸레이트

- 이산화탄소 및 사염화탄소와 폭발반응을 일으킨다.
  $4K + 3CO_2 \rightarrow 2K_2CO_3 + C$ (연소폭발)
  $4Na + 3CO_2 \rightarrow 2Na_2CO_3 + C$
  $4K + CCl_4 \rightarrow 4KCl + C$ (폭발)
  $4Na + CCl_4 \rightarrow 4NaCl + C$
- 액체 암모니아에 녹아 수소 기체를 발생한다.
- 산과 반응하고 수소 기체를 발생한다.
- <u>공기 중 수분이나 산소와의 접촉을 피하기 위해 유동성 파라핀, 경유, 등유 속에 저장한다.</u>
- 물보다 가볍다.
- 실온의 공기 중에서 빠르게 산화되어 피막을 형성하며 광택을 잃는다.

18 위험물 제조소등에 설치하는 고정식의 포 소화설비의 기준에서 포헤드 방식의 포헤드는 방호대상물의 표면적 몇 m^2 당 1개 이상의 헤드를 설치하여야 하는가?

① 5   ② 9
③ 15   ④ 30

해설 [위험물안전관리에 관한 세부기준 제133조 / 포 소화설비의 기준] – 제1호. 고정식 포 소화설비의 설치기준 中

- 포헤드 방식의 포헤드는 아래에 정한 것에 의하여 설치할 것
  - 포헤드는 방호대상물의 모든 표면이 포헤드의 유효사정 내에 있도록 설치할 것
  - <u>방호대상물의 표면적</u>(건축물의 경우에는 바닥면적) <u>9m^2 당 1개 이상의 헤드를</u>, 방호대상물의 표면적 1m^2 당 방사량이 6.5ℓ/min 이상의 비율로 계산한 양의 포수용액을 표준 방사량으로 방사할 수 있도록 <u>설치할 것</u>
  - 방사구역은 100m^2 이상(방호대상물의 표면적이 100m^2 미만인 경우에는 당해 표면적)으로 할 것

정답 15 ③   16 ②   17 ③   18 ②

19 위험물안전관리법령에 따른 스프링클러 헤드의 설치 방법에 대한 설명으로 옳지 않은 것은?

① 개방형 헤드는 반사판으로부터 하방으로 0.45m, 수평방향으로 0.3m 공간을 보유할 것

② 폐쇄형 헤드는 가연성물질 수납 부분에 설치 시 반사판으로부터 하방으로 0.9m, 수평방향으로 0.4m의 공간을 확보할 것

③ 폐쇄형 헤드 중 개구부에 설치하는 것은 당해 개구부의 상단으로부터 높이 0.15m 이내의 벽면에 설치할 것

④ 폐쇄형 헤드 설치 시 급배기용 덕트의 긴 변의 길이가 1.2m를 초과하는 것이 있는 경우에는 당해 덕트의 윗부분에도 헤드를 설치할 것

해설 [위험물안전관리에 관한 세부기준 제131조 / 스프링클러 설비의 기준] - 제1호 및 제2호

- <u>개방형 스프링클러 헤드</u>는 방호대상물의 모든 표면이 헤드의 유효사정 내에 있도록 설치하고, 아래 각 항목에 정한 것에 의하여 설치할 것
  - <u>스프링클러 헤드의 반사판으로부터 하방으로 0.45m, 수평방향으로 0.3m의 공간을 보유할 것(①)</u>
  - 스프링클러 헤드는 헤드의 축심이 당해 헤드의 부착 면에 대하여 직각이 되도록 설치할 것
- <u>폐쇄형 스프링클러 헤드</u>는 방호대상물의 모든 표면이 헤드의 유효사정 내에 있도록 설치하고, 아래 각 항목에 정한 것에 의하여 설치할 것
  - 스프링클러 헤드는 개방형 스프링클러 헤드의 각 항목 규정에 의할 것
  - 스프링클러 헤드의 반사판과 당해 헤드의 부착 면과의 거리는 0.3m 이하일 것
  - 스프링클러 헤드는 당해 헤드의 부착 면으로부터 0.4m 이상 돌출한 보 등에 의하여 구획된 부분마다 설치할 것. 다만, 당해 보 등의 상호 간의 거리(보 등의 중심선을 기산점으로 한다)가 1.8m 이하인 경우에는 그러하지 아니하다.
  - <u>급배기용 덕트 등의 긴 변의 길이가 1.2m를 초과하는 것이 있는 경우에는 당해 덕트 등의 아래 면에도 스프링클러 헤드를 설치할 것(④)</u>
  - 스프링클러 헤드의 부착 위치는 아래에 정한 것에 의할 것
  - <u>가연성 물질을 수납하는 부분에 스프링클러 헤드를 설치하는 경우에는 당해 헤드의 반사판으로부터 하방으로 0.9m, 수평방향으로 0.4m의 공간을 보유할 것 (②)</u>
  - <u>개구부에 설치하는 스프링클러 헤드는 당해 개구부의 상단으로부터 높이 0.15m 이내의 벽면에 설치할 것(③)</u>
  - 건식 또는 준비 작동식의 유수검지장치의 2차 측에 설치하는 스프링클러 헤드는 상향식 스프링클러 헤드로 할 것. 다만, 동결할 우려가 없는 장소에 설치하는 경우는 그러하지 아니하다.

(이하 생략)

20 Mg, Na의 화재에 이산화탄소 소화기를 사용하였다. 화재 현장에서 발생되는 현상은?

① 이산화탄소가 부착 면을 만들어 질식소화 된다.

② 이산화탄소가 방출되어 냉각소화 된다.

③ 이산화탄소가 Mg, Na과 반응하여 화재가 확대된다.

④ 부촉매 효과에 의해 소화된다.

해설 아래와 같은 반응이 진행되어 폭발하거나 화재가 확대되는 경향을 보인다.

- $4Na + 3CO_2 \rightarrow 2Na_2CO_3 + C$
- $2Mg + CO_2 \rightarrow 2MgO + C$
  $Mg + CO_2 \rightarrow MgO + CO$

이산화탄소 소화기는 BC급 화재에 적응성이 있으나 D급화재인 금속화재에는 적응성이 없다. 특히 이산화탄소를 분해시키는 능력이 있는 반응성이 큰 금속(예로는 Na, K, Mg, Ti 등)의 화재에는 사용하지 않는다.

위험물안전관리법령상 이산화탄소 소화기는 제2류 위험물 중 철분·금속분·마그네슘 등과 제3류 위험물에는 적응성을 보이지 않는다.

2과목 위험물의 화학적 성질 및 취급

21 위험물안전관리법령상의 제3류 위험물 중 금수성 물질에 해당하는 것은?

① 황린 ② 적린
③ 마그네슘 ④ 칼륨

해설 제3류 위험물은 황린을 제외하면 모두 물과 반응하여 가연성 가스를 발생시키는 금수성 물질이다.
① 황린 : 제3류 위험물로 자연발화성 물질이지만 금수성 물질은 아니다.
② 적린 : 제2류 위험물(가연성 고체)이다.
③ 마그네슘 : 제2류 위험물(가연성 고체)이다.
④ 칼륨 : 제3류 위험물로 자연발화성 및 금수성 물질이다.

22 다음 중 위험성이 더욱 증가하는 경우는?

① 황린을 수산화칼슘 수용액에 넣었다.
② 나트륨을 등유 속에 넣었다.
③ 트리에틸알루미늄 보관 용기 내에 가스를 봉입시켰다.
④ 니트로셀룰로오스를 알코올 수용액에 넣었다.

해설 수산화칼슘의 표준 수용액은 20℃에서 pH=12.6 정도를 나타내는 강알칼리이다. 황린은 수산화나트륨, 수산화칼륨, 수산화칼슘과 같은 강알칼리 수용액과 반응하여 맹독성의 포스핀 가스(PH_3)를 생성한다.

$P_4 + 3KOH + 3H_2O \rightarrow PH_3 \uparrow + 3KH_2PO_2$
차아인산칼륨

$2P_4 + 3Ca(OH)_2 + 6H_2O \rightarrow 2PH_3 \uparrow + 3Ca(H_2PO_2)_2$
차아인산칼슘

$4P_4 + 3Ca(OH)_2 + 18H_2O \rightarrow 10PH_3 \uparrow + 3Ca(H_2PO_4)_2$
인산이수소칼슘

② 제3류 위험물에 속하는 나트륨은 대표적인 금수성 물질로서 공기 중의 수분이나 물과 반응하면 폭발성의 수소 기체를 발생시킨다. 따라서, 이들 물질은 공기 중의 수분이나 산소, 물과의 접촉을 막기 위하여 등유나 경유, 유동성 파라핀 등의 보호액 속에 넣어 보관한다.
③ 제3류 위험물 중 알킬알루미늄에 속하는 트리에틸알루미늄은 자연발화성 물질인 동시에 금수성 물질로서 공기 중에서 발화되고 물과 반응하면 폭발적으로 분해 연소하는 특징이 있다. 따라서 보관용기도 유리용기로 장기간 보관하게 되면 내부압력이 올라가 폭발할 위험성이 있으므로 피하도록하며 보관 용기 내에 불활성 가스를 봉입하고 밀봉하여 보관한다.
④ 일반적으로 니트로셀룰로오스는 그래뉼, 섬유질, 또는 중간단계 등의 형태로 제조되며 운반, 저장 및 취급 시 마찰 또는 충격에 의한 점화를 최소화하기 위해 알코올이나 물 등의 완화제(습윤제)와 혼합시켜 보관하고 운반한다.

23 과산화칼륨과 과산화마그네슘이 염산과 각각 반응했을 때 공통으로 나오는 물질의 지정수량은?

① 50ℓ ② 100kg
③ 300kg ④ 1,000ℓ

해설 아래 반응식에서와 같이 과산화칼륨과 과산화마그네슘이 염산과 각각 반응했을 때 공통으로 나오는 물질은 과산화수소(H_2O_2)이다. 과산화수소는 제6류 위험물로 지정수량은 300kg이다.

$K_2O_2 + 2HCl \rightarrow 2KCl + H_2O_2$
$MgO_2 + 2HCl \rightarrow MgCl_2 + H_2O_2$

정답 19 ④ 20 ③ 21 ④ 22 ① 23 ③

24 적린의 성질에 대한 설명 중 옳지 않은 것은?

[빈출 유형]

① 황린과 성분 원소가 같다.

② 발화 온도는 황린보다 낮다.

③ 물, 이황화탄소에 녹지 않는다.

④ 브롬화인에 녹는다.

해설 적린의 발화 온도는 약 260℃이며 황린의 발화온도는 34℃(미분), 60℃(고형) 정도로서 적린의 발화 온도가 더 높다. 적린이 황린에 비해서 화학적 활성이 작고 안정한 물질이므로 발화 온도(착화온도)는 황린에 비해 높은 것이다.
① 적린과 황린은 성분 원소가 같은 서로 동소체 관계이다.
③·④ 적린은 물, 이황화탄소, 암모니아 등에는 녹지 않으나 브롬화인(PBr_3)에는 녹는다.

[참고]
브롬화인은 삼브롬화인과 오브롬화인을 통칭해서 부르는 말이다. 삼브롬화인은 붉은인과 브롬을 작용시켜 만든 무색의 투명한 액체이고 오브롬화인은 삼브롬화인에 브롬을 다시 작용시켜 만든 붉은빛을 띤 누런색의 결정이다(다음 사전에서 발췌). 브롬화인에 대한 용해성을 판단하는 지문이므로 액체 상태인 삼브롬화인을 말하는 것이다(④).

❖ **적린(P)**
- 2류 위험물(가연성 고체)
- 지정수량 100kg, 위험등급 II
- 냄새 없는 암적색의 분말이며 <u>황린(P_4)과 동소체이다(①)</u>.
- 공기 차단 후 황린을 260℃로 가열하면 적린이 된다.
- 조해성이 있다.
- 발화점 260℃, 녹는점 600℃, 비중 2.2
- <u>브롬화인에는 녹으나 물, 이황화탄소(CS_2), 에테르, 암모니아 등에는 녹지 않는다(③,④)</u>
- 황린에 비해 안정하고 자연발화성 물질은 아니며 맹독성을 나타내지도 않는다.
- 연소하면 흰 연기의 유독성 오산화인(P_2O_5)을 발생한다.
$$4P + 5O_2 \rightarrow 2P_2O_5$$
- 밀폐 공기 중 분진 상태로 부유하면 점화원으로 인해 분진폭발을 일으킬 수 있다.
- 무기과산화물과 혼합한 상태에서 소량의 수분이 침투하면 발화한다.
- 화재 시에는 다량의 물로 주수 냉각소화 한다.
- 강산화제와 혼합되면 충격, 마찰, 가열 등에 의해 폭발할 수 있다.
$$6P + 5KClO_3 \rightarrow 5KCl + 3P_2O_5 \uparrow$$
- 산화제인 염소산염류(염소산칼륨)와의 혼합을 절대 금한다.

✱ 빈틈없이 촘촘하게 `One more Step`

❖ **적린과 황린의 비교**

특성	구분	적 린	황 린
공통점		· 서로 동소체 관계이다(성분 원소가 같다). · 연소할 경우 오산화인(P_2O_5)을 생성한다. · 주수소화가 가능하다. · 물에 잘 녹지 않는다. · 물보다 무겁다. (적린비중 : 2.2, 황린비중 : 1.82) · 알칼리와 반응하여 포스핀 가스를 발생한다.	
차이점	화학식	P	P_4
	분류	제2류 위험물	제3류 위험물
	성상	암적색의 분말	백색 또는 담황색 고체
	착화온도	약 260℃	34℃(미분), 60℃(고형)
	자연발화	×	○
	이황화탄소에 대한 용해성	×	○
	화학적 활성	작다	크다
	안정성	안정하다	불안정하다

25 트리메틸알루미늄이 물과 반응 시 생성되는 물질은?

① 산화알루미늄   ② 메탄

③ 메틸알코올   ④ 에탄

해설 제3류 위험물 중 알킬알루미늄에 속하는 트리메틸알루미늄은 물과 반응하면 수산화알루미늄과 메탄가스를 생성한다.

$(CH_3)_3Al + 3H_2O \rightarrow Al(OH)_3 + 3CH_4$

★ 빈틈없이 촘촘하게 One more Step

- 트리에틸알루미늄은 물과 반응하면 수산화 알루미늄과 에탄 가스를 생성한다.
$(C_2H_5)_3Al + 3H_2O \rightarrow Al(OH)_3 + 3C_2H_6$

26 소화설비의 기준에서 용량 160ℓ 팽창질석의 능력 단위는?

① 0.5   ② 1.0   ③ 1.5   ④ 2.5

해설 [위험물안전관리법 시행규칙 별표17 / 소화설비, 경보설비 및 피난설비의 기준] - Ⅰ. 소화설비 / 5. 소화설비의 설치기준 中 기타 소화설비의 능력단위

소화설비	용량(ℓ)	능력단위
소화전용 물통	8	0.3
수조(소화전용 물통 3개 포함)	80	1.5
수조(소화전용 물통 6개 포함)	190	2.5
마른 모래(삽 1개 포함)	50	0.5
팽창질석 또는 팽창진주암 (삽 1개 포함)	160	1.0

27 위험물안전관리법령상 위험물 운반 시 차광성이 있는 피복으로 덮지 않아도 되는 것은?
[빈출 유형]

① 제1류 위험물
② 제2류 위험물
③ 제3류 위험물 중 자연발화성 물질
④ 제4류 위험물 중 특수인화물

해설 차광성이 있는 피복으로 가려야 할 위험물에 제2류 위험물은 포함되지 않는다.

[위험물안전관리법 시행규칙 별표19 / 위험물의 운반에 관한 기준] - Ⅱ. 적재방법 제5호
- 차광성이 있는 피복으로 가려야 할 위험물
  - 제1류 위험물
  - 제3류 위험물 중 자연발화성 물질
  - 제4류 위험물 중 특수인화물
  - 제5류 위험물
  - 제6류 위험물
- 방수성이 있는 피복으로 덮어야 할 위험물
  - 제1류 위험물 중 알칼리금속의 과산화물 또는 이를 함유한 것
  - 제2류 위험물 중 철분·금속분·마그네슘 또는 이들 중 어느 하나 이상을 함유한 것
  - 제3류 위험물 중 금수성 물질
- 보냉 컨테이너에 수납하는 등 적정한 온도 관리를 해야 할 위험물
  - 제5류 위험물 중 55℃ 이하의 온도에서 분해될 우려가 있는 것
- 충격 등을 방지하기 위한 조치를 강구해야 할 위험물
  - 액체 위험물 또는 위험등급Ⅱ의 고체 위험물을 기계에 의하여 하역하는 구조로 된 운반 용기에 수납하여 적재하는 경우

28 이동 탱크저장소에 의한 위험물의 운송 시 준수하여야 하는 기준에서 다음 중 어떤 위험물을 운송할 때 위험물 운송자는 위험물 안전카드를 휴대하여야 하는가? 12년·4 동일

① 특수인화물 및 제1석유류
② 알코올류 및 제2석유류
③ 제3석유류 및 동식물류
④ 제4석유류

해설 [위험물안전관리법 시행규칙 별표21 / 위험물 운송책임자의 감독 또는 지원의 방법과 위험물의 운송시에 준수하여야 하는 사항] - 제2호. 이동 탱크저장소에 의한 위험물의 운송 시 준수하여야 하는 기준 中
위험물(제4류 위험물에 있어서는 특수인화물 및 제1석유류에 한한다)을 운송하게 하는 자는 별지 서식의 위험물 안전카드를 위험물 운송자로 하여금 휴대하게 하여야 한다.

정답 24 ② 25 ② 26 ② 27 ② 28 ①

❋ **Tip**

제4류 위험물 뿐 아니라 모든 위험물에 적용되는 것이며 제4류 위험물의 경우에 있어서는 특수인화물과 제1석유류에 한한다는 것에 유의한다. 문제도 '제4류 위험물 중 어떤 위험물을 운송할 때~'로 출제했으면 더 깔끔했을 것이다.

29 위험물안전관리법령상 행정안전부령으로 정하는 제1류 위험물에 해당하지 않는 것은?

14년 · 4 유사

① 과요오드산 ② 질산구아니딘
③ 차아염소산염류 ④ 염소화이소시아눌산

해설 [위험물안전관리법 시행규칙 제3조 / 위험물 품명의 지정]
- 제1류 위험물 중 행정안전부령으로 정하는 위험물
  - 과요오드산염류
  - 과요오드산
  - 크롬, 납 또는 요오드의 산화물
  - 아질산염류
  - 차아염소산염류
  - 염소화이소시아눌산
  - 퍼옥소이황산염류
  - 퍼옥소붕산염류
- 제3류 위험물 중 행정안전부령으로 정하는 위험물
  - 염소화규소화합물
- 제5류 위험물 중 행정안전부령으로 정하는 위험물
  - 금속의 아지화합물
  - 질산구아니딘
- 제6류 위험물 중 행정안전부령으로 정하는 위험물
  - 할로겐간화합물

30 흑색화약의 원료로 사용되는 위험물의 유별을 옳게 나타낸 것은?

① 제1류, 제2류 ② 제1류, 제4류
③ 제2류, 제4류 ④ 제4류, 제5류

해설 흑색화약은 질산칼륨 + 숯(탄소) + 황을 일정 비율(보통 75 : 15 : 10의 비율)로 혼합하여 제조한다. 질산칼륨은 제1류 위험물 중 질산염류에 속하며 황은 제2류 위험물에 속하는 물질이다. 질산칼륨은 강산화제로서 산소를 다량 함유하고 있어 숯이 폭발적으로 탈 수 있도록 산소를 공급해주는 역할을 하는 것으로 세 가지 조성물 중 가장 중요한 위치를 차지한다. 질산칼륨이 제대로 된 역할을 하지 못하면 폭발이 아니라 단순히 연소하는 과정으로 끝나버린다. 숯은 탈 물질인 탄소를 공급해줌으로써 연소반응을 지속시켜주는 역할을 하는 것이며 황은 발화점을 낮춰 낮은 온도에서도 상대적으로 쉽게 불이 붙게 하는 역할을 담당한다.

31 적린의 위험성에 관한 설명 중 옳은 것은?

① 공기 중에 방치하면 폭발한다.
② 산소와 반응하여 포스핀 가스를 발생한다.
③ 연소 시 적색의 오산화인이 발생한다.
④ 강산화제와 혼합하면 충격 · 마찰에 의해 발화할 수 있다.

해설 제2류 위험물인 적린은 강산화제(질산염류, 염소산염류 등)와 혼합하면 마찰, 충격, 가열에 의해 폭발할 수도 있다.
① 화학적 활성이 낮아 비교적 안정한 물질이므로 공기 중에 방치하여도 폭발하지는 않는다.
② 적린이 산소와 반응하면 유독성의 오산화인이 발생한다.
$4P + 5O_2 \rightarrow 2P_2O_5$
③ 오산화인은 백색의 가루이다.

❖ 적린(P)

[24번] 해설 참조

32 다음 물질 중 제1류 위험물이 아닌 것은?

① Na_2O_2 ② $NaClO_3$
③ NH_4ClO_4 ④ $HClO_4$

해설 ① Na_2O_2(과산화나트륨) : 제1류 위험물 중 무기과산화물 / 지정수량 50kg, 위험등급 I
② $NaClO_3$(염소산나트륨) : 제1류 위험물 중 염소산염류 / 지정수량 50kg, 위험등급 I
③ NH_4ClO_4(과염소산암모늄) : 제1류 위험물 중 과염소산염류 / 지정수량 50kg, 위험등급 I
④ $HClO_4$(과염소산) : 제6류 위험물 중 과염소산 / 지정수량 300kg, 위험등급 I

[02쪽] 제1류 위험물의 분류 도표 참조 &
[17쪽] 제6류 위험물의 분류 도표 참조

33 소화난이도 등급 I의 옥내저장소에 설치하여야 하는 소화설비에 해당하지 않는 것은?

① 옥외소화전 설비 ② 연결 살수설비
③ 스프링클러 설비 ④ 물분무 소화설비

해설 소화난이도 등급 I의 옥내저장소에 설치하여야 하는 소화설비에 연결 살수설비는 포함되지 않는다.

[위험물안전관리법 시행규칙 별표17 / 소화설비, 경보설비 및 피난설비의 기준] - I. 소화설비 中

❖ 소화난이도 등급 I의 옥내저장소에 설치하여야 하는 소화설비

옥내저장소의 구분	소화설비
처마높이가 6m 이상인 단층 건물 또는 다른 용도의 부분이 있는 건축물에 설치한 옥내저장소	스프링클러 설비 또는 이동식 외의 물분무등 소화설비
그 밖의 것	옥외소화전 설비, 스프링클러 설비, 이동식 외의 물분무등 소화설비 또는 이동식 포 소화설비(포 소화전을 옥외에 설치하는 것에 한한다)

34 디에틸에테르에 대한 설명으로 옳은 것은?

① 연소하면 아황산가스를 발생하고, 마취제로 사용한다.
② 증기는 공기보다 무거우므로 물속에 보관한다.
③ 에탄올과 진한 황산을 이용해 축합반응시켜 제조할 수 있다.
④ 제4류 위험물 중 연소범위가 좁은 편에 속한다.

해설 제4류 위험물 중 특수인화물에 속하는 디에틸에테르는 아래와 같은 탈수축합반응으로 두 분자의 에탄올로부터 만들어지며 탈수제로 황산을 이용한다.

$$(H_2SO_4, 140°C)$$
$$C_2H_5OH + C_2H_5OH \rightarrow C_2H_5OC_2H_5 + H_2O$$

① 무색투명하고 높은 휘발성을 갖는 액체이며 마취성을 나타내는 물질로 연소하면 이산화탄소와 물이 생긴다.
$$C_2H_5OC_2H_5 + 6O_2 \rightarrow 4CO_2 + 5H_2O$$
② 증기비중이 2.55로 증기는 공기보다 무거우나 액체 상태에서의 비중은 0.71로서 물보다 가볍기 때문에 물 위에 뜨게 되므로 물속에 보관하지 않는다.
④ 디에틸에테르의 연소범위는 1.9~48% 범위를 나타내며 제4류 위험물 중 특수인화물에 속하는 물질들은 제4류 위험물 중 다른 품명에 속하는 위험물들에 비해서 비교적 넓은 범위의 연소범위를 나타낸다(제1석유류는 보통 1~10% 정도, 제2석유류는 1~10% 정도 내외, 알코올류 중 메탄올은 7.3~36%, 에탄올은 4.3~19% 범위를 나타냄).

❖ 디에틸에테르($C_2H_5OC_2H_5$)
• 제4류 위험물 중 특수인화물
• 지정수량 50ℓ, 위험등급 I
• 에틸에테르라고도 함

정답 29 ② 30 ① 31 ④ 32 ④ 33 ② 34 ③

- 구조식

$$H-\underset{\underset{H}{|}}{\overset{\overset{H}{|}}{C}}-\underset{\underset{H}{|}}{\overset{\overset{H}{|}}{C}}-O-\underset{\underset{H}{|}}{\overset{\overset{H}{|}}{C}}-\underset{\underset{H}{|}}{\overset{\overset{H}{|}}{C}}-H$$

- 제조방법(③)

$$(H_2SO_4, 140℃)$$
$$C_2H_5OH + C_2H_5OH \rightarrow C_2H_5OC_2H_5 + H_2O$$

- 분자량 74, 인화점 -45℃, 착화점 180℃, 비중 0.71, 증기비중 2.55, 연소범위 1.9~48(%)
- 인화점이 -45℃로 제4류 위험물 중 인화점이 가장 낮은 편에 속한다.
- 무색투명한 유동성 액체이다.
- 물에는 약간 녹으나 알코올에는 잘 녹는다.
  - 물에는 잘 녹지 않으며 물 위에 뜨므로 물속에 저장하지는 않는다.
- 유지 등을 잘 녹이는 용제이다.
- 휘발성이 강하며 마취성이 있어 전신마취에 사용된 적도 있다.
- 전기의 부도체로 정전기가 발생할 수 있으므로 저장할 때 소량의 염화칼슘을 넣어 정전기를 방지한다.
- 강산화제 및 강산류와 접촉하면 발열 발화한다.
- 체적 팽창률(팽창계수)이 크므로 용기의 공간 용적을 2% 이상 확보하도록 한다.
- 공기와 장시간 접촉하면 산화되어 폭발성의 불안정한 과산화물이 생성된다.
- 직사일광에 의해서도 분해되어 과산화물이 생성되므로 이의 방지를 위해 갈색 병에 밀전, 밀봉하여 보관하며 증기 누출이 용이하고 증기압이 높아 용기가 가열되면 파손, 폭발할 수도 있으므로 불꽃 등 화기를 멀리하고 통풍이 잘되는 냉암소에 보관한다.
- 과산화물의 생성 방지 및 제거
  - 생성방지 : 과산화물의 생성을 방지하기 위해 저장 용기에 40메시(mesh)의 구리망을 넣어둔다.
  - 생성여부 검출 : 10% 요오드화칼륨 수용액으로 검출하며 과산화물 존재 시 황색으로 변한다.
  - 과산화물 제거 시약 : 황산제1철 또는 환원철
- 대량으로 저장할 경우에는 불활성 가스를 봉입한다.
- 화재 시 이산화탄소에 의한 질식소화가 적당하다.

35 위험물 제조소에 설치하는 안전장치 중 위험물의 성질에 따라 안전밸브의 작동이 곤란한 가압설비에 한하여 설치하는 것은?

① 파괴판
② 안전밸브를 병용하는 경보장치
③ 감압측에 안전밸브를 부착한 감압밸브
④ 연성계

해설 [위험물안전관리법 시행규칙 별표4 / 제조소의 위치·구조 및 설비의 기준] - Ⅷ. 기타설비 中 제4호. 압력계 및 안전장치
위험물을 가압하는 설비 또는 그 취급하는 위험물의 압력이 상승할 우려가 있는 설비에는 압력계 및 다음에 해당하는 안전장치를 설치하여야 한다. 다만, 파괴판은 위험물의 성질에 따라 안전밸브의 작동이 곤란한 가압설비에 한한다.
- 자동적으로 압력의 상승을 정지시키는 장치
- 감압측에 안전밸브를 부착한 감압밸브
- 안전밸브를 병용하는 경보장치
- 파괴판

36 다음 중 물에 녹고 물보다 가벼운 물질로 인화점이 가장 낮은 것은?

① 아세톤   ② 이황화탄소
③ 벤젠   ④ 산화프로필렌

해설 문제의 세 가지 조건을 모두 만족하는 물질은 산화프로필렌이다.

위험물	분류	수용성 여부	비중	인화점
아세톤	제1석유류	O	0.79	-18℃
이황화탄소	특수인화물	X	1.26	-30℃
벤젠	제1석유류	X	0.88	-11℃
산화프로필렌	특수인화물	O	0.83	-37℃

✷ **Tip**
제4류 위험물 중 인화점이 가장 낮은 것은 특수인화물이며 이황화탄소와 산화프로필렌이 여기에 해당한다. 이황화탄소는 비수용성이고 물보다 무거워서 물속에 저장한다는 사실만 알아도 충분히 답을 구할 수 있다.

37 트리니트로톨루엔의 성질에 대한 설명 중 옳지 않은 것은?

① 담황색의 결정이다.

② 폭약으로 사용된다.

③ 자연분해의 위험성이 적어 장기간 저장이 가능하다.

④ 조해성과 흡습성이 매우 크다.

해설 제5류 위험물 중 니트로화합물에 속하는 트리니트로톨루엔은 물에 녹지 않으며 공기 중의 수분과도 반응하지 않는다. 따라서 조해성이나 흡습성과는 거리가 멀다.
조해성이란 공기 중에 노출되어 있는 고체가 공기 중의 수분을 흡수하여 스스로 수용액을 만드는 현상을 말한다.

❖ **트리니트로톨루엔(TNT)**
- 제5류 위험물 중 니트로화합물
- 지정수량 200kg, 위험등급 II
- 분자량 227, 비중 1.66, 녹는점 81℃, 끓는점 240℃, 발화점 300℃
- 담황색의 결정으로① 강력한 폭약이다②.
- 직사광선에 노출되면 갈색으로 변한다.
- 충격과 마찰에 비교적 둔감하며 안정성이 있고③ 방수 효과도 뛰어나다④.
- 가열이나 급격한 타격에 의해 폭발한다.
  - 자연분해나 보통 충격에 의한 폭발은 어려우며 뇌관이 있어야 폭발시킬 수 있다.
- 폭발하며 분해 시엔 다량의 질소, 일산화탄소, 수소 기체가 발생한다.
  $2C_6H_2CH_3(NO_2)_3 \rightarrow 12CO + 2C + 5H_2 + 3N_2$
- 물에 녹지 않으며④, 아세톤, 에테르, 벤젠에 잘 녹고 알코올에는 가열하면 녹는다.
- 피크르산과 비교하면 약한 충격 감도를 나타낸다.
- 금속과의 반응성은 없고 자연분해의 위험성도 적어 장기간 보관도 가능하다③.
- 톨루엔을 진한 질산과 진한 황산의 혼합액으로 니트로화 반응시키면 생성된다.

38 과산화나트륨이 물과 반응하면 어떤 물질과 산소를 발생하는가?

① 수산화나트륨   ② 수산화칼륨
③ 질산나트륨   ④ 아염소산나트륨

해설 제1류 위험물 중 무기과산화물에 속하는 과산화나트륨은 물과 격렬히 반응하면서 수산화나트륨과 산소 기체를 발생하며 발열하므로 물과는 격리해서 보관해야 한다.
$2Na_2O_2 + 2H_2O \rightarrow 4NaOH + O_2 \uparrow + Q\,kcal$

❖ **과산화나트륨(Na_2O_2)**
- 제1류 위험물의 무기과산화물
- 지정수량 50kg, 위험등급은 I
- 순도가 높은 것은 백색이나 보통 황색 분말 형태를 띤다.
- 비중 2.8, 융점 460℃, 끓는점 657℃, 분자량 78
- 알코올에 잘 녹지 않는다.
- 상온에서 물과 격렬히 반응하여 산소와 열을 발생시킨다.
  $2Na_2O_2 + 2H_2O \rightarrow 4NaOH + O_2 \uparrow + Q\,kcal$
- 산과 반응하여 과산화수소를 발생한다.
  $Na_2O_2 + 2HCl \rightarrow 2NaCl + H_2O_2 \uparrow$
  $Na_2O_2 + 2CH_3COOH \rightarrow 2CH_3COONa + H_2O_2 \uparrow$
- 가열하면 분해되어 산소가 발생된다.
  $2Na_2O_2 \rightarrow 2Na_2O + O_2 \uparrow$
- 가연성 물질과 접촉하면 발화한다.
- 조해성이 있으므로 물이나 습기가 적으며 서늘하고 환기가 잘되는 곳에 보관한다.
- CO_2와 CO 제거제로 작용한다.
  $2Na_2O_2 + 2CO_2 \rightarrow 2Na_2CO_3 + O_2 \uparrow$
  $Na_2O_2 + CO \rightarrow Na_2CO_3$
- 알칼리금속의 과산화물이므로 주수소화는 절대로 금하고 이산화탄소와 할로겐화합물 소화약제도 사용할 수 없다.
- 팽창질석, 팽창진주암, 마른모래, 탄산수소염류 분말소화약제 등으로 질식소화 한다.

정답 35 ① 36 ④ 37 ④ 38 ①

39 과염소산칼륨과 가연성 고체 위험물이 혼합되는 것은 위험하다. 그 주된 이유는 무엇인가?

14년 · 5 유사

① 전기가 발생하고 자연 가열되기 때문이다.
② 중합반응을 하여 열이 발생되기 때문이다.
③ 혼합하면 과염소산칼륨이 연소하기 쉬운 액체로 변하기 때문이다.
④ 가열, 충격 및 마찰에 의하여 발화·폭발 위험이 높아지기 때문이다.

해설 과염소산칼륨은 제1류 위험물 중 과염소산염류에 속하는 물질이며 가연성 고체는 제2류 위험물을 일컫는 말이다. 제1류 위험물은 산소를 다량 포함하는 산화제이며 산소공급원으로 작용할 수 있고 제2류 위험물인 가연성 고체는 산소를 함유하지 않는 환원성이 강한 물질로서 가연물로 작용하게 된다. 이런 상태에서 가열이나 충격, 마찰과 같은 점화원 환경이 조성된다면 연소의 3요소 요건이 모두 충족되어 발화 및 폭발할 수 있는 것이다 (이러한 이유로 법령에 의해서도 운반 시 제1류 위험물과 제2류 위험물은 혼재할 수 없다고 규정하고 있다).

40 위험물의 품명 분류가 잘못된 것은? [빈출유형]

① 제1석유류 : 휘발유
② 제2석유류 : 경유
③ 제3석유류 : 포름산
④ 제4석유류 : 기어유

해설 포름산은 제2석유류이다.

[11쪽] 제4류 위험물의 분류 도표 참조

41 유황의 성질을 설명한 것으로 옳은 것은?

① 전기의 양도체이다.
② 물에 잘 녹는다.
③ 연소하기 어려워 분진폭발의 위험성은 없다.
④ 높은 온도에서 탄소와 반응하여 이황화탄소가 생긴다.

해설 수분 및 휘발분을 제거한 탄소(목탄)와 함께 900℃ 정도의 고온으로 가열하면 이황화탄소를 얻을 수 있다.

[참고]
실온에서는 공기 중의 산소와 거의 반응하지 않으나 250~260℃에서는 푸른색 불꽃을 내며 불이 붙고 아황산가스(SO_2)를 발생한다($S + O_2 \rightarrow SO_2$).

❖ 유황(S)
- 제2류 위험물 중 유황
- 지정수량 100kg, 위험등급 II
- 순도가 60 중량% 이상인 것을 위험물로 간주한다.
- 황색 결정 또는 미황색 분말
- 원자량 32, 녹는점 115.2℃, 끓는점 444.6℃, 인화점 207℃, 비중 2.07
- 동소체 - 단사황, 사방황, 고무상황
- 산소를 함유하지 않은 강한 환원성 물질이다.
- 물에는 녹지 않으며(②) 알코올에는 난용성이고 이황화탄소에는 고무상황 이외에는 잘 녹는다.
- 연소 시 유독가스인 아산화황(SO_2)을 발생시킨다.
- 고온에서 용융된 유황은 수소와 반응하여 H_2S를 생성하며 발열한다.
- 밀폐된 공간에서 분진 상태로 존재하면 폭발할 수 있다(③).
- 전기의 부도체로서 마찰에 의한 정전기가 발생할 수 있다(①).
- 염소산염이나 과염소산염 등과의 접촉을 금한다.
- 가연물이나 산화제와의 혼합물은 가열, 충격, 마찰 등에 의해 발화할 수 있다.
- 산화제와의 혼합물이 연소할 경우 다량의 물에 의한 주수소화가 효과적이다.

42 다음 중 발화점이 가장 낮은 것은? 12년·2 동일

① 이황화탄소 ② 산화프로필렌
③ 휘발유   ④ 메탄올

해설 모두 제4류 위험물에 속하는 물질들로서 발화점은 아래 표와 같다.

❖ 각 위험물의 발화점

이황화탄소	산화프로필렌
100℃	465℃
휘발유	**메탄올**
300℃	464℃

발화점(발화온도)이란 물질을 점화시키지 않아도 (착화원 없이) 스스로 발화하거나 폭발이 일어날 수 있는 최저온도를 말하며 착화온도라고도 한다. 발화점은 측정조건, 측정 방법, 용기의 표면 상태, 가열속도, 압력 등에 의해서 달라질 수 있다.
일반적으로 산소와의 친화력이 큰 물질일수록 발화점이 낮아 발화하기 쉬운 경향이 있으며 발화점은 보통 인화점보다 수백도 정도 높은 온도에서 형성된다.
발생된 증기에 외부로부터 착화원이 관여하여 연소가 일어날 수 있도록 하는 최저온도를 말하는 인화점과는 구별된다.

43 제5류 위험물의 위험성에 대한 설명으로 옳지 않은 것은?

① 가연성 물질이다.
② 대부분 외부의 산소 없이도 연소하며 연소속도가 빠르다.
③ 물에 잘 녹지 않으며 불과의 반응 위험성이 크다.
④ 가열, 충격, 타격 등에 민감하며 강산화제 또는 강산류와 접촉 시 위험하다.

해설 제5류 위험물은 비중값이 1보다 크고 대부분 물에 녹지 않으며 물과 혼합할 경우 오히려 위험성이 감소하는 물질도 있어 저장 및 운반 시 물에 습윤시켜 안정성을 증가시키기도 한다. 화재시 주수소화를 하므로 물과의 반응위험성은 크지 않다고 할 것이다.

❖ 제5류 위험물의 일반적 성질
- 히드라진 유도체를 제외한 나머지는 모두 유기화합물이다.
- 유기과산화물을 제외하면 모두 질소를 포함하고 있다.
- 모두 가연성의 액체 또는 고체이며(①) 연소할 때에는 다량의 유독성 가스를 발생한다.
- 대부분 물에 불용이며 물과의 반응성도 없다.(③)
- 비중은 1보다 크다(일부의 유기과산화물 제외).
- 가열, 충격, 마찰에 민감하다.(④)
- 강산화제 또는 강산류와 접촉 시 발화가 촉진되고 위험성도 현저히 증가한다.(④)
- 연소속도가 대단히 빠른 폭발성의 물질(②)로 화약, 폭약의 원료로 사용된다.
- 분자 내에 산소를 함유하고 있으므로 가연물과 산소공급원의 두 가지 조건을 충족하고 있으며 가열이나 충격과 같은 환경이 조성되면 스스로 연소할 수 있다(자기반응성 물질)(②).
- 공기 중에서 장시간 저장 시 분해되고 분해열 축적에 의해 자연발화할 수 있다.
- 산소를 함유하고 있어 질식소화는 효과가 없고 다량의 물로 주수소화한다.
- 대량화재 시 소화가 곤란하므로 저장할 경우에는 소량으로 나누어 저장한다.
- 화재 시 폭발의 위험성이 있으므로 충분한 안전거리를 확보하여야 한다.
- 운반 용기의 외부에는 "화기엄금" 및 "충격주의"라는 주의사항을 표시한다.

44 〈보기〉의 위험물 중 비중이 물보다 큰 것은 모두 몇 개인가?

―――〈보 기〉―――
과염소산, 과산화수소, 질산

① 0   ② 1   ③ 2   ④ 3

정답 39 ④ 40 ③ 41 ④ 42 ① 43 ③ 44 ④

해설 위의 보기 물질들은 모두 제6류 위험물에 속하는 위험물이다.
제6류 위험물은 모두 비중이 1보다 큰 값을 가지며 물에 잘 녹는다.
[과염소산 1.76, 과산화수소 1.465(100% 농도), 과산화수소 1.13(35% 농도), 질산 1.49(약 89.5% 농도)]
과산화수소와 질산의 비중은 농도에 따라 달라지나 위험물의 범주에서는 모두 물보다는 큰 값을 갖는다.

45 〈보기〉에서 설명하는 물질은 무엇인가?

〈보 기〉
○ 살균제 및 소독제로도 사용된다.
○ 분해할 때 발생하는 발생기 산소 [O]는 난분해성 유기물질을 산화시킬 수 있다.

① $HClO_4$ ② CH_3OH
③ H_2O_2 ④ H_2SO_4

해설 제6류 위험물인 과산화수소(H_2O_2)는 가장 간단한 형태의 과산화물이다. 0.1%나 그 미만의 농도에서는 살균제로 10~25%의 농도에서는 소독제로 작용하는 산화제이다.
순수한 용액 자체로서의 과산화수소는 거의 분해되지 않으며 안정하지만 중금속이나 유기물 또는 불순물이 혼입될 경우에는 분해가 촉진되어 다음과 같이 발생기 산소를 발생시킨다. 발생기 산소는 매우 불안정하며 살균소독 및 표백작용을 하게 된다.
$H_2O_2 \rightarrow H_2O + [O]$ (살균표백작용)

❖ 과산화수소(H_2O_2)
• 제6류 위험물이며 산화성 액체이다.
• 지정수량 300kg, 위험등급 I
• 색깔이 없고 점성이 있는 쓴맛을 가진 액체이다. 양이 많은 경우에는 청색을 띤다.
• 석유, 벤젠 등에는 녹지 않으나 물, 알코올, 에테르 등에는 잘 녹는다.
• 발열하면서 산소와 물로 쉽게 분해된다.
• 증기는 유독성이 없다.

• 불에 잘 붙지는 않지만 유기물질과 접촉하면 스스로 열을 내며 연소하는 강력한 산화제이다.
• 순수한 과산화수소의 어는점은 $-0.43°C$, 끓는점 $150.2°C$이다.
• 비중 1.465로 물보다 무거우며 어떤 비율로도 물에 녹는다.
• 36중량퍼센트 농도 이상인 것부터 위험물로 취급한다.
• 60중량퍼센트 농도 이상에서는 단독으로 분해 폭발 할 수 있으며 판매제품은 보통 30~35% 수용액으로 되어 있다(약국 판매 옥시풀은 3% 수용액이다).
• 히드라진과 접촉하면 분해·폭발할 수 있으므로 주의한다.
$2H_2O_2 + N_2H_4 \rightarrow 4H_2O + N_2 \uparrow$
• 암모니아와 접촉하면 폭발할 수 있다.
• 열이나 햇빛에 의해 분해가 촉진되며 분해 시 생겨난 발생기 산소는 살균작용이 있다.
$H_2O_2 \rightarrow H_2O + [O]$ (살균표백작용)
• 강산화제이지만 환원제로도 사용된다.
• 분해방지 안정제(인산, 요산)를 넣어 저장하거나 취급함으로서 분해를 억제한다.
• 용기는 밀전하지 말고 통풍을 위하여 작은 구멍이 뚫린 마개를 사용하며 갈색 용기에 보관한다.
• 주수소화 한다.

46 질산칼륨에 대한 설명 중 옳은 것은?

① 유기물 및 강산에 보관할 때 매우 안정하다.
② 열에 안정하여 1,000°C를 넘는 고온에서도 분해되지 않는다.
③ 알코올에는 잘 녹으나 물, 글리세린에는 잘 녹지 않는다.
④ 무색, 무취의 결정 또는 분말로서 화약 원료로 사용된다.

해설 무색 또는 흰색의 결정으로 냄새는 없으며 황, 목탄 등과 혼합하여 흑색화약을 제조하는 데 쓰인다.

① 질산칼륨은 제1류 위험물로 자체 산소를 포함하는 산화제이며 산소공급원으로 작용하므로 유기물 등의 가연물과 접촉하면 발화할 수 있다.
② 400℃가 되면 열분해 되어 아질산칼륨과 산소 기체가 발생된다.
$2KNO_3 \rightarrow 2KNO_2 + O_2 \uparrow$
③ 알코올에는 잘 녹지 않고 물이나 글리세린에는 잘 녹는다.

❖ **질산칼륨(KNO_3)**
- 제1류 위험물의 질산염류
- 지정수량 300kg, 위험등급 II
- 비중 2.1, 융점 336℃, 분해온도 400℃
- 냄새는 없으나 짠맛을 내는 무색 또는 흰색의 결정이다(④).
- 물이나 글리세린에는 잘 녹으며 에탄올에는 소량 녹고(③) 에테르에는 녹지 않는다.
- 가연물이나 유기물과의 접촉 또는 혼합은 위험하며(①) 건조하고 환기가 잘 되는 곳에 보관한다.
- 주수소화가 효과적이다
- 조해성은 있으나 흡습성은 없다.
- 강산화제이며 가열하면 분해되어 산소를 방출한다(②).
$2KNO_3 \rightarrow 2KNO_2 + O_2 \uparrow$
- 황, 목탄 등과 혼합하여 흑색화약을 제조하는데 쓰인다(④).

47 다음 중 위험물안전관리법령상 위험물 제조소와의 안전거리가 가장 먼 것은?

① 「고등교육법」에서 정하는 학교
② 「의료법」에 따른 병원급 의료기관
③ 「고압가스 안전관리법」에 의하여 허가를 받은 고압가스 제조시설
④ 「문화재보호법」에 의한 유형문화재와 기념물 중 지정문화재

해설 [위험물안전관리법 시행규칙 별표4 / 제조소의 위치·구조 및 설비의 기준] - Ⅰ. 안전거리

제조소(제6류 위험물을 취급하는 제조소를 제외한다)는 건축물의 외벽 또는 이에 상당하는 공작물의 외측으로부터 당해 제조소의 외벽 또는 이에 상당하는 공작물의 외측까지의 사이에 아래 규정에 의한 수평거리(이하 "안전거리"라 한다)를 두어야 한다.

- 아래의 규정(특고압 가공전선에 대한 것은 제외)에 의한 것 외의 건축물 그 밖의 공작물로서 주거용으로 사용되는 것(제조소가 설치된 부지 내에 있는 것을 제외한다)에 있어서는 **10m 이상**
- 학교·병원·극장 그 밖에 다수인을 수용하는 시설로서 다음에 해당하는 것에 있어서는 **30m 이상**
  - 「초·중등교육법」 및 「고등교육법」에 정하는 학교(①)
  - 「의료법」에 따른 병원급 의료기관(②)
  - 「공연법」에 따른 공연장·영화 및 비디오물의 진흥에 관한 법률」에 따른 영화상영관 및 그 밖에 이와 유사한 시설로서 3백명 이상의 인원을 수용할 수 있는 것
  - 「아동복지법」에 따른 아동복지시설·「노인복지법」에 해당하는 노인복지시설·「장애인복지법」에 따른 장애인복지시설·「한부모가족지원법」에 따른 한부모가족복지시설·「영유아보육법」에 따른 어린이집·「성매매방지 및 피해자보호 등에 관한 법률」에 따른 성매매 피해자등을 위한 지원시설·「정신건강증진 및 정신질환자 복지서비스 지원에 관한 법률」에 따른 정신건강 증진시설·「가정폭력방지 및 피해자보호 등에 관한 법률」에 따른 보호시설 및 그 밖에 이와 유사한 시설로서 20명 이상의 인원을 수용할 수 있는 것
- 「문화재보호법」의 규정에 의한 유형문화재와 기념물 중 지정문화재에 있어서는 **50m 이상**(④)
- 고압가스, 액화석유가스 또는 도시가스를 저장 또는 취급하는 시설로서 다음에 해당하는 것에 있어서는 **20m 이상**. 다만, 당해 시설의 배관 중 제조소가 설치된 부지 내에 있는 것은 제외한다.

정답 45 ③ 46 ④ 47 ④

- 「고압가스 안전관리법」의 규정에 의하여 허가를 받거나 신고를 하여야 하는 고압가스 제조시설(③) (용기에 충전하는 것을 포함한다) 또는 고압가스 사용시설로서 1일 30m³ 이상의 용적을 취급하는 시설이 있는 것
- 「고압가스 안전관리법」의 규정에 의하여 허가를 받거나 신고를 하여야 하는 고압가스 저장시설
- 「고압가스 안전관리법」의 규정에 의하여 허가를 받거나 신고를 하여야 하는 액화산소를 소비하는 시설
- 「액화석유가스의 안전관리 및 사업법」의 규정에 의하여 허가를 받아야 하는 액화석유가스 제조시설 및 액화석유가스 저장시설
- 「도시가스사업법」에 의한 가스공급 시설
• 사용전압이 7,000V 초과 35,000V 이하의 특고압 가공전선에 있어서는 3m 이상
• 사용전압이 35,000V를 초과하는 특고압 가공전선에 있어서는 5m 이상

안전거리	해당 대상물
3m 이상	7,000V 초과 35,000V 이하의 특고압 가공전선
5m 이상	35,000V를 초과하는 특고압 가공전선
10m 이상	주거용으로 사용되는 건축물 그 밖의 공작물
20m 이상	고압가스, 액화석유가스 또는 도시가스를 저장 또는 취급하는 시설
30m 이상	학교, 병원, 300명 이상 수용시설(영화관, 공연장), 20명 이상 수용시설(아동·노인·장애인·한부모가족 복지시설, 어린이집, 성매매 피해자 지원시설, 정신건강 증진시설, 가정폭력 피해자 보호시설)
50m 이상	유형문화재, 지정문화재

48 메틸알코올의 위험성으로 옳지 않은 것은?

① 나트륨과 반응하여 수소 기체를 발생한다.
② 휘발성이 강하다.
③ 연소범위가 알코올류 중 가장 좁다.
④ 인화점이 상온(25℃)보다 낮다.

해설 메틸알코올(메탄올)의 연소범위는 7.3~36.0%이며 에틸알코올(에탄올)의 연소범위가 4.3~19.0%이므로 이 둘만 비교해도 메틸알코올의 연소범위가 알코올류 중 가장 좁다는 것은 틀린 지문이다. 알코올류 중 메틸알코올의 연소범위는 넓은 편에 속한다.

① $2CH_3OH + 2Na \rightarrow 2CH_3ONa + H_2 \uparrow$
　　　　　　　　나트륨메틸레이트

일반적으로 알코올은 알칼리금속이나 알칼리토금속과 반응하여 수소 기체를 발생시킨다.
② 지방족 알코올 중 가장 간단한 형태의 알코올로서 휘발성이 매우 강하며 불에 잘 탄다.
④ 메틸알코올의 인화점은 11℃이다.

❖ **메탄올(CH_3OH)**
• 제4류 위험물 중 알코올류에 속하는 위험물
• 지정수량 400ℓ, 위험등급 II
• 1가 알코올이며 0차 알코올이다.
• 인화점 11℃(④), 착화점 464℃, 비중 0.79, 증기비중 1.1, 연소범위 7.3~36%(③)
• 무색투명한 휘발성 액체이며(②) 체내 흡수 시 치명적이다.
• 알코올류 중에서 물에 가장 잘 녹는다.
• 공기와 비슷한 증기 밀도를 나타내기에 확산되면 폭발성의 혼합가스를 만들 수 있다.
• 탄소 함량이 적은 저탄소 물질로서 완전연소하며 그을음이나 연기가 거의 발생하지 않는다.
　$2CH_3OH + 3O_2 \rightarrow 2CO_2 + 4H_2O$
• 알칼리금속과 반응하여 수소 기체를 발생시킨다(①).
　$2CH_3OH + 2Na \rightarrow 2CH_3ONa + H_2 \uparrow$
• 수용액으로 존재할 때도 인화, 폭발할 수 있고 수용액 농도가 진할수록 인화점이 낮아져서 연소 가능성은 증대된다.
• 산화되면 포름알데히드를 거쳐 최종적으로 포름산($HCOOH$, 의산)이 된다.
• 질소, 이산화탄소, 아르곤 등의 불활성 기체를 첨가함으로써 연소범위를 축소할 수 있다.
• 질식소화가 효과적이며 알코올형 포 소화기를 사용한다.

49 위험물안전관리법령상의 위험물 운반에 관한 기준에서 액체 위험물은 운반 용기 내용적의 몇 % 이하의 수납율로 수납하여야 하는가?

[빈출 유형]

① 80 ② 85 ③ 90 ④ 98

해설 [위험물안전관리법 시행규칙 별표19 / 위험물의 운반에 관한 기준] – Ⅱ. 적재방법 제1호
위험물은 규정에 의한 운반 용기에 다음의 기준에 따라 수납하여 적재하여야 한다.
- 위험물이 온도변화 등에 의하여 누설되지 않도록 운반 용기를 밀봉하여 수납할 것. 다만, 온도변화 등에 의해 위험물로부터 가스가 발생하여 운반 용기 안의 압력이 상승할 우려가 있는 경우(발생한 가스가 독성 또는 인화성을 갖는 등 위험성이 있는 경우를 제외한다)에는 가스의 배출구(위험물의 누설 및 다른 물질의 침투를 방지하는 구조로 된 것)를 설치한 운반 용기에 수납할 수 있다.
- 수납하는 위험물과 위험한 반응을 일으키지 아니하는 등 당해 위험물의 성질에 적합한 재질의 운반 용기에 수납할 것
- 고체 위험물은 운반 용기 내용적의 95% 이하의 수납률로 수납할 것
- 액체 위험물은 운반 용기 내용적의 98% 이하의 수납률로 수납하되 55℃의 온도에서 누설되지 아니하도록 충분한 공간용적을 유지하도록 할 것
- 하나의 외장용기에는 다른 종류의 위험물을 수납하지 아니할 것
- 제3류 위험물은 다음의 기준에 따라 운반 용기에 수납할 것
  - 자연발화성 물질 : 불활성기체를 봉입하여 밀봉하는 등 공기와 접하지 아니하도록 할 것
  자연발화성 물질 외의 물품 : 파라핀, 경유, 등유 등의 보호액으로 채워 밀봉하거나 불활성 기체를 봉입하여 밀봉하는 등 수분과 접하지 아니하도록 할 것
  - 자연발화성 물질 중 알킬알루미늄 등 : 운반 용기의 내용적의 90% 이하의 수납률로 수납하되, 50℃의 온도에서 5% 이상의 공간용적을 유지하도록 할 것

50 칼륨을 물에 반응시키면 격렬한 반응이 일어난다. 이때 발생하는 기체는 무엇인가?

① 산소 ② 수소
③ 질소 ④ 이산화탄소

해설 제3류 위험물에 속하는 칼륨은 대표적인 금수성 물질로서 공기 중의 수분이나 물과 반응하면 폭발성의 수소 기체를 발생시킨다. 따라서, 칼륨은 공기 중의 수분이나 물과의 접촉을 막기 위하여 등유나 경유, 유동성 파라핀 등의 보호액 속에 넣어 보관한다. 화재가 일어날 경우 소화의 어려움이 있으므로 가급적이면 소량씩 나누어서 저장한다.

$2K + 2H_2O \rightarrow 2KOH + H_2 \uparrow$

모든 알칼리 금속(주기율표상의 1족 원소)은 물과 격렬히 반응하여 수소 기체를 발생한다. 베릴륨을 제외한 알칼리토금속(주기율표상의 2족 원소) 원소들은 1족 원소들에 비해 격렬하지는 않지만 물과 반응하여 수소 기체를 발생한다.

51 위험물 제조소의 건축물 구조기준 중 연소의 우려가 있는 외벽은 출입구 외의 개구부가 없는 내화구조의 벽으로 하여야 한다. 이때 연소의 우려가 있는 외벽은 제조소가 설치된 부지의 경계선에서 몇 m 이내에 있는 외벽을 말하는가? (단, 단층 건물일 경우이다.)

16년·1 유사 ▮12년·4 동일

① 3 ② 4 ③ 5 ④ 6

해설 [위험물안전관리에 관한 세부기준 제41조 / 연소의 우려가 있는 외벽]
[위험물안전관리법 시행규칙 별표 4의 Ⅳ, 제2호]의 규정에 따른 연소의 우려가 있는 외벽은 다음 어느 하나에 정한 선을 기산점으로 하여 3m(2층 이상의 층에 대해서는 5m) 이내에 있는 제조소등의 외벽을 말한다. 다만, 방화상 유효한 공터, 광장, 하천, 수면 등에 면한 외벽은 제외한다.

정답 48 ③ 49 ④ 50 ② 51 ①

- 제조소등이 설치된 부지의 경계선
- 제조소등에 인접한 도로의 중심선
- 제조소등의 외벽과 동일 부지 내의 다른 건축물의 외벽 간의 중심선

✿ 빈틈없이 촘촘하게 One more Step

[위험물안전관리법 시행규칙 별표4 / 제조소의 위치·구조 및 설비의 기준] - Ⅳ. 건축물의 구조 제2호
벽·기둥·바닥·보·서까래 및 계단을 불연재료로 하고, 연소(延燒)의 우려가 있는 외벽(소방청장이 정하여 고시하는 것에 한한다. 이하 같다)은 출입구 외의 개구부가 없는 내화구조의 벽으로 하여야 한다. 이 경우 제6류 위험물을 취급하는 건축물에 있어서 위험물이 스며들 우려가 있는 부분에 대하여는 아스팔트 그 밖에 부식되지 아니하는 재료로 피복하여야 한다.

52 위험물 저장탱크의 공간용적은 탱크 내용적의 얼마 이상, 얼마 이하로 하는가? [빈출유형]

① 1/100 이상, 3/100 이하
② 2/100 이상, 5/100 이하
③ 5/100 이상, 10/100 이하
④ 10/100 이상, 20/100 이하

해설 [위험물안전관리에 관한 세부기준 제25조 / 탱크의 내용적 및 공간용적]
- 탱크의 공간용적은 탱크의 내용적의 100분의 5 이상 100분의 10 이하의 용적으로 한다. 다만, 소화설비(소화약제 방출구를 탱크 안의 윗부분에 설치하는 것에 한한다)를 설치하는 탱크의 공간용적은 당해 소화설비의 소화약제 방출구 아래의 0.3m 이상 1m 미만 사이의 면으로부터 윗부분의 용적으로 한다.
- 암반탱크에 있어서는 당해 탱크 내에 용출하는 7일간의 지하수의 양에 상당하는 용적과 당해 탱크의 내용적의 100분의 1의 용적 중에서 보다 큰 용적을 공간용적으로 한다.

53 다음 중 위험물안전관리법령상 제6류 위험물에 해당하는 것은?

① 황산
② 염산
③ 질산염류
④ 할로겐간화합물

해설 황산과 염산은 위험물안전관리법령에 의한 위험물이 아니며 질산염류는 제1류 위험물에 해당한다. 할로겐간화합물은 행정안전부령으로 정한 제6류 위험물에 속한다.

[17쪽] 제6류 위험물의 분류 도표 참조

54 위험물안전관리법령상 제2류 위험물의 위험등급에 대한 설명으로 옳은 것은?

① 제2류 위험물은 위험등급 Ⅰ에 해당되는 품명이 없다.
② 제2류 위험물의 위험등급Ⅲ에 해당되는 품명은 지정수량이 500kg인 품명만 해당된다.
③ 제2류 위험물 중 황화린, 적린, 유황 등 지정수량이 100kg인 품명은 위험등급 Ⅰ에 해당한다.
④ 제2류 위험물 중 지정수량이 1,000kg인 인화성 고체는 위험등급 Ⅱ에 해당한다.

해설 제2류 위험물은 위험등급 Ⅱ와 Ⅲ에 해당되는 품명만 있을 뿐 위험등급 Ⅰ에 해당되는 품명은 없다.
② 제2류 위험물의 위험등급Ⅲ에 해당되는 품명의 지정수량은 500kg과 1,000kg의 두 가지 경우가 있다.
③ 제2류 위험물 중 황화린, 적린, 유황 등 지정수량이 100kg인 품명은 위험등급Ⅱ에 해당한다. 위험등급 Ⅰ에 해당하는 제2류 위험물은 없다.
④ 제2류 위험물 중 지정수량이 1,000kg인 인화성 고체는 위험등급Ⅲ에 해당한다.

[05쪽] 제2류 위험물의 분류 도표 참조

55 질산이 직사일광에 노출될 때 어떻게 되는가?

20년 · 2 유사

① 분해되지는 않으나 붉은색으로 변한다.

② 분해되지는 않으나 녹색으로 변한다.

③ 분해되어 질소를 발생한다.

④ 분해되어 이산화질소를 발생한다.

해설 질산은 가열이나 빛에 의해 분해되어 산소 기체와 황갈색을 띠는 유독성 기체인 이산화질소를 생성한다.
$4HNO_3 \rightarrow 2H_2O + 4NO_2 \uparrow + O_2 \uparrow$

❖ **질산(HNO_3)**
- 제6류 위험물(산화성 액체)
- 지정수량 300kg, 위험등급 I
- 제6류 위험물은 불연성이며 무기화합물이다.
- 무색의 흡습성이 강한 액체이나 보관 중에 담황색으로 변색된다.
- 독성이 매우 강하며 3대 강산 중 하나이다.
- 분자량 63, 비중 1.49, 증기비중 2.17, 융점 -42℃, 비점 86℃
- 비중이 1.49 이상인 것부터 위험물로 취급한다.
- 부식성이 강한 강산이지만 금, 백금, 이리듐, 로듐만은 부식시키지 못한다.
- 진한 질산은 철, 코발트, 니켈, 크롬, 알루미늄 등을 부동태화 한다.
- 묽은 산은 금속을 녹이고 수소 기체를 발생한다.
  $Ca + 2HNO_3 \rightarrow Ca(NO_3)_2 + H_2 \uparrow$
- <u>빛을 쪼이면 분해되어 유독한 갈색 증기인 이산화질소(NO_2)를 발생시킨다.</u>
  $4HNO_3 \rightarrow 2H_2O + 4NO_2 \uparrow + O_2 \uparrow$
- 직사일광에 의한 분해 방지 : 차광성의 갈색 병에 넣어 냉암소에 보관한다.
- 물에 잘 녹으며 물과 반응하여 발열한다.
- 단백질과는 크산토프로테인 반응이 일어나 노란색으로 변한다. – 단백질 검출에 이용
- 염산과 질산을 3 : 1의 비율로 혼합한 것을 왕수라고 하며 금, 백금 등을 녹일 수 있다.
- 톱밥, 섬유, 종이, 솜뭉치 등의 유기물과 혼합하면 발화할 수 있다.
- 다량의 질산화재에 소량의 주수소화는 위험하므로 마른모래 및 CO_2로 소화한다.
- 위급 화재 시에는 다량의 물로 주수소화한다.

56 칼륨이 에틸알코올과 반응할 때 나타나는 현상은?

① 산소 가스를 생성한다.

② 칼륨에틸레이트를 생성한다.

③ 칼륨과 물이 반응할 때와 동일한 생성물이 나온다.

④ 에틸알코올이 산화되어 아세트알데히드를 생성한다.

해설 칼륨은 알코올과 반응하여 알콕시화물(alkoxide)과 수소 기체를 생성한다.

칼륨이 에탄올과 반응하면 칼륨에틸레이트가 생성되고 메탄올과 반응하면 칼륨메틸레이트가 생성된다.
$2K + 2C_2H_5OH \rightarrow 2C_2H_5OK + H_2 \uparrow$
　　　　　　　　칼륨에틸레이트

① 수소 기체를 생성한다.

③ 칼륨과 물이 반응하면 수산화칼륨과 수소 기체가 발생된다.
  $2K + 2H_2O \rightarrow 2KOH + H_2 \uparrow$

④ 에탄올이 산화되면 아세트알데히드가 되고 아세트알데히드가 다시 산화되면 아세트산이 되는 것은 맞으나 이러한 반응은 칼륨과는 상관없이 진행되는 반응이다.

$C_2H_5OH \xrightarrow[-H_2]{산화} CH_3CHO \xrightarrow[+O]{산화} CH_3COOH$

정답 52 ③　53 ④　54 ①　55 ④　56 ②

57 지정수량 20배의 알코올류를 저장하는 옥외탱크저장소의 경우 펌프실 외의 장소에 설치하는 펌프 설비의 기준으로 옳지 않은 것은?

① 펌프 설비 주위에는 3m 이상의 공지를 보유한다.
② 펌프 설비 그 직하의 지반면 주위에 높이 0.15m 이상의 턱을 만든다.
③ 펌프 설비 그 직하의 지반면의 최저부에는 집유 설비를 만든다.
④ 집유 설비에는 위험물이 배수구에 유입되지 않도록 유분리장치를 만든다.

해설 제4류 위험물 중 알코올류란 '1분자를 구성하는 탄소 원자 수가 1개에서부터 3개까지의 포화 1가 알코올(변성알코올 포함)로서 알코올의 함량이 60중량% 이상인 것'을 말하는 것으로서 물에 무한대로 녹는다. 따라서 20℃의 물 100g에 용해되는 양이 1g 미만인 제4류 위험물을 취급하는 경우에 한하여 유분리장치를 설치하도록 되어있음으로 알코올류를 저장하는 경우에는 해당되지 않는다.

[위험물안전관리법 시행규칙 별표6 / 옥외탱크저장소의 위치·구조 및 설비의 기준] - Ⅵ. 옥외 저장탱크의 외부구조 및 설비 제10호 中
• 펌프 설비의 주위에는 너비 3m 이상의 공지를 보유할 것(①). 다만, 방화상 유효한 격벽을 설치하는 경우와 제6류 위험물 또는 지정수량의 10배 이하 위험물의 옥외저장탱크의 펌프 설비에 있어서는 그러하지 아니하다.
• 펌프실 외의 장소에 설치하는 펌프 설비에는 그 직하의 지반면의 주위에 높이 0.15m 이상의 턱을 만들고(②) 당해 지반면은 콘크리트 등 위험물이 스며들지 아니하는 재료로 적당히 경사지게 하여 그 최저부에는 집유 설비를 할 것(③). 이 경우 제4류 위험물(온도 20℃의 물 100g에 용해되는 양이 1g 미만인 것에 한한다)을 취급하는 펌프 설비에 있어서는 당해 위험물이 직접 배수구에 유입하지 아니하도록 집유 설비에 유분리장치를 설치하여야 한다(④).

58 위험물안전관리법령상 품명이 금속분에 해당하는 것은? (단, 150μm의 체를 통과하는 것이 50wt % 이상인 경우이다.) 16년·2회 동일

① 니켈분 ② 마그네슘분
③ 알루미늄분 ④ 구리분

해설 [위험물안전관리법 시행령 별표1 / 위험물 및 지정수량] - 비고란 제5호
"금속분"이라 함은 알칼리금속, 알칼리토금속, 철 및 마그네슘 외의 금속의 분말을 말하고 구리분, 니켈분 및 150 마이크로미터의 체를 통과하는 것이 50 중량퍼센트 미만인 것은 제외한다.
정리하자면 알칼리금속, 알칼리토금속, 철, 마그네슘, 구리분, 니켈분, 150 마이크로미터의 체를 통과하는 것이 50 중량퍼센트 미만인 것 모두 금속분에서 제외된다는 뜻이다.
알칼리금속, 알칼리토금속, 철 및 마그네슘이 금속분에서 제외되는 이유는 이들은 별도 품명의 위험물로 지정하고 있기 때문이다.

✱ 빈틈없이 촘촘하게 One more Step

❖ 금속분에서 제외되는 것들
• 알칼리금속, 알칼리토금속 : 제3류 위험물로서 별도로 규정하고 있다.
• 철분, 마그네슘 : 제2류 위험물의 별도 품명으로 규정하고 있다.
• 코발트분, 니켈분, 구리분, 로듐분, 팔라듐분 : 가연성, 폭발성이 없어 제외한다.
• 수은 : 상온에서 액체 상태로 존재하므로 제외한다.
• 기타 지구상에 존재가 희박한 희귀한 원소들

59 제5류 위험물 중 유기과산화물 30kg과 히드록실아민 500kg을 함께 보관하는 경우 지정수량의 몇 배인가?

① 3배   ② 8배
③ 10배   ④ 18배

해설 • 각 물질의 지정수량
 - 제5류 위험물 중 유기과산화물 : 10kg
 - 제5류 위험물 중 히드록실아민 : 100kg
∴ 지정수량의 배수의 합
$\frac{30}{10} + \frac{500}{100} = 8(배)$

60 아세톤의 성질에 대한 설명으로 옳은 것은?

① 자연발화성 때문에 유기용제로서 사용할 수 없다.
② 무색, 무취이고 겨울철에 쉽게 응고한다.
③ 증기비중은 약 0.79이고 요오드포름 반응을 한다.
④ 물에 잘 녹으며 끓는점이 60℃보다 낮다.

해설 수용성이며 끓는점은 56℃로서 60℃보다는 낮다.
① 제4류 위험물인 아세톤은 자연발화성과는 관계없고 수지, 유지, 섬유소를 용해시키며 용매로 광범위하게 사용되는 유기용제이다. 자연발화성은 제3류 위험물의 특징이다.
② 무색투명한 휘발성 액체로 자극성의 냄새가 나며 어는점은 -95℃로서 겨울철에도 쉽게 응고되지 않는다.
③ 비중이 0.79이며 증기비중은 약 2인 값을 가진다.
증기비중이란 동일한 체적 조건 하에서 어떤 기체(증기)의 질량과 표준물질의 질량과의 비를 말하며 표준물질로는 0℃, 1기압에서의 공기를 기준으로 한다.

증기비중 = $\frac{증기의\ 분자량}{공기의\ 평균분자량} = \frac{증기의\ 분자량}{29}$

따라서 아세톤의 분자량은 60이므로 $\frac{60}{29} ≒ 2.07$ 인 값을 가진다.

❖ **아세톤(CH_3COCH_3)**
• 제4류 위험물 중 제1석유류(수용성)
• 지정수량 400ℓ, 위험등급 Ⅱ
• 휘발성이 강하고 독특한 자극성의 냄새를 지닌 무색투명한 액체이다.
• 인화점 -18℃, 착화점 538℃, 녹는점 -95℃, <u>끓는점 56℃</u>, 비중 0.79, 증기비중 2
• 케톤 중 가장 간단한 구조를 갖는 물질이다.
• 증기는 공기보다 무거우며 독성이 있다.
 - 흡입 시 구토와 두통 유발
• <u>물에 잘 녹으며</u> 알코올, 에테르에도 녹는다.
• 햇빛에 의해 분해되어 과산화물을 생성한다.
• 보관 중 황색으로 변하기도 한다.
• 수용성이므로 화재 시 대량의 물로 주수하여 희석소화하며 질식소화도 가능하다.
• 피부와 접촉하면 탈지작용을 일으킨다.
• 요오드포름 반응을 한다.

정답 57 ④ 58 ③ 59 ② 60 ④

08 2014년 제5회 기출문제 및 해설 (14년 10월 11일)

1과목 화재예방과 소화방법

01 제조소등의 소요단위 산정 시 위험물은 지정수량의 몇 배를 1 소요단위로 하는가?

① 5배 ② 10배
③ 20배 ④ 50배

해설 위험물은 지정수량의 10배를 1 소요단위로 한다.

위험물의 소요단위 = $\dfrac{저장(운반)수량}{지정수량 \times 10}$

(지정수량에 10을 곱하는 이유는 지정수량의 10배가 1 소요단위이기 때문이다)

[위험물안전관리법 시행규칙 별표17 / 소화설비, 경보설비 및 피난설비의 기준] - Ⅰ. 소화설비 / 5. 소화설비의 설치기준

소요단위란 소화설비의 설치대상이 되는 건축물 그 밖의 공작물의 규모 또는 위험물의 양의 기준단위를 말하는 것으로 1 소요단위의 계산방법은 아래와 같다.

❖ 1 소요단위 산정(계산)방법

구분 외벽	내화구조	비 내화구조
제조소 또는 취급소	연면적 100m²	연면적 50m²
저장소	연면적 150m²	연면적 75m²
위험물	지정수량의 10배	

* 제조소등의 옥외에 설치된 공작물은 외벽이 내화구조인 것으로 간주하고 공작물의 최대수평투영면적을 연면적으로 간주하여 소요단위를 산정할 것

02 다음 중 알킬알루미늄의 소화방법으로 가장 적합한 것은?

① 팽창질석에 의한 소화
② 알코올포에 의한 소화
③ 주수에 의한 소화
④ 산·알칼리 소화약제에 의한 소화

해설 알킬알루미늄은 유기금속화합물의 일종이지만 위험성이 높아 제3류 위험물에 별도 품명으로 지정한다. 금수성 물질이므로 주수소화는 금하며 알코올, 산화제나 산성 물질과도 강하게 반응하므로 이와 관련된 소화약제는 사용하지 않는다. 마른모래, 팽창질석, 팽창진주암, 탄산수소염류등의 분말 소화약제를 사용하여 소화하는 것이 효과적이다.

알킬알루미늄의 저장 시에는 화기의 접근을 엄금하며 저장 용기의 내압이 상승하지 않도록 한다. 제1류, 제6류 위험물과 같은 산화성 물질이나 강산류와의 접촉을 금한다.

❖ 알킬알루미늄의 특징
- 제3류 위험물
- 지정수량 10kg, 위험등급 Ⅰ
- 알킬기($C_nH_{2n+1}-$)와 알루미늄의 화합물
- 대표 물질 : 트리메틸알루미늄, 트리에틸알루미늄
- 무색의 투명한 액체 또는 고체로서 자극성의 냄새를 지니며 독성이 있다.
- 물 또는 공기와 접촉하면 폭발할 수 있다.
- <u>물, 알코올, 산화제나 산성 물질과 강하게 반응한다.</u>
- 저탄소 물질(보통 4개까지)은 공기 중에 노출되면 흰색 연기를 내면서 자연발화한다.
- 분자 내의 탄소 수가 적을수록 물이나 공기와 강하게 반응한다.
- 헥산, 벤젠, 톨루엔 같은 희석안정제와 함께 저장한다.
- 분자 내에 할로겐이 포함된 경우도 있으며 할로겐원소를 많이 포함할수록 반응력은 약하다.
- 화재가 확대되면 소화가 어려워지며 소규모 화재 시에 팽창질석, 팽창진주암 등을 사용한다.

❖ 빈틈없이 촘촘하게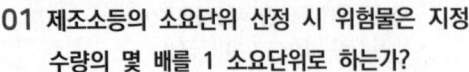

❖ 알킬알루미늄의 저장 및 취급 시 주의사항
- 알킬알루미늄은 운송책임자의 감독·지원을 받아 운송하여야 하는 위험물이다.
- 운반할 때에는 운반 용기 내용적의 90% 이하

의 수납률로 수납하되, 50℃의 온도에서 5% 이상의 공간용적을 유지하도록 한다.
- 제조소 또는 일반취급소에 있어서 알킬알루미늄을 취급하는 설비에는 불활성의 기체를 봉입하여야 한다.
- 옥외 저장탱크 또는 옥내 저장탱크 중 압력탱크에 있어서는 알킬알루미늄의 취출에 의하여 당해 탱크내의 압력이 상용압력 이하로 저하하지 아니하도록, 압력탱크 외의 탱크에 있어서는 알킬알루미늄등의 취출이나 온도의 저하에 의한 공기의 혼입을 방지할 수 있도록 불활성의 기체를 봉입하여야 한다.
- 옥외 저장탱크·옥내 저장탱크 또는 이동저장탱크에 새롭게 알킬알루미늄을 주입하는 때에는 미리 당해 탱크 안의 공기를 불활성기체와 치환하여 두도록 한다.
- 이동 저장탱크에 알킬알루미늄을 저장하는 경우에는 20kPa 이하의 압력으로 불활성의 기체를 봉입하여 두어야 한다.
- 이동 탱크저장소에 있어서 이동 저장탱크로부터 알킬알루미늄을 꺼낼 때에는 동시에 200kPa 이하의 압력으로 불활성의 기체를 봉입하여야 한다.

❋ **Tip**
마른모래, 팽창질석, 팽창진주암은 모두 위험물에 대해서 적응성이 있음을 보여주므로 지문에 보인다면 정답으로 구하면 된다.

03 다음 물질 중 분진폭발의 위험이 가장 낮은 것은?

① 마그네슘가루 ② 아연가루
③ 밀가루   ④ 시멘트가루

해설 시멘트는 산화규소(SiO_2, 실리카), 산화칼슘(CaO, 석회), 산화알루미늄(Al_2O_3, 알루미나) 등의 불연성 물질로 이루어져 있어 분진폭발의 위험이 낮다.

❖ **분진폭발**
- 정의 : 가연성 분진이 공기 중에 일정 농도 이상으로 분산되어 있을 때 점화원에 의해서 연소·폭발하는 현상이다. 특히 분진의 경우에는 단위 무게 당 표면적의 비율이 높아진 상태이므로 반응속도가 증가하여 위험성이 높은 특징을 나타낸다.
- 분진폭발의 조건
  - 분진은 가연성이어야 하며
  - 공기 중에 부유하는 시간이 길어야 하며
  - 화염을 개시할 정도의 충분한 에너지를 갖는 점화원이 있어야 하고
  - 연소를 도와주고 유지할 수 있을 정도의 충분한 산소가 존재해야 하며
  - 폭발범위 이내의 분진농도가 형성되어 있어야 한다.
- 분진폭발 하는 물질
  - 금속분 : 알루미늄분, 마그네슘분, 아연분, 철분 등
  - 식료품 : 밀가루, 분유, 전분, 설탕, 건조효모 등
  - 가공 농산물 : 후추가루, 담배가루 등
  - 목질유 : 목분, 코르크분, 종이가루 등
- 분진폭발 위험성이 없는 물질 : 시멘트가루, 모래, 석회 분말, 가성소다 등

04 위험물안전관리법령상 제5류 위험물의 화재 발생 시 적응성이 있는 소화설비는?

① 분말 소화설비
② 물분무 소화설비
③ 이산화탄소 소화설비
④ 할로겐화합물 소화설비

해설 제5류 위험물은 자기반응성 물질로서 대부분이 물질 자체에 산소를 함유하고 있어 화재 시에는 자체적으로 산소를 공급하게 되므로 질식소화나 억제소화는 적절하지 않다. 따라서 물을 주수하여 냉각소화하는 것이 가장 효과적이며 적응성이 있다 할 것이다.
위험물안전관리법령상 제5류 위험물에 적응성이 있는 소화설비는 옥내소화전 또는 옥외소화전 설비, 스프링클러 설비, 물분무 소화설비, 포 소화설비, 봉상수·무상수 소화기, 봉상강화액·무상강화액 소화기, 포 소화기, 마른모래, 팽창질석, 팽창진주암이다.

정답 01 ② 02 ① 03 ④ 04 ②

05 다음 중 제4류 위험물의 화재에 적응성이 없는 소화기는?

① 포 소화기
② 봉상수 소화기
③ 인산염류 소화기
④ 이산화탄소 소화기

해설 인화성 액체인 제4류 위험물의 화재 시 주수소화는 화재면의 확대 위험이 있으므로 사용하지 않는다.
질식소화가 효과적 소화 방법이며 물분무 소화설비, 포 소화설비(소화기), 불활성가스(이산화탄소 포함) 소화설비, 할로겐화합물 소화설비(소화기), 분말 소화설비(소화기), 무상강화액 소화기 등을 사용해야 한다.
봉상수 소화기는 옥내소화전이나 옥외소화전 등의 노즐을 이용하여 물을 분사하는 방식의 소화기로서 화재면 확대위험성이 크므로 제4류 위험물 화재의 소화에 적합하지 않다.

06 위험물안전관리법령상 자동화재탐지설비의 경계구역 하나의 면적은 몇 m² 이하이어야 하는가?
(단, 원칙적인 경우에 한한다.)   빈출유형

① 250   ② 300
③ 400   ④ 600

해설 원칙적으로 하나의 경계구역의 면적은 600m² 이하로 하고 한 변의 길이는 50m 이하로 해야 한다.
[위험물안전관리법 시행규칙 별표17 / 소화설비, 경보설비 및 피난설비의 기준] - Ⅱ. 경보설비 / 2. 자동화재탐지설비의 설치기준
• 경계구역 : 화재가 발생한 구역을 다른 구역과 구분하여 식별할 수 있는 최소단위의 구역을 말하는 것으로 자동화재탐지설비의 설치조건에 부합되는 경계구역은 다음과 같다.
  - 경계구역은 건축물 그 밖의 공작물의 2 이상의 층에 걸치지 아니하도록 할 것. 다만, 하나의 경계구역 면적이 500m² 이하이면서 당해 경계구역이 2개의 층에 걸치는 경우이거나 계단·경사로·승강기의 승강로 그 밖에 이와 유사한 장소에 연기감지기를 설치하는 경우에는 그러하지 아니하디.
  - 하나의 경계구역의 면적은 600m² 이하로 하고 그 한 변의 길이는 50m(광전식 분리형 감지기를 설치할 경우에는 100m) 이하로 할 것. 다만, 당해 건축물 그 밖의 공작물의 주요한 출입구에서 그 내부 전체를 볼 수 있는 경우에 있어서는 그 면적을 1,000m² 이하로 할 수 있다.
• 자동화재탐지설비의 감지기는 지붕 또는 벽의 옥내에 면한 부분에 유효하게 화재 발생을 감지할 수 있도록 설치할 것
• 자동화재탐지설비에는 비상 전원을 설치할 것

07 다음은 어떤 화합물의 구조식인가?

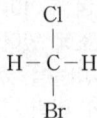

① 할론 1301
② 할론 1201
③ 할론 1011
④ 할론 2402

해설 할론 번호란 탄소와 그곳에 연결된 할로겐 원소의 종류 및 개수를 C - F - Cl - Br의 순서대로 나열한 것이며 수소(H) 원자의 개수는 할론 번호에 포함되지 않는다. 따라서 위 구조에 의한 할론 번호는 1011이 되며 화학식은 CH₂ClBr이고 '할론 1011'이 되는 것이다.
탄소(C)는 4족 원소로 4곳에서 결합을 형성할 수 있는데 할론 번호에서는 염소(Cl) 1개와 브롬(Br) 1개만 부착한다는 정보를 확인할 수 있어 수소(H)는 할론 번호에 포함되지는 않지만 나머지 두 군데에는 수소가 결합되어 있음을 알 수 있는 것이다. 즉, 탄소의 곁가지에는 할론 번호에 있는 개수만큼 할로겐 원소가 부착되고 남은 자리에는 수소가 부착되어 있음을 나타낸다.

08 플래시 오버(Flash Over)에 대한 설명으로 옳은 것은?

① 대부분 화재 초기(발화기)에 발생한다.
② 대부분 화재 종기(쇠퇴기)에 발생한다.
③ 내장재의 종류와 개구부의 크기에 영향을 받는다.
④ 산소의 공급이 주요 요인이 되어 발생한다.

해설 플래시 오버(Flash over)란 건축물의 실내에서 화재가 발생하였을 때 일어나는 현상이다. 화재가 서서히 진행되다가 어느 정도 시간이 지남에 따라 대류와 복사 현상에 의해 일정 공간 안에 열과 가연성 가스가 축적되고 발화 온도에 이르게 되어 화염이 순간적으로 실내 전체로 확대되는 현상을 말하며 성장기에서 최성기로 이행하는 과정에서 일어난다. 실내화재에서 산소가 부족하여 불완전연소하고 타다가 남은 연료가 미연소 가스의 형태로 천정 부분에 축적되며 시간이 지나면서 실내 열기에 의해 온도가 올라가게 되고 화염에 의한 직접 접촉이 아니라 복사열에 의해 미연소 가스에 불이 붙는 것이다. 이럴 경우 소화는 사실상 불가능하며 산소 고갈에 의한 질식소화를 유도하여야 한다. 산소 고갈로 질식소화를 기다리는 과정이라도 내부 열기는 높은 상태이며 만일 이런 상태에서 외부로부터 산소가 공급되면 백 드래프트 현상이 일어나는 것이다. 열전도율이 작고 두께가 얇으며 가연성 물질의 내장재를 사용할수록 또한 개구부를 크게 설치할수록 플래시 오버 현상이 촉진된다. 따라서 내장재의 종류와 개구부의 크기에 영향을 받는다고 할 수 있다.

09 충격이나 마찰에 민감하고 가수분해 반응을 일으키는 단점을 가지고 있어 이를 개선하여 다이너마이트를 발명하는데 주원료로 사용한 위험물은? 14년·1 유사

① 셀룰로이드
② 니트로글리세린
③ 트리니트로톨루엔
④ 트리니트로페놀

해설 충격에 매우 민감한 니트로글리세린은 규조토에 흡수시켜 다이너마이트를 제조하는 데 사용한다.

❖ **니트로글리세린(Nitroglycerin)**
• 제5류 위험물 중 질산에스테르류
• 지정수량 10kg, 위험등급 I
• 분자식 : $C_3H_5N_3O_9$, $C_3H_5(NO_3)_3$
• 분자량 227, 비중 1.6, 증기비중 7.83, 녹는점 13.5℃, 끓는점 160℃
• 구조식
 $CH_2 - ONO_2$
 $|$
 $CH - ONO_2$
 $|$
 $CH_2 - ONO_2$
• 무색투명한 기름 형태의 액체이다(공업용은 담황색).
• 물에 녹지 않으며 알코올, 벤젠, 아세톤 등에 잘 녹는다.
• 가열, 충격, 마찰에 매우 예민하며 폭발하기 쉽다.
• 상온에서 액체로 존재하나 겨울철에는 동결의 우려가 있다.
• 니트로글리세린을 다공성의 규조토에 흡수시켜 제조한 것을 다이너마이트라고 한다.
• 직사광선을 피하고 통풍이 잘되는 냉암소에 보관한다.
• 연소가 개시되면 폭발적으로 반응이 일어나므로 미리 연소위험 요소를 제거하는 것이 중요하다.
• 주수소화가 효과적이다.

정답 05 ② 06 ④ 07 ③ 08 ③ 09 ②

10 다음 중 분말 소화약제를 방출시키기 위해 주로 사용되는 가압용 가스는?

14년·1 ▌15년·1 유사

① 산소   ② 질소
③ 헬륨   ④ 아르곤

해설 분말 소화약제를 방출시키기 위해 주로 사용되는 가압용 가스는 불연성 가스인 질소 또는 이산화탄소이다.

[위험물안전관리에 관한 세부기준 제136조 / 분말소화설비의 기준] – 제4호 & [분말소화설비의 화재안전기준(NFSC 108) 제5조 / 가압용 가스용기] – 제4항 中
전역 방출방식 또는 국소 방출방식 분말 소화설비의 기준 중 가압용 또는 축압용 가스는 질소 또는 이산화탄소로 할 것

11 연소의 연쇄반응을 차단 및 억제하여 소화하는 방법은?

① 냉각소화   ② 부촉매소화
③ 질식소화   ④ 제거소화

해설 연소의 연쇄반응을 차단하거나 억제함으로써 화학적으로 소화하는 방법은 억제소화에 해당하며 부촉매 소화라고도 한다. 사용되는 주된 소화약제로는 할로겐 원소가 있다.

※ 빈틈없이 촘촘하게   One more Step

- 냉각소화 : 가연물의 온도를 낮춤으로써 연소의 진행을 막는 소화방법으로 주된 소화약제는 물이다.
- 질식소화 : 공기 중의 산소 농도를 15% 이하 수준으로 낮춤으로써 연소의 진행을 막는 소화방법으로 주로 이산화탄소를 소화약제로 사용한다.
- 제거소화 : 가연물을 제거함으로써 소화하는 방법이다. 별도의 소화약제는 없다.

냉각소화, 질식소화, 제거소화는 물리적 소화에 해당하며 억제소화는 화학적 소화에 해당한다.

12 위험물안전관리법령상 제4류 위험물을 지정수량의 3천 배 초과 4천 배 이하로 저장하는 옥외 탱크저장소 보유공지의 너비는 얼마인가?

① 6m 이상   ② 9m 이상
③ 12m 이상   ④ 15m 이상

해설 [위험물안전관리법 시행규칙 별표6 / 옥외 탱크저장소의 위치·구조 및 설비의 기준] – Ⅱ. 보유공지 中
옥외 저장탱크(위험물을 이송하기 위한 배관 그 밖에 이에 준하는 공작물을 제외한다)의 주위에는 그 저장 또는 취급하는 위험물의 최대수량에 따라 옥외 저장탱크의 측면으로부터 다음 표에 의한 너비의 공지를 보유하여야 한다.

저장 또는 취급하는 위험물의 최대수량	공지의 너비
지정수량의 500배 이하	3m 이상
지정수량의 500배 초과 1,000배 이하	5m 이상
지정수량의 1,000배 초과 2,000배 이하	9m 이상
지정수량의 2,000배 초과 3,000배 이하	12m 이상
지정수량의 3,000배 초과 4,000배 이하	15m 이상
지정수량의 4,000배 초과	당해 탱크의 수평 단면의 최대지름(횡형인 경우에는 긴 변)과 높이 중 큰 것과 같은 거리 이상. 다만, 30m 초과의 경우에는 30m 이상으로 할 수 있고, 15m 미만의 경우에는 15m 이상으로 하여야 한다.

※ 제6류 위험물을 저장 또는 취급하는 옥외저장 탱크는 위 표의 규정에 의한 보유 공지의 3분의 1 이상의 너비로 할 수 있다. 이 경우 보유 공지의 너비는 1.5m 이상이 되어야 한다.

13 위험물안전관리법령상 위험등급 Ⅰ의 위험물로 옳은 것은?

① 무기과산화물   ② 황화린, 적린, 유황
③ 제1석유류   ④ 알코올류

해설 무기과산화물은 제1류 위험물에 속하며 위험등급은 Ⅰ이고, 지정수량은 50kg이다.
② 황화린, 적린, 유황은 제2류 위험물에 속하며 위험등급은 Ⅱ이다.
③ 제1석유류는 제4류 위험물에 속하며 위험등급은 Ⅱ이다.
④ 알코올류는 제4류 위험물에 속하며 위험등급은 Ⅱ이다.

[위험물안전관리법 시행규칙 별표19 / 위험물의 운반에 관한 기준] - Ⅴ. 위험물의 위험등급
위험물의 위험등급은 위험등급Ⅰ·위험등급Ⅱ 및 위험등급Ⅲ으로 구분하며 각 위험등급에 해당하는 위험물은 다음과 같다.

- 위험등급Ⅰ의 위험물
  - 제1류 위험물 중 아염소산염류, 염소산염류, 과염소산염류, 무기과산화물 그 밖에 지정수량이 50kg인 위험물
  - 제3류 위험물 중 칼륨, 나트륨, 알킬알루미늄, 알킬리튬, 황린 그 밖에 지정수량이 10kg 또는 20kg인 위험물
  - 제4류 위험물 중 특수인화물
  - 제5류 위험물 중 유기과산화물, 질산에스테르류 그 밖에 지정수량이 10kg인 위험물
  - 제6류 위험물
- 위험등급Ⅱ의 위험물
  - 제1류 위험물 중 브롬산염류, 질산염류, 요오드산염류 그 밖에 지정수량이 300kg인 위험물
  - 제2류 위험물 중 황화린, 적린, 유황 그 밖에 지정수량이 100kg인 위험물
  - 제3류 위험물 중 알칼리금속(칼륨 및 나트륨을 제외한다) 및 알칼리토금속, 유기금속화합물(알킬알루미늄 및 알킬리튬을 제외한다) 그 밖에 지정수량이 50kg인 위험물
  - 제4류 위험물 중 제1석유류 및 알코올류
  - 제5류 위험물 중 위험등급Ⅰ에 정하는 위험물 외의 것
- 위험등급Ⅲ의 위험물
  - 위에서 정하지 아니한 위험물

✿ Tip
- 제2류 위험물에는 위험등급Ⅰ에 해당하는 위험물은 없다.
- 제5류 위험물에는 위험등급Ⅲ에 해당하는 위험물은 없다.
- 제6류 위험물은 모두 위험등급Ⅰ에 해당하는 위험물이다.
- 위험등급Ⅰ, Ⅱ, Ⅲ에 해당하는 위험물을 모두 포함하고 있는 것은 제1류, 제3류, 제4류 위험물이다.

14 소화기 속에 압축되어 있는 이산화탄소 1.1kg을 표준상태에서 분사하였다. 이산화탄소의 부피는 몇 m³가 되는가?

① 0.56 ② 5.6
③ 11.2 ④ 24.6

해설 이상기체상태방정식이나 몰 개념을 이용해서 풀 수 있는 문제이다.

- 이상기체상태방정식을 이용하는 방법
문제에서 제시된 표준상태란 0℃, 1기압을 의미한다. 그러므로
$$PV = nRT = \frac{W}{M}RT \therefore V = \frac{WRT}{PM}$$
따라서,
$$V = \frac{1.1 \times 0.082 \times 273}{1 \times 44} = 0.559 m^3 ≒ 0.56 m^3$$

- 몰 개념을 이용하는 방법
이산화탄소의 분자량은 44g/mol이고 1.1kg이 존재하므로 몰 수는 25몰이 된다.
$$몰수 = \frac{질량}{분자량} = \frac{1,100}{44} = 25몰$$
또한 표준상태에서 기체 1몰이 차지하는 부피는 기체의 종류에 관계없이 22.4ℓ이므로 이산화탄소 25몰이 차지하는 부피는 25 × 22.4ℓ = 560ℓ가 되며 환산하면 0.56m³가 된다(1ℓ = 0.001m³).

정답 10 ② 11 ② 12 ④ 13 ① 14 ①

15 양초, 고급알코올 등과 같은 연료의 가장 일반적인 연소 형태는?

① 분무연소

② 증발연소

③ 표면연소

④ 분해연소

해설 양초와 고급알코올은 증발연소 한다.

[참고] 고급알코올
탄소수가 여섯 개 이상인 지방족 알코올을 말하며 탄소수가 증가할수록 휘발성이 없고 융점과 비점이 높아진다. 따라서, 탄소수가 증가하고 포화도가 증가할수록 기름 형태의 액상에서 고체상태로 존재한다(탄소수가 6~10개 정도면 액체 상태로 존재하며 그 이상은 고체상태이다). 보통 화장품의 원료, 의약품, 계면활성제 등으로 사용되며 유화제품의 유화안정 보조제 등으로도 쓰인다.

❖ **고체연료의 연소형태**
- 표면연소 : 직접연소라고도 부르며 가연성 고체가 열분해 되어도 증발하지 않아 가연성 가스를 발생하지 않고 고체 자체의 표면에서 산소와 반응하여 연소되는 현상을 말하는 것으로 금속분, 목탄(숯), 코크스 등이 여기에 해당된다.
- 자기연소 : 내부연소 또는 자활연소라고도 하며 공기 중의 산소에 의해서 연소되는 것이 아니라 가연물 자체에 산소도 함유되어 있기 때문에 외부에서 열을 가하면 분해되어 가연성 기체와 산소를 발생하게 되므로 공기 중의 산소 없이도 그 자체의 산소만으로 연소하는 현상으로 제5류 위험물이 해당된다.
- 분해연소 : 열분해에 의해 발생된 가연성 가스가 공기와 혼합하여 연소하는 현상이며 종이, 석탄, 목재, 섬유, 플라스틱 등의 연소가 해당된다.
- 증발연소 : 열분해를 일으키지 않고 증발하여 그 증기가 연소하거나 또는 열에 의해 융해되어 액체로 변한 다음 이 액체 상태에서 기화된 증기가 연소하는 현상을 말하며, 나프탈렌, 파라핀(양초), 왁스, 황 등의 연소가 여기에 속한다. 이러한 증발연소는 가솔린, 경유, 등유 등과 같은 증발하기 쉬운 가연성 액체에서도 잘 일어난다.

16 BCF(Bromo chloro difluoromethane) 소화약제의 화학식으로 옳은 것은? 12년·4 동일

① CCl_4

② CH_2ClBr

③ CF_3Br

④ CF_2ClBr

해설 BCF(Bromo-Chloro-DiFluoro-Methane)는 할론 1211 소화약제의 다른 명칭으로서 화학식은 CF_2ClBr이다. 메탄의 수소 자리에 1개의 Br, 1개의 Cl, 2개의 F가 치환된 형태이며 구조는 다음과 같다.

$$\begin{array}{c} Cl \\ | \\ F-C-Br \\ | \\ F \end{array}$$

할론 번호란 탄소와 그곳에 연결된 할로겐 원소의 종류 및 개수를 C-F-Cl-Br의 순서대로 나열한 것이며 탄소에 결합된 수소 원자에 대한 정보는 숨겨져 있다.
C는 4족 원소로 4개의 홀전자를 가지고 있어 원칙적으로 C 원자 한 개에는 4개의 다른 원자들이 결합할 수 있다.
Halon 1211에서 첫 번째 숫자 1은 중심 탄소의 수를 나타낸다. 중심 탄소가 1개이므로 4곳에서 다른 원자들이 결합할 수 있다. 두 번째 숫자 2부터 네 번째 숫자 1까지는 수소를 제외한 F, Cl, Br이 순서대로 중심 탄소에 결합된 수를 의미하므로 F는 2개, Cl은 1개, Br은 1개가 결합되어 있다는 것을 나타낸다. 따라서 Halon 1211은 하나의 중심 탄소에 4개의 할로겐 원소들이 모두 결합되어 있어 수소가 결합될 여지는 없다는 것을 보여준다.

17 위험물안전관리법령상 자동화재탐지설비를 설치하지 않고 비상경보 설비로 대신할 수 있는 것은?

① 일반취급소로서 연면적 600m²인 것
② 지정수량 20배를 저장하는 옥내저장소로서 처마높이가 8m인 단층 건물
③ 단층 건물 외의 건축물에 설치된 지정수량 15배의 옥내 탱크저장소로서 소화난이도 등급 II에 속하는 것
④ 지정수량 20배를 저장 취급하는 옥내 주유취급소

해설 단층 건물 외의 건축물에 설치된 옥내 탱크저장소로서 소화난이도 등급 I에 속하는 것에는 자동화재탐지설비를 설치해야 하나 지정수량 10배 이상을 저장 또는 취급하는 소화난이도 등급 II에 속하는 것에는 자동화재탐지설비, 비상경보 설비, 확성장치 또는 비상방송 설비 중 1종 이상의 것으로 설치하면 되므로 자동화재탐지설비를 설치하지 않고 비상경보 설비로 대신할 수 있는 것이다.

① 일반취급소로서 연면적 500m² 이상인 것에는 자동화재 탐지설비를 설치하게 되어 있다.
② 옥내저장소로서 처마높이가 6m 이상인 단층 건물의 것에는 지정수량에 관계없이 자동화재탐지설비를 설치하게 되어 있다.
④ 옥내 주유취급소는 지정수량에 관계없이 무조건 자동화재탐지설비를 설치하게 되어 있다.

[위험물안전관리법 시행규칙 별표17 / 소화설비, 경보설비 및 피난설비의 기준] - II. 경보설비 / 1. 제조소등별로 설치해야 하는 경보설비의 종류 中

• 경보설비로 자동화재탐지설비를 설치해야 하는 제조소등

구분	설치 적용기준
옥내 탱크저장소	단층 건물 외의 건축물에 설치된 옥내 탱크저장소로서 소화난이도 등급 I에 해당하는 것
주유취급소	옥내주유취급소

구분	설치 적용기준
제조소 및 일반취급소	• 연면적 500m² 이상인 것 • 옥내에서 지정수량의 100배 이상을 취급하는 것(고인화점 위험물만을 100℃ 미만의 온도에서 취급하는 것 제외) • 일반취급소로 사용되는 부분 외의 부분이 있는 건축물에 설치된 일반취급소(일반취급소와 일반취급소 외의 부분이 내화구조의 바닥 또는 벽으로 개구부 없이 구획된 것은 제외)
옥내저장소	• 지정수량의 100배 이상을 저장 또는 취급하는 것(고인화점 위험물만을 저장 또는 취급하는 것 제외) • 저장창고의 연면적이 150m²를 초과하는 것 • 처마높이가 6m 이상인 단층 건물의 것 • 옥내저장소로 사용되는 부분 외의 부분이 있는 건축물에 설치된 옥내저장소

* 옥외 탱크저장소 : 특수인화물, 제1석유류 및 알코올류를 저장 또는 취급하는 탱크의 용량이 1,000만 리터 이상인 옥외 탱크저장소는 경보설비로 자동화재탐지설비와 자동화재속보설비를 설치하여야 한다.
* 위 표의 자동화재탐지설비 설치대상에 해당하지 아니하는 제조소등으로서 지정수량의 10배 이상을 저장 또는 취급하는 것에는 자동화재탐지설비, 비상경보 설비, 확성장치 또는 비상방송 설비 중 1종 이상의 설비만 갖추면 된다.

18 다음은 위험물안전관리법령에 따른 판매취급소에 대한 정의이다. ( )에 알맞은 말은?

판매취급소라 함은 점포에서 위험물을 용기에 담아 판매하기 위하여 지정수량의 (가)배 이하의 위험물을 (나)하는 장소를 말한다.

① 가 : 20,   나 : 취급
② 가 : 40,   나 : 취급
③ 가 : 20,   나 : 저장
④ 가 : 40,   나 : 저장

해설 [위험물안전관리법 시행령 별표3 / 위험물을 제조외의 목적으로 취급하기 위한 장소와 그에 따른 취급소의 구분]
판매취급소란 점포에서 위험물을 용기에 담아 판매하기 위하여 지정수량의 (40)배 이하의 위험물을 (취급)하는 장소를 말한다.

정답 15 ② 16 ④ 17 ③ 18 ②

19 제2류 위험물인 마그네슘에 대한 설명으로 옳지 않은 것은?

① 2mm의 체를 통과한 것만 위험물에 해당된다.
② 화재 시 이산화탄소 소화약제로 소화가 가능하다.
③ 가연성 고체로 산소와 반응하여 산화반응을 한다.
④ 주수소화를 하면 가연성의 수소가스가 발생한다.

해설 이산화탄소를 이용한 질식소화가 비효과적인 이유는 마그네슘은 산소에 대한 친화력이 매우 강해서 이산화탄소(CO_2)내에 존재하는 산소와도 반응성을 보여 이산화탄소를 분해하고 산화마그네슘을 형성하기 때문이다.

$2Mg + CO_2 \rightarrow 2MgO + C$
또는 $Mg + CO_2 \rightarrow MgO + CO$

마그네슘 화재의 소화에 적합한 불활성 가스는 일반적으로 존재하지 않는다.
마그네슘은 질소 기체 속에서도 질화마그네슘(Mg_3N_2)을 형성하면서 연소할 수 있다. 물, 수용액, 불활성기체(질소, 이산화탄소 등)에 의존하는 일반적인 소화방법 그 어느 것도 마그네슘 화재에서는 비효과적이다.
탄산수소염류 분말소화약제, 마른모래, 팽창질석, 팽창진주암 등이 효과적이다.

① 2mm의 체를 통과하지 못하는 덩어리 상태의 것이나 지름 2mm 이상의 막대모양의 것은 위험물에서 제외시킨다.
③ 제2류 위험물은 가연성 고체이다. 산소와 반응하여 산화마그네슘을 생성한다.
$2Mg + O_2 \rightarrow 2MgO$
④ 마그네슘 화재의 소화 시 물을 사용하게 되면 반응하여 수산화마그네슘과 가연성의 수소 기체를 발생하며 생성된 수소는 화재의 세기를 증대시킨다.
$Mg + 2H_2O \rightarrow Mg(OH)_2 + H_2 \uparrow$

20 취급하는 제4류 위험물의 수량이 지정수량의 30만 배인 일반취급소가 있는 사업장에 자체소방대를 설치함에 있어서 전체 화학소방차 중 포수용액을 방사하는 화학소방차는 몇 대 이상 두어야 하는가?

① 필수적인 것은 아니다. ② 1
③ 2 ④ 3

해설 취급하는 제4류 위험물의 수량이 지정수량의 30만 배인 일반취급소가 있는 사업장에 두어야 하는 화학소방자동차는 3대이며 포수용액을 방사하는 화학소방자동차의 대수는 전체 화학소방자동차 대수의 3분의 2 이상으로 하여야 하므로 2대 이상의 포수용액을 방사하는 화학소방차를 두어야 한다.

[위험물안전관리법 시행령 별표8 / 자체소방대에 두는 화학 소방자동차 및 인원]
자체소방대를 설치하는 사업소의 관계인은 자체소방대에 화학소방자동차 및 자체소방대원을 두어야 한다.

사업소의 구분	구비조건
제조소 또는 일반취급소에서 취급하는 제4류 위험물의 최대수량의 합이 지정수량의 3천 배 이상 12만 배 미만인 사업소	• 화학소방자동차 : 1대 • 자체 소방대원 수 : 5인
제조소 또는 일반취급소에서 취급하는 제4류 위험물의 최대수량의 합이 지정수량의 12만 배 이상 24만 배 미만인 사업소	• 화학소방자동차 : 2대 • 자체 소방대원 수 : 10인
제조소 또는 일반취급소에서 취급하는 제4류 위험물의 최대수량의 합이 지정수량의 24만 배 이상 48만 배 미만인 사업소	• 화학소방자동차 : 3대 • 자체 소방대원 수 : 15인
제조소 또는 일반취급소에서 취급하는 제4류 위험물의 최대수량의 합이 지정수량의 48만 배 이상인 사업소	• 화학소방자동차 : 4대 • 자체 소방대원 수 : 20인
옥외 탱크저장소에 저장하는 제4류 위험물의 최대수량이 지정수량의 50만 배 이상인 사업소	• 화학소방자동차 : 2대 • 자체 소방대원 수 : 10인

※ 화학소방자동차에는 행정안전부령으로 정하는 소화능력 및 설비를 갖추어야 하고 소화활동에 필요한 소화약제 및 기구(방열복 등 개인장구를 포함한다)를 비치하여야 한다.

[위험물안전관리법 시행규칙 제75조 / 화학소방차의 기준 등] - 제2항
포수용액을 방사하는 화학소방자동차의 대수는 규정에 의한 화학소방자동차의 대수의 3분의 2 이상으로 하여야 한다.

2과목 위험물의 화학적 성질 및 취급

21 다음 ( )안에 적합한 숫자를 차례대로 나열한 것은? [빈출 유형]

> 자연발화성 물질 중 알킬알루미늄 등은 운반용기의 내용적의 ( )% 이하의 수납율로 수납하되, 50℃의 온도에서 ( )% 이상의 공간용적을 유지하도록 할 것

① 90, 5   ② 90, 10
③ 95, 5   ④ 95, 10

해설 자연발화성 물질 중 알킬알루미늄 등은 운반 용기의 내용적의 (90)% 이하의 수납율로 수납하되, 50℃의 온도에서 (5)% 이상의 공간용적을 유지하도록 한다.

[위험물안전관리법 시행규칙 별표19 / 위험물의 운반에 관한 기준] - Ⅱ. 적재방법 제1호
위험물은 규정에 의한 운반 용기에 다음의 기준에 따라 수납하여 적재하여야 한다.
- 위험물이 온도변화 등에 의하여 누설되지 않도록 운반 용기를 밀봉하여 수납할 것. 다만, 온도변화 등에 의해 위험물로부터 가스가 발생하여 운반 용기 안의 압력이 상승할 우려가 있는 경우(발생한 가스가 독성 또는 인화성을 갖는 등 위험성이 있는 경우를 제외한다)에는 가스의 배출구(위험물의 누설 및 다른 물질의 침투를 방지하는 구조로 된 것)를 설치한 운반 용기에 수납할 수 있다.
- 수납하는 위험물과 위험한 반응을 일으키지 아니하는 등 당해 위험물의 성질에 적합한 재질의 운반용기에 수납할 것
- 고체 위험물은 운반 용기 내용적의 95% 이하의 수납률로 수납할 것
- 액체 위험물은 운반 용기 내용적의 98% 이하의 수납률로 수납하되 55℃의 온도에서 누설되지 아니하도록 충분한 공간용적을 유지하도록 할 것
- 하나의 외장용기에는 다른 종류의 위험물을 수납하지 아니할 것
- 제3류 위험물은 다음의 기준에 따라 운반 용기에 수납할 것
  - 자연발화성 물질 : 불활성기체를 봉입하여 밀봉하는 등 공기와 접하지 아니하도록 할 것
  - 자연발화성 물질 외의 물품 : 파라핀, 경유, 등유 등의 보호액으로 채워 밀봉하거나 불활성기체를 봉입하여 밀봉하는 등 수분과 접하지 아니하도록 할 것
  - <u>자연발화성 물질 중 알킬알루미늄 등 : 운반 용기의 내용적의 90% 이하의 수납률로 수납하되, 50℃의 온도에서 5% 이상의 공간용적을 유지하도록 할 것</u>

22 위험물안전관리법령에서 정한 제5류 위험물 이동 저장탱크의 외부도장 색상은?

① 황색   ② 회색
③ 적색   ④ 청색

해설 [위험물안전관리에 관한 세부기준 제109조 / 이동 저장탱크의 외부도장]

시행규칙 별표10 Ⅴ 제2호의 규정에 따른 이동 저장탱크의 외부도장은 다음 표와 같다.

유별	도장의 색상	비 고
제1류	회색	1. 탱크의 앞면과 뒷면을 제외한 면적의 40% 이내의 면적은 다른 유별의 색상 외의 색상으로 도장하는 것이 가능하다. 2. 제4류에 대해서는 도장의 색상 제한이 없으나 적색을 권장한다.
제2류	적색	
제3류	청색	
제5류	황색	
제6류	청색	

정답 19 ② 20 ③ 21 ① 22 ①

23 삼황화린의 연소생성물을 옳게 나열한 것은?

14년・4 유사

① P_2O_5, SO_2

② P_2O_5, H_2S

③ H_3PO_4, SO_2

④ H_3PO_4, H_2S

해설 삼황화린(P_4S_3)은 제2류 위험물의 황화린류에 속하는 물질로 다음과 같은 반응식으로 연소하여 이산화황과 오산화인을 생성한다.

$P_4S_3 + 8O_2 \rightarrow 2P_2O_5 + 3SO_2$

❖ **황화린(Phosphorus Sulfide)**
- 제2류 위험물, 지정수량 100kg, 위험등급 II
- 종류 : 삼황화린(P_4S_3), 오황화린(P_2S_5), 칠황화린(P_4S_7)
- 삼황화린(P_4S_3)
  - 황색의 결정성 덩어리이다.
  - 조해성이 없다.
  - 질산, 이황화탄소(CS_2), 알칼리에는 녹지만 염산, 황산, 물에는 녹지 않는다.
  - 연소반응식
    $P_4S_3 + 8O_2 \rightarrow 2P_2O_5 + 3SO_2 \uparrow$
  - 공기 중 약 100℃에서 발화하고 마찰에 의해 자연발화 할 수 있다.
  - 과산화물, 과망간산염, 금속분과 공존하면 자연발화 할 수 있다.
- 오황화린(P_2S_5)
  - 담황색의 결정이다.
  - 조해성과 흡습성이 있으며 알코올이나 이황화탄소(CS_2)에 녹는다.
  - 습한 공기 중에서 분해되어 황화수소를 발생시킨다.
  - 물이나 알칼리와 반응하여 황화수소와 인산을 발생한다.
    $P_2S_5 + 8H_2O \rightarrow 5H_2S + 2H_3PO_4$
  - 연소반응식
    $2P_2S_5 + 15O_2 \rightarrow 2P_2O_5 \uparrow + 10SO_2 \uparrow$
  - 주수 냉각소화는 적절하지 않으며 분말, 이산화탄소, 건조사 등으로 질식소화 한다.
- 칠황화린(P_4S_7)
  - 담황색 결정이다.
  - 조해성이 있다.
  - 이황화탄소(CS_2)에 약간 녹는다.
  - 냉수에서는 서서히 분해되며 더운물에서는 급격하게 분해되어 황화수소와 인산을 발생시킨다.
    $P_4S_7 + 13H_2O \rightarrow H_3PO_4 + 3H_3PO_3 + 7H_2S$
    아인산
  - 연소반응식
    $P_4S_7 + 12O_2 \rightarrow 2P_2O_5 + 7SO_2$

✱ 빈틈없이 촘촘하게 **One more Step**

❖ **황화린의 종류에 따른 물리적 특성**

구분 \ 종류	삼황화린	오황화린	칠황화린
성상	황록색 결정	담황색 결정	담황색 결정
화학식	P_4S_3	P_2S_5	P_4S_7
비중	2.03	2.09	2.19
융점(℃)	172.5	290	310
비점(℃)	407	490	523
착화점(℃)	약 100	142	-
조해성	×	○	○

24 0.99atm, 55℃에서 이산화탄소의 밀도는 약 몇 g/L인가?

① 0.62   ② 1.62

③ 9.65   ④ 12.65

해설 밀도 $= \dfrac{질량}{부피}$, $\left(\rho = \dfrac{w}{V}\right)$ 이므로

이상기체상태방정식을 이용해서 풀 수 있다.

즉, $PV = nRT = \dfrac{w}{M}RT$ 로부터 $\dfrac{w}{V} = \dfrac{PM}{RT}$

관계식을 이끌어낼 수 있다.

M(이산화탄소의 분자량) = 44, P(압력) = 0.99,
T(절대온도) = 273 + 55 = 328,
R(기체상수) = 0.082 [단위생략]

$\therefore \dfrac{0.99 \times 44}{0.082 \times (273 + 55)} \fallingdotseq 1.62 \text{g/L}$

25 정전기로 인한 재해방지 대책 중 틀린 것은?

[빈출유형]

① 접지를 한다.
② 실내를 건조하게 유지한다.
③ 공기 중의 상대습도를 70% 이상으로 유지한다.
④ 공기를 이온화한다.

해설 공기 중 상대습도 수준을 70% 이상으로 유지해야 하므로 건조하게 유지하면 안 된다.

[위험물안전관리법 시행규칙 별표4 / 제조소의 위치·구조 및 설비의 기준] - Ⅷ. 기타설비 中 제6호. 정전기 제거설비
위험물을 취급함에 있어서 정전기가 발생할 우려가 있는 설비에는 다음에 해당하는 방법으로 정전기를 유효하게 제거할 수 있는 설비를 설치하여야 한다.
- 접지에 의한 방법
- 공기 중의 상대습도를 70% 이상으로 하는 방법
- 공기를 이온화하는 방법

✿ 빈틈없이 촘촘하게 One more Step

❖ **정전기 발생을 줄이는 방법**
- 유속제한 : 인화성 액체는 비전도성 물질이므로 빠른 유속으로 배관을 통과할 때 정전기가 발생할 위험이 있어 주의한다.
- 제전제 사용 : 물체에 대전전하를 완전히 중화시키는 것이 아니고 정전기에 의한 재해가 발생하지 않을 정도까지 중화시키는 것
- 전도성 재료 사용 : 전기저항이 높은 물질 대신 전도성이 있는 물질을 사용하여 정전기 방지
- 물질 간의 마찰 감소

26 과염소산칼륨의 성질에 대한 설명 중 틀린 것은?

① 무색, 무취의 결정으로 물에 잘 녹는다.
② 화학식은 $KClO_4$이다.
③ 에탄올, 에테르에는 녹지 않는다.
④ 화약, 폭약, 섬광제 등에 쓰인다.

해설 ✿ **과염소산칼륨($KClO_4$)(②)**
- 제1류 위험물의 과염소산염류
- 지정수량 50kg, 위험등급 Ⅰ
- 무색·무취의 백색 결정이다(①).
- 분해온도 400℃, 녹는점 482℃, 비중 2.52
- 용해도는 1.8(20℃) 정도이므로 물에 약간 녹는 정도이다(난용성)(①).
- 알코올과 에테르에는 녹지 않는다(③).
- 진한 황산과 접촉하면 폭발할 수 있다.
- 목탄분, 인, 황, 유기물 등과 혼합 시 외부 충격이 가해지면 폭발할 수 있다.
- 400℃에서 분해가 시작되며 600℃에서 완전히 분해되고 산소를 방출한다.
  $KClO_4 \rightarrow KCl + 2O_2 \uparrow$
- 강력한 산화제이다.
- 염소산칼륨보다는 안정하지만 가열, 마찰, 충격에 의해 폭발한다.
- 화약, 폭약, 시약, 섬광제, 불꽃류 등에 사용된다(④).

27 제3류 위험물에 해당하는 것은?

① 유황   ② 적린
③ 황린   ④ 삼황화린

해설 유황, 적린, 삼황화린은 제2류 위험물에 속하는 물질들이며 황린이 제3류 위험물에 해당한다.
(물질명에 '인(린)'자와 '황'자가 들어 있어 혼동하기 쉽다고 생각하는지 자주 섞어 출제된다).

[05쪽] 제2류 위험물 분류 도표 참조 &
[08쪽] 제3류 위험물 분류 도표 참조

정답 23 ① 24 ② 25 ② 26 ① 27 ③

28 제5류 위험물 중 니트로화합물의 지정수량을 옳게 나타낸 것은?

① 10kg ② 100kg
③ 150kg ④ 200kg

해설 제5류 위험물 중 니트로화합물의 지정수량은 200kg이다(위험등급은 Ⅱ).

[15쪽] 제5류 위험물 분류 도표 참조

29 제조소등의 관계인이 예방 규정을 정하여야 하는 제조소등이 아닌 것은? 19년·5 유사

① 지정수량 100배의 위험물을 저장하는 옥외 탱크저장소
② 지정수량 150배의 위험물을 저장하는 옥내저장소
③ 지정수량 10배의 위험물을 취급하는 제조소
④ 지정수량 5배의 위험물을 취급하는 이송취급소

해설 옥외 탱크저장소의 관계인이 예방 규정을 정하여야 하는 조건은 지정수량의 200배 이상의 위험물을 저장하는 경우이다. 이송취급소는 취급하는 위험물의 지정수량의 배수에 관계없이 모두 예방 규정을 정하여야 한다.

[위험물안전관리법 제17조 / 예방규정] – 제1항 대통령령이 정하는 제조소등의 관계인은 당해 제조소등의 화재 예방과 화재 등 재해발생 시의 비상조치를 위하여 행정안전부령이 정하는 바에 따라 예방 규정을 정하여 당해 제조소등의 사용을 시작하기 전에 시·도지사에게 제출하여야 한다. 예방 규정을 변경한 때에도 또한 같다.

[위험물안전관리법 시행령 제15조 / 관계인이 예방 규정을 정하여야 하는 제조소등]
위 법조문에서 "대통령령이 정하는 제조소등"이라 함은 다음에 해당하는 제조소등을 말한다.
• 지정수량의 10배 이상의 위험물을 취급하는 제조소
• 지정수량의 100배 이상의 위험물을 저장하는 옥외저장소
• 지정수량의 150배 이상의 위험물을 저장하는 옥내저장소
• 지정수량의 200배 이상의 위험물을 저장하는 옥외 탱크저장소
• 암반 탱크저장소
• 이송취급소
• 지정수량의 10배 이상의 위험물을 취급하는 일반취급소.
다만, 제4류 위험물(특수인화물을 제외한다)만을 지정수량의 50배 이하로 취급하는 일반취급소(제1석유류·알코올류의 취급량이 지정수량의 10배 이하인 경우에 한한다)로서 다음의 어느 하나에 해당하는 것을 제외한다.
 – 보일러·버너 또는 이와 비슷한 것으로서 위험물을 소비하는 장치로 이루어진 일반취급소
 – 위험물을 용기에 옮겨 담거나 차량에 고정된 탱크에 주입하는 일반취급소

30 위험물안전관리법령상 제5류 위험물의 공통된 취급 방법으로 옳지 않은 것은?

① 용기의 파손 및 균열에 주의한다.
② 저장 시 과열, 충격, 마찰을 피한다.
③ 운반용기 외부에 주의사항으로 '화기주의' 및 '물기엄금'을 표기한다.
④ 불티, 불꽃, 고온체와의 접근을 피한다.

해설 제5류 위험물의 운반용기 외부에는 주의사항으로 '화기엄금' 및 '충격주의'를 표기한다.
운반용기 외부에 주의사항으로 '화기주의' 및 '물기엄금'을 표기하는 경우는 제2류 위험물 중 철분·금속분·마그네슘 또는 이들 중 어느 하나 이상을 함유한 경우이다.

❖ **제5류 위험물의 일반적 성질**
• 히드라진 유도체를 제외한 나머지는 모두 유기화합물이다.
• 유기과산화물을 제외하면 모두 질소를 포함하고 있다.
• 모두 가연성의 액체 또는 고체이며 연소할

때에는 다량의 유독성 가스를 발생한다.
- 대부분 물에 불용이며 물과의 반응성도 없다.
- 비중은 1보다 크다(일부의 유기과산화물 제외).
- 가열, 충격, 마찰에 민감하다.
- 강산화제 또는 강산류와 접촉 시 발화가 촉진되고 위험성도 현저히 증가한다.
- 연소속도가 대단히 빠른 폭발성의 물질로 화약, 폭약의 원료로 사용된다.
- 분자 내에 산소를 함유하고 있으므로 가연물과 산소공급원의 두 가지 조건을 충족하고 있으며 가열이나 충격과 같은 환경이 조성되면 스스로 연소할 수 있다(자기반응성 물질).
- 공기 중에서 장시간 저장 시 분해되고 분해열 축적에 의해 자연발화 할 수 있다.
- 산소를 함유하고 있어 질식소화는 효과가 없고 다량의 물로 주수소화한다.
- 대량화재 시 소화가 곤란하므로 저장할 경우에는 소량으로 나누어 저장한다.
- 화재 시 폭발의 위험성이 있으므로 충분한 안전거리를 확보하여야 한다.
- 운반용기의 외부에는 '화기엄금' 및 '충격주의'라는 주의사항을 표시한다.

31 다음 중 황 분말과 혼합했을 때 가열 또는 충격에 의해서 폭발할 위험이 가장 높은 것은?

15년·1 유사

① 질산암모늄   ② 물
③ 이산화탄소   ④ 마른모래

해설 질산암모늄(NH_4NO_3)은 제1류 위험물의 질산염류에 속하는 위험물로 급격한 가열, 충격에 의해 단독으로 분해 폭발하고 산소 기체를 발생시키는 강산화성 물질이다.

$2NH_4NO_3 \rightarrow 2N_2 + 4H_2O + O_2$

이는 가연성 물질과 섞인 상황에서 가열이나 충격이 가해진다면 연소를 도와주는 산소공급원 역할을 하게 된다는 의미이다. 따라서, 가연성 고체인 황과 혼합 시 가열이나 충격에 의한 폭발 위험성이 높은 것이다.

32 제4류 위험물에 속하지 않는 것은?

① 아세톤   ② 실린더유
③ 트리니트로톨루엔   ④ 니트로벤젠

해설 트리니트로톨루엔은 제5류 위험물 중 니트로화합물에 속하는 물질이며 지정수량은 200kg, 위험등급Ⅱ이다.
① 제4류 위험물 중 제1석유류(수용성) / 지정수량 400ℓ, 위험등급Ⅱ
② 제4류 위험물 중 제4석유류 / 지정수량 6,000ℓ, 위험등급Ⅲ
④ 제4류 위험물 중 제3석유류(비수용성) / 지정수량 2,000ℓ, 위험등급Ⅲ

[11쪽] 제4류 위험물 분류 도표 참조 &
[15쪽] 제5류 위험물 분류 도표 참조

33 유별을 달리하는 위험물을 운반할 때 혼재할 수 있는 것은? (단, 지정수량의 1/10을 넘는 양을 운반하는 경우이다.)

① 제1류와 제3류
② 제2류와 제4류
③ 제3류와 제5류
④ 제4류와 제6류

해설 [위험물안전관리법 시행규칙 별표19 / 위험물의 운반에 관한 기준]
[부표 2] - 유별을 달리하는 위험물의 혼재기준

구 분	제1류	제2류	제3류	제4류	제5류	제6류
제1류		×	×	×	×	○
제2류	×		×	○	○	×
제3류	×	×		○	×	×
제4류	×	○	○		○	×
제5류	×	○	×	○		×
제6류	○	×	×	×	×	

* 'o'는 혼재할 수 있음을, '×'는 혼재할 수 없음을 표시한다.
* 이 표는 지정수량의 1/10 이하의 위험물에 대하여는 적용하지 아니한다.

정답 28 ④ 29 ① 30 ③ 31 ① 32 ③ 33 ②

34 그림의 종으로 설치된 원통형 탱크에서 공간용적을 내용적의 10%라고 하면 탱크용량(허가용량)은 약 얼마인가?

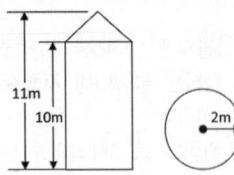

① 113.04
② 124.34
③ 129.06
④ 138.16

해설 〈풀이 1〉
- 탱크의 내용적
  - 근거 : [위험물안전관리에 관한 세부기준 별표1] - 탱크의 내용적 계산방법
    종으로 설치한 원통형 탱크의 내용적은 다음의 공식을 이용하여 구한다.

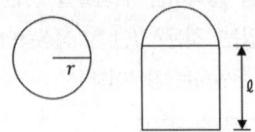

내용적 = $\pi r^2 \ell$

  - 문제의 조건을 식에 대입하여 풀면
    $3.14 \times 2^2 \times 10 = 125.6(m^3)$

- 탱크의 공간용적
  - 근거 : [위험물안전관리에 관한 세부기준 제25조] - 탱크의 내용적 및 공간용적 中
    탱크의 공간용적은 탱크의 내용적의 100분의 5 이상 100분의 10 이하의 용적으로 한다.
  - 문제에서 탱크의 공간용적은 내용적의 100분의 10이라고 했으므로
    $125.6 \times \dfrac{10}{100} = 12.56(m^3)$

- 탱크의 용량
  - 근거 : [위험물안전관리법 시행규칙 제5조]
    - 탱크 용적의 산정기준
      위험물을 저장 또는 취급하는 탱크의 용량은 해당 탱크의 내용적에서 공간용적을 뺀 용적으로 한다.
    - 탱크의 용량 = 탱크의 내용적 - 탱크의 공간용적

그러므로, 125.6 - 12.56 = 113.04(m^3)

〈풀이 2〉
탱크 용량 = 탱크의 내용적 - 탱크의 공간용적
따라서 탱크의 공간용적은 내용적의 10%라고 했으므로 탱크용량은 내용적의 90%에 해당하는 값이 된다.
내용적은 $\pi r^2 \ell$로 계산하며 이것의 90%에 해당하므로 $3.14 \times 2^2 \times 10 \times 0.9 = 113.04(m^3)$가 된다.

35 다음은 위험물안전관리법령에서 정한 내용이다. ( )안에 알맞은 용어는?

( )라 함은 고형알코올 그 밖에 1기압에서 인화점이 섭씨 40℃ 미만인 고체를 말한다.

① 가연성 고체
② 산화성 고체
③ 인화성 고체
④ 자기반응성 고체

해설 [위험물안전관리법 시행령 별표1 / 위험물 및 지정수량] - 비고란 제8호
인화성 고체라 함은 고형알코올 그 밖에 1기압에서 인화점이 섭씨 40℃ 미만인 고체를 말한다.
위 지문에 대한 위험물안전관리법령에서 정한 정의는 다음과 같다.
① 가연성 고체 : 고체로서 화염에 의한 발화의 위험성 또는 인화의 위험성을 판단하기 위하여 고시로 정하는 시험에서 고시로 정하는 성질과 상태를 나타내는 것을 말한다.
② 산화성 고체 : 고체로서 산화력의 잠재적인 위험성 또는 충격에 대한 민감성을 판단하기 위하여 소방청장이 정하여 고시하는 시험에서 고시로 정하는 성질과 상태를 나타내는 것을 말한다.
④ 자기반응성 물질 : 고체 또는 액체로서 폭발의 위험성 또는 가열분해의 격렬함을 판단하기 위하여 고시로 정하는 시험에서 고시로 정하는 성질과 상태를 나타내는 것을 말한다(자기반응성 고체란 용어는 사용하지 않는다).

36 자기반응성 물질인 제5류 위험물에 해당하는 것은?

① $CH_3(C_6H_4)NO_2$
② CH_3COCH_3
③ $C_6H_2(NO_2)_3OH$
④ $C_6H_5NO_2$

해설 $C_6H_2(NO_2)_3OH$(트리니트로페놀, 피크린산)은 제5류 위험물 중 니트로화합물에 속하는 물질이며 지정수량 200kg, 위험등급 II 이다.
① 니트로톨루엔 : 제4류 위험물 중 제3석유류(비수용성) / 지정수량 2,000ℓ, 위험등급 III
② 아세톤 : 제4류 위험물 중 제1석유류(수용성) / 지정수량 400ℓ, 위험등급 II
④ 니트로벤젠 : 제4류 위험물 중 제3석유류(비수용성) / 지정수량 2,000ℓ, 위험등급 III

[11쪽] 제4류 위험물 분류 도표 참조 &
　　　　　[15쪽] 제5류 위험물 분류 도표 참조

37 경유 2,000ℓ, 글리세린 2,000ℓ를 같은 장소에 저장하려 한다. 지정수량의 배수의 합은 얼마인가?　　　　　　　　[빈출유형]

① 2.5　② 3.0　③ 3.5　④ 4.0

해설 지정수량의 배수 = $\frac{저장수량}{지정수량}$ 으로 구한다.

경유는 제4류 위험물 중 제2석유류 비수용성으로 분류되어 지정수량은 1,000ℓ이며 글리세린은 제4류 위험물 중 제3석유류의 수용성으로 분류되고 지정수량은 4,000ℓ이다.
∴ 지정수량의 배수의 합
$= \frac{2,000}{1,000} + \frac{2,000}{4,000} = 2.5$

[11쪽] 제4류 위험물 분류 도표 참조

38 제2석유류에 해당하는 물질로만 짝지어진 것은?

① 등유, 경유　② 등유, 중유
③ 글리세린, 기계유　④ 글리세린, 장뇌유

해설 제4류 위험물 중 제2석유류는 등유, 경유이다.
② • 등유 : 제4류 위험물 중 제2석유류
　 • 중유 : 제4류 위험물 중 제3석유류
③ • 글리세린 : 제4류 위험물 중 제3석유류
　 • 기계유 : 제4류 위험물 중 제4석유류
④ • 글리세린 : 제4류 위험물 중 제3석유류
　 • 장뇌유 : 제4류 위험물 중 제2석유류

[11쪽] 제4류 위험물 분류 도표 참조

39 위험물안전관리법령상 염소화이소시아눌산은 제 몇 류 위험물인가?

① 제1류　② 제2류
③ 제5류　④ 제6류

해설 염소화이소시아눌산은 행정안전부령으로 정하는 제1류 위험물이다.

[위험물안전관리법 시행규칙 제3조 / 위험물 품명의 지정]
• 행정안전부령으로 정하는 제1류 위험물
　– 과요오드산염류
　– 과요오드산
　– 크롬, 납 또는 요오드의 산화물
　– 아질산염류
　– 차아염소산염류
　– 염소화이소시아눌산
　– 퍼옥소이황산염류
　– 퍼옥소붕산염류
• 행정안전부령으로 정하는 제3류 위험물
　– 염소화규소화합물
• 행정안전부령으로 정하는 제5류 위험물
　– 금속의 아지화합물
　– 질산구아니딘
• 행정안전부령으로 정하는 제6류 위험물
　– 할로겐간화합물

정답 34 ① 35 ③ 36 ③ 37 ① 38 ① 39 ①

40 다음 중 지정수량이 나머지 셋과 다른 물질은?

① 황화린　　② 적린
③ 칼슘　　　④ 유황

해설 칼슘은 제3류 위험물 중 알칼리토금속에 속하는 물질로서 지정수량은 50kg이다.
황화린, 적린, 유황은 모두 제2류 위험물(가연성 고체)에 속하며 지정수량은 100kg이다.
위 물질 모두 위험등급은 Ⅱ이다.

[05쪽] 제2류 위험물 분류 도표 참조 &
　　　　[08쪽] 제3류 위험물 분류 도표 참조

41 위험물의 품명이 질산염류에 속하지 않는 것은?

① 질산메틸　　② 질산칼륨
③ 질산나트륨　④ 질산암모늄

해설 질산메틸은 제5류 위험물 중 질산에스테르류에 속하며 나머지 위험물은 제1류 위험물 중 질산염류로 분류되는 물질들이다.
질산염류는 질산(HNO_3)의 수소가 금속 또는 양성원자단으로 치환된 화합물($NaNO_3$, KNO_3, NH_4NO_3, $AgNO_3$ 등)을 말하며 대부분이 강력한 산화제로 작용하고 폭약의 원료로 사용된다.

[02쪽] 제1류 위험물 분류 도표 참조 &
　　　　[15쪽] 제5류 위험물 분류 도표 참조

42 위험물과 그 보호액 또는 안정제의 연결이 틀린 것은?

① 황린 - 물
② 인화석회 - 물
③ 금속칼륨 - 등유
④ 알킬알루미늄 - 헥산

해설 인화석회(인화칼슘)는 제3류 위험물 중 금속의 인화물로 분류되는 물질로서 물과 반응하면 유독성 가스인 포스핀(인화수소, PH_3)과 수산화칼슘을 발생시키므로 물과의 접촉은 피하도록 한다.

$Ca_3P_2 + 6H_2O \rightarrow 2PH_3 \uparrow + 3Ca(OH)_2$

① 황린은(제3류 위험물) 물에 녹지 않으며 물과의 반응성도 없고 물보다도 무겁다. 공기와 접촉하면 자연발화 할 수 있으므로 물속에 넣어 저장하며 수산화칼슘을 첨가함으로써 물의 pH를 9로 유지하여 유독성 증기인 포스핀(인화수소)의 생성을 방지한다.
③ 금속칼륨은 대표적인 금수성 물질로서 공기 중의 수분이나 물과 반응하면 폭발성의 수소 기체를 발생시킨다. 실온의 공기 중에서 빠르게 산화되어 피막을 형성하고 광택을 잃으며 공기 중에 방치하면 자연발화의 위험성도 지니고 있다. CO_2나 CCl_4와도 폭발적으로 반응한다. 따라서, 공기 중의 수분이나 산소, 물과의 접촉을 막기 위하여 유동성 파라핀, 등유나 경유 등의 보호액 속에 넣어 보관한다.
④ 알킬알루미늄의 저장탱크에는 헥산, 벤젠, 톨루엔, 펜탄 등의 탄화수소 용제를 희석안정제로 넣어둔다.

43 과망간산칼륨의 위험성에 대한 설명으로 틀린 것은?
　　　　　　　　　　　　　　　14년·4 유사

① 황산과 격렬하게 반응한다.
② 유기물과 혼합 시 위험성이 증가한다.
③ 고온으로 가열하면 분해하여 산소와 수소를 방출한다.
④ 목탄, 황 등 환원성 물질과 격리하여 저장해야 한다.

해설 과망간산칼륨($KMnO_4$)은 제1류 위험물 중 과망간산염류에 속하는 물질로서, 가열하면 약 240℃에서 분해되어 산소 기체를 발생시키며 수소 기체는 발생되지 않는다. 빛에 노출되어도 같은 반응이 진행된다(광분해).

$2KMnO_4 \rightarrow K_2MnO_4 + MnO_2 + O_2 \uparrow$

❖ 과망간산칼륨($KMnO_4$)
• 제1류 위험물 중 과망간산염류
• 지정수량 1,000kg, 위험등급 Ⅲ
• 분자량 158, 비중 2.7, 분해 온도 240℃
• 물, 아세톤, 알코올에 녹는다.

[물에 대한 용해도 6.34 (20℃)]
- 흑자색의 무기화합물 결정이며 물에 녹으면 진한 보라색을 띤다.
- 열분해(광분해) 반응식(③)
  $2KMnO_4 \rightarrow K_2MnO_4 + MnO_2 + O_2 \uparrow$
- 염산과 반응 시 유독한 염소 기체를 발생시킨다.
  $2KMnO_4 + 16HCl \rightarrow 2KCl + 2MnCl_2 + 8H_2O + 5Cl_2$
- 황산과 반응할 때는 폭발적으로 산소와 열을 발생하므로 가연물이 혼합될 때는 발화한다(①).
  - 묽은 황산과의 반응
    $4KMnO_4 + 6H_2SO_4 \rightarrow 2K_2SO_4 + 4MnSO_4 + 6H_2O + 5O_2 \uparrow$
  - 진한 황산과의 반응
    $2KMnO_4 + H_2SO_4 \rightarrow K_2SO_4 + 2HMnO_4$
  ※ 폭발적으로 반응하여 강한 산화제인 Mn_2O_7을 만들고 산소와 열 발생
- 산화제이므로 저급알코올, 글리세린, 인화점이 낮은 석유류 등의 유기물과 접촉하면 발화한다(②).
- 열, 스파크, 화염에 의해 화재 및 폭발의 위험이 있으며 탄화수소와 폭발적으로 반응한다.
- 가연성 가스와 접촉하거나 환원제, 가연성 물질과 혼합되면 가열, 충격, 마찰에 의해 폭발한다(④).
- 금속분말과 격렬히 반응하여 화재를 일으킬 수 있다.
- 안전거리에서 대량의 물로 화재지역을 흠뻑 적셔 소화하며 소화약제로는 물(분말소화제, 포말은 사용하지 않는다), 이산화탄소, 할론 등을 사용한다.
- 강한 산화력과 살균력을 나타내며 분석시약, 섬유 표백 및 염색, 소독제, 살균제, 목재 보존용제 등으로 사용된다.

✻ Tip
열분해(광분해) 반응식은 꼭 암기해 둘 것!!

44 경유에 대한 설명으로 틀린 것은?

① 물에 녹지 않는다.
② 비중은 1 이하이다.
③ 발화점이 인화점보다 높다.
④ 인화점은 상온 이하이다.

해설 경유는 제4류 위험물 중 제2석유류에 속하는 위험물로 인화점은 상온 이상의 온도 범위인 50~70℃ 정도이다.
① 제2석유류 중 비수용성에 해당한다.
② 경유 비중은 0.83~0.88 정도로 물보다 가볍고 비수용성이므로 물 위에 뜬다.
③ 일반적으로 인화점보다 발화점은 높으며 경유의 경우 발화점은 257℃, 인화점은 50~70℃ 정도이다.

45 다음은 위험물안전관리법령상 이동 탱크저장소에 설치하는 게시판의 설치기준에 관한 내용이다. ( )안에 해당하지 않는 것은?

> 이동 저장탱크의 뒷면 중 보기 쉬운 곳에는 해당 탱크에 저장 또는 취급하는 위험물의 ( ), ( ), ( ) 및 적재중량을 게시한 게시판을 설치하여야 한다.

① 최대수량 ② 품명
③ 유별   ④ 관리자명

해설 [위험물안전관리법 시행규칙 제34조 관련 별표10]의 내용으로 문제 출제 당시인 2014년에는 존재한 규정이었으나 2016. 1. 22 일부개정에 의하여 내용이 삭제되었다.

[참고]
(개정 전 내용) : 이동저장 탱크의 뒷면 중 보기 쉬운 곳에는 당해 탱크에 저장 또는 취급하는 위험물의 유별·품명·최대수량 및 적재중량을 게시한 게시판을 설치하여야 한다. 이 경우 표시문자의 크기는 가로 40mm, 세로 45mm 이상(여러 품명의 위험물을 혼재하는 경우에는 적재품명별 문자의 크기를 가로 20mm 이상, 세로 20mm 이상)으로 하여야 한다.

정답 40 ③ 41 ① 42 ② 43 ③ 44 ④ 45 ④

46 다음 중 인화점이 0℃보다 작은 것은 모두 몇 개인가?

$$C_2H_5OC_2H_5,\ CS_2,\ CH_3CHO$$

① 0개　② 1개　③ 2개　④ 3개

[해설] 세 물질 모두 제4류 위험물 중 특수인화물에 속하는 위험물이다. 특수인화물의 정의에 의하면 <u>인화점이 -20℃ 이하인 것을 의미하므로</u> 세 물질 모두 0℃보다는 작을 것이다.
- $C_2H_5OC_2H_5$(디에틸에테르 / 비수용성)의 인화점 : -45℃
- CS_2(이황화탄소 / 비수용성)의 인화점 : -30℃
- CH_3CHO(아세트알데히드 / 수용성)의 인화점 : -40℃

47 위험물안전관리법령상 옥내소화전 설비의 설치기준에서 옥내소화전은 제조소등의 건축물의 층마다 해당 층의 각 부분에서 하나의 호스 접속구까지의 수평거리가 몇 m 이하가 되도록 설치하여야 하는가?

① 5　② 10　③ 15　④ 25

[해설] [위험물안전관리법 시행규칙 별표17 / 소화설비, 경보설비 및 피난설비의 기준] - Ⅰ. 소화설비 / 5. 소화설비의 설치기준 中 옥내소화전 설비의 설치기준
- <u>옥내소화전은 제조소등의 건축물의 층마다 당해 층의 각 부분에서 하나의 호스 접속구까지의 수평거리가 25m 이하가 되도록 설치할 것.</u> 이 경우 옥내소화전은 각층의 출입구 부근에 1개 이상 설치하여야 한다.
- 수원의 수량은 옥내소화전이 가장 많이 설치된 층의 옥내소화전 설치개수(설치개수가 5개 이상인 경우는 5개)에 7.8m³를 곱한 양 이상이 되도록 설치할 것
- 옥내소화전 설비는 각층을 기준으로 하여 당해 층의 모든 옥내소화전(설치개수가 5개 이상인 경우는 5개의 옥내소화전)을 동시에 사용할 경우에 각 노즐 선단의 방수압력이 350kPa 이상이고 방수량이 1분당 260ℓ 이상의 성능이 되도록 할 것
- 옥내소화전 설비에는 비상 전원을 설치할 것

48 니트로셀룰로오스의 저장 방법으로 올바른 것은?

① 물이나 알코올로 습윤시킨다.
② 에탄올과 에테르 혼액에 침윤시킨다.
③ 수은염을 만들어 저장한다.
④ 산에 용해시켜 저장한다.

[해설] 니트로셀룰로오스는 제5류 위험물 중 질산에스테르류에 속하는 물질로서 건조된 상태에서는 발화의 위험성이 있으므로 물이나 알코올에 적셔서(습윤시켜서) 저장하거나 운반하여 위험성을 감소시킨다.

❖ 니트로셀룰로오스
- 제5류 위험물 중 질산에스테르류
- 지정수량 10kg, 위험등급 Ⅰ
- 화학식 : $[C_6H_7(NO_2)_3O_5]_n$
- 일명 '질화면' '면화약'
  도료나 셀룰로이드 등에 쓰일 경우에는 '질화면'이라 하고, 화약에 쓰이는 경우에는 '면화약'이라고도 부른다.
- 무색이나 백색의 고체로 햇빛에 의해 황갈색으로 변한다.
- 인화점 12℃, 발화점 160~170℃, 끓는점 83℃, 분해온도 130℃, 비중 1.7
- 진한 질산과 황산에 셀룰로오스를 혼합시켜 제조한다.
- 물에는 녹지 않고 니트로벤젠, 아세톤, 초산 등에 녹는다.
- 니트로셀룰로오스에 포함된 질소농도(질화도)가 클수록 폭발성, 위험도 등이 증가한다.
- <u>건조상태에서는 폭발할 수 있으나 물이 침수될수록 위험성이 감소하므로 물이나 알코올을 첨가하여 습윤시킨 상태로 저장하거나 운반한다.</u>
- 130℃에서 서서히 분해되고 180℃에서 격렬하게 연소하며 유독성 가스를 발생한다.
- 산·알칼리의 존재 또는 직사일광 하에서 자연발화한다.
- 정전기 불꽃에 의해 폭발할 수 있다.
- 자체적으로 불안정하여 분해반응을 하며 생성기체 몰수가 반응기체 몰수보다 월등하게 많으므로 폭발적인 반응을 한다.
- 화재 시 대량 주수에 의해 냉각소화한다.

49 유기과산화물의 저장 또는 운반 시 주의사항으로 옳은 것은?

① 일광이 드는 건조한 곳에 저장한다.
② 가능한 한 대용량으로 저장한다.
③ 알코올류 등 제4류 위험물과 혼재하여 운반할 수 있다.
④ 산화제이므로 다른 강산화제와 같이 저장해야 좋다.

해설 유기과산화물은 제5류 위험물(자기반응성 물질)로서 제2류 위험물이나 제4류 위험물과 혼재 가능하다. [33번] 문제의 해설 도표 참조
① 유기과산화물은 대부분 독특한 구조를 하고 있으며 상당히 불안정한 물질로서 고농도 상태로 존재하면 직사광선이나 가열, 충격, 마찰 등에 의해 폭발할 가능성이 높아진다. 따라서 직사광선을 피하고 냉암소에 저장하도록 하며 보통 폭발성을 낮추기 위해서 프탈산디메틸이나 프탈산디뷰틸 등의 희석안정제를 첨가한다.
② 제5류 위험물 중 유기과산화물은 지정수량이 10kg으로서 위험물 중 기준량이 가장 적은 경우에 해당된다. 이는 적은 양으로도 위험성을 내포하고 있다고 볼 수 있으며 화재 발생의 경우 소화의 어려움도 있으므로 대용량으로 저장하지 말고 가급적 소량씩 나누어서 저장하도록 한다.
④ 보통 강산화제나 강산류와 접촉하게 되면 위험성이 현저히 증가함으로 이들 물질과는 접촉하지 않도록 주의한다.

50 지하 탱크저장소에 대한 설명으로 옳지 않은 것은?

① 탱크전용실 벽의 두께는 0.3m 이상이어야 한다.
② 지하 저장탱크의 윗부분은 지면으로부터 0.6m 이상 아래에 있어야 한다.
③ 지하 저장탱크와 탱크전용실 안쪽과의 간격은 0.1m 이상의 간격을 유지한다.
④ 지하 저장탱크에는 두께 0.1m 이상의 철근콘크리트조로 된 뚜껑을 설치한다.

해설 [위험물안전관리법 시행규칙 별표8 / 지하 탱크저장소의 위치·구조 및 설비의 기준] - 제1호
당해 탱크를 그 수평투영의 세로 및 가로보다 각각 0.6m 이상 크고 두께가 0.3m 이상인 철근콘크리트조의 뚜껑으로 덮을 것
① [위험물안전관리법 시행규칙 별표8] - 제16호
탱크전용실의 벽·바닥 및 뚜껑의 두께는 0.3m 이상인 철근콘크리트구조 또는 이와 동등 이상의 강도가 있는 구조로 설치하여야 한다.
② [위험물안전관리법 시행규칙 별표8] - 제3호
지하 저장탱크의 윗부분은 지면으로부터 0.6m 이상 아래에 있어야 한다.
③ [위험물안전관리법 시행규칙 별표8] - 제2호
탱크전용실은 지하의 가장 가까운 벽·피트·가스관 등의 시설물 및 대지경계선으로부터 0.1m 이상 떨어진 곳에 설치하고, 지하 저장탱크와 탱크전용실의 안쪽과의 사이는 0.1m 이상의 간격을 유지하도록 하며, 당해 탱크의 주위에 마른 모래 또는 습기 등에 의하여 응고되지 아니하는 입자지름 5mm 이하의 마른 자갈분을 채워야 한다.

51 니트로셀룰로오스 5kg과 트리니트로페놀을 함께 저장하려고 한다. 이때 지정수량 1배로 저장하려면 트리니트로페놀을 몇 kg 저장하여야 하는가?

① 5   ② 10   ③ 50   ④ 100

정답 46 ④ 47 ④ 48 ① 49 ③ 50 ④ 51 ④

해설 트리니트로페놀 100kg을 저장해야 지정수량의 배수의 합이 1배가 된다.
- 니트로셀룰로오스 : 제5류 위험물 중 질산에스테르류로 분류되며 지정수량은 10kg
- 트리니트로페놀 : 제5류 위험물 중 니트로화합물로 분류되며 지정수량은 200kg

지정수량의 배수 = $\frac{저장수량}{지정수량}$ 이므로

지정수량의 배수의 합
$= \frac{5}{10} + \frac{X}{200} = 1$

∴ $X = 100$이 된다.

52 황린의 위험성에 대한 설명으로 틀린 것은?

① 공기 중에서 자연발화의 위험성이 있다.
② 연소 시 발생되는 증기는 유독하다.
③ 화학적 활성이 커서 CO_2, H_2O와 격렬히 반응한다.
④ 강알칼리 용액과 반응하여 독성 가스를 발생한다.

해설 황린은 제3류 위험물(지정수량 20kg)로서 공기 중에서 자연발화의 위험성이 있을 정도로 화학적 활성이 크나 CO_2, H_2O과는 반응하지 않는다. 실제로 황린은 물에 녹지 않고 물과의 반응성도 없으므로 물속에 넣어 저장한다.

❖ 황린(P_4)
- 제3류 위험물 중 황린 - 자연발화성 물질
- 지정수량 20kg, 위험등급 I
- 착화점 34℃(미분) 60℃(고형), 녹는점 44℃, 끓는점 280℃, 비중 1.82, 증기비중 4.4
- 마늘과 같은 자극적인 냄새가 나는 백색 또는 담황색의 가연성 고체이다.
- 벤젠이나 이황화탄소에는 녹지만 물에는 녹지 않는다.
- 물과의 반응성이 없고 공기와 접촉하면 자연발화 할 수 있으므로 물속에 넣어 보관한다.
- $Ca(OH)_2$를 첨가함으로써 물의 pH를 9로 유지하여 포스핀(인화수소)의 생성을 방지한다.
- 발화점이 낮고 화학적 활성이 커서 공기 중에 노출되면 자연발화 한다(①).
- 충격, 마찰, 강산화제와의 접촉 등으로 발화할 수 있다.
- 공기 중에서 격렬히 연소하며 흰 연기의 오산화인(P_2O_5)을 발생시킨다. (오산화인은 흡입 시 치명적이며 피부에 심한 화상과 눈에 손상을 일으킨다.)(②)
  $P_4 + 5O_2 \rightarrow 2P_2O_5$
- 강알칼리 수용액과 반응하여 유독성의 포스핀(PH_3) 가스를 발생시킨다(④).
  $P_4 + 3KOH + 3H_2O \rightarrow 3KH_2PO_2 + PH_3 \uparrow$
- 분무주수에 의한 냉각소화가 효과적이며 분말소화설비에는 적응성이 없다.
- 공기를 차단하고 260℃ 정도로 가열하면 적린이 된다.

53 다음 중 위험물안전관리법령에서 정한 제3류 위험물 금수성 물질의 소화설비로 적응성이 있는 것은? 15년·1 동일 ▌13년·4 유사

① 이산화탄소 소화설비
② 할로겐화합물 소화설비
③ 인산염류등 분말 소화설비
④ 탄산수소염류등 분말 소화설비

해설 위험물안전관리법령상 제3류 위험물의 금수성 물질에는 마른모래, 팽창질석, 팽창진주암이나 탄산수소염류 등을 이용한 분말 소화설비가 적응성을 보인다. 불활성가스 소화설비, 할로겐화합물 소화설비, 이산화탄소 소화기 등은 적응성이 없으므로 사용하지 않는다.
[위험물안전관리법 시행규칙 별표17] - 소화설비의 적응성 참조

금속화재용 분말소화약제를 이용하여 질식소화 할 수 있다.

금수성 물질은 물과의 접촉은 엄금이므로 주수소화는 불가하다. 또한 알킬알루미늄은 할론이나 이산화탄소와 반응하여 발열하며 소규모 화재 시 팽창질석, 팽창진주암을 사용하여 소화하나 화재 확대 시에는 소화하기가 어렵다. 금속칼륨이나 나트륨은 이산화탄소나 할로겐화합물(사염화탄소)과 반응하여 연소 폭발의 위험성을 증대시킨다. 이러한 이유로 금수성 물

질에는 할로겐화합물 소화설비나 이산화탄소 소화설비는 사용하지 않는다.
마른모래, 팽창질석, 팽창진주암은 제3류 위험물 전체의 소화에 사용할 수 있으며 자연발화성만 가진 위험물(황린)의 소화에는 물 또는 강화액 포와 같은 물 계통의 소화약제도 사용할 수 있다.

54 다음 설명 중 제2석유류에 해당하는 것은?
(단, 1기압 상태이다.) 14년 · 2 유사

① 착화점이 21℃ 미만인 것
② 착화점이 30℃ 이상 50℃ 미만인 것
③ 인화점이 21℃ 이상 70℃ 미만인 것
④ 인화점이 21℃ 이상 90℃ 미만인 것

해설 ❖ 인화점을 기준으로 한 제4류 위험물의 분류 및 종류

분류	인화점 (1기압 기준)	종류
특수인화물	-20℃ 이하	이황화탄소, 디에틸에테르, 산화프로필렌, 황화디메틸, 에틸아민, 아세트알데히드, 이소프렌, 펜탄, 이소펜탄, 이소프로필아민
제1석유류	21℃ 미만	아세톤, 포름산메틸, 휘발유, 벤젠, 에틸벤젠, 톨루엔, 아세토니트릴, 염화아세틸, 시클로헥산, 피리딘, 시안화수소, 메틸에틸케톤
제2석유류	21℃ 이상 70℃ 미만	등유, 경유, 브롬화페닐, 자일렌, 큐멘, 포름산, 아세트산, 스티렌, 클로로벤젠, 아크릴산, 히드라진, 테레핀유, 부틸알데히드
제3석유류	70℃ 이상 200℃ 미만	중유, 클레오소트유, 니트로벤젠, 에틸렌글리콜, 글리세린, 포르말린, 에탄올아민, 이닐린, 니트로톨루엔
제4석유류	200℃ 이상 250℃ 미만	기어유, 실린더유, 기계유, 방청유, 담금질유, 절삭유
동식물유류	250℃ 미만	동물의 지육, 식물의 종자나 과육 추출물 (건성유 · 반건성유 · 불건성유)

55 질산암모늄의 일반적 성질에 대한 설명 중 옳은 것은?

① 불안정한 물질이고 물에 녹을 때는 흡열반응을 나타낸다.
② 물에 대한 용해도 값이 매우 작아 물에 거의 불용이다.
③ 가열시 분해하여 수소를 발생한다.
④ 과일향의 냄새가 나는 적갈색 비결정체이다.

해설 질산암모늄은 제1류 위험물 중 질산염류에 속하는 물질로 물에 용해될 때 흡열반응을 함으로써 주변의 온도를 떨어뜨린다. 이러한 원리를 이용하여 냉찜질용 팩을 제조하기도 한다. 가열하거나 충격 등이 가해지면 단독으로도 폭발할 수 있는 불안정한 물질이다.
② 질산암모늄은 흡습성이 있고 물에 매우 잘 녹는 물질이며 20℃의 온도에서는 용해도가 190, 30℃에서는 241.8이다.
③ 열분해 되어 폭발하면 산소 기체를 발생한다.
$2NH_4NO_3 \rightarrow 2N_2 + 4H_2O + O_2$
④ 무색, 무취, 무미의 결정이다.

❖ 질산암모늄(NH_4NO_3)
• 제1류 위험물 중 질산염류
• 지정수량 300kg, 위험등급 II
• 녹는점 165℃, 끓는점 220℃, 비중 1.75
• 무색, 무취, 무미의 결정이다(④).
• 흡습성과 조해성이 있다.
• 물, 알코올에 녹는다(②).
• 불안정한 물질이며 물에 녹을 때는 흡열반응을 나타낸다(①).
• 220℃에서 열 분해되며 열분해 반응식은 다음과 같다.
$2NH_4NO_3 \rightarrow 2N_2O + 4H_2O \rightarrow 2N_2\uparrow + O_2\uparrow + 4H_2O$
(중간생성물로 유독성 가스인 N_2O 발생)(③)
• 경유 6% + 질산암모늄 94% → 공업용 폭약인 안포(ANFO)폭약으로 쓰인다.

[참고] 안포(ANFO / Ammonium nitrate-fuel oil explosive) 폭약

보통은 난방유나 디젤유를 질산암모늄과 혼합하여 제조한다. 취급이 용이하고 충격 등의 감도에 둔감하며 경제적이어서 광산이나 탄광의 발파작업, 터널이나 일반 건축공사장에서 널리 사용되고 있다.

- 급격한 변화를 주지 않으면 비교적 안정하나 그렇지 않으면(예, 급격한 가열 및 충격 등) 단독으로도 분해·폭발하고 다량의 가스를 방출한다.
- 환원성 물질, 금속분, 가연물 등과 접촉 시 폭발의 위험이 있으므로 사전에 격리조치 하여야 한다.
- 다량의 물로 주수소화한다.
- 화약, 폭약, 비료, 불꽃류, 살충제, 제초제, 의약품, 실험용 시약 등의 제조에 쓰인다.

56 위험물의 저장 및 취급 방법에 대한 설명으로 틀린 것은?

① 적린은 화기와 멀리하고 가열, 충격이 가해지지 않도록 한다.
② 이황화탄소는 발화점이 낮으므로 물속에 저장한다.
③ 마그네슘은 산화제와 혼합되지 않도록 취급한다.
④ 알루미늄분은 분진폭발의 위험이 있으므로 분무 주수하여 저장한다.

[해설] 제2류 위험물의 금속분에 속하는 알루미늄분은 물과 반응하여 가연성의 수소 기체를 발생시킬 수 있어 위험하므로 물과의 접촉을 피한다.
$2Al + 6H_2O \rightarrow 2Al(OH)_3 + 3H_2 \uparrow$

① 적린은 제2류 위험물인 가연성 고체이므로 화기와 같은 점화원을 멀리한다.
② 이황화탄소는 제4류 위험물 중 특수인화물에 속하는 물질로서 발화점은 100℃로 비교적 낮은 편이므로 점화원을 멀리하며 가연성 증기의 발생을 방지할 목적으로 물속에 넣어 저장한다(물보다 무겁고 물에 녹지 않음).
③ 마그네슘은 산화제 및 할로겐원소와의 접촉을 피하도록 한다.

57 유황에 대한 설명으로 옳지 않은 것은?

① 연소 시 황색 불꽃을 보이며 유독한 이황화탄소를 발생한다.
② 미세한 분말 상태에서 부유하면 분진폭발의 위험이 있다.
③ 마찰에 의해 정전기가 발생할 우려가 있다.
④ 고온에서 용융된 유황은 수소와 반응한다.

[해설] 제2류 위험물로 분류되는 유황은 실온에서는 공기 중의 산소와 거의 반응하지 않으나 250~260℃에서는 푸른색 불꽃을 내며 불이 붙고 아황산가스(SO_2)를 발생한다.
$S + O_2 \rightarrow SO_2$

[참고]
수분 및 휘발분을 제거한 탄소(목탄)와 함께 900℃ 정도의 고온으로 가열하면 이황화탄소를 얻을 수 있다.

❖ 유황(S)
- 제2류 위험물 중 유황
- 지정수량 100kg. 위험등급 II
- 순도 60중량% 이상인 것을 위험물로 간주한다.
- 황색 결정 또는 미황색 분말
- 원자량 32, 녹는점 115.2℃, 끓는점 444.6℃, 인화점 207℃, 비중 2.07
- 동소체 - 단사황, 사방황, 고무상황
- 산소를 함유하지 않은 강한 환원성 물질이다.
- 물에는 녹지 않으며 알코올에는 난용성이고 이황화탄소에는 고무상황 이외에는 잘 녹는다.
- 연소 시 유독가스인 아산화황(SO_2)을 발생시킨다(①).
- 고온에서 용융된 유황은 수소와 반응하여 H_2S를 생성하며 발열한다(④).
  $H_2 + S \rightarrow H_2S$
- 밀폐된 공간에서 분진 상태로 존재하면 폭발할 수 있다(②).
- 전기의 부도체로서 마찰에 의한 정전기가 발생할 수 있다(③).
- 염소산염이나 과염소산염의 접촉을 금한다.
- 가연물이나 산화제와의 혼합물은 가열, 충격, 마찰 등에 의해 발화할 수 있다.
- 산화제와의 혼합물이 연소할 경우 다량의 물에 의한 주수소화가 효과적이다.

58 아염소산염류 500kg과 질산염류 3,000kg을 함께 저장하는 경우 위험물의 소요단위는 얼마인가?

① 2　　② 4　　③ 6　　④ 8

해설 위험물의 1 소요단위는 지정수량의 10배를 기준으로 한다. 따라서, 제1류 위험물로 분류되는 아염소산염류의 지정수량은 50kg이므로 이것의 10배인 500kg이 1 소요단위가 되며 질산염류의 지정수량은 300kg이므로 이것의 10배인 3,000kg이 1 소요단위가 된다. 문제의 조건에서 각각 1 소요단위 씩 저장하는 꼴이 됨으로 정답은 2 소요단위가 된다.

$$\frac{500}{50 \times 10} + \frac{3,000}{300 \times 10} = 2$$

59 과산화벤조일(벤조일퍼옥사이드)에 대한 설명 중 틀린 것은?

① 환원성 물질과 격리하여 저장한다.
② 물에 녹지 않으나 유기용매에 녹는다.
③ 희석제로 묽은 질산을 사용한다.
④ 결정 또는 분말 형태이다.

해설 과산화벤조일은 제5류 위험물 중 유기과산화물에 속하는 물질로서 건조상태에서는 마찰 및 충격에 의해 폭발할 위험이 있다. 그러므로 건조 방지를 위해 물을 흡수시키거나 희석제(프탈산디메틸이나 프탈산디부틸 따위)를 사용함으로써 폭발의 위험성을 낮출 수 있다.
과산화벤조일은 진한 황산이나 진한 질산 등과 접촉하면 화재나 폭발의 위험이 있다.

❖ **과산화벤조일**
- 제5류 위험물(자기반응성 물질) 중 유기과산화물
- 지정수량 10kg, 위험등급 I
- 벤조일퍼옥사이드 · $(C_6H_5CO)_2O_2$
- 분해온도 75 ~ 100℃, 발화점 125℃, 융점 103 ~ 105℃, 비중 1.33
- 무색무취의 백색 분말 또는 결정형태이다(④).

- 상온에서는 비교적 안정하나 가열하면 흰색의 연기를 내며 분해된다.
- 산화제이므로 환원성 물질, 가연성 물질 또는 유기물과의 접촉은 금한다(①).
  - 접촉 시 화재 및 폭발할 위험성이 있다.
- 에테르 등의 유기용매에 잘 녹으며 물에는 녹지 않고(②) 알코올에는 약간 녹는다.
- 건조상태에서는 마찰 및 충격에 의해 폭발할 위험이 있다. 그러므로 건조 방지를 위해 물을 흡수시키거나 희석제(프탈산디메틸이나 프탈산디부틸 따위)를 사용함으로써 폭발의 위험성을 낮출 수 있다(③).
- 강력한 산화성 물질이므로 진한 황산이나 질산 등과 접촉하면 화재나 폭발의 위험이 있다(③).
- 습기 없는 냉암소에 보관한다.
- 소량 화재 시에는 마른 모래, 분말, 탄산가스에 의한 소화가 효과적이며 대량 화재 시에는 주수소화가 효과적이다.

60 위험물안전관리법령에 따른 위험물의 운송에 관한 설명 중 틀린 것은? 　12년 · 2 동일

① 알킬리튬과 알킬알루미늄 또는 이 중 어느 하나 이상을 함유한 것은 운송책임자의 감독 지원을 받아야 한다.
② 이동 탱크저장소에 의하여 위험물을 운송할 때 운송책임자에는 법정의 교육을 이수하고 관련 업무에 2년 이상 경력이 있는 자도 포함된다.
③ 서울에서 부산까지 금속의 인화물 300kg을 1명의 운전자가 휴식 없이 운송해도 규정위반이 아니다.
④ 운송책임자의 감독 또는 지원 방법에는 동승하는 방법과 별도의 사무실에서 대기하면서 규정된 사항을 이행하는 방법이 있다.

정답 56 ④　57 ①　58 ①　59 ③　60 ③

해설 제3류 위험물 중 칼슘 또는 알루미늄의 탄화물인 경우에 한해서만 장거리 운전 시 2명 이상의 운전자를 요구하지 않는다고 규정하고 있으므로 금속의 인화물은 비록 제3류 위험물에 속하지만 장거리 운전을 할 경우에는 2명 이상의 운전자를 요구한다는 것으로 보아야 할 것이다. 따라서, 장거리 운송 시에는 2명의 운전자로 하거나 1명이 운전할 경우에는 운송 도중 2시간 이내마다 20분 이상씩 휴식을 취하여야 규정 위반이 아니다.

[위험물 안전관리법 시행규칙 별표21]
위험물 운송자는 장거리(고속국도에 있어서는 340km 이상, 그 밖의 도로에 있어서는 200km 이상을 말함)에 걸치는 운송을 하는 때에는 2명의 운전자로 할 것이나 다음에 해당하는 경우에는 그러하지 아니하다.
- 2명 이상의 운전자로 하지 않아도 되는 경우
  - 운송책임자가 이동 탱크저장소에 동승하여 운송 중인 위험물의 안전 확보에 관하여 운전자에게 필요한 감독 또는 지원을 하는 경우
  - 운송하는 위험물이 제2류 위험물, 제3류 위험물(칼슘 또는 알루미늄의 탄화물과 이것만을 함유한 것에 한한다.) 또는 제4류 위험물(특수인화물을 제외한다)인 경우
  - 운송 도중에 2시간 이내마다 20분 이상씩 휴식하는 경우

① [위험물안전관리법 시행령 제19조 / 운송책임자의 감독·지원을 받아 운송하여야 하는 위험물]
  - 알킬알루미늄
  - 알킬리튬
  - 알킬알루미늄 또는 알킬리튬의 물질을 함유하는 위험물

② [위험물안전관리법 시행규칙 제52조 / 위험물의 운송기준] 제1항
위험물 운송책임자는 다음에 해당하는 자로 한다.
  - 당해 위험물의 취급에 관한 국가기술자격을 취득하고 관련 업무에 1년 이상 종사한 경력이 있는 자
  - 법 규정에 의한 위험물의 운송에 관한 안전교육을 수료하고 관련 업무에 2년 이상 종사한 경력이 있는 자

④ [위험물안전관리법 시행규칙 별표 21] 제1호 운송책임자의 감독 또는 지원의 방법은 다음과 같다.
- 운송책임자가 이동 탱크저장소에 동승하여 운송 중인 위험물의 안전확보에 관하여 운전자에게 필요한 감독 또는 지원을 하는 방법. 다만, 운전자가 운송책임자의 자격이 있는 경우에는 운송책임자의 자격이 없는 자가 동승 할 수 있다.
- 운송의 감독 또는 지원을 위하여 마련한 별도의 사무실에 운송책임자가 대기하면서 다음의 사항을 이행하는 방법
  - 운송경로를 미리 파악하고 관할 소방관서 또는 관련업체(비상 대응에 관한 협력을 얻을 수 있는 업체를 말한다)에 대한 연락체계를 갖추는 것
  - 이동 탱크저장소의 운전자에 대하여 수시로 안전확보 상황을 확인하는 것
  - 비상시의 응급처치에 관하여 조언하는 것
  - 그 밖에 위험물의 운송 중 안전 확보에 관하여 필요한 정보를 제공하고 감독 또는 지원하는 것

✱ **Tip**
위험물안전관리법, 시행령, 시행규칙 및 별표의 관련 내용을 두루 알고 있어야 정답을 구할 수 있는 문제이다. 지문 ①과 ③에 관련되는 내용은 독립적인 별도의 문제로도 출제가 되고 있으니 정리해 두길 바란다.

09 2014년 제4회 기출문제 및 해설 (14년 7월 20일)

1과목 화재예방과 소화방법

01 화재 시 이산화탄소를 방출하여 산소의 농도를 13vol%로 낮추어 소화를 하려면 공기 중의 이산화탄소는 몇 vol%가 되어야 하는가?

① 28.1 ② 38.1 ③ 42.86 ④ 48.36

해설 대기권의 기체 성분 조성은 수직 분포에 따라 다르지만 지상으로부터 80km 정도에 이르는 균질권에서는 조성비가 일정한 특징을 보이며(수증기를 제외한 공기 성분은 80km까지 거의 일정하다) 지표면 근처인 대류권에 대부분의 공기(전체 공기의 약 80% 존재)가 모여 있다.
이산화탄소를 방출함으로서 21vol%로 알려져 있는 공기 중 산소의 농도를 13vol%로 낮춘다면 38.1% 감소시킨 것이며 이는 (균일하게 섞여 있는) 공기를 구성하는 모든 기체 성분들을 38.1% 감소시킨 결과를 초래하는 것이므로 결국 감소된 %만큼의 vol이 공기 중에 충전된 것으로 보면 되는 것이다.
• 식에 의한 계산 - 이산화탄소의 소화농도

$$CO_2(vol\%) = \frac{21 - O_2(vol\%)}{21} \times 100$$

산소의 농도를 21vol%에서 13vol%로 낮추기 위한 이산화탄소의 농도는

$$CO_2(vol\%) = \frac{21-13}{21} \times 100$$
$$= 38.09 ≒ 38.1vol\%$$

02 다음 중 알칼리금속의 과산화물 저장 창고에 화재가 발생하였을 때 가장 적합한 소화약제는?

① 마른모래 ② 물
③ 이산화탄소 ④ 할론1211

해설 [위험물안전관리법 시행규칙 별표17 / 소화설비, 경보설비 및 피난설비의 기준] - Ⅰ. 소화설비 / 4. 소화설비의 적응성
알칼리금속의 과산화물은 제1류 위험물 중 무기과산화물에 속하는 위험물이며 물과 반응하면 산소와 열을 발생시키므로 주수소화는 금한다.
$2K_2O_2 + 2H_2O \rightarrow 4KOH + O_2\uparrow$
$2Na_2O_2 + 2H_2O \rightarrow 4NaOH + O_2\uparrow$
이산화탄소 소화기(또는 소화설비)나 할로겐화합물 소화기(또는 소화설비)에도 적응성이 없다.
알칼리금속의 과산화물의 소화에는 탄산수소염류 분말소화약제, 마른모래, 팽창질석, 팽창진주암이 적응성을 보인다.

❋ Tip
마른모래(건조사)는 모든 위험물에 적응성을 보이므로 지문에 보인다면 정답으로 구해도 무방하다.

03 위험물안전관리법령에 따른 대형수동식소화기의 설치기준에서 방호대상물의 각 부분으로부터 하나의 대형수동식소화기까지의 보행거리는 몇 m 이하가 되도록 설치하여야 하는가? (단, 옥내소화전설비, 옥외소화전설비, 스프링클러설비 또는 물분무등 소화설비와 함께 설치하는 경우는 제외한다.)

① 10 ② 15 ③ 20 ④ 30

해설 [위험물안전관리법 시행규칙 별표17 / 소화설비, 경보설비 및 피난설비의 기준] - Ⅰ. 소화설비 / 5. 소화설비의 설치기준 중
대형수동식 소화기의 설치기준은 방호대상물의 각 부분으로부터 하나의 대형수동식 소화기까지의 보행거리가 30m 이하가 되도록 설치할 것. 다만, 옥내소화전 설비, 옥외소화전 설비, 스프링클러 설비 또는 물분무등 소화설비와 함께 설치하는 경우에는 그러하지 아니하다.

정답 01 ② 02 ① 03 ④

04 위험물 제조소등에 옥외소화전을 6개 설치할 경우 수원의 수량은 몇 m³ 이상이어야 하는가?

① 48m³ 이상　　② 54m³ 이상
③ 60m³ 이상　　④ 81m³ 이상

해설 [위험물안전관리법 시행규칙 별표17 / 소화설비, 경보설비 및 피난설비의 기준] - Ⅰ. 소화설비 / 5. 소화설비의 설치기준 / 바. 옥외소화전설비의 설치기준 中

옥외소화전의 수원의 수량은 옥외소화전의 설치개수(설치개수가 4개 이상인 경우는 4개의 옥외소화전)에 13.5m³를 곱한 양 이상이 되도록 설치할 것
∴ 13.5 × 4 = 54(m³)

05 어떤 소화기에 "ABC"라고 표시되어 있다. 다음 중 사용할 수 없는 화재는?　12년·1 동일

① 금속화재　　② 유류화재
③ 전기화재　　④ 일반화재

해설 D급화재인 금속화재에는 사용할 수 없는 소화기이다.

❖ 화재의 유형

화재급수	화재종류	소화기표시 색상
A급	일반화재	백색
B급	유류화재	황색
C급	전기화재	청색
D급	금속화재	무색

화재급수	적용대상물
A급	일반 가연물(종이, 목재, 섬유, 플라스틱 등)
B급	가연성 액체(제4류 위험물 및 유류 등)
C급	통전상태에서의 전기기구, 발전기, 변압기 등
D급	가연성 금속(칼륨, 나트륨, 금속분, 철분, 마그네슘 등)

06 위험물안전관리법령상 위험물의 품명이 다른 하나는?

① CH_3COOH　　② C_6H_5Cl
③ $C_6H_5CH_3$　　④ C_6H_5Br

해설 ① 아세트산 : 제4류 위험물 중 제2석유류
② 클로로벤젠 : 제4류 위험물 중 제2석유류
③ 톨루엔 : 제4류 위험물 중 제1석유류
④ 브로모벤젠 : 제4류 위험물 중 제2석유류

07 소화전용 물통 3개를 포함한 수조 80ℓ의 능력단위는?　[빈출유형]

① 0.3　　② 0.5
③ 1.0　　④ 1.5

해설 [위험물안전관리법 시행규칙 별표17 / 소화설비, 경보설비 및 피난설비의 기준] - Ⅰ. 소화설비 / 5. 소화설비의 설치기준 / 라. 소화설비의 능력단위 中

소화설비	용량(ℓ)	능력 단위
소화전용 물통	8	0.3
수조(소화전용 물통 3개 포함)	80	1.5
수조(소화전용 물통 6개 포함)	190	2.5
마른 모래(삽 1개 포함)	50	0.5
팽창질석 또는 팽창진주암 (삽 1개 포함)	160	1.0

08 위험물안전관리법령에서 정한 위험물의 유별 성질을 잘못 나타낸 것은?

① 제1류 : 산화성　　② 제4류 : 인화성
③ 제5류 : 자기반응성　④ 제6류 : 가연성

해설 가연성의 특징을 나타내는 위험물은 제2류 위험물로 분류된다. 제6류 위험물은 불연성이다.

[위험물안전관리법 시행령 별표1 / 위험물 및 지정수량] - 위험물의 유별에 따른 성질
• 제1류 위험물 : 산화성 고체
• 제2류 위험물 : 가연성 고체
• 제3류 위험물 : 자연발화성 물질 및 금수성 물질
• 제4류 위험물 : 인화성 액체
• 제5류 위험물 : 자기반응성 물질
• 제6류 위험물 : 산화성 액체

09 주된 연소의 형태가 나머지 셋과 다른 하나는?

13년 · 5 유사

① 아연분 ② 양초 ③ 코크스 ④ 목탄

해설
- 표면연소 : 직접연소라고도 부르며 가연성 고체가 열분해 되어도 휘발성분이 없어 증발하지 않아 가연성 가스를 발생하지 않고 고체 자체의 표면에서 산소와 반응하여 연소되는 현상을 말하는 것으로 금속분, 목탄(숯), 코크스 등이 여기에 해당된다.
- 증발연소 : 열분해를 일으키지 않고 증발하여 그 증기가 연소하거나(나프탈렌이나 유황 등) 또는 열에 의해 융해되어 액체로 변한 다음 이 액체 상태에서 기화된 증기가 연소하는[파라핀(양초), 왁스 등] 현상을 말한다.

10 위험물안전관리법령상 제5류 위험물에 적응성이 있는 소화설비는?

① 포 소화설비
② 이산화탄소 소화설비
③ 할로겐화합물 소화설비
④ 탄산수소염류 소화설비

해설 [위험물안전관리법 시행규칙 별표17 / 소화설비, 경보설비 및 피난설비의 기준] - Ⅰ. 소화설비 / 4. 소화설비의 적응성

제5류 위험물은 자기반응성 물질로 주수소화가 효과적이며 질식소화는 적응성이 없다.
옥내소화전 또는 옥외소화전 소화설비, 스프링클러 소화설비, 물분무 소화설비, 포 소화설비, 강화액 소화기 등이 적응성을 보이며 불활성가스(이산화탄소) 소화설비, 할로겐화합물 소화설비, 인산염류 소화설비, 탄산수소염류 소화설비 등에는 적응성을 보이지 않는다.
포 소화설비는 수계 소화약제이므로 수분을 포함하고 있어 제5류 위험물의 소화에 적응성을 보이는 것이다.
건조사나 팽창질석, 팽창진주암 등에도 적응성을 보인다.

11 금속은 덩어리 상태보다 분말상태일 때 연소 위험성이 증가하기 때문에 금속분을 제2류 위험물로 분류하고 있다. 연소 위험성이 증가하는 이유로 잘못된 것은?

① 비표면적이 증가하여 반응면적이 증대되기 때문에
② 비열이 증가하여 열의 축적이 용이하기 때문에
③ 복사열의 흡수율이 증가하여 열의 축적이 용이하기 때문에
④ 대전성이 증가하여 정전기가 발생되기 쉽기 때문에

해설 비열(cal/g · ℃)이란 물질 1g의 온도를 1℃ 높이는데 필요한 열량으로 정의되며 물질의 비열이 증가하게 된다면 온도를 올리는데 더 많은 열이 필요하다는 뜻이므로 연소 위험성은 감소할 것이다. 비열이 낮아야 적은 열에도 쉽게 온도가 상승하여 발화 가능성이 커진다.

12 위험물안전관리법령상 스프링클러설비가 제4류 위험물에 대하여 적응성을 갖는 경우는?

① 연기가 충만할 우려가 없는 경우
② 방사밀도(살수밀도)가 일정수치 이상인 경우
③ 지하층의 경우
④ 수용성 위험물인 경우

해설 [위험물안전관리법 시행규칙 별표17 / 소화설비, 경보설비 및 피난설비의 기준] - Ⅰ. 소화설비 / 4. 소화설비의 적응성

제4류 위험물에 대한 스프링클러 설비의 보편적인 적응성은 없으나 제4류 위험물을 저장 또는 취급하는 장소의 살수 기준 면적에 따라 스프링클러설비의 살수밀도가 정해진 일정 기준 이상인 경우에는 당해 스프링클러 설비가 제4류 위험물에 대해서도 적응성을 갖는다.

정답 04 ② 05 ① 06 ③ 07 ④ 08 ④ 09 ② 10 ① 11 ② 12 ②

13 위험물안전관리법령에서 정한 소화설비의 소요단위 산정 방법에 대한 설명 중 옳은 것은?
　　　　　　　　　　　　　　　　12년 · 5 유사

① 위험물은 지정수량의 100배를 1 소요단위로 함
② 저장소용 건축물로 외벽이 내화구조인 것은 연면적 $100m^2$를 1 소요단위로 함
③ 제조소용 건축물로 외벽이 내화구조가 아닌 것은 연면적 $50m^2$를 1 소요단위로 함
④ 저장소용 건축물로 외벽이 내화구조가 아닌 것은 연면적 $25m^2$를 1 소요단위로 함

[해설] ① 위험물은 지정수량의 10배를 1 소요단위로 할 것
② 저장소용 건축물로 외벽이 내화구조인 것은 연면적 $150m^2$를 1 소요단위로 할 것
④ 저장소의 건축물로 외벽이 내화구조가 아닌 것은 연면적 $75m^2$를 1 소요단위로 할 것

[위험물안전관리법 시행규칙 별표17 / 소화설비, 경보설비 및 피난설비의 기준] - Ⅰ. 소화설비 中 5. 소화설비의 설치기준

소요단위란 소화설비의 설치대상이 되는 건축물 그 밖의 공작물의 규모 또는 위험물의 양의 기준단위를 말하는 것으로 1 소요단위의 계산방법은 아래와 같다.

❖ 1 소요단위 산정(계산)방법

구분 　　　외벽	내화구조	비 내화구조
제조소 또는 취급소	연면적 $100m^2$	연면적 $50m^2$
저장소	연면적 $150m^2$	연면적 $75m^2$
위험물	지정수량의 10배	

＊ 제조소등의 옥외에 설치된 공작물은 외벽이 내화구조인 것으로 간주하고 공작물의 최대수평투영면적을 연면적으로 간주하여 소요단위를 산정할 것

14 영하 20℃ 이하의 겨울철이나 한랭지에서 사용하기에 적합한 소화기는? 　12년 · 2 동일

① 분무주수 소화기　② 봉상주수 소화기
③ 물주수 소화기　　④ 강화액 소화기

[해설] 강화액 소화기는 강화액 소화약제를 사용한다. 강화액 소화약제는 수계 소화약제의 하나이며 물의 동결현상을 해결하기 위해 탄산칼륨(K_2CO_3)이나 인산암모늄[$(NH_4)_2PO_4$] 등의 염류와 침투제 등을 물에 용해시켜 빙점을 강하시킨 것으로 pH가 12 이상을 나타내는 강알칼리성 약제이다. 어는점은 대략 -30 ~ -26℃ 정도로 동절기나 한랭지역 등에서도 사용할 수 있도록 만든 약제이며 물이 주성분인 소화약제이므로 물에 의한 냉각소화 효과를 나타내는 동시에 이들 첨가제에 의해 연소의 연쇄반응을 차단하여 소화력을 발휘하는 억제소화 효과도 나타낸다.
첨가제와 침투제가 혼합되어 물의 표면장력이 약화되고 침투작용이 용이해짐으로서 심부화재의 소화에 효과적으로 사용되며 액체 상태로 되어 있어 굳지 않고 장기보관이 가능하나 할론보다는 소화능력이 떨어지는 단점이 있다. A급(일반화재)과 B급(유류화재) 화재에 적용한다.

15 위험물안전관리법령상 제조소등의 관계인은 제조소등의 화재 예방과 재해 발생 시의 비상조치에 필요한 사항을 서면으로 작성하여 허가청에 제출하여야 한다. 이는 무엇에 관한 설명인가?

① 예방규정
② 소방계획서
③ 비상계획서
④ 화재영향평가서

[해설] [위험물안전관리법 제17조 / 예방규정] - 제1항 제조소등의 관계인은 당해 제조소등의 화재 예방과 화재 등 재해 발생 시의 비상조치를 위하여 행정안전부령이 정하는 바에 따라 예방규정을 정하여 당해 제조소등의 사용을 시작하기 전에 시·도지사에게 제출하여야 한다. 예방규정을 변경한 때에도 또한 같다.

16 탄화칼슘과 물이 반응하였을 때 발생하는 가연성 가스의 연소범위에 가장 가까운 것은?

① 2.1 ~ 9.5vol%
② 2.5 ~ 81vol%
③ 4.1 ~ 74.2vol%
④ 15.0 ~ 28vol%

해설 탄화칼슘과 물이 반응하면 수산화칼슘과 아세틸렌가스가 발생된다.
$CaC_2 + 2H_2O \rightarrow Ca(OH)_2 + C_2H_2 \uparrow$
아세틸렌가스의 연소범위는 2.5 ~ 81vol%이다.

17 다음 중 기체연료가 완전 연소하기에 유리한 이유로 가장 거리가 먼 것은?

① 활성화 에너지가 크다.
② 공기 중에서 확산되기 쉽다.
③ 산소를 충분히 공급 받을 수 있다.
④ 분자의 운동이 활발하다.

해설 활성화 에너지란 화학반응이 일어나기 위해서 요구되어지는 최소한의 에너지를 말하는 것으로 활성화 에너지가 크면 반응에 필요한 에너지를 더 크게 요구한다는 것이므로 연소반응도 일어나기 어렵다.
반응물질들이 유효 충돌을 통해 생성물질로 전환되기 위해서는 극복해야 할 장벽이 존재하며 이를 활성화 에너지 장벽이라 한다. 이 장벽의 크기보다 높은 에너지를 획득한 물질들만이 반응에 참여할 수 있고 생성물질을 만들 수 있는 자격이 주어지는 것이다. 따라서, 활성화 에너지 장벽이 낮을수록(활성화 에너지가 작을수록) 반응에 참여할 수 있는 분자들이 증가하게 되어 생성물질을 만들기도 쉬워진다. 즉 반응성이 증가하는 것이다.

18 위험물의 소화 방법으로 적합하지 않은 것은?

① 적린은 다량의 물로 소화한다.
② 황화린의 소규모 화재 시에는 모래로 질식소화한다.
③ 알루미늄분은 다량의 물로 소화한다.
④ 황의 소규모 화재 시에는 모래로 질식소화한다.

해설 금속분은 물과 접촉 시에는 수소 기체를 발생시켜 위험하므로 물을 이용한 소화는 하지 않는다. 마른 모래나 이산화탄소 등을 이용한 질식소화 방법을 이용한다.
① 적린은 물과의 반응성이 없으므로 주수소화 가능하다.
② 오황화린이나 칠황화린은 물과 반응하여 황화수소와 인산을 발생시키므로 주수금지이며 마른모래, 팽창질석, 팽창진주암, 탄산수소염류 분말 소화약제를 이용한 질식소화가 효과적이다.
④ 주수소화가 효과적이며 소량의 화재 시에는 마른모래로 질식 소화한다.

19 다음 중 화재 발생 시 물을 이용한 소화가 효과적인 물질은?

① 트리메틸알루미늄
② 황린
③ 나트륨
④ 인화칼슘

해설 제3류 위험물에 속하는 황린은 물에 녹지 않으며 물속에 넣어 보관한다. 화재 시 마른모래나 물을 이용한 소화가 효과적이다.
물과 접촉 시 트리메틸알루미늄은 메탄, 나트륨은 수소기체, 인화칼슘은 유독성인 포스핀 가스를 생성하므로 물을 이용한 소화는 금하도록 한다.
① $(CH_3)_3Al + 3H_2O \rightarrow Al(OH)_3 + 3CH_4 \uparrow$
③ $2Na + 2H_2O \rightarrow 2NaOH + H_2 \uparrow$
④ $Ca_3P_2 + 6H_2O \rightarrow 3Ca(OH)_2 + 2PH_3 \uparrow$

정답 13 ③ 14 ④ 15 ① 16 ② 17 ① 18 ③ 19 ②

20 위험물안전관리법령상 압력수조를 이용한 옥내소화전설비의 가압송수장치에서 압력수조의 최소압력(MPa)은? (단, 소방용 호스의 마찰손실 수두압은 3MPa, 배관의 마찰손실 수두압은 1MPa, 낙차의 환산 수두압은 1.35MPa이다.)

① 5.35 ② 5.70 ③ 6.00 ④ 6.35

해설 [위험물안전관리에 관한 세부기준 제129조 / 옥내소화전 설비의 기준 中]
옥내소화전 설비의 압력수조를 이용한 가압송수장치의 압력 수조의 압력은 다음 식에 의하여 구한 수치 이상으로 할 것

$P = P_1 + P_2 + P_3 + 0.35 MPa$

P : 필요한 압력(단위 MPa)
P_1 : 소방용 호스의 마찰손실 수두압(단위 MPa)
P_2 : 배관의 마찰손실 수두압(단위 MPa)
P_3 : 낙차의 환산 수두압(단위 MPa)

∴ 3 + 1 + 1.35 + 0.35 = 5.70(MPa)

2과목 위험물의 화학적 성질 및 취급

21 위험물안전관리법령상 다음 ( ) 안에 알맞은 수치는?

> 옥내저장소에서 위험물을 저장하는 경우 기계에 의하여 하역하는 구조로 된 용기만을 겹쳐 쌓는 경우에 있어서는 ( )미터 높이를 초과하여 용기를 겹쳐 쌓지 아니하여야 한다.

① 2 ② 4 ③ 6 ④ 8

해설 [위험물안전관리법 시행규칙 별표18 / 제조소등에서의 위험물의 저장 및 취급에 관한 기준] - Ⅲ. 저장의 기준 제6호
옥내저장소에서 위험물을 저장하는 경우에는 아래 각 규정에 의한 높이를 초과하여 용기를 겹쳐 쌓지 아니하여야 한다.
- 기계에 의하여 하역하는 구조로 된 용기만을 겹쳐 쌓는 경우에 있어서는 6m
- 제4류 위험물 중 제3석유류, 제4석유류 및 동식물유류를 수납하는 용기만을 겹쳐 쌓는 경우에 있어서는 4m
- 그 밖의 경우에 있어서는 3m

22 질화면을 강면약과 약면약으로 구분하는 기준은?

① 물질의 경화도 ② 수산기의 수
③ 질산기의 수   ④ 탄소 함유량

해설 질화면이란 니트로셀룰로오스(제5류 위험물 중 질산에스테르류)를 말하며 면화약이라고도 부른다. 질소 함유량(질산기의 수, 질화도)에 따라 강면약과 약면약으로 분류된다.
셀룰로오스에 진한 질산과 진한 황산을 작용시켜 제조하며 질소함유량(질화도)이 높을수록 폭발성이 크다.

23 다음 중 제1류 위험물에 속하지 않는 것은?

15년·1 유사

① 질산구아니딘
② 과요오드산
③ 납 또는 요오드의 산화물
④ 염소화이소시아눌산

해설 위 지문은 행정안전부령으로 정하는 위험물의 분류에 대한 문제이다.

[위험물안전관리법 시행규칙 제3조 / 위험물 품명의 지정]
- 행정안전부령으로 정하는 제1류 위험물
  - 과요오드산염류
  - 과요오드산
  - 크롬, 납 또는 요오드의 산화물
  - 아질산염류
  - 차아염소산염류
  - 염소화이소시아눌산
  - 퍼옥소이황산염류
  - 퍼옥소붕산염류
- 행정안전부령으로 정하는 제3류 위험물
  - 염소화규소화합물
- 행정안전부령으로 정하는 제5류 위험물
  - 금속의 아지화합물
  - 질산구아니딘
- 행정안전부령으로 정하는 제6류 위험물
  - 할로겐간화합물

24 지정수량 20배 이상의 제1류 위험물을 저장하는 옥내저장소에서 내화구조로 하지 않아도 되는 것은? (단, 원칙적인 경우에 한한다.)

① 바닥 ② 보 ③ 기둥 ④ 벽

해설 [위험물안전관리법 시행규칙 별표5 / 옥내저장소의 위치·구조 및 설비의 기준] – Ⅰ. 옥내저장소의 기준 중 제7호
옥내저장소 저장창고의 벽·기둥 및 바닥은 내화구조로 하고, 보와 서까래는 불연재료로 하여야 한다. 다만, 지정수량의 10배 이하의 위험물의 저장창고 또는 제2류와 제4류 위험물(인화성 고체 및 인화점이 70℃ 미만인 제4류 위험물을 제외한다)만의 저장창고에 있어서는 연소의 우려가 없는 벽·기둥 및 바닥은 불연재료로 할 수 있다.

25 다음 ( ) 안에 알맞은 수치를 차례대로 옳게 나열한 것은? [빈출유형]

> 위험물 암반 탱크의 공간 용적은 당해 탱크 내에 용출하는 (　　)일 간의 지하수 양에 상당하는 용적과 당해 탱크 내용적의 100분의 (　　)의 용적 중에서 보다 큰 용적을 공간 용적으로 한다.

① 1, 1 ② 7, 1
③ 1, 5 ④ 7, 5

해설 [위험물안전관리에 관한 세부기준 제25조 / 탱크의 내용적 및 공간용적] – 제3항
암반탱크에 있어서의 공간용적은 당해 탱크 내에 용출하는 7일간의 지하수의 양에 상당하는 용적과 당해 탱크의 내용적의 100분의 1의 용적 중에서 보다 큰 용적을 공간용적으로 한다.

26 주유취급소의 고정주유설비에서 펌프기기의 주유관 선단에서 최대 토출량으로 틀린 것은?

① 휘발유는 분당 50리터 이하
② 경유는 분당 180리터 이하
③ 등유는 분당 80리터 이하
④ 제1석유류(휘발유 제외)는 분당 50리터 이하

해설 법규상 제1석유류인 휘발유를 제외한다는 조항은 없다.
휘발유를 포함한 모든 제1석유류의 경우에서 최대 토출량은 분당 50ℓ 이하인 것으로 한다.
[위험물안전관리법 시행규칙 별표13 / 주유취급소의 위치·구조 및 설비의 기준] – Ⅳ. 고정주유설비 등
주유취급소의 고정주유설비 또는 고정급유설비의 펌프기기는 주유관 선단에서의 최대 토출량이 제1석유류의 경우에는 분당 50ℓ 이하, 경유의 경우에는 분당 180ℓ 이하, 등유의 경우에는 분당 80ℓ 이하인 것으로 할 것. 다만, 이동 저장탱크에 주입하기 위한 고정급유설비의 펌프기기는 최대 토출량이 분당 300ℓ 이하인 것으로 할 수 있으며, 분당 토출량이 200ℓ 이상인 것의 경우에는 주유설비에 관계된 모든 배관의 안지름을 40mm 이상으로 하여야 한다.

27 공기 중에서 산소와 반응하여 과산화물을 생성하는 물질은?

① 디에틸에테르 ② 이황화탄소
③ 에틸알코올   ④ 과산화나트륨

해설 공기 중에 장기간 노출되거나 직사일광 시 산소와 반응하여 폭발성의 과산화물을 생성하는 물질은 디에틸에테르이며 이때 생성되는 과산화물은 디에틸에테르 퍼옥사이드이다.

정답 20 ② 21 ③ 22 ③ 23 ① 24 ② 25 ② 26 ④ 27 ①

$$CH_3CH_2OCH_2CH_3 + O_2 \rightarrow CH_3CH_2OCHCH_3$$
(OOH 기 포함, 좌측 구조: 에테르의 과산화물)

에테르의 과산화물은 제5류 위험물(자기반응성 물질)과 같은 위험성을 가지고 있는 물질이며 요오드화 칼륨(KI) 용액이 황색으로 변하는 것으로부터 과산화물이 생성되었음을 확인할 수 있다. 황산제1철(F_2SO_4)이나 환원철 등을 사용하여 과산화물을 제거할 수 있으며 40메시의 구리망을 함께 넣어줌으로써 과산화물의 생성을 방지할 수 있다.

② 이황화탄소는 산소와 반응하면 과산화물이 아닌 이산화탄소와 이산화황을 생성한다.
$$CS_2 + 3O_2 \rightarrow CO_2 + 2SO_2$$

③ 에틸알코올의 연소반응
$$C_2H_5OH + 3O_2 \rightarrow 2CO_2 + 3H_2O$$
에틸알코올의 산화반응
$$CH_3CH_2OH \rightarrow CH_3CHO \rightarrow CH_3COOH$$

④ 과산화나트륨은 그 자체가 과산화물이며 분해되어 산소를 발생시킨다.
$$2Na_2O_2 \rightarrow 2Na_2O + O_2 \uparrow$$

✱ 빈틈없이 촘촘하게 **One more Step**

❖ **과산화물** : 일반적으로 -O-O-기를 가진 산화물을 과산화물(peroxide)이라 하고, 양 끝단에 유기화합물이 붙으면 유기 과산화물(제5류 위험물)이 되고 무기화합물이 붙으면 제1류 위험물(산화성고체)인 무기 과산화물이 된다. 산소와 산소 사이의 결합력이 약하기 때문에 가열, 충격, 마찰에 의해 분해되고 분해된 산소에 의해 강한 산화작용이 일어나 폭발하기 쉽다.

28 위험물 이동 저장탱크의 외부도장 색상으로 적합하지 않은 것은?

① 제2류 - 적색   ② 제3류 - 청색
③ 제5류 - 황색   ④ 제6류 - 회색

해설 [위험물안전관리에 관한 세부기준 제109조 / 이동 저장탱크의 외부도장]

유별	도장의 색상	비고
제1류	회색	1. 탱크의 앞면과 뒷면을 제외한 면적의 40% 이내의 면적은 다른 유별의 색상 외의 색상으로 도장하는 것이 가능하다. 2. 제4류에 대해서는 도장의 색상 제한이 없으나 적색을 권장한다.
제2류	적색	
제3류	청색	
제5류	황색	
제6류	청색	

29 다음 중 제5류 위험물이 아닌 것은?

위험물산업기사 08년·4 10년·2 동일 [빈출 유형]

① 니트로글리세린   ② 니트로톨루엔
③ 니트로글리콜   ④ 트리니트로톨루엔

해설 니트로톨루엔은 제4류 위험물 중 제3석유류(비수용성)에 속한다.

① 니트로글리세린 : 제5류 위험물 중 질산에스테르류 / 지정수량 10kg, 위험등급 I
③ 니트로글리콜 : 제5류 위험물 중 질산에스테르류 / 지정수량 10kg, 위험등급 I
④ 트리니트로톨루엔 : 제5류 위험물 중 니트로화합물 / 지정수량 200kg, 위험등급 II

[15쪽] 제5류 위험물 분류 도표 참조

✿ **Tip**
이런 유형의 문제가 있을 때마다 강조하는 것이지만 '니트로-'라는 문구가 명칭에 포함되어 있다고 해서 모두 같은 유별과 같은 품명의 위험물은 아니라는 점에 유의해야 한다. 이런 이유로 자주 출제되고 있다. 또한 히드라진과 히드라진 유도체는 다른 류의 위험물이라는 것도 상기하자.

30 벤젠에 대한 설명으로 옳은 것은?

15년·2 유사

① 휘발성이 강한 액체이다.
② 물에 매우 잘 녹는다.
③ 증기의 비중은 1.5이다.
④ 순수한 것의 융점은 30℃이다.

해설 제4류 위험물 중 제1석유류(비수용성)에 속하는 물질로 휘발성과 독성이 강하다.
② 비수용성이다.
③ 증기비중은 2.7 정도이다. 증기비중이란 동일한 체적 조건 하에서 어떤 기체(증기)의 질량과 표준물질의 질량과의 비를 말하며 표준물질로는 0℃, 1기압에서의 공기를 기준으로 한다. 질량 비는 분자량의 비로 계산해도 되며 공기의 평균분자량은 29이다.

$$증기비중 = \frac{증기의\ 분자량}{공기의\ 평균분자량}$$

벤젠의 분자량은 78이므로 $\frac{78}{29} ≒ 2.69$ 인 값을 가진다.
④ 상온에서 액체 상태이므로 30℃보다는 낮을 것이다.(5.5℃ 정도이다.)

❖ 벤젠(C_6H_6)
- 제4류 위험물 중 제1석유류(비수용성)
- 지정수량 200ℓ, 위험등급 Ⅱ
- 인화점 -11℃, 착화점 562℃, 융점 5.5℃(④), 비점 80℃, 연소범위 1.4~7.1%, 비중 0.88
- 무색투명한 휘발성의 액체로 방향성을 지니며 증기는 마취성과 독성이 있다(①).
- 알코올·에테르 등의 유기용제에 녹고 물에는 녹지 않는다(②).
- 수지나 유지, 고무 등을 용해시킨다.
- 방향족 탄화수소 중 가장 간단한 구조이며 공명구조를 하고 있어 화학적으로 매우 안정하다.
- 증기비중은 2.7 정도이다(③).
- 탄소 수 대비 수소의 개수가 적기 때문에 연소 시 그을음이 많이 난다.
- 융점이 5.5℃이므로 겨울철에는 고체상태로 존재할 수도 있으며 인화점은 -11℃이므로 고체상태이면서도 가연성 증기를 발생할 수 있으므로 취급에 주의한다.
- 비전도성이므로 정전기 발생에 주의한다.
- 피부 부식성이 있으며 고농도의 증기(2% 이상)를 5~10분 정도 흡입하게 되면 치명적이다.
- 공식적으로 지정된 1급 발암물질이다.
- 치환반응이나 첨가반응을 한다. - 공명구조가 유지되는 치환반응을 선호한다.

31 칼륨의 화재 시 사용 가능한 소화약제는?

① 물 ② 마른모래
③ 이산화탄소 ④ 사염화탄소

해설 칼륨은 제3류 위험물 중 금수성 물질이므로 주수소화는 엄금이다. 일반적으로 금속화재는 '피복소화'함으로 마른모래, 팽창질석, 팽창진주암, 탄산수소염류 분말 소화약제를 사용하여 소화한다.
① 물과 반응하면 수소 기체가 발생되어 연소가 확대되기 때문에 주수소화는 금지한다.
   $2K + 2H_2O → 2KOH + H_2↑$
③ 이산화탄소와 접촉하면 폭발하므로 소화약제로 적합하지 않다.
   $4K + 3CO_2 → 2K_2CO_3 + C$(연소폭발)
④ 사염화탄소와 접촉하면 폭발하므로 소화약제로 적합하지 않다.
   $4K + CCl_4 → 4KCl + C$(폭발)

❋ Tip
건조사(마른 모래), 팽창질석, 팽창진주암은 모든 위험물의 소화에 적응성을 보이므로 지문에 기술되어 있다면 정답으로 간주해도 된다.

32 다음 위험물 중 지정수량이 가장 작은 것은?

① 니트로글리세린
② 과산화수소
③ 트리니트로톨루엔
④ 피크르산

해설 ① 니트로글리세린 : 제5류 위험물 중 질산에스테르류 / 지정수량은 10㎏, 위험등급 Ⅰ
② 과산화수소 : 제6류 위험물 중 과산화수소 / 지정수량은 300㎏, 위험등급 Ⅰ
③ 트리니트로톨루엔 : 제5류 위험물 중 니트로화합물 / 지정수량은 200㎏, 위험등급 Ⅱ
④ 피크르산(트리니트로페놀) : 제5류 위험물 중 니트로화합물 / 지정수량은 200㎏, 위험등급 Ⅱ

정답 28 ④ 29 ② 30 ① 31 ② 32 ①

33 건축물 외벽이 내화구조이며, 연면적 300m² 인 위험물 옥내저장소의 건축물에 대하여 소화설비의 소화능력 단위는 최소한 몇 단위 이상이 되어야 하는가? 12년·1 동일

① 1단위   ② 2단위
③ 3단위   ④ 4단위

해설 건축물 외벽이 내화구조로 된 위험물 옥내저장소의 1 소요단위는 연면적 150m²이므로 연면적 300m²인 옥내저장소의 소요단위는 2단위가 된다. 법규 상 소화 능력단위는 소요단위에 대응하는 소화설비의 소화능력의 기준단위라고 되어 있으므로 2단위가 될 것이다.

[위험물안전관리법 시행규칙 별표17 / 소화설비, 경보설비 및 피난설비의 기준] - Ⅰ. 소화설비 / 5. 소화설비의 설치기준

소요단위란 소화설비의 설치대상이 되는 건축물 그 밖의 공작물의 규모 또는 위험물의 양의 기준단위를 말하는 것으로 1 소요단위의 계산방법은 아래와 같다.

❖ 1 소요단위 산정(계산)방법

구분	외벽	내화구조	비 내화구조
제조소 또는 취급소		연면적 100m²	연면적 50m²
저장소		연면적 150m²	연면적 75m²
위험물		지정수량의 10배	

* 제조소등의 옥외에 설치된 공작물은 외벽이 내화구조인 것으로 간주하고 공작물의 최대수평투영면적을 연면적으로 간주하여 소요단위를 산정할 것

<u>능력단위란 소요단위에 대응하는 소화설비의 소화능력의 기준단위이다.</u>

34 이황화탄소 기체는 수소 기체보다 20℃, 1기압에서 몇 배 더 무거운가?

① 11   ② 22
③ 32   ④ 38

해설 증기비중을 구해서 비교한다. [증기비중에 관한 설명은 30번의 ③ 또는 2016년 제2회 25번 해설 참조]

증기비중은 $\frac{물질의\ 분자량}{29}$ 으로 구할 수 있으므로 각 물질의 분자량 값을 비교해서 구해도 된다.

이황화탄소의 분자량은 76이고 수소기체의 분자량은 2이므로 이황화탄소 기체가 38배 더 무겁다.

35 등유의 성질에 대한 설명 중 틀린 것은?
위험물산업기사 09년·1 ▮ 15년·2 유사

① 증기는 공기보다 가볍다.
② 인화점이 상온보다 높다.
③ 전기에 대해 불량도체이다.
④ 물보다 가볍다.

해설 등유의 증기비중은 4~5 정도로 공기보다 무겁다. 따라서 증기가 누출될 경우 상당한 시간 동안 지면에 깔려 확산됨으로 화재 및 폭발 위험이 증대된다.

등유는 원유의 분별증류 시 휘발유와 경유 사이에서 유출되는 포화, 불포화탄화수소의 혼합물이다. 화학적 조성은 원산지에 따라 조금씩 차이를 보이나 10여 종류의 탄화수소로 구성되어 있고 탄화수소 분자 당 보통 11~15개 정도의 탄소 원자를 함유한다.

❖ 등유
• 제4류 위험물 중 제2석유류(비수용성)
• 지정수량 1,000ℓ, 위험등급 Ⅲ
• 정제한 것은 무색투명하지만 오래 방치하면 담황색을 띤다.
• 물에 녹지 않고 유기용제에 잘 녹는다.
• <u>등유의 인화점은 40~70℃이다.(②)</u> [가솔린(휘발유)의 인화점은 -43℃ ~ -20℃]
• 착화점은 약 220℃, 연소범위는 1.1~6.0%
• <u>비중은 0.79~0.85이므로 물보다 가볍다.(④)</u>
• <u>증기비중은 4~5 정도이므로 공기보다 무겁다.(①)</u>
• <u>전기의 부도체이다.(③)</u>
• 칼륨, 나트륨 등의 금속을 저장·보관할 때 보호액으로 이용된다.
• 다공성의 가연물질에 스며들거나 분무상으로 분출되면 인화위험이 높아진다.

36 위험물 운반에 관한 사항 중 위험물안전관리 법령에서 정한 내용과 틀린 것은?

① 운반용기에 수납하는 위험물이 디에틸에테르라면 운반용기 중 최대용적이 1ℓ 이하라 하더라도 규정에 품명, 주의사항 등 표시사항을 부착하여야 한다.

② 운반용기에 담아 적재하는 물품이 황린이라면 파라핀, 경유 등 보호액으로 채워 밀봉한다.

③ 운반용기에 담아 적재하는 물품이 알킬알루미늄이라면 운반용기의 내용적의 90% 이하의 수납율을 유지하여야 한다.

④ 기계에 의하여 하역하는 구조로 된 경질플라스틱제 운반용기는 제조된 때로부터 5년 이내의 것이어야 한다.

해설 [위험물안전관리법 시행규칙 별표19 / 위험물의 운반에 관한 기준]
제3류 위험물 중 자연발화성 물질에 있어서는 불활성 기체를 봉입하여 밀봉하는 등 공기와 접하지 아니하도록 할 것이며 자연발화성 물질 이외의 물품에 있어서는 파라핀·경유·등유 등의 보호액으로 채워 밀봉하거나 불활성 기체를 봉입하여 밀봉하는 등 수분과 접하지 아니하도록 할 것이라 규정되어 있다. 황린은 금수성 물질은 아니라 pH 9로 조정된 물속에 저장하며 자연발화성 물질이므로 파라핀·경유 등 보호액으로 채워 밀봉하는 것은 맞지 않는다.

① 디에틸에테르는 제4류 위험물 중 특수인화물로 위험등급 I 이다.
"제1류·제2류 또는 제4류 위험물(위험등급 I 의 위험물을 제외한다)의 운반용기로서 최대용적이 1ℓ 이하인 운반용기의 품명 및 주의사항은 위험물의 통칭명 및 당해 주의사항과 동일한 의미가 있는 다른 표시로 대신할 수 있다"라고 규정하고 있다. 제4류 위험물의 경우 위험등급 I 의 위험물은 제외한다고 되어 있으므로 다른 표시로 대신할 수 없고 규정에 의한 품명·위험등급

·수량·주의사항 등을 표시하여야 한다.

③ 자연발화성 물질 중 알킬알루미늄 등은 운반용기의 내용적의 90% 이하의 수납율로 수납한다.

④ 기계에 의하여 하역하는 구조로 된 경질플라스틱제의 운반용기 또는 플라스틱내용기 부착의 운반용기에 액체위험물을 수납하는 경우에는 당해 운반용기는 제조된 때로부터 5년 이내의 것으로 할 것.

37 다음 위험물 중 발화점이 가장 낮은 것은?

13년·5 유사

① 피크린산
② TNT
③ 과산화벤조일
④ 니트로셀룰로오스

해설 ❖ 각 물질의 착화온도(발화점)

피크린산	TNT
300℃	300℃
과산화벤조일	니트로셀룰로오스
125℃	180℃

발화점(Ignition point)이란 착화점이라고도 하며 물체를 가열하거나 마찰하여 특정 온도에 도달하면 불꽃과 같은 착화원(점화원)이 없는 상태에서도 스스로 발화하여 연소를 시작하는 최저온도를 말한다. 발화점에 도달해야 물질은 연소할 수 있으며 발화점이 높을수록 상대적으로 더 높은 온도에서 불이 붙는다는 것이므로 발화점이 낮은 물질에 비해서 연소하기 어렵다.
가열되는 용기의 표면상태, 압력, 가열되는 속도 등에 영향을 받으며 일반적으로 인화점보다 발화점이 높다.

38 과망간산칼륨의 위험성에 대한 설명 중 틀린 것은?
  14년·5 유사

① 진한 황산과 접촉하면 폭발적으로 반응한다.

② 알코올, 에테르, 글리세린 등 유기물과의 접촉을 금한다.

③ 가열하면 약 60℃에서 분해하여 수소를 방출한다.

④ 목탄, 황과 접촉 시 충격에 의해 폭발할 위험성이 있다.

해설 과망간산칼륨($KMnO_4$)은 제1류 위험물 중 과망간산염류에 속하는 물질로서, 가열하면 약 240℃에서 분해되어 산소 기체를 발생시킨다. 빛에 노출되어도 같은 반응이 진행된다(광분해).

$$2KMnO_4 \rightarrow K_2MnO_4 + MnO_2 + O_2 \uparrow$$

❖ **과망간산칼륨($KMnO_4$)**
- 제1류 위험물 중 과망간산염류
- 지정수량 1,000kg, 위험등급 Ⅲ
- 분자량 158, 비중 2.7, 분해온도 240℃(③)
- 물, 아세톤, 알코올에 녹는다. [물에 대한 용해도 6.34 (20℃)]
- 흑자색의 무기화합물 결정이며 물에 녹으면 진한 보라색을 띤다.
- 열분해(광분해) 반응식(③)
  $2KMnO_4 \rightarrow K_2MnO_4 + MnO_2 + O_2 \uparrow$
- 염산과 반응 시 유독한 염소 기체를 발생시킨다.
  $2KMnO_4 + 16HCl \rightarrow$
  $\qquad 2KCl + 2MnCl_2 + 8H_2O + 5Cl_2$
- 황산과 반응할 때는 폭발적으로 산소와 열을 발생하므로 가연물이 혼합될 때는 발화한다.
  - 묽은 황산과의 반응
    $4KMnO_4 + 6H_2SO_4 \rightarrow$
    $\qquad 2K_2SO_4 + 4MnSO_4 + 6H_2O + 5O_2 \uparrow$
  - 진한 황산과의 반응
    $2KMnO_4 + H_2SO_4 \rightarrow K_2SO_4 + 2HMnO_4$
    $\rightarrow 2HMnO_4 \rightarrow Mn_2O_7 + H_2O$
    $\rightarrow 2Mn_2O_7 \rightarrow 4MnO_2 + 3O_2 \uparrow$
    폭발적으로 반응하여 강한 산화제인 Mn_2O_7을 만들고 산소와 열 발생(①)

- 강한 산화제이므로 저급알코올, 글리세린, 인화점이 낮은 석유류 등과 접촉하면 발화한다(②).
- 열, 스파크, 화염에 의해 화재 및 폭발의 위험이 있으며 탄화수소와 폭발적으로 반응한다.
- 가연성 가스와 접촉하거나 환원제, 가연성 물질과 혼합되면 가열, 충격, 마찰에 의해 폭발한다(④).
- 금속분말과 격렬히 반응하여 화재를 일으킬 수 있다.
- 안전거리에서 대량의 물로 화재지역을 흠뻑 적셔 소화하며 소화약제로는 물(분말소화약제, 포말은 사용하지 않는다), 이산화탄소, 할론 등을 사용한다.
- 강한 산화력과 살균력을 나타내며 분석시약, 섬유 표백 및 염색, 소독제, 살균제, 목재보존용제 등으로 사용된다.

✻ **Tip**
열분해(광분해) 반응식은 꼭 암기해 둘 것!!

39 다음 물질 중에서 위험물안전관리법령상 위험물의 범위에 포함되는 것은?

① 농도가 40중량퍼센트인 과산화수소 350kg

② 비중이 1.40인 질산 350kg

③ 직경 2.5mm의 막대 모양인 마그네슘 500kg

④ 순도가 55중량퍼센트인 유황 50kg

해설 [위험물안전관리법 시행령 별표1 / 위험물 및 지정수량]의 비고란 참조

과산화수소는 그 농도가 36중량퍼센트 이상인 것에 한하여 위험물로 간주한다.
② 질산은 비중이 1.49 이상인 것에 한하여 위험물로 간주한다.
③ 마그네슘의 경우에 있어서는 2mm의 체를 통과하지 아니하는 덩어리 상태의 것이나 직경 2mm 이상의 막대 모양의 것은 위험물에서 제외한다.
④ 유황은 순도가 60중량퍼센트 이상인 것을 위험물로 간주한다.

40 비스코스 레이온 원료로서, 비중이 약 1.3, 인화점이 약 -30℃이고, 연소 시 유독한 아황산가스를 발생시키는 위험물은?

① 황린　　　　② 이황화탄소
③ 테레핀유　　④ 장뇌유

해설 연소 시 아황산가스(이산화황)를 발생시키므로 황을 포함한 위험물임을 알 수 있다.
황린(P_4), 테레핀유($C_{10}H_{18}$), 장뇌유의 성분인 장뇌($C_{10}H_{16}O$) 등에는 황 성분이 없다.

❖ **이황화탄소(CS_2)**
- 제4류 위험물 중 특수인화물
- 지정수량 50ℓ, 위험등급 I
- 분자량 76, 인화점 -30℃, 착화점 100℃, 연소범위 1~44%
- 순수한 것은 무색투명한 휘발성 액체이지만 햇빛에 노출되면 황색으로 변한다.
- 비수용성이며 알코올, 에테르, 벤젠 등에는 녹는다.
- 비중이 1.26이므로 물보다 무겁고 독성이 있다.
- 증기비중이 2.62로 공기보다는 무거워 증기 누출 시 바닥에 깔린다.
- 착화점은 100℃로 제4류 위험물 중 가장 낮다.
- 연소반응 : $CS_2 + 3O_2 \rightarrow CO_2 + 2SO_2$
- 150℃ 이상의 고온의 물과는 반응하여 황화수소를 발생한다.
  $CS_2 + 2H_2O \rightarrow CO_2 + 2H_2S$
- 알칼리금속과 접촉하면 발화하거나 폭발할 수 있다.
- 비스코스 레이온(인조섬유), 고무용제, 살충제, 도자기 등에 사용된다.
- 가연성 증기의 발생 억제를 위해 물속에 저장한다.
- 분말, 포말, 할로겐화합물 소화기를 이용해 질식소화 한다.

✽ **빈틈없이 촘촘하게** One more Step

❖ **비스코스 레이온(viscose rayon)**
대표적인 재생 섬유소 섬유로서 1891년 영국의 크로스(Cross)와 베번(Bevan)에 의해 개발되었으며, 1904년 공업화되어 본격적인 생산이 개시되었다. 90% 이상의 셀룰로오스를 함유한 목재 펄프를 원료로 하여 이황화탄소와의 반응을 이용한 습식 방사에 의해 실을 얻는다. 변색되지 않고 염색성이 매우 좋으며 흡습성이 크고 촉감이 부드러워 여름철 의류의 안감이나 속옷감으로 많이 쓰인다. 그러나 습윤 시 강도 저하가 심하고 줄어들며 번쩍거리는 단점을 가지고 있다(패션 큰 사전 발췌).
레이온은 셀룰로오스가 용액으로 전환되었다가 다시 섬유 형태로 환원될 수 있기 때문에 재생섬유라고 한다. 부드러운 목재 등에서 얻은 셀룰로오스는 화학적으로 처리하여 용액 형태로 만들고 방사구를 통하여 압출한다. 이처럼 용액을 방사구로 압출하는 공정을 방사(spinning)라고 하는데 천연 혹은 인조 섬유를 함께 꼬아서 실을 생산하는 방적과정도 영어로 'spinning'이라고 한다.
레이온은 길이가 긴 필라멘트 형태로 압출된 뒤 공기 중 노출이나 화학적인 처리를 통해 응고된다. 필라멘트를 일정한 길이로 짧게 절단하여 만드는 스테이플은 여러 겹을 꼬아 실을 만든다(다음백과 발췌).

41 질산의 비중이 1.5일 때, 1 소요단위는 몇 ℓ인가?

① 150　② 200　③ 1,500　④ 2,000

해설 질산의 지정수량은 300kg이며 위험물의 1 소요단위는 지정수량의 10배이므로 3,000kg이 질산의 1 소요단위가 된다.
비중이란 물의 밀도 값에 대한 고체나 액체 물질이 밀도 값의 비를 의미하므로 비중이 1.5라는 것은 밀도가 1.5라고 생각할 수 있다. 그러므로 밀도 = 질량 / 부피의 관계로부터 질량단위를 부피단위로 환산할 수 있다.

∴ 부피 = $\frac{질량}{밀도}$ = $\frac{3,000}{1.5}$ = 2,000(ℓ)

정답 38 ③　39 ①　40 ②　41 ④

42 질산메틸에 대한 설명 중 틀린 것은?

① 액체 형태이다.

② 물보다 무겁다.

③ 알코올에 녹는다.

④ 증기는 공기보다 가볍다.

해설 질산메틸은 제5류 위험물 중 질산에스테르류에 속하는 물질이다. 질산메틸의 분자량은 77이므로 증기비중은 약 2.65을 나타내어 공기보다 무겁다.

[증기비중의 설명은 16년 제2회 기출 25번 해설 참조]

$$증기비중 = \frac{증기의\ 분자량}{공기의\ 평균분자량}$$

$$= \frac{증기의\ 분자량}{29} = \frac{77}{29} \approx 2.65$$

❖ 질산메틸(CH_3ONO_2)
- 제5류 위험물 중 질산에스테르류
- 지정수량 10kg, 위험등급 I
- 분자량 77, 비점 66°C, <u>증기비중 2.65(④)</u>, <u>비중 1.22(②)</u>
- 메탄올과 질산을 반응시켜 제조한다.
  $CH_3OH + HNO_3 \rightarrow CH_3ONO_2 + H_2O$
- <u>무색투명한 액체(①)</u>로서 단맛이 있으며 방향성을 갖는다.
- <u>물에는 녹지 않으며 알코올, 에테르에는 잘 녹는다(③)</u>.
- 폭발성은 거의 없으나 인화의 위험성은 있다.

43 삼황화린의 연소 시 발생하는 가스에 해당하는 것은? 14년·5 유사

① 이산화황   ② 황화수소

③ 산소   ④ 인산

해설 삼황화린은 제2류 위험물 중 황화린에 속하는 위험물로서 연소하면 오산화인과 이산화황이 생성된다.
$P_4S_3 + 8O_2 \rightarrow 2P_2O_5 + 3SO_2 \uparrow$

❖ 황화린(Phosphorus Sulfide)
- 제2류 위험물, 지정수량 100kg, 위험등급 II
- 종류 : 삼황화린(P_4S_3), 오황화린(P_2S_5), 칠황화린(P_4S_7)
- 삼황화린(P_4S_3)
  - 황색의 결정성 덩어리이다.
  - 조해성이 없다.
  - 질산, 이황화탄소(CS_2), 알칼리에는 녹지만 염산, 황산, 물에는 녹지 않는다.
  - 연소반응식
    $P_4S_3 + 8O_2 \rightarrow 2P_2O_5 + 3SO_2 \uparrow$
  - 공기 중 약 100°C에서 발화하고 마찰에 의해 자연발화 할 수 있다.
  - 과산화물, 과망간산염, 금속분과 공존하면 자연발화 할 수 있다.
- 오황화린(P_2S_5)
  - 담황색의 결정이다.
  - 조해성과 흡습성이 있으며 알코올이나 이황화탄소(CS_2)에 녹는다.
  - 습한 공기 중에서 분해되어 황화수소를 발생시킨다.
  - 물이나 알칼리와 반응하여 황화수소와 인산을 발생한다.
    $P_2S_5 + 8H_2O \rightarrow 5H_2S + 2H_3PO_4$
  - 연소반응식
    $2P_2S_5 + 15O_2 \rightarrow 2P_2O_5 \uparrow + 10SO_2 \uparrow$
  - 주수 냉각소화는 적절하지 않으며 분말, 이산화탄소, 건조사 등으로 질식소화 한다.
- 칠황화린(P_4S_7)
  - 담황색 결정이다.
  - 조해성이 있다.
  - 이황화탄소(CS_2)에 약간 녹는다.
  - 냉수에서는 서서히 분해되며 더운물에서는 급격하게 분해되어 황화수소와 인산을 발생시킨다.
    $P_4S_7 + 13H_2O \rightarrow H_3PO_4 + 3H_3PO_3 + 7H_2S$
    아인산
  - 연소반응식
    $P_4S_7 + 12O_2 \rightarrow 2P_2O_5 + 7SO_2$

❖ 황화린의 종류에 따른 물리적 특성

구분 \ 종류	삼황화린	오황화린	칠황화린
성상	황록색 결정	담황색 결정	담황색 결정
화학식	P_4S_3	P_2S_5	P_4S_7
비중	2.03	2.09	2.19
융점(°C)	172.5	290	310
비점(°C)	407	490	523
착화점(°C)	약 100	142	-
조해성	×	○	○

44 위험물안전관리법령에 따른 제3류 위험물에 대한 화재예방 또는 소화의 대책으로 틀린 것은?

① 이산화탄소, 할로겐화합물, 분말 소화약제를 사용하여 소화한다.
② 칼륨은 석유, 등유 등의 보호액 속에 저장한다.
③ 알킬알루미늄은 헥산, 톨루엔 등 탄화수소 용제를 희석제로 사용한다.
④ 알킬알루미늄, 알킬리튬을 저장하는 탱크에는 불활성가스의 봉입장치를 설치한다.

해설 [위험물안전관리법 시행규칙 별표17 / 소화설비, 경보설비 및 피난설비의 기준] - Ⅰ. 소화설비 / 4. 소화설비의 적응성 참조
제3류 위험물의 소화에는 불활성가스 소화설비, 할로겐화합물 소화설비, 이산화탄소 소화기 등이 적응성이 없으므로 사용하지 않는다.
제3류 위험물 중 금수성 물질은 주수소화는 할 수 없고 탄산수소염류 분말 소화약제, 마른모래, 팽창질석, 팽창진주암을 사용한다.
알킬알루미늄은 할론이나 이산화탄소와 반응하여 발열하므로 소화약제로 사용할 수 없으며 소규모 화재 시 팽창질석, 팽창진주암을 사용하여 소화하나 화재 확대 시에는 소화하기가 어렵다. 금속칼륨이나 나트륨은 이산화탄소나 할로겐화합물(사염화탄소)과 반응하여 연소폭발의 위험성을 증대시킨다.
② 칼륨, 나트륨, 알칼리금속, 알칼리토금속은 유동성 파라핀, 경유, 등유 등의 보호액 속에 저장한다(Fr, Ra은 방사성 원소이므로 제외한다). 물과 반응하여 폭발성의 수소 기체를 발생하므로 물과의 접촉은 금하도록 한다.
③ 알킬알루미늄의 저장탱크에는 헥산, 벤젠, 톨루엔, 펜탄 등을 희석안정제로 넣어둔다.
④ [위험물안전관리법 시행규칙 별표10] 알킬알루미늄 등을 저장 또는 취급하는 이동탱크저장소의 이동저장탱크는 불활성의 기체를 봉입할 수 있는 구조로 할 것

[위험물안전관리법 시행규칙 별표18] 이동저장탱크에 알킬알루미늄 등을 저장하는 경우에는 20kPa 이하의 압력으로 불활성의 기체를 봉입하여 둘 것

45 위험물 저장소에서 다음과 같이 제3류 위험물을 저장하고 있는 경우 지정수량의 몇 배가 보관되어 있는가?

○ 칼륨 : 20kg
○ 황린 : 40kg
○ 칼슘의 탄화물 : 300kg

① 4   ② 5   ③ 6   ④ 7

해설 각 물질의 지정수량
- 칼륨 : 10kg
- 황린 : 20kg
- 칼슘의 탄화물 : 300kg
∴ 지정수량의 배수의 합
$= \frac{20}{10} + \frac{40}{20} + \frac{300}{300} = 5$배

46 HNO_3에 대한 설명으로 틀린 것은?

① Al, Fe은 진한 질산에서 부동태를 생성해 녹지 않는다.
② 질산과 염산을 3 : 1 비율로 제조한 것을 왕수라고 한다.
③ 부식성이 강하고 흡습성이 있다.
④ 직사광선에서 분해하여 NO_2를 발생한다.

해설 염산과 질산의 비율을 3 : 1로 제조한 것을 왕수라고 한다.

❖ 질산(HNO_3)
- 제6류 위험물(산화성 액체)
- 지정수량 300kg, 위험등급 Ⅰ
- 제6류 위험물은 불연성이며 무기화합물이다.
- 무색의 흡습성이 강한 액체(③)이나 보관 중에 담황색으로 변색된다.

정답 42 ④ 43 ① 44 ① 45 ② 46 ②

- 독성이 매우 강하며 3대 강산 중 하나이다.
- 분자량 63, 비중 1.49, 증기비중 2.17, 융점 -42℃, 비점 86℃
- 비중이 1.49 이상인 것부터 위험물로 취급한다.
- 부식성이 강한 강산(③)이지만 금, 백금, 이리듐, 로듐만은 부식시키지 못한다.
- 진한 질산은 철, 코발트, 니켈, 알루미늄, 크롬 등을 부동태화 한다(①).
- 묽은 산은 금속을 녹이고 수소 기체를 발생한다. $Ca + 2HNO_3 \rightarrow Ca(NO_3)_2 + H_2 \uparrow$
- 빛을 쪼이면 분해되어 유독한 갈색 증기인 이산화질소(NO_2)를 발생시킨다(④). $4HNO_3 \rightarrow 2H_2O + 4NO_2 \uparrow + O_2 \uparrow$
- 직사일광에 의한 분해 방지 : 차광성의 갈색병에 넣어 냉암소에 보관한다.
- 물에 잘 녹으며 물과 반응하여 발열한다.
- 단백질과는 크산토프로테인 반응이 일어나 노란색으로 변한다. - 단백질 검출에 이용.
- 염산과 질산을 3 : 1의 비율로 혼합한 것을 왕수라고 하며 금, 백금 등을 녹일 수 있다(②).
- 톱밥, 섬유, 종이, 솜뭉치 등의 유기물과 혼합하면 발화할 수 있다.
- 다량의 질산화재에 소량의 주수소화는 위험하므로 마른모래 및 CO_2로 소화한다.
- 위급 화재 시에는 다량의 물로 주수소화한다.

✱ **빈틈없이 촘촘하게** `One more Step`

❖ **부동태**(부동태화) : 부식작용이 일어나지 않도록 금속표면에 산화피막이 형성된 상태를 말하며 화학적, 전기적 반응이 정지된 상태를 말한다. 피막이 형성되면 다른 산이나 용액 등에 접촉되어도 녹이 슬지 않아 금속의 부식을 방지하는데 이용한다.

47 위험물을 유별로 정리하여 상호 1m 이상의 간격을 유지하는 경우에도 동일한 옥내저장소에 저장할 수 없는 것은? [빈출 유형]

① 제1류 위험물(알칼리금속의 과산화물 또는 이를 함유한 것을 제외한다.)과 제5류 위험물
② 제1류 위험물과 제6류 위험물
③ 제1류 위험물과 제3류 위험물 중 황린
④ 인화성 고체를 제외한 제2류 위험물과 제4류 위험물

해설 위험물을 유별로 정리하여 상호 1m 이상의 간격을 유지한다면 제2류 위험물 중 인화성 고체와 제4류 위험물은 동일한 저장소에 저장할 수 있다. 인화성 고체를 제외한 제2류 위험물이라 했으므로 동일한 옥내저장소에 저장이 불가능하다.

[위험물안전관리법 시행규칙 별표18 / 제조소등에서의 위험물의 저장 및 취급에 관한 기준]
유별을 달리하는 위험물은 동일한 저장소(내화구조의 격벽으로 완전히 구획된 실이 2 이상 있는 저장소에 있어서는 동일한 실)에 저장하지 아니하여야 하나 옥내저장소 또는 옥외저장소에 있어서 아래 항목의 위험물을 저장하는 경우로서 위험물을 유별로 정리하여 저장하는 한편, 서로 1m 이상의 간격을 두는 경우에는 동일한 저장소에 저장할 수 있다.

- 제1류 위험물(알칼리금속의 과산화물 또는 이를 함유한 것을 제외한다)과 제5류 위험물을 저장하는 경우
- 제1류 위험물과 제6류 위험물을 저장하는 경우
- 제1류 위험물과 제3류 위험물 중 자연발화성 물질(황린 또는 이를 함유한 것에 한한다)을 저장하는 경우
- 제2류 위험물 중 인화성 고체와 제4류 위험물을 저장하는 경우
- 제3류 위험물 중 알킬알루미늄등과 제4류 위험물(알킬알루미늄 또는 알킬리튬을 함유한 것에 한한다)을 저장하는 경우
- 제4류 위험물 중 유기과산화물 또는 이를 함유하는 것과 제5류 위험물 중 유기과산화물 또는 이를 함유한 것을 저장하는 경우

48 위험물안전관리법령에서 정의하는 다음 용어는 무엇인가?

> 인화성 또는 발화성 등의 성질을 가지는 것으로서 대통령령이 정하는 물품을 말한다.

① 위험물
② 인화성 물질
③ 자연발화성 물질
④ 가연물

해설 [위험물안전관리법 제2조 / 정의]
"위험물"이라 함은 인화성 또는 발화성 등의 성질을 가지는 것으로서 대통령령이 정하는 물품을 말한다.

49 위험물안전관리법령에 따라 위험물 운반을 위해 적재하는 경우 제4류 위험물과 혼재가 가능한 액화석유가스 또는 압축천연가스의 용기 내용적은 몇 ℓ 미만인가?

① 120 ② 150 ③ 180 ④ 200

해설 [위험물안전관리에 관한 세부기준 제149조 / 위험물과 혼재가 가능한 고압가스]
- 내용적이 120ℓ 미만의 용기에 충전한 불활성가스
- 내용적이 120ℓ 미만의 용기에 충전한 액화석유가스 또는 압축천연가스(제4류 위험물과 혼재하는 경우에 한한다)

50 제1류 위험물 중의 과산화칼륨을 다음과 같이 반응시켰을 때 공통적으로 발생되는 기체는?

14년 · 1 유사

> ○ 물과 반응시켰다.
> ○ 가열하였다.
> ○ 탄산가스와 반응시켰다.

① 수소
② 이산화탄소
③ 산소
④ 이산화황

해설 공통적으로 발생되는 기체는 산소 기체이다.
- 물과의 반응
 $2K_2O_2 + 2H_2O \rightarrow 4KOH + O_2 \uparrow$
- 가열 분해 : $2K_2O_2 \rightarrow 2K_2O + O_2 \uparrow$
- 이산화탄소와의 반응
 $2K_2O_2 + 2CO_2 \rightarrow 2K_2CO_3 + O_2 \uparrow$

[참고] 과산화수소 생성반응
- 아세트산과의 반응
 $K_2O_2 + 2CH_3COOH \rightarrow 2CH_3COOK + H_2O_2$
- 염산과의 반응
 $K_2O_2 + 2HCl \rightarrow 2KCl + H_2O_2$

❖ 과산화칼륨(K_2O_2)
- 제1류 위험물 중 무기과산화물
- 지정수량 50kg, 위험등급 I
- 분자량 110, 녹는점 490℃, 비중 2.9
- 무색 또는 오렌지색의 분말이다.
- 흡습성이 있으며 에탄올에 용해된다.
- 물과의 반응, 이산화탄소의 흡수, 가열 분해 등으로 조연성 기체인 산소를 발생한다.
- 염산이나 아세트산과 반응하면 과산화수소를 생성한다.
- 가연물과 혼합되어 있으면 마찰, 충격, 소량의 물과의 접촉 등으로 발화한다.
- 주수소화는 하지 않으며 마른모래나 이산화탄소, 탄산수소염류 분말 소화약제로 소화한다.

51 다음 중 물과 반응하여 가연성 가스를 발생하지 않는 것은?

① 리튬
② 나트륨
③ 유황
④ 칼슘

해설 유황(제2류 위험물)은 물에 녹지 않으며 물과의 반응성도 없다. 화재 시에는 다량의 물로 소화한다.
금속인 리튬, 나트륨, 칼슘은 물과 반응하면 가연성 기체인 수소를 발생하므로 위험하다.
① $2Li + 2H_2O \rightarrow 2LiOH + H_2$
② $2Na + 2H_2O \rightarrow 2NaOH + H_2$
④ $Ca + 2H_2O \rightarrow Ca(OH)_2 + H_2$

정답 47 ④ 48 ① 49 ① 50 ③ 51 ③

52 적린의 일반적인 성질에 대한 설명으로 틀린 것은? [빈출 유형]

① 비금속 원소이다.
② 암적색의 분말이다.
③ 승화온도가 약 260℃이다.
④ 이황화탄소에 녹지 않는다.

해설 적린은 황린에 비해 안정적이므로 공기 중에 방치해도 자연발화는 일어나지 않으나 약 260℃ 정도로 가열하면 발화하며 승화온도는 400℃ 이상이다.

❖ 적린(P)
• 제2류 위험물(가연성 고체)
• 지정수량 100㎏, 위험등급 Ⅱ
• 냄새없는 암적색의 분말이며(②) 황린(P_4)과 동소체이다.
• 공기 차단 후 황린을 260℃로 가열하면 적린이 된다.
• 조해성이 있다.
• 발화점 260℃(③), 녹는점 600℃, 비중 2.2
• 브롬화인에는 녹으나 물, 이황화탄소(CS_2), 에테르, 암모니아 등에는 녹지 않는다(④).
• 황린에 비해 안정하고 자연발화성 물질은 아니며 맹독성을 나타내지도 않는다.
• 연소하면 흰 연기의 유독성 오산화인(P_2O_5)을 발생한다.
$4P + 5O_2 \rightarrow 2P_2O_5$
• 밀폐공기 중 분진상태로 부유하면 점화원으로 인해 분진폭발을 일으킬 수 있다.
• 무기과산화물과 혼합한 상태에서 소량의 수분이 침투하면 발화한다.
• 화재 시에는 다량의 물로 주수 냉각소화 한다.
• 강산화제와 혼합되면 충격, 마찰, 가열 등에 의해 폭발할 수 있다.
$6P + 5KClO_3 \rightarrow 5KCl + 3P_2O_5 \uparrow$
• 산화제인 염소산염류(염소산칼륨)와의 혼합을 절대 금한다.

53 제2류 위험물의 종류에 해당되지 않는 것은?

① 마그네슘 ② 고형알코올
③ 칼슘 ④ 안티몬분

해설 칼슘은 제3류 위험물 중 알칼리토금속에 속하는 물질이다.
고형알코올은 인화성 고체에 속하며 안티몬분은 아연분, 알루미늄분과 함께 금속분에 속한다.
[05쪽] 제2류 위험물 분류 도표 참조

✱ 빈틈없이 촘촘하게 **One more Step**

❖ 금속분에서 제외되는 것들
• 알칼리금속, 알칼리토금속 : 제3류 위험물로서 별도로 규정하고 있다.
• 철분, 마그네슘 : 제2류 위험물의 별도 품명으로 규정하고 있다.
• 코발트분, 니켈분, 구리분, 로듐분, 팔라듐분 : 가연성, 폭발성이 없어 제외한다.
• 수은 : 상온에서 액체 상태로 존재하므로 제외한다.
• 기타 지구상에 존재가 희박한 희귀한 원소들

54 위험물의 지정수량이 틀린 것은?

① 과산화칼륨 : 50㎏
② 질산나트륨 : 50㎏
③ 과망간산나트륨 : 1,000㎏
④ 중크롬산암모늄 : 1,000㎏

해설 위에 제시된 위험물 모두 제1류 위험물에 해당한다.
질산나트륨은 제1류 위험물 중 질산염류에 속하는 물질로 지정수량은 300㎏(위험등급 Ⅱ)이다.
① 과산화칼륨 : 제1류 위험물 중 무기과산화물 / 지정수량 50㎏, 위험등급 Ⅰ
③ 과망간산나트륨 : 제1류 위험물 중 과망간산염류 / 지정수량 1,000㎏, 위험등급 Ⅲ
④ 중크롬산암모늄 : 제1류 위험물 중 중크롬산염류 / 지정수량 1,000㎏, 위험등급 Ⅲ
[02쪽] 제1류 위험물 분류 도표 참조

55 위험물안전관리법령상 위험물의 운반에 관한 기준에 따르면 알코올류의 위험등급은 얼마인가? 12년·2 유사

① 위험등급 Ⅰ ② 위험등급 Ⅱ
③ 위험등급 Ⅲ ④ 위험등급 Ⅳ

해설 제4류 위험물 중 알코올류는 위험등급 Ⅱ에 해당한다.

[11쪽] 제4류 위험물 분류 도표 참조

56 위험물을 저장할 때 필요한 보호물질을 옳게 연결한 것은?

① 황린 – 석유 ② 금속칼륨 – 에탄올
③ 이황화탄소 – 물 ④ 금속나트륨 – 산소

해설 이황화탄소(제4류 위험물 중 특수인화물)는 알코올, 에테르, 벤젠 등에는 녹지만 물에는 녹지 않고 물보다 무거우므로 가연성 증기의 발생을 억제하기 위해서 물속에 저장한다(참고 : 150℃ 이상의 고온의 물에서는 반응하여 황화수소를 발생한다).
① 황린(제3류 위험물)은 물보다 무거우며 물에 잘 녹지 않으므로 pH 9로 조정된 물속에 저장한다.
② 금속칼륨(제3류 위험물)은 공기 중에 방치하면 자연발화의 위험이 있고 물, 알코올, 산, 암모니아 등과 반응하여 가연성 가스인 수소를 발생하며 이산화탄소나 사염화탄소와도 반응하여 폭발하므로 이들과의 접촉을 방지하기 위해 유동성 파라핀이나 등유, 경유 등의 보호액 속에 보관한다.
④ 금속나트륨(제3류 위험물)도 공기 중에 방치하면 자연발화의 위험이 있고 물, 알코올, 산, 암모니아 등과 반응하여 가연성 가스인 수소를 발생하며 이산화탄소나 사염화탄소와도 반응하여 폭발하므로 이들과의 접촉을 방지하기 위해 유동성 파라핀이나 등유, 경유 등의 보호액 속에 보관한다.

57 다음 중 "인화점 50℃"의 의미를 가장 옳게 설명한 것은?

① 주변의 온도가 50℃ 이상이 되면 자발적으로 점화원 없이 발화한다.
② 액체의 온도가 50℃ 이상이 되면 가연성 증기를 발생하여 점화원에 의해 인화한다.
③ 액체를 50℃ 이상으로 가열하면 발화한다.
④ 주변의 온도가 50℃ 일 경우 액체가 발화한다.

해설
• 인화점 : 가연물에 불이 붙을 정도의 충분한 농도의 증기가 발생되어 점화원에 의해서 불이 붙게 되는 최저온도를 말한다.
• 발화점 : 외부 점화원이 없이 자체 축적한 열에 의해 자발적으로 불이 붙게 되는 최저온도를 말한다.

58 위험물안전관리법령상 위험물 운송 시 제1류 위험물과 혼재 가능한 위험물은? (단, 지정수량의 10배를 초과하는 경우이다.)

① 제2류 위험물 ② 제3류 위험물
③ 제5류 위험물 ④ 제6류 위험물

해설 [위험물안전관리법 시행규칙 별표19 / 위험물의 운반에 관한 기준]
[부표 2] – 유별을 달리하는 위험물의 혼재기준

구분	제1류	제2류	제3류	제4류	제5류	제6류
제1류		×	×	×	×	○
제2류	×		×	○	○	×
제3류	×	×		○	×	×
제4류	×	○	○		○	×
제5류	×	○	×	○		×
제6류	○	×	×	×	×	

※ 'O'는 혼재할 수 있음을, '×'는 혼재할 수 없음을 표시한다.
※ 이 표는 지정수량의 1/10 이하의 위험물에 대하여는 적용하지 아니한다.

59 에틸렌글리콜의 성질로 옳지 않은 것은?

① 갈색의 액체로 방향성이 있고 쓴맛이 난다.

② 물, 알코올 등에 잘 녹는다.

③ 분자량은 약 62이고 비중은 약 1.1이다.

④ 부동액의 원료로 사용된다.

해설 에틸렌글리콜은 제4류 위험물 중 제3석유류에 속하는 물질이며 냄새가 없고 단맛이 나는 무색의 액체로 물과 알코올에 잘 녹으며 부동액의 원료로 사용된다.

'방향성이 있고'의 문구가 방향족 화합물이냐 지방족 화합물이냐의 질문 의도로 해석한다면, 에틸렌글리콜은 벤젠고리가 존재하지 않는 지방족 탄화수소(지방족 화합물)인 2가 알코올이므로 여하튼 틀린 내용이며 지문의 문맥상 향기가 나느냐의 의미로 해석되어야 할 것이다.

❖ 에틸렌글리콜($C_2H_4(OH)_2$)
- 제4류 위험물 중 제3석유류(수용성)
- 지정수량 4,000ℓ, 위험등급 Ⅲ
- 인화점 120℃, 발화점 398℃, 비점 198℃, 융점 -13℃
- 분자량 62, 비중 1.113(③), 증기비중 2.14, 연소범위 3.2~15.3%
- 2가 알코올(히드록시기/-OH기가 2개) 중 가장 간단한 구조이다.

$$\begin{array}{c} H \quad H \\ | \quad | \\ H-C-C-H \\ | \quad | \\ OH \quad OH \end{array}$$

- 무색의 점성이 있는 액체이며 단맛이 있다(①).
- 흡습성이 있으며 독성이 있다.
- 물, 에탄올, 아세톤, 글리세린에 잘 녹으며(②) 이황화탄소, 사염화탄소, 클로로포름 등에는 녹지 않는다.
- 가열하면 인화될 위험성이 높아진다(인화점 120℃).
- 자동차용 부동액, 내한성의 윤활유, 글리세린의 대용품, 의약품 등으로 사용된다(④).

60 위험물 옥외 저장탱크 중 압력탱크에 저장하는 디에틸에테르등의 저장온도는 몇 ℃ 이하이어야 하는가?

① 60 ② 40 ③ 30 ④ 15

해설 [위험물안전관리법 시행규칙 별표18 / 제조소등에서의 위험물의 저장 및 취급에 관한 기준]
- Ⅲ. 저장의 기준 제21호 中
- 옥외 저장탱크·옥내 저장탱크 또는 지하 저장탱크 중 압력탱크에 저장하는 아세트알데히드등 또는 디에틸에테르등의 온도는 40℃ 이하로 유지할 것

❋ 빈틈없이 촘촘하게 One more Step

- 옥외 저장탱크·옥내 저장탱크 또는 지하 저장탱크 중 압력탱크 외의 탱크에 저장하는 디에틸에테르등 또는 아세트알데히드등의 온도는 산화프로필렌과 이를 함유한 것 또는 디에틸에테르등에 있어서는 30℃ 이하로, 아세트알데히드 또는 이를 함유한 것에 있어서는 15℃ 이하로 각각 유지할 것
- 보냉장치가 있는 이동 저장탱크에 저장하는 아세트알데히드등 또는 디에틸에테르등의 온도는 당해 위험물의 비점 이하로 유지할 것
- 보냉장치가 없는 이동 저장탱크에 저장하는 아세트알데히드등 또는 디에틸에테르등의 온도는 40℃ 이하로 유지할 것

10. 2014년 제2회 기출문제 및 해설 (14년 4월 6일)

1과목 화재예방과 소화방법

01 화재 원인에 대한 설명으로 틀린 것은?

① 연소 대상물의 열전도율이 좋을수록 연소가 잘 된다.
② 온도가 높을수록 연소 위험이 높아진다.
③ 화학적 친화력이 클수록 연소가 잘 된다.
④ 산소와 접촉이 잘 될수록 연소가 잘 된다.

해설 가연물(연소 대상물)의 열전도율이 좋다는 것은 열을 축적하지 않고 분산시킨다는 의미이므로 가연물의 온도가 발화점에 도달하기 어려워 발화의 가능성도 낮아진다.

✳ 빈틈없이 촘촘하게

❖ **연소가 잘 일어나기 위한 조건**
- 발열량이 클 것
- 산소 친화력이 클 것
- 열전도율이 작을 것
- 활성화 에너지가 작을 것(= 활성화 에너지 장벽이 낮을 것)
- 화학적 활성도는 높을 것
- 연쇄반응을 수반할 것
- 반응 표면적이 넓을 것
- 산소 농도가 높고 이산화탄소의 농도는 낮을 것
- 물질 자체의 습도는 낮을 것

02 다음 고온체의 색깔을 낮은 온도부터 옳게 나열한 것은?

① 암적색 < 황적색 < 백적색 < 휘적색
② 휘적색 < 백적색 < 황적색 < 암적색
③ 휘적색 < 암적색 < 황적색 < 백적색
④ 암적색 < 휘적색 < 황적색 < 백적색

해설 고온체(고온의 물체)는 온도가 높을수록 밝은 계통의 색을 나타내며 온도가 낮을수록 어두운색을 나타낸다.
담암적색 522℃, 암적색 700℃, 진홍색 750℃, 적색 850℃, 휘적색(주황색) 950℃, 황색 1,050℃, 황적색 1,100℃, 백색(백적색) 1,300℃, 휘백색 1,500℃

03 화재 시 이산화탄소를 사용하여 공기 중 산소의 농도를 21vol%에서 13vol%로 낮추려면 공기 중 이산화탄소의 농도는 약 몇 vol%가 되어야 하는가? (공기 중 질소 농도는 79%, 산소 농도는 21%로 정하여 계산한다.)

① 34.3   ② 38.1
③ 42.5   ④ 45.8

해설 실제 공기의 조성은 질소가 78.09%, 산소가 21%로 이 두 가지 기체가 대부분을 차지하며 이산화탄소는 0.03% 정도 존재한다. 이산화탄소를 사용하여 공기 중의 산소농도를 낮추게 되면 질소의 농도도 같은 비율로 감소할 것이다. 공기 중 산소의 농도를 21vol%에서 13vol% 수준으로 줄이게 되면 38.1%가 감소된 것이므로 질소도 똑같은 38.1%가 감소될 것이다. 따라서 산소농도는 13vol%, 질소 농도는 48.9vol%로 낮아져 두 기체의 농도를 합하면 61.9vol%가 되므로 38.1vol%의 이산화탄소가 공기 중에 첨가된 것이다.
〈계산에 의한 설명〉
- 이산화탄소의 소화농도
$$CO_2 (vol\%) = \frac{21 - O_2 (vol\%)}{21} \times 100$$
산소의 농도를 21vol%에서 13vol%로 낮추기 위한 이산화탄소의 농도는
$$CO_2 (vol\%) = \frac{21 - 13}{21} \times 100$$
$$= 38.09 ≒ 38.1 vol\%$$

04 다음의 위험물 중에서 이동 탱크저장소에 의하여 위험물을 운송할 때 운송책임자의 감독·지원을 받아야 하는 위험물은? [빈출 유형]

① 알킬리튬 ② 아세트알데히드
③ 금속의 수소화물 ④ 마그네슘

해설 [위험물안전관리법 시행령 제19조 / 운송책임자의 감독·지원을 받아 운송하여야 하는 위험물]
- 알킬알루미늄
- 알킬리튬
- 알킬알루미늄 또는 알킬리튬을 함유하는 위험물

05 폭발 시 연소파의 전파속도 범위에 가장 가까운 것은?

① 0.1 ~ 10m/s
② 100 ~ 1,000m/s
③ 2,000 ~ 3,500m/s
④ 5,000 ~ 10,000m/s

해설 폭발 시 연소파(폭연)의 전파속도 : 0.1 ~ 10m/s
폭발 시 폭굉의 전파속도 : 1,000 ~ 3,500m/s

✷ 빈틈없이 촘촘하게 One more Step

❖ 폭발
급속한 연소 반응 등에 의해 물질의 상태가 급변하면서 일시에 다량의 에너지를 방출하는 비정상적인 연소 형태로 파의 진행 속도와 충격파의 발생 유무 등에 따라 폭연과 폭굉으로 세분한다.

구분	폭연	폭굉
전파속도	음속보다 느리다 (0.1~10m/s)	음속보다 빠르다 (1,000~3,500m/s)
충격파 발생 유무	무	유
폭발압력 증가	초기 압력의 10배 이하	초기 압력의 10배 이상
화재의 파급효과	크다	작다
발화과정	연소열	단열압축(자연발화)
전파 메커니즘	열 분자 확산 + 난류확산	충격파에 의한 에너지 반응

06 〈보기〉에서 소화기의 사용 방법을 옳게 설명한 것을 모두 나열한 것은?

〈보 기〉
ㄱ. 적응화재에만 사용할 것
ㄴ. 불과 최대한 멀리 떨어져서 사용할 것
ㄷ. 바람을 마주 보고 풍하에서 풍상 방향으로 사용할 것
ㄹ. 양옆으로 비로 쓸 듯이 골고루 사용할 것

① ㄱ, ㄴ ② ㄱ, ㄷ
③ ㄱ, ㄹ ④ ㄱ, ㄷ, ㄹ

해설 ㄴ. 위험하지 않은 한도 내에서 불과 최대한 가까이 접근한 상태에서 사용하며 소화기의 성능에 따라 방출(방사)거리 한도 내에서 사용할 것
ㄷ. 바람을 등지고 풍상에서 풍하 방향으로 사용할 것

[참고]
풍상 : 바람이 불어오는 쪽(up wind) / 풍하 : 바람이 빠져나가는 쪽(down wind)

07 위험물 제조소의 안전거리 기준으로 틀린 것은?

① 초·중등교육법 및 고등교육법에 의한 학교 - 20m 이상
② 의료법에 의한 병원 - 30m 이상
③ 문화재보호법 규정에 의한 지정문화재 - 50m 이상
④ 사용전압이 35,000V를 초과하는 특고압 가공전선 - 5m 이상

해설 초·중등교육법 및 고등교육법에 의한 학교는 30m 이상의 안전거리를 두어야 한다.

[위험물안전관리법 시행규칙 별표4 / 제조소의 위치·구조 및 설비의 기준] - Ⅰ. 안전거리 요약
- 제조소(제6류 위험물을 취급하는 제조소를 제외한다)는 건축물의 외벽 또는 이에 상당하는 공작물의 외측으로부터 당해 제조소의 외벽 또는 이에 상당하는 공작물의 외측까지의 사이에 아래 규정에 의한 수평거리(이하 "안전거리"라 한다)를 두어야 한다.

안전거리	해당 대상물
3m 이상	7,000V 초과 35,000V 이하의 특고압 가공전선
5m 이상	35,000V를 초과하는 특고압 가공전선
10m 이상	주거용으로 사용되는 건축물 그 밖의 공작물
20m 이상	고압가스, 액화석유가스 또는 도시가스를 저장 또는 취급하는 시설
30m 이상	학교, 병원, 300명 이상 수용시설(영화관, 공연장), 20명 이상 수용시설(아동·노인·장애인·한부모가족 복지시설, 어린이집, 성매매 피해자 지원시설, 정신건강 증진시설, 가정폭력 피해자 보호시설)
50m 이상	유형문화재, 지정문화재

08 제5류 위험물의 화재 시 소화 방법에 대한 설명으로 옳은 것은? 15년·2 유사

① 가연성 물질로서 연소속도가 빠르므로 질식소화가 효과적이다.

② 할로겐화합물 소화기가 적응성이 있다.

③ CO_2 및 분말소화기가 적응성이 있다.

④ 다량의 주수에 의한 냉각소화가 효과적이다.

해설 제5류 위험물은 자기반응성 물질로 자체 산소를 포함하고 있어 공기 중 산소의 공급을 차단하더라도 자체 산소의 공급에 의해 연소가 지속되는 특징을 보이므로 이산화탄소나 불활성가스, 분말, 할론 등에 의한 질식소화는 효과 없다. 다량의 물로 냉각소화하는 것이 가장 적당하다.
제5류 위험물에 적응성이 있는 소화설비는 옥내소화전 또는 옥외소화전 설비, 스프링클러설비, 물분무소화설비, 포 소화설비, 봉상수 또는 무상수 소화기, 봉상 또는 무상 강화액소화기, 물통 또는 수조, 마른모래, 팽창질석, 팽창진주암이다.
[위험물안전관리법 시행규칙 별표 17 / 소화설비, 경보설비 및 피난설비의 기준] - I. 소화설비 4. 소화설비의 적응성 참조
불활성가스 소화설비, 할로겐화합물 소화설비, 분말소화설비, 이산화탄소 소화기, 할로겐화합물 소화기, 분말소화기 등은 적응성이 없다.

09 Halon 1301 소화약제에 대한 설명으로 틀린 것은?

① 저장 용기에 액체상으로 충전한다.

② 화학식은 CF_3Br이다.

③ 비점이 낮아서 기화가 용이하다.

④ 공기보다 가볍다.

해설 Halon 1301의 화학식은 CF_3Br로 분자량은 149이다. 증기비중은 $\frac{149}{29} ≒ 5.14$로 공기보다 무겁다.
할로겐화합물 소화약제 중 소화 효과가 가장 크고 독성은 가장 낮다. 상업용 항공기 분야에서 필수적으로 배치되고 사용되는 소화약제이나 오존층 파괴지수가 가장 높게 나타나는 치명적 단점을 지니고 있어 현재는 대부분의 국가에서 생산을 금지하는 추세이다.

① 상온·상압에서 기체 상태로 존재하지만 압축하면 액화시킬 수 있어 저장 용기에 액체 상태로 충전하며 분출 시 가스 상태로 분사되어 침투와 확산이 수월하다.

② 할론 번호는 C−F−Cl−Br의 개수를 순서대로 나열한 것이므로 화학식은 CF_3Br이 된다. 할론 번호에 수소의 결합 정보는 표시되지 않으며 할로겐 원소들이 중심 탄소에 결합하고 남은 자리에 수소가 결합되어 있다는 것을 추론하여 결정한다. 할론 번호 1301에 의해 중심 탄소는 1개로 이루어져 있다는 것을 알 수 있으며 4족 원소인 C는 네 군데에서 결합을 형성할 수 있고 F 3개와 Br 1개가 결합되어 있으므로 수소가 결합될 여지는 없다.

③ 할론 1301의 비점은 −57.75℃이므로 액체 상태로 충전되어있는 저장 용기를 빠져나오는 순간 기화한다.

정답 04 ① 05 ① 06 ③ 07 ① 08 ④ 09 ④

10 스프링클러 설비의 장점이 아닌 것은?

① 화재의 초기 진압에 효율적이다.

② 사용 약제를 쉽게 구할 수 있다.

③ 자동으로 화재를 감지하고 소화할 수 있다.

④ 다른 소화설비보다 구조가 간단하고 시설비가 적다.

해설 스프링클러 설비란 화재 발생 시 물탱크의 물을 펌프를 이용해 배관으로 이동시켜 방사헤드에서 물을 방사함으로써 화재를 진압하는 자동소화 설비이다. 천장이나 벽 등에 헤드를 설치하고 감지기나 폐쇄형 스프링클러 헤드에 의해 화재를 감지하여 소화하는 설비를 말하며 장단점은 아래와 같다.

- 장점
  - 화재의 초기 진압에 효율적이다.
  - 소화약제가 물이므로 쉽게 구할 수 있다.
  - 소화약제의 가격이 저렴하고 소화 후 복구가 용이하다.
  - 완전자동시스템으로 24시간 화재를 감지하고 소화할 수 있다.
  - 조작이 쉽고 간편하며, 오작동이나 오보 확률이 적다.
- 단점
  - 다른 설비에 비하여 구조가 복잡하다.
  - 초기 시설비가 많다.
  - 물로 인한 2차 피해가 발생할 수 있다.

11 포 소화약제에 의한 소화 방법으로 다음 중 가장 주된 소화 효과는?

① 희석소화

② 질식소화

③ 제거소화

④ 자기소화

해설 포 소화약제의 주된 소화 원리는 가연물 표면에 포(거품)를 형성함으로써 공기와의 접촉을 차단하는 질식소화이며 물에 의한 냉각소화 기능도 지닌다.

소화 후의 오손(汚損) 정도가 심하고 청소가 힘들며 합선이나 누전 등에 의한 감전의 우려가 있어 전기와 관련된 화재에는 사용하지 않는다. 즉, 포 소화설비는 일반화재(A급)와 유류화재(B급)에 적응성을 보이며 전기화재(C급)에는 적응성이 없다.

❖ **포 소화약제**

거품을 발생시켜 질식소화에 사용되는 약제로서 화재의 확대가 우려되는 가연성 또는 인화성 액체의 화재나 주수소화로는 효과가 미비한 경우에 사용한다. 화학포 소화약제와 공기포 소화약제로 구분한다.

- **화학포 소화약제**(포핵 : 이산화탄소) : 황산알루미늄과 탄산수소나트륨의 화학반응으로 발생한 이산화탄소 거품을 이용하여 소화한다. 현재는 사용하지 않는다.
- **공기포**(기계포) **소화약제**(포핵 : 공기) : 일정한 비율로 혼합한 물과 포 소화약제의 수용액을 공기와 혼합 교반하여 발포함으로써 소화하는 것으로 아래와 같이 세분된다.
  - **단백포 소화약제** : 동물성 가수분해 생성물과 안정제로 구성되어 있으며 유류화재 소화용으로 쓰인다. 동결방지제로 에틸렌글리콜을 사용한다.
  - **합성계면활성제포 소화약제** : 탄화수소계열의 합성계면 활성제와 안정제로 구성되어 있으며 고압가스, 액화가스, 위험물 저장소의 화재에 쓰인다.
  - **수성막포 소화약제** : 불소계 계면활성제와 안정제가 주성분으로 유류화재 표면에 유화층을 형성하여 소화한다.
  - **불화단백포 소화약제** : 단백포 소화약제에 불소계 계면활성제를 첨가하여 단백포와 수성막포의 단점을 상호 보완한 약제로서 포의 유동성이 좋고 저장성이 우수하며 기름에 의한 오염이 적으나 착화율이 낮고 가격이 비싼 것이 단점이다.
  - **내알코올포 소화약제** : 수용성 액체용포 소화약제라고도 하며 알코올, 케톤, 에테르, 알데히드, 에스테르, 카르복실산, 아민과 같은 가연성의 수용성 액체 화재에 효과적으로 작용한다.

12 산화제와 환원제를 연소의 4요소와 연관 지어 연결한 것으로 옳은 것은?

① 산화제-산소 공급원, 환원제-가연물
② 산화제-가연물, 환원제-산소 공급원
③ 산화제-연쇄반응, 환원제-점화원
④ 산화제-점화원, 환원제-가연물

해설 산화제란 남을 산화시키고 자기 자신은 환원되는 성질을 지니며 반대로 환원제는 남을 환원시키면서 자기 자신은 산화되는 특징을 나타낸다. 연소반응도 일종의 화학반응이므로 반응이 진행되면 산화와 환원반응이 동시에 진행되며 이를 산화환원반응의 동시성이라 부른다. 산화제 역할을 하는 산소 공급원은 가연물에게 산소를 공급해서 연소가 잘 이루어지도록 하며 산소를 공급받아 연소가 이루어지는 가연물이 환원제로 작용하는 것이다.
제1류 위험물(산화성 고체)과 제6류 위험물(산화성 액체)이 산소 공급원으로 작용하는 산화제이며 제2류 위험물(가연성 고체)이 대표적인 환원제이다.

13 다음 중 증발연소를 하는 물질이 아닌 것은?

① 황   ② 석탄
③ 파라핀   ④ 나프탈렌

해설 석탄은 열분해에 의해 발생된 가연성 가스가 공기와 혼합하여 연소하는 분해연소 방식을 취하는 물질이며 종이, 목재, 섬유, 플라스틱 등도 분해연소 한다.
증발연소란 열분해를 일으키지 않고 증발하여 그 증기가 연소하거나 또는 열에 의해 융해되어 액체로 변한 다음 이 액체 상태에서 기화된 증기가 연소하는 현상을 말하며, 나프탈렌, 파라핀(양초), 왁스, 황 등의 연소가 여기에 속한다. 이러한 증발연소는 가솔린, 경유, 등유 등과 같은 증발하기 쉬운 가연성 액체에서도 잘 일어난다.

['연소의 구분'은 2015년 제1회 06번 해설 참조]

14 위험물안전관리법령상 위험물 제조소등에서 전기설비가 있는 곳에 적응하는 소화설비는?

15년 · 2 유사

① 옥내소화전 설비
② 스프링클러 설비
③ 포 소화설비
④ 할로겐화합물 소화설비

해설 일반적으로 전기화재에는 질식소화 방식을 사용하며 불활성가스(CO_2) 및 할로겐화합물 소화설비를 적용한다. 이산화탄소 소화약제(소화설비)와 할로겐화합물 소화약제(소화설비)는 전기의 부도체이므로 전기화재에 매우 효과적이다.
① · ② 주수소화는 전기화재에는 사용하지 않는다. 그러나 분무 형태로 사용하는 물분무 소화설비는 질식효과를 보이므로 전기화재에 적용할 수 있다.
③ 포 소화약제의 주된 소화 원리는 포에 의한 질식효과와 물에 의한 냉각효과이며 소화 후의 오손(汚損) 정도가 심하고 청소가 힘들며 합선이나 누전 등에 의한 감전의 우려가 있어 전기와 관련된 화재에는 사용하지 않는다. 포 소화설비는 일반화재(A급)와 유류화재(B급)에 적응성을 보이며 전기화재(C급)에는 적응성이 없다.

15 위험물안전관리법령상 옥내 주유취급소의 소화난이도 등급은?

① I   ② II   ③ III   ④ IV

해설 옥내 주유취급소는 소화난이도 등급II에 해당한다.
[위험물안전관리법 시행규칙 별표17 / 소화설비, 경보설비 및 피난설비의 기준] - I. 소화설비 中 주유취급소의 소화난이도 등급
• 소화난이도 등급 I : 주유취급소의 직원 외의 자가 출입하는 주유취급소의 업무를 행하기 위한 사무소·자동차 등의 점검 및 간이정비를 위한 작업장·주유취급소에 출

정답 10 ④ 11 ② 12 ① 13 ② 14 ④ 15 ②

입하는 사람을 대상으로 한 점포, 휴게음식점 또는 전시장의 용도로 제공하는 면적의 합이 500m²를 초과하는 것
• 소화난이도 등급 Ⅱ : 옥내 주유취급소로서 소화난이도 등급 Ⅰ의 제조소등에 해당하지 아니하는 것
• 소화난이도 등급 Ⅲ : 옥내 주유취급소 외의 것으로서 소화난이도 등급 Ⅰ의 제조소등에 해당하지 아니하는 것

❈ Tip
소화난이도 등급 Ⅱ와 Ⅲ의 '소화난이도 등급 Ⅰ의 제조소등에 해당하지 아니하는 것'의 문구에서 '제조소등'을 '주유취급소'로 바꿔야 명확한 문구라고 판단된다.

16 위험물안전관리법령의 소화설비 설치기준에 의하면 옥외소화전 설비의 수원의 수량은 옥외소화전 설치개수(설치개수가 4 이상인 경우에는 4)에 몇 m³를 곱한 양 이상이 되도록 하여야 하는가? 13년 · 2 유사

① 7.5m³   ② 13.5m³
③ 20.5m³ ④ 25.5m³

해설 [위험물안전관리법 시행규칙 별표17 / 소화설비, 경보설비 및 피난설비의 기준] – Ⅰ. 소화설비 – 5. 소화설비의 설치기준 – 옥외소화전 설비의 설치기준 中
수원의 수량은 옥외소화전의 설치개수(설치개수가 4개 이상인 경우는 4개의 옥외소화전)에 13.5m³를 곱한 양 이상이 되도록 설치할 것

❈ 빈틈없이 촘촘하게 One more Step

❖ 비교 참조
[위험물안전관리법 시행규칙 별표17 / 소화설비, 경보설비 및 피난설비의 기준] – Ⅰ. 소화설비 – 5. 소화설비의 설치기준 – 옥내소화전 설비의 설치기준 中
수원의 수량은 옥내소화전이 가장 많이 설치된 층의 옥내소화전 설치개수(설치개수가 5개 이상인 경우는 5개)에 7.8m³를 곱한 양 이상이 되도록 설치하여야 한다.

17 국소 방출방식의 이산화탄소 소화설비의 분사 헤드에서 방출되는 소화약제의 방사 기준은?

① 10초 이내에 균일하게 방사할 수 있을 것
② 15초 이내에 균일하게 방사할 수 있을 것
③ 30초 이내에 균일하게 방사할 수 있을 것
④ 60초 이내에 균일하게 방사할 수 있을 것

해설 [위험물안전관리에 관한 세부기준 제134조 / 이산화탄소 소화설비의 기준] – 제2호
국소 방출방식의 이산화탄소 소화설비의 분사 헤드는 다음에 정한 것에 의할 것
• 분사 헤드의 방사압력은 고압식의 것(소화약제가 상온으로 용기에 저장되어 있는 것을 말한다. 이하 같다)에 있어서는 2.1MPa 이상, 저압식의 것(소화약제가 영하 18℃ 이하의 온도로 용기에 저장되어 있는 것을 말한다. 이하 같다)에 있어서는 1.05MPa 이상일 것
• 분사 헤드는 방호대상물의 모든 표면이 분사헤드의 유효사정 내에 있도록 설치할 것
• 소화약제의 방사에 의해서 위험물이 비산되지 않는 장소에 설치할 것
• 계산으로 산출된 소화약제의 양을 30초 이내에 균일하게 방사할 것

❈ 빈틈없이 촘촘하게 One more Step

[위험물안전관리에 관한 세부기준 제134조 / 이산화탄소 소화설비의 기준] – 제1호
전역 방출방식의 이산화탄소 소화설비의 분사 헤드는 다음에 정한 것에 의할 것
• 방사된 소화약제가 방호구역의 전역에 균일하고 신속하게 방사할 수 있도록 설치할 것
• 분사 헤드의 방사압력은 고압식의 것(소화약제가 상온으로 용기에 저장되어 있는 것을 말한다. 이하 같다)에 있어서는 2.1MPa 이상, 저압식의 것(소화약제가 영하 18℃ 이하의 온도로 용기에 저장되어 있는 것을 말한다. 이하 같다)에 있어서는 1.05MPa 이상일 것
• 계산으로 산출된 소화약제의 양을 60초 이내에 균일하게 방사할 것

18 1몰의 이황화탄소와 고온의 물이 반응하여 생성되는 독성 기체 물질의 부피는 표준상태에서 얼마인가?

① 22.4ℓ ② 44.8ℓ
③ 67.2ℓ ④ 134.4ℓ

해설 화학반응식은 아래와 같다.
$CS_2 + 2H_2O \rightarrow 2H_2S + CO_2$
생성된 독성물질이란 H_2S(황화수소)를 말하는 것으로 이황화탄소 1몰이 반응하면 2몰의 황화수소가 발생된다. 표준상태에서 1몰의 기체가 차지하는 부피는 기체의 종류에 관계없이 22.4ℓ이므로 2몰의 황화수소가 차지하는 부피는 44.8ℓ가 된다.

19 알킬리튬에 대한 설명으로 틀린 것은?

① 제3류 위험물이고 지정수량은 10kg이다.
② 가연성의 액체이다.
③ 이산화탄소와는 격렬하게 반응한다.
④ 소화방법으로는 물로 주수는 불가하며 할로겐화합물 소화약제를 사용하여야 한다.

해설 알킬리튬은 제3류 위험물(지정수량 10kg, 위험등급 I)로 분류되는 자연발화성 및 금수성 물질로 물을 만나면 심하게 발열하고 가연성의 수소 기체를 발생하므로 주수소화는 금한다. 메틸리튬, 에틸리튬, 부틸리튬 등이 있다.
금수성 물질에 적응성을 보이는 소화설비는 탄산수소염류 분말소화약제, 마른모래, 팽창질석, 팽창진주암이 해당되며 할로겐화합물 소화약제나 불활성가스 소화설비는 적응성이 없다.
[위험물안전관리법 시행규칙 별표17]의 소화설비의 적응성 참조

① 알킬리튬은 제3류 위험물에 속하는 위험물이며 지정수량 10kg, 위험등급 I로 분류된다.
② 알킬리튬은 무색의 가연성 액체이다(n-부틸리튬이 대표적 알킬리튬으로 융점은 -53℃, 비점은 194℃를 나타낸다).
③ 이산화탄소와는 격렬하게 반응하여 위험성이 높아지므로 소화약제로 사용하지 않는다. 이산화탄소와 반응하여 메틸리튬은 아세트산리튬을 생성하며 부틸리튬은 펜탄산리튬을 생성한다.
$CH_3Li + CO_2 \rightarrow CH_3COOLi$
$C_4H_9Li + CO_2 \rightarrow C_4H_9COOLi$
$(lithium\, pentanoate)$

20 다음 위험물의 화재 시 주수소화가 가능한 것은?

① 철분 ② 마그네슘
③ 나트륨 ④ 황

해설 황은 물에 녹지 않는다. 화재 시 다량의 물로 주수소화하는 것이 효과적이고 소량의 화재 시에는 마른모래로 질식소화한다.
철분과 마그네슘은 제2류 위험물에 속하는 금속이며 나트륨은 제3류 위험물에 속하는 금속으로 물과 접촉하면 가연성의 수소 기체를 발생하므로 주수소화는 불가능하다.
① $3Fe + 4H_2O \rightarrow Fe_3O_4 + 4H_2 \uparrow$
② $Mg + 2H_2O \rightarrow Mg(OH)_2 + H_2 \uparrow$
③ $2Na + 2H_2O \rightarrow 2NaOH + H_2 \uparrow$

2과목 위험물의 화학적 성질 및 취급

21 등유의 지정수량에 해당하는 것은?

① 100ℓ ② 200ℓ
③ 1,000ℓ ④ 2,000ℓ

해설 등유는 제4류 위험물 중 제2석유류에 속하는 물질이며 비수용성 액체로서 지정수량은 1,000ℓ이다(제2석유류 중 수용성 액체의 지정수량은 2,000ℓ이다).

정답 16 ② 17 ③ 18 ② 19 ④ 20 ④ 21 ③

❖ 등유
- 제4류 위험물 중 제2석유류(비수용성)
- <u>지정수량 1,000ℓ</u>, 위험등급 Ⅲ
- 정제한 것은 무색투명하지만 오래 방치하면 담황색을 띤다.
- 물에 녹지 않고 유기용제에 잘 녹는다.
- 등유의 인화점은 40~70℃이다.
  [가솔린(휘발유)의 인화점은 -43℃~-20℃]
- 착화점은 약 220℃, 연소범위는 1.1~6.0% 정도이다.
- 비중은 0.79~0.85이므로 물보다 가볍다.
- 증기비중은 4~5 정도이므로 공기보다 무겁다.
- 전기의 부도체이다.
- 칼륨, 나트륨 등의 금속을 저장·보관할 때 보호액으로 이용된다.
- 다공성의 가연물질에 스며들거나 분무상으로 분출되면 인화위험이 높아진다.

22 위험물안전관리법령상 제조소등의 정기점검 대상에 해당하지 않는 것은? [빈출 유형]

① 지정수량 15배의 제조소
② 지정수량 40배의 옥내 탱크저장소
③ 지정수량 50배의 이동 탱크저장소
④ 지정수량 20배의 지하 탱크저장소

해설 옥내 탱크저장소는 정기점검 대상에 해당하지 않는다.
이동 탱크저장소와 지하 탱크저장소는 지정수량의 배수와 관계없이 정기점검 대상이다.

[위험물안전관리법 제18조 / 정기점검 및 정기검사] - 제1항
<u>대통령령이 정하는 제조소등의 관계인은 그 제조소등에 대하여 행정안전부령이 정하는 바에 따라 규정에 따른 기술기준에 적합한지의 여부를 정기적으로 점검하고 점검 결과를 기록하여 보존하여야 한다.</u>

[위험물안전관리법 시행령 제15조와 제16조 / 정기점검의 대상인 제조소등]
위 법조문에서 "대통령령이 정하는 제조소등"이라 함은 다음에 해당하는 제조소등을 말한다.

- 지하 탱크저장소
- 이동 탱크저장소
- 위험물을 취급하는 탱크로서 지하에 매설된 탱크가 있는 제조소, 주유취급소, 일반취급소
- 관계인이 예방규정을 정하여야 하는 제조소 등 (아래 7가지)
  - 지정수량의 10배 이상의 위험물을 취급하는 제조소
  - 지정수량의 100배 이상의 위험물을 저장하는 옥외저장소
  - 지정수량의 150배 이상의 위험물을 저장하는 옥내저장소
  - 지정수량의 200배 이상의 위험물을 저장하는 옥외 탱크저장소
  - 암반 탱크저장소
  - 이송취급소
  - 지정수량의 10배 이상의 위험물을 취급하는 일반취급소

단, 제4류 위험물(특수인화물 제외)만을 지정수량의 50배 이하로 취급하는 일반취급소(제1석유류·알코올류의 취급량이 지정수량의 10배 이하인 경우에 한함)로서 다음에 해당하는 것은 제외한다.

  - 보일러, 버너 또는 이와 비슷한 것으로서 위험물을 소비하는 장치로 이루어진 일반취급소
  - 위험물을 용기에 옮겨 담거나 차량에 고정된 탱크에 주입하는 일반취급소

23 탄화칼슘의 취급 방법에 대한 설명으로 옳지 않은 것은?

① 물, 습기와의 접촉을 피한다.
② 건조한 장소에 밀봉·밀전하여 보관한다.
③ 습기와 작용하여 다량의 메탄이 발생하므로 저장 중에 메탄가스의 발생유무를 조사한다.
④ 저장 용기에 질소가스 등 불활성가스를 충전하여 저장한다.

해설 탄화칼슘(CaC_2)은 제3류 위험물(자연발화성 물질 및 금수성 물질) 중 칼슘 또는 알루미늄의 탄화물에 속하는 물질로 물과 반응하면 수산화칼슘과 아세틸렌가스를 발생한다.

$CaC_2 + 2H_2O \rightarrow Ca(OH)_2 + C_2H_2 \uparrow$

[참고]
물과 반응하여 메탄가스를 발생하는 위험물은 같은 류에 속하는 탄화알루미늄(Al_4C_3)이다.
$Al_4C_3 + 12H_2O \rightarrow 4Al(OH)_3 + 3CH_4 \uparrow$

물이나 습기와 접촉하면 수산화칼슘과 아세틸렌가스를 생성하므로 이들과의 접촉을 피하도록 하며 환기가 잘되는 건조한 냉소에 밀폐용기를 이용하여 밀봉·밀전한 상태로 보관한다. 밀폐용기에 장기간 보관할 경우에는 질소나 이르곤의 불활성가스를 충전한다.

❖ 탄화칼슘(CaC_2)
- 제3류 위험물 중 칼슘 또는 알루미늄의 탄화물
- 지정수량 300kg, 위험등급 Ⅲ
- 일명 '칼슘카바이드'
- 순수한 것은 무색투명하나 대부분 흑회색의 불규칙한 덩어리 상태로 시판된다.
- 녹는점 2,370℃, 비중 2.2
- 건조 공기 중에서는 비교적 안정하다.
- 350℃ 이상으로 가열하면 산화된다.
  $2CaC_2 + 5O_2 \rightarrow 2CaO + 4CO_2 \uparrow$
- 질소 존재하에서 고온(보통 700℃ 이상)으로 가열하면 칼슘시안아미드(석회질소)가 생성된다.
  $CaC_2 + N_2 \rightarrow CaCN_2 + C$
- 물과 반응하면 소석회(수산화칼슘)와 아세틸렌가스가 생성된다(③).
  $CaC_2 + 2H_2O \rightarrow Ca(OH)_2 + C_2H_2 \uparrow$
- 아세틸렌이나 석회질소 제조, 탈수제, 용접용 단봉 등에 사용된다.
- 화재 시 물을 사용해서는 안되며 탄산수소염류 분말소화약제, 건조사, 팽창질석, 팽창진주암을 사용하여 질식소화한다.
- 금속화재용 분말 소화약제에 의한 질식소화가 가능하다.
- 습기가 없고 환기가 잘되는 냉소에 보관한다(①,②).
- 밀폐용기에 보관하는 것이 가장 좋고 장기간 보관할 경우에는 불활성가스(질소, 아르곤 등)를 충전하도록 한다(②,④).

24 제조소등의 소화설비 설치 시 소요단위 산정에 관한 내용으로 다음 ( )안에 알맞은 수치를 차례대로 나열한 것은? [최다 빈출 유형]

> 제조소 또는 취급소의 건축물은 외벽이 내화구조인 것은 연면적 ( )m^2를 1소요단위로 하며, 외벽이 내화구조가 아닌 것은 연면적 ( )m^2를 1소요단위로 한다.

① 200, 100 ② 150, 100
③ 150, 50   ④ 100, 50

해설 제조소 또는 취급소의 건축물은 외벽이 내화구조인 것은 연면적(제조소등의 용도로 사용되는 부분 외의 부분이 있는 건축물에 설치된 제조소등에 있어서는 당해 건축물 중 제조소등에 사용되는 부분의 바닥면적의 합계를 말한다) (100)m^2를 1 소요단위로 하며, 외벽이 내화구조가 아닌 것은 연면적 (50)m^2를 1 소요단위로 해야 한다.

[위험물안전관리법 시행규칙 별표17 / 소화설비, 경보설비 및 피난설비의 기준] - Ⅰ. 소화설비 中 5. 소화설비의 설치기준
소요단위란 소화설비의 설치대상이 되는 건축물 그 밖의 공작물의 규모 또는 위험물의 양의 기준단위를 말하는 것으로 1 소요단위의 계산방법은 아래와 같다.

❖ 1 소요단위 산정(계산)방법

구분 \ 외벽	내화구조	비 내화구조
제조소 또는 취급소	연면적 100m^2	연면적 50m^2
저장소	연면적 150m^2	연면적 75m^2
위험물	지정수량의 10배	

* 제조소등의 옥외에 설치된 공작물은 외벽이 내화구조인 것으로 간주하고 공작물의 최대수평투영면적을 연면적으로 간주하여 소요단위를 산정할 것

정답 22 ② 23 ③ 24 ④

25 황화린에 대한 설명 중 옳지 않은 것은?

① 삼황화린은 황색 결정으로 공기 중 약 100℃에서 발화할 수 있다.
② 오황화린은 담황색 결정으로 조해성이 있다.
③ 오황화린은 물과 접촉하여 유독성 가스를 발생할 위험이 있다.
④ 삼황화린은 연소하여 황화수소 가스를 발생할 위험이 있다.

해설 황화린은 제2류 위험물로 분류되며 삼황화린, 오황화린, 칠황화린의 세 종류가 있다. (삼)황화린이 연소하면 이산화황과 오산화인을 발생시킨다. 황화수소 가스는 황화린이 물과 반응하여 분해될 때 생성된다.

$P_4S_3 + 8O_2 \rightarrow 3SO_2 + 2P_2O_5$
$P_2S_5 + 8H_2O \rightarrow 2H_3PO_4 + 5H_2S$

삼황화린은 찬물에는 녹지 않으나 뜨거운 물에서는 분해되어 황화수소와 인산의 혼합물을 형성한다.

❖ **황화린(Phosphorus Sulfide)**
- 제2류 위험물, 지정수량 100kg, 위험등급 II
- 종류 : 삼황화린(P_4S_3), 오황화린(P_2S_5), 칠황화린(P_4S_7)
- **삼황화린(P_4S_3)**
  - 황색의 결정성 덩어리이다(①).
  - 조해성이 없다.
  - 질산, 이황화탄소(CS_2), 알칼리에는 녹지만 염산, 황산, 물에는 녹지 않는다.
  - 연소반응식(④)
    $P_4S_3 + 8O_2 \rightarrow 2P_2O_5 + 3SO_2 \uparrow$
  - 공기 중 약 100℃에서 발화하고(①) 마찰에 의해 자연발화 할 수 있다.
  - 과산화물, 과망간산염, 금속분과 공존하면 자연발화 할 수 있다.
- **오황화린(P_2S_5)**
  - 담황색의 결정이다(②).
  - 조해성과 흡습성이 있으며(②) 알코올이나 이황화탄소(CS_2)에 녹는다.
  - 습한 공기 중에서 분해되어 황화수소를 발생시킨다.
  - 물이나 알칼리와 반응하여 황화수소와 인산을 발생한다(③).
    $P_2S_5 + 8H_2O \rightarrow 5H_2S + 2H_3PO_4$
  - 연소반응식
    $2P_2S_5 + 15O_2 \rightarrow 2P_2O_5 \uparrow + 10SO_2 \uparrow$
  - 주수 냉각소화는 적절하지 않으며 분말, 이산화탄소, 건조사 등으로 질식소화 한다.
- **칠황화린(P_4S_7)**
  - 담황색 결정이다.
  - 조해성이 있다.
  - 이황화탄소(CS_2)에 약간 녹는다.
  - 냉수에서는 서서히 분해되며 더운물에서는 급격하게 분해되어 황화수소와 인산을 발생시킨다.
    $P_4S_7 + 13H_2O \rightarrow H_3PO_4 + 3H_3PO_3 + 7H_2S$
    (아인산)
  - 연소반응식
    $P_4S_7 + 12O_2 \rightarrow 2P_2O_5 + 7SO_2$

✽ 빈틈없이 촘촘하게 **One more Step**

❖ **황화린의 종류에 따른 물리적 특성**

구분 \ 종류	삼황화린	오황화린	칠황화린
성상	황록색 결정	담황색 결정	담황색 결정
화학식	P_4S_3	P_2S_5	P_4S_7
비중	2.03	2.09	2.19
융점(℃)	172.5	290	310
비점(℃)	407	490	523
착화점(℃)	약 100	142	-
조해성	×	○	○

26 물과 접촉 시, 발열하면서 폭발 위험성이 증가하는 것은?

① 과산화칼륨
② 과망간산나트륨
③ 요오드산칼륨
④ 과염소산칼륨

해설 제1류 위험물 중 무기과산화물(과산화칼륨, 과산화나트륨, 과산화마그네슘 등)은 물과 접촉하면 열을 발생하며 산소 기체를 생성하므로 폭발 위험성이 증가한다.
$2K_2O_2 + 2H_2O \rightarrow 4KOH + O_2 \uparrow$

27 위험물 저장소에 해당하지 않는 것은?

① 옥외저장소 ② 지하 탱크저장소
③ 이동 탱크저장소 ④ 판매저장소

해설 위험물안전관리법령상 위험물 저장소는 아래와 같이 8개소로 구분하며 판매저장소라는 것은 존재하지 않는다.
- 옥내저장소
- 옥외저장소
- 옥내 탱크저장소
- 옥외 탱크저장소
- 지하 탱크저장소
- 간이 탱크저장소
- 이동 탱크저장소
- 암반 탱크저장소

❋ 빈틈없이 촘촘하게 One more Step

[위험물안전관리법 제2조 / 정의] - 제1항 제6호
"제조소등"이라 함은 제조소·저장소 및 취급소를 말한다.

[위험물안전관리법 제2조 / 정의] - 제1항 제3호
"제조소"라 함은 위험물을 제조할 목적으로 지정수량 이상의 위험물을 취급하기 위하여 규정에 따른 허가를 받은 장소를 말한다.

[위험물안전관리법 제2조 / 정의] - 제1항 제4호
"저장소"라 함은 지정수량 이상의 위험물을 저장하기 위한 대통령령이 정하는 장소로서 규정에 따른 허가를 받은 장소를 말한다.

[위험물안전관리법 시행령 별표2 / 저장소의 구분]
대통령령이 정하는 장소란 아래와 같다.
옥내저장소, 옥외 탱크저장소, 옥내 탱크저장소, 지하 탱크저장소, 간이 탱크저장소, 이동 탱크저장소, 옥외저장소, 암반 탱크저장소

[위험물안전관리법 제2조 / 정의] - 제1항 제5호
"취급소"라 함은 지정수량 이상의 위험물을 제조외의 목적으로 취급하기 위한 대통령령이 정하는 장소로서 규정에 따른 허가를 받은 장소를 말한다.

[위험물안전관리법 시행령 별표3 / 취급소의 구분]
대통령령이 정하는 장소란 아래와 같다.
주유취급소, 판매취급소, 이송취급소, 일반취급소

28 벤젠 1몰을 충분한 산소가 공급되는 표준상태에서 완전 연소시켰을 때 발생하는 이산화탄소의 양은 몇 ℓ인가?

① 22.4 ② 134.4
③ 168.8 ④ 224.0

해설 화학반응식은 아래와 같다.
$$2C_6H_6 + 15O_2 \rightarrow 12CO_2 + 6H_2O$$
벤젠 1몰 당 이산화탄소는 6몰이 발생되며 표준상태에서 1몰의 기체가 차지하는 부피는 기체의 종류에 관계없이 22.4ℓ이므로 $6 \times 22.4 = 134.4(\ell)$의 이산화탄소가 발생된다.

❋ **Tip**
위 18번 문제와 같은 유형의 문제이며 반응식을 스스로 완성할 수 있고 몰 개념을 이해하고 있다면 쉽게 풀 수 있는 문제이다. 미정계수법에 의한 화학반응식을 결정하는 과정은 [2016년 제1회 59번 문제]나 [2015년 제4회 48번 문제]의 해설을 참조하도록 한다.

29 지정과산화물을 저장 또는 취급하는 위험물 옥내저장소의 저장창고 기준에 대한 설명으로 틀린 것은?

① 서까래의 간격은 30cm 이하로 할 것
② 저장창고의 출입구에는 갑종 방화문을 설치할 것
③ 저장창고의 외벽을 철근콘크리트조로 할 경우 두께를 10cm 이상으로 할 것
④ 저장창고의 창은 바닥면으로부터 2m 이상의 높이에 둘 것

해설 "지정과산화물"이란 제5류 위험물 중 유기과산화물 또는 이를 함유하는 것으로서 지정수량이 10kg인 것을 말하며 저장창고의 외벽은 철근콘크리트조나 철골 철근콘크리트조로 할 경우에는 두께 20cm 이상으로 하여야 한다.

정답 25 ④ 26 ① 27 ④ 28 ② 29 ③

[위험물안전관리법 시행규칙 별표5 / 옥내저장소의 위치·구조 및 설비의 기준] - Ⅷ. 위험물의 성질에 따른 옥내저장소의 특례 - 제2호. 지정과산화물을 저장 또는 취급하는 옥내저장소의 저장창고 기준

- 저장창고는 150m² 이내마다 격벽으로 완전하게 구획할 것. 이 경우 당해 격벽은 두께 30cm 이상의 철근콘크리트조 또는 철골 철근콘크리트조로 하거나 두께 40cm 이상의 보강 콘크리트블록조로 하고, 당해 저장창고의 양측의 외벽으로부터 1m 이상, 상부의 지붕으로부터 50cm 이상 돌출하게 하여야 한다.
- 저장창고의 외벽은 두께 20cm 이상의 철근콘크리트조나 철골 철근콘크리트조(③) 또는 두께 30cm 이상의 보강 콘크리트블록조로 할 것
- 저장창고의 지붕은 다음에 적합할 것
  - 중도리 또는 서까래의 간격은 30cm 이하로 할 것(①)
  - 지붕의 아래쪽 면에는 한 변의 길이가 45cm 이하의 환강(丸鋼)·경량형강(輕量形鋼) 등으로 된 강제(鋼製)의 격자를 설치할 것
  - 지붕의 아래쪽 면에 철망을 쳐서 불연재료의 도리·보 또는 서까래에 단단히 결합할 것
  - 두께 5cm 이상, 너비 30cm 이상의 목재로 만든 받침대를 설치할 것
- 저장창고의 출입구에는 갑종 방화문을 설치할 것(②)
- 저장창고의 창은 바닥면으로부터 2m 이상의 높이에 두되(④), 하나의 벽면에 두는 창의 면적의 합계를 당해 벽면의 면적의 80분의 1 이내로 하고, 하나의 창의 면적을 0.4m² 이내로 할 것

30 다음 중 벤젠 증기의 비중에 가장 가까운 값은?

① 0.7 ② 0.9 ③ 2.7 ④ 3.9

해설 증기비중은 아래의 식으로 구할 수 있다.

증기비중 = $\dfrac{측정물질\ 분자량}{평균대기\ 분자량}$

- 벤젠의 분자량: $C_6H_6 = 12 \times 6 + 1 \times 6 = 78$
- 평균대기 분자량: 대기를 구성하는 기체 성분들의 함량을 고려하여 구하는데 산소와 질소 두 성분 기체가 차지하는 비율이 거의 100%에 가까우므로 이 두 기체의 평균분자량을 평균대기 분자량으로 간주한다. 대기 중의 질소 기체의 함량은 79%이고 분자량은 28이며 대기 중의 산소 기체의 함량은 21%이며 분자량은 32이므로

$\dfrac{28 \times 79 + 32 \times 21}{100} = 28.84 ≒ 29$가

평균대기 분자량 값이다.

벤젠의 증기비중 = $\dfrac{벤젠의\ 분자량}{평균대기\ 분자량}$

$= \dfrac{78}{29} = 2.6896 ≒ 2.7$

31 아염소산염류의 운반용기 중 적응성 있는 내장용기의 종류와 최대 용적이나 중량을 옳게 나타낸 것은? (단, 외장용기의 종류는 나무상자 또는 플라스틱 상자이고, 외장용기의 최대 중량은 125kg으로 한다.)

① 금속제 용기 : 20ℓ

② 종이 포대 : 55kg

③ 플라스틱 필름 포대 : 60kg

④ 유리 용기 : 10ℓ

해설 아염소산염류는 제1류 위험물의 산화성 고체이며 지정수량 50kg, 위험등급Ⅰ에 해당한다. 위 문제 조건에 따른 내장용기로 유리 용기를 사용하였을 때 최대 용적은 10ℓ이다.

① 금속제 용기를 내장용기로 하였을 때 최대 용적은 30ℓ이다.

② 외장용기의 종류는 나무상자 또는 플라스틱 상자이고 외장용기의 최대 중량을 125kg으로 하였을 때 제1류 위험물의 위험등급Ⅰ에 해당하는 위험물은 종이 포대를 내장용기로 사용하지 않는다.

③ 외장용기의 종류는 나무상자 또는 플라스틱 상자이고 외장용기의 최대 중량을 125kg으로 하였을 때 제1류 위험물의 위험등급Ⅰ에 해당하는 위험물은 플라스틱 필름 포대를 내장용기로 사용하지 않는다.

✔ 366쪽 표 확인

32 다음 중 니트로글리세린을 다공질의 규조토에 흡수시켜 제조한 물질은?

14년·1 ▮ 14년·5 유사

① 흑색화약 ② 니트로셀룰로오스
③ 다이너마이트 ④ 면화약

해설 ① 질산칼륨 + 숯(목탄) + 황을 일정 비율로 혼합하여 흑색화약을 제조한다.
②·④ 니트로셀룰로오스를 화약제조에 사용할 때 면화약이라고도 부르며 질소의 함유량에 따라 강면약과 약면약으로 나눈다. 니트로글리세린과 면화약을 적절히 배합하여 만든 것을 교질 다이너마이트라고 한다.

❖ **니트로글리세린($C_3H_5(ONO_2)_3$ / Nitroglycerin)**
- 제5류 위험물 중 질산에스테르류
- 지정수량 10kg, 위험등급 I
- 분자식 : $C_3H_5N_3O_9$, $C_3H_5(NO_3)_3$
- 분자량 227, 비중 1.6, 증기비중 7.83, 녹는점 13.5℃, 끓는점 160℃
- 구조식

$$\begin{array}{l} CH_2-ONO_2 \\ | \\ CH\ -ONO_2 \\ | \\ CH_2-ONO_2 \end{array}$$

- 무색투명한 기름 형태의 액체이다(공업용은 담황색).
- 물에 녹지 않으며 알코올, 벤젠, 아세톤 등에 잘 녹는다.
- 가열, 충격, 마찰에 매우 예민하며 폭발하기 쉽다.
- 상온에서 액체로 존재하나 겨울철에는 동결의 우려가 있다.
- 니트로글리세린을 다공성의 규조토에 흡수시켜 세소한 것을 다이너마이트라고 한다(③).
- 직사광선을 피하고 통풍이 잘되는 냉암소에 보관한다.
- 연소가 개시되면 폭발적으로 반응이 일어나므로 미리 연소위험 요소를 제거하는 것이 중요하다.
- 주수소화가 효과적이다.

- 질산과 황산의 혼산 중에 글리세린을 반응시켜 제조한다.

$$\begin{array}{l} CH_2-OH \\ | \\ CH\ -OH\ +3HNO_3 \\ | \\ CH_2-OH \end{array} \xrightarrow{H_2SO_4} \begin{array}{l} CH_2-ONO_2 \\ | \\ CH\ -ONO_2\ +3H_2O \\ | \\ CH_2-ONO_2 \end{array}$$

33 운반을 위하여 위험물을 적재하는 경우에 차광성이 있는 피복으로 가려주어야 하는 것은?

[빈출 유형]

① 특수인화물 ② 제1석유류
③ 알코올류 ④ 동식물유류

해설 [위험물안전관리법 시행규칙 별표19 / 위험물의 운반에 관한 기준] - Ⅱ. 적재방법 제5호
- 차광성이 있는 피복으로 가려야 할 위험물
  - 제1류 위험물
  - 제3류 위험물 중 자연발화성 물질
  - <u>제4류 위험물 중 특수인화물</u>
  - 제5류 위험물
  - 제6류 위험물
- 방수성이 있는 피복으로 덮어야 할 위험물
  - 제1류 위험물 중 알칼리금속의 과산화물 또는 이를 함유한 것
  - 제2류 위험물 중 철분·금속분·마그네슘 또는 이들 중 어느 하나 이상을 함유한 것
  - 제3류 위험물 중 금수성 물질
- 보냉 컨테이너에 수납하는 등 적정한 온도관리를 해야 할 위험물
  - 제5류 위험물 중 55℃ 이하의 온도에서 분해될 우려가 있는 것
- 충격 등을 방지하기 위한 조치를 강구해야 할 위험물
  - 액체 위험물 또는 위험등급Ⅱ의 고체 위험물을 기계에 의하여 하역하는 구조로 된 운반 용기에 수납하여 적재하는 경우

정답 30 ③ 31 ④ 32 ③ 33 ①

위험물안전관리법 시행규칙 별표19 / 위험물의 운반에 관한 기준] [부표1] - 고체 위험물 운반 용기의 최대 용적 또는 중량

운반 용기					수납 위험물의 종류									
내장 용기		외장 용기			제1류			제2류		제3류			제5류	
용기의 종류	최대용적 또는 중량	용기의 종류		최대용적 또는 중량	I	II	III	II	III	I	II	III	I	II
유리용기 또는 플라스틱 용기	10ℓ	나무상자 또는 플라스틱상자 (필요에 따라 불활성의 완충재를 채울 것)		125kg	O	O	O	O	O	O	O	O	O	O
^	^	^		225kg		O	O		O		O	O		O
^	^	파이버판상자(필요에 따라 불활성의 완충재를 채울 것)		40kg	O	O	O	O	O	O	O	O	O	O
^	^	^		55kg		O	O		O		O	O		O
금속제용기	30ℓ	나무상자 또는 플라스틱상자		125kg	O	O	O	O	O	O	O	O	O	O
^	^	^		225kg		O	O		O		O	O		O
^	^	파이버판상자		40kg	O	O	O	O	O	O	O	O	O	O
^	^	^		55kg		O	O		O		O	O		O
플라스틱 필름포대 또는 종이포대	5kg	나무상자 또는 플라스틱상자		50kg	O	O	O	O	O					O
^	50kg	^		50kg	O	O	O	O	O					O
^	125kg	^		125kg		O	O	O	O					
^	225kg	^		225kg			O		O					
^	5kg	파이버판상자		40kg	O	O	O	O	O					O
^	40kg	^		40kg	O	O	O	O	O					O
^	55kg	^		55kg			O		O					
		금속제용기(드럼 제외)		60ℓ	O	O	O	O	O	O	O	O	O	O
		플라스틱용기(드럼 제외)		10ℓ		O	O	O	O		O	O		O
		^		30ℓ			O		O			O		O
		금속제드럼		250ℓ	O	O	O	O	O	O	O	O	O	O
		플라스틱 드럼 또는 파이버 드럼(방수성이 있는 것)		60ℓ	O	O	O	O	O		O	O		O
		^		250ℓ		O	O		O		O	O		O
		합성수지포대(방수성이 있는 것), 플라스틱 필름포대, 섬유포대 (방수성이 있는 것) 또는 종이포대 (여러 겹으로서 방수성이 있는 것)		50kg		O	O		O					O

〈비고〉
1. "O"표시는 수납위험물의 종류별 각란에 정한 위험물에 대하여 당해 각란에 정한 운반 용기가 적응성이 있음을 표시한다.
2. 내장용기는 외장용기에 수납하여야 하는 용기로서 위험물을 직접 수납하기 위한 것을 말한다.
3. 내장용기의 용기의 종류란이 공란인 것은 외장용기에 위험물을 직접 수납하거나 유리용기, 플라스틱용기, 금속제용기, 폴리에틸렌포대 또는 종이포대를 내장용기로 할 수 있음을 표시한다.

34 위험물 분류에서 제1석유류에 대한 설명으로 옳은 것은? 　　14년·5 유사

① 아세톤, 휘발유 그밖에 1기압에서 인화점이 섭씨 21도 미만인 것
② 등유, 경유 그 밖에 액체로서 인화점이 섭씨 21도 이상 70도 미만의 것
③ 중유, 도료류로서 인화점이 섭씨 70도 이상 200도 미만의 것
④ 기계유, 실린더유 그 밖의 액체로서 인화점이 섭씨 200도 이상 250도 미만인 것

해설 [위험물안전관리법 시행령 별표1 / 위험물 및 지정수량] – 비고란 제11호 ~ 제18호

❖ **제4류 위험물로 분류되는 위험물의 정의**
- 인화성 액체 : 액체(제3석유류, 제4석유류 및 동식물유류의 경우 1기압과 20℃에서 액체인 것만 해당한다)로서 인화의 위험성이 있는 것을 말한다.
- 특수인화물 : 이황화탄소, 디에틸에테르 그 밖에 1기압에서 발화점이 100℃ 이하인 것, 또는 인화점이 -20℃이하이고 비점이 40℃ 이하인 것을 말한다.
- 제1석유류 : 아세톤, 휘발유 그 밖에 1기압에서 인화점이 21℃ 미만인 것을 말한다.
- 알코올류 : 1분자를 구성하는 탄소 원자의 수가 1개부터 3개까지인 포화 1가알코올(변성알코올 포함)을 말한다. 다만, 다음은 제외한다.
  – 1분자를 구성하는 탄소 원자의 수가 1개부터 3개의 포화 1가알코올의 함유량이 60 중량퍼센트 미만인 수용액
  – 가연성 액체량이 60 중량퍼센트 미만이고 인화점 및 연소점이 에틸알코올 60 중량퍼센트 수용액의 인화점 및 연소점을 초과하는 것
- 제2석유류 : 등유, 경유 그 밖에 1기압에서 인화점이 21℃ 이상 70℃ 미만인 것을 말한다(다만 도료류 그 밖의 물품에 있어서 가연성 액체량이 40 중량퍼센트 이하이면서 인화점이 40℃ 이상 동시에 연소점이 60℃ 이상인 것은 제외한다).
- 제3석유류 : 중유, 클레오소트유 그 밖에 1기압에서 인화점이 70℃ 이상 200℃ 미만인 것을 말한다(다만 도료류 그 밖의 물품은 가연성 액체량이 40 중량퍼센트 이하인 것은 제외한다).
- 제4석유류 : 기어유, 실린더유 그 밖에 1기압에서 인화점이 200℃ 이상 250℃ 미만인 것을 말한다(다만 도료류 그 밖의 물품은 가연성 액체량이 40 중량퍼센트 이하인 것은 제외한다).
- 동식물유류 : 동물의 지육 등 또는 식물의 종자나 과육으로부터 추출한 것으로서 1기압에서 인화점이 250℃ 미만인 것을 말한다.

35 제2류 위험물의 일반적 성질에 대한 설명으로 가장 거리가 먼 것은?

① 가연성 고체 물질이다.
② 연소 시 연소열이 크고 연소속도가 빠르다.
③ 산소를 포함하여 조연성 가스의 공급이 없이 연소가 가능하다.
④ 비중이 1보다 크고 물에 녹지 않는다.

해설 제2류 위험물은 산소를 포함하고 있지 않으며 산화되기 쉬운 환원성 물질로서 연소하려면 산소공급원이 필요하다. 자체 산소를 포함하고 있어 조연성 가스의 공급 없이 연소가 가능한 것은 자기반응성 물질인 제5류 위험물이다.

❖ **제2류 위험물의 일반적인 성질**
- 산소가 없는 강력한 환원제(환원성 물질)이다(③).
- 비교적 낮은 온도에서 착화하는 가연성 고체이다(①).
- 연소속도가 빠르며 연소 시 많은 양의 빛과 열을 발생한다(②).
- 산화되기 쉬우므로(산소와 결합하기 쉬우므로) 산화제와의 접촉은 피하도록 한다.
- 가연물이므로 산화제와 접촉하면 가열, 충격, 마찰에 의해 연소하거나 폭발할 수 있다.
- 연소할 경우 유독가스를 발생하는 물질도 존재한다.
- 금속분은 물, 습기, 산과 접촉하면 수소 기체를 발생하며 발열한다.

정답 34 ① 35 ③

- 대부분 비중은 1보다 크며 비수용성이나 물과 반응하여 가연성 기체나 유독성 기체를 발생한다(④).
- 유황, 철분, 금속분은 밀폐된 공간 내에서 부유하면 분진폭발 할 위험이 있다.
- 운반 용기 외부에는 다음의 주의사항을 표기한다.
  - 철분·금속분·마그네슘 또는 이들 중 어느 하나 이상을 함유한 것 : 화기주의, 물기엄금
  - 인화성 고체 : 화기엄금
  - 그 밖의 것 : 화기주의

36 아세트알데히드의 저장·취급 시 주의사항으로 틀린 것은?

① 강산화제와의 접촉을 피한다.
② 취급설비에는 구리합금의 사용을 피한다.
③ 수용성이기 때문에 화재 시 물로 희석 소화가 가능하다.
④ 옥외 저장탱크에 저장 시 조연성 가스를 주입한다.

해설 옥외 저장탱크에 아세트알데히드를 저장하는 경우에는 항상 질소나 이산화탄소 같은 불활성기체를 봉입하여야 한다. 조연성 가스란 연소가 잘 이루어지도록 도와주는 역할을 하는 가스이므로 이치에 맞지 않는다.
[위험물안전관리법 시행규칙 별표4, 6, 7, 8, 10]
- 아세트알데히드를 취급하는 설비(제조소)나 저장하는 탱크(옥외 저장탱크·옥내 저장탱크·지하 저장탱크 또는 이동 저장탱크)에는 연소성 혼합기체의 생성에 의한 폭발을 방지하기 위해 **불활성 기체를 봉입하는 장치를 설치하여야 한다.**
① 환원성이 강하기 때문에 강산화제와 접촉하면 폭발하거나 연소할 수 있으므로 피하도록 한다.
② 아세트알데히드를 저장 및 취급하기 위한 설비는 동(구리)·마그네슘·은·수은 또는 이들을 성분으로 하는 합금으로 만들지 아니한다. 이유는 아세트알데히드가 이들 금속과 반응하여 폭발성 물질(아세틸라이트)을 생성하기 때문이다. [위험물안전관리법 시행규칙 별표4, 6, 7, 8, 10]

③ 아세트알데히드는 제4류 위험물 중 특수인화물로 질식소화가 주된 소화 방법이나 물에 잘 녹는 수용성 물질로서 물로 희석소화하는 것도 가능하다.

37 과염소산칼륨과 아염소산나트륨의 공통 성질이 아닌 것은?
12년 · 1 동일

① 지정수량이 50kg이다.
② 열분해 시 산소를 방출한다.
③ 강산화성 물질이며 가연성이다.
④ 상온에서 고체의 형태이다.

해설 과염소산칼륨과 아염소산나트륨은 강산화제로 작용하는 물질이지만 <u>불연성이며 조연성의 성질을 가진다.</u>
과염소산칼륨과 아염소산나트륨은 제1류 위험물(산화성 고체)에 속하는 물질이며 가연성 고체는 제2류 위험물을 일컫는 말이다. 제1류 위험물은 산소를 다량 포함하는 산화제이며 산소공급원으로 작용하고 제2류 위험물인 가연성 고체는 산소를 함유하지 않는 환원성이 강한 물질로서 가연물로 작용하게 된다. 제1류 위험물과 제2류 위험물이 혼합된 상태에서 가열이나 충격과 같은 점화원 환경이 조성된다면 발화 및 폭발 위험성이 증대되는 것이다. 이러한 이유로 법령에 의해서도 운반 시 제1류 위험물과 제2류 위험물은 혼재할 수 없다고 규정하고 있다.
(위험물 안전관리법 시행규칙 [별표19]의 [부표2] 참조)
① 두 위험물 모두 위험등급은 Ⅰ이며 지정수량은 50kg이다.
② 과염소산칼륨 : 400℃에서 분해가 시작되며 600℃에서 완전히 분해되고 산소를 방출한다.
$KClO_4 \rightarrow KCl + 2O_2 \uparrow$
아염소산나트륨 : 180℃ 이상의 온도로 가열하면 분해되어 산소를 방출한다.
$NaClO_2 \rightarrow NaCl + O_2 \uparrow$
④ 과염소산칼륨은 융점이 482℃로서 상온에서 무색·무취의 백색 결정으로 존재하며 아염소산나트륨은 융점 257℃로서 상온에서 무색의 결정성 분말로 존재한다.

38 제5류 위험물의 일반적 성질에 관한 설명으로 옳지 않은 것은?

① 화재발생 시 소화가 곤란하므로 적은 양으로 나누어 저장한다.
② 운반용기 외부에 충격주의, 화기엄금의 주의사항을 표시한다.
③ 자기연소를 일으키며 연소속도가 대단히 빠르다.
④ 가연성 물질이므로 질식소화 하는 것이 가장 좋다.

해설 제5류 위험물은 자기반응성 물질로서 자체 분자 내에 산소를 포함하고 있어 질식소화를 하더라도 산소가 계속 공급되어 연소가 지속되므로 질식소화는 좋은 방법이 아니며 다량의 물로 주수소화하는 것이 효과적이다.
제5류 위험물은 비중값이 1보다 크고 물에 녹지 않으며 물과 혼합할 경우 오히려 위험성이 감소하므로 저장 및 운반 시 물에 습윤시켜 안정성을 증가시키기도 한다.

❖ 제5류 위험물의 일반적 성질
- 히드라진 유도체를 제외한 나머지는 모두 유기화합물이다.
- 유기과산화물을 제외하면 모두 질소를 포함하고 있다.
- 모두 가연성의 액체 또는 고체이며 연소할 때에는 다량의 유독성 가스를 발생한다.
- 대부분 물에 불용이며 물과의 반응성도 없다.
- 비중은 1보다 크다(일부의 유기과산화물 제외).
- 가열, 충격, 마찰에 민감하다
- 강산화제 또는 강산류와 접촉 시 발화가 촉진되고 위험성도 현저히 증가한다.
- 연소속도가 대단히 빠른 폭발성의 물질(③)로 화약, 폭약의 원료로 사용된다.
- 분자 내에 산소를 함유하고 있으므로 가연물과 산소공급원의 두 가지 조건을 충족하고 있으며 가열이나 충격과 같은 환경이 조성되면 스스로 연소할 수 있다(자기반응성 물질)(③).
- 공기 중에서 장시간 저장 시 분해되고 분해열 축적에 의해 자연발화 할 수 있다.

- 산소를 함유하고 있어 질식소화는 효과가 없고 다량의 물로 주수소화한다(④).
- 대량화재 시 소화가 곤란하므로 저장할 경우에는 소량으로 나누어 저장한다(①).
- 화재 시 폭발의 위험성이 있으므로 충분한 안전거리를 확보하여야 한다.
- 운반용기의 외부에는 "화기엄금" 및 "충격주의"라는 주의사항을 표시한다(②).

39 다음 중 자연발화의 위험성이 가장 큰 물질은?
15년·4 유사

① 아마인유   ② 야자유
③ 올리브유   ④ 피마자유

해설 동식물유류 중 자연발화의 위험성이 가장 큰 것은 요오드값이 130 이상인 건성유이며 불포화도가 높아 공기 중 산소와 쉽게 반응한다. 아마인유는 건성유이며 야자유, 올리브유, 피마자유는 불건성유이다. 일반적으로 요오드값이 높을수록 자연발화의 가능성이 크다고 할 수 있다.
요오드값이란 유지에 염화요오드를 떨어뜨렸을 때 유지 100g에 흡수되는 염화요오드의 양으로부터 요오드의 양을 환산하여 그램 수로 나타낸 것으로 '옥소값'이라고도 한다. 일반적으로 유지류에 요오드를 작용시키면 이중결합 하나에 대해 요오드 2 원자가 첨가되기 때문에 유지의 불포화 정도를 확인할 수 있다. 요오드값이 크다는 것은 탄소 간에 이중결합이 많아 불포화도가 크다는 것을 의미하므로 요오드값은 불포화 지방산의 함량이 많을수록 커지는 비례관계이며 불포화도가 높을수록 공기 중에서 산화되기 쉽고 산화열이 축적되어 자연발화 할 가능성도 커진다. 산화되거나 산패 시에 요오드값은 감소한다.

요오드값에 따라 유지는 다음과 같이 분류된다.
- 건성유 : 요오드값이 130 이상인 것. 이중결합이 많아 불포화도가 높기 때문에 공기 중에 노출시키면 산소와 반응하여 액 표면에 피막을 만들고 굳어버리는 기름. 섬유 등 다공성 가연물에 스며들어 공기와 반응

정답 36 ④ 37 ③ 38 ④ 39 ①

함으로써 자연 발화하기 쉽다. 정어리유, 대구유, 상어유, 아마인유, 오동유, 해바라기유, 들기름 등이 있다.

- 반건성유 : 100~130 사이의 요오드값을 갖는 것. 공기 중에서 서서히 산화되면서 점성은 증가하지만 건조한 상태까지는 되지 않는 기름. 면실유, 청어유, 대두유, 채종유, 참기름, 콩기름, 옥수수기름 등이 있다.
- 불건성유 : 요오드값이 100 이하인 것. 불포화 지방산의 함유량이 적기 때문에 공기 중에 두어도 산화되거나 굳어지거나 엷은 막을 형성하지 않는 기름. 올리브유, 야자유, 동백유, 피마자유, 땅콩기름(낙화생유), 쇠기름, 돼지기름 등이 있다.

40 위험물안전관리법령상 동식물유류의 경우 1기압에서 인화점은 섭씨 몇 도 미만으로 규정하고 있는가?

① 150℃   ② 250℃
③ 450℃   ④ 600℃

해설 [위험물안전관리법 시행령 별표1 / 위험물 및 지정수량] - 비고란 제18호
"동식물유류"라 함은 동물의 지육 등 또는 식물의 종자나 과육으로부터 추출한 것으로서 1기압에서 인화점이 250 ℃ 미만인 것을 말한다. 다만, 법규정에 의하여 행정안전부령으로 정하는 용기기준과 수납·저장기준에 따라 수납되어 저장·보관되고 용기의 외부에 물품의 통칭명, 수량 및 화기엄금(화기엄금과 동일한 의미를 갖는 표시를 포함한다)의 표시가 있는 경우를 제외한다.

41 위험물 제조소등에 옥내소화전 설비를 설치할 때 옥내소화전이 가장 많이 설치된 층의 소화전의 개수가 4개일 경우 확보하여야 할 수원의 수량은?

① $10.4m^3$ ② $20.8m^3$
③ $31.2m^3$ ④ $41.6m^3$

해설 [위험물안전관리법 시행규칙 별표17 / 소화설비, 경보설비 및 피난설비의 기준] - Ⅰ. 소화설비 - 5. 소화설비의 설치기준 - 옥내소화전 설비의 설치기준 中
수원의 수량은 옥내소화전이 가장 많이 설치된 층의 옥내소화전 설치개수(설치개수가 5개 이상인 경우는 5개)에 $7.8m^3$를 곱한 양 이상이 되도록 설치하여야 한다.

∴ $4 \times 7.8 = 31.2(m^3)$

42 위험물안전관리법령상 지정수량이 다른 하나는?

① 인화칼슘   ② 루비듐
③ 칼슘   ④ 차아염소산칼륨

해설 ① 제3류 위험물 중 금속의 인화물에 속하며 지정수량 300kg, 위험등급 Ⅲ
② 제3류 위험물 중 알칼리금속에 속하며 지정수량 50kg, 위험등급 Ⅱ
③ 제3류 위험물 중 알칼리토금속에 속하며 지정수량 50kg, 위험등급 Ⅱ
④ 제1류 위험물 중 차아염소산염류(행정안전부령으로 정하는 위험물)에 속하며 지정수량 50kg, 위험등급 Ⅰ

43 과염소산나트륨에 대한 설명으로 옳지 않은 것은?

① 가열하면 분해하여 산소를 방출한다.
② 환원제이며 수용액은 강한 환원성이 있다.
③ 수용성이며 조해성이 있다.
④ 제1류 위험물이다.

해설 과염소산나트륨은 제1류 위험물 중 과염소산염류에 속하는 물질이며 산소공급원인 산화제로 작용한다.

❖ 과염소산나트륨($NaClO_4$)
- 제1류 위험물 중 과염소산염류(④)
- 지정수량 50kg, 위험등급 Ⅰ
- 비중 2.50, 융점 482℃, 분해온도 400℃, 용해도 170
- 물, 에틸알코올, 아세톤에 잘 녹고(③) 에테르에 녹지 않는다.

- 무색(또는 백색)무취의 결정이며 조해성이 있다(③).
- 130℃ 이상으로 가열하면 분해되어 산소를 발생시킨다(①).
  $NaClO_4 \rightarrow NaCl + 2O_2 \uparrow$
- 금속분이나 유기물 등과 폭발성 혼합물을 형성한다.
- 화약이나 폭약, 로켓연료, 과염소산($HClO_4$)의 제조에 쓰인다.

44 질산메틸의 성질에 대한 설명으로 틀린 것은?

① 비점은 약 66℃이다.
② 증기는 공기보다 가볍다.
③ 무색투명한 액체이다.
④ 자기반응성 물질이다.

해설 질산메틸의 증기비중은 2.65로 공기보다 무겁다.

증기비중 = $\dfrac{\text{질산메틸 분자량}}{29}$

= $\dfrac{77}{29}$ ≒ 2.65

❖ **질산메틸(CH_3ONO_2)**
- 제5류 위험물(자기반응성 물질) 중 질산에스테르류(④)
- 지정수량 10kg, 위험등급 I
- 분자량 77, 비점 66℃(①), 증기비중 2.65(②), 비중 1.22
- 메탄올과 질산을 반응시켜 제조한다.
  $CH_3OH + HNO_3 \rightarrow CH_3ONO_2 + H_2O$
- 무색투명한 액체로서(③) 단맛이 있으며 방향성을 갖는다.
- 물에는 녹지 않으며 알코올, 에테르에는 잘 녹는다.
- 폭발성은 거의 없으나 인화의 위험성은 있다.

45 황린의 저장 방법으로 옳은 것은?

① 물속에 저장한다.
② 공기 중에 보관한다.
③ 벤젠 속에 저장한다.
④ 이황화탄소 속에 보관한다.

해설 황린은 제3류 위험물이지만 유일하게 금수성 물질이 아니며 물에 녹지 않고 물과의 반응성도 없으며 비중도 1.82로 물보다 무거우므로 물속에 보관한다. pH를 9로 유지함으로서 인화수소의 생성을 방지한다.

❖ **황린(P_4)**
- 제3류 위험물 중 황린 - 자연발화성 물질
- 지정수량 20kg, 위험등급 I
- 착화점 34℃(미분) 60℃(고형), 녹는점 44℃, 끓는점 280℃, 비중 1.82, 증기비중 4.4
- 마늘과 같은 자극적인 냄새가 나는 백색 또는 담황색의 가연성 고체이다.
- 벤젠이나 이황화탄소에는 녹지만 물에는 녹지 않는다.
- 물과의 반응성이 없고 공기와 접촉하면 자연발화 할 수 있으므로 물속에 넣어 보관한다.
- $Ca(OH)_2$를 첨가함으로써 물의 pH를 9로 유지하여 포스핀(인화수소)의 생성을 방지한다.
- 발화점이 낮고 화학적 활성이 커서 공기 중에 노출되면 자연발화 한다.
- 충격, 마찰, 강산화제와의 접촉 등으로 발화할 수 있다.
- 공기 중에서 격렬히 연소하며 흰 연기의 오산화인(P_2O_5)을 발생시킨다(오산화인은 흡입 시 치명적이며 피부에 심한 화상과 눈에 손상을 일으킨다).
  $P_4 + 5O_2 \rightarrow 2P_2O_5$
- 강알칼리 수용액과 반응하여 유독성의 포스핀(PH_3) 가스를 발생시킨다.
  $P_4 + 3KOH + 3H_2O \rightarrow 3KH_2PO_2 + PH_3 \uparrow$
- 분무주수에 의한 냉각소화가 효과적이며 분말소화설비에는 적응성이 없다.
- 공기를 차단하고 260℃ 정도로 가열하면 적린이 된다.

정답 40 ② 41 ③ 42 ① 43 ② 44 ② 45 ①

46 옥외 탱크저장소의 소화설비를 검토 및 적용할 때에 소화난이도 등급 I 에 해당되는지를 검토하는 탱크 높이의 측정 기준으로서 적합한 것은?

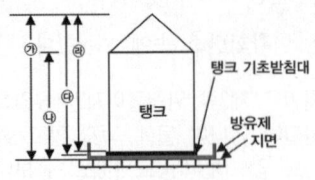

① ㉮   ② ㉯   ③ ㉰   ④ ㉱

해설 고깔 모양으로 돌출된 지붕 부분은 탱크 높이로 고려하지 않는다.

[위험물안전관리법 시행규칙 별표17 / 소화설비, 경보설비 및 피난설비의 기준] - I. 소화설비 - 1. 소화난이도 등급 I 의 제조소등 및 소화설비 中
- 소화난이도 등급 I 에 해당하는 옥외 탱크저장소
  - 액 표면적이 40m² 이상인 것(제6류 위험물을 저장하는 것 및 고인화점 위험물만을 100℃ 미만의 온도에서 저장하는 것은 제외)
  - <u>지반면으로부터 탱크 옆판의 상단까지 높이</u>가 6m 이상인 것(제6류 위험물을 저장하는 것 및 고인화점 위험물만을 100℃ 미만의 온도에서 저장하는 것은 제외)
  - 지중탱크 또는 해상탱크로서 지정수량의 100배 이상인 것(제6류 위험물을 저장하는 것 및 고인화점 위험물만을 100℃ 미만의 온도에서 저장하는 것은 제외)
  - 고체 위험물을 저장하는 것으로서 지정수량의 100배 이상인 것

47 다음 중 증기의 밀도가 가장 큰 것은?

① 디에틸에테르   ② 벤젠
③ 가솔린(옥탄 100%)   ④ 에틸알코올

해설 밀도 = $\dfrac{질량}{부피}$ 으로 구할 수 있으며 표준상태에서 1몰의 기체가 차지하는 부피는 기체의 종류에 관계없이 22.4ℓ이므로 이 부피 당 1몰에 해당하는 물질의 분자량을 대입해보고 가장 큰 값을 나타내는 것을 찾는다.

즉, 증기밀도 = $\dfrac{1몰당 \ 분자량}{22.4 \ ℓ}$ 으로 계산한다.

그러나 증기 밀도의 정확한 값을 계산하는 것이 아니라 증기밀도의 대소관계를 판단하는 문제에서는 분모값은 고정값이므로 결국 분자량의 대소관계만을 살펴보면 되는 것이다.

① 디에틸에테르의 분자량은 74이므로 $\dfrac{74}{22.4} ≒ 3.3$

② 벤젠의 분자량은 78이므로 $\dfrac{78}{22.4} ≒ 3.5$

③ 가솔린(옥탄 100%, C_8H_{18})의 분자량은 114이므로 $\dfrac{114}{22.4} ≒ 5.1$

④ 에틸알코올의 분자량은 46이므로 $\dfrac{46}{22.4} ≒ 2.1$

48 금속나트륨에 대한 설명으로 옳지 않은 것은?

① 물과 격렬히 반응하여 발열하고 수소가스를 발생한다.
② 에탄올과 반응하여 나트륨에틸라이트와 수소가스를 발생한다.
③ 할로겐화합물 소화약제는 사용할 수 없다.
④ 은백색의 광택이 있는 중금속이다.

해설 중금속(重金屬)은 비중이 4.5보다 큰 금속으로 중금속 대부분은 생물계통에 필수적이지 않으며 치명적 독성을 나타낸다. 나트륨은 0.97의 비중값을 가지는 <u>은백색 광택의 경금속</u>이며 인체 내에서 전해질로 사용되는 주요한 물질이다.

① 제3류 위험물에 속하는 금속나트륨은 대표적인 금수성 물질로서 공기 중의 수분이나 물과 반응하면 폭발성의 수소 기체를 발생시킨다.
 $2Na + 2H_2O \rightarrow 2NaOH + H_2 \uparrow$
② $2Na + 2C_2H_5OH \rightarrow 2C_2H_5ONa + H_2 \uparrow$
③ 사염화탄소 등의 할로겐화합물과 접촉하면 폭발적으로 반응하므로 할로겐화합물 소화약제는 사용하지 않는다.
 $4Na + CCl_4 \rightarrow C + 4NaCl$

49 염소산나트륨의 저장 및 취급 방법으로 옳지 않은 것은? 14년・1 유사

① 철제용기에 저장한다.
② 습기가 없는 찬 장소에 보관한다.
③ 조해성이 크므로 용기는 밀전한다.
④ 가열, 충격, 마찰을 피하고 점화원의 접근을 금한다.

해설 염소산나트륨($NaClO_3$)은 제1류 위험물의 염소산염류에 속하는 물질이며 철을 부식시키므로 철제용기에는 보관하지 않는다.
④ 폭약이나 폭죽의 원료로 사용되는 염소산염류는 일반적으로 가열이나 충격, 강산과의 접촉, 유기물과의 혼합 등으로 인해 폭발할 수 있으므로 피하도록 하며 점화원의 접근을 금하는 것은 기본적인 사항이다.

❖ **염소산나트륨($NaClO_3$)**
- 제1류 위험물 중 염소산염류
- 지정수량 50kg, 위험등급 I
- 분자량 106.5, 녹는점 248°C, 비중 2.49, 증기비중 3.67
- 무색, 무취의 주상결정이다.
- 물, 에테르, 글리세린, 알코올에 잘 녹는다.
- 산화력이 강하며 인체에 유독하다.
- 환기가 잘되고 습기 없는 냉암소에 보관하며 조해성이 강하므로 밀전・밀봉하여 저장한다(②,③).
- 철을 부식시키므로 철제용기에 저장하지 않고 유리용기에 저장한다(①).
- 목탄, 황, 유기물 등과 혼합한 것은 위험하다.
- 강산과 반응하여 유독한 폭발성의 이산화염소를 발생시킨다.
  $2NaClO_3 + 2HCl \rightarrow 2NaCl + 2ClO_2 + H_2O_2$
- 300°C에서 분해되기 시작하며 염화나트륨과 산소를 발생한다.
  $2NaClO_3 \rightarrow 2NaCl + 3O_2 \uparrow$
- 화재 시 다량의 물을 방사하여 냉각소화 한다.

50 옥내저장소의 저장창고에 150m² 이내마다 일정 규격의 격벽을 설치하여 저장하여야 하는 위험물은?

① 제5류 위험물 중 지정과산화물
② 알킬알루미늄등
③ 아세트알데히드등
④ 히드록실아민등

해설 옥내저장소의 저장창고에 150m² 이내마다 일정 규격의 격벽을 설치하여 저장하여야 하는 위험물은 제5류 위험물 중 지정과산화물이다.
"지정과산화물"이란 제5류 위험물 중 유기과산화물 또는 이를 함유하는 것으로서 지정수량이 10kg인 것을 말한다. [29번] 해설 참조

51 위험물 제조소등의 허가에 관계된 설명으로 옳은 것은?

① 제조소등을 변경하고자 하는 경우에는 언제나 허가를 받아야 한다.
② 위험물의 품명을 변경하고자 하는 경우에는 언제나 허가를 받아야 한다.
③ 농예용으로 필요한 난방시설을 위한 지정수량 20배 이하의 저장소는 허가대상이 아니다.
④ 저장하는 위험물의 변경으로 지정수량의 배수가 달라지는 경우는 언제나 허가대상이 아니다.

해설 [위험물안전관리법 제6조 / 위험물시설의 설치 및 변경 등]에 의하면 기본적으로 제조소등을 설치하거나 제조소등의 위치・구조 또는 설비를 변경하고자 하면 시・도지사의 허가를 받아야 하고 제조소등의 위치・구조 또는 설비의 변경없이 당해 제소소등에서 저장하거나 취급하는 위험물의 품명・수량 또는 지정

정답 46 ② 47 ③ 48 ④ 49 ① 50 ① 51 ③

수량의 배수를 변경하고자 하는 자는 변경하고자 하는 날의 1일 전까지 시·도지사에게 신고하여야 한다.
그러나 다음에 해당하는 제조소등의 경우에는 허가를 받지 아니하고 당해 제조소등을 설치하거나 그 위치·구조 또는 설비를 변경할 수 있으며 신고를 하지 아니하고 위험물의 품명·수량 또는 지정수량의 배수를 변경할 수 있다.

- 주택의 난방시설(공동주택의 중앙난방시설을 제외한다)을 위한 저장소 또는 취급소
- 농예용·축산용 또는 수산용으로 필요한 난방시설 또는 건조시설을 위한 지정수량 20배 이하의 저장소

그러므로 ① ②의 지문 내용과 같이 언제나 허가를 받아야 한다는 문구는 틀린 것이다. 또한 ②의 위험물의 품명 변경에 대한 사항은 허가사항이 아니라 신고사항이다.
③ 농예용으로 필요한 난방시설을 위한 지정수량 20배 이하의 저장소는 허가나 신고 대상이 아니다.
④ 제조소등의 위치·구조 또는 설비를 변경하면서 저장하는 위험물이 변경되고 지정수량의 배수가 달라지는 경우에는 허가를 받아야 한다.

52 위험물안전관리법령상 제조소등에 대한 긴급 사용정지 명령 등을 할 수 있는 권한이 없는 자는?

① 시·도지사 ② 소방본부장
③ 소방서장   ④ 소방방재청장

해설 [위험물안전관리법 제25조 / 제조소등에 대한 긴급 사용정지 명령 등]
시·도지사, 소방본부장 또는 소방서장은 공공의 안전을 유지하거나 재해의 발생을 방지하기 위하여 긴급한 필요가 있다고 인정하는 때에는 제조소등의 관계인에 대하여 당해 제조소등의 사용을 일시정지하거나 그 사용을 제한할 것을 명할 수 있다.

53 황의 성질에 대한 설명 중 틀린 것은?

① 물에 녹지 않으나 이황화탄소에 녹는다.
② 공기 중에서 연소하여 아황산가스를 발생한다.
③ 전도성 물질이므로 정전기 발생에 유의하여야 한다.
④ 분진폭발의 위험성에 주의하여야 한다.

해설 황은 비전도성 물질(부도체)로서 마찰에 의한 정전기가 발생하여 연소할 수 있으므로 주의한다.

❖ **유황(S)**
- 제2류 위험물 중 유황
- 지정수량 100kg. 위험등급 II
- 순도가 60중량% 이상인 것을 위험물로 간주한다.
- 황색 결정 또는 미황색 분말
- 원자량 32, 녹는점 115.2℃, 끓는점 444.6℃, 인화점 207℃, 비중 2.07
- 동소체 - 단사황, 사방황, 고무상황
- 산소를 함유하지 않은 강한 환원성 물질이다.
- 물에는 녹지 않으며 알코올에는 난용성이고 이황화탄소에는 고무상황 이외에는 잘 녹는다(①).
- 연소 시 유독가스인 이산화황(SO_2)을 발생시킨다(②).
- 고온에서 용융된 유황은 수소와 반응하여 H_2S를 생성하며 발열한다.
- 밀폐된 공간에서 분진 상태로 존재하면 폭발할 수 있다(④).
- 전기의 부도체로서 마찰에 의한 정전기가 발생할 수 있다(③).
- 염소산염이나 과염소산염 등과의 접촉을 금한다.
- 가연물이나 산화제와의 혼합물은 가열, 충격, 마찰 등에 의해 발화할 수 있다.
- 산화제와의 혼합물이 연소할 경우 다량의 물에 의한 주수소화가 효과적이다.

54 다음에서 설명하는 위험물에 해당하는 것은?

> ○ 지정수량은 300kg이다.
> ○ 산화성 액체 위험물이다.
> ○ 가열하면 분해하여 유독성 가스를 발생한다.
> ○ 증기비중은 약 3.5이다.

① 브롬산칼륨 ② 클로로벤젠
③ 질산   ④ 과염소산

해설 산화성 액체 위험물이라는 것으로부터 제6류 위험물에 속하는 것임을 알 수 있다. 제6류 위험물은 모두 지정수량이 300kg이며 위험등급은 Ⅰ이다. 브롬산칼륨은 제1류 위험물이며 클로로벤젠은 제4류 위험물이다.

증기비중은 $\frac{분자량}{29}$으로 구할 수 있으므로

증기비중이 약 3.5라는 것으로부터 분자량은 101.5 정도라는 것을 알아낼 수 있다. 질산(HNO_3)의 분자량은 63이며 과염소산($HClO_4$)의 분자량은 100.5이므로 과염소산이 정답이 된다.
과염소산을 가열 분해하면 유독성 가스인 염화수소가 발생하거나 염소 기체가 발생한다.
$HClO_4 \rightarrow HCl + 2O_2 \uparrow$
$4HClO_4 \rightarrow 2Cl_2 \uparrow + 7O_2 \uparrow + 2H_2O$

55 과산화수소의 위험성으로 옳지 않은 것은?

① 산화제로서 불연성 물질이지만 산소를 함유하고 있다.
② 이산화망간 촉매 하에서 분해가 촉진된다.
③ 분해를 막기 위해 히드라진을 안정제로 사용할 수 있다.
④ 고농도의 것은 피부에 닿으면 화상의 위험이 있다.

해설 과산화수소의 분해를 방지하기 위해서 사용하는 안정제는 인산이나 요산이다. 과산화수소가 히드라진과 접촉하면 분해·폭발할 수 있으므로 주의한다.
$2H_2O_2 + N_2H_4 \rightarrow 4H_2O + N_2 \uparrow$

① 과산화수소의 분자식은 H_2O_2이며 산소를 함유하고 있는 가장 간단한 형태의 과산화물로서 산화성이 강한 무색투명한 액체이다. 자신은 불연성이지만 다른 위험물의 연소를 돕는 조연성의 특징을 지닌다.
② 이산화망간은 과산화수소의 분해를 촉진하는 정촉매의 역할을 수행한다.
④ 저농도의 것은 소독약으로 유용하게 쓰이기도 하지만 높은 농도의 과산화수소는 일시적으로 피부와 머리카락을 탈색시키고 심하면 피부 화상을 유발하며 물집이 생길 수도 있다.

[과산화수소 총정리 46쪽 참조]

56 위험물안전관리법에서 규정하고 있는 사항으로 옳지 않은 것은?

① 위험물 저장소를 경매에 의해 시설의 전부를 인수한 경우에는 30일 이내에, 저장소의 용도를 폐지한 경우에는 14일 이내에 시·도지사에게 그 사실을 신고하여야 한다.
② 제조소등의 위치·구조 및 설비기준을 위반하여 사용한 때에는 시·도지사는 허가취소, 전부 또는 일부의 사용정지를 명할 수 있다.
③ 경유 20,000ℓ를 수산용 건조시설에 사용하는 경우에는 위험물법의 허가는 받지 아니하고 저장소를 설치할 수 있다.
④ 위치·구조 또는 설비의 변경 없이 저장소에서 저장하는 위험물 지정수량의 배수를 변경하고자 하는 경우에는 변경하고자 하는 날의 7일 전까지 시·도지사에게 신고하여야 한다.

정답 52 ④ 53 ③ 54 ④ 55 ③ 56 ②, ④

해설 ② [위험물안전관리법 제14조 / 위험물 시설의 유지·관리]
- 제조소등의 관계인은 당해 제조소등의 위치·구조 및 설비가 행정안전부령으로 정한 규정에 따른 기술기준에 적합하도록 유지·관리하여야 한다.
- 시·도지사, 소방본부장 또는 소방서장은 위 항의 규정에 따른 유지·관리의 상황이규정에 따른 기술기준에 부적합하다고 인정하는 때에는 그 기술기준에 적합하도록 제조소등의 위치·구조 및 설비의 수리·개조 또는 이전을 명할 수 있다.

[참고] [위험물안전관리법 제12조 / 제조소등 설치 허가의 취소와 사용정지 등]
제조소등의 관계인이 규정에 따른 변경 허가를 받지 아니하고 제조소등의 위치·구조 또는 설비를 변경한 때는 시·도지사는 행정안전부령이 정하는 규정에 따른 허가를 취소하거나 6월 이내의 기간을 정하여 제조소등의 전부 또는 일부의 사용정지를 명할 수 있다.

④ [위험물안전관리법 제6조 / 위험물시설의 설치 및 변경 등] - 제2항 (법 개정)
제조소등의 위치·구조 또는 설비의 변경 없이 당해 제조소등에서 저장하거나 취급하는 위험물의 품명·수량 또는 지정수량의 배수를 변경하고자 하는 자는 변경하고자 하는 날의 1일 전까지 행정안전부령이 정하는 바에 따라 시·도지사에게 신고하여야 한다.

① [위험물안전관리법 제10조 / 제조소등 설치자의 지위승계]
- 민사집행법에 의한 경매, 「채무자 회생 및 파산에 관한 법률」에 의한 환가, 국세징수법·관세법 또는 「지방세징수법」에 따른 압류재산의 매각과 그 밖에 이에 준하는 절차에 따라 제조소등의 시설의 전부를 인수한 자는 그 설치자의 지위를 승계한다.
- 위 항의 규정에 따라 제조소등의 설치자의 지위를 승계한 자는 행정안전부령이 정하는 바에 따라 승계한 날부터 30일 이내에 시·도지사에게 그 사실을 신고하여야 한다

[위험물안전관리법 제11조 / 제조소등의 폐지]
- 제조소등의 관계인(소유자·점유자 또는 관리자를 말한다. 이하 같다)은 당해 제조소등의 용도를 폐지(장래에 대하여 위험물 시설로서의 기능을 완전히 상실시키는 것을 말한다)한 때에는 행정안전부령이 정하는 바에 따라 제조소등의 용도를 폐지한 날부터 14일 이내에 시·도지사에게 신고하여야 한다.

③ 경유는 제4류 위험물 중 제2석유류(비수용성)에 속하는 물질로서 지정수량은 1,000ℓ이다. [위험물안전관리법 제6조 제3항]에 의하면 "농예용·축산용 또는 수산용으로 필요한 난방시설 또는 건조시설을 위한 지정수량 20배 이하의 저장소"인 경우에는 허가나 신고 없이도 저장소를 설치하거나 품명, 수량 등을 변경할 수 있다고 규정하고 있으므로 1,000ℓ의 20배인 20,000ℓ까지는 허가 없이 저장소를 설치할 수 있는 것이다.

57 위험물 제조소등에서 위험물안전관리법령상 안전거리 규제대상이 아닌 것은?

① 제6류 위험물을 취급하는 제조소를 제외한 모든 제조소

② 주유취급소

③ 옥외저장소

④ 옥외 탱크저장소

해설 주유취급소는 안전거리 규제대상에서 제외된다.
제조소(제6류 위험물을 취급하는 제조소 제외), 옥내저장소, 옥외저장소, 옥외 탱크저장소, 일반취급소, 이송취급소는 안전거리 규제대상이다. 옥내 탱크저장소, 지하 탱크저장소, 이동 탱크저장소, 간이 탱크저장소, 암반 탱크저장소, 판매취급소, 주유취급소는 시설의 안전성과 그 설치 위치의 특수성을 감안하여 안전거리 규제대상에서 제외한다.

58 제5류 위험물의 니트로화합물에 속하지 않는 것은?

① 니트로벤젠   ② 테트릴

③ 트리니트로톨루엔   ④ 피크린산

해설 니트로벤젠은 제4류 위험물 중 제3석유류에 속하는 물질이다.
테트릴, 트리니트로톨루엔, 피크린산(트리니트로페놀)은 제5류 위험물 중 니트로화합물에 속하는 물질들이며 지정수량 200kg, 위험등급은 II이다.

[15쪽] 제5류 위험물 분류 도표 참조

✻ Tip
'니트로-' 명칭이 포함된 위험물들이 모두 같은 류와 같은 품명의 위험물은 아니라는 것을 기억해야 하며 그렇기에 자주 출제되고 있다. 또한 히드라진과 히드라진 유도체는 다른 류의 위험물이라는 것도 상기하자.

59 과산화나트륨 78g과 충분한 양의 물이 반응하여 생성되는 기체의 종류와 생성량을 옳게 나타낸 것은?

① 수소, 1g ② 산소, 16g
③ 수소, 2g ④ 산소, 32g

해설 과산화나트륨과 물의 반응식은 아래와 같으므로 생성되는 기체는 산소이다. 과산화나트륨의 분자량은 78이므로 과산화나트륨 78g이 충분한 양의 물과 반응한다는 것은 1몰이 반응했다는 의미이다. 아래의 반응식에서 과산화나트륨 2몰의 반응에 대해 산소는 1몰의 비율로 생성되므로 과산화나트륨 1몰이 반응하면 산소는 0.5몰이 만들어지는 것이다. 따라서 32×0.5=16(g)의 산소 기체가 생성된다.

$2Na_2O_2 + 2H_2O \rightarrow 4NaOH + O_2 \uparrow$

[과산화나트륨 총정리 25쪽 참조]

60 옥내 탱크저장소 중 탱크전용실을 단층 건물 외의 건축물에 설치하는 경우 탱크전용실을 건축물의 1층 또는 지하층에만 설치하여야 하는 위험물이 아닌 것은?

① 제2류 위험물 중 덩어리 유황
② 제3류 위험물 중 황린
③ 제4류 위험물 중 인화점이 38℃ 이상인 위험물
④ 제6류 위험물 중 질산

해설 원칙적으로 위험물을 저장 또는 취급하는 옥내 저장탱크는 단층 건축물에 설치된 탱크전용실에 설치하여야 하지만 탱크전용실을 단층 건물 외의 건축물에 설치하는 것이 허용되기도 하며 이때 저장 및 취급이 가능한 위험물은 아래의 품목으로 한정한다.

- 제2류 위험물 중 황화린·적린 및 덩어리 유황
- 제3류 위험물 중 황린
- 제6류 위험물 중 질산
- 제4류 위험물 중 인화점이 38℃ 이상인 위험물
  단 제4류 위험물 중 인화점이 38℃ 이상인 위험물을 제외한 나머지 품목들에 대한 탱크전용실은 건축물의 1층 또는 지하층에 설치하여야 한다. 즉, 제4류 위험물 중 인화점이 38℃ 이상인 위험물의 탱크전용실은 반드시 건축물의 1층 또는 지하층에 설치할 필요는 없다.

[위험물안전관리법 시행규칙 별표7 / 옥내 탱크저장소의 위치·구조 및 설비의 기준] - Ⅰ. 옥내 탱크저장소의 기준 中

- 위험물을 저장 또는 취급하는 옥내 탱크(이하 "옥내 저장탱크"라 한다)는 단층 건축물에 설치된 탱크전용실에 설치할 것
- 옥내 탱크저장소 중 탱크전용실을 단층 건물 외의 건축물에 설치하는 것(제2류 위험물 중 황화린·적린 및 덩어리 유황, 제3류 위험물 중 황린, 제6류 위험물 중 질산 및 제4류 위험물 중 인화점이 38℃ 이상인 위험물만을 저장 또는 취급하는 것에 한한다)의 옥내 저장탱크는 탱크전용실에 설치할 것. 이 경우 제2류 위험물 중 황화린·적린 및 덩어리 유황, 제3류 위험물 중 황린, 제6류 위험물 중 질산의 탱크전용실은 건축물의 1층 또는 지하층에 설치하여야 한다.

정답 57 ② 58 ① 59 ② 60 ③

11 2014년 제1회 기출문제 및 해설 (14년 1월 26일)

1과목 화재예방과 소화방법

01 알루미늄 분말 화재 시 주수 하여서는 안 되는 가장 큰 이유는?

① 수소가 발생하여 연소가 확대되기 때문에
② 유독가스가 발생하여 연소가 확대되기 때문에
③ 산소의 발생으로 연소가 확대되기 때문에
④ 분말의 독성이 강하기 때문에

해설 알루미늄 분말은 물과 격렬하게 반응하고 수소 기체를 발생시킨다. 수소 기체는 가연성이므로 연소를 더욱 확대시킬 우려가 있으므로 주수소화는 금한다.

$2Al + 6H_2O \rightarrow 2Al(OH)_3 + 3H_2 \uparrow$

일반적으로 금속분은 물 또는 묽은 산과의 접촉을 피해야 하며 화재 시에는 마른모래, 팽창진주암, 팽창질석이나 금속화재용 분말소화약제를 사용하여 질식소화 한다.

02 전기화재의 급수와 표시색상을 옳게 나타낸 것은?

① C급 - 백색   ② D급 - 백색
③ C급 - 청색   ④ D급 - 청색

해설 ❖ 화재의 유형

화재급수	화재종류	소화기표시색상	적용대상물
A급	일반화재	백색	일반 가연물(종이, 목재, 섬유, 플라스틱 등)
B급	유류화재	황색	가연성 액체(제4류 위험물 및 유류 등)
C급	전기화재	청색	통전상태에서의 전기기구, 발전기, 변압기 등
D급	금속화재	무색	가연성 금속(칼륨, 나트륨, 금속분, 철분, 마그네슘 등)

03 위험물별로 설치하는 소화설비 중 적응성이 없는 것과 연결된 것은?

① 제3류 위험물 중 금수성 물질 이외의 것 - 할로겐화합물 소화설비, 이산화탄소 소화설비
② 제4류 위험물 - 물분무 소화설비, 이산화탄소 소화설비
③ 제5류 위험물 - 포 소화설비, 스프링클러 설비
④ 제6류 위험물 - 옥내소화전 설비, 물분무 소화설비

해설 제3류 위험물 중 금수성 물질 이외의 것이란 황린을 말하는 것이며 분말소화설비, 할로겐화합물 소화설비, 불활성 기체(이산화탄소) 소화설비에는 적응성이 없고 주수소화에 적응성을 보인다.

[위험물안전관리법 시행규칙 별표17 / 소화설비, 경보설비 및 피난설비의 기준] - Ⅰ. 소화설비 4. 소화설비의 적응성 참조 - 출제테마정리 89쪽

04 탄화알루미늄이 물과 반응하여 폭발의 위험이 있는 것은 어떤 가스가 발생하기 때문인가?

① 수소   ② 메탄
③ 아세틸렌   ④ 암모니아

해설 탄화알루미늄은 제3류 위험물 중 칼슘 또는 알루미늄의 탄화물에 속하는 위험물로 물과 반응하면 메탄가스를 발생한다.

$Al_4C_3 + 12H_2O \rightarrow 4Al(OH)_3 + 3CH_4 \uparrow$

❖ 탄화알루미늄(Al_4C_3)
• 제3류 위험물 중 칼슘 또는 알루미늄의 탄화물
• 지정수량 300kg, 위험등급 Ⅲ
• 일명 '카바이드'라고 부르기도 한다.
• 순수한 것은 백색이지만 불순물로 인해 황색의 결정형태를 나타낸다.

- 분자량 142.95, 녹는점 2,100℃, 비중 2.36
- 상온에서 물과 반응하여 가연성의 메탄가스를 발생한다.
  $Al_4C_3 + 12H_2O \rightarrow 4Al(OH)_3 + 3CH_4 \uparrow$
- 강산화제, 강산류와 격렬하게 반응하며 메탄가스를 발생한다.
  $Al_4C_3 + 12HCl \rightarrow 4AlCl_3 + 3CH_4 \uparrow$
- 질소와 같은 불활성가스를 채워 저장하고 물기와의 접촉은 엄금이다.
- 직사광선을 피하여 건조한 장소에 보관하며 산과 격리하여 보관하여야 한다.
- 화재 시 주수소화는 엄금이며 마른모래, 탄산가스, 분말 소화약제로 질식소화 한다.

05 과산화리튬의 화재현장에서 주수소화가 불가능한 이유는?

① 수소가 발생하기 때문에
② 산소가 발생하기 때문에
③ 이산화탄소가 발생하기 때문에
④ 일산화탄소가 발생하기 때문에

해설 과산화리튬은 제1류 위험물 중 무기과산화물에 속하는 물질이며 물과 반응하면 산소 기체를 발생하여 화재 확대의 위험이 있으므로 주수소화는 금한다. 탄산수소염류등을 함유한 분말소화약제나 마른모래, 팽창질석, 팽창진주암을 이용한 소화가 적성이 있다.
$2Li_2O_2 + 2H_2O \rightarrow 4LiOH + O_2 \uparrow$

❖ **과산화리튬(Li_2O_2)**
- 제1류 위험물 중 무기과산화물
- 알칼리금속의 과산화물
- 지정수량 50kg, 위험등급 I
- 무취의 연한 베이지색의 분말이다.
- 녹는점 340℃, 비중 2.31
- 물에는 녹으나 알코올에는 녹지 않는다.
- 물이나 습기와 반응하여 부식성의 수산화리튬과 산소 기체를 방출한다.
  $2Li_2O_2 + 2H_2O \rightarrow 4LiOH + O_2 \uparrow$
- 이산화탄소와 반응하여 산소 기체를 발생한다.

  $2Li_2O_2 + 2CO_2 \rightarrow 2Li_2CO_3 + O_2 \uparrow$
- 금수성의 성질이 있으므로 화재 소화 시 물을 사용하면 안되며 이산화탄소와도 반응하므로 이산화탄소 소화기는 사용하지 않는다.
- 매우 강력한 산화제로 유기물의 연소를 가속화 할 수 있으며 목재, 종이나 의류와 접촉 시 발화할 수 있다.
- 밀폐된 저장 용기가 열에 노출되면 격렬하게 파열될 수 있다.

06 위험물 제조소에 설치하는 분말 소화설비의 기준에서 분말 소화약제의 가압용 가스로 사용할 수 있는 것은?

14년 · 5 | 15년 · 1 | 19년 · 1 유사

① 헬륨 또는 산소
② 네온 또는 염소
③ 아르곤 또는 산소
④ 질소 또는 이산화탄소

해설 분말 소화약제를 방출시키기 위해 주로 사용되는 가압용 가스는 불연성 가스인 질소 또는 이산화탄소이다.
가압용 가스의 조건은 반응성이 없는 안정한 기체여야 하므로 불활성기체를 사용해야 할 것이다. 따라서, 조연성 가스로 작용하는 산소는 적합하지 않고 염소는 독성을 지니고 있으므로 적합하지 않다.
소화약제의 조건 중에는 인체에 대한 독성이 없어야 하고 저장 안정성이 있을 것을 요구한다는 점에서도 염소와 산소를 가압용 가스로 사용한다는 것은 적합하지 않다.

[위험물안전관리에 관한 세부기준 제136조 / 분말 소화설비의 기준] - 제4호 & [분말 소화설비의 화재안전기준(NFSC 108) 제5조 / 가압용 가스용기] - 제4항
전역 방출방식 또는 국소 방출방식 분말 소화설비의 기준 중 가압용 또는 축압용 가스는 질소 또는 이산화탄소로 할 것

정답 01 ① 02 ③ 03 ① 04 ② 05 ② 06 ④

07 제6류 위험물을 저장하는 제조소등에 적응성이 없는 소화설비는?
16년·2 유사

① 옥외소화전 설비
② 탄산수소염류 분말 소화설비
③ 스프링클러 설비
④ 포 소화설비

해설 제6류 위험물에는 불활성가스 소화설비, 할로겐화합물 소화설비, 탄산수소염류 분말 소화설비는 적응성이 없다(제6류 위험물을 저장 또는 취급하는 장소로서 폭발의 위험이 없는 장소에 한하여 이산화탄소 소화기는 제6류 위험물에 대하여 적응성이 있다).

[위험물안전관리법 시행규칙 별표17] – 소화설비의 적응성 부분 – 출제테마정리 89쪽 도표 참조

물을 사용하면 발열 등의 위험성이 있으므로 원칙적으로 사용하지 않으나 소량 화재 시에는 다량의 물로 희석해서 소화할 수 있으므로 물에 의한 주수소화에는 적응성이 있다고 할 것이다. 포 소화설비는 질식소화 효과를 보이는 동시에 주성분이 물로 되어 있으므로 주수 냉각소화 효과도 나타낸다.

08 소화난이도 등급 I에 해당하는 위험물 제조소등이 아닌 것은? (단, 원칙적인 경우에 한하며 다른 조건은 고려하지 않는다)

① 모든 이송취급소
② 연면적 600m^2의 제조소
③ 지정수량의 150배인 옥내저장소
④ 액 표면적이 40m^2인 옥외 탱크저장소

해설 위험물안전관리법령상 소화난이도 등급 I에 해당하는 제조소의 연면적 기준은 1,000m^2 이상이다.

[위험물안전관리법 시행규칙 별표17 / 소화설비, 경보설비 및 피난설비의 기준] – I. 소화설비 中

❖ **소화난이도 등급 I 해당 제조소등의 기준**

제조소등의 구분에 따른 제조소등의 규모, 저장 또는 취급하는 위험물의 품명 및 최대수량 등
〈제조소, 일반취급소〉
연면적 1,000m^2 이상인 것(②)
지정수량의 100배 이상인 것(고인화점 위험물만을 100℃ 미만의 온도에서 취급하는 것 및 제48조의 위험물을 취급하는 것은 제외)
지반면으로부터 6m 이상의 높이에 위험물 취급설비가 있는 것(고인화점 위험물만을 100℃ 미만의 온도에서 취급하는 것은 제외)
일반취급소로 사용되는 부분 외의 부분을 갖는 건축물에 설치된 것(내화구조로 개구부 없이 구획된 것, 고인화점 위험물만을 100℃ 미만의 온도에서 취급하는 것 및 별표 16 X의 2의 화학실험의 일반취급소는 제외)
〈주유취급소〉
별표 13 V제2호에 따른 면적의 합이 500m^2를 초과하는 것
〈옥내저장소〉
지정수량의 150배 이상인 것(③)(고인화점 위험물만을 저장하는 것 및 제48조의 위험물을 저장하는 것은 제외)
연면적 150m^2를 초과하는 것(150m^2 이내마다 불연 재료로 개구부 없이 구획된 것 및 인화성고체 외의 제2류 위험물 또는 인화점 70℃ 이상의 제4류 위험물만을 저장하는 것은 제외)
처마높이가 6m 이상인 단층 건물의 것
옥내저장소로 사용되는 부분 외의 부분이 있는 건축물에 설치된 것(내화구조로 개구부 없이 구획된 것 및 인화성 고체 외의 제2류 위험물 또는 인화점 70℃ 이상의 제4류 위험물만을 저장하는 것은 제외)
〈옥내 탱크저장소〉
액 표면적이 40m^2 이상인 것(제6류 위험물을 저장하는 것 및 고인화점 위험물만을 100℃ 미만의 온도에서 저장하는 것은 제외)
바닥면으로부터 탱크 옆판의 상단까지 높이가 6m 이상인 것(제6류 위험물을 저장하는 것 및 고인화점 위험물만을 100℃ 미만의 온도에서 저장하는 것은 제외)
탱크전용실이 단층 건물 외의 건축물에 있는 것으로서 인화점 38℃ 이상 70℃ 미만의 위험물을 지정수량의 5배 이상 저장하는 것(내화구조로 개구부 없이 구획된 것은 제외한다)
〈옥외 탱크저장소〉
액 표면적이 40m^2 이상인 것(④)(제6류 위험물을 저장하는 것 및 고인화점 위험물만을 100℃ 미만의 온도에서 저장하는 것은 제외)
지반면으로부터 탱크 옆판의 상단까지 높이가 6m 이상인 것(제6류 위험물을 저장하는 것 및 고인화점 위험물만을 100℃ 미만의 온도에서 저장하는 것은 제외)

지중탱크 또는 해상탱크로서 지정수량의 100배 이상인 것(제6류 위험물을 저장하는 것 및 고인화점 위험물만을 100℃ 미만의 온도에서 저장하는 것은 제외)
고체위험물을 저장하는 것으로서 지정수량의 100배 이상인 것

〈옥외저장소〉

덩어리 상태의 유황을 저장하는 것으로서 경계 표시 내부의 면적(2 이상의 경계 표시가 있는 경우에는 각 경계 표시의 내부의 면적을 합한 면적)이 100m² 이상인 것
별표 11 Ⅲ의 위험물을 저장하는 것으로서 지정수량의 100배 이상인 것

〈암반 탱크저장소〉

액 표면적이 40m² 이상인 것(제6류 위험물을 저장하는 것 및 고인화점 위험물만을 100℃ 미만의 온도에서 저장하는 것은 제외)
고체 위험물만을 저장하는 것으로서 지정수량의 100배 이상인 것

〈이송 취급소〉

모든 대상(①)

＊ 제조소등의 구분별로 오른쪽 란에 정한 제조소등의 규모, 저장 또는 취급하는 위험물의 품명 및 최대수량 등의 어느 하나에 해당하는 제조소등은 소화난이도 등급 I 에 해당하는 것으로 한다.

09 주유취급소 중 건축물의 2층에 휴게음식점의 용도로 사용하는 것에 있어 해당 건축물의 2층으로부터 직접 주유취급소의 부지 밖으로 통하는 출입구와 해당 출입구로 통하는 통로·계단에 설치하여야 하는 것은? [최다 빈출 유형]

① 비상경보 설비　　② 유도등
③ 비상조명등　　　④ 확성장치

해설 [위험물안전관리법 시행규칙 별표17 / 소화설비, 경보설비 및 피난설비의 기준] - Ⅲ. 피난설비

- 주유취급소 중 건축물의 2층 이상의 부분을 점포·휴게음식점 또는 전시장의 용도로 사용하는 것에 있어서는 당해 건축물의 2층 이상으로부터 주유취급소의 부지 밖으로 통하는 출입구와 당해 출입구로 통하는 통로·계단 및 출입구에 <u>유도등</u>을 설치하여야 한다.
- 옥내 주유취급소에 있어서는 당해 사무소 등의 출입구 및 피난구와 당해 피난구로 통하는 통로·계단 및 출입구에 <u>유도등</u>을 설치하여야 한다.
- 유도등에는 비상 전원을 설치하여야 한다.

10 니트로셀룰로오스의 자연발화는 일반적으로 무엇에 기인한 것인가?

① 산화열　　② 중합열
③ 흡착열　　④ 분해열

해설 니트로셀룰로오스는 분해열에 기인하여 자연발화를 일으킨다.

자연발화란 어떤 물질이 외부로부터 열의 공급을 받지 않았음에도 온도가 상승하여 발화점 이상이 되었을 때 발화하는 현상을 말한다. 인위적인 가열 없이도 고무분말, 셀룰로이드, 석탄, 플라스틱의 가소제, 금속가루 등은 일정한 장소에 장시간 저장하게 되면 열이 발생하여 축적됨으로써 발화점에 도달하며 부분적으로 발화하게 된다.

- 열 발생 원인에 따른 자연발화의 형태
  - 분해열에 의한 발화 : 셀룰로이드, 니트로셀룰로오스 등
  - 산화열에 의한 발화 : 석탄, 건성유 등
  - 발효열(미생물)에 의한 발화 : 퇴비, 먼지 등
  - 흡착열에 의한 발화 : 목탄, 활성탄 등
  - 중합열에 의한 발화 : 시안화수소, 산화에틸렌 등

＊ 빈틈없이 촘촘하게　**One more Step**

- 자연발화하기 좋은 조건
  - 주위의 온도가 높을 것
  - 표면적이 클 것
  - 발열량이 클 것
  - 열전도율이 적을 것
  - 미생물 번식에 필요한 적당량의 수분이 있을 것
- 자연발화 방지법
  - 통풍이 잘되게 한다(가연물의 응집을 방지).
  - 주변의 온도를 낮춘다(발화점 도달 방지).
  - 습도를 낮게 유지한다(미생물 번식 억제).
  - 열의 축적을 방지한다.
  - 정촉매 작용하는 물질과 멀리한다(반응속도가 빠르게 진행되는 것을 방지).
  - 직사일광을 피하도록 한다.
  - 불활성 가스를 주입한다(산소 차단 효과).

정답 07 ② 08 ② 09 ② 10 ④

11 다음 중 질식소화 효과를 주로 이용하는 소화기는?

① 포 소화기 ② 강화액 소화기
③ 수(물) 소화기 ④ 할로겐화합물 소화기

해설 질식소화란 산소 공급을 차단하여 공기 중 산소농도를 한계산소농도 이하(15% 이하)로 유지함으로써 소화의 목적을 달성하는 것으로 주로 이산화탄소 소화기가 사용되며 분말소화기, 포 소화기 등이 사용되기도 한다.

포 소화기는 질식 효과와 냉각 효과에 의해 화재를 진압한다. 포 소화기에 사용되는 소화약제는 물에 약간의 첨가제를 혼합한 후 여기에 공기를 주입하여 포(foam)를 생성시켜 제조하는 것으로 미세한 기포들로 이루어져 있고 유류보다 가벼운 특성을 보인다. 생성된 포는 연소물의 표면을 덮어 공기와의 접촉을 차단함으로서 질식 효과를 나타내는 것이며 아울러 함께 사용된 물에 의해 냉각 효과도 보이는 것이다.

② 강화액 소화약제는 물 소화약제의 동결 현상을 보완하고 물의 소화력을 높이기 위하여 탄산칼륨이나 인산암모늄 등의 염류를 첨가한 것이다. 강화액 소화약제는 물이 주성분인 소화약제이므로 물에 의한 냉각소화 효과를 나타내는 동시에 이들 첨가제에 의해 연소의 연쇄반응을 차단하여 소화력을 발휘하는 억제소화 효과도 나타낸다.
③ 물의 주된 소화 효과는 냉각소화이다.
④ 할로겐화합물 소화기의 주된 소화 방법은 연소의 연쇄반응을 차단하거나 억제함으로써 소화하는 것으로 억제소화이며 부촉매소화라고도 한다.

✻ 빈틈없이 촘촘하게   One more Step

- 냉각소화 : 가연물의 온도를 낮춤으로써 연소의 진행을 막는 소화방법으로 주된 소화약제는 물이다. 옥내소화전 설비, 옥외소화전 설비, 스프링클러 소화설비, 물분무 소화설비 등이 있다.
- 제거소화 : 가연물을 제거함으로써 소화하는 방법으로 사용되는 부수적인 소화약제는 없다.
- 억제소화 : 연소의 연쇄반응을 차단하거나 억제함으로써 소화하는 방법(화학적 소화, 부촉매소화)으로 주된 소화약제로는 할로겐원소가 사용되며 할로겐화합물 소화기가 있다.

12 위험물의 품명·수량 또는 지정수량 배수의 변경 신고에 대한 설명으로 옳은 것은?

① 허가청과 협의하여 설치한 군용 위험물 시설의 경우에도 적용된다.
② 변경신고는 변경한 날로부터 7일 이내에 완공검사필증을 첨부하여 신고하여야 한다.
③ 위험물의 품명이나 수량의 변경을 위해 제조소등의 위치·구조 또는 설비를 변경하는 경우에 신고한다.
④ 위험물의 품명·수량 및 지정수량의 배수를 모두 변경할 때에는 신고를 할 수 없고 허가를 신청하여야 한다.

해설 [위험물안전관리법 제7조]
군사 목적 또는 군부대시설을 위한 제조소등을 설치하거나 그 위치·구조 또는 설비를 변경하고자 하는 군부대의 장은 대통령령이 정하는 바에 따라 미리 제조소등의 소재지를 관할하는 시·도지사와 협의하여야 하며 군부대의 장이 규정에 따라 제조소등의 소재지를 관할하는 시·도지사와 협의한 경우에는 규정에 따른 허가를 받은 것으로 본다.
법령에는 변경신고 사항에 대한 준용 규정은 없으나 허가청과 협의하면 허가를 받은 것으로 간주하므로 신고에 관한 사항도 허가청과 협의하면 신고한 것으로 보는 것이 타당할 것이다.
② [위험물안전관리법 제6조 제2항]
제조소등의 위치·구조 또는 설비의 변경 없이 당해 제조소등에서 저장하거나 취급하는 위험물의 품명·수량 또는 지정수량의 배수를 변경하고자 하는 자는 변경하고자 하는 날의 1일 전까지 별도 서식의 신고서(전자문서로 된 신고서 포함)에 제조소등의 완공검사필증을 첨부하여 시·도지사에게 신고하여야 한다.
③ [위험물안전관리법 제6조 제1항]
제조소등을 설치하고자 하는 자는 대통령령이 정하는 바에 따라 그 설치장소를 관할하는 시·도지사의 허가를 받아야 한다. 제조소등의 위치·구조 또는 설비 가운데 행정안전부령이 정하는 사항을 변경하고자 하는 때에도 또한 같다.

④ [위험물안전관리법 제6조 제2항 응용]
위험물의 품명·수량 및 지정수량의 배수를 모두 변경할 때에도 신고사항이지 허가사항은 아니다.

❋ **Tip**
"제조소등의 설치 & 제조소등의 위치·구조·설비 변경은 허가사항!"
"제조소등의 위치·구조·설비의 변경 없이 위험물의 품명·수량 및 지정수량의 배수 변경은 신고사항!"

13 인화점 70℃ 이상의 제4류 위험물을 저장하는 암반 탱크저장소에 설치하여야 하는 소화설비들로만 이루어진 것은? (단, 소화난이도 등급 I에 해당한다.)

① 물분무 소화설비 또는 고정식 포 소화설비
② 이산화탄소 소화설비 또는 물분무 소화설비
③ 할로겐화합물 소화설비 또는 이산화탄소 소화설비
④ 고정식 포 소화설비 또는 할로겐화합물 소화설비

해설 인화점 70℃ 이상의 제4류 위험물을 저장하는 암반 탱크저장소에 설치하여야 하는 소화설비는 물분무 소화설비 또는 고정식 포 소화설비이다.

[위험물안전관리법 시행규칙 별표17 / 소화설비, 경보설비 및 피난설비의 기준] - I. 소화설비 中 소화난이도 등급 I의 암반 탱크저장소에 설치하여야 하는 소화설비

구 분		소화설비
암반 탱크 저장소	유황만을 저장 취급하는 것	물분무 소화설비
	인화점 70℃ 이상의 제4류 위험물만을 저장·취급하는 것	물분무 소화설비 또는 고정식 포 소화설비
	그 밖의 것	고정식 포 소화설비(포 소화설비기 적응성이 없는 경우에는 분말 소화설비)

14 위험물 제조소등에 설치하는 옥외소화전 설비의 기준에서 옥외소화전 함은 옥외소화전으로부터 보행거리 몇 m 이하의 장소에 설치하여야 하는가?

① 1.5   ② 5   ③ 7.5   ④ 10

해설 [위험물안전관리에 관한 세부기준 제130조 / 옥외소화전 설비의 기준] - 제2호
방수용 기구를 격납하는 함(이하 "옥외소화전 함"이라 한다)은 불연재료로 제작하고 옥외소화전으로부터 보행거리 5m 이하의 장소로서 화재 발생 시 쉽게 접근 가능하고 화재 등의 피해를 받을 우려가 적은 장소에 설치할 것

15 제조소에서 취급하는 제4류 위험물의 최대수량의 합이 지정수량의 24만 배 이상 48만 배 미만인 사업소의 자체소방대에 두는 화학 소방자동차 수와 소방대원의 인원 기준으로 옳은 것은? 16년·1 유사

① 2대, 4인
② 2대, 12인
③ 3대, 15인
④ 3대, 24인

해설 제조소에서 취급하는 제4류 위험물의 최대수량의 합이 지정수량의 24만 배 이상 48만 배 미만인 사업소의 자체소방대에는 3대의 화학 소방자동차와 15인의 자체 소방대원을 두어야 한다.

[위험물안전관리법 시행령 별표8 / 자체소방대에 두는 화학 소방자동차 및 인원]
자체소방대를 설치하는 사업소의 관계인은 자체소방대에 화학 소방자동차 및 자체소방대원을 두어야 한다.

정답 11 ① 12 ① 13 ① 14 ② 15 ③

사업소의 구분	구비조건
제조소 또는 일반취급소에서 취급하는 제4류 위험물의 최대수량의 합이 지정수량의 3천 배 이상 12만 배 미만인 사업소	• 화학소방자동차 : 1대 • 자체 소방대원의 수 : 5인
제조소 또는 일반취급소에서 취급하는 제4류 위험물의 최대수량의 합이 지정수량의 12만 배 이상 24만 배 미만인 사업소	• 화학소방자동차 : 2대 • 자체 소방대원의 수 : 10인
제조소 또는 일반취급소에서 취급하는 제4류 위험물의 최대수량의 합이 지정수량의 24만 배 이상 48만 배 미만인 사업소	• 화학소방자동차 : 3대 • 자체 소방대원의 수 : 15인
제조소 또는 일반취급소에서 취급하는 제4류 위험물의 최대수량의 합이 지정수량의 48만 배 이상인 사업소	• 화학소방자동차 : 4대 • 자체 소방대원의 수 : 20인
옥외 탱크저장소에 저장하는 제4류 위험물의 최대수량이 지정수량의 50만 배 이상인 사업소	• 화학소방자동차 : 2대 • 자체 소방대원의 수 : 10인

* 화학소방자동차에는 행정안전부령으로 정하는 소화능력 및 설비를 갖추어야 하고 소화활동에 필요한 소화약제 및 기구(방열복 등 개인장구를 포함한다)를 비치하여야 한다.

❋ **Tip**

법령 개정으로 인해 [위험물안전관리법 시행령 별표8 / 자체소방대에 두는 화학 소방자동차 및 인원]의 사업소의 구분 중 '12만 배 미만인 사업소'는 '3천 배 이상 12만 배 미만인 사업소'로 '3천 배 이상'이라는 문구가 추가된 것이며 또한 옥외 탱크저장소 부분이 추가되었다.

16 아세톤의 위험도를 구하면 얼마인가? (단, 아세톤의 연소범위는 2~13vol%이다)

① 0.846　② 1.23　③ 5.5　④ 7.5

해설 위험도(H) = $\dfrac{\text{연소 상한(U)} - \text{연소 하한(L)}}{\text{연소 하한(L)}}$

로 구할 수 있으므로 $\dfrac{13-2}{2}$ = 5.5이다.

✽ 빈틈없이 촘촘하게　One more Step

❖ **가연성 가스의 연소범위와 위험도**

• 연소범위 : 공기와 혼합된 가연성 가스의 연소반응을 일으킬 수 있는 적정 농도 범위를 말한다. 즉, 공기와 혼합된 가연성 증기가 혼합 상태에서 차지하는 부피를 말하며 연소농도의 최저한도를 하한이라 하고, 최고한도를 상한이라 한다.

혼합물 중 가연성 가스의 농도가 너무 희박하거나 너무 농후해도 연소는 일어나지 않는데 이것은 가연성 가스의 분자와 산소의 분자 중 상대적으로 어느 한쪽이 많으면 유효 충돌 횟수가 감소하여 충돌했다 하더라도 충돌에너지가 주위에 흡수·확산되어 연소반응의 진행이 방해를 받기 때문이다.

연소범위는 수소, 일산화탄소를 제외하고는 온도와 압력이 상승함에 따라 확대되어 위험성이 증가한다.

• 연소범위의 특징
 - 가연성 가스의 온도가 높아지면 연소범위는 넓어진다.
 - 가연성 가스의 압력이 높아지면 연소범위는 넓어진다.
 - 압력상승 시 상한계는 상승하고, 하한계는 변화가 없다.
 - 산소 농도가 높을수록 연소범위는 넓어진다.
 - 불활성 가스의 농도에 비례하여 좁아진다.
 - 연소범위의 하한계는 그 물질의 인화점에 해당된다.

• 위험도(H) : 가연성 혼합가스의 연소범위를 연소 하한으로 나눈 값을 말하며 위험도가 클수록 위험하다.

• 위험도가 커지는 조건
 - 연소 상한이 높을수록 크다.
 - 연소 하한이 낮을수록 크다.
 - 연소 상한과 연소 하한의 차이가 클수록 크다.

17 위험물 제조소등에 설치하는 이산화탄소 소화설비의 소화약제 저장용기 설치장소로 적합하지 않은 곳은?

① 방호구역 외의 장소

② 온도가 40℃ 이하이고 온도변화가 적은 장소

③ 빗물이 침투할 우려가 적은 장소

④ 직사일광이 잘 들어오는 장소

해설 [위험물안전관리에 관한 세부기준 제134조 / 불활성가스 소화설비의 기준] – 제4호 中
소화약제의 저장 용기는 다음에 정하는 것에 의하여 설치할 것
- 방호구역 외의 장소에 설치할 것
- 온도가 40℃ 이하이고 온도변화가 적은 장소에 설치할 것
- 직사일광 및 빗물이 침투할 우려가 적은 장소에 설치할 것
- 저장 용기에는 안전장치(용기 밸브에 설치되어 있는 것을 포함한다)를 설치할 것
- 저장 용기의 외면에 소화약제의 종류와 양, 제조년도 및 제조자를 표시할 것

❋ 빈틈없이 촘촘하게 One more Step

[이산화탄소 소화설비의 화재 안전기준 제4조 / 소화약제의 저장용기등] – 제1호
이산화탄소 소화약제의 저장 용기는 다음 기준에 적합한 장소에 설치하여야 한다.
- 방호구역 외의 장소에 설치할 것. 다만, 방호구역 내에 설치할 경우에는 피난 및 조작이 용이하도록 피난구 부근에 설치하여야 한다.
- 온도가 40℃ 이하이고, 온도변화가 적은 곳에 설치할 것
- 직사광선 및 빗물이 침투할 우려가 없는 곳에 설치할 것
- 방화문으로 구획된 실에 설치할 것
- 용기의 설치장소에는 해당 용기가 설치된 곳임을 표시하는 표지를 할 것
- 용기 간의 간격은 점검에 지장이 없도록 3cm 이상의 간격을 유지할 것
- 저장 용기와 집합관을 연결하는 연결배관에는 체크 밸브를 설치할 것. 다만, 저장 용기가 하나의 방호구역만을 담당하는 경우에는 그러하지 아니하다.

18 위험물 제조소등에 설치해야 하는 각 소화설비의 설치기준에 있어서 각 노즐 또는 헤드 선단의 방사압력(방수압력) 기준이 나머지 셋과 다른 설비는?

① 옥내소화전 설비 ② 옥외소화전 설비
③ 스프링클러 설비 ④ 물분무 소화설비

해설 [위험물안전관리법 시행규칙 별표17 / 소화설비, 경보설비 및 피난설비의 기준] – Ⅰ. 소화설비 5. 소화설비의 설치기준 中 각 소화설비의 방사압력과 방수량 규정
- 옥내소화전 설비 : 각층을 기준으로 하여 당해 층의 모든 옥내소화전(설치개수가 5개 이상인 경우는 5개의 옥내소화전)을 동시에 사용할 경우에 각 노즐 선단의 방수압력이 350kPa 이상이고 방수량이 1분당 260ℓ 이상의 성능이 되도록 할 것
- 옥외소화전 설비 : 모든 옥외소화전(설치개수가 4개 이상인 경우는 4개의 옥외소화전)을 동시에 사용할 경우에 각 노즐 선단의 방수압력이 350kPa 이상이고 방수량이 1분당 450ℓ 이상의 성능이 되도록 할 것
- 스프링클러 설비 : 규정에 의한 개수의 스프링클러 헤드를 동시에 사용할 경우에 각 선단의 방사압력이 100kPa(별도 규정에 의한 살수 밀도의 기준을 충족하는 경우에는 50kPa) 이상이고, 방수량이 1분당 80ℓ(별도 규정에 의한 살수 밀도의 기준을 충족하는 경우에는 56ℓ) 이상의 성능이 되도록 할 것
- 물분무 소화설비 : 규정에 의한 분무 헤드를 동시에 사용할 경우에 각 선단의 방사압력이 350kPa 이상으로 표준 방사량을 방사할 수 있는 성능이 되도록 할 것

19 높이 16m, 지름 20m인 옥외 저장탱크에 보유 공지의 단축을 위해서 물분무 설비로 방호조치를 하는 경우 수원의 양은 약 몇 ℓ 이상으로 하여야 하는가?

① 46,496 ② 58,090
③ 70,259 ④ 95,880

정답 16 ③ 17 ④ 18 ③ 19 ①

해설 탱크의 표면에 방사하는 물의 양은 탱크의 원주 길이가 1m에 대하여 분당 37ℓ 이상으로 하여야 하며 이러한 양을 20분 이상 방사할 수 있는 수량이 수원의 양이 된다.

$2\pi \times 10(m) \times 37(ℓ/m \cdot 분) \times 20(분) = 46,495.57 ≒ 46,496(ℓ)$

[위험물안전관리법 시행규칙 별표6 / 옥외 탱크저장소의 위치·구조 및 설비의 기준] - Ⅱ. 보유공지 제5호 옥외 저장탱크(이하 "공지 단축 옥외 저장탱크"라 한다)에 아래 기준에 적합한 물분무 설비로 방호조치를 하는 경우에는 그 보유 공지를 규정에 의한 보유 공지의 2분의 1 이상의 너비(최소 3m 이상)로 할 수 있다.

- 탱크의 표면에 방사하는 물의 양은 탱크의 원주 길이 1m에 대하여 분당 37ℓ 이상으로 할 것
- 수원의 양은 위의 규정에 의한 수량으로 20분 이상 방사할 수 있는 수량으로 할 것
- 물분무 소화설비의 설치기준에 준할 것

20 위험물안전관리법령에 따른 옥외소화전 설비의 설치기준에 대해 다음 ( ) 안에 알맞은 수치를 차례대로 나타낸 것은?

> 옥외소화전 설비는 모든 옥외소화전(설치개수가 4개 이상인 경우는 4개의 옥외소화전)을 동시에 사용할 경우에 각 노즐선단의 방수압력이 ( )kPa 이상이고, 방수량이 1분당 ( )ℓ 이상의 성능이 되도록 할 것

① 350, 260 ② 300, 260
③ 350, 450 ④ 300, 450

해설 [위험물안전관리법 시행규칙 별표17 / 소화설비, 경보설비 및 피난설비의 기준] - Ⅰ. 소화설비 5. 소화설비의 설치기준 中 옥외소화전 설비의 설치기준

옥외소화전 설비의 설치기준은 다음의 기준에 의할 것

- 옥외소화전은 방호대상물(당해 소화설비에 의하여 소화하여야 할 제조소등의 건축물, 그 밖의 공작물 및 위험물을 말한다. 이하 같다)의 각 부분(건축물의 경우에는 당해 건축물의 1층 및 2층의 부분에 한한다)에서 하나의 호스 접속구까지의 수평거리가 40m 이하가 되도록 설치할 것. 이 경우 그 설치개수가 1개일 때는 2개로 하여야 한다.
- 수원의 수량은 옥외소화전의 설치개수(설치개수가 4개 이상인 경우는 4개의 옥외소화전)에 13.5m³를 곱한 양 이상이 되도록 설치할 것
- <u>옥외소화전 설비는 모든 옥외소화전(설치개수가 4개 이상인 경우는 4개의 옥외소화전)을 동시에 사용할 경우에 각 노즐선단의 방수압력이 350 kPa 이상이고 방수량이 1분 당 450ℓ 이상의 성능이 되도록 할 것</u>
- 옥외소화전 설비에는 비상 전원을 설치할 것

2과목 위험물의 화학적 성질 및 취급

21 1종 판매취급소에 설치하는 위험물 배합실의 기준으로 틀린 것은?

① 바닥면적은 6m² 이상 15m² 이하일 것
② 내화구조 또는 불연재료로 된 벽으로 구획할 것
③ 출입구는 수시로 열 수 있는 자동폐쇄식의 갑종 방화문으로 설치할 것
④ 출입구 문턱의 높이는 바닥면으로부터 0.2m 이상일 것

해설 [위험물안전관리법 시행규칙 별표14 / 판매취급소의 위치·구조 및 설비의 기준]

제1종 판매취급소란 저장 또는 취급하는 위험물의 수량이 지정수량의 20배 이하인 판매취급소를 말하며 위험물을 배합하는 실은 다음의 기준에 의하여 설치하도록 한다.

- <u>바닥면적은 6m² 이상 15m² 이하로 할 것(①)</u>
- <u>내화구조 또는 불연재료로 된 벽으로 구획할 것(②)</u>
- 바닥은 위험물이 침투하지 아니하는 구조로 하여 적당한 경사를 두고 집유설비를 할 것
- <u>출입구에는 수시로 열 수 있는 자동폐쇄식의 갑종 방화문을 설치할 것(③)</u>
- <u>출입구 문턱의 높이는 바닥면으로부터 0.1m 이상으로 할 것(④)</u>
- 내부에 체류한 가연성의 증기 또는 가연성의 미분을 지붕 위로 방출하는 설비를 할 것

22 규조토에 흡수시켜 다이너마이트를 제조할 때 사용되는 위험물은? 14·2 ▌14·5 유사

① 디니트로톨루엔　② 질산에틸
③ 니트로글리세린　④ 니트로셀룰로오스

해설 충격에 매우 민감한 니트로글리세린은 규조토에 흡수시켜 다이너마이트를 제조하는 데 사용한다. 니트로글리세린 자체는 충격에 매우 민감하며 강력한 폭발력을 지닌다. 실제로 니트로글리세린의 폭발 사고로 인해 수많은 인명피해가 발생하였으며 이를 방지하고자 다공성의 규조토에 흡수시켜 안정성을 확보한 것이 다이너마이트다. 현재 쓰이는 다이너마이트는 뇌관만 제거하면 폭발하지 않도록 제작되어 안전하게 운반·저장할 수 있다.

규조토(diatomite)란 미세한 단세포 생물인 규조(diatom)의 사체가 해저 등에 퇴적되어 형성된 흙을 말한다. 무게는 가볍고 흰색을 띠는 점토 모양으로 물질에 대한 흡수율이 상당히 뛰어나며 열전달이 잘 일어나지 않는다. 알프레드 노벨이 규조토에 니트로글리세린을 쏟았다가 흡수되는 것을 보고 다이너마이트를 발명했다는 설과 어느 한 공장직원이 니트로글리세린 보관상자에 충진제로 넣은 규조토가 니트로글리세린을 흡수하여 노출된 것을 노벨이 발견한 것이 다이너마이트 탄생의 계기가 되었다는 설이 있으나 정확하지는 않다.

23 $NaClO_2$을 수납하는 운반용기의 외부에 표시하여야 할 주의사항으로 옳은 것은?

① 화기엄금 및 충격주의
② 화기주의 및 물기엄금
③ 화기·충격주의 및 가연물 접촉주의
④ 화기엄금 및 공기접촉엄금

해설 아염소산나트륨($NaClO_2$)은 제1류 위험물 중 아염소산염류에 속하는 물질로서 "화기·충격주의" 및 "가연물 접촉주의"의 주의사항을 운반 용기의 외부에 표시하여야 한다.

[위험물안전관리법 시행규칙 별표19 / 위험물의 운반에 관한 기준] - Ⅱ. 적재방법 제8호 다목 수납하는 위험물의 종류에 따라 다음의 규정에 의한 주의사항을 운반용기의 외부에 표시하여야 한다.

류 별	성 질	표시할 주의사항
제1류 위험물	산화성 고체	• 알칼리금속의 과산화물 또는 이를 함유한 것 : 화기·충격주의, 물기엄금 및 가연물 접촉주의 • 그밖의 것 : 화기·충격주의, 가연물 접촉주의
제2류 위험물	가연성 고체	• 철분·금속분·마그네슘 또는 이들 중 어느 하나 이상을 함유한 것 : 화기주의, 물기엄금 • 인화성 고체 : 화기엄금 • 그 밖의 것 : 화기주의
제3류 위험물	자연발화성 및 금수성 물질	• 자연발화성 물질 : 화기엄금, 공기접촉엄금 • 금수성 물질 : 물기엄금
제4류 위험물	인화성 액체	화기엄금
제5류 위험물	자기반응성 물질	화기엄금, 충격주의
제6류 위험물	산화성 액체	가연물 접촉주의

24 이황화탄소 저장 시 물속에 저장하는 이유로 가장 옳은 것은? 15·4 ▌19·2 유사

① 공기 중 수소와 접촉하여 산화되는 것을 방지하기 위하여
② 공기와 접촉 시 환원하기 때문에
③ 가연성 증기의 발생을 억제하기 위해서
④ 불순물을 제거하기 위하여

해설 이황화탄소는 제4류 위험물 중 특수인화물로 분류되며 물에 녹지 않고 물보다 무거워(비중 1.26) 가라앉는다. 이러한 이유로 가연성 증기

의 발생을 억제할 목적으로 물속에 저장한다
(물에는 녹지 않으나 높은 온도의 물과는 반응하여 황화수소를 발생할 수 있으므로 물의 냉각상태를 유지하는 것이 필요하다).

❖ **이황화탄소(CS_2)**
- 제4류 위험물 중 특수인화물
- 지정수량 50ℓ, 위험등급 I
- 분자량 76, 인화점 −30℃, 착화점 100℃, 연소범위 1~44%
- 순수한 것은 무색투명한 휘발성 액체이지만 햇빛에 노출되면 황색으로 변한다.
- 비수용성이며 알코올, 에테르, 벤젠 등에는 녹는다.
- 비중이 1.26이므로 물보다 무겁고 독성이 있다.
- 증기비중이 2.62로 공기보다는 무거워 증기 누출 시 바닥에 깔린다.
- 착화온도는 100℃로 제4류 위험물 중 가장 낮다.
- 연소반응 : $CS_2 + 3O_2 \rightarrow CO_2 + 2SO_2$
- 150℃ 이상의 고온의 물과는 반응하여 황화수소를 발생한다.
  $CS_2 + 2H_2O \rightarrow CO_2 + 2H_2S$
- 알칼리금속과 접촉하면 발화하거나 폭발할 수 있다.
- 비스코스 레이온(인조섬유), 고무용제, 살충제, 도자기 등에 사용된다.
- <u>가연성 증기의 발생 억제를 위해 물속에 저장한다.</u>
- 분말, 포말, 할로겐화합물 소화기를 이용해 질식소화 한다.

25 알루미늄분의 위험성에 대한 설명 중 틀린 것은?

① 할로겐 원소와 접촉 시 자연발화의 위험성이 있다.

② 산과 반응하여 가연성 가스인 수소를 발생한다.

③ 발화하면 다량의 열이 발생한다.

④ 뜨거운 물과 격렬히 반응하여 산화알루미늄을 발생한다.

해설 알루미늄분은 제2류 위험물 중 금속분에 속하는 물질로 뜨거운 물이나 산, 알칼리와 반응하면 수소 기체를 발생시킨다. 따라서, 화재 시 주수소화는 위험하다. <u>뜨거운 물과 격렬히 반응하면 수산화알루미늄과 수소 기체를 발생하며 산화알루미늄은 산소와 반응할 때 만들어진다.</u>

$2Al + 6H_2O \rightarrow 2Al(OH)_3 + 3H_2 \uparrow$

$4Al + 3O_2 \rightarrow 2Al_2O_3 + 339 kcal$

① 할로겐 원소와 혼합되면 자연 발화할 가능성이 있다.

② $2Al + 3H_2SO_4 \rightarrow Al_2(SO_4)_3 + 3H_2 \uparrow$
$2Al + 6HCl \rightarrow 2AlCl_3 + 3H_2 \uparrow$

[참고]
알칼리 수용액과도 반응하여 수소 기체 발생
$2Al + 2NaOH + 2H_2O \rightarrow 2NaAlO_2 + 3H_2 \uparrow$

③ 분말 자체가 발화하기는 쉽지 않으나 한 번 발화하면 많은 열을 발생하며 연소한다. 연소반응이 진행되면 몰 당 약 85kcal의 열을 발생시키며 간혹 200℃ 정도의 고온이 형성되기도 한다.
$4Al + 3O_2 \rightarrow 2Al_2O_3 + 339 kcal$

26 과산화벤조일의 일반적인 성질로 옳은 것은?

① 비중은 약 0.33이다.

② 무미, 무취의 고체이다.

③ 물에는 잘 녹지만 디에틸에테르에는 녹지 않는다.

④ 녹는점은 약 300℃이다.

해설 ❖ **과산화벤조일**
- 제5류 위험물(자기반응성 물질) 중 유기과산화물
- 지정수량 10kg, 위험등급 I
- 벤조일퍼옥사이드
- $(C_6H_5CO)_2O_2$
- 분해온도 75~100℃, 발화점 125℃, <u>융점 103~105℃(④), 비중 1.33(①)</u>
- <u>무색무취의 백색 분말 또는 결정형태이다(②)</u>.
- 상온에서는 비교적 안정하나 가열하면 흰색의 연기를 내며 분해된다.

- 산화제이므로 환원성 물질, 가연성 물질 또는 유기물과의 접촉은 금한다.
  - 접촉 시 화재 및 폭발할 위험성이 있다.
- 에테르 등의 유기용매에 잘 녹으며 물에는 녹지 않고(③) 알코올에는 약간 녹는다.
- 건조상태에서는 마찰 및 충격에 의해 폭발할 위험이 있다. 그러므로 건조 방지를 위해 물을 흡수시키거나 희석제(프탈산디메틸이나 프탈산디부틸 따위)를 사용함으로써 폭발의 위험성을 낮출 수 있다.
- 강력한 산화성 물질이므로 진한 황산이나 질산 등과 접촉하면 화재나 폭발의 위험이 있다.
- 습기 없는 냉암소에 보관한다.
- 소량 화재 시에는 마른 모래, 분말, 탄산가스에 의한 소화가 효과적이며 대량 화재 시에는 주수소화가 효과적이다.

27 오황화린과 칠황화린이 물과 반응했을 때 공통으로 나오는 물질은?

① 이산화황　　② 황화수소
③ 인화수소　　④ 삼산화황

해설 오황화린과 칠황화린은 제2류 위험물 중 황화린에 속하는 물질들로 물과 반응하면 황화수소(H_2S) 기체와 인산(H_3PO_4)을 공통으로 발생시킨다.

$P_2S_5 + 8H_2O \rightarrow 5H_2S + 2H_3PO_4$
$P_4S_7 + 13H_2O \rightarrow 7H_2S + H_3PO_4 + 3H_3PO_3$
(아인산)

28 위험물 제조소에서 "브롬산나트륨 300kg, 과산화나트륨 150kg, 중크롬산나트륨 500kg"의 위험물을 취급하고 있는 경우 각각의 지정수량 배수의 총합은 얼마인가?

① 3.5　　② 4.0
③ 4.5　　④ 5.0

해설
- 브롬산나트륨은 제1류 위험물 중 브롬산염류에 속하며 지정수량은 300kg
- 과산화나트륨은 제1류 위험물 중 무기과산화물에 속하며 지정수량은 50kg
- 중크롬산나트륨은 제1류 위험물 중 중크롬산염류에 속하며 지정수량은 1,000kg이다.

지정수량의 배수 = $\dfrac{저장수량}{지정수량}$ 으로 구하므로

∴ 지정수량 배수의 합 =
$\dfrac{300}{300} + \dfrac{150}{50} + \dfrac{500}{1,000} = 4.5$가 된다.

29 메틸알코올의 위험성에 대한 설명으로 틀린 것은?

① 겨울에는 인화의 위험이 여름보다 작다.
② 증기밀도는 가솔린보다 크다.
③ 독성이 있다.
④ 연소범위는 에틸알코올보다 넓다.

해설 메틸알코올(메탄올)의 증기밀도는 1.4(증기비중은 1.1)이며 가솔린의 증기밀도는 약 3~4 정도이므로 가솔린보다 작다.
① 온도를 낮추면 인화의 위험성은 감소한다. 메탄올의 인화점은 11℃로서 상온보다도 낮아 인화의 위험성이 높다. 따라서 인화점보다 높은 온도를 보이는 여름철보다는 인화점을 하회하는 겨울철에 인화의 위험성이 줄어든다고 할 것이다.
③ 메탄올이 인체 내에 흡수될 경우 포름알데히드로 변환되어 치명적인 결과를 초래할 수 있다. 10ml 정도 섭취 시엔 시신경 마비(실명), 40ml 정도 섭취 시 사망에 이르게 할 수도 있는 독극물이다.
④ 메탄올의 연소범위는 7.3~36%이며 에탄올(에틸알코올)의 연소범위는 3.5~20%이므로 메탄올의 연소범위가 더 넓다.

정답 25 ④　26 ②　27 ②　28 ③　29 ②

30 위험물안전관리법령은 위험물의 유별에 따른 저장·취급상의 유의사항을 규정하고 있다. 이 규정에서 특히 과열, 충격, 마찰을 피하여야 할 류(類)에 속하는 위험물 품명을 옳게 나열한 것은?

① 히드록실아민, 금속의 아지화합물
② 금속의 산화물, 칼슘의 탄화물
③ 무기금속화합물, 인화성 고체
④ 무기과산화물, 금속의 산화물

해설 과열·충격·마찰을 피하여야 한다고 규정한 위험물에는 제1류 위험물과 제5류 위험물이 해당한다. 히드록실아민과 금속의 아지화합물은 모두 제5류 화합물에 속하는 위험물이다.
② 금속의 산화물(위험물에 해당되지 않음), 칼슘의 탄화물(제3류 위험물)
③ 무기금속화합물(위험물에 해당되지 않음), 인화성 고체(제2류 위험물)
④ 무기과산화물(제1류 위험물), 금속의 산화물(위험물에 해당되지 않음)

[위험물안전관리법 시행규칙 별표18 / 제조소등에서의 위험물의 저장 및 취급에 관한 기준] - Ⅱ. 위험물의 유별 저장·취급의 공통기준(중요기준)
- 제1류 위험물은 가연물과의 접촉·혼합이나 분해를 촉진하는 물품과의 접근 또는 과열·충격·마찰 등을 피하는 한편, 알카리 금속의 과산화물 및 이를 함유한 것에 있어서는 물과의 접촉을 피하여야 한다.
- 제2류 위험물은 산화제와의 접촉·혼합이나 불티·불꽃·고온체와의 접근 또는 과열을 피하는 한편, 철분·금속분·마그네슘 및 이를 함유한 것에 있어서는 물이나 산과의 접촉을 피하고 인화성 고체에 있어서는 함부로 증기를 발생시키지 아니하여야 한다.
- 제3류 위험물 중 자연발화성 물질에 있어서는 불티·불꽃 또는 고온체와의 접근·과열 또는 공기와의 접촉을 피하고, 금수성 물질에 있어서는 물과의 접촉을 피하여야 한다.
- 제4류 위험물은 불티·불꽃·고온체와의 접근 또는 과열을 피하고, 함부로 증기를 발생시키지 아니하여야 한다.
- 제5류 위험물은 불티·불꽃·고온체와의 접근이나 과열·충격 또는 마찰을 피하여야 한다.
- 제6류 위험물은 가연물과의 접촉·혼합이나 분해를 촉진하는 물품과의 접근 또는 과열을 피하여야 한다.

31 제3류 위험물에 대한 설명으로 옳지 않은 것은?

① 황린은 공기 중에 노출되면 자연 발화하므로 물속에 저장하여야 한다.
② 나트륨은 물보다 무거우며 석유 등의 보호액 속에 저장하여야 한다.
③ 트리에틸알루미늄은 상온에서 액체 상태로 존재한다.
④ 인화칼슘은 물과 반응하여 유독성의 포스핀을 발생한다.

해설 제3류 위험물에 속하는 나트륨은 대표적인 금수성 물질로서 공기 중의 수분이나 물과 반응하면 폭발성의 수소 기체를 발생시킨다. 또한 실온의 공기 중에서 빠르게 산화되어 피막을 형성하고 광택을 잃으며 공기 중에 방치하면 자연발화의 위험성도 지니고 있다. CO_2나 CCl_4와도 폭발적으로 반응한다. 따라서, 공기 중의 수분이나 산소, 물과의 접촉을 막기 위하여 유동성 파라핀, 등유나 경유 등의 보호액 속에 넣어 보관한다. 그러나 나트륨의 비중은 0.97로 물보다 가볍다.
① 제3류 위험물에 속하는 황린은 발화점이 낮고 화학적 활성이 커서 공기 중에서 자연발화할 수 있으므로 pH 9로 조정된 물속에 저장한다. pH 9로 유지하는 것은 인화수소의 생성을 방지하기 위한 것이다.
③ 제3류 위험물 중 알킬알루미늄에 속하는 트리에틸알루미늄의 녹는점은 −45.5℃, 끓는점은 186℃로서 상온에서는 액체 상태로 존재한다.
④ 제3류 위험물 중 금속의 인화물에 속하는 인화칼슘은 물과 반응하여 유독성의 포스핀과 수산화칼슘을 발생한다.
$Ca_3P_2 + 6H_2O \rightarrow 2PH_3 + 3Ca(OH)_2$

32 과산화벤조일 100kg을 저장하려 한다. 지정수량의 배수는 얼마인가?

① 5배 ② 7배 ③ 10배 ④ 15배

해설 • 과산화벤조일은 제5류 위험물 중 유기과산화물에 속하는 물질로 지정수량은 10kg이다.

지정수량의 배수 = $\dfrac{\text{저장수량}}{\text{지정수량}}$ 으로 구하므로

∴ 지정수량의 배수 = $\dfrac{100}{10}$ = 10(배)가 된다.

33 순수한 것은 무색, 투명한 기름상의 액체이고 공업용은 담황색인 위험물로 충격, 마찰에는 매우 예민하고 겨울철에는 동결할 우려가 있는 것은?

① 펜트리트 ② 트리니트로벤젠
③ 니트로글리세린 ④ 질산메틸

해설 제5류 위험물 중 질산에스테르류에 속하는 니트로글리세린의 융점은 13.5℃(불안정형은 2.8℃)이고 비점은 160℃이므로 겨울철에는 동결할 우려가 있으며 충격이나 마찰에 의해 폭발할 수 있다. 다공성의 규조토에 흡수시켜 다이너마이트를 제조하는데 사용된다.

[22번] 해설 참조

❖ **니트로글리세린(Nitroglycerin)**
• 제5류 위험물 중 질산에스테르류
• 지정수량 10kg, 위험등급 I
• 분자식 : $C_3H_5N_3O_9$, $C_3H_5(NO_3)_3$
• 분자량 227, 비중 1.6, 증기비중 7.83, 녹는점 13.5℃, 끓는점 160℃
• 구조식

  $CH_2 - ONO_2$
   |
  $CH\ \ - ONO_2$
   |
  $CH_2 - ONO_2$

• 무색투명한 기름 형태의 액체이다 (공업용은 담황색).
• 물에 녹지 않으며 알코올, 벤젠, 아세톤 등에 잘 녹는다.
• 가열, 충격, 마찰에 매우 예민하며 폭발하기 쉽다.
• 상온에서 액체로 존재하나 겨울철에는 동결의 우려가 있다.
• 니트로글리세린을 다공성의 규조토에 흡수시켜 제조한 것을 다이너마이트라고 한다.
• 직사광선을 피하고 통풍이 잘되는 냉암소에 보관한다.
• 연소가 개시되면 폭발적으로 반응이 일어나므로 미리 연소위험 요소를 제거하는 것이 중요하다.
• 주수소화가 효과적이다.

34 과산화칼륨이 물 또는 이산화탄소와 반응할 경우 공통적으로 발생하는 물질은? 14년·4 유사

① 산소 ② 과산화수소
③ 수산화칼륨 ④ 수소

해설 과산화칼륨은 제1류 위험물 중 무기과산화물에 속하는 물질로 물 또는 이산화탄소와 반응할 경우 공통적으로 산소 기체를 발생시킨다.
(가열 분해할 경우에도 산소 기체를 발생한다)
$2K_2O_2 + 2H_2O \rightarrow 4KOH + O_2 \uparrow$
$2K_2O_2 + 2CO_2 \rightarrow 2K_2CO_3 + O_2 \uparrow$
(가열 분해반응식 : $2K_2O_2 \rightarrow 2K_2O + O_2 \uparrow$)

[참고] 과산화수소 생성반응
• 아세트산과의 반응
  $K_2O_2 + 2CH_3COOH \rightarrow 2CH_3COOK + H_2O_2$
• 염산과의 반응
  $K_2O_2 + 2HCl \rightarrow 2KCl + H_2O_2$

❖ **과산화칼륨(K_2O_2)**
• 제1류 위험물 중 무기과산화물
• 지정수량 50kg, 위험등급 I
• 분자량 110, 녹는점 490℃, 비중 2.9
• 무색 또는 오렌지색의 분말이다.
• 흡습성이 있으며 에탄올에 용해된다.
• 물과의 반응, 이산화탄소의 흡수, 가열 분해 등으로 조연성 기체인 산소를 발생한다.
• 염산이나 아세트산과 반응하면 과산화수소를 생성한다.

정답 30 ① 31 ② 32 ③ 33 ③ 34 ①

- 가연물과 혼합되어 있으면 마찰, 충격, 소량의 물과의 접촉 등으로 발화한다.
- 주수소화는 하지 않으며 마른모래나 이산화탄소, 탄소수소염류 분말소화약제로 소화한다.

35 과산화수소의 운반 용기 외부에 표시하여야 하는 주의사항은?

① 화기주의   ② 충격주의
③ 물기엄금   ④ 가연물 접촉주의

[해설] 과산화수소는 제6류 위험물이므로 운반용기 외부에 "가연물 접촉주의"라는 주의사항 문구를 표시하여야 한다.

[23번] 해설 도표 참조

36 위험물안전관리법령에서 정한 물분무 소화설비의 설치기준으로 적합하지 않은 것은?

① 고압의 전기설비가 있는 장소에는 해당 전기설비와 분무 헤드 및 배관과의 사이에 전기절연을 위하여 필요한 공간을 보유한다.
② 스트레이너 및 일제개방밸브는 제어밸브의 하류측 부근에 스트레이너, 일제개방밸브의 순으로 설치한다.
③ 물분무 소화설비에 2 이상의 방사구역을 두는 경우에는 화재를 유효하게 소화할 수 있도록 인접하는 방사구역이 상호 중복되도록 한다.
④ 수원의 수위가 수평회전식 펌프보다 낮은 위치에 있는 가압송수장치의 물 올림장치는 타설비와 겸용하여 설치한다.

[해설] 물 올림장치는 옥내소화전 설비의 예에 준하여 설치해야 한다고 규정하고 있다.
수원의 수위가 수평회전식 펌프보다 낮은 위치에 있는 가압송수장치의 물 올림장치에는 전용의 물 올림탱크를 설치하여야 함으로 타설비와 겸용하여 설치하는 것은 아니다.

[위험물안전관리에 관한 세부기준 제132조 / 물분무 소화설비의 기준]
물분무 소화설비의 기준은 다음과 같다.
- 물분무 소화설비에 2 이상의 방사구역을 두는 경우에는 화재를 유효하게 소화할 수 있도록 인접하는 방사구역이 상호 중복되도록 할 것(③)
- 고압의 전기설비가 있는 장소에는 당해 전기설비와 분무 헤드 및 배관과 사이에 전기절연을 위하여 필요한 공간을 보유할 것(①)
- 물분무 소화설비에는 각층 또는 방사구역마다 제어밸브, 스트레이너 및 일제개방 밸브 또는 수동식개방 밸브를 다음에 정한 것에 의하여 설치할 것
  - 제어밸브 및 일제개방 밸브 또는 수동식개방 밸브는 스프링클러 설비의 기준에 의할 것
  - 스트레이너 및 일제개방 밸브 또는 수동식개방 밸브는 제어밸브의 하류측 부근에 스트레이너, 일제개방 밸브 또는 수동식개방 밸브의 순으로 설치할 것(②)
- 기동장치는 스프링클러 설비의 기준의 예에 의할 것
- 가압송수장치, 물 올림장치, 비상전원, 조작회로의 배선 및 배관 등은 옥내소화전 설비의 예에 준하여 설치할 것

37 다음 중 위험물안전관리법령에서 정한 지정수량이 500kg인 것은?

① 황화린   ② 금속분
③ 인화성 고체   ④ 유황

[해설] 모두 제2류 위험물이며 지정수량 500kg인 것은 금속분이다.
① 황화린의 지정수량 100kg
③ 인화성 고체의 지정수량 1,000kg
④ 유황의 지정수량 100kg

[05쪽] 제2류 위험물 분류 도표 참조

38 액체 위험물을 운반용기에 수납할 때 내용적의 몇 % 이하의 수납율로 수납하여야 하는가?

15년 · 1 동일

① 95 ② 96 ③ 97 ④ 98

해설 액체 위험물은 운반용기 내용적의 98% 이하의 수납율로 수납하여야 한다.

[위험물안전관리법 시행규칙 별표19 / 위험물의 운반에 관한 기준] - Ⅱ. 적재방법 제1호
위험물은 규정에 의한 운반용기에 다음의 기준에 따라 수납하여 적재하여야 한다.
- 위험물이 온도변화 등에 의하여 누설되지 않도록 운반용기를 밀봉하여 수납할 것.
- 수납하는 위험물과 위험한 반응을 일으키지 아니하는 등 당해 위험물의 성질에 적합한 재질의 운반용기에 수납할 것
- 고체 위험물은 운반용기 내용적의 95% 이하의 수납률로 수납할 것
- <u>액체 위험물은 운반용기 내용적의 98% 이하의 수납률로 수납하되 55℃의 온도에서 누설되지 아니하도록 충분한 공간용적을 유지하도록 할 것</u>
- 하나의 외장용기에는 다른 종류의 위험물을 수납하지 아니할 것
- 제3류 위험물은 다음의 기준에 따라 운반용기에 수납할 것
  - 자연발화성 물질 : 불활성기체를 봉입하여 밀봉하는 등 공기와 접하지 아니하도록 할 것
  - 자연발화성 물질 외의 물품 : 파라핀, 경유, 등유 등의 보호액으로 채워 밀봉하거나 불활성기체를 봉입하여 밀봉하는 등 수분과 접하지 아니하도록 할 것
  - 자연발화성 물질 중 알킬알루미늄 등 : 운반용기의 내용적의 90% 이하의 수납률로 수납하되, 50℃의 온도에서 5% 이상의 공간용적을 유지하도록 할 것

39 건성유에 해당하지 않는 것은?

① 들기름 ② 동유
③ 아마인유 ④ 피마자유

해설 피마자유는 불건성유에 해당한다.

✱ 빈틈없이 촘촘하게 One more Step

❖ 요오드값

유지에 염화요오드를 떨어뜨렸을 때 유지 100 g에 흡수되는 염화요오드의 양으로부터 요오드의 양을 환산하여 그램 수로 나타낸 것으로 '옥소값'이라고도 한다. 일반적으로 유지류에 요오드를 작용시키면 이중결합 하나에 대해 요오드 2 원자가 첨가되기 때문에 유지의 불포화 정도를 확인할 수 있다. 요오드값이 크다는 것은 탄소 간에 이중결합이 많아 불포화도가 크다는 것을 의미하고 불포화도가 높을수록 공기 중에서 산화되기 쉬우며 산화열이 축적되어 자연발화 할 가능성도 커진다.

❖ 요오드값에 의한 동식물유의 구분

구 분	요오드가	종 류
건성유	130 이상	들기름, 대구유, 아마인유, 동유, 해바라기유, 정어리유, 상어유 등
반건성유	100~130	콩기름, 참기름, 면실유, 채종유, 목화씨유, 옥수수유, 청어유, 미강유 등
불건성유	100 이하	소기름, 돼지기름, 고래기름, 올리브유, 팜유, 땅콩유, 피마자유, 야자유 등

40 1몰의 에틸알코올이 완전 연소하였을 때 생성되는 이산화탄소는 몇 몰인가?

① 1몰 ② 2몰 ③ 3몰 ④ 4몰

해설 에틸알코올의 연소반응식은 다음과 같으므로 에탄올 1몰이 완전 연소하면 3몰의 물(수증기)과 2몰의 이산화탄소가 생성된다.

$C_2H_5OH + 3O_2 \rightarrow 3H_2O + 2CO_2$

화학반응시을 완성할 줄 알아야 하며 반응식의 각 계수비가 바로 몰비이기 때문에 계수를 결정해야 문제를 풀 수 있다. 간단한 것

정답 35 ④ 36 ④ 37 ② 38 ④ 39 ④ 40 ②

은 추정해서 바로 계수를 구할 수 있으나 복잡한 반응식의 계수는 다음과 같이 미정계수법에 의해서 결정한다.

❖ **미정계수법에 의한 화학반응식의 계수 결정하기**
- 우선 반응물과 생성물에 대해 화학반응식으로 나타낸다.
  일반적으로 연소반응에서는 산소가 필요하고 이산화탄소와 물이 생성된다.
  $C_2H_5OH + O_2 \rightarrow H_2O + CO_2$
- 반응에 관여하는 각 분자의 계수(몰수)를 미정계수 a, b, c, 로 표기한다.
  $aC_2H_5OH + bO_2 \rightarrow cH_2O + dCO_2$
- 반응 전후에 원자의 종류와 수는 변하지 않는다는 것을 이용하여 연립방정식을 세운다. 화학반응식에서의 화살표는 '='과 같은 의미로서 반응 물질인 좌변과 생성 물질인 우변의 원자 수는 동일하다는 뜻이다. 위 반응식에서 확인되는 원소는 C, H, O 세 종류이다.
  C : 2a = d (탄소 원자는 a항에 2개, b항과 c항에는 없고 d항에 1개가 있다는 것을 표현한 식이다.)
  H : 6a = 2c
  O : a + 2b = c + 2d
- 수학적으로 연립방정식을 풀 듯하지 않아도 된다. 즉, a, b, c, d 중 임의로 하나를 1로 정하고 대입해서 나머지 수치를 얻어내면 된다. a를 1로 정하고 나머지 계수들을 결정해 보자. a=1이므로 c=3이며 d=2가 된다. 마지막 식에 결정된 숫자들을 넣고 계산하면 b=3이 된다.
  (간혹 어느 하나를 1로 정해서 풀었는데 자연수가 아닌 분수가 나올 경우도 있다. 그러면 일정한 수를 곱하여 자연수를 만들어주면 된다. 예를 들어 c=1로 정하고 풀어보자. 그러면 a=1/3, b=1, d=2/3가 되어 분수가 나오게 된다. 분모가 3이므로 a, b, c, d 모두 수에 3을 곱하여 자연수로 만들어주면 a=1, b=3, c=3, d=2가 되어 알맞은 계수가 결정되어 진다. 물론 분수가 싫다면 재빠르게 다른 미정계수를 1로 넣고 풀면 된다. 결과는 모두 마찬가지이다.)
- 결정된 숫자들을 위의 미정계수 a, b, c, d 자리에 대입하여 반응식을 완성한다.
  $C_2H_5OH + 3O_2 \rightarrow 3H_2O + 2CO_2$

41 위험물안전관리법령상 제5류 위험물의 위험등급에 대한 설명 중 틀린 것은?

① 유기과산화물과 질산에스테르류는 위험등급 I 에 해당한다.
② 지정수량 100kg인 히드록실아민과 히드록실아민염류는 위험등급 II 에 속한다.
③ 지정수량 200kg에 해당되는 품명은 모두 위험등급 III 에 해당한다.
④ 지정수량 10kg인 품명만 위험등급 I 에 해당한다.

해설 지정수량 200kg에 해당되는 품명은 모두 위험등급 II 에 해당한다.

[15쪽] 제5류 위험물 분류 도표 참조

❈ **Tip**
제5류 위험물에는 위험등급 III 가 없다는 것을 기억!!!

42 다음 중 제4류 위험물에 대한 설명으로 가장 옳은 것은?

① 물과 접촉하면 발열하는 것
② 자기 연소성 물질
③ 많은 산소를 함유하는 강산화제
④ 상온에서 액상인 가연성 액체

해설 [위험물안전관리법 시행령 별표1]에서는 제4류 위험물(인화성 액체)을 다음과 같이 규정하고 있다.
"인화성 액체라 함은 액체(제3석유류, 제4석유류 및 동식물유류의 경우 1기압, 20℃에서 액체인 것만 해당한다)로서 인화의 위험이 있는 것을 말한다."

[위험물안전관리법 시행령 별표1 / 위험물 및 지정수량] - 위험물의 유별에 따른 성질
- 제1류 - 산화성 고체
- 제2류 - 가연성 고체
- 제3류 - 자연 발화성 물질 및 금수성 물질
- 제4류 - 인화성 액체
- 제5류 - 자기반응성 물질
- 제6류 - 산화성 액체

43 제5류 위험물에 관한 내용으로 틀린 것은?

① $C_2H_5ONO_2$: 상온에서 액체이다.

② $C_6H_2OH(NO_2)_3$: 공기 중 자연분해가 잘 된다.

③ $C_6H_2(NO_2)_3CH_3$: 담황색의 결정이다.

④ $C_3H_5(ONO_2)_3$: 혼산 중에 글리세린을 반응시켜 제조한다.

해설 $C_6H_2OH(NO_2)_3$(트리니트로페놀)은 단독으로 존재할 때는 충격이나 마찰에 둔감하여 비교적 안정하므로 공기 중에서는 자연분해 될 가능성이 적다. 그러나 알코올, 황, 요오드 등과의 혼합물은 충격 마찰 등에 의하여 폭발할 수 있다.

① $C_2H_5ONO_2$(질산에틸) : 질산에틸의 녹는점은 -102°C, 끓는점은 88°C이므로 상온에서 액체이다.

③ $C_6H_2(NO_2)_3CH_3$(트리니트로톨루엔) : 담황색의 결정이나 직사광선에 노출되면 진한 갈색으로 변한다.

④ $C_3H_5(ONO_2)_3$(니트로글리세린) : 질산과 황산의 혼산 중에 글리세린을 반응시켜 제조한다.

44 제조소등에 있어서 위험물을 저장하는 기준으로 잘못된 것은?

① 황린은 제3류 위험물이므로 물기가 없는 건조한 장소에 저장하여야 한다.

② 덩어리 상태의 유황은 위험물 용기에 수납하지 않고 옥내저장소에 저장할 수 있다.

③ 옥내저장소에서는 용기에 수납하여 저장하는 위험물의 온도가 55°C를 넘지 아니하도록 필요한 조치를 강구하여야 한다.

④ 이동 저장탱크에는 저장 또는 취급하는 위험물의 유별·품명·최대수량 및 적재중량을 표시하고 잘 보일 수 있도록 관리하여야 한다.

해설 제3류 위험물에 속하는 황린은 자연발화성 물질이지만 금수성 물질에는 해당되지 않는 예외적인 물질이다. 물과의 반응성이 없고 공기와 접촉하면 자연발화 할 수 있으므로 물속에 넣어 보관하며 $Ca(OH)_2$를 첨가함으로써 물의 pH를 9로 유지하여 포스핀(인화수소)의 생성을 방지한다.

② [위험물안전관리법 시행규칙 별표18 / 제조소등에서의 위험물의 저장 및 취급에 관한 기준] - Ⅲ. 저장의 기준 제4호
'옥내저장소에 있어서 위험물은 규정에 의한 바에 따라 용기에 수납하여 저장하여야 한다. 다만, 덩어리 상태의 유황과 별도의 규정에 의한 위험물에 있어서는 그러하지 아니하다.'라고 되어 있으므로 덩어리 상태의 유황은 위험물 용기에 수납하지 않고도 옥내저장소에 저장할 수 있다.

③ [위험물안전관리법 시행규칙 별표18 / 제조소등에서의 위험물의 저장 및 취급에 관한 기준]의 Ⅲ. 저장의 기준 제7호 내용

④ [위험물안전관리법 시행규칙 별표18 / 제조소등에서의 위험물의 저장 및 취급에 관한 기준]의 Ⅲ. 저장의 기준 제11호
'이동 저장탱크에는 당해 탱크에 저장 또는 취급하는 위험물의 위험성을 알리는 표지를 부착하고 잘 보일 수 있도록 관리하여야 한다.'

45 요오드(아이오딘)산아연의 성질에 대한 설명으로 가장 거리가 먼 것은?

① 결정성 분말이다.

② 유기물과 혼합 시 연소 위험이 있다.

③ 환원력이 강하다.

④ 제1류 위험물이다.

해설 요오드산아연($Zn(IO_3)_2$)은 제1류 위험물 중 요오드산염류에 속하는 결정성 분말형태의 위험물로 지정수량 300kg, 위험등급Ⅱ에 해당한다. 환원력이란 자기 자신은 산화되면서 상대방을

정답 41 ③ 42 ④ 43 ② 44 ① 45 ③

환원시키려는 힘을 말하는 것이므로 자신은 환원되면서 상대방을 산화시키는 강산화제로 작용하는 제1류 위험물은 산화력이 강하다고 말해야 할 것이다. 제1류 위험물은 산화성 고체로서 유기물이나 제2류 위험물과 같은 가연성 고체 등과 혼합하면 연소의 위험이 증가한다.

46 위험물 운송책임자의 감독 또는 지원의 방법으로 운송의 감독 또는 지원을 위하여 마련한 별도의 사무실에 운송책임자가 대기하면서 이행하는 사항에 해당하지 않는 것은?

① 운송 후에 운송경로를 파악하여 관할 경찰관서에 신고하는 것
② 이동 탱크저장소의 운전자에 대하여 수시로 안전 확보 상황을 확인하는 것
③ 비상시의 응급처치에 관하여 조언을 하는 것
④ 위험물의 운송 중 안전 확보에 관하여 필요한 정보를 제공하고 감독 또는 지원하는 것

[해설] 운송 후가 아니라 운송경로를 미리 파악하고 관할 소방관서 또는 관련업체에 대한 연락체계를 갖추는 것이며 경찰관서와는 관계가 없고 신고사항도 아니다.

[위험물안전관리법 시행규칙 별표21 / 위험물 운송책임자의 감독 또는 지원의 방법과 위험물의 운송 시에 준수하여야 하는 사항] - 제1호. 위험물 운송책임자의 감독 또는 지원의 방법 中
- 운송의 감독 또는 지원을 위하여 마련한 별도의 사무실에 운송책임자가 대기하면서 다음의 사항을 이행하는 방법
  - <u>운송경로를 미리 파악하고 관할 소방관서 또는 관련업체</u>(비상대응에 관한 협력을 얻을 수 있는 업체를 말한다)<u>에 대한 연락체계를 갖추는 것</u>
  - 이동 탱크저장소의 운전자에 대하여 수시로 안전 확보 상황을 확인하는 것
  - 비상시의 응급처치에 관하여 조언을 하는 것
  - 그 밖에 위험물의 운송 중 안전 확보에 관하여 필요한 정보를 제공하고 감독 또는 지원하는 것

47 이송취급소의 교체밸브, 제어밸브 등의 설치 기준으로 틀린 것은?

① 밸브는 원칙적으로 이송기지 또는 전용부지 내에 설치할 것
② 밸브는 그 개폐상태를 설치장소에서 쉽게 확인할 수 있도록 할 것
③ 밸브를 지하에 설치하는 경우에는 점검상자 안에 설치할 것
④ 밸브는 해당 밸브의 관리에 관계하는 자가 아니면 수동으로만 개폐할 수 있도록 할 것

[해설] [위험물안전관리법 시행규칙 별표15 / 이송취급소의 위치·구조 및 설비의 기준] - Ⅳ. 기타 설비 등 제25호 밸브
교체밸브·제어밸브 등은 다음의 기준에 의하여 설치하여야 한다.
- 밸브는 원칙적으로 이송기지 또는 전용부지 내에 설치할 것
- 밸브는 그 개폐상태를 당해 밸브의 설치장소에서 쉽게 확인할 수 있도록 할 것
- 밸브를 지하에 설치하는 경우에는 점검상자 안에 설치할 것
- 밸브는 당해 밸브의 관리에 관계하는 자가 아니면 수동으로 개폐할 수 <u>없도록</u> 할 것

48 과염소산에 대한 설명으로 틀린 것은?

① 물과 접촉하면 발열한다.
② 불연성이지만 유독성이 있다.
③ 증기비중은 약 3.5이다.
④ 산화제이므로 쉽게 산화할 수 있다.

[해설] 산화제는 자기 자신은 환원되면서 상대방을 산화시키는 물질이다.

❖ 과염소산($HClO_4$)
- 제6류 위험물(산화성 액체)
- 지정수량 300kg, 위험등급 Ⅰ
- 산소공급원으로 작용하는 산화제이다.
- 제6류 위험물은 <u>불연성이며(②)</u> 무기화합물이다.

- 무색, 무취, 강한 휘발성 및 흡습성을 나타내는 액체이다.
- 분자량 100.5, 비중 1.76, 증기비중 3.5(③), 융점 −112℃, 비점 39℃
- 염소의 산소산 중 가장 강력한 산이다 (HClO < HClO₂ < HClO₃ < HClO₄)
- 물과 접촉하면 소리를 내며 발열하고 고체 수화물을 만든다(①).
- 가열하면 폭발, 분해되고 유독성의 염화수소(HCl)를 발생한다.
  HClO₄ → HCl↑ + 2O₂↑
- 철, 구리, 아연 등과 격렬하게 반응한다.
- 황산이나 질산에 버금가는 강산이다.
- 독성이 강하며 피부에 닿으면 부식성이 있어 위험하고(②) 종이, 나무 등과 접촉하면 연소한다.
- 직사광선을 피하고 통풍이 잘되는 냉암소에 보관한다.
- 다량의 물로 주수소화나 분무하여 소화하고 내산성 용기를 사용하여 저장한다.

49 제조소등에서 위험물을 유출시켜 사람의 신체 또는 재산에 대하여 위험을 발생시킨 자에 대한 벌칙기준으로 옳은 것은?

① 1년 이상 3년 이하의 징역
② 1년 이상 5년 이하의 징역
③ 1년 이상 7년 이하의 징역
④ 1년 이상 10년 이하의 징역

해설 [위험물안전관리법 제33조 / 벌칙]
- 제조소등에서 위험물을 유출·방출 또는 확산시켜 사람의 생명·신체 또는 재산에 대하여 위험을 발생시킨 자는 1년 이상 10년 이하의 징역에 처한다.
- 위의 규정에 따른 죄를 범하여 사람을 상해(傷害)에 이르게 한 때에는 무기 또는 3년 이상의 징역에 처하며, 사망에 이르게 한 때에는 무기 또는 5년 이상의 징역에 처한다.

50 알킬알루미늄의 저장 및 취급 방법으로 옳은 것은?

① 용기는 완전 밀봉하고 CH_4, C_3H_8 등을 봉입한다.
② C_6H_6 등의 희석제를 넣어준다.
③ 용기의 마개에 다수의 미세한 구멍을 뚫는다.
④ 통기구가 달린 용기를 사용하여 압력상승을 방지한다.

해설 제3류 위험물에 속하는 알킬알루미늄(알킬기와 알루미늄의 화합물로서 유기금속화합물)은 자연발화성 물질인 동시에 금수성 물질이다. 공기 중에서 자연발화하며 물에 민감하게 반응하는 위험물이므로 용기는 완전 밀봉하고 용기의 상부는 질소, 아르곤, 이산화탄소 등의 불활성기체를 봉입하여 보관한다. 다량으로 저장 시 벤젠, 헥산, 톨루엔 등의 희석제를 넣어주어 보관의 안정성을 향상시킨다.
① 메탄이나 프로판은 가연성 가스로서 위험하므로 봉입하는데 사용하지 않는다.
③ 완전 밀봉하여 공기나 수증기와의 접촉을 금해야 한다.
④ 외부와의 접촉을 완전 차단하여 보관해야 함으로 압력상승을 방지하기 위한 별도의 통기구를 설치하지는 않는다. 용기 내압이 상승하지 않도록 화기를 엄금하고 통풍이 잘되는 냉소에 저장한다.

51 고정 지붕구조를 가진 높이 15m의 원통 종형 옥외위험물 저장탱크 안의 탱크 상부로부터 아래로 1m 지점에 고정식 포 방출구가 설치되어 있다. 이 조건의 탱크를 신설하는 경우 최대 허가량은 얼마인가? (단, 탱크의 내부 단면적은 100m²이고, 탱크 내부에는 별다른 구조물이 없으며, 공간용적 기준은 만족하는 것으로 가정한다.)

① 1,400m³ ② 1,370m³
③ 1,350m³ ④ 1,300m³

정답 46 ① 47 ④ 48 ④ 49 ④ 50 ② 51 ②

해설 [위험물안전관리에 관한 세부기준 제25조 / 탱크의 내용적 및 공간용적] - 제2항
"탱크의 공간용적은 탱크의 내용적의 100분의 5 이상 100분의 10 이하의 용적으로 한다. 다만, 소화설비(소화약제 방출구를 탱크 안의 윗부분에 설치하는 것에 한한다)를 설치하는 탱크의 공간용적은 당해 소화설비의 소화약제 방출구 아래의 0.3m 이상 1m 미만 사이의 면으로부터 윗부분의 용적으로 한다."
위와 같이 규정하고 있으므로 지상으로부터 14m 지점에 고정식 포 방출구가 설치되어 있고 그로부터 아래로 0.3m 이상 1.0m 미만까지가 공간용적에 포함되므로 탱크 용량의 허가량은 지상으로부터 13m에서 13.7m까지의 높이에 해당된다. 따라서 탱크 용량의 최대 허가량은 13.7m까지의 높이가 될 것이므로 $100m^2 \times 13.7m = 1,370m^3$가 된다.

52 염소산나트륨의 저장 및 취급 시 주의할 사항으로 틀린 것은? 14년 · 2 유사

① 철제용기에 저장은 피해야 한다.
② 열분해 시 이산화탄소가 발생하므로 질식에 유의한다.
③ 조해성이 있으므로 방습에 유의한다.
④ 용기에 밀전하여 보관한다.

해설 가열하여 분해시키면 이산화탄소가 아닌 산소를 발생한다.
$2NaClO_3 \rightarrow 2NaCl + 3O_2 \uparrow$

❖ 염소산나트륨($NaClO_3$)
- 제1류 위험물 중 염소산염류
- 지정수량 50kg, 위험등급 I
- 분자량 106.5, 녹는점 248℃, 비중 2.49, 증기비중 3.67
- 무색, 무취의 주상결정이다
- 물, 에테르, 글리세린, 알코올에 잘 녹는다.
- 산화력이 강하며 인체에 유독하다.
- 환기가 잘되고 습기 없는 냉암소에 보관하며 조해성이 강하므로 밀전·밀봉하여 저장한다(③,④).
- 철을 부식시키므로 철제용기에 저장하지 않고 유리용기에 저장한다(①).
- 목탄, 황, 유기물 등과 혼합한 것은 위험하다.
- 강산과 반응하여 유독한 폭발성의 이산화염소를 발생시킨다.
  $2NaClO_3 + 2HCl \rightarrow 2NaCl + 2ClO_2 + H_2O_2$
- 300℃에서 분해되기 시작하며 염화나트륨과 산소를 발생한다(②).
  $2NaClO_3 \rightarrow 2NaCl + 3O_2 \uparrow$
- 화재 시 다량의 물을 방사하여 냉각소화 한다.

53 제4류 위험물의 옥외 저장탱크에 대기밸브 부착 통기관을 설치할 때 몇 kPa 이하의 압력 차이로 작동하여야 하는가?

① 5 kPa 이하   ② 10 kPa 이하
③ 15 kPa 이하 ④ 20 kPa 이하

해설 [위험물안전관리법 시행규칙 별표6 / 옥외 탱크 저장소의 위치·구조 및 설비의 기준] - Ⅵ. 옥외 저장탱크의 외부구조 및 설비 제7호
옥외 저장탱크 중 압력탱크(최대 상용압력이 부압 또는 정압 5kPa을 초과하는 탱크를 말한다)외의 탱크(제4류 위험물의 옥외 저장탱크에 한한다)에 있어서는 밸브 없는 통기관 또는 대기밸브 부착 통기관을 다음에 정하는 바에 의하여 설치하여야 하고, 압력탱크에 있어서는 별도 규정에 의한 안전장치를 설치하여야 한다.
- 밸브 없는 통기관
  - 직경은 30mm 이상일 것.
  - 선단은 수평면보다 45°이상 구부려 빗물 등의 침투를 막는 구조로 할 것
  (중간생략)
  - 가연성의 증기를 회수하기 위한 밸브를 통기관에 설치하는 경우에 있어서는 당해 통기관의 밸브는 저장탱크에 위험물을 주입하는 경우를 제외하고는 항상 개방되어 있는 구조로 하는 한편, 폐쇄하였을 경우에 있어서는 10kPa 이하의 압력에서 개방되는 구조로 할 것. 이 경우 개방된 부분의 유효 단면적은 $777.15mm^2$ 이상이어야 한다.
- 대기밸브 부착 통기관
  - 5kPa 이하의 압력 차이로 작동할 수 있을 것
  (이하 생략)

54 비중은 0.86이고 은백색의 무른 경금속으로 보라색 불꽃을 내면서 연소하는 제3류 위험물은?

① 칼슘　　② 나트륨
③ 칼륨　　④ 리튬

해설 ❖ 금속칼륨(K)

- 제3류 위험물
- 지정수량 10kg, 위험등급 I
- 녹는점 63.7℃, 끓는점 774℃, 비중 0.86, 증기비중 1.3
- 칼륨은 은백색의 광택이 있는 무른 경금속으로 나트륨보다 반응성이 크다.
- 공기 중 방치하면 자연발화 할 수 있다.
- 가열하면 보라색의 불꽃을 내면서 연소하며 주로 산화칼륨(K_2O)이 생성되나 과산화칼륨(K_2O_2)도 생성된다.
  $4K + O_2 \rightarrow 2K_2O$
- 나트륨과는 다르게 칼륨은 초과산화물도 생성하며 초과산화칼륨(KO_2)은 물과 반응 시 산소와 과산화수소로 가수분해된다. 초과산화물은 등유나 그 밖의 유기물과 접촉 시 폭발이 일어나므로 매우 위험하다.
  $2KO_2 + 2H_2O \rightarrow H_2O_2 + O_2 + 2KOH$
- 금속칼륨은 물과 격렬하게 반응하여 발열하고 수소 기체를 발생하며 금속의 비산에 의해 폭발이 수반된다. 따라서 밀폐된 용기 등에 수분이 침투하는 경우 밀폐공간이 순간적으로 폭발한다.
  $2K + 2H_2O \rightarrow 2KOH + H_2$
- 사염화탄소나 할로겐화합물과 접촉하면 폭발적으로 반응한다.
  $4K + CCl_4 \rightarrow 4KCl + C$ (폭발)
- 이산화탄소와도 반응하며 습기가 있는 상태에서 일산화탄소와 접촉하여도 폭발한다.
  $4K + 3CO_2 \rightarrow 2K_2CO_3 + C$ (연소폭발)
- 연소 중인 칼륨에 건조사를 뿌리면 모래 중의 규소와 격렬히 반응하므로 위험하다.
- 금속칼륨은 알코올과 반응하여 수소 기체를 발생하며 알콕시화물(alkoxide)이 된다(나트륨도 동일).

  $2K + 2C_2H_5OH \rightarrow 2C_2H_5OK + H_2 \uparrow$
  　　　　　　　　칼륨에틸레이트

- 공기 중 수분이나 산소와의 접촉을 피하기 위해 유동성 파라핀, 경유, 등유 속에 저장한다.

55 위험물안전관리법령상 제3류 위험물에 속하는 담황색의 고체로서 물속에 보관해야 하는 것은?

① 황린　　② 적린
③ 유황　　④ 니트로글리세린

해설 제3류 위험물인 황린은 금수성 물질은 아니지만 공기 중에서 자연발화 할 수 있는 자연발화성 물질이므로 pH 9로 조정된 물속에 보관한다. 제2류 위험물인 적린은 황린에 비해서 안정적이며 공기 중에 방치해도 자연발화 하지 않는다.

❖ 황린(P_4)

- 제3류 위험물 중 황린 – 자연발화성 물질
- 지정수량 20kg, 위험등급 I
- 착화점 34℃(미분) 60℃(고형), 비중 1.82, 증기비중 4.4
- 마늘과 같은 자극적인 냄새가 나는 백색 또는 담황색의 가연성 고체이다.
- 벤젠이나 이황화탄소에는 녹지만 물에는 녹지 않는다.
- 물과의 반응성이 없고 공기와 접촉하면 자연발화 할 수 있으므로 물속에 넣어 보관한다.
- $Ca(OH)_2$를 첨가함으로써 물의 pH를 9로 유지하여 포스핀(인화수소)의 생성을 방지한다.
- 발화점이 낮고 화학적 활성이 커서 공기 중에 노출되면 자연발화 한다.
- 충격, 마찰, 강산화제와의 접촉 등으로 발화할 수 있다.
- 공기 중에서 격렬히 연소하며 흰 연기의 오산화인(P_2O_5)을 발생시킨다(오산화인은 흡입 시 치명적이며 피부에 심한 화상과 눈에 손상을 일으킨다).
  $P_4 + 5O_2 \rightarrow 2P_2O_5$
- 강알칼리 수용액과 반응하여 유독성의 포스핀(PH_3) 가스를 발생시킨다.
  $P_4 + 3KOH + 3H_2O \rightarrow 3KH_2PO_2 + PH_3 \uparrow$

정답 52 ②　53 ①　54 ③　55 ①

- 분무주수에 의한 냉각소화가 효과적이며 분말소화설비에는 적응성이 없다.
- 공기를 차단하고 260℃ 정도로 가열하면 적린이 된다.

❄ **Tip**

적린과 유황은 제2류 위험물이고 니트로글리세린은 제5류 위험물이므로 물질의 특성을 모르더라도 위험물의 분류만 정리해 두면 정답을 구할 수 있는 문제이다.

56 이황화탄소에 관한 설명으로 틀린 것은?

① 비교적 무거운 무색의 고체이다.
② 인화점이 0℃ 이하이다.
③ 약 100℃에서 발화할 수 있다.
④ 이황화탄소의 증기는 유독하다.

해설 이황화탄소는 제4류 위험물(인화성 액체) 중 특수인화물에 속하는 물질로 무색투명한 휘발성 액체이며(제4류 위험물은 모두 액체 상태로 존재한다.) 비중은 1.26으로 물보다 무겁다.

[24번 해설 참조]

② 이황화탄소의 인화점은 -30℃이다(특수인화물의 정의에서 인화점 -20℃ 이하일 것을 요구하고 있다).
③ 이황화탄소의 착화점(발화점)은 100℃이다.
④ 이황화탄소는 매우 강한 독성을 가진 화합물 중 하나로써 다량의 이황화탄소 증기에 노출될 경우 두통, 어지러움, 구역질, 구토 등을 일으킬 수 있으며 목숨에 지장을 줄 수도 있다(위키백과 참조). 이황화탄소는 물에 녹지 않으므로 가연성 증기의 발생을 억제할 목적으로 물속에 저장한다.

57 인화점이 상온 이상인 위험물은?

① 중유
② 아세트알데히드
③ 아세톤
④ 이황화탄소

해설 모두 제4류 위험물에 속하는 위험물로서 인화점은 아래와 같다.

❖ 각 위험물의 인화점

중유	아세트알데히드
60 ~ 150℃	-40℃
아세톤	이황화탄소
-18℃	-30℃

① 중유 : 제3석유류
② 아세트알데히드 : 특수인화물
③ 아세톤 : 제1석유류
④ 이황화탄소 : 특수인화물

인화점이란 발생된 증기에 외부로부터 점화원이 관여하여 연소가 일어날 수 있도록 하는 최저온도를 말하는 것으로 인화점은 주로 상온에서 액체 상태로 존재하는 인화성 물질의 연소하기 쉬운 정도를 측정하는 데 사용된다.

58 다음은 위험물안전관리법령에 따른 이동 탱크저장소에 대한 기준이다. ( ) 안에 알맞은 수치를 차례대로 나열한 것은? 13년·4 동일

이동 저장탱크는 그 내부에 ( )ℓ 이하마다 ( )mm 이상의 강철판 또는 이와 동등 이상의 강도·내열성 및 내식성이 있는 금속성의 것으로 칸막이를 설치하여야 한다.

① 2,500, 3.2
② 2,500, 4.8
③ 4,000, 3.2
④ 4,000, 4.8

해설 [위험물안전관리법 시행규칙 별표10 / 이동 탱크저장소의 위치·구조 및 설비의 기준] - Ⅱ. 이동 저장탱크의 구조 中 제2호

이동 저장탱크는 그 내부에 (4,000)ℓ 이하마다 (3.2)mm 이상의 강철판 또는 이와 동등 이상의 강도·내열성 및 내식성이 있는 금속성의 것으로 칸막이를 설치하여야 한다. 다만, 고체인 위험물을 저장하거나 고체인 위험물을 가열하여 액체 상태로 저장하는 경우에는 그러하지 아니하다.

59 위험물안전관리법령에서 규정하고 있는 사항으로 틀린 것은?

① 법정의 안전교육을 받아야 하는 사람은 안전관리자로 선임된 자, 탱크 시험자의 기술인력으로 종사하는 자, 위험물 운송자로 종사하는 자이다.
② 지정수량의 150배 이상의 위험물을 저장하는 옥내저장소는 관계인이 예방 규정을 정하여야 하는 제조소등에 해당한다.
③ 정기검사의 대상이 되는 것은 액체 위험물을 저장 또는 취급하는 10만 리터 이상의 옥외 탱크저장소, 암반 탱크저장소, 이송취급소이다.
④ 법정의 안전관리자 교육이수자와 소방공무원으로 근무한 경력이 3년 이상인 자는 제4류 위험물에 대한 위험물 취급자격자가 될 수 있다.

해설 [위험물안전관리법 제18조 제3항 및 위험물안전관리법 시행령 제17조] – 정기검사의 대상인 제조소등
"법에 따른 정기점검의 대상이 되는 제조소등의 관계인 가운데 액체 위험물을 저장 또는 취급하는 50만 리터 이상의 옥외 탱크저장소의 관계인은 행정안전부령이 정하는 바에 따라 소방본부장 또는 소방서장으로부터 해당 제조소등이 규정에 따른 기술기준에 적합하게 유지되고 있는지의 여부에 대하여 정기적으로 검사를 받아야 한다."

① [위험물안전관리법 시행령 제20조 / 안전교육 대상자]
  • 안전관리자로 선임된 자
  • 탱크 시험자의 기술인력으로 송사하는 사
  • 위험물 운송자로 종사하는 자
② [위험물안전관리법 시행령 제15조 / 관계인이 예방규정을 정하여야 하는 제조소등]
  • 지정수량의 10배 이상의 위험물을 취급하는 세소소
  • 지정수량의 100배 이상의 위험물을 저장하는 옥외저장소
  • 지정수량의 150배 이상의 위험물을 저장하는 옥내저장소
  • 지정수량의 200배 이상의 위험물을 저장하는 옥외 탱크저장소
  • 암반 탱크저장소
  • 이송취급소
  • 지정수량의 10배 이상의 위험물을 취급하는 일반취급소. 다만, 제4류 위험물(특수인화물을 제외한다)만을 지정수량의 50배 이하로 취급하는 일반취급소(제1석유류·알코올류의 취급량이 지정수량의 10배 이하인 경우에 한한다)로서 다음의 어느 하나에 해당하는 것을 제외한다.
    – 보일러·버너 또는 이와 비슷한 것으로서 위험물을 소비하는 장치로 이루어진 일반취급소
    – 위험물을 용기에 옮겨 담거나 차량에 고정된 탱크에 주입하는 일반취급소
④ [위험물안전관리법 시행령 별표5 / 위험물 취급자격자의 자격]
위험물의 취급자격자별 취급할 수 있는 위험물
  • 「국가기술자격법」에 따라 위험물기능장, 위험물산업기사, 위험물기능사의 자격을 취득한 사람 : 모든 위험물
  • 안전관리자 교육이수자(소방청장이 실시하는 안전관리자 교육을 이수한 자) : 위험물 중 제4류 위험물
  • 소방공무원 경력자(소방공무원으로 근무한 경력이 3년 이상인 자) : 위험물 중 제4류 위험물

✻ **Tip**
정기점검과 정기검사를 혼동하면 안된다. 해당되는 제조소등이 다르고 법 조항도 다르다.

정답 56 ① 57 ① 58 ③ 59 ③

60 위험물 제조소의 연면적이 몇 m² 이상이 되면 경보설비 중 자동화재탐지설비를 설치하여야 하는가?

① 400 ② 500 ③ 600 ④ 800

해설 제조소는 연면적이 500m² 이상이 되면 자동화재탐지설비를 설치하여야 한다.

[위험물안전관리법 시행규칙 별표17 / 소화설비, 경보설비 및 피난설비의 기준] - Ⅱ. 경보설비
- 제조소 등에 적용되는 자동화재탐지설비의 설치기준

제조소 등의 구분	설치 적용기준
제조소 및 일반취급소	• 연면적 500m² 이상인 것 • 옥내에서 지정수량의 100배 이상을 취급하는 것(고인화점 위험물만을 100℃ 미만의 온도에서 취급하는 것 제외) • 일반취급소로 사용되는 부분 외의 부분이 있는 건축물에 설치된 일반취급소(일반취급소와 일반취급소 외의 부분이 내화구조의 바닥 또는 벽으로 개구부 없이 구획된 것은 제외)
옥내저장소	• 지정수량의 100배 이상을 저장 또는 취급하는 것(고인화점 위험물만을 저장 또는 취급하는 것 제외) • 저장창고의 연면적이 150m²를 초과하는 것 • 처마높이가 6m 이상인 단층 건물의 것 • 옥내저장소로 사용되는 부분 외의 부분이 있는 건축물에 설치된 옥내저장소
옥내 탱크저장소	단층 건물 외의 건축물에 설치된 옥내 탱크저장소로서 소화난이도 등급 Ⅰ에 해당하는 것
주유취급소	옥내주유취급소

* 옥외 탱크저장소 : 특수인화물, 제1석유류 및 알코올류를 저장 또는 취급하는 탱크의 용량이 1,000만 리터 이상인 옥외 탱크저장소는 경보설비로 자동화재탐지설비와 자동화재 속보설비를 설치하여야 한다.
* 위 표의 자동화재탐지설비 설치대상에 해당하지 아니하는 제조소등으로서 지정수량의 10배 이상을 저장 또는 취급하는 것에는 자동화재탐지설비, 비상경보 설비, 확성장치 또는 비상방송 설비 중 1종 이상의 설비만 갖추면 된다.

12. 2013년 제5회 기출문제 및 해설 (13년 10월 12일)

1과목 화재예방과 소화방법

01 점화원으로 작용할 수 있는 정전기를 방지하기 위한 예방 대책이 아닌 것은?

16년·2 유사 ▌12년·5 유사

① 정전기 발생이 우려되는 장소에 접지시설을 한다.
② 실내의 공기를 이온화하여 정전기 발생을 억제한다.
③ 정전기는 습도가 낮을 때 많이 발생하므로 상대습도를 70% 이상으로 한다.
④ 전기의 저항이 큰 물질은 대전이 용이하므로 비전도체 물질을 사용한다.

해설 전기저항이 커서 전류가 흐르기 어려운 물질을 부도체라고 하며 전하를 주변으로 분산시키지 않고 비축시키는 비전도성이므로 정전기의 발생 위험이 증가한다. 따라서 정전기 발생의 예방을 위해서는 비전도체가 아니라 전도체 물질을 사용해야 한다. '전기저항이 큰 물질'이라는 문구와 '대전이 용이하므로'라는 문구는 서로 이율배반적인 것이다.

[위험물안전관리법 시행규칙 별표4 / 제조소의 위치·구조 및 설비의 기준] - Ⅷ. 기타설비 中 제6호. 정전기 제거설비

위험물을 취급함에 있어서 정전기가 발생할 우려가 있는 설비에는 다음에 해당하는 방법으로 정전기를 유효하게 제거할 수 있는 설비를 설치하여야 한다.
• 접지에 의한 방법
• 공기 중의 상대습도를 70% 이상으로 하는 방법
• 공기를 이온화하는 방법

02 단백포 소화약제 제조공정에서 부동제로 사용하는 것은?

① 에틸렌글리콜
② 물
③ 가수분해 단백질
④ 황산 제1철

해설 단백포 소화약제는 동물성 단백질(동물의 피, 뿔, 발톱 등)의 가수분해 중간생성물을 성분으로 하며 여기에 내화성을 높이기 위한 안정제로 금속염인 염화철 등을 첨가하여 만든 특이한 냄새가 나는 흑갈색의 점성이 있는 액체이다. 동결방지를 위해 부동액인 에틸렌글리콜을 첨가한다.
단백포 소화약제는 기계포 소화약제 중 단백계에 속하는 소화약제이다.

★ 빈틈없이 촘촘하게 **One more Step**

포 소화약제에는 포 원액을 물에 섞은 다음 공기를 혼합하여 거품을 발생시키는 기계포(공기포라고도 함) 소화약제와 두 가지 약제를 혼합할 경우 화학반응이 진행되어 발생하는 이산화탄소를 핵으로 하는 화학포 소화약제가 있으나 일반적으로 포라 하면 기계포 소화약제를 의미하는 것이며 화학포 소화약제는 현재 사용되지 않는다.
기계포 소화약제는 언급되었듯이 물과 일정량의 소화약제를 혼합하면서 공기를 주입하여 포(foam)를 생성시킨다. 이와같이 발생된 포는 유류보다 가벼운 기포로 이루어져 있으므로 소화 시 유류와 같은 연소물의 표면을 덮어 공기와의 접촉을 차단함으로서 질식 효과를 나타내며 성분으로 존재하는 물에 의한 냉각 효과도 나타난다. 포 소화약제는 유류화재의 소화에 가장 효과적이나 일반화재에도 사용할 수 있다. 일반적으로 물만으로는 소화 효과가 미약하거나 주수에 의하여 오히려 화재가 확대될 우려가 있는 가연성 액체의 소화에 널리 사용된다.

정답 60 ② / 01 ④ 02 ①

03 다음과 같은 반응에서 5m³의 탄산가스를 만들기 위해 필요한 탄산수소나트륨의 양은 약 몇 kg인가? (단, 표준상태이고 나트륨의 원자량은 23이다.) 16년·4 동일

$$2NaHCO_3 \rightarrow Na_2CO_3 + CO_2 + H_2O$$

① 18.75　② 37.5　③ 56.25　④ 75

해설 위의 분해반응에서 탄산수소나트륨 2몰이 분해되면 이산화탄소 가스 1몰이 만들어지므로 다음과 같은 비례식이 성립된다(탄산수소나트륨의 분자량은 84, 이산화탄소 1몰이 차지하는 부피 22.4ℓ).
168kg : 22.4m³ = X : 5m³
∴ X = 37.5kg

[참고] 단위환산
1kg = 1,000g / 1m³ = 1,000ℓ이며 탄산수소나트륨 2몰에 해당하는 질량 168g에 대해 이산화탄소 22.4ℓ가 생성되므로 168kg에 대해서는 22.4m³가 생성되는 것으로 단위를 변환할 수 있다.

04 연쇄반응을 억제하여 소화하는 소화약제는?

① 할론 1301　② 물
③ 이산화탄소　④ 포

해설 화재의 연쇄반응을 억제하여 소화(부촉매 소화)하는 소화약제는 할로겐화합물 소화약제이다.
할로겐화합물 소화약제란 지방족 탄화수소(메탄, 에탄 등)의 구성 원자인 수소의 전부 또는 일부가 할로겐 원소(F, Cl, Br, I)로 치환된 화합물을 말하며 할론(Halon / Halogenated Hydrocarbon의 준말)이란 별칭으로 불린다.
할론(Halon)은 일반적으로 유류화재(B급 화재)나 전기화재(C급 화재)에 적합한 소화약제이며 전역 방출과 같은 밀폐된 상태에서는 일반화재(A급 화재)에도 사용할 수 있다.

✱ 빈틈없이 촘촘하게　One more Step

❖ 전역(全域) 방출방식
불연성 가스 소화방식의 하나로 가연물이 있는 방이나 구역 전체에 불연성 가스를 동시에 방사할 수 있도록 소화 노즐을 배치하는 방식을 말한다.

05 건물의 외벽이 내화구조로서 연면적 300m²의 옥내저장소에 필요한 소화기 소요단위 수는?
[최다 빈출 유형]

① 1단위　② 2단위
③ 3단위　④ 4단위

해설 '저장소의 건축물은 외벽이 내화구조인 것은 연면적 150m²를 1 소요단위로 할 것'이라 규정되어 있으므로 외벽이 내화구조로 된 연면적 300m²의 옥내저장소에 필요한 소화기 소요단위는 2단위이다.

[위험물안전관리법 시행규칙 별표17 / 소화설비, 경보설비 및 피난설비의 기준] - I. 소화설비 / 5. 소화설비의 설치기준
소요단위란 소화설비의 설치대상이 되는 건축물 그 밖의 공작물의 규모 또는 위험물의 양의 기준단위를 말하는 것으로 1 소요단위의 계산방법은 아래와 같다.

❖ 1 소요단위 산정(계산)방법

구분	외벽	내화구조	비 내화구조
제조소 또는 취급소		연면적 100m²	연면적 50m²
저장소		연면적 150m²	연면적 75m²
위험물		지정수량의 10배	

✱ 제조소등의 옥외에 설치된 공작물은 외벽이 내화구조인 것으로 간주하고 공작물의 최대수평투영면적을 연면적으로 간주하여 소요단위를 산정할 것

06 제조소등에 전기설비(전기배선, 조명기구 등은 제외)가 설치된 경우에는 면적 몇 m² 마다 소형수동식 소화기를 1개 이상 설치하여야 하는가?

① 50　② 100　③ 150　④ 200

해설 [위험물안전관리법 시행규칙 별표17 / 소화설비, 경보설비 및 피난설비의 기준] - I. 소화설비 / 5. 소화설비의 설치기준 中 전기설비의 소화설비
제조소등에 전기설비(전기배선, 조명기구 등은 제외)가 설치된 경우에는 당해 장소의 면적 100m² 마다 소형수동식 소화기를 1개 이상 설치할 것

07 화재별 급수에 따른 화재의 종류 및 표시색상을 모두 옳게 나타낸 것은? [최다 빈출 유형]

① A급 : 유류화재 – 황색
② B급 : 유류화재 – 황색
③ A급 : 유류화재 – 백색
④ B급 : 유류화재 – 백색

해설 ❖ 화재의 유형

화재급수	화재종류	소화기표시색상	적용대상물
A급	일반화재	백색	일반 가연물(종이, 목재, 섬유, 플라스틱 등)
B급	유류화재	황색	가연성 액체(제4류 위험물 및 유류 등)
C급	전기화재	청색	통전상태에서의 전기기구, 발전기, 변압기 등
D급	금속화재	무색	가연성 금속(칼륨, 나트륨, 금속분, 철분, 마그네슘 등)

08 일반취급소의 형태가 옥외의 공작물로 되어 있는 경우에 있어서 그 최대 수평투영 면적이 500m^2일 때 설치하여야 하는 소화설비의 소요단위는 몇 단위인가?

① 5단위   ② 10단위
③ 15단위   ④ 20단위

해설 [위험물안전관리법 시행규칙 별표17 / 소화설비, 경보설비 및 피난설비의 기준] – Ⅰ. 소화설비 / 5. 소화설비의 설치기준 中 소요단위의 계산방법 제조소등의 옥외에 설치된 공작물은 외벽이 내화구조인 것으로 간주하고 공작물의 최대 수평투영면적을 연면적으로 간주하여 소요단위를 산정해야 하므로 '제조소 또는 취급소의 건축물은 외벽이 내화구조인 것은 연면적 100m^2를 1 소요단위로 한다'는 규정을 적용하여 계산한다. 따라서, 소요단위는 5단위가 된다.

[05번] 해설 참조

09 수용성의 가연성 물질의 화재 시 다량의 물을 방사하여 가연 물질의 농도를 연소농도 이하가 되도록 하여 소화시키는 것은 무슨 소화원리인가?

① 제거소화   ② 촉매소화
③ 희석소화   ④ 억제소화

해설 수용성의 가연성 물질의 화재 시 다량의 물을 방사하여 가연 물질의 농도를 연소농도 이하가 되도록 하여 소화시키는 것은 희석소화이다.

① 가연물을 연소상태에서 직접 제거하거나 격리함으로써 소화하는 방법이며 사용되는 부수적인 소화약제는 없다. 전기화재 시 전원을 차단하거나 산불 발생 시 진행방향의 전면부 나무를 벌목하거나 맞불을 놓는 행위, 가스 화재 시 밸브를 차단하는 행위 등이 제거소화에 해당한다.

④ 화학적 소화방법의 하나이며 연쇄반응을 억제함으로서 소화하는 방식으로 부촉매소화라고도 한다. 보편적으로 할론 소화기를 사용하며 반응을 지배하는 활성라디칼을 포착하여 활성화에너지를 증대시킴으로서 연소반응을 억제시킨다.

✱ 빈틈없이 촘촘하게   One more Step

❖ **물 소화약제의 소화효과**

• 냉각효과 : 물의 소화효과 중 가장 일반적이며 대표적인 효과이다. 이는 물의 높은 비열과 기화열(증발잠열)에 의해 발휘되는 효과로 화재 면에 방사 시 많은 양의 에너지를 흡수하여 가연물의 온도를 인화점 또는 발화점 이하로 낮추게 된다.

• 질식효과 : 끓는점에 도달하여 물이 수증기로 변하면 부피가 1,700배 정도 증가하기 때문에 화재현장의 공기를 대체하거나 희석시켜 결국 산소농도를 저하시킴으로써 질식효과를 나타낸다.

• 유화효과 : 유류화재의 경우에 물을 고압 상태로 분무 주수하면 유류의 표면에 불연

정답 03 ② 04 ① 05 ② 06 ② 07 ② 08 ① 09 ③

성의 유화막을 형성하고 에멀젼(유탁액) 상태를 유지하면서 가연성 가스의 증발을 막는 차단 효과를 보인다. 그러므로 가연성 가스의 생성이 억제되고 소화되는 것이다.
- 희석효과 : 수용성이면서 가연성 물질의 화재 시 다량의 물을 일시적으로 방사하여 가연 물질의 농도를 연소농도 이하로 희석함으로써 소화효과를 발휘한다.
- 파괴 및 타격효과 : 봉상 주수나 적상으로 주수하여 연소물을 파괴함으로써 연소가 중단되는 효과를 얻을 수 있다.

10 위험물을 운반 용기에 담아 지정수량의 1/10 초과하여 적재하는 경우 위험물을 혼재하여도 무방한 것은? [최다 빈출 유형]

① 제1류 위험물과 제6류 위험물
② 제2류 위험물과 제6류 위험물
③ 제2류 위험물과 제3류 위험물
④ 제3류 위험물과 제5류 위험물

해설 [위험물안전관리법 시행규칙 별표19 / 위험물의 운반에 관한 기준]
[부표2] - 유별을 달리하는 위험물의 혼재기준

구분	제1류	제2류	제3류	제4류	제5류	제6류
제1류		×	×	×	×	○
제2류	×		×	○	○	×
제3류	×	×		○	×	×
제4류	×	○	○		○	×
제5류	×	○	×	○		×
제6류	○	×	×	×	×	

※ 'O'는 혼재할 수 있음을, '×'는 혼재할 수 없음을 표시한다.
※ 이 표는 지정수량 1/10 이하의 위험물에는 적용하지 않는다.

11 15℃의 기름 100g에 8,000J의 열량을 주면 기름의 온도는 몇 ℃가 되겠는가? (단, 기름의 비열은 $2 \dfrac{J}{g \times ℃}$이다.) 16년·2 동일

① 25   ② 45   ③ 50   ④ 55

해설
- 공식에 의한 풀이
  Q(열량) = c(비열) × m(질량) × Δt(온도변화)
  (Δt = 나중온도 – 처음온도)
  $$\therefore \Delta t = \dfrac{Q}{c \times m} = \dfrac{8,000}{2 \times 100} = 40℃$$
  따라서, 초기 온도가 15℃이며 온도변화가 40℃로 계산되므로 반응이 종결된 후의 온도는 55℃이다.
- 원리에 의한 풀이
  비열이란 '물질 1g의 온도를 1℃ 상승시키는 데 필요한 열량'이다. 위의 문제 조건에서 비열은 2J이므로 100g의 기름을 1℃ 상승시키는 데에는 200J의 열량이 필요한 것이다. 따라서, 8,000J의 열량을 주었으므로 기름의 온도는 현재 15℃보다 40℃ 상승된 55℃까지 올려 줄 수 있게 된다.

12 탱크화재 현상 중 BLEVE(Boiling Liquid Expanding Vapor Explosion)에 대한 설명으로 옳은 것은?

① 기름탱크에서의 수증기 폭발 현상이다.
② 비등상태의 액화가스가 기화하여 팽창하고 폭발하는 현상이다.
③ 화재 시 기름 속의 수분이 급격히 증발하여 기름 거품이 되고 팽창해서 기름 탱크에서 밖으로 내뿜어져 나오는 현상이다.
④ 고점도의 기름 속에 수증기를 포함한 볼 형태의 물방울이 형성되어 탱크 밖으로 넘치는 현상이다.

해설 고압 상태인 액화가스 용기가 파열되면서 일어나는 물리적 폭발이 순간적으로 화학적 폭발로 이어지는 현상을 말하는 것으로 가열되어 비점 이상의 압력으로 유지되는 액체를 담고 있는 탱크가 파열될 때 압축된 상태의 액화가스가 순간적으로 공기 중으로 기화되며 폭발한다.
발생단계를 요약해 보면, 액체를 담고 있는 탱크 주위에서 화재가 발생하고 ▷ 화재 주변 탱크를 가열하며 ▷ 탱크 내 액체의 온도 상승과 생성된 증기로 인한 내부 압력이 증가되고 ▷ 발달한 화염이 증기만 존재하는 탱크

상부에 도달하면 ▷ 화염이 닿는 부위의 금속 온도가 상승하게 되고 금속이 구조적 강도를 잃게 되어 ▷ 탱크는 파열되고 ▷ 탱크 내의 압축된 액화가스가 폭발적으로 증발한다.
BLEVE는 인화성 가스의 경우에만 일어난다고 알고 있으나 비인화성의 압축 액화가스에서도 일어나며(1992년 일본에서 일어난 액체질소 저장 용기의 파열 등) 단독으로 일어나는 사건의 경우는 드물고 2차 사고 및 더 높은 차원의 사고를 동반한다.

13 위험물의 성질에 따라 강화된 기준을 적용하는 지정과산화물을 저장하는 옥내저장소에서 지정과산화물에 대한 설명으로 옳은 것은?

① 지정과산화물이란 제5류 위험물 중 유기과산화물 또는 이를 함유한 것으로서 지정수량이 10kg인 것을 말한다.
② 지정과산화물에는 제4류 위험물에 해당하는 것도 포함된다.
③ 지정과산화물이란 유기과산화물과 알킬알루미늄을 말한다.
④ 지정과산화물이란 유기과산화물 중 소방방재청 고시로 지정한 물질을 말한다.

해설 [위험물안전관리법 시행규칙 별표5 / 옥내저장소의 위치·구조 및 설비의 기준] - Ⅷ. 위험물의 성질에 따른 옥내저장소의 특례
- 다음 항목에 해당하는 위험물을 저장 또는 취급하는 옥내저장소에 있어서는 일반규정(별표5의 Ⅰ 내지 Ⅳ의 규정)에 더하여 당해 위험물의 성질에 따라 강화되는 기준을 적용받는다.
  - 제5류 위험물 중 유기과산화물 또는 이를 함유하는 것으로서 지정수량이 10kg인 것(이하 "지정과산화물"이라 한다)
  - 알킬알루미늄등
  - 히드록실아민등

14 이산화탄소 소화기 사용 시 줄·톰슨 효과에 의해서 생성되는 물질은?

① 포스겐   ② 일산화탄소
③ 드라이아이스   ④ 수성가스

해설 압축되어 있는 기체를 좁은 관이나 구멍을 통해 통과시켜 분출시키면 순간적으로 팽창하면서 온도가 내려가게 되는데 이를 줄·톰슨 효과라 한다.
드라이아이스는 이산화탄소가 승화되어 만들어지는 물질이며 줄·톰슨 효과로 인해 소화기를 거쳐 대기 중으로 빠져나온 이산화탄소 기체가 순간적으로 드라이아이스 형태로 변화하면서 냉각소화와 질식소화 효과를 나타낸다.

15 소화난이도 등급 Ⅰ에 해당하지 않는 제조소 등은?

① 제1석유류 위험물을 제조하는 제조소로서 연면적 1,000m² 이상인 것
② 제1석유류 위험물을 저장하는 옥외 탱크저장소로서 액 표면적이 40m² 이상인 것
③ 모든 이송취급소
④ 제6류 위험물을 저장하는 암반 탱크저장소

해설 소화난이도 등급 Ⅰ에 해당하는 암반 탱크저장소에서 제6류 위험물을 저장하는 것은 제외된다.

[위험물안전관리법 시행규칙 별표17 / 소화설비, 경보설비 및 피난설비의 기준] - 소화난이도 등급 Ⅰ에 해당하는 제조소등 中 암반 탱크저장소
- 액 표면적이 40m² 이상인 것(제6류 위험물을 저장하는 것 및 고인화점 위험물만을 100℃ 미만의 온도에서 저장하는 것은 제외)
- 고체 위험물만을 저장하는 것으로서 지정수량의 100배 이상인 것

정답 10 ① 11 ④ 12 ② 13 ① 14 ③ 15 ④

16 위험물안전관리법령상 지하 탱크저장소에 설치하는 강제 이중벽 탱크에 관한 설명으로 틀린 것은?

① 탱크 본체와 외벽 사이에는 3mm 이상의 감지 층을 둔다.
② 스페이서는 탱크 본체와 재질을 다르게 하여야 한다.
③ 탱크전용실 없이 지하에 직접 매설할 수도 있다.
④ 탱크 외면에는 최대시험압력을 지워지지 않도록 표시하여야 한다.

해설 탱크 본체와 외벽 사이의 감지 층 간격을 유지하기 위해 설치하는 스페이서의 재질은 원칙적으로 탱크 본체와 동일한 재료로 하여야 한다.
③ [위험물안전관리법 시행규칙 별표8] – Ⅱ. 이중벽 탱크의 지하 탱크저장소의 기준 中 제5호 나목에 의하면 '탱크전용실 외의 장소에 설치된 강제 이중벽 탱크의 외면은~'이라는 문구가 있으므로 지문의 내용은 합당하다 할 것이다.
또한, 강제 이중벽 탱크의 설치·운반상의 유의사항은 [위험물안전관리에 관한 세부기준 제103조]의 규정을 준용한다고 되어 있는 바, 103조의 제4호는 "탱크를 지면 밑에 매설하는 경우에 있어서 돌덩어리, 유해한 유기물 등을 함유하지 않은 모래를 사용하고, 강화플라스틱등의 피복에 손상을 주지 아니하도록 작업을 할 것"이라 규정되어 있으므로 탱크전용실 없이 직접 매설할 수도 있는 것이다.

[위험물안전관리에 관한 세부기준 제106조] – 강제 이중벽 탱크의 구조 등에서 발췌
• 강제 이중벽 탱크의 구조는 다음과 같다.
 – 외벽은 완전용입 용접 또는 양면겹침이음 용접으로 틈이 없도록 제작할 것
 – 탱크의 본체와 외벽의 사이에 3mm 이상의 감지 층을 둘 것(①)
 – 탱크 본체와 외벽 사이의 감지 층 간격을 유지하기 위한 스페이서를 다음 조건에 의하여 설치할 것

가. 스페이서는 탱크의 고정밴드 위치 및 기초대 위치에 설치할 것
나. 재질은 원칙적으로 탱크 본체와 동일한 재료로 할 것(②)
다. 스페이서와 탱크의 본체와의 용접은 전주필렛 용접 또는 부분 용접으로 하되, 부분 용접으로 하는 경우에는 한 변의 용접비드는 25mm 이상으로 할 것
라. 스페이서 크기는 두께 3mm, 폭 50mm, 길이 380mm 이상일 것

[위험물안전관리에 관한 세부기준 제104조] – 강제 강화플라스틱제 이중벽 탱크의 표시사항
• 탱크 외면에는 다음 각 호의 사항을 지워지지 아니하도록 표시하여야 한다.
 – 제조업체명, 제조년월 및 제조번호
 – 탱크의 용량·규격 및 최대시험압력(④)
 – 형식번호, 탱크안전 성능시험 실시자 등 기타 필요한 사항
• 탱크 운반 시 주의사항·적재방법·보관방법·설치방법 및 주의사항 등을 기재한 지침서를 만들어 쉽게 뜯겨지지 아니하고 빗물 등에 손상되지 아니하도록 탱크 외면에 부착하여야 한다.

17 지정수량의 100배 이상을 저장 또는 취급하는 옥내저장소에 설치하여야 하는 경보설비는?
(단, 고인화점 위험물만을 취급하는 경우는 제외한다.)

① 비상경보 설비 ② 자동화재탐지설비
③ 비상방송 설비 ④ 비상조명등 설비

해설 [위험물안전관리법 시행규칙 별표17 / 소화설비, 경보설비 및 피난설비의 기준] – Ⅱ. 경보설비 中 옥내저장소에 설치하여야 하는 경보설비의 종류
다음과 같은 옥내저장소의 규모 등에는 경보설비로 자동화재탐지설비를 설치하여야 한다.
• 지정수량의 100배 이상을 저장 또는 취급하는 것(고인화점위험물만을 저장 또는 취급하는 것을 제외한다)
• 저장창고의 연면적이 150m² 를 초과하는 것 [연면적 150m² 이내마다 불연재료의 격벽

으로 개구부 없이 완전히 구획된 저장창고와 제2류 위험물(인화성 고체는 제외한다) 또는 제4류 위험물(인화점이 70℃ 미만인 것은 제외한다)만을 저장 또는 취급하는 저장창고는 그 연면적이 500m² 이상인 것을 말한다.]
- 처마높이가 6m 이상인 단층 건물의 것
- 옥내저장소로 사용되는 부분 외의 부분이 있는 건축물에 설치된 옥내저장소
  [옥내저장소와 옥내저장소 외의 부분이 내화구조의 바닥 또는 벽으로 개구부 없이 구획된 것과 제2류(인화성 고체는 제외한다) 또는 제4류의 위험물(인화점이 70℃ 미만인 것은 제외한다)만을 저장 또는 취급하는 것은 제외한다]

18 위험물 제조소등별로 설치하여야 하는 경보설비의 종류에 해당하지 않는 것은?

① 비상방송 설비 ② 비상조명등 설비
③ 자동화재탐지설비 ④ 비상경보 설비

해설 [위험물안전관리법 시행규칙 제42조 / 경보설비의 기준]
- 지정수량의 10배 이상의 위험물을 저장 또는 취급하는 제조소등(이동 탱크저장소를 제외한다)에는 화재 발생 시 이를 알릴 수 있는 경보설비를 설치하여야 한다.
- 제조소등에 설치하는 경보설비는 <u>자동화재탐지설비·자동화재속보설비·비상경보 설비</u>(비상벨 장치 또는 경종을 포함한다)·<u>확성장치</u>(휴대용 확성기를 포함한다) <u>및 비상방송 설비로 구분한다.</u>

2020.10.12.부로 개정된 내용을 적용하였다. 개정 이전에는 자동화재속보설비가 빠져 있었으나 개정되면서 자동화재속보설비가 경보설비로 추가되었다.

비상조명등이란 화재발생 등에 따른 정전 시에 안전하고 원활한 피난 활동을 할 수 있도록 거실이나 피난통로 등에 설치되어 자동으로 점등되는 조명등으로 피난설비에 해당된다.

19 금속분, 목탄, 코크스 등의 연소 형태에 해당하는 것은? 14년·4 유사

① 자기연소 ② 증발연소
③ 분해연소 ④ 표면연소

해설 표면연소란 직접연소라고도 부르며 가연성 고체가 열분해 되어도 휘발성분이 없어 증발하지 않아 가연성 가스를 발생하지 않으며 고체 표면에 흡착된 공기 중 산소와의 산화 반응에 의해 물질 자체가 연소하는 현상을 말하며 화염을 발생하지 않는다. 목탄(숯), 코크스, 금속분 등이 표면연소 방식을 취한다.

[연소의 구분에 대한 설명은 2015년 제1회 06번 해설 참조]

20 8ℓ 용량의 소화전용 물통의 능력단위는?
17년·2 유사 ▌12년·4 동일

① 0.3 ② 0.5
③ 1.0 ④ 1.5

해설 [위험물안전관리법 시행규칙 별표17 / 소화설비, 경보설비 및 피난설비의 기준] - Ⅰ. 소화설비 - 5. 소화설비의 설치기준 中 기타 소화설비의 능력단위

소화설비	용량(ℓ)	능력단위
소화전용 물통	8	0.3
수조(소화전용 물통 3개 포함)	80	1.5
수조(소화전용 물통 6개 포함)	190	2.5
마른 모래(삽 1개 포함)	50	0.5
팽창질석 또는 팽창진주암 (삽 1개 포함)	160	1.0

2과목 위험물의 화학적 성질 및 취급

21 염소산나트륨과 반응하여 ClO_2 가스를 발생시키는 것은?

① 글리세린 ② 질소
③ 염산 ④ 산소

정답 16 ② 17 ② 18 ② 19 ④ 20 ① 21 ③

해설 제1류 위험물 중 염소산염류에 속하는 염소산나트륨은 염산과 같은 강산과 반응하여 이산화염소(ClO_2)가스와 과산화수소(H_2O_2)를 발생시킨다. 이산화염소는 독성이 있는 폭발성 물질이다.
$2NaClO_3 + 2HCl \rightarrow 2NaCl + 2ClO_2 + H_2O_2$

22 위험물의 지하 저장탱크 중 압력탱크 외의 탱크에 대해 수압시험을 실시할 때 몇 kPa의 압력으로 하여야 하는가? (단, 소방방재청장이 정하여 고시하는 기밀시험과 비파괴시험을 동시에 실시하는 방법으로 대신하는 경우는 제외한다.)

① 40　② 50　③ 60　④ 70

해설 [위험물안전관리법 시행규칙 별표8 / 지하 탱크저장소의 위치·구조 및 설비의 기준] - Ⅰ. 지하 탱크저장소의 기준
지하 저장탱크 중 <u>압력탱크</u>(최대 상용압력이 46.7 kPa 이상인 탱크를 말한다) <u>외의 탱크에 있어서는 70kPa의 압력으로</u>, 압력탱크에 있어서는 최대 상용압력의 1.5배의 압력으로 각각 <u>10분간 수압시험을 실시하여 새거나 변형되지 아니하여야 한다</u>. 이 경우 수압시험은 소방청장이 정하여 고시하는 기밀시험과 비파괴시험을 동시에 실시하는 방법으로 대신할 수 있다.

23 저장 용기에 물을 넣어 보관하고, $Ca(OH)_2$을 넣어 pH 9의 약알칼리성으로 유지시키면서 저장하는 물질은?　19년·1 동일

① 적린　② 황린
③ 질산　④ 황화린

해설 황린은 제3류 위험물에 속하는 물질 중 물속에 보관하는 유일한 물질로써 마늘과 같은 자극적인 냄새가 나는 백색 또는 담황색의 가연성 고체이다.
발화점이 낮고 화학적 활성이 커서 공기와 접촉하면 자연발화 할 수 있으나 물에는 녹지 않고 물과의 반응성도 없으므로 물속에 넣어 보관한다. $Ca(OH)_2$를 첨가함으로써 물의 pH를 9로 유지하여 포스핀(인화수소)의 생성을 방지한다.

24 다음 중 착화온도가 가장 낮은 것은?
14년·4 유사

① 등유　② 가솔린
③ 아세톤　④ 톨루엔

해설 ❖ 각 물질의 착화온도(발화점)

등유	가솔린
250℃	300℃
아세톤	톨루엔
465℃	480℃

착화온도는 착화점, 발화점(Ignition point)이라고도 하며 물체를 가열하거나 마찰하여 특정 온도에 도달하면 불꽃과 같은 착화원(점화원)이 없는 상태에서도 스스로 발화하여 연소를 시작하는 최저온도를 말한다. 발화점에 도달해야 물질은 연소할 수 있으며 발화점이 높을수록 상대적으로 더 높은 온도에서 불이 붙는다는 것이므로 발화점이 낮은 물질에 비해서 연소하기 어렵다.
가열되는 용기의 표면상태, 압력, 가열되는 속도 등에 영향을 받으며 일반적으로 인화점보다 발화점이 높다.

25 시·도의 조례가 정하는 바에 따라 관할 소방서장의 승인을 받아 지정수량 이상의 위험물을 제조소등이 아닌 장소에서 임시로 저장 또는 취급하는 기간은 최대 며칠 이내인가?

① 30　② 60　③ 90　④ 120

해설 [위험물안전관리법 제5조 / 위험물의 저장 및 취급의 제한]
• 지정수량 이상의 위험물을 저장소가 아닌 장소에서 저장하거나 제조소등이 아닌 장소에서 취급하여서는 아니 된다.
• 위의 규정에도 불구하고 아래의 어느 하나에 해당하는 경우에는 제조소등이 아닌 장소에서 지정수량 이상의 위험물을 취급할 수 있다. 이 경우 임시로 저장 또는 취급하는 장소에서의 저장 또는 취급의 기준과 임시로 저장 또는 취급하는 장소의 위치·구조 및 설비의 기준은 시·도의 조례로 정한다.
　- 시·도의 조례가 정하는 바에 따라 관할 소방서장의 승인을 받아 지정수량 이상의

위험물을 90일 이내의 기간 동안 임시로 저장 또는 취급하는 경우
- 군부대가 지정수량 이상의 위험물을 군사 목적으로 임시로 저장 또는 취급하는 경우

26 과염소산암모늄의 위험성에 대한 설명으로 올바르지 않은 것은?

① 급격히 가열하면 폭발의 위험이 있다.
② 건조 시에는 안정하나, 수분 흡수 시에는 폭발한다.
③ 가연성 물질과 혼합하면 위험하다.
④ 강한 충격이나 마찰에 의해 폭발의 위험이 있다.

해설 과염소산암모늄(NH_4ClO_4)은 제1류 위험물 중 과염소산염류에 속하는 물질이며 건조한 상태에서도 강한 충격이나 마찰에 의해서 폭발할 수도 있다. 물에 녹기는 하지만 흡습성은 없고 물과의 반응성도 없으며 자체적으로 산소를 함유하고 있어 질식소화보다는 물을 대량 사용하는 냉각소화가 효과적이다.
① · ④ 300℃ 이상으로 가열하거나 강한 충격을 주면 급격히 분해 · 폭발한다.
$2NH_4ClO_4 \rightarrow N_2 \uparrow + 2O_2 \uparrow + Cl_2 \uparrow + 4H_2O \uparrow$
③ 가연성 물질 또는 산화성 물질 등과 혼합되거나 강산과 접촉할 시 폭발의 위험이 있다.

27 위험물안전관리법령상 제5류 위험물의 판정을 위한 시험의 종류로 옳은 것은?

① 폭발성 시험, 가열분해성 시험
② 폭발성 시험, 충격민감성 시험
③ 가열분해성 시험, 착화위험성 시험
④ 충격민감성 시험, 착화위험성 시험

해설 [위험물안전관리에 관한 세부기준 제2조 - 제23조 / 위험물의 시험 및 판정]

- 제1류 위험물(산화성 고체) : 산화성 시험(연소시험), 충격민감성 시험(낙구타격감도 시험)
- 제2류 위험물(가연성 고체) : 착화위험성 시험(작은 불꽃 착화시험), 인화위험성 시험
- 제3류 위험물(자연발화성 물질 및 금수성 물질) : 자연발화성 시험, 금수성 시험
- 제4류 위험물(인화성 액체) : 인화점 측정시험
- 제5류 위험물(자기반응성 물질) : 폭발성 시험(열분석 시험), 가열분해성 시험(압력용기 시험)
- 제6류 위험물(산화성 액체) : 연소시간 측정시험

28 위험물 저장 방법에 관한 설명 중 틀린 것은?

① 알킬알루미늄은 물속에 보관한다.
② 황린은 물속에 보관한다.
③ 금속나트륨은 등유 속에 보관한다.
④ 금속칼륨은 경유 속에 보관한다.

해설 알킬알루미늄은 제3류 위험물에 속하는 자연발화성 & 금수성 물질로서 공기 중 수분이나 물과 접촉하면 가연성 가스를 발생시키므로 이들과의 접촉을 피하도록 하며 용기의 상부에 불연성 가스로 채우고 완전 밀봉하여 보관한다.
- 트리메틸알루미늄과 물이 반응하여 메탄가스를 발생시킨다.
  $(CH_3)_3Al + 3H_2O \rightarrow Al(OH)_3 + 3CH_4 \uparrow$
- 트리에틸알루미늄과 물이 반응하여 에탄가스를 발생시킨다.
  $(C_2H_5)_3Al + 3H_2O \rightarrow Al(OH)_3 + 3C_2H_6 \uparrow$
② 황린은 물에 불용이며 물과의 반응성도 없고 물보다 무거우므로 물속에 보관하는 유일한 제3류 위험물이다. 특히 포스핀 가스의 발생을 억제하기 위하여 pH=9 정도로 조정한 물속에 저장한다.
③ · ④ 제3류 위험물에 속하는 금속나트륨이나 금속칼륨은 물과 반응하면 가연성 가스인 폭발성의 수소 기체를 발생시키며 공기 중에 노출 시 빠르게 산화되어 특유의 광택을 잃어버리게 되므로 유동성 파라핀이나, 등유, 경유 등의 석유 속에 저장한다.

정답 22 ④ 23 ② 24 ① 25 ③ 26 ② 27 ① 28 ①

29 위험물 운반에 관한 기준 중 위험등급 I 에 해당하는 위험물은? [빈출 유형]

① 황화린
② 피크린산
③ 벤조일퍼옥사이드
④ 질산나트륨

해설 ① 제2류 위험물 중 황화린 / 위험등급 II, 지정수량 100kg
② 제5류 위험물 중 니트로화합물 / 위험등급 II, 지정수량 200kg (트리니트로페놀, 피크르산)
③ 제5류 위험물 중 유기과산화물 / 위험등급 I, 지정수량 10kg (과산화벤조일)
④ 제1류 위험물 중 질산염류 / 위험등급 II, 지정수량 300kg

[위험물안전관리법 시행규칙 별표19 / 위험물의 운반에 관한 기준] V. 위험물의 위험등급
위험물의 위험등급은 위험등급 I · 위험등급 II 및 위험등급 III으로 구분하며 각 위험등급 에 해당하는 위험물은 다음과 같다.
• 위험등급 I 의 위험물
  - 제1류 위험물 중 아염소산염류, 염소산염류, 과염소산염류, 무기과산화물 그 밖에 지정수량이 50kg인 위험물
  - 제3류 위험물 중 칼륨, 나트륨, 알킬알루미늄, 알킬리튬, 황린 그 밖에 지정수량이 10kg 또는 20kg인 위험물
  - 제4류 위험물 중 특수인화물
  - 제5류 위험물 중 유기과산화물, 질산에스테르류 그 밖에 지정수량이 10kg인 위험물
  - 제6류 위험물
• 위험등급 II 의 위험물
  - 제1류 위험물 중 브롬산염류, 질산염류, 요오드산염류 그 밖에 지정수량이 300kg인 위험물
  - 제2류 위험물 중 황화린, 적린, 유황 그 밖에 지정수량이 100kg인 위험물
  - 제3류 위험물 중 알칼리금속(칼륨 및 나트륨을 제외한다) 및 알칼리토금속, 유기금속화합물(알킬알루미늄 및 알킬리튬을 제외한다) 그 밖에 지정수량이 50kg인 위험물
  - 제4류 위험물 중 제1석유류 및 알코올류
  - 제5류 위험물 중 위험등급 I 에 정하는 위험물 외의 것
• 위험등급 III의 위험물
  - 위에서 정하지 아니한 위험물

❋ **Tip**
• 제2류 위험물에는 위험등급 I 에 해당하는 위험물은 없다.
• 제5류 위험물에는 위험등급 III에 해당하는 위험물은 없다.
• 제6류 위험물은 모두 위험등급 I 에 해당하는 위험물이다.
• 위험등급 I, II, III에 해당하는 위험물을 모두 포함하고 있는 것은 제1류, 제3류, 제4류 위험물이다.

30 톨루엔에 대한 설명으로 틀린 것은?

① 벤젠의 수소 원자 하나가 메틸기로 치환된 것이다.
② 증기는 벤젠보다 가볍고 휘발성은 더 높다.
③ 독특한 향기를 가진 무색의 액체이다.
④ 물에 녹지 않는다.

해설 제4류 위험물 중 제1석유류에 속하는 톨루엔($C_6H_5CH_3$)은 벤젠(C_6H_6)보다 분자량이 더 크기 때문에 증기비중 값도 크므로 벤젠보다 무겁다. 톨루엔의 분자량은 92이고 벤젠의 분자량은 78이므로 증기비중은 톨루엔이 3.17, 벤젠은 2.69이다.
또한, 동일한 온도와 압력 조건에서 벤젠의 증기압이 톨루엔의 증기압보다 높으므로 벤젠의 휘발성이 더 강하다.
① 벤젠의 알킬화 반응으로 얻어지며 벤젠의 수소 원자 1개가 메틸기($-CH_3$)로 치환된 것이다.

$$C_6H_6 + CH_3Cl \xrightarrow{AlCl_3 무수물} C_6H_5CH_3 + HCl$$

③ 독특한 냄새가 있는 무색의 액체이며 휘발성이 있다.
④ 물에는 녹지 않고 알코올, 벤젠, 에테르, 유기용제 등에 녹으며 고무나 유지를 녹인다.

31 질산나트륨의 성상에 대한 설명 중 틀린 것은?

① 조해성이 있다.
② 강력한 환원제이며, 물보다 가볍다.
③ 열분해하여 산소를 방출한다.
④ 가연물과 혼합하면 충격에 의해 발화할 수 있다.

해설 질산나트륨($NaNO_3$)은 제1류 위험물 중 질산염류에 속하는 물질로서 비중이 2.26이므로 물보다 무겁고 산화성 고체로서 강산화제로 작용한다.
① 조해성이 있다.
③ 분해온도는 380℃이며 분해되면 산소를 방출한다.
$2NaNO_3 \rightarrow 2NaNO_2 + O_2 \uparrow$
④ 혼합된 가연물과의 마찰, 충격에 의해 발화할 수 있다.

32 메탄올과 에탄올의 공통점을 설명한 내용으로 틀린 것은?

① 휘발성의 무색 액체이다.
② 인화점이 0℃ 이하이다.
③ 증기는 공기보다 무겁다.
④ 비중이 물보다 작다.

해설 메탄올의 인화점은 11℃이고 에탄올의 인화점은 13℃이다.
① 휘발성의 무색 액체이다.
③ 메탄올의 증기비중 : $\frac{32}{29} = 1.1$
  에탄올의 증기비중 : $\frac{46}{29} = 1.59$

  ❋ Tip
  물질의 분자량이 29보다 큰 값을 가지면 증기는 공기보다 무겁고 29보다 작으면 공기보다 가볍다고 판단하면 된다.

④ • 메탄올의 비중 : 0.792,
  • 에탄올의 비중 : 0.789

❖ 메탄올과 에탄올의 공통점
• 제4석유류 중 알코올류에 속하는 위험물이다.
• 지정수량 400ℓ, 위험등급 II
• 1가 알코올이다.
• 무색투명한 액체로서 휘발성이 있다.
• 비중값이 0.79로서 물보다 가볍다.
  (메탄올 : 0.792 / 에탄올 : 0.789)
• 증기는 공기보다 무겁다.
• 수용성이다.
• 알칼리금속과 반응하여 수소 기체를 발생시킨다.
  $2CH_3OH + 2Na \rightarrow 2CH_3ONa + H_2 \uparrow$
  $2C_2H_5OH + 2Na \rightarrow 2C_2H_5ONa + H_2 \uparrow$

33 위험물안전관리법령상 유별이 같은 것으로만 나열된 것은?

① 금속의 인화물, 칼슘의 탄화물, 할로겐간화합물
② 아조벤젠, 염산히드라진, 질산구아니딘
③ 황린, 적린, 무기과산화물
④ 유기과산화물, 질산에스테르류, 알킬리튬

해설 [위험물안전관리법 시행령 별표1 / 위험물 및 지정수량] & [위험물안전관리법 시행규칙 제3조 / 위험물 품명의 지정] 참조
① 금속의 인화물(제3류 위험물), 칼슘의 탄화물(제3류 위험물), 할로겐간화합물(제6류 위험물 중 행정안전부령으로 정하는 위험물)
② 아조벤젠(제5류 위험물 중 아조화합물), 염산히드라진(제5류 위험물 중 히드라진 유도체), 질산구아니딘(제5류 위험물 중 행정안전부령으로 정하는 위험물)
③ 황린(제3류 위험물), 적린(제2류 위험물), 무기과산화물(제1류 위험물)
④ 유기과산화물(제5류 위험물), 질산에스테르류(제5류 위험물), 알킬리튬(제3류 위험물)

❋ Tip
히드라진은 제4류 위험물 중 제2석유류(수용성)로 분류하며 히드라진 유도체는 제5류 위험물로 분류한다.

정답 29 ③ 30 ② 31 ② 32 ② 33 ②

34 2몰의 브롬산칼륨이 모두 열분해 되어 생긴 산소의 양은 2기압 27℃에서 약 몇 ℓ인가?

① 32.42　　　　② 36.92
③ 41.34　　　　④ 45.64

해설 $2KBrO_3 \rightarrow 2KBr + 3O_2$

$PV = nRT$로부터

$$V = \frac{nRT}{P}$$

(P : 압력, P : 부피, n : 몰수, R : 기체상수, T : 절대온도)

2몰의 브롬산칼륨이 분해되어 3몰의 산소기체가 만들어지므로 다음과 같이 구할 수 있다.

$$\frac{3 \times 0.082 \times (273 + 27)}{2} = 36.9(\ell)$$

35 위험물 저장탱크 중 부상 지붕구조로 탱크의 직경이 53m 이상 60m 미만인 경우 고정식 포 소화설비의 포 방출구 종류 및 수량으로 옳은 것은?

① Ⅰ형 8개 이상　　② Ⅱ형 8개 이상
③ Ⅲ형 10개 이상　　④ 특형 10개 이상

해설 [위험물안전관리에 관한 세부기준 제133조] - 포 소화설비의 기준 / 1. 고정식 포 소화설비의 포 방출구 中 도표 참조

위험물 저장탱크 중 부상 지붕구조로 탱크의 직경이 53m 이상 60m 미만인 경우 고정식 포 소화설비의 포 방출구 종류는 특형이고 포 방출구의 개수는 10개 이상이어야 한다.

36 위험물의 운반에 관한 기준에서 제4석유류와 혼재할 수 없는 위험물은? (단, 위험물은 각각 지정수량의 2배인 경우이다.)

① 황화린　　　　② 칼륨
③ 유기과산화물　　④ 과염소산

해설 제4석유류는 제4류 위험물(인화성 액체)에 속하는 위험물이며 유별을 달리하는 위험물의 혼재기준에 의하면 제4류 위험물은 제1류 위험물이나 제6류 위험물과는 혼재할 수 없다고 규정하고 있다.

∴ 과염소산은 제6류 위험물이므로 제4석유류(제4류 위험물)와 혼재하여 운반할 수 없다.

① 황화린은 제2류 위험물이므로 혼재 가능하다.
② 칼륨은 제3류 위험물이므로 혼재 가능하다.
③ 유기과산화물은 제5류 위험물이므로 혼재 가능하다.

[10번] 문제 해설 도표 참조

37 주유취급소 일반점검표의 점검항목에 따른 점검내용 중 점검 방법이 육안 점검이 아닌 것은?

① 가연성 증기 검지 경보설비 - 손상의 유무
② 피난설비의 비상 전원 - 정전 시의 점등 상황
③ 간이탱크의 가연성 증기 회수밸브 - 작동상황
④ 배관의 전기방식 설비 - 단자의 탈락 유무

해설 [위험물안전관리에 관한 세부기준 별지 제16호 서식]

피난설비의 비상 전원은 정전 시의 점등 상황을 점검하며 육안이 아닌 작동상태를 확인하는 방법으로 점검한다.

✿ **Tip**

출제 빈도가 극히 낮은 '위험물안전관리에 관한 세부기준'까지 살펴보며 시험을 준비하기에는 비효율적일 수도 있겠다. 이런 유형의 문제는 상식선에서 감으로 풀어도 정답을 구할 수 있다. 설비의 손상 유무나 단자의 탈락 여부, 밸브의 작동상황을 살펴보는 경우 등은 모두 육안으로 확인이 가능한 것이기 때문이다. 그러나 정전 시의 점등상황은 정전 상태를 설정해 놓고 실제로 점등하는지 여부를 확인하여야 할 것이므로 (현재 정상적으로 운용되는 상태에서는) 육안으로 확인하기는 불가능한 것이다.

38 다음 중 증기비중이 가장 큰 것은?

① 벤젠　　　　② 등유
③ 메틸알코올　④ 디에틸에테르

해설 증기비중 = $\dfrac{물질의 분자량}{29}$의 식으로 구할 수 있으므로 증기비중의 대소관계를 정할 때는 분자량만을 비교하여 결정할 수 있다. 분자량이 클수록 증기비중도 큰 값을 갖는다.
① 벤젠의 분자량 : 78(증기비중 2.69)
② 등유 : 보통 11~15 사이의 탄소 수를 지니는 탄화수소의 복합체로 탄소 수만 계산해도 분자량이 제일 클 것이다. 실제 증기 비중은 4~5 정도이다.
③ 메틸알코올의 분자량 : 32(증기비중 1.11)
④ 디에틸에테르의 분자량 : 74(증기비중 2.56)

[증기비중에 대한 설명은 2016년 제2회 25번 해설 참조]

39 디에틸에테르에 대한 설명 중 틀린 것은?

① 강산화제와 혼합 시 안전하게 사용할 수 있다.
② 대량으로 저장 시 불활성가스를 봉입한다.
③ 정전기 발생 방지를 위해 주의를 기울여야 한다.
④ 통풍, 환기가 잘 되는 곳에 저장한다.

해설 디에틸에테르($C_2H_5OC_2H_5$)는 제4류 위험물 중 특수인화물에 속하는 위험물이며 강산화제 및 강산류와 접촉하면 발열 발화한다.
② 대량으로 저장할 경우에는 불활성가스를 봉입한다.
③ 전기의 부도체로 정전기가 발생할 수 있으므로 저장할 때 소량의 염화칼슘을 넣어 정전기를 방지한다.
④ 공기와 장시간 접촉하면 산화되어 폭발성의 불안정한 과산화물이 생성되며 직사일광에 의해서도 분해되어 과산화물이 생성되므로 이의 방지를 위해 갈색 병에 밀전, 밀봉하여 보관하며 증기 누출이 용이하고 증기압이 높아 용기가 가열되면 파손, 폭발할 수도 있으므로 불꽃 등 화기를 멀리하고 통풍이 잘되는 냉암소에 보관한다.

40 휘발유에 대한 설명으로 옳은 것은?

① 가연성 증기를 발생하기 쉬우므로 주의한다.
② 발생된 증기는 공기보다 가벼워서 주변으로 확산하기 쉽다.
③ 전기를 잘 통하는 도체이므로 정전기를 발생시키지 않도록 조치한다.
④ 인화점이 상온보다 높으므로 여름철에 각별한 주의가 필요하다.

해설 가연성 증기를 발생하며 주변으로 확산되므로 주의한다.
② 휘발유의 증기비중은 3~4 정도이며 공기보다 무거워 낮은 곳에 체류하므로 환기를 잘 시켜야 한다.
③ 전기의 부도체로 정전기 축적이 용이하며 정전기 발생에 의한 인화의 위험이 있으므로 주의한다.
④ 휘발유의 인화점(-43~-20℃)은 상온보다 낮으므로 추운 겨울철에도 주의하도록 한다.

41 위험물안전관리법령상 제2류 위험물에 속하지 않은 것은?

① P_4S_3 ② Al ③ Mg ④ Li

해설 리튬은 알칼리금속에 속하는 물질로 제3류 위험물로 분류된다.
① P_4S_3는 삼황화린의 화학식이며 제2류 위험물 중 황화린에 속한다.
② 알루미늄은 제2류 위험물의 금속분으로 분류된다(Al powder로 표기함이 더 정확한 것이니 통상적으로 원소기호의 표기만으로 금속분의 의미를 나타낸다).
③ 알칼리금속과 알칼리토금속은 제3류 위험물로 분류되나 알칼리토금속에 속하는 마그네슘은 제2류 위험물로 별도로 분류하며 금속분으로 분류하지도 않는다.

[05쪽] 제2류 위험물의 분류 도표 참조

정답 34 ② 35 ④ 36 ④ 37 ② 38 ② 39 ① 40 ① 41 ④

42 다음 중 위험물안전관리법령에 의한 지정수량이 가장 작은 품명은?

① 질산염류 ② 인화성 고체
③ 금속분   ④ 질산에스테르류

해설 ① 질산염류 : 제1류 위험물 / 지정수량 300kg
② 인화성 고체 : 제2류 위험물 / 지정수량 1,000kg
③ 금속분 : 제2류 위험물 / 지정수량 500kg
④ 질산에스테르류 : 제5류 위험물 / 지정수량 10kg

43 다음 위험물 중 발화점이 가장 낮은 것은?

① 황   ② 삼황화린
③ 황린   ④ 아세톤

해설 ❖ 각 물질의 발화점(착화온도)

황	삼황화린
232.2℃	100℃
황린	**아세톤**
34℃(미분), 60℃(고형)	465℃

발화점(Ignition point)이란 착화점이라고도 하며 물체를 가열하거나 마찰하여 특정 온도에 도달하면 불꽃과 같은 착화원(점화원)이 없는 상태에서도 스스로 발화하여 연소를 시작하는 최저온도를 말한다. 발화점에 도달해야 물질은 연소할 수 있으며 발화점이 높을수록 상대적으로 더 높은 온도에서 불이 붙는다는 것이므로 발화점이 낮은 물질에 비해서 연소하기 어렵다. 가열되는 용기의 표면상태, 압력, 가열되는 속도 등에 영향을 받으며 일반적으로 인화점보다 발화점이 높다.

44 위험물안전관리법령에 의한 지정수량이 나머지 셋과 다른 하나는?

① 유황 ② 적린 ③ 황린 ④ 황화린

해설 유황, 적린, 황화린은 모두 제2류 위험물, 지정수량 100kg, 위험등급Ⅱ에 속하는 위험물들이다.
황린은 제3류 위험물, 지정수량 20kg, 위험등급Ⅰ에 해당하는 위험물이다.
① 유황 : 제2류 위험물 / 지정수량 100kg
② 적린 : 제2류 위험물 / 지정수량 100kg
③ 황린 : 제3류 위험물 / 지정수량 20kg
④ 황화린 : 제2류 위험물 / 지정수량 100kg

❈ **Tip**
적린, 황린, 황화린의 명칭만 놓고 보면 비슷해서 같은 류로 분류될 것으로 오해할 수도 있다고 생각하는지 자주 비교 출제되는 유형이므로 확실하게 구분해 놓도록 한다. 적린(P), 황린(P_4), 황화린(P_4S_3, P_2S_5, P_4S_7)의 화학조성을 보면 오히려 적린과 황린이 같은 류의 위험물로 분류되고 황화린이 다른 류로 분류될 것 같지만 그렇지 않다는 사실을 염두에 두고 정리하도록 한다. 또한 황린이라는 명칭을 가지고 있지만 황 성분은 없어 유황이나 황화린과도 구별할 수 있어야겠다(백린에 빛을 쪼이면 재빠르게 노랗게 변색되므로 황린이라 하는 것).

45 인화성 액체 위험물을 저장하는 옥외 탱크저장소에 설치하는 방유제의 높이 기준은?

① 0.5m 이상 1m 이하
② 0.5m 이상 3m 이하
③ 0.3m 이상 1m 이하
④ 0.3m 이상 3m 이하

해설 [위험물안전관리법 시행규칙 별표6 / 옥외 탱크저장소의 위치·구조 및 설비의 기준] – Ⅸ. 방유제 中 인화성 액체 위험물(이황화탄소를 제외한다)을 저장하는 <u>옥외 탱크저장소의 탱크 주위에는 높이 0.5m 이상 3m 이하, 두께 0.2m 이상, 지하 매설 깊이 1m 이상의 방유제를 설치하여야 한다</u>. 다만, 방유제와 옥외 저장탱크 사이의 지반면 아래에 불침윤성(不浸潤性) 구조물을 설치하는 경우에는 지하 매설 깊이를 해당 불침윤성 구조물까지로 할 수 있다.

46 위험물안전관리법령상 옥외 저장탱크 중 압력탱크 외의 탱크에 통기관을 설치하여야 할 때 밸브 없는 통기관인 경우 통기관의 직경은 몇 mm 이상으로 하여야 하는가?

① 10 ② 15 ③ 20 ④ 30

해설 법령에서 필요 부분만 발췌

[위험물안전관리법 시행규칙 별표6 / 옥외 탱크 저장소의 위치·구조 및 설비의 기준] - Ⅵ. 옥외 저장탱크의 외부구조 및 설비 제7호

옥외 저장탱크 중 압력탱크 외의 탱크(제4류 위험물의 옥외 저장탱크에 한한다)에 있어서는 밸브 없는 통기관 또는 대기밸브 부착 통기관을 다음에 정하는 바에 의하여 설치하여야 하고, 압력탱크에 있어서는 별도 규정에 의한 안전장치를 설치하여야 한다.

- **밸브 없는 통기관**
  - <u>직경은 30mm 이상일 것</u>
  - 선단은 수평면보다 45°이상 구부려 빗물 등의 침투를 막는 구조로 할 것
  - 가연성의 증기를 회수하기 위한 밸브를 통기관에 설치하는 경우에 있어서는 당해 통기관의 밸브는 저장탱크에 위험물을 주입하는 경우를 제외하고는 항상 개방되어 있는 구조로 하는 한편, 폐쇄하였을 경우에 있어서는 10kPa 이하의 압력에서 개방되는 구조로 할 것. 이 경우 개방된 부분의 유효 단면적은 777.15mm² 이상이어야 한다.
- **대기밸브 부착 통기관**
  - 5kPa 이하의 압력 차이로 작동할 수 있을 것

47 금속나트륨과 금속칼륨의 공통적인 성질에 대한 설명으로 옳은 것은?

① 불연성 고체이다.
② 물과 반응하여 산소를 발생한다.
③ 은백색의 매우 단단한 금속이다.
④ 물보다 가벼운 금속이다.

해설 나트륨의 비중은 0.97, 칼륨의 비중은 0.86으로 두 물질 모두 비중이 1보다 작아 물보다는 가볍다.

① 공기 중에 방치하면 자연발화의 위험이 있고 가열하면 특유의 불꽃색을 내며 연소하는 가연성 고체이다.
② 물과 반응하여 수소 기체를 발생시킨다.
  $2K + 2H_2O \rightarrow 2KOH + H_2$
  $2Na + 2H_2O \rightarrow 2NaOH + H_2$
③ 은백색의 광택이 있는 경금속으로 칼로 잘릴 정도의 무른 금속이다.

❖ **나트륨과 칼륨의 공통점**
- 제3류 위험물이며 자연발화성과 금수성을 모두 지니고 있는 물질이다.
- 지정수량 10kg, 위험등급 Ⅰ
- 은백색 광택의 무른 경금속이다.
- 제3류 위험물 대부분은 불연성이나 나트륨과 칼륨은 가연성이다.
- 공기 중에서 방치하면 자연발화 할 수 있다.
- 물과 격렬하게 반응하여 수산화물과 수소를 생성한다.
- 알코올과 반응하여 알콕시화물이 되며 수소 기체를 발생한다.
  $2K + 2C_2H_5OH \rightarrow 2C_2H_5OK + H_2 \uparrow$
  칼륨에틸레이트
  (나트륨도 동일한 반응)
- 이산화탄소 및 사염화탄소와 폭발반응을 일으킨다.
  $4K + 3CO_2 \rightarrow 2K_2CO_3 + C$ (연소폭발)
  $4Na + 3CO_2 \rightarrow 2Na_2CO_3 + C$
  $4K + CCl_4 \rightarrow 4KCl + C$ (폭발)
  $4Na + CCl_4 \rightarrow 4NaCl + C$
- 액체 암모니아에 녹아 수소 기체를 발생한다.
- 산과 반응하고 수소 기체를 발생한다.
- 공기 중 수분이나 산소와의 접촉을 피하기 위해 유동성 파라핀, 경유, 등유 속에 저장한다.
- 물보다 가볍다.
- 실온의 공기 중에서 빠르게 산화되어 피막을 형성하며 광택을 잃는다.

정답 42 ④ 43 ③ 44 ③ 45 ② 46 ④ 47 ④

48 트리니트로페놀에 대한 일반적인 설명으로 틀린 것은?

① 가연성 물질이다.
② 공업용은 보통 휘황색의 결정이다.
③ 알코올에 녹지 않는다.
④ 납과 화합하여 예민한 금속염을 만든다.

해설 트리니트로페놀은 제5류 위험물 중 니트로화합물에 속하는 위험물이며 차가운 물에는 소량 녹고 온수나 알코올, 에테르에는 잘 녹는다.
① 자기반응성 물질로서 자체 산소와 반응하여 스스로 연소할 수 있는 가연성 물질이다.
② 순수한 것은 무색이고 공업용은 휘황색에 가까운 결정이다.
④ 철, 납, 구리, 아연 등의 금속과 화합하여 예민한 금속염(피크린산염)을 만들며 건조한 것은 폭발하기도 한다.

49 위험물 저장탱크의 내용적이 300ℓ 일 때 탱크에 저장하는 위험물의 용량의 범위로 적합한 것은?

① 240 ~ 270ℓ   ② 270 ~ 285ℓ
③ 290 ~ 295ℓ   ④ 295 ~ 298ℓ

해설 • 탱크의 공간용적
 - 근거 : [위험물안전관리에 관한 세부기준 제25조] - 탱크의 내용적 및 공간용적 中 탱크의 공간용적은 탱크의 내용적의 100분의 5 이상 100분의 10 이하의 용적으로 한다.
 - 300 × 0.05 = 15(ℓ)
   300 × 0.10 = 30(ℓ)
• 탱크의 용량
 - 근거 : [위험물안전관리법 시행규칙 제5조] - 탱크 용적의 산정기준
   위험물을 저장 또는 취급하는 탱크의 용량은 해당 탱크의 내용적에서 공간용적을 뺀 용적으로 한다.
 - 탱크의 용량 = 내용적 - 공간용적이므로
   300 - 15 = 285(ℓ)
   300 - 30 = 270(ℓ)
∴ 용량의 범위는 270 ~ 285(ℓ)이다.

50 과산화수소의 분해 방지제로서 적합한 것은?

① 아세톤   ② 인산
③ 황   ④ 암모니아

해설 과산화수소는 제6류 위험물에 속하는 물질이며 분해방지를 위한 안정제로 인산이나 요산을 사용한다.

51 다음 각 위험물의 지정수량의 총합은 몇 kg인가?

알킬리튬, 리튬, 수소화나트륨,
인화칼슘, 탄화칼슘

① 820   ② 900   ③ 960   ④ 1,260

해설 • 알킬리튬 : 제3류 위험물 중 알킬리튬 / 지정수량 10kg
• 리튬 : 제3류 위험물 중 알칼리금속 / 지정수량 50kg
• 수소화나트륨 : 제3류 위험물 중 금속의 수소화물 / 지정수량 300kg
• 인화칼슘 : 제3류 위험물 중 금속의 인화물 / 지정수량 300kg
• 탄화칼슘 : 제3류 위험물 중 칼슘 또는 알루미늄의 탄화물 / 지정수량 300kg
따라서, 10 + 50 + 300 + 300 + 300 = 960(kg)

[08쪽] 제3류 위험물의 분류 도표 참조

52 위험물안전관리법령상 산화성 액체에 해당하지 않는 것은?

① 과염소산   ② 과산화수소
③ 과염소산나트륨   ④ 질산

해설 산화성 액체는 제6류 위험물을 말하는 것으로 여기에는 과염소산, 과산화수소, 질산, 할로겐간화합물(삼불화브롬, 오불화브롬, 오불화요오드)이 포함된다. 과염소산나트륨은 제1류 위험물 중 과염소산염류에 속하는 위험물이다.

[17쪽] 제6류 위험물의 분류 도표 참조

53 위험물안전관리법령상 염소화규소화합물은 제 몇 류 위험물에 해당하는가?

① 제1류
② 제2류
③ 제3류
④ 제5류

해설 [위험물안전관리법 시행규칙 제3조] – 위험물 품명의 지정 中
- 행정안전부령으로 정하는 제1류 위험물
  - 과요오드산염류
  - 과요오드산
  - 크롬, 납 또는 요오드의 산화물
  - 아질산염류
  - 차아염소산염류
  - 염소화이소시아눌산
  - 퍼옥소이황산염류
  - 퍼옥소붕산염류
- **행정안전부령으로 정하는 제3류 위험물**
  - **염소화규소화합물**
- 행정안전부령으로 정하는 제5류 위험물
  - 금속의 아지화합물
  - 질산구아니딘
- 행정안전부령으로 정하는 제6류 위험물
  - 할로겐간화합물

54 위험물 판매취급소에 대한 설명 중 틀린 것은?

① 제1종 판매취급소라 함은 저장 또는 취급하는 위험물의 수량이 지정수량의 20배 이하인 판매취급소를 말한다.
② 위험물을 배합하는 실의 바닥면적은 $6m^2$ 이상 $15m^2$ 이하이어야 한다.
③ 판매취급소에서는 도료류 외의 제1석유류를 배합하거나 옮겨 담는 작업을 할 수 있다.
④ 제1종 판매취급소는 건축물의 2층까지만 설치가 가능하다.

해설 ③ [위험물안전관리법 시행규칙 별표18] – Ⅳ. 취급의 기준 中 제5항 바. 판매취급소에서의 취급기준
"판매취급소에서는 도료류, 제1류 위험물 중 염소산염류 및 염소산염류만을 함유한 것, 유황 또는 인화점이 38℃ 이상인 제4류 위험물을 배합실에서 배합하는 경우 외에는 위험물을 배합하거나 옮겨 담는 작업을 하지 아니할 것."이라 규정되어 있다.
따라서 제1석유류의 인화점은 21℃ 미만인 것들을 말하므로 제1석유류를 배합하거나 옮겨 담는 작업은 할 수 없다.
④ [위험물안전관리법 시행규칙 별표14] – Ⅰ. 판매취급소의 기준
제종 판매취급소는 건축물의 1층에 설치할 것
① [위험물안전관리법 시행규칙 별표14] – Ⅰ. 판매취급소의 기준
저장 또는 취급하는 위험물의 수량이 지정수량의 20배 이하인 판매취급소를 "제1종 판매취급소"라 하고 저장 또는 취급하는 위험물의 수량이 지정수량의 40배 이하인 판매취급소는 "제2종 판매취급소"라 한다.
② [위험물안전관리법 시행규칙 별표14] – Ⅰ. 판매취급소의 기준
위험물을 배합하는 실의 바닥면적은 $6m^2$ 이상 $15m^2$ 이하로 할 것. – 제1종 판매취급소와 제2종 판매취급소에 동일 적용

55 옥내 저장탱크의 상호 간에는 특별한 경우를 제외하고 최소 몇 m 이상의 간격을 유지하여야 하는가?

① 0.1
② 0.2
③ 0.3
④ 0.5

해설 [위험물안전관리법 시행규칙 별표7] –
Ⅰ. 옥내 탱크저장소의 기준 中
옥내 저장탱크와 탱크전용실의 벽과의 사이 및 옥내 저장탱크의 상호 간에는 0.5m 이상의 간격을 유지할 것. 다만, 탱크의 점검 및 보수에 지장이 없는 경우에는 그러하지 아니하다.

56 과산화벤조일에 대한 설명 중 틀린 것은?

12년·2 유사

① 진한 황산과 혼촉 시 위험성이 증가한다.
② 폭발성을 방지하기 위하여 희석제를 첨가할 수 있다.
③ 가열하면 약 100℃에서 흰 연기를 내면서 분해한다.
④ 물에 녹으며, 무색무취의 액체이다.

해설 과산화벤조일은 제5류 위험물(자기반응성 물질) 중 유기과산화물에 속하는 위험물로서 무색무취의 백색 분말 또는 결정형태이다. 에테르 등의 유기용매에 잘 녹으며 물에는 녹지 않고 알코올에는 약간 녹는다.
① 강력한 산화성 물질이므로 진한 황산이나 질산 등과 접촉하면 화재나 폭발의 위험이 있다.
② 건조 상태에서는 마찰 및 충격에 의해 폭발할 위험이 있다. 그러므로 건조 방지를 위해 물을 흡수시키거나 희석제(프탈산디메틸이나 프탈산디부틸 따위)를 사용함으로써 폭발의 위험성을 낮출 수 있다.
③ 상온에서는 비교적 안정하나 가열하면 흰색의 연기를 내며 분해된다.

57 가솔린의 연소범위에 가장 가까운 것은?

① 1.4 ~ 7.6%   ② 2.0 ~ 23.0%
③ 1.8 ~ 36.5% ④ 1.0 ~ 50.0%

해설 가솔린은 제4류 위험물(인화성 액체) 중 제1석유류의 비수용성으로 분류되는 위험물이며 연소범위는 1.4 ~ 7.6%를 나타낸다.

58 옥내저장소에 질산 600ℓ를 저장하고 있다. 저장하고 있는 질산은 지정수량의 몇 배인가?
(단, 질산의 비중은 1.50이다.)

① 1   ② 2
③ 3   ④ 4

해설 질산은 제6류 위험물에 속하는 물질로 지정수량은 300kg이다. 이처럼 질산의 지정수량은 kg단위로 표시되기 때문에 문제에서 주어진 부피 600ℓ를 질량으로 환산해야 지정수량의 배수를 구할 수 있다.
비중이란 표준물질의 밀도에 대한 어떤 물질의 밀도 비를 말하는 것이며 액체상태의 표준물질 밀도는 4℃의 물(1kg/ℓ)을 사용한다. 비중은 밀도와 밀도의 비율을 나타내는 것으로 비중에는 단위가 없다.

- 질산의 비중 = $\dfrac{\text{질산의 밀도}}{\text{물의 밀도}}$

질산의 밀도 = 질산의 비중 × 물의 밀도
= 1.5 × 1kg/ℓ = 1.5kg/ℓ

- 밀도 = $\dfrac{\text{질량}}{\text{부피}}$

질량 = 밀도 × 부피
= 1.5kg/ℓ × 600ℓ = 900kg

따라서 질산 600ℓ는 900kg에 해당하는 양이므로 지정 수량의 3배를 저장하고 있는 것이다.

59 위험물안전관리법의 적용 제외와 관련된 내용으로 ( ) 안에 알맞은 것을 모두 나타낸 것은?

> 위험물안전관리법은 (   )에 의한 위험물의 저장·취급 및 운반에 있어서는 이를 적용하지 아니한다.

① 항공기·선박(선박법 제1조의2 제1항에 따른 선박을 말한다.)·철도 및 궤도
② 항공기·선박(선박법 제1조의2 제1항에 따른 선박을 말한다.)·철도
③ 항공기·철도 및 궤도
④ 철도 및 궤도

해설 [위험물안전관리법 제3조 / 적용 제외]
이 법은 항공기·선박(선박법 제1조의2 제1항의 규정에 따른 선박을 말한다)·철도 및 궤도에 의한 위험물의 저장·취급 및 운반에 있어서는 이를 적용하지 아니한다.

60 중크롬산칼륨에 대한 설명으로 틀린 것은?

① 열분해하여 산소를 발생한다.

② 물과 알코올에 잘 녹는다.

③ 등적색의 결정으로 쓴맛이 있다.

④ 산화제, 의약품 등에 사용된다.

해설 제1류 위험물 중 중크롬산염류에 속하는 중크롬산칼륨($K_2Cr_2O_7$)은 지정수량 1,000kg, 위험등급Ⅲ에 해당하는 위험물이다.
물에는 녹지만 알코올이나 아세톤에는 녹지 않는다.
① 500℃ 이상으로 강하게 가열되면 열분해되며 산소를 방출한다.
$$4K_2Cr_2O_7 \rightarrow 4K_2CrO_4 + 2Cr_2O_3 + 3O_2$$
(K_2CrO_4 : 크롬산칼륨, Cr_2O_3 : 산화크롬)
③ 등적색(red-orange color)의 판상결정이며 냄새는 없고 쓴맛이 있다.
④ 산화제, 성냥, 염료, 의약품, 합성감미료(사카린)제조에 사용된다.

★ **Tip**
중크롬산칼륨은 실기 문제에 자주 출제된다. 특히 지정수량, 열분해 반응식은 무조건 암기하고 있어야 하며 색깔(등적색)도 기억해두도록 한다.

정답 56 ④ 57 ① 58 ③ 59 ① 60 ②

13. 2013년 제4회 기출문제 및 해설 (13년 7월 21일)

1과목 화재예방과 소화방법

01 주된 연소 형태가 표면연소인 것을 옳게 나타낸 것은?

① 중유, 알코올   ② 코크스, 숯
③ 목재, 종이   ④ 석탄, 플라스틱

해설 표면연소의 연소 형태를 나타내는 것은 코크스와 숯이다.
① 중유, 알코올은 증발연소 한다.
③ 목재, 종이는 분해연소 한다.
④ 석탄, 플라스틱은 분해연소 한다.
[연소의 구분에 관한 설명은 2015년 제1회 06번 해설 참조]

02 제3류 위험물 중 금수성 물질에 적응할 수 있는 소화설비는?

14년·5 ▌15년·1 ▌15년·2 ▌15년·4 유사

① 포 소화설비
② 이산화탄소 소화설비
③ 탄산수소염류 분말소화설비
④ 할로겐화합물 소화설비

해설 제3류 위험물의 금수성 물질은 물에 의한 주수소화는 엄금이며 탄산수소염류 등을 이용한 분말 소화설비나 마른모래, 팽창질석, 팽창진주암 등을 사용한다. 불활성가스 소화설비, 할로겐화합물 소화설비, 이산화탄소 소화기 등은 적응성이 없으므로 사용하지 않는다.
[위험물안전관리법 시행규칙 별표17] - 소화설비의 적응성 참조
금속화재용 분말 소화약제를 이용하여 질식소화 할 수 있다.
알킬알루미늄은 할론이나 이산화탄소와 반응하여 발열하며 소규모 화재 시 팽창질석, 팽창진주암을 사용하여 소화하나 화재 확대 시에는 소화하기가 어렵다. 금속칼륨이나 나트륨은 이산화탄소나 할로겐화합물(사염화탄소)과 반응하여 연소 폭발의 위험성을 증대시킨다. 이러한 이유로 금수성 물질에는 할로겐화합물 소화설비나 이산화탄소 소화설비는 사용하지 않는다.

① 포 소화설비는 질식소화 효과도 보이지만 대부분이 물로 되어 있어 주수소화의 특성을 보이므로 금수성 물질에는 사용하지 않는다.
② 칼륨, 나트륨, 알킬리튬은 이산화탄소와도 폭발적으로 반응하며 알칼리금속이나 알칼리토금속류는 이산화탄소와 반응하여 탄산염을 생성할 수 있다.
$4K + 3CO_2 \rightarrow 2K_2CO_3 + C$ (연소폭발)
제3류 위험물 중 금수성 물질에는 다수의 금속이 포함되어 있으며 이산화탄소 소화설비(소화기)는 이러한 금속화재에는 적응성을 보이지 않는다. 특히 이산화탄소를 분해시키는 능력이 있는 반응성 큰 금속(Na, K 등)의 화재에는 사용하지 않는다.
④ 칼륨, 나트륨은 사염화탄소나 할로겐화합물과 접촉하면 폭발적으로 반응하며 일부 알킬알루미늄은 할로겐(염소 기체)과 반응하여 가연성 가스를 만들어 내기도 한다. 또한 세슘, 루비듐 같은 일부 알칼리금속이나 칼슘 같은 알칼리토금속은 사염화탄소와 접촉할 경우 폭발적으로 반응한다.
$4K + CCl_4 \rightarrow 4KCl + C$ (폭발)
$(C_2H_5)_3Al + 3Cl_2 \rightarrow AlCl_3 + 3C_2H_5Cl \uparrow$

03 다음 중 화학적 소화에 해당하는 것은?

① 냉각소화   ② 질식소화
③ 제거소화   ④ 억제소화

해설 냉각소화, 질식소화, 제거소화는 물리적 소화에 해당하며 억제소화는 화학적 소화에 해당한다. 억제소화란 연소의 연쇄반응을 차단하거나 억제함으로써 화학적으로 소화하는 방법을 말하며 부촉매 소화라고도 한다.

✻ 빈틈없이 촘촘하게 One more Step

❖ **소화방법**
- **냉각소화** : 가연물의 온도를 낮춤으로써 연소의 진행을 막는 소화방법으로 주된 소화약제는 물이다.
- **질식소화** : 공기 중의 산소 농도를 15% 이하 수준으로 낮춤으로써 연소의 진행을 막는 소화방법으로 주로 이산화탄소를 소화약제로 사용한다.
- **제거소화** : 가연물을 제거함으로써 소화하는 방법이며 사용되는 부수적인 소화약제는 없다.
- **억제소화** : 연소의 연쇄반응을 차단하거나 억제함으로써 소화하는 방법(화학적 소화, 부촉매 소화)으로 주된 소화약제로는 할로겐화합물 소화약제이다.

04 가연물이 연소할 때 공기 중의 산소농도를 떨어뜨려 연소를 중단시키는 소화 방법은?

19년 · 4 유사

① 제거소화 ② 질식소화
③ 냉각소화 ④ 억제소화

[해설] 질식소화란 공기 중의 산소농도를 15% 이하 수준으로 낮춤으로써 연소의 진행을 막는 소화방법으로 주로 이산화탄소를 소화약제로 사용한다.
① 제거소화 : 가연물의 제거
② 질식소화 : 산소공급원의 차단. 결국 산소농도를 저하시키는 효과를 발휘한다.
③ 냉각소화 : 인화점에 도달되지 못하도록 가연물 냉각
④ 억제소화 : 연쇄반응 차단(부촉매 효과)

05 다음 중 오존층 파괴지수가 가장 큰 것은?

19년 · 5 유사

① Halon 104   ② Halon 1211
③ Halon 1301 ④ Halon 2402

[해설] 보통 할론 계통의 오존층 파괴지수가 높게 나타나는데 그중에서도 Halon 1301의 지수가 가장 높으며 '10.0'을 나타낸다. Halon 2402는 '6.0', Halon 1211은 '3.0'을 나타낸다.

❖ **오존층 파괴지수**(Ozone Depletion Potential)
CFC-11($CFCl_3$ / 삼염화불화탄소)의 오존 파괴능력을 1로 보았을 때, 다른 물질들의 오존 파괴능력을 나타내는 상대적인 값이다. 할론 계통의 오존층 파괴지수가 높게 나타나며 CFC의 대체물질로 개발된 수소염화불화탄소(HCFCs) 계통의 지수는 0.05 정도로 낮게 나타난다. 몇 가지 물질의 오존층 파괴지수를 나열하면 다음과 같다.

화학물질	오존층 파괴지수
Halon-1301	10.0
Halon-2402	6.0
Halon-1211	3.0
사염화탄소(CCl_4)	1.1
CFC-11($CFCl_3$)	1.0
CFC-12(CF_2Cl_2)	1.0
CFC-13(CF_3Cl)	1.0
CFC-114($C_2F_4Cl_2$)	1.0
CFC-115(C_2F_5Cl)	0.6
HCFC-22(CHF_2Cl)	0.055
HCFC-31(CH_2FCl)	0.02
HCFC-123($CHCl_2CF_3$)	0.02
HCFC-131($C_2H_2FCl_3$)	0.007~0.05

정답 01 ② 02 ③ 03 ④ 04 ② 05 ③

06 분말 소화약제 중 제1종과 제2종 분말이 각각 열분해 될 때 공통적으로 생성되는 물질은?

16년 · 2 동일 ▌[최다 빈출 유형]

① N_2, CO_2 ② N_2, O_2
③ H_2O, CO_2 ④ H_2O, N_2

해설 제1종과 제2종 분말이 각각 열분해 될 때 공통적으로 생성되는 물질은 H_2O와 CO_2이다.

❖ 분말 소화약제의 열분해 반응식

구분	열분해 반응식
제1종 분말	$2NaHCO_3 \rightarrow Na_2CO_3 + CO_2 + H_2O$
제2종 분말	$2KHCO_3 \rightarrow K_2CO_3 + CO_2 + H_2O$
제3종 분말	$NH_4H_2PO_4 \rightarrow HPO_3 + NH_3 + H_2O$
제4종 분말	$2KHCO_3 + (NH_2)_2CO \rightarrow$ $K_2CO_3 + 2NH_3 + 2CO_2$

07 다음 중 발화점이 달라지는 요인으로 가장 거리가 먼 것은?

① 가연성 가스와 공기의 조성비
② 발화를 일으키는 공간의 형태와 크기
③ 가열속도와 가열시간
④ 가열 도구의 내구연한

해설 발화점(발화온도)이란 물질을 점화시키지 않아도 (착화원 없이) 스스로 발화하거나 폭발이 일어날 수 있는 최저 온도를 말하며 착화온도라고도 한다. 일반적으로 산소 친화도가 큰 물질일수록 발화점이 낮아서 발화되기 쉬운 경향성을 보이며 발화점은 보통 인화점보다 수백도 정도 높은 온도에서 형성된다. 가열하는 용기의 크기 및 표면 상태, 가열속도, 가열시간, 압력 등에 의해 영향을 받으며 측정조건에 따라서도 달라질 수 있다. 가열 도구의 내구연한은 발화점이 달라지는 요인과는 거리가 멀다.
연소반응을 일으킬 수 있는 가연성 가스와 공기의 적정한 혼합 조성비가 존재하며 이를 연소범위라고 한다. 가연성 가스가 너무 적어도 안되지만 너무 많아도 연소되기 어렵다. 또한 연소범위 내에서도 가연성 가스가 차지하는 농도에 따라 발화점은 달라진다.

08 이산화탄소 소화기의 장점으로 옳은 것은?

① 전기설비 화재에 유용하다.
② 마그네슘과 같은 금속분 화재 시 유용하다.
③ 자기반응성 물질의 화재 시 유용하다.
④ 알칼리금속 과산화물 화재 시 유용하다.

해설 이산화탄소는 비전도성의 불연성 가스이며 소화 후 이산화탄소로 인한 오손(汚損)이 전혀 없으므로 물을 사용하기가 곤란한 전기로 인한 화재(C급 화재)를 진압할 때 효과적이다. 이산화탄소 소화기는 전기설비 화재 진압뿐 아니라 제2류 위험물 중 인화성 고체, 제4류 위험물 및 제6류 위험물(제6류 위험물을 저장 또는 취급하는 장소가 폭발의 위험이 없는 장소에 한함)의 소화에도 적응성을 보인다.
② 마그네슘은 이산화탄소와 반응하여 산화마그네슘과 탄소를 발생시킨다.
$2Mg + CO_2 \rightarrow 2MgO + C$ 또는
$Mg + CO_2 \rightarrow MgO + CO$
따라서 마그네슘 화재 시 이산화탄소 소화기를 사용하게 되면 화재가 더 격렬하게 진행될 가능성이 있다. 물, 수용액, 불활성 기체(질소, 이산화탄소 등)를 이용하는 방법들은 효과적이지 못하므로 탄산수소염류 분말 소화약제, 마른모래, 팽창질석, 팽창진주암 등을 이용하여 소화한다.
일반적으로 이산화탄소를 분해시키는 반응성이 큰 금속(Na, K, Mg, Ti 등)이나 금속수소화물(LiH, NaH, CaH_2 등)의 화재에는 이산화탄소 소화기를 사용하지 않는다.
③ 자기반응성 물질(제5류 위험물)은 물질 내부에 산소를 포함하고 있어서 공기 중 산소의 공급을 차단하여도 자기 스스로 연소하는 특징을 지니고 있으므로 이산화탄소를 이용한 질식소화는 효과적이지 않다. 다량의 물로 주수소화하는 것이 바람직하다.
④ 알칼리금속의 과산화물은 제1류 위험물에 속하며 이산화탄소와 반응하여 산소 기체를 발생하므로 화재 시 이산화탄소 소화기는 사용하지 않는다.
$2Na_2O_2 + 2CO_2 \rightarrow 2Na_2CO_3 + O_2 \uparrow$
$2K_2O_2 + 2CO_2 \rightarrow 2K_2CO_3 + O_2 \uparrow$

09 다음 중 폭발범위가 가장 넓은 물질은?

① 메탄 ② 톨루엔
③ 에틸알코올 ④ 에틸에테르

해설 일반적으로 위험물을 통틀어 제4류 위험물 중 특수인화물이 가장 넓은 폭발범위를 나타낸다. 에틸에테르는 디에틸에테르를 말하는 것이다.

종류	하한계(%)	상한계(%)
메탄	5.0	15.0
톨루엔	1.4	6.7
에틸알코올	4.3	19.0
에틸에테르	1.9	48.0

❖ **가연성 가스의 연소범위**
- 연소범위 : 폭발범위, 폭발한계, 연소한계라고도 하며 공기와 혼합된 가연성 가스의 연소반응을 일으킬 수 있는 적정 농도 범위를 말한다.
  연소범위는 수소, 일산화탄소를 제외하고는 온도와 압력이 상승함에 따라 확대되어 위험성이 증가한다.
  - 하한계 : 폭발이 일어날 수 있는 가연성 가스의 공기 중 최소 농도이다. 가연성 가스의 농도가 하한계보다 적으면 연소를 위한 충분한 농도에 이르지 못해 연소 및 폭발이 진행되지 않는다.
  - 상한계 : 폭발이 일어날 수 있는 가연성 가스의 공기 중 최대 농도이다. 가연성 가스가 상한계보다 많으면 산소의 농도가 상대적으로 부족해 연소 및 폭발이 일어나지 않는다.
- 연소범위의 특징
  - 가연성 가스의 온도가 높아지면 연소범위는 넓어진다.
  - 가연성 가스의 압력이 높아지면 연소범위는 넓어진다.
  - 압력상승 시 상한계는 상승하고, 하한계는 변화가 없다.
  - 산소농도가 높을수록 연소범위는 넓어진다.
  - 불활성가스의 농도에 비례하여 좁아진다.
  - 연소범위의 하한계는 그 물질의 인화점에 해당된다.

10 이산화탄소가 소화약제로 사용되는 이유에 대한 설명으로 가장 옳은 것은?

① 산소와 반응이 느리기 때문이다.
② 산소와 반응하지 않기 때문이다.
③ 착화되어도 곧 불이 꺼지기 때문이다.
④ 산화반응이 되어도 열 발생이 없기 때문이다.

해설 이산화탄소는 탄소의 최종산화물로서 더 이상 연소반응을 일으키지 않기 때문에 가스계 소화약제로 널리 이용되는 것이다
아울러 순수한 이산화탄소는 비전도성, 불연성, 비조연성 등의 특징을 지니며 압력을 가하면 액화되기 때문에 고압가스 용기 속에 액화시켜 소화약제로 사용하기 편리한 특성을 지닌다.
질식 효과가 주된 효과이며 약간의 냉각 효과도 보인다. 유류화재(B급), 전기화재(C급)에 주로 사용되나 밀폐된 공간에서 방출되는 경우 일반화재(A급)에도 사용할 수 있다.
소화 후 소화약제에 의한 오손이 전혀 없어 통신실, 전산실, 변전실 등의 전기설비, 물에 의한 오손이 걱정되는 도서관이나 미술관 등의 소화에 유용하다. 그러나 제5류 위험물과 같이 자체 산소를 가지고 있는 물질에는 사용하지 않으며 금속수소화물 또는 반응성이 커서 이산화탄소를 분해시킬 수 있는 금속(Na, K, Mg, Ti 등)에는 사용이 제한된다.

11 니트로셀룰로오스 화재 시 가장 적합한 소화 방법은?

① 할로겐화합물 소화기를 사용한다.
② 분말 소화기를 사용한다.
③ 이산화탄소 소화기를 사용한다.
④ 다량의 물을 사용한다.

정답 06 ③ 07 ④ 08 ① 09 ④ 10 ② 11 ④

해설 제5류 위험물에 해당하는 니트로셀룰로오스와 같은 자기반응성 물질은 물질 내부에 산소를 포함하고 있어서 공기 중 산소의 공급을 차단한다고 하여도 자기 스스로 연소하는 특징을 지니고 있으므로 질식소화는 비효과적이며 다량의 물로 주수소화하는 것이 가장 바람직하다.

12 자연발화를 방지하기 위한 방법으로 옳지 않은 것은? 　　　　12년·1┃16년·4 유사

① 습도를 가능한 한 높게 유지한다.

② 열 축적을 방지한다.

③ 저장실의 온도를 낮춘다.

④ 정촉매 작용을 하는 물질을 피한다.

해설 자연발화 중에는 미생물 번식에 의한 발효열의 축적으로 인해 발화하는 경우도 있는데 보통 퇴비, 건초, 곡물 등에서 발생한다. 미생물은 보통 다습한 환경에서 번식하므로 미생물 번식에 의한 자연발화를 방지하기 위해서는 습도를 낮게 유지시킬 필요가 있다.
②·③ 저장실의 온도를 저온으로 유지하고 통풍이 잘되게 함으로써 열의 축적을 억제하여 발화점에 이르는 것을 막아주면 자연발화를 방지할 수 있다.
④ 정촉매란 활성화에너지 장벽을 낮춤으로써 반응이 수월하게 진행되도록 하는 것이므로 자연발화를 방지하기 위해서는 정촉매 역할을 하는 물질과의 접촉을 피하여야 한다.

13 건축물의 1층 및 2층 부분만을 방사능력 범위로 하고 지하층 및 3층 이상의 층에 대하여 다른 소화설비를 설치해야 하는 소화설비는?

① 스프링클러 설비

② 포 소화설비

③ 옥외소화전 설비

④ 물분무 소화설비

해설 [위험물안전관리법 시행규칙 별표17 / 소화설비, 경보설비 및 피난설비의 기준] - Ⅰ. 소화설비 5. 소화설비의 설치기준 中

옥외소화전은 방호대상물(당해 소화설비에 의하여 소화하여야 할 제조소등의 건축물, 그 밖의 공작물 및 위험물을 말한다.)의 각 부분(건축물의 경우에는 당해 건축물의 1층 및 2층의 부분에 한한다)에서 하나의 호스 접속구까지의 수평거리가 40m 이하가 되도록 설치하여야 한다.

14 위험물안전관리법령상 소화난이도 등급 Ⅰ에 해당하는 제조소의 연면적 기준은?

① 1,000m² 이상　　② 800m² 이상

③ 700m² 이상　　④ 500m² 이상

해설 [위험물안전관리법 시행규칙 별표17 / 소화설비, 경보설비 및 피난설비의 기준] - Ⅰ. 소화설비 中

❖ 소화난이도 등급 Ⅰ에 해당하는 제조소의 기준

구분	제조소의 규모, 저장 또는 취급하는 위험물의 품명 및 최대수량 등
제조소 및 일반 취급소	연면적 1,000m² 이상인 것
	지정수량의 100배 이상인 것(고인화점 위험물만을 100℃ 미만의 온도에서 취급하는 것 및 제48조의 위험물을 취급하는 것은 제외)
	지반면으로부터 6m 이상의 높이에 위험물 취급설비가 있는 것(고인화점 위험물만을 100℃ 미만의 온도에서 취급하는 것은 제외)
	일반취급소로 사용되는 부분 외의 부분을 갖는 건축물에 설치된 것(내화구조로 개구부 없이 구획된 것, 고인화점 위험물만을 100℃ 미만의 온도에서 취급하는 것 및 별표 16 X의 2의 화학실험의 일반취급소는 제외)

※ 제조소의 구분별로 오른쪽 란에 정한 제조소의 규모, 저장 또는 취급하는 위험물의 품명 및 최대수량 등의 어느 하나에 해당하는 제조소는 소화난이도 등급 Ⅰ에 해당하는 것으로 한다.

〈비교〉 위험물안전관리법령상 소화난이도 등급 Ⅱ에 해당하는 제조소 및 일반취급소의 연면적 기준은 600m² 이상이다.

15 위험물 취급소의 건축물은 외벽이 내화구조인 경우 연면적 몇 m²를 1 소요단위로 하는가?

[최다 빈출 유형]

① 50　　② 100　　③ 150　　④ 200

해설 [위험물안전관리법 시행규칙 별표17 / 소화설비, 경보설비 및 피난설비의 기준] - Ⅰ. 소화설비 中
5. 소화설비의 설치기준
소요단위란 소화설비의 설치대상이 되는 건축물 그 밖의 공작물의 규모 또는 위험물의 양의 기준단위를 말하는 것으로 1 소요단위의 계산방법은 아래와 같다.

❖ 1 소요단위 산정(계산)방법

구분 \ 외벽	내화구조	비 내화구조
제조소 또는 취급소	연면적 100m²	연면적 50m²
저장소	연면적 150m²	연면적 75m²
위험물	지정수량의 10배	

* 제조소등의 옥외에 설치된 공작물은 외벽이 내화구조인 것으로 간주하고 공작물의 최대수평투영면적을 연면적으로 간주하여 소요단위를 산정할 것

16 위험물 제조소에서 지정수량 이상의 위험물을 취급하는 건축물(시설)에는 원칙상 최소 몇 미터 이상의 보유공지를 확보하여야 하는가? (단, 최대수량은 지정수량의 10배이다.)

① 1m 이상 ② 3m 이상
③ 5m 이상 ④ 7m 이상

해설 최대수량이 지정수량의 10배라고 했으므로 10배 이하에 해당하여 공지의 너비는 3m 이상 확보하여야 한다.

[위험물안전관리법 시행규칙 별표4 / 제조소의 위치·구조 및 설비의 기준] - Ⅱ. 보유공지
위험물을 취급하는 건축물 그 밖의 시설(위험물을 이송하기 위한 배관 그밖에 이와 유사한 시설을 제외한다)의 주위에는 그 취급하는 위험물의 최대수량에 따라 다음 표에 의한 너비의 공지를 보유하여야 한다.

취급하는 위험물의 최대수량	공지의 너비
지정수량의 10배 이하	3m 이상
지정수량의 10배 초과	5m 이상

17 금속칼륨의 보호액으로서 적당하지 않은 것은?

① 등유 ② 유동파라핀
③ 경유 ④ 에탄올

해설 칼륨은 제3류 위험물로 분류되는 물질이며 공기 중에서 빠르게 산화되어 피막을 형성하고 광택을 잃는다. 조해성, 흡습성이 있으며 반응성이 커서 금속재료를 부식시키며 공기 중 방치하면 자연발화의 위험성도 지니고 있다. 물과 반응하면 수산화칼륨과 수소를 발생시키며 발열한다. 따라서 이들과의 접촉을 막기 위하여 경유나 등유 또는 유동성 파라핀 속에 저장한다.
칼륨은 에틸알코올(에탄올)과는 다음과 같이 반응하여 칼륨에틸레이트와 수소 기체를 발생시키므로 칼륨의 보호액으로는 적당하지 않다.
$2K + 2C_2H_5OH \rightarrow 2C_2H_5OK + H_2 \uparrow$

18 이송취급소의 배관이 하천을 횡단하는 경우 하천 밑에 매설하는 배관의 외면과 계획하상(계획하상이 최심하상보다 높은 경우에는 최심하상)과의 거리는?

① 1.2m 이상 ② 2.5m 이상
③ 3.0m 이상 ④ 4.0m 이상

해설 [위험물안전관리법 시행규칙 별표15 / 이송취급소의 위치·구조 및 설비의 기준] - Ⅲ. 배관설치의 기준 제10호. 하천 등 횡단 설치 中
하천 또는 수로의 밑에 배관을 매설하는 경우에는 배관의 외면과 계획하상(계획하상이 최심하상보다 높은 경우에는 최심하상)과의 거리는 다음의 규정에 의한 거리 이상으로 하되, 호안 그 밖에 하천 관리시설의 기초에 영향을 주지 아니하고 하천 바닥의 변동·패임 등에 의한 영향을 받지 아니하는 깊이로 매설하여야 한다.
• 하천을 횡단하는 경우 : 4.0m
• 수로를 횡단하는 경우
  - 「하수도법」에 따른 하수도(상부가 개방되는 구조로 된 것에 한한다) 또는 운하 : 2.5m
  - 위의 규정에 의한 수로에 해당되지 아니하는 좁은 수로(용수로 그 밖에 유사한 것을 제외한다) : 1.2m

정답 12 ① 13 ③ 14 ① 15 ② 16 ② 17 ④ 18 ④

19 다음 중 주수소화를 하면 위험성이 증가하는 것은?

① 과산화칼륨   ② 과망간산칼륨
③ 과염소산칼륨   ④ 브롬산칼륨

해설 과산화칼륨은 제1류 위험물 중 무기과산화물에 해당되는 물질로서 주수소화하면 산소 기체가 발생되며 발열하므로 화재를 확대시키고 대량으로 발생하는 경우 폭발의 위험성도 지니고 있다.
$$2K_2O_2 + 2H_2O \rightarrow 4KOH + O_2\uparrow$$
특히 무기과산화물 중 1족의 금속(알칼리금속)과 과산화물을 형성한 것을 별도로 알칼리금속 과산화물이라 칭하며 물과의 접촉을 엄격히 제한하고 있다.
과망간산칼륨, 과염소산칼륨, 브롬산칼륨은 제1류 위험물에 속하지만 물과 급격하게 반응하지 않으므로 다량의 물에 의한 주수소화가 가능하다.
과망간산칼륨의 수용액은 무좀 치료제로도 쓰이므로 물과의 접촉이 위험성을 초래하지는 않는다는 것을 보여준다.

20 메탄 1g이 완전 연소하면 발생되는 이산화탄소는 몇 g인가?

① 1.25   ② 2.75
③ 14   ④ 44

해설 메탄의 분자식은 CH_4로 분자량은 16이고 이산화탄소(CO_2)의 분자량은 44이며 메탄의 연소반응식은 다음과 같다.
$$CH_4 + 2O_2 \rightarrow CO_2 + 2H_2O$$
위 반응식에서 보듯이 메탄과 이산화탄소는 1 : 1의 몰비로 대응됨을 보여주므로 메탄 16g이 완전연소 하면 이산화탄소는 44g이 생성된다는 뜻이다. 따라서 다음과 같은 비례식이 성립한다.
$16 : 44 = 1 : x$,
그러므로 $x = 2.75$가 된다.

2과목 위험물의 화학적 성질 및 취급

21 가연성 고체 위험물의 일반적 성질로서 틀린 것은?

① 비교적 저온에서 착화한다.
② 산화제와의 접촉·가열은 위험하다.
③ 연소속도가 빠르다.
④ 산소를 포함하고 있다.

해설 가연성 고체 위험물은 제2류 위험물을 말하는 것으로 산소가 없는 강력한 환원제(환원성 물질)이다. 따라서 산소를 제공해주는 산화제와 접촉하면 연소 또는 폭발할 수 있다. 산소 친화도가 높으며 산소와의 결합이 용이하고 낮은 산소 농도에서도 비교적 연소가 잘 이루어진다.
비교적 낮은 온도에서 착화하는 가연성 고체로서 연소속도가 빠르며 연소 시 많은 양의 빛과 열을 발생한다.
산소를 포함하고 있어 산소공급원으로 작용하는 위험물은 제1류 위험물(산화성 고체), 제5류 위험물(자기반응성 물질), 제6류 위험물(산화성 액체)이다.

22 벤젠에 관한 설명 중 틀린 것은?

① 인화점은 약 $-11°C$ 정도이다.
② 이황화탄소보다 착화온도가 높다.
③ 벤젠 증기는 마취성은 있으나 독성은 없다.
④ 취급할 때 정전기 발생을 조심해야 한다.

해설 벤젠(제4류 위험물 중 제1석유류)은 1급 발암성 물질로서 마취성뿐 아니라 독성도 지니고 있다.
'벤젠은 호흡 과정을 통해 약 절반 정도가 인체 내로 흡수되며 급성중독일 경우 마취증상이 나타나고 호흡곤란, 맥박의 불규칙성, 졸림 등을 유발하여 혼수상태에 빠진다. 만성 중독일 경우 혈액장애, 간장장애, 재생불량성 빈혈, 백혈병 등을 야기할 수 있다.'
① 인화점 $-11°C$, 착화점 $562°C$, 융점 $5.5°C$, 비점 $80°C$
② 벤젠의 착화점은 $562°C$, 이황화탄소의 착화점은 $100°C$
④ 비전도성이므로 정전기 발생에 주의한다.

23 1기압 20℃에서 액상이며 인화점이 200℃ 이상인 물질은?

① 벤젠 ② 톨루엔
③ 글리세린 ④ 실린더유

해설 실린더유의 인화점은 250℃ 정도에 이르는 고온에서 형성된다.
제4류 위험물 중 제4석유류라 함은 기어유, 실린더유 그 밖에 1기압에서 인화점이 200℃ 이상 250℃ 미만인 것을 말한다.
① 제4류 위험물 중 제1석유류(인화점 -11℃)
② 제4류 위험물 중 제1석유류(인화점 4℃)
③ 제4류 위험물 중 제3석유류(인화점 160℃)

❖ **인화점을 기준으로 한 제4류 위험물의 분류 및 종류**

분류	인화점 (1기압 기준)	종류
특수인화물	-20℃ 이하	이황화탄소, 디에틸에테르, 산화프로필렌, 황화디메틸, 에틸아민, 아세트알데히드, 이소프렌, 펜탄, 이소펜탄, 이소프로필아민
제1석유류	21℃ 미만	아세톤, 포름산메틸, 휘발유, 벤젠, 에틸벤젠, 톨루엔, 아세토니트릴, 염화아세틸, 시클로헥산, 피리딘, 시안화수소, 메틸에틸케톤
제2석유류	21℃ 이상 70℃ 미만	등유, 경유, 브롬화페닐, 자일렌, 큐멘, 포름산, 아세트산, 스티렌, 클로로벤젠, 아크릴산, 히드라진, 테레핀유, 부틸알데히드
제3석유류	70℃ 이상 200℃ 미만	중유, 클레오소트유, 니트로벤젠, 에틸렌글리콜, 글리세린, 포르말린, 에탄올아민, 아닐린, 니트로톨루엔
제4석유류	200℃ 이상 250℃ 미만	기어유, 실린더유, 기계유, 방청유, 담금질유, 절삭유
동식물유류	250℃ 미만	동물의 지육, 식물의 종자나 과육 추출물(건성유·반건성유·불건성유)

24 다음 중 질산에스테르류에 속하는 것은?

① 피크린산 ② 니트로벤젠
③ 니트로글리세린 ④ 트리니트로톨루엔

해설 질산에스테르류는 제5류 위험물로 분류되며 니트로셀룰로오스, 니트로글리세린, 질산메틸, 질산에틸, 니트로글리콜, 셀룰로이드 등이 포함된다.
① 제5류 위험물 중 니트로화합물(피크르산이라고도 하며 트리니트로페놀을 말한다)
② 제4류 위험물 중 제3석유류
③ 제5류 위험물 중 질산에스테르류
④ 제5류 위험물 중 니트로화합물

[11쪽] 제4류 위험물의 분류 도표 참조 &
[15쪽] 제5류 위험물의 분류 도표 참조

✳ **Tip**
위험물에 '니트로'라는 명칭이 들어가지만 모두 같은 품명이 아니라는 것을 염두에 두고 주의해서 명확하게 정리하여야 한다. 구조적으로도 트리니트로페놀(피크린산)이나 니트로벤젠의 경우처럼 같은 벤젠고리를 기본구조로 지니고 있더라도 같은 품명이 아니다. 이런 이유로 자주 출제되는 유형의 문제이다.

25 제6류 위험물의 화재예방 및 진압대책으로 적합하지 않은 것은?

① 가연물과의 접촉을 피한다.
② 과산화수소를 장기보존할 때는 유리용기를 사용하여 밀전한다.
③ 옥내소화전 설비를 사용하여 소화할 수 있다.
④ 물분무 소화설비를 사용하여 소화할 수 있다.

해설 과산화수소는 농도가 36 중량퍼센트 이상일 때 위험물로 취급한다. 가연성이나 인화성은 없으나 분해되어 산소 기체를 생성할 수 있으므로 보관 용기는 밀봉하지 말고 뚜껑에 구멍이 뚫린 갈색 유리용기를 사용하여 분해된 가스가 방출되도록 하여야 한다. 금속 용기와는 급격히 반응하고 산소를 방출할 수 있으며 간혹 폭발하기도 하므로 사용하지 말아야 한다.
① 산소를 다량 포함하고 있어 조연성 물질로 삭봉할 수 있으므로 가연물과의 접촉을 피해 연소를 방지하도록 한다.

정답 19 ① 20 ② 21 ④ 22 ③ 23 ④ 24 ③ 25 ②

③·④ 마른 모래나 이산화탄소를 이용한 질식소화가 효과적이나 주수소화도 가능하므로 옥내소화전, 옥외소화전, 물분무 소화설비, 스프링클러 소화설비 등의 사용도 가능하다. 그러나 소량의 화재인 경우에 다량의 물로 희석해서 소화할 수는 있으나 원칙적으로 물에 의한 주수소화는 하지 않는다.

26 지정수량이 50킬로그램이 아닌 위험물은?

① 염소산나트륨　　② 리튬
③ 과산화나트륨　　④ 나트륨

해설 ④ 제3류 위험물로 지정수량은 10kg이다.
① 제1류 위험물 중 염소산염류 : 지정수량 50kg
② 제3류 위험물 중 알카리금속 : 지정수량 50kg
③ 제1류 위험물 중 무기과산화물 : 지정수량 50kg

27 과산화수소와 산화프로필렌의 공통점으로 옳은 것은?

① 특수인화물이다.
② 분해 시 질소를 발생한다.
③ 끓는점이 100℃ 이하이다.
④ 수용액 상태에서도 자연발화 위험이 있다.

해설 ① 과산화수소는 제6류 위험물이며 산화프로필렌은 제4류 위험물 중 특수인화물이다.
② 과산화수소는 분해 시에 산소 기체를 방출한다($2H_2O_2 \rightarrow 2H_2O + O_2$). 산화프로필렌은 열분해 시 탄소산화물이 방출된다. 산화프로필렌의 분자식은 C_3H_6O (CH_3CH_2CHO)이므로 분자 자체 내에 질소를 포함하고 있지 않아 분해 시 질소가 발생될 여지는 없다.
③ 과산화수소의 끓는점은 150.2℃, 산화프로필렌의 끓는점은 35℃
④ 제6류 위험물에 속하는 과산화수소는 불연성이며 산화프로필렌의 발화점은 465℃로서 자연발화 성질과는 관계가 먼 제4류 위험물이다(산화프로필렌은 인화점이 낮아 수용액 상태에서도 인화할 수는 있다).

28 제2류 위험물인 마그네슘의 위험성에 관한 설명 중 틀린 것은?

① 더운물과 작용시키면 산소 가스를 발생한다.
② 이산화탄소 중에서도 연소한다.
③ 습기와 반응하여 열이 축적되면 자연발화의 위험이 있다.
④ 공기 중에 부유하면 분진폭발의 위험이 있다.

해설 마그네슘은 온수 및 강산과 반응하면 수소 기체를 발생한다.
$Mg + 2H_2O \rightarrow Mg(OH)_2 + H_2 \uparrow$
$Mg + 2HCl \rightarrow MgCl_2 + H_2 \uparrow$
② 마그네슘은 산소에 대한 친화력이 매우 강해서 이산화탄소(CO_2)가 존재하는 상황에서도 이산화탄소를 분해시키는 반응이 진행되어 산화마그네슘을 형성한다.
$2Mg + CO_2 \rightarrow 2MgO + C$
따라서, 이산화탄소를 이용한 질식소화는 위험하다.
③ 공기 중의 습기와 서서히 반응함으로써 지속적으로 열이 축적되면 자연발화 할 수 있다.
④ 미분 상태로 공기 중에 부유하면 분진폭발의 위험이 있다.

29 과산화벤조일의 지정수량은 얼마인가?

① 10kg　　　　② 50ℓ
③ 100kg　　　④ 1,000ℓ

해설 과산화벤조일은 제5류 위험물 중 유기과산화물에 속하는 물질로 지정수량은 10kg이다. 참고로 지정수량의 단위를 리터(ℓ)로 표시하는 것은 제4류 위험물뿐이다.

30 지하 탱크저장소에서 인접한 2개의 지하 저장탱크 용량의 합계가 지정수량의 100배일 경우 탱크 상호 간의 최소 거리는?

① 0.1m　　　② 0.3m
③ 0.5m　　　④ 1m

해설 [위험물안전관리법 시행규칙 별표8 / 지하 탱크 저장소의 위치·구조 및 설비의 기준] – Ⅰ. 지하 탱크저장소의 기준 제4호
지하 저장탱크를 2 이상 인접해 설치하는 경우에는 그 상호 간에 1m (당해 2 이상의 지하 저장탱크의 용량의 합계가 지정수량의 100배 이하인 때에는 0.5m) 이상의 간격을 유지하여야 한다. 다만, 그 사이에 탱크 전용실의 벽이나 두께 20cm 이상의 콘크리트 구조물이 있는 경우에는 그러하지 아니하다.

31 위험물안전관리법령에서 정하는 위험등급Ⅰ에 해당하지 않는 것은? [빈출 유형]

① 제3류 위험물 중 지정수량이 20kg인 위험물
② 제4류 위험물 중 특수인화물
③ 제1류 위험물 중 무기과산화물
④ 제5류 위험물 중 지정수량이 100kg인 위험물

해설 제5류 위험물 중 지정수량이 100kg인 위험물이란 히드록실아민과 히드록실아민염류를 말하는 것으로서 위험등급Ⅱ에 해당한다. 제5류 위험물 중 위험등급Ⅰ은 지정수량이 10kg인 위험물이며 그 외에는 모두 위험등급Ⅱ이다.

[위험물안전관리법 시행규칙 별표19 / 위험물의 운반에 관한 기준] – Ⅴ. 위험물의 위험등급
위험물의 위험등급은 위험등급Ⅰ·위험등급Ⅱ 및 위험등급Ⅲ으로 구분하며 각 위험등급에 해당하는 위험물은 다음과 같다.

• 위험등급Ⅰ의 위험물
  – 제1류 위험물 중 아염소산염류, 염소산염류, 과염소산염류, 무기과산화물(③) 그 밖에 지정수량이 50kg인 위험물
  – 제3류 위험물 중 칼륨, 나트륨, 알킬알루미늄, 알킬리튬, 황린 그 밖에 지정수량이 10kg 또는 20kg인 위험물(①)
  – 제4류 위험물 중 특수인화물(②)
  – 제5류 위험물 중 유기과산화물, 질산에스테르류 그 밖에 지정수량이 10kg인 위험물
  – 제6류 위험물

• 위험등급Ⅱ의 위험물
  – 제1류 위험물 중 브롬산염류, 질산염류, 요오드산염류 그 밖에 지정수량이 300kg인 위험물
  – 제2류 위험물 중 황화린, 적린, 유황 그 밖에 지정수량이 100kg인 위험물
  – 제3류 위험물 중 알칼리금속(칼륨 및 나트륨을 제외한다) 및 알칼리토금속, 유기금속화합물(알킬알루미늄 및 알킬리튬을 제외한다) 그 밖에 지정수량이 50kg인 위험물
  – 제4류 위험물 중 제1석유류 및 알코올류
  – 제5류 위험물 중 위험등급Ⅰ에 정하는 위험물 외의 것

• 위험등급Ⅲ의 위험물
  – 위에서 정하지 아니한 위험물

✻ Tip
• 제2류 위험물에는 위험등급Ⅰ에 해당하는 위험물은 없다.
• 제5류 위험물에는 위험등급Ⅲ에 해당하는 위험물은 없다.
• 제6류 위험물은 모두 위험등급Ⅰ에 해당하는 위험물이다.
• 위험등급Ⅰ, Ⅱ, Ⅲ에 해당하는 위험물을 모두 포함하고 있는 것은 제1류, 제3류, 제4류 위험물이다.

32 위험물안전관리법령에 명시된 아세트알데히드의 옥외 저장탱크에 필요한 설비가 아닌 것은?

① 보냉장치
② 냉각장치
③ 동 합금 배관
④ 불활성 기체를 봉입하는 장치

해설 [위험물안전관리법 시행규칙 별표6 / 옥외 탱크저장소의 위치·구조 및 설비의 기준] – XI. 위험물의 성질에 따른 옥외 탱크저장소의 특례 제2호. 아세트알데히드 등의 옥외 탱크저장소

정답 26 ④ 27 정답 없음 28 ① 29 ① 30 ③ 31 ④ 32 ③

- 옥외 저장탱크의 설비는 동·마그네슘·은·수은 또는 이들을 성분으로 하는 합금으로 만들지 아니할 것
- 옥외 저장탱크에는 <u>냉각장치</u> 또는 보냉장치, 그리고 연소성 혼합기체의 생성에 의한 폭발을 방지하기 위한 <u>불활성의 기체를 봉입하는 장치를 설치할 것</u>

33 정기점검 대상 제조소 등에 해당하지 않는 것은?
16년·1 ▮ 19년·2 동일

① 이동 탱크저장소
② 지정수량 120배의 위험물을 저장하는 옥외저장소
③ 지정수량 120배의 위험물을 저장하는 옥내저장소
④ 이송취급소

해설 지정수량 150배 이상의 위험물을 저장하는 옥내저장소가 정기점검 대상이다.

[위험물안전관리법 제18조 / 정기점검 및 정기검사] - 제1항
<u>대통령령이 정하는 제조소등의 관계인은 그 제조소등에 대하여 행정안전부령이 정하는 바에 따라 규정에 따른 기술기준에 적합한지의 여부를 정기적으로 점검하고 점검결과를 기록하여 보존하여야 한다.</u>

[위험물안전관리법 시행령 제15조와 제16조 / 정기점검의 대상인 제조소등]
위 법조문에서 "대통령령이 정하는 제조소등"이라 함은 다음에 해당하는 제조소등을 말한다.
- 지하 탱크저장소
- 이동 탱크저장소
- 위험물을 취급하는 탱크로서 지하에 매설된 탱크가 있는 제조소, 주유취급소, 일반취급소
- 관계인이 예방규정을 정하여야 하는 제조소 등 (아래 7가지)
  - 지정수량의 10배 이상의 위험물을 취급하는 제조소
  - 지정수량의 100배 이상의 위험물을 저장하는 옥외저장소
  - <u>지정수량의 150배 이상의 위험물을 저장하는 옥내저장소</u>
  - 지정수량의 200배 이상의 위험물을 저장하는 옥외 탱크저장소
  - 암반 탱크저장소
  - 이송취급소
  - 지정수량의 10배 이상의 위험물을 취급하는 일반취급소
    단, 제4류 위험물(특수인화물 제외)만을 지정수량의 50배 이하로 취급하는 일반취급소(제1석유류·알코올류의 취급량이 지정수량의 10배 이하인 경우에 한함)로서 다음에 해당하는 것은 제외한다.
  - 보일러, 버너 또는 이와 비슷한 것으로서 위험물을 소비하는 장치로 이루어진 일반취급소
  - 위험물을 용기에 옮겨 담거나 차량에 고정된 탱크에 주입하는 일반취급소

34 탄화칼슘에 대한 설명으로 옳은 것은?

① 분자식은 CaC이다.
② 물과의 반응 생성물에는 수산화칼슘이 포함된다.
③ 순수한 것은 흑회색의 불규칙한 덩어리이다.
④ 고온에서도 질소와는 반응하지 않는다.

해설 탄화칼슘은 제3류 위험물 중 칼슘 또는 알루미늄의 탄화물에 속하는 위험물이다.
물과 반응하여 수산화칼슘과 아세틸렌가스를 생성한다.
$CaC_2 + 2H_2O \rightarrow Ca(OH)_2 + C_2H_2 \uparrow$
① 분자식은 CaC_2이다.
③ 순수한 것은 무색투명하나 대부분 흑회색의 불규칙한 덩어리 상태로 시판된다.
④ 질소 존재하에서 고온(보통 700℃ 이상)으로 가열하면 칼슘시안아미드(석회질소)가 생성된다.
$CaC_2 + N_2 \rightarrow CaCN_2 + C$

35 다음 물질 중 물보다 비중이 작은 것으로만 이루어진 것은?

① 에테르, 이황화탄소 ② 벤젠, 글리세린
③ 가솔린, 메탄올 ④ 글리세린, 아닐린

해설 ① 에테르 0.64 / 이황화탄소 1.26
② 벤젠 0.88 / 글리세린 1.26
③ 가솔린 0.6~0.8 / 메탄올 0.79
④ 글리세린 1.26 / 아닐린 1.02

36 오황화린이 물과 작용했을 때 주로 발생되는 기체는?

① 포스핀
② 포스겐
③ 황산가스
④ 황화수소

해설 오황화린은 제2류 위험물 중 황화린에 속하는 위험물로서 물과 반응하면 황화수소와 인산을 생성한다.
$P_2S_5 + 8H_2O \rightarrow 5H_2S + 2H_3PO_4$
[황화린에 대한 설명은 2014년 제2회 25번 해설 참조]

37 셀룰로이드에 관한 설명 중 틀린 것은?

① 물에 잘 녹으며, 자연발화의 위험이 있다.
② 지정수량은 10kg이다.
③ 탄력성이 있는 고체의 형태이다.
④ 장시간 방치된 것은 햇빛, 고온 등에 의해 분해가 촉진된다.

해설 ❖ **셀룰로이드(Celluloid) [니트로셀룰로오스 + 장뇌의 혼합물]**
- 제5류 위험물 중 질산에스테르류
- 지정수량 10kg(②), 위험등급 I
- $[C_6H_7O_2(ONO_2)_3]n + C_{10}H_{16}O$
- 비중 약 1.4
- 질화도가 낮은 니트로셀룰로오스에 장뇌를 섞어 압착하여 만든 반투명성의 플라스틱이다(니트로셀룰로오스 약 75% + 장뇌 약 25%로 구성됨).
- 무색 또는 황색의 탄력성 있는 반투명한 고체이다(③).
- 물에 녹지 않고(①) 알코올, 아세톤, 에테르류, 초산에스테르류 등에 녹는다.
- 포함된 장뇌로 인하여 연소 시에는 심한 악취가 나며 유독성 가스(HCN, CO 등)가 발생한다.
- 60℃~90℃ 정도로 가열하면 가공하기 쉬울 정도로 유연해진다.
- 햇빛이나 고온다습한 환경에 장기간 방치되면 분해될 수 있으며 이때 생긴 분해열의 축적으로 인해 자연발화 할 수 있다(①,④).
- 140℃에서 연기가 발생하며 불투명하게 되고 165℃ 정도 되면 착화한다.
- 니트로셀룰로오스가 포함되어 있어 온도가 상승하면 자연발화 할 가능성이 있다(①).
- 화기나 열원을 피하고 통풍이 잘되는 냉암소에 저장한다.
- [위험물안전관리법 시행규칙 별표5] - I. 옥내저장소의 기준 제17호
  제5류 위험물 중 셀룰로이드 그 밖에 온도의 상승에 의하여 분해·발화할 우려가 있는 것의 저장창고는 당해 위험물이 발화하는 온도에 달하지 아니하는 온도를 유지하는 구조로 하거나 기준에 적합한 비상 전원을 갖춘 통풍장치 또는 냉방장치 등의 설비를 2 이상 설치하여야 한다.
- 자기반응성 물질이므로 이산화탄소, 분말, 할로겐 등에 의한 질식소화는 효과가 없고 다량의 물로 냉각소화하는 것이 효과적이다.

38 위험물 판매취급소에 관한 설명 중 틀린 것은?

① 위험물을 배합하는 실의 바닥면적은 $6m^2$ 이상 $15m^2$ 이하이어야 한다.
② 제1종 판매취급소는 건축물의 1층에 설치하여야 한다.
③ 일반적으로 페인트점, 화공약품점이 이에 해당된다.
④ 취급하는 위험물의 종류에 따라 제1종과 제2종으로 구분된다.

정답 33 ③ 34 ② 35 ③ 36 ④ 37 ① 38 ④

해설 위험물 판매취급소는 저장 또는 취급하는 위험물의 지정수량의 배수에 따라 제1종과 제2종으로 구분된다.
[위험물안전관리법 시행규칙 별표14 / 판매취급소의 위치·구조 및 설비의 기준]
- 제1종 판매취급소 : 저장 또는 취급하는 위험물의 수량이 지정수량의 20배 이하인 판매취급소
- 제2종 판매취급소 : 저장 또는 취급하는 위험물의 수량이 지정수량의 40배 이하인 판매취급소

① [위험물안전관리법 시행규칙 별표14] - Ⅰ.의 제1호 자목 내용
② [위험물안전관리법 시행규칙 별표14] - Ⅰ.의 제1호 가목 내용
③ 판매취급소란 점포에서 위험물을 용기에 담아 판매하기 위하여 지정수량의 40배 이하의 위험물을 취급하는 장소를 말한다. 일반적으로 화공약품, 석유류, 페인트류, 주유류 등을 취급하는 곳 등이 해당된다. 판매취급소는 국민생활과 밀접한 관련이 있는 시설로서 안전거리 및 보유공지에 대한 제한이 없다.

39 위험물안전관리법령에 따른 소화설비의 적응성에 관한 다음 내용 중 ( ) 안에 적합한 내용은?

> 제6류 위험물을 저장 또는 취급하는 장소로서 폭발의 위험이 없는 장소에 한하여 ( )가(이) 제6류 위험물에 대하여 적응성이 있다.

① 할로겐화합물 소화기
② 분말 소화기 – 탄산수소염류 소화기
③ 분말 소화기 – 그 밖의 것
④ 이산화탄소 소화기

해설 [위험물안전관리법 시행규칙 별표17 / 소화설비, 경보설비 및 피난설비의 기준] - Ⅰ. 소화설비 4. 소화설비의 적응성 비고란 제1호
제6류 위험물을 저장 또는 취급하는 장소로서 폭발의 위험이 없는 장소에 한하여 이산화탄소 소화기가 제6류 위험물에 대하여 적응성이 있다.

40 위험물의 운반 및 적재 시 혼재가 불가능한 것으로 연결된 것은? (단, 지정수량의 1/5 이상이다.) [최다 빈출 유형]

① 제1류와 제6류 ② 제4류와 제3류
③ 제2류와 제3류 ④ 제5류와 제4류

해설 [위험물안전관리법 시행규칙 별표19 / 위험물의 운반에 관한 기준]
[부표2] - 유별을 달리하는 위험물의 혼재기준

구 분	제1류	제2류	제3류	제4류	제5류	제6류
제1류		×	×	×	×	○
제2류	×		×	○	○	×
제3류	×	×		○	×	×
제4류	×	○	○		○	×
제5류	×	○	×	○		×
제6류	○	×	×	×	×	

* 'ㅇ'는 혼재할 수 있음을, '×'는 혼재할 수 없음을 표시한다.
* 이 표는 지정수량 1/10 이하의 위험물에 대하여는 적용하지 아니한다.

41 위험물을 운반 용기에 수납하여 적재할 때 차광성이 있는 피복으로 가려야 하는 위험물이 아닌 것은? [빈출 유형]

① 제1류 위험물 ② 제2류 위험물
③ 제5류 위험물 ④ 제6류 위험물

해설 [위험물안전관리법 시행규칙 별표19 / 위험물의 운반에 관한 기준] - Ⅱ. 적재방법 제5호
- 차광성이 있는 피복으로 가려야 할 위험물
  - 제1류 위험물
  - 제3류 위험물 중 자연발화성 물질
  - 제4류 위험물 중 특수인화물
  - 제5류 위험물
  - 제6류 위험물

42 염소산칼륨 20kg과 아염소산나트륨 10kg을 과염소산과 함께 저장하는 경우 지정수량 1배로 저장하려면 과염소산은 얼마나 저장할 수 있는가?

① 20kg ② 40kg
③ 80kg ④ 120kg

해설
- 염소산칼륨 : 제1류 위험물 중 염소산염류로 지정수량 50kg
- 아염소산나트륨 : 제1류 위험물 중 아염소산염류로 지정수량 50kg
- 과염소산 : 제6류 위험물 중 과염소산으로 지정수량 300kg

지정수량 배수의 합
$= \dfrac{20}{50} + \dfrac{10}{50} + \dfrac{x}{300} = 1$ 이 되어야 하므로
$\therefore x = 120$

43 위험물안전관리법령상 주유취급소의 소화설비 기준과 관련한 설명 중 틀린 것은? [변형]

① 모든 주유취급소는 소화난이도 등급 Ⅰ, Ⅱ 또는 Ⅲ에 속한다.
② 소화난이도 등급 Ⅱ에 해당하는 주유취급소에는 대형 수동식소화기 및 소형 수동식소화기 등을 설치하여야 한다.
③ 소화난이도 등급 Ⅲ에 해당하는 주유취급소에는 소형 수동식소화기 등을 설치하여야 하며, 위험물의 소요단위 산정은 지하 탱크저장소의 기준을 준용한다.
④ 모든 주유취급소의 소화설비 설치를 위해서는 위험물의 소요단위를 산출하여야 한다.

해설 소화난이도 등급 Ⅲ에 해당하는 주유취급소에는 소형 수동식소화기 등을 설치하여야 하며, 능력단위의 수치가 건축물 그 밖의 공작물 및 위험물의 소요단위의 수치에 이르도록 설치할 것. 위험물의 소요단위 산정은 [위험물안전관리법 시행규칙 별표17]에 명시된 각 위험물의 지정수량의 10배를 1소요단위로 하여야 한다는 기준을 적용한다.

① • 소화난이도 등급 Ⅰ : 주유취급소의 직원 외의 자가 출입하는 주유취급소의 업무를 행하기 위한 사무소, 자동차 등의 점검 및 간이정비를 위한 작업장, 주유취급소에 출입하는 사람을 대상으로 한 점포·휴게음식점 또는 전시장의 용도에 제공하는 부분의 면적의 합이 500m²를 초과하는 것
- 소화난이도 등급 Ⅱ : 옥내 주유취급소로서 소화난이도 등급 Ⅰ의 제조소등에 해당하지 아니하는 것
- 소화난이도 등급 Ⅲ : 옥내 주유취급소 외의 것으로서 소화난이도 등급 Ⅰ의 제조소등에 해당하지 아니하는 것

② 소화난이도 등급 Ⅱ에 해당하는 주유취급소에는 방사능력 범위 내에 당해 건축물, 그 밖의 공작물 및 위험물이 포함되도록 대형 수동식소화기를 설치하고, 당해 위험물의 소요단위의 1/5 이상에 해당되는 능력단위의 소형 수동식소화기 등을 설치할 것
④ 소요단위를 산출하고 그에 대응하는 능력단위가 계산되어야 소화설비의 설치 수량이 결정되므로 모든 주유취급소의 소화설비 설치를 위해서는 위험물의 소요단위를 산출하여야 한다.

44 위험물과 그 위험물이 물과 반응하여 발생하는 가스를 잘못 연결한 것은?

① 탄화알루미늄 - 메탄
② 탄화칼슘 - 아세틸렌
③ 인화칼슘 - 에탄
④ 수소화칼슘 - 수소

해설 인화칼슘은 제3류 위험물 중 금속의 인화물에 속하는 위험물로서 물과 반응하여 포스핀과 수산화칼슘을 발생한다.
$Ca_3P_2 + 6H_2O \rightarrow 3Ca(OH)_2 + 2PH_3 \uparrow$
① $Al_4C_3 + 12H_2O \rightarrow 4Al(OH)_3 + 3CH_4 \uparrow$ (메탄)
② $CaC_2 + 2H_2O \rightarrow Ca(OH)_2 + C_2H_2 \uparrow$ (아세틸렌)
④ $CaH_2 + 2H_2O \rightarrow Ca(OH)_2 + 2H_2 \uparrow$ (수소)

정답 39 ④　40 ③　41 ②　42 ④　43 ③　44 ③

45 제1류 위험물의 일반적인 성질에 해당하지 않는 것은?

① 고체상태이다.
② 분해하여 산소를 발생한다.
③ 가연성 물질이다.
④ 산화제이다.

[해설] 제1류 위험물은 불연성 물질이며 물질 내에 산소를 다량 함유하고 있어 가연성 물질의 연소를 돕는 조연성 물질로 작용한다.
제1류 위험물은 산화성 고체로서 강산화제이며 가열, 충격, 마찰 등에 의해 분해되어 산소 기체를 발생한다.

46 질산나트륨의 성상으로 옳은 것은?

① 황색 결정이다.
② 물에 잘 녹는다.
③ 흑색화약의 원료이다.
④ 상온에서 자연 분해한다.

[해설] 질산나트륨($NaNO_3$)은 제1류 위험물 중 질산염류에 속하는 위험물이다. 물과 글리세린에 잘 녹고 수용액은 중성을 나타내며 에탄올, 에테르에는 잘 녹지 않는다.
① 칠레초석(또는 페루초석)이라고도 부르는 물질로 무색무취의 결정 또는 분말이다.
③ 흑색화약의 원료는 질산칼륨(KNO_3)이다. 흑색화약은 자연으로부터 산출되는 목탄(숯), 질산칼륨(초석), 황의 혼합물이며 초석(질산칼륨)은 목탄이 연소하는데 필요한 산소를 제공하는 역할을 담당한다.
④ 분해 온도는 380℃로서 상온에서는 분해되기 어렵다. 분해되면 산소를 발생한다.
$2NaNO_3 \rightarrow 2NaNO_2 + O_2 \uparrow$

47 피크린산 제조에 사용되는 물질과 가장 관계가 있는 것은?

① C_6H_6
② $C_6H_5CH_3$
③ $C_3H_5(OH)_3$
④ C_6H_5OH

[해설] 피크란산(피크르산, 트리니트로페놀)은 페놀(C_6H_5OH)을 질산과 황산의 혼산으로 니트로화하여 제조한다.

$C_6H_5OH + 3HNO_3 \xrightarrow{H_2SO_4} C_6H_2(NO_2)_3OH + 3H_2O$

① 벤젠
② 톨루엔
③ 글리세린(글리세롤)
④ 페놀

48 다음은 위험물안전관리법령에 따른 이동 저장탱크의 구조에 관한 기준이다. ( )안에 알맞은 수치는?   14년·1 동일

이동 저장탱크는 그 내부에 (㉠)ℓ 이하마다 (㉡)mm 이상의 강철판 또는 이와 동등 이상의 강도·내열성 및 내식성이 있는 금속성의 것으로 칸막이를 설치하여야 한다. 다만, 고체인 위험물을 저장하거나 고체인 위험물을 가열하여 액체 상태로 저장하는 경우에는 그러하지 아니하다.

① ㉠ : 2,000 ㉡ : 1.6
② ㉠ : 2,000 ㉡ : 3.2
③ ㉠ : 4,000 ㉡ : 1.6
④ ㉠ : 4,000 ㉡ : 3.2

[해설] [위험물안전관리법 시행규칙 별표10 / 이동 탱크저장소의 위치·구조 및 설비의 기준] - Ⅱ. 이동저장 탱크의 구조 中 제2호
이동 저장탱크는 그 내부에 (4,000)ℓ 이하마다 (3.2)mm 이상의 강철판 또는 이와 동등 이상의 강도·내열성 및 내식성이 있는 금속성의 것으로 칸막이를 설치하여야 한다. 다만, 고체인 위험물을 저장하거나 고체인 위험물을 가열하여 액체 상태로 저장하는 경우에는 그러하지 아니하다.

49 위험물안전관리법령상 위험물 옥외저장소에 저장할 수 있는 품명은? (단, 국제해상위험물규칙에 적합한 용기에 수납하는 경우를 제외한다.)   16년·2 유사

① 특수인화물
② 무기과산화물
③ 알코올류
④ 칼륨

해설 ① 제4류 위험물 중 특수인화물만은 옥외저장소에 저장할 수 없다.
② 무기과산화물은 제1류 위험물에 속하는 물질이기에 옥외저장소에 저장할 수 없다.
④ 칼륨은 제3류 위험물에 속하는 물질이므로 옥외저장소에 저장할 수 없다.

[위험물안전관리법 시행령 별표2 / 지정수량 이상의 위험물을 저장하기 위한 장소와 그에 따른 저장소의 구분]
- 옥외저장소에서 저장할 수 있는 위험물의 종류
  - 제2류 위험물 중 유황 또는 인화성 고체(인화점이 0℃ 이상인 것에 한한다)
  - 제4류 위험물 중 제1석유류(인화점이 0℃ 이상인 것에 한한다)·알코올류(3)·제2석유류·제3석유류·제4석유류 및 동식물유류
  - 제6류 위험물
  - 제2류 위험물 및 제4류 위험물 중 특별시·광역시 또는 도의 조례에서 정하는 위험물(관세법 제154조의 규정에 의한 보세구역 안에 저장하는 경우에 한한다)
  - 「국제해사기구에 관한 협약」에 의하여 설치된 국제해사기구가 채택한 국제해상위험물규칙(IMDG Code)에 적합한 용기에 수납된 위험물

50 가연물에 따른 화재의 종류 및 표시 색의 연결이 옳은 것은?

① 폴리에틸렌 – 유류화재 – 백색
② 석탄 – 일반화재 – 청색
③ 시너 – 유류화재 – 청색
④ 나무 – 일반화재 – 백색

해설 ① 폴리에틸렌 – 일반화재 – 백색
② 석탄 – 일반화재 – 백색
③ 시너 – 유류화재 – 황색

❖ 화재의 유형

화재급수	화재종류	소화기표시 색상	적용대상물
A급	일반화재	백색	일반 가연물(종이, 목재, 섬유, 플라스틱 등)
B급	유류화재	황색	가연성 액체(제4류 위험물 및 유류 등)
C급	전기화재	청색	통전상태에서의 전기기구, 발전기, 변압기 등
D급	금속화재	무색	가연성 금속(칼륨, 나트륨, 금속분, 철분, 마그네슘 등)

51 다음 중 위험물안전관리법령에 따른 지정수량이 나머지 셋과 다른 하나는?

① 황린
② 칼륨
③ 나트륨
④ 알킬리튬

해설 제3류 위험물에 해당하는 위험물들로서 위험등급은 모두 Ⅰ등급이다.
황린의 지정수량은 20kg이며 나머지는 모두 지정수량이 10kg이다.

[08쪽] 제3류 위험물의 분류 도표 참조

52 다음은 위험물안전관리법령에서 정한 정의이다. 무엇의 정의인가?

> 인화성 또는 발화성 등의 성질을 가지는 것으로서 대통령령이 정하는 물품을 말한다.

① 위험물
② 가연물
③ 특수인화물
④ 제4류 위험물

해설 [위험물안전관리법 제2조 / 정의] – 제1항
"위험물"이라 함은 인화성 또는 발화성 등이 성질을 가지는 것으로서 대통령령이 정하는 물품을 말한다.

정답 45 ③ 46 ② 47 ④ 48 ④ 49 ③ 50 ④ 51 ① 52 ①

53 황린과 적린의 성질에 대한 설명으로 가장 거리가 먼 것은?

① 황린과 적린은 이황화탄소에 녹는다.
② 황린과 적린은 물에 불용이다.
③ 적린은 황린에 비하여 화학적으로 활성이 작다.
④ 황린과 적린을 각각 연소시키면 P_2O_5가 생성된다.

해설 ✦ 적린과 황린의 비교

특성	구분	적린	황린
공통점	• 서로 동소체 관계이다(성분원소가 같다). • 연소할 경우 오산화인(P_2O_5)을 생성한다. • 주수소화가 가능하다. • 물에 잘 녹지 않는다. • 물보다 무겁다. (적린비중 : 2.2, 황린비중 : 1.82) • 알칼리와 반응하여 포스핀 가스를 발생한다.		
차이점	화학식	P	P_4
	분류	제2류 위험물	제3류 위험물
	성상	암적색의 분말	백색 또는 담황색 고체
	착화온도	약 260°C	34°C(미분), 60°C(고형)
	자연발화	×	○
	이황화탄소에 대한 용해성	×	○
	화학적 활성	작다	크다
	안정성	안정하다	불안정하다

54 다음 위험물 중 특수인화물이 아닌 것은?

① 메틸에틸케톤퍼옥사이드
② 산화프로필렌
③ 아세트알데히드
④ 이황화탄소

해설 제4류 위험물 중 특수인화물에는 이황화탄소, 디에틸에테르, 아세트알데히드, 산화프로필렌, 이소프렌, 노말펜탄, 에틸아민, 황화디메틸, 이소프로필아민 등이 있다.
메틸에틸케톤퍼옥사이드(과산화메틸에틸케톤)는 제5류 위험물 중 유기과산화물에 속하는 위험물이다.

55 과염소산나트륨의 성질이 아닌 것은?

16년 · 2 동일

① 황색의 분말로 물과 반응하여 산소를 발생한다.
② 가열하면 분해되고 산소를 방출한다.
③ 융점은 약 482°C이고 물에 잘 녹는다.
④ 비중은 약 2.5로 물보다 무겁다.

해설 제1류 위험물 중 과염소산염류에 속하는 과염소산나트륨은 무색의 결정이고 열분해 되어 산소를 발생시킨다.
$NaClO_4 \rightarrow NaCl + 2O_2 \uparrow$
물과 반응하여 산소를 발생시키는 것은 과염소산염류가 아닌 무기과산화물의 특징이다.
② 130°C 이상으로 가열하면 분해되어 산소를 발생시킨다.
$NaClO_4 \rightarrow NaCl + 2O_2 \uparrow$
③ 융점은 482°C 정도이며 물, 에틸알코올, 아세톤에 잘 녹고 에테르에 녹지 않는다.
④ 비중 2.50으로 물보다 무겁다.

56 다음 중 분자량이 약 74, 비중이 약 0.71인 물질로서 에탄올 두 분자에서 물이 빠지면서 축합반응이 일어나 생성되는 물질은?

20년 · 1 동일

① $C_2H_5OC_2H_5$
② C_2H_5OH
③ C_6H_5Cl
④ CS_2

해설 에탄올 두 분자에서 물이 빠지면서 축합반응이 일어나 생성되는 물질은 디에틸에테르이다.
$$C_2H_5OH + C_2H_5OH \xrightarrow{(H_2SO_4, 140°C)} C_2H_5OC_2H_5 + H_2O$$
디에틸에테르는 분자량 74, 인화점 -45°C, 착화점 180°C, 비중 0.71, 증기비중 2.55, 1.9~48(%)의 연소범위를 나타낸다.
① 디에틸에테르
② 에탄올
③ 클로로벤젠
④ 이황화탄소

57 아세트알데히드와 아세톤의 공통성질에 대한 설명 중 틀린 것은?

① 증기는 공기보다 무겁다.
② 무색 액체로서 인화점이 낮다.
③ 물에 잘 녹는다.
④ 특수인화물로 반응성이 크다.

해설 ❖ 아세트알데히드와 아세톤의 비교

특성	구분	아세트알데히드	아세톤
공통점		• 제4류 위험물(인화성 액체)에 속한다. • 무색투명한 휘발성의 액체이다. • 물보다 가벼우며 비중 값이 거의 동일하다(아세트알데히드 0.78 / 아세톤 0.79) • 두 물질 모두 공기의 평균분자량 29보다 크므로 증기는 공기보다 무겁다(아세트알데히드 분자량 44 / 아세톤 분자량 58). • 물, 알코올, 에테르에 잘 녹는다.	
차이점	화학식	CH_3CHO	CH_3COCH_3
	소분류	특수인화물	제1석유류(수용성)
	지정수량/위험등급	50ℓ / Ⅰ등급	400ℓ / Ⅱ등급
	착화온도	185℃	538℃
	인화점	-40℃	-18℃
	환원성	○	×
	은거울반응	○	×
	펠링용액 환원반응	○	×

❋ 빈틈없이 촘촘하게 **One more Step**

❖ 은거울반응
질산은($AgNO_3$) 용액에 암모니아수를 계속해서 가하게 되면 처음에는 앙금이 생성되다가 앙금이 녹아 무색의 용액이 되는데 이 용액을 암모니아성 질산은 용액이라 한다. 이 용액과 알데히드가 만나면 은이 석출되는 반응이 일어나는데 이 반응을 은거울반응이라고 한다.
$2RCHO + 2Ag(NH_3)_2OH \rightarrow$
$\qquad 2RCOOH + 2Ag(\downarrow) + 4NH_3 + H_2$

❖ 펠링 용액 환원반응
푸른색의 구리 이온이 존재하는 펠링 용액에 알데히드를 반응시키면 구리 이온이 환원되어 붉은색의 산화구리(Ⅰ) 앙금이 생성되는데 이 반응을 펠링 용액 환원반응이라고 한다.
$RCHO + 2CuSO_4 + 4NaOH \rightarrow$
$\qquad RCOOH + 2Na_2SO_4 + Cu_2O(\downarrow) + 2H_2O$
$RCHO + 2Cu^{2+} + 4OH^- \rightarrow$
$\qquad RCOOH + Cu_2O(\downarrow) + 2H_2O$

58 위험물 관련 신고 및 선임에 관한 사항으로 옳지 않은 것은? 12년·2 ▌19년·2 유사

① 제조소등의 위치·구조의 변경 없이 위험물의 품명 변경 시는 변경한 날로부터 7일 이내에 신고하여야 한다.
② 제조소 설치자의 지위를 승계한자는 승계한 날로부터 30일 이내에 신고하여야 한다.
③ 위험물안전관리자를 선임한 경우는 선임한 날로부터 14일 이내에 신고하여야 한다.
④ 위험물안전관리자가 퇴직한 경우는 퇴직일로부터 30일 이내에 선임하여야 한다.

해설 [위험물안전관리법 제6조 제2항]
제조소등의 위치·구조 또는 설비의 변경 없이 당해 제조소등에서 저장하거나 취급하는 위험물의 품명·수량 또는 지정수량의 배수를 변경하고자 하는 자는 변경하고자 하는 날의 1일 전까지 행정안전부령이 정하는 바에 따라 시·도지사에게 신고하여야 한다.
② [위험물안전관리법 제10조 제3항]
제조소등의 설치자의 지위를 승계한 행정안전부령이 정하는 바에 따라 승계한 날부터 30일 이내에 시·도지사에게 그 사실을 신고하여야 한다.

정답 53 ① 54 ① 55 ① 56 ① 57 ④ 58 ①

③ [위험물안전관리법 제15조 제3항]
제조소등의 관계인은 안전관리자를 선임한 경우에는 선임한 날부터 14일 이내에 행정안전부령으로 정하는 바에 따라 소방본부장 또는 소방서장에게 신고하여야 한다.
④ [위험물안전관리법 제15조 제2항]
안전관리자를 선임한 제조소등의 관계인은 그 안전관리자를 해임하거나 안전관리자가 퇴직한 때에는 해임하거나 퇴직한 날부터 30일 이내에 다시 안전관리자를 선임하여야 한다.

59 메탄올에 관한 설명으로 옳지 않은 것은?

① 인화점은 약 11℃이다
② 술의 원료로 사용된다.
③ 휘발성이 강하다.
④ 최종산화물은 의산(포름산)이다.

해설 술의 원료로 사용되는 물질은 에탄올이다. 메탄올이 인체 내에 흡수될 경우 포름알데히드로 변환되어 치명적인 결과를 초래할 수 있다. 10ml 정도 섭취 시엔 시신경 마비(실명), 40ml 정도 섭취 시 사망에 이르게 할 수도 있는 독극물이다.
① 메탄올의 인화점은 11℃ 정도이다(에탄올의 인화점 : 13℃).
③ 무색투명한 휘발성 액체이다.
④ 산화되면 포름알데히드를 거쳐 최종적으로 포름산(HCOOH, 의산)이 된다.

60 다음 중 옥내저장소의 동일한 실에 서로 1m 이상의 간격을 두고 저장할 수 없는 것은?

12년·1 ▌13년·2 ▌15년·5 유사

① 제1류 위험물과 제3류 위험물 중 자연발화성 물질(황린 또는 이를 함유한 것에 한한다.)
② 제4류 위험물과 제2류 위험물 중 인화성 고체
③ 제1류 위험물과 제4류 위험물
④ 제1류 위험물과 제6류 위험물

해설 제1류 위험물과 제4류 위험물은 유별로 정리하고 서로 1m 이상의 간격을 둔다고 하여도 동일한 실에(또는 동일한 저장소) 함께 저장할 수 없다.

[위험물안전관리법 시행규칙 별표 18 / 제조소 등에서의 위험물의 저장 및 취급에 관한 기준]
- Ⅲ. 저장의 기준 제2호
유별을 달리하는 위험물은 동일한 저장소(내화구조의 격벽으로 완전히 구획된 실이 2 이상 있는 저장소에 있어서는 동일한 실)에 저장하지 아니하여야 한다. 다만, 옥내저장소 또는 옥외저장소에 있어서 다음의 규정에 의한 위험물을 저장하는 경우로서 위험물을 유별로 정리하여 저장하는 한편, 서로 1m 이상의 간격을 두는 경우에는 그러하지 아니하다(중요기준).
• 제1류 위험물(알칼리금속의 과산화물 또는 이를 함유한 것을 제외한다)과 제5류 위험물을 저장하는 경우
• 제1류 위험물과 제6류 위험물을 저장하는 경우(④)
• 제1류 위험물과 제3류 위험물 중 자연발화성 물질(황린 또는 이를 함유한 것에 한한다)을 저장하는 경우(①)
• 제2류 위험물 중 인화성 고체와 제4류 위험물을 저장하는 경우(②)
• 제3류 위험물 중 알킬알루미늄등과 제4류 위험물(알킬알루미늄 또는 알킬리튬을 함유한 것에 한한다)을 저장하는 경우
• 제4류 위험물 중 유기과산화물 또는 이를 함유하는 것과 제5류 위험물 중 유기과산화물 또는 이를 함유한 것을 저장하는 경우

14 2013년 제2회 기출문제 및 해설 (13년 4월 14일)

1과목 화재예방과 소화방법

01 지정수량의 몇 배 이상의 위험물을 취급하는 제조소에는 화재 발생 시 이를 알릴 수 있는 경보설비를 설치하여야 하는가?

① 5　② 10　③ 20　④ 100

해설 [위험물안전관리법 시행규칙 제42조 / 경보설비의 기준]
- 법 규정에 의한 <u>지정수량의 10배 이상의 위험물을 저장 또는 취급하는 제조소등</u>(이동탱크저장소를 제외한다)에는 화재 발생 시 이를 알릴 수 있는 경보설비를 설치하여야 한다.
- 제조소등에 설치하는 경보설비는 자동화재탐지설비·자동화재속보설비·비상경보 설비(비상벨 장치 또는 경종을 포함한다)·확성장치(휴대용 확성기를 포함한다) 및 비상방송 설비로 구분하되, 제조소등 별로 설치하여야 하는 경보설비의 종류 및 설치기준은 [위험물안전관리법 시행규칙 별표 17]에 제시되어 있다.
- 자동 신호장치를 갖춘 스프링클러 설비 또는 물분무등 소화설비를 설치한 제조소등에 있어서는 자동화재탐지설비를 설치한 것으로 본다.

❋ **Tip**
2020.10.12.부로 개정된 내용을 적용하였다. 개정 이전에는 자동화재속보설비가 빠져 있었으나 개정되면서 자동화재속보설비가 경보설비로 추가되었다.

02 이동 탱크저장소에 의한 위험물의 운송에 있어서 운송책임자의 감독 또는 지원을 받아야 하는 위험물은?

① 금속분　② 알킬알루미늄
③ 아세트알데히드　④ 히드록실아민

해설 [위험물안전관리법 시행령 제19조 / 운송책임자의 감독·지원을 받아 운송하여야 하는 위험물]
- 알킬알루미늄　　・알킬리튬
- 알킬알루미늄 또는 알킬리튬을 함유하는 위험물

03 이산화탄소의 특성에 대한 설명으로 옳지 않은 것은?

① 전기전도성이 우수하다.
② 냉각·압축에 의하여 액화된다.
③ 과량 존재 시 질식할 수 있다.
④ 상온·상압에서 무색·무취의 불연성 기체이다.

해설 이산화탄소는 대칭성의 분자구조를 갖는 무극성 분자로서 비전도성을 나타낸다.
② 상온에서 기체이지만 냉각·압축하면 액화되므로 고압가스 용기 속에 액화시켜 보관한다.
③ 공기 중 이산화탄소 농도가 20vol%가 되면 산소 농도는 16.8vol% 정도로 낮아지며 중추신경이 마비되고 사망에 이르게 된다. 독성을 나타내는 지표인 TLV(Threshold Limit Value)는 5,000ppm으로서 일산화탄소의 50ppm, 시안화수소의 10ppm, 포스겐의 0.1ppm 농도와 비교해 보면 자체의 독성보다는 상대적인 산소 농도의 저하로 인해 위험을 야기하는 물질임을 알 수 있다.

[참고] TLV(Threshold Limit Value)

> 평균적인 성인 남자가 매일 8시간씩 5일을 연속해서 이 농도의 가스(증기)를 함유하는 공기 중에서 작업을 해도 건강에는 영향이 없다고 생각되는 한계 농도

④ 무색무취의 기체로 공기보다 약 1.5배 무거우며 유기물 연소에 의해 생기는 탄소의 최종 산화물로 불연성이다. – 더 이상 연소반응이 일어나지 않으므로 질식소화를 위한 가스계 소화약제로 널리 사용된다.

정답 59 ② 60 ③ / 01 ② 02 ② 03 ①

04 위험물안전관리법령에 근거하여 자체소방대에 두어야하는 제독차의 경우 가성소다 및 규조토를 각각 몇 kg 이상 비치하여야 하는가?

① 30 ② 50 ③ 60 ④ 100

해설 [위험물안전관리법 시행규칙 별표23 / 화학소방자동차에 갖추어야 하는 소화능력 및 설비의 기준]

화학소방자동차의 구분	소화능력 및 설비의 기준
포수용액 방사차	• 포수용액의 방사능력이 매분 2,000ℓ 이상일 것 • 소화약액 탱크 및 소화약액 혼합장치를 비치할 것 • 10만ℓ 이상의 포수용액을 방사할 수 있는 양의 소화약제를 비치할 것
분말 방사차	• 분말의 방사능력이 매초 35kg 이상일 것 • 분말탱크 및 가압용 가스설비를 비치할 것 • 1,400kg 이상의 분말을 비치할 것
할로겐화합물 방사차	• 할로겐화합물의 방사능력이 매초 40 kg 이상일 것 • 할로겐화합물 탱크 및 가압용 가스설비를 비치할 것 • 1,000kg 이상의 할로겐화합물을 비치할 것
이산화탄소 방사차	• 이산화탄소의 방사능력이 매초 40 kg 이상일 것 • 이산화탄소 저장용기를 비치할 것 • 3,000kg 이상의 이산화탄소를 비치할 것
제독차	• 가성소다 및 규조토를 각각 50kg 이상 비치할 것

05 인화점이 낮은 것부터 높은 순서로 나열된 것은?

① 톨루엔 - 아세톤 - 벤젠
② 아세톤 - 톨루엔 - 벤젠
③ 톨루엔 - 벤젠 - 아세톤
④ 아세톤 - 벤젠 - 톨루엔

해설 모두 제4류 위험물 중 제1석유류에 속하는 위험물로서 인화점은 아래와 같다.

❖ 각 위험물의 인화점

아세톤	벤젠	톨루엔
-18℃	-11℃	4℃

• 아세톤 : 제1석유류(수용성)
• 벤젠 : 제1석유류(비수용성)
• 톨루엔 : 제1석유류(비수용성)

인화점이란 발생된 증기에 외부로부터 점화원이 관여하여 연소가 일어날 수 있도록 하는 최저온도를 말하는 것으로 인화점은 주로 상온에서 액체 상태로 존재하는 인화성 물질의 연소하기 쉬운 정도를 측정하는 데 사용된다.

06 화재 시 이산화탄소를 배출하여 산소의 농도를 12.5%로 낮추어 소화하려면 공기 중의 이산화탄소의 농도는 약 몇 vol%로 해야 하는가? (공기 중 산소의 농도는 21vol%, 질소는 79vol%로 산정한다.)

① 30.7 ② 32.8 ③ 40.5 ④ 68.0

해설 공기 중 산소의 농도를 21vol%에서 12.5vol% 수준으로 줄이게 되면 40.48%가 감소된 것이며 이는 (균일하게 섞여 있는) 공기를 구성하는 모든 기체 성분들을 똑같은 수준의 농도로 감소시킬 것이므로 질소도 40.48%가 감소될 것이다. 이것은 결국 감소된 %만큼의 이산화탄소 vol이 공기 중에 충진된 것으로 보면 되는 것이므로 40.48vol%가 답이 된다(지문에서는 40.5vol%).

• 계산에 의해 산소 농도는 12.5vol%, 질소 농도는 47.02vol%로 낮아져 두 기체의 농도는 59.52vol%가 되므로 40.48vol%의 이산화탄소가 공기 중에 첨가된 것이다.
• 식에 의한 계산 - 이산화탄소의 소화농도

$$CO_2(vol\%) = \frac{21 - O_2(vol\%)}{21} \times 100$$

산소의 농도를 21vol%에서 12.5vol%로 낮추기 위한 이산화탄소의 농도는

$$CO_2(vol\%) = \frac{21 - 12.5}{21} \times 100$$
$$= 40.476 ≒ 40.5vol\%$$

07 위험물안전관리법령상 고정주유설비는 주유설비의 중심선을 기점으로 하여 도로경계선까지 몇 m 이상의 거리를 유지해야 하는가?

① 1　　② 3　　③ 4　　④ 6

해설 [위험물안전관리법 시행규칙 별표13 / 주유취급소의 위치·구조 및 설비의 기준] - Ⅳ. 고정주유설비 등 - 제4호
- 고정주유설비의 중심선을 기점으로 하여 도로경계선까지 4m 이상, 부지경계선·담 및 건축물의 벽까지 2m(개구부가 없는 벽까지는 1m) 이상의 거리를 유지하고, 고정급유설비의 중심선을 기점으로 하여 도로경계선까지 4m 이상, 부지경계선 및 담까지 1m 이상, 건축물의 벽까지 2m(개구부가 없는 벽까지는 1m) 이상의 거리를 유지할 것
- 고정주유설비와 고정급유설비의 사이에는 4m 이상의 거리를 유지할 것

08 위험물 옥외저장소에서 지정수량 200배 초과의 위험물을 저장할 경우 보유공지의 너비는 몇 m 이상으로 하여야 하는가? (단, 제4류 위험물과 제6류 위험물이 아닌 경우) 16년·4 ▍17년·2 동일

① 0.5　　② 2.5　　③ 10　　④ 15

해설 [위험물안전관리법 시행규칙 별표11 / 옥외저장소의 위치·구조 및 설비 기준] - Ⅰ. 옥외저장소의 기준 中 위험물을 저장 또는 취급하는 장소의 주위에는 경계표시(울타리의 기능이 있는 것에 한한다.)를 하여 명확하게 구분하여야 하며 경계표시의 주위에는 그 저장 또는 취급하는 위험물의 최대수량에 따라 다음 표에 의한 너비의 공지를 보유해야 한다.

위험물의 최대수량	공지의 너비
지정수량의 10배 이하	3m 이상
지정수량의 10배 초과 20배 이하	5m 이상
지정수량의 20배 초과 50배 이하	9m 이상
지정수량의 50배 초과 200배 이하	12m 이상
지정수량의 200배 초과	15m 이상

단, 제4류 위험물 중 제4석유류와 제6류 위험물을 저장 또는 취급하는 옥외저장소의 보유공지는 위 표에 의한 공지 너비의 1/3 이상의 너비로 할 수 있다.

09 소화설비의 주된 소화 효과를 옳게 설명한 것은?

① 옥내·옥외소화전 설비 : 질식소화

② 스프링클러 설비, 물분무 소화설비 : 억제소화

③ 포, 분말 소화설비 : 억제소화

④ 할로겐화합물 소화설비 : 억제소화

해설 할로겐화합물 소화약제의 주된 소화효과는 억제소화이다. 이는 연소의 연쇄반응을 차단하거나 특정 반응의 진행을 억제함으로서 연소가 확대되지 않도록 하는 화학적 소화방식으로 부촉매 소화라고도 한다.
① 냉각소화　　② 냉각소화
③ 질식소화

✱ 빈틈없이 촘촘하게　**One more Step**

- 냉각소화 : 가연물의 온도를 낮춤으로써 연소의 진행을 막는 소화방법으로 주된 소화약제는 물이다. 옥내소화전 설비, 옥외소화전 설비, 스프링클러 소화설비, 물분무 소화설비 등이 있다.
- 제거소화 : 가연물을 제거함으로써 소화하는 방법으로 사용되는 부수적인 소화약제는 없다.
- 질식소화 : 산소 공급을 차단하여 공기 중 산소 농도를 한계산소농도 이하(15% 이하)로 유지함으로써 소화의 목적을 달성하는 것으로 주로 이산화탄소 소화기가 사용되며 분말 소화기, 포 소화기 등이 사용되기도 한다.
- 억제소화 : 연소의 연쇄반응을 차단하거나 억제함으로써 소화하는 방법 (화학적 소화, 부촉매소화)으로 주된 소화약제로는 할로겐원소가 사용되며 할로겐화합물 소화기가 있다.

정답 04 ② 05 ④ 06 ③ 07 ③ 08 ④ 09 ④

10 다음 위험물의 화재 시 물에 의한 소화 방법이 가장 부적합한 것은?

① 황린　　② 적린
③ 마그네슘분　　④ 황분

해설 마그네슘은 제2류 위험물(가연성 고체)에 속하는 금속 물질로서 물을 만나면 가연성의 수소 기체를 발생하며 발열하므로 발화할 수 있어 주수소화는 금한다.
$Mg + 2H_2O \rightarrow Mg(OH)_2 + H_2\uparrow + Q\ kcal$
마른모래, 팽창질석, 팽창진주암, 탄산수소염류 분말소화약제 등으로 소화한다.
① 제3류 위험물에 속하는 황린은 물보다 무겁고 물에 녹지 않으며 물과의 반응성이 없고 공기와 접촉하면 자연발화 할 수 있으므로 물속에 넣어 보관한다. 분무주수에 의한 냉각소화가 효과적이다.
② 제2류 위험물에 속하는 적린은 물보다 무겁고 비수용성이다. 황린에 비해 안정하며 자연발화성 물질도 아니므로 물속에 저장하지는 않는다. 화재 시에는 다량의 물로 주수 냉각소화 한다.
④ 제2류 위험물에 속하는 유황은 물에 녹지 않으며 반응성도 없다. 산화제와의 혼합물이 연소할 경우 다량의 물에 의한 주수소화가 효과적이다.

11 분말 소화약제의 식별 색을 옳게 나타낸 것은?

① $KHCO_3$: 백색
② $NH_4H_2PO_4$: 담홍색
③ $NaHCO_3$: 보라색
④ $KHCO_3 + (NH_2)_2CO$: 초록색

해설 ❖ 분말 소화약제의 분류, 주성분 및 적응화재

구 분	주성분	화학식
제1종 분말	탄산수소나트륨	$NaHCO_3$
제2종 분말	탄산수소칼륨	$KHCO_3$
제3종 분말	제1인산암모늄	$NH_4H_2PO_4$
제4종 분말	탄산수소칼륨 + 요소	$KHCO_3 + (NH_2)_2CO$

구 분	적응화재	분말색
제1종 분말	B, C	백색
제2종 분말	B, C	담자색
제3종 분말	A, B, C	담홍색
제4종 분말	B, C	회색

* 적응화재 = A : 일반화재 / B : 유류화재 / C : 전기화재

❖ 분말 소화약제의 열분해 반응식

구 분	열분해 반응식
제1종 분말	$2NaHCO_3 \rightarrow Na_2CO_3 + CO_2 + H_2O$
제2종 분말	$2KHCO_3 \rightarrow K_2CO_3 + CO_2 + H_2O$
제3종 분말	$NH_4H_2PO_4 \rightarrow HPO_3 + NH_3 + H_2O$
제4종 분말	$2KHCO_3 + (NH_2)_2CO \rightarrow K_2CO_3 + 2NH_3 + 2CO_2$

12 유류화재 소화 시 분말 소화약제를 사용할 경우 소화 후에 재발화 현상이 가끔씩 발생할 수 있다. 다음 중 이러한 현상을 예방하기 위하여 병용하여 사용하면 가장 효과적인 포 소화약제는?

① 단백포 소화약제
② 수성막포 소화약제
③ 알코올형포 소화약제
④ 합성계면활성제포 소화약제

해설 수성막포 소화약제는 불소계 계면활성제를 주성분으로 한 것이며 유류화재 시 기름의 표면에 거품과 수성막으로 유화층을 형성함으로써 질식 및 냉각 효과를 나타내어 재발화 현상을 방지한다. 유류화재 시 분말 소화약제와 함께 사용하여도 소포 현상이 일어나지 않으며 트윈 에이전트 시스템으로 사용하여 소화 효과를 높일 수 있어 분말 소화약제와 병용하면 효과적이다.

13 수소화나트륨 240g과 충분한 물이 완전히 반응하였을 때 발생하는 수소의 부피는? (단, 표준상태를 가정하며 나트륨의 원자량은 23이다.)

① 22.4ℓ　　② 224ℓ
③ $22.4m^3$　　④ $224m^3$

해설 NaH + H$_2$O → NaOH + H$_2$↑
수소화나트륨의 분자량은 24이므로 240g은 10몰이 반응에 참여한 것이다. 수소화나트륨과 수소 기체는 1 : 1의 몰비로 반응하고 생성되므로 수소 기체도 10몰이 생성된다. 기체의 종류에 관계없이 기체 1몰이 차지하는 부피는 22.4ℓ이므로 수소 기체 10몰이 발생되면 224ℓ의 부피를 차지하게 된다.
$24(g) : 22.4(\ell) = 240(g) : X$
$\therefore X = 224(\ell)$

14 위험물 제조소등의 소화설비의 기준에 관한 설명으로 옳은 것은?

① 제조소등 중에서 소화난이도 등급 Ⅰ, Ⅱ 또는 Ⅲ의 어느 것에도 해당하지 않는 것도 있다.

② 옥외 탱크저장소의 소화난이도 등급을 판단하는 기준 중 탱크의 높이는 기초를 제외한 탱크 측판의 높이를 말한다.

③ 제조소의 소화난이도 등급을 판단하는 기준 중 면적에 관한 기준은 건축물 외에 설치된 것에 대해서는 수평 투영면적을 기준으로 한다.

④ 제4류 위험물을 저장·취급하는 제조소등에도 스프링클러 소화설비가 적응성이 인정되는 경우가 있으며 이는 수원의 수량을 기준으로 판단한다.

해설 ① 제6류 위험물을 저장하는 것 및 고인화점 위험물만을 100℃ 미만의 온도에서 저장하는 옥내 탱크저장소와 옥외 탱크저장소는 소화난이노 등급 어니에노 해낭뇌시 않는다.
② 옥외 탱크저장소의 소화난이도 등급을 판단하는 기준 중 탱크의 높이는 <u>지반면으로부터 탱크 옆판의 상단까지 높이이므로 탱크의 기초 부분도 포함된다.</u>
③ 제조소의 소화난이도 등급을 판난하는 기준 중 면적에 관한 기준은 연면적이며 제조소등의 옥외에 설치된 공작물은 외벽이 내화구조인 것으로 간주하고 공작물의 최대수평투영면적을 연면적으로 간주하여 측정하는 것이므로 연면적이 기준인 것이다.
④ <u>살수 기준 면적에 따른 살수 밀도가 일정 기준 이상일 때는</u> 제4류 위험물을 저장·취급하는 제조소등에도 스프링클러 소화설비의 적응성이 인정된다.

15 소화난이도 등급 Ⅰ인 옥외 탱크저장소에 있어서 제4류 위험물 중 인화점이 섭씨 70도 이상인 것을 저장·취급하는 경우 어느 소화설비를 설치해야 하는가? (단, 지중탱크 또는 해상탱크 외의 것이다.)

① 스프링클러 소화설비

② 물분무 소화설비

③ 이산화탄소 소화설비

④ 분말 소화설비

해설 [위험물안전관리법 시행규칙 별표17 / 소화설비, 경보설비 및 피난설비의 기준] - Ⅰ. 소화설비 中 소화난이도 등급 Ⅰ의 옥외 탱크저장소에 설치하여야 하는 소화설비

구 분		소화설비
지중탱크 또는 해상탱크 외의 것	유황만을 저장·취급하는 것	물분무 소화설비
	인화점 70℃ 이상의 제4류 위험물만을 저장·취급하는 것	물분무 소화설비 또는 고정식 포 소화설비
	그 밖의 것	고정식 포 소화설비(포 소화설비가 적응성이 없는 경우에는 분말 소화설비)
지중탱크		고정식 포 소화설비, 이동식 이외의 불활성가스 소화설비 또는 이동식 이외의 할로겐화합물 소화설비
해상탱크		고정식 포 소화설비, 물분무 소화설비, 이동식 이외의 불활성가스 소화설비 또는 이동식 이외의 할로겐화합물 소화설비

정답 10 ③ 11 ② 12 ② 13 ② 14 ① 15 ②

16 위험물 제조소 내의 위험물을 취급하는 배관에 대한 설명으로 옳지 않은 것은?

① 배관을 지하에 매설하는 경우 접합 부분에는 점검구를 설치하여야 한다.
② 배관을 지하에 매설하는 경우 금속성 배관의 외면에는 부식 방지 조치를 하여야 한다.
③ 최대상용 압력의 1.5배 이상의 압력으로 수압시험을 실시하여 이상이 없어야 한다.
④ 지상에 설치하는 경우에는 안전한 구조의 지지물로 지면에 밀착하여 설치하여야 한다.

해설 [위험물안전관리법 시행규칙 별표4 / 제조소의 위치·구조 및 설비의 기준] - X. 배관 중 발췌
위험물 제조소 내의 위험물을 취급하는 배관은 다음의 기준에 의하여 설치하여야 한다.
- 배관에 걸리는 최대 상용압력의 1.5배 이상의 압력으로 수압시험(불연성의 액체 또는 기체를 이용하여 실시하는 시험을 포함한다)을 실시하여 누설 그 밖의 이상이 없는 것으로 하여야 한다(③).
- 배관을 지상에 설치하는 경우에는 지진·풍압·지반침하 및 온도변화에 안전한 구조의 지지물에 설치하되, 지면에 닿지 아니하도록 하고(④) 배관의 외면에 부식방지를 위한 도장을 하여야 한다. 다만, 불변강관 또는 부식의 우려가 없는 재질의 배관의 경우에는 부식방지를 위한 도장을 아니할 수 있다.
- 배관을 지하에 매설하는 경우에는 다음의 기준에 적합하게 하여야 한다.
  - 금속성 배관의 외면에는 부식방지를 위하여 도복장·코팅 또는 전기방식 등의 필요한 조치를 할 것(②)
  - 배관의 접합 부분(용접에 의한 접합부 또는 위험물의 누설의 우려가 없다고 인정되는 방법에 의하여 접합된 부분을 제외한다)에는 위험물의 누설 여부를 점검할 수 있는 점검구를 설치할 것(①)
  - 지면에 미치는 중량이 당해 배관에 미치지 아니하도록 보호할 것
- 배관에 가열 또는 보온을 위한 설비를 설치하는 경우에는 화재 예방상 안전한 구조로 하여야 한다.

17 위험물 제조소등의 화재예방 등 위험물 안전관리에 관한 직무를 수행하는 위험물 안전관리자의 선임 시기는?

① 위험물 제조소등의 완공검사를 받은 후 즉시
② 위험물 제조소등의 허가 신청 전
③ 위험물 제조소등의 설치를 마치고 완공검사를 신청하기 전
④ 위험물 제조소등에서 위험물을 저장 또는 취급하기 전

해설 제조소등의 관계인은 위험물 제조소등에서 위험물을 저장 또는 취급하기 전까지 위험물 제조소등의 화재예방 등 위험물 안전관리에 관한 직무를 수행하는 위험물 안전관리자를 선임하여야 한다.

※ Tip
위험물안전관리자의 선임 시기는 법령으로 명확하게 규정되어 있지는 않지만 위험물안전관리법 제15조 6항에 따르면 '안전관리자는 위험물을 취급하는 작업을 하는 때에는 작업자에게 안전관리에 관한 필요한 지시를 하는 등 위험물의 취급에 관한 안전관리와 감독을 하여야 한다'라고 규정하고 있으므로 위험물을 저장 또는 취급하기 전까지 선임하면 되는 것으로 해석된다.

18 고온체의 색깔이 휘적색일 경우의 온도는 약 몇 ℃ 정도인가?

① 500   ② 950
③ 1,300 ④ 1,500

해설 고온체의 온도가 약 950℃ 정도에 이르면 휘적색을 나타낸다.
고온체(고온의 물체)는 온도가 높을수록 밝은 계통의 색을 나타내며 온도가 낮을수록 어두운색을 나타낸다.
담암적색 522℃, 암적색 700℃, 진홍색 750℃, 적색 850℃, 휘적색(주황색) 950℃, 황색 1,050℃, 황적색 1,100℃, 백색(백적색) 1,300℃, 휘백색 1,500℃

19 소화 효과 중 부촉매 효과를 기대할 수 있는 소화약제는?

① 물 소화약제
② 포 소화약제
③ 분말 소화약제
④ 이산화탄소 소화약제

해설 분말 소화약제의 소화효과 기전(메커니즘)은 아직 완전하게 밝혀지지 않았지만 질식효과, 냉각효과, 방사열 차단효과, 화학적 소화효과 등을 나타낸다고 알려져 있으며 제3종 분말의 경우는 이상의 효과 이외에도 메타인산(HPO_3)에 의한 방진효과와 인산(H_3PO_4)에 의한 탈수탄화효과가 추가되고 이러한 다양한 효과들이 복합적으로 작용하여 가연성 액체의 표면 화재에 매우 큰 효과를 발휘한다.

분말 소화약제는 위와 같은 여러 소화효과를 지니고 있지만 연소의 연쇄반응을 중단시켜 소화하는 화학적 소화(부촉매 효과)가 가장 큰 소화효과를 보이는 것으로 이해되고 있다. Na이나 K을 함유한 염(salt)을 아주 곱게 분쇄하면 표면적이 커져서 열전달이 좋아지고 가연물과의 흡착성도 좋아진다. 따라서 분말 소화약제의 주성분인 활성이 높은 금속의 이온(Na^+, K^+ 등)이나 금속 수산화물이 화염 속에서 증발되어 가연물의 연소 시 발생되는 H^* 나 OH^* 등의 활성기(free radical)와 쉽게 결합하고 안정화함으로써 연쇄반응(chain reaction)의 전파를 중단시킨다.

20 다음 중 연소속도와 의미가 가장 가까운 것은?

① 기화열의 발생속도
② 환원속도
③ 착화속도
④ 산화속도

해설 연소란 가연성 물질이 공기 중의 산소와 반응하여 빛과 열을 발생하는 화학반응으로 산화반응의 일종이다. 따라서, 연소속도와 의미상 가장 가까운 것은 산화속도가 될 것이다.

2과목 위험물의 화학적 성질 및 취급

21 위험물 옥외 탱크저장소와 병원과는 안전거리를 얼마 이상 두어야 하는가?

① 10m   ② 20m   ③ 30m   ④ 50m

해설 옥외 탱크저장소의 안전거리 규정은 제조소의 안전거리 규정을 준용하므로 위험물 옥외 탱크저장소와 병원과는 30m 이상의 안전거리를 두어야 한다.

❖ 옥외 탱크저장소와 건축물 및 공작물 간의 안전거리

안전거리	해당 대상물
3m 이상	7,000V 초과 35,000V 이하의 특고압 가공전선
5m 이상	35,000V를 초과하는 특고압 가공전선
10m 이상	주거용으로 사용되는 건축물 그 밖의 공작물
20m 이상	고압가스, 액화석유가스 또는 도시가스를 저장 또는 취급하는 시설
30m 이상	학교, 병원, 300명 이상 수용시설(영화관, 공연장), 20명 이상 수용시설(아동·노인·장애인·한부모가족 복지시설, 어린이집, 성매매 피해자 지원시설, 정신건강 증진시설, 가정폭력 피해자 보호시설)
50m 이상	유형문화재, 지정문화재

22 질산의 수소 원자를 알킬기로 치환한 제5류 위험물의 지정수량은?

① 10kg   ② 100kg
③ 200kg   ④ 300kg

해설 질산(HNO_3)의 수소 원자를 알킬기로 치환한 것은 질산메틸(CH_3ONO_2/CH_3NO_3), 질산에틸($C_2H_5ONO_2$/$C_2H_5NO_3$) 등을 말하는 것으로서 제5류 위험물 중 질산에스테르류를 말하는 것이다. 질산에스테르류의 지정수량은 10kg이다.

[15쪽] 제5류 위험물의 분류 도표 참조

정답 16 ④ 17 ④ 18 ② 19 ③ 20 ④ 21 ③ 22 ①

23 위험물 제조소에 옥외소화전이 5개가 설치되어 있다. 이 경우 확보하여야 하는 수원의 법정 최소량은 몇 m³ 인가? 14년·2 유사

① 28 ② 35
③ 54 ④ 67.5

해설 수원의 수량은 옥외소화전의 설치개수에 $13.5m^3$를 곱한 양 이상이 되도록 설치해야 하지만 설치개수가 4개 이상인 경우는 4개의 옥외소화전을 설치한 것으로 보고 계산해야 한다.

∴ $13.5 \times 4 = 54(m^3)$

[위험물안전관리법 시행규칙 별표17 / 소화설비, 경보설비 및 피난설비의 기준] - Ⅰ. 소화설비 - 5. 소화설비의 설치기준 - 옥외소화전 설비의 설치기준 中

수원의 수량은 옥외소화전의 설치개수(설치개수가 4개 이상인 경우는 4개의 옥외소화전)에 $13.5m^3$를 곱한 양 이상이 되도록 설치할 것

24 다음 중 제6류 위험물로써 분자량이 약 63 인 것은?

① 과염소산
② 질산
③ 과산화수소
④ 삼불화브롬

해설 제시된 물질들은 모두 제6류 위험물에 속하는 것들이지만 분자량이 63인 것은 질산(HNO_3)이다.

$1 + 14 + (16 \times 3) = 63$

과염소산($HClO_4$)의 분자량은 100.5, 과산화수소(H_2O_2)의 분자량은 34, 삼불화브롬(BrF_3)의 분자량은 137이다.

25 다음은 위험물을 저장하는 탱크의 공간용적 산정기준이다. ( )에 알맞은 수치로 옳은 것은?

가. 위험물을 저장 또는 취급하는 탱크의 공간용적은 탱크의 내용적의 (A) 이상 (B) 이하의 용적으로 한다. 다만, 소화설비(소화약제 방출구를 탱크 안의 윗부분에 설치하는 것에 한한다)를 설치하는 탱크의 공간용적은 당해 소화설비의 소화약제 방출구 아래의 0.3m 이상 1m 미만 사이의 면으로부터 윗부분의 용적으로 한다.

나. 암반 탱크에 있어서는 당해 탱크 내에 용출하는 (C)일간의 지하수의 양에 상당하는 용적과 당해 탱크의 내용적의 (D)의 용적 중에서 보다 큰 용적을 공간용적으로 한다.

① A : $\frac{3}{100}$, B : $\frac{10}{100}$, C : 10, D : $\frac{1}{100}$

② A : $\frac{5}{100}$, B : $\frac{5}{100}$, C : 10, D : $\frac{1}{100}$

③ A : $\frac{5}{100}$, B : $\frac{10}{100}$, C : 7, D : $\frac{1}{100}$

④ A : $\frac{5}{100}$, B : $\frac{10}{100}$, C : 10, D : $\frac{3}{100}$

해설 [위험물안전관리에 관한 세부기준 제25조 / 탱크의 내용적 및 공간용적]

- 탱크의 공간용적은 탱크의 내용적의 (100분의 5) 이상 (100분의 10) 이하의 용적으로 한다. 다만, 소화설비(소화약제 방출구를 탱크 안의 윗부분에 설치하는 것에 한한다)를 설치하는 탱크의 공간용적은 당해 소화설비의 소화약제 방출구 아래의 0.3m 이상 1m 미만의 면으로부터 윗부분의 용적으로 한다.
- 암반 탱크에 있어서는 당해 탱크 내에 용출하는 (7)일간의 지하수의 양에 상당하는 용적과 당해 탱크의 내용적의 (100분의 1)의 용적 중에서 보다 큰 용적을 공간용적으로 한다.

26 인화칼슘이 물과 반응하였을 때 발생하는 가스에 대한 설명으로 옳은 것은?

① 폭발성인 수소를 발생한다.
② 유독한 인화수소를 발생한다.
③ 조연성인 산소를 발생한다.
④ 가연성인 아세틸렌을 발생한다.

해설 제3류 위험물 중 금속의 인화물에 속하는 인화칼슘(Ca_3P_2)은 물과 반응하여 수산화칼슘과 포스핀(인화수소)을 생성한다.
$Ca_3P_2 + 6H_2O \rightarrow 3Ca(OH)_2 + 2PH_3 \uparrow$ (포스핀)

27 위험물안전관리법령에 따른 위험물의 적재 방법에 대한 설명으로 옳지 않은 것은?

[빈출 유형]

① 원칙적으로는 운반 용기를 밀봉하여 수납할 것
② 고체 위험물은 용기 내용적의 95% 이하의 수납률로 수납할 것
③ 액체 위험물은 용기 내용적의 99% 이상의 수납률로 수납할 것
④ 하나의 외장 용기에는 다른 종류의 위험물을 수납하지 않을 것

해설 [위험물안전관리법 시행규칙 별표19 / 위험물의 운반에 관한 기준] - Ⅱ. 적재방법 제1호
위험물은 규정에 의한 운반 용기에 다음의 기준에 따라 수납하여 적재하여야 한다.
• 위험물이 온도변화 등에 의하여 누설되지 않도록 운반 용기를 밀봉하여 수납할 것(①). 다만, 온도변화 등에 의해 위험물로부터 가스가 발생하여 운반 용기 안의 압력이 상승할 우려가 있는 경우(발생한 가스가 독성 또는 인화성을 갖는 등 위험성이 있는 경우를 제외한다)에는 가스의 배출구(위험물의 누설 및 다른 물질의 침투를 방지하는 구조로 된 것)를 설치한 운반 용기에 수납할 수 있다.
• 수납하는 위험물과 위험한 반응을 일으키지 아니하는 등 당해 위험물의 성질에 적합한 재질의 운반용기에 수납할 것
• 고체 위험물은 운반 용기 내용적의 95% 이하의 수납률로 수납할 것(②)
• 액체 위험물은 운반 용기 내용적의 98% 이하의 수납률로 수납하되(③) 55℃의 온도에서 누설되지 아니하도록 충분한 공간용적을 유지하도록 할 것
• 하나의 외장 용기에는 다른 종류의 위험물을 수납하지 아니할 것(④)
• 제3류 위험물은 다음의 기준에 따라 운반 용기에 수납할 것
 - 자연발화성 물질 : 불활성 기체를 봉입하여 밀봉하는 등 공기와 접하지 아니하도록 할 것
 - 자연발화성 물질 외의 물품 : 파라핀, 경유, 등유 등의 보호액으로 채워 밀봉하거나 불활성 기체를 봉입하여 밀봉하는 등 수분과 접하지 아니하도록 할 것
 - 자연발화성 물질 중 알킬알루미늄 등 : 운반 용기의 내용적의 90% 이하의 수납률로 수납하되, 50℃의 온도에서 5% 이상의 공간용적을 유지하도록 할 것

28 주유취급소에서 자동차 등에 위험물을 주유할 때에 자동차 등의 원동기를 정지시켜야 하는 위험물의 인화점 기준은? (단, 연료탱크에 위험물을 주유하는 동안 방출되는 가연성 증기를 회수하는 설비가 부착되지 않은 고정주유설비에 의하여 주유하는 경우이다.)

① 20℃ 미만   ② 30℃ 미만
③ 40℃ 미만   ④ 50℃ 미만

해설 [위험물안전관리법 시행규칙 별표18 / 제조소등에서의 위험물의 저장 및 취급에 관한 기준] - Ⅳ. 취급의 기준 / 제5호 - 주유취급소에서의 취급기준 中
• 여기서 말하는 주유취급소에 항공기 주유취급소 · 선박 주유취급소 및 철도 주유취급소는 제외한다.

정답 23 ③ 24 ② 25 ③ 26 ② 27 ③ 28 ③

- 자동차 등에 주유할 때에는 고정주유설비를 사용하여 직접 주유할 것
- 자동차 등에 인화점 40℃ 미만의 위험물을 주유할 때에는 자동차 등의 원동기를 정지시킬 것. 다만, 연료탱크에 위험물을 주유하는 동안 방출되는 가연성 증기를 회수하는 설비가 부착된 고정주유설비에 의하여 주유하는 경우에는 그러하지 아니하다.

29 저장하는 위험물의 최대수량이 지정수량의 15배일 경우, 건축물의 벽·기둥 및 바닥이 내화구조로 된 위험물 옥내저장소의 보유공지는 몇 m 이상이어야 하는가?

① 0.5 ② 1 ③ 2 ④ 3

해설 [위험물안전관리법 시행규칙 별표5 / 옥내저장소의 위치·구조 및 설비의 기준] – Ⅰ. 옥내저장소의 기준 – 제2호
옥내저장소의 주위에는 그 저장 또는 취급하는 위험물의 최대수량에 따라 다음 표에 의한 너비의 공지를 보유하여야 한다.

저장 또는 취급하는 위험물의 최대수량	공지의 너비	
	벽, 기둥 및 바닥이 내화구조로 된 건축물	그 밖의 건축물
지정수량의 5배 이하	–	0.5m 이상
지정수량의 5배 초과 10배 이하	1m 이상	1.5m 이상
지정수량의 10배 초과 20배 이하	2m 이상	3m 이상
지정수량의 20배 초과 50배 이하	3m 이상	5m 이상
지정수량의 50배 초과 200배 이하	5m 이상	10m 이상
지정수량의 200배 초과	10m 이상	15m 이상

30 내용적이 20,000ℓ인 옥내 저장탱크에 대하여 저장 또는 취급의 허가를 받을 수 있는 **최대용량은?** (단, 원칙적인 경우에 한한다.)

① 18,000ℓ ② 19,000ℓ
③ 19,400ℓ ④ 20,000ℓ

해설 원칙적으로 탱크의 용량 및 공간용적은 아래의 규정에 의한다.
- 탱크의 용량
  – 근거 : [위험물안전관리법 시행규칙 제5조 / 탱크 용적의 산정기준]
  위험물을 저장 또는 취급하는 탱크의 용량은 해당 탱크의 내용적에서 공간용적을 뺀 용적으로 한다.
- 탱크의 공간용적
  – 근거 : [위험물안전관리에 관한 세부기준 제25조 / 탱크의 내용적 및 공간용적] – 제2항
  탱크의 공간용적은 탱크의 내용적의 100분의 5 이상 100분의 10 이하의 용적으로 한다.

따라서, '탱크의 용량 = 탱크의 내용적 – 탱크의 공간용적'으로 구할 수 있으므로 용량을 최대로 하려면 공간용적을 최소로 하여야 한다.
따라서 $20,000 \times \dfrac{5}{100} = 1,000(\ell)$가 최소한의 공간용적이 되며 탱크의 용량은 최대 19,000(ℓ)가 된다.

31 위험물안전관리법령에 따른 이동 저장탱크의 구조의 기준에 대한 설명으로 틀린 것은?

① 압력탱크는 최대 상용압력의 1.5배의 압력으로 10분간 수압시험을 하여 새지 말 것
② 상용압력이 20kPa를 초과하는 탱크의 안전장치는 상용압력의 1.5배 이하의 압력에서 작동할 것
③ 방파판은 두께 1.6mm 이상의 강철판 또는 이와 동등 이상의 강도, 내식성 및 내열성을 갖는 재질로 할 것
④ 탱크는 두께 3.2mm 이상의 강철판 또는 이와 동등 이상의 강도, 내식성 및 내열성을 갖는 재질로 할 것

해설 [위험물안전관리법 시행규칙 별표10 / 이동 탱크저장소의 위치·구조 및 설비의 기준] – Ⅱ. 이동 저장탱크의 구조 – 제3호 내용 중
규정에 의한 칸막이로 구획된 이동 저장탱크의 각 부분마다 맨홀과 안전장치 및 방파판

을 설치하여야 하며 이동 저장탱크에 설치되는 안전장치는 상용압력이 20kPa 이하인 탱크에 있어서는 20kPa 이상 24kPa 이하의 압력에서, 상용압력이 20kPa를 초과하는 탱크에 있어서는 상용압력의 1.1배 이하의 압력에서 작동하는 것이어야 한다.

① [위험물안전관리법 시행규칙 별표10] - Ⅱ. 이동 저장탱크의 구조 - 제1호 내용
  압력탱크(최대 상용압력이 46.7kPa 이상인 탱크를 말한다) 외의 탱크는 70kPa의 압력으로, 압력탱크는 최대 상용압력의 1.5배의 압력으로 각각 10분간의 수압시험을 실시하여 새거나 변형되지 아니할 것.
③ [위험물안전관리법 시행규칙 별표10] - Ⅱ. 이동 저장탱크의 구조 - 제3호 내용
  방파판은 두께 1.6mm 이상의 강철판 또는 이와 동등 이상의 강도·내열성 및 내식성이 있는 금속성의 것으로 할 것
④ [위험물안전관리법 시행규칙 별표10] - Ⅱ. 이동 저장탱크의 구조 - 제1호 내용
  탱크(맨홀 및 주입관의 뚜껑을 포함한다)는 두께 3.2mm 이상의 강철판 또는 이와 동등 이상의 강도·내식성 및 내열성이 있다고 인정하여 소방청장이 정하여 고시하는 재료 및 구조로 위험물이 새지 아니하게 제작할 것

32 디에틸에테르에 관한 설명 중 틀린 것은?

① 비전도성이므로 정전기를 발생하지 않는다.
② 무색투명한 유동성의 액체이다.
③ 휘발성이 매우 높고, 마취성을 가진다.
④ 공기와 장시간 접촉하면 폭발성의 과산화물이 생성된다.

해설 디에틸에테르는 제4류 위험물 중 특수인화물에 속하는 위험물이며 전기의 부도체(비전도성)로 정전기가 발생할 수 있으므로 저장할 때 소량의 염화칼슘을 넣어 정전기를 방지한다.
② 무색투명한 유동성 액체이다.
③ 휘발성이 강하며 마취성이 있어 전신마취에 사용된 적도 있다.
④ 공기와 장시간 접촉하면 산화되어 폭발성의 불안정한 과산화물이 생성된다. 직사일광에 의해서도 분해되어 과산화물이 생성되므로 이의 방지를 위해 갈색 병에 밀전, 밀봉하여 보관하며 증기 누출이 용이하고 증기압이 높아 용기가 가열되면 파손, 폭발할 수도 있으므로 불꽃 등 화기를 멀리하고 통풍이 잘되는 냉암소에 보관한다.

33 위험물안전관리법령상에 따른 다음에 해당하는 동식물유류의 규제에 관한 설명으로 틀린 것은?

> 행정안전부령으로 정하는 용기 기준과 수납·저장기준에 따라 수납되어 저장·보관되고 용기의 외부에 물품의 통칭명, 수량 및 화기엄금(화기엄금과 동일한 의미를 갖는 표시를 포함한다)의 표시가 있는 경우

① 위험물에 해당하지 않는다.
② 제조소등이 아닌 장소에 지정수량 이상 저장할 수 있다.
③ 지정수량 이상을 저장하는 장소도 제조소등 설치 허가를 받을 필요가 없다.
④ 화물자동차에 적재하여 운반하는 경우 위험물안전관리법상 운반기준이 적용되지 않는다.

해설 위의 경우는 동식물유류에서 제외되므로 위험물에 해당하지 않는다. 따라서 제조소등이 아닌 장소에도 지정수량 이상 저장할 수 있으며 저장장소에 대한 설치 허가를 받을 필요도 없다.
위험물에 해당하지는 않지만 화물자동차에 적재하여 운반하는 경우 위험물안전관리법상 운반기준이 적용된다.

정답 29 ③ 30 ② 31 ② 32 ① 33 ④

[위험물안전관리법 시행령 별표1 / 위험물 및 지정수량] - 비고란 제18호
"동식물유류"라 함은 동물의 지육 등 또는 식물의 종자나 과육으로부터 추출한 것으로서 1기압에서 인화점이 250℃ 미만인 것을 말한다. 다만, 법 규정에 의하여 행정안전부령으로 정하는 용기 기준과 수납·저장기준에 따라 수납되어 저장·보관되고 용기의 외부에 물품의 통칭명, 수량 및 화기엄금(화기엄금과 동일한 의미를 갖는 표시를 포함한다)의 표시가 있는 경우를 제외한다.

34 질산암모늄의 일반적인 성질에 대한 설명으로 옳은 것은?

① 조해성이 없다.

② 무색, 무취의 액체이다.

③ 물에 녹을 때에는 발열한다.

④ 급격한 가열에 의한 폭발의 위험이 있다.

해설 질산암모늄(NH_4NO_3)은 제1류 위험물 중 질산염류에 속하는 위험물이며 단독으로는 급격한 변화가 일어나지 않으면 안정한 상태를 유지하지만 급하게 가열하면 분해 폭발하고 다량의 가스를 분출한다.
$2NH_4NO_3 \rightarrow 4H_2O + 2N_2O$
$\rightarrow 4H_2O\uparrow + 2N_2\uparrow + O_2\uparrow$
안포(ANFO/Ammonium Nitrate and Fuel Oil)폭약을 제조하는데 사용된다.
① 조해성이 있으며 물, 알코올 등에 녹는다.
② 무색·무취의 흡습성 고체이다.
③ 물에 녹을 때는 흡열반응 한다.

35 에틸알코올에 관한 설명 중 옳은 것은?

① 인화점은 0℃ 이하이다.

② 비점은 물보다 낮다.

③ 증기 밀도는 메틸알코올보다 작다.

④ 수용성이므로 이산화탄소 소화기에는 효과가 없다.

해설 제4류 위험물 중 알코올류에 속하는 에틸알코올의 비점은 78℃로 물보다 낮다.
① 에탄올의 인화점은 13℃이다.
③ 메틸알코올보다 분자량이 크므로 증기 밀도도 크다.
④ 이산화탄소 소화기는 제4류 위험물에 적응성을 보이며 질식소화 효과를 나타낸다. 제4류 위험물 중 수용성은 다량의 물에 의한 희석소화도 가능하다.

36 종류(유별)가 다른 위험물을 동일한 옥내저장소의 동일한 실에 같이 저장하는 경우에 대한 설명으로 틀린 것은? (단, 유별로 정리하여 1m 이상의 간격을 두는 경우에 한한다.)

① 제1류 위험물과 황린은 동일한 옥내저장소에 저장할 수 있다.

② 제1류 위험물과 제6류 위험물은 동일한 옥내저장소에 저장할 수 있다.

③ 제1류 위험물 중 알칼리금속의 과산화물과 제5류 위험물은 동일한 옥내저장소에 저장할 수 있다.

④ 제2류 위험물 중 인화성 고체와 제4류 위험물은 동일한 옥내저장소에 저장할 수 있다.

해설 알칼리금속의 과산화물을 제외한 제1류 위험물과 제5류 위험물을 동일한 옥내저장소에 저장할 수 있는 것이므로 제1류 위험물 중 알칼리금속의 과산화물은 제5류 위험물과 함께 동일한 옥내저장소에 저장할 수 없다.

[위험물안전관리법 시행규칙 별표18 / 제조소등에서의 위험물의 저장 및 취급에 관한 기준] - Ⅲ. 저장의 기준 제2호
유별을 달리하는 위험물은 동일한 저장소(내화구조의 격벽으로 완전히 구획된 실이 2 이상 있는 저장소에 있어서는 동일한 실)에 저장하지 아니하여야 한다. 다만, 옥내저장소 또는 옥외저장소에 있어서 다음의 규정에 의한 위험물을 저장하는 경우로서 위험물을 유별로 정리하여 저장하는 한편, 서로 1m 이상의 간격을 두는 경우에는 그러하지 아니하다(중요기준).

- 제1류 위험물(알칼리금속의 과산화물 또는 이를 함유한 것을 제외한다)과 제5류 위험물을 저장하는 경우(③)
- 제1류 위험물과 제6류 위험물을 저장하는 경우(②)
- 제1류 위험물과 제3류 위험물 중 자연발화성 물질(황린 또는 이를 함유한 것에 한한다)을 저장하는 경우(①)
- 제2류 위험물 중 인화성 고체와 제4류 위험물을 저장하는 경우(④)
- 제3류 위험물 중 알킬알루미늄등과 제4류 위험물(알킬알루미늄 또는 알킬리튬을 함유한 것에 한한다)을 저장하는 경우
- 제4류 위험물 중 유기과산화물 또는 이를 함유하는 것과 제5류 위험물 중 유기과산화물 또는 이를 함유한 것을 저장하는 경우

37 $C_6H_2(NO_2)_3OH$와 $C_2H_5NO_3$의 공통성질에 해당하는 것은?

① 니트로화합물이다.

② 인화성과 폭발성이 있는 액체이다.

③ 무색의 방향성 액체이다.

④ 에탄올에 녹는다.

해설 두 물질 모두 알코올, 에테르 등에 녹는다.

① $C_6H_2(NO_2)_3OH$: 트리니트로페놀, 제5류 위험물 중 니트로화합물
$C_2H_5NO_3$: 질산에틸, 제5류 위험물 중 질산에스테르류

② 두 위험물 모두 인화성과 폭발성을 지니고 있으나 모두 액체 상태는 아니다.
$C_6H_2(NO_2)_3OH$: 무색 또는 휘황색의 침상결정이다.
$C_2H_5NO_3$: 무색투명한 액체이다.

③ $C_6H_2(NO_2)_3OH$: 벤젠고리가 있으므로 방향성을 지니고 있다. 그러나 고체이다.
$C_2H_5NO_3$: 벤젠고리는 없으나 방향성이 있는 액체이다.

38 위험물을 저장하는 간이 탱크저장소의 구조 및 설비의 기준으로 옳은 것은?

① 탱크의 두께 2.5mm 이상, 용량 600ℓ 이하
② 탱크의 두께 2.5mm 이상, 용량 800ℓ 이하
③ 탱크의 두께 3.2mm 이상, 용량 600ℓ 이하
④ 탱크의 두께 3.2mm 이상, 용량 800ℓ 이하

해설 [위험물안전관리법 시행규칙 별표9 / 간이 탱크저장소의 위치·구조 및 설비의 기준] – 제5호, 제6호
- 간이 저장탱크의 용량은 600ℓ 이하이어야 한다.
- 간이 저장탱크는 두께 3.2mm 이상의 강판으로 흠이 없도록 제작하여야 하며, 70kPa의 압력으로 10분간의 수압시험을 실시하여 새거나 변형되지 아니하여야 한다.

39 위험물안전관리법령상 예방규정을 정하여야 하는 제조소등에 해당하지 않는 것은?

[빈출유형]

① 지정수량 10배 이상의 위험물을 취급하는 제조소

② 이송취급소

③ 암반 탱크저장소

④ 지정수량의 200배 이상의 위험물을 저장하는 옥내 탱크저장소

해설 위험물안전관리법령상 예방규정을 정하여야 하는 제조소등에 옥내 탱크저장소는 포함되지 않는다.

[위험물안전관리법 제17조 / 예방규정] – 제1항
대통령령이 정하는 제조소등의 관계인은 당해 제조소등의 화재 예방과 화재 등 재해 발생 시의 비상조치를 위하여 행정안전부령이 정하는 바에 따라 예방 규정을 정하여 당해 제조소등의 사용을 시작하기 전에 시·도지사에게 제출하여야 한다. 예방 규정을 변경한 때에도 또한 같다.

정답 34 ④ 35 ② 36 ③ 37 ④ 38 ③ 39 ④

[위험물안전관리법 시행령 제15조 / 관계인이 예방 규정을 정하여야 하는 제조소등]
위 법조문에서 "대통령령이 정하는 제조소등"이라 함은 다음에 해당하는 제조소등을 말한다.
- 지정수량의 10배 이상의 위험물을 취급하는 제조소(①)
- 지정수량의 100배 이상의 위험물을 저장하는 옥외저장소
- 지정수량의 150배 이상의 위험물을 저장하는 옥내저장소
- 지정수량의 200배 이상의 위험물을 저장하는 옥외 탱크저장소(④)
- 암반 탱크저장소(③)
- 이송취급소(②)
- 지정수량의 10배 이상의 위험물을 취급하는 일반취급소
  다만, 제4류 위험물(특수인화물을 제외한다)만을 지정수량의 50배 이하로 취급하는 일반취급소(제1석유류·알코올류의 취급량이 지정수량의 10배 이하인 경우에 한한다)로서 다음의 어느 하나에 해당하는 것을 제외한다.
  - 보일러·버너 또는 이와 비슷한 것으로서 위험물을 소비하는 장치로 이루어진 일반취급소
  - 위험물을 용기에 옮겨 담거나 차량에 고정된 탱크에 주입하는 일반취급소

40 유기과산화물의 화재 예방상 주의사항으로 틀린 것은?

① 직사광선을 피하고 냉암소에 저장한다.
② 불꽃, 불티 등의 화기 및 열원으로부터 멀리한다.
③ 산화제와 접촉하지 않도록 주의한다.
④ 대형화재 시 분말소화기를 이용한 질식소화가 유효하다.

해설 유기과산화물은 제5류 위험물에 속하는 물질로 자기반응성 물질이다. 자체 산소를 지니고 있어 화재 발생 시 분말소화기를 이용하여 질식소화를 하여도 자체 산소에 의해 연소가 지속되는 경향을 보이므로 유효한 방법이 아니며 다량의 물에 의해 주수소화하는 것이 가장 적당하다.

41 제5류 위험물을 취급하는 위험물 제조소에 설치하는 주의사항 게시판에서 표시하는 내용과 바탕색, 문자색으로 옳은 것은?

① '화기주의', 백색 바탕에 적색 문자
② '화기주의', 적색 바탕에 백색 문자
③ '화기엄금', 백색 바탕에 적색 문자
④ '화기엄금', 적색 바탕에 백색 문자

해설 [위험물안전관리법 시행규칙 별표4 / 제조소의 위치·구조 및 설비의 기준] – Ⅲ. 표지 및 게시판 中
- 저장 또는 취급하는 위험물에 따라 다음의 규정에 의한 주의사항을 표시한 게시판을 설치할 것

저장 또는 취급하는 위험물 종류	표시할 주의사항	색 상
• 제1류 위험물 중 알칼리금속의 과산화물 • 제3류 위험물 중 금수성 물질	물기엄금	청색바탕 백색문자
• 제2류 위험물(인화성고체 제외)	화기주의	적색바탕 백색문자
• 제2류 위험물 중 인화성고체 • 제3류 위험물 중 자연발화성 물질 • 제4류 및 제5류 위험물	화기엄금	적색바탕 백색문자

※ 제1류 위험물 중 알칼리금속의 과산화물 이외의 물질과 제6류 위험물은 해당사항 없음

42 산화성 고체의 저장 및 취급 방법으로 옳지 않은 것은?

① 가연물과 접촉 및 혼합을 피한다.
② 분해를 촉진하는 물품의 접근을 피한다.
③ 조해성 물질의 경우 물속에 보관하고, 가열·충격·마찰 등을 피하여야 한다.
④ 알칼리금속의 과산화물은 물과의 접촉을 피하여야 한다.

해설 조해성이란 공기 중의 습기를 흡수하여 녹는 성질을 말하는 것으로 물이나 습기와의 접촉을 피하여야 하므로 물속에 보관하지 않는다. 방습 처리와 용기를 밀폐하여 보관한다.

① 제1류 위험물인 산화성 고체는 자신은 불연성이지만 가연물(제2류 위험물 등)과 접촉하면 산소 공급원으로 작용하여 연소나 폭발을 촉발할 수 있으므로 가연물과의 접촉 및 혼합은 피해야 한다. 이러한 이유로 위험물안전관리법령에서도 운반 시에는 산화성 고체인 제1류 위험물은 산화성 액체인 제6류 위험물 이외에 다른 위험물과는 혼재를 금하고 있다.

② 반응성이 커서 가열, 충격, 마찰 등에 의해 분해되어 산소를 방출하며 황산이나 염산과 같은 산과 반응하면 분해되어 유독성 가스(ClO_2나 Cl_2, H_2O_2)를 발생한다. 분해를 촉진하는 물품이나 환경을 피하는 것은 기본적 사항이다.

④ 알칼리금속의 과산화물은 금수성 물질로서 물과 접촉하면 격렬하게 반응하여 산소를 방출하고 발열하므로 발화 가능성이 증대된다. 이러한 이유로 물과의 접촉은 엄격하게 금지된다.

43 황의 성질로 옳은 것은?

① 전기 양도체이다.
② 물에는 매우 잘 녹는다.
③ 이산화탄소와 반응한다.
④ 미분은 분진폭발의 위험성이 있다.

해설 제2류 위험물에 속하는 황은 밀폐된 공간에서 미분 상태로 부유할 때 공기 중의 산소와 반응하여 분진 폭발할 위험성을 지니고 있다 (황은 순도가 60중량% 이상인 것을 위험물로 간주한다.).
① 전기의 부도체로서 마찰에 의한 정전기가 발생할 수 있다.
② 물에는 녹지 않으며 알코올에는 난용성이고 이황화탄소에는 고무상황 이외에는 잘 녹는다.
③ 이산화탄소와 반응하지 않는다.

44 위험물안전관리법령에 따라 기계에 의하여 하역하는 구조로 된 운반 용기의 외부에 행하는 표시내용에 해당하지 않는 것은? (단, 국제 해상위험물 규칙에 정한 기준 또는 소방방재청장이 정하여 고시하는 기준에 적합한 표시를 한 경우는 제외한다.)

① 운반 용기의 제조 년 월
② 제조자의 명칭
③ 겹쳐 쌓기 시험하중
④ 용기의 유효기간

해설 [위험물안전관리법 시행규칙 별표19 / 위험물의 운반에 관한 기준] - Ⅱ. 적재방법 제13호
기계에 의하여 하역하는 구조로 된 운반 용기의 외부에 행하는 표시는 제8호의 규정에 의하는 외에 다음 각목의 사항을 포함하여야 한다. 다만, UN의 위험물 운송에 관한 권고 (RTDG, Recommendations on the Transport of Dangerous Goods)에서 정한 기준 또는 소방청장이 정하여 고시하는 기준에 적합한 표시를 한 경우에는 그러하지 아니하다.

- 운반 용기의 제조 년 월(①) 및 제조자의 명칭(②)
- 겹쳐 쌓기 시험하중(③)
- 운반 용기의 종류에 따라 다음의 규정에 의한 중량
  - 플렉서블 외의 운반 용기 : 최대 총중량
    (최대수용중량의 위험물을 수납하였을 경우의 운반 용기의 전중량을 말한다)
  - 플렉서블 운반 용기 : 최대수용중량
- 위에 규정하는 것 외에 운반 용기의 외부에 행하는 표시에 관하여 필요한 사항으로서 소방청장이 정하여 고시하는 것

[위험물안전관리법 시행규칙 별표19] - Ⅱ. 적재방법 제8호
위험물은 그 운반 용기의 외부에 다음에 정하는 바에 따라 위험물의 품명, 수량 등을 표시하여 적재하여야 한다. 다만, UN의 위험물 운송에 관한 권고에서 정한 기준 또는 소방청장이 정하여 고시하는 기준에 적합한 표시를 한 경우에는 그러하지 아니하다.

정답 40 ④ 41 ④ 42 ③ 43 ④ 44 ④

- 위험물의 품명·위험등급·화학명 및 수용성 ("수용성" 표시는 제4류 위험물로서 수용성인 것에 한한다)
- 위험물의 수량
- 수납하는 위험물에 따라 규정된 주의사항

류 별	성 질	표시할 주의사항
제1류 위험물	산화성 고체	• 알칼리금속의 과산화물 또는 이를 함유한 것 : 화기·충격주의, 물기엄금 및 가연물 접촉주의 • 그밖의 것 : 화기·충격주의, 가연물 접촉주의
제2류 위험물	가연성 고체	• 철분·금속분·마그네슘 또는 이들 중 어느 하나 이상을 함유한 것 : 화기주의, 물기엄금 • 인화성 고체 : 화기엄금 • 그 밖의 것 : 화기주의
제3류 위험물	자연발화성 및 금수성 물질	• 자연발화성 물질 : 화기엄금, 공기접촉엄금 • 금수성 물질 : 물기엄금
제4류 위험물	인화성 액체	화기엄금
제5류 위험물	자기반응성 물질	화기엄금, 충격주의
제6류 위험물	산화성 액체	가연물 접촉주의

45 경유를 저장하는 옥외 저장탱크의 반지름이 2m이고 높이가 12m일 때 탱크 옆판으로부터 방유제까지의 거리는 몇 m 이상이어야 하는가? 13년·1 유사

① 4 ② 5
③ 6 ④ 7

해설 경유는 제4류 위험물(인화성액체) 중 제2석유류에 속하는 물질이며 인화점은 50~70℃ 정도이다. 따라서 경유를 저장하는 옥외 저장탱크의 지름이 15m 미만인 경우에는 방유제와 탱크 옆판 사이의 거리를 탱크 높이의 3분의 1 이상 유지해야 하므로 $12 \times \frac{1}{3} = 4(m)$ 이상이어야 한다.

[위험물안전관리법 시행규칙 별표6 / 옥외 탱크저장소의 위치·구조 및 설비의 기준] - Ⅸ. 방유제 中

인화성액체 위험물(이황화탄소를 제외한다)의 옥외 탱크저장소의 탱크 주위에 설치하는 방유제는 옥외 저장탱크의 지름에 따라 그 탱크의 옆판으로부터 다음에 정하는 거리를 유지할 것. 다만, 인화점이 200℃ 이상인 위험물을 저장 또는 취급하는 것에 있어서는 그러하지 아니하다.
• 지름이 15m 미만인 경우에는 탱크 높이의 3분의 1 이상
• 지름이 15m 이상인 경우에는 탱크 높이의 2분의 1 이상

46 소화난이도 등급 Ⅰ의 옥내 탱크저장소에 설치하는 소화설비가 아닌 것은? (단, 인화점이 70℃ 이상인 제4류 위험물만을 저장·취급하는 장소이다.)

① 물분무 소화설비, 고정식 포 소화설비
② 이동식 이외의 이산화탄소 소화설비, 고정식 포 소화설비
③ 이동식의 분말소화설비, 스프링클러 설비
④ 이동식 이외의 할로겐화합물 소화설비, 물분무 소화설비

해설 [위험물안전관리법 시행규칙 별표17 / 소화설비, 비 및 피난설비의 기준] - Ⅰ. 소화설비 中
소화난이도 등급 Ⅰ의 옥내 탱크저장소에 설치하여야 하는 소화설비는 다음과 같다.

구 분	소화설비
유황만을 저장·취급하는 것	물분무 소화설비
인화점 70℃ 이상의 제4류 위험물만을 저장·취급하는 것	물분무 소화설비, 고정식 포 소화설비, 이동식 이외의 불활성가스 소화설비, 이동식 이외의 할로겐화합물 소화설비 또는 이동식 이외의 분말소화설비
그 밖의 것	고정식 포 소화설비, 이동식 이외의 불활성가스 소화설비, 이동식 이외의 할로겐화합물 소화설비 또는 이동식 이외의 분말소화설비

47 삼황화린과 오황화린의 공통점이 아닌 것은?

① 물과 접촉하여 인화수소가 발생한다.

② 가연성 고체이다.

③ 분자식이 P와 S로 이루어져 있다.

④ 연소 시 오산화인과 이산화황이 생성된다.

해설 제2류 위험물의 황화린에 속하는 물질들이다.
- 삼황화린(P_4S_3)
  조해성이 없고 물과 반응하지 않는다.
- 오황화린(P_2S_5)
  물과 반응하여 황화수소와 인산을 발생한다.
  $P_2S_5 + 8H_2O \rightarrow 5H_2S + 2H_3PO_4$

② 제2류 위험물은 가연성 고체이다.

③ 삼황화린의 분자식은 P_4S_3, 오황화린의 분자식은 P_2S_5로 P와 S로 이루어져 있다.

④ $P_4S_3 + 8O_2 \rightarrow 3SO_2 + 2P_2O_5$
$2P_2S_5 + 15O_2 \rightarrow 10SO_2 + 2P_2O_5$

48 다음 위험물 품명 중 지정수량이 나머지 셋과 다른 것은?

① 염소산염류   ② 질산염류

③ 무기과산화물   ④ 과염소산염류

해설 모두 제1류 위험물에 속하는 품명이다.
① 염소산염류 : 지정수량 50kg, 위험등급 I
② 질산염류 : 지정수량 300kg, 위험등급 II
③ 무기과산화물 : 지정수량 50kg, 위험등급 I
④ 과염소산염류 : 지정수량 50kg, 위험등급 I

[02쪽] 제1류 위험물의 분류 도표 참조

49 제2류 위험물인 유황의 대표적인 연소 형태는?

① 표면연소   ② 분해연소

③ 증발연소   ④ 자기연소

해설 유황의 연소 형태는 증발연소로서 아황산가스를 발생시킨다. 증발연소란 열분해를 일으키지 않고 증발하여 그 증기가 연소하거나(나프탈렌이나 유황 등) 또는 열에 의해 융해되어 액체로 변한 다음 이 액체 상태에서 기화된 증기가 연소하는(파라핀(양초), 왁스 등) 현상을 말한다. 황, 나프탈렌, 파라핀(양초), 대부분의 제4류 위험물이 취하는 연소 형태이다.

[연소의 구분에 관한 설명은 2015년 제1회 06번 해설 참조]

50 분말 소화기의 소화약제로 사용되지 않는 것은?

① 탄산수소나트륨   ② 탄산수소칼륨

③ 과산화나트륨   ④ 인산암모늄

해설 과산화나트륨은 제1류 위험물에 속하는 위험물이다.

❖ 분말 소화약제의 분류, 주성분 및 적응화재

구 분	주성분	화학식
제1종 분말	탄산수소나트륨	$NaHCO_3$
제2종 분말	탄산수소칼륨	$KHCO_3$
제3종 분말	제1인산암모늄	$NH_4H_2PO_4$
제4종 분말	탄산수소칼륨 + 요소	$KHCO_3 + (NH_2)_2CO$

구 분	적응화재	분말색
제1종 분말	B, C	백색
제2종 분말	B, C	담자색
제3종 분말	A, B, C	담홍색
제4종 분말	B, C	회색

* 적응화재 = A : 일반화재 / B : 유류화재 / C : 전기화재

51 질산이 공기 중에서 분해되어 발생하는 유독한 갈색 증기의 분자량은?

① 16   ② 40   ③ 46   ④ 71

해설 제6류 위험물에 속하는 질산(HNO_3)은 햇빛에 의해 공기 중에서 다음과 같이 분해된다.
$4HNO_3 \rightarrow 2H_2O + 4NO_2 \uparrow + O_2 \uparrow$
발생하는 유독한 갈색 증기는 이산화질소(NO_2)를 말하는 것이며 질소 원자량 14, 산소 원자량 16이므로 분자량은 14+16×2=46이 된다.

정답 45 ① 46 ③ 47 ① 48 ② 49 ③ 50 ③ 51 ③

52 다음 위험물 중 인화점이 가장 낮은 것은?

① 아세톤 　　② 이황화탄소
③ 클로로벤젠 　④ 디에틸에테르

해설 [5번] 해설 참조
모두 제4류 위험물에 속하는 물질들이다.

❖ 각 위험물의 인화점

아세톤	이황화탄소
−18℃	−30℃
클로로벤젠	디에틸에테르
27℃	−45℃

① 아세톤 : 제1석유류(수용성)
② 이황화탄소 : 특수인화물(비수용성)
③ 클로로벤젠 : 제2석유류(비수용성)
④ 디에틸에테르 : 특수인화물(비수용성)

❈ **Tip**
제4류 위험물 중에서 인화점이 가장 낮은 것을 찾는 문제라면 특수인화물을 찾아내면 된다. 출제되는 특수인화물 중에 디에틸에테르의 인화점이 가장 낮다.

53 탄화알루미늄 1몰을 물과 반응시킬 때 발생하는 가연성 가스의 종류와 양은?

① 에탄, 4몰 　② 에탄, 3몰
③ 메탄, 4몰 　④ 메탄, 3몰

해설 탄화알루미늄은 제3류 위험물 중 칼슘 또는 알루미늄의 탄화물에 속하는 위험물이며 물과의 반응식은 아래와 같다. 탄화알루미늄 1몰이 물과 완전히 반응하면 3몰의 메탄가스가 발생된다.

$Al_4C_3 + 12H_2O \rightarrow 4Al(OH)_3 + 3CH_4$

탄화알루미늄의 녹는점은 2,200℃ 정도이며 분해온도도 1,400℃ 정도로 높게 형성되지만 물과는 상온에서 반응하고 가연성의 메탄가스를 생성하므로 물과의 접촉을 금하도록 한다.

54 위험물안전관리법령상 예방규정을 정하여야 하는 제조소등의 관계인은 위험물 제조소등에 대하여 기술기준에 적합한지의 여부를 정기적으로 점검을 하여야 한다. 법적 최소 점검주기에 해당하는 것은? (단, 50만 리터 이상의 옥외 탱크저장소는 제외한다.)

[법 개정에 의한 문제 수정]

① 주 1회 이상 　② 월 1회 이상
③ 6개월 1회 이상 　④ 연 1회 이상

해설 대통령령이 정하는 제조소등(정기점검의 대상인 제조소등을 말하며 여기에는 예방규정을 정해야 하는 제조소등도 포함된다)의 관계인은 당해 제조소등에 대하여 기술기준에 적합한지의 여부에 대해 연 1회 이상 정기점검을 실시하고 점검 결과를 기록하여 보존하여야 한다.

[위험물안전관리법 제18조 / 정기점검 및 정기검사] – 제1항
대통령령이 정하는 제조소등의 관계인은 그 제조소등에 대하여 행정안전부령이 정하는 바에 따라 법 규정에 따른 기술기준에 적합한지의 여부를 정기적으로 점검하고 점검 결과를 기록하여 보존하여야 한다.

[위험물안전관리법 시행규칙 제64조 / 정기점검의 횟수]
법 제18조 제1항의 규정에 의하여 제조소등의 관계인은 당해 제조소등에 대하여 연 1회 이상 정기점검을 실시하여야 한다.

❈ **Tip**
(단, 50만 리터 이상의 옥외 탱크저장소는 제외한다.)라는 단서 조항은 원래 문제에서는 (단, 100만 리터 이상의 옥외 탱크저장소는 제외한다.)였으나 2017. 12. 29. 법 개정에 의해 100만 리터가 50만 리터로 바뀌었기에 오류를 정정하였다. 50만 리터 이상의 옥외 탱크저장소는 정기검사의 대상에 포함되기에 정기점검 주기를 묻는 문제의 명확성을 기하기 위해 제외 단서 조항을 붙인 것이다.

55 염소산나트륨의 성상에 대한 설명으로 옳지 않은 것은?

① 자신은 불연성 물질이지만 강한 산화제이다.
② 유리를 녹이므로 철제 용기에 저장한다.
③ 열분해하여 산소를 발생한다.
④ 산과 반응하면 유독성의 이산화염소를 발생한다.

해설 염소산나트륨($NaClO_3$)은 제1류 위험물 중 염소산염류에 속하는 위험물로서 철을 부식시키므로 철제 용기에 저장하지 않고 유리용기에 저장한다.
① 제1류 위험물인 산화성 고체는 자신은 불연성이지만 가연물과 접촉하면 산소 공급원으로 작용하여 연소나 폭발을 촉발할 수 있는 강력한 산화제이다. 이러한 이유로 위험물안전관리법령에서도 운반 시 산화성 고체인 제1류 위험물은 산화성 액체인 제6류 위험물 이외에 다른 위험물과는 혼재를 금하고 있다.
③ 300℃에서 분해되기 시작하며 염화나트륨과 산소를 발생한다.
$2NaClO_3 \rightarrow 2NaCl + 3O_2 \uparrow$
④ 강산과 반응하여 유독한 폭발성의 이산화염소를 발생시킨다.
$2NaClO_3 + 2HCl \rightarrow 2NaCl + 2ClO_2 + H_2O_2$

56 에틸알코올의 증기비중은 약 얼마인가?

16년 · 2 동일

① 0.72 ② 0.91 ③ 1.13 ④ 1.59

해설 • 증기비중 : 동일한 체적 조건하에서 어떤 기체(증기)의 질량과 표준물질의 질량과의 비를 말하며 표준물질로는 0℃, 1기압에서의 공기를 기준으로 한다.
[분자량의 비로 계산해도 된다.]

증기비중 = $\dfrac{증기의\ 분자량}{공기의\ 평균분자량}$ = $\dfrac{증기의\ 분자량}{29}$

• 평균대기분자량(공기의 평균분자량) : 대기를 구성하는 기체 성분들의 함량을 고려하여 구하는데 산소와 질소 두 성분 기체가 차지하는 비율이 거의 100%에 가까우므로 이 두 기체의 평균분자량을 평균대기분자량으로 간주한다.
대기 중의 질소 기체의 함량은 79%이고 분자량은 28이며 대기 중의 산소 기체의 함량은 21%이고 분자량은 32이므로
$\dfrac{28 \times 79 + 32 \times 21}{100} = 28.84 ≒ 29$가
평균대기분자량(공기의 평균분자량) 값이다.
• 에틸알코올의 분자량 = 46
• 공기의 평균분자량(평균대기분자량) = 29
그러므로 에틸알코올의 증기비중은
$\dfrac{46}{29} = 1.59$이다.

57 다음 중 인화점이 가장 높은 것은?

① 니트로벤젠   ② 클로로벤젠
③ 톨루엔   ④ 에틸벤젠

해설 [5번] 해설 참조
모두 제4류 위험물에 속하는 위험물이다.

❖ 각 위험물의 인화점

니트로벤젠	클로로벤젠
88℃	27℃
톨루엔	에틸벤젠
4℃	18℃

① 니트로벤젠 : 제3석유류(비수용성)
② 클로로벤젠 : 제2석유류(비수용성)
③ 톨루엔 : 제1석유류(비수용성)
④ 에틸벤젠 : 제1석유류(비수용성)

Tip
이 문제처럼 제4류 위험물 중에서 인화점이 가장 높은 것을 찾는 문제라면 석유류의 품명 번호가 높은 것을 찾으면 된다. 각 위험물의 인화점을 다 외워서 푸는 문제가 아니라는 점이다. 제4류 위험물의 인화점은 특수인화물 - 제1석유류 - 제2석유류 - 제3석유류 - 제4석유류의 순으로 높아진다.

정답 52 ④ 53 ④ 54 ④ 55 ② 56 ④ 57 ①

58 위험물안전관리법령에 대한 설명 중 옳지 않은 것은? [법 개정에 의한 문제변형]

① 군부대가 지정수량 이상의 위험물을 군사 목적으로 임시로 저장 또는 취급하는 경우는 제조소등이 아닌 장소에서 지정수량 이상의 위험물을 취급할 수 있다.

② 철도 및 궤도에 의한 위험물의 저장·취급 및 운반에 있어서는 위험물안전관리법령을 적용하지 아니한다.

③ 지정수량 미만인 위험물의 저장 또는 취급에 관한 기술상의 기준은 국가화재안전기준으로 정한다.

④ 업무상 과실로 제조소등에서 위험물을 유출, 방출 또는 확산시켜 사람의 생명, 신체 또는 재산에 대하여 위험을 발생시킨 자는 7년 이하의 금고 또는 7천만 원 이하의 벌금에 처한다.

해설 [위험물안전관리법 제4조 / 지정수량 미만인 위험물의 저장·취급]
지정수량 미만인 위험물의 저장 또는 취급에 관한 기술상의 기준은 특별시·광역시·특별자치시·도 및 특별자치도(이하 "시·도"라 한다)의 조례로 정한다.

① [위험물안전관리법 제5조 / 위험물의 저장 및 취급의 제한] - 제2항
다음의 어느 하나에 해당하는 경우에는 제조소등이 아닌 장소에서 지정수량 이상의 위험물을 취급할 수 있다.
• 시·도의 조례가 정하는 바에 따라 관할소방서장의 승인을 받아 지정수량 이상의 위험물을 90일 이내의 기간 동안 임시로 저장 또는 취급하는 경우
• 군부대가 지정수량 이상의 위험물을 군사 목적으로 임시로 저장 또는 취급하는 경우

② [위험물안전관리법 제3조 / 적용제외]
이 법은 항공기·선박·철도 및 궤도에 의한 위험물의 저장·취급 및 운반에 있어서는 이를 적용하지 아니한다.

④ [위험물안전관리법 제34조 / 벌칙] - 제1항
업무상 과실로 제조소등에서 위험물을 유출·방출 또는 확산시켜 사람의 생명·신체 또는 재산에 대하여 위험을 발생시킨 자는 7년 이하의 금고 또는 7천만 원 이하의 벌금에 처한다.
— 2016년 법 개정으로 2천만 원 이하의 벌금에서 7천만 원 이하의 벌금으로 변경됨

59 위험물안전관리법령에 따른 제6류 위험물의 특성에 대한 설명 중 틀린 것은?

① 과염소산은 유기물과 접촉 시 발화의 위험이 있다.

② 과염소산은 불안정하며 강력한 산화성 물질이다.

③ 과산화수소는 알코올, 에테르에 녹지 않는다.

④ 질산은 부식성이 강하고 햇빛에 의해 분해된다.

해설 과산화수소(H_2O_2)는 물, 알코올, 에테르에 잘 녹고 석유, 벤젠 등에는 녹지 않는다.

①·② 제6류 위험물은 자체로서는 불연성이지만 유기물과 같은 가연물과 혼합하거나 접촉하게 되면 산소 공급원으로 작용하는 조연성의 강력한 산화제로서 연소반응을 일으킬 수 있으므로 유기물과의 접촉은 피하도록 한다. 특히 과염소산은 매우 불안정한 물질이며 많은 종류의 유기물과 접촉하면 폭발적으로 발화하거나 폭발한다. 과염소산은 부식성·유독성·자극성·불연성·강력한 산화성의 특징을 보이는 위험물이다.

④ 질산은 무색 또는 담황색의 액체로서 부식성이 강하며 공기와의 접촉만으로도 백연을 발생한다. 질산과 염산을 1 : 3의 비율로 섞은 왕수는 금이나 백금도 녹일 수 있다. 햇빛에 의해 분해되어 NO_2를 발생하므로 갈색병에 넣어 냉암소에 보관한다.
$4HNO_3 \rightarrow 2H_2O + 4NO_2 + O_2$

60 위험물안전관리법령상 지하 탱크저장소의 위치·구조 및 설비의 기준에 따라 다음 ( )에 들어갈 수치로 옳은 것은?

> 탱크 전용실은 지하의 가장 가까운 벽·피트·가스관 등의 시설물 및 대지경계선으로부터 (ㄱ)m 이상 떨어진 곳에 설치하고, 지하 저장탱크와 탱크 전용실의 안쪽과의 사이는 (ㄴ)m 이상의 간격을 유지하도록 하며, 당해 탱크의 주위에 마른 모래 또는 습기 등에 의하여 응고되지 아니하는 입자지름 (ㄷ)mm 이하의 마른 자갈분을 채워야 한다.

① ㄱ : 0.1   ㄴ : 0.1   ㄷ : 5
② ㄱ : 0.1   ㄴ : 0.3   ㄷ : 5
③ ㄱ : 0.1   ㄴ : 0.1   ㄷ : 10
④ ㄱ : 0.1   ㄴ : 0.3   ㄷ : 10

해설 [위험물안전관리법 시행규칙 별표8 / 지하 탱크저장소의 위치·구조 및 설비의 기준] - Ⅰ. 지하 탱크저장소의 기준 제2호

탱크 전용실은 지하의 가장 가까운 벽·피트·가스관 등의 시설물 및 대지경계선으로부터 (0.1)m 이상 떨어진 곳에 설치하고, 지하 저장탱크와 탱크 전용실의 안쪽과의 사이는 (0.1)m 이상의 간격을 유지하도록 하며, 당해 탱크의 주위에 마른 모래 또는 습기 등에 의하여 응고되지 아니하는 입자지름 (5)mm 이하의 마른 자갈분을 채워야 한다.

"창의성 없는 절약은 결핍이다."   － Amy Dacyczyn(에이미 다사이크진) －

정답 58 ③   59 ③   60 ①

15. 2013년 제1회 기출문제 및 해설 (13년 1월 27일)

1과목 화재예방과 소화방법

01 제1종 분말소화약제의 적응화재 급수는?

[최다 빈출 유형]

① A급 ② BC급
③ AB급 ④ ABC급

해설 ❖ 분말 소화약제의 분류, 주성분 및 적응화재

구 분	주성분	화학식
제1종 분말	탄산수소나트륨	$NaHCO_3$
제2종 분말	탄산수소칼륨	$KHCO_3$
제3종 분말	제1인산암모늄	$NH_4H_2PO_4$
제4종 분말	탄산수소칼륨 + 요소	$KHCO_3 + (NH_2)_2CO$

구 분	적응화재	분말색
제1종 분말	B, C	백색
제2종 분말	B, C	담자색
제3종 분말	A, B, C	담홍색
제4종 분말	B, C	회색

★적응화재 = A : 일반화재 / B : 유류화재 / C : 전기화재

❖ 분말 소화약제의 열분해 반응식

구 분	열분해 반응식
제1종 분말	$2NaHCO_3 \rightarrow Na_2CO_3 + CO_2 + H_2O$
제2종 분말	$2KHCO_3 \rightarrow K_2CO_3 + CO_2 + H_2O$
제3종 분말	$NH_4H_2PO_4 \rightarrow HPO_3 + NH_3 + H_2O$
제4종 분말	$2KHCO_3 + (NH_2)_2CO \rightarrow K_2CO_3 + 2NH_3 + 2CO_2$

02 제1류 위험물의 저장 방법에 대한 설명으로 틀린 것은?

① 조해성 물질은 방습에 주의한다.
② 무기과산화물은 물속에 보관한다.
③ 분해를 촉진하는 물품과의 접촉을 피하여 저장한다.
④ 복사열이 없고 환기가 잘되는 서늘한 곳에 저장한다.

해설 제1류 위험물 중 무기과산화물은 물과 반응하여 산소 기체를 발생하고 발열하므로 물과의 접촉은 피하도록 하며 건조 밀폐하여 환기가 잘되는 냉암소에 보관한다. 특히 알칼리금속의 과산화물은 물과 격렬히 반응하며 발열하고 대량 발생의 경우 폭발할 수도 있으므로 물과의 접촉은 물론 화재의 소화에도 물을 절대로 사용하여서는 안 된다.

❖ 무기과산화물과 물과의 반응 예
- $2Na_2O_2 + 2H_2O \rightarrow 4NaOH + O_2 \uparrow + Q\ kcal$
- $2K_2O_2 + 2H_2O \rightarrow 4KOH + O_2 \uparrow + Q\ kcal$
- $2MgO_2 + 2H_2O \rightarrow 2Mg(OH)_2 + O_2 \uparrow + Q\ kcal$

03 유류화재의 급수와 표시색상으로 옳은 것은?

① A급, 백색 ② B급, 백색
③ A급, 황색 ④ B급, 황색

해설 ❖ 화재의 유형

화재 급수	화재 종류	소화기표시 색상	적용대상물
A급	일반화재	백색	일반 가연물(종이, 목재, 섬유, 플라스틱 등)
B급	유류화재	황색	가연성 액체(제4류 위험물 및 유류 등)
C급	전기화재	청색	통전상태에서의 전기기구, 발전기, 변압기 등
D급	금속화재	무색	가연성 금속(칼륨, 나트륨, 금속분, 철분, 마그네슘 등)

04 소화기의 사용 방법으로 잘못된 것은?

① 적응화재에 따라 사용할 것
② 성능에 따라 방출 거리 내에서 사용할 것
③ 바람을 마주 보며 소화할 것
④ 양옆으로 비로 쓸 듯이 방사할 것

해설 바람을 등지고 풍상(upwind / 바람이 불어오는 쪽)에서 풍하(downwind / 바람이 빠져나가는 쪽) 방향으로 소화하여야 화염이나 유해 가스로부터 안전한 상황을 만들 수 있다.

05 그림과 같이 횡으로 설치한 원통형 위험물 탱크에 대하여 탱크의 용량을 구하면 약 몇 m³인가? (단, 공간용적은 탱크 내용적의 100분의 5로 한다.)   12년·5
15년·2 ▌ 16년·4, 20년·2 유사 ▌ 16년·1 동일

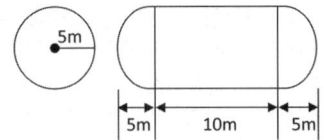

① 196.3 ② 261.6
③ 785.0 ④ 994.8

해설 • 탱크의 내용적
- 근거 : [위험물안전관리에 관한 세부기준 별표1] - 탱크의 내용적 계산방법
  횡으로 설치한 원형탱크의 내용적은 다음의 공식을 이용하여 구한다.

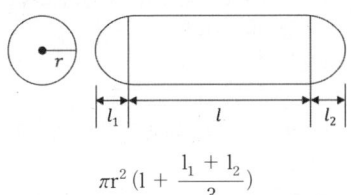

$$\pi r^2 \left(1 + \frac{l_1 + l_2}{3}\right)$$

- 문제의 조건을 식에 대입하여 풀면
$$5^2 \pi \left(10 + \frac{5+5}{3}\right) \fallingdotseq 1047.2 (m^3)$$

• 탱크의 공간용적
- 근거 : [위험물안전관리에 관한 세부기준 제25조] - 탱크의 내용적 및 공간용적 中 탱크의 공간용적은 탱크의 내용적의 100분의 5 이상 100분의 10 이하의 용적으로 한다.
- 문제에서 탱크의 공간용적은 내용적의 100분의 5라고 했으므로
$$1047.2 \times \frac{5}{100} = 52.36 \, (m^3)$$

• 탱크의 용량
- 근거 : [위험물안전관리법 시행규칙 제5조]
- 탱크 용적의 산정기준
  위험물을 저장 또는 취급하는 탱크의 용량은 해당 탱크의 내용적에서 공간용적을 뺀 용적으로 한다.
- 탱크의 용량 = 탱크의 내용적 - 탱크의 공간용적
  그러므로, 1047.2 - 52.36 = 994.84(m³)

06 열의 이동 원리 중 복사에 관한 예로 적당하지 않은 것은?
① 그늘이 시원한 이유
② 더러운 눈이 빨리 녹는 현상
③ 보온병 내부를 거울 벽으로 만드는 것
④ 해풍과 육풍이 일어나는 원리

해설 해풍과 육풍이 일어나는 원리는 대류현상으로 설명할 수 있다.
해륙풍은 육지와 바다의 비열 차이로 인해 하루를 주기로 일어나는 공기 흐름 현상이다. 일반적으로 흙은 물보다 비열이 작아 빨리 데워지고 빨리 식는다. 낮에는 태양열에 의해 육지가 바다보다 빨리 데워져서 상대적으로 가벼워진 육지의 공기가 상승하고 기압이 낮아지므로 저기압이 형성된다. 그 때문에 해면의 상대적으로 낮은 온도의 공기가 육지로 밀려 들어가는데 이 바람을 해풍이라고 한다. 이와는 반대로 밤에는 육지보다 바닷물이 천천히 식으므로 육지의 공기보다 해면의 공기 온도가 높아 가벼워져 위로 올라가며 낮은 온도의 육지 공기가 바다 쪽으로 밀려간다. 이 바람을 육풍이라고 한다.
그늘이 시원한 이유는 햇빛이 비치는 부분이 따뜻한 이유와 같은 맥락으로 태양 복사열에 의한 현상이며 깨끗한 흰 눈보다 불순물이 섞인 눈이 태양 복사열을 더 잘 흡수하므로 빨리 녹는 것이다. 보온병은 진공상태로 공간이 분리된 두 층의 유리로 되어 있어 전도나 대류에 의한 열손실을 방지하는 동시에 거울로 되어 있어 손실되는 열을 복사 방식으로 되돌려 내부의 온도를 일정하게 유지한다.

정답 01 ② 02 ② 03 ④ 04 ③ 05 ④ 06 ④

07 위험물안전관리법령상의 규제에 관한 설명 중 틀린 것은? 13년·2 유사

① 지정수량 미만의 위험물의 저장·취급 및 운반은 시·도 조례에 의하여 규제한다.

② 항공기에 의한 위험물의 저장·취급 및 운반은 위험물안전관리법의 규제대상이 아니다.

③ 궤도에 의한 위험물의 저장·취급 및 운반은 위험물안전관리법의 규제대상이 아니다.

④ 선박법의 선박에 의한 위험물의 저장·취급 및 운반은 위험물안전관리법의 규제대상이 아니다.

해설 [위험물안전관리법 제4조 / 지정수량 미만인 위험물의 저장·취급] 및 [위험물안전관리법 제20조 / 위험물의 운반]

지정수량 미만인 위험물의 저장 또는 취급에 관한 기술상의 기준은 특별시·광역시·특별자치시·도 및 특별자치도(이하 "시·도"라 한다)의 조례로 정하고 <u>위험물의 운반</u>은 그 용기·적재방법 및 운반방법에 관한 중요기준과 세부기준에 따라 <u>행정안전부령이 정하는 기준을 적용</u>한다.

지정수량 미만의 위험물 운반은 시·도 조례에 의하여 규제되는 사항이 아닌 것이다.

[위험물안전관리법 제3조 / 적용제외]
이 법은 항공기·선박(선박법 제1조의 2 제1항의 규정에 따른 선박을 말한다)·철도 및 궤도에 의한 위험물의 저장·취급 및 운반에 있어서는 이를 적용하지 아니한다.

08 다음 물질 중 분진폭발의 위험성이 가장 낮은 것은?

① 밀가루   ② 알루미늄분말
③ 모래   ④ 석탄

해설 분진폭발은 입자의 크기가 작고 가벼울수록 가능성이 크다.

금속분말이나 밀가루, 석탄 등은 분진폭발 위험이 있으며 모래는 소화약제로 사용하는 물질이므로 분진폭발의 위험성은 없다고 할 것이다.

❖ **분진폭발**
- 정의 : 가연성 분진이 공기 중에 일정 농도 이상으로 분산되어 있을 때 점화원에 의해서 연소·폭발하는 현상이다. 특히 분진의 경우에는 단위 무게 당 표면적의 비율이 높아진 상태이므로 반응속도가 증가하여 위험성이 높은 특징을 나타낸다.
- 분진폭발의 조건
  - 분진은 가연성이어야 하며
  - 공기 중에 부유하는 시간이 길어야 하며
  - 화염을 개시할 정도의 충분한 에너지를 갖는 점화원이 있어야 하고
  - 연소를 도와주고 유지할 수 있을 정도의 충분한 산소가 존재해야 하며
  - 폭발범위 이내의 분진농도가 형성되어 있어야 한다.
- 분진폭발 하는 물질
  - 석탄, 코크스, 카본블랙 등
  - 금속분 : 알루미늄분, 마그네슘분, 아연분, 철분 등
  - 식료품 : 밀가루, 분유, 전분, 설탕가루, 건조효모 등
  - 가공 농산품 : 후추가루, 담배가루 등
  - 목질유 : 목분, 코르크분, 종이가루 등
- 분진폭발 위험성이 없는 물질 : 시멘트가루, 모래, 석회분말, 가성소오다 등

09 제4류 위험물로만 나열된 것은?

① 특수인화물, 황산, 질산
② 알코올, 황린, 니트로화합물
③ 동식물유류, 질산, 무기과산화물
④ 제1석유류, 알코올류, 특수인화물

해설 ① 황산은 위험물로 분류하지 않으며 질산은 제6류 위험물이다.
② 황린은 제3류 위험물, 니트로화합물은 제5류 위험물이다.
③ 질산은 제6류 위험물, 무기과산화물은 제1류 위험물이다.
[11쪽] 제4류 위험물의 분류 도표 참조

10 니트로화합물과 같은 가연성 물질이 자체 내에 산소를 함유하고 있어 공기 중의 산소를 필요로 하지 않고 자체의 산소에 의해서 연소되는 현상은?

① 자기연소　　② 등심연소
③ 훈소연소　　④ 분해연소

해설 니트로화합물은 제5류 위험물에 속하는 자기 반응성 물질이다.
자기연소란 내부연소 또는 자활연소라고도 하며 가연성 물질이 자체 내에 산소를 함유하고 있어 공기 중의 산소를 필요로 하지 않고 자체의 산소에 의해서 연소되는 현상을 말하는 것으로 제5류 위험물의 연소가 여기에 해당된다. 대부분 폭발성을 지니고 있으므로 폭발성 물질로 취급되고 있다.
② 등심연소란 석유스토브나 램프와 같이 연료를 심지로 빨아올려 심지 표면에서 증발시켜 연소하는 것을 말한다.
③ 훈소연소란 다공성의 가연성 물질 내부에서 발생하는 것으로 불꽃이 없이 타는 연소를 말하며 깜부기불이나 담배의 연소 등이 해당된다.
④ 분해연소란 액체와 고체의 가연물에서 일어나는 것으로서 열분해에 의해 발생된 가연성 가스가 공기와 혼합하여 연소하는 현상이며 열분해는 가연물이 없어질 때까지 계속된다.

11 위험물안전관리법령상 옥내소화전 설비의 비상 전원은 몇 분 이상 작동할 수 있어야 하는가?

① 45분　　② 30분
③ 20분　　④ 10분

해설 [위험물안전관리에 관한 세부기준 제129조 / 옥내소화전 설비의 기준] - 제6호 내용 中
옥내소화전 설비의 비상 전원은 자가발전설비 또는 축전지설비에 의하되 비상 전원의 용량은 옥내소화전 설비를 유효하게 45분 이상 작동시키는 것이 가능할 것

12 제1류 위험물인 과산화나트륨의 보관 용기에 화재가 발생하였다. 소화약제로 가장 적당한 것은?

① 포 소화약제　　② 물
③ 마른모래　　④ 이산화탄소

해설 과산화나트륨은 제1류 위험물 중 무기과산화물에 속하는 위험물이며 그 중에서도 알칼리금속 과산화물로서 물과 만나면 격렬하게 반응하여 산소 기체를 발생하고 발열하는 금수성 물질이므로 주수소화는 금지한다.
$2Na_2O_2 + 2H_2O \rightarrow 4NaOH + O_2 \uparrow + Q\ kcal$
또한 과산화나트륨은 이산화탄소와도 반응하여 산소 기체를 발생하므로 소화약제로 부적당하다.
$2Na_2O_2 + 2CO_2 \rightarrow 2Na_2CO_3 + O_2 \uparrow$
포 소화약제는 질식소화 효과를 보이는 소화약제이지만 대부분이 물로 이루어져 있어 주수소화의 효과도 보이므로 금수성 물질인 알칼리금속 과산화물의 소화에는 사용하지 않는다.
마른모래, 팽창질석, 팽창진주암, 탄산수소염류 분말소화약제가 적당하다.

❈ **Tip**
마른모래는 모든 위험물의 소화에 적응성을 보이므로 지문에 보인다면 정답으로 구해도 된다.

정답 07 ① 08 ③ 09 ④ 10 ① 11 ① 12 ③

13 위험물안전관리법령에 따라 옥내소화전 설비를 설치할 때 배관의 설치기준에 대한 설명으로 옳지 않은 것은?

① 배관용 탄소 강관(KS D 3507)을 사용할 수 있다.

② 주 배관의 입상관 구경은 최소 60mm 이상으로 한다.

③ 펌프를 이용한 가압송수장치의 흡수관은 펌프마다 전용으로 설치한다.

④ 원칙적으로 급수배관은 생활용수 배관과 같이 사용할 수 없으며 전용배관으로만 사용한다.

해설 [위험물안전관리에 관한 세부기준 제129조 / 옥내소화전 설비의 기준] - 제8호 中 발췌
옥내소화전 설비의 배관은 다음에 정한 기준에 의할 것
- 전용으로 할 것(④). 다만, 옥내소화전의 기동장치를 조작하는 것에 의하여 즉시 다른 소화설비 배관의 송수를 차단하는 것이 가능한 경우 등 당해 옥내소화전 설비의 성능에 지장을 주지 아니하는 경우에는 그러하지 아니하다.
- 가압송수장치의 토출 측 직근 부분의 배관에는 체크 밸브 및 개폐 밸브를 설치할 것
- 펌프를 이용한 가압송수장치의 흡수관은 아래에 정한 것에 의할 것
  - 흡수관은 펌프마다 전용으로 설치할 것(③)
  - 흡수관에는 여과장치(후드 밸브에 부속된 것을 포함한다)를 설치하여야 하며, 수원의 수위가 펌프보다 낮은 위치에 있는 경우에는 후드 밸브를 설치하고 그 외의 경우에는 개폐 밸브를 설치할 것
  - 후드 밸브는 용이하게 점검할 수 있도록 할 것
- 「배관용 탄소강관」(KS D 3507), 「압력배관용 탄소강관」(KS D 3562) 또는 이와 동등 이상의 강도, 내식성 및 내열성을 갖는 관을 사용할 것(①)
- 주배관 중 입상관은 관의 직경이 50mm 이상인 것으로 할 것(②)
- 밸브류 중 개폐 밸브에는 그 개폐 방향을, 체크 밸브에는 그 흐름방향을 표시할 것
- 배관은 당해 배관에 급수하는 가압송수장치의 체절압력의 1.5배 이상의 수압을 견딜 수 있는 것으로 할 것

14 위험물의 화재별 소화 방법으로 옳지 않은 것은?

① 황린 - 분무주수에 의한 냉각소화

② 인화칼슘 - 분무주수에 의한 냉각소화

③ 톨루엔 - 포에 의한 질식소화

④ 질산메틸 - 주수에 의한 냉각소화

해설 인화칼슘은 제3류 위험물 중 금속의 인화물에 속하는 물질로 물과 반응하여 유독성의 포스핀 가스를 발생시키므로 분무주수에 의한 냉각소화는 불가능하며 마른모래 등을 이용하여 피복소화 한다.
$Ca_3P_2 + 6H_2O \rightarrow 2PH_3\uparrow + 3Ca(OH)_2$
① 황린은 물속에 저장하는 위험물로 화재 시 분무주수에 의한 냉각소화가 가능하다.
③ 톨루엔은 제4류 위험물(제1석유류)이므로 포 소화약제에 의한 질식소화가 가능하다.
④ 질산메틸은 제5류 위험물 중 질산에스테르류에 속하는 물질이므로 질식소화는 효과 없으며 다량의 물에 의한 주수 냉각소화가 효과적이다.

15 옥내에서 지정수량 100배 이상을 취급하는 일반취급소에 설치하여야 하는 경보설비는?
(단, 고인화점 위험물만을 취급하는 경우는 제외한다.)

① 비상경보 설비

② 자동화재탐지설비

③ 비상방송 설비

④ 비상벨 설비 및 확성장치

해설 [위험물안전관리법 시행규칙 별표17 / 소화설비, 경보설비 및 피난설비의 기준] - Ⅱ. 경보설비 / 1. 제조소등별로 설치해야 하는 경보설비의 종류 中

제조소등 의 구분	제조소등의 규모, 저장 또는 취급하는 위험물의 종류 및 최대수량 등	경보설비
제조소 및 일반취급소	• 연면적이 500m² 이상인 것 • 옥내에서 지정수량의 100배 이상을 취급하는 것(고인화점 위험물만을 100℃ 미만의 온도에서 취급하는 것은 제외한다) • 일반취급소로 사용되는 부분 외의 부분이 있는 건축물에 설치된 일반취급소(일반취급소와 일반취급소 외의 부분이 내화구조의 바닥 또는 벽으로 개구부 없이 구획된 것은 제외한다)	자동화재 탐지설비

16 강화액 소화기에 대한 설명이 아닌 것은?

① 알칼리 금속염류가 포함된 고농도의 수용액이다.
② A급 화재에 적응성이 있다.
③ 어는점이 낮아서 동절기에도 사용이 가능하다.
④ 물의 표면장력을 강화시킨 것으로 심부화재에 효과적이다.

해설 물의 표면장력을 약화시켜 침투력을 증가시킴으로서 심부화재에 효과가 있는 것이다.

❖ **강화액 소화약제**
수계 소화약제의 하나로 물의 동결현상을 해결하기 위해 탄산칼륨(K_2CO_3), 인산암모늄[$(NH_4)_2PO_4$]과 침투제 등을 물에 첨가하여 빙점을 강하시킨 소화약제로 pH가 12 이상을 나타내는 강알칼리성 약제이다. 어는점은 대략 -30~-26℃ 정도로서 동절기나 한랭지역 등에서도 사용 가능하며 주수냉각 방식으로 소화한다. 첨가제와 침투제가 혼합됨으로서 물의 표면장력이 약화되고 침투작용이 용이해짐으로서 심부화재의 소화에 효과적으로 사용된다. A급(일반화재)과 B급(유류화재) 화재에 적용한다.

17 인화점이 섭씨 200℃ 미만인 위험물을 저장하기 위하여 높이가 15m이고 지름이 18m인 옥외 저장탱크를 설치하는 경우 옥외 저장탱크와 방유제와의 사이에 유지하여야 하는 거리는? 13년·2 유사

① 5.0m 이상 ② 6.0m 이상
③ 7.5m 이상 ④ 9.0m 이상

해설 인화성 액체 위험물을 저장하는 옥외 저장탱크의 지름이 15m 이상인 경우에는 옥외 저장탱크의 옆판과 방유제와의 사이는 탱크 높이의 2분의 1 이상의 거리를 유지하도록 규정하고 있으므로 높이 15m의 2분의 1인 7.5m 이상의 거리를 유지해야 한다.

[위험물안전관리법 시행규칙 별표6 / 옥외 탱크저장소의 위치·구조 및 설비의 기준] - Ⅸ. 방유제 中
인화성 액체 위험물(이황화탄소를 제외한다)의 옥외 탱크저장소의 탱크 주위에 설치하는 방유제는 옥외 저장탱크의 지름에 따라 그 탱크의 옆판으로부터 다음에 정하는 거리를 유지할 것. 다만, 인화점이 200℃ 이상인 위험물을 저장 또는 취급하는 것에 있어서는 그러하지 아니하다.
• 지름이 15m 미만인 경우에는 탱크 높이의 3분의 1 이상
• 지름이 15m 이상인 경우에는 탱크 높이의 2분의 1 이상

18 금속칼륨에 대한 초기의 소화약제로서 적합한 것은?

① 물 ② 마른모래
③ CCl_4 ④ CO_2

해설 제3류 위험물에 속하는 금속칼륨은 물, 이산화탄소, 사염화탄소와 반응하여 위험하므로 이들을 소화약제로 사용하지 않는다.
$2K + 2H_2O \rightarrow 2KOH + H_2 \uparrow$
$4K + CCl_4 \rightarrow 4KCl + C$
$4K + 3CO_2 \rightarrow 2K_2CO_3 + C$

정답 13 ② 14 ② 15 ② 16 ④ 17 ③ 18 ②

19 위험물을 취급함에 있어서 정전기를 유효하게 제거하기 위한 설비를 설치하고자 한다. 위험물안전관리법령상 공기 중의 상대 습도를 몇 % 이상 되게 하여야 하는가? [빈출 유형]

① 50
② 60
③ 70
④ 80

해설 [위험물안전관리법 시행규칙 별표4 / 제조소의 위치·구조 및 설비의 기준] - Ⅷ. 기타설비 中 제6호. 정전기 제거설비
위험물을 취급함에 있어서 정전기가 발생할 우려가 있는 설비에는 다음에 해당하는 방법으로 정전기를 유효하게 제거할 수 있는 설비를 설치하여야 한다.
- 접지에 의한 방법
- 공기 중의 상대습도를 70% 이상으로 하는 방법
- 공기를 이온화하는 방법

20 위험물안전관리법령에 따른 자동화재탐지설비의 설치기준에서 하나의 경계구역의 면적은 얼마 이하로 하여야 하는가? (단, 해당 건축물 그 밖의 공작물의 주요한 출입구에서 그 내부의 전체를 볼 수 없는 경우이다.)

① 500m²
② 600m²
③ 800m²
④ 1,000m²

해설 [위험물안전관리법 시행규칙 별표17 / 소화설비, 경보설비 및 피난설비의 기준] - Ⅱ. 경보설비 - 2. 자동화재탐지설비의 설치기준 中
하나의 경계구역의 면적은 600m² 이하로 하고 그 한 변의 길이는 50m(광전식 분리형 감지기를 설치할 경우에는 100m)이하로 할 것. 다만, 당해 건축물 그 밖의 공작물의 주요한 출입구에서 그 내부의 전체를 볼 수 있는 경우에 있어서는 그 면적을 1,000m² 이하로 할 수 있다.

2과목 위험물의 화학적 성질 및 취급

21 위험물안전관리법령상 위험물에 해당하는 것은?

① 황산
② 비중이 1.41인 질산
③ 53마이크로미터의 표준체를 통과하는 것이 50중량% 미만인 철의 분말
④ 농도가 40중량%인 과산화수소

해설 과산화수소는 36중량% 농도 이상부터 위험물로 취급하므로 40중량%는 위험물에 해당된다.
① 황산은 위험물안전관리법령상 위험물에 해당되지 않는다.
② [위험물안전관리법 시행령 별표1 / 위험물 및 지정수량] - 비고란 제23호
질산은 그 비중이 1.49 이상인 것에 한하며 산화성액체의 성상이 있는 것으로 본다.
③ [위험물안전관리법 시행령 별표1 / 위험물 및 지정수량] - 비고란 제4호
"철분"이라 함은 철의 분말로서 53마이크로미터의 표준체를 통과하는 것이 50중량퍼센트 미만인 것은 제외한다.

22 과산화바륨의 성질에 대한 설명 중 틀린 것은?

① 고온에서 열분해하여 산소를 발생한다.
② 황산과 반응하여 과산화수소를 만든다.
③ 비중은 약 4.96이다.
④ 온수와 접촉하면 수소가스를 발생한다.

해설 과산화바륨은 제1류 위험물 중 무기과산화물에 속하는 위험물이며 찬물에는 소량 녹고 뜨거운 물에는 분해되어 산소를 발생한다.
$2BaO_2 + 2H_2O \rightarrow 2Ba(OH)_2 + O_2 \uparrow$
① 고온에서 분해되어 산소를 발생한다.
$2BaO_2 \rightarrow 2BaO + O_2 \uparrow$
② $BaO_2 + H_2SO_4 \rightarrow BaSO_4 + H_2O_2$
③ 비중은 4.96이므로 물보다 무겁다.

23 위험물안전관리법령에 의한 위험물 운송에 관한 규정으로 틀린 것은?

① 이동 탱크저장소에 의하여 위험물을 운송하는 자는 당해 위험물을 취급할 수 있는 국가기술자격자 또는 안전교육을 받은 자이어야 한다.

② 안전관리자·탱크시험자·위험물운송자 등 위험물의 안전관리와 관련된 업무를 수행하는 자는 시·도지사가 실시하는 안전교육을 받아야 한다.

③ 운송책임자의 범위, 감독 또는 지원의 방법 등에 관한 구체적인 기준은 행정안전부령으로 정한다.

④ 위험물운송자는 행정안전부령이 정하는 기준을 준수하는 등 당해 위험물의 안전 확보를 위해 세심한 주의를 기울여야 한다.

해설 시·도지사가 아니라 소방청장이다.

[위험물안전관리법 제28조 / 안전교육] - 제1항
안전관리자·탱크시험자·위험물운반자·위험물운송자 등 위험물의 안전관리와 관련된 업무를 수행하는 자로서 대통령령이 정하는 자는 해당 업무에 관한 능력의 습득 또는 향상을 위하여 소방청장이 실시하는 교육을 받아야 한다.
법 개정에 의해 '위험물운반자'가 추가되었다. 그러나 대통령령이 정하는 자 부분의 안전관리법 시행령에는 아직 위험물운반자가 추가 기재되어 있지는 않다.

① [위험물안전관리법 제21조 / 위험물의 운송] - 제1항
이동 탱크저장소에 의하여 위험물을 운송하는 자(운송책임자 및 이동 탱크저장소 운전자를 말하며, 이하 "위험물운송자"라 한다)는 다음의 어느 하나에 해당하는 요건을 갖추어야 한다.
• 「국가기술자격법」에 따른 위험물 분야의 자격을 취득할 것
• 제28조 제1항에 따른 교육을 수료할 것(② 번 해설 참조)

③ [위험물안전관리법 제21조 / 위험물의 운송] - 제2항
대통령령이 정하는 위험물의 운송에 있어서는 운송책임자(위험물 운송의 감독 또는 지원을 하는 자를 말한다)의 감독 또는 지원을 받아 이를 운송하여야 한다. 운송책임자의 범위, 감독 또는 지원의 방법 등에 관한 구체적인 기준은 행정안전부령으로 정한다.

④ [위험물안전관리법 제21조 / 위험물의 운송] - 제3항
위험물운송자는 이동 탱크저장소에 의하여 위험물을 운송하는 때에는 행정안전부령으로 정하는 기준을 준수하는 등 당해 위험물의 안전 확보를 위하여 세심한 주의를 기울여야 한다.

24 물과 접촉하면 위험성이 증가하므로 주수소화를 할 수 없는 물질은?

① $C_6H_2CH_3(NO_2)_3$ ② $NaNO_3$
③ $(C_2H_5)_3Al$ ④ $(C_6H_5CO)_2O_2$

해설 트리에틸알루미늄은 제3류 위험물의 알킬알루미늄에 속하는 물질로 금수성 물질이다. 물과 접촉하면 반응하여 에탄가스를 발생시키고 발열·폭발한다. 제3류 위험물 중 금수성 물질에는 주수소화를 하지 않는다.
$(C_2H_5)_3Al + 3H_2O \rightarrow Al(OH)_3 + 3C_2H_6 \uparrow$
나머지 위험물에는 모두 주수소화가 가능하다.
① 트리니트로톨루엔(제5류 위험물 중 니트로화합물)
② 질산나트륨(제1류 위험물 중 질산염류)
④ 과산화벤조일(제5류 위험물 중 유기과산화물)

제5류 위험물은 자체 산소를 가지고 있어 자기연소하는 물질들이므로 질식소화 방법은 효과가 없으며 대부분이 물에 잘 녹지 않으며 물과 반응하지 않으므로 다량의 물로 주수 냉각소화하는 것이 효과적이다. 제1류 위험물은 무기과산화물 중 알칼리금속 과산화물을 제외한 그 밖의 위험물들에 대해서는 주수소화를 할 수 있다.

25 과염소산칼륨의 일반적인 성질에 대한 설명 중 틀린 것은?

① 강한 산화제이다.

② 불연성 물질이다.

③ 과일 향이 나는 보라색 결정이다.

④ 가열하여 완전 분해시키면 산소를 발생한다.

해설 과염소산칼륨은 제1류 위험물의 과염소산염류에 속하는 위험물로 무색·무취의 백색 결정이다.
① 제1류 위험물은 강력한 산화제이다.
② 제1류 위험물은 산화성 고체로 자신은 불연성이며 가연물의 연소를 돕는 조연성 물질이다.
④ 400℃에서 분해가 시작되며 600℃에서 완전히 분해되고 산소를 방출한다.
$KClO_4 \rightarrow KCl + 2O_2 \uparrow$

❋ **Tip**
- 제1류 위험물 중 과염소산염류에서는 과염소산칼륨은 비수용성(물에 대한 난용성)이고 과염소산나트륨과 과염소산암모늄은 수용성이다.
- 제1류 위험물에 속하는 물질들 중에서 나트륨을 포함하고 있으면 대부분 조해성이 있다.
- 제1류 위험물의 비중값은 1보다 크므로 무조건 물보다 무겁다.

26 지정수량이 200kg인 물질은?

① 질산 ② 피크린산

③ 질산메틸 ④ 과산화벤조일

해설 ① 질산 : 제6류 위험물 / 지정수량 300kg
② 피크린산 : 제5류 위험물 중 니트로화합물 / 지정수량 200kg
③ 질산메틸 : 제5류 위험물 중 질산에스테르류 / 지정수량 10kg
④ 과산화벤조일 : 제5류 위험물 중 유기과산화물 / 지정수량 10kg

27 위험물에 대한 설명으로 옳은 것은?

① 적린은 암적색의 분말로서 조해성이 있는 자연발화성 물질이다.

② 오황화린은 황색의 액체이며 상온에서 자연 분해하여 이산화황과 오산화인을 발생한다.

③ 유황은 미황색의 고체 또는 분말이며 많은 이성질체를 갖고 있는 전기 도체이다.

④ 황린은 가연성 물질이며 마늘 냄새가 나는 맹독성 물질이다.

해설 제3류 위험물인 황린은 화학적 활성이 크고 발화점이 낮아서 공기 중에서도 쉽게 자연발화 할 수 있다. 마늘 냄새와 같은 특이한 냄새가 나는 백색 또는 담황색의 가연성 고체이며 증기 자체도 독성이 강하므로 취급 시에는 공기호흡기를 착용하도록 한다.
① 제2류 위험물인 적린은 암적색의 분말이며 조해성은 있으나 자연발화 하지는 않는다.
② 제2류 위험물 중 황화린의 일종인 오황화린은 담황색의 결정이며 상온에서 자연분해가 아닌 연소하여 이산화황과 오산화인을 발생한다.
$2P_2S_5 + 15O_2 \rightarrow 2P_2O_5 \uparrow + 10SO_2 \uparrow$
③ 제2류 위험물인 유황은 미황색의 고체 또는 분말이지만 전기의 부도체이다. 이성질체가 아닌 동소체를 가지고 있으며 단사황, 사방황, 고무상황이 있다. 단사황과 사방황은 8개의 황 원자로 구성되어 있고 분자 구조는 같으나 분자의 결정 구조가 다르므로 동소체 관계에 있으며 이들이 존재할 수 있는 온도 범위도 다르다. 고무상황은 수많은 황 원자로 구성되어 있으며 사방황, 단사황과 구조적으로도 다르다.

28 위험물안전관리법령상 제6류 위험물이 아닌 것은?

① H_3PO_4 ② IF_5

③ BrF_5 ④ BrF_3

해설 인산(H_3PO_4)은 위험물이 아니다. 나머지는 행정안전부령으로 정하는 제6류 위험물로서 할로겐간화합물에 속한다.
② 오불화요오드
③ 오불화브롬
④ 삼불화브롬

[17쪽] 제6류 위험물의 분류 도표 참조

29 제4류 위험물의 공통적인 성질이 아닌 것은?

① 대부분 물보다 가볍고 물에 녹기 어렵다.
② 공기와 혼합된 증기는 연소의 우려가 있다.
③ 인화되기 쉽다.
④ 증기는 공기보다 가볍다.

해설 대부분의 4류 위험물들은 분자량 값이 29보다 크므로 증기는 공기보다 무겁다.

$$증기비중 = \frac{물질의\ 분자량}{공기의\ 평균분자량} = \frac{물질의\ 분자량}{29}$$

으로 구하므로 분자량이 29보다 크면 공기보다 무거운 것이다.

❖ **제4류 위험물의 일반적 성질**
- 인화성 액체이다(③).
- 대부분 유기화합물이다.
- 대부분 물보다 가볍고 비수용성이다(①).
  [예외 : 이황화탄소는 물보다 무겁고 알코올은 물에 잘 녹는다.]
- 발생 증기는 가연성이며 대부분이 공기보다 무거워 낮은 곳에 체류한다(④).
- 발생 증기의 연소 하한이 낮아 소량 누설에 의해서도 인화되기 쉽다.
- 비교적 발화점이 낮고 폭발 위험성이 상존한다.
- 공기와 혼합된 증기는 연소할 수 있다(②).
- 전기의 불량도체이므로 정전기 축적에 의한 화재 발생에 주의한다.
- 대량으로 연소가 일어나면 복사열이나 대류열에 의한 열전달이 진행되어 화재가 확대된다.
- 주수소화는 화재면 확대의 위험성이 있어 적합하지 않고 질식소화나 억제소화 방법이 적합하다.

30 수소화나트륨의 소화약제로 적당하지 않은 것은?

① 물   ② 건조사
③ 팽창질석   ④ 팽창진주암

해설 수소화나트륨은 제3류 위험물 중 금속의 수소화물에 속하는 물질로 금수성 물질이다. 주수소화는 금하며 마른모래, 팽창질석, 팽창진주암, 탄산수소염류 분말 소화약제가 적응성을 보인다.
금속의 수소화물이 물과 반응하면 가연성의 수소 기체를 발생하며 발열한다. 이때 발생된 반응열에 의해 수소가 폭발할 수도 있다.
$NaH + H_2O \rightarrow NaOH + H_2 \uparrow + Q\ kcal$
$KH + H_2O \rightarrow KOH + H_2 \uparrow + Q\ kcal$
$CaH_2 + 2H_2O \rightarrow Ca(OH)_2 + 2H_2 \uparrow + Q\ kcal$

❋ **Tip**
이 책 전반에 거쳐 반복적으로 강조하는 것이지만 '건조사(마른모래), 팽창질석, 팽창진주암은 모든 위험물에 대해서 소화약제로서의 적응성을 보인다'라는 것만 기억한다면 수소화나트륨이 어떤 특성을 지니는 위험물인지 모르더라도 정답을 쉽게 구할 수 있을 것이다.

31 물과 작용하여 메탄과 수소를 발생시키는 것은?

① Al_4C_3 ② Mn_3C
③ Na_2C_2 ④ Mg_2C_3

해설 $Mn_3C + 6H_2O \rightarrow 3Mn(OH)_2 + CH_4 \uparrow + H_2 \uparrow$
① $Al_4C_3 + 12H_2O \rightarrow 4Al(OH)_3 + 3CH_4 \uparrow$
③ $Na_2C_2 + 2H_2O \rightarrow 2NaOH + C_2H_2 \uparrow$
④ $Mg_2C_3 + 4H_2O \rightarrow 2Mg(OH)_2 + C_3H_4 \uparrow$

정답 25 ③ 26 ② 27 ④ 28 ① 29 ④ 30 ① 31 ②

32 과염소산나트륨의 성질이 아닌 것은?

① 수용성이다.

② 조해성이 있다.

③ 분해온도는 약 400℃이다.

④ 물보다 가볍다.

해설 과염소산나트륨은 제1류 위험물 중 과염소산염류에 속하는 물질로 비중은 2.5로 물보다 무겁다. 제1류 위험물에 해당하는 물질들은 비중이 1보다 크므로 물보다 무겁다.
① 물, 에틸알코올, 아세톤에 잘 녹고 에테르에 녹지 않는다.
② 무색(또는 백색)무취의 결정이며 조해성이 있다.
③ 약 400℃에서 분해되어 산소를 발생시킨다.
$$NaClO_4 \rightarrow NaCl + 2O_2 \uparrow$$

❋ **Tip**
- 제1류 위험물 중 과염소산염류에서는 과염소산칼륨은 비수용성(물에 대한 난용성)이고 과염소산나트륨과 과염소산암모늄은 수용성이다.
- 제1류 위험물에 속하는 물질들 중에서 나트륨을 포함하고 있으면 대부분 조해성이 있다.
- 제1류 위험물의 비중값은 1보다 크므로 무조건 물보다 무겁다.

33 위험물 제조소의 위치·구조 및 설비의 기준에 대한 설명 중 틀린 것은?

① 벽·기둥·바닥·보·서까래는 내화재료로 하여야 한다.

② 제조소의 표지판은 한 변이 30cm, 다른 한 변이 60cm 이상의 크기로 한다.

③ "화기엄금"을 표시하는 게시판은 적색 바탕에 백색 문자로 한다.

④ 지정수량 10배를 초과한 위험물을 취급하는 제조소는 보유공지의 너비가 5m 이상이어야 한다.

해설 [위험물안전관리법 시행규칙 별표4 / 제조소의 위치·구조 및 설비의 기준] - Ⅳ. 건축물의 구조 제2호

벽·기둥·바닥·보·서까래 및 계단을 불연재료로 하고, 연소(延燒)의 우려가 있는 외벽은 출입구 외의 개구부가 없는 내화구조의 벽으로 하여야 한다. 이 경우 제6류 위험물을 취급하는 건축물에 있어서 위험물이 스며들 우려가 있는 부분에 대하여는 아스팔트 그 밖에 부식되지 아니하는 재료로 피복하여야 한다.

② [위험물안전관리법 시행규칙 별표4 / 제조소의 위치·구조 및 설비의 기준] - Ⅲ. 표지 및 게시판
제조소의 표지 및 게시판은 한 변의 길이가 0.3m 이상, 다른 한 변의 길이가 0.6m 이상인 직사각형으로 할 것

③ [위험물안전관리법 시행규칙 별표4 / 제조소의 위치·구조 및 설비의 기준] - Ⅲ. 표지 및 게시판
주의사항을 표시한 게시판의 색은 "물기엄금"을 표시하는 것에 있어서는 청색 바탕에 백색 문자로, "화기주의" 또는 "화기엄금"을 표시하는 것에 있어서는 적색 바탕에 백색 문자로 할 것

④ [위험물안전관리법 시행규칙 별표4 / 제조소의 위치·구조 및 설비의 기준] - Ⅱ. 보유공지 제1호
위험물을 취급하는 건축물 그 밖의 시설 주위에는 그 취급하는 위험물의 최대수량에 따라 다음 표에 의한 너비의 공지를 보유하여야 한다.

취급하는 위험물의 최대수량	공지의 너비
지정수량의 10배 이하	3m 이상
지정수량의 10배 초과	5m 이상

34 트리니트로톨루엔의 작용기에 해당하는 것은?

① $-NO$ ② $-NO_2$

③ $-NO_3$ ④ $-NO_4$

해설 제5류 위험물 중 니트로화합물에 속하는 트리니트로톨루엔의 구조식은 아래와 같으므로 작용기는 $-NO_2$(니트로기)가 된다.

트리니트로톨루엔은 담황색의 결정으로 강력한 폭약이며 지정수량 200kg, 위험등급 II이다.

35 연면적이 1,000제곱미터이고 지정수량의 80배의 위험물을 취급하며 지반면으로부터 5미터 높이에 위험물 취급설비가 있는 제조소의 소화난이도 등급은?

① 소화난이도 등급 I
② 소화난이도 등급 II
③ 소화난이도 등급 III
④ 제시된 조건으로 판단할 수 없음

해설 지정수량과 지반면으로부터의 위험물 취급설비 높이 조건은 맞지 않으나 연면적 조건에 부합하므로 소화난이도 등급 I에 해당한다.

[위험물안전관리법 시행규칙 별표17 / 소화설비, 경보설비 및 피난설비의 기준] - I. 소화설비 / 1. 소화난이도 등급 I의 제조소등 및 소화설비 中 아래에 정한 것 중 어느 하나에 해당하면 소화난이도 등급 I에 해당하는 제조소 또는 일반취급소이다.

- 연면적 1,000m² 이상인 것
- 지정수량의 100배 이상인 것(고인화점위험물만을 100℃ 미만의 온도에서 취급하는 것 및 제48조의 위험물을 취급하는 것은 제외)
- 지반면으로부터 6m 이상의 높이에 위험물 취급설비가 있는 것(고인화점위험물만을 100℃ 미만의 온도에서 취급하는 것은 제외)
- 일반취급소로 사용되는 부분 외의 부분을 갖는 건축물에 설치된 것(내화구조로 개구부 없이 구획 된 것, 고인화점위험물만을 100℃ 미만의 온도에서 취급하는 것 및 별표 16 X의 2의 화학실험의 일반취급소는 제외)

36 위험물안전관리법령상 운송책임자의 감독·지원을 받아 운송하여야 하는 위험물은?

[빈출유형]

① 특수인화물
② 알킬리튬
③ 질산구아니딘
④ 히드라진 유도체

해설 [위험물안전관리법 시행령 제19조 / 운송책임자의 감독·지원을 받아 운송하여야 하는 위험물]
- 알킬알루미늄
- 알킬리튬
- 알킬알루미늄 또는 알킬리튬을 함유하는 위험물

37 위험물안전관리법령상 위험등급이 나머지 셋과 다른 하나는?

① 알코올류   ② 제2석유류
③ 제3석유류   ④ 동식물유류

해설 위 지문에 제시된 품명은 모두 제4류 위험물에 속하는 것으로서 알코올류는 위험등급 II이고 나머지는 모두 위험등급 III에 해당한다.
- 위험등급 I : 특수인화물
- 위험등급 II : 제1석유류, 알코올류
- 위험등급 III : 제2석유류, 제3석유류, 제4석유류, 동식물유류

[11쪽] 제4류 위험물의 분류 도표 참조

38 적린의 성질에 대한 설명 중 틀린 것은?

① 물이나 이황화탄소에 녹지 않는다.
② 발화온도는 약 260℃ 정도이다.
③ 연소할 때 인화수소 가스가 발생한다.
④ 산화제가 섞여 있으면 마찰에 의해 착화하기 쉽다.

정답 32 ④ 33 ① 34 ② 35 ① 36 ② 37 ① 38 ③

해설 적린이 연소하면 흰 연기의 유독성인 오산화인(P_2O_5)을 발생한다.

$4P + 5O_2 \rightarrow 2P_2O_5$

① 물, 이황화탄소(CS_2), 에테르, 암모니아 등에는 녹지 않는다.
② 약 260℃에서 발화한다.
④ 강산화제와 혼합되면 충격, 마찰, 가열 등에 의해 폭발할 수 있다. 산화제인 염소산염류(염소산칼륨)와의 혼합을 절대 금한다.

$6P + 5KClO_3 \rightarrow 5KCl + 3P_2O_5 \uparrow$

39 위험물 제조소의 게시판에 '화기주의'라고 쓰여 있다. 제 몇 류 위험물 제조소인가?

① 제1류 ② 제2류
③ 제3류 ④ 제4류

해설 [위험물안전관리법 시행규칙 별표4 / 제조소의 위치 · 구조 및 설비의 기준] - Ⅲ. 표지 및 게시판 中
• 저장 또는 취급하는 위험물에 따라 다음의 규정에 의한 주의사항을 표시한 게시판을 설치할 것

저장 또는 취급하는 위험물 종류	표시할 주의사항	색 상
• 제1류 위험물 중 알칼리금속의 과산화물 • 제3류 위험물 중 금수성 물질	물기엄금	청색바탕 백색문자
• 제2류 위험물(인화성고체 제외)	화기주의	
• 제2류 위험물 중 인화성고체 • 제3류 위험물 중 자연발화성 물질 • 제4류 위험물 • 제5류 위험물	화기엄금	적색바탕 백색문자

* 제1류 위험물 중 알칼리금속의 과산화물 이외의 물질과 제6류 위험물은 해당사항 없음

40 다음 위험물 중 상온에서 액체인 것은?

① 질산에틸 ② 트리니트로톨루엔
③ 셀룰로이드 ④ 피크린산

해설 질산에틸은 제5류 위험물 중 질산에스테르류에 속하는 위험물로서 무색투명한 액체이며 비수용성이지만 알코올이나 에테르에는 녹는다. 인화점이 낮아 상온에서도 인화되기 쉬운 물질이므로 통풍이 잘되는 찬 곳에 보관한다.

	녹는점	끓는점	상태(상온)
질산에틸	-102℃	87.5℃	액체
트리니트로톨루엔	80℃	240℃	고체
셀룰로이드	아래 참조		고체
피크린산	122.5℃	255℃	고체

③ 셀룰로이드 : 플라스틱 산업의 시발점이 된 최초의 플라스틱이다. 니트로셀룰로오스와 장뇌가 섞여있는 상태이며 온도 상승에 의한 자연발화 가능성이 있다. 60~90℃ 정도 되면 연화되어 성형이 쉬워진다.
장뇌의 녹는점은 178℃ 정도, 끓는점은 204℃이며 니트로셀룰로오스는 130℃ 정도 되면 분해되기 시작하고 180℃ 이상에서는 자연 발화한다.

41 제6류 위험물에 대한 설명으로 옳은 것은?

① 과염소산은 독성은 없지만 폭발의 위험이 있으므로 밀폐하여 보관한다.
② 과산화수소는 농도가 3% 이상일 때 단독으로 폭발하므로 취급에 주의한다.
③ 질산은 자연발화의 위험이 높으므로 저온 보관한다.
④ 할로겐간화합물의 지정수량은 300kg이다.

해설 할로겐간화합물은 행정안전부령으로 정한 제6류 위험물이다. 제6류 위험물에 해당하는 물질들은 모두 지정수량이 300kg이다.
① 과염소산은 산 중에서도 가장 강한 산으로 부식성과 독성이 강하고 무수물은 자연 분해되어 폭발할 수도 있다. 충격이나 마찰 또는 열 등에 의해서 폭발할 수도 있으며 가연성 물질과 접촉하면 발화·폭발할 수도 있다. 직사광선을 피하여 통풍, 환기가 잘되는 건조한 냉암소에 보관하며 혼합 금지 물질과 분리하여 보관한다.
② 과산화수소는 농도가 60중량퍼센트 이상일 때 단독으로 폭발한다. 3% 농도로 제조된 과산화수소는 표백제, 살균제로 사용된다.
③ 질산은 불연성 물질이므로 자연 발화하지는 않으나 빛을 쪼이면 분해되어 이산화질소와 산소, 물 등을 발생시키므로 갈색 병에 넣어 햇빛이 비치지 않는 곳에 보관한다.

$4HNO_3 \rightarrow 2H_2O + 4NO_2 + O_2$

42 위험물안전관리법령에서 제3류 위험물에 해당하지 않는 것은?

① 알칼리금속 ② 칼륨
③ 황화린 ④ 황린

해설 황화린은 위험물안전관리법령상 제2류 위험물(가연성 고체)에 속하는 물질이며 지정수량은 100kg, 위험등급Ⅱ에 해당한다. 인의 황화물을 통칭하여 부르는 말이며 대표적인 황화린에는 삼황화린, 오황화린, 칠황화린 등이 있다. 약간의 열에 의해서도 매우 쉽게 연소하며 때에 따라서는 폭발하고 연소생성물로 모두 유독성의 가스를 생성한다.

43 위험물안전관리법령상 정기점검 대상인 제조소등의 조건이 아닌 것은?

빈출 유형 ▌15년 · 5 동일

① 예방규정 작성대상인 제조소등
② 지하 탱크저장소
③ 이동 탱크저장소
④ 지정수량 5배의 위험물을 취급하는 옥외 탱크를 둔 제조소

해설 지정수량 10배 이상의 위험물을 취급하는 제조소가 정기점검 대상이다. 또는 위험물을 취급하는 탱크로서 지하에 매설된 탱크가 있는 제조소는 지정수량의 배수에 관계없이 정기점검 대상이다. 그러나 지정수량 5배의 위험물을 취급하는 옥외 탱크를 둔 제조소는 지정수량 조건도 충족하지 못하고 지하에 매설된 탱크도 아니므로 정기점검 대상이 아니다.

[2015년 제5회 24번 해설 참조]

44 트리니트로페놀의 성상에 대한 설명 중 틀린 것은?

① 융점은 약 61℃이고 비점은 약 120℃이다.
② 쓴맛이 있으며 독성이 있다.
③ 단독으로는 마찰, 충격에 비교적 안정하다.
④ 알코올, 에테르, 벤젠에 녹는다.

해설 트리니트로페놀은 제5류 위험물의 니트로화합물에 속하는 물질이며 피크린산이라고도 부른다.

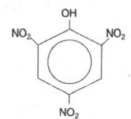

① 융점은 122.5℃이고 비점은 255℃이다.
② 쓴맛과 독성이 있으며 수용액은 황색을 나타낸다.
③ 공기 중에서 자연분해하지 않으므로 장기간 저장할 수 있으며 충격이나 마찰에 둔감하다. 단독으로 연소 시 폭발은 하지 않으나 에탄올과 혼합된 경우 충격에 의해서 폭발할 수 있다.
④ 차가운 물에는 소량 녹고 온수나 알코올, 벤젠, 에테르에는 잘 녹는다.

45 Ca_3P_2 600kg을 저장하려 한다. 지정수량의 배수는 얼마인가?

① 2배 ② 3배
③ 4배 ④ 5배

해설 인화칼슘은 제3류 위험물 중 금속의 인화물에 속하는 물질로 지정수량은 300kg이다. 따라서 지정수량의 배수는 2배이다.

[08쪽] 제3류 위험물의 분류 도표 참조

정답 39 ② 40 ① 41 ④ 42 ③ 43 ④ 44 ① 45 ①

46 디에틸에테르의 보관·취급에 관한 설명으로 틀린 것은?

① 용기는 밀봉하여 보관한다.

② 환기가 잘 되는 곳에 보관한다.

③ 정전기가 발생하지 않도록 취급한다.

④ 저장 용기에 빈 공간이 없게 가득 채워 보관한다.

해설 디에틸에테르는 제4류 위험물 중 특수인화물로 체적 팽창률이 큰 편이므로 저장 용기는 최소 2% 이상의 공간용적을 확보하도록 하며 대용량으로 저장 시에는 불활성 가스를 봉입하여 저장한다.

위험물안전관리법령에 의하면 액체 위험물은 운반 용기 내용적의 98% 이하의 수납률로 수납하도록 되어 있으므로 저장 용기의 경우에도 2% 이상의 공간용적을 확보하는 것이 타당할 것이다.

[위험물안전관리법 시행규칙 별표19 / 위험물의 운반에 관한 기준] - Ⅱ. 적재방법 제1호
액체 위험물은 운반 용기 내용적의 98% 이하의 수납률로 수납하되 55℃의 온도에서 누설되지 아니하도록 충분한 공간용적을 유지하도록 할 것

①·② 직사일광에 의해서도 분해되어 과산화물이 생성되므로 이의 방지를 위해 갈색병에 밀전, 밀봉하여 보관하며 증기 누출이 용이하고 증기압이 높아 용기가 가열되면 파손, 폭발할 수도 있으므로 불꽃 등 화기를 멀리하고 통풍이 잘되는 냉암소에 보관한다.

③ 전기의 부도체로 정전기가 발생할 수 있으므로 저장할 때 소량의 염화칼슘을 넣어 정전기를 방지한다.

47 질산칼륨의 성질에 해당하는 것은?

① 무색 또는 흰색 결정이다.

② 물과 반응하면 폭발의 위험이 있다.

③ 물에 녹지 않으나 알코올에 잘 녹는다.

④ 황산, 옥분과 혼합하면 흑색화약이 된다.

해설 질산칼륨은 제1류 위험물의 질산염류에 속하는 위험물로 무색 또는 흰색의 결정이다.

② 다량의 물을 사용하는 주수 냉각소화가 효과적이므로 물과 반응하여 폭발할 위험성을 지니지는 않는다.

③ 물, 글리세린에 잘 녹고 알코올에는 소량 녹으며 에테르에는 녹지 않는다. 흡습성은 없다.

④ 질산칼륨과 숯가루(목탄), 유황가루를 혼합하여 흑색화약을 제조한다.

48 아닐린에 대한 설명으로 옳은 것은?

① 특유의 냄새를 가진 기름상 액체이다.

② 인화점이 0℃ 이하이어서 상온에서 인화의 위험이 높다.

③ 황산과 같은 강산화제와 접촉하면 중화되어 안정하게 된다.

④ 증기는 공기와 혼합하여 인화, 폭발의 위험은 없는 안정한 상태가 된다.

해설 아닐린은 제4류 위험물 중 제3석유류에 속하는 물질로서 특이한 냄새를 지닌 기름상 액체이다. 직사일광이나 공기와의 접촉에 의해 황색을 거쳐 적갈색으로까지 변색되나 증류에 의해 다시 무색으로 정제할 수 있다.

② 인화점은 75℃이다. 법령상 제3석유류는 인화점이 70℃ 이상 200 ℃ 미만의 물질로 정의하고 있으므로 최소한 70℃ 이상인 것으로 추정할 수 있다.

③ 산화성 물질과 접촉하면 폭발할 수 있다.

④ 가열하여 발생된 증기는 공기와 혼합되어 인화 폭발성 가스를 생성할 수 있다.

❖ 아닐린

- 제4류 위험물 중 제3석유류(비수용성)
- 지정수량 2,000ℓ, 위험등급 Ⅲ
- 아미노벤젠, 페닐아민
- 분자식 및 구조식
  $C_6H_5NH_2$ /

- 분자량 93, 인화점 75℃(②), 발화점 615℃, 녹는점 -6℃, 끓는점 184℃, 비중 1.02, 증기비중 3.2
- 독특한 냄새를 지닌 무채색이나 갈색의 액체이다(①).
- 물에 대한 용해도는 3.4(20℃)로 난용성이며 알코올, 에테르, 벤젠, 아세톤 등에 잘 녹는다.
- 독성이 강하며 직사일광이나 공기에 의해 적갈색으로 변한다.
- 알칼리금속 및 알칼리토금속과 반응하고 수소를 발생시킨다.
- 상온에서의 인화 위험성은 낮으나 가열하면 위험성이 커진다.
- 산화성 물질과 혼합 시 발화·폭발하며 진한 황산과는 격렬하게 반응한다(③).
- 연소 시 질소산화물을 포함하여 여러가지 유독성 연소생성물을 발생한다.
- 고온에서 유독성의 증기가 생성되며 공기와 인화·폭발성 혼합물을 형성한다(④).

49 벤젠의 저장 및 취급 시 주의사항에 대한 설명으로 틀린 것은?

① 정전기 발생에 주의한다.
② 피부에 닿지 않도록 주의한다.
③ 증기는 공기보다 가벼워 높은 곳에 체류하므로 환기에 주의한다.
④ 통풍이 잘되는 서늘하고 어두운 곳에 저장한다.

해설 벤젠의 증기비중

$= \dfrac{\text{벤젠의 분자량}}{\text{공기의 평균분자량}} = \dfrac{78}{29} = 2.69$

따라서 공기보다 무거우므로 낮은 곳에 체류한다.
① 비전도성이므로 정전기 발생에 주의한다.
② 피부 부식성이 있으며 고농도의 증기(2% 이상)를 5~10분 정도 흡입하게 되면 치명적이다.
④ 휘발하기 쉽고 인화점이 낮아서 정전기 스파크와 같은 아주 작은 점화원에 의해서도 인화한다. 따라서 열, 화염, 스파크 기타 점화원을 피하도록 하며 통풍이 잘되는 서늘하고 어두운 옥외 또는 격리된 건물에 보관한다.

50 위험물 제조소등에 자체소방대를 두어야 할 대상의 위험물안전관리법령상 기준으로 옳은 것은? (단, 원칙적인 경우에 한한다.)

12년·2 ▮16년·2 유사

① 지정수량 3,000배 이상의 위험물을 저장하는 저장소 또는 제조소
② 지정수량 3,000배 이상의 위험물을 취급하는 제조소 또는 일반취급소
③ 지정수량 3,000배 이상의 제4류 위험물을 저장하는 저장소 또는 제조소
④ 지정수량 3,000배 이상의 제4류 위험물을 취급하는 제조소 또는 일반취급소

해설 자체소방대의 설치기준은 지정수량 3,000배 이상의 제4류 위험물을 취급하는 제조소 또는 일반취급소이다.

[위험물안전관리법 제19조 / 자체 소방대]
다량의 위험물을 저장·취급하는 제조소등으로서 대통령령이 정하는 제조소등이 있는 동일한 사업소에서 대통령령이 정하는 수량 이상의 위험물을 저장 또는 취급하는 경우 당해 사업소의 관계인은 대통령령이 정하는 바에 따라 당해 사업소에 자체소방대를 설치하여야 한다.

[위험물안전관리법 시행령 제18조 / 자체 소방대를 설치하여야 하는 사업소]
- 법 제19조에서 "대통령령이 정하는 제조소등"이란 다음의 어느 하나에 해당하는 제조소등을 말한다.

정답 46 ④ 47 ① 48 ① 49 ③ 50 ④

- 제4류 위험물을 취급하는 제조소 또는 일반취급소. 다만, 보일러로 위험물을 소비하는 일반취급소 등 행정안전부령[위험물안전관리법 시행규칙 제73조]으로 정하는 일반취급소는 제외한다.
- 제4류 위험물을 저장하는 옥외 탱크저장소
• 법 제19조에서 "대통령령이 정하는 수량 이상"이란 다음의 구분에 따른 수량을 말한다
  - 제조소 또는 일반취급소에서 취급하는 제4류 위험물의 최대수량의 합이 지정수량의 3천 배 이상
  - 옥외 탱크저장소에 저장하는 제4류 위험물의 최대수량이 지정수량의 50만 배 이상

[위험물안전관리법 시행규칙 제73조 / 자체 소방대의 설치 제외대상인 일반취급소]
• 보일러, 버너 그 밖에 이와 유사한 장치로 위험물을 소비하는 일반취급소
• 이동 저장탱크 그 밖에 이와 유사한 것에 위험물을 주입하는 일반취급소
• 용기에 위험물을 옮겨 담는 일반취급소
• 유압장치, 윤활유 순환장치 그 밖에 이와 유사한 장치로 위험물을 취급하는 일반취급소
• 「광산안전법」의 적용을 받는 일반취급소

51 〈보기〉의 위험물을 위험등급Ⅰ, 위험등급Ⅱ, 위험등급Ⅲ의 순서로 옳게 나열한 것은?

〈보 기〉
황린, 인화칼슘, 리튬

① 황린, 인화칼슘, 리튬
② 황린, 리튬, 인화칼슘
③ 인화칼슘, 황린, 리튬
④ 인화칼슘, 리튬, 황린

해설
• 황린 : 제3류 위험물 중 황린 / 위험등급Ⅰ, 지정수량 20kg
• 리튬 : 제3류 위험물 중 알칼리금속 / 위험등급Ⅱ, 지정수량 50kg
• 인화칼슘 : 제3류 위험물 중 금속의 인화물 / 위험등급Ⅲ, 지정수량 300kg

[08쪽] 제3류 위험물의 분류 도표 참조

52 휘발유에 대한 설명으로 옳지 않은 것은?

① 지정수량은 200리터이다.
② 전기의 불량도체로서 정전기 축적이 용이하다.
③ 원유의 성질·상태·처리 방법에 따라 탄화수소의 혼합비율이 다르다.
④ 발화점- -43 ~ -20℃ 정도이다.

해설 제4류 위험물 중 제1석유류(비수용성)에 속하는 휘발유는 인화점이 -43℃ ~ -20℃ 정도이며 발화점은 약 300℃ ~ 400℃ 정도이다.
① 지정수량은 200ℓ이다.
② 전기의 부도체로 정전기를 유발할 위험성이 있다.
③ 원유의 성질, 상태, 처리 방법 등에 따라 탄화수소의 혼합비율은 매우 다양해지며 일반적으로 탄소 수 5~9개 사이의 포화 및 불포화 탄화수소를 포함하는 혼합물이다.

53 위험물 운반 시 동일한 트럭에 제1류 위험물과 함께 적재할 수 있는 유별은? (단, 지정수량의 5배 이상인 경우이다.)

① 제3류   ② 제4류
③ 제6류   ④ 없음

해설 [위험물안전관리법 시행규칙 별표19 / 위험물의 운반에 관한 기준]
[부표 2] - 유별을 달리하는 위험물의 혼재기준

구분	제1류	제2류	제3류	제4류	제5류	제6류
제1류		×	×	×	×	○
제2류	×		×	○	○	×
제3류	×	×		○	×	×
제4류	×	○	○		○	×
제5류	×	○	×	○		×
제6류	○	×	×	×	×	

※ 'O'는 혼재할 수 있음을, '×'는 혼재할 수 없음을 표시한다.
※ 이 표는 지정수량 1/10 이하의 위험물에 대하여는 적용하지 아니한다.

54 위험물안전관리법상 제조소등의 허가취소 또는 사용정지의 사유에 해당하지 않는 것은?

① 안전교육 대상자가 교육을 받지 아니한 때
② 완공검사를 받지 않고 제조소등을 사용한 때
③ 위험물 안전관리자를 선임하지 아니한 때
④ 제조소등의 정기검사를 받지 아니한 때

해설 안전교육 대상자가 교육을 받지 아니한 때에는 그 교육대상자가 교육을 받을 때까지 이 법의 규정에 따라 그 자격으로 행하는 행위를 제한하는 정도이지 제조소등의 허가취소나 사용정지에까지 이르는 사유에 해당하지는 않는다.

[위험물안전관리법 제28조 / 안전교육] - 제4항
시·도지사, 소방본부장 또는 소방서장은 규정에 따른 안전교육 대상자가 교육을 받지 아니한 때에는 그 교육대상자가 교육을 받을 때까지 이 법의 규정에 따라 그 자격으로 행하는 행위를 제한할 수 있다.

[위험물안전관리법 제12조 / 제조소등 설치 허가의 취소와 사용정지 등]
시·도지사는 제조소등의 관계인이 아래 사항의 어느 하나에 해당하는 때에는 행정안전부령이 정하는 바에 따라 허가를 취소하거나 6월 이내의 기간을 정하여 제조소등의 전부 또는 일부의 사용정지를 명할 수 있다.
• 변경허가를 받지 아니하고 제조소등의 위치·구조 또는 설비를 변경한 때
• <u>완공검사를 받지 아니하고 제조소등을 사용한 때(②)</u>
• 안전조치 이행명령을 따르지 아니한 때
• 수리·개조 또는 이전의 명령을 위반한 때
• <u>위험물 안전관리자를 선임하지 아니한 때 (③)</u>
• 법을 위반하여 대리자를 지정하지 아니한 때
• 정기점검을 하지 아니한 때
• <u>정기검사를 받지 아니한 때(④)</u>
• 저장·취급기준 준수명령을 위반한 때

55 황린의 저장 및 취급에 있어서 주의할 사항 중 옳지 않은 것은?

① 독성이 있으므로 취급에 주의할 것
② 물과의 접촉을 피할 것
③ 산화제와의 접촉을 피할 것
④ 화기의 접근을 피할 것

해설 황린은 제3류 위험물로 자연발화성 물질이긴 하나 금수성 물질은 아니다. 물에 녹지 않고 물과의 반응성도 없으며 공기와 접촉하면 자연발화 할 수 있으므로 물속에 넣어 보관한다. $Ca(OH)_2$를 첨가함으로써 물의 pH를 9로 유지하여 포스핀(인화수소)의 생성을 방지한다.
① 독성이 강하여 0.02g 정도도 치사량에 해당하며 피부에 닿으면 화상을 유발한다. 급성 중독 시 구토, 혈변, 혈압강하, 호흡곤란 등이 일어나고 수 시간 내에 사망한다.
③ 가연물이므로 산화제와 접촉하면 연소할 수 있다.
④ 미분 상태의 황린은 착화점이 34°C로서 화기는 물론 사람의 체온 정도에서도 발화할 수 있으므로 저온 상태에서 보관해야 한다. 착화점이 낮고 화학적 활성이 커서 공기 중에 노출되면 자연발화 한다.

56 제4류 위험물 중 제1석유류에 속하는 것은?

① 에틸렌글리콜 ② 글리세린
③ 아세톤 ④ n-부탄올

해설 ① 에틸렌글리콜 : 제3석유류(수용성)
② 글리세린 : 제3석유류(수용성)
③ 아세톤 : 제1석유류(수용성)
④ n-부탄올 : 제2석유류(비수용성)

[11쪽] 제4류 위험물의 분류 도표 참조

화학적 관점에서 보면 부탄올은 알코올류에 속하여야 하지만 위험물 관점에서의 알코올류란 1분자를 구성하는 탄소 수가 1~3개까지의 포화 1가 알코올을 의미하므로 탄소 수가 4개인 부탄올은 석유류로 분류하는 것이다.

정답 51 ② 52 ④ 53 ③ 54 ① 55 ② 56 ③

57 위험물의 유별 구분이 나머지 셋과 다른 하나는?

① 니트로글리콜
② 벤젠
③ 아조벤젠
④ 디니트로벤젠

해설 ① 니트로글리콜 : 제5류 위험물 중 질산에스테르류 / 지정수량 10kg, 위험등급 I
② 벤젠 : 제4류 위험물 중 제1석유류(비수용성) / 지정수량 200ℓ, 위험등급 II
③ 아조벤젠 : 제5류 위험물 중 아조화합물 / 지정수량 200kg, 위험등급 II
④ 디니트로벤젠 : 제5류 위험물 중 니트로화합물 / 지정수량 200kg, 위험등급 II

[11쪽] 제4류 위험물의 분류 도표 참조 &
[15쪽] 제5류 위험물의 분류 도표 참조

❄ **Tip**
'니트로-' 명칭이 포함된 위험물들이 모두 같은 류와 같은 품명의 위험물은 아니라는 것을 기억해야 하며 마찬가지로 '벤젠'이라는 명칭이 포함된다고 같은 류의 위험물은 아니라는 점을 명심하도록 한다. 이런 이유로 자주 출제되고 있다. 또한 히드라진과 히드라진 유도체는 다른 류의 위험물이라는 것도 상기하자.

58 횡으로 설치한 원통형 위험물 저장탱크의 내용적이 500ℓ일 때 공간용적은 최소 몇 ℓ이어야 하는가? (단, 원칙적인 경우에 한한다.)

① 15   ② 25
③ 35   ④ 50

해설 탱크의 공간용적은 탱크의 내용적의 100분의 5 이상 100분의 10 이하의 용적으로 한다고 되어 있으므로 최소 $500 \times \frac{5}{100} = 25(\ell)$의 공간용적이 확보되어야 한다.

[위험물안전관리에 관한 세부기준 제25조 / 탱크의 내용적 및 공간용적]
• 탱크의 공간용적은 탱크의 내용적의 100분의 5 이상 100분의 10 이하의 용적으로 한다. 다만, 소화설비(소화약제 방출구를 탱크 안의 윗부분에 설치하는 것에 한한다)를 설치하는 탱크의 공간용적은 당해 소화설비의 소화약제 방출구 아래의 0.3 미터 이상 1 미터 미만 사이의 면으로부터 윗부분의 용적으로 한다.
• 위의 규정에 불구하고 암반 탱크에 있어서는 당해 탱크 내에 용출하는 7일간의 지하수의 양에 상당하는 용적과 당해 탱크의 내용적의 100분의 1의 용적 중에서 보다 큰 용적을 공간용적으로 한다.

59 탄화칼슘을 습한 공기 중에 보관하면 위험한 이유로 가장 옳은 것은?

① 아세틸렌과 공기가 혼합된 폭발성 가스가 생성될 수 있으므로
② 에틸렌과 공기 중 질소가 혼합된 폭발성 가스가 생성될 수 있으므로
③ 분진폭발의 위험성이 증가하기 때문에
④ 포스핀과 같은 독성 가스가 발생하기 때문에

해설 제3류 위험물 중 칼슘 또는 알루미늄의 탄화물에 속하는 탄화칼슘은 물이나 공기 중의 수분과 반응하면 아세틸렌가스와 수산화칼슘, 열을 발생하며 아세틸렌가스는 공기 중 산소와 혼합되어 폭발 위험성이 증가함으로 습기가 없는 냉소에 밀폐하여 보관·저장하여야 한다.

$CaC_2 + 2H_2O \rightarrow Ca(OH)_2 + C_2H_2 \uparrow$

60 인화성 액체 위험물을 저장 또는 취급하는 옥외 탱크저장소의 방유제 내에 용량 10만ℓ와 5만ℓ인 옥외 저장탱크 2기를 설치하는 경우에 확보하여야 하는 방유제의 용량은?

16년·2 유사

① 50,000ℓ 이상   ② 80,000ℓ 이상
③ 110,000ℓ 이상 ④ 150,000ℓ 이상

해설 설치된 탱크가 2기 이상인 때의 방유제 용량은 그 탱크 중 용량이 최대인 것의 용량의 110% 이상으로 할 것으로 규정하고 있으므로 100,000 × 1.1 = 110,000(ℓ) 이상의 용량을 확보해야 한다.

[위험물안전관리법 시행규칙 별표6 / 옥외 탱크저장소의 위치·구조 및 설비의 기준] - Ⅸ. 방유제 中
인화성 액체 위험물(이황화탄소를 제외한다)의 옥외 탱크저장소의 탱크 주위에 설치하는 방유제의 용량기준은 다음과 같다.
- <u>방유제의 용량은 방유제 안에 설치된 탱크가 하나인 때에는 그 탱크용량의 110% 이상, 2기 이상인 때에는 그 탱크 중 용량이 최대인 것의 용량의 110% 이상으로 할 것</u>

"사랑의 첫 번째 의무는 상대방에 귀 기울이는 것이다." － Paul Tillich －

"모든 사람은 경탄할만한 잠재력을 가지고 있다. 자신의 힘과 젊음을 믿어라. '모든 것이 내가 하기 나름이다'고 끊임없이 자신에게 말하는 법을 배우라." － Andre Gide(앙드레 지드) －

정답 57 ② 58 ② 59 ① 60 ③

CHAPTER 2 최종모의고사

01 제1회 최종모의고사

01 유류화재에 해당하는 표시 색상은?
① 백색 ② 황색
③ 청색 ④ 흑색

02 분말소화설비의 기준에서 규정한 전역방출방식 또는 국소방출방식 분말 소화설비의 가압용 또는 축압용 가스에 해당하는 것은?
① 네온 ② 아르곤
③ 수소 ④ 이산화탄소

03 소화 효과에 대한 설명으로 옳지 않은 것은?
① 산소공급 차단에 의한 제거효과를 기대할 수 있다.
② 물에 의한 소화는 냉각효과가 대표적이다.
③ 가스화재 시 가연성 가스 공급 차단에 의한 소화는 제거효과이다.
④ 소화약제의 증발잠열을 이용한 소화는 냉각효과이다.

04 소화설비의 설치기준에서 니트로글리세린 1,000kg은 몇 소요단위에 해당하는가?
① 10 ② 20 ③ 30 ④ 40

05 다음 중 소화약제로 사용할 수 없는 물질은?
① 이산화탄소 ② 제1인산암모늄
③ 황산알루미늄 ④ 브롬산암모늄

06 소화기에 "A-2"로 표시되어 있었다면 숫자 "2"가 의미하는 것은?
① 소화기의 제조번호
② 소화기의 소요단위
③ 소화기의 능력단위
④ 소화기의 사용순위

07 다음 물질 중 증발연소를 하는 것은?
① 목탄
② 나무
③ 양초
④ 니트로셀룰로오스

08 동식물유류 400,000ℓ에 대한 소화설비 설치 시 소요단위는 몇 단위인가?
① 2단위
② 3단위
③ 4단위
④ 5단위

09 다음 중 자연발화의 위험성이 가장 낮은 것은?
① 표면적이 넓은 것
② 열전도율이 큰 것
③ 주위온도가 높은 것
④ 다습한 환경인 것

10 분말 소화설비의 기준에서 분말 소화약제 중 제1종 분말에 해당하는 것은?

① 탄산수소칼륨을 주성분으로 한 분말
② 탄산수소나트륨을 주성분으로 한 분말
③ 인산염을 주성분으로 한 분말
④ 탄산수소칼륨과 요소가 혼합된 분말

11 방호대상물의 바닥 면적이 150m² 이상인 경우에 개방형 스프링클러 헤드를 이용한 스프링클러 설비의 방사구역은 얼마 이상으로 하여야 하는가?

① 100m²   ② 150m²
③ 200m²   ④ 400m²

12 다음 중 니트로셀룰로오스 화재 시 가장 적합한 소화 방법은?

① 할로겐화합물 소화기를 사용한다.
② 분말 소화기를 사용한다.
③ 이산화탄소 소화기를 사용한다.
④ 다량의 물을 사용한다.

13 탱크 화재 현상 중 BLEVE에 대한 설명으로 가장 옳은 것은?

① 기름 탱크에서의 수증기 폭발 현상이다.
② 비등 상태의 액화가스가 기화하여 팽창하고 폭발하는 현상이다.
③ 화재 시 기름 속의 수분이 급격히 증발하여 기름 거품이 되고 팽창해서 기름 탱크에서 밖으로 내뿜어져 나오는 현상이다.
④ 고점도의 기름 속에 수증기를 포함한 볼 형태의 물방울이 형성되어 탱크 밖으로 넘치는 현상이다.

14 인화성 액체 위험물의 저장 및 취급 시 화재 예방상 주의사항에 대한 설명 중 틀린 것은?

① 증기가 대기 중에 누출된 경우 인화의 위험성이 크므로 증기의 누출을 예방할 것
② 액체가 누출된 경우 확대되지 않도록 주의할 것
③ 전기 전도성이 좋을수록 정전기 발생에 유의할 것
④ 다량으로 저장·취급 시에는 배관을 통해 입·출고 할 것

15 옥내 주유취급소에 있어서 당해 사무소 등의 출입구 및 피난구와 당해 피난구로 통하는 통로·계단 및 출입구에 설치하여야 하는 것은?

① 비상 방송설비   ② 유도등
③ 비상조명등   ④ 비상 속보설비

16 분진폭발 시 소화 방법에 대한 설명으로 틀린 것은?

① 금속분에 대하여는 물을 사용하지 말아야 한다.
② 분진폭발 시 직사주수에 의하여 순간적으로 소화하여야 한다.
③ 분진폭발은 보통 단 한 번으로 끝나지 않을 수 있으므로 제2차, 3차의 폭발에 대비하여야 한다.
④ 이산화탄소와 할로겐화합물의 소화약제는 금속분에 대하여 적절하지 않다.

17 산·알칼리 소화기에서 소화약을 방출하는데 방사 압력원으로 이용되는 것은?

① 공기   ② 탄산가스
③ 아르곤   ④ 질소

18 일반적으로 유류 화재에 물을 사용한 소화가 적합하지 않은 이유에 대한 설명으로 옳은 것은?

① 화재 면을 확대시키기 때문에
② 공기의 접촉을 차단시키기 때문에
③ 가연성 가스를 발생시키기 때문에
④ 인화점이 낮아지기 때문에

19 위험물시설에 설비하는 자동화재탐지설비의 하나의 경계구역 면적과 그 한 변의 길이의 기준으로 옳은 것은? (단, 광전식 분리형 감지기를 설치한 경우이다.)

① $300m^2$ 이하, 50m 이하
② $300m^2$ 이하, 100m 이하
③ $600m^2$ 이하, 50m 이하
④ $600m^2$ 이하, 100m 이하

20 지정수량의 100배 이상을 저장 또는 취급하는 옥내저장소에 설치하여야 하는 경보설비는? (단, 고인화점 위험물만을 저장 또는 취급하는 것은 제외)

① 비상 경보설비   ② 자동화재탐지설비
③ 비상 방송설비   ④ 확성장치

21 다음 중 산화성 고체 위험물에 속하지 않는 것은?

① Na_2O_2 ② $HClO_4$
③ NH_4ClO_4 ④ $KClO_3$

22 다음 중 오황화린이 물과 작용해서 주로 발생하는 기체는?

① 포스겐   ② 아황산가스
③ 인화수소   ④ 황화수소

23 분진폭발이 대형화되는 경우가 아닌 것은?

① 밀폐된 공간 내 고온, 고압 상태가 유지될 때
② 밀폐된 공간 내 인화성 가스가 존재할 때
③ 분진 자체가 폭발성 물질인 경우
④ 공기 중 질소의 농도가 증가된 경우

24 다음 중 제2류 위험물만으로 나열된 것이 아닌 것은?

① 철분, 황화린
② 마그네슘, 적린
③ 유황, 철분
④ 아연분, 나트륨

25 다음 황린의 성질에 대한 설명으로 옳은 것은?

① 분자량은 약 108이다.
② 융점은 약 120℃이다.
③ 비점은 약 150℃이다.
④ 비중은 약 1.82이다.

26 옥외저장소에 덩어리 상태의 유황만을 지반면에 설치한 경계표시의 안쪽에서 저장할 경우 하나의 경계표시의 내부면적은 몇 m^2 이하이어야 하는가?

① 75   ② 100
③ 300   ④ 500

27 다음 중 인화점이 가장 높은 물질은?

① 이황화탄소   ② 디에틸에테르
③ 아세트알데히드 ④ 산화프로필렌

28 히드록실아민을 취급하는 제조소에 두어야 하는 최소한의 안전거리(D)를 구하는 산식으로 옳은 것은? (단, N은 당해 제조소에서 취급하는 히드록실아민의 지정수량 배수를 나타낸다.)

① $D = 40\sqrt[3]{N}$ ② $D = 51.1\sqrt[3]{N}$
③ $D = 55\sqrt[3]{N}$ ④ $D = 62.1\sqrt[3]{N}$

29 질산에틸의 성질에 대한 설명 중 틀린 것은?

① 비점은 약 88℃이다.
② 무색의 액체이다.
③ 증기는 공기보다 무겁다.
④ 물에 잘 녹는다.

30 제5류 위험물에 대한 설명으로 옳지 않은 것은?

① 자기반응성 물질이다.
② 피크르산은 니트로화합물이다.
③ 모두 산소를 포함하고 있다.
④ 니트로화합물은 니트로기가 많을수록 폭발력이 커진다.

31 니트로셀룰로오스에 대한 설명 중 틀린 것은?

① 천연 셀룰로오스에 염기와 반응시켜 만든다.
② 함유하는 질소량이 많을수록 위험성이 크다.
③ 질화도에 따라 크게 상면약과 약면약으로 구분할 수 있다.
④ 약 130℃에서 분해하기 시작한다.

32 제4류 위험물의 일반적 성질에 대한 설명으로 틀린 것은?

① 발생 증기가 가연성이며 공기보다 무거운 물질이 많다.
② 정전기에 의하여도 인화할 수 있다.
③ 상온에서 액체이다.
④ 전기도체이다.

33 다음 중 제6류 위험물의 공통된 성질에 해당하는 것은?

① 물에 잘 녹지 않는다.
② 물보다 무겁다.
③ 유기화합물이다.
④ 가연성이므로 다른 위험물과 혼합 시 주의하여야 한다.

34 과산화수소의 성질에 대한 설명 중 틀린 것은?

① 알코올에 용해한다.
② MnO_2 첨가 시 분해가 촉진된다.
③ 농도 약 30%에서는 단독으로 폭발할 위험이 있다.
④ 분해 시 산소가 발생한다.

35 질산의 성질에 대한 설명 중 틀린 것은?

① 분해하면 산소를 발생한다.
② 분자량은 약 63이다.
③ 물과 반응하여 발열한다.
④ 금, 백금 등을 부식시킨다.

36 다음 중 제3류 위험물의 지정수량이 잘못된 것은?

① $(C_2H_5)_3Al : 10\ kg$ ② $Ca : 50\ kg$
③ $LiH : 300\ kg$ ④ $AlP : 500\ kg$

37 저장 또는 취급하는 위험물의 최대수량이 지정수량의 500배 이하일 때 옥외 저장탱크의 측면으로부터 몇 m 이상의 보유공지 너비를 가져야 하는가? (단, 제6류 위험물은 제외한다)

① 1   ② 2   ③ 3   ④ 4

38 그림과 같이 횡으로 설치한 원형 탱크의 용량은 약 몇 m³인가? (단, 공간용적은 내용적의 10/1000이다.)

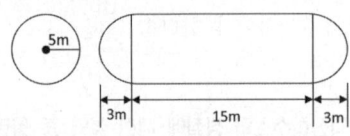

① 1690.9   ② 1335.1
③ 1268.4   ④ 1201.7

39 하나의 위험물 저장소에 다음과 같이 2가지 위험물을 저장하고 있다. 지정수량 이상에 해당하는 것은?

① 브롬산칼륨 80kg, 염소산칼륨 40kg
② 질산 100kg, 과산화수소 150kg
③ 질산칼륨 120kg, 중크롬산나트륨 500kg
④ 휘발유 20ℓ, 윤활유 2,000ℓ

40 인화칼슘이 포스핀 가스와 수산화칼슘을 발생하는 경우에 해당하는 것은?

① 가열에 의한 열분해
② 수분의 접촉
③ 햇빛에 노출
④ 충격 및 마찰

41 위험물 운반 용기의 외부에 표시하여야 하는 사항에 해당하지 않는 것은?

① 위험물에 따라 규정된 주의사항
② 위험물의 지정수량
③ 위험물의 수량
④ 위험물의 품명

42 휘발유의 성질 및 취급 시의 주의사항에 관한 설명 중 틀린 것은?

① 증기가 모여 있지 않도록 통풍을 잘 시킨다.
② 인화점이 상온이므로 상온 이상에서는 화기 접근을 금지시켜야 한다.
③ 정전기 발생에 주의해야 한다.
④ 강산화제 등과 혼촉 시 발화할 위험이 있다.

43 유황의 지정수량은 얼마인가?

① 20kg   ② 50kg
③ 100kg   ④ 300kg

44 디에틸에테르에 대한 설명 중 잘못된 것은?
① 강산화제와 혼합 시 안전하게 사용할 수 있다.
② 대량으로 저장 시 불활성가스를 봉입하여야 한다.
③ 정전기 발생 방지를 위해 주의를 기울여야 한다.
④ 통풍, 환기가 잘 되는 곳에 저장한다.

45 트리니트로페놀에 대한 설명으로 옳은 것은?
① 발화 방지를 위해 휘발유에 저장한다.
② 구리용기에 넣어 보관한다.
③ 무색투명한 액체이다.
④ 알코올, 벤젠 등에 녹는다.

46 금속나트륨을 보호액 속에 저장하는 가장 큰 이유는?
① 탈수를 막기 위해서
② 화기를 피하기 위해서
③ 습기와의 접촉을 막기 위하여
④ 산소 발생을 막기 위하여

47 다음 위험물 중 물과 접촉하면 발열하면서 산소를 방출하는 것은?
① 과산화칼륨 ② 염소산암모늄
③ 염소산칼륨 ④ 과망간산칼륨

48 다음 중 행정안전부령으로 정하는 제1류 위험물이 아닌 것은?
① 질산구아니딘 ② 과요오드산
③ 아질산염류 ④ 염소화이소시아눌산

49 다음 물질 중 제3류 위험물에 속하는 것은?
① CaC_2 ② S
③ P_2S_5 ④ Mg

50 다음 중 두 가지 물질을 섞었을 때 수소가 발생하는 것은?
① 칼륨과 에탄올
② 과산화마그네슘과 염화수소
③ 과산화칼륨과 탄산가스
④ 오황화린과 물

51 다음 중 제1류 위험물의 질산염류가 아닌 것은?
① 질산은 ② 질산암모늄
③ 질산섬유소 ④ 칠레초석

52 다음 제1류 위험물들 중 지정수량이 잘못된 것은?
① 아염소산나트륨 : 50kg
② 염소산칼륨 : 50kg
③ 과산화나트륨 : 100kg
④ 브롬산칼륨 : 300kg

53 메탄올에 대한 설명 중 옳지 않은 것은?
① 1가 알코올인 동시에 1차 알코올이다.
② 제4류 위험물의 알코올류에 속하며 위험등급은 Ⅱ이다.
③ 휘발성의 무색투명한 액체이다.
④ 알칼리금속과 반응하여 수소 기체를 발생시킨다.

54 특수인화물 200ℓ와 제4석유류 12,000ℓ를 저장할 때 각각의 지정수량 배수의 합은 얼마인가?

① 3　　② 4
③ 5　　④ 6

55 위험물 안전관리자를 해임한 때에는 해임한 날로부터 며칠 이내에 위험물 안전관리자를 다시 선임하여야 하는가?

① 7　　② 14
③ 30　　④ 60

56 위험물의 위험등급에 대한 설명으로 옳지 않은 것은?

① 위험등급 Ⅰ에 해당하는 제2류 위험물은 없다.
② 제5류 위험물은 위험등급 Ⅰ과 Ⅱ에 해당하는 위험물만을 포함한다.
③ 제3류 위험물은 위험등급 Ⅰ과 Ⅱ에 해당하는 위험물만을 포함한다.
④ 제6류 위험물은 모두 위험등급 Ⅰ에 해당한다.

57 과산화수소 분해 방지 안정제로 사용할 수 있는 물질은?

① Ag　　② HBr
③ MnO_2　　④ H_3PO_4

58 "위험물 제조소"라는 표시를 한 표지는 백색 바탕에 어떤 색상의 문자를 사용해야 하는가?

① 황색　　② 적색
③ 흑색　　④ 청색

59 다음은 옥외 저장탱크와 흙 방유제를 나타낸 것이다. 탱크의 지름이 10m이고 높이가 15m라고 할 때 방유제는 탱크의 옆판으로부터 몇 m 이상의 거리를 유지하여야 하는가? (단, 인화점 200℃ 미만의 위험물을 저장한다.)

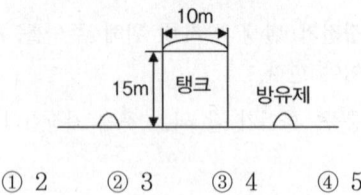

① 2　　② 3　　③ 4　　④ 5

60 다음 중 자체소방대를 반드시 설치하여야 하는 곳은?

① 지정수량 2천 배 이상의 제6류 위험물을 취급하는 제조소가 있는 사업소
② 지정수량 3천 배 이상의 제6류 위험물을 취급하는 제조소가 있는 사업소
③ 지정수량 30만 배 이상의 제4류 위험물을 저장하는 옥외 탱크저장소
④ 지정수량 50만 배 이상의 제4류 위험물을 저장하는 옥외 탱크저장소

02 제2회 최종모의고사

01 위험물 제조소에 설치하는 표지 및 게시판에 관한 설명으로 옳은 것은?

① 표지나 게시판은 잘 보이게만 설치한다면 그 크기는 제한이 없다.
② 표지에는 위험물의 유별·품명의 내용 외의 다른 기재 사항은 제한하지 않는다.
③ 게시판의 바탕과 문자의 명도 대비가 클 경우에는 색상은 제한하지 않는다.
④ 표지나 게시판을 보기 쉬운 곳에 설치하여야 하는 것 외에 위치에 대해 다른 규정은 두고 있지 않다.

02 다음 중 제5류 위험물에 적응성이 있는 소화설비는?

① 분말 소화설비
② 이산화탄소 소화설비
③ 할로겐화합물 소화설비
④ 스프링클러 설비

03 인화성 액체 위험물 옥외 탱크저장소의 탱크 주위에 방유제를 설치할 때 방유제 내의 면적은 몇 m^2 이하로 하여야 하는가?

① 20,000   ② 40,000
③ 60,000   ④ 80,000

04 제1종 분말소화약제의 적응 화재급수는?

① A급   ② BC급
③ AB급   ④ ABC급

05 유류나 전기설비 화재에 적합하지 않은 소화기는?

① 이산화탄소 소화기
② 분말 소화기
③ 봉상수 소화기
④ 할로겐화합물 소화기

06 자연발화의 방지대책으로 틀린 것은?

① 통풍이 잘되게 한다.
② 저장실의 온도를 낮게 한다.
③ 습도를 낮게 유지한다.
④ 열을 축적시킨다.

07 화재의 종류와 급수의 분류가 잘못 연결된 것은?

① 일반화재 – A급화재
② 유류화재 – B급화재
③ 전기화재 – C급화재
④ 가스화재 – D급화재

08 다음 중 물 소화약제의 소화 효과에 해당하지 않는 것은?

① 냉각 효과   ② 억제 효과
③ 희석 효과   ④ 파괴 및 타격 효과

09 이산화탄소 소화약제의 주된 소화 원리는?

① 가연물 제거   ② 부촉매 작용
③ 산소공급 차단 ④ 점화원 파괴

10 소화약제의 종별구분 중 인산염류를 주성분으로 한 분말 소화약제는 제 몇 종 분말이라 하는가?

① 제1종 분말   ② 제2종 분말
③ 제3종 분말   ④ 제4종 분말

11 제5류 위험물의 화재 예방과 진압대책으로 옳지 않은 것은?

① 서로 1m 이상의 간격을 두고 유별로 정리한 경우라도 제3류 위험물과는 동일한 옥내저장소에 저장할 수 없다.
② 위험물 제조소의 주의사항 게시판에는 주의사항으로 "화기엄금"만 표기하면 된다.
③ 이산화탄소 소화기와 할로겐화합물 소화기는 모두 적응성이 없다.
④ 운반용기의 외부에는 주의사항으로 "화기엄금"만 표시하면 된다.

12 소화난이도 등급 I의 옥내 탱크저장소에 유황만을 저장할 경우 설치하여야 하는 소화설비는?

① 물분무 소화설비
② 스프링클러 설비
③ 포 소화설비
④ 이산화탄소 소화설비

13 가연물이 되기 쉬운 조건이 아닌 것은?

① 산소와 친화력이 클 것
② 열전도율이 클 것
③ 발열량이 클 것
④ 활성화 에너지가 작을 것

14 소화에 대한 설명 중 틀린 것은?

① 소화작용을 기준으로 크게 물리적 소화와 화학적 소화로 나눌 수 있다.
② 주수소화의 주된 소화 효과는 냉각 효과이다.
③ 공기 차단에 의한 소화는 제거소화이다.
④ 불연성 가스에 의한 소화는 질식소화이다.

15 소화전용 물통 8리터의 능력단위는 얼마인가?

① 0.1   ② 0.3   ③ 0.5   ④ 1.0

16 지정수량 10배의 위험물을 저장 또는 취급하는 제조소에 있어서 연면적이 최소 몇 m^2이면 자동화재탐지설비를 설치해야 하는가?

① 100   ② 300   ③ 500   ④ 1,000

17 다음 중 자연발화의 형태가 아닌 것은?

① 산화열에 의한 발화
② 분해열에 의한 발화
③ 흡착열에 의한 발화
④ 잠열에 의한 발화

18 대형 수동식 소화기의 설치기준은 방호대상물의 각 부분으로부터 하나의 대형 수동식 소화기까지의 보행거리가 몇 m 이하가 되도록 설치하여야 하는가?

① 10   ② 20   ③ 30   ④ 40

19 저장소의 건축물 중 외벽이 내화구조인 것은 연면적 몇 m^2를 1 소요단위로 하는가?

① 50   ② 75   ③ 100   ④ 150

20 물질의 일반적인 연소 형태에 대한 설명으로 틀린 것은?

① 파라핀의 연소는 표면연소이다.
② 산소공급원을 가진 물질이 연소하는 것을 자기연소라고 한다.
③ 목재의 연소는 분해연소이다.
④ 공기와 접촉하는 표면에서 연소가 일어나는 것을 표면연소라고 한다.

21 지정과산화물 옥내저장소의 저장창고 출입구 및 창의 설치기준으로 틀린 것은?

① 창은 바닥 면으로부터 2m 이상의 높이에 설치한다.
② 하나의 창의 면적을 $0.4m^2$ 이내로 한다.
③ 하나의 벽면에 두는 창의 면적의 합계를 당해 벽면의 면적의 80분의 1이 초과되도록 한다.
④ 출입구에는 갑종 방화문을 설치한다.

22 다음 중 증기의 밀도가 가장 큰 것은?

① 디에틸에테르 ② 벤젠
③ 가솔린(옥탄100%) ④ 에틸알코올

23 제1류 위험물의 일반적인 성질이 아닌 것은?

① 강산화제이다.
② 불연성 물질이다.
③ 유기화합물에 속한다.
④ 비중이 1보다 크다.

24 지하 탱크저장소 탱크 전용실의 안쪽과 지하 저장탱크와의 사이는 몇 m 이상의 간격을 유지하여야 하는가?

① 0.1　② 0.2　③ 0.3　④ 0.5

25 분자량이 약 106.5이며 조해성과 흡습성이 크고 산과 반응하여 유독한 ClO_2를 발생시키는 것은?

① $KClO_4$　② $NaClO_3$
③ NH_4ClO_4　④ $AgClO_3$

26 제2류 위험물과 산화제를 혼합하면 위험한 이유로 가장 적합한 것은?

① 제2류 위험물이 가연성 액체이기 때문에
② 제2류 위험물이 환원제로 작용하기 때문에
③ 제2류 위험물은 자연발화의 위험이 있기 때문에
④ 제2류 위험물은 물 또는 습기를 잘 머금고 있기 때문에

27 다음 위험물 중 제3석유류에 속하고 지정수량이 2,000ℓ인 것은?

① 아세트산
② 글리세린
③ 에틸렌글리콜
④ 니트로벤젠

28 과염소산칼륨의 성질에 관한 설명 중 틀린 것은?

① 무색, 무취의 결정이다.
② 비중은 1보다 크다.
③ 400℃ 이상으로 가열하면 분해하여 산소를 발생한다.
④ 알코올 및 에테르에 잘 녹는다.

29 순수한 것은 무색이지만 공업용은 휘황색의 침상 결정으로 마찰·충격에 비교적 둔감하며 공기 중에서 자연분해하지 않기 때문에 장기간 저장할 수 있고 쓴맛과 독성이 있는 것은?

① 피크르산
② 니트로글리콜
③ 니트로셀룰로오스
④ 니트로글리세린

30 다음 중 인화점이 가장 낮은 것은?

① 톨루엔
② 테레핀유
③ 에틸렌글리콜
④ 아닐린

31 위험물안전관리법령상 제3석유류의 액체 상태의 판단 기준은?

① 1기압과 섭씨 20도에서 액상인 것
② 1기압과 섭씨 25도에서 액상인 것
③ 기압에 무관하게 섭씨 20도에서 액상인 것
④ 기압에 무관하게 섭씨 25도에서 액상인 것

32 과산화나트륨에 대한 설명으로 틀린 것은?

① 수증기와 반응하여 금속나트륨과 수소, 산소를 발생한다.
② 순수한 것은 백색이다.
③ 융점은 약 460℃이다.
④ 아세트산과 반응하여 과산화수소를 발생한다.

33 다음 중 방수성이 있는 피복으로 덮어야 하는 위험물로만 구성된 것은?

① 과염소산염류, 삼산화크롬, 황린
② 무기과산화물, 과산화수소, 마그네슘
③ 철분, 금속분, 마그네슘
④ 염소산염류, 과산화수소, 금속분

34 다음 중 자기반응성 물질인 제5류 위험물에 해당하는 것은?

① $CH_3(C_6H_4)NO_2$ ② CH_3COCH_3
③ $C_6H_2(NO_2)_3OH$ ④ $C_6H_5NO_2$

35 위험물안전관리법령에서 규정하고 있는 옥내소화전 소화설비의 설치기준에 관한 내용 중 옳은 것은?

① 제조소등 건축물의 층마다 당해 층의 각 부분에서 하나의 호스 접속구까지의 수평거리는 25m 이하가 되도록 설치한다.
② 수원의 수량은 옥내소화전이 가장 많이 설치된 층의 옥내소화전 설치개수(설치개수가 5개 이상인 경우에는 5개)에 13.5m³를 곱한 양 이상이 되도록 한다.
③ 옥내소화전 설비는 각 층을 기준으로 하여 당해 층의 모든 옥내소화전(설치개수가 5개 이상인 경우에는 5개의 옥내소화전)을 동시에 사용할 경우에 각 노즐선단의 방수압력은 300kPa 이상이 되도록 설치한다.
④ 옥내소화전 설비는 각 층을 기준으로 하여 당해 층의 모든 옥내소화전(설치개수가 5개 이상인 경우에는 5개의 옥내소화전)을 동시에 사용할 경우에 각 노즐선단의 방수량은 1분당 450ℓ 이상의 성능이 되도록 설치한다.

36 다음은 위험물안전관리법령에서 정의한 동식물유류에 관한 내용이다. ( )에 알맞은 수치는?

> 동물의 지육 등 또는 식물의 종자나 과육으로부터 추출한 것으로서 1기압에서 인화점이 섭씨 ( )도 미만인 것을 말한다.

① 21 ② 200 ③ 250 ④ 300

37 알루미늄 분말이 NaOH 수용액과 반응하였을 때 발생하는 것은?

① CO_2 ② Na_2O ③ H_2 ④ Al_2O_3

38 위험물안전관리법령에서 정한 제6류 위험물의 성질은?

① 자기반응성 물질 ② 금수성 물질
③ 산화성 액체 ④ 인화성 액체

39 $KClO_3$의 일반적인 성질에 관한 설명으로 옳은 것은?

① 비중은 약 3.74이다.
② 황색이고 향기가 있는 결정이다.
③ 글리세린에 잘 용해된다.
④ 인화점이 약 -17℃인 가연성 물질이다.

40 알칼리금속의 성질에 대한 설명 중 틀린 것은?

① 칼륨은 물보다 가볍고 공기 중에서 산화되어 금속광택을 잃는다.
② 나트륨은 매우 단단한 금속이므로 다른 금속에 비해 몹 융해열이 큰 편이다.
③ 리튬은 고온으로 가열하면 적색 불꽃을 내며 연소한다.
④ 루비듐은 물과 반응하여 수소를 발생한다.

41 과염소산암모늄에 대한 설명으로 옳은 것은?

① 물에 용해되지 않는다.
② 청녹색의 침상 결정이다.
③ 130℃에서 분해하기 시작하여 CO_2 가스를 방출한다.
④ 아세톤, 알코올에 용해된다.

42 위험등급 I의 위험물에 해당하지 않는 것은?

① 아염소산칼륨 ② 황화린
③ 황린 ④ 과염소산

43 니트로셀룰로오스의 안전한 저장을 위해 사용되는 물질은?

① 페놀 ② 황산
③ 에탄올 ④ 아닐린

44 다음 물질 중 위험물 유별에 따른 구분이 나머지 셋과 다른 하나는?

① 질산은 ② 질산메틸
③ 무수크롬산 ④ 질산암모늄

45 다음 물질 중 품명이 니트로화합물로 분류되는 것은?

① 니트로셀룰로오스
② 니트로벤젠
③ 니트로글리세린
④ 트리니트로톨루엔

46 옥내 저장탱크의 상호 간에는 특별한 경우를 제외하고 최소 몇 m 이상의 간격을 유지하여야 하는가?

① 0.1 ② 0.2 ③ 0.3 ④ 0.5

47 질산에 대한 설명 중 틀린 것은?

① 불연성이지만 산화력을 가지고 있다.
② 순수한 것은 갈색의 액체이나 보관 중 청색으로 변한다.
③ 부식성이 강하다.
④ 물과 접촉하면 발열한다.

48 유별을 달리하는 위험물에서 다음 중 혼재할 수 없는 것은? (단, 지정수량의 1/5 이상이다)

① 제2류와 제4류
② 제1류와 제6류
③ 제3류와 제4류
④ 제1류와 제5류

49 적린의 일반적인 성질에 대한 설명으로 틀린 것은?

① 비금속 원소이다.
② 암적색의 분말이다.
③ 황린과 다르게 자연 발화성을 나타낸다.
④ 이황화탄소에 녹지 않는다.

50 금속칼륨의 저장 및 취급상 주의사항에 대한 설명으로 틀린 것은?

① 물과의 접촉을 피한다.
② 피부에 닿지 않도록 한다.
③ 알코올 속에 저장한다.
④ 가급적 소량으로 나누어 저장한다.

51 질산칼륨의 저장 및 취급 시 주의사항에 대한 설명 중 틀린 것은?

① 공기와의 접촉을 피하기 위하여 석유 속에 보관한다.
② 직사광선을 차단하고 가열, 충격, 마찰을 피한다.
③ 목탄분, 유황 등과 격리하여 보관한다.
④ 강산류와의 접촉을 피한다.

52 분자량은 227, 발화점이 약 300℃, 비점이 약 240℃이며 햇빛에 의해 다갈색으로 변하고 물에 녹지 않으나 벤젠에는 녹는 물질은?

① 니트로글리세린
② 니트로셀룰로오스
③ 트리니트로톨루엔
④ 트리니트로페놀

53 이황화탄소가 완전히 연소하였을 때 발생하는 물질은?

① CO_2, O_2
② CO_2, SO_2
③ CO, S
④ CO_2, H_2O

54 산화프로필렌을 용기에 저장할 때 인화 폭발의 위험을 막기 위하여 충전시키는 가스로 다음 중 가장 적합한 것은?

① N_2
② H_2
③ O_2
④ CO

55 특수인화물의 일반적인 성질에 대한 설명으로 가장 거리가 먼 것은?

① 비점이 높다.
② 인화점이 낮다.
③ 연소 하한값이 낮다.
④ 증기압이 높다.

56 벤조일퍼옥사이드의 성질에 대한 설명으로 옳은 것은?

① 건조 상태의 것은 마찰, 충격에 의한 폭발의 위험이 있다.
② 유기물과 접촉하면 화재 및 폭발의 위험성이 감소한다.
③ 수분을 함유하면 폭발이 더욱 용이하다.
④ 강력한 환원제이다.

57 지정수량의 10배 이상의 위험물을 취급하는 제조소에는 피뢰침을 설치하여야 하지만 제 몇 류 위험물을 취급하는 경우는 이를 제외할 수 있는가?

① 제2류 위험물　② 제4류 위험물
③ 제5류 위험물　④ 제6류 위험물

58 위험물의 성질에 관한 설명 중 옳은 것은?

① 벤젠과 톨루엔 중 인화온도가 낮은 것은 톨루엔이다.
② 디에틸에테르는 휘발성이 높으며 마취성이 있다.
③ 에틸알코올은 물이 조금이라도 섞이면 불연성 액체가 된다.
④ 휘발유는 전기 양도체이므로 정전기 발생이 위험하다.

59 다음 중 제2류 위험물이 아닌 것은?

① 적린　② 황린
③ 유황　④ 황화린

60 다음 위험물 중 저장할 때 보호액으로 물을 사용하는 것은?

① 삼산화크롬　② 아연
③ 나트륨　④ 황린

03 제3회 최종모의고사

01 자연발화의 방지법이 아닌 것은?
① 습도를 높게 유지할 것
② 저장실의 온도를 낮출 것
③ 퇴적 및 수납 시 열 축적이 없을 것
④ 통풍을 잘 시킬 것

02 화학식과 Halon 번호를 옳게 연결한 것은?
① CBr_2F_2 - 1202
② $C_2Br_2F_2$ - 2422
③ $CBrClF_2$ - 1102
④ $C_2Br_2F_4$ - 1242

03 액체 연료의 연소 형태가 아닌 것은?
① 확산연소
② 증발연소
③ 액면연소
④ 분무연소

04 소화설비의 설치기준에서 유기과산화물 1,000kg은 몇 소요단위에 해당하는가?
① 10   ② 20   ③ 30   ④ 40

05 다음 중 분진폭발의 원인물질로 작용할 위험성이 가장 낮은 것은?
① 마그네슘 분말
② 밀가루
③ 담배 분말
④ 시멘트 분말

06 소화작용에 대한 설명 중 옳지 않은 것은?
① 가연물의 온도를 낮추는 소화는 냉각 작용이다.
② 물의 주된 소화작용 중 하나는 냉각 작용이다.
③ 연소에 필요한 산소의 공급원을 차단하는 소화는 제거 작용이다.
④ 가스화재 시 밸브를 차단하는 것은 제거 작용이다.

07 소화설비의 기준에서 이산화탄소 소화설비가 적응성이 있는 대상물은?
① 알칼리금속 과산화물
② 철분
③ 인화성 고체
④ 제3류 위험물의 금수성 물질

08 분자 내의 니트로기와 같이 쉽게 산소를 유리할 수 있는 기를 가지고 있는 화합물의 연소 형태는?
① 표면연소   ② 분해연소
③ 증발연소   ④ 자기연소

09 위험물안전관리법령상 소화설비에 해당하지 않는 것은?
① 옥외소화전 설비
② 스프링클러 설비
③ 할로겐화합물 소화설비
④ 연결살수 설비

10 유기과산화물의 화재 예방 상 주의사항으로 틀린 것은?

① 열원으로부터 멀리한다.
② 직사광선을 피해야 한다.
③ 용기의 파손에 의해서 누출되면 위험하므로 정기적으로 점검하여야 한다.
④ 산화제와 격리하고 환원제와 접촉시켜야 한다.

11 물질의 발화온도가 낮아지는 경우는?

① 발열량이 작을 때
② 산소의 농도가 작을 때
③ 화학적 활성도가 클 때
④ 산소와 친화력이 작을 때

12 어떤 소화기에 "ABC"라고 표시되어 있다. 다음 중 사용할 수 없는 화재는?

① 금속화재 ② 유류화재
③ 전기화재 ④ 일반화재

13 연소 위험성이 큰 휘발유 등은 배관을 통하여 이송할 경우 안전을 위하여 유속을 느리게 해주는 것이 바람직하다. 이는 배관 내에서 발생할 수 있는 어떤 에너지를 억제하기 위함인가?

① 유도 에너지 ② 분해 에너지
③ 정전기 에너지 ④ 아크 에너지

14 1몰의 이황화탄소와 고온의 물이 반응하여 생성되는 유독한 기체 물질의 부피는 표준상태에서 얼마인가?

① 22.4ℓ   ② 44.8ℓ
③ 67.2ℓ   ④ 134.4ℓ

15 전기설비에 적응성이 없는 소화설비는?

① 이산화탄소 소화설비
② 물분무 소화설비
③ 포 소화설비
④ 할로겐화합물 소화설비

16 제4류 위험물 중 제2석유류의 위험등급 기준은?

① 위험등급Ⅰ의 위험물
② 위험등급Ⅱ의 위험물
③ 위험등급Ⅲ의 위험물
④ 위험등급Ⅳ의 위험물

17 휘발유의 소화 방법으로 옳지 않은 것은?

① 분말 소화약제를 사용한다.
② 포 소화약제를 사용한다.
③ 물통 또는 수조로 주수소화 한다.
④ 이산화탄소에 의한 질식소화를 한다.

18 팽창질석(삽 1개 포함) 160리터의 소화 능력 단위는?

① 0.5   ② 1.0   ③ 1.5   ④ 2.0

19 플래시 오버(flash over)에 관한 설명이 아닌 것은?

① 실내화재에서 발생하는 현상
② 순간적인 연소 확대 현상
③ 발생 시점은 초기에서 성장기로 넘어가는 분기점
④ 화재로 인하여 온도가 급격히 상승하여 화재가 순간적으로 실내 전체에 확산되어 연소되는 현상

20 화재 시 이산화탄소를 방출하여 산소의 농도를 13vol%로 낮추어 소화를 하려면 공기 중의 이산화탄소는 몇 vol%가 되어야 하는가? (공기 중 산소의 농도는 21vol%, 질소는 79vol%로 산정한다.)
① 28.1
② 38.1
③ 42.86
④ 48.36

21 과산화마그네슘에 대한 설명으로 옳은 것은?
① 산화제, 표백제, 살균제 등으로 사용된다.
② 물에 녹지 않기 때문에 습기와 접촉해도 무방하다.
③ 물과 반응하여 금속 마그네슘을 생성한다.
④ 염산과 반응하면 산소와 수소를 발생한다.

22 위험물안전관리법령에 따라 제조소등의 관계인이 예방규정을 정하여야 하는 제조소등에 해당하지 않는 것은?
① 지정수량의 200배 이상의 위험물을 저장하는 옥외 탱크저장소
② 지정수량의 10배 이상의 위험물을 취급하는 제조소
③ 암반 탱크저장소
④ 지하 탱크저장소

23 같은 위험등급의 위험물로만 이루어지지 않은 것은?
① Fe, Sb, Mg
② Zn, Al, S
③ 황화린, 적린, 칼슘
④ 메탄올, 에탄올, 벤젠

24 다음 위험물 중 지정수량이 가장 큰 것은?
① 질산에틸
② 과산화수소
③ 트리니트로톨루엔
④ 피크르산

25 지정수량 10배의 위험물을 운반할 때 혼재가 가능한 것은?
① 제1류 위험물과 제2류 위험물
② 제1류 위험물과 제4류 위험물
③ 제4류 위험물과 제5류 위험물
④ 제5류 위험물과 제3류 위험물

26 제4류 위험물 중 특수인화물로만 나열된 것은?
① 아세트알데히드, 산화프로필렌, 염화아세틸
② 산화프로필렌, 염화아세틸, 부틸알데히드
③ 부틸알데히드, 이소프로필아민, 디에틸에테르
④ 이황화탄소, 황화디메틸, 이소프로필아민

27 건축물 외벽이 내화구조이며 연면적 300m^2인 위험물 옥내저장소의 건축물에 대하여 소화설비의 소화능력 단위는 최소한 몇 단위 이상이 되어야 하는가?
① 1단위
② 2단위
③ 3단위
④ 4단위

28 수소화칼슘이 물과 반응하였을 때의 생성물은?
① 칼슘과 수소
② 수산화칼슘과 수소
③ 칼슘과 산소
④ 수산화칼슘과 산소

29 과염소산칼륨과 아염소산나트륨의 공통 성질이 아닌 것은?

① 지정수량이 50kg이다.
② 열분해 시 산소를 방출한다.
③ 강산화성 물질이며 가연성이다.
④ 상온에서 고체의 형태이다.

30 위험성 예방을 위해 물속에 저장하는 것은?

① 칠황화린 ② 이황화탄소
③ 오황화린 ④ 톨루엔

31 다음 중 화재 시 내알코올포 소화약제를 사용하는 것이 가장 적합한 위험물은?

① 아세톤 ② 휘발유
③ 경유   ④ 등유

32 위험물을 유별로 정리하여 상호 1m 이상의 간격을 유지하는 경우에도 동일한 옥내저장소에 저장할 수 없는 것은?

① 제1류 위험물(알칼리금속의 과산화물 또는 이를 함유한 것을 제외한다)과 제5류 위험물
② 제1류 위험물과 제6류 위험물
③ 제1류 위험물과 제3류 위험물 중 황린
④ 인화성 고체를 제외한 제2류 위험물과 제4류 위험물

33 무색 또는 옅은 청색의 액체로 농도가 36wt% 이상인 것을 위험물로 간주하는 것은?

① 과산화수소 ② 과염소산
③ 질산   ④ 초산

34 위험물안전관리법령의 규정에 따라 다음과 같이 예방조치를 하여야 하는 위험물은?

○ 운반용기의 외부에 "화기엄금" 및 "충격주의"를 표시한다.
○ 적재하는 경우 차광성 있는 피복으로 가린다.
○ 55℃ 이하에서 분해될 우려가 있는 경우 보냉컨테이너에 수납하여 적당한 온도관리를 한다.

① 제1류 ② 제2류
③ 제3류 ④ 제5류

35 다음 괄호 안에 들어갈 알맞은 단어는?

보냉장치가 있는 이동 저장탱크에 저장하는 아세트알데히드등 또는 디에틸에테르등의 온도는 당해 위험물의 (   ) 이하로 유지하여야 한다.

① 비점   ② 인화점
③ 융해점 ④ 발화점

36 경유에 대한 설명으로 틀린 것은?

① 품명은 제3석유류이다.
② 디젤기관의 연료로 사용할 수 있다.
③ 원유의 증류 시 등유와 중유 사이에서 유출된다.
④ K, Na의 보호액으로 사용할 수 있다.

37 위험물 제조소등에 반드시 자동화재탐지설비를 설치해야 하는 경우가 아닌 것은? (단, 지정수량의 10배 이상을 저장 또는 취급하는 경우이다.)

① 이동 탱크저장소
② 단층 건물로 처마 높이가 6m인 옥내저장소
③ 단층 건물 외의 건축물에 설치된 옥내탱크저장소로서 소화난이도 등급 I에 해당하는 것
④ 옥내 주유취급소

38 다음은 위험물 탱크의 공간용적에 관한 내용이다. ( ) 안에 숫자를 차례대로 올바르게 나열한 것은? (단, 소화설비를 설치하는 경우와 암반탱크는 제외한다.)

> 탱크의 공간용적은 탱크 내용적의 100분의 ( ) 이상 100분의 ( ) 이하의 용적으로 한다.

① 5, 10
② 5, 15
③ 10, 15
④ 10, 20

39 제4류 위험물에 속하지 않는 것은?
① 아세톤
② 실린더유
③ 과산화벤조일
④ 니트로벤젠

40 니트로셀룰로오스에 대한 설명으로 틀린 것은?
① 다이너마이트의 원료로 사용된다.
② 물과 혼합하면 위험성이 감소된다.
③ 셀룰로오스에 진한 질산과 진한 황산을 작용시켜 만든다.
④ 품명이 니트로화합물이다.

41 착화점이 232℃에 가장 가까운 위험물은?
① 삼황화린
② 오황화린
③ 적린
④ 유황

42 $NaClO_3$에 대한 설명으로 옳은 것은?
① 물, 알코올에 녹지 않는다.
② 가연성 물질로 무색, 무취의 결정이다.
③ 유리를 부식시키므로 철제용기에 저장한다.
④ 산과 반응하여 유독성의 ClO_2를 발생한다.

43 물과 접촉하면 위험성이 증가하므로 주수소화를 할 수 없는 물질은?
① $KClO_3$
② $NaNO_3$
③ Na_2O_2
④ $(C_6H_5CO)_2O_2$

44 금속나트륨에 관한 설명으로 옳은 것은?
① 물보다 무겁다.
② 융점이 100℃보다 높다.
③ 물과 격렬히 반응하여 산소를 발생하고 발열한다.
④ 등유는 반응이 일어나지 않아 저장액으로 이용된다.

45 메탄올과 에탄올의 공통점에 대한 설명으로 틀린 것은?
① 증기 비중이 같다.
② 무색투명한 액체이다.
③ 비중이 1보다 작다.
④ 물에 잘 녹는다.

46 제1류 위험물에 해당하지 않는 것은?

① 납의 산화물

② 질산구아니딘

③ 퍼옥소이황산염류

④ 염소화이소시아눌산

47 물과 반응하여 아세틸렌을 발생하는 것은?

① NaH   ② Al_4C_3

③ CaC_2 ④ $(C_2H_5)_3Al$

48 지정수량이 나머지 셋과 다른 하나는?

① 칼슘   ② 나트륨아미드

③ 인화아연   ④ 바륨

49 위험물 제조소에 설치하는 안전장치 중 위험물의 성질에 따라 안전밸브의 작동이 곤란한 가압설비에 한하여 설치하는 것은?

① 파괴판

② 안전밸브를 병용하는 경보장치

③ 감압측에 안전밸브를 부착한 감압밸브

④ 연성계

50 제6류 위험물에 대한 설명으로 틀린 것은?

① 위험등급 I 에 속한다.

② 자신이 산화되는 산화성 물질이다.

③ 지정수량이 300kg이다.

④ 오불화브롬은 제6류 위험물이다.

51 분말의 형태로서 150 마이크로미터의 체를 통과하는 것이 50 중량퍼센트 이상인 것만 위험물로 취급되는 것은?

① Fe   ② Sn   ③ Ni   ④ Cu

52 다음 위험물 중 물에 대한 용해도가 가장 낮은 것은?

① 아크릴산

② 아세트알데히드

③ 벤젠

④ 글리세린

53 다음 중 인화점이 가장 낮은 것은?

① 이소펜탄

② 아세톤

③ 디에틸에테르

④ 이황화탄소

54 제조소 및 일반취급소에 설치하는 자동화재탐지설비의 설치기준으로 틀린 것은?

① 하나의 경계구역은 $600m^2$ 이하로 하고, 한 변의 길이는 50m 이하로 한다.

② 주요한 출입구에서 내부 전체를 볼 수 있는 경우 경계구역은 $1,000m^2$ 이하로 할 수 있다.

③ 하나의 경계구역이 $300m^2$ 이하이면 2개 층을 하나의 경계구역으로 할 수 있다.

④ 비상 전원을 설치하여야 한다.

55 과염소산의 저장 및 취급 방법으로 틀린 것은?

① 종이, 나무 부스러기 등과의 접촉을 피한다.

② 직사광선을 피하고, 통풍이 잘되는 장소에 보관한다.

③ 금속분과의 접촉을 피한다.

④ 분해방지제로 NH_3 또는 $BaCl_2$를 사용한다.

56 CaC₂의 저장 장소로서 적합한 곳은?

① 가스가 발생하므로 밀전을 하지 않고 공기 중에 보관한다.
② HCl 수용액 속에 저장한다.
③ CCl₄ 분위기의 수분이 많은 장소에 보관한다.
④ 건조하고 환기가 잘 되는 장소에 보관한다.

57 다음에서 설명하고 있는 위험물은?

○ 지정수량은 20kg이고 백색 또는 담황색 고체이다.
○ 비중은 약 1.82이고, 융점은 약 44℃이다.
○ 비점은 약 280℃이고, 증기비중은 약 4.3이다.

① 적린   ② 황린
③ 유황   ④ 마그네슘

58 적린과 유황의 공통되는 일반적 성질이 아닌 것은?

① 비중이 1보다 크다.
② 연소하기 쉽다.
③ 산화되기 쉽다.
④ 물에 잘 녹는다.

59 과산화벤조일과 과염소산의 지정수량의 합은 몇 kg인가?

① 310   ② 320
③ 330   ④ 340

60 위험물에 대한 유별 구분이 잘못된 것은?

① 브롬산염류 – 제1류 위험물
② 황화린 – 제2류 위험물
③ 금속의 인화물 – 제3류 위험물
④ 무기과산화물 – 제5류 위험물

04 제4회 최종모의고사

01 연료의 일반적인 연소 형태에 관한 설명 중 틀린 것은?

① 목재와 같은 고체연료는 연소 초기에는 불꽃을 내면서 연소하나 후기에는 점점 불꽃이 없어져 무염(無炎)연소 형태로 연소한다.
② 알코올과 같은 액체연료는 증발에 의해 생긴 증기가 공기 중에서 연소하는 증발연소의 형태로 연소한다.
③ 기체연료는 액체연료, 고체연료와 다르게 비정상적 연소인 폭발현상이 나타나지 않는다.
④ 석탄과 같은 고체연료는 열분해하여 발생한 가연성 기체가 공기 중에서 연소하는 분해연소 형태로 연소한다.

02 위험물 안전관리자의 책무에 해당되지 않는 것은?

① 화재 등의 재난이 발생한 경우 소방관서 등에 대한 연락업무
② 화재 등의 재난이 발생한 경우 응급조치
③ 위험물 취급에 관한 일지의 작성·기록
④ 위험물 안전관리자의 선임·신고

03 위험등급이 나머지 셋과 다른 것은?

① 알칼리토금속
② 아염소산염류
③ 질산에스테르류
④ 제6류 위험물

04 옥내저장소에 관한 위험물안전관리법령의 내용으로 옳지 않은 것은?

① 지정과산화물을 저장하는 옥내저장소의 경우 바닥면적 150㎡ 이내마다 격벽으로 구획을 하여야 한다.
② 옥내저장소에는 원칙상 안전거리를 두어야 하나, 제6류 위험물을 저장하는 경우에는 안전거리를 두지 않을 수 있다.
③ 아세톤을 처마 높이 6m 미만인 단층 건물에 저장하는 경우 저장창고의 바닥면적은 1,000㎡ 이하로 하여야 한다.
④ 복합용도의 건축물에 설치하는 옥내저장소는 해당 용도로 사용하는 부분의 바닥면적을 100㎡ 이하로 하여야 한다.

05 메틸알코올 8,000ℓ에 대한 소화능력으로 삽을 포함한 마른모래를 몇 리터 설치하여야 하는가?

① 100 ② 200 ③ 300 ④ 400

06 위험물의 화재위험에 관한 제반 조건을 설명한 것으로 옳은 것은?

① 인화점이 높을수록, 연소범위가 넓을수록 위험하다.
② 인화점이 낮을수록, 연소범위가 좁을수록 위험하다.
③ 인화점이 높을수록, 연소범위가 좁을수록 위험하다.
④ 인화점이 낮을수록, 연소범위가 넓을수록 위험하다.

07 옥외 탱크저장소에 연소성 혼합기체의 생성에 의한 폭발을 방지하기 위하여 불활성의 기체를 봉입하는 장치를 설치하여야 하는 위험물질은?

① $CH_3COC_2H_5$ ② C_5H_5N
③ CH_3CHO ④ C_6H_5Cl

08 철분·마그네슘·금속분에 적응성이 있는 소화설비는?

① 스프링클러 설비
② 할로겐화합물 소화설비
③ 대형수동식 포 소화기
④ 건조사

09 제3류 위험물을 취급하는 제조소는 20명 이상을 수용할 수 있는 어린이집으로부터 몇 m 이상의 안전거리를 유지하여야 하는가?

① 5 ② 10
③ 30 ④ 70

10 위험물안전관리법령에 의한 안전교육에 대한 설명으로 옳은 것은?

① 제조소등의 관계인은 교육대상자에 대하여 안전교육을 받게 할 의무가 있다.
② 안전관리자, 탱크시험자의 기술인력 및 위험물 운송자는 안전교육을 받을 의무가 없다.
③ 탱크시험자의 업무에 대한 강습교육을 받으면 탱크 시험자의 기술인력이 될 수 있다.
④ 소방서장은 교육대상자가 교육을 받지 아니한 때에는 그 자격을 정지하거나 취소할 수 있다.

11 다음 중 할로겐화합물 소화약제의 가장 주된 소화 효과에 해당하는 것은?

① 제거효과 ② 억제효과
③ 냉각효과 ④ 질식효과

12 위험물안전관리법령상 제조소의 위치·구조 및 설비의 기준에 따르면 가연성 증기가 체류할 우려가 있는 건축물은 배출장소의 용적이 $500m^3$일 때 시간당 배출 능력(국소방식)을 얼마 이상인 것으로 하여야 하는가?

① $5,000m^3$ ② $10,000m^3$
③ $20,000m^3$ ④ $40,000m^3$

13 물의 소화능력을 향상시키고 동절기 또는 한랭지에서도 사용할 수 있도록 탄산칼륨 등의 알칼리 금속염을 첨가한 소화약제는?

① 강화액 ② 할로겐화합물
③ 이산화탄소 ④ 포(Foam)

14 금수성 물질 저장시설에 설치하는 주의사항 게시판의 바탕색과 문자색을 옳게 나타낸 것은?

① 적색 바탕에 백색 문자
② 백색 바탕에 적색 문자
③ 청색 바탕에 백색 문자
④ 백색 바탕에 청색 문자

15 과산화수소에 대한 설명으로 틀린 것은?

① 불연성이다.
② 물보다 무겁다.
③ 산화성 액체이다.
④ 지정수량은 300ℓ이다.

16 다음 중 연소반응이 일어날 가능성이 가장 큰 물질은?

① 발열량이 작고, 활성화 에너지가 작은 물질
② 발열량이 크고, 활성화 에너지가 큰 물질
③ 발열량이 작고, 활성화 에너지가 큰 물질
④ 발열량이 크고, 활성화 에너지가 작은 물질

17 비전도성 인화성 액체가 관이나 탱크 내에서 움직일 때 정전기가 발생하기 쉬운 조건으로 가장 거리가 먼 것은?

① 흐름의 낙차가 클 때
② 느린 유속으로 흐를 때
③ 심한 와류가 생성될 때
④ 필터를 통과할 때

18 위험물안전관리법령에 의한 다음 (   )안에 들어갈 알맞은 용어는?

> 주유취급소 중 건축물의 2층 이상의 부분을 점포·휴게음식점 또는 전시장의 용도로 사용하는 것에 있어서는 당해 건축물의 2층 이상으로부터 직접 주유취급소의 부지 밖으로 통하는 출입구와 당해 출입구로 통하는 통로·계단 및 출입구에 (   )을(를) 설치하여야 한다.

① 피난사다리   ② 경보기
③ 유도등   ④ CCTV

19 알칼리금속 과산화물에 적응성이 있는 소화설비는?

① 할로겐화합물 소화설비
② 탄산수소염류 분말소화설비
③ 물분무 소화설비
④ 스프링클러 설비

20 위험물안전관리법상 제조소등에 대한 긴급 사용정지 명령에 관한 설명으로 옳은 것은?

① 시·도지사는 명령을 할 수 없다.
② 제조소등의 관계인뿐 아니라 해당 시설을 사용하는 자에게도 명령할 수 있다.
③ 제조소등의 관계자에게 위법 사유가 없는 경우에도 명령할 수 있다.
④ 제조소등의 위험물 취급설비의 중대한 결함이 발견되거나 사고 우려가 인정되는 경우에만 명령할 수 있다.

21 금속화재에 대한 설명으로 틀린 것은?

① 마그네슘과 같은 가연성 금속의 화재를 말한다.
② 주수소화 시 물과 반응하여 가연성 가스를 발생하는 경우가 있다.
③ 화재 시 금속화재용 분말 소화약제를 사용할 수 있다.
④ D급 화재라고 하며 표시하는 색상은 청색이다.

22 위험물안전관리법령상 특수인화물의 정의에 대해 다음 (   )안에 알맞은 수치를 차례대로 옳게 나열한 것은?

> "특수인화물"이라 함은 이황화탄소, 디에틸에테르 그 밖에 1기압에서 발화점이 섭씨 (   )도 이하인 것 또는 인화점이 섭씨 영하 (   )도 이하이고 비점이 섭씨 40도 이하인 것을 말한다.

① 100, 20   ② 25, 0
③ 100, 0   ④ 25, 20

23 위험물의 운반에 관한 기준에서 적재 방법 기준으로 틀린 것은?

① 고체 위험물은 운반용기의 내용적 95% 이하의 수납율로 수납할 것
② 액체 위험물은 운반용기의 내용적 98% 이하의 수납율로 수납할 것
③ 알킬알루미늄은 운반용기 내용적의 90% 이하의 수납율로 수납하되, 50℃의 온도에서 10% 이상의 공간용적을 유지할 것
④ 하나의 외장용기에는 다른 종류의 위험물을 수납하지 아니할 것

24 서로 반응할 때 수소가 발생하지 않는 것은?

① 리튬 + 염산
② 탄화칼슘 + 물
③ 수소화칼슘 + 물
④ 루비듐 + 물

25 지정수량이 300kg인 위험물에 해당하는 것은?

① $NaBrO_3$ ② CaO_2
③ $KClO_4$ ④ $NaClO_2$

26 석유류가 연소할 때 발생하는 가스로 강한 자극적인 냄새가 나며 취급하는 장치를 부식시키는 것은?

① H_2 ② CH_4 ③ NH_3 ④ SO_2

27 특수인화물 200ℓ와 제4석유류 12,000ℓ를 저장할 때 각각의 지정수량 배수의 합은 얼마인가?

① 3   ② 4   ③ 5   ④ 6

28 위험물안전관리법령에 따른 위험물의 운송에 관한 설명 중 틀린 것은?

① 알킬리튬과 알킬알루미늄 또는 이 중 어느 하나 이상을 함유한 것은 운송책임자의 감독·지원을 받아야 한다.
② 이동 탱크저장소에 의하여 위험물을 운송할 때의 운송책임자에는 법정의 교육을 이수하고 관련 업무에 2년 이상 경력이 있는 자도 포함된다.
③ 서울에서 부산까지 금속의 인화물 300kg을 1명의 운전자가 휴식 없이 운송해도 규정위반이 아니다.
④ 운송책임자의 감독 또는 지원의 방법에는 동승하는 방법과 별도의 사무실에서 대기하면서 규정된 사항을 이행하는 방법이 있다.

29 공기 중에서 갈색 연기를 내는 물질은?

① 중크롬산암모늄
② 톨루엔
③ 벤젠
④ 발연질산

30 위험물안전관리법령상 자동화재탐지설비를 설치하지 않고 비상경보 설비로 대신할 수 있는 것은?

① 일반취급소로서 연면적 600m²인 것
② 지정수량 20배를 저장하는 옥내저장소로서 처마높이가 8m인 단층건물
③ 단층건물 외의 건축물에 설치된 지정수량 15배의 옥내 탱크저장소로서 소화난이도 등급 Ⅱ에 속하는 것
④ 지정수량 20배를 저장 취급하는 옥내주유취급소

31 CH_3ONO_2의 소화방법에 대한 설명으로 옳은 것은?

① 물을 주수하여 냉각소화 한다.

② 이산화탄소 소화기로 질식소화 한다.

③ 할로겐화합물 소화기로 질식소화 한다.

④ 건조사로 냉각소화 한다.

32 공장 창고에 보관되었던 톨루엔이 유출되어 미상의 점화원에 의해 착화되어 화재가 발생하였다면 이 화재의 분류로 옳은 것은?

① A급 화재   ② B급 화재

③ C급 화재   ④ D급 화재

33 휘발유, 등유, 경유 등의 제4류 위험물에 화재가 발생하였을 때 소화 방법으로 가장 옳은 것은?

① 포 소화설비로 질식소화 시킨다.

② 다량의 물을 위험물에 직접 주수하여 소화한다.

③ 강산화성 소화제를 사용하여 중화시켜 소화한다.

④ 염소산칼륨 또는 염화나트륨이 주성분인 소화약제로 표면을 덮어 소화한다.

34 다음 중 발화점이 가장 낮은 것은?

① 이황화탄소   ② 산화프로필렌

③ 휘발유   ④ 메탄올

35 메탄올과 비교한 에탄올의 성질에 대한 설명 중 틀린 것은?

① 인화점이 낮다.   ② 발화점이 낮다.

③ 증기비중이 크다.   ④ 비점이 높다.

36 아염소산염류 500kg과 질산염류 3,000kg을 함께 저장하는 경우 위험물의 소요단위는 얼마인가?

① 2   ② 4

③ 6   ④ 8

37 아세톤의 성질에 관한 설명으로 옳은 것은?

① 비중은 1.02이다.

② 물에 불용이고, 에테르에 잘 녹는다.

③ 증기 자체는 무해하나, 피부에 닿으면 탈지 작용이 있다.

④ 인화점이 0℃보다 낮다.

38 상온에서 CaC_2을 장기간 보관할 때 사용하는 물질로 다음 중 가장 적합한 것은?

① 물   ② 알코올 수용액

③ 질소가스   ④ 아세틸렌가스

39 위험물안전관리법령상 위험물에 해당하는 것은?

① 아황산

② 비중이 1.41인 질산

③ 53 마이크로미터의 표준체를 통과하는 것이 50중량% 이상인 철의 분말

④ 농도가 15중량%인 과산화수소

40 정기점검 대상 제조소등에 해당하지 않는 것은?

① 이동 탱크저장소

② 지정수량 100배 이상의 위험물을 저장하는 옥외저장소

③ 지정수량 100배 이상의 위험물을 저장하는 옥내저장소

④ 이송취급소

41 위험물의 성질에 대한 설명으로 틀린 것은?
① 인화칼슘은 물과 반응하여 유독한 가스를 발생한다.
② 금속나트륨은 물과 반응하여 산소를 발생시키고 발열한다.
③ 아세트알데히드는 연소하여 이산화탄소와 물을 발생한다.
④ 질산에틸은 물에 녹지 않고 인화되기 쉽다.

42 물과 반응하여 가연성 가스를 발생하지 않는 것은?
① 나트륨   ② 과산화나트륨
③ 탄화알루미늄   ④ 트리에틸알루미늄

43 알킬알루미늄을 저장하는 용기에 봉입하는 가스로 다음 중 가장 적합한 것은?
① 포스겐   ② 인화수소
③ 질소가스   ④ 아황산가스

44 분자량이 약 169인 백색의 정방정계 분말로서 알칼리토금속의 과산화물 중 매우 안정한 물질이며 테르밋의 점화제 용도로 사용되는 제1류 위험물은?
① 과산화칼슘   ② 과산화바륨
③ 과산화마그네슘   ④ 과산화칼륨

45 지하 저장탱크에 경보음을 울리는 방법으로 과충전 방지장치를 설치하고자 한다. 탱크 용량의 최소 몇 %가 차오를 때 경보음이 울리도록 하여야 하는가?
① 80   ② 85   ③ 90   ④ 95

46 휘발유에 대한 설명으로 옳지 않은 것은?
① 전기 양도체이므로 정전기 발생에 주의해야 한다.
② 빈 드럼통이라도 가연성 가스가 남아 있을 수 있으므로 취급에 주의해야 한다.
③ 취급·저장 시 환기를 잘 시켜야 한다.
④ 직사광선을 피해 통풍이 잘되는 곳에 저장한다.

47 휘발유를 저장하던 이동 저장탱크에 등유나 경유를 탱크 상부로부터 주입할 때 액 표면이 일정 높이가 될 때까지 위험물의 주입관 내 유속을 몇 m/s 이하로 하여야 하는가?
① 1   ② 2   ③ 3   ④ 5

48 제2류 위험물에 대한 설명 중 틀린 것은?
① 유황은 물에 녹지 않는다.
② 오황화린은 CS_2에 녹는다.
③ 삼황화린은 가연성 물질이다.
④ 칠황화린은 더운물에 분해되어 이산화황을 발생한다.

49 위험물 제조소등에 자체 소방대를 두어야 할 대상으로 옳은 것은?
① 지정수량 300배 이상의 제4류 위험물을 취급하는 저장소
② 지정수량 300배 이상의 제4류 위험물을 취급하는 제조소
③ 지정수량 3,000배 이상의 제4류 위험물을 취급하는 저장소
④ 지정수량 3,000배 이상의 제4류 위험물을 취급하는 제조소

50 위험물의 운반에 관한 기준에 따르면 아세톤의 위험등급은 얼마인가?

① 위험등급 Ⅰ
② 위험등급 Ⅱ
③ 위험등급 Ⅲ
④ 위험등급 Ⅳ

51 위험물 제조소의 기준에 있어서 위험물을 취급하는 건축물의 구조로 적당하지 않은 것은?

① 지하층이 없도록 하여야 한다.
② 연소의 우려가 있는 외벽은 내화구조의 벽으로 하여야 한다.
③ 출입구는 연소의 우려가 있는 외벽에 설치하는 경우 을종 방화문을 설치하여야 한다.
④ 지붕은 폭발력이 위로 방출될 정도의 가벼운 불연재료로 덮는다.

52 위험물 관련 신고 및 선임에 관한 사항으로 옳지 않은 것은?

① 제조소등의 위치·구조의 변경 없이 위험물의 품명 변경 시는 변경하고자 하는 날의 14일 이전까지 신고하여야 한다.
② 제조소 설치자의 지위를 승계한자는 승계한 날로부터 30일 이내에 신고하여야 한다.
③ 위험물안전관리자를 선임한 경우에는 선임한 날로부터 14일 이내에 신고하여야 한다.
④ 위험물안전관리자가 퇴직한 경우에는 퇴직일로부터 30일 이내에 선임하여야 한다.

53 염소산염류에 대한 설명으로 옳은 것은?

① 염소산칼륨은 환원제이다.
② 염소산나트륨은 조해성이 있다.
③ 염소산암모늄은 위험물이 아니다.
④ 염소산칼륨은 냉수와 알코올에 잘 녹는다.

54 다음 중 지정수량이 가장 큰 것은?

① 과염소산칼륨
② 트리니트로톨루엔
③ 황린
④ 유황

55 위험물안전관리법에서 규정하고 있는 내용으로 틀린 것은? [법 개정에 의한 문제 변형]

① 민사집행법에 의한 경매, 국세징수법 또는 지방세법에 의한 압류재산의 매각절차에 따라 제조소등의 시설의 전부를 인수한 자는 그 설치자의 지위를 승계한다.
② 금치산자 또는 탱크시험자의 등록이 취소된 날로부터 2년이 지나지 아니한 자는 탱크시험자로 등록하거나 탱크시험자의 업무에 종사할 수 없다.
③ 농예용·축산용으로 필요한 난방시설 또는 건조시설을 위한 지정수량 20배 이하의 취급소는 신고를 하지 아니하고 위험물의 품명·수량을 변경할 수 있다.
④ 법정의 완공검사를 받지 아니하고 제조소등을 사용한 때 시·도지사는 허가를 취소하거나 6월 이내의 기간을 정하여 사용정지를 명할 수 있다.

56 위험물안전관리법령상 품명이 나머지 셋과 다른 하나는?
① 트리니트로톨루엔 ② 니트로글리세린
③ 니트로글리콜   ④ 셀룰로이드

57 황린과 적린의 공통성질이 아닌 것은?
① 물에 녹지 않는다.
② 이황화탄소에 잘 녹는다.
③ 연소 시 오산화인을 생성한다.
④ 화재 시 물을 사용하여 소화할 수 있다.

58 칼륨의 저장 시 사용하는 보호물질로 다음 중 가장 적합한 것은?
① 에탄올   ② 사염화탄소
③ 등유   ④ 이산화탄소

59 메틸알코올의 연소범위를 더 좁게하기 위해 첨가하는 물질이 아닌 것은?
① 질소   ② 산소
③ 이산화탄소   ④ 아르곤

60 산화프로필렌의 성상에 대한 설명 중 틀린 것은?
① 청색의 휘발성이 강한 액체이다.
② 인화점이 낮은 인화성 액체이다.
③ 물에 잘 녹는다.
④ 에테르향의 냄새를 가진다.

PART 3

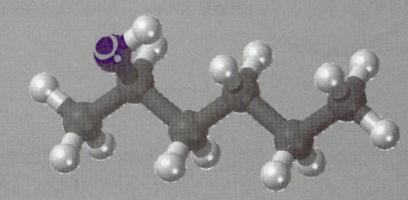

최종모의고사 해설 및
기출핵심지문 200제

CHAPTER 1 최종모의고사 해설

제1회 최종모의고사 정답과 해설

1	2	3	4	5	6	7	8	9	10	11	12	13	14	15	16	17	18	19	20
②	④	①	①	④	③	③	③	②	②	②	②	④	②	③	②	②	②	①	④	②

21	22	23	24	25	26	27	28	29	30	31	32	33	34	35	36	37	38	39	40
②	④	④	④	④	②	①	②	④	④	①	③	④	③	④	④	③	④	①	②

41	42	43	44	45	46	47	48	49	50	51	52	53	54	55	56	57	58	59	60
②	②	③	①	④	③	①	①	①	①	③	③	①	③	①	③	④	③	④	④

01 | 정답 | ②

❖ 화재의 유형

화재급수	화재종류	소화기표시색상	적용대상물
A급	일반화재	백색	일반 가연물(종이, 목재, 섬유, 플라스틱 등)
B급	유류화재	황색	가연성 액체(제4류 위험물 및 유류 등)
C급	전기화재	청색	통전상태에서의 전기기구, 발전기, 변압기 등
D급	금속화재	무색	가연성 금속(칼륨, 나트륨, 금속분, 철분, 마그네슘 등)

02 | 정답 | ④

[위험물안전관리에 관한 세부기준 제136조 / 분말소화설비의 기준]
전역방출방식 또는 국소방출방식 분말소화설비의 가압용 또는 축압용 가스는 질소 또는 이산화탄소로 하여야 한다.

03 | 정답 | ①

산소 공급을 차단하는 것은 질식효과이며 물리적 소화에 해당한다.

04 | 정답 | ①

니트로글리세린은 제5류 위험물 중 질산에스테르류에 속하는 위험물로서 지정수량은 10kg이다. 위험물의 1 소요단위는 지정수량의 10배이므로 니트로글리세린의 1 소요단위는 100kg이 되며 따라서 1,000kg은 10 소요단위에 해당한다.

05 | 정답 | ④

브롬산암모늄은 제1류 위험물 중 브롬산염류에 속하는 위험물이다.
② 제3종 분말소화약제의 주성분이다.
③ 황산알루미늄[$(Al_2(SO_4)_3)$]은 화학포 소화약제의 성분이다.
소화기 본체 내부에 내통을 설치하여 A약제인 황산알루미늄[$(Al_2(SO_4)_3)$]을 물에 용해시켜 충전하고 외통에 B약제인 중탄산나트륨($NaHCO_3$)을 충전하여 제조하며 화재가 발생할 경우 A약제, B약제를 혼합하여 발생하는 이산화탄소로 포를 생성하면서 소화기 외부로 방사시켜 소화한다.

06 | 정답 | ③

'A'는 화재의 종류를, 숫자 '2'는 능력단위를 나타낸다.

07 | 정답 | ③

① 표면연소   ② 분해연소
③ 증발연소   ④ 자기연소

08 |정답| ③
제4류 위험물 중 동식물유류의 지정수량은 10,000 ℓ이다. 위험물의 1 소요단위는 지정수량의 10배이므로 동식물유류의 1 소요단위는 100,000ℓ가 되는 것이고 따라서 400,000ℓ는 4단위이다.

09 |정답| ②
열전도율이 크면 주위로 열을 분산시키기가 용이하여 열을 축적하기가 어려우므로 원하는 착화점에 도달하기 어렵고 자연발화의 위험성이 낮아진다.

10 |정답| ②

❖ 분말 소화약제의 분류, 주성분 및 적응화재

구 분	주성분	화학식
제1종 분말	탄산수소나트륨	$NaHCO_3$
제2종 분말	탄산수소칼륨	$KHCO_3$
제3종 분말	제1인산암모늄	$NH_4H_2PO_4$
제4종 분말	탄산수소칼륨 + 요소	$KHCO_3 + (NH_2)_2CO$

구 분	적응화재	분말색
제1종 분말	B, C	백색
제2종 분말	B, C	담자색
제3종 분말	A, B, C	담홍색
제4종 분말	B, C	회색

★적응화재 = A : 일반화재 / B : 유류화재 / C : 전기화재

11 |정답| ②
[위험물안전관리법 시행규칙 별표17 / 소화설비, 경보설비 및 피난설비의 기준] - Ⅰ. 소화설비 - 5. 소화설비의 설치기준 中
개방형 스프링클러 헤드를 이용한 스프링클러 설비의 방사구역(하나의 일제개방밸브에 의하여 동시에 방사되는 구역을 말한다)은 150m^2 이상으로 할 것(방호대상물의 바닥 면적이 150m^2 미만인 경우에는 당해 바닥면적으로 한다.)

12 |정답| ④
니트로셀룰로오스와 같은 자기반응성 물질은 물질 내부에 산소를 포함하고 있어 자기 스스로 연소하는 특징을 지니고 있으므로 질식소화보다는 다량의 물로 주수소화하는 것이 바람직하다. 위험물안전관리법령상 제5류 위험물에는 불활성가스(이산화탄소) 소화설비, 할로겐화합물 소화설비, 분말소화설비의 적응성은 없다.

13 |정답| ②
고압 상태인 액화가스 용기가 가열되어 물리적 폭발이 순간적으로 화학적 폭발로 이어지는 현상을 말하는 것으로 가열된 탱크 부분이 파열되면서 액화된 가연성가스가 순간적으로 공기 중으로 기화되며 폭발한다.

14 |정답| ③
정전기는 전기 전도성이 좋지 않은 부도체에서 많이 발생되며 인화성 액체의 경우에서도 비전도성의 부유물질이 많을 때 정전기가 발생된다. 정전기 발생을 줄이는 방법은 전도성 재료를 사용하는 것이다.

15 |정답| ②
[위험물안전관리법 시행규칙 별표17 / 소화설비, 경보설비 및 피난설비의 기준] - Ⅲ. 피난설비
- 주유취급소 중 건축물의 2층 이상의 부분을 점포·휴게음식점 또는 전시장의 용도로 사용하는 것에 있어서는 당해 건축물의 2층 이상으로부터 주유취급소의 부지 밖으로 통하는 출입구와 당해 출입구로 통하는 통로·계단 및 출입구에 유도등을 설치하여야 한다.
- 옥내 주유취급소에 있어서는 당해 사무소 등의 출입구 및 피난구와 당해 피난구로 통하는 통로·계단 및 출입구에 유도등을 설치하여야 한다.
- 유도등에는 비상 전원을 설치하여야 한다.

16 |정답| ②
공기 중에 분산되어 존재하는 분진의 폭발을 진압하기 위해 직사주수하게 되면 방사 범위가 한정되므로 순간적인 소화는 불가능하다. 또한, 분진 폭발의 원인이 금속분에 의한 것일 때는 물과 반응하여 수소 기체를 방출하므로 적합하지 않다. 분진 폭발은 일시에 광범위에 걸쳐 전파되며 가스 폭발에 비해서도 가스의 연소시간보다 길어서 더 큰 파괴력을 보인다. 또한 분진 폭발이 일어나면 주변의 산소를 일시에 다량으로 소비하면서 부족하게 된 산소에 의해 불완전연소도 진행되어 다량의 일산화탄소도 발생하므로 중독으로 사망할 수도 있다 따라서 분진 발생이 높은 작업장에서는 미연에 분진의 발생 가능성을 줄이는 것이 최선의 방책이 될 것이다.
일부의 금속분은 이산화탄소나 할로겐 원소와도 반응하므로 소화약제로 사용하지 않는다.

17 |정답| ②

소화기의 내부에 탄산수소나트륨($NaHCO_3$) 수용액과 진한황산(H_2SO_4)이 분리 저장된 상태에서, 사용 시 탄산수소나트륨 수용액과 황산이 혼합되어 발생되는 이산화탄소를 압력원으로 하여 약제를 방사하며 전도식과 파병식이 있으나 주로 전도식을 사용한다.
산·알칼리 소화기의 주성분은 물이므로 유류화재나 전기 시설물의 화재에는 적합하지 않고 겨울철에는 동결에 주의한다.

18 |정답| ①

유류화재에 주수소화를 하게 되면 비수용성이며 물보다 가벼운 유류가 물 위로 뜨게 되고 화재 면이 확대되어 연소가 활발해질 것이므로 적합하지 않다.

19 |정답| ④

[위험물안전관리법 시행규칙 별표17 / 소화설비, 경보설비 및 피난설비의 기준] - Ⅱ. 경보설비 中 2. 자동화재탐지설비의 설치기준
- 경계구역 : 화재가 발생한 구역을 다른 구역과 구분하여 식별할 수 있는 최소단위의 구역을 말하는 것으로 자동화재탐지설비의 설치 조건에 부합되는 경계구역은 다음과 같다.
  - 경계구역은 건축물 그 밖의 공작물의 2 이상의 층에 걸치지 아니하도록 할 것. 다만, 하나의 경계구역 면적이 $500m^2$ 이하이면서 당해 경계구역이 2개의 층에 걸치는 경우이거나 계단·경사로·승강기의 승강로 그 밖에 이와 유사한 장소에 연기감지기를 설치하는 경우에는 그러하지 아니하다.
  - <u>하나의 경계구역의 면적은 $600m^2$ 이하로 하고 그 한 변의 길이는 50m(광전식 분리형 감지기를 설치할 경우에는 100m) 이하로 할 것</u>. 다만, 당해 건축물 그 밖의 공작물의 주요한 출입구에서 그 내부 전체를 볼 수 있는 경우에 있어서는 그 면적을 $1,000m^2$ 이하로 할 수 있다.
- 자동화재탐지설비의 감지기는 지붕 또는 벽의 옥내에 면한 부분에 유효하게 화재 발생을 감지할 수 있도록 설치할 것
- 자동화재탐지설비에는 비상 전원을 설치할 것

20 |정답| ②

[위험물안전관리법 시행규칙 별표17 / 소화설비, 경보설비 및 피난설비의 기준] - Ⅱ. 경보설비
지정수량의 100배 이상을 저장 또는 취급하는 옥내저장소는(고인화점 위험물만을 저장 또는 취급하는 것을 제외한다) 경보설비로 자동화재탐지설비를 설치하여야 한다.

21 |정답| ②

산화성 고체란 제1류 위험물을 말한다. 과염소산($HClO_4$)은 제6류 위험물이며 산화성 액체이다.
① 과산화나트륨 : 제1류 위험물 중 무기과산화물
③ 과염소산암모늄 : 제1류 위험물 중 과염소산염류
④ 염소산칼륨 : 제1류위험물 중 염소산염류

22 |정답| ④

오황화린이 물과 반응하면 황화수소 기체와 인산이 발생된다.
$P_2S_5 + 8H_2O \rightarrow 5H_2S + 2H_3PO_4$

23 |정답| ④

질소는 불활성기체의 일종으로 공기 중에서 안정한 상태를 유지하는 기체이며 공기 중 질소 농도가 증가한다는 것은 상대적으로 산소 농도는 감소한다는 뜻도 되므로 분진 폭발이 대형화하기는 어렵다.

24 |정답| ④

나트륨은 제3류 위험물이다.

25 |정답| ④

황린은 제3류 위험물에 속하며 지정수량 20kg, 위험등급 Ⅰ에 해당한다.
① 분자량 124   ② 융점 44℃
③ 비점 280℃

26 |정답| ②

[위험물안전관리법 시행규칙 별표11 / 옥외저장소의 위치·구조 및 설비의 기준] - Ⅰ. 옥외저장소의 기준 제2호
옥외저장소 중 덩어리 상태의 유황만을 지반면에 설치한 경계표시의 안쪽에서 저장할 경우 하나의 경계표시의 내부면적은 $100m^2$ 이하여야 한다.

27 |정답| ①

❖ 각 위험물의 인화점
- 이황화탄소 : -30℃
- 디에틸에테르 : -45℃
- 아세트알데히드 : -40℃
- 산화프로필렌 : -37℃

28 |정답| ②

히드록실아민 등을 취급하는 제조소는 원칙적인 안전거리 규정이 아닌 특례조항에 제시된 안전거리 계산식에 의한 최소한의 안전거리를 두어야 한다.

[위험물안전관리법 시행규칙 별표4 / 제조소의 위치·구조 및 설비의 기준] - XII. 위험물의 성질에 따른 제조소의 특례 - 제4호. 히드록실아민 등을 취급하는 제조소의 특례 中 지정수량 이상의 히드록실아민 등을 취급하는 제조소에는 안전거리 규정에 의한 건축물의 벽 또는 이에 상당하는 공작물의 외측으로부터 해당 제조소의 외벽 또는 이에 상당하는 공작물의 외측까지의 사이에 다음 식에 의하여 요구되는 거리 이상의 안전거리를 둘 것
$D = 51.1\sqrt[3]{N}$ (D : 거리(m), N : 해당 제조소에서 취급하는 히드록실아민 등의 지정수량의 배수)

29 |정답| ④

질산에틸은 제5류 위험물 중 질산에스테르류에 속하는 물질로 물에 녹지 않으며 알코올이나 에테르에 녹는 무색의 액체이다. 증기비중은 3.14로 공기보다 무겁다.

30 |정답| ③

대부분 물질 자체에 산소를 포함하고 있지만 아조화합물의 일부, 히드라진 유도체의 일부 물질 그리고 행정안전부령이 정하는 금속의 아지화합물은 산소를 함유하고 있지 않다.

31 |정답| ①

셀룰로오스를 진한 황산과 진한 질산의 혼산에 반응시켜 제조한다.

32 |정답| ④

제4류 위험물은 인화성 액체로 전기의 부도체로서 정전기의 축적이 용이하기 때문에 정전기에 의한 발화에 주의하여야 한다.
① 발생 증기는 가연성이며 대부분이 공기보다 무거워 낮은 곳에 체류한다.
② 전기의 불량도체이므로 정전기 축적에 의한 화재 발생에 주의한다.
③ 인화성 액체이다.

33 |정답| ②

비중이 1보다 커서 물보다 무겁고 물에 잘 녹는 공통 성질을 지니고 있다.
① 물에 잘 녹는다.
③ 무기화합물이다.
④ 불연성이며 산소를 포함하고 있어 다른 물질의 연소를 돕는 산화성, 조연성 액체이다.

34 |정답| ③

제6류 위험물이며 농도가 약 60wt% 이상이 되면 단독으로 폭발할 수 있다.

35 |정답| ④

부식성이 강한 강산이지만 백금, 금, 이리듐 등은 부식시키지 못한다.
① $4HNO_3 \rightarrow 2H_2O + 4NO_2 + O_2$
② $HNO_3 : 1+14+(16 \times 3)=63$
③ 물과는 발열반응 한다.

36 |정답| ④

인화알루미늄(AlP)은 제3류 위험물 중 금속의 인화물에 속하며 지정수량은 300kg이다.
(참고로 제3류 위험물에는 지정수량 500kg인 위험물은 없다)

37 |정답| ③

[위험물안전관리법 시행규칙 별표6 / 옥외 탱크저장소의 위치·구조 및 설비의 기준]

저장 또는 취급하는 위험물의 최대수량	공지의 너비
지정수량의 500배 이하	3m 이상
지정수량의 500배 초과 1,000배 이하	5m 이상
지정수량의 1,000배 초과 2,000배 이하	9m 이상
지정수량의 2,000배 초과 3,000배 이하	12m 이상
지정수량의 3,000배 초과 4,000배 이하	15m 이상
지정수량의 4,000배 초과	당해 탱크의 수평 단면의 최대지름(횡형인 경우에는 긴 변)과 높이 중 큰 것과 같은 거리 이상. 다만, 30m 초과의 경우에는 30m 이상으로 할 수 있고, 15m 미만의 경우에는 15m 이상으로 하여야 한다.

38 |정답| ④

- 탱크 용량 = 탱크의 내용적 − 탱크의 공간용적
  따라서 탱크의 공간용적은 내용적의 10%라고 했으므로 탱크 용량은 내용적의 90%에 해당하는 값이 된다.
  내용적은 $\pi r^2(1 + \frac{l_1 + l_2}{3})$로 계산하며 이것의 90%에 해당하므로
  $5^2\pi(15 + \frac{3+3}{3}) \times 0.9 = 1201.66(m^3)$가 된다.

39 |정답| ①

지정수량의 배수의 합이 1 이상이면 지정수량 이상에 해당된다.
① 브롬산칼륨 : 제1류 위험물 중 브롬산염류 / 지정수량 300kg, 저장수량 80kg
  염소산칼륨 : 제1류 위험물 중 염소산염류 / 지정수량 50kg, 저장수량 40kg
  $\frac{80}{300} + \frac{40}{50} = \frac{320}{300} = 1.07$
② 질산 : 제6류 위험물 / 지정수량 300kg, 저장수량 100kg
  과산화수소 : 제6류 위험물 / 지정수량 300kg, 저장수량 150kg
  $\frac{100}{300} + \frac{150}{300} = \frac{250}{300} = 0.83$
③ 질산칼륨 : 제1류 위험물 중 질산염류 / 지정수량 300kg, 저장수량 120kg
  중크롬산나트륨 : 제1류 위험물 중 중크롬산염류 / 지정수량 1,000kg, 저장수량 500kg
  $\frac{120}{300} + \frac{500}{1,000} = 0.9$
④ 휘발유 : 제4류 위험물 중 제1석유류(비수용성) / 지정수량 200ℓ, 저장수량 20ℓ
  윤활유 : 제4류 위험물 중 제4석유류 / 지정수량 6,000ℓ, 저장수량 2,000ℓ
  $\frac{20}{200} + \frac{2,000}{6,000} = 0.43$

40 |정답| ②

$Ca_3P_2 + 6H_2O \rightarrow 2PH_3 + 3Ca(OH)_2$

41 |정답| ②

[위험물안전관리법 시행규칙 별표19 / 위험물의 운반에 관한 기준] – Ⅱ. 적재방법 제8호
위험물은 그 운반용기의 외부에 다음 아래에 정하는 바에 따라 위험물의 품명, 수량 등을 표시하여 적재하여야 한다.
- 위험물의 품명·위험등급·화학명 및 수용성("수용성" 표시는 제4류 위험물로서 수용성인 것에 한한다)
- 위험물의 수량
- 수납하는 위험물에 따라 규정된 주의사항

42 |정답| ②

휘발유의 인화점은 −43 ~ −20℃이다.
① 증기는 공기보다 무거워 낮은 곳에 체류하므로 환기를 잘 시켜야 한다.
③ 전기의 부도체로서 정전기 발생 가능성이 있으므로 주의한다.
④ 유기화합물이고 인화성 액체이므로 산화제와 접촉하면 발화할 수 있다.

43 |정답| ③

제2류 위험물에 속하는 유황의 지정수량은 100kg이다.

44 |정답| ①

제4류 위험물 중 특수인화물에 속하는 디에틸에테르는 강산화제와 혼합할 경우 폭발할 위험성이 있으므로 주의한다. 인화성 액체로 가연물인데 산화제와 혼합하면 반응을 조장하는 꼴이 되어 위험하다.
제4류 위험물은 전기의 부도체이므로 정전기 발생에 유의한다.

45 |정답| ④

트리니트로페놀(피크르산, 피크린산)은 제5류 위험물 중 니트로화합물에 속하는 물질이며 찬물에는 소량 녹고 온수나 알코올, 벤젠 등에 잘 녹는다.
① 건조한 상태에서는 충격, 열, 마찰 등에 매우 민감하여 폭발할 수 있으므로 젖은 상태로 보관하며 운반 시에도 10~20% 정도의 수분으로 침윤시키는 것이 안정하다.
② 구리, 철, 납, 아연, 수은, 니켈 등의 금속과 반응하여 피크린산 염을 생성하고 폭발할 수도 있으므로 구리 등의 용기에 저장하지 않는다.
③ 순수한 것은 무색이며 공업용은 휘황색의 결정 형태이다.

46 |정답| ③
금속나트륨은 물이나 공기 중의 수분과 반응하여 가연성의 수소 기체를 발생하므로 습기와의 접촉을 차단하기 위해 경유나 등유, 유동성 파라핀 등의 보호액 속에 저장한다.

47 |정답| ①
제1류 위험물 중 무기과산화물은 물과 접촉하여 조연성인 산소 기체를 발생하며 발열한다.
$2K_2O_2 + 2H_2O \rightarrow 4KOH + O_2 + Q\,kcal$
① 제1류 위험물 중 무기과산화물 - 알칼리금속의 과산화물
② 제1류 위험물 중 염소산염류
③ 제1류 위험물 중 염소산염류
④ 제1류 위험물 중 과망간산염류

48 |정답| ①
질산구아니딘은 행정안전부령으로 정하는 제5류 위험물이다.

49 |정답| ①
탄화칼슘은 제3류 위험물 중 칼슘 또는 알루미늄의 탄화물에 속하는 위험물이다.
② 제2류 위험물 중 유황
③ 제2류 위험물 중 황화린
④ 제2류 위험물 중 마그네슘

50 |정답| ①
$2K + 2C_2H_5OH \rightarrow 2C_2H_5OK + H_2$
② $MgO_2 + 2HCl \rightarrow MgCl_2 + H_2O_2$
③ $2K_2O_2 + 2CO_2 \rightarrow 2K_2CO_3 + O_2$
④ $P_2S_5 + 8H_2O \rightarrow 5H_2S + 2H_3PO_4$

51 |정답| ③
질산섬유소는 니트로셀룰로오스를 말하는 것으로 제5류 위험물 중 질산에스테르류에 속하는 물질이다. 칠레초석은 질산나트륨을 말한다.

52 |정답| ③
과산화나트륨은 무기과산화물에 속하는 위험물로서 지정수량은 50kg이다.
제1류 위험물에 지정수량이 100kg인 경우는 없다.

53 |정답| ①
제4류 위험물 중 알코올류에 속하는 메탄올은 1가 알코올이며 0차 알코올이다.

54 |정답| ④
- 특수인화물의 지정수량 : 50ℓ
- 제4석유류의 지정수량 : 6,000ℓ

∴ 지정수량배수의 합
$= \dfrac{200}{50} + \dfrac{12,000}{6,000} = 4 + 2 = 6$

55 |정답| ③
[위험물안전관리법 제15조 / 위험물안전관리자] - 제2항
안전관리자를 선임한 제조소등의 관계인은 그 안전관리자를 해임하거나 안전관리자가 퇴직한 때에는 해임하거나 퇴직한 날부터 30일 이내에 다시 안전관리자를 선임하여야 한다.

56 |정답| ③
제3류 위험물은 위험등급 Ⅰ, Ⅱ, Ⅲ에 해당하는 위험물을 모두 포함하고 있다.

57 |정답| ④
제6류 위험물에 속하는 과산화수소의 분해를 방지하기 위해 인산(H_3PO_4)이나 요산($C_5H_4N_4O_3$) 등의 안정제를 사용한다.
이산화망간(MnO_2)은 분해를 촉진시키는 촉매로 작용한다.

58 |정답| ③
[위험물안전관리법 시행규칙 별표4 / 제조소의 위치·구조 및 설비의 기준] - Ⅲ. 표지 및 게시판 - 제1호
제조소에는 보기 쉬운 곳에 다음의 기준에 따라 "위험물 제조소"라는 표시를 한 표지를 설치하여야 한다.
- 표지는 한 변의 길이가 0.3m 이상, 다른 한 변의 길이가 0.6m 이상인 직사각형으로 할 것
- 표지의 바탕은 백색으로, 문자는 흑색으로 할 것

59 |정답| ④

옥외 저장탱크의 방유제는 탱크의 지름이 15m 미만인 경우에는 탱크 옆판으로부터 탱크 높이의 3분의 1 이상인 $15 \times \frac{1}{3} = 5(m)$ 이상의 거리를 유지하여야 한다.

[위험물안전관리법 시행규칙 별표6 / 옥외 탱크저장소의 위치·구조 및 설비의 기준] - Ⅸ. 방유제
방유제는 옥외 저장탱크의 지름에 따라 그 탱크의 옆판으로부터 다음에 정하는 거리를 유지할 것. 다만, 인화점이 200℃ 이상인 위험물을 저장 또는 취급하는 것에 있어서는 그러하지 아니하다.
- 지름이 15m 미만인 경우에는 탱크 높이의 3분의 1 이상
- 지름이 15m 이상인 경우에는 탱크 높이의 2분의 1 이상

60 |정답| ④

[위험물안전관리법 제19조 / 자체 소방대]
다량의 위험물을 저장·취급하는 제조소등으로서 대통령령이 정하는 제조소등이 있는 동일한 사업소에서 대통령령이 정하는 수량 이상의 위험물을 저장 또는 취급하는 경우 당해 사업소의 관계인은 대통령령이 정하는 바에 따라 당해 사업소에 자체 소방대를 설치하여야 한다.

[위험물안전관리법 시행령 제18조 / 자체 소방대를 설치하여야 하는 사업소]
- 법 제19조에서 "대통령령이 정하는 제조소등"이란 다음의 어느 하나에 해당하는 제조소등을 말한다.
  - 제4류 위험물을 취급하는 제조소 또는 일반취급소.
  - 제4류 위험물을 저장하는 옥외 탱크저장소
- 법 제19조에서 "대통령령이 정하는 수량 이상"이란 다음의 구분에 따른 수량을 말한다.
  - 제조소 또는 일반취급소에서 취급하는 제4류 위험물의 최대수량의 합이 지정수량의 3천 배 이상
  - 옥외 탱크저장소에 저장하는 제4류 위험물의 최대수량이 지정수량의 50만 배 이상

제2회 최종모의고사 정답과 해설

1	2	3	4	5	6	7	8	9	10	11	12	13	14	15	16	17	18	19	20
④	④	④	②	③	④	④	②	③	③	④	①	②	③	②	③	④	④	④	①
21	22	23	24	25	26	27	28	29	30	31	32	33	34	35	36	37	38	39	40
③	③	③	①	②	②	④	④	①	①	①	①	③	③	①	③	③	③	③	②
41	42	43	44	45	46	47	48	49	50	51	52	53	54	55	56	57	58	59	60
④	②	③	②	④	④	④	②	③	②	①	③	②	①	①	①	④	②	②	④

01 ㅣ정답ㅣ ④

표지나 게시판을 보기 쉬운 곳에 설치하여야 하는 것 외에 위치에 대해 다른 규정을 두고 있지 않다.
① 표지와 게시판은 모두 한 변의 길이가 0.3m 이상, 다른 한 변의 길이가 0.6m 이상인 직사각형으로 하여야 하는 크기의 제한을 두고 있다.
② 표지에는 "위험물 제조소"라는 표시를 하여야 하며 게시판에는 저장 또는 취급하는 위험물의 유별・품명 및 저장 최대수량 또는 취급 최대수량, 지정수량의 배수 및 안전관리자의 성명 또는 직명 및 주의사항을 기재하여야 한다.
③ 게시판의 바탕은 백색으로, 문자는 흑색으로 하여야 하며 주의사항을 표시한 게시판의 색은 "물기엄금"을 표시하는 것에 있어서는 청색 바탕에 백색 문자로, "화기주의" 또는 "화기엄금"을 표시하는 것에 있어서는 적색 바탕에 백색 문자로 하여야 한다.

02 ㅣ정답ㅣ ④

자기반응성 물질인 제5류 위험물은 자체 산소를 가지고 있어 화재 시 공기 중 산소를 차단하는 질식소화 과정을 수행한다 하여도 산소가 지속적으로 공급되어 스스로 연소할 수 있다. 따라서 분말, 이산화탄소, 할로겐화합물 소화설비를 이용한 질식소화는 효과 없으며 다량의 물에 의한 주수소화가 효과적이다.

[위험물안전관리법 시행규칙 별표17 / 소화설비, 경보설비 및 피난설비의 기준] - 소화설비의 적응성
제5류 위험물에는 불활성가스(이산화탄소) 소화설비, 할로겐화합물 소화설비, 분말 소화설비 이외에 모든 소화설비가 적응성이 있다.

03 ㅣ정답ㅣ ④

[위험물안전관리법 시행규칙 별표6 / 옥외 탱크저장소의 위치・구조 및 설비의 기준] - Ⅸ. 방유제
인화성 액체 위험물(이황화탄소를 제외한다)의 옥외 탱크저장소의 탱크 주위에 방유제를 설치할 경우 방유제 내의 면적은 8만m² 이하로 하여야 한다.

04 ㅣ정답ㅣ ②

❖ 분말 소화약제의 분류, 주성분 및 적응화재

구 분	주성분	화학식
제1종 분말	탄산수소나트륨	$NaHCO_3$
제2종 분말	탄산수소칼륨	$KHCO_3$
제3종 분말	제1인산암모늄	$NH_4H_2PO_4$
제4종 분말	탄산수소칼륨 + 요소	$KHCO_3 + (NH_2)_2CO$

구 분	적응화재	분말색
제1종 분말	B, C	백색
제2종 분말	B, C	담자색
제3종 분말	A, B, C	담홍색
제4종 분말	B, C	회색

★ 적응화재 = A : 일반화재 / B : 유류화재 / C : 전기화재

05 ㅣ정답ㅣ ③

유류나 전기화재에 주수소화를 하게 되면 화재면의 확대나 전기 감전 등의 위험성을 유발하므로 적합하지 않다. 이산화탄소 소화기, 분말 소화기, 할로겐화합물 소화기 등을 이용하여 소화한다.
봉상(棒狀)수 소화기란 막대 모양의 굵은 물줄기를 가연물에 직접 주수하는 소화기로 주로 소방용 방수 노즐을 이용한다.

06 |정답| ④

열을 축적시키면 온도 상승을 유발하고 발화점에 쉽게 도달되어 자연발화 가능성이 커진다. 열의 축적을 방지하기 위해 위험물은 환기가 잘되는 냉소에 보관한다.

07 |정답| ④

❖ 화재의 유형

화재 급수	화재 종류	소화기표시 색상	적용대상물
A급	일반화재	백색	일반 가연물(종이, 목재, 섬유, 플라스틱 등)
B급	유류화재	황색	가연성 액체(제4류 위험물 및 유류)
C급	전기화재	청색	통전상태에서의 전기기구, 발전기, 변압기 등
D급	금속화재	무색	가연성 금속(칼륨, 나트륨, 금속분, 철분, 마그네슘 등)

08 |정답| ②

억제 소화는 화학적 소화 방법의 하나이며 화재 시 가연물의 연쇄반응을 억제함으로써 소화하는 방식으로 부촉매 소화라고도 한다. 할론 소화기를 사용하며 반응을 지배하는 활성 라디칼을 포착하여 활성화 에너지를 증대시킴으로써 연소반응을 지연시키거나 중단시킨다. 이러한 소화에 의해 얻어지는 효과를 억제 효과라고 한다.

09 |정답| ③

이산화탄소 소화약제는 공기 중 산소 농도를 상대적으로 낮춰 가연물에 산소공급이 원활하게 이루어지지 못하도록 하는 질식소화의 원리를 이용한다. 이산화탄소를 퍼뜨려 공기 중 산소 농도를 15% 이하로 낮추게 되면 연소가 중단되는 효과를 얻을 수 있다.

10 |정답| ③

❖ 분말 소화약제의 분류, 주성분 및 적응화재

구 분	주성분	화학식
제1종 분말	탄산수소나트륨	$NaHCO_3$
제2종 분말	탄산수소칼륨	$KHCO_3$
제3종 분말	제1인산암모늄	$NH_4H_2PO_4$
제4종 분말	탄산수소칼륨 + 요소	$KHCO_3 + (NH_2)_2CO$

구 분	적응화재	분말색
제1종 분말	B, C	백색
제2종 분말	B, C	담자색
제3종 분말	A, B, C	담홍색
제4종 분말	B, C	회색

★ 적응화재 = A : 일반화재 / B : 유류화재 / C : 전기화재

11 |정답| ④

[위험물안전관리법 시행규칙 별표19] - Ⅱ. 적재방법 제8호 다목 中
제5류 위험물을 수납하는 운반 용기의 외부에는 "화기엄금"과 "충격주의"라는 주의사항을 표시하여야 한다.

① [위험물안전관리법 시행규칙 별표 18] - Ⅲ. 저장의 기준 제2호
  서로 1m 이상의 간격을 두고 유별로 정리한 경우에 있어서, 제5류 위험물과 동일한 옥내저장소에 저장할 수 있는 위험물은 제1류 위험물(알칼리금속의 과산화물은 제외)이다.
  (제4류 위험물 중 유기과산화물 또는 이를 함유하는 것과 제5류 위험물 중 유기과산화물 또는 이를 함유한 것도 동일한 옥내저장소에 저장할 수 있다.)

② [위험물안전관리법 시행규칙 별표4] - Ⅲ. 표지 및 게시판 中
  제5류 위험물을 저장 또는 취급하는 위험물 제조소의 주의사항 게시판에는 적색 바탕에 백색 문자로 "화기엄금"이라 표시한다.

③ 제5류 위험물은 자기반응성 물질로서 질식소화에 의해 공기 중 산소를 차단하여도 자체 산소를 이용하여 스스로 연소를 지속한다. 따라서 질식소화 효과를 나타내는 이산화탄소 소화기나 할로겐화합물 소화기는 적응성이 없으며 다량의 물에 의한 주수소화가 효과적이다.

12 |정답| ①

[위험물안전관리법 시행규칙 별표17 / 소화설비, 경보설비 및 피난설비의 기준] - Ⅰ. 1. 소화난이도 등급Ⅰ의 제조소등 및 소화설비 中
유황만을 저장·취급하는 소화난이도 등급Ⅰ의 옥내 탱크저장소에 설치하여야 하는 소화설비는 물분무 소화설비이다.

13 |정답| ②
열전도율이 크면 열을 주변으로 분산시키며 함축하기가 어려워 착화점에 도달되기 어렵다.

14 |정답| ③
공기 차단에 의한 소화는 산소공급원을 차단시켜 소화하는 질식소화이다. 제거소화는 가연물을 제거하는 것이다.

15 |정답| ②
[위험물안전관리법 시행규칙 별표17 / 소화설비, 경보설비 및 피난설비의 기준] - Ⅰ. 5. 소화설비의 설치기준 中 기타 소화설비의 능력 단위

소화설비	용량	능력단위
소화전용(轉用)물통	8ℓ	0.3
수조(소화전용물통 3개 포함)	80ℓ	1.5
수조(소화전용물통 6개 포함)	190ℓ	2.5
마른 모래(삽 1개 포함)	50ℓ	0.5
팽창질석 또는 팽창진주암(삽 1개 포함)	160ℓ	1.0

16 |정답| ③
[위험물안전관리법 시행규칙 별표17 / 소화설비, 경보설비 및 피난설비의 기준] - Ⅱ. 1. 제조소등별로 설치해야 하는 경보설비의 종류 中
제조소 및 일반취급소는 연면적 $500m^2$ 이상일 때는 지정수량의 배수와 상관없이 자동화재탐지설비를 경보설비로 설치하여야 한다.
옥내에서 지정수량의 100배 이상을 취급하는 제조소 및 일반취급소는 연면적과는 상관없이 자동화재탐지설비를 설치해야 한다.

17 |정답| ④
❖ 자연발화의 형태
- 중합열에 의한 발화 : 산화프로필렌, 염화비닐 등
- 흡착열에 의한 발화 : 활성탄, 목탄 등
- 발효열에 의한 발화 : 퇴비, 먼지 등
- 산화열에 의한 발화 : 석탄, 건성유, 금속분, 고무조각, 종이 등
- 분해열에 의한 발화 : 니트로셀룰로오스, 셀룰로이드, 니트로글리세린 등

18 |정답| ③
[위험물안전관리법 시행규칙 별표17 / 소화설비, 경보설비 및 피난설비의 기준] - Ⅰ. 5. 소화설비의 설치기준 中
대형수동식 소화기의 설치기준은 방호대상물의 각 부분으로부터 하나의 대형수동식 소화기까지의 보행거리가 30m 이하가 되도록 설치할 것. 다만, 옥내소화전 설비, 옥외소화전 설비, 스프링클러 설비 또는 물분무등 소화설비와 함께 설치하는 경우에는 그러하지 아니하다.

19 |정답| ④
저장소의 건축물은 외벽이 내화구조인 것은 연면적 $150m^2$를 1소요단위로 하고, 외벽이 내화구조가 아닌 것은 연면적 $75m^2$를 1소요단위로 한다.

20 |정답| ①
파라핀의 연소 형태는 증발연소이며 증발연소란 물질의 표면에서 증발한 가연성 가스와 공기 중의 산소가 화합하여 연소하는 형태를 말하는 것으로 파라핀 외에 나프탈렌, 유황 등이 이 방식을 취한다.
표면연소는 열분해에 의한 가연성 가스를 발생하지 않고 공기와 접촉하는 표면에서 자체가 연소하는 형태를 말하며 목탄, 코크스, 금속분 등에서 일어난다.

21 |정답| ③
하나의 벽면에 두는 창의 면적의 합계는 당해 벽면의 면적의 80분의 1 이내로 하도록 한다.

[위험물안전관리법 시행규칙 별표5 / 옥내저장소의 위치·구조 및 설비의 기준] - Ⅷ. 2. 지정과산화물을 저장 또는 취급하는 옥내저장소에 대하여 강화되는 기준 中
저장창고의 창은 바닥 면으로부터 2m 이상의 높이에 두되, 하나의 벽면에 두는 창의 면적의 합계를 당해 벽면의 면적의 80분의 1 이내로 하고, 하나의 창의 면적을 $0.4m^2$ 이내로 하여야 하며 저장창고의 출입구에는 갑종 방화문을 설치하여야 한다.
지정과산화물이란 제5류 위험물 중 유기과산화물 또는 이를 함유하는 것으로서 지정수량이 10kg인 것을 말한다.

22 |정답| ③

수치를 직접 구하는 것이 아니라 물질들 간의 대소 관계를 비교할 때는 분자량만 알면 된다. 분자량이 크면 밀도 값(비중 값)도 커지기 때문이다.
각 물질의 분자량은 디에틸에테르 74, 벤젠 78, 가솔린(옥탄 100%) 114, 에탄올 46이므로 증기 밀도는 옥탄100의 가솔린이 가장 크다.
옥탄가 100%의 가솔린이란 탄소수가 8개인 이소옥탄(아이소-옥탄, C_8H_{18})이 100%라는 의미이다.

23 |정답| ③

제1류 위험물은 산화성 고체로서 무기화합물에 속한다. 유기화합물이란 기본골격 구조가 탄소로 이루어진 화합물을 말하며 대부분의 제4류 위험물이나 제5류 위험물 등이 해당된다.

24 |정답| ①

지하 저장탱크와 탱크전용실의 안쪽과의 사이는 0.1m 이상의 간격을 유지하도록 한다.

[위험물안전관리법 시행규칙 별표8 / 지하 탱크저장소의 위치·구조 및 설비의 기준] - Ⅰ. 지하 탱크저장소의 기준 - 제2호
탱크전용실은 지하의 가장 가까운 벽·피트·가스관 등의 시설물 및 대지경계선으로부터 0.1m 이상 떨어진 곳에 설치하고, 지하 저장탱크와 탱크전용실의 안쪽과의 사이는 0.1m 이상의 간격을 유지하도록 하며, 당해 탱크의 주위에 마른 모래 또는 습기 등에 의하여 응고되지 아니하는 입자지름 5mm 이하의 마른 자갈 분을 채워야 한다.

25 |정답| ②

염소산나트륨($NaClO_3$)은 제1류 위험물 중 염소산염류에 속하며 산과 반응하여 이산화염소(ClO_2)를 생성한다. 분자량 106의 무색무취 결정으로 조해성과 흡습성이 있어 저장 용기는 밀전·밀봉하여야 한다.
$2NaClO_3 + 2HCl \rightarrow 2NaCl + 2ClO_2 + H_2O_2$

26 |정답| ②

제2류 위험물은 가연성 고체로서 물질 자체에 산소를 포함하고 있지 않으며 반응 시 산소를 공급받는 환원제로 작용하므로 산소공급 역할을 하는 산화제와 혼합하면 반응을 일으키는 최적의 조합이 되어 연소 및 폭발이 일어날 수 있기 때문이다.

이러한 이유로 위험물안전관리법령상 위험물의 운반에 있어서 제2류 위험물은 산화성 고체인 제1류 위험물이나 산화성 액체인 제6류 위험물과의 혼재를 금하고 있다.

27 |정답| ④

① 제2석유류(수용성) / 지정수량 2,000ℓ
② 제3석유류(수용성) / 지정수량 4,000ℓ
③ 제3석유류(수용성) / 지정수량 4,000ℓ
④ 제3석유류(비수용성) / 지정수량 2,000ℓ

28 |정답| ④

제1류 위험물 중 과염소산염류에 속하는 물질이며 알코올과 에테르에는 녹지 않고 물에는 약간 녹는 정도이다.
② 비중 2.52
③ $KClO_4 \rightarrow KCl + 2O_2 \uparrow$

29 |정답| ①

피크르산(피크린산)은 제5류 위험물 중 니트로화합물에 속하는 물질이며 트리니트로페놀을 말한다. 순수한 것은 무색이지만 공업용은 휘황색의 침상결정으로 단독으로는 마찰·충격에 비교적 안정하며 공기 중에서 자연분해하지 않기 때문에 장기간 저장할 수 있으나 금속염, 요오드, 알코올, 황 등과 혼합하면 충격·마찰 등에 의해 폭발할 수 있다. 쓴맛과 독성이 있으며 화재 시에는 주수소화가 효과적이다.

30 |정답| ①

제4류 위험물의 인화점은 제1 - 제2 - 제3 - 제4 석유류로 갈수록 높아진다.

❖ 각 위험물의 인화점

톨루엔	테레핀유
4℃	35℃
에틸렌글리콜	아닐린
120℃	75℃

① 제1석유류(비수용성)
② 제2석유류(비수용성)
③ 제3석유류(수용성)
④ 제3석유류(비수용성)

31 |정답| ①

[위험물안전관리법 시행령 별표1 / 위험물 및 지정수량] - 비고란 제11호
"인화성 액체"라 함은 액체(제3석유류, 제4석유류 및 동식물유류의 경우 1기압과 섭씨 20도에서 액체인 것만 해당한다)로서 인화의 위험성이 있는 것을 말한다.

32 |정답| ①

제1류 위험물 중 무기과산화물에 속하는 물질로 물과 반응하면 수산화나트륨과 산소가 생성된다.
$2Na_2O_2 + 2H_2O \rightarrow 4NaOH + O_2 + Q\ kcal$
④ $Na_2O_2 + 2CH_3COOH \rightarrow 2CH_3COONa + H_2O_2 \uparrow$

33 |정답| ③

[위험물안전관리법 시행규칙 별표19 / 위험물의 운반에 관한 기준] - Ⅱ. 적재 방법 제5호
제1류 위험물 중 알칼리금속의 과산화물 또는 이를 함유한 것, 제2류 위험물 중 철분·금속분·마그네슘 또는 이들 중 어느 하나 이상을 함유한 것 또는 제3류 위험물 중 금수성 물질은 방수성이 있는 피복으로 덮을 것

34 |정답| ③

트리니트로페놀은 자기반응성 물질인 제5류 위험물 중 니트로화합물에 속한다.
① 니트로톨루엔은 제4류 위험물 중 제3석유류이다.
② 아세톤은 제4류 위험물 중 제1석유류이다.
④ 니트로벤젠은 제4류 위험물 중 제3석유류이다.

35 |정답| ①

옥내소화전과 옥외소화전 소화설비의 설치기준 [위험물안전관리법 시행규칙 별표17]
[위험물안전관리에 관한 세부기준 제129, 130조]

구 분	옥내소화전	옥외소화전
수원의 수량	옥내소화전이 가장 많이 설치된 층의 옥내소화전 설치개수(설치개수가 5개 이상인 경우는 5개)에 7.8m³를 곱한 양 이상	옥외소화전의 설치개수(설치개수가 4개 이상인 경우는 4개)에 13.5m³를 곱한 양 이상
호스 접속구까지의 수평거리	각 층의 해당 부분에서 25m 이하	해당 건축물로부터 40m 이하
노즐 선단의 방수압력(모든 소화전을 동시 사용할 경우)	350kPa 이상	350kPa 이상
방수량(1분당)	260ℓ	450ℓ
방사 범위	건축물의 각 층	건축물의 1층 및 2층
비상전원의 용량	45분 이상 작동	45분 이상 작동
개폐밸브 및 호스 접속구의 설치 높이	바닥면으로부터 1.5m 이하 높이	지반면으로부터 1.5m 이하 높이
옥외소화전함의 위치	-	옥외소화전으로부터 보행거리 5m 이하

36 |정답| ③

[위험물안전관리법 시행령 별표1 / 위험물 및 지정수량] - 비고란 제18호
"동식물유류"라 함은 동물의 지육(枝肉 : 머리, 내장, 다리를 잘라 내고 아직 부위별로 나누지 않은 고기를 말한다) 등 또는 식물의 종자나 과육으로부터 추출한 것으로서 1기압에서 인화점이 섭씨 250도 미만인 것을 말한다. 다만, 법 규정에 의하여 행정안전부령으로 정하는 용기 기준과 수납·저장기준에 따라 수납되어 저장·보관되고 용기의 외부에 물품의 통칭명, 수량 및 화기엄금(화기엄금과 동일한 의미를 갖는 표시를 포함한다)의 표시가 있는 경우를 제외한다.

37 |정답| ③

알루미늄 분말이 수산화나트륨 수용액과 반응하면 알루미늄산나트륨과 수소 기체를 발생한다.
$2Al + 2NaOH + 2H_2O \rightarrow 2NaAlO_2 + 3H_2 \uparrow$

38 |정답| ③

제6류 위험물은 산화성 액체의 성질을 갖는다.

[위험물안전관리법 시행령 별표1 / 위험물 및 지정수량] - 위험물의 유별에 따른 성질
• 제1류 - 산화성 고체
• 제2류 - 가연성 고체
• 세3류 - 자연 발화성 물질 및 금수성 물질
• 제4류 - 인화성 액체
• 제5류 - 자기반응성 물질
• 제6류 - 산화성 액체

39 |정답| ③
제1류 위험물 중 염소산염류에 속하는 염소산칼륨은 온수와 글리세린에 잘 용해되는 특징을 가진다.
① 비중 2.32
② 백색 분말 또는 무색의 판상 결정이다
④ 인화점은 400℃이고 산화제이며 불연성이다.

40 |정답| ②
나트륨은 물보다 가벼우며 무르고 금속광택이 있는 금속으로 연소 시 노란 불꽃을 낸다. 몰 융해열은 2.6kJ/mol 정도로 크지 않은 편이다.

41 |정답| ④
제1류 위험물 중 과염소산염류에 속하는 과염소산암모늄은 물, 알코올, 아세톤에 잘 녹는다.
① 물에도 용해된다.
② 무색무취의 결정이다.
③ 130℃에서 분해하기 시작하여 O_2 가스를 방출한다.

42 |정답| ②
황화린은 제2류 위험물에 속하는 물질로 위험등급 II이다(제2류 위험물에 위험등급 I 인 물질은 없다).

43 |정답| ③
제5류 위험물 중 질산에스테르류에 속하는 니트로셀룰로오스는 건조한 상태에서는 마찰전기에 의한 방전 불꽃에 의해 발화할 수 있으며 폭발하기 쉽지만 물(20%) 또는 알코올(30%)을 첨가하여 습윤시키면 이러한 위험성이 줄어든다.

44 |정답| ②
질산메틸은 제5류 위험물(질산에스테르류)에 속하는 물질이며 나머지 물질들은 제1류 위험물에 속한다.
① 제1류 위험물 중 질산염류
③ 제1류 위험물 중 크롬의 산화물(행정안전부령으로 정하는 위험물)
④ 제1류 위험물 중 질산염류

45 |정답| ④
① 제5류 위험물 중 질산에스테르류
② 제4류 위험물 중 제3석유류
③ 제5류 위험물 중 질산에스테르류
④ 제5류 위험물 중 니트로화합물

46 |정답| ④
옥내 저장탱크의 상호 간에는 특별한 경우가 아니면 0.5m 이상의 간격을 유지하여야 한다.
[위험물안전관리법 시행규칙 별표7 / 옥내 탱크저장소의 위치·구조 및 설비의 기준 - I. 옥내 탱크저장소의 기준 中 옥내 저장탱크와 탱크전용실의 벽과의 사이 및 옥내 저장탱크의 상호 간에는 0.5m 이상의 간격을 유지할 것. 다만, 탱크의 점검 및 보수에 지장이 없는 경우에는 그러하지 아니하다.

47 |정답| ②
흡습성이 강한 무색의 액체이며 햇빛에 의해 분해되어 황갈색으로 변하므로 갈색 병에 넣어 보관한다. 많은 양을 보관하면 청색으로 보이기도 하는 것은 과산화수소인 경우이다.
불연성이지만 산화력이 있고 부식성이 있으며 물과 접촉하면 발열하는 것은 제6류 위험물의 일반적인 성질이다.

48 |정답| ④
❖ 유별을 달리하는 위험물의 혼재기준 – 위험물안전관리법 시행규칙 [별표19]의 [부표2]

구분	제1류	제2류	제3류	제4류	제5류	제6류
제1류		×	×	×	×	○
제2류	×		×	○	○	×
제3류	×	×		○	×	×
제4류	×	○	○		○	×
제5류	×	○	×	○		×
제6류	○	×	×	×	×	

* 'O'는 혼재할 수 있음을, '×'는 혼재할 수 없음을 표시한다.
* 이 표는 지정수량 1/10 이하의 위험물에는 적용하지 않는다.

49 |정답| ③
제2류 위험물에 속하는 적린은 동소체인 황린에 비해 안정하고 자연발화성 물질은 아니며 맹독성을 나타내지도 않는다.

50 |정답| ③
칼륨은 알코올과 반응하여 알콕시화물과 수소기체를 발생하므로 알코올 속에 저장하지 않는다.
$2K + 2C_2H_5OH \rightarrow 2C_2H_5OK + H_2$
등유, 경유, 유동성 파라핀 등의 보호액 속에 저장하며 공기 중에 노출(누출)되지 않도록 한다.

51 |정답| ①
제1류 위험물 중 질산염류에 속하는 질산칼륨은 가연물이나 유기물과의 접촉을 피하고 조해성이 있으므로 건조하고 환기가 잘되는 곳에 보관한다. 석유 속에 보관하는 것은 금속칼륨이다.
질산칼륨, 숯(목탄), 유황을 섞어 흑색화약을 제조할 수 있으므로 이들은 서로 격리하여 보관하여야 한다.

52 |정답| ③
제5류 위험물 중 니트로화합물에 속하는 트리니트로톨루엔은 담황색의 결정이며 직사광선에 노출되면 다갈색으로 변하는 특징이 있다. 물에 녹지 않으며 알코올, 아세톤, 벤젠, 에테르 등에 잘 녹는다.

53 |정답| ②
$CS_2 + 3O_2 \rightarrow CO_2 \uparrow + 2SO_2 \uparrow$

54 |정답| ①
산화프로필렌을 저장하는 경우 저장탱크와 용기 내에 불연성 가스(N_2, CO_2 등)를 충전하고 보냉장치를 설치함으로써 가연성 증기의 발생을 억제하고 폭발 위험을 방지하도록 한다.

55 |정답| ①
비점이 섭씨 40도 이하인 것을 특수인화물로 취급하므로 비점은 낮은 편이다.

[위험물안전관리법 시행령 별표1 / 위험물 및 지정수량] - 비고란
"특수인화물"이라 함은 이황화탄소, 디에틸에테르 그 밖에 1기압에서 발화점이 섭씨 100도 이하인 것 또는 인화점이 섭씨 영하 20도 이하이고 비점이 섭씨 40도 이하인 것을 말한다.

56 |정답| ①
벤조일퍼옥사이드는 과산화벤조일의 또 다른 이름이며 제5류 위험물 중 유기과산화물이다.
건조 상태에서는 마찰, 충격에 의한 폭발의 위험이 있어 건조 방지를 위해 희석제를 사용하여 폭발 위험성을 낮추다.
② 산화제이므로 유기물(가연물)이나 환원성 물질과의 접촉은 피한다.
③ 수분을 함유하거나 희석제를 첨가하면 분해·폭발을 억제할 수 있다. 또한 화재 진압 시 다량의 물을 사용하여 주수소화하면 효과적이므로 수분을 함유하면 폭발 위험성이 커진다는 것은 잘못된 내용이다.
④ 산화제이다.

57 |정답| ④
지정수량의 10배 이상의 위험물을 취급하는 제조소에는 피뢰침을 설치하여야 하지만 제6류 위험물을 취급하는 위험물 제조소는 예외이다.

[위험물안전관리법 시행규칙 별표4 / 제조소의 위치·구조 및 설비의 기준] - Ⅷ. 기타설비 - 7. 피뢰설비
지정수량의 10배 이상의 위험물을 취급하는 제조소(제6류 위험물을 취급하는 위험물 제조소를 제외한다)에는 피뢰침을 설치하여야 한다. 다만, 제조소의 주위의 상황에 따라 안전상 지장이 없는 경우에는 피뢰침을 설치하지 아니할 수 있다.

58 |정답| ②
보기에 제시된 위험물들은 모두 제4류 위험물에 속하는 물질들이다.
디에틸에테르는 특수인화물(비수용성)에 속하며 휘발성이 매우 높고 마취 성질이 있어 추출 용제, 향료, 마취제 등에 사용된다.
① 벤젠과 톨루엔은 모두 제1석유류(비수용성)에 속한다. 벤젠의 인화점 −11℃ / 톨루엔의 인화점 4℃
③ 에틸알코올은 알코올류에 속하며 물이 섞인 상태에서도 인화될 수 있다. 60% 농도 수준으로 희석된 수용액도 인화할 수 있으므로 주의해야 한다.
④ 휘발유는 제1석유류(비수용성)에 속하며 전기의 부도체로서 정전기 발생의 위험이 있어 점화원으로 작용할 수 있다.

59 |정답| ②
황린은 제3류 위험물이며 지정수량 20kg, 위험등급은 Ⅰ이다. 품명이 비슷하여 자주 출제되는 문제이다. 적린, 유황, 황화린은 제2류 위험물이며 모두 지정수량은 100kg, 위험등급은 Ⅱ이다.

60 |정답| ④
제3류 위험물에 속하는 황린은 물보다 무거우며 물과의 반응성도 없으므로 인화수소의 생성을 방지하기 위해 pH 9로 조정된 물속에 저장한다.

제3회 최종모의고사 정답과 해설

1	2	3	4	5	6	7	8	9	10	11	12	13	14	15	16	17	18	19	20
①	①	①	①	④	③	③	④	④	④	③	①	③	②	③	③	③	②	③	②
21	22	23	24	25	26	27	28	29	30	31	32	33	34	35	36	37	38	39	40
①	④	②	②	③	④	②	②	③	②	①	④	①	④	①	①	①	①	①	④
41	42	43	44	45	46	47	48	49	50	51	52	53	54	55	56	57	58	59	60
④	④	③	④	①	②	③	③	①	②	②	③	①	③	④	②	④	④	①	④

01 |정답| ①
퇴비나 건초더미 등의 환경에서는 습도가 높으면 미생물 생육이 활발하고 발효가 진행되어 내부 온도가 상승함으로 자연발화가 일어나기 쉽다. 산화작용(미생물 발효에 의한 산화 등)이 진행되면서 중심부에 축적된 열이 외부로 쉽게 방출될 수 없는 이와 같은 환경 조건에서 내부의 온도가 발화점까지 서서히 증가하면서 연소하게 된다.

- 자연발화 방지법
  - 통풍이 잘되게 함 : 가연물이 응집되는 것을 방지
  - 주변의 온도를 낮춤 : 발화점 도달 방지
  - 습도를 낮게 유지 : 미생물 번식 억제
  - 열의 축적을 방지한다.
  - 정촉매 작용하는 물질과 접촉하지 않음 : 반응속도가 빠르게 진행되는 것을 방지
  - 직사일광을 피하도록 한다.
  - 불활성가스를 주입 : 산소 차단 효과

02 |정답| ①
할론 번호란 탄소와 그곳에 연결된 할로겐 원소의 종류 및 개수를 C – F – Cl – Br의 순서대로 나열한 것이며 탄소에 결합된 수소 원자에 대한 정보는 숨겨져 있다. 따라서 1202는 C 1개, F 2개, Br 2개로 구성된 CF_2Br_2(또는 CBr_2F_2)가 된다.

② 2202 : 제품으로 존재하지는 않으며 2202라는 소화약제가 존재한다면 화학식은 $C_2H_2Br_2F_2$가 되어야 한다.

③ 1211 : C 1개, F 는 2개, Cl 은 1개, Br 은 1개를 의미하므로 CF_2ClBr(또는 $CBrClF_2$)화학식을 갖는다. 중심 탄소가 지니는 네 군데의 곁가지에 두 개의 F, 한 개의 Cl, 한 개의 Br이 결합된 형태이며 수소가 부착될 여분의 곁가지는 없다. 할론 1211은 BCF(Bromo – Chloro – DiFluoro – Methane) 소화약제로도 불린다.

④ 2402 : C 2개, F 4개, Cl 0개, Br 2개를 의미하므로 $C_2F_4Br_2$(또는 $C_2Br_2F_4$)가 된다. 탄소 두 개가 중심골격을 형성하여 서로 간에 결합되고 나머지 6개의 곁가지에 네 개의 F와 두 개의 Br이 결합된 형태이며 수소가 부착될 여지는 없다.

03 |정답| ①
확산연소는 기체 연료의 연소 형태이다.

04 |정답| ①
유기과산화물은 제5류 위험물에 속하며 지정수량은 10kg이다. 위험물의 1 소요단위는 지정수량의 10배이므로 유기과산화물의 1 소요단위는 100kg이 되며 따라서 1,000kg은 10 소요단위에 해당한다.

05 |정답| ④
시멘트는 이산화규소(SiO_2, 실리카), 산화칼슘(CaO, 석회), 산화알루미늄(Al_2O_3, 알루미나) 등의 불연성 물질로 이루어져 있어 분진폭발의 위험이 낮다.

- 분진폭발 하는 물질
  - 석탄, 코크스, 카본블랙 등
  - 금속분 : 알루미늄분, 마그네슘분, 아연분, 철분 등
  - 식료품 : 밀가루, 분유, 전분, 설탕 가루, 건조효모 등

- 가공 농산품 : 후추가루, 담배가루 등
- 목질유 : 목분, 코르크분, 종이가루 등
• 분진폭발 위험성이 없는 물질 : 시멘트가루, 모래, 석회 분말, 가성소다 등

06 | 정답 | ③
산소공급원을 차단하거나 산소농도를 낮추어 소화하는 방법은 질식소화라고 하며 보통 이산화탄소 소화약제를 사용한다. 발포제나 분말 소화약제의 분사에 의해 연소 면을 직접 피복함으로써 산소공급을 차단하는 직접적인 방법과 소화약제의 분사로 불연성 가스를 발생시켜 산소의 공급을 차단하는 간접적인 방법이 있다.

07 | 정답 | ③
위험물안전관리법령상 이산화탄소 소화설비(소화기)는 전기설비, 제2류 위험물 중 인화성 고체, 제4류 위험물, 제6류 위험물(단, 제6류 위험물을 저장 또는 취급하는 장소로서 폭발의 위험이 없는 장소에 한함)에 대하여 적응성이 있다.

08 | 정답 | ④
자기연소란 내부연소 또는 자활연소라고도 하며 가연성 물질이 자체 내에 유리되기 쉬운 산소를 함유하고 있어 공기 중의 산소를 필요로 하지 않고 자체 산소에 의해서 연소되는 현상을 말하는 것으로 제5류 위험물의 연소가 여기에 해당된다. 대부분 폭발성을 지니고 있으므로 폭발성 물질로 취급되고 있다. 제5류 위험물에 열을 가하면 분해되어 가연성 기체와 조연성의 산소를 동시에 발생하게 되므로 공기 중 산소의 공급 없이도 그 자체의 산소만으로 연소할 수 있는 것이다.

09 | 정답 | ④
연결살수설비는 위험물안전관리법령상 소화설비에 해당하지 않으며 소화 활동 설비에 해당된다. 또한 위험물안전관리법령에서 규정한 것이 아니라 화재예방, 소방시설 설치유지 및 안전관리에 관한 법률에서 정한 사항이다.
위험물안전관리법령상 소화설비에는 옥내·옥외소화전설비, 스프링클러 설비, 물분무등 소화설비(물분무 소화설비, 포 소화설비, 불활성가스 소화설비, 할로겐화합물 소화설비, 분말 소화설비), 대형·소형 수동식소화기(봉상수 소화기, 무상수 소화기, 봉상강화액 소화기, 무상강화액 소화기, 포 소화기, 이산화탄소 소화기, 할로겐화합물 소화기, 분말소화기), 기타(물통 또는 수조, 마른모래, 팽창질석, 팽창진주암) 등이 포함된다.

10 | 정답 | ④
유기과산화물은 제5류 위험물(자기반응성 물질)에 속하는 물질로 가연물이므로 산화제와의 접촉을 피하도록 하며 동시에 자체 산소를 함유하고 있어 산소공급원 역할을 하는 산화제로 작용할 수 있으므로 환원제와의 접촉도 금지하도록 한다.
유기과산화물은 구조가 독특하며 산소 간의 결합력이 약한 매우 불안정한 물질로서 농도가 높은 것은 가열, 직사광선, 충격, 마찰 등에 의해 폭발할 수 있으므로 이들의 환경을 조장하지 않도록 주의한다.

11 | 정답 | ③
발화점이 낮아진다는 것은 연소 가능성이 증대된다는 것을 뜻하므로 연소가 잘 일어날 수 있는 조건을 찾으면 된다. 따라서, 화학적 활성도가 크면 반응이 더 쉽게 일어나 연소도 잘 일어날 것이다.
① 발열량이 클 때
② 산소의 농도가 진할 때
④ 산소와의 친화력이 클 때

12 | 정답 | ①
D급화재인 금속화재에는 사용할 수 없는 소화기이다.

화재급수	화재종류	소화기표시색상	적용대상물
A급	일반화재	백색	일반 가연물(종이, 목재, 섬유, 플라스틱 등)
B급	유류화재	황색	가연성 액체(제4류 위험물 및 유류 등)
C급	전기화재	청색	통전상태에서의 전기기구, 발전기, 변압기 등
D급	금속화재	무색	가연성 금속(칼륨, 나트륨, 금속분, 철분, 마그네슘 등)

13 | 정답 | ③
인화성 액체는 비전도성 물질이므로 빠른 유속으로 배관을 통과하면 마찰에 의해 정전기 에너지가 발생할 위험이 있으므로 유속을 느리게 하여 발생을 억제한다.

14 |정답| ②

이황화탄소와 고온의 물이 반응하여 생성되는 유독한 기체 물질은 황화수소이며 이황화탄소 1몰에 대해 2몰의 황화수소가 생성된다. 표준상태에서 기체는 종류에 관계없이 1몰당 22.4ℓ의 부피를 차지하므로 황화수소 2몰의 부피는 44.8ℓ가 된다.

$CS_2 + 2H_2O \rightarrow CO_2 + 2H_2S$

15 |정답| ③

전기화재란 전기기계 및 기구 등에 전기가 공급되는 상태에서 발생되는 화재로서 이산화탄소 소화설비, 할로겐화합물 소화설비, 분말소화설비 등의 전기적 절연성을 가진 소화설비(소화약제)를 사용하여 소화한다.

물분무(噴霧) 소화설비는 0.02~2mm 정도 되는 안개와 같은 수준의 미립자 상태로 물을 분무하여 소화하는 것으로 무상(霧狀)의 물은 전기 절연성이 양호하고 감전이나 접지의 우려가 없어 전기화재에도 이용할 수 있다. 무상수 소화기나 무상강화액 소화기도 같은 이유에서 전기화재에 사용 가능하다.

포 소화약제는 소화 후의 오손 정도가 심하고 청소가 힘든 결점 등이 있으며 물이 대부분을 차지하는 소화약제로서 감전의 우려가 있어 전기화재나 통신 기기실, 컴퓨터실 등의 사용에는 부적합하다.

16 |정답| ③

제4류 위험물 중 제2석유류의 위험등급은 Ⅲ등급이다.

❖ 제4류 위험물의 위험등급
- 위험등급Ⅰ : 특수인화물
- 위험등급Ⅱ : 제1석유류, 알코올류
- 위험등급Ⅲ : 제2석유류, 제3석유류, 제4석유류, 동식물유류

17 |정답| ③

제4류 위험물인 휘발유는 비중이 1보다 작아 물보다 가볍고 비수용성으로 주수하게 되면 물위로 떠서 화재면이 확대될 위험성이 있으므로 주수소화는 하지 않는다.
이산화탄소, 포, 물분무, 분말, 할로겐화합물 소화약제를 이용하여 질식소화한다.

18 |정답| ②

[위험물안전관리법 시행규칙 별표17 / 소화설비, 경보설비 및 피난설비의 기준] - Ⅰ. 소화설비 - 5. 소화설비의 설치기준 中 기타 소화설비의 능력단위

소화설비	용량	능력단위
소화전용(轉用)물통	8ℓ	0.3
수조(소화전용물통 3개 포함)	80ℓ	1.5
수조(소화전용물통 6개 포함)	190ℓ	2.5
마른 모래(삽 1개 포함)	50ℓ	0.5
팽창질석 또는 팽창진주암(삽 1개 포함)	160ℓ	1.0

19 |정답| ③

화재 발생 초기에서 성장기로 넘어가는 분기점에서 플래시 오버가 일어나는 것이 아니라 성장기에서 최성기로 이행하는 과정에서 일어난다.

플래시 오버(Flash over)란 건축물의 실내에서 화재가 발생하였을 때 일어나는 현상이다. 화재가 서서히 진행되다가 어느 정도 시간이 지남에 따라 대류와 복사 현상에 의해 일정 공간 안에 열과 가연성 가스가 축적되고 발화온도에 이르게 되어 화염이 순간적으로 실내 전체로 확대되는 현상을 말하며 성장기에서 최성기로 이행하는 과정에서 일어난다. 가연물에 의해 좌우되는 성장기를 지나 실내 환기에 의해 좌우되는 최성기로 이행되는 것이 보편적이므로 연료지배형 화재에서 환기지배형 화재로의 전이가 이루어진다고 할 수 있다.

20 |정답| ②

⟨case 1⟩ 논리적 해석

이산화탄소를 방출하여 공기 중 산소의 농도를 21vol%에서 13vol% 수준으로 줄이게 되면 38.1%가 감소된 것이다. 이는 산소뿐 아니라 공기 중 모든 성분들이 일률적으로 감소된 비율일 것이므로 결국 감소된 비율만큼 이산화탄소가 공기 중으로 방출된 것이다.

⟨case 2⟩ 식에 의한 계산 - 이산화탄소의 소화농도

$$CO_2 (vol\%) = \frac{21 - O_2 (vol\%)}{21} \times 100$$

산소의 농도를 21vol%에서 13vol%로 낮추기 위한 이산화탄소의 농도는

$$CO_2 (vol\%) = \frac{21 - 13}{21} \times 100 = 38.09 ≒ 38.1vol\%$$

21 |정답| ①

제1류 위험물에 속하는 산화제이므로 표백제나 살균제 등으로 사용 가능하다.
② 물에 녹지는 않지만 물과 반응하여 조연성의 산소 기체를 발생하므로 습기와의 접촉은 피한다.
③ 물과 반응하여 수산화마그네슘을 생성한다.
$2MgO_2 + 2H_2O \rightarrow 2Mg(OH)_2 + O_2\uparrow$
④ 염산과 반응하여 과산화수소를 생성한다.
$MgO_2 + 2HCl \rightarrow MgCl_2 + H_2O_2$

22 |정답| ④

지하 탱크저장소는 제조소등의 관계인이 예방 규정을 정하여야 하는 제조소등에 해당되지 않는다.

[위험물안전관리법 시행령 제15조 / 관계인이 예방규정을 정하여야 하는 제조소등]
- 지정수량의 10배 이상의 위험물을 취급하는 제조소(②)
- 지정수량의 100배 이상의 위험물을 저장하는 옥외저장소
- 지정수량의 150배 이상의 위험물을 저장하는 옥내저장소
- 지정수량의 200배 이상의 위험물을 저장하는 옥외 탱크저장소(①)
- 암반 탱크저장소(③)
- 이송취급소
- 지정수량의 10배 이상의 위험물을 취급하는 일반취급소

23 |정답| ②

- Zn : 제2류 위험물 중 금속분(아연분) 위험등급Ⅲ
- Al : 제2류 위험물 중 금속분(알루미늄분) 위험등급Ⅲ
- S : 제2류 위험물 중 유황 / 위험등급Ⅱ
① 모두 위험등급Ⅲ [모두 제2류 위험물 - Fe : 철분 / Sb : 금속분(안티몬분) / Mg : 마그네슘]
③ 모두 위험등급Ⅱ [황화린, 적린 : 제2류 위험물 / 칼슘 : 제3류 위험물 중 알칼리토금속]
④ 모두 위험등급Ⅱ [모두 제4류 위험물 - 메탄올, 에탄올 : 알코올류 / 벤젠 : 제1석유류(비수용성)]

24 |정답| ②

① 질산에틸 : 제5류 위험물 중 질산에스테르류 / 지정수량 10kg
② 과산화수소 : 제6류 위험물 중 과산화수소 / 지정수량 300kg
③ 트리니트로톨루엔 : 제5류 위험물 중 니트로화합물 / 지정수량 200kg
④ 피크르산 : 제5류 위험물 중 니트로화합물 / 지정수량 200kg

25 |정답| ③

[위험물안전관리법 시행규칙 별표19] [부표2] - 유별을 달리하는 위험물의 혼재 기준

구분	제1류	제2류	제3류	제4류	제5류	제6류
제1류		×	×	×	×	○
제2류	×		×	○	○	×
제3류	×	×		○	×	×
제4류	×	○	○		○	×
제5류	×	○	×	○		×
제6류	○	×	×	×	×	

※ 'o'는 혼재할 수 있음, '×'는 혼재할 수 없음을 표시한다.
※ 이 표는 지정수량의 1/10 이하의 위험물에 대하여는 적용하지 아니한다.

26 |정답| ④

- 제4류 위험물 중 특수인화물 : 디에틸에테르, 이황화탄소, 아세트알데히드, 산화프로필렌, 황화디메틸, 이소프로필아민, 에틸아민, 이소펜탄(2-메틸부탄), 펜탄, 이소프렌
① 염화아세틸 : 제1석유류(비수용성)
② 염화아세틸 : 제1석유류(비수용성), 부틸알데히드 : 제2석유류2(비수용성)
③ 부틸알데히드 : 제2석유류(비수용성)

27 |정답| ①

건축물 외벽이 내화구조로 된 위험물 옥내저장소의 1 소요단위는 연면적 150m²이므로 연면적 300m²인 옥내저장소의 소요단위는 2단위가 된다. 법규상 소화 능력단위는 소요단위에 대응하는 소화설비의 소화능력의 기준단위라고 되어 있으므로 2단위가 될 것이다.

28 |정답| ②

수소화칼슘은 제3류 위험물 중 금속의 수소화물이며 상온에서 물과 격렬하게 반응하여 수산화칼슘과 수소 기체를 생성하고 열을 발생시킨다.
$CaH_2 + 2H_2O \rightarrow Ca(OH)_2 + 2H_2\uparrow + Q\ kcal$

29 |정답| ③

과염소산칼륨과 아염소산나트륨은 강산화제로 작용하는 물질이지만 불연성이며 조연성의 성질을 가진다.
① 제1류 위험물 중 과염소산염류와 아염소산염류에 속하는 위험물들로 지정수량은 50kg이다.
② $KClO_4 \rightarrow KCl + 2O_2\uparrow$
  $NaClO_2 \rightarrow NaCl + O_2\uparrow$
④ 두 물질 모두 무색의 결정형태이다.

30 |정답| ②

이황화탄소는 제4류 위험물 중 특수인화물에 속하는 물질로 비수용성이며 물보다 무겁고 물과의 반응성도 없으므로 가연성 증기의 발생을 억제하기 위해 물속에 보관한다.

[참고]
150℃ 이상의 고온의 물과 반응하여 황화수소를 발생할 수 있으므로 온수나 뜨거운 물에는 저장하지 않으며 저장하는 물은 차갑게 유지한다.
$CS_2 + 2H_2O \rightarrow CO_2 + 2H_2S$

오황화린과 칠황화린은 물과 반응하여 인산과 유독한 황화수소 가스를 발생하므로 물속에 저장하지는 않으며 톨루엔은 물에 녹지 않으나 물보다 비중이 작아 물 위에 뜨므로 저장 효과는 없다.

31 |정답| ①

보통의 포 소화약제를 알코올처럼 물과 친화력이 있는 수용성 액체(극성 액체)의 화재에 사용하면 수용성 액체가 포 속의 물을 탈취하여 포가 파괴되기 때문에 소화 효과를 잃게 된다. 내알코올포 소화약제는 이러한 단점을 보완한 소화약제로서 수용성 액체나 알코올류의 소화에 효과적이다.
아세톤은 제4류 위험물 중 제1석유류에 속하는 물질이며 수용성이다. 휘발유, 경유, 등유는 비수용성으로 내알코올포 소화약제는 적합하지 않다.

32 |정답| ④

위험물을 유별로 정리하여 상호 1m 이상의 간격을 유지하는 경우 동일한 옥내저장소에 제4류 위험물과 함께 저장할 수 있는 제2류 위험물은 인화성 고체뿐이다.

[위험물안전관리법 시행규칙 별표18 / 제조소등에서의 위험물의 저장 및 취급에 관한 기준] - Ⅲ. 저장의 기준 제2호
옥내저장소 또는 옥외저장소에 있어서 다음의 위험물들을 유별로 정리하여 저장하는 한편, 서로 1m 이상의 간격을 두면 동일한 저장소에 함께 저장할 수 있다.

- 제1류 위험물(알칼리금속의 과산화물 또는 이를 함유한 것을 제외한다)과 제5류 위험물을 저장하는 경우(①)
- 제1류 위험물과 제6류 위험물을 저장하는 경우(②)
- 제1류 위험물과 제3류 위험물 중 자연발화성 물질(황린 또는 이를 함유한 것에 한한다)을 저장하는 경우(③)
- 제2류 위험물 중 인화성 고체와 제4류 위험물을 저장하는 경우(④)
- 제3류 위험물 중 알킬알루미늄등과 제4류 위험물(알킬알루미늄 또는 알킬리튬을 함유한 것에 한한다)을 저장하는 경우
- 제4류 위험물 중 유기과산화물 또는 이를 함유하는 것과 제5류 위험물 중 유기과산화물 또는 이를 함유한 것을 저장하는 경우

33 |정답| ①

제6류 위험물에 속하는 과산화수소는 36wt% 이상의 농도가 될 때 위험물로 분류된다.

34 |정답| ④

제5류 위험물의 운반 기준에 대한 내용이다.
- 제5류 위험물에 있어서는 "화기엄금" 및 "충격주의"라는 주의사항을 운반 용기의 외부에 표시하여야 한다.
- 제1류 위험물, 제3류 위험물 중 자연발화성 물질, 제4류 위험물 중 특수인화물, 제5류 위험물 또는 제6류 위험물을 적재하는 경우 차광성이 있는 피복으로 가려야 한다.
- 제5류 위험물 중 55℃ 이하의 온도에서 분해될 우려가 있는 것은 보냉 컨테이너에 수납하는 등 적정한 온도관리를 하여야 한다.

35 ❙정답❙ ①
[위험물안전관리법 시행규칙 별표18] – Ⅲ. 저장의 기준 제21호
보냉장치가 있는 이동 저장탱크에 저장하는 아세트알데히드등 또는 디에틸에테르등의 온도는 당해 위험물의 비점 이하로 유지하여야 하며 보냉장치가 없는 이동 저장탱크에 저장하는 아세트알데히드등 또는 디에틸에테르등의 온도는 40℃ 이하로 유지하여야 한다.

36 ❙정답❙ ①
경유는 제4류 위험물 중 제2석유류에 속하는 물질이다.
② 디젤기관의 연료, 보일러 연료 등으로 사용된다.
③ 분별증류 시 등유와 중유 사이에서 유출된다.
 – 분별증류 온도 : 등유 180~250℃, 경유 250~350℃, 중유 350℃ 이상
④ 등유나 유동성 파라핀처럼 칼륨, 나트륨 등을 저장하는 보호액으로 사용된다.

37 ❙정답❙ ①
지정수량의 10배 이상을 저장 또는 취급하는 경우의 이동 탱크저장소는 자동화재탐지설비, 비상경보설비, 확성장치 또는 비상 방송설비 중 1종 이상의 경보설비를 설치하면 된다. 반드시 자동화재탐지설비를 설치하여야 하는 것은 아니다.

38 ❙정답❙ ①
[위험물안전관리에 관한 세부기준 제25조 / 탱크의 내용적 및 공간용적]
• 탱크의 공간용적은 탱크의 내용적의 100분의 5 이상 100분의 10 이하의 용적으로 한다.

39 ❙정답❙ ③
과산화벤조일은 제5류 위험물 중 유기과산화물에 속하는 위험물이다.
① 아세톤 : 제4류 위험물 중 제1석유류(수용성) / 지정수량 400ℓ, 위험등급 Ⅱ
② 실린더유 : 제4류 위험물 중 제4석유류 / 지정수량 6,000ℓ, 위험등급 Ⅲ
③ 과산화벤조일 : 제5류 위험물 중 유기과산화물 / 지정수량 10kg, 위험등급 Ⅰ
④ 니트로벤젠 : 제4류 위험물 중 제3석유류(비수용성) / 지정수량 2,000ℓ, 위험등급 Ⅲ

40 ❙정답❙ ④
니트로셀룰로오스는 제5류 위험물 중 질산에스테르류에 속하는 물질이다.
① 니트로글리세린처럼 다이너마이트의 원료로 사용된다.
② 건조상태에서는 폭발할 수 있으나 물이 침수될수록 위험성이 감소하므로 물이나 알코올을 첨가하여 습윤시킨 상태로 저장하거나 운반한다.
③ 진한 질산과 황산에 셀룰로오스를 혼합시켜 제조한다.

41 ❙정답❙ ④
❖ 각 위험물의 착화점

삼황화린	오황화린
100℃	142℃
적린	유황
260℃	232.2℃

42 ❙정답❙ ④
염소산나트륨($NaClO_3$)은 제1류 위험물 중 염소산염류에 속하며 산과 반응하여 이산화염소(ClO_2)를 생성한다.
$2NaClO_3 + 2HCl \rightarrow 2NaCl + 2ClO_2 + H_2O_2$
① 물, 에테르, 글리세린, 알코올에 잘 녹는다.
② 무색무취의 결정이지만 불연성이다(제1류 위험물은 조연성, 불연성이다).
③ 철을 부식시키므로 철제용기에 저장하지 않고 유리용기에 저장한다.

43 ❙정답❙ ③
제1류 위험물 중 무기과산화물에 속하는 과산화나트륨은 물과 반응하여 조연성의 산소 기체를 생성하고 발열하므로 연소를 지속시켜 위험성이 증대된다. 따라서 주수소화 하지 않는다.
$2Na_2O_2 + 2H_2O \rightarrow 4NaOH + O_2 \uparrow + Q\ kcal$
나머지 위험물의 류별 및 품명은 아래와 같으며 이들은 모두 산소공급원으로 작용하는 조연성 물질이지만 물과 반응하여 가연성이나 조연성 기체를 발생하지는 않으므로 다량의 물에 의한 주수소화가 가능하다.
① 염소산칼륨(제1류 위험물 중 염소산염류)
② 질산나트륨(제1류 위험물 중 질산염류)
④ 과산화벤조일(제5류 위험물 중 유기과산화물)

44 |정답| ④

나트륨은 공기와의 접촉을 방지하기 위해 비수용성이며 금속과도 반응하지 않는 등유나 경유에 넣어 보관한다.
① 비중이 0.97인 경금속으로 물보다 가볍다.
② 나트륨의 융점은 97.7℃로서 100℃보다 낮다.
③ 물과 격렬히 반응하여 수소를 발생한다.

45 |정답| ①

증기비중은 $\frac{물질의 분자량}{29}$ 으로 구하므로 물질이 다르면 분자량도 달라 증기비중은 당연히 다르게 나타난다.
메탄올의 분자량은 32로서 증기비중은 1.1이며 에탄올의 분자량은 46으로 증기비중은 1.59를 나타낸다.

❖ **메탄올과 에탄올의 공통점**
- 제4석유류 중 알코올류에 속하는 위험물이다.
- 지정수량 400ℓ, 위험등급 Ⅱ
- 1가 알코올이다.
- 무색투명한 액체로서 휘발성이 있다.
- 비중값이 0.79이다.(메탄올 : 0.792 / 에탄올 : 0.789).
- 수용성이다.
- 알칼리금속과 반응하여 수소 기체를 발생시킨다.
$$2CH_3OH + 2Na \rightarrow 2CH_3ONa + H_2 \uparrow$$
$$2C_2H_5OH + 2Na \rightarrow 2C_2H_5ONa + H_2 \uparrow$$

46 |정답| ②

행정안전부령으로 정하는 위험물에 대한 문제이다. 질산구아니딘은 행정안전부령으로 정하는 제5류 위험물이며 나머지는 모두 행정안전부령으로 정하는 제1류 위험물이다.

47 |정답| ③

모두 제3류 위험물에 속하는 물질들로서 금수성 물질들이다.
$CaC_2 + 2H_2O \rightarrow Ca(OH)_2 + C_2H_2 \uparrow$ (아세틸렌)
① $NaH + H_2O \rightarrow NaOH + H_2$ (수소)
② $Al_4C_3 + 12H_2O \rightarrow 4Al(OH)_3 + 3CH_4$ (메탄)
④ $(C_2H_5)_3Al + 3H_2O \rightarrow Al(OH)_3 + 3C_2H_6$ (에탄)

48 |정답| ③

인화아연의 지정수량은 300kg이며 나머지는 모두 50kg이다.
① 칼슘 : 제3류 위험물 중 알칼리토금속 / 지정수량 50kg
② 나트륨아미드 : 제3류 위험물 중 유기금속화합물 / 지정수량 50kg
③ 인화아연 : 제3류 위험물 중 금속의 인화물 / 지정수량 300kg
④ 바륨 : 제3류 위험물 중 알칼리토금속 / 지정수량 50kg

49 |정답| ①

[위험물안전관리법 시행규칙 별표4 / 제조소의 위치·구조 및 설비의 기준] - Ⅷ. 기타설비 - 4. 압력계 및 안전장치
위험물을 가압하는 설비 또는 그 취급하는 위험물의 압력이 상승할 우려가 있는 설비에는 압력계 및 다음에 해당하는 안전장치를 설치하여야 한다. 다만, <u>파괴판은 위험물의 성질에 따라 안전밸브의 작동이 곤란한 가압설비에 한한다.</u>
- 자동적으로 압력의 상승을 정지시키는 장치
- 감압측에 안전밸브를 부착한 감압밸브
- 안전밸브를 병용하는 경보장치
- 파괴판

50 |정답| ②

제6류 위험물은 산화성 액체이므로 자신은 환원되면서 남을 산화시키는 물질이다.

❖ **제6류 위험물의 품명, 지정수량 및 위험등급**
 - [위험물안전관리법 시행령 별표1] & [위험물안전관리법 시행규칙 별표19] 참조

성질	품명	지정수량	위험등급
산화성 액체	1. 과염소산 2. 과산화수소 3. 질산 4. 행정안전부령으로 정하는 것 - 할로겐간화합물 (삼불화브롬, 오불화브롬, 오불화요오드)	300kg	Ⅰ

* "산화성 액체"라 함은 액체로서 산화력의 잠재적인 위험성을 판단하기 위하여 고시로 정하는 시험에서 고시로 정하는 성질과 상태를 나타내는 것을 말한다.
* 과산화수소는 그 농도가 36 중량퍼센트 이상인 것에 한한다.
* 질산은 그 비중이 1.49 이상인 것에 한한다.

51 |정답| ②

구리(Cu)와 니켈(Ni)은 금속분의 조건에서 제외되며 철(Fe)은 제2류 위험물의 별도 품명으로 분류하고 있는 동시에 53마이크로미터의 표준체를 통과하는 것이 50 중량퍼센트 이상인 것에 한하여 철분이라 한다는 규정이 별도로 존재하므로 문제 기준에 합당한 답은 주석(Sn)이 된다.

[위험물안전관리법 시행령 별표1 / 위험물 및 지정수량] - 비고란 제4호 & 제5호
"철분"이라 함은 철의 분말로서 53마이크로미터의 표준체를 통과하는 것이 50중량퍼센트 미만인 것은 제외한다.
"금속분"이라 함은 알칼리금속·알칼리토류금속·철 및 마그네슘 외의 금속의 분말을 말하고, 구리분·니켈분 및 150마이크로미터의 체를 통과하는 것이 50중량퍼센트 미만인 것은 제외한다.

52 |정답| ③

제시된 물질들은 모두 제4류 위험물로서 벤젠만 비수용성이며 나머지 물질들은 수용성이다.
① 제2석유류 / 수용성
② 특수인화물 / 수용성
③ 제1석유류 / 비수용성
④ 제3석유류 / 수용성

53 |정답| ①

❖ 각 위험물의 인화점

이소펜탄	아세톤
−51℃	−18℃
디에틸에테르	이황화탄소
−45℃	−30℃

모두 제4류 위험물이다.
① 이소펜탄 : 특수인화물
② 아세톤 : 제1석유류
③ 디에틸에테르 : 특수인화물
④ 이황화탄소 : 특수인화물

54 |정답| ③

하나의 경계구역의 면적이 500m² 이하이면 2개 층을 하나의 경계구역으로 할 수 있다.

55 |정답| ④

과염소산은 제6류 위험물로 산소공급원으로 작용하며 염화바륨이나 알칼리 등과 접촉하면 염을 생성하기 때문에 이들과는 격리하여 보관한다.
① 종이, 나무 등과 접촉하면 연소한다.
③ 제6류 위험물(산화성 액체)인 과염소산은 산소공급원으로 작용하는 산화제이며 금속분은 환원제로 작용하는 제2류 위험물의 가연성 고체이므로 이들을 접촉시키면 연소반응이 진행되도록 조장하는 것이므로 접촉을 피하도록 한다. 철, 구리, 아연 등과 격렬하게 반응한다.

56 |정답| ④

탄화칼슘은 제3류 위험물에 속하는 물질로서 수분과 반응하여 수산화칼슘과 아세틸렌가스를 생성하므로 환기가 잘되고 습기가 없는 냉소에 보관한다.
①·②·③은 모두 공기 중의 수분이나 물과의 접촉을 조장하는 방법이므로 적합하지 않다.

57 |정답| ②

황린에 대한 설명이다. 황린은 제3류 위험물에 속하며 지정수량 20kg, 위험등급 I 에 해당한다. 지정수량만 알아도 답을 구할 수 있다(각 물질의 지정수량은 적린 100kg, 유황 100kg, 마그네슘 500kg이다). 위험물 중 지정수량이 20kg인 것은 황린이 유일하다.

58 |정답| ④

적린과 유황 모두 물에 잘 녹지 않는다.
① 적린의 비중은 2.20이고 유황의 비중은 1.92이다.
② 가연성 고체로서 산소와 친화력이 강하여 연소하기 쉬우며 유독성 가스를 생성한다.
   적린은 P_2O_5를 유황은 SO_2를 생성한다.
③ 환원제란 다른 물질은 환원시키면서 자기 자신은 산화되는 물질을 말한다. 적린과 유황은 모두 환원제로 작용하므로 산화되기 쉬운 위험물이다.

59 |정답| ①

• 과산화벤조일 : 제5류 위험물 중 유기과산화물 / 지정수량 10kg
• 과염소산 : 제6류 위험물 / 지정수량 300kg

60 |정답| ④

무기과산화물은 제1류 위험물(산화성 고체)이다.

제4회 최종모의고사 정답과 해설

1	2	3	4	5	6	7	8	9	10	11	12	13	14	15	16	17	18	19	20
③	④	①	④	②	④	③	④	③	④	①	②	②	③	④	④	②	③	②	③
21	22	23	24	25	26	27	28	29	30	31	32	33	34	35	36	37	38	39	40
④	①	③	②	④	④	④	④	③	①	②	①	①	①	①	①	④	②	①	③
41	42	43	44	45	46	47	48	49	50	51	52	53	54	55	56	57	58	59	60
②	②	③	②	②	①	①	④	②	②	③	①	②	③	④	①	②	③	②	①

01 ㅣ정답ㅣ③

기체연료는 가열이나 기화로 인한 순간적인 팽창이나 다른 기체 또는 다른 물질과 급격한 화학반응을 일으킴으로서 단시간 내에 많은 열을 방출하며 주위 기체(공기)를 급격하게 팽창시킴으로서 폭발할 수 있다. 기체의 연소 중 가연성 기체와 공기의 혼합가스가 밀폐 용기 안에서 점화되어 연소가 폭발적으로 일어나는 비정상적인 연소를 폭발연소라고 한다.

가연성 가스(수소, 천연가스, 아세틸렌, LPG, 가연성 액체로부터 나오는 증기 등)와 조연성 가스(공기, 산소, 아산화질소, 산화질소, 이산화질소, 염소, 불소 등)가 일정 비율로 혼합된 가연성 혼합기체는 발화원에 의하여 착화되면 가스폭발을 일으킨다. 가연성 가스와 조연성 가스의 혼합기체가 존재한다고 언제나 폭발하는 것은 아니며 혼합기체 중의 가연성 가스의 농도가 폭발범위 내에 있어야 하고 발화원인 에너지 조건이 충족되어야 폭발한다.

02 ㅣ정답ㅣ④

위험물 안전관리자의 선임 및 신고는 제조소등의 관계인이 하는 것이다. 제조소등의 관계인이란 소유자, 점유자 또는 관리자를 말한다. 여기서 관리자란 제조소등의 관리자를 말하며 위험물 안전관리자를 말하는 것이 아니다.

[위험물안전관리법 시행규칙 제55조 / 안전관리자의 책무]
안전관리자는 위험물의 취급에 관한 안전관리와 감독에 관한 다음의 업무를 성실하게 수행하여야 한다.

• 위험물의 취급 작업에 참여하여 당해 작업이 법 규정에 의한 저장 또는 취급에 관한 기술기준과 예방규정에 적합하도록 해당 작업자(당해 작업에 참여하는 위험물 취급자격자를 포함한다)에 대하여 지시 및 감독하는 업무
• <u>화재 등의 재난이 발생한 경우 응급조치(②) 및 소방관서 등에 대한 연락업무(①)</u>
• 화재 등의 재해의 방지와 응급조치에 관하여 인접하는 제조소등과 그 밖의 관련되는 시설의 관계자와 협조체제의 유지
• <u>위험물의 취급에 관한 일지의 작성·기록(③)</u>
• 그 밖에 위험물을 수납한 용기를 차량에 적재하는 작업, 위험물 설비를 보수하는 작업 등 위험물의 취급과 관련된 작업의 안전에 관하여 필요한 감독의 수행

03 ㅣ정답ㅣ①

① 알칼리토금속 : 제3류 위험물 / 위험등급 Ⅱ(지정수량 50kg)
② 아염소산염류 : 제1류 위험물 / 위험등급 Ⅰ(지정수량 50kg)
③ 질산에스테르류 : 제5류 위험물 / 위험등급 Ⅰ(지정수량 10kg)
④ 제6류 위험물 : 산화성 액체 / 모두 위험등급 Ⅰ(지정수량 300kg)

04 ㅣ정답ㅣ④

[위험물안전관리법 시행규칙 별표5 / 옥내저장소의 위치·구조 및 설비의 기준] - Ⅲ. 복합용도 건축물의 옥내저장소의 기준 제3호
복합용도 건축물에 설치하는 옥내저장소에 있어서는 옥내저장소의 용도에 사용되는 부분의 바닥면적은 75㎡ 이하로 하여야 한다.

① [위험물안전관리법 시행규칙 별표5] - Ⅷ. 위험물의 성질에 따른 옥내저장소의 특례 제2호 中
지정과산화물을 저장 또는 취급하는 옥내저장소의 저장창고는 150㎡ 이내마다 격벽으로 완전하게 구획할 것.

② [위험물안전관리법 시행규칙 별표5] - Ⅰ. 옥내저장소의 기준 제1호
옥내저장소는 규정에 준하여 안전거리를 두어야 하지만 제6류 위험물을 저장 또는 취급하는 옥내저장소는 안전거리를 두지 아니할 수 있다.

③ [위험물안전관리법 시행규칙 별표5] - Ⅰ. 옥내저장소의 기준 제5호 & 제6호
아세톤은 제4류 위험물 중 제1석유류에 속하는 물질이므로 처마 높이 6m 미만인 단층건물에 저장하는 경우 저장창고의 바닥면적은 1,000㎡ 이하로 하여야 한다.

05 ㅣ정답ㅣ②

메틸알코올은 제4류 위험물 중 알코올류에 속하는 위험물로 지정수량은 400ℓ이다. 위험물의 '1 소요단위'는 지정수량의 10배이므로 메틸알코올의 1 소요단위는 4,000ℓ가 되며 따라서 메틸알코올 8,000ℓ는 2 소요단위가 된다.
법규상 소화 능력단위는 소요단위에 대응하는 소화설비의 소화능력의 기준단위라고 되어 있으므로 2단위에 상응하는 용량을 설치하여야 할 것이다.
따라서 삽 1개를 포함한 마른모래의 설치용량은 소화 능력단위 0.5 당 50ℓ이므로 설치하여야 할 마른모래는 200ℓ가 된다
$\left(\frac{2}{0.5} \times 50 = 200\ell\right)$.

06 ㅣ정답ㅣ④

인화점이 낮다는 것은 인화점이 높은 물질에 비해 쉽게 연소된다는 것을 의미하며 연소범위가 넓을수록 인화할 수 있는 범위가 더 확대된 것이므로 연소될 가능성이 더 커져 화재위험이 증대된다.

❖ 화재 위험이 높아지는 조건
• 인화점, 발화점, 착화점이 낮을수록
• 표면장력이 작을수록
• 증발열이나 비열값이 작을수록
• 온도가 높을수록
• 압력이 높을수록
• 연소범위가 넓을수록

07 ㅣ정답ㅣ③

[위험물안전관리법 시행규칙 별표6 / 옥외 탱크저장소의 위치·구조 및 설비의 기준] - Ⅺ. 위험물의 성질에 따른 옥외 탱크저장소의 특례 - 제2호. 아세트알데히드등의 옥외 탱크저장소
• 옥외 저장탱크의 설비는 동·마그네슘·은·수은 또는 이들을 성분으로 하는 합금으로 만들지 아니할 것
• 옥외 저장탱크에는 냉각장치 또는 보냉장치, 그리고 연소성 혼합기체의 생성에 의한 폭발을 방지하기 위한 불활성의 기체를 봉입하는 장치를 설치할 것
① 메틸에틸케톤　　　　② 피리딘
③ 아세트알데히드　　　④ 클로로벤젠

08 ㅣ정답ㅣ④

[위험물안전관리법 시행규칙 별표17 / 소화설비, 경보설비 및 피난설비의 기준] - Ⅰ. 소화설비 中 4. 소화설비의 적응성
철분, 마그네슘, 금속분은 제2류 위험물에 속하는 물질들로서 이들 화재의 소화에는 탄산수소염류 등 분말소화설비, 마른모래(건조사), 팽창질석. 팽창진주암이 적응성을 보인다.

① 금속은 물과 반응하여 기연성의 수소 기체를 발생시키므로 주수소화 설비는 사용하지 않는다.
② 알루미늄분, 크롬분, 카드뮴분 등은 할로겐 원소와 접촉하면 발화할 수 있으며 마그네슘도 염소와 심한 반응을 일으키므로 할로겐화합물 소화설비는 적합하지 않다.
③ 금속은 물과 반응하여 가연성의 수소 기체를 발생시키므로 주수소화 설비는 금한다. 포 소화설비는 질식소화가 주목적이나 다량의 물을 함유하고 있어 사용하지 않는다.

09 |정답| ③

제3류 위험물을 취급하는 제조소는 20명 이상을 수용할 수 있는 어린이집으로부터 30m 이상의 안전거리를 유지하여야 한다.
[위험물안전관리법 시행규칙 별표4 / 제조소의 위치·구조 및 설비의 기준] - Ⅰ. 안전거리

안전거리	해당대상물
3m 이상	7,000V 초과 35,000V 이하의 특고압 가공전선
5m 이상	35,000V 를 초과하는 특고압 가공전선
10m 이상	주거용으로 사용되는 건축물 그 밖의 공작물
20m 이상	고압가스, 액화석유가스 또는 도시가스를 저장 또는 취급하는 시설
30m 이상	학교, 병원, 300명 이상 수용시설(영화관, 공연장), 20명 이상 수용시설(아동·노인·장애인·한부모가족 복지시설, 어린이집, 성매매피해자 지원시설, 정신건강 증진시설, 가정폭력피해자 보호시설)
50m 이상	유형문화재, 지정문화재

10 |정답| ①

[위험물안전관리법 제28조 / 안전교육] - 제2항
제조소등의 관계인은 교육대상자에 대하여 필요한 안전교육을 받게 하여야 한다.
여기서 말하는 교육대상자란 안전관리자·탱크시험자·위험물 운반자·위험물 운송자 등 위험물의 안전관리와 관련된 업무를 수행하는 자이다.
② [위험물안전관리법 시행령 제20조 / 안전교육 대상자]
 • 안전관리자로 선임된 자
 • 탱크시험자의 기술인력으로 종사하는 자
 • 위험물 운송자로 종사하는 자
③ 탱크시험자의 기술인력이 되기 위해서는 8시간 이내의 실무교육을 받아야 한다.
 강습교육은 안전관리자가 되려는 사람 또는 위험물 운송자가 되려는 사람이 그 일에 최초로 선임되거나 종사하기 전에 받아야 하는 교육이다.
[위험물안전관리법 시행규칙 별표24 / 안전교육의 과정·기간과 그 밖의 교육실시에 관한 사항 등]
탱크시험자의 기술인력은 탱크시험자의 기술인력으로 등록한 날부터 6개월 이내 또는 신규 교육을 받은 경우에는 2년마다 1회에 거쳐서 8시간 이내의 실무교육을 받아야 한다.
④ 자격을 정지하거나 취소하는 것이 아니라 교육받을 때까지 자격 행위를 제한하는 것이다.

[위험물안전관리법 제28조 / 안전교육] - 제4항
시·도지사, 소방본부장 또는 소방서장은 교육대상자가 교육을 받지 아니한 때에는 그 교육대상자가 교육을 받을 때까지 이 법의 규정에 따라 그 자격으로 행하는 행위를 제한할 수 있다.

11 |정답| ②

할로겐화합물 소화약제의 주된 소화 효과는 억제효과이다. 이는 연소의 연쇄반응을 차단하거나 특정 반응의 진행을 억제함으로써 연소가 확대되지 않도록 하는 화학적 소화방식으로 부촉매 효과라고도 한다.

12 |정답| ②

[위험물안전관리법 시행규칙 별표4 / 제조소의 위치·구조 및 설비의 기준] - Ⅵ. 배출설비 中
가연성 증기가 체류할 우려가 있는 건축물에 설치되는 배출설비의 1시간당 배출 능력은 국소 방식의 경우 배출장소 용적의 20배 이상인 것으로 하여야 한다고 규정하고 있으므로 배출장소 용적 500m^3의 20배인 10,000m^3 이상을 배출 능력으로 하여야 한다.

13 |정답| ①

강화액 소화약제는 수계 소화약제의 하나이며 물의 동결현상을 해결하기 위해 탄산칼륨(K_2CO_3)이나 인산암모늄[$(NH_4)_2PO_4$] 등의 염류와 침투제 등을 물에 용해시켜 빙점을 강하시킨 것으로 pH가 12 이상을 나타내는 강알칼리성 약제이다. 어는점 대략 -30~-26℃ 정도로 동절기나 한랭지역 등에서도 사용할 수 있도록 만든 약제이며 물이 주성분인 소화약제이므로 물에 의한 냉각소화 효과를 나타내는 동시에 이들 첨가제에 의해 연소의 연쇄반응을 차단하여 소화력을 발휘하는 억제소화 효과도 나타낸다.

14 |정답| ③

금수성 물질은 제3류 위험물이며 청색바탕에 백색문자로 '물기엄금'이라 표기한다.

15 |정답| ④

과산화수소는 제6류 위험물이며 지정수량은 300kg이다. 지정수량의 단위로 ℓ를 사용하는 것은 제4류 위험물뿐이다.
불연성이지만 유기물질과 접촉하면 스스로 열을 내며 연소하는 강력한 산화성 액체이며 비중은 1.465로 물보다 무겁다.

16 |정답| ④

❖ 연소가 잘 일어나기 위한 조건
- 발열량이 클 것
- 산소 친화력이 클 것
- 열전도율이 작을 것
- 활성화 에너지가 작을 것(= 활성화 에너지 장벽이 낮을 것)
- 화학적 활성도는 높을 것
- 연쇄반응을 수반할 것
- 반응 표면적이 넓을 것
- 산소농도가 높고 이산화탄소의 농도는 낮을 것
- 물질 자체의 습도는 낮을 것

17 |정답| ②

비전도성 물질인 인화성 액체를 관을 통해 이송시킬 경우 유속을 빨리하면 마찰에 의한 정전기가 발생할 수 있으므로 정전기의 발생을 예방하기 위해 유속을 제한한다.
인화성 액체나 가연성 미분 등의 위험물을 취급하는 설비에 있어서는 위험물의 유동마찰 등에 의해 정전기가 발생하고 이것의 방전 불꽃에 의해 위험물에 착화할 위험성이 있으므로 이러한 설비에는 정전기를 유효하게 제거하거나 정전기 발생을 방지하기 위한 장치를 설치하도록 한다.

① 흐름의 낙차가 크면 정전기 발생 가능성이 커지므로 유속을 느리게 하는 것과 아울러 낙차 폭이 생기지 않도록 배관을 장치하며 용기 내에 비전도성 인화성 액체를 주입하는 경우에도 용기의 하부에서부터 충전하거나 용기의 하부까지 연장된 딥 배관을 사용함으로서 위로부터 떨어뜨려 낙차가 생기는 위험성을 방지하도록 한다.
③ 와류란 소용돌이치며 흐르는 상태를 말하는 것으로 유속이 빨라지므로 정전기 발생 위험성이 증가한다.
④ 여과기의 필터를 통과하는 액체는 섭촉 면적이 커지기 때문에 높은 정전기가 발생할 수 있으므로 필터를 거쳐 드럼으로 주입되는 배관 등은 도전성 재질로 하도록 한다.

18 |정답| ③

[위험물안전관리법 시행규칙 별표17 / 소화설비, 경보설비 및 피난설비의 기준] - Ⅲ. 피난설비
- 주유취급소 중 건축물의 2층 이상의 부분을 점포·휴게음식점 또는 전시장의 용도로 사용하는 것에 있어서는 당해 건축물의 2층 이상으로부터 주유취급소의 부지 밖으로 통하는 출입구와 당해 출입구로 통하는 통로·계단 및 출입구에 유도등을 설치하여야 한다.
- 옥내 주유취급소에 있어서는 당해 사무소 등의 출입구 및 피난구와 당해 피난구로 통하는 통로·계단 및 출입구에 유도등을 설치하여야 한다.
- 유도등에는 비상 전원을 설치하여야 한다.

19 |정답| ②

제1류 위험물의 무기과산화물에 속하는 알칼리금속 과산화물에 적응성을 보이는 소화설비는 탄산수소염류 분말소화설비, 마른모래(건조사), 팽창질석, 팽창진주암이다.

20 |정답| ③

[위험물안전관리법 제25조 / 제조소등에 대한 긴급 사용정지 명령 등]
시·도지사, 소방본부장 또는 소방서장은 공공의 안전을 유지하거나 재해의 발생을 방지하기 위하여 긴급한 필요가 있다고 인정하는 때에는 제조소등의 관계인에 대하여 당해 제조소등의 사용을 일시 정지하거나 그 사용을 제한할 것을 명할 수 있다
① 소방본부장 또는 소방서장뿐 아니라 시·도지사도 명할 수 있다.
② 제조소등의 관계인에 대하여서만 명할 수 있다.
④ 공공의 안전을 유지하거나 재해의 발생을 방지하기 위하여 긴급한 필요가 있다고 인정하는 때에 명할 수 있다. '~취급설비의 중대한 결함이 발견되거나 사고우려가 인정되는 경우에만 ~'이라고 국한해서 표현하였으므로 옳지 않다. 설비의 결함 발견이나 사고 우려의 인정이란 공공의 안전 유지나 재해 발생 방지의 범위 중 일부분인 것이다.

21 |정답| ④

금속화재는 D급 화재라고 하나 표시하는 색상은 무색이다.
① 칼륨·나트륨·금속분·철분·마그네슘 등의 가연성 금속의 화재를 말한다.
② 주수소화하게 되면 물과 반응하여 가연성의 수소 기체를 발생시켜 연소를 더욱 확대시킬 가능성이 커지고 수증기 폭발을 일으킬 수 있으므로 주수소화는 금한다.
③ 위험물안전관리법령상 금속화재 시에는 탄산수소염류 분말 소화약제를 사용하거나 마른 모래, 팽창질석, 팽창진주암을 사용하여 소화하지만 금속화재는 연소 온도가 매우 높기 때문에 소화하기가 어려운 특징이 있다. 따라서 금속화재에는 특수한 금속화재용 분말 소화약제가 사용되고 있다. 금속화재용 분말 소화약제는 금속 표면을 덮어서 산소의 공급을 차단하거나 온도를 낮추는 것이 주된 소화 원리이다.

22 |정답| ①

[위험물안전관리법 시행령 별표1]
"특수인화물"이라 함은 이황화탄소, 디에틸에테르 그 밖에 1기압에서 발화점이 섭씨 100도 이하인 것 또는 인화점이 섭씨 영하 20도 이하이고 비점이 섭씨 40도 이하인 것을 말한다.

23 |정답| ③

알킬알루미늄은 운반 용기 내용적의 90% 이하의 수납률로 수납하되, 50℃의 온도에서 5% 이상의 공간용적을 유지하여야 한다.

[위험물안전관리법 시행규칙 별표19 / 위험물의 운반에 관한 기준] - Ⅱ. 적재방법 제1호
위험물은 규정에 의한 운반용기에 다음의 기준에 따라 수납하여 적재하여야 한다.
- 위험물이 온도변화 등에 의하여 누설되지 않도록 운반용기를 밀봉하여 수납할 것.
- 수납하는 위험물과 위험한 반응을 일으키지 아니하는 등 당해 위험물의 성질에 적합한 재질의 운반용기에 수납할 것
- 고체 위험물은 운반용기 내용적의 95% 이하의 수납률로 수납할 것(①)
- 액체 위험물은 운반용기 내용적의 98% 이하의 수납률로 수납하되(②) 55℃의 온도에서 누설되지 아니하도록 충분한 공간용적을 유지하도록 할 것
- 하나의 외장용기에는 다른 종류의 위험물을 수납하지 아니할 것(④)
- 제3류 위험물은 다음의 기준에 따라 운반 용기에 수납할 것
  - 자연발화성 물질 : 불활성기체를 봉입하여 밀봉하는 등 공기와 접하지 아니하도록 할 것
  - 자연발화성 물질 외의 물품 : 파라핀, 경유, 등유 등의 보호액으로 채워 밀봉하거나 불활성기체를 봉입하여 밀봉하는 등 수분과 접하지 아니하도록 할 것
  - 자연발화성 물질 중 알킬알루미늄 등 : 운반용기의 내용적의 90% 이하의 수납률로 수납하되, 50℃의 온도에서 5% 이상의 공간용적을 유지하도록 할 것(③)

24 |정답| ②

$CaC_2 + 2H_2O \rightarrow Ca(OH)_2 + C_2H_2$ (아세틸렌)
① $2Li + 2HCl \rightarrow 2LiCl + H_2$
③ $CaH_2 + 2H_2O \rightarrow Ca(OH)_2 + 2H_2$
④ $2Rb + 2H_2O \rightarrow 2RbOH + H_2$

25 |정답| ①

모두 제1류 위험물이다.
① 브롬산나트륨 : 브롬산염류 / 지정수량 300kg
② 과산화칼슘 : 무기과산화물 / 지정수량 50kg
③ 과염소산칼륨 : 과염소산염류 / 지정수량 50kg
④ 아염소산나트륨 : 아염소산염류 / 지정수량 50kg

26 |정답| ④

석유에 포함되어 있는 황 성분은 석유를 연소시킬 때 주로 아산화황의 형태로 대기 중으로 발산되는데 이 물질은 대기오염과 호흡기 질환을 일으키는 무색의 자극성 냄새를 지닌 독성 가스로 취급하는 장치를 부식시키기도 한다. 석유에 포함된 황 성분은 석유의 질을 하락시키는 요인이 되며 정제 시 함량을 최대한 낮추는 것이 중요하다.

27 |정답| ④

- 제4류 위험물 중 특수인화물/지정수량 50ℓ
- 제4류 위험물 중 제4석유류/지정수량 6,000ℓ

지정수량의 배수 = $\frac{저장수량}{지정수량}$ 으로 구하므로

∴ 지정수량배수의 합 = $\frac{200}{50} + \frac{12,000}{6,000} = 4 + 2 = 6$

28 │정답│ ③

제3류 위험물 중 칼슘 또는 알루미늄의 탄화물인 경우에 한해서만 장거리 운전 시 2명 이상의 운전자를 요구하지 않는다고 규정하고 있으므로 금속의 인화물은 비록 제3류 위험물에 속하지만 장거리 운전을 할 경우에는 2명 이상의 운전자를 요구한다는 것으로 보아야 할 것이다.
따라서, 장거리 운송 시에는 2명의 운전자로 하거나 1명이 운전할 경우에는 운송 도중 2시간 이내마다 20분 이상씩 휴식을 취하여야 규정 위반이 아니다.

29 │정답│ ④

발연질산(fuming nitric acid / $HNO_3 + nNO_2$)이란 다량의 이산화질소(NO_2)를 함유하는 진한 질산을 말하는 것으로 무색 또는 적갈색을 띄는 발연성의 투명한 액체이며 공기 중에 놓아두면 질식성의 (황)갈색 증기를 발생한다. 산화력이 매우 강하여 산화제·니트로화제로 사용되고 부식성이 강하며 열을 가하면 완전히 휘발하는 특징을 보인다.
용액 내의 질산 비율이 86%가 넘으면 발연질산이라 하고 이산화질소가 들어 있는 양에 따라 흰색 발연질산과 적색 발연질산으로서 구분할 수 있다.

30 │정답│ ③

[위험물안전관리법 시행규칙 별표17 / 소화설비, 경보설비 및 피난설비의 기준] - Ⅱ. 경보설비 참조
단층 건물 외의 건축물에 설치된 옥내 탱크저장소로서 소화난이도 등급Ⅰ에 해당하는 것에는 자동화재탐지설비를 설치해야 하며 그 외 조건의 옥내 탱크저장소로서 지정수량의 10배 이상을 저장 또는 취급하는 것에는 자동화재탐지설비, 비상경보 설비, 확성장치 또는 비상방송 설비 중 1종 이상의 경보설비를 설치하면 된다.
① 일반취급소로서 연면적 500m² 이상인 것에는 자동화재탐지설비를 설치해야 한다.
② 옥내저장소로서 처마높이가 6m 이상인 단층 건물의 것에는 지정수량과 상관없이 자동화재탐지설비를 설치해야 한다.
④ 주유취급소 중 옥내주유취급소에는 지정수량과는 상관없이 자동화재탐지설비를 설치해야 한다.

31 │정답│ ①

질산메틸은 제5류 위험물 중 질산에스테르에 속하는 물질이다. 제5류 위험물은 자기반응성 물질로서 가연물과 조연성의 산소를 동시에 지니고 있어 자기연소 한다. 공기 중 산소의 공급을 차단하여도 물질 자체가 산소공급원으로 작용하여 연소가 지속되는 것이다. 따라서 질식소화는 효과가 없으며 다량의 물로 주수하여 냉각소화하는 것이 효과적이다. 옥내·옥외전 소화설비, 스프링클러 설비, 물분무 소화설비, 포 소화설비 등이 적응성을 보인다. 건조사는 질식소화이다.

32 │정답│ ②

톨루엔은 제4류 위험물 중 제1석유류에 속하는 물질이므로 유류화재인 B급 화재에 해당된다.

❖ 화재의 유형

화재급수	화재종류	소화기표시색상	적용대상물
A급	일반화재	백색	일반 가연물(종이, 목재, 섬유, 플라스틱 등)
B급	유류화재	황색	가연성 액체(제4류 위험물 및 유류 등)
C급	전기화재	청색	통전상태에서의 전기기구, 발전기, 변압기 등
D급	금속화재	무색	가연성 금속(칼륨, 나트륨, 금속분, 철분, 마그네슘 등)

33 │정답│ ①

휘발유, 등유, 경유 등은 비중이 1보다 작아 물보다 가벼우며 물에 녹지 않는다. 이들의 화재에 물을 직접 뿌려 주수소화 하면 물 위로 위험물이 떠올라 화재 면이 확대되어 위험하므로 이산화탄소, 할로겐화합물, 포, 분말 소화약제 등을 이용하여 질식소화를 하는 것이 가장 효과적이다.
일반적으로 제4류 위험물의 화재 시 초기화재나 소규모의 화재에는 이산화탄소, 분말, 할로겐화합물(할론), 포 소화약제 등으로 질식소화할 수 있으며 물 분무 소화설비도 질식소화 효과를 보이므로 사용할 수 있다. 대규모의 화재 시에는 포에 의해 질식소화 한다.

[참고]
물보다 무거운 석유류의 화재 시에는 직접적인 물의 주수에 의한 냉각소화는 적당한 방법이 아니나 석유류의 유동에 영향을 끼치지 않으면서 물로 표면을 피복하여 질식 소화할 수 있다. 이때 물 분무 소화설비가 유용하다.

③ 강산화성이란 산소 공여제로 작용할 기능성이 있는 것으로 이들을 소화약제로 사용한다는 것은 화재를 부추기는 꼴이 될 것이다.
④ 염소산칼륨($KClO_3$)은 제1류 위험물 중 염소산염류에 속하는 위험물이므로 소화약제로 사용할 수 없다.

34 |정답| ①

모두 제4류 위험물에 속하는 물질들로서 발화점은 아래 표와 같다.

❖ 각 위험물의 발화점

이황화탄소	산화프로필렌
100℃	465℃
휘발유	**메탄올**
300℃	464℃

35 |정답| ①

메탄올의 인화점은 11℃이고 에탄올의 인화점은 13℃이므로 에탄올의 인화점이 더 높다.

	메탄올	에탄올
① 인화점	11℃	13℃
② 발화점	464℃	363℃
③ 증기비중	1.1	1.59
④ 비점	65℃	78℃

36 |정답| ①

아염소산염류와 질산염류 모두 제1류 위험물에 속하는 물질들로 아염소산염류의 지정수량은 50kg이고 질산염류의 지정수량은 300kg이다.
위험물의 1 소요단위는 지정수량의 10배이므로 아염소산염류의 1 소요단위는 500kg이며 질산염류의 1 소요단위는 3,000kg이므로 정답은 2 소요단위가 된다. 각각 1 소요단위에 해당하는 양만큼 저장하고 있는 것이다.

즉, $\dfrac{500\text{kg}}{50\text{kg} \times 10} + \dfrac{3{,}000\text{kg}}{300\text{kg} \times 10} = 2$

37 |정답| ④

아세톤의 인화점은 -18℃이다.
① 비중은 0.79이다.
② 물, 알코올, 에테르 등에 잘 녹는다.
③ 증기 자체도 유해하며 탈지 작용도 지니고 있다.

38 |정답| ③

탄화칼슘(CaC_2)은 제3류 위험물 중 칼슘 또는 알루미늄의 탄화물에 속하는 물질로서 금수성 물질이다.
$CaC_2 + 2H_2O \rightarrow Ca(OH)_2 + C_2H_2 \uparrow$
위 반응식에서처럼 탄화칼슘은 물이나 공기 중의 수분과 접촉하게 되면 폭발성의 아세틸렌가스를 생성하므로 장기간 보관 시에는 질소나 아르곤 등의 불연성 가스를 저장 용기 상단에 충전하도록 한다.

39 |정답| ③

철의 분말은 53 마이크로미터의 표준체를 통과하는 것이 50 중량퍼센트 이상인 것부터 위험물에 해당된다.
① 아황산은 위험물이 아니다.

[참고]

아황산(H_2SO_3)은 아황산류로 표기되는 화합물의 형태로 식품 첨가물에 이용되는데, 강한 환원제로서 표백 효과를 내기 때문에 식품의 갈변과 유해 세균 번식을 막는다(위키백과 발췌).

② 질산은 비중이 1.49 이상인 것부터 위험물로 취급한다.
④ 과산화수소는 농도가 36중량% 이상인 것부터 위험물에 해당한다.

40 |정답| ③

지정수량의 150배 이상의 위험물을 저장하는 옥내저장소가 정기점검 대상이다.

[위험물안전관리법 시행령 제15조와 제16조 / 정기점검의 대상인 제조소등]
- 지하 탱크저장소
- 이동 탱크저장소
- 위험물을 취급하는 탱크로서 지하에 매설된 탱크가 있는 제조소, 주유취급소, 일반취급소
- 관계인이 예방규정을 정하여야 하는 제조소 등 (아래 7가지)
  - 지정수량의 10배 이상의 위험물을 취급하는 제조소
  - 지정수량의 100배 이상의 위험물을 저장하는 옥외저장소
  - <u>지정수량의 150배 이상의 위험물을 저장하는 옥내저장소</u>
  - 지정수량의 200배 이상의 위험물을 저장하는 옥외 탱크저장소
  - 암반 탱크저장소
  - 이송취급소
  - 지정수량의 10배 이상의 위험물을 취급하는 일반취급소

41 |정답| ②

금속나트륨은 물과 반응하면 **수소 기체**를 발생하고 발열한다.

$2Na + 2H_2O \rightarrow 2NaOH + H_2 \uparrow$

① 인화칼슘은 물과 반응하여 유독성 가스인 포스핀을 발생시킨다.

$Ca_3P_2 + 6H_2O \rightarrow 3Ca(OH)_2 + 2PH_3$

③ 아세트알데히드는 연소하여 이산화탄소와 물을 발생한다.

$2CH_3CHO + 5O_2 \rightarrow 4CO_2 + 4H_2O$

④ 질산에틸은 제5류 위험물 중 질산에스테르에 속하는 위험물로 물에 녹지 않으며 알코올, 에테르에 녹는다. 제4류 위험물과 유사한 위험성을 지니고 있어 인화되기 쉽다.

42 |정답| ②

산소 기체는 조연성 가스이다. 나머지 수소, 메탄, 에탄 가스는 가연성이다.

① $2Na + 2H_2O \rightarrow 2NaOH + H_2$
② $2Na_2O_2 + 2H_2O \rightarrow 4NaOH + O_2$
③ $Al_4C_3 + 12H_2O \rightarrow 4Al(OH)_3 + 3CH_4$
④ $(C_2H_5)_3Al + 3H_2O \rightarrow Al(OH)_3 + 3C_2H_6$

43 |정답| ③

제3류 위험물에 속하는 알킬알루미늄(알킬기와 알루미늄의 화합물로서 유기금속화합물)은 자연발화성 물질인 동시에 금수성 물질이다.

공기 중에서 자연발화하며 물에 민감하게 반응하는 위험물로서 공기 중의 수분과도 접촉하면 가연성 가스를 발생하므로 용기는 완전 밀봉하고 용기의 상부는 질소, 아르곤, 이산화탄소 등의 불활성기체를 봉입하여 보관한다. 다량으로 저장 시 벤젠, 헥산, 톨루엔 등의 희석제를 넣어주어 보관의 안정성을 향상시킨다.

포스겐($COCl_2$), 인화수소(포스핀, PH_3), 아황산가스(SO_2)는 유독성 가스로서 위험물을 저장하는 용기에 봉입하는 가스로는 사용할 수 없다.

44 |정답| ②

과산화바륨에 대한 내용이다.

지문의 물질들은 모두 제1류 위험물 중 무기과산화물에 속하며 강산화제로서 산소공급원으로 작용하기에 다른 물질은 산화시키지만 자기 자신은 환원되는 특징을 보인다. 각 물질의 분자량을 계산하면 다음과 같다.

① $CaO_2 : 40 + 16 \times 2 = 72$
② $BaO_2 : 137 + 16 \times 2 = 169$
③ $MgO_2 : 24 + 16 \times 2 = 56$
④ $K_2O_2 : 39 \times 2 + 16 \times 2 = 110$

- 테르밋(thermite) : 금속 분말(연료)과 금속 산화물(산화제)을 혼합한 화공품으로 열을 받으면 발열 및 산화·환원 반응을 일으킨다. 폭발성 물질은 아니지만 좁은 면적에 순간적으로 극도의 고열을 발생시킬 수 있으며 형태와 작동 기작 모두 화약과 유사하다.

가장 흔히 쓰이는 테르밋은 미세한 알루미늄 분말(연료)과 산화철 분말(산화제)을 약 4 : 1의 중량비로 섞은 테르밋 혼합제이며 여기에 **과산화바륨과 알루미늄**(또는 마그네슘)**의 혼합 분말로 된 점화제를 놓고 점화하면 테르밋 반응에 의해 약 3,000℃까지 온도가 올라가게 되며** 용접하는 데 이용된다.

45 |정답| ③

[위험물안전관리법 시행규칙 별표8 / 지하 탱크저장소의 위치·구조 및 설비의 기준] - Ⅰ. 지하 탱크저장소의 기준 제17호

지하 저장탱크에는 다음과 같은 방법으로 과충전을 방지하는 장치를 설치하여야 한다.

- 탱크 용량을 초과하는 위험물이 주입될 때 자동으로 그 주입구를 폐쇄하거나 위험물의 공급을 자동으로 차단하는 방법
- 탱크 용량의 90%가 찰 때 경보음을 울리는 방법

46 |정답| ①

휘발유(가솔린)는 제4류 위험물 중 제1석유류에 속하는 위험물이며 **전기의 부도체로서 정전기 발생**에 의한 인화의 위험이 있으므로 주의한다.

②·③·④ 휘발성의 인화성 액체이므로 잔여 가스의 존재유무 확인, 통풍과 환기에 수의를 기울이는 것은 기본적인 주의사항이다.

부도체에서는 발생 또는 대전되어 있는 전하의 이동이 어려워 축적되기 쉽기 때문에 접지를 통한 정전기 방지대책으로는 효과를 보기 어렵다. 부도체에서의 정전기 대책은 정전기의 발생을 억제하는 것이 기본이고 다음으로는 제전제에 의한 정전기를 인위적으로 중화시켜 제거해 주는 것이다.

47 ┃정답┃ ①

[위험물안전관리법 시행규칙 별표18 / 제조소등에서의 위험물의 저장 및 취급에 관한 기준] - Ⅳ. 취급의 기준 - 제5호의 아. 이동 탱크저장소에서의 취급기준 中
휘발유를 저장하던 이동 저장탱크에 등유나 경유를 이동 저장탱크의 상부로부터 주입할 때 또는 등유나 경유를 저장하던 이동 저장탱크에 휘발유를 이동 저장탱크의 상부로부터 주입할 때에는 위험물의 액 표면이 주입관의 선단을 넘는 높이가 될 때까지 그 주입관 내의 유속을 초당 1m 이하로 하여야 한다.

48 ┃정답┃ ④

오황화린과 비슷한 성질을 보이는 칠황화린은 찬물에는 서서히 뜨거운 물에는 급격히 분해되어 **황화수소** 가스를 발생한다(산소가 1개 부족한 아인산도 함께 발생).
$P_4S_7 + 13H_2O \rightarrow H_3PO_4 + 3H_3PO_3 \text{(아인산)} + 7H_2S$
이산화황은 연소반응에서 발생되는 가스이다.
$P_4S_7 + 12O_2 \rightarrow 2P_2O_5 + 7SO_2$
① 유황의 종류로는 단사황, 사방황, 고무상황이 있으며 이들 모두는 물에 녹지 않는다. 단사황과 사방황은 이황화탄소에 녹는다.
② 삼황화린과 오황화린은 CS_2에 녹는다.
③ 제2류 위험물(가연성 고체)에 속하므로 가연성 물질에 해당한다.

49 ┃정답┃ ④

자체소방대의 설치기준은 지정수량 3,000배 이상의 제4류 위험물을 취급하는 제조소 또는 일반취급소이다.

[위험물안전관리법 제19조 / 자체 소방대]
다량의 위험물을 저장·취급하는 제조소등으로서 대통령령이 정하는 제조소등이 있는 동일한 사업소에서 대통령령이 정하는 수량 이상의 위험물을 저장 또는 취급하는 경우 당해 사업소의 관계인은 대통령령이 정하는 바에 따라 당해 사업소에 자체소방대를 설치하여야 한다.

[위험물안전관리법 시행령 제18조 / 자체 소방대를 설치하여야 하는 사업소]
- 법 제19조에서 "대통령령이 정하는 제조소등"이란 다음의 어느 하나에 해당하는 제조소등을 말한다.
  - 제4류 위험물을 취급하는 제조소 또는 일반취급소. 다만, 보일러로 위험물을 소비하는 일반취급소 등 행정안전부령[위험물안전관리법 시행규칙 제73조]으로 정하는 일반취급소는 제외한다.
  - 제4류 위험물을 저장하는 옥외 탱크저장소
- 법 제19조에서 "대통령령이 정하는 수량 이상"이란 다음의 구분에 따른 수량을 말한다.
  - 제조소 또는 일반취급소에서 취급하는 제4류 위험물의 최대수량의 합이 지정수량의 3천배 이상
  - 옥외 탱크저장소에 저장하는 제4류 위험물의 최대수량이 지정수량의 50만배 이상

50 ┃정답┃ ②

아세톤은 제4류 위험물 중 제1석유류에 속하며 위험등급은 Ⅱ에 해당한다.

51 ┃정답┃ ③

[위험물안전관리법 시행규칙 별표4 / 제조소의 위치·구조 및 설비의 기준] - Ⅳ. 건축물의 구조 中
출입구와 비상구에는 갑종 방화문 또는 을종 방화문을 설치하되, 연소의 우려가 있는 외벽에 설치하는 출입구에는 수시로 열 수 있는 자동폐쇄식의 갑종 방화문을 설치하여야 한다.

52 ┃정답┃ ①

[위험물안전관리법 제6조 제2항]
제조소등의 위치·구조 또는 설비의 변경 없이 당해 제조소등에서 저장하거나 취급하는 위험물의 품명·수량 또는 지정수량의 배수를 변경하고자 하는 자는 변경하고자 하는 날의 1일 전까지 행정안전부령이 정하는 바에 따라 시·도지사에게 신고하여야 한다.

53 ┃정답┃ ②

염소산염류($HClO_3$)는 제1류 위험물(산화성 고체)에 속하며 위험등급은 Ⅰ등급이고 지정수량은 50kg이다.
염소산나트륨($NaClO_3$)은 조해성이 큰 물질로 밀전·밀봉하여 저장하며 철을 부식시키므로 철제용기에 저장하지 않는다. 알코올, 에테르, 물에 잘 녹으며 산과 반응하면 유독성의 이산화염소를 발생한다.
$2NaClO_3 + 2HCl \rightarrow 2NaCl + 2ClO_2 + H_2O_2$
① 염소산칼륨은 산화제이다. 제1류 위험물은 화재 시 산소공급원으로 작용하는 산화성 고체이다.

③ 염소산암모늄은 염소산염류에 속하는 제1류 위험물이다.
④ 염소산칼륨은 냉수와 알코올에 잘 녹지 않으며 따뜻한 물이나 글리세린에 잘 녹는다.

54 ㅣ 정답 ㅣ ②

① 과염소산칼륨 : 제1류 위험물 중 과염소산염류에 속하며 지정수량은 50kg이다.
② 트리니트로톨루엔 : 제5류 위험물 중 니트로화합물에 속하며 지정수량은 200kg이다.
③ 황린 : 제3류 위험물 중 황린으로 분류되며 지정수량은 20kg이다.
④ 유황 : 제2류 위험물 중 유황으로 분류되며 지정수량은 100kg이다.

55 ㅣ 정답 ㅣ ③

취급소가 아니라 저장소이다.

[위험물안전관리법 제6조 제3항]
다음의 어느 하나에 해당하는 제조소등의 경우에는 허가를 받지 아니하고 당해 제조소등을 설치하거나 그 위치·구조 또는 설비를 변경할 수 있으며, 신고를 하지 아니하고 위험물의 품명·수량 또는 지정수량의 배수를 변경할 수 있다.
• 주택의 난방시설(공동주택의 중앙난방시설을 제외한다)을 위한 저장소 또는 취급소
• 농예용·축산용 또는 수산용으로 필요한 난방시설 또는 건조시설을 위한 지정수량 20배 이하의 저장소
① [위험물안전관리법 제10조 제2항]
② [위험물안전관리법 제16조 제4항]
④ [위험물안전관리법 제12조]

56 ㅣ 정답 ㅣ ①

트리니트로톨루엔은 제5류 위험물 중 니트로화합물에 속하는 위험물이며 나머지 니트로글리세린, 니트로글리콜, 셀룰로이드는 제5류 위험물 중 질산에스테르류에 속하는 위험물이다.

57 ㅣ 정답 ㅣ ②

황린은 이황화탄소에 잘 녹지만 적린은 그렇지 못하다.

❖ 황린과 적린의 공통점
• 서로 동소체 관계이다(성분원소가 같다).
• 연소할 경우 오산화인(P_2O_5)을 생성한다(③).
• 주수소화가 가능하다(④).
• 물에 잘 녹지 않는다(①).
• 물보다 무겁다 (적린 비중 : 2.2, 황린 비중 : 1.82).
• 알칼리와 반응하여 포스핀 가스를 발생한다.

❖ 황린과 적린의 차이점

	적린(P)	황린(P_4)
분류	제2류 위험물	제3류 위험물
성상	암적색의 분말	백색 또는 담황색 고체
착화온도	약 260℃	34℃(미분), 60℃(고형)
자연발화	×	○
이황화탄소에 대한 용해성	×	○
화학적 활성	작다	크다
안정성	안정하다	불안정하다

58 ㅣ 정답 ㅣ ③

칼륨은 제3류 위험물에 속하는 물질로 공기 중 방치하면 자연발화 할 수 있고 물과 격렬히 반응하여 수산화칼륨과 수소를 발생시키며 금속 비산으로 인한 폭발을 수반하는 특징을 지닌다. 칼륨이 존재하는 밀폐된 용기에 빗물 등의 수분이 혼입하여 수소를 발생하는 경우 순간적으로 폭발할 수 있다.

$2K + 2H_2O \rightarrow 2KOH + H_2$

그러므로 이들과의 접촉을 막기 위하여 산소가 함유되지 않은 경유나 등유 또는 유동성 파라핀 속에 저장하며 저장 장소는 반드시 건조한 상태를 유지해야 한다.
에탄올, 사염화탄소, 이산화탄소는 칼륨과 아래와 같이 반응하므로 저장을 위한 보호물질로 사용할 수 없다.

$2C_2H_5OH + 2K \rightarrow 2C_2H_5OK + H_2$
$4K + CCl_4 \rightarrow 4KCl + C$ (폭발)
$4K + 3CO_2 \rightarrow 2K_2CO_3 + C$ (연소폭발)

59 |정답| ②

연소범위란 연소가 일어나는데 필요한 가연성 가스나 증기의 농도 범위를 말하는 것으로 공기 중에 점화원이 주어졌을 때 가연성 가스나 증기가 일정한 농도 범위 내에 있을 때 연소나 화재, 폭발을 일으킨다는 의미다. 범위를 나타내기 때문에 상한과 하한이 있으며 연소를 일으킬 수 있는 최저농도를 연소 하한계, 최고농도를 연소 상한계라고 하고 이 범위 사이에 있을 경우에만 연소나 폭발을 하는 것이다. <u>연소범위는 산소농도가 높거나 압력이 클수록 그 범위가 점점 넓어짐으로써 화재나 폭발 가능성이 증대된다.</u>
연소범위를 좁게 하려면 질소, 이산화탄소나 아르곤 등의 불연성이나 불활성가스를 첨가하는 것이며 산소를 첨가하게 되면 연소범위를 확대시킴으로서 연소를 촉진시키게 된다.

60 |정답| ①

산화프로필렌은 제4류 위험물(인화성 액체) 중 특수인화물에 속하는 물질로 <u>무색투명한</u> 에테르 냄새가 나는 휘발성이 강한 액체이며 인화점이 -37℃로 낮고 연소범위가 넓어 위험성이 큰 인화성 액체이다.
물, 알코올, 에테르, 벤젠 등에 잘 녹는다.

작은 계획을 세우지 말라. 작은 계획에는 사람의 피를 끓게 하는 마법의 힘이 없다. 큰 계획을 세우고, 소망을 원대하게 일하라.

-Daniel H. Burnham(미국의 건축가)-

기출핵심지문 200제

001 발화점은 인화점보다 높다.

002 셀룰로이드는 분해열에 의한 자연발화의 형태를 취한다.

003 연소속도란 가연물질에 공기가 공급되어 연소되면서 연소생성물을 생성할 때의 반응속도를 말하며 산화속도라고도 한다.

004 소화약제 중 오존파괴지수가 가장 큰 것은 **할론(Halon) 1301**이다.

005 **탈수 탄화 효과**를 나타내는 분말 소화약제는 **제3종 분말소화약제**이다.

006 분말 소화약제 중 ABC급 화재에 모두 적응성이 있는 것은 **제3종 분말 소화약제**이다.

007 화학 소방자동차 중 제독차에는 가성소오다 및 규조토를 각각 50kg 이상 비치하여야 한다.

008 **강화액 소화기**는 물의 소화능력을 향상시키고 한랭지역이나 겨울철에 사용할 수 있도록 물에 **탄산칼륨(K_2CO_3)을 첨가**하여 물의 어는점을 낮춘 소화기이다.

009 위험물 중 **지정수량이 20kg**인 물질은 **황린이 유일**하다.

010 이산화탄소 소화기 사용 시 **줄·톰슨 효과**에 의해서 생성되는 물질은 **드라이아이스**다.

011 제6류 위험물을 저장 또는 취급하는 장소로서 폭발의 위험이 **없는** 장소에 한하여 이산화탄소 소화기는 제6류 위험물에 대하여 적응성이 있다.

012 위험물안전관리법령상 마른 모래(삽 1개 포함) 50리터의 능력단위는 0.5이다.

013 증기비중 또는 증기밀도의 대소관계를 비교할 때는 분자량의 대소관계를 비교하면 된다.

014 질산기의 수에 따라 강면약, 약면약으로 구분하는 위험물은 니트로셀룰로오스이다.

015 유황의 연소 형태는 증발연소이다.

016 IG-541 소화약제는 $N_2(52\%) + Ar(40\%) + CO_2(8\%)$로 구성되어 있다.

017 위험물 제조소에 설치하는 안전장치 중 위험물의 성질에 따라 안전밸브의 작동이 곤란한 가압설비에 한하여 설치하는 것은 **파괴판**이다.

018 위험물안전관리자를 해임한 때에는 **해임한 날로부터 30일 이내**에 위험물안전관리자를 **다시 선임**하여야 한다.

019 요오드값이 **높을수록** 불포화도가 높고 자연발화 할 가능성이 **크다**.

020 정전기를 유효하게 제거하기 위한 설비를 설치하고자 할 때 공기 중의 **상대습도는 70% 이상**이 되도록 하여야 한다.

021 분말 소화약제를 방출하기 위해 주로 사용하는 가압용, 축압용 가스는 **질소** 또는 **이산화탄소**이다.

022 BCF(Bromo Chloro Difluoro methane) 소화약제의 화학식은 CF_2ClBr이며 할론 1211 소화약제를 말한다.

023 위험물안전관리법령상 지하 탱크저장소의 탱크전용실의 안쪽과 지하 저장탱크와의 사이는 **0.1m 이상**의 간격을 유지하여야 한다.

024 위험물안전관리법령상 옥내 저장탱크와 탱크전용실의 벽과의 사이 및 옥내 저장탱크의 상호 간에는 **0.5m 이상**의 간격을 유지하여야 한다.

025 나트륨, 칼륨은 공기와의 접촉을 차단하기 위하여 **보호액**(등유, 경유, 유동성 파라핀 등) 속에 저장한다.

026 위험물 운송 시 운송책임자의 감독, 지원을 받아야 하는 위험물은 **알킬리튬, 알킬알루미늄, 알킬알루미늄 또는 알킬리튬을 함유하는 위험물**이다.

027 질산은 **비중이 1.49 이상**인 것부터 위험물로 분류한다.

028 과산화수소는 농도가 **36중량% 이상**인 것부터 위험물로 분류한다.

029 소화기에 표시된 'A-2, B-3' 표시의 숫자는 화재에 대한 **능력단위**를 의미한다.

030 내알코올포 소화약제는 아세톤, 알코올 등과 같은 수용성 액체에 사용이 적절한 소화약제이며 등유, 경유, 휘발유 등의 비수용성 액체에는 적합하지 않다.

031 소화약제로서 물의 단점인 **동결 현상을 방지**하기 위해 주로 사용되는 물질은 **에틸렌글리콜**이다.

032 위험물은 **지정수량의 10배**를 1 소요단위로 한다.

033 니트로글리세린을 다공성의 규조토에 흡수시켜 제조한 물질은 다이너마이트이다.

034 위험물 제조소와의 안전거리가 **가장 먼 것은 유형문화재와 지정문화재로 50m 이상** 떨어져 있어야 한다.

035 이황화탄소를 물속에 저장하는 이유는 가연성 증기의 발생을 억제하기 위함이다.

036 아세트알데히드등을 취급하는 설비는 **은, 수은, 동, 마그네슘** 또는 이들을 성분으로 하는 합금으로 만들지 않아야 한다.

037 위험물안전관리법령상 **자동화재탐지설비의 경계구역 하나의 면적은 $600m^2$ 이하**로 하고 그 한 변의 길이는 50m 이하로 하여야 한다.

038 자연발화성 물질 중 알킬알루미늄등은 운반용기의 **내용적의 90% 이하의 수납률로** 수납하되 50℃의 온도에서 **5% 이상의 공간용적을 유지**하도록 한다.

039 보냉장치가 **있는** 이동 저장탱크에 저장하는 아세트알데히드등 또는 디에틸에테르등의 온도는 해당 위험물의 **비점 이하**로 유지하여야 한다.

040 보냉장치가 **없는** 이동 저장탱크에 저장하는 아세트알데히드등 또는 디에틸에테르등의 온도는 **40℃ 이하**로 유지하여야 한다.

041 오황화린과 칠황화린이 물과 반응하였을 때 생성되는 가스는 **황화수소**이다.

042 제4석유류 또는 동식물유류의 위험물을 저장 또는 취급하는 **옥내저장소**로서 그 최대수량이 **지정수량의 20배 미만**인 것은 **안전거리를 두지 않을 수 있다.**

043 자동화재탐지설비의 경계구역은 건축물, 그 밖의 공작물의 2 이상의 층에 걸치지 **않도록** 한다.

044 옥내소화전 설비의 비상 전원의 용량은 옥내소화전 설비를 유효하게 **45분 이상** 작동시키는 것이 가능해야 한다.

045 금속분의 화재 시 주수소화를 할 수 없는 이유는 **수소 기체가 발생하기 때문**이다.

046 인화칼슘이 물 또는 염산과 반응했을 때 공통적으로 생성되는 물질은 **포스핀 (PH_3) 가스**이다.

047 지정수량의 **1/10 이하**의 위험물에 대해서는 유별을 달리하는 위험물의 혼재기준을 적용하지 아니한다.

048 지정수량 이상의 위험물을 소방서장의 승인을 받아 제조소등이 **아닌 장소**에서 임시로 저장 또는 취급할 수 있는 기간은 **90일 이내**이다.

049 공기 중의 산소 농도를 **한계 산소량 이하**로 낮추어 연소를 중지시키는 소화 방법은 **질식소화**이다.

050 지정수량 10배 이상의 위험물을 취급하는 제조소 중 제6류 위험물을 취급하는 제조소는 **피뢰침**을 설치할 필요가 **없다.**

051 제4류 위험물 중에서 **특수인화물 및 제1석유류**를 운송할 때 위험물 운송자는 **위험물 안전카드**를 휴대하여야 한다.

052 이동 저장탱크는 그 내부에 **4,000ℓ 이하마다 3.2mm 이상**의 강철판 또는 이와 동등 이상의 강도·내열성 및 내식성이 있는 금속성의 것으로 칸막이를 설치하여야 한다.

053 폭굉유도거리는 관지름이 작을수록, 압력이 높을수록, 점화원 에너지가 클수록, 관속에 이물질이 있을수록 **짧아진다.**

054 위험물안전관리법령에서 정의하는 '**위험물**'이란 인화성 또는 발화성 등의 성질을 가지는 것으로서 대통령령으로 정하는 물품을 말한다.

055 위험물의 운반 용기 외부에 표시해야 하는 주의사항과 위험물 제조소의 게시판에 표시해야 하는 주의사항은 조금씩 다르다.
→ ✪ 완벽 구분 정리 요망. "84, 93쪽" 참조

056 **유류화재**는 B급화재이며 **황색**으로 표시한다.

057 **고체 위험물**은 운반 용기 내용적의 **95% 이하**로 수납하여야 한다.

058 탄화칼슘이 물과 반응하면 **아세틸렌 (C_2H_2) 가스**가 발생된다.

059 오황화린이 물과 반응하였을 때 생성된 가스를 연소시키면 유독성의 **이산화황** (아황산가스, SO_2)이 발생된다.

060 디에틸에테르의 저장 시 소량의 **염화칼슘을 넣어주는 이유**는 정전기의 발생을 **방지**하기 위함이다.

061 위험물안전관리법령상 **지정수량 100배 이상**의 위험물을 저장 또는 취급하는 **옥내저장소**에 설치하여야 하는 경보설비는 **자동화재탐지설비**이다.

062 옥내소화전 설비는 제조소등 건축물의 층마다 당해 층의 각 부분에서 하나의 호스 접속구까지의 수평거리가 **25m 이하**가 되도록 설치한다.

063 제조소등의 위치, 구조 또는 설비의 변경 없이 당해 제조소등에서 취급하는 위험물의 품명을 변경하고자 하는 자는 변경하고자 하는 날의 **1일 전까지** 시·도지사에게 **신고**하여야 한다.

064 암반 탱크에 있어서는 당해 탱크 내에 용출하는 **7일간**의 지하수의 양에 상당하는 용적과 당해 탱크의 내용적의 1/100의 용적 중에서 보다 큰 용적을 공간용적으로 한다.

065 제조소 또는 취급소의 건축물은 외벽이 **내화구조인 것은 연면적 $100m^2$**를 1 소요단위로 하며 외벽이 **내화구조가 아닌 것은 연면적 $50m^2$**를 1 소요단위로 한다.

066 요오드값이란 유지 100g에 흡수되는 요오드의 g수이다.

067 금속분, 목탄, 코크스는 **표면연소**의 연소 형태를 취한다.

068 고정 주유설비는 주유설비의 중심선을 기점으로 하여 도로경계선까지 **4m 이상**의 거리를 유지하여야 한다.

069 고정 주유설비와 고정 급유설비의 사이에는 **4m 이상**의 거리를 유지하여야 한다.

070 산화성 액체 위험물 중 과산화수소 운반 용기의 외부에는 '가연물 접촉주의'라는 주의사항을 표시한다.

071 제조소 또는 일반취급소에서 취급하는 **제4류 위험물의 최대수량의 합이 지정수량의 3천 배 이상**인 경우 사업소의 관계인은 자체소방대를 설치하여야 한다.

072 위험물 제조소의 연면적이 **$500m^2$ 이상**이 되면 경보설비로 자동화재탐지설비를 설치하여야 한다.

073 주유취급소 중 건축물의 2층 이상의 부분을 점포·휴게음식점 또는 전시장의 용도로 사용하는 것에 있어서는 당해 건축물의 2층 이상으로부터 주유취급소의 부지 밖으로 통하는 출입구와 당해 출입구로 통하는 통로·계단 및 출입구에 **유도등**을 설치하여야 한다.

074 옥내 주유취급소에 있어서는 당해 사무소 등의 출입구 및 피난구와 당해 피난구로 통하는 통로·계단 및 출입구에 **유도등**을 설치하여야 한다.

075 제조소등의 설치자의 지위를 승계한 자는 행정안전부령이 정하는 바에 따라 **승계한 날부터 30일 이내에 시·도지사에게** 그 사실을 **신고**하여야 한다.

076 위험물 저장탱크 중 일반 탱크의 공간용적은 탱크 **내용적의 100분의 5 이상 100분의 10 이하**의 용적으로 한다.

077 옥외 저장탱크 중 압력탱크 외의 제4류 위험물을 저장하는 탱크에 설치하는 밸브 **없는** 통기관의 **직경은 30mm 이상**이어야 한다.

078 옥외 저장탱크·옥내 저장탱크 또는 지하 저장탱크 중 압력탱크에 저장하는 아세트알데히드등 또는 디에틸에테르등의 온도는 **40℃ 이하**로 유지하여야 한다.

079 물이 소화약제로 이용되는 이유는 물이 기화하며 가연물을 냉각하기 때문이다.

080 제조소등의 관계인은 당해 제조소등의 용도를 폐지한 때에는 제조소등의 **용도를 폐지한 날부터 14일 이내에 시·도지사에게 신고**하여야 한다.

081 염산, 황산은 위험물안전관리법령에서 정한 위험물이 **아니다**.

082 소화난이도 등급Ⅰ의 옥내 탱크저장소에 유황만을 저장·취급하는 경우 설치하여야 하는 소화설비는 **물분무 소화설비**이다.

083 위험물의 장거리 운송 도중 **2시간 이내마다 20분 이상**씩 휴식을 취하는 경우 위험물 운송자는 2명 이상의 운전자로 하지 않아도 된다.

084 나트륨, 칼륨은 물과 반응하여 **수소** 기체를 발생하며 발열한다.

085 석유류가 연소할 때 발생하는 가스로 강한 자극적인 냄새가 나며 취급하는 장치를 부식시키는 것은 **아황산가스(SO$_2$)**이다.

086 제3종 분말 소화약제의 열분해 시 생성되는 메타인산의 화학식은 HPO$_3$이다.

087 안전관리자를 선임한 경우에는 **선임한 날부터 14일 이내에 소방본부장** 또는 **소방서장에게 신고**하여야 한다.

088 제조소등의 관계인은 예방규정을 정하여 **시·도지사** 또는 **소방서장**에게 제출하여야 한다.

089 지정수량의 **10배 이상**의 위험물을 저장 또는 취급하는 제조소등에는 화재 발생 시 이를 알릴 수 있는 경보설비를 설치하여야 한다.

090 경보설비를 설치하여야 할 제조소등에 **이동 탱크저장소는 포함되지 않는다**.

091 금속화재에 마른 모래를 피복하여 소화하는 방법은 질식소화이다.

092 옥내저장소에서 기계에 의하여 하역하는 구조로 된 용기만을 겹쳐 쌓아 위험물을 저장하는 경우 그 높이는 **6m를 초과하지 않아야** 한다.

093 **이황화탄소**의 옥외 저장탱크는 벽 및 바닥의 두께가 **0.2m 이상**이고 누수가 되지 아니하는 철근콘크리트의 **수조**에 넣어 보관하여야 한다.

094 "제조소"라 함은 위험물을 제조할 목적으로 지정수량 **이상**의 위험물을 **취급**하기 위하여 규정에 따른 **허가**를 받은 장소를 말한다.

095 운반 용기의 재질은 강판·알루미늄판·양철판·유리·금속판·종이·플라스틱·섬유판·고무류·합성섬유·삼·짚 또는 나무로 한다. **도자기는 포함되지 않는다**.

096 안전거리 규제대상의 제조소 중 제6류 위험물을 취급하는 제조소는 제외한다.

097 무상(霧狀)주수는 냉각소화 효과 이외에 질식소화 및 유화소화 효과를 부가적으로 나타낸다.

098 메탄올은 0차 알코올이며 1가 알코올이다.

099 제1류 위험물 중 흑색화약의 원료로 사용되는 것은 질산칼륨(KNO₃)이다.

100 제2류 위험물 중 흑색화약의 원료로 사용되는 것은 황이다.

101 철분, 마그네슘은 제2류 위험물의 별도 품명으로 규정하고 있으므로 위험물안전관리법령상 "금속분"으로 분류하지 않는다.

102 **항공기·선박·철도 및 궤도**에 의한 위험물의 저장·취급 및 운반에 있어서는 위험물안전관리법을 적용하지 아니한다.

103 위험물 제조소등에 설치하는 폐쇄형 헤드의 스프링클러 설비는 30개의 헤드를 동시에 사용할 경우 각 선단의 방사압력이 100kPa 이상이고 방수량이 1분당 80ℓ 이상이어야 한다.

104 위험물안전관리법령상 제조소등의 위치·구조 또는 설비 가운데 변경 허가를 받지 아니하고 제조소등의 위치·구조 또는 설비를 변경한 때에는 **경고 또는 사용정지 15일**의 1차 행정처분이 주어진다.

105 위험물 제조소의 옥외에 있는 **하나의** 액체 위험물 취급 탱크 주위에 설치하는 방유제의 용량은 해당 탱크용량의 50% 이상으로 하여야 한다.

106 이송취급소의 **이송기지**에는 **비상벨장치** 및 **확성장치**를 경보설비로 설치하여야 한다.

107 제2류 위험물에는 위험등급Ⅰ에 해당하는 위험물은 없다.

108 제5류 위험물에는 위험등급Ⅲ에 해당하는 위험물은 없다.

109 제6류 위험물은 모두 위험등급Ⅰ에 해당하는 위험물이다.

110 위험등급Ⅰ, Ⅱ, Ⅲ에 해당하는 위험물을 모두 포함하고 있는 것은 제1류, 제3류, 제4류 위험물이다.

111 위험물안전관리법령상 제3류 위험물 중 **금수성 물질**의 제조소에 설치하는 주의사항 게시판에는 **청색바탕에 백색문자로 물기엄금**이라 표시한다.

112 수성막포 소화약제에 사용되는 계면활성제는 **불소계** 계면활성제이다.

113 옥외저장소 중 덩어리 상태의 유황만을 지반면에 설치한 경계표시의 안쪽에서 저장 또는 취급할 때 경계표시의 높이는 **1.5m 이하**로 하여야 한다.

114 위험물안전관리법령상 **소화전용 물통 8ℓ의 능력단위**는 0.3이다.

115 적재하는 제5류 위험물 중 **55℃ 이하**의 온도에서 분해될 우려가 있는 것은 보냉 컨테이너에 수납하는 등 적정한 온도관리를 하여야 한다.

116 **인화점이 21℃ 미만인 위험물의 옥외저장탱크의 주입구**에 설치하는 게시판에는 **백색 바탕에 흑색 문자**로 "옥외저장탱크 주입구"라고 표시한다.

117 제2류 위험물 중 인화성 고체를 저장 또는 취급하는 제조소에는 **적색 바탕에 백색 문자**로 "화기엄금"이란 주의사항을 표시한 게시판을 설치하여야 한다.

118 **인화점이 70℃ 미만인 위험물의 옥내저장소 저장창고**에 있어서는 내부에 체류한 가연성의 증기를 지붕 위로 배출하는 설비를 갖추어야 한다.

119 이동 저장탱크에 알킬알루미늄등을 저장하는 경우에는 **20kPa 이하**의 압력으로 불활성의 기체를 봉입하여 둔다.

120 제조소등의 관계인(소유자·점유자 또는 관리자를 말한다.)은 당해 제조소등의 용도를 폐지한 때에는 **용도를 폐지한 날부터 14일 이내에 시·도지사에게 신고**하여야 한다.

121 고정식 포 소화설비의 설치기준에서 포 헤드 방식의 포헤드는 방호대상물의 **표면적 9m² 당 1개 이상**의 헤드를 설치하여야 한다.

122 트리메틸알루미늄은 **물**과 반응하면 **메탄가스**를 생성한다.

123 질산구아니딘은 행정안전부령으로 정하는 제5류 위험물이다.

124 과산화나트륨은 **물**과 격렬하게 반응하여 **수산화나트륨**과 **산소 기체**를 발생한다.

125 식용유 화재 시 제1종 분말 소화약제는 **비누화 반응에 의한 질식소화 효과**로 화재를 제어할 수 있다.

126 위험물 제조소에서 국소방식 배출설비의 배출능력은 1시간당 배출장소 용적의 20배 이상인 것으로 하여야 한다.

127 칼륨은 에탄올과 반응하여 칼륨에틸레이트와 수소 기체를 발생한다.

128 "특수인화물"이라 함은 이황화탄소, 디에틸에테르 그 밖에 1기압에서 발화점이 섭씨 100도 이하인 것 또는 인화점이 **섭씨 영하 20도** 이하이고 비점이 **섭씨 40도** 이하인 것을 말한다.

129 자동화재속보설비도 경보설비에 포함된다.

130 옥외저장소에 덩어리 상태의 유황만을 지반면에 설치한 경계표시의 안쪽에서 저장할 경우 **하나의 경계표시의 내부면적은 100m² 이하**여야 한다.

131 할로겐화합물 소화약제의 주된 소화 효과는 부촉매 효과이다.

132 개방형 스프링클러 헤드를 이용하는 스프링클러 설비에서 수동식 개방 밸브를 개방 조작하는 데 필요한 힘은 **15kg 이하**가 되도록 설치하여야 한다.

133 알킬알루미늄등을 저장 또는 취급하는 이동 탱크저장소에는 긴급 시의 연락처, 응급조치에 관하여 필요한 사항을 기재한 서류, **방호복**, **고무장갑**, 밸브 등을 죄는 결합 공구 및 **휴대용 확성기**를 비치하여야 한다.

134 제조소등에 전기설비(전기배선, 조명기구 등은 제외한다)가 설치된 경우에는 당해 장소의 면적 **100m²마다 소형수동식소화기를 1개 이상 설치**하여야 한다.

135 위험물 제조소의 환기설비 중 급기구는 당해 급기구가 설치된 실의 **바닥면적 150m²마다 1개 이상**으로 하여야 한다.

136 공기를 차단하고 황린을 **약 260℃**로 가열하면 적린이 생성된다.

137 정기점검의 대상인 제조소등의 관계인은 그 제조소등에 대하여 **연 1회 이상** 정기점검을 실시하여 규정에 따른 기술기준에 적합한지의 여부를 정기적으로 점검하고 점검 결과를 기록하여 보존하여야 한다.

138 위험물안전관리법령상 제4석유류를 저장하는 옥내 저장탱크의 용량은 지정수량의 **40배 이하**이어야 한다.

139 **탄화알루미늄**은 제3류 위험물 중 칼슘 또는 알루미늄의 탄화물에 속하는 위험물로 물과 반응하면 **메탄가스**를 발생한다.

140 인화점 70℃ 이상의 제4류 위험물만을 저장하는 암반 탱크저장소에 설치하여야 하는 소화설비는 **물분무 소화설비** 또는 **고정식 포 소화설비**이다.

141 옥외소화전 함은 불연재료로 제작하고 옥외소화전으로부터 **보행거리 5m 이하의 장소**로서 화재 발생 시 쉽게 접근 가능하고 화재 등의 피해를 받을 우려가 적은 장소에 설치한다.

142 옥외소화전 설비는 모든 옥외소화전(설치개수가 4개 이상인 경우는 4개의 옥외소화전)을 동시에 사용할 경우에 각 노즐선단의 방수압력이 **350kPa 이상**이고 방수량이 **1분당 450ℓ 이상**의 성능이 되도록 하여야 한다.

143 **순수한 것은 무색, 투명한 기름상의 액체이고 공업용은 담황색인 위험물로 충격, 마찰에는 매우 예민하고 겨울철에는 동결할 우려가 있는 위험물**은 니트로글리세린이다.

144 **과산화칼륨**은 물 또는 이산화탄소와 반응할 경우 공통적으로 **산소 기체**를 발생시킨다.

145 제조소등에서 위험물을 유출시켜 사람의 신체 또는 재산에 대하여 위험을 발생시킨 자는 **1년 이상 10년 이하**의 **징역**에 처한다.

146 옥외 저장탱크 중 제4류 위험물의 옥외 저장탱크에 대기밸브 부착 통기관을 설치할 경우에는 **5kPa 이하**의 압력 차이로 작동할 수 있어야 한다.

147 **연소의 4요소와 연관 지어 생각할 때** 산화제는 산소 공급원, 환원제는 가연물이라 할 수 있다.

148 포 소화약제의 가장 주된 소화 효과는 질식소화 효과이다.

149 옥외소화전 설비의 수원의 수량은 옥외소화전의 설치개수(설치개수가 4개 이상인 경우는 4개의 옥외소화전)에 $13.5m^3$를 곱한 양 이상이 되도록 설치하여야 한다.

150 국소 방출방식의 이산화탄소 소화설비의 분사 헤드는 계산으로 산출된 소화약제의 양을 **30초 이내**에 균일하게 방사할 수 있는 것이어야 한다.

151 습도를 낮게 유지하여 자연발화를 방지하는 것은 미생물의 생육을 억제하는 것과 관계된다.

152 "동식물유류"라 함은 동물의 지육 등 또는 식물의 종자나 과육으로부터 추출한 것으로서 1기압에서 인화점이 **250℃ 미만**인 것을 말한다.

153 건조사, 팽창질석, 팽창진주암은 모든 위험물의 화재에 적응성을 갖는 소화설비이다.

154 제4류 위험물에 대한 스프링클러 설비의 보편적인 적응성은 없으나 제4류 위험물을 저장 또는 취급하는 장소의 **살수기준 면적에 따라 스프링클러 설비의 살수 밀도가 정해진 일정 기준 이상**인 경우에는 당해 스프링클러 설비가 제4류 위험물에 대해서도 적응성을 갖는다.

155 원칙적으로 **옥내저장소** 저장창고의 벽·기둥 및 바닥은 **내화구조**로 하고, 보와 서까래는 **불연재료**로 하여야 한다.

156 **위험물 제조소**의 벽·기둥·바닥·보·서까래 및 계단을 **불연재료**로 하고, 연소(延燒)의 우려가 있는 외벽은 출입구 외의 개구부가 없는 **내화구조의 벽**으로 하여야 한다.

157 연소의 연쇄반응을 차단하거나 억제함으로써 화학적으로 소화하는 방법은 억제소화에 해당하며 부촉매 소화라고도 한다.

158 판매취급소란 점포에서 위험물을 용기에 담아 판매하기 위하여 **지정수량의 40배 이하**의 위험물을 취급하는 장소를 말한다.

159 제5류 위험물 이동 저장탱크의 외부도장 색상은 황색이다.

160 **인화성 고체**라 함은 고형알코올 그 밖에 1기압에서 인화점이 **40℃ 미만**인 고체를 말한다.

161 과망간산칼륨이 열분해 되면 산소 기체가 발생된다.

162 옥내에서 지정수량의 100배 이상을 취급하는 일반취급소에 설치하여야 하는 경보설비는 자동화재탐지설비이다.

163 유류화재 소화 시 분말 소화약제를 사용할 경우 소화 후에 재발화 현상이 발생할 수 있다. 이러한 현상을 예방하기 위하여 **수성막포 소화약제**를 병용하여 사용하면 효과적이다.

164 간이 저장탱크의 용량은 **600ℓ 이하**이어야 하며 탱크의 두께는 **3.2mm 이상**의 강판으로 흠이 없도록 제작하여야 한다.

165 옥외소화전 설비는 해당 **건축물의 1층 및 2층 부분만**을 방사능력 범위로 한다.

166 위험물안전관리법령상 소화난이도 등급 Ⅰ에 해당하는 제조소 및 일반취급소의 연면적 기준은 $1,000m^2$ **이상**이다.

167 위험물안전관리법령상 소화난이도 등급 Ⅱ에 해당하는 제조소 및 일반취급소의 연면적 기준은 $600m^2$ **이상**이다.

168 **아세트알데히드등의** 옥외 저장탱크에는 **냉각장치** 또는 **보냉장치**, 그리고 연소성 혼합기체의 생성에 의한 폭발을 방지하기 위한 **불활성의 기체를 봉입하는 장치**를 설치하여야 한다.

169 위험물 판매취급소는 저장 또는 취급하는 위험물의 **지정수량의 배수에 따라** 제1종과 제2종으로 구분된다.

170 수용성의 가연성물질의 화재 시 다량의 물을 방사하여 가연 물질의 농도를 연소농도 이하가 되도록 하여 소화시키는 것은 희석소화이다.

171 **지정과산화물**이란 제5류 위험물 중 유기과산화물 또는 이를 함유한 것으로서 지정수량이 10kg인 것을 말한다.

172 **황린**은 제3류 위험물에 속하는 물질 중 **물속에 보관하는 유일한 물질**로서 물에 녹지 않으며 물과의 반응성도 없다.

173 황린은 저장 용기에 물을 넣어 보관하고 $Ca(OH)_2$을 넣어 pH 9의 약 알칼리성으로 유지시켜 **포스핀의 생성**을 **방지**한다.

174 인화성 액체 위험물(이황화탄소를 제외한다)을 저장하는 옥외 탱크저장소의 탱크 주위에는 **높이 0.5m 이상 3m 이하, 두께 0.2m 이상, 지하 매설 깊이 1m 이상**의 방유제를 설치하여야 한다.

175 과산화수소의 분해 방지를 위한 안정제로 **인산이나 요산**을 사용한다.

176 염소화규소화합물은 행정안전부령으로 정하는 제3류 위험물에 속하는 물질이다.

177 중크롬산칼륨을 500℃ 이상으로 강하게 가열하면 열분해 되어 산소를 방출한다.

178 가솔린의 연소범위는 1.4 ~ 7.6%이다.

179 주유취급소는 안전거리 규제대상이 **아니다**.

180 플래시오버(Flash over)는 건축물의 **실내에서** 일어나는 화재이며 유류 저장탱크의 화재와는 거리가 멀다.

181 착화점은 발열량, 산소 친화도, 압력, 화학적 활성도가 **높으면 낮아진다**.

182 제5류 위험물은 자기반응성 물질이므로 질식소화는 적당하지 않으며 다량의 물로 냉각소화 하는 것이 적당하다.

183 셀룰로이드는 질소가 함유된 **유**기물이다.

184 건조사, 팽창질석, 팽창진주암은 전기설비에 적응성이 **없다**.

185 위험물의 지정수량을 리터(ℓ) 단위로 나타내는 것은 제4류 위험물 뿐이며 나머지는 모두 kg 단위를 사용한다.

186 제6류 위험물은 액체이나 지정수량 단위로 kg을 사용하며 지정수량은 모두 300kg이다.

187 지하 저장탱크의 윗부분은 지면으로부터 **0.6m 이상 아래**에 있어야 한다.

188 유황은 물에 의한 냉각소화가 가능하다.

189 황화린, 적린, 유황의 지정수량은 100kg이다.

190 옥내소화전 설비는 각층을 기준으로 하여 당해 층의 모든 옥내소화전(설치개수가 5개 이상인 경우는 5개의 옥내소화전)을 동시에 사용할 경우에 각 노즐 선단의 방수압력이 **350kPa 이상**이고 방수량이 **1분당 260ℓ 이상**의 성능이 되도록 하여야 한다.

191 대형 수동식 소화기의 설치기준은 방호대상물의 각 부분으로부터 하나의 대형 수동식 소화기까지의 **보행거리가 30m 이하**가 되도록 설치하여야 한다.

192 **농예용·축산용 또는 수산용**으로 필요한 **난방시설** 또는 **건조시설**을 위한 지정수량 **20배 이하의 저장소**는 허가를 받지 아니하고 당해 저장소를 설치하거나 그 위치·구조 또는 설비를 변경할 수 있으며, 신고를 하지 아니하고 위험물의 품명·수량 또는 지정수량의 배수를 변경할 수 있다.

193 **포수용액을 방사**하는 화학 소방자동차의 대수는 규정에 의한 화학 소방자동차의 대수의 **3분의 2 이상**으로 하여야 한다.

194 활성화 에너지 장벽이 **낮**을수록 연소가 **잘** 일어난다.

195 제1류 위험물 중 무기과산화물은 물과 접촉하면 열을 발생하며 산소 기체를 생성하므로 폭발 위험성이 증가한다.

196 플래시오버(Flash over)는 '연료지배형 화재로부터 환기지배형 화재로의 전이' 라고 정의할 수 있다.

197 비스코스 레이온의 원료로 사용되는 위험물은 이황화탄소이다.

198 열전도율이 **낮**을수록 연소가 **잘** 일어난다.

199 과산화벤조일은 수분을 흡수시키거나 불활성의 희석제(프탈산디메틸, 프탈산디부틸 등)를 첨가함으로서 폭발성을 낮출 수 있다.

200 하면 된다. 최선을 다하라.
I am rooting for you!

목적 없는 공부는 기억에 해가 될 뿐이며, 머리 속에 들어온 어떤 것도 간직하지 못한다.
Leonardo da Vinci

적중 2024

위험물기능사 필기
적중기출문제집

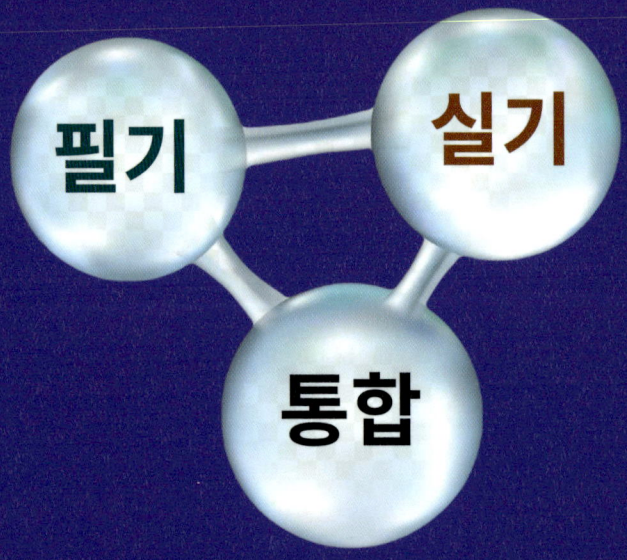

학습자료제공 : 네이버블로그 지식과 실천
https://blog.naver.com/jsksc2020
교재내용문의 : 네이버카페 지식과 실천
https://cafe.naver.com/kp2020

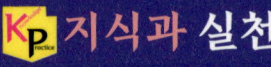

주관·시행 한국산업인력공단

유튜브 "위험물자격채널"
필기·실기 무료 동영상

YouTube

적중 2024

위험물기능사 실기
적중기출문제집

이병철 저

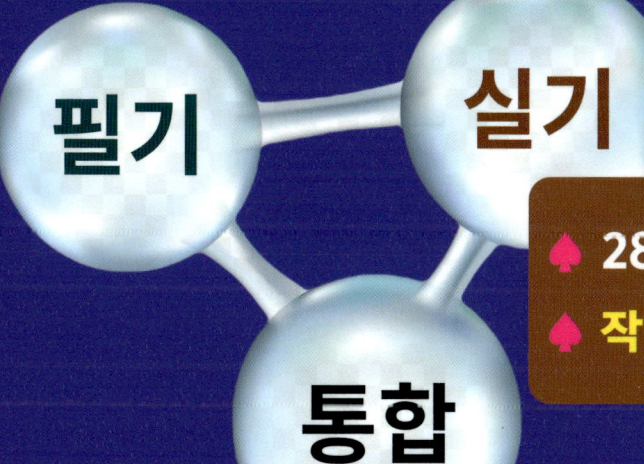

필기 / 실기 / 통합

♠ 28회분 기출문제
♠ 작업형적중예상문제

KP 지식과 실천

위험물기능사 실기
기출문제와 해설

기출문제의 핵심을 파악하여 단번에 합격하기

실기 출제기준

실기과목명	위험물취급실무	적용기간	2020.1.1.~2024.12.31.
실기검정방법	필답형	시험시간	1시간 30분

1. 위험물 성상

(1) 각 류별 위험물의 특성을 파악하고 취급하기
 ① 제1류 위험물 특성을 파악하고 취급할 수 있다.
 ② 제2류 위험물 특성을 파악하고 취급할 수 있다.
 ③ 제3류 위험물 특성을 파악하고 취급할 수 있다.
 ④ 제4류 위험물 특성을 파악하고 취급할 수 있다.
 ⑤ 제5류 위험물 특성을 파악하고 취급할 수 있다.
 ⑥ 제6류 위험물 특성을 파악하고 취급할 수 있다.

(2) 위험물의 소화 및 화재 예방하기
 ① 일반화학의 기초를 파악할 수 있다.
 ② 화재의 종류와 소화이론을 파악할 수 있다.
 ③ 위험물간의 반응으로 인한 폭발, 화재 위험성을 파악할 수 있다.

2. 주요 항목 : 위험물시설, 저장·취급 기준

(1) 위험물 시설 파악하기
 ① 위험물제조소등의 위치, 구조 및 설비에 대한 기준을 파악할 수 있다.
 ② 위험물제조소등의 소화설비, 경보설비 및 피난설비에 대한 기준을 파악할 수 있다.

(2) 위험물의 저장·취급에 관한 사항 파악하기
 ① 위험물의 저장 및 취급 기준을 파악할 수 있다.

3. 관련 법규의 적용

(1) 위험물 안전관리 법규 적용하기
 ① 위험물제조소등과 관련된 안전관리 법규를 검토하여 허가, 완공절차 및 안전 기준을 파악할 수 있다.
 ② 위험물 안전관리 법규의 벌칙규정을 파악하고 준수할 수 있다.

4. 운송·운반 기준 파악

(1) 운송·운반 기준 파악
 ① 운송 기준을 검토하여 운송 시 준수 사항을 확인할 수 있다.
 ② 운반 기준을 검토하여 적합한 운반용기를 선정할 수 있다.
 ③ 운반 기준을 확인하여 적합한 적재방법을 선정할 수 있다.
 ④ 운반 기준을 조사하여 적합한 운반방법을 선정할 수 있다.

(2) 운송시설의 위치·구조·설비 기준 파악하기
 ① 이동탱크저장소의 위치 기준을 검토하여 위험물을 안전하게 관리할 수 있다.
 ② 이동탱크저장소의 구조 기준을 검토하여 위험물을 안전하게 운송할 수 있다.
 ③ 이동탱크저장소의 설비 기준을 검토하여 위험물을 안전하게 운송할 수 있다.
 ④ 이동탱크저장소의 특례 기준을 검토하여 위험물을 안전하게 운송할 수 있다.

(3) 운반시설 파악하기
 ① 위험물 운반시설(차량 등)의 종류를 분류하여 안전하게 운반을 할 수 있다.
 ② 위험물 운반시설(차량 등)의 구조를 검토하여 안전하게 운반할 수 있다.

5. 위험물 운송·운반 관리

(1) 운송·운반 안전 조치하기
 ① 입·출하 차량 동선, 주정차, 통제 관련 규정을 파악하고 적용하여 운송·운반 안전조치를 취할 수 있다.
 ② 입·출하 작업 사전에 수행해야 할 안전조치 사항을 파악하고 적용하여 운송·운반 안전조치를 취할 수 있다.
 ③ 입·출하 작업 중 수행해야 할 안전조치 사항을 파악하고 적용하여 운송·운반 안전조치를 취할 수 있다.
 ④ 사전 비상대응 매뉴얼을 파악하여 운송·운반 안전조치를 취할 수 있다.

PART 1

실기 기출문제와 해설

CHAPTER 1 — 2022년 실기 기출문제

01 제4회 필답형 실기시험

2022년 11월 06일 시행

2020년 제1회 시험부터는 작업형 시험은 시행하지 않습니다. 필답형 시험만 치르며 문항은 20문항이고 각 문항 당 배점은 5점으로 동일합니다.

01 다음과 같은 원통형 탱크의 내용적은 몇 m^3인지 계산하시오. [빈출유형]

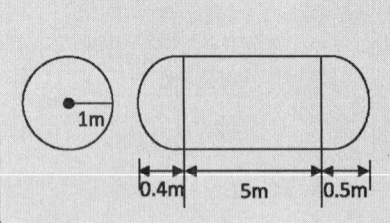

Explanation & Advice

* 빈틈없이 촘촘하게 **One more Step**

✿ [위험물안전관리에 관한 세부기준 별표1 / 탱크의 내용적 계산방법]

• 타원형 탱크의 내용적
 - 양쪽이 볼록한 것

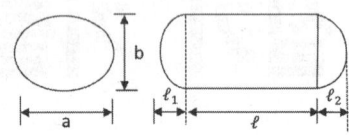

내용적 $= \dfrac{\pi ab}{4}(\ell + \dfrac{\ell_1 + \ell_2}{3})$

 - 한쪽은 볼록하고 다른 한쪽은 오목한 것

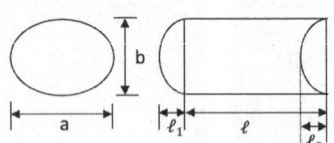

내용적 $= \dfrac{\pi ab}{4}(\ell + \dfrac{\ell_1 - \ell_2}{3})$

• 횡으로 설치한 원통형 탱크의 내용적 $= \pi r^2 (\ell + \dfrac{\ell_1 + \ell_2}{3})$

• 원통형 탱크의 내용적
 - 횡으로 설치한 것

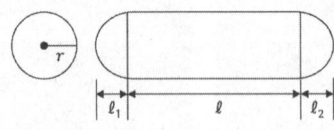

내용적 $= \pi r^2 (\ell + \dfrac{\ell_1 + \ell_2}{3})$

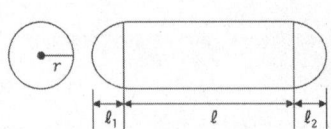

$\therefore \pi \times 1^2 (5 + \dfrac{0.4 + 0.5}{3}) \fallingdotseq 16.65(m^3)$

정답 01 $16.65 m^3$

- 종으로 설치한 것

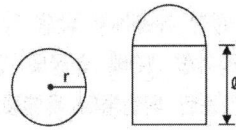

내용적 = $\pi r^2 \ell$

02
제3류 위험물인 인화칼슘에 대한 각 물음에 답하시오. (단, 반응하지 않는 경우 '없음'이라고 답하시오.)

[20년 제2회 기출유사]

(1) 물과의 반응식을 쓰시오.
(2) 염산과의 반응식을 쓰시오.

Explanation & Advice

⊙ **인화칼슘**(Ca_3P_2)

1. 제3류 위험물 중 금속의 인화물에 속하며 지정수량 300kg, 위험등급 Ⅲ에 해당한다.
2. 분자량 182, 비중 2.51, 융점 1,600℃
3. 적갈색의 결정성 분말이다.
4. 알코올, 에테르에 녹지 않는다.
5. <u>물과 반응하여 수산화칼슘과 포스핀을 생성한다.</u>
   $Ca_3P_2 + 6H_2O \rightarrow 3Ca(OH)_2 + 2PH_3 \uparrow$ (포스핀)
6. <u>염산과 반응하면 염화칼슘과 포스핀을 생성한다.</u>
   $Ca_3P_2 + 6HCl \rightarrow 3CaCl_2 + 2PH_3 \uparrow$ (포스핀)
7. 건조한 공기 중에서는 안정하다.
8. 습기 존재하에서 에테르, 벤젠, 이황화탄소 등과 접촉하면 발화할 수 있다.

✔ **Check point**

포스핀(PH_3)의 특징에 대한 설명은 2019년도 제3회 [08번] 문항 참조

정답
02 (1) $Ca_3P_2 + 6H_2O \rightarrow 3Ca(OH)_2 + 2PH_3 \uparrow$ (포스핀)
(2) $Ca_3P_2 + 6HCl \rightarrow 3CaCl_2 + 2PH_3 \uparrow$ (포스핀)

03 위험물안전관리법령상 다음의 위험물이 위험물에서 제외되는 기준을 쓰시오.

(1) 철분
(2) 마그네슘
(3) 과산화수소

04 위험물안전관리법령에서 정한 위험물의 운반에 관한 기준에서 다음 각 위험물이 지정수량 10배 이상일 경우 혼재가 불가능한 위험물의 유별을 모두 쓰시오. [빈출유형]

(1) 제2류 위험물
(2) 제3류 위험물
(3) 제6류 위험물

Explanation & Advice

◉ 위험물의 조건

1. 유황 : 순도가 60 중량% 이상인 것에 한한다.
2. 철분 : 철의 분말로서 53㎛의 표준체를 통과하는 것이 50 중량% 이상인 것에 한한다.
3. 금속분 : 알칼리금속·알칼리토류금속·철 및 마그네슘 외의 금속의 분말로서 150㎛의 체를 통과하는 것이 50 중량% 이상인 것에 한한다. 구리분, 니켈분 제외
4. 마그네슘 : 2mm의 체를 통과하지 아니하는 덩어리 상태의 것이나 지름 2mm 이상의 막대모양의 것은 위험물에서 제외한다.
5. 인화성 고체 : 고형알코올 그 밖에 1기압에서 인화점이 섭씨 40℃ 미만인 고체에 한한다.
6. 과산화수소 : 농도가 36중량% 이상인 것에 한한다.
7. 질산 : 비중이 1.49 이상인 것에 한한다.

Explanation & Advice

✿ [위험물안전관리법 시행규칙 별표19 / 위험물의 운반에 관한 기준] - [부표2] - 유별을 달리하는 위험물의 혼재기준

구 분	제1류	제2류	제3류	제4류	제5류	제6류
제1류		×	×	×	×	○
제2류	×		×	○	○	×
제3류	×	×		○	×	×
제4류	×	○	○		○	×
제5류	×	○	×	○		×
제6류	○	×	×	×	×	

✱ 'O'는 혼재할 수 있음을, '×'는 혼재할 수 없음을 표시한다.

✱ 이 표는 지정수량 1/10 이하의 위험물에 대하여는 적용하지 아니한다.

정답

03 (1) 철의 분말로서 53㎛의 표준체를 통과하는 것이 50중량% 미만인 것
(2) 2mm의 체를 통과하지 아니하는 덩어리 상태의 것, 지름 2mm 이상의 막대 모양의 것
(3) 농도가 36중량% 미만인 것

04 (1) 제1류 위험물, 제3류 위험물, 제6류 위험물
(2) 제1류 위험물, 제2류 위험물, 제5류 위험물, 제6류 위험물
(3) 제2류 위험물, 제3류 위험물, 제4류 위험물, 제5류 위험물

05 다음 [보기]에서 금속나트륨과 금속칼륨의 공통적 성질에 해당하는 것을 모두 선택하여 번호를 쓰시오.

[18년 제1회 기출 동일]

[보기]
① 무른 경금속이다.
② 알코올과 반응하여 수소를 발생한다.
③ 물과 반응할 때 불연성 기체를 발생한다.
④ 흑색의 고체이다.
⑤ 보호액 속에 보관한다.

5. 물과 격렬하게 반응하여 수산화물과 수소를 생성한다. (③)

   $2K + 2H_2O \rightarrow 2KOH + H_2 \uparrow$

   $2Na + 2H_2O \rightarrow 2NaOH + H_2 \uparrow$

6. 알코올과 반응하여 알콕시화물이 되며 수소 기체를 발생한다. (②)

   $2K + 2C_2H_5OH \rightarrow 2C_2H_5OK + H_2 \uparrow$
   칼륨에틸레이트

   $2Na + 2C_2H_5OH \rightarrow 2C_2H_5ONa + H_2 \uparrow$
   나트륨에틸레이트

7. 이산화탄소 및 사염화탄소와 폭발반응을 일으킨다.

   $4K + 3CO_2 \rightarrow 2K_2CO_3 + C(폭발)$

   $4K + CCl_4 \rightarrow 4KCl + C(폭발)$

   $4Na + 3CO_2 \rightarrow 2Na_2CO_3 + C(폭발)$

   $4Na + CCl_4 \rightarrow 4NaCl + C(폭발)$

8. 산과 반응하거나 또는 액체 암모니아에 녹아 수소 기체를 발생한다.

9. **공기 중 수분이나 산소와의 접촉을 피하기 위해 유동성 파라핀, 경유, 등유 등의 보호액 속에 저장한다.** (⑤)

10. 실온의 공기 중에서 빠르게 산화되어 피막을 형성하며 광택을 잃는다.

Explanation & Advice

③ 물과 반응하여 생성되는 수소 기체는 가연성, 폭발성 기체이다.
④ 은백색의 광택이 있는 경금속이다.

◉ **나트륨과 칼륨의 공통점**

1. 제3류 위험물이며 자연발화성과 금수성을 모두 지니고 있는 물질이다.
2. 지정수량 10kg, 위험등급 I
3. **은백색 광택의 무르고 물보다 가벼운 경금속이다.** (①, ④)
4. 제3류 위험물 대부분은 불연성이나 나트륨과 칼륨은 가연성이다

정답 **05** ①, ②, ⑤

06
제1종 분말인 탄산수소나트륨이 열분해 하였을 경우 다음 각 물음에 답하시오.

(1) 1차 열분해 반응식을 쓰시오.
(2) 100kg의 탄산수소나트륨이 완전 분해 할 경우 발생되는 이산화탄소의 부피(m^3)를 구하시오. (단, 1기압, 100℃를 기준으로 한다.)

Explanation & Advice

(1)

❖ 분말 소화약제의 분류, 주성분 및 적응화재

구 분	주성분	화학식	적응화재	분말색
제1종 분말	탄산수소나트륨	$NaHCO_3$	B, C	백색
제2종 분말	탄산수소칼륨	$KHCO_3$	B, C	담자색
제3종 분말	제1인산 암모늄	$NH_4H_2PO_4$	A, B, C	담홍색
제4종 분말	탄산수소칼륨 + 요소	$KHCO_3$ + $(NH_2)_2CO$	B, C	회색

★ 적응화재 = A : 일반화재 / B : 유류화재 / C : 전기화재

❖ 각 종별 분말 소화약제의 열분해 반응식

구 분	열분해 반응식
제1종 분말	$2NaHCO_3 \rightarrow Na_2CO_3 + CO_2 + H_2O$
제2종 분말	$2KHCO_3 \rightarrow K_2CO_3 + CO_2 + H_2O$
제3종 분말	$NH_4H_2PO_4 \rightarrow HPO_3 + NH_3 + H_2O$
제4종 분말	$2KHCO_3 + (NH_2)_2CO \rightarrow K_2CO_3 + 2NH_3 + 2CO_2$

(2)

• 열분해 반응식 :
 $2NaHCO_3 \rightarrow Na_2CO_3 + CO_2 + H_2O$

• $NaHCO_3$ 분자량 :
 $23 + 1 + 12 + 16 \times 3 = 84$

• 이상기체상태방정식 이용하여 구한다.

$$PV = \frac{w}{M}RT$$

 P(압력) : 1기압
 V(부피) : V(m^3)
 w(질량) : 100kg
 M(분자량) : 84kg/kmol
 R(기체상수) : 0.082(기압·m^3)/(kmol·K)
 T(절대온도) : 100 + 273 = 373K

$$1 \times V = \frac{100}{84} \times 0.082 \times (100 + 273)$$

∴ V = 36.41m^3

• 위의 열분해 반응식을 보면 $NaHCO_3$ 1몰이 분해되면 이산화탄소는 0.5몰이 생성된다는 것을 알 수 있다. 따라서, 이상기체상태방정식을 이용해 계산한 위의 생성 부피는 1몰의 $NaHCO_3$를 기준으로 한 것이므로 36.41m^3의 절반인 18.205m^3의 이산화탄소가 생성되는 것이다.

• 하나의 식으로 나타내면 다음과 같다.

$$1 \times V = \frac{100}{84} \times 0.082 \times (100 + 273) \times 0.5$$

또는

$$1 \times V = \frac{100}{2 \times 84} \times 0.082 \times (100 + 273)$$

정답 06 (1) $2NaHCO_3 \rightarrow Na_2CO_3 + CO_2 + H_2O$ (2) 18.21m^3

07
1kg의 탄산가스를 표준상태에서 소화기로 방출할 경우 부피는 약 몇 ℓ 인지 구하시오.
[20년 제1회, 22년 제2회 기출 동일]

Explanation & Advice

- 표준상태란 0℃, 1기압 상태이며 탄산가스는 이산화탄소 기체를 말한다.
- 이상기체상태방정식을 이용해 구한다.

  $PV = nRT$

  $PV = \dfrac{w}{M}RT$

  P(압력) : 1기압

  V(부피) : V(ℓ)

  w(질량) : 1,000g

  M(분자량) : 44g/kmol

  R(기체상수) : 0.082(기압 · ℓ)/(mol · K)

  T(절대온도) : 0 + 273 = 273K

$1 \times V = \dfrac{1,000}{44} \times 0.082 \times (273 + 0)$

$\therefore V = 508.77\ell$

08
아세트알데히드 300ℓ, 등유 2,000ℓ, 클레오소트유 2,000ℓ를 저장하고 있다. 위험물안전관리법령상 각 위험물의 지정수량 배수의 총합은 얼마인지 구하시오.

Explanation & Advice

모두 제4류 위험물이다.

위험물 종류	품 명	지정수량 (ℓ)
아세트알데히드	특수인화물(수용성)	50
등유	제2석유류(비수용성)	1,000
클레오소트유	제3석유류(비수용성)	2,000

- 지정수량의 배수 = $\dfrac{저장수량}{지정수량}$

- 지정수량의 배수의 합은 각 위험물의 지정수량의 배수를 더한 값이다.

$\therefore \dfrac{300}{50} + \dfrac{2,000}{1,000} + \dfrac{2,000}{2,000} = 6 + 2 + 1 = 9$

정답 07 508.77ℓ 08 9배

09 제4류 위험물인 에틸렌글리콜에 대한 다음 각 물음에 답하시오.

(1) 구조식
(2) 위험등급
(3) 증기비중

4. 2가 알코올(-OH 기가 2개) 중 가장 간단한 구조이다.
5. 무색의 점성이 있는 액체이며 단맛이 있다.
6. 흡습성이 있으며 독성이 있다.
7. 물, 에탄올, 아세톤, 글리세린에 잘 녹으며 이황화탄소, 사염화탄소, 클로로포름 등에는 녹지 않는다.
8. 가열하면 인화될 위험성이 높아진다(인화점 120℃).
9. 자동차용 부동액, 내한성의 윤활유, 글리세린의 대용품, 의약품 등으로 사용된다.

Explanation & Advice

(3)
- 증기비중이란 동일한 체적 조건하에서 어떤 기체(증기)의 질량과 표준물질의 질량과의 비를 말하며 표준물질로는 0℃, 1기압에서의 공기를 기준으로 한다. [분자량의 비로 계산해도 된다.]

$$증기비중 = \frac{증기의\ 분자량}{공기의\ 평균분자량} = \frac{증기의\ 분자량}{29}$$

- 공기의 평균분자량 값은 29이다.
- 에틸렌글리콜의 분자량 :
  $12 \times 2 + 1 \times 6 + 16 \times 2 = 62$이다.

$$\therefore \frac{62}{29} = 2.14$$

◉ 에틸렌글리콜[$C_2H_4(OH)_2$]

1. 제4류 위험물 중 제3석유류(수용성)에 속하며 지정수량 4,000ℓ, **위험등급 Ⅲ**
2. 인화점 120℃, 발화점 398℃, 비점 198℃, 융점 -13℃
3. 분자량 62, 비중 1.113, **증기비중 2.14**, 연소범위 3.2~15.3%

정답 09 (1)
```
   H  H
   |  |
 H-C--C-H
   |  |
  OH OH
```
또는  (2) Ⅲ등급 (3) 2.14

10 제5류 위험물 중 니트로화합물에 속하며 담황색의 주상결정으로 햇빛에 의해 다갈색으로 변하고 분자량이 227인 이 물질에 대한 다음 각 물음에 답하시오.

(1) 명칭
(2) 화학식(시성식)
(3) 지정과산화물 해당 여부 (단, 해당되지 않으면 '없음'으로 답하시오.)
(4) 운반용기 외부에 표시하여야 하는 주의사항 (단, 해당사항 없으면 '없음'으로 답하시오.)

Explanation & Advice

(3) 지정과산화물이란 제5류 위험물 중 유기과산화물 또는 이를 함유하는 것으로서 지정수량이 10kg인 것을 말한다. 트리니트로톨루엔은 제5류 위험물이지만 니트로화합물에 속하고 지정수량도 200kg으로서 지정과산화물에는 해당하지 않는다.

(4)
✿ [위험물안전관리법 시행규칙 별표19 / 위험물의 운반에 관한 기준] – Ⅱ. 적재방법 중 위험물의 종류에 따른 운반 용기 외부에 표시하여야 할 주의사항

류 별	성 질	표시할 주의사항
제1류 위험물	산화성 고체	• 알칼리금속의 과산화물 또는 이를 함유한 것 : 화기·충격주의, 물기엄금 및 가연물 접촉주외 • 그 밖의 것 : 화기·충격주의, 가연물 접촉주의
제2류 위험물	가연성 고체	• 철분·금속분·마그네슘 또는 이들 중 어느 하나 이상을 함유한 것 : 화기주의, 물기엄금 • 인화성 고체 : 화기엄금 • 그 밖의 것 : 화기주의
제3류 위험물	자연발화성 및 금수성 물질	• 자연발화성 물질 : 화기엄금, 공기접촉엄금 • 금수성 물질 : 물기엄금
제4류 위험물	인화성 액체	화기엄금
제5류 위험물	**자기반응성 물질**	**화기엄금, 충격주의**
제6류 위험물	산화성 액체	가연물 접촉주의

◉ **트리니트로톨루엔**(TNT)

1. **제5류 위험물 중 니트로화합물**에 속하는 위험물
2. 지정수량 200kg, 위험등급 Ⅱ
3. **분자량 227**, 비중 1.66, 녹는점 81℃, 끓는점 240℃, 발화점 300℃
4. **직사광선에 노출되면 갈색으로 변한다.**
5. 충격과 마찰에 비교적 둔감하며 안정성이 있고 방수 효과도 뛰어나지만 가열이나 급격한 타격에 의해 폭발할 수 있다.
  – 자연분해나 보통 충격에 의한 폭발은 어려우며 뇌관이 있어야 폭발시킬 수 있다.
6. 폭발하며 분해 시엔 다량의 질소, 일산화탄소, 수소 기체가 발생한다.
  $2C_6H_2CH_3(NO_2)_3 \rightarrow 12CO + 2C + 5H_2 + 3N_2$
7. 물에 녹지 않으며 아세톤, 에테르, 벤젠에 잘 녹고 알코올에는 가열하면 녹는다.
8. 피크르산과 비교하면 약한 충격 감도를 나타낸다.
9. 금속과의 반응성은 없고 자연분해의 위험성도 적어 장기간 보관도 가능하다.

정답 10 (1) 트리니트로톨루엔 (2) $C_6H_2CH_3(NO_2)_3$ (3) 없음 (4) 화기엄금, 충격주의

11

할로겐화합물 소화약제에 대한 다음 빈칸에 알맞은 답을 쓰시오.

[22년 제2회 기출 유사]

구 분	CF_3Br	CH_2ClBr	CH_3Br
할론번호	①	②	③

Explanation & Advice

할론번호의 4자리 숫자는 C – F – Cl – Br의 순서대로 개수를 나타낸 것이며 탄소는 4족 원소로서 4개의 곁가지를 가지고 있어 4개의 원자를 부착시킬 수 있다.

[할로겐화합물 소화약제에 I가 포함된 경우의 할론번호는 2022년 제2회 03번 문제 풀이 참조]

① CF_3Br은 1개의 중심탄소 곁가지에 F 3개, Br 1개가 연결된 것으로 기타 Cl이나 수소가 연결될 여지는 없다. 따라서 할론번호는 1301이 된다.

② CH_2ClBr에는 중심탄소 1개에 Cl 1개와 Br 1개가 연결된 것이며 할로겐 원소가 결합되지 않은 나머지 두 군데에는 수소가 결합되어 있음을 의미한다. 결합된 수소는 할론번호에는 표시되지 않으므로 CH_2ClBr의 할론번호는 1011이 되는 것이다.

③ ②번과 마찬가지로 CH_3Br에는 중심탄소 1개에 할로겐 원소 Br 1개만이 연결된 것이며 할로겐 원소가 결합되지 않은 나머지 세 군데에는 수소가 결합되어 있음을 의미한다. 결합된 수소는 할론번호에는 표시되지 않으므로 CH_3Br의 할론번호는 1001이 되는 것이다.

12

위험물안전관리법령에 따라 탱크시험자가 갖추어야 하는 장비는 필수장비와 필요한 경우에 두는 장비로 구분할 수 있다. 각각에 해당하는 장비 중 2가지씩만 쓰시오.

[18년 제1회 기출 동일]

(1) 필수장비

(2) 필요한 경우에 두는 장비

Explanation & Advice

✿ [위험물안전관리법 시행령 별표7 / 탱크시험자의 기술능력·시설 및 장비] – 3. 장비

1. 필수장비 : **자기탐상시험기, 초음파두께측정기** 및 다음의 둘 중 어느 하나

   - 영상초음파시험기
   - 방사선투과시험기 및 초음파시험기

2. 필요한 경우에 두는 장비

   - 충·수압시험, 진공시험, 기밀시험 또는 내압시험의 경우
     - 진공능력 53kPa 이상의 **진공누설시험기**
     - **기밀시험장치**(안전장치가 부착된 것으로서 가압능력 200kPa 이상, 감압의 경우에는 감압능력 10kPa 이상·감도 10Pa 이하의 것으로서 각각의 압력 변화를 스스로 기록할 수 있는 것)

   - 수직·수평도 시험의 경우 : **수직·수평도 측정기**

※ 비고 : 둘 이상의 기능을 함께 가지고 있는 장비를 갖춘 경우에는 각각의 장비를 갖춘 것으로 본다.

정답
11 ① 1301   ② 1011   ③ 1001
12 (1) 자기탐상시험기, 초음파두께측정기, 영상초음파시험기, 방사선투과시험기 및 초음파시험기 중 2개 선택
   (2) 진공누설시험기, 기밀시험장치, 수직·수평도 측정기 중 2개 선택

13 제1류 위험물인 다음의 물질들이 분해할 경우 산소가 발생하는 반응식을 쓰시오.
(1) 삼산화크롬 [16년 제4회 기출]
(2) 질산칼륨 [16년 제2회 기출]

6. 흑색화약으로 사용되는 질산칼륨(KNO_3)은 열분해되어 아질산칼륨(KNO_2)과 산소를 발생시킨다.

$$2KNO_3 \rightarrow 2KNO_2 + O_2 \uparrow$$

7. 흑색화약은 자연으로부터 산출되는 목탄(숯), 질산칼륨(초석), 황의 혼합물이며 질산칼륨은 목탄과 황(제2류 위험물)이 연소하는데 필요한 산소를 제공하는 역할을 담당한다.

Explanation & Advice

(1) 삼산화크롬(CrO_3)

1. 무수크롬산
2. 행정안전부령으로 정하는 제1류 위험물 중 크롬의 산화물
3. 지정수량 300kg, 위험등급 Ⅱ
4. 진한 적자색 결정
5. 녹는점 197℃, 끓는점 250℃, 비중 2.7
6. 부식성이 있으며 강한 독성과 발암성을 나타낸다.
7. 열을 가하면 분해되어 삼산화제이크롬과 산소가 발생된다.

$$4CrO_3 \rightarrow 2Cr_2O_3 + 3O_2 \uparrow$$

(2) 질산칼륨(KNO_3)

1. 제1류 위험물(산화성 고체) 중 질산염류
2. 지정수량 300kg, 위험등급 Ⅱ
3. 무색 또는 흰색의 결정
4. 물, 글리세린에 잘 녹고 알코올에는 소량 녹으며 에테르에는 녹지 않는다.
5. 화재 시 다량의 물을 사용하는 주수 냉각소화가 효과적이다.

정답 13 (1) $4CrO_3 \rightarrow 2Cr_2O_3 + 3O_2 \uparrow$ (2) $2KNO_3 \rightarrow 2KNO_2 + O_2 \uparrow$

14 다음 [보기]의 위험물 중 연소하는 경우 오산화인이 발생하는 물질을 모두 고르시오. [빈출유형]

> [보기]
> 삼황화인, 오황화인, 칠황화인
> 적린, 황

Explanation & Advice

오산화인(P_2O_5)은 흡입 시 치명적이며 피부에 심한 화상과 눈에 손상을 일으키는 유독성 물질로 연소 시 흰 연기로 발생된다.

- 삼황화인의 연소반응식 :
  $P_4S_3 + 8O_2 \rightarrow 2P_2O_5 + 3SO_2$
- 오황화인의 연소반응식 :
  $2P_2S_5 + 15O_2 \rightarrow 2P_2O_5 + 10SO_2$
- 칠황화인의 연소반응식 :
  $P_4S_7 + 12O_2 \rightarrow 2P_2O_5 + 7SO_2$
- 적린의 연소반응식 :
  $4P + 5O_2 \rightarrow 2P_2O_5$
- 황의 연소반응식 :
  $S + O_2 \rightarrow SO_2$

15 다음 그림은 위험물 옥내탱크저장소의 기술기준 중 옥내저장탱크와 탱크전용실의 벽과의 사이(①) 및 옥내저장탱크의 상호간(②) 간격을 나타낸 것이다. ( )안에 알맞은 거리 간격을 답하시오.
[21년 제2회, 20년 제2회, 19년 제1회, 19년 제3회, 17년 제3회 기출]

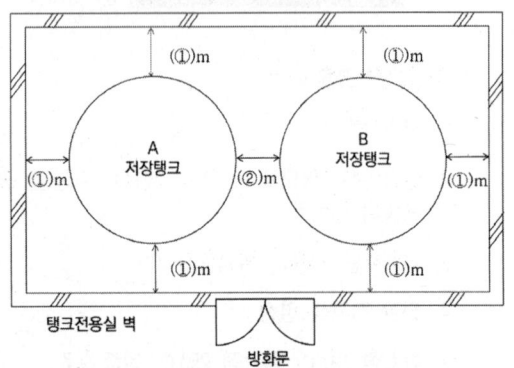

Explanation & Advice

✿ [위험물안전관리법 시행규칙 별표7 / 옥내탱크저장소의 위치·구조 및 설비의 기준] -

I. 옥내 탱크저장소의 기준 中

- 옥내 저장탱크와 탱크전용실의 벽과의 사이 및 옥내 저장탱크의 상호 간에는 <u>**0.5m 이상**</u>의 간격을 유지할 것. 다만, 탱크의 점검 및 보수에 지장이 없는 경우에는 그러하지 아니하다.

정답 14 삼황화인, 오황화인, 칠황화인, 적린　　**15** ① 0.5m 이상　　② 0.5m 이상

16 위험물안전관리법령상 벽, 기둥 및 바닥이 내화구조로 된 옥내저장소에 다음의 위험물을 저장하는 경우 각 위험물에 대한 보유공지의 너비(m)를 쓰시오.

(1) 인화성고체 12,000kg
(2) 질산 12,000kg
(3) 유황 12,000kg

✿ [위험물안전관리법 시행규칙 별표5 / 옥내저장소의 위치·구조 및 설비의 기준] - Ⅰ. 옥내저장소의 기준 제2호

옥내저장소의 주위에는 그 저장 또는 취급하는 위험물의 최대수량에 따라 다음 표에 의한 너비의 공지를 보유하여야 한다. 다만, 지정수량의 20배를 초과하는 옥내저장소와 동일한 부지 내에 있는 다른 옥내저장소와의 사이에는 동표에 정하는 공지의 너비의 3분의 1(당해 수치가 3m 미만인 경우에는 3m)의 공지를 보유할 수 있다.

저장 또는 취급하는 위험물의 최대수량	공지의 너비	
	벽, 기둥 및 바닥이 내화구조로 된 건축물	그 밖의 건축물
지정수량의 5배 이하	-	0.5m 이상
지정수량의 5배 초과 10배 이하	1m 이상	1.5m 이상
지정수량의 10배 초과 20배 이하	2m 이상	3m 이상
지정수량의 20배 초과 50배 이하	3m 이상	5m 이상
지정수량의 50배 초과 200배 이하	5m 이상	10m 이상
지정수량의 200배 초과	10m 이상	15m 이상

Explanation & Advice

(1) 인화성고체는 제2류 위험물로서 지정수량 1,000kg, 위험등급 Ⅲ이다.
따라서 지정수량의 배수 = $\frac{12,000\text{kg}}{1,000\text{kg}}$ = 12배이므로 2m 이상의 공지를 보유하여야 한다.

(2) 질산은 제6류 위험물로서 지정수량 300kg, 위험등급 Ⅰ이다.
따라서 지정수량의 배수 = $\frac{12,000\text{kg}}{300\text{kg}}$ = 40배이므로 3m 이상의 공지를 보유하여야 한다.

(3) 유황은 제2류 위험물로서 지정수량 100kg, 위험등급 Ⅱ이다.
따라서 지정수량의 배수 = $\frac{12,000\text{kg}}{100\text{kg}}$ = 120배이므로 5m 이상의 공지를 보유하여야 한다.

정답 16 (1) 2m 이상 (2) 3m 이상 (3) 5m 이상

17 다음 그림은 주유취급소에 설치하는 주의사항 게시판이다. 각 물음에 답하시오.

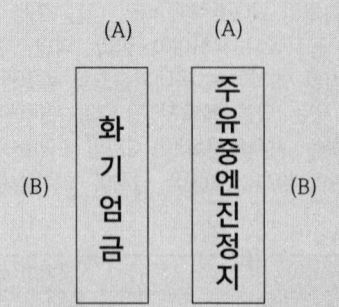

(1) 게시판의 크기를 쓰시오.
  ① A   ② B

(2) '화기엄금' 게시판의 바탕색과 문자색을 쓰시오.
  ① 바탕색   ② 문자색

(3) '주유 중 엔진정지' 게시판의 바탕색과 문자색을 쓰시오.
  ① 바탕색   ② 문자색

✿ [위험물안전관리법 시행규칙 별표4 / 제조소의 위치·구조 및 설비의 기준] - Ⅲ. 표지 및 게시판 제2호 중 필요부분 발췌

• 게시판은 한 변의 길이가 0.3m 이상, 다른 한 변의 길이가 0.6m 이상인 직사각형으로 할 것

• 저장 또는 취급하는 위험물에 따라 다음의 규정에 의한 주의사항을 표시한 게시판을 설치할 것
  - 제1류 위험물 중 알칼리금속의 과산화물과 이를 함유한 것 또는 제3류 위험물 중 금수성물질에 있어서는 "물기엄금"
  - 제2류 위험물(인화성고체 제외)에 있어서는 "화기주의"
  - 제2류 위험물 중 인화성고체, 제3류 위험물 중 자연발화성물질, 제4류 위험물 또는 제5류 위험물에 있어서는 **"화기엄금"**

• 게시판의 색은 "물기엄금"을 표시하는 것에 있어서는 청색바탕에 백색문자로, **"화기주의" 또는 "화기엄금"을 표시하는 것에 있어서는 적색바탕에 백색문자로 할 것**

Explanation & Advice

✿ [위험물안전관리법 시행규칙 별표13 / 주유취급소의 위치·구조 및 설비의 기준] - Ⅱ. 표지 및 게시판

주유취급소에는 **별표4 Ⅲ 제2호의 기준에 준하여 방화에 관하여 필요한 사항을 게시한 게시판** 및 **황색바탕에 흑색문자로 "주유 중 엔진정지"**라는 표시를 한 게시판을 설치하여야 한다.

정답 17 (1) ① A : 0.3m 이상 ② B : 0.6m 이상 (2) ① 적색 ② 백색 (3) ① 황색 ② 흑색

18 다음 [보기]의 위험물 중 가연물이며 산소 공급 없이 자기연소(자체연소)가 가능한 물질을 모두 고르시오.

[보기]
과산화수소, 과산화나트륨
과산화벤조일, 니트로글리세린
디에틸아연

Explanation & Advice

가연물이며 자체 산소를 지니고 있어 자기연소가 가능한 물질은 제5류 위험물이다.

물질명	류별	품명	성질
과산화수소	제6류	과산화수소	산화성액체
과산화나트륨	제1류	무기과산화물	산화성고체
과산화벤조일	**제5류**	**유기과산화물**	**자기반응성**
니트로글리세린	**제5류**	**질산에스테르류**	**자기반응성**
디에틸아연	제3류	유기금속화합물	금수성

물질명	가연성 여부	지정수량	위험등급
과산화수소	불연성	300kg	I
과산화나트륨	불연성	50kg	I
과산화벤조일	**가연성**	**10kg**	**I**
니트로글리세린	**가연성**	**10kg**	**I**
디에틸아연	가연성	50kg	II

19 다음 [표]는 위험물안전관리법령에 따른 제조소등의 구분에 관한 것이다. 빈칸에 알맞은 답을 쓰시오.

제조소등 ─ (①)
├ 저장소 ─ 옥내저장소
│   옥외탱크저장소
│   옥내탱크저장소
│   지하탱크저장소
│   (②)
│   (③)
│   옥외저장소
│   암반탱크저장소
└ 취급소 ─ 주유취급소
          (④)
          (⑤)
          일반취급소

[19년 제2회 기출 유사]

Explanation & Advice

✿ [위험물안전관리법 제2조] 및 [위험물안전관리법 시행령 별표2, 3] - 위험물제조소등

위험물제조소등은 제조소 1개소, 저장소 8개소, 취급소 4개소의 총 13개소로 분류한다.

• 제소소

• 옥내저장소   • 옥외저장소
• 옥내탱크저장소   • 옥외탱크저장소
• 지하탱크저장소   • **간이탱크저장소**

정답
18 과산화벤조일, 니트로글리세린
19 ① 제조소 ② 간이탱크저장소 ③ 이동탱크저장소 ④ 판매취급소 ⑤ 이송취급소

- 이동탱크저장소
- 암반탱크저장소
- 주유취급소
- 판매취급소
- 이송취급소
- 일반취급소

20 제4류 위험물인 메틸알코올(메탄올)과 벤젠을 비교하여 ( )안에 [보기]의 A, B를 선택하여 적으시오.

[보기]
A : 높다, 크다, 많다, 넓다
B : 낮다, 작다, 적다, 좁다

(1) 메틸알코올의 분자량이 벤젠의 분자량보다 (①).
(2) 메틸알코올의 증기비중이 벤젠의 증기비중보다 (②).
(3) 메틸알코올의 인화점이 벤젠의 인화점보다 (③).
(4) 메틸알코올의 연소범위가 벤젠의 연소범위보다 (④).
(5) 메틸알코올 1몰이 완전연소 할 경우 발생하는 이산화탄소의 양이 벤젠 1몰이 완전연소 할 경우 발생하는 이산화탄소의 양보다 (⑤).

구 분	품명	화학식	분자량	증기비중
메틸알코올	알코올류	CH_3OH	32	1.1
벤젠	제1석유류	C_6H_6	78	2.7

구분	인화점	연소범위	지정수량	위험등급
메틸알코올	11℃	7.3~36%	400ℓ	II
벤젠	-11℃	1.4~7.1%	200ℓ	II

(2) 증기비중이란 동일한 체적 조건하에서 어떤 기체(증기)의 질량과 표준물질의 질량과의 비를 말하며 표준물질로는 0℃, 1기압에서의 공기를 기준으로 한다. [분자량의 비로 계산해도 된다.]

$$증기비중 = \frac{증기의 분자량}{공기의 평균분자량} = \frac{증기의 분자량}{29}$$

따라서 메틸알코올의 증기비중은 $\frac{32}{29} ≒ 1.1$, 벤젠의 증기비중은 $\frac{78}{29} ≒ 2.7$ 이다.

분모의 공기의 평균분자량 값은 29로 고정된 상수이므로 결국 물질(증기)의 분자량 값이 크면 증기비중 값도 큰 것이다.

(5)
- 메틸알코올의 연소반응식 :
 $2CH_3OH + 3O_2 \rightarrow 2CO_2 + 4H_2O$
- 벤젠의 연소반응식 :
 $2C_6H_6 + 15O_2 \rightarrow 12CO_2 + 6H_2O$

위의 두 연소반응식에서 보듯 메틸알코올 1몰이 연소하면 이산화탄소 1몰이 발생되지만 벤젠 1몰이 연소하면 6몰의 이산화탄소가 발생되므로 벤젠이 메틸알코올보다 6배나 많은 이산화탄소를 발생시킨다.

Explanation & Advice

정답 20 ① B ② B ③ A ④ A ⑤ B

02 제3회 필답형 실기시험

2022년 08월 14일 시행

2020년 제1회 시험부터는 작업형 시험은 시행하지 않습니다. 필답형 시험만 치르며 문항은 20문항이고 각 문항 당 배점은 5점으로 동일합니다.

01 제4류 위험물인 아세톤에 대한 다음 각 물음에 답하시오.
(1) 화학식을 쓰시오.
(2) 품명을 쓰시오.
(3) 증기비중을 구하시오.

Explanation & Advice

(1) (2)

◉ 아세톤(CH_3COCH_3)

1. 제4류 위험물 중 제1석유류(수용성)에 속하며 지정수량 400ℓ, 위험등급 Ⅱ에 해당한다.
2. 휘발성이 강하고 독특한 자극성의 냄새를 지닌 무색투명한 액체이다.
3. 인화점 −18℃, 착화점 538℃, 녹는점 −95℃, 끓는점 56.5℃, 비중 0.79, 증기비중 2
4. 케톤 중 가장 간단한 구조를 갖는 물질이다.
5. 증기는 공기보다 무거우며 독성이 있다. – 흡입 시 구토와 두통 유발
6. 물에 잘 녹으며 알코올, 에테르에도 녹는다.
7. 햇빛에 의해 분해되어 과산화물을 생성한다.
8. 피부와 접촉하면 탈지작용을 일으킨다.
9. 요오드포름 반응을 한다.

(3)

• 증기비중이란 동일한 체적 조건하에서 어떤 기체(증기)의 질량과 표준물질의 질량과의 비를 말하며 표준물질로는 0℃, 1기압에서의 공기를 기준으로 한다. [분자량의 비로 계산해도 됩다.]

$$증기비중 = \frac{증기의\ 분자량}{공기의\ 평균분자량} = \frac{증기의\ 분자량}{29}$$

• 공기의 평균분자량 값은 29이다.
• 아세톤의 분자량 = $12 \times 3 + 1 \times 6 + 16 = 58$이다.

$$\therefore \frac{58}{29} = 2.0$$

◉ **공기의 평균분자량은 왜 29인가?**

대기를 구성하는 기체 성분들의 함량을 고려하여 구하는데 산소와 질소 두 성분 기체가 차지하는 비율이 거의 100%에 가까우므로 이 두 기체의 평균분자량을 공기의 평균분자량으로 간주한다.

대기 중의 질소 기체의 함량은 79%이고 분자량은 28이며 대기 중의 산소 기체의 함량은 21%이고 분자량은 32이므로

$$\frac{28 \times 79 + 32 \times 21}{100} = 28.84 ≒ 29$$가 공기의 평균분자량(평균대기 분자량) 값이다.

정답 01 (1) CH_3COCH_3 (2) 제1석유류(수용성) (3) 2.0

02
다음 제5류 위험물의 구조식을 그리시오.
[21년 제1회, 19년 제2회, 18년 제2회 기출동일]

(1) 트리니트로톨루엔
(2) 트리니트로페놀

Explanation & Advice

트리니트로톨루엔(TNT)	트리니트로페놀(피크린산)
(구조식: CH₃, 2,4,6-NO₂ 3개가 벤젠고리에 결합)	(구조식: OH, 2,4,6-NO₂ 3개가 벤젠고리에 결합)

물질명	품명	화학식	지정수량	위험등급
트리니트로톨루엔	니트로화합물	$C_6H_5CH_3(NO_2)_3$	200kg	II
피크린산	니트로화합물	$C_6H_5(NO_2)_3OH$	200kg	II

- TNT는 톨루엔($C_6H_5CH_3$)을 진한 질산과 진한 황산의 혼산으로 니트로화하여 제조한다.

$$C_6H_5CH_3 + 3HNO_3 \xrightarrow{C-H_2SO_4} C_6H_5CH_3(NO_2)_3 + 3H_2O$$

- 피크린산은 페놀(C_6H_5OH)을 진한 질산과 진한 황산의 혼산으로 니트로화하여 제조한다.

$$C_6H_5OH + 3HNO_3 \xrightarrow{C-H_2SO_4} C_6H_5(NO_2)_3OH + 3H_2O$$

03
액화 이산화탄소 6kg이 1atm, 25℃ 상태의 대기에 방사 시 부피(ℓ)를 구하시오.
[빈출유형]

Explanation & Advice

- 이상기체상태방정식을 이용해 구한다.

$$PV = nRT$$

$$PV = \frac{w}{M}RT$$

P(압력) : 1기압
V(부피) : V(ℓ)
w(질량) : 6,000g
M(분자량) : 44g/mol
R(기체상수) : 0.082(기압·ℓ)/(mol·K)
T(절대온도) : 25 + 273 = 298K

$$1 \times V = \frac{6,000}{44} \times 0.082 \times (273 + 25)$$

$$\therefore V = 3,332.18 \ell$$

정답 02 해설참조 03 3,332.18ℓ

04
다음 각 위험물의 화학식을 쓰시오.

(1) 염소산칼슘
(2) 질산마그네슘
(3) 과망간산나트륨
(4) 중크롬산칼륨

05
다음 위험물에 대한 운반용기 외부 표시사항 중 수납하는 위험물에 따른 주의사항을 모두 쓰시오. [빈출유형]

(1) 제1류 위험물 중 염소산염류
(2) 제5류 위험물 중 니트로화합물
(3) 제6류 위험물 중 과산화수소

Explanation & Advice

모두 제1류 위험물이다.

물질명	품명	화학식	지정수량	위험등급
염소산칼슘	염소산염류	$Ca(ClO_3)_2$	50kg	I
질산마그네슘	질산염류	$Mg(NO_3)_2$	300kg	II
과망간산나트륨	과망간산염류	$NaMnO_4$	1,000kg	III
중크롬산칼륨	중크롬산염류	$K_2Cr_2O_7$	1,000kg	III

✔ Check point

화학식을 쓰라고 하면 보통 시성식으로 답하면 된다.

Explanation & Advice

✿ [위험물안전관리법 시행규칙 별표19 / 위험물의 운반에 관한 기준] - II. 적재방법 중 위험물의 종류에 따른 운반 용기 외부에 표시하여야 할 주의사항

류 별	성 질	표시할 주의사항
제1류 위험물	산화성 고체	• 알칼리금속의 과산화물 또는 이를 함유한 것 : 화기·충격주의, 물기엄금 및 가연물 접촉주의 • 그 밖의 것 : 화기·충격주의, 가연물 접촉주의
제2류 위험물	가연성 고체	• 철분·금속분·마그네슘 또는 이들 중 어느 하나 이상을 함유한 것 : 화기주의, 물기엄금 • 인화성 고체 : 화기엄금 • 그 밖의 것 : 화기주의
제3류 위험물	자연발화성 및 금수성 물질	• 자연발화성 물질 : 화기엄금, 공기접촉엄금 • 금수성 물질 : 물기엄금
제4류 위험물	인화성 액체	화기엄금
제5류 위험물	자기반응성 물질	화기엄금, 충격주의
제6류 위험물	산화성 액체	가연물 접촉주의

정답
04 (1) $Ca(ClO_3)_2$ (2) $Mg(NO_3)_2$ (3) $NaMnO_4$ (4) $K_2Cr_2O_7$
05 (1) 화기·충격주의, 가연물 접촉주의 (2) 화기엄금, 충격주의 (3) 가연물 접촉주의

06
산화프로필렌 200ℓ, 벤즈알데히드 1,000ℓ, 아크릴산 4,000ℓ를 저장하고 있을 경우 각각의 지정수량 배수의 합계는 얼마인지 구하시오.

[19년 제3회 기출 동일]

Explanation & Advice

위험물 종류	품 명	지정수량(ℓ)
산화프로필렌	특수인화물(수용성)	50
벤즈알데히드	제2석유류(비수용성)	1,000
아크릴산	제2석유류(수용성)	2,000

- 지정수량의 배수 = $\dfrac{저장수량}{지정수량}$

- 지정수량의 배수의 합은 각 위험물의 지정수량의 배수를 더한 값이다.

∴ $\dfrac{200}{50} + \dfrac{1,000}{1,000} + \dfrac{4,000}{2,000} = 4 + 1 + 2 = 7$

07
위험물안전관리법령상 위험물제조소등에 설치하는 경보설비의 종류를 3가지만 쓰시오.

Explanation & Advice

✿ [위험물안전관리법 시행규칙 제42조 / 경보설비의 기준]

- 지정수량의 10배 이상의 위험물을 저장 또는 취급하는 제조소등(이동탱크저장소 제외)에는 화재 발생 시 이를 알릴 수 있는 경보설비를 설치하여야 한다.

- 제조소등에 설치하는 경보설비는 자동화재탐지설비·자동화재속보설비·비상경보설비(비상벨 장치 또는 경종 포함)·확성장치(휴대용 확성기 포함) 및 비상방송설비로 구분한다.

- 자동신호장치를 갖춘 스프링클러설비 또는 물분무등소화설비를 설치한 제조소등에 있어서는 자동화재탐지설비를 설치한 것으로 본다.

✔ **Check point**

2020.10.12.부로 개정된 내용을 적용하였다. 개정 이전에는 자동화재속보설비가 빠져 있었으나 개정되면서 자동화재속보설비가 경보설비로 추가되었다.

정답
06 7배
07 자동화재탐지설비, 자동화재속보설비, 비상경보설비, 확성장치 또는 비상방송설비 중 3가지 선택

08

다음 위험물이 물과 반응하는 경우 생성되는 기체의 명칭을 쓰시오. (단, 발생되는 기체가 없으면 '없음'이라고 쓰시오.)

(1) 트리메틸알루미늄
(2) 트리에틸알루미늄
(3) 황린
(4) 리튬
(5) 수소화칼슘

09

제4류 위험물 중 석유류의 구분은 인화점을 기준으로 한다. 다음 석유류에 대한 인화점 범위를 쓰시오. (1기압 기준)

(1) 제1석유류
(2) 제3석유류
(3) 제4석유류

Explanation & Advice

모두 제3류 위험물이다.

물질명	품 명	화학식	지정수량	위험등급
트리메틸알루미늄	알킬알루미늄	$(CH_3)_3Al$	10kg	I
트리에틸알루미늄	알킬알루미늄	$(C_2H_5)_3Al$	10kg	I
황린	황린	P_4	20kg	I
리튬	알칼리금속	Li	50kg	II
수소화칼슘	금속의 수소화물	CaH_2	300kg	III

각 위험물의 물과의 반응식은 다음과 같다.

(1) $(CH_3)_3Al + 3H_2O \rightarrow Al(OH)_3 + 3CH_4$

(2) $(C_2H_5)_3Al + 3H_2O \rightarrow Al(OH)_3 + 3C_2H_6$

(3) 물과 반응하지 않음.

(4) $2Li + 2H_2O \rightarrow 2LiOH + H_2$

(5) $CaH_2 + 2H_2O \rightarrow Ca(OH)_2 + 2H_2$

Explanation & Advice

제4류 위험물 중 알코올류를 제외한 나머지는 인화점을 기준으로 품명을 구분한다.

✿ [위험물안전관리법 시행령 별표1 / 위험물 및 지정수량] - 비고란 12 ~ 18호

- **특수인화물** : 이황화탄소, 디에틸에테르 그 밖에 1기압에서 발화점이 100℃ 이하인 것 또는 **인화점이 -20℃ 이하**이고 비점이 40℃ 이하인 것

- **제1석유류** : 아세톤, 휘발유 그 밖에 1기압에서 **인화점이 21℃ 미만**인 것

- **알코올류** : 1분자를 구성하는 탄소 원자의 수가 1개부터 3개까지인 포화 1가알코올(변성알코올을 포함)

- **제2석유류** : 등유, 경유 그 밖에 1기압에서 **인화점이 21℃ 이상 70℃ 미만**인 것

- **제3석유류** : 중유, 클레오소트유 그 밖에 1기압에서 **인화점이 70℃ 이상 200℃ 미만**인 것

- **제4석유류** : 기어유, 실린더유 그 밖에 1기압에서 **인화점이 200℃ 이상 250℃ 미만**인 것

정답
08 (1) 메탄 (2) 에탄 (3) 없음 (4) 수소 (5) 수소
09 (1) 21℃ 미만인 것 (2) 70℃ 이상 200℃ 미만인 것 (3) 200℃ 이상 250℃ 미만인 것

- **동식물유류** : 동물의 지육(枝肉 : 머리, 내장, 다리를 잘라 내고 아직 부위별로 나누지 않은 고기를 말한다)등 또는 식물의 종자나 과육으로부터 추출한 것으로서 1기압에서 **인화점이 250℃ 미만인 것**

10 햇빛에 의해 4몰의 질산이 완전 분해되어 산소 1몰이 발생하였다. 이때 함께 발생하는 유독성 기체는 무엇인지와 분해할 때의 화학반응식을 쓰시오.

[19년 제4회, 21년 제4회, 22년 제1회 기출 동일]

11 [보기]에서 물보다 무겁고 비수용성인 위험물을 모두 선택하여 쓰시오. (단, 해당하는 물질이 없으면 '없음'이라고 쓰시오.)

[20년 제1회, 22년 제1회 기출 유사]

[보기]
이황화탄소, 아세트알데히드
아세톤, 스티렌, 클로로벤젠

Explanation & Advice

질산(HNO_3)은 제6류 위험물(산화성 액체)로 지정수량 300kg, 위험등급은 Ⅰ등급이다. 비중이 1.49 이상인 것부터 위험물로 취급하며 무색의 흡습성이 강한 액체이나 보관 중에 담황색으로 변색된다. 부식성이 강한 강산으로 금, 백금, 이리듐, 로듐을 제외한 금속들을 녹일 수 있으며 염산과 질산을 3 : 1의 비율로 혼합한 왕수를 제조하면 금, 백금 등도 녹일 수 있다.

질산에 빛을 쪼이면 분해되어 물, 산소와 유독한 갈색 증기인 이산화질소(NO_2)를 발생시킨다. 직사일광에 의한 분해를 방지하기 위해 차광성의 갈색병에 넣어 냉암소에 보관한다.

$4HNO_3 \rightarrow 2H_2O + 4NO_2\uparrow + O_2\uparrow$

Explanation & Advice

모두 제4류 위험물이다.

물질명	품 명	화학식
이황화탄소	특수인화물	CS_2
아세트알데히드	특수인화물	CH_3CHO
아세톤	제1석유류	CH_3COCH_3
스티렌	제2석유류	$C_6H_5CHCH_2$
클로로벤젠	제2석유류	C_6H_5Cl

물질명	비 중	수용성 여부	지정수량	위험등급
이황화탄소	1.26	×	50ℓ	Ⅰ
아세트알데히드	0.79	○	50ℓ	Ⅰ
아세톤	0.79	○	400ℓ	Ⅱ
스티렌	0.91	×	1,000ℓ	Ⅲ
클로로벤젠	1.11	×	1,000ℓ	Ⅲ

★ 수용성 여부 : ○ = 수용성 / × = 비수용성

정답 10 이산화질소 / $4HNO_3 \rightarrow 2H_2O + 4NO_2\uparrow + O_2\uparrow$　　11 이황화탄소, 클로로벤젠

12 제2류 위험물인 유황에 대한 각 물음에 답하시오.

(1) 연소반응식을 쓰시오.
[21년 제4회 기출 동일]

(2) 고온에서 수소와 반응하여 달걀 썩는 냄새를 내는 물질을 생성한다. 이때의 반응식을 쓰시오.

Explanation & Advice

황(S)은 제2류 위험물이며 지정수량 100kg, 위험등급은 Ⅱ등급이다.

(1) 황이 연소되면 이산화황(SO_2)이 발생된다.

$S + O_2 \rightarrow SO_2$

아황산가스로도 불리는 이산화황은 무색의 자극성 냄새가 나는 독성이 강한 가스로 화산 활동과 같은 자연적인 현상으로도 발생하지만 대부분은 산업과정에서 부산물로 생성되며 호흡기계 질환을 유발하는 주요 대기오염 물질 중 하나이다.

(2) 고온에서 용융된 유황은 수소와 반응하여 H_2S를 생성하며 발열한다.

$S + H_2 \rightarrow H_2S$

황화수소는 끓는점이 -59.6℃로 매우 낮아 상온에서는 기체 상태로 존재하며 특유의 썩은 달걀 냄새가 난다. 자연에서는 화산 가스나 온천수에 포함되어 있으며 황을 포함한 단백질의 부패 시 생성되기도 한다. 산업적으로는 화학, 제지, 정유공장 등에서 부산물로 생성되며 폐수 처리 과정에서도 발생할 수 있다. 독성이 강하여 흡입 시 심한 경우 사망에 이르기도 하므로 취급 시 환기가 잘되는 곳에서 작업하도록 하며 흡입하지 않도록 주의해야 한다.

13 제2종 분말소화약제의 주성분을 쓰고, 1차 열분해반응식을 쓰시오.
[19년 제3회 기출 동일]

Explanation & Advice

탄산수소칼륨은 제2종 분말소화약제의 주성분으로 온도가 190℃ 정도에 이르면 1차 열분해하여 탄산칼륨(K_2CO_3), 이산화탄소, 수증기를 발생한다.

$2KHCO_3 \rightarrow K_2CO_3 + CO_2 + H_2O$

❖ 분말 소화약제의 분류, 주성분 및 적응화재

구 분	주성분	화학식	적응 화재	분말색
제1종 분말	탄산수소나트륨	$NaHCO_3$	B, C	백색
제2종 분말	탄산수소칼륨	$KHCO_3$	B, C	담자색
제3종 분말	제1인산 암모늄	$NH_4H_2PO_4$	A, B, C	담홍색
제4종 분말	탄산수소칼륨 + 요소	$KHCO_3 + (NH_2)_2CO$	B, C	회색

★ 적응화재 = A : 일반화재 / B : 유류화재 / C : 전기화재

정답
12 (1) $S + O_2 \rightarrow SO_2$ (2) $S + H_2 \rightarrow H_2S$
13 탄산수소칼륨 / $2KHCO_3 \rightarrow K_2CO_3 + CO_2 + H_2O$

※ 각 종별 분말 소화약제의 열분해 반응식

구 분	열분해 반응식
제1종 분말	$2NaHCO_3 \rightarrow Na_2CO_3 + CO_2 + H_2O$
제2종 분말	$2KHCO_3 \rightarrow K_2CO_3 + CO_2 + H_2O$
제3종 분말	$NH_4H_2PO_4 \rightarrow HPO_3 + NH_3 + H_2O$
제4종 분말	$2KHCO_3 + (NH_2)_2CO \rightarrow K_2CO_3 + 2NH_3 + 2CO_2$

♣ 빈틈없이 촘촘하게 **One more Step**

온도에 따라 1차 열분해와 2차 열분해 반응으로 구분하며 온도가 900℃ 정도에 도달하면 2차 열분해하여 산화칼륨(K_2O), 이산화탄소, 수증기를 발생한다.

$2KHCO_3 \rightarrow K_2O + 2CO_2 + H_2O$

14
금속칼륨이 다음 각 물질과 반응할 때의 화학반응식을 쓰시오.

[16년 제5회 기출 동일]

(1) 물
(2) 에탄올

Explanation & Advice

◉ **금속칼륨(K)**

1. 제3류 위험물

2. 지정수량 10kg, 위험등급 Ⅰ

3. 은백색의 광택이 있는 무른 경금속으로 나트륨보다 반응성이 크며 공기 중 방치하면 자연발화 할 수 있다.

4. 가열하면 보라색의 불꽃을 내면서 연소한다.

5. 물과 격렬하게 반응하여 발열하고 폭발성의 수소 기체를 발생하므로 금속의 비산과 함께 폭발이 일어난다. 따라서 밀폐된 용기 등에 수분이 침투하는 경우 밀폐공간이 순간적으로 폭발할 수 있다.

$2K + 2H_2O \rightarrow 2KOH + H_2 \uparrow$

6. 알코올과 반응하여 폭발성의 수소 기체와 칼륨에틸레이트를 발생한다.

$2K + 2C_2H_5OH \rightarrow 2C_2H_5OK + H_2 \uparrow$

7. 이산화탄소 및 사염화탄소와 폭발반응을 일으킨다.

$4K + 3CO_2 \rightarrow 2K_2CO_3 + C$

$4K + CCl_4 \rightarrow 4KCl + C$

정답 14 (1) $2K + 2H_2O \rightarrow 2KOH + H_2 \uparrow$ (2) $2K + 2C_2H_5OH \rightarrow 2C_2H_5OK + H_2 \uparrow$

15

제4류 위험물을 저장하는 옥내저장소의 연면적이 450m²이고 외벽은 내화구조가 아닐 경우 이 옥내저장소에 대한 소화설비의 소요단위는 얼마인지 구하시오.

[빈출유형 / 2019년 제2회 기출 동일]

Explanation & Advice

외벽이 비내화구조로 된 저장소는 연면적 75m²를 1 소요단위로 하므로 450m² ÷ 75m² = 6 소요단위가 된다.

✿ [위험물안전관리법 시행규칙 별표17 / 소화설비, 경보설비 및 피난설비의 기준] - Ⅰ. 소화설비 / 5. 소화설비의 설치기준 중 소요단위의 계산방법

소요단위란 소화설비의 설치대상이 되는 건축물 그 밖의 공작물의 규모 또는 위험물의 양의 기준단위를 말하는 것으로 1 소요단위의 계산방법은 아래와 같다.

❖ 1 소요단위 산정(계산)방법

구분 외벽	내화구조	비 내화구조
제조소 또는 취급소	연면적 100m²	연면적 50m²
저장소	연면적 150m²	**연면적 75m²**
위험물	지정수량의 10배	

★ 제조소등의 옥외에 설치된 공작물은 외벽이 내화구조인 것으로 간주하고 공작물의 최대수평투영면적을 연면적으로 간주하여 소요단위를 산정할 것

16

제4류 위험물인 에틸알코올에 대한 다음 각 물음에 답하시오.

[22년 제1회 기출 유사]

(1) 1차 산화하였을 때 생성된 특수인화물을 화학식으로 쓰시오.

(2) (1)에서 생성되는 물질의 완전연소 반응식을 쓰시오.

(3) (1)에서 생성되는 물질이 다시 공기 중에서 산화할 경우 생성되는 제2석유류의 명칭을 쓰시오.

Explanation & Advice

에탄올이 산화하면 아세트알데히드를 거쳐 최종적으로 아세트산(초산)이 된다.

$$CH_3CH_2OH \xrightarrow{-H_2} CH_3CHO \xrightarrow{+O} CH_3COOH$$

산화란 산소를 얻거나, 수소를 잃거나, 전자를 잃어버리는 과정을 말하며 반대로 환원이란 산소를 잃거나, 수소를 얻거나, 전자를 얻는 과정을 말한다.

정답 15 6   16 (1) CH_3CHO (2) $2CH_3CHO + 5O_2 \rightarrow 4CO_2 + 4H_2O$ (3) 아세트산

17 다음 제2류 위험물의 지정수량을 각각 쓰시오.

(1) 황화린
(2) 적린
(3) 철분

18 제4류 위험물 중 위험등급이 Ⅲ에 해당하는 품명을 모두 쓰시오.

[22년 제2회 기출 유사]

◉ 제2류 위험물의 품명, 지정수량 및 위험등급

✿ [위험물안전관리법 시행령 별표1] & [위험물안전관리법 시행규칙 별표19]

성질	품명	종류	지정수량	위험등급
가연성 고체	황화린	삼황화린, 오황화린, 칠황화린	100kg	Ⅱ
	적린	적린		
	유황	유황		
	철분	철분	500kg	Ⅲ
	금속분	알루미늄분, 아연분, 은분, 카드뮴분 등		
	마그네슘	마그네슘		
	인화성 고체	고형알코올	1,000kg	

◉ 제4류 위험물의 품명, 지정수량 및 위험등급

✿ [위험물안전관리법 시행령 별표1] & [위험물안전관리법 시행규칙 별표19]

성질	품명		지정수량	위험등급
인화성 액체	특수인화물		50ℓ	Ⅰ
	제1석유류	비수용성	200ℓ	Ⅱ
		수용성	400ℓ	
	알코올류		400ℓ	
	제2석유류	비수용성	1,000ℓ	Ⅲ
		수용성	2,000ℓ	
	제3석유류	비수용성	2,000ℓ	
		수용성	4,000ℓ	
	제4석유류		6,000ℓ	
	동·식물유류	건성유	10,000ℓ	
		반건성유		
		불건성유		

정답 **17** (1) 100kg (2) 100kg (3) 500kg **18** 제2석유류, 제3석유류, 제4석유류, 동·식물유류

19 다음 [보기]에서 설명하는 제1류 위험물에 대한 각 물음에 답하시오.

[빈출유형 / 21년 제4회 기출 유사]

[보기]
- 산화성 고체이다.
- 분자량은 101, 분해온도는 400℃ 이다.
- 숯가루, 유황가루를 혼합하여 흑색화약 제조에 사용한다.

(1) 시성식을 쓰시오.
(2) 위험등급을 쓰시오.
(3) 분해반응식을 쓰시오.

Explanation & Advice

질산칼륨(KNO_3)은 제1류 위험물(산화성 고체)의 질산염류에 속하는 위험물로 지정수량은 300kg, 위험등급은 II등급이다. 무색 또는 흰색의 결정이며 물, 글리세린에 잘 녹고 알코올에는 소량 녹으며 에테르에는 녹지 않는다. 화재 시 다량의 물을 사용하는 주수 냉각소화가 효과적이다.

KNO_3의 분자량은 101(39+14+16×3)이다.

흑색화약은 자연으로부터 산출되는 목탄(숯), 질산칼륨(초석), 황의 혼합물이며 제1류 위험물(산화성 고체)에 속하는 물질은 질산칼륨이다. 질산칼륨은 목탄과 황(제2류 위험물)이 연소하는데 필요한 산소를 제공하는 역할을 담당한다.

제1류 위험물 중 흑색화약으로 사용되는 질산칼륨(KNO_3)은 열분해 되어 아질산칼륨(KNO_2)과 산소를 발생시킨다.

$2KNO_3 \rightarrow 2KNO_2 + O_2 \uparrow$

20 다음과 같은 원통형 탱크의 내용적은 몇 m^3인가?

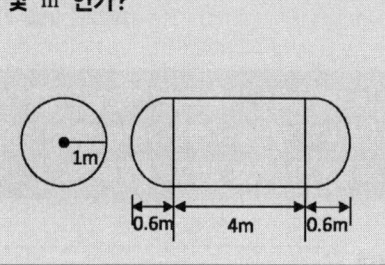

Explanation & Advice

• 횡으로 설치한 원통형 탱크의 내용적 =

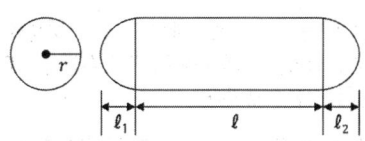

$\pi r^2 (\ell + \dfrac{\ell_1 + \ell_2}{3})$

∴ $\pi \times 1^2 (4 + \dfrac{0.6 + 0.6}{3}) ≒ 13.82(m^3)$

정답 19 (1) KNO_3 (2) II등급 (3) $2KNO_3 \rightarrow 2KNO_2 + O_2$ **20** $13.82 m^3$

03 제2회 필답형 실기시험

2022년 05월 27일 시행

2020년 제1회 시험부터는 작업형 시험은 시행하지 않습니다. 필답형 시험만 치르며 문항은 20문항이고 각 문항 당 배점은 5점으로 동일합니다.

01
위험물 중 크실렌의 이성질체 3가지의 명칭과 구조식을 쓰시오.

[19년 제3회 기출 유사]

Explanation & Advice

크실렌(자일렌)은 제4류 위험물 중 제2석유류(비수용성)에 속하는 위험물로서 지정수량은 1,000ℓ, 위험등급은 Ⅲ등급이다.

크실렌(자일렌)은 $o-$, $m-$, $p-$ 형태의 3가지 이성질체를 가지며 이들은 각각 오쏘-크실렌, 메타-크실렌, 파라-크실렌으로 불린다. 구조는 아래와 같다.

ortho-xylene   *meta*-xylene   *para*-xylene

02
다음 제2류 위험물에 대한 완전연소 반응식을 쓰시오.

[21년 제4회·제1회 기출 동일]

(1) 삼황화인
(2) 오황화인

Explanation & Advice

황화인은 제2류 위험물이며 지정수량은 100kg, 위험등급은 Ⅱ등급이다. 삼황화인(P_4S_3), 오황화인(P_2S_5), 칠황화인(P_4S_7)이 있으며 이들이 연소하면 이산화황(SO_2)과 오산화인(P_2O_5)을 공통적으로 발생시킨다. 오산화인은 흡입 시 치명적이며 피부에 심한 화상과 눈에 손상을 일으키는 유독성 물질로 연소 시 흰 연기로 발생된다.

- 삼황화인의 연소반응식 :
  $P_4S_3 + 8O_2 \rightarrow 2P_2O_5 + 3SO_2$

- 오황화인의 연소반응식 :
  $2P_2S_5 + 15O_2 \rightarrow 2P_2O_5 + 10SO_2$

- 칠황화인의 연소반응식 :
  $P_4S_7 + 12O_2 \rightarrow 2P_2O_5 + 7SO_2$

정답 01 해설참조 02 (1) $P_4S_3 + 8O_2 \rightarrow 2P_2O_5 + 3SO_2$ (2) $2P_2S_5 + 15O_2 \rightarrow 2P_2O_5 + 10SO_2$

03

할로겐화합물 소화약제에 대한 다음 빈칸에 알맞은 답을 쓰시오.

구 분	$C_2F_4Br_2$	CF_2ClBr	CH_3I
할론번호	①	②	③

Explanation & Advice

할론번호의 4자리 숫자는 C – F – Cl – Br의 순서대로 개수를 나타낸 것이다. 그러나 할로겐 원소 중 하나인 요오드(아이오딘, I)가 소화약제에 포함되었을 경우에는 할론번호 표기가 달라진다. 엄밀히 말하면 달라지는 것이 아니라 여지껏 표기하지 않았다는 것이 맞는 표현이겠다.

원칙적으로 할론번호는 C – F – Cl – Br – I의 순서대로 번호를 명기하지만 대부분의 할로겐화합물 소화약제는 요오드(아이오딘, I)가 빠진 C, F, Cl, Br의 4가지 원소로 구성되어 있어 맨 마지막에 오는 요오드(아이오딘, I) 자리의 숫자는 표기하지 않는다.

즉, 할론번호의 중간에 위치하는 F, Cl, Br은 개수가 0개이어도 숫자 '0'을 표시하여 자릿수를 나타내지만 마지막에 오는 요오드(아이오딘, I)가 없을 경우에는 '0'이라는 숫자를 표기하지 않고 생략한다.

① $C_2F_4Br_2$는 탄소 2개에 F 4개, Cl 0개, Br 2개가 부착되어 있는 것으로서 할론번호는 2402가 되며 요오드(아이오딘, I)는 없음으로 다섯 번째에 오는 마지막 자리에는 '0'이라는 숫자를 쓰지 않고 생략하는 것이다.
탄소 2개가 연결된 구조에서는 여섯 군데의 곁가지가 존재하므로 F 4개, Br 2개가 연결되어 수소가 결합될 여지는 없다.

② CF_2ClBr은 탄소 1개에 F 2개, Cl 1개, Br 1개가 부착된 것이며 요오드(아이오딘, I)는 없음으로 다섯 번째에 오는 마지막 자리에는 숫자 '0'을 생략하고 1211로 명기한다.

③ CH_3I는 탄소 1개에 F 0개, Cl 0개, Br 0개, 요오드(아이오딘, I) 1개가 부착된 것을 의미하므로 중간에 오는 F, Cl, Br이 0개라는 정보는 생략하지 않고 표기하며 마지막 다섯 번째 자리에 요오드의 개수 1을 표시함으로 10001이 되는 것이다. 탄소 1개에는 4개의 곁가지가 있어 4개의 원자들이 결합할 수 있으며 할로겐 원소 중 요오드 1개만 결합되었으므로 나머지 3군데에 수소가 연결된다. 수소는 할론번호에 포함하지 않는다.

정답 03 ① 2402 ② 1211 ③ 10001

04

표준상태에서 1kg의 탄산가스를 소화기로 방출할 경우 부피는 약 몇 ℓ가 되는지 구하시오.

[20년 제1회 · 22년 제4회 기출 동일]

Explanation & Advice

- 표준상태란 0℃, 1기압 상태이며 탄산가스는 이산화탄소 기체를 말한다.
- 이상기체상태방정식을 이용해 구한다.

$$PV = nRT$$

$$PV = \frac{w}{M}RT$$

P(압력) : 1기압

V(부피) : V(ℓ)

w(질량) : 1,000g

M(분자량) : 44g/mol

R(기체상수) : 0.082(기압·ℓ)/(mol·K)

T(절대온도) : 0 + 273 = 273K

$$1 \times V = \frac{1,000}{44} \times 0.082 \times (273 + 0)$$

$$\therefore V = 508.77ℓ$$

05

[보기]에서 수용성인 물질을 모두 선택하여 번호로 답하시오. (단, 해당하는 물질이 없으면 '없음'이라고 쓰시오.)

[빈출유형]

[보기]
① 이소프로필알코올
② 이황화탄소
③ 시클로헥산
④ 벤젠
⑤ 아세톤
⑥ 아세트산

Explanation & Advice

모두 제4류 위험물이다.

물질명	품 명	화학식
이소프로필알코올	알코올류	$(CH_3)_2CHOH$
이황화탄소	특수인화물	CS_2
시클로헥산	제1석유류	C_6H_{12}
벤젠	제1석유류	C_6H_6
아세톤	제1석유류	CH_3COCH_3
아세트산	제2석유류	CH_3COOH

물질명	수용성 여부	지정수량	위험등급
이소프로필알코올	○	400ℓ	II
이황화탄소	×	50ℓ	I
시클로헥산	×	200ℓ	II
벤젠	×	200ℓ	II
아세톤	○	400ℓ	II
아세트산	○	2,000ℓ	III

※ 수용성 여부 : ○ = 수용성 / × = 비수용성

정답 04 508.77ℓ   05 ①, ⑤, ⑥

06

다음은 위험물안전관리법령상 제4류 위험물인 알코올류의 정의 중 알코올류에서 제외되는 조건을 나타낸 것이다. ( )안에 알맞은 답을 쓰시오.

- 1분자를 구성하는 탄소원자의 수가 (①)개 내지 (②)개의 포화 (③)가 알코올의 함유량이 (④)중량퍼센트 미만인 수용액.
- 가연성 액체량이 (⑤)중량퍼센트 미만이고 인화점 및 연소점(태그개방식 인화점측정기에 의한 연소점을 말한다.)이 에틸알코올 (⑥)중량퍼센트 수용액의 인화점 및 연소점을 초과하는 것.

Explanation & Advice

✿ [위험물안전관리법 시행령 별표1 / 위험물 및 지정수량] - 비고란 제14호

"알코올류"라 함은 1분자를 구성하는 탄소원자의 수가 1개부터 3개까지인 포화 1가 알코올(변성알코올을 포함한다)을 말한다.

다만, 아래의 어느 하나에 해당하는 것은 제외한다.

- <u>1분자를 구성하는 탄소원자의 수가 1개 내지 3개의 포화 1가 알코올의 함유량이 60중량퍼센트 미만인 수용액</u>
- <u>가연성 액체량이 60중량퍼센트 미만이고 인화점 및 연소점(태그개방식 인화점측정기에 의한 연소점을 말한다.)이 에틸알코올 60중량퍼센트 수용액의 인화점 및 연소점을 초과하는 것</u>

07

다음 [보기]는 제6류 위험물인 과염소산, 과산화수소, 질산에 대한 공통적 성질이다. 틀린 부분을 찾아 올바르게 고치시오.

[보기]
① 산화성 액체이다.
② 유기화합물이다.
③ 물에 잘 녹는다.
④ 액체의 비중은 물보다 가볍다.
⑤ 불연성 물질이다.

Explanation & Advice

⊙ 제6류 위험물의 일반적 성질 및 특성

1. 자신은 **불연성 물질**이며 조연성(지연성)의 **산화성 액체**이다.
2. **수용성**이며 과산화수소를 제외하면 강산성을 나타낸다.
3. 모두 산소를 포함하고 있어 다른 물질을 산화시키며 부식성이 있다.
4. **비중은 1보다 크다.**

과염소산	과산화수소	질산
1.76	1.46	1.49

5. 가연물이나 유기물과의 혼합으로 발화할 수 있다.
6. 물과 접촉하면 심하게 발열하나 연소는 일어나지 않는다(과산화수소 예외).

정답
06 ① 1 ② 3 ③ 1 ④ 60 ⑤ 60 ⑥ 60
07 ② 유기화합물이다. ⇒ 무기화합물이다. ④ 액체의 비중은 물보다 가볍다. ⇒ 액체의 비중은 물보다 무겁다.

* **빈틈없이 촘촘하게** One more Step

- **유기화합물** : 탄소를 기본골격으로 하는 탄화수소로 이루어진 사슬에 질소, 산소 등이 결합되어 이루어진 화합물. 일반적으로 에너지를 품고 있어 생명물질의 기반을 형성한다.
- **무기화합물** : 일반적으로 탄소를 포함하고 있지 않은 화합물. 일반적으로 생명력이 없는 화합물을 의미한다.

08 다음 분말소화약제의 1차 분해반응식을 쓰시오.

(1) $NaHCO_3$

(2) $NH_4H_2PO_4$

Explanation & Advice

❖ 각 종별 분말 소화약제의 열분해 반응식

구 분	열분해 반응식
제1종 분말	$2NaHCO_3 \rightarrow Na_2CO_3 + CO_2 + H_2O$
제2종 분말	$2KHCO_3 \rightarrow K_2CO_3 + CO_2 + H_2O$
제3종 분말	$NH_4H_2PO_4 \rightarrow HPO_3 + NH_3 + H_2O$
제4종 분말	$2KHCO_3 + (NH_2)_2CO \rightarrow K_2CO_3 + 2NH_3 + 2CO_2$

❖ 분말 소화약제의 분류, 주성분 및 적응화재

구 분	주성분	화학식	적응화재	분말색
제1종 분말	탄산수소나트륨	$NaHCO_3$	B, C	백색
제2종 분말	탄산수소칼륨	$KHCO_3$	B, C	담자색
제3종 분말	제1인산암모늄	$NH_4H_2PO_4$	A, B, C	담홍색
제4종 분말	탄산수소칼륨 + 요소	$KHCO_3 + (NH_2)_2CO$	B, C	회색

★ 적응화재 = A : 일반화재 / B : 유류화재 / C : 전기화재

정답 08 (1) $2NaHCO_3 \rightarrow Na_2CO_3 + CO_2 + H_2O$ (2) $NH_4H_2PO_4 \rightarrow HPO_3 + NH_3 + H_2O$

09

다음은 이동저장탱크의 구조 기준이다. ( )안에 알맞은 답을 쓰시오.

(1) 탱크는 두께 (①)mm 이상의 강철판 또는 이와 동등 이상의 강도·내식성 및 내열성이 있다고 인정하여 소방청장이 정하여 고시하는 재료 및 구조로 위험물이 새지 아니하게 제작할 것

(2) 압력탱크(최대상용압력이 46.7kPa 이상인 탱크) 외의 탱크는 (②)kPa의 압력으로, 압력탱크는 최대상용압력의 (③)배의 압력으로 각각 10분간의 수압시험을 실시하여 새거나 변형되지 아니할 것

(3) 이동저장탱크는 그 내부에 (④)ℓ 이하마다 (⑤)mm 이상의 강철판 또는 이와 동등 이상의 강도·내열성 및 내식성이 있는 금속성의 것으로 칸막이를 설치하여야 한다.

- 압력탱크(최대상용압력이 46.7kPa 이상인 탱크) 외의 탱크는 (70)kPa의 압력으로, 압력탱크는 최대상용압력의 (1.5)배의 압력으로 각각 10분간의 수압시험을 실시하여 새거나 변형되지 아니할 것. 이 경우 수압시험은 용접부에 대한 비파괴시험과 기밀시험으로 대신할 수 있다.
- 이동저장탱크는 그 내부에 (4,000)ℓ 이하마다 (3.2)mm 이상의 강철판 또는 이와 동등 이상의 강도·내열성 및 내식성이 있는 금속성의 것으로 칸막이를 설치하여야 한다. 다만, 고체인 위험물을 저장하거나 고체인 위험물을 가열하여 액체 상태로 저장하는 경우에는 그러하지 아니하다.

Explanation & Advice

✿ [위험물안전관리법 시행규칙 별표10 / 이동탱크저장소의 위치·구조 및 설비의 기준] - Ⅱ. 이동저장탱크의 구조 中

- 탱크는 두께 (3.2)mm 이상의 강철판 또는 이와 동등 이상의 강도·내식성 및 내열성이 있다고 인정하여 소방청장이 정하여 고시하는 재료 및 구조로 위험물이 새지 아니하게 세작할 것

정답 09 (1) ① 3.2 (2) ② 70 ③ 1.5 (3) ④ 4,000 ⑤ 3.2

10 다음 [보기]의 위험물을 발화점이 낮은 것부터 높은 순서로 나열하시오.

[보기]
디에틸에테르, 이황화탄소
휘발유, 아세톤

Explanation & Advice

물질명	품명	화학식
디에틸에테르	특수인화물	$C_2H_5OC_2H_5$
이황화탄소	특수인화물	CS_2
휘발유	제1석유류	-
아세톤	제1석유류	CH_3COCH_3

물질명	발화점	수용성 여부	지정수량	위험등급
디에틸에테르	180℃	×	50ℓ	I
이황화탄소	100℃	×	50ℓ	I
휘발유	300℃	×	200ℓ	II
아세톤	465℃	○	400ℓ	II

★ 수용성 여부 : ○ = 수용성 / × = 비수용성

11 위험물저장소에 [보기]와 같이 위험물이 저장되어 있다. 전체적으로 지정수량의 몇 배가 저장되어 있는지 구하시오. [빈출유형]

[보기]
디에틸에테르 100ℓ
이황화탄소 150ℓ
휘발유 400ℓ
아세톤 200ℓ

Explanation & Advice

지정수량의 배수의 합을 물어보는 문제이며 모두 제4류 위험물이다.

위험물 종류	품명	지정수량(ℓ)
디에틸에테르	특수인화물(비수용성)	50
이황화탄소	특수인화물(비수용성)	50
휘발유	제1석유류(비수용성)	200
아세톤	제1석유류(수용성)	400

• 지정수량의 배수 = $\dfrac{저장수량}{지정수량}$

• 지정수량의 배수의 합은 각 위험물의 지정수량의 배수를 더한 값이다.

$$\therefore \frac{100}{50} + \frac{150}{50} + \frac{400}{200} + \frac{200}{400}$$
$$= 2 + 3 + 2 + 0.5 = 7.5$$

정답 **10** 이황화탄소 - 디에틸에테르 - 휘발유 - 아세톤 **11** 7.5배

12
다음 [보기]의 동식물유류를 건성유, 반건성유, 불건성유로 구분하여 쓰시오.

[보기]
① 아마인유　② 들기름
③ 참기름　　④ 야자유
⑤ 동유

● **요오드값**(요오드가, 옥소값)
1. 유지 100g에 흡수되는 요오드의 그램 수
2. 유지에 염화요오드를 떨어뜨렸을 때 유지 100g에 흡수되는 염화요오드의 양으로부터 요오드의 양을 환산하여 그램 수로 나타낸 것으로 '옥소값'이라고도 한다.

Explanation & Advice

동유는 오동유의 줄임말이다.

요오드값에 따라 동식물유는 다음과 같이 분류된다.

- **건성유** : 요오드값이 130 이상인 것. 이중결합이 많아 불포화도가 높으므로 공기 중에 노출되면 산소와 반응하여 액 표면에 피막을 만들고 굳어버리는 기름. 섬유 등 다공성 가연물에 스며들어 공기와 반응함으로써 자연 발화하기 쉽다.
정어리유, 대구유, 상어유, **아마인유**, **오동유**, 해바라기유, **들기름** 등이 있다.

- **반건성유** : 100~130 사이의 요오드값을 갖는 것. 공기 중에서 서서히 산화되면서 점성은 증가하지만 건조한 상태까지는 되지 않는 기름이다.
면실유, 청어유, 대두유, 채종유, **참기름**, 콩기름, 옥수수기름 등이 있다.

- **불건성유** : 요오드값이 100 이하인 것. 불포화지방산의 함유량이 적기 때문에 공기 중에 두어도 산화되거나 굳어지거나 엷은 막을 형성하지 않는 기름.
올리브유, **야자유**, 동백유, 피마자유, 땅콩기름(낙화생유), 쇠기름, 돼지기름 등이 있다.

정답 12 ① 건성유　② 건성유　③ 반건성유　④ 불건성유　⑤ 건성유

13
위험물안전관리법령상 위험물제조소 등에 설치하는 주의사항 게시판의 바탕색과 문자색을 쓰시오.

[보기]
(1) 인화성 고체
 ① 바탕색   ② 문자색
(2) 금수성 물질
 ① 바탕색   ② 문자색

Explanation & Advice

✿ [위험물안전관리법 시행규칙 별표4 / 제조소의 위치·구조 및 설비의 기준] – Ⅲ. 표지 및 게시판 中

제조소에는 저장 또는 취급하는 위험물에 따라 아래와 같은 주의사항을 표시한 게시판을 설치할 것이며 정해진 바탕색과 문자색으로 표시하여야 한다.

저장 또는 취급하는 위험물 종류	표시할 주의사항	색 상
• 제1류 위험물 중 알칼리금속의 과산화물 • 제3류 위험물 중 금수성 물질	물기엄금	청색 바탕 백색 문자
• 제2류 위험물(인화성고체 제외)	화기주의	적색 바탕 백색 문자
• 제2류 위험물 중 인화성고체 • 제3류 위험물 중 자연발화성 물질 • 제4류 위험물 • 제5류 위험물	화기엄금	

✱ 제1류 위험물 중 알칼리금속의 과산화물 이외의 물질과 제6류 위험물은 해당사항 없다.

14
다음 [보기]에서 설명하는 제2류 위험물에 대하여 각 물음에 답하시오.

[보기]
① 주기율표에서 2족 원소에 속한다.
② 은백색의 광택이 나는 무른 금속이다.
③ 비중은 1.74이며 융점은 650℃이다.
④ 산과 작용하여 수소를 발생시킨다.

(1) 완전연소반응식을 쓰시오.
　[21년 제1회·22년 제1회 기출 동일]
(2) 물과 반응하여 수소를 발생시키는 반응식을 쓰시오.

Explanation & Advice

마그네슘(Mg)은 제2류 위험물에 속하는 위험물이며 지정수량 500kg, 위험등급 Ⅲ에 해당된다.

지구상에서 8번째로 많은 원소인 마그네슘은 알칼리토금속에 속하는 주기율표상의 2족 원소이지만 제3류 위험물이 아닌 제2류 위험물로 별도 지정하며 실온에서 은백색의 광택이 있는 무르고 가벼운 금속으로 존재한다. 불을 붙이면 산화마그네슘으로 변하며 매우 밝은 백색광을 내놓으므로 섬광탄 등에도 이용한다.

마그네슘의 비중은 1.74로 알루미늄의 2/3, 철의 1/4 수준으로, 실용적으로 쓰이는 금속 중에서는 가장 가볍다. (베릴륨이 더 가볍고 강도도 더 뛰어나지만 독성 발암물질인데다 가격도 비싸다.)

정답 13 (1) 인화성 고체 ① 바탕색 : 적색 ② 문자색 : 백색　(2) 금수성 물질 ① 바탕색 : 청색 ② 문자색 : 백색
14 (1) $2Mg + O_2 \rightarrow 2MgO$　(2) $Mg + 2H_2O \rightarrow Mg(OH)_2 + H_2$

마그네슘은 산과 접촉하여도 수소 기체를 발생하며 발열하고 폭발한다.

다음과 같이 염산과 반응하여 염화마그네슘과 수소 기체를 발생한다.

$Mg + 2HCl \rightarrow MgCl_2 + H_2$

가연성 고체이므로 산소공급원으로 작용할 수 있는 제1류(산화성 고체)와 제6류(산화성 액체) 위험물 및 산화제와의 접촉을 금한다.

(1) 마그네슘이 연소하면 산화마그네슘이 된다.

$2Mg + O_2 \rightarrow 2MgO$

(2) 마그네슘은 물, 습기와 접촉하면 수소 기체를 발생하며 발열하고 폭발할 수 있으므로 분말 소화약제나 건조사, 팽창진주암, 팽창질석을 이용하여 질식소화 한다. - 금수성 물질!

$Mg + 2H_2O \rightarrow Mg(OH)_2 + H_2$

+STUDY 마그네슘의 위험물 제외 조건

2mm의 체를 통과하지 아니하는 덩어리 상태의 것이나 지름 2mm 이상의 막대 모양의 것은 위험물에서 제외한다.

15

제4류 위험물인 아세톤에 대한 다음 각 물음에 답하시오.

(1) 완전연소반응식을 쓰시오.

(2) 표준상태에서 아세톤 1kg이 완전연소하는 경우 필요한 공기의 부피(m^3)를 계산하시오. (단, 공기 중 산소의 부피농도는 21vol%이며 표준상태란 0℃, 1atm이다.)

Explanation & Advice

(2)

- 아세톤의 연소반응식 :

  $CH_3COCH_3 + 4O_2 \rightarrow 3CO_2 + 3H_2O$

- 아세톤 1몰이 완전연소하려면 산소 4몰이 필요하다.

- 아세톤 1몰에 해당하는 질량은 58g이다.

- 표준상태에서 산소 1몰에 해당하는 부피는 22.4ℓ이므로 89.6ℓ의 산소가 필요하다.

- 1kg = 1,000g이고 1m^3 = 1,000ℓ

- 질량과 부피와의 단위가 통일되어 있으므로 다음의 관계식으로부터 필요한 산소의 부피를 구할 수 있다.

  58g : 89.6ℓ = 1kg : xm³

  $89.6 \times 1 = 58 \times x$ ∴ $x = 1.55(m^3)$

- 문제의 조건은 필요한 산소의 부피를 구하는 것이 아니라 공기의 부피를 구하는 것이다. 공기 중 산소의 부피는 21vol%이므로 필요한 공기의 부피는 다음과 같이 구해진다.

  $1.55m^3 \times \dfrac{100}{21} = 7.38m^3$

정답 15 (1) $CH_3COCH_3 + 4O_2 \rightarrow 3CO_2 + 3H_2O$ (2) $7.38m^3$

✓ Check point

❖ 단위환산

- 1ℓ의 정의 : 가로, 세로, 높이가 각각 10cm인 정육면체가 차지하는 부피
- 즉, 1ℓ = 1,000cm³
- 1m³는 가로, 세로, 높이가 각각 1m, 즉 100cm인 정육면체가 차지하는 부피이므로 1,000,000cm³가 되며 이는 1,000ℓ가 되는 것이다.

16 제4류 위험물 중 위험등급 II에 해당하는 품명 2가지를 쓰시오.

[22년 제3회 기출 유사]

Explanation & Advice

◉ 제4류 위험물의 품명, 지정수량 및 위험등급
  - [위험물안전관리법 시행령 별표1] & [위험물안전관리법 시행규칙 별표19]

성질	품명		지정수량	위험등급
인화성 액체	특수인화물		50ℓ	I
	제1석유류	비수용성	200ℓ	II
		수용성	400ℓ	
	알코올류		400ℓ	
	제2석유류	비수용성	1,000ℓ	III
		수용성	2,000ℓ	
	제3석유류	비수용성	2,000ℓ	
		수용성	4,000ℓ	
	제4석유류		6,000ℓ	
	동·식물유류	건성유	10,000ℓ	
		반건성유		
		불건성유		

정답 16 제1석유류, 알코올류

17
다음 제4류 위험물에 대한 시성식과 지정수량을 쓰시오.

(1) 클로로벤젠
(2) 톨루엔
(3) 메틸알코올

Explanation & Advice

물질명	품명	화학식	지정수량	위험등급
클로로벤젠	제2석유류(비수용성)	C_6H_5Cl	1,000ℓ	III
톨루엔	제1석유류(비수용성)	$C_6H_5CH_3$	200ℓ	II
메틸알코올	알코올류(수용성)	CH_3OH	400ℓ	II

시성식이란 분자의 화학적 특성을 쉽게 파악할 수 있도록 작용기(기능기) 중심으로 나타낸 화학식이다.

(1) 클로로벤젠은 벤젠의 염화물로서 시성식은 C_6H_5Cl이며 작용기(기능기)는 염화기($-Cl$)이다.
(2) 톨루엔의 시성식은 $C_6H_5CH_3$이며 작용기(기능기)는 메틸기($-CH_3$)이다.
(3) 메틸알코올의 시성식은 CH_3OH이며 작용기(기능기)는 히드록시기($-OH$)이다.

18
다음 제5류 위험물에 대한 화학식을 쓰시오.

(1) 과산화벤조일
(2) 질산메틸
(3) 니트로글리콜

Explanation & Advice

물질명	품명	화학식	지정수량	위험등급
과산화벤조일	유기과산화물	$(C_6H_5CO)_2O_2$	10kg	I
질산메틸	질산에스테르류	CH_3ONO_2	10kg	I
니트로글리콜	질산에스테르류	$C_2H_4(NO_3)_2$	10kg	I

✽ 빈틈없이 촘촘하게   One more Step

❖ 과산화벤조일 구조식

정답
17 (1) C_6H_5Cl / 1,000ℓ (2) $C_6H_5CH_3$ / 200ℓ (3) CH_3OH / 400ℓ
18 (1) $(C_6H_5CO)_2O_2$ (2) CH_3ONO_2 (3) $C_2H_4(NO_3)_2$

19 위험물안전관리법령에 따른 다음 각 물음에 답하시오.

(1) 제조소등의 관계인은 당해 제조소등에 대하여 연 몇 회 이상 정기점검을 실시하여야 하는가?

(2) 제조소등 설치자(허가를 받아 제조소등을 설치한 자)의 지위를 승계하는 경우로서 맞는 것을 모두 선택하여 번호로 답하시오.
① 제조소등의 설치자가 사망한 때
② 제조소등의 설치자가 제조소등을 양도·인도한 때
③ 법인인 제조소등의 설치자의 합병이 있는 때

(3) 제조소등의 폐지에 대한 다음의 설명 중 틀린 내용을 모두 선택하여 번호로 답하시오.
① 폐지는 장래에 대하여 위험물 시설로서의 기능을 완전히 상실시키는 것을 말한다.
② 제조소등의 용도 폐지는 관계인이 한다.
③ 시·도지사에게 신고 후 14일 이내에 폐지하여야 한다.
④ 용도폐지신고를 하려는 자는 위험물용도폐지신고서에 제조소등의 완공검사합격확인증을 첨부하여 시·도지사 또는 소방서장에게 제출해야 한다.

Explanation & Advice

(1)

✿ [위험물안전관리법 시행규칙 제64조 / 정기점검의 횟수]

제조소등의 관계인은 당해 제조소등에 대하여 **연 1회 이상 정기점검을 실시**하여야 한다.

(2)

✿ [위험물안전관리법 제10조 / 제조소등 설치자의 지위승계]

- 제조소등의 설치자(규정에 따라 허가를 받아 제조소등을 설치한 자를 말한다.)가 **사망하거나 그 제조소등을 양도·인도한 때** 또는 **법인인 제조소등의 설치자의 합병이 있는 때**에는 그 상속인, 제조소등을 양수·인수한 자 또는 합병후 존속하는 법인이나 합병에 의하여 설립되는 법인은 그 설치자의 지위를 승계한다.

- 민사집행법에 의한 경매, 「채무자 회생 및 파산에 관한 법률」에 의한 환가, 국세징수법·관세법 또는 「지방세징수법」에 따른 압류재산의 매각과 그 밖에 이에 준하는 절차에 따라 제조소등의 시설의 전부를 인수한 자는 그 설치자의 지위를 승계한다.

- 위의 규정에 따라 제조소등의 설치자의 지위를 승계한 자는 행정안전부령이 정하는 바에 따라 승계한 날부터 30일 이내에 시·도지사에게 그 사실을 신고하여야 한다.

(3)

시·도지사에게 신고 후 14일 이내에 폐지하여야 한다. → 폐지한 날부터 14일 이내에 시·도지사에게 신고하여야 한다.

정답 **19** (1) 연 1회 이상 (2) ① ② ③ (3) ③

✿ [위험물안전관리법 제11조 / 제조소등의 폐지]

제조소등의 관계인(소유자·점유자 또는 관리자를 말한다)은 당해 제조소등의 용도를 폐지(장래에 대하여 위험물시설로서의 기능을 완전히 상실시키는 것을 말한다)한 때에는 행정안전부령이 정하는 바에 따라 제조소등의 용도를 폐지한 날부터 14일 이내에 시·도지사에게 신고하여야 한다.

✿ [위험물안전관리법 시행규칙 제23조 / 용도폐지의 신고]

법 제11조에 따라 제조소등의 용도폐지신고를 하려는 자는 제조소등의 위험물용도폐지신고서(전자문서로 된 신고서를 포함한다)에 제조소등의 완공검사합격확인증을 첨부하여 시·도지사 또는 소방서장에게 제출해야 한다.

20 다음은 위험물안전관리법령에서 정한 탱크 용적 산정기준에 관한 내용이다. ( )안에 알맞은 수치를 쓰시오. [16년 제4회 기출 동일]

위험물을 저장 또는 취급하는 탱크의 용량은 해당 탱크 내용적에서 공간용적을 뺀 용적으로 한다. 탱크의 공간용적은 탱크의 내용적의 100분의 (①) 이상 100분의 (②) 이하의 용적으로 한다. 다만, 소화설비(소화약제 방출구를 탱크 안의 윗부분에 설치하는 것에 한한다)를 설치하는 탱크의 공간용적은 당해 소화설비의 소화약제 방출구 아래의 (③)미터 이상 (④)미터 미만 사이의 면으로부터 윗부분의 용적으로 한다.

Explanation & Advice

✿ [위험물안전관리법 시행규칙 제5조 / 탱크 용적의 산정기준] – 제1항

위험물을 저장 또는 취급하는 탱크의 용량은 해당 탱크의 내용적에서 공간용적을 뺀 용적으로 한다.

✿ [위험물안전관리에 관한 세부기준 제25조 / 탱크의 내용적 및 공간용적]

- 탱크의 공간용적은 탱크의 내용적의 <u>100분의 (5) 이상 100분의 (10) 이하</u>의 용적으로 한다. 다만, 소화설비(소화약제 방출구를 탱크 안의 윗부분에 설치하는 것에 한한다)를 설치하는 탱크의 공간용적은 당해 소화설비의 소화약제 방출구 아래의 <u>(0.3)m 이상 (1)m 미만 사이</u>의 면으로부터 윗부분의 용적으로 한다.

- 암반탱크에 있어서는 당해 탱크 내에 용출하는 7일간의 지하수의 양에 상당하는 용적과 당해 탱크의 내용적의 100분의 1의 용적 중에서 보다 큰 용적을 공간용적으로 한다.

정답 **20** ① 5 ② 10 ③ 0.3 ④ 1

04 제1회 필답형 실기시험

2022년 03월 20일 시행

2020년 제1회 시험부터는 작업형 시험은 시행하지 않습니다. 필답형 시험만 치르며 문항은 20문항이고 각 문항 당 배점은 5점으로 동일합니다.

01 아닐린에 대한 다음 각 물음에 답하시오. [18년 제1회 기출 유사]
(1) 위험물안전관리법령상 해당하는 품명을 쓰시오.
(2) 지정수량을 쓰시오.
(3) 분자량을 구하시오.

Explanation & Advice

벤젠핵의 수소 1개가 아민기($-NH_2$) 1개와 치환된 것이 아닐린이며 화학식(시성식)은 $C_6H_5NH_2$이다.

아닐린은 제4류 위험물 중 제3석유류(비수용성)에 속하는 액체로 지정수량 2,000ℓ, 위험등급은 Ⅲ이며 구조식은 아래와 같다.

(3) 분자식은 C_6H_7N로서 분자량은 93이다.
   $12 \times 6 + 1 \times 7 + 14 \times 1 = 93$

※ 빈틈없이 촘촘하게 **One more Step**

❖ 아닐린($C_6H_5NH_2$ / 아미노벤젠, 페닐아민)

1. 제4류 위험물 중 **제3석유류**(비수용성), **지정수량 2,000ℓ**, 위험등급 Ⅲ
2. 분자량 93, 인화점 75℃, 발화점 615℃, 끓는점 184℃, 비중 1.02, 증기비중 3.2
3. 물에는 난용성이며 알코올, 에테르, 벤젠, 아세톤 등에 잘 녹는다.
4. 독성이 강하며 직사일광이나 공기에 의해 적갈색으로 변한다.
5. 알칼리금속 및 알칼리토금속과 반응하고 수소를 발생시킨다.
6. 산화성 물질과 혼합 시 발화·폭발하며 진한 황산과는 격렬하게 반응한다.
7. 연소 시 질소산화물을 포함하여 여러가지 유독성 연소생성물을 발생한다.
8. 고온에서 유독성의 증기가 생성되며 공기와 인화·폭발성 혼합물을 형성한다.

정답 **01** (1) 제3석유류(비수용성) (2) 2,000ℓ (3) 93

02

경유 600ℓ, 중유 200ℓ, 등유 300ℓ, 톨루엔 400ℓ를 보관하고 있다. 위험물안전관리법령상 각 위험물의 지정수량 배수의 총합은 얼마인지 구하시오.

(1) 계산과정

(2) 답

Explanation & Advice

위험물 종류	품 명	지정수량(ℓ)
경유	제2석유류(비수용성)	1,000
중유	제3석유류(비수용성)	2,000
등유	제2석유류(비수용성)	1,000
톨루엔	제1석유류(비수용성)	200

- 지정수량의 배수 = $\dfrac{저장수량}{지정수량}$

- 지정수량의 배수의 합은 각 위험물의 지정수량의 배수를 더한 값이다.

∴ $\dfrac{600}{1,000} + \dfrac{200}{2,000} + \dfrac{300}{1,000} + \dfrac{400}{200}$

$= 0.6 + 0.1 + 0.3 + 2 = 3$

03

[보기]에서 설명하는 위험물에 대한 다음 각 물음에 알맞은 답을 구하시오.

[보기]
- 공기 속에서 산화되면 포름알데히드가 되며 최종적으로 포름산이 된다.
- 독성이 강하여 먹으면 실명하거나 사망에 이른다.
- 비점 65℃, 비중 0.79, 인화점 11℃

(1) 연소반응식을 쓰시오.

(2) 위험등급은 얼마인지 쓰시오.

(3) 구조식을 쓰시오.

Explanation & Advice

메탄올 분자는 탄소가 1개뿐인 저탄소 물질로서 연소할 때 그을음이나 연기가 거의 발생하지 않으므로 밝은 장소에서 연소하면 발견하지 못하는 경우도 생긴다. 메탄올이 인체 내에 흡수될 경우 포름알데히드로 변환되어 치명적인 결과를 초래할 수 있다. 10ml 정도 섭취 시엔 시신경 마비(실명), 40ml 정도 섭취 시 사망에 이르게 할 수도 있는 독극물이다.

⊙ **메탄올**(CH_3OH)

1. 제4석유류 중 알코올류에 속하는 위험물이다.

2. 지정수량 400ℓ, **위험등급 II**

3. **끓는점 65℃, 인화점 11℃**, 발화점 464℃, **비중 0.79**, 증기비중 1.1

정답

02 (1) $\dfrac{600}{1,000} + \dfrac{200}{2,000} + \dfrac{300}{1,000} + \dfrac{400}{200}$ (2) 3배

03 (1) $2CH_3OH + 3O_2 \rightarrow 2CO_2 + 4H_2O$ (2) 위험등급 II (3)
$$\begin{array}{c} H \\ | \\ H-C-OH \\ | \\ H \end{array}$$

4. 1가 알코올이며 0차 알코올이다.
5. 무색투명한 휘발성 액체이며 체내 흡수 시 치명적이다.
6. 알코올류 중에서 물에 가장 잘 녹는다.
7. 공기와 비슷한 증기 밀도를 나타내기에 확산되면 폭발성의 혼합가스를 만들 수 있다.
8. <u>탄소 함량이 적은 저탄소 물질로서 완전연소하며 그을음이나 연기가 거의 발생하지 않는다.</u>

    $2CH_3OH + 3O_2 \rightarrow 2CO_2 + 4H_2O$

9. 수용액으로 존재할 때도 인화, 폭발할 수 있고 수용액 농도가 진할수록 인화점이 낮아져서 연소 가능성은 증대된다.
10. 알칼리금속과 반응하여 수소 기체를 발생시킨다.

    $2CH_3OH + 2Na \rightarrow 2CH_3ONa + H_2 \uparrow$

11. 산화되면 포름알데히드를 거쳐 최종적으로 개미산(포름산, HCOOH)이 된다.

    $CH_3OH \xrightarrow{-H_2} HCHO \xrightarrow{+O} HCOOH$

04 질산이 햇빛에 의해 분해되는 경우에 대한 다음 각 물음에 답하시오.
[19년 제4회, 21년 제4회 기출 동일]

(1) 분해반응식을 쓰시오.
(2) 생성되는 유독성 기체의 명칭을 쓰시오.

Explanation & Advice

질산(HNO_3)은 제6류 위험물(산화성 액체)로 지정수량 300kg, 위험등급은 Ⅰ등급이다. 비중이 1.49 이상인 것부터 위험물로 취급하며 무색의 흡습성이 강한 액체이나 보관 중에 담황색으로 변색된다. 부식성이 강한 강산으로 금, 백금, 이리듐, 로듐을 제외한 금속들을 녹일 수 있으며 염산과 질산을 3 : 1의 비율로 혼합한 왕수를 제조하면 금, 백금 등도 녹일 수 있다.

질산에 빛을 쪼이면 분해되어 물, 산소와 유독한 갈색 증기인 이산화질소(NO_2)를 발생시킨다. 직사일광에 의한 분해를 방지하기 위해 차광성의 갈색병에 넣어 냉암소에 보관한다.

$4HNO_3 \rightarrow 2H_2O + 4NO_2 \uparrow + O_2 \uparrow$

정답 04 (1) $4HNO_3 \rightarrow 2H_2O + 4NO_2 \uparrow + O_2 \uparrow$　(2) 이산화질소

05

위험물안전관리법령상 위험물제조소에서 취급하는 위험물의 최대수량이 다음과 같을 경우 보유공지의 너비는 얼마 이상으로 해야하는지 답하시오.

[18년 제4회 기출유사]

(1) 지정수량 5배
(2) 지정수량 10배
(3) 지정수량 100배

Explanation & Advice

✿ [위험물안전관리법 시행규칙 별표4 / 제조소의 위치·구조 및 설비의 기준] - Ⅱ. 보유공지

위험물을 취급하는 건축물 그 밖의 시설(위험물을 이송하기 위한 배관 그밖에 이와 유사한 시설을 제외한다)의 주위에는 그 취급하는 위험물의 최대수량에 따라 다음 표에 의한 너비의 공지를 보유하여야 한다.

취급하는 위험물의 최대수량	공지의 너비
지정수량의 10배 이하	3m 이상
지정수량의 10배 초과	5m 이상

06

위험물안전관리법령상 제1류 위험물에 해당하는 과산화칼륨에 대한 다음 각 물음에 답하시오.

(1) 물과의 반응식을 쓰시오.
(2) 이산화탄소와의 반응식을 쓰시오.

Explanation & Advice

◉ 과산화칼륨(K_2O_2)

1. 제1류 위험물 중 무기과산화물에 속한다.
2. 지정수량 50kg, 위험등급 Ⅰ
3. 분자량 110, 녹는점 490℃, 비중 2.9
4. 무색 또는 오렌지색의 분말이다.
5. 흡습성이 있으며 에탄올에 용해된다.
6. 물 또는 이산화탄소와의 반응 및 가열분해할 경우 공통적으로 산소 기체를 발생시킨다.

   $2K_2O_2 + 2H_2O \rightarrow 4KOH + O_2 \uparrow$

   $2K_2O_2 + 2CO_2 \rightarrow 2K_2CO_3 + O_2 \uparrow$

   $2K_2O_2 \rightarrow 2K_2O + O_2 \uparrow$

7. 염산이나 아세트산과 반응하면 과산화수소를 생성한다.

   $K_2O_2 + 2HCl \rightarrow 2KCl + H_2O_2$

   $K_2O_2 + 2CH_3COOH \rightarrow 2CH_3COOK + H_2O_2$

8. 가연물과 혼합되어 있으면 마찰, 충격, 소량의 물과의 접촉 등으로 발화한다.

정답
05 (1) 3m (2) 3m (3) 5m
06 (1) $2K_2O_2 + 2H_2O \rightarrow 4KOH + O_2 \uparrow$ (2) $2K_2O_2 + 2CO_2 \rightarrow 2K_2CO_3 + O_2 \uparrow$

07

이황화탄소 20kg이 모두 증기가 된다면 3기압 120℃에서 몇 리터가 되는지 구하시오.

[빈출유형 / 2019년 제1회 기출 유사]

Explanation & Advice

이황화탄소(CS_2)는 제4류 위험물 중 특수인화물에 속하는 물질로 지정수량 50ℓ, 위험등급은 Ⅰ등급이다.

- 이황화탄소의 분자량 : 12 + 32 × 2 = 76
- 이상기체상태방정식을 이용하여 구한다.

$$PV = \frac{w}{M}RT$$

P(압력) : 3기압

V(부피) : V(ℓ)

w(질량) : 20,000g

M(분자량) : 76

R(기체상수) : 0.082(기압·ℓ)/(mol·K)

T(절대온도) : 120 + 273 = 393

$$3 \times V = \frac{20,000}{76} \times 0.082 \times (120 + 273)$$

∴ V = 2,826.84ℓ

08

다음 [보기]의 물질 중 비중이 물보다 큰 것을 고르시오.

[16년 제2회, 20년 제1회 기출 유사]

[보기]
산화프로필렌, 글리세린, 이황화탄소, 클로로벤젠, 피리딘

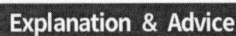

보기의 위험물은 모두 제4류 위험물에 속한다.

물질명	화학식	품 명
산화프로필렌	CH_3CHOCH_2	특수인화물
글리세린	$C_3H_5(OH)_3$	제3석유류
이황화탄소	CS_2	특수인화물
클로로벤젠	C_6H_5Cl	제2석유류
피리딘	C_5H_5N	제1석유류

물질명	수용성 여부	지정수량/ 위험등급	비 중
산화프로필렌	○	50ℓ / Ⅰ	0.83
글리세린	○	4,000ℓ / Ⅲ	1.26
이황화탄소	×	50ℓ / Ⅰ	1.26
클로로벤젠	×	1,000ℓ / Ⅲ	1.11
피리딘	○	400ℓ / Ⅱ	0.98

＊수용성 여부 : ○ = 수용성 / × = 비수용성

정답
07 2,826.84ℓ
08 글리세린, 이황화탄소, 클로로벤젠

09 다음 할로겐화합물 소화약제의 할론 번호를 각각 적으시오.

[빈출유형 / 20년 제1회 유사]

(1) CF_3Br
(2) CF_2BrCl
(3) $C_2F_4Br_2$

Explanation & Advice

할론 번호의 4자리 숫자는 C − F − Cl − Br의 순서대로 개수를 나타낸 것이다.

(1) CF_3Br은 C 1개, F 3개, Cl 0개, Br 1개 이므로 Halon 1301이 된다.

(2) CF_2BrCl은 CF_2ClBr과 같은 것이므로 C 1개, F 2개, Cl 1개, Br 1개이며 Halon 1211이 되는 것이다.

(3) $C_2F_4Br_2$은 C 2개, F 4개, Cl 0개, Br 2개를 의미하므로 Halon 2402가 되는 것이다.

10 제2류 위험물인 적린에 대한 다음 각 물음에 답하시오.

[17년 제2회, 20년 제1회, 21년 제1회 & 제2회 기출 유사]

(1) 연소반응식을 쓰시오.
(2) 연소 시 생성되는 기체의 명칭을 쓰시오.

Explanation & Advice

적린(P)은 가연성 고체로 제2류 위험물이며 지정수량은 100kg, 위험등급은 II이다.

냄새 없는 암적색의 분말이며 조해성이 있고 황린(P_4)과 동소체이다.

공기 차단 후 황린을 260℃로 가열하면 적린이 된다.

연소하면 흰 연기의 유독성 오산화인(P_2O_5)을 발생한다.

$4P + 5O_2 \rightarrow 2P_2O_5$

정답 **09** (1) Halon 1301 (2) Halon 1211 (3) Halon 2402
10 (1) $4P + 5O_2 \rightarrow 2P_2O_5$ (2) 오산화인

11 금속나트륨에 대한 다음 각 물음에 답하시오.

(1) 물과의 반응식을 쓰시오.
(2) 표준상태에서 1kg의 나트륨이 물과 반응할 경우 생성되는 가스의 부피는 몇 m^3인지 구하시오.

Explanation & Advice

◎ 금속나트륨(Na)

1. 제3류 위험물로 금수성 물질인 동시에 자연발화성 물질이다.
2. 지정수량 10kg, 위험등급 I
3. 은백색의 광택이 있는 무른 경금속으로 공기 중 방치하면 자연발화 할 수 있다.
4. 공기 중에서 연소하면 독특한 노란색 불꽃을 낸다.
5. <u>물과 격렬하게 반응하여 발열하고 수산화나트륨과 폭발성의 수소기체를 발생한다.</u>

    $2Na + 2H_2O \rightarrow 2NaOH + H_2 \uparrow$

6. 알코올과 반응하여 폭발성의 수소 기체와 나트륨에틸레이트(C_2H_5ONa)를 발생한다.

    $2Na + 2C_2H_5OH \rightarrow 2C_2H_5ONa + H_2 \uparrow$

7. 이산화탄소 및 사염화탄소와 폭발반응을 일으킨다.

    $4Na + 3CO_2 \rightarrow 2Na_2CO_3 + C$
    $4Na + CCl_4 \rightarrow 4NaCl + C$

8. 화재가 일어날 경우 소화의 어려움이 있으므로 가급적이면 소량씩 나누어서 저장한다.

(2)
- 나트륨 원자량은 23이므로 1몰에 해당하는 양은 23g이다.
- 나트륨 1kg은 43.48몰에 해당한다.
- 물과의 반응식에서 1몰의 나트륨이 물과 반응하면 0.5몰의 수소 기체가 발생함을 알 수 있다.
- 나트륨 43.48몰이 물과 반응하면 수소 기체는 21.74몰이 생성된다.
- 표준상태에서 기체 1몰이 차지하는 부피는 기체의 종류에 관계없이 22.4ℓ이므로 21.74 × 22.4 = 486.976ℓ의 수소 기체가 생성된다.
- 1,000ℓ = 1m^3이므로 486.976ℓ는 0.4869m^3, 즉, 0.49m^3에 해당한다.

✓ Check point 다른 풀이

- 나트륨 1몰에 해당하는 질량은 23g이고 수소 0.5몰에 해당하는 부피는 11.2ℓ이다.
- 1kg = 1,000g이고 1m^3 = 1,000ℓ
- 질량과 부피와의 단위가 통일되어 있으므로 다음의 관계식으로부터 답을 구할 수 있다.
- 23g : 11.2ℓ = 1kg : $x\,m^3$

    $11.2 \times 1 = 23 \times x$

    $\therefore x ≒ 0.49(m^3)$

▶ 찾아가기 - 단위환산
2016년 제2회 13번 풀이

정답 **11** (1) $2Na + 2H_2O \rightarrow 2NaOH + H_2 \uparrow$ (2) 0.49m^3

12
제2류 위험물인 마그네슘에 대한 다음 각 물음에 답하시오.

(1) 연소반응식을 쓰시오.
 [21년 제1회 기출 동일]
(2) 표준상태에서 1몰의 마그네슘이 연소하는데 필요한 이론적 산소의 부피는 몇 ℓ인지 구하시오.

Explanation & Advice

마그네슘(Mg)은 제2류 위험물에 속하는 위험물로서 지정수량 500kg, 위험등급은 Ⅲ등급이다. 알칼리토금속에 속하는 주기율표상의 2족 원소이지만 제3류 위험물이 아닌 제2류 위험물로 별도 지정한다.

가연성 고체이므로 산소공급원으로 작용할 수 있는 제1류(산화성 고체)와 제6류(산화성 액체) 위험물 및 산화제와의 접촉을 금한다.

(1) 마그네슘이 연소하면 산화마그네슘이 된다.

 $2Mg + O_2 \rightarrow 2MgO$

(2)
- 연소반응식에서 보여주듯 2몰의 마그네슘이 연소하는 데는 1몰의 산소가 필요하다.
- 그러므로 1몰의 마그네슘의 연소에는 0.5몰의 산소가 필요한 것이다.
- 표준상태에서 1몰의 기체가 차지하는 부피는 기체의 종류에 관계없이 22.4ℓ이다.
- 따라서 0.5몰의 산소가 차지하는 부피는 11.2ℓ이며 1몰의 마그네슘을 연소시키기 위한 이론적 산소 부피가 된다.

13
위험물안전관리법령상 제4류 위험물에 해당하는 에틸알코올에 대한 다음 각 물음에 답하시오.

(1) 1차 산화되었을 때 생성되는 물질의 명칭은 무엇인지 쓰시오.
(2) (1)에서 생성된 물질이 공기 중에서 다시 산화될 경우 생성되는 물질의 명칭은 무엇인지 쓰시오.
(3) 에틸알코올의 위험도를 구하시오.

Explanation & Advice

에탄올이 산화하면 아세트알데히드를 거쳐 최종적으로 아세트산(초산)이 된다.

$CH_3CH_2OH \xrightarrow{-H_2} CH_3CHO \xrightarrow{+O} CH_3COOH$

(3)

- 위험도(H) = $\dfrac{\text{연소상한계} - \text{연소하한계}}{\text{연소하한계}}$

- 에틸알코올의 연소범위는 4.3 ~ 19(%)

- $\dfrac{19 - 4.3}{4.3} ≒ 3.42$

정답
12 (1) $2Mg + O_2 \rightarrow 2MgO$ (2) 11.2ℓ
13 (1) 아세트알데히드 (2) 아세트산 (3) 3.42

14 디에틸에테르에 대한 다음 각 물음에 답하시오.

(1) 증기비중을 구하시오.
(2) 과산화물의 생성 여부를 확인하는 방법에 대해 쓰시오.
(3) 지정수량은 얼마인지 쓰시오.

Explanation & Advice

⊙ 디에틸에테르($C_2H_5OC_2H_5$)

1. 제4류 위험물 중 특수인화물
2. **지정수량 50ℓ**, 위험등급 I
3. 에틸에테르라고도 함
4. 분자량 74, 인화점 -45℃, 착화점 180℃, 비중 0.71, 증기비중 2.55, 연소범위 1.9 ~ 48%
5. 인화점이 -45℃로 제4류 위험물 중 인화점이 가장 낮은 편에 속한다.
6. 무색투명한 유동성 액체이다.
7. 알코올에는 잘 녹지만, 물에는 잘 녹지 않으며 물 위에 뜨므로 물속에 저장하지는 않는다.
8. 유지 등을 잘 녹이는 용제이다.
9. 휘발성이 강하며 마취성이 있어 전신마취에 사용된 적도 있다.
10. 전기의 부도체로 정전기가 발생할 수 있으므로 저장할 때 소량의 염화칼슘을 넣는다.
11. 강산화제 및 강산류와 접촉하면 발열 발화한다.
12. 체적 팽창률(팽창계수)이 크므로 용기의 공간 용적을 2% 이상 확보하도록 한다.
13. 공기와 장시간 접촉하면 산화되어 폭발성의 불안정한 과산화물이 생성된다.
14. 직사일광에 의해서도 분해되어 과산화물이 생성되므로 이의 방지를 위해 갈색 병에 밀전, 밀봉하여 보관하며 증기누출이 용이하고 증기압이 높아 용기가 가열되면 파손, 폭발할 수도 있으므로 불꽃 등 화기를 멀리하고 통풍이 잘되는 냉암소에 보관한다.
15. **과산화물의 생성 방지 및 제거**
    - 생성 방지 : 과산화물의 생성을 방지하기 위해 저장 용기에 40 메시(mesh)의 구리망을 넣어둔다.
    - **생성 여부 검출 : 10% 요오드화칼륨 수용액으로 검출하며 과산화물 존재 시 황색으로 변한다.**
    - 과산화물 제거시약 : 황산제1철, 환원철
16. 대량으로 저장할 경우에는 불활성가스를 봉입한다.

(1)
- 증기비중이란 동일한 체적 조건하에서 어떤 기체(증기)의 질량과 표준물질의 질량과의 비를 말하며 표준물질로는 0℃, 1기압에서의 공기를 기준으로 한다. [분자량의 비로 계산해도 된다.]

$$증기비중 = \frac{증기의 \ 분자량}{공기의 \ 평균분자량} = \frac{증기의 \ 분자량}{29}$$

- 공기의 평균분자량 값은 29이다.
- 디에틸에테르의 화학식은 $C_4H_{10}O$(시성식은 $C_2H_5OC_2H_5$)이므로

  분자량 = 12 × 4 + 1 × 10 + 16 = 74 이다.

  ∴ $\frac{74}{29}$ ≒ 2.55

정답 14 (1) 2.55 (2) 10% 요오드화칼륨 수용액을 사용하여 황색 반응이 일어나는 것으로 검출 (3) 50ℓ

15 위험물안전관리법령상 다음 각 위험물의 운반용기 외부에 표시해야 하는 주의사항을 모두 쓰시오.

(1) 제1류 위험물 중 알칼리금속의 과산화물
(2) 제2류 위험물 중 철분, 금속분, 마그네슘
(3) 제3류 위험물 중 자연발화성 물질
(4) 제4류 위험물
(5) 제6류 위험물

류별	성질	
제3류 위험물	자연발화성 및 금수성물질	• 자연발화성 물질 : 화기엄금, 공기접촉엄금 • 금수성 물질 : 물기엄금
제4류 위험물	인화성 액체	화기엄금
제5류 위험물	자기반응성 물질	화기엄금, 충격주의
제6류 위험물	산화성 액체	가연물 접촉주의

Explanation & Advice

✿ [위험물안전관리법 시행규칙 별표19 / 위험물의 운반에 관한 기준] – Ⅱ. 적재방법 중 위험물의 종류에 따른 운반 용기 외부에 표시하여야 할 주의사항

류별	성질	표시할 주의사항
제1류 위험물	산화성 고체	• 알칼리금속의 과산화물 또는 이를 함유한 것 : 화기·충격주의, 물기엄금 및 가연물 접촉주의 • 그 밖의 것 : 화기·충격주의, 가연물 접촉주의
제2류 위험물	가연성 고체	• 철분·금속분·마그네슘 또는 이들 중 어느 하나 이상을 함유한 것 : 화기주의, 물기엄금 • 인화성 고체 : 화기엄금 • 그 밖의 것 : 화기주의

16 그림과 같은 위험물 저장탱크의 내용적은 몇 m^3인지 구하시오. (단, $r=1m$, $\ell_1=0.4m$, $\ell_2=0.5m$, $\ell=5m$이다.)

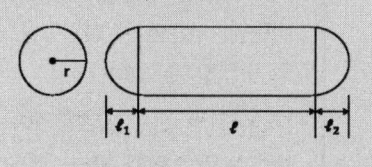

Explanation & Advice

• 횡으로 설치한 원통형 탱크의 내용적
$$= \pi r^2 \left(\ell + \frac{\ell_1 + \ell_2}{3} \right)$$

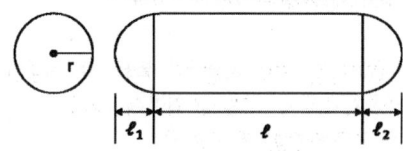

$$\therefore \pi \times 1^2 \left(5 + \frac{0.4 + 0.5}{3} \right) ≒ 16.65(m^3)$$

정답
15 (1) 화기·충격주의, 물기엄금 및 가연물 접촉주의 (2) 화기주의, 물기엄금 (3) 화기엄금, 공기접촉엄금
     (4) 화기엄금   (5) 가연물 접촉주의
16 $16.65m^3$

17 위험물안전관리법령상 이동탱크저장소의 위치, 구조 및 설비의 기준에 대한 내용이다. 다음 괄호 안에 알맞은 수치를 채워 넣으시오.

- 이동저장탱크는 그 내부에 (①)ℓ 이하마다 (②)mm 이상의 강철판 또는 이와 동등 이상의 강도·내열성 및 내식성이 있는 금속성의 것으로 칸막이를 설치하여야 한다.
- 상기 규정에 의한 칸막이로 구획된 각 부분마다 맨홀과 안전장치 및 방파판을 설치하여야 한다. 다만, 칸막이로 구획된 부분의 용량이 (③)ℓ 미만인 부분에는 방파판을 설치하지 아니할 수 있다.
- 안전장치의 경우 상용압력이 20kPa 이하인 탱크에 있어서는 20kPa 이상 (④)kPa 이하의 압력에서, 상용압력이 20kPa를 초과하는 탱크에 있어서는 상용압력의 (⑤)배 이하의 압력에서 작동하는 것으로 할 것

다만, 고체인 위험물을 저장하거나 고체인 위험물을 가열하여 액체 상태로 저장하는 경우에는 그러하지 아니하다.
- 위의 규정에 의한 칸막이로 구획된 각 부분마다 맨홀과 정해진 기준에 의한 안전장치 및 방파판을 설치하여야 한다. 다만, 칸막이로 구획된 부분의 용량이 (2,000)ℓ 미만인 부분에는 방파판을 설치하지 아니할 수 있다.
- 안전장치의 경우 상용압력이 20kPa 이하인 탱크에 있어서는 20kPa 이상 (24)kPa 이하의 압력에서, 상용압력이 20kPa를 초과하는 탱크에 있어서는 상용압력의 (1.1)배 이하의 압력에서 작동하는 것으로 할 것

18 다음은 위험물안전관리법령에 따른 소화설비 적응성에 관한 도표이다. 물분무등소화설비에 적응성이 있는 경우 빈칸에 알맞게 O 표시를 하시오.

소화설비의 구분		건축물·그 밖의 공작물	전기설비	제1류 위험물		제2류 위험물			제3류 위험물		제4류 위험물	제5류 위험물	제6류 위험물
				알칼리금속 과산화물등	그 밖의 것	철분·금속분·마그네슘등	인화성 고체	그 밖의 것	금수성 물품	그 밖의 것			
물분무등소화설비	물분무 소화설비												
	포 소화설비												
	불활성가스 소화설비												
	할로겐화합물 소화설비												
	분말소화설비	인산염류 등											
		탄산수소염류 등											
		그 밖의 것											

Explanation & Advice

✿ [위험물안전관리법 시행규칙 별표 10 / 이동탱크저장소의 위치·구조 및 설비의 기준] – Ⅱ. 이동저장탱크의 구조 中

- 이동저장탱크는 그 내부에 (4,000)ℓ 이하마다 (3.2)mm 이상의 강철판 또는 이와 동등 이상의 강도·내열성 및 내식성이 있는 금속성의 것으로 칸막이를 설치하여야 한다.

Explanation & Advice

정답 17 ① 4,000 ② 3.2 ③ 2,000 ④ 24 ⑤ 1.1
18 55페이지 참조

✿ [위험물안전관리법 시행규칙 별표17 / 소화설비, 경보설비 및 피난설비의 기준] - Ⅰ. 소화설비 中
4. 소화설비의 적응성

소화설비의 구분			건축물·그 밖의 공작물	전기설비	제1류 위험물		제2류 위험물			제3류 위험물		제4류 위험물	제5류 위험물	제6류 위험물
					알칼리금속 과산화물 등	그 밖의 것	철분·금속분·마그네슘 등	인화성 고체	그 밖의 것	금수성 물품	그 밖의 것			
옥내소화전 또는 옥외소화전 설비			O			O		O	O		O		O	O
스프링클러 설비			O			O		O	O		O	△	O	O
물분무등소화설비	물분무 소화설비		O	O		O		O	O		O	O	O	O
	포 소화설비		O			O		O	O		O	O	O	O
	불활성가스 소화설비			O				O				O		
	할로겐화합물 소화설비			O				O				O		
	분말소화설비	인산염류 등	O	O		O		O	O			O		O
		탄산수소염류 등		O	O		O	O		O		O		
		그 밖의 것			O		O			O				
대형·소형수동식소화기	봉상수(棒狀水) 소화기		O			O		O	O		O		O	O
	무상수(霧狀水) 소화기		O	O		O		O	O		O		O	O
	봉상강화액 소화기		O			O		O	O		O		O	O
	무상강화액 소화기		O	O		O		O	O		O	O	O	O
	포 소화기		O			O		O	O		O	O	O	O
	이산화탄소 소화기			O				O				O		△
	할로겐화합물 소화기			O				O				O		
	분말소화기	인산염류 소화기	O	O		O		O	O			O		O
		탄산수소염류 소화기		O	O		O	O		O		O		
		그 밖의 것			O		O			O				
기타	물통 또는 수조		O			O		O	O		O		O	O
	건조사				O	O	O	O	O	O	O	O	O	O
	팽창질석 또는 팽창진주암				O	O	O	O	O	O	O	O	O	O

"○"표시는 당해 소방대상물 및 위험물에 대하여 소화설비가 적응성이 있음을 표시하고, "△"표시는 제4류 위험물을 저장 또는 취급하는 장소의 살수 기준 면적에 따라 스프링클러 설비의 살수 밀도가 특정 기준 이상인 경우에는 당해 스프링클러 설비가 제4류 위험물에 대하여 적응성이 있음을, 제6류 위험물을 저장 또는 취급하는 장소로서 폭발의 위험이 없는 장소에 한하여 이산화탄소 소화기가 제6류 위험물에 대하여 적응성이 있음을 각각 표시한다.

19 위험물안전관리법령상 제3류 위험물에 해당하는 탄화알루미늄에 대한 다음 각 물음에 답하시오.

[18년 제3회, 20년 제1회 & 제3회, 21년 제1회 기출 유사]

(1) 물과의 반응식을 쓰시오.
(2) (1)에서 생성되는 기체의 연소반응식을 쓰시오.

Explanation & Advice

◉ **탄화알루미늄**(Al_4C_3)

1. 제3류 위험물 중 칼슘 또는 알루미늄의 탄화물
2. 지정수량 300kg, 위험등급 Ⅲ
3. 무색 또는 황색의 결정 또는 분말 형태로 냄새는 없다.
4. 녹는점 2,100℃, 비중 2.36
5. 물과 반응하여 가연성 가스인 메탄가스를 발생하므로 주수소화는 금지한다.

   $Al_4C_3 + 12H_2O \rightarrow 4Al(OH)_3 + 3CH_4$

6. 연소 시 자극성과 부식성의 독성 가스를 생성한다.

20 다음은 위험물안전관리법령상 이동탱크저장소에 의한 위험물의 운송 시 주의사항을 나타낸 것이다. 괄호 안을 알맞게 채우시오.

위험물 운송자는 장거리(고속국도에 있어서는 (①)km 이상, 그 밖의 도로에 있어서는 (②)km 이상을 말한다)에 걸치는 운송을 하는 때에는 2명 이상의 운전자로 할 것. 다만, 다음의 1에 해당하는 경우에는 그러하지 아니하다.

(1) 운송책임자를 동승시킨 경우
(2) 운송하는 위험물이 제2류 위험물·제3류 위험물(칼슘 또는 알루미늄의 탄화물과 이것만을 함유한 것에 한한다) 또는 제(③)류 위험물(특수인화물을 제외한다)인 경우
(3) 운송 도중에 (④)시간 이내마다 (⑤)분 이상씩 휴식하는 경우

정답
19 (1) $Al_4C_3 + 12H_2O \rightarrow 4Al(OH)_3 + 3CH_4$ (2) $CH_4 + 2O_2 \rightarrow CO_2 + 2H_2O$
20 ① 340 ② 200 ③ 4 ④ 2 ⑤ 20

Explanation & Advice

- ✿ [위험물안전관리법 시행규칙 별표 21 / 위험물 운송책임자의 감독 또는 지원의 방법과 위험물의 운송 시에 준수하여야 하는 사항]

- 이동탱크저장소에 의한 위험물의 운송 시에 준수하여야 하는 기준 中

  - 위험물 운송자는 장거리(고속국도에 있어서는 **340km 이상**, 그 밖의 도로에 있어서는 **200km 이상**을 말한다)에 걸치는 운송을 하는 때에는 2명 이상의 운전자로 할 것. 다만, 다음의 어느 하나에 해당하는 경우에는 그러하지 아니하다.

    ◦ 정해진 규정에 의하여 운송책임자를 동승시킨 경우

    ◦ 운송하는 위험물이 제2류 위험물·제3류 위험물(칼슘 또는 알루미늄의 탄화물과 이것만을 함유한 것에 한한다) 또는 **제4류 위험물**(특수인화물을 제외한다)인 경우

    ◦ 운송 도중에 **2시간** 이내마다 **20분** 이상씩 휴식하는 경우

CHAPTER 2 - 2021년 실기 기출문제

01 제4회 필답형 실기시험

2021년 11월 27일 시행

01 다음 제2류 위험물에 대한 완전 연소 반응식을 쓰시오.

[21년 제1회 기출 동일]

(1) 삼황화인
(2) 오황화인

Explanation & Advice

황화인은 제2류 위험물이며 지정수량은 100kg, 위험등급은 Ⅱ등급이다. 삼황화인(P_4S_3), 오황화인(P_2S_5), 칠황화인(P_4S_7)이 있으며 이들이 연소하면 모두 이산화황과 오산화인을 발생한다.

- 삼황화인의 연소반응식 :

  $P_4S_3 + 8O_2 \rightarrow 2P_2O_5 + 3SO_2$

- 오황화인의 연소반응식 :

  $2P_2S_5 + 15O_2 \rightarrow 2P_2O_5 + 10SO_2$

- 칠황화인의 연소반응식 :

  $P_4S_7 + 12O_2 \rightarrow 2P_2O_5 + 7SO_2$

02 제4류 위험물인 피리딘의 구조식을 나타내고 분자량을 구하시오.

Explanation & Advice

- 피리딘(C_5H_5N)의 분자량 :
  $12 \times 5 + 1 \times 5 + 14 = 79$

⊙ 피리딘(C_5H_5N)

물질명	품 명	수용성 여부	화학식	지정 수량	위험 등급
피리딘	제1석유류	수용성	C_5H_5N	400ℓ	Ⅱ

1. 방향족 고리화합물이다.
2. 순수한 것은 무색투명하고 불순물이 섞여 있으면 담황색을 나타내는 액체이다.
3. 인화점 16℃, 발화점 482℃, 끓는점 115℃, 비중 0.98, 증기비중 2.72
4. 수용액 상태에서도 인화될 수 있는 인화성 액체이다.
5. 휘발성 액체로 악취를 풍기며 약알칼리성으로 독성이 강하고 흡습성이 있다.
6. 물, 알코올, 에테르에 잘 녹고 유기용매와도 잘 섞인다. - 피리딘의 질소원자가 물과 수소결합을 형성하므로 물에 잘 녹으며 비극성 유기용매이므로 같은 성질의 유기용매에도 잘 녹는다.

정답

01 (1) $P_4S_3 + 8O_2 \rightarrow 2P_2O_5 + 3SO_2$ (2) $2P_2S_5 + 15O_2 \rightarrow 2P_2O_5 + 10SO_2$

02 • 구조식 : 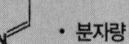   • 분자량 : 79

03 제3류 위험물 중 나트륨에 대한 다음 각 물음에 답하시오.

(1) 나트륨과 물의 반응식을 쓰시오.
(2) 물음 (1)의 반응에서 생성되는 기체의 연소반응식을 쓰시오.

Explanation & Advice

(1) 나트륨은 물과 반응 시 수산화나트륨과 폭발성 기체인 수소를 발생하며 발열한다. 그러므로 물과의 접촉을 엄격히 제한하여야 한다.

$2Na + 2H_2O \rightarrow 2NaOH + H_2 \uparrow + 92.8Kcal$

(2) 수소는 가연성 연료로서 폭발음과 함께 무색의 불꽃을 내며 연소한다. 이때 수소는 산소와 반응하여 물 분자를 만들어내고 다량의 열을 발산한다.

$2H_2 + O_2 \rightarrow 2H_2O + 572kJ$

04 제2류 위험물인 유황에 대한 다음 각 물음에 답하시오.

(1) 연소반응식을 쓰시오.
(2) 위험물에 해당하려면 순도가 몇 중량% 이상이 되어야 하는지 쓰시오.
(3) 순도측정에 있어서 불순물은 무엇에 한하는지 1가지만 쓰시오.

Explanation & Advice

황(S)은 제2류 위험물이며 지정수량 100kg, 위험등급은 Ⅱ등급이다.

(1) 황이 연소되면 이산화황(SO_2)이 발생된다.
$S + O_2 \rightarrow SO_2$
아황산가스로도 불리는 이산화황은 무색의 자극성 냄새가 나는 독성이 강한 가스로 화산활동과 같은 자연적인 현상으로도 발생하지만 대부분은 산업과정에서 부산물로 생성되며 호흡기계 질환을 유발하는 주요 대기오염 물질 중 하나이다.

(2) · (3) ✿ [위험물안전관리법 시행령 별표1 / 위험물 및 지정수량] – 비고란 제8항

• 유황은 순도가 **60**중량퍼센트 이상인 것을 말한다. 이 경우 **순도측정에 있어서 불순물은 활석 등 불연성 물질과 수분에 한한다.**

정답
03 (1) $2Na + 2H_2O \rightarrow 2NaOH + H_2 \uparrow$ (2) $2H_2 + O_2 \rightarrow 2H_2O$
04 (1) $S + O_2 \rightarrow SO_2$ (2) 60 (3) 불연성 물질, 수분 중 1개 선택

05 다음 [보기]의 위험물에 대한 분자식을 쓰시오.

[보기]
① 과산화칼슘
② 과망간산칼륨
③ 질산암모늄

06 다음 반응식의 ( )안에 해당하는 위험물에 대한 각 물음에 답하시오.

( ) + 2H$_2$O → Ca(OH)$_2$ + 2H$_2$

(1) 품명
(2) 지정수량
(3) 위험등급

Explanation & Advice

모두 제1류 위험물이다.

물질명	품 명	화학식	지정수량	위험등급
과산화칼슘	무기과산화물	CaO$_2$	50kg	I
과망간산칼륨	과망간산염류	KMnO$_4$	1,000kg	III
질산암모늄	질산염류	NH$_4$NO$_3$	300kg	II

Explanation & Advice

'→'를 기준으로 좌변과 우변의 원소의 종류와 개수를 일치시켜 반응식을 완성한다.

( ) + 2H$_2$O → Ca(OH)$_2$ + 2H$_2$

(좌변)   (우변)
H : 4개   H : 6개
O : 2개   O : 2개
Ca : 0개   Ca : 1개

좌변에 Ca 1개와 H 2개가 부족한 것을 알 수 있으므로 좌변과 우변의 원소의 종류와 개수를 일치시키려면 ( )안의 물질은 수소화칼슘(CaH$_2$)이 되어야 할 것이다.

칼슘과 관련된 위험물이 물과 반응하여 수산화칼슘[Ca(OH)$_2$]과 수소 기체를 발생하는 것은 제3류 위험물 중 '알칼리토금속'에 속하는 칼슘(Ca)이거나 '금속의 수소화물'에 속하는 수소화칼슘(CaH$_2$)이다. 따라서, 좌변과 우변의 원소의 종류와 개수를 일치시키기 위해서는 칼슘 뿐 아니라 수소 2개도 필요한 것으로 보아 ( )안의 물질은 수소화칼슘(CaH$_2$)이 되는 것이다.

CaH$_2$ + 2H$_2$O → Ca(OH)$_2$ + 2H$_2$

정답
05 ① CaO$_2$ ② KMnO$_4$ ③ NH$_4$NO$_3$
06 (1) 금속의 수소화물 (2) 300kg (3) III등급

물질명	품명	화학식	지정수량	위험등급
수소화칼슘	금속의 수소화물	CaH$_2$	300kg	III

* 빈틈없이 촘촘하게 `One more Step`

❖ **물과 반응한 금수성 물질의 발생 가스**

- 칼륨, 나트륨 : 수소
- 트리메틸알루미늄 : 메탄
- 트리에틸알루미늄 : 에탄
- 메틸리튬 : 메탄
- 알칼리금속, 알칼리토금속 : 수소
- 금속의 수소화물 : 수소
- 금속의 인화물 : 포스핀(인화수소)
- 탄화칼슘 : 아세틸렌
- 탄화알루미늄 : 메탄

---

07 위험물제조소등 건축물의 외벽구조에 따라 연면적 몇 m²가 1 소요단위에 해당하는지 각 물음에 답하시오.

[빈출유형]

(1) 취급소의 건축물 외벽이 내화구조인 것
(2) 취급소의 건축물 외벽이 내화구조가 아닌 것
(3) 저장소의 건축물 외벽이 내화구조인 것
(4) 저장소의 건축물 외벽이 내화구조가 아닌 것
(5) 제조소의 건축물 외벽이 내화구조가 아닌 것

Explanation & Advice

✿ [위험물안전관리법 시행규칙 별표17 / 소화설비, 경보설비 및 피난설비의 기준] - I. 소화설비 / 5. 소화설비의 설치기준 중 소요단위의 계산방법

소요단위란 소화설비의 설치대상이 되는 건축물 그 밖의 공작물의 규모 또는 위험물의 양의 기준단위를 말하는 것으로 1 소요단위의 계산방법은 아래와 같다.

❖ **1 소요단위 산정(계산)방법**

구분 \ 외벽	내화구조	비 내화구조
제조소 또는 취급소	연면적 100m²	연면적 50m²
저장소	연면적 150m²	연면적 75m²
위험물	지정수량의 10배	

정답 **07** (1) 100m² (2) 50m² (3) 150m² (4) 75m² (5) 50m²

08 표준상태에서 탄소 100kg을 완전연소시키면 몇 m³의 공기가 필요한지 구하시오. (단, 공기의 조성은 부피농도로 질소 79%, 산소 21%이다.)

[17년 제1회 기출 동일 / 계산문제 빈출유형]

(1) 계산과정
(2) 답

✓ **Check point** 단위환산

- 1ℓ의 정의 : 가로, 세로, 높이가 각각 10cm인 정육면체가 차지하는 부피
- 즉, $1\ell = 1,000 cm^3$
- $1m^3$는 가로, 세로, 높이가 각각 1m, 즉 100cm인 정육면체가 차지하는 부피이므로 $1,000,000cm^3$가 되며 이는 $1,000\ell$가 되는 것이다.

Explanation & Advice

- 탄소의 연소반응식 : $C + O_2 \rightarrow CO_2$
- 탄소 1몰이 완전연소하려면 산소 1몰이 필요하다.
- 탄소 1몰에 해당하는 질량은 12g이고 산소 1몰에 해당하는 부피는 22.4ℓ이다.
- $1kg = 1,000g$이고 $1m^3 = 1,000\ell$
- 질량과 부피와의 단위가 통일되어 있으므로 다음의 관계식으로부터 필요한 산소의 부피를 구할 수 있다.

   $12g : 22.4\ell = 100kg : x m^3$

   $22.4 \times 100 = 12 \times x$

   $\therefore x = 186.67(m^3)$

- 문제의 조건은 필요한 산소의 부피를 구하는 것이 아니라 공기의 부피를 구하는 것이다. 공기 중 산소의 부피는 21vol%이므로 필요한 공기의 부피는 다음과 같이 구해진다.

   $186.67m^3 \times \dfrac{100}{21} = 888.90m^3$

정답 08 (1) $186.67m^3 \times \dfrac{100}{21}$ (2) $888.90m^3$

09

다음은 아세트알데히드등의 저장기준이다. ( )안에 알맞은 답을 쓰시오.

[17년 제3회 기출동일]

(1) 옥외저장탱크·옥내저장탱크 또는 지하저장탱크 중 압력탱크에 저장하는 아세트알데히드등 또는 디에틸에테르등의 온도는 ( ) 이하로 유지할 것

(2) 보냉장치가 있는 이동저장탱크에 저장하는 아세트알데히드등 또는 디에틸에테르등의 온도는 당해 위험물의 ( ) 이하로 유지할 것

(3) 보냉장치가 없는 이동저장탱크에 저장하는 아세트알데히드등 또는 디에틸에테르등의 온도는 ( ) 이하로 유지할 것

- 보냉장치가 있는 이동 저장탱크에 저장하는 아세트알데히드등 또는 디에틸에테르등의 온도는 당해 위험물의 **비점 이하**로 유지할 것
- 보냉장치가 없는 이동 저장탱크에 저장하는 아세트알데히드등 또는 디에틸에테르등의 온도는 **40℃ 이하**로 유지할 것

Explanation & Advice

✿ [위험물안전관리법 시행규칙 별표18 / 제조소등에서의 위험물의 저장 및 취급에 관한 기준] – Ⅲ. 저장의 기준 제21호 中

- 옥외저장탱크·옥내저장탱크 또는 지하저장탱크 중 압력탱크에 저장하는 아세트알데히드등 또는 디에틸에테르등의 온도는 **40℃ 이하**로 유지할 것

- 옥외저장탱크·옥내저장탱크 또는 지하저장탱크 중 압력탱크 외의 탱크에 저장하는 디에틸에테르등 또는 아세트알데히드등의 온도는 산화프로필렌과 이를 함유한 것 또는 디에틸에테르등에 있어서는 30℃ 이하로, 아세트알데히드 또는 이를 함유한 것에 있어서는 15℃ 이하로 각각 유지할 것

정답 09 (1) 40℃　(2) 비점　(3) 40℃

10 간이저장탱크에는 기준에 적합한 밸브 없는 통기관 또는 대기밸브 부착 통기관을 설치하여야 한다. 간이저장탱크의 밸브 없는 통기관 설치기준을 3가지만 쓰시오.

Explanation & Advice

✿ [위험물안전관리법 시행규칙 별표9 / 간이탱크저장소의 위치·구조 및 설비의 기준] - 제8호

간이저장탱크에는 다음 각 목의 구분에 따른 기준에 적합한 밸브 없는 통기관 또는 대기밸브 부착 통기관을 설치하여야 한다.

• 밸브 없는 통기관
  ① 통기관의 지름은 25mm 이상으로 할 것
  ② 통기관은 옥외에 설치하되, 그 끝부분의 높이는 지상 1.5m 이상으로 할 것
  ③ 통기관의 끝부분은 수평면에 대하여 아래로 45° 이상 구부려 빗물 등이 침투하지 아니하도록 할 것
  ④ 가는 눈의 구리망 등으로 인화방지장치를 할 것. 다만, 인화점 70℃ 이상의 위험물만을 해당 위험물의 인화점 미만의 온도로 저장 또는 취급하는 탱크에 설치하는 통기관에 있어서는 그러하지 아니하다.

• 대기밸브 부착 통기관
  ① 위의 밸브 없는 통기관의 ② 및 ④의 기준에 적합할 것
  ② 5kPa 이하의 압력차이로 작동할 수 있을 것

11 제5류 위험물 중 질산에스테르류 50kg, 히드록실아민 300kg, 니트로화합물 400kg을 저장하는 경우 지정수량의 배수의 합을 구하시오.

[빈출유형]

Explanation & Advice

품 명	지정수량(kg)
질산에스테르류	10
히드록실아민	100
니트로화합물	200

• 지정수량의 배수 = $\dfrac{저장수량}{지정수량}$

• 지정수량의 배수의 합은 각 위험물의 지정수량의 배수를 더한 값이다.

∴ $\dfrac{50}{10} + \dfrac{300}{100} + \dfrac{400}{200} = 5 + 3 + 2 = 10$

정답 10 [해설] 참조. 4가지 중 3개 선택   11 10배

12 다음 [보기]에서 설명하는 위험물에 대한 각 물음에 답하시오.

[보기]
- 강산화성 고체이다.
- 가열하면 400°C에서 아질산칼륨과 산소가 발생한다.
- 흑색화약의 제조나 금속열처리제 등의 용도로 사용된다.

(1) 품명
(2) 지정수량
(3) 화학식

13 다음 위험물에 대한 주유취급소의 고정주유설비 또는 고정급유설비의 펌프기기 주유관 끝부분에서의 최대배출량(ℓ/분)을 쓰시오.

(1) 휘발유
(2) 등유
(3) 경유

Explanation & Advice

(1) 휘발유는 제1석유류(비수용성)에 해당하므로 펌프기기 주유관 끝부분에서의 최대배출량은 분당 50ℓ 이하가 된다.

✿ [위험물안전관리법 시행규칙 별표13 / 주유취급소의 위치·구조 및 설비의 기준] – Ⅳ. 고정주유설비 등에서 발췌

주유취급소의 고정주유설비 또는 고정급유설비의 펌프기기는 주유관 끝부분에서의 최대배출량이 **제1석유류의 경우에는 분당 50ℓ 이하, 경유의 경우에는 분당 180ℓ 이하, 등유의 경우에는 분당 80ℓ 이하인 것으로 할 것.** 다만, 이동저장탱크에 주입하기 위한 고정급유설비의 펌프기기는 최대배출량이 분당 300ℓ 이하인 것으로 할 수 있으며, 분당 배출량이 200ℓ 이상인 것의 경우에는 주유설비에 관계된 모든 배관의 안지름을 40mm 이상으로 하여야 한다.

Explanation & Advice

질산칼륨(KNO_3)은 제1류 위험물(산화성 고체)의 질산염류에 속하는 위험물로 지정수량은 300kg, 위험등급은 Ⅱ등급이다. 무색 또는 흰색의 결정이며 물, 글리세린에 잘 녹고 알코올에는 소량 녹으며 에테르에는 녹지 않는다. 화재 시 다량의 물을 사용하는 주수 냉각소화가 효과적이다.

흑색화약은 자연으로부터 산출되는 목탄(숯), 질산칼륨(초석), 황의 혼합물이며 강산화성 고체로 제1류 위험물에 속하는 물질은 질산칼륨이다. 질산칼륨은 목탄과 황(제2류 위험물)이 연소하는 데 필요한 산소를 제공하는 역할을 담당한다.

제1류 위험물 중 흑색화약으로 사용되는 질산칼륨(KNO_3)은 열분해 되어 아질산칼륨(KNO_2)과 산소를 발생시킨다.

$2KNO_3 \rightarrow 2KNO_2 + O_2 \uparrow$

정답
12 (1) 질산염류 (2) 300kg (3) KNO_3
13 (1) 분당 50ℓ 이하 (2) 분당 80ℓ 이하 (3) 분당 180ℓ 이하

14

90wt% 과산화수소 1kg에 물을 첨가하여 10wt% 과산화수소를 제조하려고 한다. 첨가하여야 할 물의 양(kg)을 구하시오.

Explanation & Advice

- 90wt% 과산화수소 1kg이면 과산화수소가 차지하는 양은 0.9kg(900g)이다.
- 90wt%란 $\dfrac{0.9}{1}$, 즉 $\dfrac{0.9}{0.9+0.1}$
- 과산화수소의 양에는 변함이 없으므로 10wt%란 $\dfrac{0.9}{9}$, 즉 $\dfrac{0.9}{0.9+8.1}$

∴ 8kg의 물을 더 첨가하면 10wt%의 과산화수소가 된다.

이를 하나의 식으로 정리하면 다음과 같다.

- $\dfrac{0.9}{1+x} \times 100 = 10$

  ∴ $x = 8$

15

아세트산(초산)에 대한 다음 각 물음에 답하시오.

(1) 시성식

(2) 증기비중

Explanation & Advice

물질명	품 명	화학식	지정수량	위험등급
아세트산	제2석유류 (수용성)	CH_3COOH	2,000ℓ	III

(1) 시성식이란 분자의 화학적 특성을 쉽게 파악할 수 있도록 작용기(기능기) 중심으로 나타낸 화학식으로서 아세트산의 시성식은 CH_3COOH가 되며 기능기는 카복실기($-COOH$)이다.

(2)

- 증기비중 = $\dfrac{증기의\ 분자량}{공기의\ 평균분자량}$ = $\dfrac{증기의\ 분자량}{29}$

  으로 구한다.

- 아세트산의 분자량 : $12 \times 2 + 16 \times 2 + 1 \times 4 = 60$

- 아세트산의 증기비중 = $\dfrac{60}{29}$ ≒ 2.07

정답 14 8kg **15** (1) CH_3COOH (2) 2.07

16. 아세톤의 증기밀도(g/ℓ)를 구하시오. (단, 1기압, 30℃ 기준이다.)

Explanation & Advice

물질명	품명	화학식	지정수량	위험등급
아세톤	제1석유류 (수용성)	CH_3COCH_3	400ℓ	II

- 아세톤(CH_3COCH_3)의 분자량은
  $12 \times 3 + 16 + 1 \times 6 = 58$이다.
- 표준상태가 아니므로 이상기체상태방정식을 이용하여 증기밀도를 구한다.
- $PV = nRT = \dfrac{w}{M}RT$

  $PM = \dfrac{w}{V}RT = \rho RT$

  $\therefore \rho = \dfrac{PM}{RT} = \dfrac{1 \times 58}{0.082 \times (273+30)} = 2.33(g/\ell)$

+STUDY

표준상태라면 아래와 같이 간단하게 구할 수도 있다. 밀도 = "질량/부피"로 구할 수 있으며 표준상태에서 1몰의 기체가 차지하는 부피는 기체의 종류에 관계없이 22.4ℓ이므로 이 부피 당 1몰에 해당하는 물질의 분자량을 대입하여 증기밀도를 구한다.

증기밀도 = $\dfrac{1몰당\ 분자량}{22.4\ell}$

(이유는 표준상태는 0℃, 1기압이므로
$\rho = \dfrac{PM}{RT} = \dfrac{1 \times M}{0.08205 \times (273+0)} = \dfrac{M}{22.4}$이기 때문이다.)

17. 제5류 위험물인 트리니트로톨루엔에 대한 다음 각 물음에 답하시오.

(1) 다음 각 물질과의 용해성에 대하여 쓰시오.
  ① 물   ② 벤젠
(2) 지정수량을 쓰시오.
(3) 트리니트로톨루엔(TNT)을 제조하는 경우 필요한 원료를 2가지만 쓰시오.

Explanation & Advice

(3) TNT는 톨루엔($C_6H_5CH_3$)을 진한 질산과 진한 황산의 혼산으로 니트로화하여 제조한다.

$C_6H_5CH_3 + 3HNO_3 \xrightarrow{C-H_2SO_4} C_6H_2CH_3(NO_2)_3 + 3H_2O$

◉ 트리니트로톨루엔(TNT)

물질명	품명	화학식	지정수량	위험등급
트리니트로톨루엔	니트로화합물	$C_6H_2CH_3(NO_2)_3$	200kg	II

1. 분자량 227, 비중 1.66, 녹는점 81℃, 끓는점 240℃, 발화점 300℃
2. 직사광선에 노출되면 길색으로 변힌다.
3. 충격과 마찰에 비교적 둔감하며 안정성이 있고 방수 효과도 뛰어나지만 가열이나 급격한 타격에 의해 폭발할 수 있다(자연분해나 보통 충격에 의한 폭발은 어려우며 뇌관이 있어야 폭발시킬 수 있다).

정답 16 2.33(g/ℓ)   17 (1) ① 용해되지 않는다.   ② 용해된다.   (2) 200kg   (3) 톨루엔, 질산

4. 폭발하며 분해 시엔 다량의 질소, 일산화탄소, 수소 기체가 발생한다.

$$2C_6H_2CH_3(NO_2)_3 \rightarrow 12CO + 2C + 5H_2 + 3N_2$$

5. 물에 녹지 않으며 아세톤, 에테르, 벤젠에 잘 녹고 알코올에는 가열하면 녹는다.
6. 피크르산과 비교하면 약한 충격 감도를 나타낸다.
7. 금속과의 반응성은 없고 자연분해의 위험성도 적어 장기간 보관도 가능하다.

✓ Check point

TNT 제조 원료에 황산을 포함시키면 안된다. 황산은 니트로화 반응을 촉진시키는 촉매로서의 역할을 하는 것이지 직접 반응에 참여하는 것이 아니기 때문이다.

18 다음 제6류 위험물에 대한 각 물음에 답하시오.

(1) 단백질과 반응하면 노란색으로 변하는데 이것을 무슨 반응이라 하는지 쓰시오. [21년 제2회 기출 유사]
(2) 질산이 햇빛에 의해 분해되어 이산화질소를 발생하는 분해반응식을 쓰시오. [19년 제4회 기출 동일]

Explanation & Advice

질산(HNO_3)은 제6류 위험물(산화성 액체)로 지정수량 300kg, 위험등급은 Ⅰ등급이다. 비중이 1.49 이상인 것부터 위험물로 취급하며 무색의 흡습성이 강한 액체이나 보관 중에 담황색으로 변색된다. 부식성이 강한 강산으로 금, 백금, 이리듐, 로듐을 제외한 금속들을 녹일 수 있다. 염산과 질산을 3:1의 비율로 혼합한 왕수를 제조하면 금, 백금 등도 녹일 수 있다.

(1) 질산(HNO_3)이 피부와 접촉하면 피부에 포함된 단백질과 반응하여 노란색으로 변하게 된다. 이를 크산토프로테인 반응이라 하며 제6류 위험물 중 질산의 특징이다.

크산토프로테인 반응이란 물질 속에 포함된 단백질 성분을 검출할 때 이용되는 반응이다. 정량분석을 하기에는 적당하지 않으며 검출이나 정성반응을 할 때 이용된다. 단백질을 포함하는 시료에 질산을 가하고 몇 분간 가열하면 황색으로 변한다. 이는 단백질을 구성하는 아미노산들 중 페닐알라닌, 티록신, 트립토판과 같이 벤젠고리를 가지고 있는 아미노산들이 질산에 의해 니트로화합물로 변하기 때문에 일어나는 발색반응이다. 이런 이유로 만일에 단백질에 벤젠고리를 지닌 이들 아미노산들이 존재하지 않는다면 크산토프로테인 반응은 일어나지 않는다. 따라서 정확도를 높이기 위해 뷰렛반응 등과 같은 다른 발색반응들과 조합해서 검출하는 것이 정확도를 높일 수 있다.

(2) 빛을 쪼이면 분해되어 물, 산소와 유독한 갈색 증기인 이산화질소(NO_2)를 발생시킨다. 직사일광에 의한 분해를 방지하기 위해 차광성의 갈색병에 넣어 냉암소에 보관한다.

$$4HNO_3 \rightarrow 2H_2O + 4NO_2\uparrow + O_2\uparrow$$

정답 18 (1) 크산토프로테인반응   (2) $4HNO_3 \rightarrow 2H_2O + 4NO_2\uparrow + O_2\uparrow$

19

다음은 위험물 제조소의 환기설비 중 바닥면적에 대한 급기구의 면적기준이다. ( )안에 알맞은 답을 쓰시오.
[19년 제3회 기출 유사]

바닥면적	급기구의 면적
(①)m² 미만	150cm² 이상
(①)m² 이상 (②)m² 미만	300cm² 이상
(②)m² 이상 120m² 미만	450cm² 이상
120m² 이상 150m² 미만	(③)cm² 이상

20

동식물유류는 요오드값을 기준으로 하여 건성유, 반건성유, 불건성유로 나눈다. 다음 동식물유류를 구분하는 요오드값의 일반적인 범위를 쓰시오.
[빈출유형 / 18년 제4회, 19년 제3회, 20년 제1회 기출 동일]

(1) 건성유

(2) 반건성유

(3) 불건성유

Explanation & Advice

✿ [위험물안전관리법 시행규칙 별표4 / 제조소의 위치·구조 및 설비의 기준] - Ⅴ. 채광·조명 및 환기설비 中 환기설비의 기준

- 환기는 자연배기방식으로 할 것

- 급기구는 당해 급기구가 설치된 실의 바닥면적 150m²마다 1개 이상으로 하되, 급기구의 크기는 800cm² 이상으로 할 것. 다만 바닥면적이 150m² 미만인 경우에는 다음의 크기로 하여야 한다.

바닥면적	급기구의 면적
60m² 미만	150cm² 이상
60m² 이상 90m² 미만	300cm² 이상
90m² 이상 120m² 미만	450cm² 이상
120m² 이상 150m² 미만	600cm² 이상

- 급기구는 낮은 곳에 설치하고 가는 눈의 구리망 등으로 인화 방지망을 설치할 것.

- 환기구는 지붕 위 또는 지상 2m 이상의 높이에 회전식 고정 벤티레이터 또는 루프 팬 방식(roof fan : 지붕에 설치하는 배기장치)으로 설치할 것

Explanation & Advice

◉ **요오드값**(요오드가, 옥소값)

1. 유지 100g에 흡수되는 요오드의 그램 수

2. 요오드값이란 유지에 염화요오드를 떨어뜨렸을 때 유지 100g에 흡수되는 염화요오드의 양으로부터 요오드의 양을 환산하여 그램 수로 나타낸 것으로 '옥소값'이라고도 한다.

3. 일반적으로 유지류에 요오드를 작용시키면 이중결합 하나에 대해 요오드 2 원자가 첨가되기 때문에 유지의 불포화 정도를 확인할 수 있다. 요오드값이 크다는 것은 탄소 간에 이중결합이 많아 불포화도가 크다는 것을 의미하므로 요오드값은 불포화 지방산의 함량이 많을수록 커지는 비례관계이며 불포화도가 높을수록 공기 중에서 산화되기 쉽고 산화열이 축적되어 자연발화 할 가능성도 커진다.

4. 산화되거나 산패 시에 요오드값은 감소한다.

요오드값에 따라 유지는 다음과 같이 분류된다.

- **건성유 : 요오드값이 130 이상인 것.** 이중결합이 많아 불포화도가 높으므로 공기 중에 노출되

정답 19 ① 60 ② 90 ③ 600 20 (1) 130 이상 (2) 100 ~ 130 (3) 100 이하

면 산소와 반응하여 액 표면에 피막을 만들고 굳어버리는 기름. 섬유 등 다공성 가연물에 스며들어 공기와 반응함으로써 자연 발화하기 쉽다. 정어리유, 대구유, 상어유, 아마인유, 오동유, 해바라기유, 들기름 등이 있다.

- **반건성유** : 100~130 사이의 요오드값을 갖는 것. 공기 중에서 서서히 산화되면서 점성은 증가하지만 건조한 상태까지는 되지 않는 기름. 면실유, 청어유, 대두유, 채종유, 참기름, 콩기름, 옥수수기름 등이 있다.
- **불건성유** : **요오드값이 100 이하인 것**. 불포화지방산의 함유량이 적기 때문에 공기 중에 두어도 산화되거나 굳어지거나 엷은 막을 형성하지 않는 기름. 올리브유, 야자유, 동백유, 피마자유, 땅콩기름(낙화생유), 쇠기름, 돼지기름 등이 있다.

02 제3회 필답형 실기시험

2021년 08월 22일 시행

01 불활성가스 소화약제(IG-541)의 구성성분 3가지를 쓰시오.

[17년 제4회 기출 동일]

Explanation & Advice

⊙ **불활성가스 청정 소화약제**

헬륨, 네온, 아르곤 또는 질소가스 중 하나 이상의 원소를 기본 성분으로 하는 소화약제를 말하며 이산화탄소 기체가 약제에 포함되기도 한다. 질식효과로 소화한다.

소화약제	구성성분비
IG - 541	N_2 (52%), Ar (40%), CO_2 (8%)
IG - 100	N_2
IG - 55	N_2 (50%), Ar (50%)
IG - 01	Ar

정답 01 질소, 아르곤, 이산화탄소

02
위험물안전관리법령상 제3류 위험물 중 위험등급 Ⅰ에 해당하는 품명 중 3가지만 쓰시오.

Explanation & Advice

✿ 제3류 위험물의 품명, 지정수량 및 위험등급 - [위험물안전관리법 시행령 별표1] & [위험물안전관리법 시행규칙 별표19]

성 질	품 명	지정수량	위험등급
자연발화성 물질 및 금수성 물질	칼륨	10kg	Ⅰ
	나트륨		
	알킬알루미늄		
	알킬리튬		
	황린	20kg	
	알칼리금속(칼륨·나트륨 제외)	50kg	Ⅱ
	알칼리토금속(마그네슘 제외)		
	유기금속화합물 (알킬알루미늄·알킬리튬 제외)		
	금속의 수소화물	300kg	Ⅲ
	금속의 인화물		
	칼슘 또는 알루미늄의 탄화물		
	행정안전부령으로 정하는 것 - 염소화규소화합물		

03
다음 그림과 같은 원통형 위험물 저장탱크의 내용적은 몇 m³인지 구하시오.

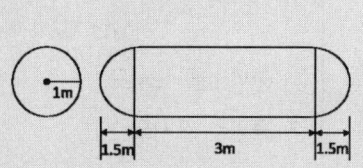

Explanation & Advice

• 횡형으로 설치한 원통형 탱크의 내용적은 다음의 식으로 구한다.

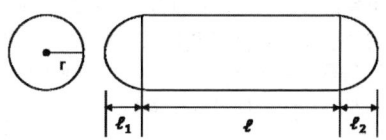

$$\pi r^2 \left(\ell + \frac{\ell_1 + \ell_2}{3} \right)$$

따라서, $\pi \times 1^2 \left(3 + \frac{1.5 + 1.5}{3} \right) = 12.57 (m^3)$

정답 02 칼륨, 나트륨, 알킬알루미늄, 알킬리튬, 황린 중 3개 선택   03 $12.57 m^3$

04

벤젠의 수소 원자 1개를 메틸기로 치환하면 생성되는 물질에 대한 다음 각 물음에 답하시오.

[17년 제4회 기출 유사]

(1) 화학식을 쓰시오.
(2) 품명을 쓰시오.
(3) 증기비중을 쓰시오.

Explanation & Advice

톨루엔($C_6H_5CH_3$)은 제4류 위험물 중 **제1석유류** (비수용성)에 속하며 지정수량은 200ℓ, 위험등급은 Ⅱ등급이다. 벤젠의 알킬화반응을 통해 벤젠의 수소원자 1개를 메틸기로 치환하면 아래와 같은 톨루엔이 만들어진다. 이때 $AlCl_3$는 합성을 촉진시키는 촉매역할을 한다.

$$C_6H_6 + CH_3Cl \xrightarrow{AlCl_3} C_6H_5CH_3 + HCl$$

벤젠	톨루엔

(3)
- 증기비중이란 동일한 체적 조건하에서 어떤 기체(증기)의 질량과 표준물질의 질량과의 비를 말하며 표준물질로는 0℃, 1기압에서의 공기를 기준으로 한다. [분자량의 비로 계산해도 된다.]

$$증기비중 = \frac{증기의 분자량}{공기의 평균분자량} = \frac{증기의 분자량}{29}$$

- 공기의 평균분자량 값은 29이다.

- 톨루엔의 분자량 : $12 \times 7 + 1 \times 8 = 92$이다.

$$\therefore \frac{92}{29} = 3.17$$

⊙ 공기의 평균분자량은 왜 29인가?

대기를 구성하는 기체 성분들의 함량을 고려하여 구하는데 산소와 질소 두 성분 기체가 차지하는 비율이 거의 100%에 가까우므로 이 두 기체의 평균분자량을 공기의 평균분자량으로 간주한다.

대기 중의 질소 기체의 함량은 79%이고 분자량은 28이며 대기 중의 산소 기체의 함량은 21%이고 분자량은 32이므로

$$\frac{28 \times 79 + 32 \times 21}{100} = 28.84 ≒ 29$$ 가 공기의 평균분자량(평균대기 분자량) 값이다.

정답 04 (1) $C_6H_5CH_3$ (2) 제1석유류 (3) 3.17

05 다음은 위험물안전관리법령상 제조소의 안전거리에 대한 기준이다. 제조소와 다음 각 시설과의 안전거리 기준을 쓰시오.

[16년 제5회, 20년 제3회 기출 유사]

(1) 학교
(2) 병원급 의료기관
(3) 건축물 그 밖의 공작물로서 주택으로 사용되는 것
(4) 지정문화재
(5) 사용전압이 35,000V를 초과하는 특고압 가공전선

- 안전거리 규제대상이 아닌 제조소등 : 제6류 위험물을 취급하는 제조소, 옥내 탱크저장소, 지하 탱크저장소, 이동 탱크저장소, 간이 탱크저장소, 암반 탱크저장소, 판매취급소, 주유취급소는 시설의 안전성과 그 설치 위치의 특수성을 감안하여 안전거리 규제대상에서 제외한다.
- 이송취급소에 적용되는 안전거리는 별도로 존재한다. [시행규칙 별표15]

06 제2류 위험물의 위험물안전관리법령상 지정수량이 500kg인 품명을 2가지만 쓰시오.

[19년 제2회 기출 유사]

  Explanation & Advice

✿ 안전거리 [위험물안전관리법 시행규칙 별표4 / 제조소의 위치·구조 및 설비의 기준]

이 규정은 제조소 뿐 아니라 옥내저장소, 옥외저장소, 옥외 탱크저장소, 일반취급소에 동일 적용한다.

안전거리	해당 대상물
3m 이상	7,000V 초과 35,000V 이하의 특고압 가공전선
5m 이상	35,000V를 초과하는 특고압 가공전선
10m 이상	주거용으로 사용되는 건축물 및 그 밖의 공작물
20m 이상	고압가스, 액화석유가스 또는 도시가스를 저장 또는 취급하는 시설
30m 이상	학교, 병원, 300명 이상 수용시설(영화관, 공연장), 20명 이상 수용시설(아동·노인·장애인·한부모가족 복지시설, 어린이집, 성매매 피해자 지원시설, 정신건강증진시설, 가정폭력 피해자 보호시설)
50m 이상	유형문화재, **지정문화재**

 Explanation & Advice

✿ 제2류 위험물의 품명, 지정수량 및 위험등급 - [위험물안전관리법 시행령 별표1] & [위험물안전관리법 시행규칙 별표19]

성 질	품 명	종 류	지정수량	위험등급
가연성 고체	황화린	삼황화린, 오황화린, 칠황화린	100kg	II
	적린	적린		
	유황	유황		
	철분	철분	500kg	III
	금속분	알루미늄분, 아연분, 은분, 카드뮴분 등		
	마그네슘	마그네슘		
	인화성 고체	고형알코올	1,000kg	

정답
05 (1) 30m 이상 (2) 30m 이상 (3) 10m 이상 (4) 50m 이상 (5) 5m 이상
06 철분, 금속분, 마그네슘 중 2개 선택

07

제4류 위험물 중 2가 알코올로서 단맛이 나며 비중은 1.1이고 부동액의 원료로 사용되는 물질에 대한 다음 각 물음에 답하시오.

(1) 물질명을 쓰시오.
(2) 시성식을 쓰시오.
(3) 구조식을 쓰시오.

Explanation & Advice

◉ **에틸렌글리콜**[$C_2H_4(OH)_2$]

1. **제4류 위험물** 중 제3석유류(수용성)에 속하며 지정수량 4,000ℓ, 위험등급 Ⅲ
2. 인화점 120℃, 발화점 398℃, 비점 198℃, 융점 -13℃
3. 분자량 62, **비중 1.113**, 증기비중 2.14, 연소범위 3.2 ~ 15.3%
4. **2가 알코올**(-OH 기가 2개) 중 가장 간단한 구조이다.
5. 무색의 점성이 있는 액체이며 **단맛이 있다**.
6. 흡습성이 있으며 독성이 있다.
7. 물, 에탄올, 아세톤, 글리세린에 잘 녹으며 이황화탄소, 사염화탄소, 클로로포름 등에는 녹지 않는다.
8. 가열하면 인화될 위험성이 높아진다(인화점 120℃).
9. **자동차용 부동액**, 내한성의 윤활유, 글리세린의 대용품, 의약품 등으로 사용된다.

+STUDY 2가 알코올에 대한 부연 설명

한 분자 내에 존재하는 히드록시기(-OH)의 수에 따라 1가, 2가, 3가 알코올로 분류한다. 즉, 히드록시기가 1개이면 1가, 2개이면 2가, 3개이면 3가 알코올이 되는 것이다.

1가 알코올	2가 알코올	3가 알코올

예를 들면,
- 에틸알코올은 C_2H_5OH이므로 OH가 1개이며 1가 알코올이다.
- 에틸렌글리콜은 $C_2H_4(OH)_2$이므로 OH가 2개이며 2가 알코올이다.
- 글리세린은 $C_3H_5(OH)_3$이므로 OH가 3개이며 3가 알코올이다.

✱ 빈틈없이 촘촘하게 One more Step

히드록시기(-OH)와 연결된 탄소 원자에 몇 개의 알킬기(Alkyl group, R로 표시)가 부착되었느냐에 따라 0차, 1차, 2차, 3차 알코올로 분류한다. 0차 알코올은 메탄올이 유일하며 구조상 4차 알코올은 생성될 수 없다.

0차 알코올	1차 알코올	2차 알코올	3차 알코올

정답
07 (1) 에틸렌글리콜 (2) $C_2H_4(OH)_2$ (3) H-C-C-H (OH OH) (또는 HO-CH_2-CH_2-OH)

08 제4류 위험물인 메틸알코올에 대한 다음 각 물음에 답하시오.

(1) 완전 연소반응식을 쓰시오.

(2) 비중이 0.8인 메탄올 50ℓ가 완전 연소하는 경우 필요한 이론 산소량(g)을 구하시오.

Explanation & Advice

◉ **메틸알코올(CH_3OH)**

1. 제4석유류 중 알코올류에 속하는 위험물이며 지정수량 400ℓ, 위험등급은 Ⅱ등급이다.
2. 무색투명한 액체로서 휘발성이 있고 1가 알코올이며 0차 알코올이다.
3. 비중이 0.8로서 물보다 가볍지만 증기비중은 1.1로 증기는 공기보다 무겁다.
4. 수용성이며 독성이 있어 술의 원료로는 사용할 수 없다.
5. 알칼리금속과 반응하여 수소 기체를 발생시킨다.

   $2CH_3OH + 2Na \rightarrow 2CH_3ONa + H_2$

(1) 메탄올이 연소하면 이산화탄소와 물이 생성된다.

   $2CH_3OH + 3O_2 \rightarrow 2CO_2 + 4H_2O$

(2)
- 메탄올의 비중 = $\dfrac{\text{메탄올의 밀도}}{\text{물의 밀도}}$
- 물의 밀도는 $1(kg/ℓ)$이므로 메탄올의 밀도는 비중과 같은 $0.8(kg/ℓ)$가 된다.

- 밀도는 "질량 / 부피"이며 비중은 밀도와 같은 값을 가지므로 비중은 "질량 / 부피"의 식을 이용하도록 한다.
- 비중은 "질량 / 부피"로부터 질량은 "비중×부피"의 관계식이 이끌어지므로

   $0.8 \times 50ℓ = 40kg$

- 즉, 비중이 0.8인 메탄올 부피 50ℓ는 질량 40kg에 해당하는 양이다.
- (1)의 반응식에서 메탄올 2몰이 완전연소 하려면 3몰의 산소가 필요하므로 다음과 같은 비례식이 성립한다. (메탄올 분자량 : 32, 산소기체 분자량 : 32)

   $(2 \times 32)g : (3 \times 32)g = 40kg : x$

   $\therefore x = 60kg$

- 따라서 비중이 0.8인 메탄올 50ℓ를 완전연소 하는데 필요한 이론 산소량은 60,000g이다.

✔ **Check point** 비중의 의미

비중이란 $\dfrac{\text{물질의 밀도}}{\text{물의 밀도}}$ 로 구하며

물의 밀도는 1(g/㎖)이므로 결국 물질의 밀도 자체가 비중값이 된다. 분수식에서 분모 분자의 단위가 동일하기에 소거되므로 비중은 단위가 없다.

정답 08 (1) $2CH_3OH + 3O_2 \rightarrow 2CO_2 + 4H_2O$ (2) 60,000g

09
제5류 위험물 중 질산에틸, 트리니트로톨루엔에 대하여 다음 각 물음에 답하시오.

(1) 질산에틸의 화학식을 쓰시오.
(2) 질산에틸은 상온에서 어떤 상태(기체, 액체, 고체)인가?
(3) 트리니트로톨루엔의 화학식을 쓰시오.
(4) 트리니트로톨루엔은 상온에서 어떤 상태(기체, 액체, 고체)인가?

Explanation & Advice

물질명	품 명	화학식	녹는점	끓는점	상온상태
질산에틸	질산에스테르	$C_2H_5ONO_2$	-102℃	88℃	액체
트리니트로톨루엔	니트로화합물	$C_6H_2CH_3(NO_2)_3$	80℃	240℃	고체

10
에틸알코올에 대한 다음 각 물음에 답하시오.

(1) 에틸알코올과 나트륨의 반응식을 쓰시오.
(2) 에틸알코올(46g)이 나트륨과 반응하는 경우 생성되는 기체의 부피(ℓ)를 구하시오. (단, 1기압 25℃를 기준으로 한다.)

Explanation & Advice

(1) 에틸알코올(에탄올)이 나트륨과 반응하면 나트륨에틸레이트와 수소 기체를 발생한다.

$$2C_2H_5OH + 2Na \rightarrow 2C_2H_5ONa + H_2$$

(2)
- 에탄올의 분자량 : $12 \times 2 + 1 \times 6 + 16 = 46$
- (1)의 반응식에서 2몰의 에탄올이 2몰의 나트륨과 반응하면 1몰의 수소기체가 발생됨을 알 수 있다.
- 에탄올 46g은 1몰에 해당하는 양이므로 수소 기체는 0.5몰이 생성된다.
- 1기압 25℃에서 0.5몰에 해당하는 수소 기체의 부피는 이상기체상태방정식으로 구할 수 있다.

$PV = nRT$

 P(압력) : 1기압
 V(부피) : V(ℓ)
 n(몰수) : 0.5mol
 R(기체상수) : 0.082(기압·ℓ)/(mol·K)
 T(절대온도) : 25 + 273 = 298

$1 \times V = 0.5 \times 0.082 \times (273 + 25)$

$V = \dfrac{0.5 \times 0.082 \times 298}{1}$ ∴ $V = 12.22ℓ$

정답
09 (1) $C_2H_5ONO_2$ (2) 액체 (3) $C_6H_2CH_3(NO_2)_3$ (4) 고체
10 (1) $2C_2H_5OH + 2Na \rightarrow 2C_2H_5ONa + H_2$ (2) 12.22ℓ

11
다음 [보기]의 위험물이 열분해하는 경우 산소가 발생하는 물질을 모두 쓰시오. (단, 없으면 '없음'으로 쓰시오.)

[보기]
과망간산칼륨, 과산화칼륨,
중크롬산칼륨, 질산암모늄

Explanation & Advice

모두 제1류 위험물에 속하는 물질들이다.

물질명	품 명	화학식	지정수량	위험등급
과망간산칼륨	과망간산염류	$KMnO_4$	1,000kg	III
과산화칼륨	무기과산화물	K_2O_2	50kg	I
중크롬산칼륨	중크롬산염류	$K_2Cr_2O_7$	1,000kg	III
질산암모늄	질산염류	NH_4NO_3	300kg	II

각 위험물의 열분해 반응식은 아래와 같으며 모두 산소 기체를 발생한다.

- $2KMnO_4 \rightarrow K_2MnO_4 + MnO_2 + O_2$
- $2K_2O_2 \rightarrow 2K_2O + O_2$
- $4K_2Cr_2O_7 \rightarrow 4K_2CrO_4 + 2Cr_2O_3 + 3O_2$
- $2NH_4NO_3 \rightarrow 2N_2 + 4H_2O + O_2$

12
다음 [보기]의 위험물을 인화점이 높은 것부터 낮은 순서대로 차례대로 쓰시오. [빈출유형]

[보기]
아닐린, 아세트산, 에틸알코올
시안화수소, 아세트알데히드

Explanation & Advice

❖ 각 위험물의 품명과 인화점

물질명	품 명	화학식
아닐린	제3석유류(비)	$C_6H_5NH_2$
아세트산	제2석유류(수)	CH_3COOH
에틸알코올	알코올류(수)	C_2H_5OH
시안화수소	제1석유류(수)	HCN
아세트알데히드	특수인화물(수)	CH_3CHO

※ 비 : 비수용성 / 수 : 수용성

물질명	인화점	지정수량	위험등급
아닐린	75℃	2,000ℓ	III
아세트산	41.7℃	2,000ℓ	III
에틸알코올	13℃	400ℓ	II
시안화수소	-18℃	400ℓ	II
아세트알데히드	-40℃	50ℓ	I

✔ Check point

제4류 위험물의 인화점은 특수인화물 → 제1 → 제2 → 제3 → 제4석유류로 갈수록 높아지므로 각 위험물의 인화점을 암기하지 않더라도 그 위험물이 속한 품명만 알면 대략적인 답을 유추할 수 있다. [알코올류의 인화점에 대한 정의는 법령상 내려져 있지는 않지만 위험등급이 제1석유류와 함께 II등급이므로 제2, 제3석유류 보다는 인화점이 낮다고 판단해도 되며 대체적으로 제1석유류보다는 인화점이 높다.]

정답
11 과망간산칼륨, 과산화칼륨, 중크롬산칼륨, 질산암모늄
12 아닐린 - 아세트산 - 에틸알코올 - 시안화수소 - 아세트알데히드

13 다음은 위험물 제조소등의 게시판 및 위험물 운반용기의 외부에 표시하여야 하는 주의 사항이다. 다음 각 물음에 답하시오. (단, 없으면 '없음'이라 쓰시오.) [빈출유형]

(1) 제5류 위험물에 대한 운반용기의 외부에 표시하여야 하는 주의사항
(2) 제5류 위험물을 저장, 취급하는 제조소에 대한 게시판의 주의사항
(3) 제6류 위험물에 대한 운반용기의 외부에 표시하여야 하는 주의사항
(4) 제6류 위험물을 저장, 취급하는 제조소에 대한 게시판의 주의사항

Explanation & Advice

✿ [위험물안전관리법 시행규칙 별표19 / 위험물의 운반에 관한 기준] - II. 적재방법 中 위험물의 종류에 따른 운반 용기 외부에 표시하여야 할 주의사항

류 별	성 질	표시할 주의사항
제1류 위험물	산화성 고체	• 알칼리금속의 과산화물 또는 이를 함유한 것: 화기·충격주의, 물기엄금 및 가연물 접촉주의 • 그 밖의 것: 화기·충격주의, 가연물 접촉주의
제2류 위험물	가연성 고체	• 철분·금속분·마그네슘 또는 이들 중 어느 하나 이상을 함유한 것: 화기주의, 물기엄금 • 인화성 고체: 화기엄금 • 그 밖의 것: 화기주의
제3류 위험물	자연발화성 및 금수성 물질	• 자연발화성 물질: 화기엄금, 공기접촉엄금 • 금수성 물질: 물기엄금
제4류 위험물	인화성 액체	화기엄금
제5류 위험물	자기반응성 물질	**화기엄금, 충격주의**
제6류 위험물	산화성 액체	가연물 접촉주의

✿ [위험물안전관리법 시행규칙 별표4 / 제조소의 위치·구조 및 설비의 기준] - III. 표지 및 게시판 中

• 저장 또는 취급하는 위험물에 따라 아래 규정에 의한 주의사항을 표시한 게시판을 설치할 것

저장 또는 취급하는 위험물 종류	표시할 주의사항	색 상
• 제1류 위험물 중 알칼리금속의 과산화물 • 제3류 위험물 중 금수성 물질	물기엄금	청색바탕/ 백색문자
• 제2류 위험물(인화성고체 제외)	화기주의	적색바탕/ 백색문자
• 제2류 위험물 중 인화성고체 • 제3류 위험물 중 자연발화성 물질 • 제4류 위험물 • **제5류 위험물**	화기엄금	

* 제1류 위험물 중 알칼리금속의 과산화물 이외의 물질과 제6류 위험물은 해당사항 없음

정답 13 (1) 화기엄금, 충격주의 (2) 화기엄금 (3) 가연물접촉주의 (4) 없음

14

톨루엔 400ℓ, 아세톤 1,200ℓ, 등유 2,000ℓ를 같은 장소에 저장하려 한다. 지정수량 배수의 총합을 구하시오.

[빈출유형]

Explanation & Advice

위험물 종류	품 명	지정수량(ℓ)
톨루엔	제1석유류(비수용성)	200
아세톤	제1석유류(수용성)	400
등유	제2석유류(비수용성)	1,000

- 지정수량의 배수 = $\dfrac{저장수량}{지정수량}$

- 지정수량의 배수의 합은 각 위험물의 지정수량의 배수를 더한 값이다.

$$\therefore \frac{400}{200} + \frac{1,200}{400} + \frac{2,000}{1,000} = 2 + 3 + 2 = 7$$

15

위험물안전관리법령상 제6류 위험물에 해당되는 조건을 모두 쓰시오.
(단, 없으면 '없음'이라고 쓰시오.)

(1) 과염소산
(2) 과산화수소
(3) 질산

Explanation & Advice

제6류 위험물은 '산화성 액체'라고도 하며 과산화수소와 질산은 제6류 위험물이 되기 위한 일정 수준의 조건을 충족할 것을 위험물안전관리법령에서 정하고 있지만 과염소산은 그러한 규정이 없고 모두 위험물로 취급된다.

✿ [위험물안전관리법 시행령 별표1 / 위험물 및 지정수량] – 비고란 제21호 ~ 제23호

- '산화성 액체'라 함은 액체로서 산화력의 잠재적인 위험성을 판단하기 위하여 고시로 정하는 시험에서 고시로 정하는 성질과 상태를 나타내는 것을 말한다.
- 과산화수소는 그 농도가 36중량퍼센트 이상인 것에 한하여 '산화성 액체'로서의 성상이 있는 것으로 본다.
- 질산은 그 비중이 1.49 이상인 것에 한하여 '산화성 액체'로서의 성상이 있는 것으로 본다.

정답
14 7배
15 (1) 없음 (2) 농도가 36중량% 이상인 것 (3) 비중이 1.49 이상인 것

16 다음은 제2류 위험물인 황화인에 대한 것이다. 빈칸에 알맞은 답을 쓰시오.

명칭	화학식	조해성	지정수량
삼황화인	②	불용성	⑤
①	P_2S_5	조해성	⑤
칠황화인	③	④	⑤

Explanation & Advice

◉ 황화인

제2류 위험물이며 지정수량은 100kg, 위험등급은 Ⅱ등급이다. 삼황화인(P_4S_3), 오황화인(P_2S_5), 칠황화인(P_4S_7)이 있으며 이들의 특징은 다음과 같다.

1. **삼황화인(P_4S_3)**
- 황색의 결정성 덩어리이다.
- 조해성이 없다.
- 질산, 이황화탄소(CS_2), 알칼리에는 녹지만 염산, 황산, 물에는 녹지 않는다.
- 연소반응식

  $P_4S_3 + 8O_2 \rightarrow 2P_2O_5 + 3SO_2$

- 공기 중 약 100℃에서 발화하고 마찰에 의해 자연발화 할 수 있다.

2. **오황화인(P_2S_5)**
- 담황색의 결정이다.
- 조해성과 흡습성이 있으며 알코올이나 이황화탄소(CS_2)에 녹는다.
- 습한 공기 중에서 분해되어 황화수소를 발생시킨다.
- 물이나 알칼리와 반응하여 황화수소와 인산을 발생한다.

  $P_2S_5 + 8H_2O \rightarrow 5H_2S + 2H_3PO_4$

- 연소반응식

  $2P_2S_5 + 15O_2 \rightarrow 2P_2O_5 + 10SO_2$

3. **칠황화인(P_4S_7)**
- 담황색 결정이다.
- 조해성이 있다.
- 이황화탄소(CS_2)에 약간 녹는다.
- 냉수에서는 서서히 분해되며 더운물에서는 급격하게 분해되어 황화수소와 인산을 발생시킨다.

  $P_4S_7 + 13H_2O \rightarrow 7H_2S + H_3PO_4 + 3H_3PO_3$

- 연소반응식 : $P_4S_7 + 12O_2 \rightarrow 2P_2O_5 + 7SO_2$

17 다음 물질 중 제3석유류에 해당하는 것을 모두 선택하여 그 번호를 쓰시오.

[보기]
① 클로로벤젠　② 아세트산
③ 포름산　　　④ 니트로톨루엔
⑤ 글리세린　　⑥ 니트로벤젠

Explanation & Advice

모두 제4류 위험물이다.　　＊비 : 비수용성 / 수 : 수용성

물질명	품명	화학식	지정수량	위험등급
클로로벤젠	제2석유류(비)	C_6H_5Cl	1,000ℓ	Ⅲ
아세트산	제2석유류(수)	CH_3COOH	2,000ℓ	Ⅲ
포름산	제2석유류(수)	$HCOOH$	2,000ℓ	Ⅲ
니트로톨루엔	제3석유류(비)	$C_6H_4CH_3NO_2$	2,000ℓ	Ⅲ
글리세린	제3석유류(수)	$C_3H_5(OH)_3$	4,000ℓ	Ⅲ
니트로벤젠	제3석유류(비)	$C_6H_5NO_2$	2,000ℓ	Ⅲ

정답 16 ① 오황화인　② P_4S_3　③ P_4S_7　④ 조해성　⑤ 100kg　　17 ④, ⑤, ⑥

18 제3류 위험물인 황린에 대하여 다음 각 물음에 답하시오.

(1) 안전한 저장을 위하여 사용되는 보호액을 쓰시오.
(2) 공기를 차단하고 약 250~260°C로 가열하면 생성되며 동소체인 제2류 위험물을 쓰시오.
(3) 황린이 연소하는 경우 생성되는 물질을 화학식으로 쓰시오.
(4) 수산화칼륨 수용액과 반응하였을 때 발생하는 맹독성 가스의 화학식을 쓰시오.

7. 공기 중에서 격렬히 연소하며 흰 연기의 오산화인(P_2O_5)을 발생시킨다(오산화인은 흡입 시 치명적이며 피부에 심한 화상과 눈에 손상을 일으킨다.).

$$P_4 + 5O_2 \rightarrow 2P_2O_5$$

8. 수산화칼륨 수용액과 반응하여 유독성의 포스핀(PH_3) 가스를 발생시킨다.

$$P_4 + 3KOH + 3H_2O \rightarrow 3KH_2PO_2 + PH_3$$

9. 분무주수에 의한 냉각소화가 효과적이며 분말 소화설비에는 적응성이 없다.

10. 공기를 차단하고 260°C 정도로 가열하면 적린이 된다. 적린(P)은 제2류 위험물로 황린과 동소체 관계에 있는 위험물이다.

Explanation & Advice

◉ 황린(P_4)

1. 제3류 위험물이며 지정수량은 20kg, 위험등급은 Ⅰ등급이다.
2. 마늘과 같은 자극적인 냄새가 나는 백색 또는 담황색의 가연성 고체이다.
3. 벤젠이나 이황화탄소에는 녹지만 물에는 녹지 않는다.
4. 물과의 반응성이 없고 공기와 접촉하면 자연발화 할 수 있으므로 물속에 넣어 보관한다.
   - 제3류 위험물 중 금수성 물질이 아닌 유일한 물질이다.
5. $Ca(OH)_2$를 첨가함으로써 물의 pH를 9로 유지하여 포스핀(인화수소)의 생성을 방지한다.
6. 발화점이 낮고 화학적 활성이 커서 공기 중에 노출되면 자연발화 한다.

✓ **Check point** 동소체(Allotropy)란?

물질을 구성하는 원소는 동일하지만 구조 등이 달라서 물리적, 성질이 다른 물질 강을 일컫는 말이다. 대표적인 예로 탄소 동소체를 들 수 있다. 다이아몬드와 흑연은 물리적, 성질에 있어서 확연한 차이를 보이고 있으나 이들을 구성하는 성분 원소는 탄소로 동일하다는 것이다. 더 나아가서 풀러렌, 그래핀, 탄소나노튜브도 모두 탄소 동소체이다.

마찬가지로 적린(P)과 황린(P_4)도 성질이 전혀 달라 제2류 위험물과 제3류 위험물로 구분되지만 기본 성분 원소는 인(P)으로 되어 있는 동소체인 것이다.

정답 **18** (1) 물 (2) 적린 (3) P_2O_5 (4) PH_3

19 제1류 위험물이며 흑자색 결정인 과망간산칼륨에 대한 다음 각 물음에 답하시오. [21년 제2회 기출 유사]

(1) 화학식을 쓰시오.
(2) 품명을 쓰시오.
(3) 물과의 반응 여부를 쓰시오.
(4) 물과 반응하는 경우 생성되는 기체의 명칭을 쓰시오. (단, 없으면 '없음'이라 쓰시오.)
(5) 아세톤에 용해 여부를 쓰시오.

6. 열분해(광분해) 반응식 : 240℃ 정도에서 가열하여 분해시키면 아래 반응식과 같이 진행되어 산소 기체를 발생한다.

$$2KMnO_4 \rightarrow K_2MnO_4 + MnO_2 + O_2$$

7. 염산과 반응 시 유독한 염소 기체를 발생시킨다.

$$2KMnO_4 + 16HCl \rightarrow 2KCl + 2MnCl_2 + 8H_2O + 5Cl_2$$

✓ Check point

열분해(광분해) 반응식은 꼭 암기해 둘 것

Explanation & Advice

과망간산칼륨($KMnO_4$)은 제1류 위험물 중 과망간산염류에 속하는 위험물이며 지정수량은 1,000kg, 위험등급은 Ⅲ에 해당된다. 흑자색을 띠는 고체이며 물에 녹으면 보라색의 살균력 있는 수용액이 되고 무좀 치료제로도 쓰인다. 물에는 녹지만 물과는 반응성이 없어 물과 접촉하여도 열과 산소를 발생하지는 않는다. 따라서, 화재 시 안전거리에서 대량의 물로 화재지역을 흠뻑 적셔 소화한다.

1. **물, 아세톤, 알코올에 녹는다.**
2. 산화제이므로 저급알코올, 글리세린, 인화점이 낮은 석유류 등의 유기물과 접촉하면 발화한다.
3. 열, 스파크, 화염에 의해 화재 및 폭발의 위험이 있으며 탄화수소와 폭발적으로 반응한다.
4. 가연성 가스와 접촉하거나 환원제, 가연성 물질과 혼합되면 가열, 충격, 마찰에 의해 폭발한다.
5. 금속분말과 격렬히 반응하여 화재를 일으킬 수 있다.

정답 19 (1) $KMnO_4$ (2) 과망간산염류 (3) 반응하지 않음 (4) 없음 (5) 용해됨

20 다음 그림을 보고 각 물음에 알맞은 답을 쓰시오.

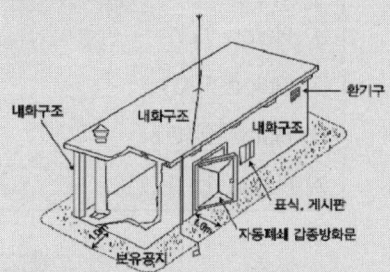

처마높이 6m 미만 소규모 옥내 저장소

(1) 그림에서 보여주는 저장소의 명칭을 쓰시오.
(2) 그림에서 보여주는 저장소의 특례기준을 적용할 수 있는 지정수량의 기준을 쓰시오.
(3) 그림에서 보여주는 저장소의 특례기준에 적합하면 옥내저장소 주위에 일정한 너비의 공지를 보유하지 않아도 되는 저장창고의 처마높이 기준을 쓰시오.

Explanation & Advice

✿ [위험물안전관리법 시행규칙 별표5 / 옥내저장소의 위치·구조 및 설비의 기준] - Ⅳ. 소규모 옥내저장소의 특례

지정수량의 50배 이하인 소규모의 옥내저장소 중 저장창고의 **처마높이가 6m 미만**인 것으로서 저장창고가 별도로 정하는 특례기준에 적합한 것에 대하여는 옥내저장소에 적용되는 안전거리, 보유공지, 하나의 저장창고의 바닥면적, 출입구 방화문 규정은 적용하지 아니한다.

03 제2회 필답형 실기시험

2021년 06월 13일 시행

01 제4류 위험물인 시안화수소에 대한 다음 각 물음에 답하시오.

(1) 시성식을 쓰시오.
(2) 증기비중을 구하시오.
(3) 품명을 쓰시오.

Explanation & Advice

제4류 위험물 중 제1석유류에 속하는 시안화수소(HCN)는 화학 살상무기로 사용될 정도로 맹독성을 나타내는 물질이다. 무색의 액체로 휘발성이 있으며 물, 에테르, 에탄올 등에 녹는다. 끓는점은 26℃로 온도가 상승하면 쉽게 기체 상태로 변화할 수 있다.

- 인화점 -18℃, 발화점 538℃, 연소범위 5.6~40.0%, 분자량 27

물질명	품명	수용성 여부	화학식	지정수량	위험등급
시안화수소	제1석유류	수용성	HCN	400ℓ	Ⅱ

(2)
- 증기비중이란 동일한 체적 조건하에서 어떤 기체(증기)의 질량과 표준물질의 질량과의 비를 말하며 표준물질로는 0℃, 1기압에서의 공기를 기준으로 한다. [분자량의 비료 계산해도 된다.]

$$증기비중 = \frac{증기의\ 분자량}{공기의\ 평균분자량} = \frac{증기의\ 분자량}{29}$$

정답
20 (1) 소규모 옥내저장소 (2) 지정수량의 50배 이하 (3) 6m 미만
01 (1) HCN (2) 0.93 (3) 제1석유류

- 공기의 평균분자량 값은 29이다.
- 시안화수소의 분자량 = 1 + 12 + 14 = 27이다.

$$\therefore \frac{27}{29} = 0.93$$

⊙ 공기의 평균분자량은 왜 29인가?

대기를 구성하는 기체 성분들의 함량을 고려하여 구하는데 산소와 질소 두 성분 기체가 차지하는 비율이 거의 100%에 가까우므로 이 두 기체의 평균분자량을 공기의 평균분자량으로 간주한다.

대기 중의 질소 기체의 함량은 79%이고 분자량은 28이며 대기 중의 산소 기체의 함량은 21%이고 분자량은 32이므로

$$\frac{28 \times 79 + 32 \times 21}{100} = 28.84 ≒ 29$$가 공기의 평균분자량(평균대기 분자량) 값이다.

---

02 다음 할로겐화합물 소화약제의 화학식을 각각 쓰시오. [빈출유형]

(1) Halon 1211
(2) Halon 1301
(3) Halon 2402
(4) Halon 1011

Explanation & Advice

할론 번호의 4자리 숫자는 C - F - Cl - Br의 순서대로 개수를 나타낸 것이다.

(1) Halon 1211 : 첫 번째 숫자 1은 C의 개수, 두 번째 숫자 2는 F의 개수, 세 번째 숫자 1은 Cl의 개수, 마지막 숫자 1은 Br의 개수를 나타내는 것으로서 Halon 1211의 화학식은 CF_2ClBr이 되는 것이다.

(2) Halon 1301 : 첫 번째 숫자 1은 C의 개수, 두 번째 숫자 3은 F의 개수, 세 번째 숫자 0은 Cl의 개수, 마지막 숫자 1은 Br의 개수를 나타내는 것으로서 Halon 1301의 화학식은 CF_3Br이 되는 것이다.

(3) Halon 2402 : 첫 번째 숫자 2는 C의 개수, 두 번째 숫자 4는 F의 개수, 세 번째 숫자 0은 Cl의 개수, 마지막 숫자 2는 Br의 개수를 나타내는 것으로서 Halon 2402의 화학식은 $C_2F_4Br_2$가 되는 것이다.

(4) Halon 1011 : CH_2ClBr이다. 탄소는 4족 원소로서 4개의 곁가지를 가지고 있어 4개의 원자를 부착시킨다. 할론 번호 1011에는 중심 탄소 1개에 Cl 1개와 Br 1개가 연결된 정보만을 보여주는 것이며 할로겐 원소가 결합되지 않은 나머지 두 군데에는 수소가 결합되어 있음을 의미한다. 즉 결합된 수소는 할론 번호에는 표시되지 않는다.

정답 02 (1) CF_2ClBr (2) CF_3Br (3) $C_2F_4Br_2$ (4) CH_2ClBr

03

다음 각 설명에 해당하는 제6류 위험물의 물질명과 분자식을 쓰시오.

[18년 제1회 기출 동일]

(1) 피부 접촉 시 크산토프로테인 반응이 일어난다.
(2) 가열 시 폭발 우려가 있고 물과 반응하여 발열하며 증기비중은 약 3.46이다.

+STUDY 크산토프로테인 반응

물질 속에 포함된 단백질 성분을 검출할 때 이용되는 반응이다. 정량분석을 하기에는 적당하지 않으며 검출이나 정성반응을 할 때 이용된다. 단백질을 포함하는 시료에 질산을 가하고 몇 분간 가열하면 황색으로 변한다. 이는 단백질을 구성하는 아미노산들 중 페닐알라닌, 티록신, 트립토판과 같이 벤젠고리를 가지고 있는 아미노산들이 질산에 의해 니트로화합물로 변하기 때문에 일어나는 발색반응이다. 이런 이유로 만일에 단백질에 벤젠고리를 지닌 이들 아미노산들이 존재하지 않는다면 크산토프로테인 반응은 일어나지 않는다. 따라서 정확도를 높이기 위해 뷰렛반응 등과 같은 다른 발색반응들과 조합해서 검출하는 것이 정확도를 높일 수 있다.

Explanation & Advice

(1) 질산(HNO_3)이 피부와 접촉하면 피부에 포함된 단백질과 반응하여 노란색으로 변하게 된다. 이를 크산토프로테인 반응이라 하며 제6류 위험물 중 질산의 특징이다.

(2)
- 과염소산($HClO_4$)을 가열하면 폭발, 분해되고 유독성의 염화수소(HCl)를 발생한다.

  $HClO_4 \rightarrow HCl\uparrow + 2O_2\uparrow$

- 과염소산($HClO_4$)이 물과 접촉하면 소리를 내며 발열하고 고체 수화물을 만든다.

- 과염소산($HClO_4$)의 분자량은
  $100.5(1 + 35.5 + 16 \times 4)$이다.

  증기비중은 $\dfrac{\text{물질의 분자량}}{29}$으로 구하므로

  $\dfrac{100.5}{29} ≒ 3.46$이다.

정답 03 (1) 질산, HNO_3 (2) 과염소산, $HClO_4$

04

제1류 위험물로서 흑자색의 주상결정으로 물에 녹아 진한 보라색을 띠고 강한 산화력과 살균력이 있으며 분자량이 158인 이 물질에 대한 다음 각 물음에 답하시오.

[21년 제3회 기출 유사]

(1) 명칭을 쓰시오.
(2) 화학식을 쓰시오.
(3) 열분해 반응식을 쓰시오.

Explanation & Advice

과망간산칼륨($KMnO_4$)은 **제1류 위험물 중 과망간산염류에 속하는 위험물**이며 지정수량은 1,000kg, 위험등급은 Ⅲ에 해당된다. 흑자색을 띠는 고체이며 물에 녹으면 보라색의 살균력 있는 수용액이 되고 **무좀 치료제로도 쓰인다**. 물에는 녹지만 물과는 반응성이 없어 물과 접촉하여도 열과 산소를 발생하지는 않는다. 따라서, 화재 시 안전거리에서 대량의 물로 화재지역을 흠뻑 적셔 소화한다.

- 과망간산칼륨($KMnO_4$)의 분자량 :
  $39 + 55 + 16 \times 4 = 158$

(3) 열분해(광분해) 반응식 : 240℃ 정도에서 가열하여 분해시키면 아래 반응식과 같이 진행되어 산소 기체를 발생한다.

$2KMnO_4 \rightarrow K_2MnO_4 + MnO_2 + O_2$

05

다음의 [보기]에서 설명하는 위험물은 무엇인지 쓰시오.

[18년 제1회 기출 동일]

[보기]
- 분자량은 약 104.2이고 지정수량이 1,000ℓ인 제2석유류이다.
- 비점은 약 146℃, 인화점은 약 32℃이다.
- 에틸벤젠을 탈수소화 처리하여 얻을 수 있다.

Explanation & Advice

⊙ 스티렌

1. 제4류 위험물 중 제2석유류(비수용성)에 속하며 지정수량 1,000ℓ, 위험등급 Ⅲ

2. $C_6H_5CHCH_2$

3. 구조식 :

4. 분자량 : $12 \times 8 + 1 \times 8 = 104$

5. 인화점 32℃, 발화점 490℃, 녹는점 -31℃, 끓는점 146℃

6. 공업적으로 에틸벤젠($C_6H_5C_2H_5$)에 금속 촉매(아연, 칼슘, 마그네슘, 철 따위)를 가하여 탈수소화 과정을 거쳐 제조한다. 즉, $C_6H_5C_2H_5$에서 수소 2개가 빠지고 $C_6H_5C_2H_3$가 되는 것이다.

정답 04 (1) 과망간산칼륨 (2) $KMnO_4$ (3) $2KMnO_4 \rightarrow K_2MnO_4 + MnO_2 + O_2$
05 스티렌

06 제1종 분말소화약제에 대한 다음 각 물음에 답하시오.

(1) 1차 열분해 반응식을 쓰시오.

[16년 제5회 기출 동일]

(2) 제1종 분말소화약제가 열분해하여 200m³(표준상태)의 이산화탄소를 발생하는 경우 이때 필요한 탄산수소나트륨은 몇 kg이 필요한 지 계산하시오.

Explanation & Advice

(1) 탄산수소나트륨($NaHCO_3$)은 제1종 분말소화약제의 주성분이며 유류화재(B급)와 전기화재(C급)에 적응성을 보인다. 탄산수소나트륨은 270℃ 정도에 도달하면 1차적으로 열분해 되며 850℃ 이상의 온도에 도달되면 2차적으로 완전 열분해 된다.

- 1차 열분해(270℃ 정도):

  $2NaHCO_3 \rightarrow Na_2CO_3 + CO_2 + H_2O$

- 2차 열분해(850℃ 이상):

  $2NaHCO_3 \rightarrow Na_2O + 2CO_2 + H_2O$

(2)

- 열분해 반응식:

  $2NaHCO_3 \rightarrow Na_2CO_3 + CO_2 + H_2O$

- $NaHCO_3$의 분자량: 84, CO_2의 분자량: 44

- CO_2 1몰이 발생하려면 탄산수소나트륨($NaHCO_3$)은 2몰이 필요하다.

- 표준상태에서 기체 1몰의 부피는 기체의 종류에 관계없이 22.4ℓ를 차지한다.

- $2NaHCO_3 \rightarrow Na_2CO_3 + CO_2 + H_2O$

  $2 \times 84(g)$ -------- 22.4ℓ

  x (kg) ----------- $200m^3$

  $2 \times 84(g) : 22.4\ell = x\ (kg) : 200m^3$

  $22.4\ell \times x\ (kg) = 2 \times 84(g) \times 200m^3$

  $\therefore x = 1,500 kg$

+STUDY 각 종별 분말소화약제의 열분해 반응식

구 분	열분해 반응식
제1종 분말	$2NaHCO_3 \rightarrow Na_2CO_3 + CO_2 + H_2O$
제2종 분말	$2KHCO_3 \rightarrow K_2CO_3 + CO_2 + H_2O$
제3종 분말	$NH_4H_2PO_4 \rightarrow HPO_3 + NH_3 + H_2O$
제4종 분말	$2KHCO_3 + (NH_2)_2CO \rightarrow$ $K_2CO_3 + 2NH_3 + 2CO_2$

정답 06 (1) $2NaHCO_3 \rightarrow Na_2CO_3 + CO_2 + H_2O$ (2) 1,500kg

07 휘발유를 저장하는 옥외저장탱크의 방유제에 대하여 다음 각 물음에 답하시오.

(1) 방유제의 높이는 몇 m 이상 몇 m 이하로 하여야 하는가?

(2) 방유제의 면적은 몇 m² 이하로 하여야 하는가?

(3) 방유제에 설치할 수 있는 휘발유 저장탱크의 수는 몇 기 이하인가? (단, 방유제 내에 다른 위험물 저장탱크는 없다.)

② 인화성(이황화탄소 제외) 및 비인화성 액체 위험물 저장탱크 공통 적용 사항

- 방유제 높이 : 0.5m 이상 3m 이하
- 방유제 두께 : 0.2m 이상
- 지하 매설 깊이 : 1m 이상
- 높이가 1m를 넘는 방유제 및 간막이 둑의 안팎에는 방유제 내에 출입하기 위한 계단 또는 경사로를 약 50m마다 설치할 것

③ 인화성 액체 위험물(이황화탄소 제외) 저장탱크에만 적용

- 방유제 내의 면적 : 8만m² 이하
- 방유제 내에 설치 가능한 저장탱크의 수 : 10 이하(원칙)
  - 방유제에 설치하는 모든 옥외저장탱크의 용량이 20만ℓ 이하이고 저장 또는 취급하는 위험물의 인화점이 70℃ 이상 200℃ 미만인 경우 → 20 이하로 할 수 있다.
  - 인화점이 200℃ 이상인 위험물을 저장, 취급하는 경우 → 개수에 제한 없음

Explanation & Advice

휘발유는 제4류 위험물 중 제1석유류(비수용성)에 속하는 위험물로 인화성 액체이다. 또한 휘발유의 인화점은 -43 ~ -20℃ 범위이므로 방유제 내에 설치 가능한 저장탱크의 수는 원칙적인 경우인 10기 이하가 된다.

✿ [위험물안전관리법 시행규칙 별표6 / 옥외탱크저장소의 위치·구조 및 설비의 기준]- Ⅸ. 방유제 中

① 방유제 용량

- 인화성 액체 위험물(이황화탄소 제외)의 옥외탱크저장소에 설치하는 방유제의 용량 기준 : 방유제 안에 설치된 탱크가 하나인 때에는 그 탱크용량의 110% 이상, 2기 이상인 때에는 용량이 최대인 것의 110% 이상으로 할 것
- 비인화성 액체 위험물의 옥외탱크저장소에 설치하는 방유제의 용량 기준 : 방유제 안에 설치된 탱크가 하나인 때에는 그 탱크용량의 100% 이상, 2기 이상인 때에는 용량이 최대인 것의 100% 이상으로 할 것

정답 07 (1) 0.5m 이상 3m 이하   (2) 80,000m² 이하   (3) 10기 이하

08

[보기]의 물질 중 위험물안전관리법령상 품명이 제1석유류에 해당하는 물질을 모두 쓰시오. (단, 없으면 '없음'이라고 쓰시오.)

[보기]
아세트산, 포름산, 아세톤
클로로벤젠, 에틸벤젠, 경유

09

위험물안전관리법령상 위험물의 운반에 관한 기준 중 유별을 달리하는 위험물의 혼재기준에서 다음 위험물과 혼재가 불가능한 위험물의 유별을 모두 쓰시오. (단, 지정수량의 10배 이상일 경우이다.) [빈출유형]

(1) 제2류 위험물
(2) 제5류 위험물
(3) 제6류 위험물

Explanation & Advice

모두 제4류 위험물이다.

물질명	품 명	화학식	지정수량	위험등급
아세트산	제2석유류(수)	CH_3COOH	2,000ℓ	III
포름산	제2석유류(수)	$HCOOH$	2,000ℓ	III
아세톤	**제1석유류(수)**	CH_3COCH_3	400ℓ	II
클로로벤젠	제2석유류(비)	C_6H_5Cl	1,000ℓ	III
에틸벤젠	**제1석유류(비)**	$C_6H_5C_2H_5$	200ℓ	II
경유	제2석유류(비)	$C_{10} \sim C_{15}$	1,000ℓ	III

* 수 : 수용성 / 비 : 비수용성

Explanation & Advice

✿ [위험물안전관리법 시행규칙 별표19 / 위험물의 운반에 관한 기준] - [부표2] - 유별을 달리하는 위험물의 혼재기준

구 분	제1류	제2류	제3류	제4류	제5류	제6류
제1류		×	×	×	×	○
제2류	×		×	○	○	×
제3류	×	×		○	×	×
제4류	×	○	○		○	×
제5류	×	○	×	○		×
제6류	○	×	×	×	×	

* 'O'는 혼재할 수 있음을, '×'는 혼재할 수 없음을 표시한다.
* 이 표는 지정수량 1/10 이하의 위험물에 대하여는 적용하지 아니한다.

정답

08 아세톤, 에틸벤젠

09 (1) 제1류 위험물, 제3류 위험물, 제6류 위험물   (2) 제1류 위험물, 제3류 위험물, 제6류 위험물
(3) 제2류 위험물, 제3류 위험물, 제4류 위험물, 제5류 위험물

10 다음 그림과 같은 원통형 위험물 저장탱크의 내용적을 계산하는 식을 쓰시오. [21년 제1회 기출 유사]

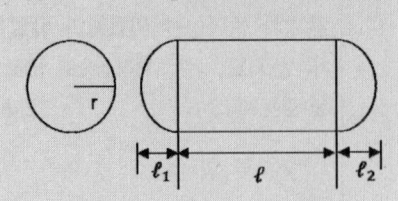

Explanation & Advice

✿ [위험물안전관리에 관한 세부기준 별표1 / 탱크의 내용적 계산방법]

• 타원형 탱크의 내용적
 - 양쪽이 볼록한 것

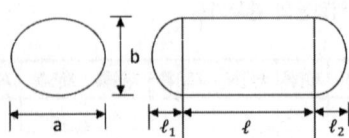

 내용적 = $\dfrac{\pi ab}{4}(\ell + \dfrac{\ell_1 + \ell_2}{3})$

 - 한쪽은 볼록하고 다른 한쪽은 오목한 것

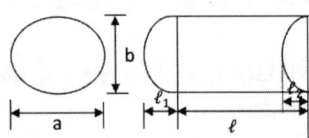

 내용적 = $\dfrac{\pi ab}{4}(\ell + \dfrac{\ell_1 - \ell_2}{3})$

• 원통형 탱크의 내용적
 - 횡으로 설치한 것

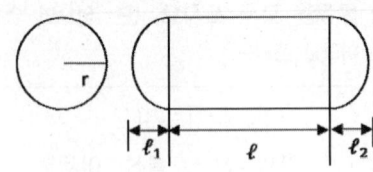

 내용적 = $\pi r^2(\ell + \dfrac{\ell_1 + \ell_2}{3})$

 - 종으로 설치한 것

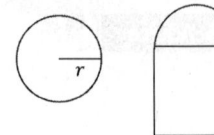

 내용적 = $\pi r^2 \ell$

정답 10 $\pi r^2(\ell + \dfrac{\ell_1 + \ell_2}{3})$

11
다음 [보기]의 각 물질에 대한 주된 연소형태를 쓰시오.

[보기]
(1) 마그네슘분
(2) 유황
(3) 니트로셀룰로오스

Explanation & Advice

⊙ 고체의 연소

고체 가연물에 열을 가했을 때 우선적으로 증발하는 가연물에서 증발연소가 일어나며 다음으로 열분해해서 분해연소가 일어나고 나머지 남은 물질이 표면연소를 한다.

1. 증발연소 : 열분해를 일으키지 않고 증발하여 그 증기가 연소하거나(나프탈렌이나 **유황** 등) 또는 열에 의해 융해되어 액체로 변한 다음 이 액체 상태에서 기화된 증기가 연소하는[파라핀(양초), 왁스 등] 현상을 말한다. 이러한 증발연소는 가솔린, 경유, 등유 등과 같은 증발하기 쉬운 가연성 액체에서도 잘 일어난다.

2. 표면연소 : 직접연소라고도 부르며 가연성 고체가 열분해 되어도 휘발성분이 없어 증발하지 않아 가연성 가스를 발생하지 않고 고체 자체의 표면에서 산소와 반응하여 연소되는 현상을 말하는 것으로 **금속분**, 목탄(숯), 코크스 등이 여기에 해당된다.

3. 자기연소 : 내부연소 또는 자활연소라고도 하며 가연성 물질이 자체 내에 산소를 함유하고 있어 공기 중의 산소를 필요로 하지 않고 자체의 산소에 의해서 연소되는 현상을 말하는 것으로 **제5류 위험물**의 연소가 여기에 해당된다. 대부분 폭발성을 지니고 있으므로 폭발성 물질로 취급되고 있다.

4. 분해연소 : 열분해에 의해 발생된 가연성 가스가 공기와 혼합하여 연소하는 현상이며 연소열에 의해 고체의 열분해는 가연물이 없어질 때까지 계속된다. 종이, 석탄, 목재, 섬유, 플라스틱 등의 연소가 해당된다.

12
위험물안전관리법령상 다음 각 위험물의 지정수량을 쓰시오.

(1) K_2O_2
(2) $KClO_3$
(3) CrO_3

Explanation & Advice

모두 제1류 위험물이다.

물질명	품명	화학식	지정수량	위험등급
과산화칼륨	무기과산화물	K_2O_2	50kg	I
염소산칼륨	염소산염류	$KClO_3$	50kg	I
삼산화크롬	행안부령	CrO_3	300kg	II

삼산화크롬은 무수크롬산이라고도 하며 제1류 위험물 중 행정안전부령으로 정하는 위험물의 '크롬, 납 또는 요오드의 산화물'로 분류되는 위험물이다.

정답 11 (1) 표면연소 (2) 증발연소 (3) 자기연소   12 (1) 50kg (2) 50kg (3) 300kg

13 제3류 위험물인 황린에 대한 다음 각 물음에 답하시오.

(1) 황린의 동소체이며 제2류 위험물인 물질의 명칭을 쓰시오.
(2) 황린의 동소체인 이 물질의 제조방법을 간단히 쓰시오.
(3) (1)에서 답한 이 물질의 연소반응식을 쓰시오.

특성	구분	적 린	황 린
차이점	화학식	P	P_4
	분류	제2류 위험물	제3류 위험물
	성상	암적색의 분말	백색 또는 담황색 고체
	착화온도	약 260℃	34℃(미분), 60℃(고형)
	자연발화	×	○
	이황화탄소에 대한 용해성	×	○
	화학적 활성	작다	크다
	안정성	안정하다	불안정하다

Explanation & Advice

공기 차단 후 황린을 약 260℃의 온도로 가열하면 적린이 되며 적린을 연소하면 흰 연기의 유독성 물질인 오산화인(P_2O_5)이 발생된다.

$4P + 5O_2 \rightarrow 2P_2O_5$

⊙ 적린과 황린의 비교

특성	구분	적 린	황 린
공통점	• 서로 동소체 관계이다(성분원소가 같다). • 연소할 경우 오산화인(P_2O_5)을 생성한다. • 주수소화가 가능하다. • 물에 잘 녹지 않는다. • 물보다 무겁다. (적린비중 : 2.2, 황린비중 : 1.82) • 알칼리와 반응하여 포스핀 가스를 발생한다.		

정답 **13** (1) 적린 (2) 공기와의 접촉을 차단한 상태에서 황린을 약 260℃의 온도로 가열하여 제조한다.
(3) $4P + 5O_2 \rightarrow 2P_2O_5$

14 단층건축물에 설치된 옥내탱크저장소에 경유를 저장하는 옥내저장탱크가 있다. 다음 각 물음에 답하시오.

[빈출유형 / 20년 제2회 기출 유사]

(1) 옥내저장탱크와 탱크전용실의 벽과의 사이에 유지하여야 하는 간격은 몇 m 이상인가?
(2) 옥내저장탱크의 상호 간에 유지하여야 하는 간격은 몇 m 이상인가?
(3) 경유를 저장하는 옥내저장탱크의 최대용량(ℓ)을 쓰시오.

- 옥내저장탱크와 탱크전용실의 벽과의 사이 및 옥내저장탱크의 상호 간에는 **0.5m 이상**의 간격을 유지할 것. 다만, 탱크의 점검 및 보수에 지장이 없는 경우에는 그러하지 아니하다.
- **옥내저장탱크의 용량**(동일한 탱크전용실에 옥내저장탱크를 2 이상 설치하는 경우에는 각 탱크의 용량의 합계를 말한다)**은 지정수량의 40배**(제4석유류 및 동식물유류 외의 제4류 위험물에 있어서 당해 수량이 20,000ℓ를 초과할 때에는 20,000ℓ) 이하일 것

Explanation & Advice

(3) 경유는 제4류 위험물 중 제2석유류(비수용성)에 속하는 물질로서 지정수량은 1,000ℓ이다.

'옥내저장탱크의 용량은 지정수량의 40배 이하일 것'이라 규정되어 있으므로 40,000ℓ가 최대용량으로 계산되지만 '제4석유류 및 동식물유류 외의 제4류 위험물에 있어서 당해 수량이 20,000ℓ를 초과할 때에는 20,000ℓ'라는 단서 조항의 적용을 받아 20,000ℓ가 최대용량이 된다.

✿ [위험물안전관리법 시행규칙 별표7 / 옥내탱크저장소의 위치, 구조 및 설비의 기준] - Ⅰ. 옥내탱크저장소의 기준 中

- 위험물을 저장 또는 취급하는 옥내탱크(이하 "옥내저장탱크"라 한다)는 단층건축물에 설치된 탱크전용실에 설치할 것

정답 14 (1) 0.5m (2) 0.5m (3) 20,000ℓ

15

벤젠 30kg이 완전 연소하는 경우 필요한 공기의 부피(m^3)를 계산하시오. [단, 공기 중 산소의 부피 농도는 21%이며 표준상태(0℃, 1atm)를 기준으로 한다.]

[계산문제 빈출유형]

Explanation & Advice

- 벤젠의 연소반응식:

  $2C_6H_6 + 15O_2 \rightarrow 12CO_2 + 6H_2O$

- 벤젠의 분자량: $12 \times 6 + 1 \times 6 = 78$

- 벤젠 2몰이 완전 연소하려면 산소 15몰이 필요하다.

  (벤젠 1몰이 완전 연소하려면 산소 7.5몰이 필요한 것으로 계산해도 된다.)

- 표준상태에서 기체 1몰의 부피는 기체의 종류에 관계없이 22.4ℓ를 차지한다.

- $2C_6H_6 + 15O_2 \rightarrow 12CO_2 + 6H_2O$

  $2 \times 78(g) \quad 15 \times 22.4\ell$

  $30(kg) \quad x\,m^3$

  $2 \times 78(g) : 15 \times 22.4\ell = 30(kg) : x\,m^3$

  $15 \times 22.4\ell \times 30(kg) = 2 \times 78(g) \times x\,m^3$

  $\therefore x = 64.62\,m^3$

- $64.62\,m^3$는 벤젠 30kg이 완전 연소하는 경우에 필요한 산소 부피다. 공기 중 산소의 부피 농도는 21%이므로 필요한 공기의 부피는 $64.62 \times \dfrac{100}{21} = 307.71\,m^3$가 된다.

16

철(Fe) 1kg을 완전 연소시키는데 필요한 산소의 부피(ℓ)를 다음 반응식을 이용하여 계산하시오. (단, Fe의 원자량은 55.85이고 표준상태를 기준으로 한다.)

[계산문제 빈출유형]

$4Fe + 3O_2 \rightarrow 2Fe_2O_3$

Explanation & Advice

- 반응식에서 철 4몰이 완전 연소하려면 3몰의 산소 기체가 필요함을 알 수 있다.

- 철(Fe)의 원자량이 55.85이므로 철 1,000g은 17.91몰에 해당하는 양이다.

- 철(Fe) 17.91몰에 해당하는 양이 완전 연소하는데 필요한 산소 몰수는 다음의 비례식으로 구할 수 있다.

- $4 : 3 = 17.91 : x$

  $4 \times x = 3 \times 17.91$

  $\therefore x = \dfrac{3 \times 17.91}{4} = 13.43$몰

- 모든 기체는 표준 상태에서 기체의 종류에 관계없이 22.4ℓ의 부피를 차지한다.

- 그러므로 $13.43 \times 22.4\ell = 300.83\ell$의 산소가 필요한 것이다.

정답   **15** 307.71m^3 **16** 300.83ℓ

17. 제5류 위험물인 다음 각 물질의 시성식을 쓰시오.

(1) 질산에틸
(2) 트리니트로톨루엔
(3) 니트로글리세린

Explanation & Advice

시성식이란 분자식만으로는 알 수 없는 물질의 화학적 특성을 쉽게 알아볼 수 있도록 기능기(작용기) 중심으로 표현한 화학식을 말한다.

위 세 위험물 모두 기능기로 $-NO_2$(니트로기)를 지니고 있다.

물질명	품 명	화학식	지정수량	위험등급
질산에틸	질산에스테르류	$C_2H_5ONO_2$	10kg	I
트리니트로톨루엔	니트로화합물	$C_6H_2CH_3(NO_2)_3$	200kg	II
니트로글리세린	질산에스테르류	$C_3H_5(ONO_2)_3$	10kg	I

+STUDY 구조식

질산에틸	트리니트로톨루엔	니트로글리세린
	(구조식)	CH_2-ONO_2 $\|$ $CH-ONO_2$ $\|$ CH_2-ONO_2

✱ 빈틈없이 촘촘하게 One more Step

- **실험식** : 화합물에 존재하는 원소의 비율을 가장 간단한 정수비로 나타낸 화학식
- **분자식** : 물질 한 분자를 구성하는 모든 원소들의 종류와 수를 명확히 나타낸 화학식
- **시성식** : 분자의 화학적 특성을 쉽게 파악할 수 있도록 작용기(기능기) 중심으로 나타낸 화학식
- **구조식** : 분자를 구성하고 있는 각 원자가 분자 내에서 상호 간에 어떻게 결합해 있는가를 도식적으로 나타낸 화학식
- **이온식** : 물질이 이온화되었을 때 각 이온의 종류와 전하량을 나타낸 화학식

예 아세트산

실험식	분자식	시성식
CH_2O	$C_2H_4O_2$	CH_3COOH

구조식	이온식
H-C(H)(H)-C(=O)-O-H	$CH_3COO^- + H^+$

정답 17 (1) $C_2H_5ONO_2$ (2) $C_6H_2CH_3(NO_2)_3$ (3) $C_3H_5(ONO_2)_3$

18 다음은 위험물안전관리법령에서 정한 제2류 위험물에 대한 정의이다. ( ) 안에 알맞은 답을 쓰시오.

(1) "가연성고체"라 함은 고체로서 화염에 의한 (①)의 위험성 또는 (②)의 위험성을 판단하기 위하여 고시로 정하는 시험에서 고시로 정하는 성질과 상태를 나타내는 것을 말한다.

(2) "인화성고체"라 함은 (③) 그 밖에 1기압에서 인화점이 섭씨 (④)도 미만인 고체를 말한다.

(3) 유황은 순도가 (⑤)중량퍼센트 이상인 것을 말한다. 이 경우 순도측정에 있어서 불순물은 활석 등 불연성물질과 수분에 한한다.

19 다음은 위험물안전관리법령상 동식물유류에 관한 내용이다. 각 물음에 답하시오. [빈출유형]

(1) 유지를 구성하고 있는 지방산에 함유된 이중결합의 수를 나타내는 수치이다. 이 값이 높은 것은 이중결합이 많은 것을 의미하며 동식물유류의 분류기준이 된다. 이것은 무엇을 의미하는지 쓰시오.

(2) 다음 물질은 동식물유류의 구분에서 어디에 속하는지 쓰시오.
 ① 야자유
 ② 아마인유

Explanation & Advice

Explanation & Advice

✿ [위험물안전관리법 시행령 별표1 / 위험물 및 지정수량] - 비고란 제2, 제3, 제8항

- "가연성고체"라 함은 고체로서 화염에 의한 **발화**의 위험성 또는 **인화**의 위험성을 판단하기 위하여 고시로 정하는 시험에서 고시로 정하는 성질과 상태를 나타내는 것을 말한다.
- "인화성고체"라 함은 **고형알코올** 그 밖에 1기압에서 인화점이 섭씨 **40**도 미만인 고체를 말한다.
- 유황은 순도가 **60**중량퍼센트 이상인 것을 말한다. 이 경우 순도측정에 있어서 불순물은 활석 등 불연성물질과 수분에 한한다.

◉ 요오드값(요오드가, 옥소값)

1. 유지 100g에 흡수되는 요오드의 그램 수
2. 요오드값이란 유지에 염화요오드를 떨어뜨렸을 때 유지 100g에 흡수되는 염화요오드의 양으로부터 요오드의 양을 환산하여 그램 수로 나타낸 것으로 '옥소값'이라고도 한다.
3. **일반적으로 유지류에 요오드를 작용시키면 이중결합 하나에 대해 요오드 2 원자가 첨가되기 때문에 유지의 불포화 정도를 확인할 수 있다. 요오드값이 크다는 것은 탄소 간에 이중결합이 많아 불포화도가 크다는 것을 의미하므로 요오드값은 불포화 지방산의 함량이 많을수록 커지는 비례관계**이며 불포화도가 높을수록 공기 중에서 산화되기 쉽고 산화열이 축적되어 자연발화할 가능성도 커진다.

정답
18 (1) ① 발화 ② 인화 (2) ③ 고형알코올 ④ 40 (3) ⑤ 60
19 (1) 요오드값 (2) ① 불건성유 ② 건성유

4. 산화되거나 산패 시에 요오드값은 감소한다.

요오드값에 따라 유지는 다음과 같이 분류된다.

- **건성유** : 요오드값이 130 이상인 것. 이중결합이 많아 불포화도가 높으므로 공기 중에 노출되면 산소와 반응하여 액 표면에 피막을 만들고 굳어버리는 기름. 섬유 등 다공성 가연물에 스며들어 공기와 반응함으로써 자연 발화하기 쉽다. 정어리유, 대구유, 상어유, **아마인유**, 오동유, 해바라기유, 들기름 등이 있다.

- **반건성유** : 100~130 사이의 요오드값을 갖는 것. 공기 중에서 서서히 산화되면서 점성은 증가하지만 건조한 상태까지는 되지 않는 기름. 면실유, 청어유, 대두유, 채종유, 참기름, 콩기름, 옥수수기름 등이 있다.

- **불건성유** : 요오드값이 100 이하인 것. 불포화지방산의 함유량이 적기 때문에 공기 중에 두어도 산화되거나 굳어지거나 엷은 막을 형성하지 않는 기름. 올리브유, **야자유**, 동백유, 피마자유, 땅콩기름(낙화생유), 쇠기름, 돼지기름 등이 있다.

20 다음의 위험물이 물과 반응하여 생성되는 가연성의 기체를 화학식으로 쓰시오. (단, 없으면 '없음'이라고 쓰시오.)

(1) 트리에틸알루미늄

(2) 과산화칼슘

(3) 메틸리튬

Explanation & Advice

물질명	유별	품명	화학식	지정수량	위험등급
트리에틸알루미늄	제3류 위험물	알킬알루미늄	$(C_2H_5)_3Al$	10kg	I
과산화칼슘	제1류 위험물	무기과산화물	CaO_2	50kg	I
메틸리튬	제3류 위험물	알킬리튬	CH_3Li	10kg	I

각 위험물의 물과의 반응식은 다음과 같다.

(1) $(C_2H_5)_3Al + 3H_2O \rightarrow Al(OH)_3 + 3C_2H_6$

(2) $2CaO_2 + 2H_2O \rightarrow 2Ca(OH)_2 + O_2$

(3) $CH_3Li + H_2O \rightarrow LiOH + CH_4$

트리에틸알루미늄이 물과 반응하여 발생되는 에탄(C_2H_6)가스나 메틸리튬이 물과 반응하여 발생되는 메탄(CH_4)가스는 가연성이지만 과산화칼슘이 물과 반응했을 때 생성되는 산소 기체는 가연성이 아니라 조연성 기체이다.

✱ 빈틈없이 촘촘하게　One more Step

- 가연성 기체 : 산소와 결합하여 빛과 열을 내며 연소하는 가스를 말하며 수소, 메탄, 에탄, 프로판 등 32종과 공기 중에서 연소하는 가스로서 폭발한계 하한이 10% 이하인 것과 폭발한계의 상한과 하한의 차가 20% 이상인 것을 대상으로 한다. 따라서 하한이 낮을수록 상한과 하한의 폭이 클수록 위험한 가스라 할 수 있다.

- 불연성 기체 : 질소나 이산화탄소와 같이 스스로 연소하지도 못하고 다른 물질을 연소시키는 성질도 갖지 않는 가스.

- 조연성 기체 : 공기, 산소, 염소 등과 같이 가연성 가스가 연소되는 데 필요한 가스. 지연성 가스라고도 한다.

정답　20 (1) C_2H_6　(2) 없음　(3) CH_4

04 제1회 필답형 실기시험

2021년 04월 03일 시행

01
다음 제5류 위험물의 구조식을 나타내시오. [18년 제2회 기출문제 동일]

(1) 트리니트로페놀(피크린산)
(2) 트리니트로톨루엔(TNT)

Explanation & Advice

물질명	품 명	화학식	지정수량	위험등급
피크린산	니트로화합물	$C_6H_2(NO_2)_3OH$	200kg	II
트리니트로톨루엔	니트로화합물	$C_6H_2CH_3(NO_2)_3$	200kg	II

• 피크린산은 페놀(C_6H_5OH)을 진한 질산과 진한 황산의 혼산으로 니트로화하여 제조한다.

$$C_6H_5OH + 3HNO_3 \xrightarrow{C-H_2SO_4} C_6H_2(NO_2)_3OH + 3H_2O$$

• TNT는 톨루엔($C_6H_5CH_3$)을 진한 질산과 진한 황산의 혼산으로 니트로화하여 제조한다.

$$C_6H_5CH_3 + 3HNO_3 \xrightarrow{C-H_2SO_4} C_6H_2CH_3(NO_2)_3 + 3H_2O$$

02
위험물안전관리법령상 위험물의 운반에 관한 기준에서 다음 위험물과 혼재 가능한 위험물은 몇 류 위험물인지 모두 쓰시오. (단, 지정수량의 10배인 경우이다.) [빈출유형]

(1) 제4류 위험물
(2) 제5류 위험물
(3) 제6류 위험물

Explanation & Advice

✿ [위험물안전관리법 시행규칙 별표19 / 위험물의 운반에 관한 기준] - [부표2] - 유별을 달리하는 위험물의 혼재기준

구 분	제1류	제2류	제3류	제4류	제5류	제6류
제1류		×	×	×	×	○
제2류	×		×	○	○	×
제3류	×	×		○	×	×
제4류	×	○	○		○	×
제5류	×	○	×	○		×
제6류	○	×	×	×	×	

✱ '○'는 혼재할 수 있음을, '×'는 혼재할 수 없음을 표시한다.

✱ 이 표는 지정수량 1/10 이하의 위험물에 대하여는 적용하지 아니한다.

정답

01

트리니트로페놀(피크린산)	트리니트로톨루엔(TNT)

02 (1) 제2류 위험물, 제3류 위험물, 제5류 위험물   (2) 제2류 위험물, 제4류 위험물   (3) 제1류 위험물

03
제4류 위험물로서 분자량이 약 58이고 일광에 의해 분해하여 과산화물을 생성하며 피부 접촉 시 탈지작용이 일어나는 물질에 대한 다음 각 물음에 답하시오.

(1) 이 물질의 화학식을 쓰시오.
(2) 이 물질의 지정수량을 쓰시오.

Explanation & Advice

- 아세톤(CH_3COCH_3)의 분자량 :
  $12 \times 3 + 1 \times 6 + 16 = 58$

⊙ **아세톤(CH_3COCH_3)**

1. **제4류 위험물** 중 제1석유류(수용성)에 속하며 **지정수량 400ℓ**, 위험등급 II에 해당한다.
2. 휘발성이 강하고 독특한 자극성의 냄새를 지닌 무색투명한 액체이다.
3. 인화점 -18℃, 착화점 538℃, 녹는점 -95℃, 끓는점 56.5℃, 비중 0.79, 증기비중 2
4. 케톤 중 가장 간단한 구조를 갖는 물질이다.
5. 증기는 공기보다 무거우며 독성이 있다. - 흡입 시 구토와 두통 유발
6. 물에 잘 녹으며 알코올, 에테르에도 녹는다.
7. **햇빛에 의해 분해되어 과산화물을 생성한다.**
8. **피부와 접촉하면 탈지작용을 일으킨다.**
9. 요오드포름 반응을 한다.

04
다음 제5류 위험물에 대한 품명과 지정수량을 쓰시오.

(1) $(C_6H_5CO)_2O_2$
(2) $C_6H_2CH_3(NO_2)_3$

Explanation & Advice

물 질	품 명	화학식	지정수량	위험등급
과산화벤조일	유기과산화물	$(C_6H_5CO)_2O_2$	10kg	I
트리니트로톨루엔	니트로화합물	$C_6H_2CH_3(NO_2)_3$	200kg	II

+STUDY 과산화벤조일 구조식

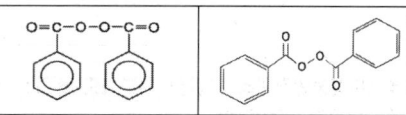

정답
03 (1) CH_3COCH_3 (2) 400ℓ
04 (1) 유기과산화물, 10kg   (2) 니트로화합물, 200kg

05 위험물안전관리법령상 [그림]과 같이 설치된 위험물 탱크의 내용적을 구하는 식을 쓰시오.

(1) 횡으로 설치한 것

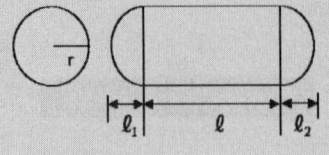

(2) 종으로 설치한 것

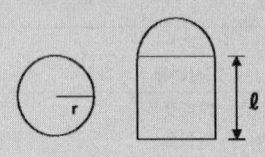

Explanation & Advice

✿ [위험물안전관리에 관한 세부기준 별표1 / 탱크의 내용적 계산방법]

- 타원형 탱크의 내용적
  - 양쪽이 볼록한 것

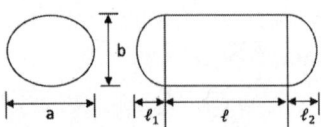

내용적 $= \dfrac{\pi ab}{4}(\ell + \dfrac{\ell_1 + \ell_2}{3})$

  - 한쪽은 볼록하고 다른 한쪽은 오목한 것

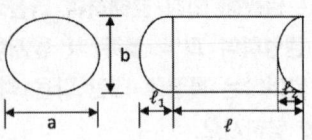

내용적 $= \dfrac{\pi ab}{4}(\ell + \dfrac{\ell_1 - \ell_2}{3})$

- 원통형 탱크의 내용적
  - 횡으로 설치한 것

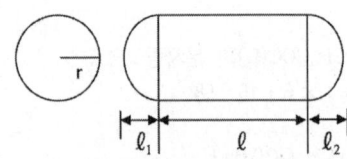

내용적 $= \pi r^2 (\ell + \dfrac{\ell_1 + \ell_2}{3})$

  - 종으로 설치한 것

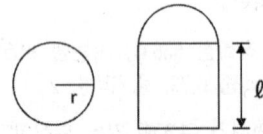

내용적 $= \pi r^2 \ell$

정답 05 (1) $\pi r^2 (\ell + \dfrac{\ell_1 + \ell_2}{3})$ (2) $\pi r^2 \ell$

06 위험물안전관리법령상 위험물제조소의 표지 및 게시판에 관한 기준이다. 다음 각 물음에 답하시오.

(1) 제조소에는 보기 쉬운 곳에 방화에 관하여 필요한 사항을 게시한 게시판을 설치하여야 한다. 게시판의 바탕색과 문자색을 쓰시오.

(2) 주유취급소에 설치하는 '주유 중 엔진정지'라는 표시를 한 게시판의 바탕색과 문자색을 쓰시오.

[18년 제2회 기출 동일]

Explanation & Advice

(1)

✿ [위험물안전관리법 시행규칙 별표4 / 제조소의 위치·구조 및 설비의 기준] – Ⅲ. 표지 및 게시판

제조소에는 보기 쉬운 곳에 다음 기준에 따라 방화에 관하여 필요한 사항을 게시한 게시판을 설치하여야 한다.

- 게시판은 한 변의 길이가 0.3m 이상, 다른 한 변의 길이가 0.6m 이상인 직사각형으로 할 것
- 게시판에는 저장 또는 취급하는 위험물의 유별·품명 및 저장 최대수량 또는 취급 최대수량, 지정수량의 배수 및 안전관리자의 성명 또는 직명을 기재할 것
- **게시판의 바탕은 백색으로, 문자는 흑색으로 할 것**

(2)

✿ [위험물안전관리법 시행규칙 별표13 / 주유취급소의 위치·구조 및 설비의 기준] – Ⅱ. 표지 및 게시판 中

주유취급소에는 보기 쉬운 곳에 **황색바탕에 흑색문자로 "주유 중 엔진정지"라는 표시를 한 게시판을 설치하여야 한다.**

게시판은 한 변의 길이가 0.3m 이상, 다른 한 변의 길이가 0.6m 이상인 직사각형으로 할 것

정답 **06** (1) 바탕색 : 백색, 문자색 : 흑색 (2) 바탕색 : 황색, 문자색 : 흑색

07 에틸알코올과 칼륨이 반응하는 경우 다음 각 물음에 답하시오.

(1) 에틸알코올과 칼륨의 반응식을 쓰시오.
(2) 에틸알코올 92g과 칼륨 78g이 반응하는 경우 생성되는 수소 기체의 부피를 구하시오.

Explanation & Advice

(1)
- 에틸알코올은 제4류 위험물 중 알코올류에 속하는 위험물이며 지정수량 400ℓ, 위험등급은 Ⅱ등급이다.
- 칼륨은 제3류 위험물이며 지정수량 10kg, 위험등급은 Ⅰ등급이다.
- 에틸알코올과 칼륨이 반응하면 칼륨에틸레이트와 수소 기체를 발생한다.

  $2K + 2C_2H_5OH \rightarrow 2C_2H_5OK + H_2$

(2)
- 에탄올(C_2H_5OH)의 분자량 :
  $12 \times 2 + 1 \times 6 + 16 = 46$
- 칼륨의 원자량 : 39
- 에탄올 92g은 2몰에 해당하는 질량이고 칼륨 78g도 2몰에 해당하는 질량이다.
- 반응식에서 2몰의 칼륨과 2몰의 에탄올이 반응하면 수소 기체는 1몰이 생성됨을 알 수 있다.
- 표준상태에서 기체 1몰이 차지하는 부피는 기체의 종류와 관계없이 모두 22.4ℓ이다.
- ∴ 생성되는 수소 기체의 부피는 22.4ℓ이다.

08 제4류 위험물 중 벤젠의 위험도(H)를 구하시오.

Explanation & Advice

벤젠(C_6H_6)은 제4류 위험물 중 제1석유류(비수용성)에 속하는 위험물로서 지정수량은 200ℓ, 위험등급은 Ⅱ 등급이다.

- 위험도(H) = $\dfrac{연소상한계 - 연소하한계}{연소 하한계}$
- 벤젠의 연소범위는 1.4 ~ 7.1(%)
- $\dfrac{7.1 - 1.4}{1.4} = 4.07$

09 다음 [보기]의 제1류 위험물에 대한 지정수량을 각각 쓰시오.

[보기]
① $K_2Cr_2O_7$ ② K_2O_2 ③ $KMnO_4$
④ $KClO_3$ ⑤ KNO_3

Explanation & Advice

화학식	물질명	품 명	지정수량	위험등급
$K_2Cr_2O_7$	중크롬산칼륨	중크롬산염류	1,000kg	Ⅲ
K_2O_2	과산화칼륨	무기과산화물	50kg	Ⅰ
$KMnO_4$	과망간칼륨	과망간산염류	1,000kg	Ⅲ
$KClO_3$	염소산칼륨	염소산염류	50kg	Ⅰ
KNO_3	질산칼륨	질산염류	300kg	Ⅱ

정답 07 (1) $2K + 2C_2H_5OH \rightarrow 2C_2H_5OK + H_2$ (2) 22.4ℓ **08** 4.07
09 ① 1,000kg ② 50kg ③ 1,000kg ④ 50kg ⑤ 300kg

10
다음 제2류 위험물에 대한 완전 연소 반응식을 쓰시오.

[21년 제4회 기출 동일]

(1) 삼황화인
(2) 오황화인

Explanation & Advice

황화인은 제2류 위험물이며 지정수량은 100kg, 위험등급은 Ⅱ등급이다. 삼황화인(P_4S_3), 오황화인(P_2S_5), 칠황화인(P_4S_7)이 있으며 이들이 연소하면 모두 이산화황과 오산화인을 발생한다.

- 삼황화인의 연소반응식 :

  $P_4S_3 + 8O_2 \rightarrow 2P_2O_5 + 3SO_2$

- 오황화인의 연소반응식 :

  $2P_2S_5 + 15O_2 \rightarrow 2P_2O_5 + 10SO_2$

- 칠황화인의 연소반응식 :

  $P_4S_7 + 12O_2 \rightarrow 2P_2O_5 + 7SO_2$

11
옥내저장소에 옥내소화전 설비를 설치하였다. 옥내소화전이 가장 많이 설치된 층의 옥내소화전 설치개수가 4개인 경우 필요한 수원의 수량(m^3)을 계산하시오.

Explanation & Advice

수원의 수량은 옥내소화전이 가장 많이 설치된 층의 옥내소화전 설치개수에 7.8m^3를 곱한 양 이상이 되도록 설치해야 하므로 $4 \times 7.8 = 31.2m^3$ 이상이 되도록 하여야 한다.

✿ [위험물안전관리법 시행규칙 별표17 / 소화설비, 경보설비 및 피난설비의 기준] - 5. 소화설비의 설치기준 中 옥내소화전설비의 설치기준

- 옥내소화전은 제조소등의 건축물의 층마다 당해 층의 각 부분에서 하나의 호스접속구까지의 수평거리가 25m 이하가 되도록 설치할 것. 이 경우 옥내소화전은 각층의 출입구 부근에 1개 이상 설치하여야 한다.

- **수원의 수량은 옥내소화전이 가장 많이 설치된 층의 옥내소화전 설치개수**(설치개수가 5개 이상인 경우는 5개)**에 7.8m^3를 곱한 양 이상이 되도록 설치할 것**

- 옥내소화전설비는 각층을 기준으로 하여 당해 층의 모든 옥내소화전(설치개수가 5개 이상인 경우는 5개의 옥내소화전)을 동시에 사용할 경우에 각 노즐끝부분의 방수압력이 350kPa 이상이고 방수량이 1분당 260ℓ 이상의 성능이 되도록 할 것

- 옥내소화전설비에는 비상전원을 설치할 것

정답
10 (1) $P_4S_3 + 8O_2 \rightarrow 2P_2O_5 + 3SO_2$ (2) $2P_2S_5 + 15O_2 \rightarrow 2P_2O_5 + 10SO_2$
11 31.2m^3 이상

12 위험물안전관리법령에 따른 위험물의 유별 저장, 취급의 공통기준(중요기준)에 대한 (   )안에 알맞은 답을 쓰시오.

(1) (①) 위험물은 가연물과의 접촉·혼합이나 분해를 촉진하는 물품과의 접근 또는 과열·충격·마찰 등을 피하는 한편, 알카리금속의 과산화물 및 이를 함유한 것에 있어서는 물과의 접촉을 피하여야 한다.

(2) (②) 위험물은 산화제와의 접촉·혼합이나 불티·불꽃·고온체와의 접근 또는 과열을 피하는 한편, 철분·금속분·마그네슘 및 이를 함유한 것에 있어서는 물이나 산과의 접촉을 피하고 인화성 고체에 있어서는 함부로 증기를 발생시키지 아니하여야 한다.

(3) (③) 위험물 중 자연발화성 물질에 있어서는 불티·불꽃 또는 고온체와의 접근·과열 또는 공기와의 접촉을 피하고, 금수성 물질에 있어서는 물과의 접촉을 피하여야 한다.

(4) (④) 위험물은 불티·불꽃·고온체와의 접근 또는 과열을 피하고, 함부로 증기를 발생시키지 아니하여야 한다.

(5) (⑤) 위험물은 가연물과의 접촉·혼합이나 분해를 촉진하는 물품과의 접근 또는 과열을 피하여야 한다.

Explanation & Advice

✿ [위험물안전관리법 시행규칙 별표18 / 제조소등에서의 위험물의 저장 및 취급에 관한 기준] - 위험물의 유별 저장·취급의 공통기준(중요기준)

- (제1류) 위험물은 가연물과의 접촉·혼합이나 분해를 촉진하는 물품과의 접근 또는 과열·충격·마찰 등을 피하는 한편, 알카리금속의 과산화물 및 이를 함유한 것에 있어서는 물과의 접촉을 피하여야 한다.

- (제2류) 위험물은 산화제와의 접촉·혼합이나 불티·불꽃·고온체와의 접근 또는 과열을 피하는 한편, 철분·금속분·마그네슘 및 이를 함유한 것에 있어서는 물이나 산과의 접촉을 피하고 인화성 고체에 있어서는 함부로 증기를 발생시키지 아니하여야 한다.

- (제3류) 위험물 중 자연발화성 물질에 있어서는 불티·불꽃 또는 고온체와의 접근·과열 또는 공기와의 접촉을 피하고, 금수성 물질에 있어서는 물과의 접촉을 피하여야 한다.

- (제4류) 위험물은 불티·불꽃·고온체와의 접근 또는 과열을 피하고, 함부로 증기를 발생시키지 아니하여야 한다.

- 제5류 위험물은 불티·불꽃·고온체와의 접근이나 과열·충격 또는 마찰을 피하여야 한다.

- (제6류) 위험물은 가연물과의 접촉·혼합이나 분해를 촉진하는 물품과의 접근 또는 과열을 피하여야 한다.

정답 12 ① 제1류   ② 제2류   ③ 제3류   ④ 제4류   ⑤ 제6류

13 다음 [보기]를 보고 각 물음에 알맞은 답을 쓰시오. (단, 없으면 '없음'이라고 표기하시오.)

[보기]
삼황화인, 황린, 마그네슘
알루미늄분, 오황화인, 적린
유황, 나트륨

(1) 물과 반응하여 수소를 발생하는 물질을 모두 쓰시오.
(2) 제2류 위험물을 모두 쓰시오.
(3) 주기율표에서 1족 원소에 해당하는 물질을 모두 쓰시오.

Explanation & Advice

물질명	유별	품명	화학식	주기율표	지정수량	위험등급
삼황화인	제2류 위험물	황화인	P_4S_3	-	100kg	II
황린	제3류 위험물	황린	P_4	-	20kg	I
마그네슘	제2류 위험물	마그네슘	Mg	2족	500kg	III
알루미늄분	제2류 위험물	금속분	Al	3족	500kg	III
오황화인	제2류 위험물	황화인	P_2S_5	-	100kg	II
적린	제2류 위험물	적린	P	5족	100kg	II
유황	제2류 위험물	유황	S	6족	100kg	II
나트륨	제3류 위험물	나트륨	Na	1족	10kg	I

(1) 대부분의 금속은 물과 반응하면 수소 기체를 발생한다.
- $Mg + 2H_2O \rightarrow Mg(OH)_2 + H_2$
- $2Al + 6H_2O \rightarrow 2Al(OH)_3 + 3H_2$
- $2Na + 2H_2O \rightarrow 2NaOH + H_2$
- 황린, 적린, 유황은 물에 녹지 않으며 물과의 반응성도 없으므로 화재 시 주수소화도 가능하다.
- 오황화인이 물과 반응하면 황화수소 가스와 인산을 발생한다.
  $P_2S_5 + 8H_2O \rightarrow 5H_2S + 2H_3PO_4$

(2) 제3류 위험물인 황린과 나트륨을 제외하고 모두 제2류 위험물이다. (좌측의 도표 참조)

(3) 주기율표의 1족 원소에는 수소(H), 리튬(Li), 나트륨(Na), 칼륨(K), 루비듐(Rb), 세슘(Cs), 프랑슘(Fr) 같은 원소들이 포함된다. 이들 중 수소를 제외하고 알칼리금속이라 칭한다. 칼륨, 나트륨을 제외한 알칼리금속은 위험등급 II이며 칼륨, 나트륨은 위험등급 I으로 별도 품명으로 지정하고 있다.

정답 13 (1) 마그네슘, 알루미늄분, 나트륨   (2) 삼황화인, 마그네슘, 알루미늄분, 오황화인, 적린, 유황   (3) 나트륨

14

다음 각 물질에 대한 소요단위를 구하시오.

(1) 질산 90,000kg
   ① 계산과정   ② 답
(2) 아세트산 20,000ℓ
   ① 계산과정   ② 답

+STUDY 소요단위

소요단위란 소화설비의 설치대상이 되는 건축물 그 밖의 공작물의 규모 또는 위험물의 양의 기준단위를 말하는 것으로 1 소요단위의 계산방법은 아래와 같다.

❖ 1 소요단위 산정(계산)방법

구분 \ 외벽	내화구조	비 내화구조
제조소 또는 취급소	연면적 100m²	연면적 50m²
저장소	연면적 150m²	연면적 75m²
위험물	지정수량의 10배	

* 제조소등의 옥외에 설치된 공작물은 외벽이 내화구조인 것으로 간주하고 공작물의 최대수평투영면적을 연면적으로 간주하여 소요단위를 산정할 것

Explanation & Advice

물질명	유 별	품 명	지정수량	위험등급
질산	제6류 위험물	질산	300kg	I
아세트산	제4류 위험물	제2석유류 (수용성)	2,000ℓ	III

위험물은 지정수량의 10배를 1 소요단위로 하므로

(1) 질산은 지정수량 300kg의 10배인 3,000kg이 1 소요단위이다.

$$\therefore \frac{90,000\text{kg}}{300\text{kg} \times 10} = \frac{90,000\text{kg}}{3,000\text{kg}} = 30$$

(2) 아세트산은 지정수량 2,000ℓ의 10배인 20,000ℓ가 1 소요단위이다.

$$\therefore \frac{20,000\ell}{2,000\ell \times 10} = \frac{20,000\ell}{20,000\ell} = 1$$

✿ [위험물안전관리법 시행규칙 별표17 / 소화설비, 경보설비 및 피난설비의 기준] – I. 소화설비 / 5. 소화설비의 설치기준 중 소요단위의 계산방법

"위험물은 지정수량의 10배를 1 소요단위로 할 것"

정답 14 (1) ① $\frac{90,000\text{kg}}{300\text{kg} \times 10} = \frac{90,000\text{kg}}{3,000\text{kg}}$ ② 30 (2) ① $\frac{20,000\ell}{2,000\ell \times 10} = \frac{20,000\ell}{20,000\ell}$ ② 1

15

다음 위험물에 대한 운반용기의 외부 표시사항 중 수납하는 위험물에 따른 주의사항(표시사항)을 쓰시오. (단, 없으면 '없음'이라고 표기하시오.)

[빈출유형]

(1) 제2류 위험물 중 인화성 고체
(2) 제5류 위험물
(3) 제6류 위험물

Explanation & Advice

✿ [위험물안전관리법 시행규칙 별표19 / 위험물의 운반에 관한 기준] – Ⅱ. 적재방법 중 위험물의 종류에 따른 운반 용기 외부에 표시하여야 할 주의사항

류 별	성 질	표시할 주의사항
제1류 위험물	산화성 고체	• 알칼리금속의 과산화물 또는 이를 함유한 것 : 화기·충격주의, 물기엄금 및 가연물 접촉주의 • 그 밖의 것 : 화기·충격주의, 가연물 접촉주의
제2류 위험물	가연성 고체	• 철분·금속분·마그네슘 또는 이들 중 어느 하나 이상을 함유한 것 : 화기주의, 물기엄금 • **인화성 고체 : 화기엄금** • 그 밖의 것 : 화기주의
제3류 위험물	자연발화성 및 금수성 물질	• 자연발화성 물질 : 화기엄금, 공기접촉엄금 • 금수성 물질 : 물기엄금
제4류 위험물	인화성 액체	화기엄금
제5류 위험물	자기반응성 물질	화기엄금, 충격주의
제6류 위험물	산화성 액체	가연물 접촉주의

16

다음 [보기]의 위험물을 보고 각 물음에 알맞은 답을 쓰시오.

[20년 제1회 기출 유사]

[보기]
탄화알루미늄, 칼슘, 탄화칼슘
탄화리튬, 수소화칼슘

(1) 물과 반응하는 경우 메탄 기체를 생성하는 물질을 쓰시오.
(2) (1)의 물질이 물과 반응하는 반응식을 쓰시오.

Explanation & Advice

위험물이 아닌 탄화리튬을 제외하고 모두 제3류 위험물이다.

물질명	품 명	화학식	지정 수량	위험 등급
탄화알루미늄	칼슘 또는 알루미늄의 탄화물	Al_4C_3	300kg	Ⅲ
칼슘	알칼리토금속	Ca	50kg	Ⅱ
탄화칼슘	칼슘 또는 알루미늄의 탄화물	CaC_2	300kg	Ⅲ
탄화리튬	비위험물	Li_2C_2	–	–
수소화칼슘	금속의 수소화물	CaH_2	300kg	Ⅲ

각 물질의 물과의 반응식은 아래와 같다.

- $Al_4C_3 + 12H_2O \rightarrow 4Al(OH)_3 + 3CH_4$
- $Ca + 2H_2O \rightarrow Ca(OH)_2 + H_2$
- $CaC_2 + 2H_2O \rightarrow Ca(OH)_2 + C_2H_2$
- $Li_2C_2 + 2H_2O \rightarrow 2LiOH + C_2H_2$
- $CaH_2 + 2H_2O \rightarrow Ca(OH)_2 + 2H_2$

정답
15 (1) 화기엄금　(2) 화기엄금, 충격주의　(3) 가연물 접촉주의
16 (1) 탄화알루미늄　(2) $Al_4C_3 + 12H_2O \rightarrow 4Al(OH)_3 + 3CH_4$

17 다음 물질 중 명칭과 화학식이 다른 경우 알맞게 고치시오.

① 벤젠 C_6H_6
② 톨루엔 $C_6H_2CH_3$
③ 메틸알코올 CH_3OH
④ 아닐린 $C_6H_2N_2H_2$

Explanation & Advice

모두 제4류 위험물이다.

물질명	품명	화학식	지정수량	위험등급
벤젠	제1석유류(비)	C_6H_6	200ℓ	II
톨루엔	제1석유류(비)	$C_6H_5CH_3$	200ℓ	II
메틸알코올	알코올류(수)	CH_3OH	400ℓ	II
아닐린	제3석유류(비)	$C_6H_5NH_2$	2,000ℓ	III

18 제2류 위험물인 적린에 대하여 다음 각 물음에 답하시오.

(1) 지정수량을 쓰시오.
(2) 완전 연소하는 경우 발생하는 기체의 명칭을 쓰시오.
(3) 제3류 위험물 중 동소체 관계에 있는 물질의 명칭을 쓰시오.

Explanation & Advice

◉ 적린(P)

1. 제2류 위험물(가연성 고체)이며 **지정수량 100kg**, 위험등급은 II등급이다.
2. 조해성이 있고 냄새 없는 암적색의 분말이며 **황린(P_4)과 동소체**이다.
3. 공기 차단 후 황린을 260℃로 가열하면 적린이 된다.
4. 발화점 260℃, 녹는점 600℃, 비중 2.2
5. 브롬화인에는 녹으나 물, 이황화탄소(CS_2), 에테르, 암모니아 등에는 녹지 않는다.
6. 황린에 비해 안정하고 자연발화성 물질은 아니며 맹독성을 나타내지도 않는다.
7. **연소하면 흰 연기의 유독성 오산화인(P_2O_5)을 발생**한다.

$4P + 5O_2 \rightarrow 2P_2O_5$

8. 밀폐 공기 중 분진 상태로 부유하면 점화원으로 인해 분진폭발을 일으킬 수 있다.
9. 무기과산화물과 혼합한 상태에서 소량의 수분이 침투하면 발화한다.

정답
17 ② 톨루엔 $C_6H_2CH_3 \rightarrow C_6H_5CH_3$ ④ 아닐린 $C_6H_2N_2H_2 \rightarrow C_6H_5NH_2$
18 (1) 100kg (2) 오산화인 (3) 황린

10. 화재 시에는 다량의 물로 주수 냉각소화 한다.

11. 강산화제와 혼합되면 충격, 마찰, 가열 등에 의해 폭발할 수 있다. 특히 산화제인 염소산염류(염소산칼륨)와의 혼합을 절대 금한다.

$6P + 5KClO_3 \rightarrow 5KCl + 3P_2O_5$

19
제2류 위험물인 마그네슘 1몰이 완전 연소하는 경우 134.7kcal의 열량을 발생한다. 다음 각 물음에 답하시오.

(1) 마그네슘의 연소반응식을 쓰시오.

(2) 4몰의 마그네슘이 연소할 경우 발생하는 총열량을 구하시오.

✽ 빈틈없이 촘촘하게 **One more Step**

- 마그네슘은 물, 습기와 접촉하면 수소 기체를 발생하며 발열하고 폭발할 수 있으므로 분말소화약제나 건조사, 팽창진주암, 팽창질석을 이용하여 질식소화 한다. - 금수성 물질!

  $Mg + 2H_2O \rightarrow Mg(OH)_2 + H_2$

- 마그네슘은 산과 접촉하여도 수소 기체를 발생하며 발열하고 폭발한다.

  $Mg + 2HCl \rightarrow MgCl_2 + H_2$

+STUDY 마그네슘의 위험물 제외 조건

2mm의 체를 통과하지 아니하는 덩어리 상태의 것이나 지름 2mm 이상의 막대 모양의 것은 위험물에서 제외한다.

Explanation & Advice

마그네슘(Mg)은 제2류 위험물에 속하는 위험물로서 지정수량 500kg, 위험등급은 Ⅲ등급이다. 알칼리토금속에 속하는 주기율표상의 2족 원소이지만 제3류 위험물이 아닌 제2류 위험물로 별도 지정한다.

가연성 고체이므로 산소공급원으로 작용할 수 있는 제1류(산화성 고체)와 제6류(산화성 액체) 위험물 및 산화제와의 접촉을 금한다.

(1) 마그네슘이 연소하면 산화마그네슘이 된다.

$2Mg + O_2 \rightarrow 2MgO$

(2) 다음의 비례식으로 구할 수 있는 간단한 문제이다.

1몰 : 134.7kcal = 4몰 : x

∴ x = 538.8kcal

정답 19 (1) $2Mg + O_2 \rightarrow 2MgO$ (2) 538.8kcal

20

[보기]의 위험물에 대한 인화점이 낮은 것부터 높은 순서대로 나열하시오.

[빈출유형]

[보기]
니트로벤젠, 아세톤
에탄올, 아세트산

Explanation & Advice

모두 제4류 위험물이다.

❖ 각 위험물의 품명과 인화점

물질	품명	화학식	인화점	지정수량	위험등급
니트로벤젠	제3석유류(비)	$C_6H_5NO_2$	88℃	2,000ℓ	III
아세톤	제1석유류(수)	CH_3COCH_3	-18℃	400ℓ	II
에탄올	알코올류(수)	C_2H_5OH	13℃	400ℓ	II
아세트산	제2석유류(수)	CH_3COOH	41.7℃	2,000ℓ	III

✽ 비 : 비수용성 / 수 : 수용성

✔ **Check point**

제4류 위험물의 인화점은 특수인화물 → 제1 → 제2 → 제3 → 제4석유류로 갈수록 높아지므로 각 위험물의 인화점을 암기하지 않더라도 그 위험물이 속한 품명만 알면 대략적인 답을 유추할 수 있다. [알코올류의 인화점에 대한 정의는 법령상 내려져 있지는 않지만 위험등급이 제1석유류와 함께 II등급이므로 제2, 제3석유류 보다는 인화점이 낮다고 판단해도 되며 대체적으로 제1석유류보다는 인화점이 높다.]

정답 20 아세톤 - 에탄올 - 아세트산 - 니트로벤젠

CHAPTER 3 - 2020년 실기 기출문제

PART 1
실기 기출문제

01 제4회 필답형 실기시험

2020년 11월 28일 시행

01 다음 탱크의 내용적을 구하시오. (단, $r = 1m$, $\ell = 4m$, $\ell_1 = 1.5m$, $\ell_2 = 1.5m$)

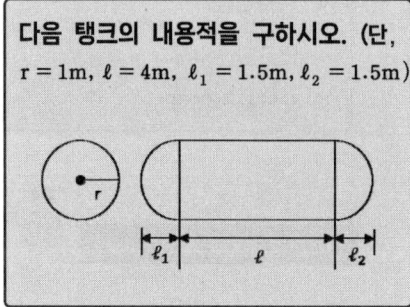

Explanation & Advice

- 횡형으로 설치한 원통형 탱크의 내용적은 다음의 식으로 구한다.

$$\pi r^2 \left(\ell + \frac{\ell_1 + \ell_2}{3}\right)$$

따라서, $\pi \times 1^2 \left(4 + \dfrac{1.5 + 1.5}{3}\right) = 15.71 (m^3)$

02 과산화벤조일에 대해 다음 물음에 답하시오.

(1) 구조식

(2) 분자량의 계산과정 및 분자량

Explanation & Advice

(2) $(C_6H_5CO)_2O_2 = C_{14}H_{10}O_4$ 이므로
$12 \times 14 + 1 \times 10 + 16 \times 4 = 242$

◉ 과산화벤조일

1. 벤조일퍼옥사이드
2. 제5류 위험물(자기반응성 물질) 중 유기과산화물
3. 지정수량 10kg, 위험등급 I
4. $(C_6H_5CO)_2O_2$
5. 무색무취의 백색 분말 또는 결정형태이며 상온에서는 비교적 안정하나 가열하면 흰색의 연기를 내며 분해된다.
6. 건조 상태에서는 마찰 및 충격에 의해 폭발할 위험이 있다. 그러므로 건조방지를 위해 물을 흡수시키거나 희석제(프탈산디메틸이나 프탈산디부틸 따위)를 사용함으로써 폭발의 위험성을 낮출 수 있다.

정답

01 $15.71 m^3$

02 (1)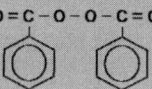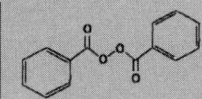

(2) $12 \times 14 + 1 \times 10 + 16 \times 4 = 242$

03 히드라진과 과산화수소의 반응식을 쓰시오. [20년 제1회 유사문제]

Explanation & Advice

히드라진(N_2H_4)은 제4류 위험물 중 제2석유류에 속하며 수용성이고 지정수량은 2,000ℓ, 위험등급은 Ⅲ등급이다. 히드라진과 제6류 위험물인 과산화수소(H_2O_2)가 반응하여 질소와 물을 생성한다.

$N_2H_4 + 2H_2O_2 \rightarrow N_2 + 4H_2O$

04 위험물안전관리법령상 다음 각 품명에 해당하는 지정수량을 쓰시오. [20년 제1회 유사문제]

(1) 염소산염류
(2) 무기과산화물
(3) 질산염류
(4) 요오드산염류
(5) 중크롬산염류

Explanation & Advice

모두 제1류 위험물의 품명에 해당한다.

✿ 제1류 위험물의 품명, 지정수량 및 위험등급 - [위험물안전관리법 시행령 별표1] & [위험물안전관리법 시행규칙 별표19]

성 질	품 명	지정수량	위험등급
산화성 고체	아염소산염류	50kg	Ⅰ
	염소산염류		
	과염소산염류		
	무기과산화물		
	브롬산염류	300kg	Ⅱ
	질산염류		
	요오드산염류		
	과망간산염류	1,000kg	Ⅲ
	중크롬산염류		

정답
03 $N_2H_4 + 2H_2O_2 \rightarrow N_2 + 4H_2O$
04 (1) 50kg (2) 50kg (3) 300kg (4) 300kg (5) 1,000kg

05 다음 물음에 답하시오.

(1) 고체의 연소형태 4가지를 쓰시오.
[16년 제1회, 16년 제2회, 18년 제3회 기출 동일]

(2) 황의 연소형태를 쓰시오.

Explanation & Advice

⊙ **고체의 연소**

고체 가연물에 열을 가했을 때 우선적으로 증발하는 가연물에서 증발연소가 일어나며 다음으로 열분해해서 분해연소가 일어나고 나머지 남은 물질이 표면연소를 한다.

1. **증발연소** : 열분해를 일으키지 않고 증발하여 그 증기가 연소하거나(나프탈렌이나 **유황** 등) 또는 열에 의해 융해되어 액체로 변한 다음 이 액체 상태에서 기화된 증기가 연소하는[파라핀(양초), 왁스 등] 현상을 말한다. 이러한 증발연소는 가솔린, 경유, 등유 등과 같은 증발하기 쉬운 가연성 액체에서도 잘 일어난다.

2. **표면연소** : 직접연소라고도 부르며 가연성 고체가 열분해 되어도 휘발성분이 없어 증발하지 않아 가연성 가스를 발생하지 않고 고체 자체의 표면에서 산소와 반응하여 연소되는 현상을 말하는 것으로 금속분, 목탄(숯), 코크스 등이 여기에 해당된다.

3. **자기연소** : 내부연소 또는 자활연소라고도 하며 가연성 물질이 자체 내에 산소를 함유하고 있어 공기 중의 산소를 필요로 하지 않고 자체의 산소에 의해서 연소되는 현상을 말하는 것으로 제5류 위험물의 연소가 여기에 해당된다. 대부분 폭발성을 지니고 있으므로 폭발성 물질로 취급되고 있다.

4. **분해연소** : 열분해에 의해 발생된 가연성 가스가 공기와 혼합하여 연소하는 현상이며 연소열에 의해 고체의 열분해는 가연물이 없어질 때까지 계속된다. 종이, 석탄, 목재, 섬유, 플라스틱 등의 연소가 해당된다.

정답 05 (1) 증발연소, 표면연소, 자기연소, 분해연소   (2) 증발연소

06 다음 물질의 연소반응식을 쓰시오.

(1) 톨루엔
(2) 벤젠
(3) 이황화탄소

Explanation & Advice

제4류 위험물의 연소반응에 대한 문제이다.

(1) 톨루엔은 제1석유류(비수용성)에 속하며 지정수량 200ℓ, 위험등급은 Ⅱ이다.
톨루엔이 연소하면 이산화탄소와 물이 생성된다.

$C_6H_5CH_3 + 9O_2 \rightarrow 7CO_2 + 4H_2O$

(2) 벤젠은 제1석유류(비수용성)에 속하며 지정수량 200ℓ, 위험등급은 Ⅱ이다.
벤젠이 연소하면 이산화탄소와 물이 생성된다.

$2C_6H_6 + 15O_2 \rightarrow 12CO_2 + 6H_2O$

(3) 이황화탄소는 특수인화물(비수용성)에 속하며 지정수량 50ℓ, 위험등급은 Ⅰ이다.
이황화탄소는 황을 포함하고 있어 연소 시 이산화탄소와 이산화황을 생성한다.

$CS_2 + 3O_2 \rightarrow CO_2 + 2SO_2$

[예외 : 이황화탄소(CS_2)는 황을 포함하고 있어 연소 시 이산화탄소와 이산화황을 생성한다는 것에 유의하자.]

따라서, 이황화탄소와 같은 극소수의 예외 물질만 제외하면 제4류 위험물 대부분은 수소, 탄소, 산소로만 이루어진 탄화수소 화합물이므로 연소 시 물과 이산화탄소만을 생성하는 것이며 미정계수법을 통해 계수를 결정하면 반응식을 완성할 수 있는 것이다.

✔ Check point

반복해서 강조하지만 대부분의 제4류 위험물은 탄소, 수소, 산소로 이루어진 탄화수소 화합물이므로 이들이 연소되면 이산화탄소와 물이 생성된다. 그러하니 위험물의 화학식(분자식)을 알고 있다면 분해 생성물이 어떤 종류의 것들일지 예측할 수 있는 것이다.

정답 **06** (1) $C_6H_5CH_3 + 9O_2 \rightarrow 7CO_2 + 4H_2O$　(2) $2C_6H_6 + 15O_2 \rightarrow 12CO_2 + 6H_2O$
(3) $CS_2 + 3O_2 \rightarrow CO_2 + 2SO_2$

07

디에틸에테르 37g을 100℃, 2ℓ의 밀폐용기에서 기화시키면 이 용기의 내부압력은 몇 기압이 되는지 구하시오.

(1) 계산과정
(2) 답

Explanation & Advice

이상기체상태방정식을 이용해 답을 구할 수 있다.

- 디에틸에테르는 제4류 위험물 중 특수인화물(비수용성)로서 지정수량 50ℓ, 위험등급은 Ⅰ이다.
- 분자식은 $C_2H_5OC_2H_5$로 분자량은
  $12 \times 4 + 1 \times 10 + 16 = 74$이다.
- $PV = nRT$

  $PV = \dfrac{w}{M}RT$

  P(압력) : P
  V(부피) : 2(ℓ)
  w(질량) : 37g
  M(분자량) : 74
  R(기체상수) : 0.082(기압·ℓ)/(mol·K)
  T(절대온도) : 100 + 273 = 373

  $P \times 2 = \dfrac{37}{74} \times 0.082 \times (273 + 100)$

  ∴ P = 7.65기압

08

알루미늄분에 대해 다음 물음에 답하시오.

(1) 연소반응식을 쓰시오.
(2) 염산과의 반응식을 쓰시오.
(3) 품명을 쓰시오.

Explanation & Advice

◉ **알루미늄분**

1. 제2류 위험물 중 **금속분**에 속한다.
2. 지정수량 500kg, 위험등급 Ⅲ
3. 은백색의 광택이 있는 무른 금속으로 녹는점 660℃, 끓는점 2,327℃, 비중 2.7을 나타낸다.
4. 연성과 전성이 좋으며 열전도율과 전기전도도가 크다.
5. **연소하여 산화알루미늄을 생성한다.**

   $4Al + 3O_2 \rightarrow 2Al_2O_3$

6. 온수와도 격렬하게 반응하여 수소 기체를 발생한다.

   $2Al + 6H_2O \rightarrow 2Al(OH)_3 + 3H_2 \uparrow$

7. **염산이나 황산과 반응하면 가연성의 수소 기체를 발생한다.**

   $2Al + 6HCl \rightarrow 2AlCl_3 + 3H_2 \uparrow$

   $2Al + 3H_2SO_4 \rightarrow Al_2(SO_4)_3 + 3H_2 \uparrow$

8. 알칼리 수용액과 반응하여 수소 기체를 발생한다.

   $2Al + 2NaOH + 2H_2O \rightarrow 2NaAlO_2 + 3H_2 \uparrow$

   $2Al + 2KOH + 2H_2O \rightarrow 2KAlO_2 + 3H_2 \uparrow$

정답

07 (1) $P \times 2 = \dfrac{37}{74} \times 0.082 \times (273 + 100)$ (2) 7.65기압

08 (1) $4Al + 3O_2 \rightarrow 2Al_2O_3$ (2) $2Al + 6HCl \rightarrow 2AlCl_3 + 3H_2 \uparrow$ (3) 금속분

09 트리니트로톨루엔의 생성과정을 사용 원료를 중심으로 설명하시오.

[17년 제2회 유사문제]

Explanation & Advice

트리니트로톨루엔(TNT)은 제5류 위험물 중 니트로화합물에 속하는 위험물로서 지정수량 200kg, 위험등급 II에 해당된다.

(물리량 : 분자량 227, 비중 1.66, 녹는점 81℃, 끓는점 240℃, 발화점 300℃)

톨루엔을 진한 질산과 진한 황산의 혼합액으로 니트로화 반응시키면 탈수과정을 거쳐 생성되며 담황색의 결정으로 강력한 폭약으로 작용한다.

$$C_6H_5CH_3 + 3HNO_3 \xrightarrow{C-H_2SO_4} C_6H_2CH_3(NO_2)_3 + 3H_2O$$

+STUDY 구조식

- 톨루엔($C_6H_5CH_3$) 구조식 :

- 트리니트로톨루엔($C_6H_2CH_3(NO_2)_3$) 구조식 :

✓ Check point

니트로화반응이란 유기화합물에 니트로기($-NO_2$)를 도입시키는 반응으로서 유기화합물에 질산과 황산의 혼산을 가하면 탈수과정을 거쳐 니트로화반응이 진행된다.

탄화수소 또는 그 유도체의 수소 원자를 니트로기로 치환하는 반응과 에스테르 반응을 통해 알코올에 니트로기를 붙이는 반응으로 구분할 수 있다.

이 문제에서처럼 톨루엔으로부터 트리니트로톨루엔을 만드는 과정이 전자의 예이며 후자의 예로는 글리세린으로부터 니트로글리세린을 만드는 과정을 들 수 있다. 또한 전자와 같은 반응을 통해 니트로화합물이 만들어지는 것이며 후자와 같은 반응을 통해 질산에스테르류가 만들어지는 것이다.

정답 09 톨루엔을 진한 질산과 진한 황산의 혼합액으로 니트로화 반응시키면 탈수과정을 거쳐 생성된다.

10 다음 분말소화약제의 1차 분해반응식을 쓰시오. [빈출유형]

(1) 탄산수소칼륨
(2) 인산암모늄

Explanation & Advice

탄산수소칼륨은 제2종 분말소화약제의 주성분이고 인산암모늄은 제3종 분말소화약제의 주성분이다.

- 탄산수소칼륨($KHCO_3$)의 열분해 반응식은 다음과 같다.
  - 1차 분해 : 190℃에서
    $$2KHCO_3 \rightarrow K_2CO_3 + CO_2 + H_2O$$
  - 2차 분해 : 590℃에서
    $$2KHCO_3 \rightarrow K_2O + 2CO_2 + H_2O$$

- 인산암모늄은 열에 불안정하며 150℃ 정도에서 열분해가 시작된다.
  - 1차 분해 : 190℃에서
    $$NH_4H_2PO_4 \rightarrow H_3PO_4 \text{(오르쏘-인산)} + NH_3$$
  - 2차 분해 : 215℃에서
    $$2H_3PO_4 \rightarrow H_4P_2O_7 \text{(파이로-인산)} + H_2O$$
  - 3차 분해 : 300℃ 이상에서
    $$H_4P_2O_7 \rightarrow 2HPO_3 \text{(메타-인산)} + H_2O$$

그러므로 300℃ 이상의 온도에 이르면 다음과 같이 완전 열분해 된다.
$$NH_4H_2PO_4 \rightarrow HPO_3 + NH_3 + H_2O$$

✱ 빈틈없이 촘촘하게 **One more Step**

❖ 분말 소화약제의 분류, 주성분 및 적응화재

구 분	주성분	화학식	적응화재	분말색
제1종 분말	탄산수소나트륨	$NaHCO_3$	B, C	백색
제2종 분말	탄산수소칼륨	$KHCO_3$	B, C	담자색
제3종 분말	제1인산 암모늄	$NH_4H_2PO_4$	A, B, C	담홍색
제4종 분말	탄산수소칼륨 + 요소	$KHCO_3 + (NH_2)_2CO$	B, C	회색

★ 적응화재 = A : 일반화재 / B : 유류화재 / C : 전기화재

❖ 각 종별 분말 소화약제의 열분해 반응식

구 분	열분해 반응식
제1종 분말	$2NaHCO_3 \rightarrow Na_2CO_3 + CO_2 + H_2O$
제2종 분말	$2KHCO_3 \rightarrow K_2CO_3 + CO_2 + H_2O$
제3종 분말	$NH_4H_2PO_4 \rightarrow HPO_3 + NH_3 + H_2O$
제4종 분말	$2KHCO_3 + (NH_2)_2CO \rightarrow K_2CO_3 + 2NH_3 + 2CO_2$

정답 **10** (1) $2KHCO_3 \rightarrow K_2CO_3 + CO_2 + H_2O$ (2) $NH_4H_2PO_4 \rightarrow H_3PO_4 \text{(오르쏘-인산)} + NH_3$

11 이산화탄소 소화기의 대표적인 소화 작용 2가지를 쓰시오.

Explanation & Advice

이산화탄소는 공기보다 무거운 불연성 기체로서 화학적으로 안정한 화합물이다. 이산화탄소는 압축된 액체 상태로 고압가스 용기 내에 저장하며 방사 시에는 별도의 가압원을 필요로 하지 않으며 자체 증기압으로 방사된다.

이산화탄소의 소화 작용은 크게 두 가지이다.

- 질식소화 작용 : 방사된 이산화탄소는 공기 중 산소농도를 15% 이하로 낮추어 질식소화 한다.
- 냉각소화 작용 : 고압의 이산화탄소가 직경이 작은 모세관을 빠른 속도로 통과하면서 줄-톰슨 효과에 의해 온도가 -78℃로 급강 하고 드라이아이스 상태로 방사되어 냉각소화 한다.

12 다음 ( )안에 들어갈 알맞은 말을 쓰시오.

(1) 위험물이라 함은 ( ) 또는 ( ) 등의 성질을 가지는 것으로서 대통령령이 정하는 물품을 말한다.

(2) ( )이라 함은 위험물의 종류별로 위험성을 고려하여 대통령령이 정하는 수량으로서 제조소등의 설치허가 등에 있어서 최저의 기준이 되는 수량을 말한다.

Explanation & Advice

✿ [위험물안전관리법 제2조 / 정의]

- 위험물이라 함은 (**인화성**) 또는 (**발화성**) 등의 성질을 가지는 것으로서 대통령령이 정하는 물품을 말한다.
- (**지정수량**)이라 함은 위험물의 종류별로 위험성을 고려하여 대통령령이 정하는 수량으로서 별도의 규정에 의한 제조소등의 설치허가 등에 있어서 최저의 기준이 되는 수량을 말한다.

정답 **11** 질식소화, 냉각소화   **12** (1) 인화성, 발화성   (2) 지정수량

13

다음 ( ) 안에 들어갈 알맞은 말을 쓰시오.

지하저장탱크는 압력탱크 외의 탱크에 있어서는 (①)kPa의 압력으로, 압력탱크에 있어서는 최대상용압력의 (②)배의 압력으로 각각 (③)분간 수압시험을 실시하여 새거나 변형되지 아니하여야 한다. 이 경우 수압시험은 소방청장이 정하여 고시하는 (④)과 (⑤)을 동시에 실시하는 방법으로 대신할 수 있다.

Explanation & Advice

✿ [위험물안전관리법 시행규칙 별표8 / 지하탱크저장소의 위치·구조 및 설비의 기준] - Ⅰ. 지하탱크저장소의 기준 중 제6호

지하저장탱크는 용량에 따라 다음 표에 정하는 기준에 적합하게 강철판 또는 동등 이상의 성능이 있는 금속재질로 완전 용입용접 또는 양면겹침 이음용접으로 틈이 없도록 만드는 동시에, **압력탱크**(최대상용압력이 46.7kPa 이상인 탱크를 말한다) 외의 탱크에 있어서는 (70)kPa의 압력으로, 압력탱크에 있어서는 최대상용압력의 (1.5)배의 압력으로 각각 (10)분간 수압시험을 실시하여 새거나 변형되지 아니하여야 한다. 이 경우 수압시험은 소방청장이 정하여 고시하는 (기밀시험)과 (비파괴시험)을 동시에 실시하는 방법으로 대신할 수 있다.

14

다음 각 물질이 물과 반응하여 발생하는 기체의 명칭을 쓰시오. (단, 없으면 "없음"이라 쓰시오.)

(1) 과산화마그네슘
(2) 칼슘
(3) 질산나트륨
(4) 수소화칼륨
(5) 과염소산나트륨

Explanation & Advice

물질명	류별	품명	화학식	지정수량	위험등급
과산화마그네슘	제1류	무기과산화물	MgO_2	50kg	I
칼슘	제3류	알칼리토금속	Ca	50kg	II
질산나트륨	제1류	질산염류	$NaNO_3$	300kg	II
수소화칼륨	제3류	금속의 수소화물	KH	300kg	III
과염소산나트륨	제1류	과염소산염류	$NaClO_4$	50kg	I

각 위험물의 물과의 반응식은 다음과 같다.

- $2MgO_2 + 2H_2O \rightarrow 2Mg(OH)_2 + O_2$
- $Ca + 2H_2O \rightarrow Ca(OH)_2 + H_2$
- $NaNO_3 + H_2O \rightarrow \times$ (반응은 일어나지 않고 용해되어 질산나트륨 수용액을 만든다.)
- $KH + H_2O \rightarrow KOH + H_2$
- $NaClO_4 + H_2O \rightarrow \times$ (반응은 일어나지 않고 용해되어 과염소산나트륨 수용액을 만든다.)

정답
13 ① 70　② 1.5　③ 10　④ 기밀시험　⑤ 비파괴시험
14 (1) 산소　(2) 수소　(3) 없음　(4) 수소　(5) 없음

15

트리에틸알루미늄과 물이 반응하여 발생하는 기체에 대해 다음 물음에 답하시오.

(1) 기체의 명칭을 쓰시오.
(2) 기체의 연소반응식을 쓰시오.

Explanation & Advice

트리에틸알루미늄[$(C_2H_5)_3Al$]은 제3류 위험물의 알킬알루미늄에 속하는 물질로 금수성 물질이다. 지정수량 10kg, 위험등급은 I 등급이다.

- 물과 접촉하면 반응하여 에탄가스를 발생시키고 발열·폭발한다.

  $(C_2H_5)_3Al + 3H_2O \rightarrow Al(OH)_3 + 3C_2H_6$

- 에탄(C_2H_6)가스를 연소시키면 물과 이산화탄소가 발생한다.

  $2C_2H_6 + 7O_2 \rightarrow 4CO_2 + 6H_2O$

✔ Check point

에탄가스도 탄소와 수소로만 이루어진 탄화수소 화합물이므로 연소 시 물과 이산화탄소를 발생시킨다는 기본적 사항을 떠올린다면 충분히 반응식을 완성할 수 있을 것이다.

16

분자량 58, 비중 0.79, 비점 56.5℃이며, 요오드포름반응을 하는 제4류 위험물에 대해 다음 물음에 답하시오.

(1) 명칭을 쓰시오.
(2) 시성식을 쓰시오.
(3) 위험등급을 쓰시오.

Explanation & Advice

- 아세톤(CH_3COCH_3)의 분자량 :
  $12 \times 3 + 1 \times 6 + 16 = 58$

⊙ 아세톤(CH_3COCH_3)

제4류 위험물 중 제1석유류(수용성)에 속하며 지정수량 400ℓ, **위험등급 II**에 해당한다.

1. 휘발성이 강하고 독특한 자극성의 냄새를 지닌 무색투명한 액체이다.
2. 인화점 -18℃, 착화점 538℃, 녹는점 -95℃, **끓는점 56.5℃, 비중 0.79**, 증기비중 2
3. 케톤 중 가장 간단한 구조를 갖는 물질이다.
4. 증기는 공기보다 무거우며 독성이 있다. - 흡입 시 구토와 두통 유발
5. 물에 잘 녹으며 알코올, 에테르에도 녹는다.
6. 햇빛에 의해 분해되어 과산화물을 생성한다.
7. 피부와 접촉하면 탈지작용을 일으킨다.
8. **요오드포름 반응을 한다.**

정답
15 (1) 에탄 (2) $2C_2H_6 + 7O_2 \rightarrow 4CO_2 + 6H_2O$
16 (1) 아세톤 (2) CH_3COCH_3 (3) II등급

+STUDY 요오드포름 반응이란?

- 아세틸기(CH_3CO-)를 가진 물질이 염기성의 KOH나 NaOH 수용액 환경하에서 요오드(아이오딘)와 반응하면 노란색 결정의 요오드포름(CHI_3)이 생성된다. 아세톤, 아세트알데히드, 이소프로필알콜, 에탄올 등이 분자구조 내에 아세틸기를 가지고 있어 (아세틸기 형상을 하고 있어) 요오드포름 반응을 한다.
- 메탄올은 요오드포름 반응을 하지 않으므로 메탄올과 에탄올을 구별할 때도 이 반응을 이용한다.
- 카복실기($-COOH$)를 가지고 있는 카복실산도 요오드포름 반응을 하지 못한다.

17 다음 [보기] 중 1기압에서 인화점이 21℃ 이상 70℃ 미만의 범위에 속하며 수용성인 물질을 쓰시오.

[보기]
니트로벤젠, 아세트산, 포름산
테레핀유, 글리세린

Explanation & Advice

[보기] 물질들은 모두 제4류 위험물이다.

1기압에서 인화점이 21℃ 이상 70℃ 미만의 범위에 속하는 물질의 품명은 제4류 위험물 중 제2석유류이다. 위 [보기]의 제2석유류 중 테레핀유는 비수용성이므로 제외한다.

물질명	품 명	수용성 여부	화학식	인화점	지정 수량	위험 등급
니트로벤젠	제3석유류	비수용성	$C_6H_5NO_2$	88℃	2,000ℓ	III
아세트산	**제2석유류**	**수용성**	CH_3COOH	41.7℃	2,000ℓ	III
포름산	**제2석유류**	**수용성**	$HCOOH$	69℃	2,000ℓ	III
테레핀유	제2석유류	비수용성	$C_{10}H_{16}$	35℃	1,000ℓ	III
글리세린	제3석유류	수용성	$C_3H_5(OH)_3$	160℃	4,000ℓ	III

정답 17 아세트산, 포름산

18 다음 [보기] 중 품명과 지정수량의 연결이 옳은 것을 찾아 그 번호를 쓰시오.

[보기]
① 산화프로필렌 - 200ℓ
② 피리딘 - 400ℓ
③ 실린더유 - 6,000ℓ
④ 아닐린 - 2,000ℓ
⑤ 아마인유 - 6,000ℓ

Explanation & Advice

[보기] 물질들은 모두 제4류 위험물이다.

물질명	품명	수용성 여부	화학식	지정수량	위험등급
산화프로필렌	특수인화물	○	CH_3CHOCH_2	50ℓ	I
피리딘	제1석유류	○	C_5H_5N	400ℓ	II
실린더유	제4석유류	-	-	6,000ℓ	III
아닐린	제3석유류	×	$C_6H_5NH_2$	2,000ℓ	III
아마인유	동식물유	-	-	10,000ℓ	III

* ○ : 수용성 / × : 비수용성

---

19 과산화칼륨 1몰이 충분한 이산화탄소와 반응하여 발생하는 산소의 부피는 표준상태에서 몇 ℓ가 되는지 구하시오.

[계산문제 빈출유형]

(1) 계산과정
(2) 답

Explanation & Advice

- 과산화칼륨(K_2O_2)은 제1류 위험물 중 무기과산화물에 속하는 위험물이며 지정수량 50kg, 위험등급은 I 등급이다.

- 이산화탄소와의 반응식 :

  $2K_2O_2 + 2CO_2 \rightarrow 2K_2CO_3 + O_2$

- 충분한 이산화탄소가 존재한다는 가정 하에 위 반응식에서 과산화칼륨 1몰이 반응하면 산소 0.5몰이 발생한다.

- 표준상태에서 기체 1몰이 차지하는 부피는 기체의 종류에 관계없이 22.4ℓ이므로 산소 0.5몰의 부피는 11.2ℓ가 된다.

정답 **18** ②, ③, ④ **19** (1) 22.4ℓ × 0.5 (2) 11.2ℓ

20 위험물을 운반할 때 제2류 위험물과 혼재할 수 없는 유별을 모두 쓰시오.
[빈출유형]

Explanation & Advice

✿ [위험물안전관리법 시행규칙 별표19 / 위험물의 운반에 관한 기준] - [부표2] - 유별을 달리하는 위험물의 혼재기준

구 분	제1류	제2류	제3류	제4류	제5류	제6류
제1류		×	×	×	×	○
제2류	×		×	○	○	×
제3류	×	×		○	×	×
제4류	×	○	○		○	×
제5류	×	○	×	○		×
제6류	○	×	×	×	×	

∗ 'O'는 혼재할 수 있음을, '×'는 혼재할 수 없음을 표시한다.

∗ 이 표는 지정수량 1/10 이하의 위험물에 대하여는 적용하지 아니한다.

02 제3회 필답형 실기시험
2020년 08월 29일 시행

01 다음 물질의 증기비중을 구하시오.
[빈출유형]

(1) 이황화탄소
 ① 계산과정
 ② 답
(2) 글리세린
 ① 계산과정
 ② 답
(3) 아세트산
 ① 계산과정
 ② 답

Explanation & Advice

• 증기비중이란 동일한 체적 조건하에서 어떤 기체(증기)의 질량과 표준물질의 질량과의 비를 말하며 표준물질로는 0℃, 1기압에서의 공기를 기준으로 한다. [분자량의 비로 계산해도 된다.]

• 공기의 평균분자량 값은 29이다.

$$증기비중 = \frac{증기의\ 분자량}{공기의\ 평균분자량} = \frac{증기의\ 분자량}{29}$$

정답
20 제1류 위험물, 제3류 위험물, 제6류 위험물
01 (1) ① $\frac{76}{29}$ ② 2.62 (2) ① $\frac{92}{29}$ ② 3.17 (3) ① $\frac{60}{29}$ ② 2.07

- 위 물질은 모두 제4류 위험물이다.

물질	품명	화학식	지정수량	위험등급
이황화탄소	특수인화물	CS_2	50ℓ	I
글리세린	제3석유류	$C_3H_5(OH)_3$	4,000ℓ	III
아세트산	제2석유류	CH_3COOH	2000ℓ	III

- 각 물질의 분자량
  - 이황화탄소 : $12 + 32 \times 2 = 76$
  - 글리세린 : $12 \times 3 + 1 \times 8 + 16 \times 3 = 92$
  - 아세트산 : $12 \times 2 + 1 \times 4 + 16 \times 2 = 60$

- 각 물질의 증기비중
  - 이황화탄소 : $\dfrac{76}{29} = 2.62$
  - 글리세린 : $\dfrac{92}{29} = 3.17$
  - 아세트산 : $\dfrac{60}{29} = 2.07$

+STUDY 공기의 평균분자량은 왜 29인가?

- 대기를 구성하는 기체 성분들의 함량을 고려하여 구하는데 산소와 질소 두 성분 기체가 차지하는 비율이 거의 100%에 가까우므로 이 두 기체의 평균분자량을 공기의 평균분자량으로 간주한다.
- 대기 중의 질소 기체의 함량은 79%이고 분자량은 28이며 대기 중의 산소 기체의 함량은 21%이고 분자량은 32이므로
  $\dfrac{28 \times 79 + 32 \times 21}{100} = 28.84 ≒ 29$가 공기의 평균분자량(평균대기 분자량) 값이다.

02

이황화탄소 76g 연소 시 발생기체의 부피는 표준상태에서 몇 ℓ인지 구하시오. [계산문제 빈출유형]

(1) 계산과정

(2) 답

Explanation & Advice

이황화탄소(CS_2)는 제4류 위험물 중 특수인화물에 속하는 물질로 지정수량 50ℓ, 위험등급은 I 등급이다.

- 이황화탄소의 연소반응식 :
  $CS_2 + 3O_2 \to CO_2 + 2SO_2$
- 이황화탄소의 분자량 : $12 + 32 \times 2 = 76$
- 위 반응식에서 이황화탄소 1몰이 연소하면 이산화탄소 1몰과 이산화황 2몰, 총 3몰의 기체가 생성된다.
- 문제에서 이황화탄소 76g을 연소시켰으므로 1몰을 연소시킨 것이다.
- 표준상태에서 1몰의 기체가 차지하는 부피는 기체의 종류에 관계없이 22.4ℓ이다.

∴ $22.4ℓ \times 3몰 = 67.2ℓ$

정답 02 (1) $22.4ℓ \times 3$ (2) $67.2ℓ$

03
다음 각 물질이 물과 반응 시 발생하는 물질을 모두 쓰시오.

(1) 탄화알루미늄
(2) 탄화칼슘

Explanation & Advice

모두 제3류 위험물이다.

물질명	품 명	화학식	지정수량	위험등급
탄화알루미늄	칼슘 또는 알루미늄의 탄화물	Al_4C_3	300kg	III
탄화칼슘	칼슘 또는 알루미늄의 탄화물	CaC_2	300kg	III

(1) 탄화알루미늄이 물과 반응하면 수산화알루미늄과 메탄가스가 생성된다.

$$Al_4C_3 + 12H_2O \rightarrow 4Al(OH)_3 + 3CH_4$$

(2) 탄화칼슘이 물과 반응하면 수산화칼슘(소석회)과 아세틸렌가스가 생성된다.

$$CaC_2 + 2H_2O \rightarrow Ca(OH)_2 + C_2H_2 \uparrow$$

04
옥외저장탱크에 대해 다음 물음에 답하시오.

(1) 옥외저장탱크의 강철판 두께는 몇 mm 이상으로 해야 하는지 쓰시오. (단, 특정·준특정 옥외저장탱크는 제외한다.)
(2) 제4류 위험물을 저장하는 옥외저장탱크에 설치하는 밸브 없는 통기관의 직경은 몇 mm 이상인지 쓰시오.

Explanation & Advice

✿ [위험물안전관리법 시행규칙 별표6 / 옥외탱크저장소의 위치·구조 및 설비의 기준] - Ⅵ. 옥외저장탱크의 외부구조 및 설비 中

- 옥외저장탱크는 특정 옥외저장탱크 및 준특정 옥외저장탱크 외에는 **두께 3.2mm 이상의 강철판** 또는 소방청장이 정하여 고시하는 규격에 적합한 재료로 틈이 없도록 제작하여야 한다.

- 옥외저장탱크 중 압력탱크 외의 탱크(제4류 위험물에 한함)에 있어서는 밸브 없는 통기관 또는 대기밸브 부착 통기관을 설치하여야 하며 **밸브 없는 통기관의 지름은 30mm 이상**이어야 한다.

정답 **03** (1) 수산화알루미늄, 메탄　(2) 수산화칼슘, 아세틸렌　**04** (1) 3.2mm　(2) 30mm

05 다음 위험물의 지정수량을 쓰시오.

(1) 철분
(2) 알루미늄분
(3) 인화성 고체
(4) 유황
(5) 마그네슘

Explanation & Advice

위의 물질들은 모두 제2류 위험물이다.

물 질	품 명	지정수량	위험등급
철분	철분	500kg	Ⅲ
알루미늄분	금속분	500kg	Ⅲ
인화성 고체	인화성 고체	1,000kg	Ⅲ
유황	유황	100kg	Ⅱ
마그네슘	마그네슘	500kg	Ⅲ

✱ 빈틈없이 촘촘하게 　One more Step

◉ 위험물의 조건

1. **철분** : 철의 분말로서 53㎛의 표준체를 통과하는 것이 50 중량퍼센트 이상인 것을 위험물로 취급한다.
2. **금속분** : 알칼리금속·알칼리토류금속·철 및 마그네슘 외의 금속의 분말로서 150㎛의 체를 통과하는 것이 50 중량퍼센트 이상인 것을 위험물로 한다. 구리분, 니켈분은 위험물에서 제외한다.
3. **인화성 고체** : 고형알코올 그 밖에 1기압에서 인화점이 섭씨 40℃ 미만인 고체를 말한다.
4. **유황** : 순도가 60 중량퍼센트 이상인 것을 위험물로 한다.
5. **마그네슘** : 2mm의 체를 통과하지 아니하는 덩어리 상태의 것이나 지름 2mm 이상의 막대 모양의 것은 위험물에서 제외한다.

06 다음은 히드록실아민등의 제조소의 특례기준에 대한 내용이다. 괄호 안에 들어갈 알맞은 내용을 쓰시오.

(1) 히드록실아민등의 (　　) 및 (　　)의 상승에 따른 위험한 반응을 방지하기 위한 조치를 강구한다.
(2) (　　)등의 혼입에 따른 위험한 반응을 방지하기 위한 조치를 강구한다.

Explanation & Advice

✿ [위험물안전관리법 시행규칙 별표4 / 제조소의 위치·구조 및 설비의 기준] – Ⅻ. 위험물의 성질에 따른 제조소의 특례 / 4. 히드록실아민 등을 취급하는 제조소의 특례 中

- 히드록실아민등을 취급하는 설비에는 히드록실아민등의 **(온도)** 및 **(농도)**의 상승에 의한 위험한 반응을 방지하기 위한 조치를 강구할 것
- 히드록실아민등을 취급하는 설비에는 **(철 이온)** 등의 혼입에 의한 위험한 반응을 방지하기 위한 조치를 강구할 것

정답　**05** (1) 500kg　(2) 500kg　(3) 1,000kg　(4) 100kg　(5) 500kg
　　　06 (1) 온도, 농도　(2) 철 이온

07 니트로글리세린에 대해 다음 물음에 답하시오.

(1) 이 물질은 상온에서 액체, 기체, 고체 중 어떤 상태로 존재하는지 쓰시오.

(2) 이 물질을 제조하기 위해 글리세린에 혼합하는 산 두 가지를 쓰시오.

(3) 이 물질을 규조토에 흡수시켰을 때 발생하는 폭발물의 명칭을 쓰시오.

$$C_3H_5(OH)_3 + 3HNO_3 \xrightarrow{C-H_2SO_4} C_3H_5(ONO_2)_3 + 3H_2O$$

✽ 빈틈없이 촘촘하게 One more Step

❖ 구조식

또는

$CH_2 - ONO_2$
$|$
$CH - ONO_2$
$|$
$CH_2 - ONO_2$

Explanation & Advice

니트로글리세린[$C_3H_5(NO_3)_3$]은 제5류 위험물 중 질산에스테르류에 속하는 위험물이며 지정수량 10kg, 위험등급은 Ⅰ등급이다.

(물리량 : 분자량 227, 비중 1.6, 증기비중 7.83, 녹는점 13.5℃, 끓는점 160℃)

무색투명한 기름 형태의 액체로서 물에 녹지 않으며 알코올, 벤젠, 아세톤 등에 잘 녹는다.

가열, 충격, 마찰에 매우 예민하며 폭발하기 쉽고 **상온에서 액체로 존재하나** 겨울철에는 동결의 우려가 있다. 니트로글리세린을 **다공성의 규조토에 흡수시켜 제조한 것을 다이너마이트라고 한다.**

제4류 위험물 중 제3석유류에 속하는 **글리세린에 진한 질산과 진한 황산을 섞어 반응시키면** 질산으로부터 유래된 3개의 니트로기(NO_2)가 글리세린의 수소와 치환되어 들어가면서 니트로글리세린이 된다. 이때 탈수과정도 동시에 진행된다. 생성된 니트로글리세린은 제5류 위험물 중 질산에스테르류에 속하는 위험물이다.

정답 07 (1) 액체 (2) 질산, 황산 (3) 다이너마이트

08 다음 물질의 명칭을 쓰시오.

(1) $CH_3COC_2H_5$

(2) C_6H_5Cl

(3) $CH_3COOC_2H_5$

09 A, B, C 기체를 50% : 30% : 20%의 농도 비율로 혼합하여 만든 혼합 기체의 폭발범위를 구하시오. (단, 각 기체의 폭발범위는 A : 5~15%, B : 3~12%, C : 2~10%이다.)

(1) 계산과정

(2) 답

Explanation & Advice

화학식	물질명	품명	수용성 여부	지정 수량	위험 등급
$CH_3COC_2H_5$	메틸에틸케톤	제1석유류	비수용성	200ℓ	II
C_6H_5Cl	클로로벤젠	제2석유류	비수용성	1,000ℓ	III
$CH_3COOC_2H_5$	초산에틸	제1석유류	비수용성	200ℓ	II

Explanation & Advice

- 혼합기체의 폭발범위 : 혼합기체의 폭발하한계(L)부터 폭발상한계(U)까지의 범위

- 혼합기체의 폭발하한계(L)

$$\frac{100}{L} = \frac{A의\ 농도}{A의\ 폭발하한계} + \frac{B의\ 농도}{B의\ 폭발하한계} + \frac{C의\ 농도}{C의\ 폭발하한계}$$

$$\frac{100}{L} = \frac{50}{5} + \frac{30}{3} + \frac{20}{2} = 30$$

$$\therefore L = \frac{100}{30} = 3.33(\%)$$

- 혼합기체의 폭발상한계(U)

$$\frac{100}{U} = \frac{A의\ 농도}{A의\ 폭발상한계} + \frac{B의\ 농도}{B의\ 폭발상한계} + \frac{C의\ 농도}{C의\ 폭발상한계}$$

$$\frac{100}{U} = \frac{50}{15} + \frac{30}{12} + \frac{20}{10} = 7.83$$

$$\therefore U = \frac{100}{7.83} = 12.77(\%)$$

- 혼합기체의 폭발범위는 3.33 ~ 12.77(%)이다.

정답

08 (1) 메틸에틸케톤 (2) 클로로벤젠 (3) 초산에틸

09 (1) $\frac{100}{L} = \frac{50}{5} + \frac{30}{3} + \frac{20}{2}$, $\frac{100}{U} = \frac{50}{15} + \frac{30}{12} + \frac{20}{10}$ (2) 3.33 ~ 12.77(%)

10 다음 위험물이 물과 반응하여 산소를 발생하는 반응식을 쓰시오.

(1) 과산화나트륨

(2) 과산화마그네슘

Explanation & Advice

- 과산화나트륨(Na_2O_2)과 과산화마그네슘(MgO_2)은 모두 제1류 위험물 중 무기과산화물에 속하는 위험물로 지정수량 50kg, 위험등급 Ⅰ등급이다.

(1) 과산화나트륨(Na_2O_2)과 물과의 반응식 : 수산화나트륨과 산소를 발생한다.

$$2Na_2O_2 + 2H_2O \rightarrow 4NaOH + O_2$$

(2) 과산화마그네슘(MgO_2)과 물과의 반응식 : 수산화마그네슘과 산소를 발생한다.

$$2MgO_2 + 2H_2O \rightarrow 2Mg(OH)_2 + O_2$$

11 [보기]에서 제5류 위험물인 질산에스테르류에 해당되는 물질을 모두 쓰시오.

[17년 제2회 문제와 동일]

[보기]
트리니트로톨루엔, 니트로셀룰로오스, 니트로글리세린, 테트릴, 질산메틸, 피크린산

Explanation & Advice

피크린산은 트리니트로페놀이다.

✿ 제5류 위험물의 품명, 지정수량 및 위험등급 – [위험물안전관리법 시행령 별표1] & [위험물안전관리법 시행규칙 별표19]

성질	품명	종류	지정수량	위험등급
자기반응성물질	유기과산화물	과산화벤조일, 아세틸퍼옥사이드	10 kg	Ⅰ
	질산에스테르류	**니트로글리세린, 니트로셀룰로오스,** 니트로글리콜, 셀룰로이드, **질산메틸**		
	니트로화합물	트리니트로톨루엔, 트리니트로페놀, 디니트로벤젠, 디니트로페놀, 테트릴	200 kg	Ⅱ
	니트로소화합물	파라디니트로소벤젠, 디니트로소레조르신		
	아조화합물	아조벤젠, 아조디카본아미드		
	디아조화합물	디아조메탄, 디아조아세토니트릴		
	히드라진 유도체*	염산히드라진, 황산히드라진, 히드라진모노하이드레이트		
	히드록실아민		100 kg	
	히드록실아민염류	황산히드록실아민		
	그 밖에 행정안전부령으로 정하는 것	– 금속의 아지화합물 (아지드화나트륨, 아지드화납) – 질산구아니딘	200 kg	

* 히드라진은 제4류 위험물 중 제2석유류에 속하는 물질이다.

정답
10 (1) $2Na_2O_2 + 2H_2O \rightarrow 4NaOH + O_2$ (2) $2MgO_2 + 2H_2O \rightarrow 2Mg(OH)_2 + O_2$
11 니트로셀룰로오스, 니트로글리세린, 질산메틸

12 다음 [보기]에서 각 물음에 해당하는 위험물을 선택하여 그 번호를 쓰시오.

[16년 제4회 문제와 동일]

[보기]
① 벤젠   ② 이황화탄소
③ 아세톤   ④ 아세트알데히드
⑤ 아세트산

(1) 비수용성 물질
(2) 인화점이 가장 낮은 물질
(3) 비점이 가장 높은 물질

Explanation & Advice

위의 물질들은 모두 제4류 위험물이다.

물질명	품 명	수용성 여부	화학식	인화점 (℃)	비점 (℃)
벤젠	제1 석유류	비수용성	C_6H_6	-11	80
이황화탄소	특수 인화물	비수용성	CS_2	-30	46
아세톤	제1 석유류	수용성	CH_3COCH_3	-18	56
아세트알데히드	특수 인화물	수용성	CH_3CHO	-40	21
아세트산	제2 석유류	수용성	CH_3COOH	41.7	118

✔ **Check point**

벤젠고리를 가지고 있는 위험물은 모두 비수용성이다.

---

13 다음은 소화난이도 등급 I 에 해당하는 제조소에 대한 내용이다. 괄호 안에 알맞은 말을 채우시오.

(1) 연면적 (   )m² 이상인 것을 말한다.
(2) 지정수량의 (   )배 이상인 것(고인화점 위험물만을 100℃ 미만의 온도에서 취급하는 것 및 화약류 위험물을 취급하는 것은 제외)을 말한다.
(3) 지반면으로부터 (   )m 이상의 높이에 위험물 취급설비가 있는 것(고인화점 위험물만을 100℃ 미만의 온도에서 취급하는 것은 제외)을 말한다.

Explanation & Advice

✿ [위험물안전관리법 시행규칙 별표17 / 소화설비, 경보설비 및 피난설비의 기준] - Ⅰ. 소화설비 1. 소화난이도 등급 I 의 제조소등 및 소화설비 中

- 소화난이도 등급 I 에 해당하는 제조소의 기준
  - 연면적 **1,000m² 이상**인 것
  - 지정수량의 **100배 이상**인 것(고인화점위험물만을 100℃ 미만의 온도에서 취급하는 것 및 화약류 위험물을 취급하는 것은 제외)
  - 지반면으로부터 **6m 이상**의 높이에 위험물 취급설비가 있는 것(고인화점위험물만을 100℃ 미만의 온도에서 취급하는 것은 제외)

정답
12 (1) 비수용성 물질 : ①, ②   (2) 인화점이 가장 낮은 물질 : ④   (3) 비점이 가장 높은 물질 : ⑤
13 (1) 1,000   (2) 100   (3) 6

14 판매취급소에 대해 다음 물음에 답하시오.

(1) 판매취급소는 위험물을 지정수량의 몇 배 이하로 취급하는 장소인지 쓰시오.
(2) 위험물을 배합하는 실의 바닥면적의 범위를 쓰시오.
(3) 위험물을 배합하는 실의 문턱 높이는 바닥면으로부터 몇 m 이상으로 해야 하는지 쓰시오.

- 판매취급소에서의 위험물 배합실 기준
  - **바닥면적은 6m² 이상 15m² 이하로 할 것**
  - 내화구조 또는 불연재료로 된 벽으로 구획할 것
  - 바닥은 위험물이 침투하지 않는 구조로 하여 적당한 경사를 두고 집유설비를 할 것
  - 출입구에는 자동폐쇄식의 갑종 방화문을 설치할 것
  - **출입구 문턱의 높이는 바닥면으로부터 0.1m 이상으로 할 것**
  - 가연성 증기 또는 가연성 미분을 지붕 위로 방출하는 설비를 할 것

Explanation & Advice

✿ [위험물안전관리법 시행령 별표3 / 위험물을 제조 외의 목적으로 취급하기 위한 장소와 그에 따른 취급소의 구분]

판매취급소란 점포에서 위험물을 용기에 담아 판매하기 위하여 지정수량의 40배 이하의 위험물을 취급하는 장소를 일컫는다.

✿ [위험물안전관리법 시행규칙 별표14 / 판매취급소의 위치·구조 및 설비의 기준]

- 저장 또는 취급하는 위험물의 지정수량의 배수에 따라 제1종과 제2종으로 구분
  - 제1종 판매취급소 : 저장 또는 취급하는 위험물의 수량이 지정수량의 20배 이하인 판매취급소
  - 제2종 판매취급소 : 저장 또는 취급하는 위험물의 수량이 지정수량의 40배 이하인 판매취급소
- 판매취급소의 위치 : 건축물의 1층에 설치할 것

정답 14 (1) 40배 (2) 6m² 이상 15m² 이하 (3) 0.1m

15 제4류 위험물을 취급하는 제조소로부터 다음의 시설물까지의 안전거리는 몇 m 이상으로 해야 하는지 쓰시오.

[16년 제5회, 21년 제3회 기출 유사]

(1) 노인복지시설
(2) 고압가스시설
(3) 사용전압 35,000V 를 초과하는 특고압 가공전선

Explanation & Advice

✿ [위험물안전관리법 시행규칙 별표4 / 제조소의 위치·구조 및 설비의 기준] – 안전거리

이 규정은 제조소 뿐 아니라 옥내저장소, 옥외저장소, 옥외 탱크저장소, 일반취급소에 동일 적용한다.

안전거리	해당 대상물
3m 이상	7,000V 초과 35,000V 이하의 특고압 가공전선
5m 이상	**35,000V 를 초과하는 특고압 가공전선**
10m 이상	주거용으로 사용되는 건축물 및 그 밖의 공작물
20m 이상	**고압가스**, 액화석유가스 또는 도시가스를 저장 또는 취급하는 시설
30m 이상	학교, 병원, 300명 이상 수용시설(영화관, 공연장), **20명 이상 수용시설**(아동·**노인**·장애인·한부모가족 **복지시설**, 어린이집, 성매매 피해자 지원시설, 정신건강 증진시설, 가정폭력 피해자 보호시설)
50m 이상	유형문화재, 지정문화재

• 안전거리 규제대상이 아닌 제조소등 : 제6류 위험물을 취급하는 제조소, 옥내 탱크저장소, 지하 탱크저장소, 이동 탱크저장소, 간이 탱크저장소, 암반 탱크저장소, 판매취급소, 주유취급소는 시설의 안전성과 그 설치 위치의 특수성을 감안하여 안전거리 규제대상에서 제외한다.

• 이송취급소에 적용되는 안전거리는 별도로 존재한다. [시행규칙 별표15]

16 다음 물음에 대해 답하시오. (단, 염소의 원자량은 35.5이다.)

(1) 과염소산의 화학식 및 분자량
(2) 질산의 화학식 및 분자량

Explanation & Advice

모두 제6류 위험물에 해당하는 물질들이다. 단, 과염소산은 농도나 비중의 제한 조건 없이 모두 위험물로 취급되지만 질산은 비중이 1.49 이상인 것부터 위험물로 취급된다.

(1) 과염소산의 화학식은 $HClO_4$ 이며 분자량은 $1 + 35.5 + 16 \times 4 = 100.5$ 이다.

(2) 질산의 화학식은 HNO_3 며 분자량은 $1 + 14 + 16 \times 3 = 63$ 이다.

정답
15 (1) 30m (2) 20m (3) 5m
16 (1) $HClO_4$, 100.5 (2) HNO_3, 63

17 다음 빈칸에 알맞은 내용을 쓰시오.

물질명	화학식	지정수량
①	KMnO₄	②
③	K₂Cr₂O₇	④
과염소산암모늄	⑤	⑥

Explanation & Advice

모두 제1류 위험물이다.

물질명	품 명	화학식	지정수량	위험등급
과망간산칼륨	과망간산염류	KMnO₄	1,000kg	III
중크롬산칼륨	중크롬산염류	K₂Cr₂O₇	1,000kg	III
과염소산암모늄	과염소산염류	NH₄ClO₄	50kg	I

18 다음 물질의 연소생성물을 화학식으로 쓰시오.

(1) 적린

(2) 황린

(3) 삼황화인

Explanation & Advice

- 적린(P)은 제2류 위험물로서 지정수량은 100 kg, 위험등급은 II등급이다.
  적린(P)은 연소하면 오산화인(P_2O_5)을 발생한다.

  $4P + 5O_2 \rightarrow 2P_2O_5$

- 황린(P_4)은 제3류 위험물이며 지정수량은 20 kg, 위험등급은 I등급이다.
  황린(P_4)은 연소하면 오산화인(P_2O_5)을 발생한다.

  $P_4 + 5O_2 \rightarrow 2P_2O_5$

- 삼황화인(P_4S_3)은 제2류 위험물 중 황화인에 속하는 위험물이며 지정수량은 100kg, 위험등급은 II등급이다.
  삼황화인(P_4S_3)은 연소하면 오산화인(P_2O_5)과 이산화황(SO_2)을 발생한다.

  $P_4S_3 + 8O_2 \rightarrow 2P_2O_5 + 3SO_2$

정답
17 ① 과망간산칼륨 ② 1,000kg ③ 중크롬산칼륨 ④ 1,000kg ⑤ NH₄ClO₄ ⑥ 50kg
18 (1) P_2O_5 (2) P_2O_5 (3) P_2O_5, SO_2

19 비중 0.79인 에틸알코올 200ml와 물 150ml를 혼합한 용액에 대하여 다음 물음에 답하시오.

(1) 이 용액에 포함된 에틸알코올의 함유량은 몇 중량%인지 구하시오.
(2) 이 용액은 제4류 위험물 중 알코올류의 품명에 속하는지 판단하고 그에 근거한 이유를 쓰시오.

✿ [위험물안전관리법 시행령 별표1 / 위험물 및 지정수량] – 비고란 제14호

"알코올류"라 함은 1분자를 구성하는 탄소원자의 수가 1개부터 3개까지인 포화 1가 알코올(변성알코올을 포함한다)을 말한다.

다만, 아래의 어느 하나에 해당하는 것은 제외한다.

- 1분자를 구성하는 탄소원자의 수가 1개 내지 3개의 포화 1가 알코올의 함유량이 60중량퍼센트 미만인 수용액
- 가연성 액체량이 60중량퍼센트 미만이고 인화점 및 연소점(태그개방식 인화점측정기에 의한 연소점을 말한다.)이 에틸알코올 60중량퍼센트 수용액의 인화점 및 연소점을 초과하는 것

✓ **Check point** 비중이란

비중이란 $\dfrac{물질의\ 밀도}{물의\ 밀도}$로 구하며 물의 밀도는 1(g/ml)이므로 결국 물질의 밀도 자체가 비중값이 된다. 분수식에서 분모 분자의 단위가 동일하기에 소거되므로 비중은 단위가 없다.

Explanation & Advice

(1)
- 문제에서 부피가 주어지고 답은 중량%를 구하도록 하였으므로 비중과 부피를 이용해서 에틸알코올과 물의 질량을 알아야 한다.
- 밀도는 "질량 / 부피"이며 비중은 밀도와 같은 값을 가지므로 비중은 "질량 / 부피"의 식을 이용하도록 한다.
- 비중은 "질량 / 부피"로 부터 질량은 "비중 × 부피"의 관계식이 이끌어지므로
  - 에틸알코올의 질량 = 0.79 × 200ml = 158g
  - 물의 질량 = 1 × 150ml = 150g
- 따라서, 혼합용액에 포함된 에틸알코올의 함유량은 $\dfrac{158}{158+150} \times 100 = 51.3$중량%

(2) 법령에 의하면 '알코올의 함유량이 60중량퍼센트 미만인 수용액'은 알코올류에서 제외한다고 되어 있으므로 51.3중량%를 나타내는 문제의 혼합액은 알코올류에 속하지 않는다.

정답 19 (1) 51.3중량% (2) 함유량이 60중량% 미만이므로 알코올류에 속하지 않는다.

20 다음 물질의 운반용기 외부에 표시하는 주의사항을 쓰시오. [빈출유형]

(1) 인화성 고체
(2) 제6류 위험물
(3) 제5류 위험물

Explanation & Advice

✿ [위험물안전관리법 시행규칙 별표19 / 위험물의 운반에 관한 기준] – II. 적재방법 중 위험물의 종류에 따른 운반용기 외부에 표시하여야 할 주의사항

류 별	성 질	표시할 주의사항
제1류 위험물	산화성 고체	• 알칼리금속의 과산화물 또는 이를 함유한 것 : 화기·충격주의, 물기엄금 및 가연물 접촉주의 • 그 밖의 것 : 화기·충격주의, 가연물 접촉주의
제2류 위험물	가연성 고체	• 철분·금속분·마그네슘 또는 이들 중 어느 하나 이상을 함유한 것 : 화기주의, 물기엄금 • **인화성 고체 : 화기엄금** • 그 밖의 것 : 화기주의
제3류 위험물	자연발화성 및 금수성 물질	• 자연발화성 물질 : 화기엄금, 공기접촉엄금 • 금수성 물질 : 물기엄금
제4류 위험물	인화성 액체	화기엄금
제5류 위험물	**자기반응성 물질**	**화기엄금, 충격주의**
제6류 위험물	**산화성 액체**	**가연물 접촉주의**

03 제2회 필답형 실기시험
2020년 06월 14일 시행

01 다음 분말소화약제의 화학식을 쓰시오. [빈출유형]

(1) 제1종 분말
(2) 제2종 분말
(3) 제3종 분말

Explanation & Advice

✿ 분말 소화약제의 분류, 주성분 및 적응화재

구 분	주성분	화학식	적응화재	분말색
제1종 분말	탄산수소나트륨	$NaHCO_3$	B, C	백색
제2종 분말	탄산수소칼륨	$KHCO_3$	B, C	담자색
제3종 분말	제1인산암모늄	$NH_4H_2PO_4$	A, B, C	담홍색
제4종 분말	탄산수소칼륨 + 요소	$KHCO_3 + (NH_2)_2CO$	B, C	회색

★ 적응화재 = A : 일반화재 / B : 유류화재 / C : 전기화재

정답
20 (1) 화기엄금   (2) 가연물 접촉주의   (3) 화기엄금, 충격주의
01 (1) $NaHCO_3$ (2) $KHCO_3$ (3) $NH_4H_2PO_4$

02
다음 ( ) 안에 위험물안전관리법령에 따른 알맞은 숫자를 쓰시오.

"특수인화물"이라 함은 이황화탄소, 디에틸에테르 그 밖에 1기압에서 발화점이 ( )℃ 이하인 것 또는 인화점이 영하 ( )℃ 이하이고 비점이 ( )℃ 이하인 것을 말한다.

Explanation & Advice

✿ [위험물안전관리법 시행령 별표1 / 위험물 및 지정수량] – 비고란 제12호

"특수인화물"이라 함은 이황화탄소, 디에틸에테르 그 밖에 1기압에서 발화점이 **(100)**℃ 이하인 것 또는 인화점이 영하 **(20)**℃ 이하이고 비점이 **(40)**℃ 이하인 것을 말한다.

03
BrF_5 6,000kg의 소요단위는 얼마인지 쓰시오.

(1) 소요단위의 계산식
(2) 소요단위

Explanation & Advice

BrF_5(오불화브롬)은 제6류 위험물 중 할로겐간화합물(행정안전부령으로 정하는 위험물)에 속하는 위험물로서 지정수량은 300kg, 위험등급은 Ⅰ등급이다.

위험물은 지정수량의 10배를 1소요단위로 정하고 있으므로 300kg의 10배인 3,000kg이 1소요단위가 된다.

∴ BrF_5 6,000kg의 소요단위는

$$\frac{6,000}{300 \times 10} = \frac{6,000}{3,000} = 2단위가 되는 것이다.$$

✿ [위험물안전관리법 시행규칙 별표17 / 소화설비, 경보설비 및 피난설비의 기준] – Ⅰ. 소화설비 / 5. 소화설비의 설치기준 중 소요단위의 계산방법

소요단위란 소화설비의 설치대상이 되는 건축물 그 밖의 공작물의 규모 또는 위험물의 양의 기준단위를 말하는 것으로 1 소요단위의 계산방법은 아래와 같다.

✤ 1 소요단위 산정(계산)방법

구분 \ 외벽	내화구조	비 내화구조
제조소 또는 취급소	연면적 100m²	연면적 50m²
저장소	연면적 150m²	연면적 75m²
위험물	지정수량의 10배	

* 제조소등의 옥외에 설치된 공작물은 외벽이 내화구조인 것으로 간주하고 공작물의 최대수평투영면적을 연면적으로 간주하여 소요단위를 산정할 것

정답 **02** 100, 20, 40　**03** (1) $\dfrac{6,000}{300 \times 10} = \dfrac{6,000}{3,000}$　(2) 2

04

제3류 위험물 중 비중이 2.51이고 지정수량이 300kg인 적갈색 물질의 명칭과 물과의 반응식을 쓰시오.

(1) 물질의 명칭
(2) 물과의 반응식

Explanation & Advice

⊙ 인화칼슘(Ca_3P_2)

1. **제3류 위험물 중 금속의 인화물**에 속하며 **지정수량 300kg**, 위험등급 Ⅲ에 해당한다.
2. 분자량 182, **비중 2.51**, 융점 1,600℃
3. **적갈색의 결정성 분말이다.**
4. 알코올, 에테르에 녹지 않는다.
5. **물과 반응하여 수산화칼슘과 포스핀을 생성한다.**

   $Ca_3P_2 + 6H_2O \rightarrow 3Ca(OH)_2 + 2PH_3 \uparrow$ (포스핀)

6. 산과 반응하면 염화칼슘과 포스핀을 생성한다.

   $Ca_3P_2 + 6HCl \rightarrow 3CaCl_2 + 2PH_3 \uparrow$ (포스핀)

7. 건조한 공기 중에서는 안정하다.
8. 습기 존재하에서 에테르, 벤젠, 이황화탄소 등과 접촉하면 발화할 수 있다.

➤ 찾아가기

포스핀(PH_3)의 특징에 대한 설명은 2019년도 제3회 [08번] 문항 참조

05

다음 표의 빈칸을 완성하시오.

물질명	화학식	지정수량
과망간산나트륨	①	1,000kg
과염소산나트륨	②	③
질산칼륨	④	⑤

Explanation & Advice

위 물질들은 모두 제1류 위험물에 속한다.

물질명	품명	화학식	지정수량	위험등급
과망간산나트륨	과망간산염류	$NaMnO_4$	1,000kg	Ⅲ
과염소산나트륨	과염소산염류	$NaClO_4$	50kg	Ⅰ
질산칼륨	질산염류	KNO_3	300kg	Ⅱ

정답
04 (1) 인화칼슘 (2) $Ca_3P_2 + 6H_2O \rightarrow 3Ca(OH)_2 + 2PH_3 \uparrow$ (포스핀)
05 ① $NaMnO_4$ ② $NaClO_4$ ③ 50kg ④ KNO_3 ⑤ 300kg

06
다음의 각 위험물에 대해 운반 시 혼재 가능한 유별을 쓰시오. [빈출유형]

(1) 제1류 위험물
(2) 제2류 위험물
(3) 제3류 위험물

Explanation & Advice

✿ [위험물안전관리법 시행규칙 별표19 / 위험물의 운반에 관한 기준] - [부표2] - 유별을 달리하는 위험물의 혼재기준

구 분	제1류	제2류	제3류	제4류	제5류	제6류
제1류		×	×	×	×	○
제2류	×		×	○	○	×
제3류	×	×		○	×	×
제4류	×	○	○		○	×
제5류	×	○	×	○		×
제6류	○	×	×	×	×	

＊'○'는 혼재할 수 있음을, '×'는 혼재할 수 없음을 표시한다.

＊ 이 표는 지정수량 1/10 이하의 위험물에 대하여는 적용하지 아니한다.

07
원자량이 약 24이고, 은백색의 광택이 나는 가벼운 금속이며 산과 작용하여 수소를 발생하는 제2류 위험물의 명칭을 쓰고 그 물질과 염산과의 화학반응식을 쓰시오.

(1) 물질명
(2) 염산과의 화학반응식

Explanation & Advice

마그네슘(Mg)은 제2류 위험물에 속하는 위험물이며 지정수량 500kg, 위험등급 Ⅲ에 해당된다.

지구상에서 8번째로 많은 원소인 마그네슘은 알칼리 토금속에 속하며 실온에서 은백색의 광택이 있는 가벼운 금속으로 존재한다. 불을 붙이면 산화마그네슘으로 변하며 매우 밝은 백색광을 내놓으므로 섬광탄 등에도 이용한다.

마그네슘의 비중은 알루미늄의 2/3, 철의 1/4 수준으로, 실용적으로 쓰이는 금속 중에서는 가장 가볍다. (베릴륨이 더 가볍고 강도도 더 뛰어나지만 독성 발암물질인데다 가격도 비싸다.)

마그네슘은 원자번호 12번이고 원자량은 원자번호의 약 2배에 해당되는 값이므로 24이다.

산이나 물과 작용하면 가연성의 수소 기체를 발생한다.

• 염산과의 반응 : 염화마그네슘과 수소 기체를 발생한다.

$Mg + 2HCl \rightarrow MgCl_2 + H_2$

• 물과의 반응 : 수산화마그네슘과 수소 기체를 발생한다.

정답
06 (1) 제6류 위험물 (2) 제4류 위험물, 제5류 위험물 (3) 제4류 위험물
07 (1) 마그네슘 (2) $Mg + 2HCl \rightarrow MgCl_2 + H_2$

$$Mg + 2H_2O \rightarrow Mg(OH)_2 + H_2$$

- 마그네슘이 연소하면 산화마그네슘이 된다.

$$2Mg + O_2 \rightarrow 2MgO$$

✽ 빈틈없이 촘촘하게 One more Step

- 마그네슘은 알칼리토금속의 2족 원소이지만 제3류 위험물이 아닌 제2류 위험물에 별도로 지정된다.
- 원자량은 원자핵의 질량이며 원자의 핵에는 양성자와 중성자가 같은 개수로 존재한다. 또한, 중성 상태의 모든 원자는 양성자와 전자를 같은 수로 가지고 있으며 이들은 원자번호와 같다.

즉, 원자번호 = 양성자 수 = 전자 수 /
원자량 = 핵의 질량 = 양성자 수 + 중성자 수

따라서, 원자번호 12번인 마그네슘은 양성자 12개를 핵에 지니고 있으며 이와 같은 개수인 중성자도 핵에 가지고 있어 원자량은 24가 되는 것이다.
그러나 모든 원자의 원자핵에 양성자와 중성자가 같은 수로 있지는 않으며 원자번호가 증가할수록 양성자 수보다 중성자 수가 더 많이 존재하여 '원자번호의 두 배가 원자량'이 된다는 것은 일반적이지 않은 사실이다.

- 원자번호가 증가할수록 양성자 수보다 중성자 수가 더 많이 존재하는 이유 : 극히 작은 공간에 존재하는 양성자들 간의 반발력을 상쇄시키기 위해서는 그들 사이에 중성자가 끼어들어가 공간적으로 분리시켜야 하는데 원자번호가 증가함에 따라 승가하는 양성자를 효과적으로 분리시키기 위해서는 양성자보다 더 많은 중성자가 필요하기 때문이다.

08 다음 [보기]에서 위험등급 Ⅰ에 해당하는 것을 모두 고르시오.

[보기]
이황화탄소, 에틸알코올,
디에틸에테르, 아세트알데히드,
메틸에틸케톤, 휘발유

Explanation & Advice

위 [보기]의 위험물들은 모두 제4류 위험물에 해당한다.

물질명	품명	수용성 여부	화학식	지정 수량	위험 등급
이황화탄소	특수인화물	×	CS_2	50ℓ	Ⅰ
에틸알코올	알코올류	○	C_2H_5OH	400ℓ	Ⅱ
디에틸에테르	특수인화물	×	$C_2H_5OC_2H_5$	50ℓ	Ⅰ
아세트알데히드	특수인화물	○	CH_3CHO	50ℓ	Ⅰ
메틸에틸케톤	제1석유류	×	$CH_3COC_2H_5$	200ℓ	Ⅱ
휘발유	제1석유류	×	C_8H_{18}(옥탄)	200ℓ	Ⅱ

✽ ○ : 수용성 / × : 비수용성

정답 08 이황화탄소, 디에틸에테르, 아세트알데히드

09 다음 물질의 화학식을 쓰시오.

(1) 시안화수소
(2) 피리딘
(3) 에틸렌글리콜
(4) 디에틸에테르
(5) 에탄올

10 다음 물질의 운반용기 외부에 표시하여야 하는 주의사항을 각각 쓰시오.
[빈출유형 / 응용]

(1) 과산화벤조일
(2) 과산화수소
(3) 아세톤
(4) 마그네슘
(5) 황린

Explanation & Advice

물질명	품 명	수용성 여부
시안화수소	제1석유류	수용성
피리딘	제1석유류	수용성
에틸렌글리콜	제3석유류	수용성
디에틸에테르	특수인화물	비수용성
에틸알코올	알코올류	수용성

물질명	화학식	지정수량	위험등급
시안화수소	HCN	400ℓ	II
피리딘	C_5H_5N	400ℓ	II
에틸렌글리콜	$C_2H_4(OH)_2$	4,000ℓ	III
디에틸에테르	$C_2H_5OC_2H_5$	50ℓ	I
에틸알코올	C_2H_5OH	400ℓ	II

Explanation & Advice

(1) 과산화벤조일은 제5류 위험물 중 유기과산화물에 속하므로 운반용기 외부에는 "화기엄금, 충격주의"라는 주의사항을 표시하여야 한다.

(2) 과산화수소는 제6류 위험물이므로 운반용기 외부에는 "가연물 접촉주의"라는 주의사항을 표시하여야 한다.

(3) 아세톤은 제4류 위험물 중 제1석유류에 속하므로 운반용기 외부에는 "화기엄금"이라는 주의사항을 표시하여야 한다.

(4) 마그네슘은 제2류 위험물 중 마그네슘이므로 운반용기 외부에는 "화기주의, 물기엄금"이라는 주의사항을 표시하여야 한다.

(5) 황린은 제3류 위험물 중 유일하게 금수성 물질에 해당하지 않는 자연발화성 물질이므로 운반용기 외부에는 "화기엄금, 공기접촉엄금"이라는 주의사항을 표시하여야 한다.

정답
09 (1) HCN (2) C_5H_5N (3) $C_2H_4(OH)_2$ (4) $C_2H_5OC_2H_5$ (5) C_2H_5OH
10 (1) 화기엄금, 충격주의 (2) 가연물 접촉주의 (3) 화기엄금 (4) 화기주의, 물기엄금 (5) 화기엄금, 공기접촉엄금

✿ [위험물안전관리법 시행규칙 별표19 / 위험물의 운반에 관한 기준] - Ⅱ. 적재방법 중 위험물의 종류에 따른 운반 용기 외부에 표시하여야 할 주의사항

류 별	성 질	표시할 주의사항
제1류 위험물	산화성 고체	• 알칼리금속의 과산화물 또는 이를 함유한 것 : 화기·충격주의, 물기엄금 및 가연물 접촉주의 • 그 밖의 것 : 화기·충격주의, 가연물 접촉주의
제2류 위험물	가연성 고체	• 철분·금속분·마그네슘 또는 이들 중 어느 하나 이상을 함유한 것 : **화기주의, 물기엄금** • 인화성 고체 : 화기엄금 • 그 밖의 것 : 화기주의
제3류 위험물	자연발화성 및 금수성 물질	• **자연발화성 물질 : 화기엄금, 공기접촉엄금** • 금수성 물질 : 물기엄금
제4류 위험물	인화성 액체	**화기엄금**
제5류 위험물	자기반응성 물질	**화기엄금, 충격주의**
제6류 위험물	산화성 액체	**가연물 접촉주의**

11 다음 물질의 연소반응식을 쓰시오.

(1) 황
(2) 알루미늄
(3) 삼황화인

Explanation & Advice

(1) 황(S)은 제2류 위험물이며 지정수량 100kg, 위험등급은 Ⅱ등급이다.
황이 연소되면 이산화황(SO_2)이 발생된다.
$S + O_2 \rightarrow SO_2$

아황산가스로도 불리는 이산화황은 무색의 자극성 냄새가 나는 독성이 강한 가스로 화산활동과 같은 자연적인 현상으로도 발생하지만 대부분은 산업과정에서 부산물로 생성되며 호흡기계 질환을 유발하는 주요 대기오염 물질 중 하나이다.

(2) 알루미늄(Al)은 제2류 위험물 중 금속분에 속하며 지정수량 500kg, 위험등급은 Ⅲ등급이다.
알루미늄이 연소되면 산화알루미늄(Al_2O_3)이 생성된다.
$4Al + 3O_2 \rightarrow 2Al_2O_3$

(3) 삼황화인(P_4S_3)은 제2류 위험물 중 황화인에 속하며 지정수량 100kg, 위험등급은 Ⅱ등급이다. 삼황화인(P_4S_3)이 연소되면 이산화황(SO_2)과 오산화인(P_2O_5)이 발생된다.

$P_4S_3 + 8O_2 \rightarrow 3SO_2 + 2P_2O_5$

오산화인은 흡입 시 치명적이며 피부에 심한 화상과 눈에 손상을 일으키는 유독성 물질로 연소 시 흰 연기로 발생된다.

정답 11 (1) $S + O_2 \rightarrow SO_2$ (2) $4Al + 3O_2 \rightarrow 2Al_2O_3$ (3) $P_4S_3 + 8O_2 \rightarrow 3SO_2 + 2P_2O_5$

12 다음 물질의 연소반응식을 쓰시오.

(1) 아세트알데히드
(2) 메틸에틸케톤
(3) 이황화탄소

Explanation & Advice

(1) 아세트알데히드(CH_3CHO)는 제4류 위험물 중 특수인화물(수용성)에 속하며 지정수량 50ℓ, 위험등급은 Ⅰ등급이다. 아세트알데히드(CH_3CHO)는 탄소, 수소, 산소로 이루어진 탄화수소 화합물이므로 연소 시 물과 이산화탄소가 발생한다.

$$2CH_3CHO + 5O_2 \rightarrow 4CO_2 + 4H_2O$$

(2) 메틸에틸케톤($CH_3COC_2H_5$)은 제4류 위험물 중 제1석유류(비수용성)에 속하며 지정수량 200ℓ, 위험등급은 Ⅱ등급이다. 메틸에틸케톤($CH_3COC_2H_5$)도 탄소, 수소, 산소로 이루어진 탄화수소 화합물이므로 연소 시 물과 이산화탄소가 발생한다.

$$2CH_3COC_2H_5 + 11O_2 \rightarrow 8CO_2 + 8H_2O$$

(3) 이황화탄소(CS_2)는 제4류 위험물 중 특수인화물(비수용성)에 속하며 지정수량 50ℓ, 위험등급은 Ⅰ등급이다. 이황화탄소(CS_2)는 황을 포함하는 화합물이며 연소 시에 이산화황과 이산화탄소가 발생한다.

$$CS_2 + 3O_2 \rightarrow CO_2 + 2SO_2$$

✔ Check point

몇 번 언급하였지만 탄소, 수소, 산소만을 포함하는 탄화수소 화합물의 연소는 물과 이산화탄소를 발생한다는 것을 알 필요가 있다. 그래서 자주 출제되는 위험물의 분자식을 알아두는 것이 여러모로 요긴한 것이다. 위의 문제에서와 같이 황을 포함하는 이황화탄소에 대해서는 따로 정리를 해야겠지만 설령 시험문제를 받아들었을 때 정확한 반응식을 모르더라도 탄화수소 화합물인 것만 알고 있다면 충분히 연소반응식을 쓸 수 있고 계수도 미정계수법을 통해서 빠르게 결정할 수 있을 것이다.

13 아세트산 2몰을 연소시키면 이산화탄소는 몇 몰이 발생하는지 구하시오.

Explanation & Advice

- 아세트산(CH_3COOH)은 제4류 위험물 중 제2석유류(수용성)에 속하는 위험물로 지정수량 2,000ℓ, 위험등급은 Ⅲ
- 연소반응식 : $CH_3COOH + 2O_2 \rightarrow 2CO_2 + 2H_2O$
- 위의 반응식에서 아세트산 1몰이 연소하면 이산화탄소는 2몰이 생성된다.
- ∴ 아세트산 2몰이 연소하면 이산화탄소는 4몰이 생성되는 것이다.

✔ Check point

굳이 이렇게 간단한 문제를 계산과정까지 쓰라고 할 필요가 있을까? 만일 시험문제에서 계산과정까지 쓰라고 한다면 다음과 같은 비례식을 이용하면 된다.

$1 : 2 = 2 : x$
$1 \times x = 2 \times 2$
∴ $x = 4$

정답
12 (1) $2CH_3CHO + 5O_2 \rightarrow 4CO_2 + 4H_2O$ (2) $2CH_3COC_2H_5 + 11O_2 \rightarrow 8CO_2 + 8H_2O$
(3) $CS_2 + 3O_2 \rightarrow CO_2 + 2SO_2$
13 4몰

14 니트로글리세린에 대해 다음 물음에 답하시오.

(1) 분해반응식을 쓰시오.
(2) 1kmol 분해 시 발생하는 기체의 총 부피는 표준상태에서 몇 m³인지 구하시오.

Explanation & Advice

니트로글리세린은 제5류 위험물 중 질산에스테르류에 속하는 위험물이며 지정수량 10kg, 위험등급은 Ⅰ등급이다.

(물리량: 분자량 227, 비중 1.6, 증기비중 7.83, 녹는점 13.5℃, 끓는점 160℃)

무색투명한 기름 형태의 액체로서 물에 녹지 않으며 알코올, 벤젠, 아세톤 등에 잘 녹는다.

가열, 충격, 마찰에 매우 예민하며 폭발하기 쉽고 상온에서 액체로 존재하나 겨울철에는 동결의 우려가 있다. 니트로글리세린을 다공성의 규조토에 흡수시켜 제조한 것을 다이너마이트라고 한다.

(1) 니트로글리세린의 완전 분해반응식:

$4C_3H_5(ONO_2)_3 \rightarrow 12CO_2 + 10H_2O + 6N_2 + O_2$

(2) 위 반응식에서처럼 4몰의 니트로글리세린이 안전히 폭발·분해되면 이산화탄소, 수증기, 질소, 산소 4종류의 기체가 복합적으로 발생하며 이들은 총합 29몰에 달한다.

- 표준상태에서 기체 1몰이 차지하는 부피는 기체의 종류에 관계없이 22.4ℓ이므로 니트로글리세린 4몰이 완전 분해되면 기체는 총 29 × 22.4ℓ = 649.6ℓ가 생성된다.

- 1kmol = 1,000mol(몰)이므로 다음과 같은 비례식이 성립된다.

  4몰 : 649.6ℓ = 1,000몰 : xℓ
  649.6ℓ × 1,000몰 = 4몰 × xℓ

  $\therefore x = \dfrac{649.6ℓ \times 1,000몰}{4몰} = 162,400ℓ$

- 1,000ℓ = 1m³이므로 162.4m³가 된다.

✔ Check point

그런데, 이전 년도 문제에서도 언급했듯이 (kmol과 m³)는 (mol과 ℓ)의 관계처럼 단위의 수준이 맞추어져 있는 것이므로 굳이 위의 풀이처럼 kmol을 mol로 환산한 다음 구해진 ℓ 수준의 부피를 다시 m³로 재차 환산할 필요가 없는 것이다. 다음과 같이 풀면 된다는 것을 강조하기 위해 위에서는 힘들게 푸는 과정을 제시해 본 것이다.

4몰 : 649.6ℓ = 1kmol : xm³

$\therefore x = \dfrac{649.6ℓ \times 1kmol}{4몰} = 162.4m^3$

정답 14 (1) $4C_3H_5(ONO_2)_3 \rightarrow 12CO_2 + 10H_2O + 6N_2 + O_2$ (2) 162.4m³

15

다음 [보기]의 제5류 위험물들의 지정수량 배수의 합을 구하시오.

[보기]
질산에틸 5kg, 셀룰로이드 150kg, 피크린산 100kg

(1) 계산과정
(2) 답

Explanation & Advice

위험물 종류	품 명	지정수량(kg)
질산에틸	질산에스테르류	10
셀룰로이드	질산에스테르류	10
피크린산	니트로화합물	200

- 지정수량의 배수 = $\dfrac{\text{저장수량}}{\text{지정수량}}$

- 지정수량의 배수의 합은 각 위험물의 지정수량의 배수를 더한 값이다.

$$\therefore \frac{5}{10} + \frac{150}{10} + \frac{100}{200} = 0.5 + 15 + 0.5 = 16$$

16

다음 물음에 답하시오.

[빈출유형 / 21년 제2회 기출 유사]

(1) 옥내저장탱크 상호 간에는 몇 m 이상의 간격을 유지하여야 하는지 쓰시오.
(2) 옥내저장탱크와 탱크전용실의 벽과의 사이에는 몇 m 이상의 간격을 유지하여야 하는지 쓰시오.
(3) 메탄올을 저장하는 옥내저장탱크의 용량은 몇 ℓ 이하로 해야 하는지 계산과정과 답을 쓰시오.
① 계산과정
② 답

Explanation & Advice

(3) 메탄올은 제4류 위험물 중 알코올류에 속하는 물질로서 지정수량은 400ℓ이다. 법령에 의하면 옥내저장탱크의 용량은 지정수량의 40배 이하여야 하므로 400ℓ × 40 = 16,000ℓ 이하로 하여야 한다. (20,000ℓ를 초과하지 않으므로 별도의 제한조건은 적용받지 않는다).

✿ [위험물안전관리법 시행규칙 별표7 / 옥내탱크저장소의 위치, 구조 및 설비의 기준] - Ⅰ. 옥내탱크저장소의 기준 中

- 위험물을 저장 또는 취급하는 옥내탱크(이하 "옥내 저장탱크"라 한다)는 단층건축물에 설치된 탱크전용실에 설치할 것

정답

15 (1) $\dfrac{5}{10} + \dfrac{150}{10} + \dfrac{100}{200} = 0.5 + 15 + 0.5$ (2) 16

16 (1) 0.5m (2) 0.5m (3) ① 400ℓ × 40 ② 16,000ℓ

- 옥내 저장탱크와 탱크 전용실의 벽과의 사이 및 옥내 저장탱크의 상호 간에는 0.5m 이상의 간격을 유지할 것. 다만, 탱크의 점검 및 보수에 지장이 없는 경우에는 그러하지 아니하다.
- **옥내저장탱크의 용량**(동일한 탱크전용실에 옥내저장탱크를 2 이상 설치하는 경우에는 각 탱크의 용량의 합계를 말한다)**은 지정수량의 40배(제4석유류 및 동식물유류 외의 제4류 위험물에 있어서 당해 수량이 20,000ℓ를 초과할 때에는 20,000ℓ)** 이하일 것

17 칼륨에 대해 다음 물음에 답하시오.
(1) 물과의 반응식을 쓰시오.
(2) 물과의 반응 시 발생하는 기체의 명칭을 쓰시오.

Explanation & Advice

● **금속칼륨(K)**

1. 제3류 위험물이며 지정수량 10kg, 위험등급 I
2. 은백색의 광택이 있는 무른 경금속으로 나트륨보다 반응성이 크며 공기 중 방치하면 자연발화 할 수 있다.
3. 가열하면 보라색의 불꽃을 내면서 연소한다.
4. **물과 격렬하게 반응하여 발열하고 수산화칼륨과 함께 폭발성의 수소 기체를 발생**하므로 금속의 비산과 함께 폭발이 일어난다. 따라서 밀폐된 용기 등에 수분이 침투하는 경우 밀폐공간이 순간적으로 폭발할 수 있다.

    $2K + 2H_2O \rightarrow 2KOH + H_2 \uparrow$

5. 알코올과 반응하여 폭발성의 수소 기체와 칼륨에틸레이트를 발생한다.

    $2K + 2C_2H_5OH \rightarrow 2C_2H_5OK + H_2 \uparrow$

6. 이산화탄소 및 사염화탄소와 폭발반응을 일으킨다.

    $4K + 3CO_2 \rightarrow 2K_2CO_3 + C$
    $4K + CCl_4 \rightarrow 4KCl + C$

정답 **17** (1) $2K + 2H_2O \rightarrow 2KOH + H_2 \uparrow$ (2) 수소

18 탄소 1kg을 연소시키기 위해 필요한 산소의 부피는 750mmHg, 25℃에서 몇 ℓ인지 구하시오.

[계산문제 빈출유형]

Explanation & Advice

- 탄소의 연소반응식 : $C + O_2 \rightarrow CO_2$
- 탄소의 원자량 : 12
- 탄소 1몰 연소 시 산소도 1몰이 필요하다.
- 탄소 1몰에 해당하는 질량은 12g이므로 탄소 12g 연소에 산소 1몰이 필요한 것이다.
- 탄소 1,000g의 연소에 필요한 산소 몰수는 다음의 비례식으로부터 구할 수 있다.

  $12g : 1몰 = 1,000g : x몰$

  $1,000 \times 1 = 12 \times x$

  $\therefore x = 83.3몰$

- 750mmHg, 25℃의 조건에서 산소 83.3몰에 해당하는 부피는 이상기체상태방정식을 이용해서 구할 수 있다.

  $PV = nRT$

  P(압력) : $\dfrac{750mmHg}{760mmHg}$ = 0.99기압

  V(부피) : V(ℓ)

  n(몰수) : 83.3mol

  R(기체상수) : 0.082(기압·ℓ)/(mol·K)

  T(절대온도) : 25 + 273 = 298

  $0.99 \times V = 83.3 \times 0.082 \times (273 + 25)$

  $V = \dfrac{83.3 \times 0.082 \times 298}{0.99} = 2,056.1 ℓ$

19 염소산칼륨 1kg이 열분해하는 반응에 대해 다음 물음에 답하시오.

[계산문제 빈출유형]

(1) 이 반응에서 발생하는 산소는 몇 g인지 구하시오.
(2) 이 반응에서 발생하는 산소는 표준상태에서 몇 ℓ인지 구하시오.

Explanation & Advice

- 염소산칼륨($KClO_3$)은 제1류 위험물 중 염소산염류에 속하는 위험물로 지정수량 50kg, 위험등급은 Ⅰ등급이다.
- 염소산칼륨의 열분해 반응식 :

  $2KClO_3 \rightarrow 2KCl + 3O_2$

- 염소산칼륨의 분자량 :
  $39 + 35.5 + 16 \times 3 = 122.5$

(1)

- 위 반응식에서 염소산칼륨 2몰이 열분해 하면 산소 기체 3몰이 발생한다.
- 즉, 염소산칼륨 245g이 연소하면 산소는 96g이 생성되는 것이다.
- 따라서, 염소산칼륨 1,000g이 분해될 때 생성되는 산소량은 다음의 비례식으로 구할 수 있다.

  $245 : 96 = 1,000 : x$

  $96 \times 1,000 = 245 \times x$

  $\therefore x = 391.84g$

정답 **18** 2,056.1ℓ **19** (1) 391.84g (2) 274.4ℓ

(2)
- 표준상태(0℃, 1기압)에서 산소 기체 1몰이 차지하는 부피는 22.4ℓ이다.
- 391.84g은 몇 몰인가?
  산소 기체 1몰에 해당하는 질량은 32g이므로
  391.84 ÷ 32 = 12.25몰
- 따라서 발생 산소 기체의 부피는 12.25몰 × 22.4ℓ = 274.4ℓ가 된다.

20 [보기]의 물질들을 산의 세기가 작은 것부터 큰 것의 순서로 나열하여 그 번호를 쓰시오.

[보기]
1. HClO   2. HClO$_2$
3. HClO$_3$ 4. HClO$_4$

Explanation & Advice

산의 세기는 산소의 함유량에 따라 결정된다. 즉, 산소함유량이 많을수록 산의 세기는 증가한다.

따라서, [보기]의 4가지 염소산 중에서 하이포아염소산(HClO)의 산의 세기가 가장 작으며 아염소산(HClO$_2$), 염소산(HClO$_3$), 과염소산(HClO$_4$)으로 갈수록 산소함유량이 많아져 산의 세기도 커진다.

과염소산(HClO$_4$)은 제6류 위험물이며 염소의 산소산 중 가장 강력한 산으로 작용한다.

04 제1회 필답형 실기시험

2020년 04월 05일 시행

01 적린에 대해 다음 물음에 답하시오.
(1) 연소반응식을 쓰시오.
(2) 연소 시 발생하는 기체의 색상을 쓰시오.

Explanation & Advice

적린(P)은 가연성 고체로 제2류 위험물이며 지정수량은 100kg, 위험등급은 II이다.

냄새 없는 암적색의 분말이며 조해성이 있고 황린(P$_4$)과 동소체이다.

공기 차단 후 황린을 260℃로 가열하면 적린이 된다.

연소하면 **흰 연기**의 유독성 오산화인(P$_2$O$_5$)을 발생한다.

$4P + 5O_2 \rightarrow 2P_2O_5$

정답
20 1 - 2 - 3 - 4
01 (1) $4P + 5O_2 \rightarrow 2P_2O_5$ (2) 흰색

02. 다음 [보기]에서 설명하는 물질에 대한 각 물음에 답하시오.

[보기]
- 제5류 위험물로서 품명은 니트로화합물에 속한다.
- 쓴맛과 독성이 있다.
- 침상결정이며 냉수에는 약간 녹고 더운물, 알코올, 벤젠 등에 잘 녹는다.

(1) 명칭을 쓰시오.
(2) 지정수량을 쓰시오.
(3) 구조식을 쓰시오.

- 차가운 물에는 소량 녹고 온수나 알코올, 에테르에는 잘 녹는다.
- 단독으로 연소 시 폭발은 하지 않으나 에탄올과 혼합된 경우에는 충격에 의해서 폭발할 수 있다.
- 덩어리 상태로 용융된 것은 타격에 의해 폭굉하며 이때의 폭발력은 TNT보다 크다.

03. TNT의 분자량을 구하는 계산과정과 답을 쓰시오.

(1) 계산과정
(2) 답

Explanation & Advice

트리니트로페놀(피크린산, 피크르산)은 **제5류 위험물**이다.

물질명	품 명	화학식	지정수량	위험등급
피크린산	**니트로화합물**	$C_6H_2(NO_2)_3OH$	200kg	II

- 피크린산은 페놀(C_6H_5OH)을 진한 질산과 진한 황산의 혼산으로 니트로화하여 제조한다.

$$C_6H_5OH + 3HNO_3 \xrightarrow{C-H_2SO_4} C_6H_2(NO_2)_3OH + 3H_2O$$

- 순수한 것은 무색이고 공업용은 휘황색에 가까운 결정으로 **쓴맛과 독성이 있으며** 수용액은 황색을 띤다.

Explanation & Advice

트리니트로톨루엔(TNT)은 제5류 위험물 중 니트로화합물에 속하는 위험물이며 지정수량은 200kg, 위험등급은 II등급이다.

화학식(시성식)은 $C_6H_2CH_3(NO_2)_3$이며 분자식은 $C_7H_5N_3O_6$이다.

따라서 분자량은
$12 \times 7 + 1 \times 5 + 14 \times 3 + 16 \times 6 = 227$이 된다.

정 답

02 (1) 트리니트로페놀 또는 피크린산 (2) 200kg (3)

03 (1) $12 \times 7 + 1 \times 5 + 14 \times 3 + 16 \times 6$ (2) 227

04 다음과 같이 횡으로 설치한 한쪽은 볼록하고 다른 한쪽은 오목한 원통형 탱크의 내용적을 구하시오.

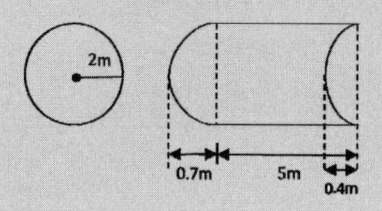

Explanation & Advice

한쪽은 볼록하고 다른 한쪽은 오목한 원통형 탱크의 내용적은 다음과 같이 구한다(옆의 +STUDY 참조).

$$\pi r^2 \left(\ell + \frac{\ell_1 - \ell_2}{3}\right)$$
$$= \pi \times 4 \left(5 + \frac{0.7 - 0.4}{3}\right)$$
$$= 64.09 \, m^3$$

✔ Check point

위험물안전관리법령상에서는 한쪽은 볼록하고 다른 한쪽은 오목한 타원형 탱크에 대해서 명시되어 있으며 원통형 탱크에 대해서는 양쪽이 볼록한 것에 대해서 명시되어 있다.

이 문제는 원통형 탱크이면서 한쪽은 볼록하고 다른 한쪽은 오목한 형태의 것으로서 두 유형을 절충한 응용문제라 할 수 있다.

+STUDY [위험물안전관리에 관한 세부기준 별표1 / 탱크의 내용적 계산방법]

- **타원형 탱크의 내용적**
  - 양쪽이 볼록한 것

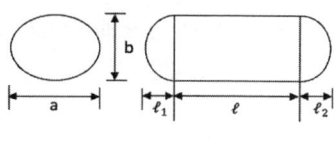

내용적 $= \dfrac{\pi ab}{4}\left(\ell + \dfrac{\ell_1 + \ell_2}{3}\right)$

  - 한쪽은 볼록하고 다른 한쪽은 오목한 것

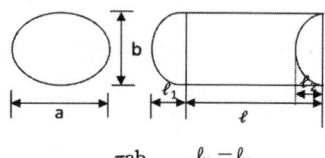

내용적 $= \dfrac{\pi ab}{4}\left(\ell + \dfrac{\ell_1 - \ell_2}{3}\right)$

- **원통형 탱크의 내용적**
  - 횡으로 설치한 것

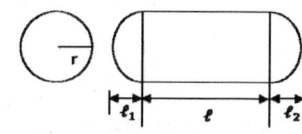

내용적 $= \pi r^2 \left(\ell + \dfrac{\ell_1 + \ell_2}{3}\right)$

  - 종으로 설치한 것

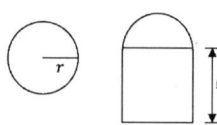

내용적 $= \pi r^2 \ell$

정답 04 $64.09 \, m^3$

05
과망간산칼륨에 대해 다음 물음에 답하시오.

(1) 분해반응식을 쓰시오.
(2) 1몰 분해 시 몇 g의 산소가 발생하는지 구하시오.

Explanation & Advice

과망간산칼륨($KMnO_4$)은 제1류 위험물 중 과망간산염류에 속하는 위험물이며 지정수량은 1,000kg, 위험등급은 Ⅲ에 해당된다. 흑자색을 띠는 고체이며 물에 녹으면 보라색의 살균력 있는 수용액이 되고 무좀 치료제로도 쓰인다. 물과의 접촉으로 열과 산소를 발생하지는 않는다.

(1) 240℃ 정도에서 가열하여 분해시키면 아래 반응식과 같이 진행되어 산소 기체를 발생한다.

$$2KMnO_4 \rightarrow K_2MnO_4 + MnO_2 + O_2$$

(2) 위 반응식에서 과망간산칼륨($KMnO_4$) 2몰이 분해되면 산소는 1몰, 즉 32g이 생성되므로 과망간산칼륨($KMnO_4$) 1몰 분해 시에는 산소 16g이 발생하는 것이다.

06
위험물안전관리법령상 다음 각 품명에 해당하는 지정수량을 쓰시오.

(1) 아염소산염류
(2) 질산염류
(3) 중크롬산염류

Explanation & Advice

모두 제1류 위험물의 품명에 해당한다.

✿ 제1류 위험물의 품명, 지정수량 및 위험등급 – [위험물안전관리법 시행령 별표1] & [위험물안전관리법 시행규칙 별표19]

성 질	품 명	지정수량	위험등급
산화성 고체	아염소산염류	50kg	Ⅰ
	염소산염류		
	과염소산염류		
	무기과산화물		
	브롬산염류	300kg	Ⅱ
	질산염류		
	요오드산염류		
	과망간산염류	1,000kg	Ⅲ
	중크롬산염류		

정답
05 (1) $2KMnO_4 \rightarrow K_2MnO_4 + MnO_2 + O_2$ (2) 16g
06 (1) 50kg   (2) 300kg   (3) 1,000kg

07

다음은 제4류 위험물 중 알코올의 품명을 나타낸 것이다. 다음 ( )안에 알맞은 숫자를 쓰시오.

1분자를 구성하는 탄소원자의 수가 (①)개부터 (②)개까지인 포화1가 알코올(변성알코올을 포함한다)을 말한다. 다만, 다음 중 하나에 해당하는 것은 제외한다.

- 1분자를 구성하는 탄소원자의 수가 1개 내지 3개의 포화1가 알코올의 함유량이 (③)중량퍼센트 미만인 수용액
- 가연성 액체량이 (④)중량퍼센트 미만이고 인화점 및 연소점(태그개방식 인화점측정기에 의한 연소점을 말한다.)이 에틸알코올 (⑤)중량퍼센트 수용액의 인화점 및 연소점을 초과하는 것

Explanation & Advice

✿ [위험물안전관리법 시행령 별표1 / 위험물 및 지정수량] - 비고란 제14호

"알코올류"라 함은 1분자를 구성하는 탄소원자의 수가 (1)개부터 (3)개까지인 포화1가 알코올(변성알코올을 포함한다)을 말한다. 다만, 다음 각목의 1에 해당하는 것은 제외한다.

- 1분자를 구성하는 탄소원자의 수가 1개 내지 3개의 포화1가 알코올의 함유량이 (60)중량퍼센트 미만인 수용액
- 가연성 액체량이 (60)중량퍼센트 미만이고 인화점 및 연소점(태그개방식 인화점측정기에 의한 연소점을 말한다. 이하 같다)이 에틸알코올 (60)중량퍼센트 수용액의 인화점 및 연소점을 초과하는 것

08

다음은 간이소화설비(소화용구)에 대한 것이다. 빈칸에 알맞은 능력단위를 쓰시오.

소화설비	용량	능력단위
소화전용 물통	8ℓ	①
마른모래(삽 1개 포함)	50ℓ	②
팽창질석 또는 팽창진주암(삽 1개 포함)	160ℓ	③

Explanation & Advice

✿ [위험물안전관리법 시행규칙 별표17 / 소화설비, 경보설비 및 피난설비의 기준] - Ⅰ. 소화설비 中 5. 소화설비의 설치기준

- 능력단위 : 소요단위에 대응하는 소화설비의 소화능력의 기준단위

소화설비	용량(ℓ)	능력단위
소화전용 물통	8	0.3
수조(소화전용 물통 3개 포함)	80	1.5
수조(소화전용 물통 6개 포함)	190	2.5
마른 모래(삽 1개 포함)	50	0.5
팽창질석 또는 팽창진주암(삽 1개 포함)	160	1.0

정답
07 ① 1 ② 3 ③ 60 ④ 60 ⑤ 60
08 ① 0.3단위 ② 0.5단위 ③ 1단위

09 메탄올에 대해 다음 물음에 답하시오.
[빈출유형]

(1) 분자량을 구하시오.
(2) 증기비중을 구하시오.
　① 계산과정
　② 답

Explanation & Advice

메탄올은 제4류 위험물 중 알코올류에 속하는 위험물로 지정수량 400ℓ, 위험등급은 II등급이다.

(1) 메탄올의 화학식(시성식)은 CH_3OH로서 분자량은 다음과 같다.

$$12 + 1 \times 4 + 16 = 32$$

(2) 증기비중은 $\dfrac{\text{물질의 분자량}}{\text{공기의 평균분자량}}$으로 구하며 공기의 평균분자량 값은 29이므로

$$\dfrac{32}{29} = 1.10\text{이 된다.}$$

10 다음의 물질이 물과 반응하면 어떤 종류의 인화성 가스가 발생하는지 그 가스의 명칭을 쓰시오. (단, 없으면 "없음"이라 쓰시오.)

(1) 수소화칼륨
(2) 리튬
(3) 인화알루미늄
(4) 탄화리튬
(5) 탄화알루미늄

Explanation & Advice

위험물이 아닌 탄화리튬을 제외하고 모두 제3류 위험물이다.

물질명	품명	화학식	지정수량	위험등급
수소화칼륨	금속의 수소화물	KH	300kg	III
리튬	알칼리금속	Li	50kg	II
인화알루미늄	금속의 인화물	AlP	300kg	III
탄화리튬	비위험물	Li_2C_2	–	–
탄화알루미늄	칼슘 또는 알루미늄의 탄화물	Al_4C_3	300kg	III

각 물질의 물과의 반응식은 아래와 같다.

- $KH + H_2O \rightarrow KOH + H_2$
- $2Li + 2H_2O \rightarrow 2LiOH + H_2$
- $AlP + 3H_2O \rightarrow Al(OH)_3 + PH_3$
- $Li_2C_2 + 2H_2O \rightarrow 2LiOH + C_2H_2$
- $Al_4C_3 + 12H_2O \rightarrow 4Al(OH)_3 + 3CH_4$

정답
09 (1) 32　(2) ① $\dfrac{32}{29}$　② 1.10
10 (1) 수소　(2) 수소　(3) 포스핀　(4) 아세틸렌　(5) 메탄

11
아연에 대해 다음 물음에 답하시오.

(1) 물과의 반응식을 쓰시오.
(2) 염산과 반응 시 발생하는 기체의 명칭을 쓰시오.

Explanation & Advice

아연(Zn)은 제2류 위험물 중 금속분에 해당하는 위험물이며 지정수량은 500kg, 위험등급은 Ⅲ등급이다. 염산이나 물과 반응 시 모두 가연성 기체인 수소를 발생한다.

- 물과의 반응식 : $Zn + 2H_2O \rightarrow Zn(OH)_2 + H_2$
- 염산과의 반응식 : $Zn + 2HCl \rightarrow ZnCl_2 + H_2$

12
동식물유는 요오드값을 기준으로 하여 건성유, 반건성유, 불건성유로 나눈다. 다음의 동식물유를 구분하는 요오드값의 범위를 쓰시오.

[빈출유형 / 18년 제4회, 19년 제3회, 21년 제4회 기출 동일]

(1) 건성유
(2) 반건성유
(3) 불건성유

Explanation & Advice

동식물유류는 제4류 위험물이며 지정수량은 10,000ℓ이다. 1기압에서 인화점이 250℃ 미만인 것들로 정의하며 요오드값에 따라 건성유, 반건성유, 불건성유로 구분한다.

◉ **요오드값**(요오드가, 옥소값)

- 유지 100g에 흡수되는 요오드의 그램 수
- 요오드값이란 유지에 염화요오드를 떨어뜨렸을 때 유지 100g에 흡수되는 염화요오드의 양으로부터 요오드의 양을 환산하여 그램 수로 나타낸 것으로 '옥소값'이라고도 한다.
- 일반적으로 유지류에 요오드를 작용시키면 이중결합 하나에 대해 요오드 2 원자가 첨가되기 때문에 유지의 불포화 정도를 확인할 수 있다. 요오드값이 크다는 것은 탄소 간에 이중결합이 많아 불포화도가 크다는 것을 의미하므로 요오드값은 불포화 지방산의 함량이 많을수록 커지는 비례관계이며 불포화도가 높을수록 공기 중에서 산화되기 쉽고 산화열이 축적되어 자연발화 할 가능성도 커진다.
- 산화되거나 산패 시에 요오드값은 감소한다.

❏ 요오드값에 따라 유지는 다음과 같이 분류된다.

- **건성유** : 요오드값이 **130 이상**인 것. 이중결합이 많아 불포화도가 높으므로 공기 중에 노출되면 산소와 반응하여 액 표면에 피막을 만들고 굳어버리는 기름. 섬유 등 다공성 가연물에 스며들어 공기와 반응함으로써 자연 발화하기 쉽다. 정어리유, 대구유, 상어유, 아마인유, 오동유, 해바라기유, 들기름 등이 있다.

- **반건성유** : **100~130 사이**의 요오드값을 갖는 것. 공기 중에서 서서히 산화되면서 점성은 증가하지만 건조한 상태까지는 되지 않는 기름. 면실유, 청어유, 대두유, 채종유, 참기름, 콩기름, 옥수수기름 등이 있다.

- **불건성유** : 요오드값이 **100 이하**인 것. 불포화 지방산의 함유량이 적기 때문에 공기 중에 두어도 산화되거나 굳어지거나 엷은 막을 형성하지 않는 기름. 올리브유, 야자유, 동백유, 피마자유, 땅콩기름(낙화생유), 쇠기름, 돼지기름 등이 있다.

정답
11 (1) $Zn + 2H_2O \rightarrow Zn(OH)_2 + H_2$ (2) 수소
12 (1) 130 이상 (2) 100 ~ 130 (3) 100 이하

13

1kg의 탄산가스를 표준상태에서 소화기로 방출할 경우 부피는 약 몇 ℓ인지 구하시오. [계산문제 빈출유형]

(1) 계산과정
(2) 답

Explanation & Advice

- 표준상태란 0℃, 1기압 상태이며 탄산가스는 이산화탄소 기체를 말한다.
- 이상기체상태방정식을 이용해 구한다.

  $PV = nRT$

  $PV = \dfrac{w}{M}RT$

  P(압력) : 1기압
  V(부피) : V(ℓ)
  w(질량) : 1,000g
  M(분자량) : 44
  R(기체상수) : 0.082(기압·ℓ)/(mol·K)
  T(절대온도) : 0 + 273 = 273

  $1 \times V = \dfrac{1,000}{44} \times 0.082 \times (273 + 0)$

  ∴ V = 508.77ℓ

14

탄화칼슘에 대해 다음 물음에 답하시오.

(1) 지정수량을 쓰시오.
(2) 물과의 반응식을 쓰시오.
(3) 고온에서 질소와 반응해 석회질소를 발생하는 반응식을 쓰시오.

Explanation & Advice

(1) 탄화칼슘(CaC_2)은 제3류 위험물 중 '칼슘 또는 알루미늄의 탄화물'에 속하는 위험물이며 **지정수량 300kg**, 위험등급은 Ⅲ이다.

(2) 물과의 반응 : 물과 반응하면 수산화칼슘(소석회)과 아세틸렌가스가 생성된다.

  $CaC_2 + 2H_2O \rightarrow Ca(OH)_2 + C_2H_2 \uparrow$

(3) 질소와의 반응 : 질소 존재하에서 고온(보통 700℃ 이상)으로 가열하면 칼슘시안아미드(석회질소)가 생성된다.

  $CaC_2 + N_2 \rightarrow CaCN_2 + C$

✽ 빈틈없이 촘촘하게 **One more Step**

❖ 기타반응식

- 산화반응 : 350℃ 이상으로 가열하면 산화된다.

  $2CaC_2 + 5O_2 \rightarrow 2CaO + 4CO_2 \uparrow$

정답

13 (1) $1 \times V = \dfrac{1,000}{44} \times 0.082 \times (273 + 0)$ (2) 508.77ℓ

14 (1) 300kg   (2) $CaC_2 + 2H_2O \rightarrow Ca(OH)_2 + C_2H_2$ (3) $CaC_2 + N_2 \rightarrow CaCN_2 + C$

15

이동탱크저장소에 설치된 다음 장치들의 두께는 몇 mm 이상으로 해야 하는지 쓰시오.

(1) 칸막이
(2) 방파판
(3) 방호틀

Explanation & Advice

✿ [위험물안전관리법 시행규칙 별표10 / 이동탱크저장소의 위치·구조 및 설비의 기준] – Ⅱ. 이동저장탱크의 구조 中

- 이동저장탱크는 그 내부에 4,000ℓ 이하마다 <u>3.2mm 이상</u>의 강철판 또는 이와 동등 이상의 강도·내열성 및 내식성이 있는 금속성의 것으로 **칸막이**를 설치하여야 한다. 다만, 고체인 위험물을 저장하거나 고체인 위험물을 가열하여 액체 상태로 저장하는 경우에는 그러하지 아니하다.

- **방파판**은 두께 <u>1.6mm 이상</u>의 강철판 또는 이와 동등 이상의 강도·내열성 및 내식성이 있는 금속성의 것으로 하여야 하며 하나의 구획부분에 2개 이상의 방파판을 이동탱크저장소의 진행방향과 평행으로 설치하되, 각 방파판은 그 높이 및 칸막이로부터의 거리를 다르게 해야 한다.

- **방호틀**은 두께 <u>2.3mm 이상</u>의 강철판 또는 이와 동등 이상의 기계적 성질이 있는 재료로써 산모양의 형상으로 하거나 이와 동등 이상의 강도가 있는 형상으로 하여야 하며 정상부분은 부속장치보다 50mm 이상 높게 하거나 이와 동등 이상의 성능이 있는 것으로 하여야 한다.

방호틀이란 맨홀·주입구 및 안전장치 등이 탱크의 상부에 돌출되어 있는 탱크에 있어서 부속장치의 손상을 방지하기 위해 설치하는 구조물이다.

16

다음 [보기] 중 물보다 무겁고 수용성인 것을 모두 고르시오.

[보기]
아세톤, 글리세린, 이황화탄소, 클로로벤젠, 아크릴산

Explanation & Advice

모두 제4류 위험물이다.

물질명	품명	화학식
아세톤	제1석유류	CH_3COCH_3
글리세린	제3석유류	$C_3H_5(OH)_3$
이황화탄소	특수인화물	CS_2
클로로벤젠	제2석유류	C_6H_5Cl
아크릴산	제2석유류	$CH_2CHCOOH$

물질명	비중	수용성 여부	지정수량	위험등급
아세톤	0.79	○	400ℓ	Ⅱ
글리세린	1.26	○	4,000ℓ	Ⅲ
이황화탄소	1.26	×	50ℓ	Ⅰ
클로로벤젠	1.11	×	1,000ℓ	Ⅲ
아크릴산	1.1	○	2,000ℓ	Ⅲ

＊ 수용성 여부 : ○ = 수용성 / × = 비수용성

정답 **15** (1) 3.2mm (2) 1.6mm (3) 2.3mm **16** 글리세린, 아크릴산

17
히드라진과 제6류 위험물을 반응시키면 질소와 물이 발생한다. 다음 물음에 답하시오.

(1) 두 물질의 반응식을 쓰시오.
(2) 두 물질 중 제6류 위험물에 해당하는 물질이 위험물로 규정될 수 있는 위험물안전관리법령상의 기준을 쓰시오.

Explanation & Advice

(1) 히드라진(N_2H_4)은 제4류 위험물 중 제2석유류에 속하며 수용성이고 지정수량은 2,000ℓ, 위험등급은 Ⅲ등급이다. 히드라진과 반응하여 질소와 물을 발생시키는 제6류 위험물은 과산화수소(H_2O_2)이며 반응식은 다음과 같다.

$$N_2H_4 + 2H_2O_2 \rightarrow N_2 + 4H_2O$$

(2) 과산화수소가 위험물로 규정될 수 있는 위험물안전관리법령상 기준은 농도가 36중량% 이상인 경우이다.

18
다음의 할론번호에 해당하는 화학식을 쓰시오. [빈출유형]

(1) Halon 2402
(2) Halon 1301
(3) Halon 1211

Explanation & Advice

할론 번호의 4자리 숫자는 C - F - Cl - Br의 순서대로 개수를 나타낸 것이다.

(1) Halon 2402 : 첫 번째 숫자 2는 C의 개수, 두 번째 숫자 4는 F의 개수, 세 번째 숫자 0은 Cl의 개수, 마지막 숫자 2는 Br의 개수를 나타내는 것으로서 C 2개, F 4개, Cl 0개, Br 2개를 의미하므로 Halon 2402의 화학식은 $C_2F_4Br_2$가 되는 것이다.

(2) Halon 1301 : 첫 번째 숫자 1은 C의 개수, 두 번째 숫자 3은 F의 개수, 세 번째 숫자 0은 Cl의 개수, 마지막 숫자 1은 Br의 개수를 나타내는 것으로서 C 1개, F 3개, Cl 0개, Br 1개를 의미하므로 CF_3Br이 되는 것이다.

(3) Halon 1211 : 첫 번째 숫자 1은 C의 개수, 두 번째 숫자 2는 F의 개수, 세 번째 숫자 1은 Cl의 개수, 마지막 숫자 1은 Br의 개수를 나타내는 것으로서 C 1개, F 2개, Cl 1개, Br 1개를 의미하므로 Halon 1211의 화학식은 CF_2ClBr이 되는 것이다.

정답
17 (1) $N_2H_4 + 2H_2O_2 \rightarrow N_2 + 4H_2O$ (2) 농도 36중량% 이상
18 (1) $C_2F_4Br_2$ (2) CF_3Br (3) CF_2ClBr

19 다음은 위험물안전관리법령상 소화설비의 설치기준 중 소요단위에 관한 것이다. ( ) 안에 알맞은 답을 쓰시오. [빈출유형]

(1) 제조소 또는 취급소의 건축물은 외벽이 내화구조인 것은 연면적 (①)m² 를 1소요단위로 하며, 외벽이 내화구조가 아닌 것은 연면적 (②)m²를 1소요단위로 할 것
(2) 저장소의 건축물은 외벽이 내화구조인 것은 연면적 (③)m²를 1소요단위로 하고, 외벽이 내화구조가 아닌 것은 연면적 (④)m² 를 1소요단위로 할 것
(3) 위험물은 지정수량의 (⑤)배를 1소요단위로 할 것

Explanation & Advice

✿ [위험물안전관리법 시행규칙 별표17 / 소화설비, 경보설비 및 피난설비의 기준] - Ⅰ. 소화설비 / 5. 소화설비의 설치기준 중 소요단위의 계산방법

소요단위란 소화설비의 설치대상이 되는 건축물 그 밖의 공작물의 규모 또는 위험물의 양의 기준단위를 말하는 것으로 1 소요단위의 계산방법은 다음과 같다.

❖ 1 소요단위 산정(계산)방법

구분 \ 외벽	내화구조	비 내화구조
제조소 또는 취급소	연면적 100m²	연면적 50m²
저장소	연면적 150m²	연면적 75m²
위험물	지정수량의 10배	

20 다음 ( ) 안에 알맞은 수치 또는 용어를 쓰시오.

액체위험물은 운반용기 내용적의 (①)% 이하의 수납률로 수납하되, (②)℃에서 누설되지 아니하도록 충분한 (③)을 유지하도록 해야 한다.

Explanation & Advice

✿ [위험물안전관리법 시행규칙 별표19 / 위험물의 운반에 관한 기준] - Ⅱ. 적재방법 제1호 中 위험물 운반용기의 수납률

- 고체 위험물은 운반용기 내용적의 95% 이하의 수납률로 수납할 것.

- 액체 위험물은 운반용기 내용적의 <u>98%</u> 이하의 수납률로 수납하되 <u>55℃</u>의 온도에서 누설되지 아니하도록 충분한 <u>공간용적</u>을 유지하도록 할 것

- 자연발화성물질 중 알킬알루미늄 등 : 운반용기의 내용적의 90% 이하의 수납률로 수납하되, 50℃의 온도에서 5% 이상의 공간용적을 유지하도록 할 것

정답 **19** ① 100　② 50　③ 150　④ 75　⑤ 10　**20** ① 98　② 55　③ 공간용적

CHAPTER 4 - 2019년 실기 기출문제

01 제4회 필답형 실기시험

2019년 11월 24일 시행

01 물과 반응하여 아세틸렌가스를 발생시키며 고온으로 가열하면 질소와 반응하여 칼슘시안아미드(석회질소)를 발생하는 물질의 명칭과 화학식을 쓰시오.

[배점 4]

Explanation & Advice

탄화칼슘(CaC_2)은 제3류 위험물 중 '칼슘 또는 알루미늄의 탄화물'에 속하는 위험물이며 지정수량 300kg, 위험등급은 Ⅲ이다.

- 물과 반응하면 수산화칼슘(소석회)과 아세틸렌가스가 생성된다.

  $CaC_2 + 2H_2O \rightarrow Ca(OH)_2 + C_2H_2 \uparrow$

- 질소와의 반응 : 질소 존재하에서 고온(보통 700℃ 이상)으로 가열하면 칼슘시안아미드(석회질소)가 생성된다.

  $CaC_2 + N_2 \rightarrow CaCN_2 + C$

+STUDY 기타 반응식

- 산화반응 : 350℃ 이상으로 가열하면 산화된다.
  $2CaC_2 + 5O_2 \rightarrow 2CaO + 4CO_2 \uparrow$

02 질산이 햇빛에 의해 분해되어 이산화질소를 발생하는 분해반응식을 쓰시오.

[배점 4]

Explanation & Advice

질산(HNO_3)은 제6류 위험물(산화성 액체)로 지정수량 300kg, 위험등급은 Ⅰ등급이다. 비중이 1.49 이상인 것부터 위험물로 취급하며 무색의 흡습성이 강한 액체이나 보관 중에 담황색으로 변색된다. 부식성이 강한 강산으로 금, 백금, 이리듐, 로듐을 제외한 금속들을 녹일 수 있다. 염산과 질산을 3 : 1의 비율로 혼합한 왕수를 제조하면 금, 백금 등도 녹일 수 있다.

- 빛을 쪼이면 분해되어 물, 산소와 유독한 갈색 증기인 이산화질소(NO_2)를 발생시킨다. 직사일광에 의한 분해를 방지하기 위해 차광성의 갈색병에 넣어 냉암소에 보관한다.

  $4HNO_3 \rightarrow 2H_2O + 4NO_2 \uparrow + O_2 \uparrow$

+STUDY 다른 반응식

- 묽은 산은 금속을 녹이고 수소 기체를 발생한다.
  $Ca + 2HNO_3 \rightarrow Ca(NO_3)_2 + H_2 \uparrow$

정답 01 탄화칼슘 / CaC_2 02 $4HNO_3 \rightarrow 2H_2O + 4NO_2 \uparrow + O_2 \uparrow$

03
아세트알데히드가 산화되어 아세트산이 되는 과정과 환원되어 에탄올이 되는 과정을 각각 화학반응식으로 나타내시오. [배점6]

Explanation & Advice

에탄올이 산화되면 아세트알데히드가 되고 아세트알데히드가 다시 산화되면 아세트산이 된다.

$$C_2H_5OH \xrightarrow[\text{산화}]{-H_2} CH_3CHO \xrightarrow[\text{산화}]{+O} CH_3COOH$$

산화란 산소를 얻거나, 수소를 잃거나, 전자를 잃어버리는 과정을 말하며 반대로 환원이란 산소를 잃거나, 수소를 얻거나, 전자를 얻는 과정을 말한다.

+STUDY 포름알데히드(HCHO)의 산화와 환원반응

- 산화반응 : $HCHO \xrightarrow{+O} HCOOH$ (포름산)
- 환원반응 : $HCHO \xrightarrow{+H_2} CH_3OH$ (메탄올)

04
위험물안전관리법령상 제6류 위험물 운반 용기의 외부에 표시하는 주의사항을 쓰시오. [배점3] 빈출유형

Explanation & Advice

✿ [위험물안전관리법 시행규칙 별표19 / 위험물의 운반에 관한 기준] – Ⅱ. 적재방법 중 위험물의 종류에 따른 운반 용기 외부에 표시하여야 할 주의사항

류 별	성 질	표시할 주의사항
제1류 위험물	산화성 고체	• 알칼리금속의 과산화물 또는 이를 함유한 것 : 화기·충격주의, 물기엄금 및 가연물 접촉주의 • 그 밖의 것 : 화기·충격주의, 가연물 접촉주의
제2류 위험물	가연성 고체	• 철분·금속분·마그네슘 또는 이들 중 어느 하나 이상을 함유한 것 : 화기주의, 물기엄금 • 인화성 고체 : 화기엄금 • 그 밖의 것 : 화기주의
제3류 위험물	자연발화성 및 금수성 물질	• 자연발화성 물질 : 화기엄금, 공기접촉엄금 • 금수성 물질 : 물기엄금
제4류 위험물	인화성 액체	화기엄금
제5류 위험물	자기반응성 물질	화기엄금, 충격주의
제6류 위험물	**산화성 액체**	**가연물 접촉주의**

정답
- 03 • 산화반응 : $CH_3CHO \xrightarrow{+O} CH_3COOH$, • 환원반응 : $CH_3CHO \xrightarrow{+H_2} C_2H_5OH$
- 04 가연물 접촉주의

05

[보기]의 위험물을 인화점이 낮은 것부터 높은 순서대로 쓰시오.

[배점4] 빈출유형

[보기]
니트로벤젠, 아세트알데히드
에탄올, 아세트산

Explanation & Advice

❖ 각 위험물의 품명과 인화점

물질명	품 명	인화점	지정수량	위험등급
니트로벤젠	제3석유류 (비수용성)	88℃	2,000ℓ	III
아세트알데히드	특수인화물 (수용성)	-40℃	50ℓ	I
에탄올	알코올류 (수용성)	13℃	400ℓ	II
아세트산	제2석유류 (수용성)	41.7℃	2,000ℓ	III

✔ Check point

제4류 위험물의 인화점은 특수인화물 → 제1 → 제2 → 제3 → 제4석유류로 갈수록 높아지므로 각 위험물의 인화점을 암기하지 않더라도 그 위험물이 속한 품명만 알면 답을 구할 수 있다. [알코올류의 인화점에 대한 정의는 법령상 내려져 있지는 않지만 위험등급이 제4석유류와 함께 II등급이므로 제2, 제3석유류 보다는 인화점이 낮다고 판단해도 된다.]

06

위험물안전관리법령상 간이탱크저장소에 대하여 다음 각 물음에 답하시오.

[배점6]

(1) 1개의 간이탱크저장소에 설치하는 간이저장탱크는 몇 개 이하로 하여야 하는지 쓰시오.
(2) 간이저장탱크의 용량은 몇 ℓ 이하이어야 하는지 쓰시오.
(3) 간이저장탱크는 두께를 몇 mm 이상의 강판으로 하여야 하는지 쓰시오

Explanation & Advice

❖ [위험물안전관리법 시행규칙 별표9 / 간이탱크저장소의 위치·구조 및 설비의 기준] - 필요 내용만 발췌

• 위험물을 저장 또는 취급하는 간이저장탱크는 옥외에 설치하여야 한다.

• 하나의 간이탱크저장소에 설치하는 간이저장탱크는 그 수를 **3 이하**로 하고, 동일한 품질의 위험물의 간이저장탱크를 2 이상 설치하지 아니하여야 한다.

• 간이탱크저장소에는 별도의 기준에 따라 보기 쉬운 곳에 "위험물 간이탱크저장소"라는 표시를 한 표지와 방화에 관하여 필요한 사항을 게시한 게시판을 설치하여야 한다.

• 간이저장탱크는 움직이거나 넘어지지 아니하도록 지면 또는 가설대에 고정시키되, 옥외에 설치하는 경우에는 그 탱크의 주위에 너비 1m 이상의 공지를 두고, 전용실 안에 설치하는 경우에는 탱크와 전용실의 벽과의 사이에 0.5m 이상의 간격을 유지하여야 한다.

정답
05 아세트알데히드 - 에탄올 - 아세트산 - 니트로벤젠
06 (1) 3개 이하 (2) 600ℓ 이하 (3) 3.2mm 이상

- 간이저장탱크 용량은 **600리터 이하**여야 한다.
- 간이저장탱크는 두께 **3.2mm 이상**의 강판으로 흠이 없도록 제작하여야 하며, 70kPa의 압력으로 10분간의 수압시험을 실시하여 새거나 변형되지 아니하여야 한다.
- 간이저장탱크의 외면에는 녹을 방지하기 위한 도장을 하여야 한다. 다만, 탱크의 재질이 부식의 우려가 없는 스테인레스 강판 등인 경우에는 그러하지 아니하다.

07 위험물안전관리법령상 동식물유류에 대한 정의에 대해 다음 (   ) 안에 알맞은 수치를 쓰시오. [배점3]

동물의 지육 등 또는 식물의 종자나 과육으로부터 추출한 것으로서 1기압 하에서 인화점이 (   )℃ 미만인 것을 동식물유류라 한다.

Explanation & Advice

✿ [위험물안전관리법 시행령 별표1 / 위험물 및 지정수량] - 비고란 제18호

"동식물유류"라 함은 동물의 지육(枝肉: 머리, 내장, 다리를 잘라 내고 아직 부위별로 나누지 않은 고기를 말한다) 등 또는 식물의 종자나 과육으로부터 추출한 것으로서 1기압에서 인화점이 **(250)℃ 미만**인 것을 말한다.

08 이산화탄소 소화기로 이산화탄소를 20℃의 1기압 대기 중에 1kg을 방출할 때 부피는 몇 ℓ가 되는지 구하시오. [배점4]

(1) 계산과정

(2) 답

Explanation & Advice

- 이상기체상태방정식을 이용해 구한다.

$$PV = nRT$$

$$PV = \frac{w}{M}RT$$

P(압력) : 1기압

V(부피) : V(ℓ)

w(질량) : 1,000g

M(분자량) : 44

R(기체상수) : 0.082(기압·ℓ)/(mol·K)

T(절대온도) : 20 + 273 = 293

$$1 \times V = \frac{1,000}{44} \times 0.082 \times (273 + 20)$$

$$\therefore V = 546.05 ℓ$$

정답

07 250

08 (1) $1 \times V = \frac{1,000}{44} \times 0.082 \times (273 + 20)$ (2) 546.05 ℓ

09
지정수량 10배 이상의 위험물을 운반하고자 할 때 제3류 위험물과 혼재할 수 있는 위험물은 제 몇 류 위험물인지 모두 쓰시오.

[배점3] 빈출유형

Explanation & Advice

제3류 위험물의 운반 시 혼재할 수 있는 위험물은 제4류 위험물 뿐이다.

✿ [위험물안전관리법 시행규칙 별표19 / 위험물의 운반에 관한 기준] – [부표2] – 유별을 달리하는 위험물의 혼재기준

구 분	제1류	제2류	제3류	제4류	제5류	제6류
제1류		×	×	×	×	○
제2류	×		×	○	○	×
제3류	×	×		○	×	×
제4류	×	○	○		○	×
제5류	×	○	×	○		×
제6류	○	×	×	×	×	

* 'O'는 혼재할 수 있음을, '×'는 혼재할 수 없음을 표시한다.
* 이 표는 지정수량 1/10 이하의 위험물에 대하여는 적용하지 아니한다.

10
제5류 위험물 중 위험등급 I 인 위험물의 위험물안전관리법령상 품명 2가지를 쓰시오. [배점4]

Explanation & Advice

✿ 제5류 위험물의 품명, 지정수량 및 위험등급 – [위험물안전관리법 시행령 별표1] & [위험물안전관리법 시행규칙 별표19]

성 질	품 명	지정수량	위험등급
자기반응성 물질	유기과산화물	10kg	I
	질산에스테르류		
	니트로화합물	200kg	II
	니트로소화합물		
	아조화합물		
	디아조화합물		
	히드라진 유도체*		
	히드록실아민	100kg	
	히드록실아민염류		

* 히드라진은 제4류 위험물 중 제2석유류에 속하는 물질이다.

정답 09 제4류 위험물   10 유기과산화물, 질산에스테르류

11

벤젠 1몰이 완전 연소하는데 필요한 공기는 몇 몰인지 구하시오. [배점4]

(1) 계산과정
(2) 답

Explanation & Advice

- 벤젠의 완전 연소반응식 :

  $C_6H_6 + 7.5O_2 \rightarrow 6CO_2 + 3H_2O$

- 필요한 산소의 몰수를 구하는 것이 아닌 공기의 몰수를 구하는 것이다.

- 벤젠 1몰이 완전 연소하는데 산소는 7.5몰이 필요하고 공기 중에 포함된 산소는 21%이므로 필요한 공기의 몰수는 $7.5 \times \dfrac{100}{21}$ 의 산식으로 구한다.

  ∴ 35.71몰

12

다음 각 물질의 구조식을 나타내시오. [배점6]

(1) 초산에틸(아세트산에틸)
(2) 에틸렌글리콜
(3) 개미산(포름산)

Explanation & Advice

모두 제4류 위험물이다.

- 초산에틸(아세트산에틸) : 제1석유류(비수용성), 지정수량 200ℓ, 위험등급 Ⅱ
  - 분자식 : $C_4H_8O_2$
  - 시성식 : $CH_3COOC_2H_5$

- 에틸렌글리콜 : 제3석유류(수용성), 지정수량 4,000ℓ, 위험등급 Ⅲ
  - 분자식 : $C_2H_6O_2$
  - 시성식 : $C_2H_4(OH)_2$

- 개미산(포름산, 의산) : 제2석유류(수용성), 지정수량 2,000ℓ, 위험등급 Ⅲ
  - 분자식 : CH_2O_2
  - 시성식 : HCOOH

정답

11 (1) $7.5 \times \dfrac{100}{21}$ (2) 35.71몰

12 (1)
```
    H   O   H   H
    |   ||  |   |
H - C - C - O - C - C - H
    |       |   |
    H       H   H
```

(2)
```
    H   H
    |   |
H - C - C - H
    |   |
    OH  OH
```

(3)
```
    O
    ||
H - C - O - H
```

13 다음 할로겐화합물 소화약제를 화학식으로 나타내시오. [배점4] 빈출유형

(1) Halon 1211

(2) Halon 1301

Explanation & Advice

❖ **할론 번호와 화학식**

- 할론(halon)이란 할로겐화 탄화수소(Halogenated hydrocarbon)에서 비롯된 용어로 탄화수소인 메탄이나 에탄 분자의 수소 일부 또는 전부가 할로겐 원소로 치환된 할로겐화합물 소화약제이다.

- 할론 번호는 C – F – Cl – Br – I 순서대로 화합물 내에 존재하는 각 원자의 개수를 표시하며 수소(H)의 개수는 할론 번호에 포함시키지 않는다.

- 탄소의 곁가지에 할론 번호에 있는 개수만큼 할로겐 원소가 부착되고 남은 자리에는 수소가 부착되어 있음을 나타낸다.

(1)

할론 1211은 C 1개, F 2개, Cl 1개, Br 1개를 의미하므로 CF_2ClBr이 된다. 탄소 한 개에는 4개의 곁가지가 있어 4군데에서 결합을 형성할 수 있다. 두 개의 F와 한 개의 Cl, 한 개의 Br이 결합된 것이므로 수소가 결합될 여지는 없다.

(2)

마찬가지 원리로 **할론 1301**은 C 1개, F 3개, Cl 0개, Br 1개를 의미하므로 CF_3Br이 되는 것이다.

+STUDY 그렇다면 할론 1011의 화학식은?

CH_2ClBr이 된다. 탄소(C)는 4족 원소로 4곳에서 결합을 형성할 수 있는데 할론 번호에서는 염소(Cl) 1개와 브롬(Br) 1개만 부착한다는 정보를 확인할 수 있어 수소(H)는 할론 번호에 포함되지는 않지만 나머지 두 군데에는 수소가 결합되어 있음을 알 수 있는 것이다. 즉, 탄소의 곁가지에는 할론 번호에 있는 개수만큼 할로겐 원소가 부착되고 남은 자리에는 수소가 부착되어 있음을 나타낸다.

✱ 빈틈없이 촘촘하게　**One more Step**

❖ **할로겐화합물 소화약제**

- 메탄(CH_4)이나 에탄(C_2H_6) 등의 수소 원자 전부 또는 일부가 할로겐 원소로 치환된 소화약제. 주된 소화 효과는 연쇄반응을 차단시켜 화재를 진압하는 억제(부촉매) 소화 효과이다.

- 대표물질

Halon 번호	분자식	Halon 번호	분자식
1001	CH_3Br	10001	CH_3I
1011	CH_2ClBr	1202	CF_2Br_2
1211	CF_2ClBr	1301	CF_3Br
104	CCl_4	2402	$C_2F_4Br_2$

- 유류화재(B급화재), 전기화재(C급화재)에 유효하며 전역 방출 방식으로 밀폐된 장소에서 방출하는 경우에는 일반화재(A급화재)에도 효과가 있다.

- 사용이 제한되는 위험물
  ① 자기 반응성 물질 또는 이들의 혼합물
  ② Na, K, Mg, U 같은 반응성이 큰 금속
  ③ 금속의 수소 화합물
  ④ 유기과산화물, 히드라진(N_2H_4)과 같이 스스로 발열 분해하는 위험물

정답 13 (1) CF_2ClBr　　(2) CF_3Br

02 제3회 필답형 실기시험

2019년 8월 24일 시행

01 산화프로필렌 200ℓ, 벤즈알데히드 1,000ℓ, 아크릴산 4,000ℓ를 저장하고 있을 경우 각각의 지정수량 배수의 합계는 얼마인지 구하시오.

[배점4] 빈출유형

(1) 계산과정

(2) 답

Explanation & Advice

위험물 종류	품 명	지정수량(ℓ)
산화프로필렌	특수인화물(수용성)	50
벤즈알데히드	제2석유류(비수용성)	1,000
아크릴산	제2석유류(수용성)	2,000

- 지정수량의 배수 = $\dfrac{\text{저장수량}}{\text{지정수량}}$

- 지정수량의 배수의 합은 각 위험물의 지정수량의 배수를 더한 값이다.

∴  $\dfrac{200}{50} + \dfrac{1,000}{1,000} + \dfrac{4,000}{2,000} = 4 + 1 + 2 = 7$

02 분말소화약제인 탄산수소칼륨의 1차 열분해 반응식을 쓰시오. [배점4]

Explanation & Advice

탄산수소칼륨은 제2종 분말소화약제의 주성분으로 온도가 190℃ 정도에 이르면 1차 열분해하여 탄산칼륨(K_2CO_3), 이산화탄소, 수증기를 발생한다.

$2KHCO_3 \rightarrow K_2CO_3 + CO_2 + H_2O$

❖ 분말 소화약제의 분류, 주성분 및 적응화재

구 분	주성분	화학식
제1종 분말	탄산수소나트륨	$NaHCO_3$
제2종 분말	**탄산수소칼륨**	$KHCO_3$
제3종 분말	제1인산암모늄	$NH_4H_2PO_4$
제4종 분말	탄산수소칼륨 + 요소	$KHCO_3 + (NH_2)_2CO$

구 분	적응화재	분말색
제1종 분말	B, C	백색
제2종 분말	**B, C**	**담자색**
제3종 분말	A, B, C	담홍색
제4종 분말	B, C	회색

★ 적응화재 = A : 일반화재 / B : 유류화재 / C : 전기화재

❖ 각 종별 분말 소화약제의 열분해 반응식

구 분	열분해 반응식
제1종 분말	$2NaHCO_3 \rightarrow Na_2CO_3 + CO_2 + H_2O$
제2종 분말	$2KHCO_3 \rightarrow K_2CO_3 + CO_2 + H_2O$
제3종 분말	$NH_4H_2PO_4 \rightarrow HPO_3 + NH_3 + H_2O$
제4종 분말	$2KHCO_3 + (NH_2)_2CO \rightarrow K_2CO_3 + 2NH_3 + 2CO_2$

정답

01 (1) $\dfrac{200}{50} + \dfrac{1,000}{1,000} + \dfrac{4,000}{2,000} = 4 + 1 + 2$ (2) 7배

02 $2KHCO_3 \rightarrow K_2CO_3 + CO_2 + H_2O$

+STUDY 탄산수소칼륨의 2차열분해 반응식

온도에 따라 1차 열분해와 2차 열분해 반응으로 구분하며 온도가 900℃ 정도에 도달하면 2차 열분해하여 산화칼륨(K_2O), 이산화탄소, 수증기를 발생한다.

$2KHCO_3 \rightarrow K_2O + 2CO_2 + H_2O$

03 위험물의 운송 시 운송책임자의 감독·지원을 받아야 하는 위험물 2가지를 쓰시오. [배점 4]

Explanation & Advice

✿ [위험물안전관리법 시행령 제19조 / 운송책임자의 감독·지원을 받아 운송하여야 하는 위험물]

- 알킬알루미늄
- 알킬리튬
- 알킬알루미늄 또는 알킬리튬을 함유하는 위험물

04 아세트알데히드의 완전연소 반응식을 쓰시오. [배점 4]

Explanation & Advice

제4류 위험물 중 특수인화물인 아세트알데히드는 연소하면 이산화탄소와 물을 생성한다.

$2CH_3CHO + 5O_2 \rightarrow 4CO_2 + 4H_2O$

✔ **Check point**

대부분의 제4류 위험물은 탄소, 수소, 산소로 이루어진 탄화수소 화합물로 이들이 연소되면 이산화탄소와 물이 생성된다. 그러하니 주어진 위험물이 탄소, 수소, 산소로만 이루어져 있다는 것을 안다면 연소생성물은 이산화탄소와 물밖에 없다는 것을 예측할 수 있어야 한다.
탄소, 수소, 산소 이외의 다른 원소도 포함하고 있다면 주의깊에 살펴보면서 정리해야 하지만, 시험에 출제되는 이러한 위험물은 한정되어 있어 정리하는데 어려움은 없을 것이다.

📝 이황화탄소(CS_2)는 황을 포함하고 있어 연소 시 이산화탄소와 이산화황을 생성한다는 것에 유의하자.

정답
03 알킬알루미늄, 알킬리튬
04 $2CH_3CHO + 5O_2 \rightarrow 4CO_2 + 4H_2O$

05
위험물안전관리법령상 다음 각 위험물의 운반 용기 외부에 표시해야 하는 주의사항을 모두 쓰시오.

[배점6] - 빈출유형

(1) 제1류 위험물 중 알칼리금속의 과산화물
(2) 제2류 위험물 중 금속분
(3) 제5류 위험물

Explanation & Advice

✿ [위험물안전관리법 시행규칙 별표19 / 위험물의 운반에 관한 기준] - Ⅱ. 적재방법 중 위험물의 종류에 따른 운반 용기 외부에 표시하여야 할 주의사항

류 별	성 질	표시할 주의사항
제1류 위험물	산화성 고체	• 알칼리금속의 과산화물 또는 이를 함유한 것 : 화기·충격주의, 물기엄금 및 가연물 접촉주의 • 그 밖의 것 : 화기·충격주의, 가연물 접촉주의
제2류 위험물	가연성 고체	• 철분·금속분·마그네슘 또는 이들 중 어느 하나 이상을 함유한 것 : 화기주의, 물기엄금 • 인화성 고체 : 화기엄금 • 그 밖의 것 : 화기주의
제3류 위험물	자연발화성 및 금수성 물질	• 자연발화성 물질 : 화기엄금, 공기접촉엄금 • 금수성 물질 : 물기엄금
제4류 위험물	인화성 액체	화기엄금
제5류 위험물	자기반응성 물질	화기엄금, 충격주의
제6류 위험물	산화성 액체	가연물 접촉주의

06
일반적으로 동식물유류를 건성유, 반건성유, 불건성유로 분류할 때 기준이 되는 요오드가의 범위를 각각 쓰시오.

[배점5]
[18년 제4회, 20년 제1회, 21년 제4회 기출 동일] - 빈출유형

(1) 건성유
(2) 반건성유
(3) 불건성유

Explanation & Advice

동식물유류는 제4류 위험물이며 지정수량은 10,000ℓ이다. 1기압에서 인화점이 250℃ 미만인 것들로 정의하며 요오드값에 따라 건성유, 반건성유, 불건성유로 구분한다.

◉ **요오드값**(요오드가, 옥소값)

1. 유지 100g에 흡수되는 요오드의 그램 수
2. 요오드값이란 유지에 염화요오드를 떨어뜨렸을 때 유지 100g에 흡수되는 염화요오드의 양으로부터 요오드의 양을 환산하여 그램 수로 나타낸 것으로 '옥소값'이라고도 한다.
3. 일반적으로 유지류에 요오드를 작용시키면 이중결합 하나에 대해 요오드 2 원자가 첨가되기 때문에 유지의 불포화 정도를 확인할 수 있다. 요오드값이 크다는 것은 탄소 간에 이중결합이 많아 불포화도가 크다는 것을 의미하므로 요오드값은 불포화 지방산의 함량이 많을수록 커지는 비례관계이며 불포화도가 높을수록 공기 중에서 산화되기 쉽고 산화열이 축적되어 자연발화 할 가능성도 커진다.

정답
05 (1) 화기·충격주의, 물기엄금, 가연물 접촉주의 (2) 화기주의, 물기엄금 (3) 화기엄금, 충격주의
06 (1) 130 이상 (2) 100 ~ 130 (3) 100 이하

4. 산화되거나 산패 시에 요오드값은 감소한다.

❏ 요오드값에 따라 유지는 다음과 같이 분류된다.

- **건성유** : 요오드값이 130 이상인 것. 이중결합이 많아 불포화도가 높으므로 공기 중에 노출되면 산소와 반응하여 액 표면에 피막을 만들고 굳어버리는 기름. 섬유 등 다공성 가연물에 스며들어 공기와 반응함으로써 자연 발화하기 쉽다. 정어리유, 대구유, 상어유, 아마인유, 오동유, 해바라기유, 들기름 등이 있다.

- **반건성유** : 100~130 사이의 요오드값을 갖는 것. 공기 중에서 서서히 산화되면서 점성은 증가하지만 건조한 상태까지는 되지 않는 기름. 면실유, 청어유, 대두유, 채종유, 참기름, 콩기름, 옥수수기름 등이 있다.

- **불건성유** : 요오드값이 100 이하인 것. 불포화지방산의 함유량이 적기 때문에 공기 중에 두어도 산화되거나 굳어지거나 엷은 막을 형성하지 않는 기름. 올리브유, 야자유, 동백유, 피마자유, 땅콩기름(낙화생유), 쇠기름, 돼지기름 등이 있다.

---

07 위험물안전관리법령상 위험물 제조소의 환기설비 기준에서 바닥 면적이 130m² 인 곳에 설치된 급기구 면적은 얼마 이상으로 하여야 하는지 쓰시오. [배점3]

Explanation & Advice

✿ [위험물안전관리법 시행규칙 별표4 / 제조소의 위치·구조 및 설비의 기준] – V. 채광·조명 및 환기설비 中 환기설비의 기준

❏ 환기설비는 다음의 기준에 의할 것

- 환기는 자연배기방식으로 할 것

- 급기구는 당해 급기구가 설치된 실의 바닥면적 150m²마다 1개 이상으로 하되, 급기구의 크기는 800cm² 이상으로 할 것. 다만 바닥면적이 150m² 미만인 경우에는 다음의 크기로 하여야 한다.

바닥면적	급기구의 면적
60m² 미만	150cm² 이상
60m² 이상 90m² 미만	300cm² 이상
90m² 이상 120m² 미만	450cm² 이상
120m² 이상 150m² 미만	**600cm² 이상**

- 급기구는 낮은 곳에 설치하고 가는 눈의 구리망 등으로 인화방지망을 설치할 것

- 환기구는 지붕 위 또는 지상 2m 이상의 높이에 회전식 고정 벤티레이터 또는 루푸팬 방식으로 설치할 것

정답 07 600cm²

08 인화칼슘을 물과 반응시켰을 때 생성되는 물질 2가지를 화학식으로 쓰시오.
[배점4]

Explanation & Advice

◉ **인화칼슘(Ca_3P_2)**

1. 제3류 위험물 중 금속의 인화물에 속하며 지정수량 300kg, 위험등급 Ⅲ에 해당한다.
2. 분자량 182, 비중 2.51, 융점 1,600℃
3. 적갈색의 결정성 분말이다.
4. 알코올, 에테르에 녹지 않는다.
5. <u>물과 반응하여 수산화칼슘과 포스핀을 생성한다.</u>

    $Ca_3P_2 + 6H_2O \rightarrow 3Ca(OH)_2 + 2PH_3 \uparrow$ (포스핀)

6. 산과 반응하면 염화칼슘과 포스핀을 생성한다.

    $Ca_3P_2 + 6HCl \rightarrow 3CaCl_2 + 2PH_3 \uparrow$ (포스핀)

7. 건조한 공기 중에서는 안정하다.
8. 습기 존재하에서 에테르, 벤젠, 이황화탄소 등과 접촉하면 발화할 수 있다.

+STUDY 포스겐($COCl_2$)

- 끓는점 8℃, 녹는점 -118℃, 비중 1.435
- 유독성의 질식성 기체로 흡입하면 폐부종에 의해 사망한다.
- 공업적으로 일산화탄소와 염소를 다공성 활성탄에 통과시켜 생산한다.
- 플라스틱 제조 원료나 요소비료를 합성하는데 사용되며 우리나라도 세계주요 생산국 중 하나이다.

+STUDY 포스핀(PH_3)

- 끓는점 -87.7℃, 녹는점 -133℃, 발화점 38℃, 비중 0.8, 증기밀도 1.17
- **유독성의 가연성 가스이다.**
- 무색기체로 마늘 냄새와 유사한 냄새가 난다.
- 발화점이 낮아 공기와 접촉하거나 38℃가 되면 연소한다.
- 수생생물에 매우 강한 독성을 나타내며 인체에 흡입되면 치명적이다.
- 환기가 잘되는 곳에 단단히 밀폐하여 보관한다.

정답 08 $Ca(OH)_2$ / PH_3

09

다음은 위험물안전관리법령에서 정한 이동탱크저장소의 상치 장소에 관한 내용이다. ( )안에 알맞은 수치를 쓰시오. [배점4]

옥외에 있는 상치 장소는 화기를 취급하는 장소 또는 인근의 건축물로부터 (㉮)m 이상(인근의 건축물이 1층인 경우에는 (㉯)m 이상)의 거리를 확보하여야 한다.

다만, 하천의 공지나 수면, 내화구조 또는 불연재료의 담 또는 벽 그 밖에 이와 유사한 것에 접하는 경우를 제외한다.

Explanation & Advice

✿ [위험물안전관리법 시행규칙 별표10 / 이동탱크저장소의 위치, 구조 및 설비의 기준] - Ⅰ. 상치 장소

- 옥외에 있는 상치 장소는 화기를 취급하는 장소 또는 인근의 건축물로부터 (5)m 이상(인근의 건축물이 1층인 경우에는 (3)m 이상)의 거리를 확보하여야 한다. 다만, 하천의 공지나 수면, 내화구조 또는 불연재료의 담 또는 벽 그 밖에 이와 유사한 것에 접하는 경우를 제외한다.
- 옥내에 있는 상치 장소는 벽·바닥·보·서까래 및 지붕이 내화구조 또는 불연재료로 된 건축물의 1층에 설치하여야 한다.

10

하나의 옥내저장 탱크전용실에 2개의 옥내저장탱크를 설치할 경우 탱크 상호 간의 사이는 얼마 이상의 간격을 유지하여야 하는지 쓰시오.

[배점3] - 빈출유형

Explanation & Advice

✿ [위험물안전관리법 시행규칙 별표7 / 옥내탱크저장소의 위치, 구조 및 설비의 기준] - Ⅰ. 옥내탱크저장소의 기준 中

- 위험물을 저장 또는 취급하는 옥내탱크(이하 "옥내저장탱크"라 한다)는 단층건축물에 설치된 탱크전용실에 설치할 것
- 옥내저장탱크와 탱크전용실의 벽과의 사이 및 **옥내저장탱크의 상호 간에는 0.5m 이상의 간격을 유지할 것.** 다만, 탱크의 점검 및 보수에 지장이 없는 경우에는 그러하지 아니하다.

정답 09 ㉮ 5 ㉯ 3 10 0.5m

11
제2류 위험물 중 Al, Fe, Zn을 이온화 경향이 가장 큰 것부터 작은 순서대로 쓰시오. [배점4]

Explanation & Advice

◉ **금속의 이온화 경향**

1. 금속이 전자를 내놓고 양이온으로 되려는 경향을 의미한다.

2. 이온화 경향이 클수록 전자를 잘 내놓으므로 양이온이 되기 쉽고, 산화가 잘 되므로 환원력이 크며, 산이나 물과의 반응성이 커진다.

3. 금속의 종류에 따라 이온화 경향이 다르다. 이온화 경향이 큰 금속은 이온화 경향이 작은 금속의 이온에게 전자를 주고 산화될 수 있지만, 이온화 경향이 작은 금속은 이온화 경향이 큰 금속의 이온과 반응할 수 없다. 따라서 이온화 경향이 클수록 금속의 반응성도 크다.

4. $K^+ + Ca \rightarrow \times$

    $2K + Ca^{2+} \rightarrow 2K^+ + Ca$

K > Ca > Na > Mg > Al > Mn > Zn > Fe > Ni > Sn > Pb > (H) > Cu > Hg > Ag > Pt > Au
← 크다　　　　　　　　　　금속의 반응성　　　　　　　　　　작다 →

12
자일렌(크실렌)의 이성질체 중 m-자일렌(크실렌)의 구조식을 나타내시오. [배점3]

Explanation & Advice

자일렌(크실렌)은 제4류 위험물 중 제2석유류(비수용성)에 속하며 지정수량은 1,000ℓ, 위험등급은 Ⅲ등급이다.

자일렌(크실렌)은 o-, m-, p- 형태의 3가지 이성질체를 가지며 구조는 아래와 같다.

정답

11 Al > Zn > Fe　　**12**

13 부착성이 뛰어난 메타인산을 만들어 화재 시 소화능력이 좋은 소화약제로, ABC 소화약제라고도 하는 이 약제의 주성분을 화학식으로 쓰시오. [배점3]

제3종 분말소화약제의 주성분인 인산암모늄($NH_4H_2PO_4$)은 열분해 되면 암모니아, 수증기와 함께 메타인산(HPO_3)을 발생한다. 메타인산은 가연물의 표면에 유리상의 피막을 형성하여 연소에 필요한 산소의 유입을 차단하기 때문에 연소를 중단시킨다.

• 열분해 반응식

$NH_4H_2PO_4 \rightarrow HPO_3 + NH_3 + H_2O$

B급(유류화재), C급(전기화재) 화재뿐 아니라 A급(일반화재) 화재에 대해서도 적응성을 보여 ABC 소화약제로도 불린다.

14 위험물안전관리법령에서 정의하는 자기반응성 물질에 대해 다음 ( )안에 알맞은 용어를 쓰시오. [배점4]

"자기반응성 물질"이라 함은 고체 또는 액체로서 (㉮)의 위험성 또는 (㉯)의 격렬함을 판단하기 위하여 고시로 정하는 시험에서 고시로 정하는 성질과 상태를 나타내는 것을 말한다.

✿ [위험물안전관리법 시행령 별표1 / 위험물 및 지정수량] – 비고란 제19호

"자기반응성 물질"이라 함은 고체 또는 액체로서 (**폭발**)의 위험성 또는 (**가열분해**)의 격렬함을 판단하기 위하여 고시로 정하는 시험에서 고시로 정하는 성질과 상태를 나타내는 것을 말한다.

정답 13 $NH_4H_2PO_4$ 14 ㉮ 폭발   ㉯ 가열분해

03 제2회 필답형 실기시험

2019년 05월 25일 시행

01
과산화수소 수용액의 저장 및 취급 시 분해를 막기 위해 넣어 주는 안정제의 종류를 2가지만 쓰시오. [배점4]

02
제4류 위험물을 저장하는 옥내저장소의 연면적이 450m²이고 외벽은 내화구조가 아닐 경우, 이 옥내저장소에 대한 소화설비의 소요단위는 얼마인지 구하시오. [배점4] - 빈출유형

(1) 계산과정
(2) 답

Explanation & Advice (01)

과산화수소는 분자구조 자체가 불안정하여 쉽게 분해되며 열이나 빛이 존재할 때 분해가 촉진된다. 과산화수소의 불안정성으로 인하여 일반적으로 진한 갈색병에 저장하며 분해 시 발생되는 산소의 압력으로 인해 용기가 파손되는 것을 방지하기 위하여 작은 구멍이 뚫린 마개를 이용하여 용기를 막는다. 분해 방지를 위해 요산, 인산과 같은 약산성 용액의 안정제를 넣어준다.

+STUDY 아세트아닐리드

얇은 판상을 한 무색의 고체이다. 과산화수소의 분해 억제제로 사용되기도 한다.

Explanation & Advice (02)

외벽이 비내화구조로 된 저장소는 연면적 75m²를 1 소요단위로 하므로

450m² ÷ 75m² = 6 소요단위가 된다.

✿ [위험물안전관리법 시행규칙 별표17 / 소화설비, 경보설비 및 피난설비의 기준] - Ⅰ. 소화설비 / 5. 소화설비의 설치기준

소요단위란 소화설비의 설치대상이 되는 건축물 그 밖의 공작물의 규모 또는 위험물의 양의 기준단위를 말하는 것으로 1 소요단위의 계산방법은 아래와 같다.

⊙ 1 소요단위 산정(계산)방법

구분	외벽	내화구조	비 내화구조
제조소 또는 취급소		연면적 100m²	연면적 50m²
저장소		연면적 150m²	**연면적 75m²**
위험물		지정수량의 10배	

* 제조소등의 옥외에 설치된 공작물은 외벽이 내화구조인 것으로 간주하고 공작물의 최대수평투영면적을 연면적으로 간주하여 소요단위를 산정할 것

정답 01 요산, 인산 02 (1) 450m² ÷ 75m² (2) 6

03 위험물은 그 운반용기의 외부에 위험물안전관리법령에서 정하는 사항을 표시하여 적재하여야 한다. 위험물 운반용기의 외부에 표시하여야 할 사항 중 3가지만 쓰시오. [배점5]

Explanation & Advice

✿ [위험물안전관리법 시행규칙 별표 19 / 위험물의 운반에 관한 기준] - Ⅱ. 적재방법 제8호

위험물은 그 운반 용기의 외부에 다음에 정하는 바에 따라 위험물의 품명, 수량 등을 표시하여 적재하여야 한다. 다만, UN의 위험물 운송에 관한 권고(RTDG, Recommendations on the Transport of Dangerous Goods)에서 정한 기준 또는 소방청장이 정하여 고시하는 기준에 적합한 표시를 한 경우에는 그러하지 아니하다.

- 위험물의 품명·위험등급·화학명 및 수용성("수용성"표시는 제4류 위험물로서 수용성인 것에 한한다)

- 위험물의 수량

- 수납하는 위험물의 종류에 따라 다음의 규정에 의한 주의사항

류 별	성 질	표시할 주의사항
제1류 위험물	산화성 고체	• 알칼리금속의 과산화물 또는 이를 함유한 것 : 화기·충격주의, 물기엄금 및 가연물 접촉주의 • 그 밖의 것 : 화기·충격주의, 가연물 접촉주의

류 별	성 질	표시할 주의사항
제2류 위험물	가연성 고체	• 철분·금속분·마그네슘 또는 이들 중 어느 하나 이상을 함유한 것 : 화기주의, 물기엄금 • 인화성 고체 : 화기엄금 • 그 밖의 것 : 화기주의
제3류 위험물	자연발화성 및 금수성 물질	• 자연발화성 물질 : 화기엄금, 공기접촉엄금 • 금수성 물질 : 물기엄금
제4류 위험물	인화성 액체	화기엄금
제5류 위험물	자기반응성 물질	화기엄금, 충격주의
제6류 위험물	산화성 액체	가연물 접촉주의

정답 03 위험물의 품명, 위험등급, 화학명, 수용성(제4류 위험물로서 수용성인 것에 한한다), 위험물의 수량, 수납하는 위험물의 종류에 따른 규정에 의한 주의사항 중 택 3

04

옥외저장탱크를 강철판으로 제작할 경우 두께를 얼마 이상으로 하여야 하는지 쓰시오. (단, 특정 옥외저장탱크 및 준특정 옥외저장탱크는 제외한다.)

[배점3]

Explanation & Advice

옥외저장탱크는 특정 옥외저장탱크 및 준특정 옥외저장탱크 외에는 두께 3.2mm 이상의 강철판으로 틈이 없도록 제작하여야 한다.

✿ [위험물안전관리법 시행규칙 별표6 / 옥외탱크저장소의 위치·구조 및 설비의 기준] - Ⅵ. 옥외저장탱크의 외부구조 및 설비

옥외저장탱크는 특정 옥외저장탱크 및 준특정 옥외저장탱크 외에는 두께 3.2mm 이상의 강철판 또는 소방청장이 정하여 고시하는 규격에 적합한 재료로 틈이 없도록 제작하여야 한다.

05

위험물안전관리법령상 위험물 취급소의 종류 4가지를 쓰시오. [배점4]

Explanation & Advice

✿ [위험물안전관리법 제2조] 및 [위험물안전관리법 시행령 별표2, 3] - 위험물제조소등

• 제조소

• 옥내저장소   • 옥외저장소
• 옥내탱크저장소   • 옥외탱크저장소
• 지하탱크저장소   • 간이탱크저장소
• 이동탱크저장소   • 암반탱크저장소

• **주유취급소**   • **판매취급소**
• **이송취급소**   • **일반취급소**

정답 **04** 3.2mm   **05** 주유취급소, 판매취급소, 이송취급소, 일반취급소

06 벤젠의 증기비중을 구하시오. (단, 공기의 분자량은 29이다.) [배점4] - 빈출유형

(1) 계산과정
(2) 답

Explanation & Advice

벤젠은 제4류 위험물 중 제1석유류(비수용성)에 속하는 위험물로서 지정수량은 200ℓ, 위험등급은 II 등급이다. 화학식은 C_6H_6이다.

- 벤젠의 분자량 : 78 (12 × 6 + 1 × 6)
- 공기의 평균분자량 : 29
- 벤젠의 증기비중 = $\dfrac{\text{벤젠의 분자량}}{\text{공기의 평균분자량}}$

$= \dfrac{78}{29} = 2.6896 ≒ 2.69$

07 다음 할로겐화합물의 Halon 번호를 쓰시오. [배점6] - 빈출유형

(1) CF_3Br
(2) CF_2BrCl
(3) $C_2F_4Br_2$

Explanation & Advice

할론 번호의 4자리 숫자는 화학식에 포함된 원자의 개수를 C - F - Cl - Br의 순서대로 나타낸 것이다.

(1) CF_3Br : C의 개수 1개, F의 개수 3개, Cl의 개수 0개, Br의 개수는 1개이므로 1301이 되는 것이다.

(2) CF_2BrCl : C의 개수 1개, F의 개수 2개, Cl의 개수 1개, Br의 개수는 1개이므로 1211이 되는 것이다.

(3) $C_2F_4Br_2$: C의 개수 2개, F의 개수 4개, Cl의 개수 0개, Br의 개수는 2개이므로 2402가 되는 것이다.

정답 **06** (1) $\dfrac{78}{29}$ (2) 2.69
07 (1) Halon 1301 (2) Halon 1211 (3) Halon 2402

08 요오드값의 정의를 쓰시오.

[배점3] - 빈출유형

Explanation & Advice

◉ **요오드값**(요오드가, 옥소값)

1. 유지 100g에 흡수되는 요오드의 g 수

2. 요오드값이란 유지에 염화요오드를 떨어뜨렸을 때 유지 100g에 흡수되는 염화요오드의 양으로부터 요오드의 양을 환산하여 그램 수로 나타낸 것으로 '옥소값'이라고도 한다.

3. 일반적으로 유지류에 요오드를 작용시키면 이중결합 하나에 대해 요오드 2 원자가 첨가되기 때문에 유지의 불포화 정도를 확인할 수 있다. 요오드값이 크다는 것은 탄소 간에 이중결합이 많아 불포화도가 크다는 것을 의미하므로 요오드값은 불포화 지방산의 함량이 많을수록 커지는 비례관계이며 불포화도가 높을수록 공기 중에서 산화되기 쉽고 산화열이 축적되어 자연발화 할 가능성도 커진다.

4. 산화되거나 산패 시에 요오드값은 감소한다.

요오드값에 따라 유지는 다음과 같이 분류된다.

- **건성유** : 요오드값이 130 이상인 것. 이중결합이 많아 불포화도가 높으므로 공기 중에 노출되면 산소와 반응하여 액 표면에 피막을 만들고 굳어버리는 기름. 섬유 등 다공성 가연물에 스며들어 공기와 반응함으로써 자연 발화하기 쉽다. 정어리유, 대구유, 상어유, 아마인유, 오동유, 해바라기유, 들기름 등이 있다.

- **반건성유** : 100 ~ 130 사이의 요오드값을 갖는 것. 공기 중에서 서서히 산화되면서 점성은 증가하지만 건조한 상태까지는 되지 않는 기름. 면실유, 청어유, 대두유, 채종유, 참기름, 콩기름, 옥수수기름 등이 있다.

- **불건성유** : 요오드값이 100 이하인 것. 불포화 지방산의 함유량이 적기 때문에 공기 중에 두어도 산화되거나 굳어지거나 얇은 막을 형성하지 않는 기름. 올리브유, 야자유, 동백유, 피마자유, 땅콩기름(낙화생유), 쇠기름, 돼지기름 등이 있다.

정답 08 유지 100g에 흡수되는 요오드의 g 수

09

다음 제5류 위험물의 구조식을 나타내시오. [배점4]

(1) 트리니트로톨루엔(TNT)
(2) 트리니트로페놀(피크린산)

Explanation & Advice

물질명	품 명	화학식	지정수량	위험등급
트리니트로톨루엔	니트로화합물	$C_6H_2CH_3(NO_2)_3$	200kg	II
피크린산	니트로화합물	$C_6H_2(NO_2)_3OH$	200kg	II

- TNT는 톨루엔($C_6H_5CH_3$)을 진한 질산과 진한 황산의 혼산으로 니트로화하여 제조한다.

$$C_6H_5CH_3 + 3HNO_3 \xrightarrow{C-H_2SO_4} C_6H_2CH_3(NO_2)_3 + 3H_2O$$

- 피크린산은 페놀(C_6H_5OH)을 진한 질산과 진한 황산의 혼산으로 니트로화하여 제조한다.

$$C_6H_5OH + 3HNO_3 \xrightarrow{C-H_2SO_4} C_6H_2(NO_2)_3OH + 3H_2O$$

10

제3류 위험물인 황린에 대해 다음 각 물음에 답하시오. [배점6]

(1) 안전한 저장을 위해 사용하는 보호액을 쓰시오.
(2) 수산화칼륨 수용액과 반응하였을 때 발생하는 맹독성의 가스는 무엇인지 쓰시오.
(3) 위험물안전관리법령에서 정한 지정수량을 쓰시오.

Explanation & Advice

⊙ 황린(P_4)

1. 제3류 위험물 중 황린 – 자연발화성 물질
2. <u>지정수량 20kg</u>, 위험등급 I
3. 착화점 34℃(미분) 60℃(고형), 녹는점 44℃, 끓는점 280℃, 비중 1.82, 증기비중 4.4
4. 마늘과 같은 자극적인 냄새가 나는 백색 또는 담황색의 가연성 고체이다.
5. 벤젠이나 이황화탄소에는 녹지만 물에는 녹지 않는다.
6. <u>물과의 반응성이 없고 공기와 접촉하면 자연발화할 수 있으므로 물속에 넣어 보관한다.</u>
7. $Ca(OH)_2$를 첨가함으로써 물의 pH를 9로 유지하여 포스핀(인화수소)의 생성을 방지한다.

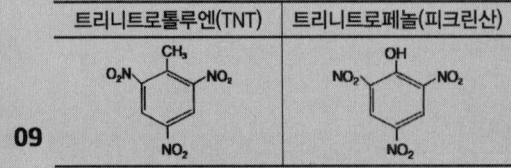

정답 09 트리니트로톨루엔(TNT) / 트리니트로페놀(피크린산)

10 (1) 물 (2) PH_3(포스핀) (3) 20kg

8. 발화점이 낮고 화학적 활성이 커서 공기 중에 노출되면 자연발화 한다.

9. 공기 중에서 격렬히 연소하며 흰 연기의 오산화인(P_2O_5)을 발생시킨다.
   (오산화인은 흡입 시 치명적이며 피부에 심한 화상과 눈에 손상을 일으킨다.)

   $P_4 + 5O_2 \rightarrow 2P_2O_5$

10. 강알칼리 수용액과 반응하여 유독성의 포스핀(PH_3) 가스를 발생시킨다.

    $P_4 + 3KOH + 3H_2O \rightarrow 3KH_2PO_2 + PH_3 \uparrow$

11. 공기를 차단하고 260℃ 정도로 가열하면 적린이 된다.

11 제2류 위험물의 위험물안전관리법령상 품명 중 지정수량이 100kg인 것을 2가지만 쓰시오. [배점4]

Explanation & Advice

✿ 제2류 위험물의 품명, 지정수량 및 위험등급 - [위험물안전관리법 시행령 별표1] & [위험물안전관리법 시행규칙 별표19]

성질	품명	종류	지정수량	위험등급
가연성 고체	황화린	삼황화린, 오황화린, 칠황화린	100kg	II
	적린	적린		
	유황	유황		
	철분	철분	500kg	III
	금속분	알루미늄분, 아연분, 은분, 카드뮴분 등		
	마그네슘	마그네슘		
	인화성 고체	고형알코올	1,000kg	

12 금속칼륨과 이산화탄소가 반응하여 탄소를 발생하는 화학반응식을 쓰시오. [배점4] - 19년 제1회 기출동일

Explanation & Advice

◉ 금속칼륨(K)

1. 제3류 위험물

2. 지정수량 10kg, 위험등급 I

3. 은백색의 광택이 있는 무른 경금속으로 나트륨보다 반응성이 크며 공기 중 방치하면 자연발화 할 수 있다.

4. 가열하면 보라색의 불꽃을 내면서 연소한다.

5. 물과 격렬하게 반응하여 발열하고 폭발성의 수소 기체를 발생하므로 금속의 비산과 함께 폭발이 일어난다. 따라서 밀폐된 용기 등에 수분이 침투하는 경우 밀폐공간이 순간적으로 폭발할 수 있다.

   $2K + 2H_2O \rightarrow 2KOH + H_2 \uparrow$

6. 알코올과 반응하여 폭발성의 수소 기체와 칼륨에틸레이트를 발생한다.

   $2K + 2C_2H_5OH \rightarrow 2C_2H_5OK + H_2 \uparrow$

7. 이산화탄소 및 사염화탄소와 폭발반응을 일으킨다.

   $4K + 3CO_2 \rightarrow 2K_2CO_3 + C$
   $4K + CCl_4 \rightarrow 4KCl + C$

정답 11 황화린, 적린, 유황 중 택2   12 $4K + 3CO_2 \rightarrow 2K_2CO_3 + C$ (연소폭발)

13. 니트로글리세린 제조 방법을 사용되는 원료를 중심으로 설명하시오.
[배점4]

Explanation & Advice

제4류 위험물 중 제3석유류에 속하는 글리세린에 진한 질산과 진한 황산을 섞어 반응시키면 질산으로부터 유래된 3개의 니트로기(NO_2)가 글리세린의 수소와 치환되어 들어가면서 니트로글리세린이 된다. 이때 탈수과정도 동시에 진행된다. 생성된 니트로글리세린은 제5류 위험물 중 질산에스테르류에 속하는 위험물이다.

$$C_3H_5(OH)_3 + 3HNO_3 \xrightarrow{C-H_2SO_4} C_3H_5(ONO_2)_3 + 3H_2O$$

04 제1회 필답형 실기시험
2019년 3월 23일 시행

01. 금속칼륨과 탄산가스가 반응할 때, 화학반응식을 쓰시오.
[배점4] - 19년 제2회 기출동일

Explanation & Advice

금속칼륨(K)은 제3류 위험물이며 지정수량 10kg, 위험등급은 I 등급이다.

은백색의 광택이 있는 무른 경금속으로 나트륨보다 반응성이 크며 공기 중 방치하면 자연발화 할 수 있고 가열하면 보라색의 불꽃을 내면서 연소한다.

비중이 1보다 작은 금수성 물질이며 공기와의 접촉을 방지하기 위해 등유, 경유, 유동성 파라핀 등의 석유 속에 보관한다.

금속칼륨이 이산화탄소와 반응하면 탄산칼륨과 탄소를 발생한다.

$4K + 3CO_2 \rightarrow 2K_2CO_3 + C$ (연소폭발)

+STUDY 기타 반응식

- 연소반응식 : $4K + O_2 \rightarrow 2K_2O$
- 물과 격렬하게 반응하여 발열하고 수산화칼륨과 수소를 생성한다. - 금수성물질
  $2K + 2H_2O \rightarrow 2KOH + H_2 \uparrow$
- 알코올과 반응하여 알콕시화물을 생성하며 수소를 발생한다.
  $2K + 2C_2H_5OH \rightarrow 2C_2H_5OK + H_2 \uparrow$
  칼륨에틸레이트
- 사염화탄소와도 반응한다.
  $4K + CCl_4 \rightarrow 4KCl + C$

정답
13 글리세린에 질산과 황산의 혼산을 반응시켜 제조한다.
01 $4K + 3CO_2 \rightarrow 2K_2CO_3 + C$ (연소폭발)

02
제2류 위험물과 혼재가 가능하고 또한 제5류 위험물과도 혼재가 가능한 위험물은 제 몇 류 위험물인지 쓰시오.
(단, 지정수량의 10배 이상인 경우이다.)

[배점3] - 빈출유형

Explanation & Advice

✿ [위험물안전관리법 시행규칙 별표19 / 위험물의 운반에 관한 기준] - [부표2] - 유별을 달리하는 위험물의 혼재기준

구 분	제1류	제2류	제3류	제4류	제5류	제6류
제1류		×	×	×	×	○
제2류	×		×	○	○	×
제3류	×	×		○	×	×
제4류	×	○	○		○	×
제5류	×	○	×	○		×
제6류	○	×	×	×	×	

* 'O'는 혼재할 수 있음을, '×'는 혼재할 수 없음을 표시한다.

* 이 표는 지정수량 1/10 이하의 위험물에 대하여는 적용하지 아니한다.

03
제조소에서 위험물을 취급함에 있어서 정전기가 발생할 우려가 있는 설비에는 규정된 방법으로 정전기를 유효하게 제거할 수 있는 설비를 설치하여야 한다. 이에 해당하는 방법 3가지를 각각 쓰시오.

[배점6] - 18년 제2회 기출 유사

Explanation & Advice

✿ [위험물안전관리법 시행규칙 별표4 / 제조소의 위치·구조 및 설비의 기준] - Ⅷ. 기타설비 中 제6호. 정전기 제거설비

위험물을 취급함에 있어서 정전기가 발생할 우려가 있는 설비에는 다음에 해당하는 방법으로 정전기를 유효하게 제거할 수 있는 설비를 설치하여야 한다.

- 접지에 의한 방법
- 공기 중의 상대습도를 70% 이상으로 하는 방법
- 공기를 이온화하는 방법

정답
02 제4류 위험물
03 접지할 것, 공기 중 상대습도를 70% 이상으로 할 것, 공기를 이온화할 것

04 옥내탱크저장소에서 다음의 각 경우에 상호 간의 간격은 몇 m 이상을 유지하여야 하는지 각각 쓰시오. (단, 탱크의 점검 및 보수에 지장이 없는 경우는 제외한다.) [배점4] - 빈출유형

(1) 옥내저장탱크와 탱크전용실의 벽과의 사이
(2) 옥내저장탱크의 상호 간의 간격

Explanation & Advice

✿ [위험물안전관리법 시행규칙 별표7 / 옥내탱크저장소의 위치·구조 및 설비의 기준] - Ⅰ. 옥내탱크저장소의 기준 中

옥내저장탱크와 탱크전용실의 벽과의 사이 및 옥내저장탱크의 상호 간에는 **0.5m 이상**의 간격을 유지할 것. 다만, 탱크의 점검 및 보수에 지장이 없는 경우에는 그러하지 아니하다.

05 위험물안전관리법령에서 규정하는 인화성 고체의 정의를 쓰시오. [배점4]

Explanation & Advice

인화성 고체는 제2류 위험물이며 지정수량은 1,000kg, 위험등급은 Ⅲ이다.

✿ [위험물안전관리법 시행령 별표1 / 위험물 및 지정수량] - 비고란 제8호

인화성 고체라 함은 고형알코올 그 밖에 1기압에서 인화점이 40℃ 미만인 고체를 말한다.

정답
04 (1) 0.5m (2) 0.5m
05 고형알코올 그 밖에 1기압에서 인화점이 40℃ 미만인 고체

06
제4류 위험물 중 벤젠핵의 수소 1개가 아민기 1개와 치환된 것의 화학식을 쓰시오. [배점3]

Explanation & Advice

벤젠핵의 수소 1개가 아민기(-NH₂) 1개와 치환된 것은 아닐린이다.

아닐린은 제4류 위험물 중 제3석유류(비수용성)에 속하는 액체로 지정수량 2,000ℓ, 위험등급은 Ⅲ 이며 구조식은 아래와 같다.

+STUDY 아민, 아민기

- 아민(Amine) : 암모니아(NH₃)의 유도체로서 암모니아의 수소 원자를 알킬기로 치환한 염기성 화합물을 말한다. 질소에 결합된 알킬기(탄화수소기)의 개수에 따라 1차, 2차, 3차 아민으로 구분한다.

  ammonia   methanamine
  dimethylamine   trimethylamine

- 아민기(Amine group) : -NH₂를 말하며 유기화합물에서는 아미노기(amino group)로도 불린다.

07
다음 [보기]에서 불건성유를 모두 선택하여 쓰시오. (단, 해당사항이 없을 경우는 "없음"이라고 쓰시오.)
[배점4] - 빈출유형

[보기]
야자유, 아마인유, 해바라기유
피마자유, 올리브유

Explanation & Advice

야자유, 피마자유, 올리브유는 불건성유이며 아마인유, 해바라기유는 건성유이다.

⊙ 요오드값(요오드가, 옥소값)

1. 유지 100g에 흡수되는 요오드의 그램 수

2. 요오드값이란 유지에 염화요오드를 떨어뜨렸을 때 유지 100g에 흡수되는 염화요오드의 양으로부터 요오드의 양을 환산하여 그램 수로 나타낸 것으로 '옥소값'이라고도 한다.

3. 일반적으로 유지류에 요오드를 작용시키면 이중결합 하나에 대해 요오드 2 원자가 첨가되기 때문에 유지의 불포화 정도를 확인할 수 있다. 요오드값이 크다는 것은 탄소 간에 이중결합이 많아 불포화도가 크다는 것을 의미하므로 요오드값은 불포화 지방산의 함량이 많을수록 커지는 비례관계이며 불포화도가 높을수록 공기 중에서 산화되기 쉽고 산화열이 축적되어 자연발화 할 가능성도 커진다.

4. 산화되거나 산패 시에 요오드값은 감소한다.

정답
06 C_6H_7N (또는 시성식인 $C_6H_5NH_2$로 표현해도 된다.)
07 야자유, 피마자유, 올리브유

요오드값에 따라 유지는 다음과 같이 분류된다.

- **건성유**: 요오드값이 130 이상인 것. 이중결합이 많아 불포화도가 높으므로 공기 중에 노출되면 산소와 반응하여 액 표면에 피막을 만들고 굳어버리는 기름. 섬유 등 다공성 가연물에 스며들어 공기와 반응함으로써 자연 발화하기 쉽다. 정어리유, 대구유, 상어유, **아마인유**, 오동유, **해바라기유**, 들기름 등이 있다.
- **반건성유**: 100~130 사이의 요오드값을 갖는 것. 공기 중에서 서서히 산화되면서 점성은 증가하지만 건조한 상태까지는 되지 않는 기름. 면실유, 청어유, 대두유, 채종유, 참기름, 콩기름, 옥수수기름 등이 있다.
- **불건성유**: 요오드값이 100 이하인 것. 불포화 지방산의 함유량이 적기 때문에 공기 중에 두어도 산화되거나 굳어지거나 엷은 막을 형성하지 않는 기름. **올리브유**, **야자유**, 동백유, **피마자유**, 땅콩기름(낙화생유), 쇠기름, 돼지기름 등이 있다.

08

위험물안전관리법령에 따라 주유취급소의 위험물 취급기준에 대해 다음 ( ) 안에 알맞은 온도를 쓰시오. [배점3]

자동차 등에 인화점 ( )℃ 미만의 위험물을 주유할 때에는 자동차 등의 원동기를 정지시킬 것. 다만, 연료탱크에 위험물을 주유하는 동안 방출되는 가연성 증기를 회수하는 설비가 부착된 고정주유설비에 의하여 주유하는 경우에는 그러하지 아니하다.

Explanation & Advice

✿ [위험물안전관리법 시행규칙 별표18 / 제조소등에서의 위험물의 저장 및 취급에 관한 기준] - Ⅳ. 취급의 기준 / 제5호 - 주유취급소에서의 취급기준 中

- 여기서 말하는 주유취급소에 항공기 주유취급소·선박 주유취급소 및 철도 주유취급소는 제외한다.
- 자동차 등에 주유할 때에는 고정주유설비를 사용하여 직접 주유할 것
- 자동차 등에 인화점 **(40)**℃ 미만의 위험물을 주유할 때에는 자동차 등의 원동기를 정지시킬 것. 다만, 연료탱크에 위험물을 주유하는 동안 방출되는 가연성 증기를 회수하는 설비가 부착된 고정주유설비에 의하여 주유하는 경우에는 그러하지 아니하다.

정답 08 40

09
제5류 위험물인 니트로글리세린을 화학식으로 쓰시오. [배점3]

Explanation & Advice

니트로글리세린은 제5류 위험물 중 질산에스테르류에 속하는 위험물이며 지정수량 10kg, 위험등급은 Ⅰ등급이다.

(물리량 : 분자량 227, 비중 1.6, 증기비중 7.83, 녹는점 13.5℃, 끓는점 160℃)

무색투명한 기름 형태의 액체로서 물에 녹지 않으며 알코올, 벤젠, 아세톤 등에 잘 녹는다.

가열, 충격, 마찰에 매우 예민하며 폭발하기 쉽고 상온에서 액체로 존재하나 겨울철에는 동결의 우려가 있다. 니트로글리세린을 다공성의 규조토에 흡수시켜 제조한 것을 다이너마이트라고 한다.

+STUDY 구조식

구조식 이미지 (O₂N-O-CH₂-CH(O-NO₂)-CH₂-O-NO₂)

또는

$$CH_2 - ONO_2$$
$$|$$
$$CH\ - ONO_2$$
$$|$$
$$CH_2 - ONO_2$$

10
이황화탄소 12kg이 모두 증기가 된다면 1기압 100℃에서 몇 ℓ가 되는지 구하시오. [배점4] - 빈출유형

(1) 계산과정
(2) 답

Explanation & Advice

- 이황화탄소(CS_2) 분자량 : 12 + 32 × 2 = 76
- 이상기체상태방정식을 이용하여 구한다.

$$PV = \frac{w}{M}RT$$

    P(압력) : 1기압

    V(부피) : V(ℓ)

    w(질량) : 12,000g

    M(분자량) : 76

    R(기체상수) : 0.082(기압·ℓ)/(mol·K)

    T(절대온도) : 100 + 273 = 373

$$1 \times V = \frac{12,000}{76} \times 0.082 \times (100 + 273)$$

$$\therefore V = 4829.37 \ell$$

정답

09 $C_3H_5N_3O_9$ [시성식인 $C_3H_5(NO_3)_3$로 표현해도 된다.]

10 (1) $1 \times V = \frac{12,000}{76} \times 0.082 \times (100 + 273)$ (2) 4829.37ℓ

11

과산화수소가 분해되어 산소(O_2)를 발생하는 화학반응식을 쓰시오.

[배점3]

Explanation & Advice

◉ 과산화수소(H_2O_2)

1. 제6류 위험물로서 산화성 액체이며 지정수량 300kg, 위험등급은 Ⅰ이다.
2. 색깔이 없고 점성이 있는 쓴맛을 가진 액체이나 양이 많은 경우에는 청색을 띤다.
3. 석유, 벤젠 등에는 녹지 않으나 물, 알코올, 에테르 등에는 잘 녹는다.
4. **발열하면서 산소와 물로 쉽게 분해되며 열이나 햇빛에 의해 분해가 촉진된다.**

   $2H_2O_2 \rightarrow 2H_2O + O_2$

5. 비중 1.465로 물보다 무거우며 어떤 비율로도 물에 녹는다.
6. 36중량퍼센트 농도 이상인 것부터 위험물로 취급하며 60중량퍼센트 농도 이상에서는 단독으로 분해·폭발할 수 있다.
7. 용기는 밀전하지 말고 통풍을 위하여 작은 구멍이 뚫린 마개를 사용하며 갈색 용기에 보관하고 분해방지 안정제(인산, 요산)를 넣어 저장하거나 취급함으로서 분해를 억제한다.

12

다음의 소화방법은 연소 3요소 중에서 어떠한 것을 제거 또는 통제하여 소화하는 것인지 연소의 3요소 중 해당하는 것을 각각 1가지씩 쓰시오.

[배점4]

(1) 제거소화

(2) 질식소화

Explanation & Advice

연소의 3요소는 가연물, 산소공급원, 점화원이며 이들 3요소 중 하나 이상을 제거하거나 통제하면 소화시킬 수 있다.

(1) 탈 물질인 가연물을 제거함으로서 소화하는 방식이다.

(2) 공기 중의 산소 농도를 15% 이하로 낮추어 연소의 진행을 막는 소화방법이다.

+STUDY 산소공급원으로 작용하는 위험물

- 제1류 위험물 – 산화성 고체
- 제5류 위험물 – 자기반응성 물질
- 제6류 위험물 – 산화성 액체

정답
11 $2H_2O_2 \rightarrow 2H_2O + O_2$
12 (1) 가연물 (2) 산소공급원

13 다음 제1류 위험물의 지정수량을 각각 쓰시오. [배점4]

(1) 브롬산염류
(2) 중크롬산염류
(3) 무기과산화물
(4) 아염소산염류

14 $KClO_3$ 1kg이 고온에서 완전히 열분해할 때의 화학반응식을 쓰고, 이 때 발생하는 산소는 몇 g인지 구하시오. (단, K의 원자량은 39이고, Cl의 원자량은 35.5이다.) [배점6]

(1) 화학반응식
(2) 발생산소량
  ① 계산과정
  ② 답

Explanation & Advice

✿ 제1류 위험물의 품명, 지정수량 및 위험등급 –
[위험물안전관리법 시행령 별표1] & [위험물안전관리법 시행규칙 별표19]

성질	품명	지정수량	위험등급
산화성 고체	아염소산염류	50kg	I
	염소산염류		
	과염소산염류		
	무기과산화물		
	브롬산염류	300kg	II
	질산염류		
	요오드산염류		
	과망간산염류	1,000kg	III
	중크롬산염류		

Explanation & Advice

- 염소산칼륨($KClO_3$) 분자량 :
  $39 + 35.5 + 16 \times 3 = 122.5$

- O_2 분자량 : 32

- 열분해 반응식 : $2KClO_3 \rightarrow 2KCl + 3O_2 \uparrow$

- 반응식에서 $KClO_3$ 2몰이 완전 분해되면 O_2는 3몰이 생성됨을 알 수 있다.
  즉, 염소산칼륨($KClO_3$) 245g이 완전분해되면 O_2 96g이 발생되므로 다음의 비례식으로부터 1,000g의 $KClO_3$이 완전분해되면 발생되는 산소량을 계산할 수 있다.

  $245 : 96 = 1,000 : X$

  ∴ $X = 391.84(g)$

정답 **13** (1) 300kg (2) 1,000kg (3) 50kg (4) 50kg
14 (1) $2KClO_3 \rightarrow 2KCl + 3O_2 \uparrow$ (2) ① $245 : 96 = 1,000 : X$ ② 391.84g

CHAPTER 5 - 2018년 실기 기출문제

01 제4회 필답형 실기시험

2018년 11월 25일 시행

01

톨루엔 9.2g을 완전 연소시키는데 필요한 공기는 몇 ℓ인지 구하시오.
(단, 0℃, 1기압을 기준으로 하며 공기 중 산소는 21vol%이다.)

[배점4] - 계산문제 빈출유형

(1) 계산과정
(2) 답

Explanation & Advice

- 톨루엔의 연소반응식

  $C_6H_5CH_3 + 9O_2 \rightarrow 7CO_2 + 4H_2O$

- 톨루엔의 분자량 = 92
- 반응식에서 톨루엔 1몰이 완전 연소하려면 9몰의 산소가 필요함을 알 수 있다.
- 톨루엔 9.2g은 0.1몰이므로 0.9몰의 산소가 필요하다.
- 필요한 산소 부피 : PV = nRT

  $1 \times V = 0.9 \times 0.082 \times 273$

  $\therefore V = 20.16(\ell)$

- 필요한 공기 부피 : 공기 중 산소는 21vol%가 존재하므로 필요한 공기량은

  $20.16 \times \dfrac{100}{21} = 96(\ell)$

✔ **Check point**

산소 부피를 구하는 다른 계산법 : 표준상태에서 기체 1몰이 차지하는 부피는 기체의 종류에 관계없이 22.4ℓ이므로 비례식으로 0.9몰의 필요한 산소 부피를 구해도 된다.

$1 : 22.4\ell = 0.9 : X$

$1 \times X = 22.4\ell \times 0.9$

$\therefore X = 20.16\ell$

정답 **01** (1) $20.16 \times \dfrac{100}{21}$ (2) $96(\ell)$

02
다음 위험물을 수납한 운반용기의 외부에 표시하는 주의사항을 모두 쓰시오. (단, 원칙인 경우에 한한다.)

[배점6] - 빈출유형

(1) 제4류 위험물
(2) 제5류 위험물
(3) 제6류 위험물

03
페놀을 진한 황산에 녹이고 이것을 질산에 작용시켜 만드는 제5류 위험물의 명칭, 지정수량과 화학식을 쓰시오.

[배점6]

(1) 명칭
(2) 지정수량
(3) 화학식

Explanation & Advice

✿ [위험물안전관리법 시행규칙 별표19 / 위험물의 운반에 관한 기준] - Ⅱ. 적재방법 중 위험물의 종류에 따른 운반 용기 외부에 표시하여야 할 주의사항

류 별	성 질	표시할 주의사항
제1류 위험물	산화성 고체	• 알칼리금속의 과산화물 또는 이를 함유한 것 : 화기·충격주의, 물기엄금 및 가연물 접촉주의 • 그 밖의 것 : 화기·충격주의, 가연물 접촉주의
제2류 위험물	가연성 고체	• 철분·금속분·마그네슘 또는 이들 중 어느 하나 이상을 함유한 것 : 화기주의, 물기엄금 • 인화성 고체 : 화기엄금 • 그 밖의 것 : 화기주의
제3류 위험물	자연발화성 및 금수성 물질	• 자연발화성 물질 : 화기엄금, 공기접촉엄금 • 금수성 물질 : 물기엄금
제4류 위험물	인화성 액체	화기엄금
제5류 위험물	자기반응성 물질	화기엄금, 충격주의
제6류 위험물	산화성 액체	가연물 접촉주의

Explanation & Advice

◉ 피크린산(피크르산, picric acid)

1. 트리니트로페놀

2. 제5류 위험물 중 니트로화합물

3. 지정수량 200kg, 위험등급 Ⅱ

4. 순수한 것은 무색이고 공업용은 휘황색에 가까운 결정으로 쓴맛과 독성이 있으며 수용액은 황색을 띤다.

5. 차가운 물에는 소량 녹고 온수나 알코올, 에테르에는 잘 녹는다.

6. 페놀(C_6H_5OH)을 질산과 황산의 혼산으로 니트로화하여 제조한다.

$$C_6H_5OH + 3HNO_3 \xrightarrow{C-H_2SO_4} C_6H_2(NO_2)_3OH + 3H_2O$$

7. 단독으로 연소 시 폭발은 하지 않으나 에탄올과 혼합된 경우에는 충격에 의해서 폭발할 수 있다.

8. 덩어리 상태로 용융된 것은 타격에 의해 폭굉하며 이때의 폭발력은 TNT보다 크다.

9. 주수소화가 효과적이다.

정답
02 (1) 화기엄금   (2) 화기엄금, 충격주의   (3) 가연물 접촉주의
03 (1) 트리니트로페놀(피크린산, 피크르산)   (2) 200kg   (3) $C_6H_2(NO_2)_3OH$

04

다음 그림과 같은 원형 위험물 저장 탱크의 내용적은 몇 m³인지 구하시오.
[배점 4]

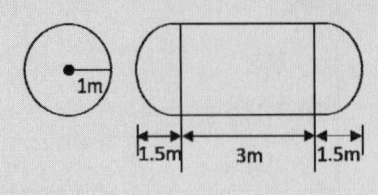

(1) 계산과정
(2) 답

+STUDY

- [위험물안전관리에 관한 세부기준 제25조 / **탱크의 내용적 및 공간용적**] 中 공간용적
  탱크의 공간용적은 탱크의 내용적의 100분의 5 이상 100분의 10 이하의 용적으로 한다.
- [위험물안전관리법 시행규칙 제5조 / **탱크 용적의 산정기준**]
  위험물을 저장 또는 취급하는 탱크의 용량은 해당 탱크의 내용적에서 공간용적을 뺀 용적으로 한다.
  - 탱크의 용량 = 탱크의 내용적 - 탱크의 공간용적

Explanation & Advice

✿ [위험물안전관리에 관한 세부기준 별표1 / 탱크의 내용적 계산방법]

횡으로 설치한 원형탱크의 내용적은 다음의 공식을 이용하여 구한다.

$$\pi r^2 \left(\ell + \frac{\ell_1 + \ell_2}{3} \right)$$

- 문제의 조건을 식에 대입하여 풀면

$$1^2 \pi \left(3 + \frac{1.5 + 1.5}{3} \right) ≒ 12.57 (m^3)$$

05

취급하는 위험물의 최대수량이 지정수량의 20배인 경우 위험물제조소의 보유공지 너비는 몇 m 이상이어야 하는지 쓰시오.
[배점 3]

Explanation & Advice

취급하는 위험물의 최대수량이 지정수량의 20배이므로 지정수량의 10배 초과에 해당하여 5m 이상의 보유공지를 확보하여야 한다.

✿ [위험물안전관리법 시행규칙 별표4 / 제조소의 위치·구조 및 설비의 기준] - II. 보유공지

위험물을 취급하는 건축물 그 밖의 시설(위험물을 이송하기 위한 배관 그밖에 이와 유사한 시설을 제외한다)의 주위에는 그 취급하는 위험물의 최대수량에 따라 다음 표에 의한 너비의 공지를 보유하여야 한다.

취급하는 위험물의 최대수량	공지의 너비
지정수량의 10배 이하	3m 이상
지정수량의 10배 초과	5m 이상

정답
04 (1) $1^2 \pi \left(3 + \frac{1.5 + 1.5}{3} \right)$ (2) 12.57(m³)
05 5m

06
위험물제조소 건축물의 외벽 구조에 따라 연면적 몇 m²가 1소요단위에 해당하는지 각각 쓰시오.

[배점4] - 빈출유형

(1) 외벽이 내화구조인 것
(2) 외벽이 내화구조가 아닌 것

Explanation & Advice

✿ [위험물안전관리법 시행규칙 별표17 / 소화설비, 경보설비 및 피난설비의 기준] - Ⅰ. 소화설비 / 5. 소화설비의 설치기준 중 소요단위의 계산방법

소요단위란 소화설비의 설치대상이 되는 건축물 그 밖의 공작물의 규모 또는 위험물의 양의 기준 단위를 말하는 것으로 1 소요단위의 계산방법은 아래와 같다.

✿ 1 소요단위 산정(계산)방법

구분 \ 외벽	내화구조	비 내화구조
제조소 또는 취급소	연면적 100m²	연면적 50m²
저장소	연면적 150m²	연면적 75m²
위험물	지정수량의 10배	

07
위험물안전관리법령에서는 유별 위험물의 성질을 정의하고 있다. 다음 [보기]의 물질 중 산화성 고체 위험물에 해당하는 것을 모두 선택하여 쓰시오. (단, 해당사항이 없을 경우는 "없음" 이라고 쓰시오.) [배점3]

[보기]
산화칼슘, 리튬, 질산암모늄
과산화나트륨, 과산화벤조일

Explanation & Advice

산화성 고체란 제1류 위험물을 말하는 것이다.

물질명	유 별	품 명
산화칼슘	비위험물	-
리 튬	제3류 위험물	알칼리금속
질산암모늄	제1류 위험물	질산염류
과산화나트륨	제1류 위험물	무기과산화물
과산화벤조일	제5류 위험물	유기과산화물

물질명	화학식	지정수량	위험등급
산화칼슘	CaO	-	-
리 튬	Li	50kg	Ⅱ
질산암모늄	NH_4NO_3	300kg	Ⅱ
과산화나트륨	Na_2O_2	50kg	Ⅰ
과산화벤조일	$(C_6H_5CO)_2O_2$	10kg	Ⅰ

정답
06 (1) 100m² (2) 50m²
07 질산암모늄, 과산화나트륨

08

다음은 위험물안전관리법령에서 정한 제3석유류의 정의이다. ( )안에 알맞은 용어 또는 수치를 쓰시오.

[배점5]

"제3석유류"라 함은 (①), (②) 그 밖에 1기압에서 인화점이 섭씨 (③)도 이상 섭씨 (④)도 미만인 것을 말한다. 다만, 도료류 그 밖의 물품은 가연성 액체량이 (⑤)중량퍼센트 이하인 것은 제외한다.

Explanation & Advice

✿ [위험물안전관리법 시행령 별표1 / 위험물 및 지정수량] - 비고란 제16호

"제3석유류"라 함은 (**중유**), (**클레오소트유**) 그 밖에 1기압에서 인화점이 섭씨 (**70**)도 이상 섭씨 (**200**)도 미만인 것을 말한다. 다만, 도료류 그 밖의 물품은 가연성 액체량이 (**40**)중량퍼센트 이하인 것은 제외한다.

09

제3종 분말소화약제의 주성분을 쓰고, 적응 가능한 화재를 A급~C급에서 선택하여 모두 쓰시오.

[배점6]

(1) 주성분
(2) 적응화재

Explanation & Advice

❖ 분말 소화약제의 분류, 주성분 및 적응화재

구 분	주성분	화학식	적응화재	분말색
제1종 분말	탄산수소나트륨	$NaHCO_3$	B,C	백색
제2종 분말	탄산수소칼륨	$KHCO_3$	B,C	담자색
제3종 분말	**제1인산암모늄**	$NH_4H_2PO_4$	**A,B,C**	**담홍색**
제4종 분말	탄산수소칼륨 + 요소	$KHCO_3 + (NH_2)_2CO$	B,C	회색

★ 적응화재 = A : 일반화재 / B : 유류화재 / C : 전기화재

+STUDY 각 종별 분말 소화약제의 열분해 반응식

구 분	열분해 반응식
제1종 분말	$2NaHCO_3 \rightarrow Na_2CO_3 + CO_2 + H_2O$
제2종 분말	$2KHCO_3 \rightarrow K_2CO_3 + CO_2 + H_2O$
제3종 분말	$NH_4H_2PO_4 \rightarrow HPO_3 + NH_3 + H_2O$
제4종 분말	$2KHCO_3 + (NH_2)_2CO \rightarrow K_2CO_3 + 2NH_3 + 2CO_2$

정답
08 ① 중유 ② 클레오소트유 ③ 70 ④ 200 ⑤ 40
09 (1) 제1인산암모늄($NH_4H_2PO_4$)   (2) A급, B급, C급 모두에 대해서 적응성이 있다.

10 경유 500ℓ, 중유 1,000ℓ, 에틸알코올 400ℓ, 디에틸에테르 150ℓ를 저장하고 있다. 각 물질의 지정수량 배수의 총합은 얼마인지 구하시오. [배점4] - 빈출유형

(1) 계산과정
(2) 답

Explanation & Advice

- 각 위험물의 지정수량 - 모두 제4류 위험물이다.

위험물 종류	품 명	지정수량(ℓ)
경유	제2석유류(비수용성)	1,000
중유	제3석유류(비수용성)	2,000
에틸알코올	알코올류(수용성)	400
디에틸에테르	특수인화물(비수용성)	50

- 각 위험물의 지정수량의 배수 = $\dfrac{저장수량}{지정수량}$ 으로 구하며 지정수량 배수의 총합은 각각 구해진 지정수량의 배수를 모두 더한 값이다.

$$\therefore \dfrac{500}{1,000} + \dfrac{1,000}{2,000} + \dfrac{400}{400} + \dfrac{150}{50}$$

$$= 0.5 + 0.5 + 1 + 3$$

$$= 5$$

11 질산이 피부에 닿으면 노란색으로 변하는데 이것을 화학적으로 무슨 반응이라 하는지 쓰시오. [배점4]

Explanation & Advice

단백질과 접촉하여 반응함으로서 노란색으로 변하는 크산토프로테인 반응을 일으키는 위험물은 제6류 위험물 중 질산(HNO_3)의 특징이다.

크산토프로테인 반응은 단백질 검출 반응의 하나로서 트립토판, 페닐알라닌, 티록신과 같은 벤젠 고리를 가진 아미노산이 들어 있는 단백질에 진한 질산을 가하여 가열하면 황색을 띤다. 발색 메카니즘은 트립토판, 페닐알라닌, 티록신 등에 있는 벤젠고리가 질산에 의해 니트로화되어 황색의 니트로화합물을 형성하기 때문이다. 이들 아미노산을 함유하지 않은 단백질은 크산토프로테인 반응이 일어나지 않을 것이므로 단백질 검출에 정확도를 높이기 위해서는 다른 발색 반응(뷰렛 반응, 닌히드린 반응 등)을 조합시켜 진행한다.

정답
10 (1) $\dfrac{500}{1,000} + \dfrac{1,000}{2,000} + \dfrac{400}{400} + \dfrac{150}{50} = 0.5 + 0.5 + 1 + 3$ (2) 5배
11 크산토프로테인 반응

12 동식물유류는 요오드값을 기준으로 하여 건성유, 반건성유, 불건성유로 나눈다. 다음 동식물유류를 구분하는 요오드값의 일반적인 범위를 쓰시오

[배점6] - 빈출유형

19년 제3회, 20년 제1회, 21년 제4회 기출 동일

(1) 건성유
(2) 반건성유
(3) 불건성유

Explanation & Advice

◎ **요오드값**(요오드가, 옥소값)

1. 유지 100g에 흡수되는 요오드의 그램 수

2. 요오드값이란 유지에 염화요오드를 떨어뜨렸을 때 유지 100g에 흡수되는 염화요오드의 양으로부터 요오드의 양을 환산하여 그램 수로 나타낸 것으로 '옥소값'이라고도 한다.

3. 일반적으로 유지류에 요오드를 작용시키면 이중결합 하나에 대해 요오드 2 원자가 첨가되기 때문에 유지의 불포화 정도를 확인할 수 있다. 요오드값이 크다는 것은 탄소 간에 이중결합이 많아 불포화도가 크다는 것을 의미하므로 요오드값은 불포화 지방산의 함량이 많을수록 커지는 비례관계이며 불포화도가 높을수록 공기 중에서 산화되기 쉽고 산화열이 축적되어 자연발화 할 가능성도 커진다.

4. 산화되거나 산패 시에 요오드값은 감소한다.

요오드값에 따라 유지는 다음과 같이 분류된다.

- **건성유** : 요오드값이 130 이상인 것. 이중결합이 많아 불포화도가 높으므로 공기 중에 노출되면 산소와 반응하여 액 표면에 피막을 만들고 굳어버리는 기름. 섬유 등 다공성 가연물에 스며들어 공기와 반응함으로써 자연 발화하기 쉽다. 정어리유, 대구유, 상어유, 아마인유, 오동유, 해바라기유, 들기름 등이 있다.

- **반건성유** : 100~130 사이의 요오드값을 갖는 것. 공기 중에서 서서히 산화되면서 점성은 증가하지만 건조한 상태까지는 되지 않는 기름. 면실유, 청어유, 대두유, 채종유, 참기름, 콩기름, 옥수수기름 등이 있다.

- **불건성유** : 요오드값이 100 이하인 것. 불포화 지방산의 함유량이 적기 때문에 공기 중에 두어도 산화되거나 굳어지거나 엷은 막을 형성하지 않는 기름. 올리브유, 야자유, 동백유, 피마자유, 땅콩기름(낙화생유), 쇠기름, 돼지기름 등이 있다.

정답 12 (1) 130 이상   (2) 100 ~ 130   (3) 100 이하

02 제3회 필답형 실기시험

2018년 08월 26일 시행

01 고체 물질의 대표적인 연소형태 4가지를 쓰시오. [배점4] - 빈출유형
16년 제1회, 16년 제2회, 20년 제4회 기출 동일

Explanation & Advice

◎ 고체의 연소

고체 가연물에 열을 가했을 때 우선적으로 증발하는 가연물에서 증발연소가 일어나며 다음으로 열분해해서 분해연소가 일어나고 나머지 남은 물질이 표면연소를 한다.

1. 증발연소 : 열분해를 일으키지 않고 증발하여 그 증기가 연소하거나(나프탈렌이나 유황 등) 또는 열에 의해 융해되어 액체로 변한 다음 이 액체 상태에서 기화된 증기가 연소하는[파라핀(양초), 왁스 등] 현상을 말한다. 이러한 증발연소는 가솔린, 경유, 등유 등과 같은 증발하기 쉬운 가연성 액체에서도 잘 일어난다.

2. 표면연소 : 직접연소라고도 부르며 가연성 고체가 열분해 되어도 휘발성분이 없어 증발하지 않아 가연성 가스를 발생하지 않고 고체 자체의 표면에서 산소와 반응하여 연소되는 현상을 말하는 것으로 금속분, 목탄(숯), 코크스 등이 여기에 해당된다.

3. 자기연소 : 내부연소 또는 자활연소라고도 하며 가연성 물질이 자체 내에 산소를 함유하고 있어 공기 중의 산소를 필요로 하지 않고 자체의 산소에 의해서 연소되는 현상을 말하

는 것으로 제5류 위험물의 연소가 여기에 해당된다. 대부분 폭발성을 지니고 있으므로 폭발성 물질로 취급되고 있다.

4. 분해연소 : 열분해에 의해 발생된 가연성 가스가 공기와 혼합하여 연소하는 현상이며 연소열에 의해 고체의 열분해는 가연물이 없어질 때까지 계속된다. 종이, 석탄, 목재, 섬유, 플라스틱 등의 연소가 해당된다.

02 삼산화크롬을 가열분해 하면 산소가 방출된다. 이때의 분해반응식을 쓰시오. [배점4]

Explanation & Advice

◎ 삼산화크롬(CrO_3)

1. 무수크롬산

2. 행정안전부령으로 정하는 제1류 위험물 중 크롬의 산화물

3. 지정수량 300kg, 위험등급 Ⅱ

4. 진한 적자색 결정

5. 녹는점 197℃, 끓는점 250℃, 비중 2.7

6. 부식성이 있으며 강한 독성과 발암성을 나타낸다.

7. **열을 가하면 분해되어 삼산화제이크롬과 산소가 발생된다.**

$$4CrO_3 \rightarrow 2Cr_2O_3 + 3O_2$$

정답
01 증발연소, 표면연소, 자기연소, 분해연소
02 $4CrO_3 \rightarrow 2Cr_2O_3 + 3O_2$

03. 1몰의 탄화알루미늄이 물과 반응하는 반응식을 쓰시오. [배점4]

Explanation & Advice

◉ **탄화알루미늄**(Al_4C_3)

1. 제3류 위험물 중 칼슘 또는 알루미늄의 탄화물
2. 지정수량 300kg, 위험등급 Ⅲ
3. 무색 또는 황색의 결정 또는 분말 형태로 냄새는 없다.
4. 녹는점 2,100℃, 비중 2.36
5. 물과 반응하여 가연성 가스인 메탄가스를 발생하므로 주수소화는 금지한다.

   $Al_4C_3 + 12H_2O \rightarrow 4Al(OH)_3 + 3CH_4$

6. 연소 시 자극성과 부식성의 독성 가스를 생성한다.

04. 지정수량이 200kg인 제5류 위험물의 위험물안전관리법령상 품명을 4가지만 쓰시오. [배점4]

Explanation & Advice

✿ 제5류 위험물의 품명, 지정수량 및 위험등급 – [위험물안전관리법 시행령 별표1] & [위험물안전관리법 시행규칙 별표19]

성 질	품 명	지정수량	위험등급
자기반응성 물질	유기과산화물	10kg	Ⅰ
	질산에스테르류		
	니트로화합물	200kg	Ⅱ
	니트로소화합물		
	아조화합물		
	디아조화합물		
	히드라진 유도체		
	히드록실아민	100kg	
	히드록실아민염류		

정답
03 $Al_4C_3 + 12H_2O \rightarrow 4Al(OH)_3 + 3CH_4$
04 니트로화합물, 니트로소화합물, 아조화합물, 디아조화합물, 히드라진 유도체 중 4개 선택

05
디에틸에테르의 완전연소 반응식을 쓰시오. [배점4]

Explanation & Advice

◉ 디에틸에테르

1. 제4류 위험물 중 특수인화물(비수용성)
2. 지정수량 50ℓ, 위험등급 I
3. 무색의 향기로운 냄새가 나는 휘발성 액체
4. 녹는점 -116℃, 끓는점 34℃, 인화점 -45℃, 비중 0.7, 증기비중 2.55

✔ Check point

탄화수소 화합물이 완전연소하면 기본적으로 물과 이산화 탄소를 발생한다.

탄화수소 화합물의 연소반응식은 "물질 + 산소 → 물 + 이산화탄소"가 기본 틀이다. 기본 반응식을 화학식으로 적은 후에 미정계수법을 통해 앞의 계수를 결정하면 반응식은 완성된다.

06
위험물안전관리법령상 질산이 위험물로 취급되기 위해서는 비중이 일정 값 이상이어야 한다. 그 비중의 최소값을 기준으로 질산의 지정수량을 ℓ 단위로 환산하면 얼마가 되는지 구하시오. [배점4]

(1) 계산과정
(2) 답

Explanation & Advice

• 질산은 비중이 1.49 이상일 경우에 제6류 위험물로 간주한다.
• 질산은 지정수량 300kg, 위험등급 I
• 질산의 비중 = $\frac{질산의\ 밀도}{물의\ 밀도}$
• 물의 밀도는 1(kg/ℓ)이므로 질산의 밀도는 비중과 같은 1.49(kg/ℓ)가 된다.
• 밀도 = $\frac{질량}{부피}$의 관계식으로부터 부피 = $\frac{질량}{밀도}$

∴ $\frac{300kg}{1.49(kg/ℓ)}$ = 201.34ℓ

정답
05 $C_2H_5OC_2H_5 + 6O_2 \rightarrow 4CO_2 + 5H_2O$
06 (1) $\frac{300}{1.49}$ (2) 201.34ℓ

07

다음 [보기]의 제2류 위험물을 착화온도가 낮은 것부터 높은 순서로 차례대로 쓰시오. [배점5]

[보기]
삼황화린, 적린, 마그네슘, 황

Explanation & Advice

⊙ 각 위험물의 착화온도(℃)

삼황화린	적린	마그네슘	황
100	260	473	232.2

08

다음 [보기]의 위험물 중 위험물안전관리법령상 포소화설비가 적응성이 없는 것을 모두 선택하여 쓰시오. (단, 모두 적응성이 있을 경우는 "해당 없음"이라고 쓰시오.) [배점3]

[보기]
철분, 인화성 고체, 황린, 알킬알루미늄, TNT

Explanation & Advice

제2류 위험물인 철분과 제3류 위험물 중 금수성 물질에 해당하는 알킬알루미늄은 수분과의 접촉이 금지되므로 이들의 화재 시 수분을 포함하고 있는 포 소화설비를 사용할 수 없다.

인화성 고체(제2류 위험물), 황린(제3류 위험물 중 자연발화성 물질), TNT(제5류 위험물 중 니트로화합물)의 화재에는 주수 냉각소화가 효과를 보이므로 수분을 포함하는 포 소화설비가 적응성이 있다고 할 것이다.

정답
07 삼황화린 - 황 - 적린 - 마그네슘
08 철분, 알킬알루미늄

◉ 소화설비의 적응성 [위험물안전관리법 시행규칙 별표17]

소화설비의 구분			건축물·그 밖의 공작물	전기설비	제1류 위험물		제2류 위험물			제3류 위험물		제4류 위험물	제5류 위험물	제6류 위험물
		대상물 구분			알칼리금속 과산화물 등	그 밖의 것	철분·금속분·마그네슘 등	인화성 고체	그 밖의 것	금수성 물품	그 밖의 것			
옥내소화전 또는 옥외소화전 설비			○			○		○	○		○		○	○
스프링클러 설비			○			○		○	○		○	△	○	○
물분무등소화설비		물분무 소화설비	○	○		○		○	○		○	○	○	○
		포 소화설비	○			○	×	○	○	×	○	○	○	○
		불활성가스 소화설비		○				○				○		
		할로겐화합물 소화설비		○				○				○		
	분말소화설비	인산염류 등	○	○		○		○	○			○		○
		탄산수소염류 등		○	○		○	○		○		○		
		그 밖의 것			○		○			○				
대형·소형수동식소화기		봉상수(棒狀水) 소화기	○			○		○	○		○		○	○
		무상수(霧狀水) 소화기	○	○		○		○	○		○		○	○
		봉상강화액 소화기	○			○		○	○		○		○	○
		무상강화액 소화기	○	○		○		○	○		○	○	○	○
		포 소화기	○			○	×	○	○	×	○	○	○	○
		이산화탄소 소화기		○				○				○		△
		할로겐화합물 소화기		○				○				○		
	분말소화기	인산염류 소화기	○	○		○		○	○			○		○
		탄산수소염류 소화기		○	○		○	○		○		○		
		그 밖의 것			○		○			○				
기타		물통 또는 수조	○			○		○	○		○		○	○
		건조사			○	○	○	○	○	○	○	○	○	○
		팽창질석 또는 팽창진주암			○	○	○	○	○	○	○	○	○	○

* "○"표시는 당해 소방대상물 및 위험물에 대하여 소화설비가 적응성이 있음을 표시하고, "△"표시는 제4류 위험물을 저장 또는 취급하는 장소의 살수 기준면적에 따라 스프링클러 설비의 살수 밀도가 특정 기준 이상인 경우에는 당해 스프링클러 설비가 제4류 위험물에 대하여 적응성이 있음을, 제6류 위험물을 저장 또는 취급하는 장소로서 폭발의 위험이 없는 장소에 한하여 이산화탄소 소화기가 제6류 위험물에 대하여 적응성이 있음을 각각 표시한다.

09
표준상태에서 1몰의 아세톤이 완전 연소하기 위해 필요한 산소의 부피는 몇 ℓ 인지 구하시오.

[배점4] - 빈출유형

(1) 계산과정
(2) 답

Explanation & Advice

- 아세톤의 연소반응식

  $CH_3COCH_3 + 4O_2 \rightarrow 3CO_2 + 3H_2O$

- 표준상태(0℃, 1기압)에서 1몰의 아세톤 연소에는 4몰의 산소가 필요하다.
- 표준상태(0℃, 1기압)에서 기체의 종류에 관계없이 모든 기체의 1몰이 차지하는 부피는 22.4ℓ이다.

  $\therefore 22.4ℓ \times 4 = 89.6ℓ$

10
다음 각 위험물을 시성식으로 쓰시오.

[배점4]

(1) 아닐린
(2) 스티렌(Styrene)
(3) 아세톤
(4) 아세트알데히드

Explanation & Advice

- 아닐린($C_6H_5NH_2$) : 제4류 위험물 중 제3석유류(비수용성), 지정수량 2,000ℓ
  - $-NH_2$(아미노기)가 작용기
- 스티렌(Styrene / $C_6H_5CH=CH_2$) : 제4류 위험물 중 제2석유류(비수용성), 지정수량 1,000ℓ
  - $-CH=CH_2$(비닐기)가 작용기
- 아세톤(CH_3COCH_3) : 제4류 위험물 중 제1석유류(수용성), 지정수량 400ℓ
  - $-CO-$(케톤기)가 작용기
- 아세트알데히드(CH_3CHO) : 제4류 위험물 중 특수인화물(수용성), 지정수량 50ℓ
  - $-CHO$(알데히드기)가 작용기

♣ 빈틈없이 촘촘하게   **One more Step**

- 실험식 : 화합물에 존재하는 원소의 비율을 가장 간단한 정수비로 나타낸 화학식
- 분자식 : 물질 한 분자를 구성하는 모든 원소들의 종류와 수를 명확히 나타낸 화학식
- 시성식 : 분자의 화학적 특성을 쉽게 파악할 수 있도록 작용기(기능기) 중심으로 나타낸 화학식
- 구조식 : 분자를 구성하고 있는 각 원자가 분자 내에서 상호 간에 어떻게 결합해 있는가를 도식적으로 나타낸 화학식
- 이온식 : 물질이 이온화되었을 때 각 이온의 종류와 전하량을 나타낸 화학식

예 아세트산

실험식	분자식	시성식
CH_2O	$C_2H_4O_2$	CH_3COOH

구조식	이온식
	$CH_3COO^- + H^+$

정답
09 (1) 22.4ℓ × 4   (2) 89.6ℓ
10 (1) $C_6H_5NH_2$ (2) $C_6H_5CHCH_2$ (또는 $C_6H_5CH=CH_2$)   (3) CH_3COCH_3 (4) CH_3CHO

11
다음 설명에 해당하는 분말소화약제의 주성분을 각각 화학식으로 쓰시오. [배점4]

(1) 열분해 시 발생하는 메타인산이 소화작용을 한다.
(2) 기름화재에 사용하면 비누화 현상이 일어난다.

Explanation & Advice

(1) $NH_4H_2PO_4 \rightarrow NH_3 + H_2O + HPO_3$

메타인산은 HPO_3를 말하는 것으로 제3종 분말소화약제의 주성분인 $NH_4H_2PO_4$(제1인산암모늄)을 열분해하면 발생된다.

(2) 비누화 현상을 일으키는 분말소화약제는 제1종 분말소화약제이며 주성분은 $NaHCO_3$(탄산수소나트륨)이다. 비누화 현상(반응)이란 기름화재 시 기름에 함유되어 있는 유지와 반응하여 비누 거품을 만드는 것이며 생성된 비누거품이 표면을 덮어 공기와의 접촉을 차단함으로서 질식소화 한다.

열분해 반응식은 다음과 같다.

$2NaHCO_3 \rightarrow Na_2CO_3 + H_2O + CO_2$

12
위험물안전관리법령상 지정수량 몇 배 이상의 제4류 위험물을 취급하는 제조소에는 자체소방대를 설치하여야 하는지 쓰시오. [배점3]

Explanation & Advice

✿ 자체소방대 [위험물안전관리법 제19조]

다량의 위험물을 저장·취급하는 제조소등으로서 대통령령이 정하는 제조소등이 있는 동일한 사업소에서 대통령령이 정하는 수량 이상의 위험물을 저장 또는 취급하는 경우 당해 사업소의 관계인은 대통령령이 정하는 바에 따라 당해 사업소에 자체소방대를 설치하여야 한다.

✿ 자체소방대를 설치하여야 하는 사업소 [위험물안전관리법 시행령 제18조]

- 법 제19조에서 "대통령령이 정하는 제조소등"이란 다음 어느 하나에 해당하는 제조소등을 말한다.
  - **제4류 위험물을 취급하는 제조소** 또는 일반취급소. 다만, 보일러로 위험물을 소비하는 일반취급소 등 행정안전부령[위험물안전관리법 시행규칙 제73조]으로 정하는 일반취급소는 제외한다.
  - 제4류 위험물을 저장하는 옥외 탱크저장소

- 법 제19조에서 "대통령령이 정하는 수량 이상"이란 다음의 구분에 따른 수량을 말한다
  - **제조소 또는 일반취급소에서 취급하는 제4류 위험물의 최대수량의 합이 지정수량의 3천 배 이상**
  - 옥외 탱크저장소에 저장하는 제4류 위험물의 최대수량이 지정수량의 50만 배 이상

정답
11 (1) $NH_4H_2PO_4$ (2) $NaHCO_3$
12 3,000배 이상

13 위험물안전관리법령에서 구분하고 있는 위험등급 Ⅰ, Ⅱ, Ⅲ 중 위험등급 Ⅱ에 해당하는 제4류 위험물의 위험물안전관리법령상 품명 2가지를 쓰시오.
[배점4]

✿ 제4류 위험물의 품명, 지정수량 및 위험등급 – [위험물안전관리법 시행령 별표1] & [위험물안전관리법 시행규칙 별표19]

성질	품명		지정수량	위험등급
인화성 액체	특수인화물		50ℓ	Ⅰ
	제1 석유류	비수용성	200ℓ	Ⅱ
		수용성	400ℓ	
	알코올류		400ℓ	
	제2 석유류	비수용성	1,000ℓ	Ⅲ
		수용성	2,000ℓ	
	제3 석유류	비수용성	2,000ℓ	
		수용성	4,000ℓ	
	제4석유류		6,000ℓ	
	동·식 물유류	건성유	10,000ℓ	
		반건성유		
		불건성유		

14 위험물안전관리법령상 위험물의 운반에 관한 기준에 따르면 적재하는 위험물의 성질에 따라 일광의 직사 또는 빗물의 침투를 방지하기 위하여 유효하게 피복하는 등 기준에 따른 조치를 하여야 한다. 다음의 위험물에는 어떠한 조치를 하여야 하는지 물음에 답하시오. [배점4]

(1) 제5류 위험물은 어떤 피복으로 가려야 하는지 쓰시오.
(2) 제6류 위험물은 어떤 피복으로 가려야 하는지 쓰시오.
(3) 제2류 위험물 중 철분은 어떤 피복으로 덮어야 하는지 쓰시오.

✿ [위험물안전관리법 시행규칙 별표19 / 위험물의 운반에 관한 기준]

• 차광성이 있는 피복으로 가려야 할 위험물
  - 제1류 위험물
  - 제3류 위험물 중 자연발화성 물질
  - 제4류 위험물 중 특수인화물
  - <u>제5류 위험물</u>
  - <u>제6류 위험물</u>

• 방수성이 있는 피복으로 덮어야 할 위험물
  - 제1류 위험물 중 알칼리금속의 과산화물 또는 이를 함유한 것

정답
13 제1석유류, 알코올류
14 (1) 차광성 피복(덮개) (2) 차광성 피복(덮개) (3) 방수성 피복(덮개)

- 제2류 위험물 중 철분·금속분·마그네슘 또는 이들 중 어느 하나 이상을 함유한 것
- 제3류 위험물 중 금수성 물질
• 보냉 컨테이너에 수납하는 등 적정한 온도관리를 해야 할 위험물
- 제5류 위험물 중 55℃ 이하의 온도에서 분해될 우려가 있는 것
• 충격 등을 방지하기 위한 조치를 강구해야 할 위험물
- 액체 위험물 또는 위험등급Ⅱ의 고체 위험물을 기계에 의하여 하역하는 구조로 된 운반 용기에 수납하여 적재하는 경우

✔ Check point

차광성과 방수성이 있는 피복으로 모두 덮어야 하는 위험물은 제1류 위험물 중 알칼리금속 과산화물이다. - 과산화칼륨, 과산화나트륨, 과산화칼슘이 해당된다.

03 제2회 필답형 실기시험

2018년 05월 27일 시행

01 다음 제1류 위험물의 화학식을 쓰시오
[배점 4]

(1) 과염소산칼륨
(2) 과산화칼륨
(3) 아염소산나트륨
(4) 브롬산칼륨

Explanation & Advice

물질명	품 명	화학식	지정수량	위험등급
과염소산칼륨	과염소산염류	$KClO_4$	50kg	Ⅰ
과산화칼륨	무기과산화물	K_2O_2	50kg	Ⅰ
아염소산나트륨	아염소산염류	$NaClO_2$	50kg	Ⅰ
브롬산칼륨	브롬산염류	$KBrO_3$	300kg	Ⅱ

정답 **01** (1) $KClO_4$ (2) K_2O_2 (3) $NaClO_2$ (4) $KBrO_3$

02
탄화칼슘이 고온에서 질소와 반응하여 석회질소를 생성하는 화학반응식을 쓰시오. [배점3]

Explanation & Advice

탄화칼슘(CaC_2)은 제3류 위험물 중 '칼슘 또는 알루미늄의 탄화물'에 속하는 위험물이며 지정수량 300kg, 위험등급은 Ⅲ이다.

질소 존재하에서 고온(보통 700℃ 이상)으로 가열하면 칼슘시안아미드(석회질소)가 생성된다.

$CaC_2 + N_2 \rightarrow CaCN_2 + C$

✽ 빈틈없이 촘촘하게 **One more Step**

❖ 기타 반응식
- 산화반응 : 350℃ 이상으로 가열하면 산화된다.
  $2CaC_2 + 5O_2 \rightarrow 2CaO + 4CO_2 \uparrow$
- 물과의 반응식 :
  $CaC_2 + 2H_2O \rightarrow Ca(OH)_2 + C_2H_2 \uparrow$

03
햇빛에 의해 4몰의 질산이 완전 분해하여 산소 1몰을 발생하였다. 이때 같이 발생하는 유독성 기체는 무엇인지와 분해할 때의 화학반응식을 쓰시오. [배점5]

(1) 유독성 기체
(2) 화학반응식

Explanation & Advice

제6류 위험물(산화성 액체)인 질산(HNO_3)은 빛을 쪼이면 분해되어 수증기, 산소와 함께 유독한 갈색 증기인 이산화질소(NO_2)를 발생시킨다.

$4HNO_3 \rightarrow 2H_2O + 4NO_2 + O_2 \uparrow$

정답
02 $CaC_2 + N_2 \rightarrow CaCN_2 + C$
03 (1) 이산화질소 (2) $4HNO_3 \rightarrow 2H_2O + 4NO_2 + O_2 \uparrow$

04
위험물안전관리법령에서는 정전기를 유효하게 제거하기 위해 공기 중 상대습도를 몇 % 이상으로 하도록 규정하고 있는지 쓰시오.

[배점3] - 19년 제1회 기출 유사

Explanation & Advice

✿ [위험물안전관리법 시행규칙 별표4 / 제조소의 위치·구조 및 설비의 기준] - Ⅷ. 기타설비 中 제6호. 정전기 제거설비

위험물을 취급함에 있어서 정전기가 발생할 우려가 있는 설비에는 다음에 해당하는 방법으로 정전기를 유효하게 제거할 수 있는 설비를 설치하여야 한다.

- 접지에 의한 방법
- 공기 중의 상대습도를 70% 이상으로 하는 방법
- 공기를 이온화하는 방법

05
다음 ( )안에 위험물안전관리법령에 따른 알맞은 품명을 쓰시오.

[배점3]

( )(이)라 함은 이황화탄소, 디에틸에테르, 그 밖에 1기압에서 발화점이 섭씨 100도 이하인 것 또는 인화점이 섭씨 영하 20도 이하이고 비점이 섭씨 40도 이하인 것을 말한다.

Explanation & Advice

특수인화물에는 비수용성인 이황화탄소, 디에틸에테르, 이소펜탄, 이소프렌, 황화디메틸 등과 수용성인 아세트알데히드, 산화프로필렌, 이소프로필아민, 에틸아민 등이 있으며 이들은 모두 위험등급 Ⅰ등급에 지정수량은 50ℓ이다.

✿ [위험물안전관리법 시행령 별표1 / 위험물 및 지정수량] - 비고란 제12호

(특수인화물)이라 함은 이황화탄소, 디에틸에테르 그 밖에 1기압에서 발화점이 섭씨 100도 이하인 것 또는 인화점이 섭씨 영하 20도 이하이고 비점이 섭씨 40도 이하인 것을 말한다.

정답
- **04** 70%
- **05** 특수인화물

06 분말소화약제인 탄산수소칼륨이 약 190℃에서 열분해 되었을 때의 분해반응식을 쓰고 200kg의 탄산수소칼륨이 분해하였을 때 발생하는 탄산가스는 몇 m³인지 1기압, 200℃를 기준으로 구하시오. (단, 칼륨의 원자량은 39이다.) [배점5]

(1) 열분해 반응식
(2) 탄산가스의 양(m³)

Explanation & Advice

(1) 탄산수소칼륨($KHCO_3$)은 제2종 분말소화약제의 주성분으로서 190℃ 정도에서 열분해 되면 탄산칼륨, 이산화탄소, 물을 생성한다.

$$2KHCO_3 \rightarrow K_2CO_3 + CO_2 + H_2O$$

(2)
- 탄산수소칼륨($KHCO_3$)의 분자량 :
  $39 + 1 + 12 + 16 \times 3 = 100$

- 반응식에서 보여주듯이 2몰에 해당하는 200g의 탄산수소칼륨이 열분해 되면 이산화탄소는 1몰이 생성된다.

- 표준상태(0℃, 1기압)가 아니라 1기압, 200℃에서 발생되는 이산화탄소 1몰의 부피는 이상기체상태방정식을 통해 구한다.

  $PV = nRT$

  P(압력) : 1기압
  V(부피) : V(ℓ)
  n(몰수) : 1mol
  R(기체상수) : 0.082(기압·ℓ)/(K·mol)
  T(절대온도) : 273 + 200 = 473

$$V = \frac{nRT}{P} = \frac{1 \times 0.082 \times 473}{1} = 38.79(\ell)$$

∴ 1기압, 200℃에서 200g의 탄산수소칼륨이 열분해 되면 이산화탄소 38.79ℓ가 생성된다.

- 단위는 (kg−m³)관계로 level(수준)이 맞추어져 있으므로 단위변환은 신경 쓰지 않아도 된다. 즉, 200kg의 탄산수소칼륨이 열분해 되면 이산화탄소 38.79m³가 생성되는 것이다.

정답 **06** (1) $2KHCO_3 \rightarrow K_2CO_3 + CO_2 + H_2O$ (2) $38.79m^3$

07
분자량이 약 58, 인화점이 약 -37℃, 비점이 약 34℃인 무색의 휘발성 액체로서 저장 시 불활성 기체를 봉입해야 하는 제4류 위험물의 명칭과 화학식을 쓰시오. [배점4]

(1) 명칭
(2) 화학식

Explanation & Advice

◉ 산화프로필렌(프로필렌옥사이드)

1. 제4류 위험물(인화성 액체) 중 특수인화물
2. 지정수량 50ℓ, 위험등급 Ⅰ
3. 분자량 : $12 \times 3 + 1 \times 6 + 16 = 58$
4. 인화점 -37℃, 발화점 465℃, 끓는점 34℃, 비중 0.83
5. 무색투명한 에테르 냄새가 나는 휘발성이 강한 액체이며 인화점이 -37℃로 낮고 연소범위가 넓어 위험성이 큰 인화성 액체이다.
6. 물, 알코올, 에테르, 벤젠 등에 잘 녹는다.
7. 구리, 마그네슘, 은, 수은 및 이들의 합금으로 만든 용기는 절대로 금하도록 하며 저장하는 경우 저장탱크와 용기 내에 불연성 가스(N_2, CO_2 등)를 충전하고 보냉장치를 설치함으로써 가연성 증기의 발생을 억제하고 폭발 위험을 방지하도록 한다.

+STUDY 산화프로필렌의 구조식

$$\begin{array}{c} H\ H\ H \\ H-C-C-C-H \\ H\ \diagdown O \diagup \end{array}$$

08
알루미늄분에 대해 다음 각 물음에 답하시오. [배점6]

(1) 흰 연기를 내면서 연소하는 완전 연소 반응식을 쓰시오.
(2) 염산과 반응하여 수소가스를 발생하는 화학반응식을 쓰시오.
(3) 위험물안전관리법령상의 품명을 쓰시오.

Explanation & Advice

◉ 알루미늄분

1. <u>제2류 위험물 중 금속분에 속한다.</u>
2. 지정수량 500kg, 위험등급 Ⅲ
3. 은백색의 광택이 있는 무른 금속으로 녹는점 660℃, 끓는점 2,327℃, 비중 2.7을 나타낸다.
4. 연성과 전성이 좋으며 열전도율과 전기전도도가 크다.
5. <u>연소반응식 : $4Al + 3O_2 \rightarrow 2Al_2O_3$</u>
6. 온수와도 격렬하게 반응하여 수소 기체를 발생한다.
   $2Al + 6H_2O \rightarrow 2Al(OH)_3 + 3H_2 \uparrow$
7. **염산이나 황산과 반응하면 가연성의 수소 기체를 발생한다.**
   <u>$2Al + 6HCl \rightarrow 2AlCl_3 + 3H_2 \uparrow$</u>
   $2Al + 3H_2SO_4 \rightarrow Al_2(SO_4)_3 + 3H_2 \uparrow$
8. 알칼리 수용액과 반응하여 수소 기체를 발생한다.
   $2Al + 2NaOH + 2H_2O \rightarrow 2NaAlO_2 + 3H_2 \uparrow$
   $2Al + 2KOH + 2H_2O \rightarrow 2KAlO_2 + 3H_2 \uparrow$

정답
07 (1) 산화프로필렌 (2) CH_3CHOCH_2 (또는 CH_3CH_2CHO)
08 (1) $4Al + 3O_2 \rightarrow 2Al_2O_3$ (2) $2Al + 6HCl \rightarrow 2AlCl_3 + 3H_2 \uparrow$ (3) 금속분

09
위험물안전관리법령상 이동탱크저장소에 의해 제4류 위험물을 운송하는 경우 반드시 위험물 안전카드를 휴대하여야 하는 위험물의 품명 2가지를 쓰시오. [배점4]

Explanation & Advice

✿ [위험물안전관리법 시행규칙 별표21 / 위험물 운송책임자의 감독 또는 지원의 방법과 위험물의 운송 시에 준수하여야 하는 사항] - 제2호. 이동 탱크저장소에 의한 위험물의 운송 시 준수하여야 하는 기준 中

위험물(**제4류 위험물에 있어서는 특수인화물 및 제1석유류에 한한다**)을 운송하게 하는 자는 별지 서식의 위험물 안전카드를 위험물 운송자로 하여금 휴대하게 하여야 한다.

✔ Check point

제4류 위험물 뿐 아니라 모든 위험물에 적용되는 것이며 제4류 위험물의 경우에 있어서는 특수인화물과 제1석유류에 한한다는 것에 유의한다.

10
제3종 분말소화약제가 열분해하여 메타인산, 암모니아, 물을 생성하는 열분해 반응식을 쓰시오.
[배점4] - 18년 제1회 기출 유사

Explanation & Advice

● 각 종별 분말 소화약제의 열분해 반응식

구 분	열분해 반응식
제1종 분말	$2NaHCO_3 \rightarrow Na_2CO_3 + CO_2 + H_2O$
제2종 분말	$2KHCO_3 \rightarrow K_2CO_3 + CO_2 + H_2O$
제3종 분말	$NH_4H_2PO_4 \rightarrow HPO_3 + NH_3 + H_2O$
제4종 분말	$2KHCO_3 + (NH_2)_2CO \rightarrow K_2CO_3 + 2NH_3 + 2CO_2$

✔ Check point

기능사 시험에서는 거의 출제된 적은 없으나 산업기사 및 기능장 시험에서는 190℃ 정도에서 1차적으로 분해하는 1차 열분해 반응식에 대해 물어보기도 하며 그 반응식은 다음과 같다.

● 1차 열분해 반응식 : $NH_4H_2PO_4 \rightarrow H_3PO_4 + NH_3$

정답
09 특수인화물, 제1석유류
10 $NH_4H_2PO_4 \rightarrow HPO_3 + NH_3 + H_2O$

11 위험물안전관리법령상 지정과산화물 옥내저장소의 저장창고 기준에 대해 다음 각 물음에 답하시오. [배점6]

(1) 창은 바닥면으로부터 몇 m 이상 높이에 두어야 하는지 쓰시오.
(2) 하나의 창의 면적은 몇 m² 이내로 하여야 하는지 쓰시오.
(3) 하나의 벽면에 설치하는 창의 면적의 합계를 그 벽의 면적의 몇 분의 몇 이내가 되도록 하여야 하는지 쓰시오.

- 저장창고의 외벽은 두께 20cm 이상의 철근콘크리트조나 철골 철근콘크리트조 또는 두께 30cm 이상의 보강 콘크리트블록조로 할 것
- 저장창고의 지붕은 다음에 적합할 것
  - 중도리 또는 서까래의 간격은 30cm 이하로 할 것
  - 지붕의 아래쪽 면에는 한 변의 길이가 45cm 이하의 환강(丸鋼)·경량형강(輕量形鋼) 등으로 된 강제(鋼製)의 격자를 설치할 것
  - 지붕의 아래쪽 면에 철망을 쳐서 불연재료의 도리·보 또는 서까래에 단단히 결합할 것
  - 두께 5cm 이상, 너비 30cm 이상의 목재로 만든 받침대를 설치할 것
- 저장창고의 출입구에는 갑종 방화문을 설치할 것
- 저장창고의 창은 바닥면으로부터 <u>2m</u> 이상의 높이에 두되, 하나의 벽면에 두는 창의 면적의 합계를 당해 벽면의 면적의 <u>80분의 1</u> 이내로 하고, 하나의 창의 면적을 <u>0.4m²</u> 이내로 할 것

Explanation & Advice

"지정과산화물"이란 제5류 위험물 중 유기과산화물 또는 이를 함유하는 것으로서 지정수량이 10kg인 것을 말한다.

✿ [위험물안전관리법 시행규칙 별표5 / 옥내저장소의 위치·구조 및 설비의 기준] - Ⅷ. 위험물의 성질에 따른 옥내저장소의 특례 - 제2호. 지정과산화물을 저장 또는 취급하는 옥내저장소의 저장창고 기준

- 저장창고는 150m 이내마다 격벽으로 완전하게 구획할 것. 이 경우 당해 격벽은 두께 30cm 이상의 철근콘크리트조 또는 철골 철근콘크리트조로 하거나 두께 40cm 이상의 보강 콘크리트블록조로 하고, 당해 저장창고의 양측의 외벽으로부터 1m 이상, 상부의 지붕으로부터 50cm 이상 돌출하게 하여야 한다.

정답 11 (1) 2m (2) 0.4m² (3) $\frac{1}{80}$

12
주유취급소에 설치한 "주유중 엔진정지" 표시를 한 게시판의 바탕색과 문자색을 각각 쓰시오. [배점4]

(1) 바탕색
(2) 문자색

Explanation & Advice

✿ [위험물안전관리법 시행규칙 별표13 / 주유취급소의 위치·구조 및 설비의 기준] – Ⅱ. 표지 및 게시판 中

주유취급소에는 보기 쉬운 곳에 **황색바탕에 흑색 문자로 "주유중 엔진정지"**라는 표시를 한 게시판을 설치하여야 한다.

게시판은 한 변의 길이가 0.3m 이상, 다른 한 변의 길이가 0.6m 이상인 직사각형으로 할 것

13
피크린산(또는 트리니트로페놀)과 트리니트로톨루엔의 구조식을 각각 나타내시오. [배점4]

21년 제1회 기출문제 동일

(1) 피크린산(또는 트리니트로페놀)
(2) 트리니트로톨루엔

Explanation & Advice

물질명	품 명	화학식	지정수량	위험등급
트리니트로톨루엔	니트로화합물	$C_6H_2CH_3(NO_2)_3$	200kg	Ⅱ
피크린산	니트로화합물	$C_6H_2(NO_2)_3OH$	200kg	Ⅱ

• 피크린산은 페놀(C_6H_5OH)을 진한 질산과 진한 황산의 혼산으로 니트로화하여 제조한다.

$$C_6H_5OH + 3HNO_3 \xrightarrow{C-H_2SO_4} C_6H_2(NO_2)_3OH + 3H_2O$$

• TNT는 톨루엔($C_6H_5CH_3$)을 진한 질산과 진한 황산의 혼산으로 니트로화하여 제조한다.

$$C_6H_5CH_3 + 3HNO_3 \xrightarrow{C-H_2SO_4} C_6H_2CH_3(NO_2)_3 + 3H_2O$$

정답

12 (1) 황색 (2) 흑색

13 (1) [트리니트로페놀 구조식] (2) [트리니트로톨루엔 구조식]

04 제1회 필답형 실기시험

2018년 03월 11일 시행

01 다음 할로겐화합물 소화약제의 화학식을 각각 쓰시오. [배점4] - 빈출유형

(1) Halon 1011
(2) Halon 1211

Explanation & Advice

할론 번호의 4자리 숫자는 C - F - Cl - Br의 순서대로 개수를 나타낸 것이다.

(1) 탄소는 4족 원소로서 4개의 곁가지를 가지고 있어 4개의 원자를 부착시킨다. 할론번호 1011에는 중심탄소 1개에 Cl 1개와 Br 1개가 연결된 정보만을 보여주는 것이며 할로겐 원소가 결합되지 않은 나머지 두 군데에는 수소가 결합되어 있음을 의미한다. 즉 결합된 수소는 할론번호에는 표시되지 않는다.

(2) 첫 번째 숫자 1은 C의 개수, 두 번째 숫자 2는 F의 개수, 세 번째 숫자 1은 Cl의 개수, 마지막 숫자 1은 Br의 개수를 나타내는 것으로서 Halon 1211의 화학식은 CF_2ClBr이 되는 것이다. 탄소의 4군데 곁가지에는 할로겐원소 4개가 모두 부착되어 있으므로 수소가 결합될 여지는 없다.

02 위험물안전관리법령상 고체위험물과 액체위험물은 각각 운반용기 내용적의 몇 % 이하의 수납률로 수납하여야 하는지 쓰시오. [배점4]

(1) 고체위험물
(2) 액체위험물

Explanation & Advice

✿ [위험물안전관리법 시행규칙 별표19 / 위험물의 운반에 관한 기준] - Ⅱ. 적재방법 제1호

• **고체 위험물**은 운반용기 내용적의 **95%** 이하의 수납률로 수납할 것

• **액체 위험물**은 운반용기 내용적의 **98%** 이하의 수납률로 수납하되 55℃의 온도에서 누설되지 아니하도록 충분한 공간용적을 유지하도록 할 것

• 자연발화성물질 중 알킬알루미늄 등 : 운반용기의 내용적의 90% 이하의 수납률로 수납하되, 50℃의 온도에서 5% 이상의 공간용적을 유지하도록 할 것

정답
01 (1) CH_2ClBr (2) CF_2ClBr
02 (1) 95% (2) 98%

03
위험물제조소의 옥외에 있는 가솔린 취급탱크 2기의 주위에 하나의 방유제를 설치하고자 하는 경우 방유제의 용량은 얼마 이상으로 하여야 하는지 구하시오. (단, 탱크의 용량은 각각 $200m^3$, $100m^3$ 이다.) [배점4]

(1) 계산과정
(2) 답

04
다음 각 설명에 해당하는 제6류 위험물의 물질명과 분자식을 쓰시오. [배점4]

(1) 피부 접촉 시 크산토프로테인 반응이 일어난다.
(2) 가열 시 폭발 우려가 있고 물과 반응하여 발열하며 증기비중은 약 3.46이다.

Explanation & Advice (03)

2기의 취급 탱크 주위에 하나의 방유제를 설치하는 경우 방유제의 용량은 용량이 큰 것의 50%에 나머지 탱크용량의 10%를 가산한 양 이상이 되게 하여야 하므로

$200m^3 \times 0.5 + 100m^3 \times 0.1 = 110m^3$ 이상이 되도록 하여야 한다.

✿ [위험물안전관리법 시행규칙 별표4 / 제조소의 위치·구조 및 설비의 기준] – Ⅸ. 위험물 취급탱크 中

옥외에 있는 위험물 취급 탱크로서 액체 위험물(이황화탄소를 제외한다)을 취급하는 것의 주위에는 다음의 기준에 의하여 방유제를 설치할 것

- 하나의 취급 탱크 주위에 설치하는 방유제의 용량은 당해 탱크용량의 50% 이상으로 하고, 2 이상의 취급 탱크 주위에 하나의 방유제를 설치하는 경우 그 방유제의 용량은 당해 탱크 중 용량이 최대인 것의 50%에 나머지 탱크용량 합계의 10%를 가산한 양 이상이 되게 할 것

Explanation & Advice (04)

(1) 질산(HNO_3)이 피부와 접촉하면 피부에 포함된 단백질과 반응하여 노란색으로 변하게 된다. 이를 크산토프로테인 반응이라 하며 제6류 위험물 중 질산의 특징이다.

(2)

- 과염소산($HClO_4$)을 가열하면 폭발, 분해되고 유독성의 염화수소(HCl)를 발생한다.

  $HClO_4 \rightarrow HCl \uparrow + 2O_2 \uparrow$

- 과염소산($HClO_4$)이 물과 접촉하면 소리를 내며 발열하고 고체 수화물을 만든다.

- 과염소산($HClO_4$)의 분자량은 100.5(1 + 35.5 + 16 × 4)이다.

  증기비중은 $\dfrac{물질의 분자량}{29}$ 으로 구하므로

  $\dfrac{100.5}{29} ≒ 3.46$ 이다.

정답
03 (1) $200m^3 \times 0.5 + 100m^3 \times 0.1$ (2) $110m^3$
04 (1) 질산, HNO_3 (2) 과염소산, $HClO_4$

+STUDY 크산토프로테인 반응

물질 속에 포함된 단백질 성분을 검출할 때 이용되는 반응이다. 정량분석을 하기에는 적당하지 않으며 검출이나 정성반응을 할 때 이용된다. 단백질을 포함하는 시료에 질산을 가하고 몇 분간 가열하면 황색으로 변한다.

이는 단백질을 구성하는 아미노산들 중 페닐알라닌, 티록신, 트립토판과 같이 벤젠고리를 가지고 있는 아미노산들이 질산에 의해 니트로화합물로 변하기 때문에 일어나는 발색반응이다. 이런 이유로 만일에 단백질에 벤젠고리를 지닌 이들 아미노산들이 존재하지 않는다면 크산토프로테인 반응은 일어나지 않는다. 따라서 뷰렛반응 등과 같은 다른 발색반응들과 조합해서 분석하는 것이 단백질의 검출 정확도를 높일 수 있다.

05 위험물은 그 운반용기의 외부에 수납하는 위험물에 따라 규정에 의한 주의사항을 표시하여야 한다. 과산화수소를 수납한 경우에 표시하여야 하는 주의사항을 쓰시오.

[배점3] - 빈출유형

Explanation & Advice

과산화수소는 제6류 위험물이므로 운반용기 외부에는 "가연물 접촉주의"라는 주의사항을 표시하여야 한다.

✿ [위험물안전관리법 시행규칙 별표19 / 위험물의 운반에 관한 기준] - Ⅱ. 적재방법 중 위험물의 종류에 따른 운반 용기 외부에 표시하여야 할 주의사항

류 별	성 질	표시할 주의사항
제1류 위험물	산화성 고체	• 알칼리금속의 과산화물 또는 이를 함유한 것 : 화기·충격주의, 물기엄금 및 가연물 접촉주의 • 그 밖의 것 : 화기·충격주의, 가연물 접촉주의
제2류 위험물	가연성 고체	• 철분·금속분·마그네슘 또는 이들 중 어느 하나 이상을 함유한 것 : 화기주의, 물기엄금 • 인화성 고체 : 화기엄금 • 그 밖의 것 : 화기주의
제3류 위험물	자연발화성 및 금수성 물질	• 자연발화성 물질 : 화기엄금, 공기접촉엄금 • 금수성 물질 : 물기엄금
제4류 위험물	인화성 액체	화기엄금
제5류 위험물	자기반응성 물질	화기엄금, 충격주의
제6류 위험물	**산화성 액체**	**가연물 접촉주의**

정답 **05** 가연물 접촉주의

06

다음 [보기]에서 설명하는 위험물은 무엇인지 쓰시오. [배점3]

[보기]
- 분자량은 약 104.2이고 지정수량은 1,000ℓ인 제2석유류이다.
- 비점은 약 146℃이고 인화점은 약 32℃이다.
- 에틸벤젠을 탈수소화 처리하여 얻을 수 있다.

Explanation & Advice

◉ 스티렌

1. 제4류 위험물 중 제2석유류(비수용성)에 속하며 지정수량 1,000ℓ, 위험등급 Ⅲ

2. $C_6H_5CHCH_2$

   구조식 :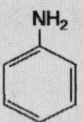

3. 분자량 : $12 \times 8 + 1 \times 8 = 104$

4. 인화점 32℃, 발화점 490℃, 녹는점 -31℃, 끓는점 146℃

5. 공업적으로 에틸벤젠($C_6H_5C_2H_5$)에 금속 촉매(아연, 칼슘, 마그네슘, 철 따위)를 가하여 탈수소화 과정을 거쳐 제조한다. 즉, $C_6H_5C_2H_5$에서 수소 2개가 빠지고 $C_6H_5C_2H_3$가 되는 것이다.

07

다음 위험물에 대해 위험물안전관리 법령상 해당하는 품명과 지정수량을 쓰시오. [배점4]

(1) 품명
(2) 지정수량

Explanation & Advice

◉ 아닐린(아미노벤젠, 페닐아민 / $C_6H_5NH_2$)

1. 제4류 위험물 중 제3석유류(비수용성), 지정수량 2,000ℓ, 위험등급 Ⅲ

2. 분자량 93, 인화점 75℃, 발화점 615℃, 끓는점 184℃, 비중 1.02, 증기비중 3.2

3. 물에는 난용성이며 알코올, 에테르, 벤젠, 아세톤 등에 잘 녹는다.

4. 독성이 강하며 직사일광이나 공기에 의해 적갈색으로 변한다.

5. 알칼리금속 및 알칼리토금속과 반응하고 수소를 발생시킨다.

6. 산화성 물질과 혼합 시 발화·폭발하며 진한 황산과는 격렬하게 반응한다.

7. 연소 시 질소산화물을 포함하여 여러가지 유독성 연소생성물을 발생한다.

8. 고온에서 유독성의 증기가 생성되며 공기와 인화·폭발성 혼합물을 형성한다.

정답
06 스티렌
07 (1) 제3석유류   (2) 2,000ℓ

08
위험물안전관리법령에 따라 탱크시험자가 갖추어야 하는 장비는 필수장비와 필요한 경우에 두는 장비로 구분할 수 있다. 각각에 해당하는 장비 중 2가지씩만 쓰시오. [배점4]

(1) 필수장비
(2) 필요한 경우에 두는 장비

Explanation & Advice

✿ [위험물안전관리법 시행령 별표7 / 탱크시험자의 기술능력·시설 및 장비] – 3. 장비

- 필수장비 : **자기탐상시험기, 초음파두께측정기** 및 다음의 둘 중 어느 하나
  - **영상초음파시험기**
  - **방사선투과시험기 및 초음파시험기**
- 필요한 경우에 두는 장비
  - 충·수압시험, 진공시험, 기밀시험 또는 내압시험의 경우
    가) 진공능력 53kPa 이상의 **진공누설시험기**
    나) **기밀시험장치**(안전장치가 부착된 것으로서 가압능력 200kPa 이상, 감압의 경우에는 감압능력 10kPa 이상·감도 10Pa 이하의 것으로서 각각의 압력 변화를 스스로 기록할 수 있는 것)
  - 수직·수평도 시험의 경우 : **수직·수평도 측정기**

✽ 비고 : 둘 이상의 기능을 함께 가지고 있는 장비를 갖춘 경우에는 각각의 장비를 갖춘 것으로 본다.

09
위험물안전관리법령상 이동탱크저장소의 이동저장탱크 구조에서 방파판은 두께 몇 mm 이상의 강철판으로 하여야 하는지 쓰시오. [배점4]

Explanation & Advice

✿ [위험물안전관리법 시행규칙 별표10 / 이동탱크저장소의 위치·구조 및 설비의 기준] – Ⅱ. 이동저장탱크의 구조 – 제3호 中 방파판

칸막이로 구획된 부분의 용량이 2,000ℓ 미만인 부분에는 방파판을 설치하지 아니할 수 있다

- 방파판은 **두께 1.6mm 이상의 강철판** 또는 이와 동등 이상의 강도·내열성 및 내식성이 있는 금속성의 것으로 할 것.
- 하나의 구획부분에 2개 이상의 방파판을 이동탱크저장소의 진행방향과 평행으로 설치하되, 각 방파판은 그 높이 및 칸막이로부터의 거리를 다르게 할 것
- 하나의 구획부분에 설치하는 각 방파판의 면적의 합계는 당해 구획부분의 최대 수직단면적의 50% 이상으로 할 것. 다만, 수직단면이 원형이거나 짧은 지름이 1m 이하의 타원형일 경우에는 40% 이상으로 할 수 있다.

정답
08 (1) 자기탐상시험기, 초음파두께측정기, 영상초음파시험기, 방사선투과시험기 및 초음파시험기 중 2개 선택
(2) 진공누설시험기, 기밀시험장치, 수직·수평도 측정기 중 2개 선택
09 1.6mm

10 다음 표의 빈칸에 위험물의 명칭과 지정수량을 쓰시오. [배점6]

화학식	명 칭	지정수량(kg)
NH_4ClO_4	①	②
$KMnO_4$	③	④
$K_2Cr_2O_7$	⑤	⑥

11 제1류 위험물인 질산칼륨 1몰(mol) 중의 질소함량은 약 몇 wt%인지 구하시오. (단, K의 원자량은 39이다.) [배점4]

(1) 계산과정

(2) 답

Explanation & Advice

모두 제1류 위험물이다.

물질명	품 명	화학식	지정수량	위험등급
과염소산암모늄	과염소산염류	NH_4ClO_4	50kg	I
과망간산칼륨	과망간산염류	$KMnO_4$	1,000kg	III
중크롬산칼륨	중크롬산염류	$K_2Cr_2O_7$	1,000kg	III

Explanation & Advice

제1류 위험물 중 질산염류에 속하는 질산칼륨(KNO_3)의 분자량은 101이다.

$(39 + 14 + 16 \times 3 = 101)$

- 질산칼륨 1몰 중 칼륨의 함량

  $= \dfrac{39}{101} \times 100 = 38.61 \text{wt\%}$

- 질산칼륨 1몰 중 질소의 함량

  $= \dfrac{14}{101} \times 100 = 13.86 \text{wt\%}$

- 질산칼륨 1몰 중 산소의 함량

  $= \dfrac{48}{101} \times 100 = 47.53 \text{wt\%}$

정답
10 ① 과염소산암모늄 ② 50kg ③ 과망간산칼륨 ④ 1,000kg ⑤ 중크롬산칼륨 ⑥ 1,000kg
11 (1) $\dfrac{14}{101} \times 100$ (2) 13.86wt%

12
위험물안전관리법령상 위험물의 운반에 관한 기준에서 제6류 위험물과 혼재 가능한 위험물은 제 몇 류 위험물인지 쓰시오. (단, 지정수량의 1/5인 경우이다.) [배점3] - 빈출유형

Explanation & Advice

제6류 위험물과 혼재하여 운반 할 수 있는 위험물은 제1류 위험물이 유일하다.

✿ [위험물안전관리법 시행규칙 별표19 / 위험물의 운반에 관한 기준] - [부표2] - 유별을 달리하는 위험물의 혼재기준

구 분	제1류	제2류	제3류	제4류	제5류	제6류
제1류		×	×	×	×	○
제2류	×		×	○	○	×
제3류	×	×		○	×	×
제4류	×	○	○		○	×
제5류	×	○	×	○		×
제6류	○	×	×	×	×	

* '○'는 혼재할 수 있음을, '×'는 혼재할 수 없음을 표시한다.

* 이 표는 지정수량 1/10 이하의 위험물에 대하여는 적용하지 아니한다.

13
다음에서 금속나트륨과 금속칼륨의 공통적 성질에 해당하는 것을 모두 선택하여 번호를 쓰시오 [배점4]

① 무른 경금속이다.
② 알코올과 반응하여 수소를 발생한다.
③ 물과 반응할 때 불연성 기체를 발생한다.
④ 흑색의 고체이다.
⑤ 보호액 속에 보관한다.

Explanation & Advice

③ 물과 반응하여 가연성, 폭발성의 수소 기체를 발생한다.
④ 은백색의 광택이 있는 경금속이다.

◉ **나트륨과 칼륨의 공통점**

1. 제3류 위험물이며 자연발화성과 금수성을 모두 지니고 있는 물질이다.
2. 지정수량 10kg, 위험등급 I
3. **은백색 광택의 무르고 물보다 가벼운 경금속이다. (①)**
4. 제3류 위험물 대부분은 불연성이나 나트륨과 칼륨은 가연성이다.
5. 물과 격렬하게 반응하여 수산화물과 수소를 생성한다.

    $2K + 2H_2O \rightarrow 2KOH + H_2 \uparrow$

    $2Na + 2H_2O \rightarrow 2NaOH + H_2 \uparrow$

6. 알코올과 반응하여 알콕시화물이 되며 수소 기체를 발생한다. (②)

정답 **12** 제1류 위험물   **13** ①, ②, ⑤

$$2K + 2C_2H_5OH \rightarrow 2C_2H_5OK + H_2 \uparrow$$
칼륨에틸레이트

$$2Na + 2C_2H_5OH \rightarrow 2C_2H_5ONa + H_2 \uparrow$$
나트륨에틸레이트

7. 이산화탄소 및 사염화탄소와 폭발반응을 일으킨다.

$$4K + 3CO_2 \rightarrow 2K_2CO_3 + C(폭발)$$

$$4K + CCl_4 \rightarrow 4KCl + C(폭발)$$

$$4Na + 3CO_2 \rightarrow 2Na_2CO_3 + C(폭발)$$

$$4Na + CCl_4 \rightarrow 4NaCl + C(폭발)$$

8. 산과 반응하거나 또는 액체 암모니아에 녹아 수소 기체를 발생한다.

9. **공기 중 수분이나 산소와의 접촉을 피하기 위해 유동성 파라핀, 경유, 등유 등의 보호액 속에 저장한다.** (⑤)

10. 실온의 공기 중에서 빠르게 산화되어 피막을 형성하며 광택을 잃는다.

14 ABC 소화약제의 열분해 반응식을 쓰시오. [배점 4]
18년 제2회 기출 유사 / 17년 제2회 기출 동일

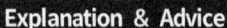

ABC 분말소화약제는 제3종 분말소화약제를 말한다. 즉, 유류화재(B)와 전기화재(C)에 적응성을 보이는 것은 물론 다른 소화약제에서는 보여주지 않는 일반화재(A)에 대해서도 적응성을 보인다.

제3종 분말소화약제의 열분해 반응식은 아래 도표에 제시되어 있다.

❖ **분말 소화약제의 분류, 주성분 및 적응화재**

구 분	주성분	화학식
제1종 분말	탄산수소나트륨	$NaHCO_3$
제2종 분말	탄산수소칼륨	$KHCO_3$
제3종 분말	제1인산암모늄	$NH_4H_2PO_4$
제4종 분말	탄산수소칼륨 + 요소	$KHCO_3 + (NH_2)_2CO$

구 분	적응화재	분말색
제1종 분말	B, C	백색
제2종 분말	B, C	담자색
제3종 분말	A, B, C	담홍색
제4종 분말	B, C	회색

★ 적응화재 = A : 일반화재 / B : 유류화재 / C : 전기화재

❖ **각 종별 분말 소화약제의 열분해 반응식**

구 분	열분해 반응식
제1종 분말	$2NaHCO_3 \rightarrow Na_2CO_3 + CO_2 + H_2O$
제2종 분말	$2KHCO_3 \rightarrow K_2CO_3 + CO_2 + H_2O$
제3종 분말	$NH_4H_2PO_4 \rightarrow HPO_3 + NH_3 + H_2O$
제4종 분말	$2KHCO_3 + (NH_2)_2CO \rightarrow K_2CO_3 + 2NH_3 + 2CO_2$

✔ Check point

보통 열분해 반응식을 물어보면 완전분해 반응식을 물어보는 것이며 위의 반응식이 바로 완전 분해 반응식이다. 기능사 시험에서는 거의 출제된 적은 없으나 산업기사 및 기능장 시험에서는 190℃ 정도에서 1차적으로 분해되는 1차 열분해 반응식에 대해 물어보기도 하며 그 반응식은 다음과 같다.

- 1차 열분해 반응식 : $NH_4H_2PO_4 \rightarrow H_3PO_4 + NH_3$

정답 14 $NH_4H_2PO_4 \rightarrow HPO_3 + NH_3 + H_2O$

CHAPTER 6 2017년 실기 기출문제

01 제4회 필답형 실기시험

2017년 11월 25일 시행

01 위험물제조소의 옥외에 용량이 500ℓ 와 200ℓ인 액체위험물(이황화탄소 제외) 취급탱크 2기가 있다. 2기의 탱크 주위에 하나의 방유제를 설치하는 경우 방유제의 용량은 얼마 이상이 되게 하여야 하는지 구하시오. (단, 지정수량 이상을 취급하는 경우이다.) [배점4]

(1) 계산과정

(2) 답

옥외에 있는 위험물 취급 탱크로서 액체 위험물(이황화탄소를 제외한다)을 취급하는 것의 주위에는 다음의 기준에 의하여 방유제를 설치할 것

- 하나의 취급 탱크 주위에 설치하는 방유제의 용량은 당해 탱크용량의 50% 이상으로 하고, 2 이상의 취급 탱크 주위에 하나의 방유제를 설치하는 경우 그 방유제의 용량은 당해 탱크 중 용량이 최대인 것의 50%에 나머지 탱크용량 합계의 10%를 가산한 양 이상이 되게 할 것

Explanation & Advice

2기의 취급 탱크 주위에 하나의 방유제를 설치하는 경우 방유제의 용량은 용량이 큰 것의 50%에 나머지 탱크용량의 10%를 가산한 양 이상이 되게 하여야 하므로

500ℓ × 0.5 + 200ℓ × 0.1 = 270ℓ 이상이 되도록 하여야 한다.

✿ [위험물안전관리법 시행규칙 별표4 / 제조소의 위치·구조 및 설비의 기준] – Ⅸ. 위험물 취급 탱크 中

정답 **01** (1) 500ℓ × 0.5 + 200ℓ × 0.1 (2) 270ℓ

02

다음에서 설명하는 위험물의 완전연소 반응식을 쓰시오. [배점4]

- 은백색의 광택이 있는 경금속이다.
- 칼로 잘리는 무른 금속이다.
- 원자량은 39, 비중은 약 0.86이다.

Explanation & Advice

⊙ **금속칼륨(K)**

1. 제3류 위험물
2. 지정수량 10kg, 위험등급 I
3. 원자량 39, 녹는점 63.7℃, 끓는점 774℃, 비중 0.86, 증기비중 1.3
4. 은백색의 광택이 있는 무른 경금속으로 나트륨보다 반응성이 크며 공기 중 방치하면 자연발화 할 수 있다.
5. 가열하면 보라색의 불꽃을 내면서 연소하며 산화칼륨(K_2O)을 발생시킨다.

   $4K + O_2 \rightarrow 2K_2O$

6. 물과 격렬하게 반응하여 발열하고 폭발성의 수소 기체를 발생하므로 금속의 비산과 함께 폭발이 일어난다. 따라서 밀폐된 용기 등에 수분이 침투하는 경우 밀폐공간이 순간적으로 폭발할 수 있다.

   $2K + 2H_2O \rightarrow 2KOH + H_2 \uparrow$

7. 알코올과 반응하여 폭발성의 수소 기체를 발생하며 칼륨에틸레이트를 생성한다.

   $2K + 2C_2H_5OH \rightarrow 2C_2H_5OK + H_2 \uparrow$

8. 이산화탄소 및 사염화탄소와 폭발반응을 일으킨다.

   $4K + 3CO_2 \rightarrow 2K_2CO_3 + C$
   $4K + CCl_4 \rightarrow 4KCl + C$

03

경유 600ℓ, 중유 200ℓ, 등유 300ℓ, 톨루엔 400ℓ를 보관하고 있다. 위험물 안전관리법령상 각 위험물의 지정수량 배수의 총합은 얼마인지 구하시오.
[배점4] - 빈출유형

(1) 계산과정
(2) 답

Explanation & Advice

모두 제4류 위험물이다.

- 경유 : 제2석유류, 비수용성, 지정수량 1,000ℓ, 위험등급 III
- 중유 : 제3석유류, 비수용성, 지정수량 2,000ℓ, 위험등급 III
- 등유 : 제2석유류, 비수용성, 지정수량 1,000ℓ, 위험등급 III
- 톨루엔 : 제1석유류, 비수용성, 지정수량 200ℓ, 위험등급 II

- 각 위험물의 지정수량의 배수 = $\dfrac{저장수량}{지정수량}$ 으로 구하며 지정수량 배수의 총합은 각각 구해진 지정수량의 배수를 모두 더한 값이다.

∴ $\dfrac{600}{1,000} + \dfrac{200}{2,000} + \dfrac{300}{1,000} + \dfrac{400}{200} = 3$

정답 **02** $4K + O_2 \rightarrow 2K_2O$ **03** (1) $\dfrac{600}{1,000} + \dfrac{200}{2,000} + \dfrac{300}{1,000} + \dfrac{400}{200}$ (2) 3배

04

다음 각 물질의 주된 연소형태 1가지를 [보기]에서 선택하여 쓰시오. [배점6]

(1) 나프탈렌
(2) 석탄
(3) 금속분

[보기]
표면연소, 분해연소, 증발연소
자기연소, 예혼합연소, 확산연소

Explanation & Advice

⊙ 고체의 연소

고체의 연소는 증발연소, 표면연소, 자기연소, 분해연소로 구분된다.

- 증발연소 : 열분해를 일으키지 않고 증발하여 그 증기가 연소하거나(**나프탈렌**이나 유황 등) 또는 열에 의해 융해되어 액체로 변한 다음 이 액체 상태에서 기화된 증기가 연소하는[파라핀(양초), 왁스 등] 현상을 말한다. 이러한 증발연소는 가솔린, 경유, 등유 등과 같은 증발하기 쉬운 가연성 액체에서도 잘 일어난다.

- 표면연소 : 직접연소라고도 부르며 가연성 고체가 열분해 되어도 휘발성분이 없어 증발하지 않아 가연성 가스를 발생하지 않고 고체 자체의 표면에서 산소와 반응하여 연소되는 현상을 말하는 것으로 **금속분**, 목탄(숯), 코크스 등이 여기에 해당된다.

- 자기연소 : 내부연소 또는 자활연소라고도 하며 가연성 물질이 자체 내에 산소를 함유하고 있어 공기 중의 산소를 필요로 하지 않고 자체의 산소에 의해서 연소되는 현상을 말하는

것으로 제5류 위험물의 연소가 여기에 해당된다. 대부분 폭발성을 지니고 있으므로 폭발성 물질로 취급되고 있다.

- 분해연소 : 열분해에 의해 발생된 가연성 가스가 공기와 혼합하여 연소하는 현상이며 연소열에 의해 고체의 열분해는 가연물이 없어질 때까지 계속된다. 종이, **석탄**, 목재, 섬유, 플라스틱 등의 연소가 해당된다.

정답 04 (1) 증발연소 (2) 분해연소 (3) 표면연소

05
트리에틸알루미늄이 물과 접촉하면 발생하는 가연성 가스의 화학식을 쓰시오. [배점3]

Explanation & Advice

트리에틸알루미늄은 제3류 위험물 중 알킬알루미늄에 속하는 위험물이며 지정수량은 10kg, 위험등급은 Ⅰ등급이다.

자연발화성과 금수성을 동시에 지니고 있는 무색 투명한 액체로서 공기 중에서 발화되고 물과 반응하면 폭발적으로 분해 연소하는 특징이 있다.

$(C_2H_5)_3Al + 3H_2O \rightarrow Al(OH)_3 + 3C_2H_6$

따라서 보관용기도 유리용기로 장기간 보관하게 되면 내부압력이 올라가 폭발할 위험성이 있으므로 피하도록하며 보관 용기 내에 불활성 가스를 봉입하고 밀봉하여 보관한다.

06
불활성가스 소화약제 IG-541의 구성성분 3가지를 쓰시오. [배점3]

Explanation & Advice

⊙ 불활성가스 청정 소화약제

헬륨, 네온, 아르곤 또는 질소가스 중 하나 이상의 원소를 기본 성분으로 하는 소화약제를 말하며 이산화탄소 기체가 약제에 포함되기도 한다. 질식효과로 소화한다.

소화약제	구성성분비
IG - 541	N_2(52%), Ar(40%), CO_2(8%)
IG - 100	N_2
IG - 55	N_2(50%), Ar(50%)
IG - 01	Ar

정답
05 C_2H_6
06 질소, 아르곤, 이산화탄소

07
다음의 위험물 중에서 비수용성인 것을 모두 선택하여 쓰시오. (단, 해당하는 물질이 없을 경우는 "없음"이라고 쓰시오.)
[배점4]

에틸알코올, 이황화탄소, 아세트산
아세트알데히드, 벤젠,

Explanation & Advice

모두 제4류 위험물이다.

물질명	품 명	수용성 여부	화학식	지정 수량	위험 등급
에틸알코올	알코올류	○	C_2H_5OH	400ℓ	II
이황화탄소	특수인화물	×	CS_2	50ℓ	I
아세트 알데히드	특수인화물	○	CH_3CHO	50ℓ	I
벤젠	제1석유류	×	C_6H_6	200ℓ	II
아세트산	제2석유류	○	CH_3COOH	2,000ℓ	III

* ○ : 수용성 / × : 비수용성

08
다음 위험물의 시성식을 쓰시오.
[배점6]

(1) 에틸렌글리콜
(2) 니트로벤젠
(3) 아닐린

Explanation & Advice

시성식이란 분자식만으로는 알 수 없는 물질의 화학적 특성을 쉽게 알아볼 수 있도록 기능기(작용기) 중심으로 표현한 화학식을 말한다.

모두 제4류 위험물이다.

(1) 에틸렌글리콜[$C_2H_4(OH)_2$] : 제3석유류, 수용성, 지정수량 4,000ℓ, 위험등급 III

 기능기는 히드록시기($-OH$)

(2) 니트로벤젠($C_6H_5NO_2$) : 제3석유류, 비수용성, 지정수량 2,000ℓ, 위험등급 III

 기능기는 니트로기($-NO_2$)

(3) 아닐린($C_6H_5NH_2$) : 제3석유류, 비수용성, 지정수량 2,000ℓ, 위험등급 III
 기능기는 아미노기($-NH_2$)

+STUDY 구조식

$C_2H_4(OH)_2$	$C_6H_5NO_2$	$C_6H_5NH_2$

정답
07 이황화탄소, 벤젠
08 (1) $C_2H_4(OH)_2$ (2) $C_6H_5NO_2$ (3) $C_6H_5NH_2$

09

물분무소화설비의 설치기준에 대해 다음 ( )안에 알맞은 수치를 쓰시오.

[배점3]

(1) 방호대상물의 표면적이 150m²인 경우 물분무소화설비의 방사구역은 ( )m² 이상으로 할 것
(2) 수원의 수량은 분무헤드가 가장 많이 설치된 방사구역의 모든 분무헤드를 동시에 사용할 경우에 당해 방사구역의 표면적 1m² 당 1분당 ( )ℓ의 비율로 계산한 양으로 ( )분간 방사할 수 있는 양 이상이 되도록 설치할 것

Explanation & Advice

✿ [위험물안전관리법 시행규칙 별표17 / 소화설비, 경보설비 및 피난설비의 기준] - Ⅰ. 소화설비 - 5. 소화설비의 설치기준 중 물분무소화설비의 설치기준

• 물분무소화설비의 방사구역은 **(150)**m² 이상(방호대상물의 표면적이 150m² 미만인 경우에는 당해 표면적)으로 할 것

• 수원의 수량은 분무헤드가 가장 많이 설치된 방사구역의 모든 분무헤드를 동시에 사용할 경우에 당해 방사구역의 표면적 1m²당 1분당 **(20)**ℓ의 비율로 계산한 양으로 **(30)**분간 방사할 수 있는 양 이상이 되도록 설치할 것

10

제4류 위험물 중 특수인화물인 $C_2H_5OC_2H_5$의 위험도(H)를 구하시오.

[배점4]

(1) 계산과정
(2) 답

Explanation & Advice

• 위험도(H) = $\dfrac{\text{연소 상한계} - \text{연소 하한계}}{\text{연소 하한계}}$

• 디에틸에테르의 연소범위는 1.9 ~ 48(%)

• $\dfrac{48 - 1.9}{1.9} = 24.26$

◉ 디에틸에테르($C_2H_5OC_2H_5$)

1. 제4류 위험물 중 특수인화물
2. 지정수량 50ℓ, 위험등급 Ⅰ
3. 분자량 74, 인화점 -45℃, 착화점 180℃, 비중 0.71, 증기비중 2.55, **연소범위 1.9 ~ 48(%)**
4. 무색투명한 유동성 액체로 물에는 잘 녹지 않으며 물 위에 뜨므로 물속에 저장하지는 않는다.
5. 전기의 부도체로 정전기가 발생할 수 있으므로 저장할 때 소량의 염화칼슘을 넣어 정전기를 방지한다.
6. 체적 팽창률(팽창계수)이 크므로 용기의 공간용적을 2% 이상 확보하도록 한다.

정답
09 (1) 150 (2) 20, 30
10 (1) $\dfrac{48 - 1.9}{1.9}$ (2) 24.26

11

지정수량의 5배 이상의 위험물을 운송할 경우 제6류 위험물과 혼재할 수 없는 위험물은 제 몇 류 위험물인지 모두 쓰시오. [배점4] - 빈출유형

Explanation & Advice

제6류 위험물과 혼재하여 운반할 수 있는 위험물은 제1류 위험물밖에 없다.

나머지 제2류, 제3류, 제4류, 제5류 위험물은 운반 시 제6류 위험물과 혼재가 불가능하다.

✿ [위험물안전관리법 시행규칙 별표19 / 위험물의 운반에 관한 기준] - [부표2] - 유별을 달리하는 위험물의 혼재기준

구 분	제1류	제2류	제3류	제4류	제5류	제6류
제1류		×	×	×	×	○
제2류	×		×	○	○	×
제3류	×	×		○	×	×
제4류	×	○	○		○	×
제5류	×	○	×	○		×
제6류	○	×	×	×	×	

* 'o'는 혼재할 수 있음을, '×'는 혼재할 수 없음을 표시한다.
* 이 표는 지정수량 1/10 이하의 위험물에 대하여는 적용하지 아니한다.

12

벤젠의 수소원자 1개를 메틸기로 치환하면 생성되는 물질의 명칭과 지정수량을 쓰시오. [배점4]

(1) 물질명
(2) 지정수량

Explanation & Advice

톨루엔은 제4류 위험물 중 제1석유류(비수용성)에 속하며 지정수량은 200ℓ, 위험등급은 Ⅱ 등급이다. 벤젠의 수소원자 1개를 메틸기로 치환하면 아래의 구조와 같은 톨루엔이 만들어진다.

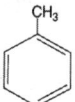

정답
11 제2류 위험물, 제3류 위험물, 제4류 위험물, 제5류 위험물
12 (1) 톨루엔   (2) 200ℓ

13
동식물유를 요오드값에 따라 분류할 때 야자유와 같이 요오드값이 100 이하인 것을 무엇이라고 하는지 쓰시오.
[배점2] - 빈출유형

14
분말소화약제 $NH_4H_2PO_4$ 115g이 열분해 할 경우 몇 g의 HPO_3가 생기는지 화학반응식을 쓰고 구하시오.
(단, P의 원자량은 31이다.) [배점4]

(1) 화학반응식 - 빈출유형
(2) HPO_3 생성량

Explanation & Advice

요오드값에 따라 동식물유는 다음과 같이 분류된다.

- **건성유** : 요오드값이 130 이상인 것. 이중결합이 많아 불포화도가 높으므로 공기 중에 노출되면 산소와 반응하여 액 표면에 피막을 만들고 굳어버리는 기름. 섬유 등 다공성 가연물에 스며들어 공기와 반응함으로써 자연 발화하기 쉽다.
  - 예) 정어리유, 대구유, 상어유, 아마인유, 오동유, 해바라기유, 들기름 등이 있다.

- **반건성유** : 100~130 사이의 요오드값을 갖는 것. 공기 중에서 서서히 산화되면서 점성은 증가하지만 건조한 상태까지는 되지 않는 기름
  - 예) 면실유, 청어유, 대두유, 채종유, 참기름, 콩기름, 옥수수기름 등이 있다.

- **불건성유 : 요오드값이 100 이하인 것**. 불포화 지방산의 함유량이 적기 때문에 공기 중에 두어도 산화되거나 굳어지거나 엷은 막을 형성하지 않는 기름.
  - 예) 올리브유, **야자유**, 동백유, 피마자유, 땅콩기름(낙화생유), 쇠기름, 돼지기름 등이 있다.

Explanation & Advice

인산암모늄($NH_4H_2PO_4$)은 제3종 분말소화약제의 주성분으로 열분해하면 다음과 같이 분해된다.

$$NH_4H_2PO_4 \rightarrow HPO_3 + NH_3 + H_2O$$

- $NH_4H_2PO_4$의 분자량 :
  $14 + 1 \times 6 + 31 + 16 \times 4 = 115$

- HPO_3의 분자량 : $1 + 31 + 16 \times 3 = 80$

- 반응식에서 보여주듯이 $NH_4H_2PO_4$ 1몰이 분해되면 HPO_3 1몰이 발생한다.

- 문제에서 $NH_4H_2PO_4$ 115g이 열분해했다는 것은 1몰이 열분해된 것이며 따라서 HPO_3도 1몰이 생성된다.

∴ HPO_3 1몰에 해당되는 80g이 생성되는 것이다.

정답
13 불건성유
14 (1) $NH_4H_2PO_4 \rightarrow HPO_3 + NH_3 + H_2O$ (2) 80g

02 제3회 필답형 실기시험

2017년 09월 09일 시행

01 위험물안전관리법령상 제4류 위험물 중 일부 품명에 속하는 위험물의 이동 탱크저장소에는 기준에 의하여 접지도선을 설치하여야 한다. 그에 해당하는 위험물안전관리법령상 품명을 모두 쓰시오. [배점3]

Explanation & Advice

✿ [위험물안전관리법 시행규칙 별표10 / 이동탱크저장소의 위치·구조 및 설비의 기준] - Ⅶ. 접지도선

제4류 위험물중 특수인화물, 제1석유류 또는 제2석유류의 이동탱크저장소에는 다음의 각호의 기준에 의하여 접지도선을 설치하여야 한다.

- 양도체(良導體)의 도선에 비닐 등의 전열(電熱) 차단 재료로 피복하여 끝부분에 접지전극 등을 결착시킬 수 있는 클립(clip) 등을 부착할 것
- 도선이 손상되지 아니하도록 도선을 수납할 수 있는 장치를 부착할 것

✓ **Check point**

제2석유류(위험등급 Ⅲ)보다 위험등급이 높은 알코올류(위험등급 Ⅱ)는 제외된다는 사실을 기억할 것

02 옥내소화전 설비의 설치기준에 대해 다음 ( ) 안에 알맞은 수치를 쓰시오. [배점4]

옥내소화전은 제조소등의 건축물의 층마다 당해 층의 각 부분에서 하나의 호스 접속구까지의 수평거리가 (①)m 이하가 되도록 설치할 것. 이 경우 옥내소화전은 각층의 출입구 부근에 (②)개 이상 설치하여야 한다.

Explanation & Advice

✿ [위험물안전관리법 시행규칙 별표17 / 소화설비, 경보설비 및 피난설비의 기준] - Ⅰ. 소화설비 / 5. 소화설비의 설치기준 中 옥내소화전 설비의 설치기준

- 옥내소화전은 제조소등의 건축물의 층마다 당해 층의 각 부분에서 하나의 호스 접속구까지의 수평거리가 25m 이하가 되도록 설치할 것. 이 경우 옥내소화전은 각층의 출입구 부근에 1개 이상 설치하여야 한다.

[비교] **옥외소화전의 경우**

옥외소화전은 방호대상물(당해 소화설비에 의하여 소화하여야 할 제조소등의 건축물, 그 밖의 공작물 및 위험물을 말한다)의 각 부분(건축물의 경우에는 당해 건축물의 1층 및 2층의 부분에 한한다)에서 하나의 호스접속구까지의 수평거리가 40m 이하가 되도록 설치할 것. 이 경우 그 설치개수가 1개일 때는 2개로 하여야 한다.

정답
01 특수인화물, 제1석유류, 제2석유류
02 ① 25   ② 1

03

아세트알데히드등의 저장기준에 대해 다음 ( )안에 알맞은 용어 또는 수치를 쓰시오.

[배점4] - 21년 제4회 기출 동일

(1) 보냉장치가 있는 이동 저장탱크에 저장하는 아세트알데히드등의 온도는 당해 위험물의 ( ) 이하로 유지할 것

(2) 보냉장치가 없는 이동 저장탱크에 저장하는 아세트알데히드등의 온도는 ( )℃ 이하로 유지할 것

Explanation & Advice

✿ [위험물안전관리법 시행규칙 별표18 / 제조소등에서의 위험물의 저장 및 취급에 관한 기준] - Ⅲ. 저장의 기준 제21호 中

- 옥외 저장탱크·옥내 저장탱크 또는 지하 저장탱크 중 압력탱크에 저장하는 아세트알데히드등 또는 디에틸에테르등의 온도는 40℃ 이하로 유지할 것

- 옥외 저장탱크·옥내 저장탱크 또는 지하 저장탱크 중 압력탱크 외의 탱크에 저장하는 디에틸에테르등 또는 아세트알데히드등의 온도는 산화프로필렌과 이를 함유한 것 또는 디에틸에테르등에 있어서는 30℃ 이하로, 아세트알데히드 또는 이를 함유한 것에 있어서는 15℃ 이하로 각각 유지할 것

- 보냉장치가 있는 이동 저장탱크에 저장하는 아세트알데히드등 또는 디에틸에테르등의 온도는 당해 위험물의 **비점 이하**로 유지할 것

- 보냉장치가 없는 이동 저장탱크에 저장하는 아세트알데히드등 또는 디에틸에테르등의 온도는 **40℃ 이하**로 유지할 것

04

수소화나트륨이 습한 공기 중에서 물과 반응하여 수소 기체를 발생하는 반응식을 쓰시오. [배점4]

Explanation & Advice

수소화나트륨(NaH)은 제3류 위험물(자연발화성 물질 및 금수성 물질) 중 '금속의 수소화물'로 분류되는 위험물로 회백색의 결정 또는 분말이며 독성이 있고 불안정한 가연성 물질이다. 건조한 공기 중에서는 안정하지만 습기가 있는 공기 중에 노출되면 자연발화하는 자연발화성 물질인 동시에 실온에서 물과 격렬히 반응하는 금수성 물질이다.

✔ Check point

금속의 수소화물에 해당되는 모든 위험물은 물과 반응하면 수소를 발생한다는 사실을 기억할 것

정답 03 (1) 비점 (2) 40   04 $NaH + H_2O \rightarrow NaOH + H_2\uparrow + Q\,Kcal$

05
제6류 위험물의 옥내 탱크저장소의 기준에 대하여 다음 각 물음에 답하시오. [배점4]

(1) 옥내 저장탱크와 탱크 전용실의 벽과의 사이 및 옥내 저장탱크의 상호 간에는 몇 m 이상의 간격을 유지하여야 하는지 쓰시오. (단, 탱크의 점검 및 보수에 지장이 없는 경우는 제외한다.)

(2) 옥내 저장탱크의 용량은 지정수량의 몇 배 이하이어야 하는지 쓰시오.

Explanation & Advice

✿ [위험물안전관리법 시행규칙 별표7 / 옥내탱크저장소의 위치·구조 및 설비의 기준] - I. 옥내탱크저장소의 기준 中

- 옥내 저장탱크와 탱크전용실의 벽과의 사이 및 옥내 저장탱크의 상호 간에는 **0.5m 이상**의 간격을 유지할 것. 다만, 탱크의 점검 및 보수에 지장이 없는 경우에는 그러하지 아니하다.

- 옥내 저장탱크의 용량(동일한 탱크전용실에 옥내 저장탱크를 2 이상 설치하는 경우에는 각 탱크의 용량의 합계를 말한다)은 지정수량의 **40배 이하**일 것 (단, 제4석유류 및 동식물유류 외의 제4류 위험물에 있어서 당해 수량이 20,000ℓ를 초과할 때에는 20,000ℓ).

06
[보기]의 물질 중 위험물안전관리법령상 제1석유류에 속하는 물질을 모두 쓰시오. [배점4]

[보기]
아세트산, 포름산, 아세톤, 클로로벤젠, 에틸벤젠, 경유

Explanation & Advice

물질명	품명	화학식	지정수량	위험등급
아세트산 (초산)	제2석유류(수용성)	CH_3COOH	2,000ℓ	III
포름산 (의산)	제2석유류(수용성)	$HCOOH$	2,000ℓ	III
아세톤	**제1석유류**(수용성)	CH_3COCH_3	**400ℓ**	**II**
클로로벤젠	제2석유류(비수용성)	C_6H_5Cl	1,000ℓ	III
에틸벤젠	**제1석유류**(비수용성)	$C_6H_5C_2H_5$	**200ℓ**	**II**
경유	제2석유류(비수용성)	$C_{18} \sim C_{35}$ mix.	1,000ℓ	III

정답
05 (1) 0.5m (2) 40배
06 아세톤, 에틸벤젠

07
황 32g을 완전 연소시킬 때 27℃에서 몇 ℓ의 SO_2가 생성되는지 구하시오. (단, 압력은 1atm이고, 황의 원자량은 32이다.) [배점4]

(1) 계산과정

(2) 답

08
다음의 Halon 번호에 해당하는 화학식을 각각 쓰시오. [배점4] - 빈출유형

(1) Halon 2402

(2) Halon 1211

Explanation & Advice

- 황의 연소반응식 : $S + O_2 \rightarrow SO_2$
- 황의 원자량은 32이므로 황 32g을 완전 연소시킨다는 것은 1mol을 연소시키는 것이다.
- 황 1mol이 연소하면 이산화황(SO_2) 1mol이 발생한다.
- 1atm, 27℃에서 발생되는 1mol의 이산화황이 차지하는 부피는 이상기체상태방정식을 이용하여 구할 수 있다.
- $PV = nRT$

  P : 기압 = 1atm

  V : 부피(ℓ)

  n : 몰수 = 1mol

  R : 기체상수 = 0.082(atm · ℓ)/(mol · K)

  T : 절대온도 = (273+27)K

- $1 \times V = 1 \times 0.082 \times (273 + 27)$

  ∴ V = 24.6(ℓ)

Explanation & Advice

할론 번호의 4자리 숫자는 C – F – Cl – Br의 순서대로 개수를 나타낸 것이다.

(1) Halon 2402 : 첫 번째 숫자 2는 C의 개수, 두 번째 숫자 4는 F의 개수, 세 번째 숫자 0은 Cl의 개수, 마지막 숫자 2는 Br의 개수를 나타내는 것으로서 Halon 2402의 화학식은 $C_2F_4Br_2$가 되는 것이다.

(2) Halon 1211 : 첫 번째 숫자 1은 C의 개수, 두 번째 숫자 2는 F의 개수, 세 번째 숫자 1은 Cl의 개수, 마지막 숫자 1은 Br의 개수를 나타내는 것으로서 Halon 1211의 화학식은 CF_2ClBr이 되는 것이다.

✱ 빈틈없이 촘촘하게 | One more Step

❖ Halon 1011은 CClBr 인가?

결론부터 말하자면 CH_2ClBr이다. 탄소는 4족 원소로서 4개의 곁가지를 가지고 있어 4개의 원자를 부착시킨다. 할론번호 1011에는 중심탄소 1개에 Cl 1개와 Br 1개가 연결된 정보만을 보여주는 것이며 할로겐 원소가 결합되지 않은 나머지 두 군데에는 수소가 결합되어 있음을 의미한다. 즉 결합된 수소는 할론번호에는 표시되지 않는다.

정답

07 (1) $1 \times V = 1 \times 0.082 \times (273 + 27)$ (2) 24.6ℓ

08 (1) Halon 2402 : $C_2F_4Br_2$ (2) Halon 1211 : CF_2ClBr

09
다음 각 종별에 따른 분말소화약제의 주성분을 쓰시오. [배점6] - 빈출유형

(1) 제1종
(2) 제2종
(3) 제3종

Explanation & Advice

❖ 분말 소화약제의 분류, 주성분 및 적응화재

구 분	주성분	화학식
제1종 분말	탄산수소나트륨	$NaHCO_3$
제2종 분말	탄산수소칼륨	$KHCO_3$
제3종 분말	제1인산암모늄	$NH_4H_2PO_4$
제4종 분말	탄산수소칼륨 + 요소	$KHCO_3 + (NH_2)_2CO$

구 분	적응화재	분말색
제1종 분말	B, C	백색
제2종 분말	B, C	담자색
제3종 분말	A, B, C	담홍색
제4종 분말	B, C	회색

★ 적응화재 = A : 일반화재 / B : 유류화재 / C : 전기화재

10
제6류 위험물의 운반용기의 외부에 표시하는 주의사항을 쓰시오. [배점3] - 빈출유형

Explanation & Advice

❖ [위험물안전관리법 시행규칙 별표19 / 위험물의 운반에 관한 기준] - Ⅱ. 적재방법 중 위험물의 종류에 따른 운반 용기 외부에 표시하여야 할 주의사항

류 별	성 질	표시할 주의사항
제1류 위험물	산화성 고체	• 알칼리금속의 과산화물 또는 이를 함유한 것 : 화기·충격주의, 물기엄금 및 가연물 접촉주의 • 그 밖의 것 : 화기·충격주의, 가연물 접촉주의
제2류 위험물	가연성 고체	• 철분·금속분·마그네슘 또는 이들 중 어느 하나 이상을 함유한 것 : 화기주의, 물기엄금 • 인화성 고체 : 화기엄금 • 그 밖의 것 : 화기주의
제3류 위험물	자연발화성 및 금수성 물질	• 자연발화성 물질 : 화기엄금, 공기접촉엄금 • 금수성 물질 : 물기엄금
제4류 위험물	인화성 액체	화기엄금
제5류 위험물	자기반응성 물질	화기엄금, 충격주의
제6류 위험물	**산화성 액체**	**가연물 접촉주의**

정답
09 (1) 제1종 : 탄산수소나트륨($NaHCO_3$)　(2) 제2종 : 탄산수소칼륨($KHCO_3$)
　　(3) 제3종 : 제1인산암모늄($NH_4H_2PO_4$)
10 가연물 접촉주의

11 위험물안전관리법령상 제4류 위험물과 같이 적재하여 운반하여도 되는 위험물은 제 몇 류 위험물인지 모두 쓰시오. (단, 지정수량의 10배인 경우이다.)
[배점3] - 빈출유형

12 벤젠에 대한 다음 각 물음에 답하시오.
[배점6]
(1) 증기비중을 구하시오.
(2) 완전 연소반응식을 쓰시오.
(3) 위험물안전관리법령상 지정수량은 얼마인지 쓰시오.

Explanation & Advice

✿ [위험물안전관리법 시행규칙 별표19 / 위험물의 운반에 관한 기준] - [부표2] - 유별을 달리하는 위험물의 혼재기준

구 분	제1류	제2류	제3류	제4류	제5류	제6류
제1류		×	×	×	×	○
제2류	×		×	○	○	×
제3류	×	×		○	×	×
제4류	×	○	○		○	×
제5류	×	○	×	○		×
제6류	○	×	×	×	×	

* 'o'는 혼재할 수 있음을, '×'는 혼재할 수 없음을 표시한다.
* 이 표는 지정수량 1/10 이하의 위험물에 대하여는 적용하지 아니한다.

Explanation & Advice

(1)
• 증기비중이란 동일한 체적 조건하에서 어떤 기체(증기)의 질량과 표준물질의 질량과의 비를 말하며 표준물질로는 0℃, 1기압에서의 공기를 기준으로 한다. [분자량의 비로 계산해도 된다.]

$$증기비중 = \frac{증기의 분자량}{공기의 평균분자량} = \frac{증기의 분자량}{29}$$

• 공기의 평균분자량 값은 29이다.
• 벤젠의 분자량 = $12 \times 6 + 1 \times 6 = 78$이다.

∴ $\frac{78}{29}$ = 2.69

◉ **공기의 평균분자량은 왜 29인가?**

대기를 구성하는 기체 성분들의 함량을 고려하여 구하는데 산소와 질소 두 성분 기체가 차지하는 비율이 거의 100%에 가까우므로 이 두 기체의 평균분자량을 공기의 평균분자량으로 간주한다.

대기 중의 질소 기체의 함량은 79%이고 분자량은 28이며 대기 중의 산소 기체의 함량은 21%이고 분자량은 32이므로

정답
11 제2류 위험물, 제3류 위험물, 제5류 위험물
12 (1) • 계산과정 : $\frac{78}{29}$ • 답 : 2.69   (2) $2C_6H_6 + 15O_2 \rightarrow 12CO_2 + 6H_2O$ (3) 200ℓ

$\dfrac{28 \times 79 + 32 \times 21}{100} = 28.84 ≒ 29$가 공기의 평균분자량(평균대기 분자량) 값이다.

(2)

벤젠은 탄소와 수소로 이루어진 전형적인 탄화수소화합물이다.
탄화수소화합물이 연소반응하면 물과 이산화탄소가 발생된다.

(3)

벤젠은 제4류 위험물 중 제1석유류(비수용성)에 속하는 위험물로서 무색투명한 액체이며 증기는 독성이 매우 강하다. 지정수량은 200ℓ이고 위험등급은 Ⅱ등급이다.

13 다음 각 물질의 시성식을 쓰시오.

[배점6]

(1) 포름산메틸(Methyl formate)
(2) 메틸에틸케톤
(3) 톨루엔

Explanation & Advice

시성식이란 분자식만으로는 알 수 없는 물질의 화학적 특성을 쉽게 알아볼 수 있도록 기능기(작용기) 중심으로 표현한 화학식을 말한다.

모두 제4류 위험물이다.

- 포름산메틸($HCOOCH_3$) : 제1석유류, 수용성, 지정수량 400ℓ, 위험등급 Ⅱ

  $-COO-$(에스테르기)가 작용기

- 메틸에틸케톤($CH_3COC_2H_5$) : 제1석유류, 비수용성, 지정수량 200ℓ, 위험등급 Ⅱ

  $-CO-$(케톤기)가 작용기

- 톨루엔($C_6H_5CH_3$) : 제1석유류, 비수용성, 지정수량 200ℓ, 위험등급 Ⅱ

  $-CH_3$(메틸기)가 작용기

+STUDY

- 실험식 : 화합물에 존재하는 원소의 비율을 가장 간단한 정수비로 나타낸 화학식
- 분자식 : 물질 한 분자를 구성하는 모든 원소들의 종류와 수를 명확히 나타낸 화학식
- 시성식 : 분자의 화학적 특성을 쉽게 파악할 수 있도록 작용기(기능기) 중심으로 나타낸 화학식
- 구조식 : 분자를 구성하고 있는 각 원자가 분자 내에서 상호 간에 어떻게 결합해 있는가를 도식적으로 나타낸 화학식
- 이온식 : 물질이 이온화되었을 때 각 이온의 종류와 전하량을 나타낸 화학식

예 아세트산

실험식	분자식	시성식
CH_2O	$C_2H_4O_2$	CH_3COOH

구조식	이온식
	$CH_3COO^- + H^+$

정답 13 (1) 포름산메틸(Methyl formate) : $HCOOCH_3$ (2) 메틸에틸케톤 : $CH_3COC_2H_5$ (3) 톨루엔 : $C_6H_5CH_3$

03 제2회 필답형 실기시험

2017년 05월 20일 시행

01 제5류 위험물제조소의 주의사항 게시판에 대한 다음 각 물음에 답하시오.
[배점6]

(1) 게시판의 바탕색을 쓰시오.
(2) 게시판의 문자색을 쓰시오.
(3) 표시해야 하는 주의사항을 쓰시오.

Explanation & Advice

✿ [위험물안전관리법 시행규칙 별표4 / 제조소의 위치·구조 및 설비의 기준] – Ⅲ. 표지 및 게시판
제조소에는 저장 또는 취급하는 위험물에 따라 아래와 같은 주의사항을 표시한 게시판을 설치할 것이며 정해진 바탕색과 문자색으로 표시하여야 한다.

저장 또는 취급하는 위험물 종류	표시할 주의사항	색 상
• 제1류 위험물 중 알칼리금속의 과산화물 • 제3류 위험물 중 금수성 물질	물기 엄금	청색 바탕 백색 문자
• 제2류 위험물(인화성고체 제외)	화기 주의	적색 바탕 백색 문자
• 제2류 위험물 중 인화성고체 • 제3류 위험물 중 자연발화성 물질 • 제4류 위험물 • 제5류 위험물	화기 엄금	

※ 제1류 위험물 중 알칼리금속의 과산화물 이외의 물질과 제6류 위험물은 해당사항 없다.

+STUDY

제5류 위험물의 운반용기 외부에 표시해야 하는 주의사항은 "화기엄금" 및 "충격주의"이다.

정답 01 (1) 적색 (2) 백색 (3) 화기엄금

02 다음 위험물의 지정수량을 쓰시오.
[배점6]

(1) $C_2H_5OC_2H_5$
(2) $(CH_3)_2CHOH$
(3) 동식물유

Explanation & Advice

위에 제시된 물질은 모두 제4류 위험물이다.

(1) 디에틸에테르 : 특수인화물에 속하는 위험물이며 지정수량은 50ℓ, 위험등급은 Ⅰ

(2) 이소프로필알코올 : 알코올류에 속하는 위험물이며 지정수량은 400ℓ, 위험등급은 Ⅱ

(3) 동식물유류 : 건성유, 반건성유, 불건성유로 나뉘며 지정수량은 10,000ℓ, 위험등급은 Ⅲ

✿ 제4류 위험물의 품명, 지정수량 및 위험등급 – [위험물안전관리법 시행령 별표1] & [위험물안전관리법 시행규칙 별표19]

성 질	품 명		지정수량	위험등급
인화성액체	특수인화물		50ℓ	Ⅰ
	제1석유류	비수용성	200ℓ	Ⅱ
		수용성	400ℓ	
	알코올류		400ℓ	
	제2석유류	비수용성	1,000ℓ	Ⅲ
		수용성	2,000ℓ	
	제3석유류	비수용성	2,000ℓ	
		수용성	4,000ℓ	
	제4석유류		6,000ℓ	
	동·식물유류	건성유	10,000ℓ	
		반건성유		
		불건성유		

03 과산화나트륨이 물과 반응하여 산소를 발생하는 화학반응식을 쓰시오.
[배점4]

Explanation & Advice

과산화나트륨은 제1류 위험물 중 무기과산화물(알칼리금속의 과산화물)에 속하는 위험물로 지정수량 50㎏, 위험등급은 Ⅰ등급이다.

과산화나트륨과 물이 반응하면 수산화나트륨과 산소 기체가 발생된다.

$2Na_2O_2 + 2H_2O \rightarrow 4NaOH + O_2 \uparrow$

❋ 빈틈없이 촘촘하게   One more Step

❖ 기타 반응식

• 열분해 반응식 : $2Na_2O_2 \rightarrow 2Na_2O + O_2 \uparrow$

• 산과의 반응식 : 과산화수소 발생

  $Na_2O_2 + 2HCl \rightarrow 2NaCl + H_2O_2 \uparrow$

  $Na_2O_2 + 2CH_3COOH \rightarrow 2CH_3COONa + H_2O_2 \uparrow$

• 이산화탄소와의 반응식 :

  $2Na_2O_2 + 2CO_2 \rightarrow 2Na_2CO_3 + O_2 \uparrow$

정답 02 (1) 50ℓ (2) 400ℓ (3) 10,000ℓ   03 $2Na_2O_2 + 2H_2O \rightarrow 4NaOH + O_2 \uparrow$

04
제3류 위험물 중 위험등급 III에 해당하는 위험물 품명은 지정수량이 얼마인지 쓰시오. [배점4]

✿ 제3류 위험물의 품명, 지정수량 및 위험등급 – [위험물안전관리법 시행령 별표1] & [위험물안전관리법 시행규칙 별표19]

성질	품명	지정수량	위험등급
자연발화성 물질 및 금수성 물질	칼륨	10kg	I
	나트륨		
	알킬알루미늄		
	알킬리튬		
	황린	20kg	
	알칼리금속(칼륨·나트륨 제외)	50kg	II
	알칼리토금속(마그네슘 제외)		
	유기금속화합물 (알킬알루미늄·알킬리튬 제외)		
	금속의 수소화물	300kg	III
	금속의 인화물		
	칼슘 또는 알루미늄의 탄화물		
	행정안전부령으로 정하는 것 - 염소화규소화합물		

05
위험물안전관리법령상 지하저장탱크를 2개 이상 인접하게 설치하면 그 상호간의 간격은 얼마 이상으로 하여야 하는지 쓰시오. (단, 전체 수량은 지정수량의 200배이다.) [배점3]

✿ [위험물안전관리법 시행규칙 별표8 / 지하탱크저장소의 위치·구조 및 설비의 기준] – I. 지하탱크저장소의 기준 제4호

지하 저장탱크를 2 이상 인접해 설치하는 경우에는 그 상호 간에 1m (당해 2 이상의 지하 저장탱크의 용량의 합계가 지정수량의 100배 이하인 때에는 0.5m) **이상의 간격을 유지하여야 한다.** 다만, 그 사이에 탱크 전용실의 벽이나 두께 20cm 이상의 콘크리트 구조물이 있는 경우에는 그러하지 아니하다.

+STUDY

✿ [위험물안전관리법 시행규칙 별표8 / 지하탱크저장소의 위치·구조 및 설비의 기준] – **I. 지하탱크저장소의 기준 제2호**

탱크 전용실은 지하의 가장 가까운 벽·피트·가스관 등의 시설물 및 대지경계선으로 부터 0.1m 이상 떨어진 곳에 설치하고, 지하저장탱크와 탱크 전용실의 안쪽과의 사이는 0.1m 이상의 간격을 유지하도록 하며, 당해 탱크의 주위에 마른 모래 또는 습기 등에 의하여 응고되지 아니하는 입자지름 5 mm 이하의 마른 자갈 분을 채워야 한다.

정답 04 300kg   05 1m

06

[보기]에서 질산에스테르류에 해당되는 물질을 모두 쓰시오. [배점4]

[보기]
트리니트로톨루엔, 니트로셀룰로오스, 니트로글리세린, 테트릴, 질산메틸, 피크린산

Explanation & Advice

피크린산은 트리니트로페놀이다.

✿ 제5류 위험물의 품명, 지정수량 및 위험등급 – [위험물안전관리법 시행령 별표1] & [위험물안전관리법 시행규칙 별표19]

성질	품명	종류	지정수량	위험등급
자기 반응성 물질	유기과산화물	과산화벤조일, 아세틸퍼옥사이드	10kg	I
	질산에스테르류	**니트로글리세린, 니트로셀룰로오스,** 니트로글리콜, 셀룰로이드, **질산메틸**		
	니트로화합물	트리니트로톨루엔, 트리니트로페놀, 디니트로벤젠, 디니트로페놀, 테트릴	200kg	II
	니트로소화합물	파라디니트로소벤젠, 디니트로소레조르신		
	아조화합물	아조벤젠, 아조디카본아미드		
	디아조화합물	디아조메탄, 디아조아세토니트릴		
	히드라진 유도체*	염산히드라진, 황산히드라진, 히드라진모노 하이드레이트		
	히드록실아민		100kg	
	히드록실아민 염류	황산히드록실아민		
	그 밖에 행정 안전부령으로 정하는 것	– 금속의 아지화합물 (아지드화나트륨, 아지드화납) – 질산구아니딘	200kg	II

* 히드라진은 제4류 위험물 중 제2석유류에 속하는 물질이다.

✓ Check point

많은 수험생들이 질산에스테르류와 니트로화합물에 속하는 위험물들을 구분하는데 어려움을 겪는다. 물질명에 '니트로'라는 용어가 들어가서 그런 것 같으나 이는 화학적으로 분석해보면 쉽게 구별할 수 있는 것이지 물질명만 놓고 구분 지으려 하니 어려운 것이다.

질산에스테르라 함은 알코올기(히드록시기/–OH)를 가진 화합물을 질산과 반응시켜 탈수과정을 거쳐 알코올기에 니트로기를 붙이는 것을 말한다. 따라서 질산에스테르류가 되려면 기본적으로 지방족 탄화수소 계열이면서 알코올기를 지니고 있어야 되는 것이다.

벤젠고리를 기본으로 가지고 있는 니트로 화합물에서는 에스테르 반응이 일어나기 어렵다. [트리니트로페놀이나 디니트로페놀도 구조에 알코올기를 지니고 있으나 이 부분에서 반응은 일어나지 않는다.] 보통 니트로화합물은 벤젠고리의 수소부분에 질산에서 유래된 니트로기가 치환되어 들어가는 니트로화 반응에 의해 만들어진다.

일단은 벤젠고리를 가지고 있느냐의 여부로 구분 짓는 것이 쉬운 방법일 수 있겠다.

정답 06 니트로셀룰로오스, 니트로글리세린, 질산메틸

07 [보기]의 설명 중 과염소산에 대한 내용으로 옳은 것을 모두 선택하여 그 번호를 쓰시오. [배점4]

[보기]
① 분자량은 약 78이다.
② 분자량은 약 63이다.
③ 무색의 액체이다.
④ 짙은 푸른색을 나타내는 액체이다.
⑤ 농도가 36wt% 미만인 것은 위험물에 해당하지 않는다.
⑥ 가열 분해 시 유독한 HCl 가스를 발생한다.

반면에 과염소산($HClO_4$)은 위험물 여부를 판단하는 별도의 기준(농도나 비중 따위)없이 모두 제6류 위험물로 취급한다.

⑥ 가열하면 폭발, 분해되고 유독성의 염화수소(HCl)를 발생한다.

$$HClO_4 \rightarrow HCl \uparrow + 2O_2 \uparrow$$

Explanation & Advice

과염소산($HClO_4$)은 제6류 위험물에 속하는 산화성 액체이며 지정수량은 300kg, 위험등급은 Ⅰ등급이다.

①·② 분자량 = 1 + 35.5 + 16 × 4 = 100.5이다.

③·④ 무색, 무취이며 강한 휘발성 및 흡습성을 나타내는 액체이다.

양이 많은 경우에 청색을 띠는 것은 과산화수소이다.

⑤ 제6류 위험물 중 위험물 여부를 판단하는 36wt% 농도 기준을 적용하는 위험물은 과산화수소(H_2O_2)이다. 즉, 과산화수소는 36wt%(중량퍼센트) 농도 이상인 것부터 위험물로 취급한다. 또한 같은 제6류 위험물인 질산(HNO_3)은 비중이 1.49 이상인 것부터 위험물로 취급한다.

정답 07 ③, ⑥

08. 다음 위험물의 위험물안전관리법령상 품명을 쓰시오. [배점6]

(1) 아세트알데히드
(2) 아닐린
(3) 톨루엔

Explanation & Advice

모두 제4류 위험물에 속한다.

물질명	품 명	수용성 여부	화학식	지정 수량 (ℓ)	위험 등급
아세트 알데히드	특수인화물	수용성	CH_3CHO	50	I
아닐린	제3석유류	비수용성	$C_6H_5NH_2$	2,000	III
톨루엔	제1석유류	비수용성	$C_6H_5CH_3$	200	II

+STUDY 구조식

09. 적린의 연소 시 생성되는 흰 연기의 화학식을 쓰시오. [배점3]

Explanation & Advice

적린(P)은 가연성 고체로 제2류 위험물이며 지정수량은 100kg, 위험등급은 II이다.

냄새 없는 암적색의 분말이며 조해성이 있고 황린(P_4)과 동소체이다.

공기 차단 후 황린을 260℃로 가열하면 적린이 된다.

연소하면 흰 연기의 유독성 오산화인(P_2O_5)을 발생한다.

$4P + 5O_2 \rightarrow 2P_2O_5$

정답 08 (1) 특수인화물 (2) 제3석유류 (3) 제1석유류 09 P_2O_5

10

과산화수소 1,200kg, 질산 600kg, 과염소산 900kg을 같은 장소에 저장하려고 한다. 각 위험물의 지정수량 배수의 총합을 구하시오.

[배점4] - 빈출유형

(1) 계산과정
(2) 답

Explanation & Advice

과산화수소, 질산, 과염소산은 모두 제6류 위험물이며 지정수량은 모두 300kg이다.

- 각 위험물의 지정수량의 배수 = $\dfrac{저장수량}{지정수량}$으로 구하며 지정수량 배수의 총합은 각각 구해진 지정수량의 배수를 모두 더한 값이다.

$\therefore \dfrac{1,200}{300} + \dfrac{600}{300} + \dfrac{900}{300} = 9$

11

알루미늄 분말이 고온의 물과 반응하여 수소를 발생하는 화학반응식을 쓰시오.　[배점4]

Explanation & Advice

⊙ 알루미늄분

1. 제2류 위험물 중 금속분에 속한다.
2. 지정수량 500kg, 위험등급 Ⅲ
3. 은백색의 광택이 있는 무른 금속으로 녹는점 660℃, 끓는점 2,327℃, 비중 2.7을 나타낸다.
4. 연성과 전성이 좋으며 열전도율과 전기전도도가 크다.
5. <u>온수와도 격렬하게 반응하여 수소 기체를 발생한다</u>.

   $2Al + 6H_2O \rightarrow 2Al(OH)_3 + 3H_2 \uparrow$

6. 염산이나 황산과 반응하면 가연성의 수소 기체를 발생한다.

   $2Al + 6HCl \rightarrow 2AlCl_3 + 3H_2 \uparrow$

   $2Al + 3H_2SO_4 \rightarrow Al_2(SO_4)_3 + 3H_2 \uparrow$

7. 알칼리 수용액과 반응하여 수소 기체를 발생한다.

   $2Al + 2NaOH + 2H_2O \rightarrow 2NaAlO_2 + 3H_2 \uparrow$

   $2Al + 2KOH + 2H_2O \rightarrow 2KAlO_2 + 3H_2 \uparrow$

정답

10 (1) $\dfrac{1,200}{300} + \dfrac{600}{300} + \dfrac{900}{300}$　(2) 9배

11 $2Al + 6H_2O \rightarrow 2Al(OH)_3 + 3H_2 \uparrow$

12. ABC 분말소화약제의 열분해 반응식을 쓰시오. [배점4]

18년 제2회 기출 유사 / 18년 제1회 기출 동일

Explanation & Advice

ABC 분말소화약제는 제3종 분말소화약제를 말한다. 즉, 유류화재(B)와 전기화재(C)에 적응성을 보이는 것은 물론 다른 소화약제에서는 보여주지 않는 일반화재(A)에 대해서도 적응성을 보인다.

제3종 분말소화약제의 열분해 반응식은 아래 도표에 제시되어 있다.

❖ 분말 소화약제의 분류, 주성분 및 적응화재

구 분	주성분	화학식
제1종 분말	탄산수소나트륨	$NaHCO_3$
제2종 분말	탄산수소칼륨	$KHCO_3$
제3종 분말	제1인산암모늄	$NH_4H_2PO_4$
제4종 분말	탄산수소칼륨 + 요소	$KHCO_3 + (NH_2)_2CO$

구 분	적응화재	분말색
제1종 분말	B, C	백색
제2종 분말	B, C	담자색
제3종 분말	A, B, C	담홍색
제4종 분말	B, C	회색

★ 적응화재 = A : 일반화재 / B : 유류화재 / C : 전기화재

❖ 각 종별 분말 소화약제의 열분해 반응식

구 분	열분해 반응식
제1종 분말	$2NaHCO_3 \rightarrow Na_2CO_3 + CO_2 + H_2O$
제2종 분말	$2KHCO_3 \rightarrow K_2CO_3 + CO_2 + H_2O$
제3종 분말	$NH_4H_2PO_4 \rightarrow HPO_3 + NH_3 + H_2O$
제4종 분말	$2KHCO_3 + (NH_2)_2CO \rightarrow K_2CO_3 + 2NH_3 + 2CO_2$

✔ **Check point**

보통 열분해 반응식을 물어보면 완전분해 반응식을 물어보는 것이며 위의 반응식이 바로 완전 분해 반응식이다. 기능사 시험에서는 거의 출제된 적이 없으나 산업기사 및 기능장 시험에서는 190℃ 정도에서 1차적으로 분해되는 1차 열분해 반응식에 대해 물어보기도 하며 그 반응식은 다음과 같다.

• 1차 열분해 반응식 : $NH_4H_2PO_4 \rightarrow H_3PO_4 + NH_3$

정답 12 $NH_4H_2PO_4 \rightarrow HPO_3 + NH_3 + H_2O$

13. 톨루엔을 진한 질산과 진한 황산으로 니트로화시키면 탈수되면서 무엇이 생성되는지 쓰시오. [배점3]

16년 제5회 기출 동일

✔ Check point

니트로화반응이란 유기화합물에 니트로기($-NO_2$)를 도입시키는 반응으로서 유기화합물에 질산과 황산의 혼산을 가하면 탈수과정을 거쳐 반응이 진행된다.

화합물에 니트로기를 도입시키는 방법은 크게 두 가지로 나뉘는데, 니트로화 반응처럼 탄화수소 또는 그 유도체의 수소 원자를 니트로기로 치환하는 반응과 에스테르 반응을 통해 알코올에 니트로기를 붙이는 반응으로 구분할 수 있다.

이 문제에서처럼 톨루엔으로부터 트리니트로톨루엔을 만드는 과정이 전자의 예이며 후자의 예로는 글리세린으로부터 니트로글리세린을 만드는 과정을 들 수 있다. 또한 전자와 같은 반응을 통해 니트로화합물이 만들어지는 것이며 후자와 같은 반응을 통해 질산에스테르류가 만들어지는 것이다.

Explanation & Advice

트리니트로톨루엔(TNT)은 제5류 위험물 중 니트로화합물에 속하는 위험물로서 지정수량 200kg, 위험등급 Ⅱ에 해당된다.

(물리량 : 분자량 227, 비중 1.66, 녹는점 81℃, 끓는점 240℃, 발화점 300℃)

톨루엔을 진한 질산과 진한 황산의 혼합액으로 니트로화 반응시키면 탈수과정을 거쳐 생성되며 담황색의 결정으로 강력한 폭약으로 작용한다.

$$C_6H_5CH_3 + 3HNO_3 \xrightarrow{C-H_2SO_4} C_6H_2CH_3(NO_2)_3 + 3H_2O$$

+STUDY

- 톨루엔($C_6H_5CH_3$) 구조식 :

- 트리니트로톨루엔($C_6H_2CH_3(NO_2)_3$) 구조식 :

정답 13 트리니트로톨루엔

04 제1회 필답형 실기시험

2017년 03월 11일 시행

01 아연분에 대해 다음 각 물음에 답하시오. [배점5]

(1) 공기 중 수분에 의한 화학반응식
(2) 염산과 반응할 경우 발생 기체

Explanation & Advice

아연분은 제2류 위험물 중 금속분에 속하는 위험물이며 지정수량 500㎏, 위험등급은 Ⅲ등급으로 은백색의 광택이 있는 금속이다.

(1) 아연분은 물과 반응하면 수산화아연[$Zn(OH)_2$]과 수소 기체를 발생한다. 수소는 폭발성의 가연성 기체로 위험하다. 따라서, 물을 이용한 주수냉각 소화보다는 마른모래나 팽창질석, 팽창진주암, 탄산수소염류 분말 소화약제 등을 이용하여 질식소화 하는 것이 효과적이다.
화재 시 주수를 하게 되면 수증기가 급격하게 생겨나 압력을 증대시키며 그러한 수증기와 반응하여 발생된 수소에 의해 아연분이 비산하고 폭발하게 되며 화재 범위를 확대시킨다.

(2) 아연분이 염산과 반응하는 반응식은 아래와 같다. 이 반응도 수소 기체를 발생시키므로 저장·취급 시 산과의 접촉을 차단하여야 한다.

$Zn + 2HCl \rightarrow ZnCl_2 + H_2 \uparrow$

02 과산화나트륨과 이산화탄소가 반응하였을 때와 과산화나트륨과 물이 반응하였을 때 공통적으로 생성되는 물질을 화학식으로 쓰시오. [배점3]

Explanation & Advice

과산화나트륨은 제1류 위험물 중 무기과산화물(알칼리금속의 과산화물)에 속하는 위험물로 지정수량 50㎏, 위험등급은 Ⅰ등급이다. 과산화나트륨과 이산화탄소가 반응하였을 때와 과산화나트륨과 물이 반응하였을 때 공통적으로 생성되는 물질은 산소 기체이다.

• 이산화탄소와의 반응식 :

$2Na_2O_2 + 2CO_2 \rightarrow 2Na_2CO_3 + O_2 \uparrow$

• 물과의 반응식 :

$2Na_2O_2 + 2H_2O \rightarrow 4NaOH + O_2 \uparrow$

+STUDY 기타 반응식

• 열분해 반응식 : $2Na_2O_2 \rightarrow 2Na_2O + O_2 \uparrow$
• 산과의 반응식 : 과산화수소 발생
  - $Na_2O_2 + 2HCl \rightarrow 2NaCl + H_2O_2 \uparrow$
  - $Na_2O_2 + 2CH_3COOH \rightarrow 2CH_3COONa + H_2O_2 \uparrow$

정답 **01** (1) $Zn + 2H_2O \rightarrow Zn(OH)_2 + H_2 \uparrow$ (2) 수소 **02** O_2

03

탄화칼슘 1mol과 물 2mol이 반응할 때 생성되는 기체를 쓰고 그 기체는 표준상태를 기준으로 몇 ℓ가 생성되는지 구하시오. [배점5]

(1) 생성 기체

(2) 생성량(ℓ)

Explanation & Advice

탄화칼슘(CaC_2)은 제3류 위험물 중 '칼슘 또는 알루미늄의 탄화물'에 속하는 위험물이며 지정수량 300kg, 위험등급은 Ⅲ이다.

물과 반응하면 수산화칼슘(소석회)과 아세틸렌가스가 생성된다.

- 물과의 반응식 :

  $$CaC_2 + 2H_2O \rightarrow Ca(OH)_2 + C_2H_2 \uparrow$$

- 탄화칼슘 1몰과 물 2몰이 반응하면 수산화칼슘과 아세틸렌가스 각각 1몰이 발생한다.

- 표준상태에서 종류에 관계없이 기체 1몰이 차지하는 부피는 22.4ℓ이다.

  ∴ 1몰 × 22.4ℓ = 22.4ℓ

+STUDY 기타반응식

- 산화반응 : 350℃ 이상으로 가열하면 산화된다.
  $2CaC_2 + 5O_2 \rightarrow 2CaO + 4CO_2 \uparrow$
- 질소와의 반응 : 질소 존재하에서 고온(보통 700℃ 이상)으로 가열하면 칼슘시안아미드(석회질소)가 생성된다.
  $CaC_2 + N_2 \rightarrow CaCN_2 + C$

04

위험물안전관리법령상 제5류 위험물 운반용기 외부에 표시해야 하는 주의사항을 모두 쓰시오.

[배점4] - 빈출유형

Explanation & Advice

✿ [위험물안전관리법 시행규칙 별표19 / 위험물의 운반에 관한 기준] - Ⅱ. 적재방법 중 위험물의 종류에 따른 운반 용기 외부에 표시하여야 할 주의사항

류 별	성 질	표시할 주의사항
제1류 위험물	산화성 고체	• 알칼리금속의 과산화물 또는 이를 함유한 것 : 화기·충격주의, 물기엄금 및 가연물 접촉주의 • 그 밖의 것 : 화기·충격주의, 가연물 접촉주의
제2류 위험물	가연성 고체	• 철분·금속분·마그네슘 또는 이들 중 어느 하나 이상을 함유한 것 : 화기주의, 물기엄금 • 인화성 고체 : 화기엄금 • 그 밖의 것 : 화기주의
제3류 위험물	자연발화성 및 금수성 물질	• 자연발화성 물질 : 화기엄금, 공기접촉엄금 • 금수성 물질 : 물기엄금
제4류 위험물	인화성 액체	화기엄금
제5류 위험물	자기반응성 물질	화기엄금, 충격주의
제6류 위험물	산화성 액체	가연물 접촉주의

정답
03 (1) 아세틸렌 (2) 22.4ℓ
04 화기엄금, 충격주의

05 위험물제조소에는 "위험물제조소"라는 표시를 한 표지를 설치하여야 한다. 이때의 기준에 대해 다음 각 물음에 답하시오. [배점6]

(1) 표지의 크기 기준
(2) 표지의 바탕과 문자의 색상
　① 바탕색
　② 문자색

Explanation & Advice

✿ [위험물안전관리법 시행규칙 별표4 / 제조소의 위치·구조 및 설비의 기준] – Ⅲ. 표지 및 게시판

제조소에는 보기 쉬운 곳에 다음 기준에 따라 "위험물제조소"라는 표시를 한 표지를 설치하여야 한다.

- 표지는 **한 변의 길이가 0.3m 이상, 다른 한 변의 길이가 0.6m 이상인 직사각형**으로 할 것
- 표지의 **바탕은 백색으로, 문자는 흑색으로 할 것**

+STUDY

✿ [위험물안전관리법 시행규칙 별표4 / 제조소의 위치·구조 및 설비의 기준] – Ⅲ. 표지 및 게시판

제조소에는 보기 쉬운 곳에 다음 기준에 따라 방화에 관하여 필요한 사항을 게시한 게시판을 설치하여야 한다.

- 게시판은 한 변의 길이가 0.3m 이상, 다른 한 변의 길이가 0.6m 이상인 직사각형으로 할 것
- 게시판에는 저장 또는 취급하는 위험물의 유별·품명 및 저장 최대수량 또는 취급 최대수량, 지정수량의 배수 및 안전관리자의 성명 또는 직명을 기재할 것
- 게시판의 바탕은 백색으로, 문자는 흑색으로 할 것

06 위험물안전관리법령상 이동탱크저장소의 탱크는 강철판의 두께가 몇 mm 이상이어야 하는지 쓰시오. [배점3]

Explanation & Advice

✿ [위험물안전관리법 시행규칙 별표10 / 이동 탱크저장소의 위치·구조 및 설비의 기준] – Ⅱ. 이동 저장탱크의 구조 – 제1호 내용

탱크(맨홀 및 주입관의 뚜껑을 포함)는 **두께 3.2mm 이상의 강철판** 또는 이와 동등 이상의 강도·내식성 및 내열성이 있다고 인정하여 소방청장이 정하여 고시하는 재료 및 구조로 위험물이 새지 아니하게 제작할 것

정답 **05** (1) 한 변의 길이 0.3m 이상, 다른 한 변의 길이 0.6m 이상인 직사각형　(2) ① 백색　② 흑색
06 3.2mm

07 이황화탄소가 완전연소 할 때의 연소반응식을 쓰시오. [배점 4]

Explanation & Advice

◉ 이황화탄소(CS_2)

1. 제4류 위험물 중 특수인화물에 속하며 지정수량 50ℓ, 위험등급 I
2. 분자량 76, 인화점 -30℃, 착화점 100℃, 연소범위 1~44%
3. 비수용성이며 알코올, 에테르, 벤젠 등에는 녹는다.
4. 비중이 1.26이므로 물보다 무겁고 독성이 있다.
5. 증기비중이 2.62로 공기보다는 무거워 증기 누출 시 바닥에 깔린다.
6. 착화온도는 100℃로 제4류 위험물 중 가장 낮다.
7. <u>연소반응 : $CS_2 + 3O_2 \rightarrow CO_2 + 2SO_2$</u>
8. 150℃ 이상의 고온의 물과는 반응하여 황화수소를 발생한다.
   $CS_2 + 2H_2O \rightarrow CO_2 + 2H_2S$
9. 산소와 반응하여 생성되는 이산화황(SO_2)은 가연성 가스이며 이의 발생 억제를 위해 물 속에 저장한다.

08 탄소 100kg을 완전연소 시키려면 표준상태에서 몇 m^3의 공기가 필요한지 구하시오. (단, 공기는 질소 79vol%, 산소 21vol%로 되어 있다.) [배점 5]

(1) 계산과정
(2) 답

Explanation & Advice

- 탄소의 연소반응식 : $C + O_2 \rightarrow CO_2$
- 탄소 1몰이 완전연소하려면 산소 1몰이 필요하다.
- 탄소 1몰에 해당하는 질량은 12g이고 산소 1몰에 해당하는 부피는 22.4ℓ이다.
- 1kg = 1,000g이고 $1m^3$ = 1,000ℓ
- 질량과 부피와의 단위가 통일되어 있으므로 다음의 관계식으로부터 필요한 산소의 부피를 구할 수 있다.

  $12g : 22.4ℓ = 100kg : xm^3$
  $22.4 \times 100 = 12 \times x$ ∴ $x = 186.67(m^3)$

- 문제의 조건은 필요한 산소의 부피를 구하는 것이 아니라 공기의 부피를 구하는 것이다. 공기 중 산소의 부피는 21vol%이므로 필요한 공기의 부피는 다음과 같이 구해진다.

  $186.67m^3 \times \dfrac{100}{21} = 888.90m^3$

✔ Check point 단위환산

- 1ℓ의 정의 : 가로, 세로, 높이가 각각 10cm 인 정육면체가 차지하는 부피로 1ℓ 는 1,000cm³ 이다.

정답

07 $CS_2 + 3O_2 \rightarrow CO_2 + 2SO_2$

08 (1) $186.67m^3 \times \dfrac{100}{21}$ (2) $888.90m^3$

• 1m³는 가로, 세로, 높이가 각각 1m, 즉 100cm인 정육면체가 차지하는 부피이므로 1,000,000cm³가 되며 이는 1,000ℓ가 되는 것이다.

09
제4류 위험물 중 위험등급 I과 위험등급 II에 해당하는 위험물안전관리법령상 품명을 구분하여 모두 쓰시오. [배점4]

(1) 위험등급 I
(2) 위험등급 II

Explanation & Advice

❖ 제4류 위험물의 품명, 지정수량 및 위험등급 – [위험물안전관리법 시행령 별표1] & [위험물안전관리법 시행규칙 별표19]

성질	품명		지정수량	위험등급
인화성 액체	특수인화물		50ℓ	I
	제1 석유류	비수용성	200ℓ	II
		수용성	400ℓ	
	알코올류		400ℓ	
	제2 석유류	비수용성	1,000ℓ	III
		수용성	2,000ℓ	
	제3 석유류	비수용성	2,000ℓ	
		수용성	4,000ℓ	
	제4석유류		6,000ℓ	
	동·식물유류	건성유	10,000ℓ	
		반건성유		
		불건성유		

10
다음 분말소화약제의 주성분을 분자식으로 쓰시오. [배점3] - 빈출유형

(1) 제1종 분말소화약제
(2) 제2종 분말소화약제
(3) 제3종 분말소화약제

Explanation & Advice

❖ 분말 소화약제의 분류, 주성분 및 적응화재

구 분	주성분	화학식
제1종 분말	탄산수소나트륨	$NaHCO_3$
제2종 분말	탄산수소칼륨	$KHCO_3$
제3종 분말	제1인산암모늄	$NH_4H_2PO_4$
제4종 분말	탄산수소칼륨 + 요소	$KHCO_3 + (NH_2)_2CO$

구 분	적응화재	분말색
제1종 분말	B, C	백색
제2종 분말	B, C	담자색
제3종 분말	A, B, C	담홍색
제4종 분말	B, C	회색

★ 적응화재 = A : 일반화재 / B : 유류화재 / C : 전기화재

✔ Check point

(3) $NH_4H_2PO_4$는 NH_6PO_4로 답을 구하여야 맞는 것이 아니냐고 할 수도 있겠으나 일반적으로 분자식을 말할 때는 기능기 중심으로 표현된 화학식(시성식)으로 적는 것이 일반적이다.

정답
09 (1) 특수인화물 (2) 제1석유류, 알코올류
10 (1) $NaHCO_3$ (2) $KHCO_3$ (3) $NH_4H_2PO_4$

11 금속나트륨과 에틸알코올이 반응하여 수소를 발생하는 화학반응식을 쓰시오. [배점4]

12 다음 물질의 화학식을 쓰시오. [배점5]

(1) 에틸렌글리콜
(2) 초산메틸(Methyl Acetate)
(3) 피리딘

Explanation & Advice

⊙ 금속나트륨(Na)

1. 제3류 위험물로 금수성 물질인 동시에 자연발화성 물질이다.
2. 지정수량 10kg, 위험등급 Ⅰ
3. 은백색의 광택이 있는 무른 경금속으로 공기 중 방치하면 자연발화 할 수 있다.
4. 공기 중에서 연소하면 독특한 노란색 불꽃을 낸다.
5. 물과 격렬하게 반응하여 발열하고 수산화나트륨과 폭발성의 수소기체를 발생한다.

   $2Na + 2H_2O \rightarrow 2NaOH + H_2 \uparrow$

6. 알코올과 반응하여 폭발성의 수소 기체와 나트륨에틸레이트(C_2H_5ONa)를 발생한다.

   $2Na + 2C_2H_5OH \rightarrow 2C_2H_5ONa + H_2 \uparrow$

7. 이산화탄소 및 사염화탄소와 폭발반응을 일으킨다.

   $4Na + 3CO_2 \rightarrow 2Na_2CO_3 + C$
   $4Na + CCl_4 \rightarrow 4NaCl + C$

8. 화재가 일어날 경우 소화의 어려움이 있으므로 가급적이면 소량씩 나누어서 저장한다.

Explanation & Advice

모두 제4류 위험물에 속한다.

물질명	품명	수용성 여부	화학식	지정수량(ℓ)	위험등급
에틸렌글리콜	제3석유류	수용성	$C_2H_4(OH)_2$	4,000	Ⅲ
초산메틸	제1석유류	비수용성	CH_3COOCH_3	200	Ⅱ
피리딘	제1석유류	수용성	C_5H_5N	400	Ⅱ

+STUDY 구조식

$C_2H_4(OH)_2$	CH_3COOCH_3	C_5H_5N
H H H–C–C–H OH OH	H_3C–C(=O)–O–CH_3	(피리딘 고리)

정답
11 $2Na + 2C_2H_5OH \rightarrow 2C_2H_5ONa + H_2 \uparrow$
12 (1) $C_2H_4(OH)_2$ (2) CH_3COOCH_3 (3) C_5H_5N

13 위험물안전관리법령상 위험물은 지정수량의 몇 배를 1 소요단위로 하는지 쓰시오. [배점4] - 빈출유형

16년 제1회 기출 동일

Explanation & Advice

✿ [위험물안전관리법 시행규칙 별표17 / 소화설비, 경보설비 및 피난설비의 기준] – Ⅰ. 소화설비 / 5. 소화설비의 설치기준 중 소요단위의 계산방법

"위험물은 지정수량의 10배를 1 소요단위로 할 것."

+STUDY 소요단위

소요단위란 소화설비의 설치대상이 되는 건축물 그 밖의 공작물의 규모 또는 위험물의 양의 기준단위를 말하는 것으로 1 소요단위의 계산방법은 아래와 같다.

❖ 1 소요단위 산정(계산)방법

구분 \ 외벽	내화구조	비 내화구조
제조소 또는 취급소	연면적 100m²	연면적 50m²
저장소	연면적 150m²	연면적 75m²
위험물	지정수량의 10배	

* 제조소등의 옥외에 설치된 공작물은 외벽이 내화구조인 것으로 간주하고 공작물의 최대수평투영면적을 연면적으로 간주하여 소요단위를 산정할 것

정답 13 10배

CHAPTER 7 2016년 실기 기출문제

01 제5회 필답형 실기시험

2016년 11월 26일 시행

01 위험물제조소는 「고등교육법」에서 정하는 학교와 몇 m 이상의 안전거리를 확보하여야 하는가?
[배점3] - 20년 제3회, 21년 제3회 유사

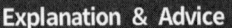

❖ 안전거리 [위험물안전관리법 시행규칙 별표4 / 제조소의 위치·구조 및 설비의 기준]

이 규정은 제조소 뿐 아니라 옥내저장소, 옥외저장소, 옥외 탱크저장소, 일반취급소에 동일 적용한다.

안전거리	해당 대상물
3m 이상	7,000V 초과 35,000V 이하의 특고압 가공전선
5m 이상	35,000V를 초과하는 특고압 가공전선
10m 이상	주거용으로 사용되는 건축물 및 그 밖의 공작물
20m 이상	고압가스, 액화석유가스 또는 도시가스를 저장 또는 취급하는 시설
30m 이상	**학교, 병원, 300명 이상 수용시설**(영화관, 공연장), 20명 이상 수용시설(아동·노인·장애인·한부모가족 복지시설, 어린이집, 성매매 피해자 지원시설, 정신건강 증진시설, 가정폭력 피해자 보호시설)
50m 이상	유형문화재, 지정문화재

- 안전거리 규제대상이 아닌 제조소등 : 제6류 위험물을 취급하는 제조소, 옥내 탱크저장소, 지하 탱크저장소, 이동 탱크저장소, 간이 탱크저장소, 암반 탱크저장소, 판매취급소, 주유취급소는 시설의 안전성과 그 설치 위치의 특수성을 감안하여 안전거리 규제대상에서 제외한다.
- 이송취급소에 적용되는 안전거리는 별도로 존재한다. [시행규칙 별표15]

정답 01 30m

02
탄산수소나트륨 소화약제가 1차적으로 열분해 되는 화학반응식을 쓰시오.

[배점5] - 빈출유형

Explanation & Advice

탄산수소나트륨($NaHCO_3$)은 제1종 분말소화약제의 주성분이며 유류화재(B급)와 전기화재(C급)에 적응성을 보인다. 탄산수소나트륨은 270℃ 정도에 도달하면 1차적으로 열분해 되며 850℃ 이상의 온도에 도달되면 2차적으로 완전 열분해 된다.

- 1차 열분해(270℃ 정도):

  $2NaHCO_3 \rightarrow Na_2CO_3 + CO_2 + H_2O$

- 2차 열분해(850℃ 이상):

  $2NaHCO_3 \rightarrow Na_2O + 2CO_2 + H_2O$

+STUDY 각 종별 분말 소화약제의 열분해 반응식

구 분	열분해 반응식
제1종 분말	$2NaHCO_3 \rightarrow Na_2CO_3 + CO_2 + H_2O$
제2종 분말	$2KHCO_3 \rightarrow K_2CO_3 + CO_2 + H_2O$
제3종 분말	$NH_4H_2PO_4 \rightarrow HPO_3 + NH_3 + H_2O$
제4종 분말	$2KHCO_3 + (NH_2)_2CO \rightarrow K_2CO_3 + 2NH_3 + 2CO_2$

03
할로겐 화합물의 소화약제 중 할론 번호 1211의 화학식을 쓰시오.

[배점4] - 빈출유형

Explanation & Advice

할론 1211 소화약제는 BCF(Bromo Chloro DiFluoro Methane)라고도 부른다. 메탄의 수소 자리에 1개의 Br, 1개의 Cl, 2개의 F가 치환된 형태이며 구조는 다음과 같다.

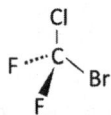

할론 번호란 탄소와 그곳에 연결된 할로겐 원소의 종류 및 개수를 C – F – Cl – Br의 순서대로 나열한 것이며 탄소에 결합된 수소 원자에 대한 정보는 숨겨져 있다.

C는 4족 원소로 4개의 홀전자를 가지고 있어 원칙적으로 C 원자 한 개에는 4개의 다른 원자들이 결합할 수 있다.

Halon 1211에서 첫 번째 숫자 1은 중심 탄소의 수를 나타낸다. 중심 탄소가 1개이므로 4곳에서 다른 원자들이 결합할 수 있다. 두 번째 숫자 2부터 네 번째 숫자 1까지는 수소를 제외한 F, Cl, Br이 순서대로 중심 탄소에 결합된 수를 의미하므로 F는 2개, Cl는 1개, Br은 1개가 결합되어 있다는 것을 나타낸다. 따라서 Halon 1211은 하나의 중심 탄소에 4개의 할로겐 원소들이 모두 결합되어 있어 수소가 결합될 여지는 없다는 것을 보여준다.

정답 02 $2NaHCO_3 \rightarrow Na_2CO_3 + CO_2 + H_2O$ 03 CF_2ClBr

04 질산과 황산의 혼산으로 톨루엔을 니트로화하여 제조하는 제5류 위험물은 무엇인지 쓰시오. [배점3]
17년 제2회 기출 동일

Explanation & Advice

트리니트로톨루엔(TNT)은 제5류 위험물 중 니트로화합물에 속하는 위험물로서 지정수량 200kg, 위험등급 II에 해당된다.

(물리량 : 분자량 227, 비중 1.66, 녹는점 81℃, 끓는점 240℃, 발화점 300℃)

톨루엔을 진한 질산과 진한 황산의 혼합액으로 니트로화 반응시키면 탈수과정을 거쳐 생성되며 담황색의 결정으로 강력한 폭약으로 작용한다.

$$C_6H_5CH_3 + 3HNO_3 \xrightarrow{C-H_2SO_4} C_6H_2CH_3(NO_2)_3 + 3H_2O$$

+STUDY

- 톨루엔($C_6H_5CH_3$) 구조식 :

- 트리니트로톨루엔($C_6H_2CH_3(NO_2)_3$) 구조식 :

✓ Check point

니트로화반응이란 유기화합물에 니트로기($-NO_2$)를 도입시키는 반응으로서 유기화합물에 질산과 황산의 혼산을 가하면 탈수과정을 거쳐 반응이 진행된다.

화합물에 니트로기를 도입시키는 방법은 크게 두 가지로 나뉘는데, 니트로화 반응처럼 탄화수소 또는 그 유도체의 수소 원자를 니트로기로 치환하는 반응과 에스테르 반응을 통해 알코올에 니트로기를 붙이는 반응으로 구분할 수 있다.

이 문제에서처럼 톨루엔으로부터 트리니트로톨루엔을 만드는 과정이 전자의 예이며 후자의 예로는 글리세린으로부터 니트로글리세린을 만드는 과정을 들 수 있다. 또한 전자와 같은 반응을 통해 니트로화합물이 만들어지는 것이며 후자와 같은 반응을 통해 질산에스테르류가 만들어지는 것이다.

정답 04 트리니트로톨루엔

05 피크린산의 구조식을 나타내시오. [배점4]

Explanation & Advice

피크린산은 페놀에 3개의 니트로기가 부착된 구조이다. 페놀을 질산과 황산의 혼산으로 니트로화하면 만들어진다.

◉ **피크린산(피크르산, picric acid)**

1. 트리니트로페놀
2. 제5류 위험물 중 니트로화합물
3. 지정수량 200kg, 위험등급 Ⅱ
4. 순수한 것은 무색이고 공업용은 휘황색에 가까운 결정으로 쓴맛과 독성이 있으며 수용액은 황색을 띤다.
5. 차가운 물에는 소량 녹고 온수나 알코올, 에테르에는 잘 녹는다.
6. 페놀(C_6H_5OH)을 질산과 황산의 혼산으로 니트로화하여 제조한다.

$$C_6H_5OH + 3HNO_3 \xrightarrow{C-H_2SO_4} C_6H_2(NO_2)_3OH + 3H_2O$$

7. 단독으로 연소 시 폭발은 하지 않으나 에탄올과 혼합된 경우에는 충격에 의해서 폭발할 수 있다.
8. 덩어리 상태로 용융된 것은 타격에 의해 폭굉하며 이때의 폭발력은 TNT보다 크다.
9. 주수소화가 효과적이다.

06 위험물안전관리법령상 다음에서 설명하는 분말소화약제는 제 몇 종 분말인지 쓰시오. [배점3] - 빈출유형

(1) 인산염류등을 주성분으로 한 것
(2) 탄산수소칼륨과 요소의 반응생성물
(3) 탄산수소나트륨을 주성분으로 한 것

Explanation & Advice

❖ 분말 소화약제의 분류, 주성분 및 적응화재

구 분	주성분	화학식
제1종 분말	탄산수소나트륨	$NaHCO_3$
제2종 분말	탄산수소칼륨	$KHCO_3$
제3종 분말	제1인산암모늄	$NH_4H_2PO_4$
제4종 분말	탄산수소칼륨 + 요소	$KHCO_3 + (NH_2)_2CO$

구 분	적응화재	분말색
제1종 분말	B, C	백색
제2종 분말	B, C	담자색
제3종 분말	A, B, C	담홍색
제4종 분말	B, C	회색

★적응화재 = A : 일반화재 / B : 유류화재 / C : 전기화재

✔ Check point

'인산염류등'에는 인산나트륨, 인산칼륨, 인산암모늄 등이 포함되는 것이므로 '인산염류등을 주성분으로 한 것'이란 지문은 인산암모늄을 염두에 둔 지문으로 해석한다.

정답

05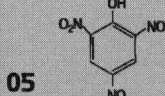

06 (1) 제3종 분말소화약제 (2) 제4종 분말소화약제 (3) 제1종 분말소화약제

07
제6류 위험물 중 다음의 성질을 가지는 물질의 화학식을 쓰시오. [배점3]
- 분자량 : 100.5
- 비중 : 1.76
- 증기비중 : 3.5

Explanation & Advice

- 분자량 = 1 + 35.5 + 16 × 4 = 100.5
- 증기비중 = $\dfrac{분자량}{29}$ = $\dfrac{100.5}{29}$ = 3.47 ≒ 3.5

◉ **과염소산($HClO_4$)**

1. 제6류 위험물(산화성 액체)
2. 지정수량 300kg, 위험등급 Ⅰ
3. **분자량 100.5, 비중 1.76, 증기비중 3.5,** 융점 -112℃, 비점 39℃
4. 산소공급원으로 작용하는 산화제이며 무색, 무취, 강한 휘발성 및 흡습성을 나타내는 액체이다.
5. 분해반응식 : $HClO_4 \rightarrow HCl + 2O_2 \uparrow$
6. 독성이 강하며 피부에 닿으면 부식성이 있어 위험하고 종이, 나무 등과 접촉하면 연소한다.
7. 직사광선을 피하고 통풍이 잘되는 냉암소에 보관한다.
8. 다량의 물로 주수소화나 분무하여 소화하고 내산성 용기를 사용하여 저장한다.

08
금속칼륨이 다음 각 물질과 반응할 때의 화학반응식을 쓰시오. [배점6]
(1) 물
(2) 에탄올

Explanation & Advice

◉ **금속칼륨(K)**

1. 제3류 위험물
2. 지정수량 10kg, 위험등급 Ⅰ
3. 은백색의 광택이 있는 무른 경금속으로 나트륨보다 반응성이 크며 공기 중 방치하면 자연발화 할 수 있다.
4. 가열하면 보라색의 불꽃을 내면서 연소한다.
5. 물과 격렬하게 반응하여 발열하고 폭발성의 수소 기체를 발생하므로 금속의 비산과 함께 폭발이 일어난다. 따라서 밀폐된 용기 등에 수분이 침투하는 경우 밀폐공간이 순간적으로 폭발할 수 있다.

$2K + 2H_2O \rightarrow 2KOH + H_2 \uparrow$

6. 알코올과 반응하여 폭발성의 수소 기체와 칼륨에틸레이트를 발생한다.

$2K + 2C_2H_5OH \rightarrow 2C_2H_5OK + H_2 \uparrow$

7. 이산화탄소 및 사염화탄소와 폭발반응을 일으킨다.

$4K + 3CO_2 \rightarrow 2K_2CO_3 + C$
$4K + CCl_4 \rightarrow 4KCl + C$

정답
07 $HClO_4$
08 (1) $2K + 2H_2O \rightarrow 2KOH + H_2 \uparrow$ (2) $2K + 2C_2H_5OH \rightarrow 2C_2H_5OK + H_2 \uparrow$

09
제4류 위험물을 저장하는 이동탱크저장소에서 이동저장탱크는 그 내부에 몇 ℓ 이하마다 3.2mm 이상의 강철판으로 된 칸막이를 설치하여야 하는가?

[배점3]

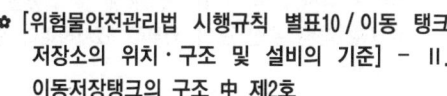

✿ [위험물안전관리법 시행규칙 별표10 / 이동 탱크 저장소의 위치·구조 및 설비의 기준] – Ⅱ. 이동저장탱크의 구조 中 제2호

이동저장탱크는 그 내부에 **4,000ℓ** 이하마다 3.2mm 이상의 강철판 또는 이와 동등 이상의 강도·내열성 및 내식성이 있는 금속성의 것으로 칸막이를 설치하여야 한다. 다만, 고체인 위험물을 저장하거나 고체인 위험물을 가열하여 액체 상태로 저장하는 경우에는 그러하지 아니하다.

10
[보기]의 소화설비 중 위험물안전관리법령상 제6류 위험물에 적응성이 있는 소화설비를 모두 선택하여 번호를 쓰시오. (단, 적응성 있는 소화설비가 없을 경우는 "없음" 이라고 쓰시오.)

[배점4]

[보기]
① 옥내소화전설비
② 불활성가스소화설비
③ 할로겐화합물소화설비
④ 탄산수소염류의 분말소화설비
⑤ 포소화설비

제6류 위험물은 자체에 산소를 포함하고 있어 연소 시 산소공급원으로 작용하기 때문에 질식소화는 불가하며 물을 이용한 주수냉각소화를 하여야 한다. 따라서 위 보기의 소화설비 중 물을 함유하고 있는 옥내소화전설비나 포소화설비가 제6류 위험물에 적응성이 있는 소화설비라 할 것이다.

정답
09 4,000ℓ
10 ①, ⑤

11
2몰의 염소산칼륨이 완전 열분해 될 때 생성되는 산소는 몇 g인지 구하시오. [배점4]

(1) 계산과정
(2) 답

Explanation & Advice

- 염소산칼륨($KClO_3$)은 제1류 위험물 중 염소산염류에 속하는 위험물로 지정수량 50kg, 위험등급 I
- 염소산칼륨의 열분해반응식:

  $2KClO_3 \rightarrow 2KCl + 3O_2$

- 염소산칼륨 2몰이 완전 열분해 되면 3몰의 산소가 생성됨을 알 수 있다.
- 산소 기체(O_2)의 분자량은 32이므로 1몰에 해당하는 질량은 32g이다.

  ∴ 3 × 32g = 96g

12
위험물안전관리법령상 제1류 위험물 중 알칼리금속 과산화물의 운반용기 외부에 표시해야 하는 주의사항을 모두 쓰시오. [배점4] - 빈출유형

Explanation & Advice

✿ [위험물안전관리법 시행규칙 별표19 / 위험물의 운반에 관한 기준] - Ⅱ. 적재방법 중 위험물의 종류에 따른 운반 용기 외부에 표시하여야 할 주의사항

류별	성질	표시할 주의사항
제1류 위험물	산화성 고체	• 알칼리금속의 과산화물 또는 이를 함유한 것: 화기·충격주의, 물기엄금 및 가연물 접촉주의 • 그 밖의 것: 화기·충격주의, 가연물 접촉주의
제2류 위험물	가연성 고체	• 철분·금속분·마그네슘 또는 이들 중 어느 하나 이상을 함유한 것: 화기주의, 물기엄금 • 인화성 고체: 화기엄금 • 그 밖의 것: 화기주의
제3류 위험물	자연발화성 및 금수성 물질	• 자연발화성 물질: 화기엄금, 공기접촉엄금 • 금수성 물질: 물기엄금
제4류 위험물	인화성 액체	화기엄금
제5류 위험물	자기반응성 물질	화기엄금, 충격주의
제6류 위험물	산화성 액체	가연물 접촉주의

정답
11 (1) 3 × 32g (2) 96g
12 화기·충격주의, 물기엄금, 가연물 접촉주의

13 위험물안전관리법령상 다음 각 위험물의 지정수량을 쓰시오. [배점6]

(1) K_2O_2
(2) $KClO_3$
(3) CrO_3

14 위험물안전관리법령상 간이저장탱크의 용량은 몇 ℓ 이하이어야 하는가? [배점3]

Explanation & Advice

(1) K_2O_2(과산화칼륨) : 제1류 위험물 중 무기과산화물(알칼리금속의 과산화물)에 속하는 위험물로 지정수량 50kg, 위험등급 Ⅰ

(2) $KClO_3$(염소산칼륨) : 제1류 위험물 중 염소산염류에 속하는 위험물로 지정수량 50kg, 위험등급 Ⅰ

(3) CrO_3(삼산화크롬, 무수크롬산) : 제1류 위험물 중 행정안전부령으로 정하는 위험물로서 크롬의 산화물에 속하며 지정수량 300kg, 위험등급 Ⅱ

Explanation & Advice

✿ [위험물안전관리법 시행규칙 별표9 / 간이탱크저장소의 위치 · 구조 및 설비의 기준]

• 하나의 간이탱크저장소에 설치하는 간이저장탱크는 그 수를 3 이하로 하고, 동일한 품질의 위험물의 간이저장탱크를 2 이상 설치하지 아니하여야 한다.

• 간이저장탱크는 움직이거나 넘어지지 아니하도록 지면 또는 가설대에 고정시키되, 옥외에 설치하는 경우에는 그 탱크의 주위에 너비 1m 이상의 공지를 두고, 전용실안에 설치하는 경우에는 탱크와 전용실의 벽과의 사이에 0.5m 이상의 간격을 유지하여야 한다.

• **간이저장탱크의 용량은 600ℓ 이하이어야 한다.**

• 간이저장탱크는 두께 3.2mm 이상의 강판으로 흠이 없도록 제작하여야 하며, 70kPa의 압력으로 10분간의 수압시험을 실시하여 새거나 변형되지 아니하여야 한다.

• 간이저장탱크의 외면에는 녹을 방지하기 위한 도장을 하여야 한다. 다만, 탱크의 재질이 부식의 우려가 없는 스테인레스 강판 등인 경우에는 그러하지 아니하다.

• 간이저장탱크에 설치하는 밸브 없는 통기관의 통기관의 지름은 25mm 이상으로 할 것

• 간이저장탱크에 설치하는 밸브 없는 통기관의 통기관은 옥외에 설치하되, 그 끝부분의 높이는 시상 1.5m 이상으로 할 것

정답
13 (1) 50kg (2) 50kg (3) 300kg
14 600ℓ

02 제4회 필답형 실기시험

2016년 08월 27일 시행

01 위험물안전관리법령상 압력탱크 외의 이동저장탱크에 실시하는 수압시험은 몇 kPa의 압력으로 10분간 실시하여야 하는지 쓰시오. [배점3]

Explanation & Advice

✿ [위험물안전관리법 시행규칙 별표10 / 이동탱크저장소의 위치·구조 및 설비의 기준] – Ⅱ. 이동 저장탱크의 구조 – 제1호 내용

압력탱크(최대 상용압력이 46.7kPa 이상인 탱크를 말한다) 외의 탱크는 70kPa의 압력으로, 압력탱크는 최대 상용압력의 1.5배의 압력으로 각각 **10분간의 수압시험을 실시**하여 새거나 변형되지 아니할 것

02 다음 [표]의 위험물에 대하여 빈칸을 알맞게 채우시오. [배점6]

물질명	시성식	위험물안전관리법령상 품명
에탄올	①	②
글리세린	③	④
에틸렌글리콜	⑤	⑥

Explanation & Advice

표에 제시된 위험물은 모두 제4류 위험물이며 기능기로 모두 히드록시기(-OH)를 가지고 있다.

- 에탄올은 알코올류에 속하며 수용성이고 지정수량 400ℓ, 위험등급은 Ⅱ이다.
- 글리세린은 제3석유류에 속하며 수용성이고 지정수량 4,000ℓ, 위험등급은 Ⅲ이다.
- 에틸렌글리콜은 제3석유류에 속하며 수용성이고 지정수량 4,000ℓ, 위험등급은 Ⅲ이다.

정답
01 70kPa
02 ① C_2H_5OH ② 알코올류 ③ $C_3H_5(OH)_3$ ④ 제3석유류 ⑤ $C_2H_4(OH)_2$ ⑥ 제3석유류

03
과산화수소를 옥외저장소에 보관하려고 한다. 저장하는 최대수량이 3,000kg인 경우 보유공지의 너비는 몇 m 이상이어야 하는지 쓰시오. [배점3]

Explanation & Advice

과산화수소는 제6류 위험물이며 지정수량은 300kg이다. 3,000kg은 지정수량의 10배에 해당하여 법령에 따라 보유공지의 너비는 3m 이상으로 하여야 할 것이나 단서조항에 '제4류 위험물 중 제4석유류와 제6류 위험물을 저장 또는 취급하는 옥외저장소의 보유공지는 법령에 정해진 공지 너비의 1/3 이상의 너비로 할 수 있다.'라고 되어 있으므로 3m의 1/3인 1m 이상으로 할 수 있는 것이다.

✿ [위험물안전관리법 시행규칙 별표11 / 옥외저장소의 위치·구조 및 설비의 기준] - 옥외저장소의 보유공지

저장 또는 취급하는 위험물의 최대수량	공지의 너비
지정수량의 10배 이하	3m 이상
지정수량의 10배 초과 20배 이하	5m 이상
지정수량의 20배 초과 50배 이하	9m 이상
지정수량의 50배 초과 200배 이하	12m 이상
지정수량의 200배 초과	15m 이상

단, 제4류 위험물 중 제4석유류와 **제6류 위험물을 저장 또는 취급하는 옥외저장소의 보유공지는 위 표에 의한 공지 너비의 1/3 이상의 너비로 할 수 있다.**

04
위험물안전관리법령상 제4류 위험물의 품명 중 일부인 제1석유류, 제2석유류, 제3석유류, 제4석유류를 분류하는 기준은 무엇인지 쓰시오. [배점3]

Explanation & Advice

제4류 위험물 중 알코올류를 제외한 나머지는 인화점을 기준으로 품명을 구분한다.

✿ [위험물안전관리법 시행령 별표1 / 위험물 및 지정수량] - 비고란 12 ~ 18호

- **특수인화물** : 이황화탄소, 디에틸에테르 그 밖에 1기압에서 발화점이 100℃ 이하인 것 또는 **인화점이 -20℃ 이하이고 비점이 40℃ 이하인 것**

- **제1석유류** : 아세톤, 휘발유 그 밖에 1기압에서 **인화점이 21℃ 미만인 것**

- **알코올류** : 1분자를 구성하는 탄소 원자의 수가 1개부터 3개까지인 포화 1가알코올(변성알코올 포함)

- **제2석유류** : 등유, 경유 그 밖에 1기압에서 **인화점이 21℃ 이상 70℃ 미만인 것**

- **제3석유류** : 중유, 클레오소트유 그 밖에 1기압에서 **인화점이 70℃ 이상 200℃ 미만인 것**

- **제4석유류** : 기어유, 실린더유 그 밖에 1기압에서 **인화점이 200℃ 이상 250℃ 미만의 것**

- **동식물유류** : 동물의 지육(枝肉 : 머리, 내장, 다리를 잘라 내고 아직 부위별로 나누지 않은 고기를 말한다)등 또는 식물의 종자나 과육으로부터 추출한 것으로서 1기압에서 **인화점이 250℃ 미만인 것**

정답 03 1m 04 인화점

✔ Check point

제4류 위험물의 인화점은 특수인화물 → 제1 → 제2 → 제3 → 제4석유류로 갈수록 높아지므로 이들에 속하는 위험물을 품명별로 잘 구분만 해 놓는다면 인화점에 관한 문제는 쉽게 답을 구할 수 있다. 각 위험물의 인화점을 암기할 필요는 없는 것이다.

05

다음 [보기]에서 각 물음에 해당하는 위험물을 선택하여 그 번호를 쓰시오. [배점6]

[보기]
① 벤젠   ② 이황화탄소
③ 아세톤   ④ 아세트알데히드
⑤ 아세트산

(1) 비수용성 물질
(2) 인화점이 가장 낮은 물질
(3) 비점이 가장 높은 물질

Explanation & Advice

위의 물질들은 모두 제4류 위험물이다.

물질명	품 명	수용성 여부	인화점 (℃)	비점 (℃)
벤젠	제1석유류	**비수용성**	-11	80
이황화탄소	특수인화물	**비수용성**	-30	46
아세톤	제1석유류	수용성	-18	56
아세트알데히드	특수인화물	수용성	**-40**	21
아세트산	제2석유류	수용성	40	**118**

✔ Check point

벤젠고리를 가지고 있는 위험물은 모두 비수용성이다.

정답 05 (1) 비수용성 물질 : ①, ②   (2) 인화점이 가장 낮은 물질 : ④   (3) 비점이 가장 높은 물질 : ⑤

06 수소화리튬을 약 400°C로 가열하여 분해하면 생성되는 물질 2가지를 화학식으로 쓰시오. [배점4]

Explanation & Advice

◉ **수소화리튬(LiH)**

1. 제3류 위험물 중 금속의 수소화물
2. 지정수량 300kg, 위험등급 Ⅲ
3. 무색의 고체로 금수성 물질인 동시에 자연발화성 물질이다.
4. 실온에서 물과 격렬히 반응하여 수산화리튬과 폭발성의 수소 기체를 발생한다.

   $LiH + H_2O \rightarrow LiOH + H_2 \uparrow$

5. 공기 또는 습기 등과의 접촉으로 자연발화를 일으킬 수 있다.
6. 이러한 위험성을 차단하기 위하여 사용하지 않는 용기는 밀폐하고 물과 멀리 떨어진 장소에 저장하며 빛과 공기를 피해 건조한 상태를 유지하여야한다.
7. 대용량의 용기에 저장할 때는 아르곤과 같은 불활성 기체를 봉입하여 저장한다.
8. <u>고온으로 가열하면 리튬과 수소로 열분해 된다.</u>

   $2LiH \rightarrow 2Li + H_2 \uparrow$

07 위험물안전관리법령에서 정하는 할로겐간화합물의 지정수량을 쓰시오. [배점3]

Explanation & Advice

할로겐간화합물은 위험물안전관리법령상 행정안전부령으로 정하는 제6류 위험물이다.

제6류 위험물은 모두 지정수량이 300kg이며 위험등급은 Ⅰ이다.

할로겐간화합물에는 삼불화브롬(BrF_3), 오불화브롬(BrF_5), 오불화요오드(IF_5) 등이 포함된다.

할로겐간화합물이라는 명칭에서도 보여주듯 할로겐 원소인 F(불소, 플루오린), Cl(염소), Br(브롬, 브로민), I(요오드, 아이오딘) 사이에서 결합이 이루어져 만들어진 화합물을 의미한다.

정답 06 Li, H_2 07 300kg

08
무수크롬산이 열분해 될 때의 화학반응식을 쓰시오. [배점4]

⊙ 삼산화크롬(CrO₃)

1. 무수크롬산
2. 행정안전부령으로 정하는 제1류 위험물 중 크롬의 산화물
3. 지정수량 300kg, 위험등급 II
4. 진한 적자색 결정
5. 녹는점 197℃, 끓는점 250℃, 비중 2.7
6. 부식성이 있으며 강한 독성과 발암성을 나타낸다.
7. 열을 가하면 분해되어 삼산화제이크롬과 산소가 발생된다.

$$4CrO_3 \rightarrow 2Cr_2O_3 + 3O_2$$

09
다음 [보기]의 물질 중 연소의 3요소가 될 수 없는 물질을 모두 쓰시오. [배점4]

[보기]
벤젠, 공기, 질소, 이산화탄소, 황, 산소, 헬륨, 성냥불

⊙ 연소의 3요소 = 가연물, 점화원, 산소공급원

1. 벤젠 : 제4류 위험물(인화성 액체)로 가연물
2. 공기 : 산소공급원
3. **질소 : 불연성 기체**
4. **이산화탄소 : 불연성 기체**
5. 황 : 제2류 위험물(가연성 고체)로 가연물
6. 산소 : 산소공급원
7. **헬륨 : 불활성 기체**
8. 성냥불 : 점화원

정답 **08** $4CrO_3 \rightarrow 2Cr_2O_3 + 3O_2$ **09** 질소, 이산화탄소, 헬륨

10. TNT의 구조식을 나타내시오. [배점3]

Explanation & Advice

TNT는 톨루엔을 진한 질산과 진한 황산의 혼합액으로 니트로화 반응시키면 탈수과정을 거치면서 3개의 니트로기가 부착되어 생성되는 담황색의 결정이다.

$$C_6H_5CH_3 + 3HNO_3 \xrightarrow{C-H_2SO_4} C_6H_2CH_3(NO_2)_3 + 3H_2O$$

⊙ 트리니트로톨루엔(TNT)

1. 제5류 위험물 중 니트로화합물에 속하는 위험물
2. 지정수량 200kg, 위험등급 Ⅱ
3. 분자량 227, 비중 1.66, 녹는점 81℃, 끓는점 240℃, 발화점 300℃
4. 직사광선에 노출되면 갈색으로 변한다.
5. 충격과 마찰에 비교적 둔감하며 안정성이 있고 방수 효과도 뛰어나지만 가열이나 급격한 타격에 의해 폭발할 수 있다. (자연분해나 보통 충격에 의한 폭발은 어려우며 뇌관이 있어야 폭발시킬 수 있다.)
6. 폭발하며 분해 시엔 다량의 질소, 일산화탄소, 수소 기체가 발생한다.

$$2C_6H_2CH_3(NO_2)_3 \rightarrow 12CO + 2C + 5H_2 + 3N_2$$

7. 물에 녹지 않으며 아세톤, 에테르, 벤젠에 잘 녹고 알코올에는 가열하면 녹는다.
8. 피크르산과 비교하면 약한 충격 감도를 나타낸다.
9. 금속과의 반응성은 없고 자연분해의 위험성도 적어 장기간 보관도 가능하다.

11. 위험물안전관리법령상 판매취급소의 정의에 대해 다음 ( )안에 알맞은 수치를 쓰시오. [배점4]

(1) 제1종 판매취급소 : 저장 또는 취급하는 위험물의 수량이 지정수량의 ( )배 이하인 판매취급소

(2) 제2종 판매취급소 : 저장 또는 취급하는 위험물의 수량이 지정수량의 ( )배 이하인 판매취급소

Explanation & Advice

✿ [위험물안전관리법 시행규칙 별표14 / 판매취급소의 위치·구조 및 설비의 기준]

- 저장 또는 취급하는 위험물의 지정수량의 배수에 따라 제1종과 제2종으로 구분
  - 제1종 판매취급소 : 저장 또는 취급하는 위험물의 수량이 지정수량의 **20배 이하**인 판매취급소
  - 제2종 판매취급소 : 저장 또는 취급하는 위험물의 수량이 지정수량의 **40배 이하**인 판매취급소
- 판매취급소의 위치 : 건축물의 1층에 설치할 것.
- 판매취급소에서의 위험물 배합실 기준
  - 바닥면적은 6m² 이상 15m² 이하로 할 것
  - 내화구조 또는 불연재료로 된 벽으로 구획할 것
  - 바닥은 위험물이 침투하지 않는 구조로 하여 적당한 경사를 두고 집유설비를 할 것

정답

10. (TNT 구조식: 중앙에 CH₃, 2,4,6 위치에 NO₂를 가진 벤젠환)

11. (1) 20 (2) 40

- 출입구에는 자동폐쇄식의 갑종 방화문을 설치할 것
- 출입구 문턱의 높이는 바닥면으로부터 0.1m 이상으로 할 것
- 가연성 증기 또는 가연성 미분을 지붕 위로 방출하는 설비를 할 것

12 227g의 니트로글리세린이 완전히 폭발·분해되었을 때 몇 ℓ의 기체가 발생하는지 구하시오. (단, 기체의 부피는 표준상태를 기준으로 구한다.)

[배점5] - 빈출유형

(1) 계산과정
(2) 답

Explanation & Advice

니트로글리세린은 제5류 위험물 중 질산에스테르류에 속하는 위험물이며 지정수량 10kg, 위험등급은 Ⅰ등급이다.

(물리량 : 분자량 227, 비중 1.6, 증기비중 7.83, 녹는점 13.5℃, 끓는점 160℃)

무색투명한 기름 형태의 액체로서 물에 녹지 않으며 알코올, 벤젠, 아세톤등에 잘 녹는다.

가열, 충격, 마찰에 매우 예민하며 폭발하기 쉽고 상온에서 액체로 존재하나 겨울철에는 동결의 우려가 있다. 니트로글리세린을 다공성의 규조토에 흡수시켜 제조한 것을 다이너마이트라고 한다.

- 니트로글리세린의 완전 분해반응식 :

$$4C_3H_5(ONO_2)_3 \rightarrow 12CO_2 + 10H_2O + 6N_2 + O_2$$

- 위 반응식에서 처럼 4몰의 니트로글리세린이 완전히 폭발·분해되면 이산화탄소, 수증기, 질소, 산소 4종류의 기체가 복합적으로 발생하며 이들은 총합 29몰에 달한다.

- 니트로글리세린의 분자량 :
  $12 \times 3 + 1 \times 5 + 16 \times 9 + 14 \times 3 = 227$

- 227g이 반응한 것은 니트로글리세린 1몰에 해당하는 양이며 따라서 발생되는 기체는 $\frac{29}{4}$몰 이다.

- 표준상태에서 1몰에 해당하는 기체의 부피는 22.4ℓ이다.

$$\therefore \frac{29}{4} \times 22.4\ell = 162.4\ell$$

정답 12 (1) $\frac{29 \times 22.4}{4}$ (2) 162.4ℓ

13 다음은 위험물안전관리법령에서 정한 탱크 용적 산정기준에 관한 내용이다. ( )안에 알맞은 수치를 쓰시오. [배점4]

위험물을 저장 또는 취급하는 탱크의 용량은 해당 탱크 내용적에서 공간용적을 뺀 용적으로 한다. 탱크의 공간용적은 탱크의 내용적의 100분의 ( ) 이상 100분의 ( ) 이하의 용적으로 한다. 다만, 소화설비(소화약제 방출구를 탱크 안의 윗부분에 설치하는 것에 한한다)를 설치하는 탱크의 공간용적은 당해 소화설비의 소화약제 방출구 아래의 ( )미터 이상 ( )미터 미만 사이의 면으로부터 윗부분의 용적으로 한다.

- 암반탱크에 있어서는 당해 탱크 내에 용출하는 7일간의 지하수의 양에 상당하는 용적과 당해 탱크의 내용적의 100분의 1의 용적 중에서 보다 큰 용적을 공간용적으로 한다.

14 오황화인이 물과 반응하여 발생할 수 있는 유독가스를 쓰시오. [배점3]

Explanation & Advice

오황화인(P_2S_5)은 황화인의 일종으로 제2류 위험물에 속하는 가연성 고체이며 지정수량 100kg, 위험등급은 II등급이다. 물과 반응하거나 연소 시 발생되는 가스는 독성이 있으므로 주의한다.

- 물과 반응하면 황화수소와 인산이 발생된다.

  $P_2S_5 + 8H_2O \rightarrow 5H_2S + 2H_3PO_4$

- 연소하면 오산화인과 이산화황이 발생된다.

  $2P_2S_5 + 15O_2 \rightarrow 2P_2O_5 + 10SO_2$

- 황화수소(H_2S), 오산화인(P_2O_5), 이산화황(SO_2)은 유독성 가스이다.

✔ Check point

위의 두 반응식은 자주 출제되는 것으로 물과 반응하였을 때와 연소하였을 때 생성되는 물질에 대해 빈번하게 물어 본다. 무조건 외우려하지 말고 물에는 수소 성분이 들어 있으니 H_2S가 발생되고 연소 시 필요한 산소에는 수소가 없으니 산소만을 함유한 P_2O_5나 SO_2가 생성된다고 정리하면 편할 것이다. [의외로 H_2S와 SO_2가 어떤 경우에 생성되는지 혼동하는 수험생이 많기에 하는 말이다.]

Explanation & Advice

✿ [위험물안전관리법 시행규칙 제5조 / 탱크 용적의 산정기준] - 제1항

위험물을 저장 또는 취급하는 탱크의 용량은 해당 탱크의 내용적에서 공간용적을 뺀 용적으로 한다.

✿ [위험물안전관리에 관한 세부기준 제25조 / 탱크의 내용적 및 공간용적]

- 탱크의 공간용적은 탱크의 내용적이 <u>100분의 (5) 이상 100분의 (10) 이하</u>의 용적으로 한다. 다만, 소화설비(소화약제 방출구를 탱크 안의 윗부분에 설치하는 것에 한한다)를 설치하는 탱크의 공간용적은 당해 소화설비의 소화약제 방출구 아래의 (0.3)m 이상 (1)m 미만 사이 면으로부터 윗부분의 용적으로 한다.

정답 **13** 5, 10, 0.3, 1　　**14** 황화수소(H_2S)

03 제2회 필답형 실기시험

2016년 05월 22일 시행

01
화재의 종류를 다음 [표]와 같이 구분할 때 빈칸을 알맞게 채우시오.

[배점4]

급수	화재의 종류	표시색상
B급	①	②
③	일반화재	④
⑤	⑥	청색

Explanation & Advice

❖ 화재의 유형

화재급수	화재종류	소화기표시색상	적용대상물
A급	일반화재	백색	일반 가연물 (종이, 목재, 섬유, 플라스틱 등)
B급	**유류화재**	**황색**	가연성 액체 (제4류 위험물 및 유류 등)
C급	**전기화재**	청색	통전상태에서의 전기기구, 발전기, 변압기 등
D급	금속화재	무색	가연성 금속 (칼륨, 나트륨, 금속분, 철분, 마그네슘 등)

02
위험물 저장탱크의 용량이 540ℓ이고 내용적이 600ℓ일 때 탱크의 공간용적을 구하시오. [배점5]

Explanation & Advice

✿ [위험물안전관리법 시행규칙 제5조 / 탱크 용적의 산정기준]

위험물을 저장 또는 취급하는 탱크의 용량은 해당 탱크의 내용적에서 공간용적을 뺀 용적으로 한다.

즉, 탱크의 용량 = 탱크의 내용적 - 탱크의 공간용적

∴ $540 = 600 - X$

$X = 60(ℓ)$

정답
01 ① 유류화재 ② 황색 ③ A급 ④ 백색 ⑤ C급 ⑥ 전기화재
02 60ℓ

03
제1류 위험물 중 흑색화약으로 사용되며 고온에서 열분해하여 산소를 방출하는 물질의 열분해 반응식을 쓰시오. [배점4]

Explanation & Advice

흑색화약은 자연으로부터 산출되는 목탄(숯), 질산칼륨(초석), 황의 혼합물이며 제1류 위험물에 속하는 물질은 질산칼륨이다. 질산칼륨은 목탄과 황(제2류 위험물)이 연소하는데 필요한 산소를 제공하는 역할을 담당한다.

질산칼륨(KNO_3)은 제1류 위험물의 질산염류에 속하는 위험물로 지정수량은 300kg, 위험등급은 II등급이다. 무색 또는 흰색의 결정이며 물, 글리세린에 잘 녹고 알코올에는 소량 녹으며 에테르에는 녹지 않는다. 화재 시 다량의 물을 사용하는 주수 냉각소화가 효과적이다.

제1류 위험물 중 흑색화약으로 사용되는 질산칼륨(KNO_3)은 열분해 되어 아질산칼륨(KNO_2)과 산소를 발생시킨다.

$2KNO_3 \rightarrow 2KNO_2 + O_2 \uparrow$

04
위험물안전관리법령상 다음 각 품명에 해당하는 지정수량을 쓰시오. [배점6]

(1) 아염소산염류
(2) 중크롬산염류
(3) 요오드산염류

Explanation & Advice

모두 제1류 위험물에 속하는 품명이다.

✿ **제1류 위험물의 품명, 지정수량 및 위험등급 – [위험물안전관리법 시행령 별표1] & [위험물안전관리법 시행규칙 별표19]**

성질	품명	지정수량	위험등급
산화성 고체	아염소산염류	50kg	I
	염소산염류		
	과염소산염류		
	무기과산화물		
	브롬산염류	300kg	II
	질산염류		
	요오드산염류		
	과망간산염류	1,000kg	III
	중크롬산염류		

정답
03 $2KNO_3 \rightarrow 2KNO_2 + O_2 \uparrow$
04 (1) 50kg (2) 1,000kg (3) 300kg

05

방향족 탄화수소인 BTX를 구성하는 물질 중 'T'로 표시되는 물질의 분자량은 얼마인지 쓰시오. [배점3]

Explanation & Advice

BTX의 B는 벤젠(C_6H_6), T는 톨루엔($C_6H_5CH_3$), X는 자일렌[크실렌, $C_6H_4(CH_3)_2$]을 의미한다. 그러므로 'T'로 표시되는 톨루엔 분자는 탄소 7개, 수소 8개로 이루어져 있으므로 분자량은 $12 \times 7 + 1 \times 8 = 92$가 된다.

BTX를 구성하는 벤젠, 톨루엔, 자일렌(크실렌)은 모두 제4류 위험물에 속하는 물질들이다.

- 벤젠 : 제1석유류(비수용성)에 속하며 지정수량은 200ℓ, 위험등급은 Ⅱ
- 톨루엔 : 제1석유류(비수용성)에 속하며 지정수량은 200ℓ, 위험등급은 Ⅱ
- 자일렌(크실렌) : 제2석유류(비수용성)에 속하며 지정수량은 1,000ℓ, 위험등급은 Ⅲ

+STUDY 구조식

- 벤젠(C_6H_6)

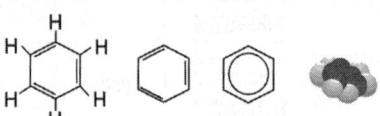

- 톨루엔($C_6H_5CH_3$)

- 자일렌[크실렌, $C_6H_4(CH_3)_2$] - 3가지의 이성질체 존재

ortho-xylene   meta-xylene   para-xylene

06

톨루엔 400ℓ, 아세톤 1,200ℓ, 등유 2,000ℓ를 같은 장소에 저장하려고 한다. 지정수량 배수의 총합을 계산 과정과 함께 구하시오.

[배점4] - 빈출유형

Explanation & Advice

- 각 위험물의 지정수량 – 모두 제4류 위험물이다.

위험물 종류	품 명	지정수량(ℓ)
톨루엔	제1석유류(비수용성)	200
아세톤	제1석유류(수용성)	400
등유	제2석유류(비수용성)	1,000

- 각 위험물의 지정수량의 배수 $= \dfrac{\text{저장수량}}{\text{지정수량}}$으로 구하며 지정수량 배수의 총합은 각각 구해진 지정수량의 배수를 모두 더한 값이다.

$$\therefore \frac{400}{200} + \frac{1,200}{400} + \frac{2,000}{1,000} = 7$$

정답
05 92
06 $\dfrac{400}{200} + \dfrac{1,200}{400} + \dfrac{2,000}{1,000} = 7$

07

다음 [보기]에서 비중이 물보다 큰 것을 모두 선택하여 쓰시오. [배점4]

[보기]
톨루엔, 에틸렌글리콜, 글리세린
아세톤, 니트로벤젠

Explanation & Advice

보기의 위험물은 모두 제4류 위험물에 속한다.

물질명	화학식	품 명	수용성 여부	지정수량/ 위험등급	비중
톨루엔	$C_6H_5CH_3$	제1 석유류	비수용성	200ℓ / II	0.87
에틸렌 글리콜	$C_2H_4(OH)_2$	제3 석유류	수용성	4,000ℓ / III	1.11
글리세린	$C_3H_5(OH)_3$	제3 석유류	수용성	4,000ℓ / III	1.26
아세톤	CH_3COCH_3	제1 석유류	수용성	400ℓ / II	0.79
니트로 벤젠	$C_6H_5NO_2$	제3 석유류	비수용성	2,000ℓ / III	1.20

✔ **Check point**

제4석유류의 비중은 대부분 물보다 작은 값을 가진다.

제3석유류의 비중은 중유(비중 : 0.85 ~ 0.97)를 제외하고 대부분 물보다 큰 값을 가진다.

💡 **TIP**

각 위험물의 비중값을 세세하게 다 외우는 것이 아니라 품명에 따라 개략적인 특징을 염두에 두고 정리하도록 한다.

08

위험물안전관리법령상 다음의 경우 주유취급소의 고정주유설비 또는 고정급유설비의 펌프기기 주유관 선단에서의 최대토출량은 각각 분당 몇 리터 이하이어야 하는지 쓰시오. (단, 이동저장탱크에 주입하는 경우는 제외한다.)
[배점4]

(1) 휘발유
(2) 등유

Explanation & Advice

- 휘발유 : 제1석유류(비수용성)
- 등유 : 제2석유류(비수용성)

✿ [위험물안전관리법 시행규칙 별표13 / 주유취급소의 위치·구조 및 설비의 기준] - Ⅳ. 고정 주유설비 등

주유취급소의 고정주유설비 또는 고정급유설비의 펌프기기는 주유관 선단에서의 최대 토출량이 **제1석유류의 경우에는 분당 50ℓ 이하, 경유의 경우에는 분당 180ℓ 이하, 등유의 경우에는 분당 80ℓ 이하인 것으로 할 것**. 다만, 이동 저장탱크에 주입하기 위한 고정급유설비의 펌프기기는 최대 토출량이 분당 300ℓ 이하인 것으로 할 수 있으며, 분당 토출량이 200ℓ 이상인 것의 경우에는 주유설비에 관계된 모든 배관의 안지름을 40mm 이상으로 하여야 한다.

정답 07 에틸렌글리콜, 글리세린, 니트로벤젠   08 (1) 50ℓ   (2) 80ℓ

09
위험물안전관리법령상 위험물의 운반에 관한 기준에서 사이안화수소(HCN, 시안화수소)의 운반용기 외부에 표시하여야 하는 주의사항은 무엇인지 쓰시오.

[배점3] - 빈출유형 / 응용문제

사이안화수소(HCN, 시안화수소)는 제4류 위험물 중 제1석유류(수용성)에 해당하는 위험물로 운반용기 외부에는 '**화기엄금**'이란 주의사항을 표시해야 한다.

✿ [위험물안전관리법 시행규칙 별표19 / 위험물의 운반에 관한 기준] - Ⅱ. 적재방법 중 위험물의 종류에 따른 운반 용기 외부에 표시하여야 할 주의사항

류 별	성 질	표시할 주의사항
제1류 위험물	산화성 고체	• 알칼리금속의 과산화물 또는 이를 함유한 것 : 화기·충격주의, 물기엄금 및 가연물 접촉주의 • 그밖의 것 : 화기·충격주의, 가연물 접촉주의
제2류 위험물	가연성 고체	• 철분·금속분·마그네슘 또는 이들 중 어느 하나 이상을 함유한 것 : 화기주의, 물기엄금 • 인화성 고체 : 화기엄금 • 그 밖의 것 : 화기주의
제3류 위험물	자연발화성 및 금수성 물질	• 자연발화성 물질 : 화기엄금, 공기접촉엄금 • 금수성 물질 : 물기엄금
제4류 위험물	인화성 액체	화기엄금
제5류 위험물	자기반응성 물질	화기엄금, 충격주의
제6류 위험물	산화성 액체	가연물 접촉주의

10
금속칼륨이 물과 반응하여 생성되는 물질을 모두 쓰시오. [배점4]

금속칼륨이 물과 반응하면 수산화칼륨(KOH)과 수소(H_2) 기체가 발생한다.

$2K + 2H_2O \rightarrow 2KOH + H_2 \uparrow$

◉ **금속칼륨**(K)

1. 제3류 위험물
2. 지정수량 10kg, 위험등급 Ⅰ
3. 은백색의 광택이 있는 무른 경금속으로 나트륨보다 반응성이 크며 공기 중 방치하면 자연발화 할 수 있다.
4. 가열하면 보라색의 불꽃을 내면서 연소한다.
5. 물과 격렬하게 반응하여 발열하고 폭발성의 수소 기체를 발생하므로 금속의 비산과 함께 폭발이 일어난다. 따라서 밀폐된 용기 등에 수분이 침투하는 경우 밀폐공간이 순간적으로 폭발할 수 있다.

   $2K + 2H_2O \rightarrow 2KOH + H_2 \uparrow$

6. 알코올과 반응하여 폭발성의 수소 기체와 칼륨에틸레이트를 생성한다.

   $2K + 2C_2H_5OH \rightarrow 2C_2H_5OK + H_2 \uparrow$

7. 이산화탄소 및 사염화탄소와 폭발반응을 일으킨다.

   $4K + 3CO_2 \rightarrow 2K_2CO_3 + C$
   $4K + CCl_4 \rightarrow 4KCl + C$

정답 09 화기엄금   10 수산화칼륨, 수소

11. 제2종 분말소화약제의 주성분을 화학식으로 쓰시오. [배점3] - 빈출유형

Explanation & Advice

❖ 분말 소화약제의 분류, 주성분 및 적응화재

구 분	주성분	화학식
제1종 분말	탄산수소나트륨	$NaHCO_3$
제2종 분말	**탄산수소칼륨**	$KHCO_3$
제3종 분말	제1인산암모늄	$NH_4H_2PO_4$
제4종 분말	탄산수소칼륨 + 요소	$KHCO_3 + (NH_2)_2CO$

구 분	적응화재	분말색
제1종 분말	B, C	백색
제2종 분말	B, C	담자색
제3종 분말	A, B, C	담홍색
제4종 분말	B, C	회색

★ 적응화재 = A : 일반화재 / B : 유류화재 / C : 전기화재

12. 고체의 연소형태 4가지를 쓰시오. [배점4] - 빈출유형
16년 제1회, 18년 제3회, 20년 제4회 기출 동일

Explanation & Advice

◉ 고체의 연소

고체 가연물에 열을 가했을 때 우선적으로 증발하는 가연물에서 증발연소가 일어나며 다음으로 열분해해서 분해연소가 일어나고 나머지 남은 물질이 표면연소를 한다.

- 증발연소 : 열분해를 일으키지 않고 증발하여 그 증기가 연소하거나(나프탈렌이나 유황 등) 또는 열에 의해 융해되어 액체로 변한 다음 이 액체 상태에서 기화된 증기가 연소하는[파라핀(양초), 왁스 등] 현상을 말한다. 이러한 증발연소는 가솔린, 경유, 등유 등과 같은 증발하기 쉬운 가연성 액체에서도 잘 일어난다.

- 표면연소 : 직접연소라고도 부르며 가연성 고체가 열분해 되어도 휘발성분이 없어 증발하지 않아 가연성 가스를 발생하지 않고 고체 자체의 표면에서 산소와 반응하여 연소되는 현상을 말한다. 금속분, 목탄(숯), 코크스 등이 여기에 해당된다.

- 자기연소 : 내부연소 또는 자활연소라고도 하며 가연성 물질이 자체 내에 산소를 함유하고 있어 공기 중의 산소를 필요로 하지 않고 자체의 산소에 의해서 연소되는 현상을 말하는 것으로 제5류 위험물의 연소가 여기에 해당된다. 대부분 폭발성을 지니고 있으므로 폭발성 물질로 취급되고 있다.

- 분해연소 : 열분해에 의해 발생된 가연성 가스가 공기와 혼합하여 연소하는 현상이며 연소열에 의해 고체의 열분해는 가연물이 없어질 때까지 계속된다. 종이, 석탄, 목재, 섬유, 플라스틱 등의 연소가 해당된다.

정답 11 $KHCO_3$ 12 ○ 증발연소 ○ 표면연소 ○ 자기연소 ○ 분해연소

13

표준상태에서 탄소 100kg을 완전연소 시키려면 몇 m³의 산소가 필요한지 구하시오.

[배점4] - 계산문제 빈출유형

Explanation & Advice

- 탄소의 연소반응식 : $C + O_2 \rightarrow CO_2$
- 탄소 1몰이 완전연소하려면 산소 1몰이 필요하다.
- 탄소 1몰에 해당하는 질량은 12g이고 산소 1몰에 해당하는 부피는 22.4ℓ이다.
- 1kg = 1,000g이고 1m³ = 1,000ℓ
- 질량과 부피와의 단위가 통일되어 있으므로 다음의 관계식으로부터 답을 구할 수 있다.
- 12g : 22.4ℓ = 100kg : xm³

    22.4 × 100 = 12 × x

    ∴ x = 186.67(m³)

✓ Check point 단위환산

- 1ℓ의 정의 : 가로, 세로, 높이가 각각 10cm인 정육면체가 차지하는 부피
- 즉, 1ℓ = 1,000cm³
- 1m³는 가로, 세로, 높이가 각각 1m, 즉 100cm인 정육면체가 차지하는 부피이므로 1,000,000cm³가 되며 이는 1,000ℓ가 되는 것이다.

14

다음의 각 물질은 몇 가 알코올인지 쓰시오.

[배점3]

(1) 에틸렌글리콜

(2) 글리세린

(3) 에틸알코올

Explanation & Advice

한 분자 내에 존재하는 히드록시기(-OH)의 수에 따라 1가, 2가, 3가 알코올로 분류한다. 즉, 히드록시기가 1개이면 1가, 2개이면 2가, 3개이면 3가 알코올이 되는 것이다.

1가 알코올	2가 알코올	3가 알코올
-C-C-OH	HO-C-C-OH	OH-C-C-C-OH 　　　　　OH

(1) 에틸렌글리콜은 $C_2H_4(OH)_2$이므로 OH가 2개이며 2가 알코올이다.

(2) 글리세린은 $C_3H_5(OH)_3$이므로 OH가 3개이며 3가 알코올이다.

(3) 에틸알코올은 C_2H_5OH이므로 OH가 1개이며 1가 알코올이다.

+STUDY

히드록시기(-OH)와 연결된 탄소 원자에 몇 개의 알킬기(Alkyl group, R로 표시)가 부착되었느냐에 따라 0차, 1차, 2차, 3차 알코올로 분류한다. 0차 알코올은 메탄올이 유일하며 구조상 4차 알코올은 생성될 수 없다.

0차 알코올	1차 알코올	2차 알코올	3차 알코올
H H-C-OH H	H R_1-C-OH H	R_2 R_1-C-OH H	R_2 R_1-C-OH R_3

정답 13 186.67m³ 14 (1) 2가 알코올 (2) 3가 알코올 (3) 1가 알코올

04 제1회 필답형 실기시험

2016년 03월 12일 시행

01 Na에 대하여 다음 각 물음에 답하시오. [배점6]

(1) 물과 반응하였을 때 발생하는 기체를 화학식으로 쓰시오.
(2) 완전 연소반응식을 쓰시오.

Explanation & Advice

(1) 나트륨은 물과 반응 시 수산화나트륨과 폭발성 기체인 수소를 발생하며 발열한다. 그러므로 물과의 접촉을 엄격히 제한하여야 한다.

$2Na + 2H_2O \rightarrow 2NaOH + H_2 \uparrow + 92.8Kcal$

+STUDY Na의 기타 반응식

- CCl_4와의 반응 : $4Na + CCl_4 \rightarrow 4NaCl + C$
- CO_2와의 반응 : $4Na + 3CO_2 \rightarrow 2Na_2CO_3 + C$
- 에탄올과의 반응 :
  $2Na + 2C_2H_5OH \rightarrow 2C_2H_5ONa + H_2 \uparrow$

02 다음 위험물의 화학식을 쓰시오. [배점4]

(1) 요오드산칼륨
(2) 과망간산칼륨

Explanation & Advice

(1) KIO_3 : 제1류 위험물 중 요오드산염류, 지정수량 300kg, 위험등급 Ⅱ

(2) $KMnO_4$: 제1류 위험물 중 과망간산염류, 지정수량 1,000kg, 위험등급 Ⅲ

✻ 빈틈없이 촘촘하게 **One more Step**

- $KMnO_4$(과망간산칼륨)의 열분해 반응식 : 빈출 유형!!

  $2KMnO_4 \rightarrow K_2MnO_4 + MnO_2 + O_2 \uparrow$

정답
01 (1) H_2 (2) $4Na + O_2 \rightarrow 2Na_2O$
02 (1) KIO_3 (2) $KMnO_4$

03 건조한 상태에서 폭발의 위험성이 있는 니트로셀룰로오스의 안전한 저장·운반을 위해 어떤 물질을 첨가(혼합)하는지 일반적으로 사용하는 물질을 1가지만 쓰시오. [배점3]

건조 상태에서는 폭발할 수 있으나 함수알코올(물이나 알코올)과 혼합하면 위험성이 감소하므로 함수알코올(물이나 알코올)을 첨가하여 습윤시킨 상태로 저장하거나 운반한다.

◉ **니트로셀룰로오스**

1. 제5류 위험물 중 질산에스테르류
2. 지정수량 10kg, 위험등급 I
3. 일명 '질화면' '면화약'. 도료나 셀룰로이드 등에 쓰일 경우에는 '질화면'이라 하고 화약에 쓰이는 경우에는 '면화약'이라고도 부른다.
4. 무색이나 백색의 고체로 햇빛에 의해 황갈색으로 변한다.
5. 인화점 12℃, 발화점 160~170℃, 끓는점 83℃, 분해온도 130℃, 비중 1.7
6. 진한 질산과 황산에 셀룰로오스를 혼합시켜 제조한다.
7. 물에는 녹지 않고 니트로벤젠, 아세톤, 초산 등에 녹는다.
8. 니트로셀룰로오스에 포함된 질소농도(질화도)가 클수록 폭발성, 위험도 등이 증가한다.

04 왕수를 만드는 방법을 원료 물질과 그 원료 물질의 배합 비율을 중심으로 설명하시오. [배점4]

백금이나 금 등의 귀금속도 녹일 수 있는 왕수는 진한 질산과 진한 염산을 1 : 3의 부피비로 섞어 제조한 용액이다. [제6류 위험물에 속하는 질산(HNO_3)은 대부분의 금속을 녹일 수 있지만 금과 백금은 녹일 수 없다.]

정답
03 물 또는 알코올
04 진한 질산과 진한 염산을 1 : 3의 부피비로 섞어 제조한다.

05
고체 가연물의 대표적인 연소형태 4가지를 쓰시오. [배점4] - 빈출유형
16년 제2회, 18년 제3회, 20년 제4회 기출 동일

Explanation & Advice

⊙ **고체의 연소**

고체 가연물에 열을 가했을 때 우선적으로 증발하는 가연물에서 증발연소가 일어나며 다음으로 열분해해서 분해연소가 일어나고 나머지 남은 물질이 표면연소를 한다.

- 증발연소 : 열분해를 일으키지 않고 증발하여 그 증기가 연소하거나(나프탈렌이나 유황 등) 또는 열에 의해 융해되어 액체로 변한 다음 이 액체 상태에서 기화된 증기가 연소하는[파라핀(양초), 왁스 등] 현상을 말한다. 이러한 증발연소는 가솔린, 경유, 등유 등과 같은 증발하기 쉬운 가연성 액체에서도 잘 일어난다.

- 표면연소 : 직접연소라고도 부르며 가연성 고체가 열분해 되어도 휘발성분이 없어 증발하지 않아 가연성 가스를 발생하지 않고 고체 자체의 표면에서 산소와 반응하여 연소되는 현상을 말한다. 금속분, 목탄(숯), 코크스 등이 해당된다.

- 자기연소 : 내부연소 또는 자활연소라고도 하며 가연성 물질이 자체 내에 산소를 함유하고 있어 공기 중의 산소를 필요로 하지 않고 자체의 산소에 의해서 연소되는 현상으로 제5류 위험물의 연소가 여기에 해당된다. 대부분 폭발성을 지니고 있으므로 폭발성 물질로 취급된다.

- 분해연소 : 열분해에 의해 발생된 가연성 가스가 공기와 혼합하여 연소하는 현상이며 연소열에 의해 고체의 열분해는 가연물이 없어질 때까지 계속된다. 종이, 석탄, 목재, 섬유, 플라스틱 등의 연소가 해당된다.

06
방향족 탄화수소인 BTX에 대하여 다음 각 물음에 답하시오. [배점5]

(1) BTX는 무엇의 약자인지 각 물질의 명칭을 쓰시오.
① B
② T
③ X

(2) 위 3가지 물질 중 "T"에 해당하는 물질의 구조식을 쓰시오.

Explanation & Advice

BTX를 구성하는 벤젠, 톨루엔, 자일렌(크실렌)은 모두 제4류 위험물에 속하는 물질들이다. 이들 물질은 모두 방향족 탄화수소이며 합성섬유의 제조 및 공업용 화학약품의 제조 원료 등으로 이용되는 등 사용 가치가 증가하면서 석유화학 산업에서 중요한 물질로 자리잡았다.

- 벤젠 : 제1석유류(비수용성)에 속하며 지정수량은 200ℓ, 위험등급은 Ⅱ
- 톨루엔 : 제1석유류(비수용성)에 속하며 지정수량은 200ℓ, 위험등급은 Ⅱ
- 자일렌(크실렌) : 제2석유류(비수용성)에 속하며 지정수량은 1,000ℓ, 위험등급은 Ⅲ

+STUDY 자일렌(크실렌)의 3가지 이성질체

ortho-xylene   meta-xylene   para-xylene

정답
05 증발연소, 표면연소, 자기연소, 분해연소
06 (1) ① B : 벤젠(Benzene) ② T : 톨루엔(Toluene) ③ X : 자일렌(Xylene) 또는 크실렌   (2)

07

이황화탄소 76g이 완전연소하면 몇 ℓ의 기체가 발생하는지 구하시오. (단, 표준상태를 기준으로 하고, 순수한 산소만을 공급하며, 공급된 산소는 모두 연소에 사용된다고 한다.)

[배점5] - 계산문제 빈출유형

(1) 계산과정

(2) 답

Explanation & Advice

- 이황화탄소의 완전 연소반응식

  $CS_2 + 3O_2 \rightarrow CO_2 + 2SO_2$

- 이황화탄소(CS_2)의 분자량 : 76(12 + 32 × 2)이다.
- 이황화탄소 76g의 연소는 1몰이 연소되었다는 의미이다.

위의 반응식에서 1몰의 이황화탄소가 완전연소하면 1몰의 이산화탄소와 2몰의 이산화황이 발생된다. 두 물질은 모두 기체이며 3몰의 기체가 발생하는 것이다.

- 기체의 종류에 관계없이 표준상태에서 모든 기체 1몰이 차지하는 부피는 22.4ℓ이므로

  22.4ℓ × 3 = 67.2ℓ가 발생된다.

08

위험물안전관리법령상 소화설비의 설치 기준에서 위험물은 지정수량의 몇 배를 1 소요단위로 하는지 쓰시오.

[배점3] - 빈출유형

17년 제1회 기출 동일

Explanation & Advice

✿ [위험물안전관리법 시행규칙 별표17 / 소화설비, 경보설비 및 피난설비의 기준] - Ⅰ. 소화설비 / 5. 소화설비의 설치기준 중 소요단위의 계산방법

"위험물은 지정수량의 10배를 1 소요단위로 할 것"

+STUDY 소요단위

소요단위란 소화설비의 설치대상이 되는 건축물 그 밖의 공작물의 규모 또는 위험물의 양의 기준단위를 말하는 것으로 1 소요단위의 계산방법은 아래와 같다.

✿ 1 소요단위 산정(계산)방법

구분 \ 외벽	내화구조	비 내화구조
제조소 또는 취급소	연면적 100m²	연면적 50m²
저장소	연면적 150m²	연면적 75m²
위험물	지정수량의 10배	

정답
07 (1) 22.4ℓ × 3 (2) 67.2ℓ
08 10배

09

일반취급소 또는 제조소에서 취급하는 제4류 위험물 최대수량의 합이 지정수량의 24만배 이상 48만배 미만인 사업소의 자체소방대에 두는 화학소방자동차 및 자체소방대원의 기준수를 각각 쓰시오. [배점4]

Explanation & Advice

✿ [위험물안전관리법 시행령 별표8 / 자체소방대에 두는 화학소방자동차 및 인원]

자체소방대를 설치하는 사업소의 관계인은 자체소방대에 화학소방자동차 및 자체소방대원을 두어야 한다.

사업소의 구분	구비조건
제조소 또는 일반취급소에서 취급하는 제4류 위험물의 최대수량의 합이 지정수량의 3천 배 이상 12만 배 미만인 사업소	• 화학소방자동차 : 1대 • 자체소방대원의 수 : 5인
제조소 또는 일반취급소에서 취급하는 제4류 위험물의 최대수량의 합이 지정수량의 12만 배 이상 24만 배 미만인 사업소	• 화학소방자동차 : 2대 • 자체소방대원의 수 : 10인
제조소 또는 일반취급소에서 취급하는 제4류 위험물의 최대수량의 합이 지정수량의 24만 배 이상 48만 배 미만인 사업소	• 화학소방자동차 : 3대 • 자체소방대원의 수 : 15인
제조소 또는 일반취급소에서 취급하는 제4류 위험물의 최대수량의 합이 지정수량의 48만 배 이상인 사업소	• 화학소방자동차 : 4대 • 자체소방대원의 수 : 20인
옥외탱크저장소에 저장하는 제4류 위험물의 최대수량이 지정수량의 50만 배 이상인 사업소	• 화학소방자동차 : 2대 • 자체소방대원의 수 : 10인

※ 화학 소방자동차에는 행정안전부령으로 정하는 소화능력 및 설비를 갖추어야 하고 소화활동에 필요한 소화약제 및 기구(방열복 등 개인장구를 포함한다)를 비치하여야 한다.

 TIP

법령 개정으로 인해 위 도표의 사업소의 구분 중 '12만 배 미만인 사업소'는 '3천 배 이상 12만 배 미만인 사업소'로 '3천 배 이상'이라는 문구가 추가된 것이며 옥외탱크저장소 부분이 추가되었다.

정답 09 ○ 화학소방자동차 : 3대 ○ 자체소방대원 : 15인

10

0°C 1기압을 기준으로 질산칼륨 202g이 열분해하여 생성되는 산소는 몇 ℓ인지 구하시오.

[배점5] - 계산문제 빈출유형

(1) 계산과정

(2) 답

Explanation & Advice

질산칼륨(KNO_3)은 제1류 위험물 중 질산염류에 속하는 위험물이며 지정수량은 300kg, 위험등급은 II이다. 냄새는 없으나 짠맛을 내는 무색 또는 흰색 결정으로 물이나 글리세린에는 잘 녹으며 에탄올에는 소량 녹고 에테르에는 녹지 않는다.

황, 목탄 등과 혼합하여 흑색화약을 제조하는데 쓰인다

- 질산칼륨의 열분해 반응식 :

  $2KNO_3 \rightarrow 2KNO_2 + O_2 \uparrow$

- 질산칼륨의 분자량 : 39 + 14 + 16 × 3 = 101

- 질산칼륨의 분자량이 101인데 202g을 열분해 했다는 것은 2몰을 열분해 했다는 것이며 위의 반응식에서 2몰의 질산칼륨이 열분해 되면 1몰의 산소 기체가 발생됨을 알 수 있다.

- 표준상태에서 기체 1몰이 차지하는 부피는 22.4ℓ이다.

  ∴ 22.4ℓ × 1 = 22.4ℓ

11

지정수량 이상의 위험물을 차량으로 운반할 경우에는 당해 차량에 "위험물"이라고 표시한 표지를 설치하여야 하는데 이 표지의 바탕 및 글자의 색상을 각각 쓰시오. [배점4]

Explanation & Advice

✿ [이동탱크저장소의 위험성 경고표지에 관한 기준 / 별표3]

이 기준은 위험물안전관리법 시행규칙 별표 10 V의 제1호에 따라 이동탱크저장소에 부착하는 위험성 경고표지에 관한 사항을 규정하는 것을 목적으로 한다.

- 부착위치 : 이동탱크저장소의 전면 상단 및 후면 상단
- 규격 및 형상 : 60cm 이상 × 30cm 이상의 횡형 사각형
- **색상 및 문자 : 흑색 바탕에 황색의 반사 도료로 "위험물"이라 표기할 것**
- 위험물이면서 유해화학물질에 해당하는 품목의 경우에는 「화학물질 관리법」에 따른 유해화학물질 표지를 위험물 표지와 상하 또는 좌우로 인접하여 부착할 것

정답
10 (1) 22.4ℓ × 1 (2) 22.4ℓ
11 ○ 바탕색 : 흑색   ○ 글자색 : 황색

12 무색의 단맛이 있는 액체로서 3가의 알코올이며 분자량 약 92, 비중 약 1.26이고 위험물안전관리법령상 품명이 제3석유류에 속하는 이 물질의 명칭을 쓰고 구조식을 나타내시오.
[배점4]

- 히드록시기(−OH)와 연결된 탄소 원자에 몇 개의 알킬기(Alkyl group, R로 표시)가 부착되었느냐에 따라 0차, 1차, 2차, 3차 알코올로 분류한다. 0차 알코올은 메탄올이 유일하며 구조상 4차 알코올은 생성될 수 없다.

0차 알코올	1차 알코올	2차 알코올	3차 알코올
H–C(H)(H)–OH	R$_1$–C(H)(H)–OH	R$_1$–C(R$_2$)(H)–OH	R$_1$–C(R$_2$)(R$_3$)–OH

Explanation & Advice

◉ 글리세린

1. 제4류 위험물(인화성 액체) 중 **제3석유류(수용성)**
2. 지정수량 4,000ℓ, 위험등급 Ⅲ
3. 단맛을 내며 점성이 매우 강한 무색·무취의 액체로서 산화성 물질과 혼합되면 폭발할 수 있다.
4. **분자량 92.1, 비중 1.26**, 증기밀도 3.1
5. 녹는점 20℃, 끓는점 182℃, 인화점 160℃, 발화점 370℃
6. 공기 차단에 의한 질식소화가 효과적이다.

+STUDY 알코올의 분류

- 한 분자 내에 존재하는 히드록시기(−OH)의 수에 따라 1가, 2가, 3가 알코올로 분류한다.

1가 알코올	2가 알코올	3가 알코올
−C−C−OH	HO−C−C−OH	OH−C−C−C−OH, OH

13 제6류 위험물과 혼재가 가능한 위험물은 제 몇 류 위험물인지 모두 쓰시오. (단, 지정수량 10배의 위험물을 혼재하는 경우이다.)
[배점4] - 빈출유형

Explanation & Advice

✿ [위험물안전관리법 시행규칙 별표19 / 위험물의 운반에 관한 기준] - [부표2] - 유별을 달리하는 위험물의 혼재기준

구 분	제1류	제2류	제3류	제4류	제5류	제6류
제1류		×	×	×	×	○
제2류	×		×	○	○	×
제3류	×	×		○	×	×
제4류	×	○	○		○	×
제5류	×	○	×	○		×
제6류	○	×	×	×	×	

∗ 'o'는 혼재할 수 있음을, '×'는 혼재할 수 없음을 표시한다.

∗ 이 표는 지정수량 1/10 이하의 위험물에 대하여는 적용하지 아니한다.

정답 **12** ○ 명칭 : 글리세린(글리세롤) / Glycerin(Glycerol) ○ 구조식 : H–C(H)(OH)–C(H)(OH)–C(H)(H)(OH)... H-C-C-C-H / OH OH OH
13 제1류 위험물

PART 2

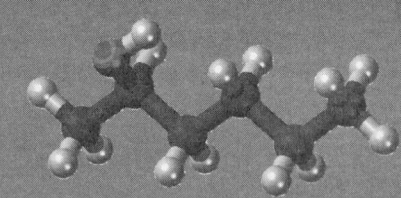

작업형 적중예상문제

CHAPTER 1 출제가능 작업형 기출문제

14년부터 19년까지 출제된 작업형 문제들 중에서 출제가능성이 있다고 판단되는 문제 35문제를 추출하여 필답형 문제로 변형하였습니다.

필답형으로 거의 출제가 되지 않았거나 출제되었더라도 형태가 다른 문제들 중에서 선별하고 해설하였습니다.

01
차량에 적재한 위험물 운반용기를 덮개로 덮으려 한다. 운반물질이 제4류 위험물 중 특수인화물이라면 어떠한 덮개를 사용해야 하는지 쓰시오.

[14년 제1회]

Explanation & Advice

✿ [위험물안전관리법 시행규칙 별표19 / 위험물의 운반에 관한 기준]

- 차광성이 있는 피복으로 가려야 할 위험물
  - 제1류 위험물
  - 제3류 위험물 중 자연발화성 물질
  - <u>제4류 위험물 중 특수인화물</u>
  - 제5류 위험물
  - 제6류 위험물

- 방수성이 있는 피복으로 덮어야 할 위험물
  - 제1류 위험물 중 알칼리금속의 과산화물 또는 이를 함유한 것
  - 제2류 위험물 중 철분·금속분·마그네슘 또는 이들 중 어느 하나 이상을 함유한 것
  - 제3류 위험물 중 금수성 물질

- 보냉 컨테이너에 수납하는 등 적정한 온도관리를 해야 할 위험물
  - 제5류 위험물 중 55℃ 이하의 온도에서 분해될 우려가 있는 것

- 충격 등을 방지하기 위한 조치를 강구해야 할 위험물
  - 액체 위험물 또는 위험등급Ⅱ의 고체 위험물을 기계에 의하여 하역하는 구조로 된 운반 용기에 수납하여 적재하는 경우

✔ Check point

차광성과 방수성이 있는 피복으로 모두 덮어야 하는 위험물은 제1류 위험물 중 알칼리금속 과산화물이다. - 과산화리튬, 과산화나트륨, 과산화칼륨이 해당한다.

정답 01 차광성 덮개

02

다음과 같은 종형 탱크의 지름(A)은 3m이고 높이(B)가 6m라면 탱크의 내용적은 몇 m³가 되는지 구하시오.

[14년 제1회 / 16년 제5회 / 18년 제2회]

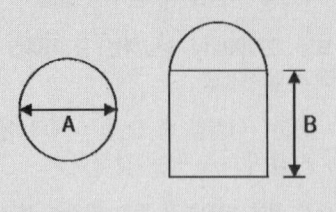

Explanation & Advice

종형 탱크의 내용적은 "π × 반지름² × 탱크의 높이"로 구하므로 위 그림의 부호를 적용하면 $\pi \times (\frac{A}{2})^2 \times B$가 된다.

즉, $\pi \times (1.5)^2 \times 6 = 42.41 m^3$

✔ **Check point**

문제에서 주어진 지름을 반지름으로 잘못 읽고 3을 제곱하는 실수를 범하지 말 것

의외로 많은 수험생들이 범하는 실수임을 상기할 것

03

질산칼륨, 황, 숯을 혼합하여 흑색화약을 제조한다. 이들 물질 중 산소공급원의 역할을 하는 물질은 무엇인지 화학식으로 쓰시오.

[14년 제1회 / 15년 제5회] - 작업형으로 다수출제

Explanation & Advice

질산칼륨(KNO_3)은 제1류 위험물 중 질산염류에 속하는 위험물이며 지정수량은 300kg, 위험등급은 II이다. 냄새는 없으나 짠맛을 내는 무색 또는 흰색 결정으로 물이나 글리세린에는 잘 녹으며 에탄올에는 소량 녹고 에테르에는 녹지 않는다.

황, 목탄 등과 혼합하여 흑색화약을 제조하는데 쓰이며 질산칼륨은 목탄과 황(제2류 위험물)이 연소하는데 필요한 산소를 제공하는 역할을 담당한다.

- 질산칼륨은 열분해 되어 아질산칼륨(KNO_2)과 산소를 발생시킨다.

  $2KNO_3 \rightarrow 2KNO_2 + O_2 \uparrow$

정답 02 $42.41m^3$ 03 KNO_3

04 다음과 같은 화기엄금, 물기엄금, 화기주의의 세 가지 게시판이 있다. 다음 물음에 답하시오. [14년 제2회]

| 화기엄금 | 물기엄금 | 화기주의 |

(1) 세 가지 게시판의 공통된 규격은 얼마인지 쓰시오.
(2) '물기엄금' 게시판의 바탕색
(3) '화기주의' 게시판의 문자색

✔ **Check point**

'화기'라는 글귀가 포함되면 불을 연상하여 적색바탕을, '물기'라는 글귀가 있다면 푸른 바다를 연상하여 청색바탕을 생각하면 된다. 문자색은 모두 백색이다.

Explanation & Advice

✿ [위험물안전관리법 시행규칙 별표4 / 제조소의 위치·구조 및 설비의 기준] – Ⅲ. 표지 및 게시판 중 발췌

- 게시판은 **한 변의 길이가 0.3m 이상, 다른 한 변의 길이가 0.6m 이상인 직사각형으로 할 것**
- 저장 또는 취급하는 위험물에 따라 다음의 규정에 의한 주의사항을 표시한 게시판을 설치할 것
  - 제1류 위험물 중 알칼리금속의 과산화물과 이를 함유한 것 또는 제3류 위험물 중 금수성 물질에 있어서는 "물기엄금"
  - 제2류 위험물(인화성고체를 제외한다)에 있어서는 "화기주의"
  - 제2류 위험물 중 인화성고체, 제3류 위험물 중 자연발화성 물질, 제4류 위험물 또는 제5류 위험물에 있어서는 "화기엄금"
  - 이들 게시판의 색은 **"물기엄금"을 표시하는 것에 있어서는 청색바탕에 백색문자로, "화기주의" 또는 "화기엄금"을 표시하는 것에 있어서는 적색바탕에 백색문자로 할 것**

정답 04 (1) 한 변의 길이 0.3m 이상, 다른 한 변의 길이 0.6m 이상인 직사각형 (2) 청색 (3) 백색

05
저장용기에 다음의 물질들이 각각 들어있다. 이 물질들을 운반하고자 할 때 톨루엔과 혼재할 수 있는 위험물은 무엇인지 쓰시오.

[14년 제4회 / 16년 제5회]

| 질산 | 과산화수소 |
| 과산화칼륨 | 황 |

Explanation & Advice

톨루엔은 제4류 위험물(제1석유류, 비수용성)이다. 제4류 위험물은 제2류, 제3류, 제5류 위험물과 혼재할 수 있으나 제1류와 제6류 위험물과는 혼재할 수 없다.

질산과 과산화수소는 제6류 위험물이며 과산화칼륨은 제1류 위험물로서 톨루엔과는 혼재할 수 없고 황은 제2류 위험물이므로 톨루엔과 혼재하여 운반할 수 있다.

✿ [위험물안전관리법 시행규칙 별표19 / 위험물의 운반에 관한 기준] - [부표2] - 유별을 달리하는 위험물의 혼재기준

구 분	제1류	제2류	제3류	제4류	제5류	제6류
제1류		×	×	×	×	○
제2류	×		×	○	○	×
제3류	×	×		○	×	×
제4류	×	○	○		○	×
제5류	×	○	×	○		×
제6류	○	×	×	×	×	

✱ 'O'는 혼재할 수 있음을, '×'는 혼재할 수 없음을 표시한다.

✱ 이 표는 지정수량 1/10 이하의 위험물에 대하여는 적용하지 아니한다.

06
지하저장탱크에 위험물을 주입하고자 할 경우에는 과충전 방지설비를 하여야 한다. 다음에 열거하는 과충전 방지방법에서 ( )안에 들어갈 알맞은 용어나 수치는 무엇인지 쓰시오.

[14년 제4회 / 16년 제2회]

(1) 탱크 용량을 초과하는 위험물이 주입될 때 자동으로 그 주입구를 ( )하거나 위험물의 공급을 자동으로 ( )하여야 한다.

(2) 탱크 용량의 ( )%가 찰 때 경보음을 울려 과충전을 방지하여야 한다.

Explanation & Advice

✿ [위험물안전관리법 시행규칙 별표8 / 지하탱크저장소의 위치·구조 및 설비의 기준] - Ⅰ. 지하탱크저장소의 기준 제17호

지하저장탱크에는 아래의 어느 하나에 해당하는 방법으로 과충전을 방지하는 장치를 설치하여야 한다.

- 탱크용량을 초과하는 위험물이 주입될 때 자동으로 그 주입구를 폐쇄하거나 위험물의 공급을 자동으로 차단하는 방법
- 탱크용량의 90%가 찰 때 경보음을 울리는 방법

정답
05 황
06 (1) 폐쇄, 차단　(2) 90

07 벤젠과 이황화탄소를 각각 비커에 담아 불을 붙였다. 물을 뿌렸을 때 벤젠은 불이 꺼지지 않았으나 이황화탄소는 불이 꺼졌다. 이처럼 벤젠은 물로 소화가 불가능하나 이황화탄소는 물로 소화가 가능한 물리적인 이유를 쓰시오. [14년 제5회 / 16년 제2회]

Explanation & Advice

벤젠은 비수용성이며 물보다 가볍다. 따라서 화재 시 물을 뿌리게 되면 물에 의해 화재 면이 확대되므로 주수소화는 불가능하다. 그러나 이황화탄소는 비수용성이기는 하나 물보다 무거워 물의 하층에 존재하게 됨으로 물에 의해 공기 접촉이 차단되고 질식소화 되므로 물에 의한 소화가 가능한 것이다.

08 옥외저장탱크에는 질산이 저장되어 있으며 그 주위에는 방유제가 설치되어 있다. 다음 물음에 답하시오.
[14년 제5회]

(1) 하나의 방유제 안에 옥외저장탱크 1기를 설치할 경우 방유제의 용량은 탱크 용량의 몇 % 이상으로 하여야 하는가?

(2) 하나의 방유세 안에 옥외저장탱크 2기를 설치할 경우 방유제의 용량은 용량이 가장 큰 탱크 용량의 몇 % 이상으로 하여야 하는가?

Explanation & Advice

질산은 제6류 위험물로서 인화성이 없는 불연성 물질이며 조연성(지연성)의 산화성 액체이다.

법령에는 인화성이 있는 것과 없는 것의 방유제 용량 기준이 다르게 제시되어 있다.

✿ [위험물안전관리법 시행규칙 별표6 / 옥외탱크저장소의 위치 · 구조 및 설비의 기준] - Ⅸ. 방유제 중 발췌

인화성이 **없는** 액체위험물의 옥외저장탱크의 주위에 설치하는 방유제의 기술기준 중 방유제의 용량은 다음과 같다.

- 방유제의 용량은 방유제안에 설치된 탱크가 하나인 때에는 그 탱크 용량의 **100% 이상**, 2기 이상인 때에는 그 탱크 중 용량이 최대인 것의 용량의 **100% 이상**으로 할 것

✱ 빈틈없이 촘촘하게　One more Step

인화성 액체 위험물(이황화탄소를 제외한다)의 옥외저장탱크의 주위에 설치하는 방유제의 기술기준 중 방유제의 용량은 다음과 같다.

- 방유제의 용량은 방유제안에 설치된 탱크가 하나인 때에는 그 탱크 용량의 110% 이상, 2기 이상인 때에는 그 탱크 중 용량이 최대인 것의 용량의 110% 이상으로 할 것

정답
07 해설 참조
08 (1) 100%　(2) 100%

09

다음의 위험물들을 연소시킬 경우 필요한 산소 요구량이 많은 것부터 적은 순으로 번호를 나열하시오.

[15년 제1회]

① CH_3OH ② C_2H_5OH
③ CH_3COCH_3 ④ $C_2H_5OC_2H_5$
⑤ 휘발유(옥탄)

Explanation & Advice

① $2CH_3OH + 3O_2 \rightarrow 2CO_2 + 4H_2O$
② $C_2H_5OH + 3O_2 \rightarrow 2CO_2 + 3H_2O$
③ $CH_3COCH_3 + 4O_2 \rightarrow 3CO_2 + 3H_2O$
④ $C_2H_5OC_2H_5 + 6O_2 \rightarrow 4CO_2 + 5H_2O$
⑤ $2C_8H_{18} + 25O_2 \rightarrow 16CO_2 + 18H_2O$

각 물질 1몰 당 산소 요구량은 ①이 1.5몰, ②는 3몰, ③은 4몰, ④는 6몰, ⑤는 12.5몰이다.

위 물질들은 모두 제4류 위험물로서 탄화수소 화합물이다. 탄화수소 화합물의 한 분자 당 탄소의 수가 많을수록 완전 연소하는데 더 많은 산소를 요구한다. 따라서, 한 분자 당 탄소수가 8개인 휘발유(옥탄)의 산소 요구량이 가장 많으며 한 분자 당 탄소수가 1개로 가장 적은 메탄올의 산소 요구량도 가장 적은 것이다.

10

식용유를 두른 프라이팬을 가열하던 중 화재가 발생하였고 이를 소화하기 위해 냉장고에서 차가운 야채를 꺼내어 식용유에 담그는 행위를 하였다. 다음 물음에 답하시오. [15년 제1회]

(1) 점화원 없이도 불이 붙는 최저온도를 무엇이라고 하는가?

(2) 냉장 보관된 야채를 넣어 식용유 화재를 소화하는 것은 어떤 소화 원리를 이용한 것인가?

Explanation & Advice

(1)
- **발화점**(Ignition point) : 착화점이라고도 하며 물체를 가열하거나 마찰하여 특정 온도에 도달하면 불꽃과 같은 **착화원(점화원)이 없는 상태에서도 스스로 발화**하여 연소를 시작하는 최저온도를 말한다. 발화점에 도달해야 물질은 연소할 수 있으며 발화점이 높을수록 발화점이 낮은 물질에 비해서 연소하기 어렵다. 가열되는 용기의 표면 상태, 압력, 가열되는 속도 등에 영향을 받으며 일반적으로 인화점보다 발화점이 높다.
- **인화점**(Flash point) : 발생된 증기에 외부로부터 점화원이 관여하여 연소가 일어날 수 있도록 하는 최저온도를 말하는 것으로 인화점은 주로 상온에서 액체 상태로 존재하는 인화성 물질의 연소하기 쉬운 정도를 측정하는 데 사용된다.
- **연소점**(Fire point) : 발화된 후에 연소를 지속시킬 수 있을 정도의 충분한 증기를 발생시킬 수 있는 온도로서 인화점보다 약 5~10℃ 정도 높은 온도를 형성한다.

(2) 냉장 보관된 야채를 화재 면에 투여하여 일시적으로 다량의 열에너지를 흡수함으로서 가연물의 온도를 발화점 이하로 낮추어 냉각소화 한 것이다.

정답 09 ⑤ - ④ - ③ - ② - ①   10 (1) 발화점   (2) 냉각소화

11 다음은 옥내저장소에 관련된 문제이다. 물음에 답하시오. [15년 제2회]

(1) 벽·기둥 및 바닥이 내화구조이고 지정수량의 50배 초과 200배 이하의 위험물을 저장하고 있다면 이 옥내저장소의 보유공지는 몇 m 이상으로 해야 하는지 쓰시오.

(2) 옥내저장소에서 위험물을 용기에 수납하여 저장하려고 할 때 위험물의 저장 온도는 얼마를 초과하지 않아야 하는지 쓰시오.

Explanation & Advice

(1)
✿ [위험물안전관리법 시행규칙 별표5 / 옥내저장소의 위치·구조 및 설비의 기준] - Ⅰ. 옥내저장소의 기준 / 제2호 보유공지

저장 또는 취급하는 위험물의 최대수량	공지의 너비	
	벽·기둥 및 바닥이 내화구조로 된 건축물	그 밖의 건축물
지정수량의 5배 이하	-	0.5m 이상
지정수량의 5배 초과 10배 이하	1m 이상	1.5m 이상
지정수량의 10배 초과 20배 이하	2m 이상	3m 이상
지정수량의 20배 초과 50배 이하	3m 이상	5m 이상
지정수량의 50배 초과 200배 이하	**5m 이상**	**10m 이상**
지정수량의 200배 초과	10m 이상	15m 이상

지정수량의 20배를 초과하는 옥내저장소와 동일한 부지 내에 있는 다른 옥내저장소와의 사이에는 동표에 정하는 공지의 너비의 3분의 1 (당해 수치가 3m 미만인 경우에는 3m)의 공지를 보유할 수 있다.

(2)
✿ [위험물안전관리법 시행규칙 별표18 / 제조소등에서의 위험물의 저장 및 취급에 관한 기준] - Ⅲ. 저장의 기준 / 제4호 & 제7호

• 옥내저장소에 있어서 위험물은 규정에 의한 바에 따라 용기에 수납하여 저장하여야 한다. 다만, 덩어리 상태의 유황과 화약류에 해당하는 위험물에 있어서는 그러하지 아니하다.

• 옥내저장소에서는 용기에 수납하여 저장하는 위험물의 온도가 **55℃를 넘지 아니하도록** 필요한 조치를 강구하여야 한다(중요기준).

12 질산(HNO₃)을 갈색병에 저장해야 하는 이유를 쓰시오. [15년 제2회]

Explanation & Advice

제6류 위험물(산화성 액체)로 분류되는 질산은 직사광선에 노출되면 분해되어 수증기, 산소와 함께 **적갈색을 띠는 유독성의 이산화질소(NO_2)가 발생**되므로 이의 방지를 위해 차광성의 갈색병에 넣어 냉암소에 보관한다.

$4HNO_3 \rightarrow 2H_2O + 4NO_2 + O_2 \uparrow$

질산(HNO_3)은 지정수량 300kg, 위험등급은 Ⅰ등급이다. 비중이 1.49 이상인 것부터 위험물로 취급하며 무색의 흡습성이 강한 액체이나 보관 중에 담황색으로 변색된다. 부식성이 강한 강산으로 금, 백금, 이리듐, 로듐을 제외한 금속들을 녹일 수 있다. 염산과 질산을 3:1의 비율로 혼합한 왕수를 제조하면 금, 백금 등도 녹일 수 있다.

정답 11 (1) 5m (2) 55℃ 12 이산화질소(NO_2)의 발생을 방지하기 위함이다.

13 탈지면에 디에틸에테르를 묻혀 기울어진 판에 놓고 흘러내리게 한 뒤 반대편 아래에서 점화원을 제공하여 불을 붙이는 실험을 하였다. 흘러내리는 디에틸에테르에 화염이 직접 닿지 않았음에도 불이 붙었다면 그 이유는 무엇인지 쓰시오. [15년 제4회]

14 질산암모늄이 들어있는 비커의 온도를 측정하였더니 26℃였다. 이 비커에 물을 넣어 반응시킨 후 온도를 측정하였더니 20℃로 하강하였다. 이 반응은 열적인 측면에서 어떠한 반응을 한 것인지 쓰시오. [15년 제5회]

디에틸에테르는 제4류 위험물 중 특수인화물에 속하는 물질이다. 제4류 위험물은 인화성 액체로서 액체가 직접 점화원에 접촉되어 연소하는 것이 아니라 발생된 증기가 공기와 혼합되고 점화원이 주어짐으로서 불이 붙게 된다.

디에틸에테르의 증기비중은 2.55로 공기보다 무거우므로 발생된 증기는 낮은 곳으로 흘러 퍼졌을 것이므로 디에틸에테르에 화염이 직접 닿지 않았음에도 아래쪽에서 불이 붙은 것이다.

+STUDY 디에틸에테르의 증기비중

- 디에틸에테르 시성식 및 분자식 : $C_2H_5OC_2H_5$ / $C_4H_{10}O$
- 디에틸에테르 분자량 : $12 \times 4 + 1 \times 10 + 16 = 74$
- 증기비중은 $\dfrac{물질의\ 분자량}{29}$ 로 구하므로

  $\dfrac{74}{29} ≒ 2.55$

14번 문제는 필답형에서는 출제되지 않았으나 작업형에서 다수 출제된 유형이기에 수록하였음

화학반응이 완결되었을 때 반응 후의 온도가 반응 전의 온도보다 더 내려간 이유는 반응물질의 내부에너지보다 생성물질의 내부에너지가 더 커서 반응이 진행되는 동안 주변부의 열을 흡수하여 생성물질로 전환되었기 때문으로 주변부의 온도는 떨어지게 된다. 이런 반응을 열적인 측면에서 흡열반응이라 하는 것이다.

질산암모늄(NH_4NO_3)은 제1류 위험물 중 질산염류에 속하는 물질로 지정수량 300kg, 위험등급은 II등급이다. 무색무취의 결정이고 다른 물질과 섞이지 않은 상태에서는 급격한 변화를 주지 않으면 비교적 안정하지만 가열하거나 충격 등이 가해지면 단독으로도 분해·폭발할 수 있는 불안정한 물질이며 물에 녹을 때는 흡열반응 한다. 물, 알코올 등에 녹으며 조해성과 흡습성이 있다.

★ 빈틈없이 촘촘하게 **One more Step**

✚ **발열반응**

반응물질의 내부에너지보다 생성물질의 내부에너지가 더 작아서 반응이 진행되는 동안 주변부로 열을 방출하여 생성물질로 전환되었기 때문으로 주변부의 온도는 올라가게 된다. 이런 반응을 열적인 측면에서 발열반응이라 한다.

정답
13 발생된 가연성 가스는 공기보다 무거우므로 낮은 곳에 머무르려는 성질이 있어 밑으로 가라앉기 때문이다.
14 흡열반응

15
과산화나트륨의 화재 시 주수소화를 하면 안 되는 이유를 쓰시오.
[16년 제1회]

Explanation & Advice

과산화나트륨(Na_2O_2)은 제1류 위험물 중 알칼리금속 과산화물에 속하는 위험물로 지정수량 50kg, 위험등급 Ⅰ등급이다.

과산화나트륨(Na_2O_2)은 물과 반응하여 수산화나트륨과 산소를 발생하며 발열하는데 발생되는 산소는 조연성 기체로서 화재가 더 확대되도록 도와주는 역할을 하는 기체이므로 주수소화를 하면 위험성이 더 커지는 것이다.

$2Na_2O_2 + 2H_2O \rightarrow 4NaOH + O_2$

+STUDY
- **조연성 가스** : 공기, 산소, 염소 등과 같이 가연성 물질이 연소되는 데 필요한 가스. 지연성 가스라고도 한다.
- **가연성 가스** : 산소와 결합하여 빛과 열을 내며 연소하는 가스를 말하며 수소, 메탄, 에탄, 프로판 등 32종과 공기 중에서 연소하는 가스로서 폭발한계 하한이 10% 이하인 것과 폭발한계의 상한과 하한의 차가 20% 이상인 것을 대상으로 한다. 따라서 하한이 낮을수록 상한과 하한의 폭이 클수록 위험한 가스라 할 수 있다.
- **불연성 가스** : 질소나 이산화탄소와 같이 스스로 연소하지도 못하고 다른 물질을 연소시키는 성질도 갖지 않는 가스.

16
옥내저장소에 지정수량의 20배에 달하는 위험물이 저장되어 있다. 이때 이 옥내저장소의 안전거리를 제외할 수 있는 조건에 대한 다음 물음에 답하시오.
[16년 제1회]

(1) 벽, 기둥, 바닥을 어떤 구조로 해야 하는가?
(2) 출입구에는 어떤 방화문을 설치해야 하는가?
(3) 창을 설치해야 하는가?

Explanation & Advice

✿ [위험물안전관리법 시행규칙 별표5 / 옥내저장소의 위치·구조 및 설비의 기준] - Ⅰ. 옥내저장소의 기준

- 옥내저장소는 위험물제조소의 안전거리 규정에 준하여 안전거리를 두어야 한다. 다만, **다음의 어느 하나에 해당하는 옥내저장소는 안전거리를 두지 아니할 수 있다.**

 - 제4석유류 또는 동식물유류의 위험물을 저장 또는 취급하는 옥내저장소로서 그 최대수량이 지정수량의 20배 미만인 것

 - 제6류 위험물을 저장 또는 취급하는 옥내저장소

 - **지정수량의 20배**(하나의 저장창고의 바닥면적이 150m² 이하인 경우에는 50배) **이하의 위험물을 저장 또는 취급하는 옥내저장소로서 다음의 기준에 적합한 것**

   ◦ 저장창고의 벽·기둥·바닥·보 및 지붕이 <u>내화구조</u>인 것

   ◦ 저장창고의 출입구에 수시로 열 수 있는 <u>자동폐쇄방식의 갑종방화문</u>이 설치되어 있을 것

   ◦ 저장창고에 창을 설치하지 <u>아니할 것</u>

정답
15 조연성 가스인 산소가 발생되기 때문
16 (1) 내화구조 (2) 자동폐쇄방식의 갑종방화문 (3) 설치하지 않는다.

17
비커에 염소산칼륨과 이산화망간을 함께 넣고 가열하였다. 이때 넣어주는 이산화망간의 역할은 무엇인지 쓰시오. [16년 제2회 변형]

Explanation & Advice

촉매란 자기 자신은 반응에 직접 참여하지 않으면서 반응속도에 영향을 주는 물질을 말한다. 촉매는 크게 정촉매와 부촉매로 나뉘는데 정촉매란 활성화 에너지 장벽을 낮춰 반응이 더 빠르게 진행되도록 하는 물질이며 부촉매는 이와 반대로 활성화 에너지 장벽을 더 높게 함으로써 반응이 진행되기 어렵게 만들어 반응속도를 늦추는 역할을 하는 물질이다.

염소산칼륨($KClO_3$)은 제1류 위험물 중 염소산염류에 속하는 물질로서 지정수량은 50kg, 위험등급은 I등급이다.

400℃ 정도로 가열하여 열분해 하면 염화칼륨과 산소 기체를 발생하며 이산화망간(MnO_2)과 같은 촉매를 사용하면 분해속도는 더 빨라진다.

$2KClO_3 \rightarrow 2KCl + 3O_2$

18
옥외저장소에 인화성 고체 15톤(ton)을 저장하고 있다면 이 옥외저장소의 보유공지는 몇 m 이상으로 하여야 하는지 쓰시오. [16년 제4회]

Explanation & Advice

인화성 고체는 제2류 위험물에 속하는 물질로서 지정수량은 1,000kg이다. 따라서 인화성 고체 15톤(15,000kg)을 저장하고 있다면 지정수량의 15배에 해당하는 양을 저장하고 있는 것이므로 보유공지는 5m 이상으로 하여야 한다.

✿ [위험물안전관리법 시행규칙 별표11 / 옥외저장소의 위치·구조 및 설비의 기준] - I. 옥외저장소의 기준 中 옥외저장소의 보유공지

저장 또는 취급하는 위험물의 최대수량	공지의 너비
지정수량의 10배 이하	3m 이상
지정수량의 10배 초과 20배 이하	**5m 이상**
지정수량의 20배 초과 50배 이하	9m 이상
지정수량의 50배 초과 200배 이하	12m 이상
지정수량의 200배 초과	15m 이상

단, 제4류 위험물 중 제4석유류와 제6류 위험물을 저장 또는 취급하는 옥외저장소의 보유공지는 위 표에 의한 공지 너비의 1/3 이상의 너비로 할 수 있다.

정답 **17** 정촉매   **18** 5m

19 알킬알루미늄을 저장한 옥외저장탱크에 질소를 봉입하는 장치를 설치해야 하는 이유를 쓰시오. [17년 제3회]

Explanation & Advice

알킬알루미늄은 자연발화성 및 금수성 물질로 일컫는 제3류 위험물에 속하는 물질이다. 알킬알루미늄은 공기나 공기 중의 수분과 접촉하면 산화되어 자연발화 할 수 있으며 심한 경우에는 폭발할 수도 있다. 이러한 자연발화나 폭발의 위험을 미연에 방지하기 위해 용기 상부에 불활성 기체를 봉입하여 공기나 공기 중 수분과의 접촉을 막는 조치가 필요하며 발화된 알킬알루미늄을 소화하기 위한 효과적인 소화약제가 아직은 없기 때문에 화재의 위험을 최소화하기 위해서는 누설된 위험물의 누설범위를 국한하는 설비를 갖추는 동시에 누설된 알킬알루미늄을 별도의 안전 장소에 설치된 저장조로 유입되도록 하는 설비를 갖추는 것이 필요하다.

✿ [위험물안전관리법 시행규칙 별표6 / 옥외탱크저장소의 위치·구조 및 설비의 기준] – XI. 위험물의 성질에 따른 옥외탱크저장소의 특례

알킬알루미늄등을 저장 또는 취급하는 옥외탱크저장소는 다음에 정하는 기준에 의하여야 한다.

- 옥외저장탱크의 주위에는 누설범위를 국한하기 위한 설비 및 누설된 알킬알루미늄등을 안전한 장소에 설치된 조에 이끌어 들일 수 있는 설비를 설치할 것
- 옥외저장탱크에는 불활성의 기체를 봉입하는 장치를 설치할 것

20 탱크전용실 내에 지하저장탱크를 설치하였다. 다음 물음에 답하거나 (　) 안에 알맞은 말을 넣으시오. [17년 제4회]

(1) 지하저장탱크와 탱크전용실의 벽 사이의 거리는 몇 m 이상으로 하여야 하는지 쓰시오.
(2) 지하저장탱크 주변에 마른모래 또는 입자지름 (　)mm 이하의 마른(　)을 채워야 한다.

Explanation & Advice

✿ [위험물안전관리법 시행규칙 별표8 / 지하탱크저장소의 위치·구조 및 설비의 기준] – I. 지하탱크저장소의 기준 중 필요내용 발췌

- 위험물을 저장 또는 취급하는 지하탱크(이하 "지하저장탱크"라 한다)는 지면 하에 설치된 탱크전용실에 설치하여야 한다.
- 탱크전용실은 지하의 가장 가까운 벽·피트·가스관 등의 시설물 및 대지경계선으로부터 0.1m 이상 떨어진 곳에 설치한다.
- 지하저장탱크와 탱크전용실의 안쪽과의 사이는 0.1m 이상의 간격을 유지하도록 한다.
- 당해 탱크의 주위에 마른 모래 또는 습기 등에 의하여 응고되지 아니하는 입자지름 5mm 이하의 마른 자갈분을 채워야 한다.
- 지하저장탱크의 윗부분은 지면으로부터 0.6m 이상 아래에 있어야 한다.

정답
19 공기 또는 공기 중에 포함된 수분과의 접촉을 방지하기 위해
20 (1) 0.1m 이상　(2) 5, 자갈분

- 지하저장탱크를 2 이상 인접해 설치하는 경우에는 그 상호간에 1m 이상의 간격을 유지하여야 한다. (당해 2 이상의 지하저장탱크의 용량의 합계가 지정수량의 100배 이하인 때에는 0.5m)
- 탱크전용실의 벽·바닥 및 뚜껑의 두께는 0.3m 이상의 철근콘크리트구조로 하여야 한다.
- 탱크전용실의 벽·바닥 및 뚜껑의 내부에는 지름 9mm부터 13mm까지의 철근을 가로 및 세로로 5cm부터 20cm까지의 간격으로 배치하여야 한다.

— 이하 생략 —

21 다음과 같은 양의 위험물을 취급하는 각 위험물제조소의 보유공지는 몇 m 이상으로 하여야 하는지 쓰시오.

[18년 제2회]

(1) 유기과산화물 100kg
(2) 히드록실아민 900kg
(3) 질산에스테르 300kg

(1) 유기과산화물 100kg은 지정수량의 10배에 해당되는 양이므로 '지정수량의 10배 이하'에 해당되어 보유공지는 3m 이상으로 하여야 한다.

(2) 히드록실아민 900kg은 지정수량의 9배에 해당되는 양이므로 '지정수량의 10배 이하'에 해당되어 보유공지는 3m 이상으로 하여야 한다.

(3) 질산에스테르 300kg은 지정수량의 30배에 해당되는 양이므로 '지정수량의 10배 초과'에 해당되어 보유공지는 5m 이상으로 하여야 한다.

✿ [위험물안전관리법 시행규칙 별표4 / 제조소의 위치·구조 및 설비의 기준] – Ⅱ. 보유공지

- 위험물을 취급하는 건축물 그 밖의 시설(위험물을 이송하기 위한 배관 그 밖에 이와 유사한 시설을 제외한다)의 주위에는 그 취급하는 위험물의 최대수량에 따라 다음 표에 의한 너비의 공지를 보유하여야 한다.

취급하는 위험물의 최대수량	공지의 너비
지정수량의 10배 이하	3m 이상
지정수량의 10배 초과	5m 이상

Explanation & Advice

모두 제5류 위험물에 속하는 품명이다.

품 명	지정수량	위험등급
유기과산화물	10kg	Ⅰ
히드록실아민	100kg	Ⅱ
질산에스테르	10kg	Ⅰ

정답 21 (1) 3m 이상 (2) 3m 이상 (3) 5m 이상

22 주유취급소에 관한 다음 물음에 답하시오. [18년 제2회]

(1) 건축물 중 사무실 등의 창 및 출입구에 유리를 사용하는 경우 어떤 종류의 유리를 사용해야 하는지 쓰시오.

(2) 건축물 중 사무실의 높이 1m 이하의 부분에 있는 창 등은 밀폐, 개방, 무관 중 어떤 방식으로 설치해야 하는지 쓰시오.

Explanation & Advice

✿ [위험물안전관리법 시행규칙 별표13 / 주유취급소의 위치·구조 및 설비의 기준] – Ⅵ. 건축물 등의 구조 中

- 주유취급소에 설치하는 건축물의 벽·기둥·바닥·보 및 지붕을 내화구조 또는 불연재료로 할 것
- 건축물의 창 및 출입구에는 방화문 또는 불연재료로 된 문을 설치할 것
- 주유취급소의 관계자가 거주하는 주거시설 용도로 사용하는 부분은 개구부가 없는 내화구조의 바닥 또는 벽으로 당해 건축물의 다른 부분과 구획하고 주유를 위한 작업장 등 위험물 취급장소에 면한 쪽의 벽에는 출입구를 설치하지 아니할 것
- **사무실 등의 창 및 출입구에 유리를 사용하는 경우에는 망입유리 또는 강화유리로 할 것**. 이 경우 강화유리의 두께는 창에는 8mm 이상, 출입구에는 12mm 이상으로 하여야 한다.
- 건축물 중 사무실 그 밖의 화기를 사용하는 곳은 누설한 가연성의 증기가 그 내부에 유입되지 아니하도록 다음의 기준에 적합한 구조로 할 것
  - 출입구는 건축물의 안에서 밖으로 수시로 개방할 수 있는 자동폐쇄식의 것으로 할 것
  - 출입구 또는 사이통로의 문턱의 높이를 15cm 이상으로 할 것
  - **높이 1m 이하의 부분에 있는 창 등은 밀폐시킬 것**

– 이하 생략 –

정답 **22** (1) 망입유리 또는 강화유리 (2) 밀폐

23
마그네슘에 불을 붙인 후 이산화탄소 소화기를 방사하였다. 다음 물음에 답하시오. [18년 제3회]

(1) 이와 같은 방법으로 소화할 경우 소화가 가능한지의 여부를 쓰시오.
(2) 마그네슘과 이산화탄소의 반응식을 쓰고 소화의 가능 여부에 대한 이유를 쓰시오.

Explanation & Advice

제2류 위험물에 속하는 마그네슘은 이산화탄소와 반응하여 산화마그네슘(MgO)과 탄소(C)를 발생하는데 발생된 탄소로 인해 폭발할 수 있으므로 이산화탄소 소화기는 마그네슘 화재에는 사용할 수 없다.

$2Mg + CO_2 \rightarrow 2MgO + C$

24
디에틸에테르가 담긴 비커에 요오드화칼륨(KI) 10% 용액을 첨가하였다. 다음 물음에 답하시오. [18년 제3회]

(1) 무엇을 하기 위한 실험인지 쓰시오.
(2) 이 실험에 사용된 위험물의 품명을 쓰시오.

Explanation & Advice

⊙ 디에틸에테르($C_2H_5OC_2H_5$)

1. **제4류 위험물 중 특수인화물**
2. 지정수량 50ℓ, 위험등급 I
3. 분자량 74, 인화점 -45℃, 착화점 180℃, 비중 0.71, 증기비중 2.55, 연소범위 1.9 ~ 48%
4. 인화점이 -45℃로 제4류 위험물 중 인화점이 가장 낮은 편에 속한다.
5. 알코올에는 잘 녹지만, 물에는 잘 녹지 않으며 물 위에 뜨므로 물속에 저장하지는 않는다.
6. 무색투명한 유동성 액체로 휘발성이 강하며 마취성이 있어 전신마취에 사용된 적도 있다.
7. 전기의 부도체로 정전기가 발생할 수 있으므로 저장할 때 소량의 염화칼슘을 넣는다.
8. 강산화제 및 강산류와 접촉하면 발열 발화한다.
9. 체적 팽창률(팽창계수)이 크므로 용기의 공간 용적을 2% 이상 확보하도록 한다.
10. 공기와 장시간 접촉하면 산화되어 폭발성의 불안정한 과산화물이 생성된다.

정답
23 (1) 불가능 (2) $2Mg + CO_2 \rightarrow 2MgO + C$, 탄소 발생으로 폭발함으로 소화는 불가능하다.
24 (1) 과산화물 생성 여부 확인 실험 (2) 특수인화물

11. 직사일광에 의해서도 분해되어 과산화물이 생성되므로 이의 방지를 위해 갈색병에 밀전, 밀봉하여 보관하며 증기누출이 용이하고 증기압이 높아 용기가 가열되면 파손, 폭발할 수도 있으므로 불꽃 등 화기를 멀리하고 통풍이 잘되는 냉암소에 보관한다.

12. 과산화물의 생성 방지 및 제거
   - 생성 방지 : 과산화물의 생성을 방지하기 위해 저장 용기에 40 메시(mesh)의 구리망을 넣어둔다.
   - 생성 여부 검출 : 10% 요오드화칼륨 수용액으로 검출하며 과산화물 존재 시 황색으로 변한다.
   - 과산화물 제거시약 : 황산제1철, 환원철

13. 대량으로 저장할 경우에는 불활성가스를 봉입한다.

14. 화재 시 이산화탄소에 의한 질식소화가 적당하다.

---

25 다음의 조건에 맞는 옥외저장탱크의 옆판으로부터 방유제까지의 거리는 몇 m 이상인지 쓰시오. (단, 인화점이 200℃ 미만인 위험물을 저장 또는 취급하는 경우이다.) [18년 제4회]

(1) 지름이 10m이고 높이가 15m인 옥외저장탱크
(2) 지름이 15m이고 높이가 8m인 옥외저장탱크

Explanation & Advice

(1) 지름이 15m 미만인 경우에 해당하므로 옥외저장탱크의 옆판으로부터 방유제까지의 거리는 탱크 높이의 3분의 1 이상인 5m 이상을 유지해야 한다.

(2) 지름이 15m 이상인 경우에 해당하므로 옥외저장탱크의 옆판으로부터 방유제까지의 거리는 탱크 높이의 2분의 1 이상인 4m 이상을 유지해야 한다.

✿ [위험물안전관리법 시행규칙 별표6 / 옥외탱크저장소의 위치·구조 및 설비의 기준] – Ⅸ. 방유제 중 발췌

- 방유제는 옥외저장탱크의 지름에 따라 그 탱크의 옆판으로부터 다음에 정하는 거리를 유지할 것. 다만, 인화점이 200℃ 이상인 위험물을 저장 또는 취급하는 것에 있어서는 그러하지 아니하다.
  - 지름이 15m 미만인 경우에는 탱크 높이의 3분의 1 이상
  - 지름이 15m 이상인 경우에는 탱크 높이의 2분의 1 이상

정답 25 (1) 5m   (2) 4m

26. 옥외저장탱크에 설치된 밸브 없는 통기관에 대한 다음 물음에 답하시오.

[18년 제4회]

(1) 통기관 선단의 수평면으로부터 구부러진 각도는 몇 도 이상인지 쓰시오.
(2) 통기관의 선단을 (1)과 같이 구부리는 이유를 쓰시오.

Explanation & Advice

✿ [위험물안전관리법 시행규칙 별표6 / 옥외 탱크저장소의 위치·구조 및 설비의 기준] – Ⅵ. 옥외 저장탱크의 외부구조 및 설비 제7호 中 밸브 없는 통기관 내용만 발췌

옥외 저장탱크 중 압력탱크 외의 탱크(제4류 위험물의 옥외 저장탱크에 한한다)에 있어서는 밸브 없는 통기관을 다음에 정하는 바에 의하여 설치하여야 하고, 압력탱크에 있어서는 별도 규정에 의한 안전장치를 설치하여야 한다.

• 밸브 없는 통기관
  - 직경은 30mm 이상일 것
  - **선단은 수평면보다 45°이상 구부려 빗물 등의 침투를 막는 구조로 할 것**
  - 인화점이 38℃ 미만인 위험물만을 저장 또는 취급하는 탱크에 설치하는 통기관에는 화염 방지 장치를 설치하고, 그 외의 탱크에 설치하는 통기관에는 40메쉬(mesh) 이상의 구리망으로 된 인화 방지 장치를 설치할 것. 다만, 인화점이 70℃ 이상인 위험물만을 해당 위험물의 인화점 미만의 온도로 저장 또는 취급하는 탱크에 설치하는 통기관에는 인화 방지 장치를 설치하지 않을 수 있다.
  - 가연성의 증기를 회수하기 위한 밸브를 통기관에 설치하는 경우에 있어서는 당해 통기관의 밸브는 저장탱크에 위험물을 주입하는 경우를 제외하고는 항상 개방되어 있는 구조로 하는 한편, 폐쇄하였을 경우에 있어서는 10kPa 이하의 압력에서 개방되는 구조로 할 것. 이 경우 개방된 부분의 유효 단면적은 777.15mm 이상이어야 한다.

27. 주유취급소의 벽에 유리가 부착되어 있다. 다음 물음에 답하시오.

[19년 제1회]

(1) 유리를 부착하는 높이는 주유취급소 내의 지반면으로부터 몇 cm를 초과해야 하는지 쓰시오.
(2) 유리의 위치는 고정주유설비 및 고정급유설비로부터 몇 m 이상 이격되어야 하는지 쓰시오.

Explanation & Advice

✿ [위험물안전관리법 시행규칙 별표13 / 주유취급소의 위치·구조 및 설비의 기준] – Ⅶ. 담 또는 벽

• 아래의 기준에 모두 적합한 경우에는 주유취급소의 주위에 설치하는 담 또는 벽의 일부분에 방화상 유효한 구조의 유리를 부착할 수 있다.
  - **유리를 부착하는 위치는 주입구, 고정주유설비 및 고정급유설비로부터 4m 이상 거리를 둘 것**
  - 유리를 부착하는 방법은 다음의 기준에 모두 적합할 것

정답
26 (1) 45도 (2) 빗물 등의 침투를 막기 위해서
27 (1) 70cm (2) 4m

- 주유취급소 내의 지반면으로부터 70cm를 초과하는 부분에 한하여 유리를 부착할 것
- 하나의 유리판의 가로의 길이는 2m 이내일 것
- 유리판의 테두리를 금속제의 구조물에 견고하게 고정하고 해당 구조물을 담 또는 벽에 견고하게 부착할 것
- 유리의 구조는 접합유리(두장의 유리를 두께 0.76mm 이상의 폴리비닐부티랄 필름으로 접합한 구조를 말한다)로 하되, 「유리구획부분의 내화시험방법(KS F 2845)」에 따라 시험하여 비차열 30분 이상의 방화성능이 인정될 것
- 유리를 부착하는 범위는 전체의 담 또는 벽의 길이의 10분의 2를 초과하지 아니할 것

28

이동저장탱크가 두 건축물 사이에 주차되어 있다. 옥외에 설치한 이동탱크저장소의 상치장소는 다음의 각 건축물로부터 몇 m 이상 거리를 두어야 하는지 쓰시오. [19년 제2회]

(1) 단층건물
(2) 복층건물

Explanation & Advice

✿ [위험물안전관리법 시행규칙 별표10 / 이동탱크저장소의 위치·구조 및 설비의 기준] - Ⅰ. 상치장소

이동탱크저장소의 상치장소는 다음 각 호의 기준에 적합하여야 한다.

- **옥외에 있는 상치장소는 화기를 취급하는 장소 또는 인근의 건축물로부터 5m 이상(인근의 건축물이 1층인 경우에는 3m 이상)의 거리를 확보하여야 한다.** 다만, 하천의 공지나 수면, 내화구조 또는 불연재료의 담 또는 벽 그 밖에 이와 유사한 것에 접하는 경우를 제외한다.
- 옥내에 있는 상치장소는 벽·바닥·보·서까래 및 지붕이 내화구조 또는 불연재료로 된 건축물의 1층에 설치하여야 한다.

정답 28 (1) 3m (2) 5m

29 에틸알코올과 이황화탄소를 A, B 두 개의 비커에 옮겨 담고 각 비커에 불을 붙인 후 물로 소화하는 실험을 진행하였다. 이 과정에서 A 비커의 위험물은 바로 소화되었으나 B 비커의 위험물은 노란 부유물이 생기고 층이 분리되면서 소화되었다. 다음 물음에 답하시오. [19년 제2회]

(1) A, B 비커의 위험물의 명칭을 각각 쓰시오.

(2) A 비커의 소화원리와 B 비커의 소화원리를 비교해서 설명하시오.

Explanation & Advice

(1)

A : 에틸알코올   B : 이황화탄소

(2)
에틸알코올은 수용성이므로 물에 녹아 희석소화되는 것이며 이황화탄소는 물에 녹지 않는 비수용성이며 물보다 무거우므로 물 밑으로 가라앉아 공기와의 접촉이 차단됨으로서 질식소화 되는 것이다.

30 판매취급소 건축물 내의 배합실의 출입구 문턱 높이는 몇 m 이상으로 해야 하는지 쓰시오. [19년 제2회]

Explanation & Advice

✿ [위험물안전관리법 시행규칙 별표14 / 판매취급소의 위치·구조 및 설비의 기준] - I. 판매취급소의 기준 中

• 위험물을 배합하는 실은 다음에 의할 것
 - 바닥면적은 $6m^2$ 이상 $15m^2$ 이하로 할 것
 - 내화구조 또는 불연재료로 된 벽으로 구획할 것
 - 바닥은 위험물이 침투하지 아니하는 구조로 하여 적당한 경사를 두고 집유설비를 할 것
 - 출입구에는 수시로 열 수 있는 자동폐쇄식의 갑종방화문을 설치할 것.
 - **출입구 문턱의 높이는 바닥면으로부터 0.1m 이상으로 할 것**
 - 내부에 체류한 가연성의 증기 또는 가연성의 미분을 지붕 위로 방출하는 설비를 할 것

✱ 빈틈없이 촘촘하게   One more Step

• 저장 또는 취급하는 위험물의 지정수량의 배수에 따라 제1종과 제2종으로 구분
 - 제1종 판매취급소 : 저장 또는 취급하는 위험물의 수량이 지정수량의 20배 이하인 판매취급소
 - 제2종 판매취급소 : 저장 또는 취급하는 위험물의 수량이 지정수량의 40배 이하인 판매취급소

정답 **29** 해설 참조
       30 0.1m

31 주유취급소에 설치된 경유를 주유하는 셀프용 고정주유설비에 대한 다음 물음에 답하시오. [19년 제3회]

(1) 1회 연속 주유량의 상한은 몇 ℓ 이하인지 쓰시오.

(2) 1회 연속 주유시간의 상한은 몇 분 이하인지 쓰시오.

Explanation & Advice

✿ [위험물안전관리법 시행규칙 별표13 / 주유취급소의 위치·구조 및 설비의 기준] - ⅩⅤ. 고객이 직접 주유하는 주유취급소의 특례

- 셀프용 고정주유설비의 특례 기준은 다음과 같다.
  - 주유호스의 끝부분에 수동개폐장치를 부착한 주유노즐을 설치할 것. 다만, 수동개폐장치를 개방한 상태로 고정시키는 장치가 부착된 경우에는 다음의 기준에 적합하여야 한다.
    ◦ 주유작업을 개시함에 있어서 주유노즐의 수동개폐장치가 개방상태에 있는 때에는 당해 수동개폐장치를 일단 폐쇄시켜야만 다시 주유를 개시할 수 있는 구조로 할 것
    ◦ 주유노즐이 자동차 등의 주유구로부터 이탈된 경우 주유를 자동적으로 정지시키는 구조일 것
  - 주유노즐은 자동차 등의 연료탱크가 가득 찬 경우 자동적으로 정지시키는 구조일 것.
  - 주유호스는 200kg중 이하의 하중에 의하여 깨져 분리되거나 이탈되어야 하고, 깨져 분리되거나 이탈된 부분으로부터의 위험물 누출을 방지할 수 있는 구조일 것
  - 휘발유와 경유 상호간의 오인에 의한 주유를 방지할 수 있는 구조일 것
  - 1회의 연속주유량 및 주유시간의 상한을 미리 설정할 수 있는 구조일 것. 이 경우 주유량의 상한은 **휘발유는 100ℓ 이하, 경유는 200ℓ 이하**로 하며, 주유시간의 상한은 **4분 이하**로 한다.

정답 31 (1) 200ℓ 이하 (2) 4분 이하

32 판매취급소의 건축물 내부에 있는 배합실에서 위험물을 배합하고 있다. 판매취급소에서 배합하거나 옮겨 담는 작업을 할 수 있는 위험물의 종류에는 어떠한 것이 있는지 다음 (   ) 안을 채우시오. [19년 제3회]

(1) 제1류 위험물 중 (   )
(2) (   )
(3) 인화점 38℃ 이상인 (   )
(4) 도료류

Explanation & Advice

✿ [위험물안전관리법 시행규칙 별표18 / 제조소등에서의 위험물의 저장 및 취급에 관한 기준] – Ⅳ. 취급의 기준 中

• 판매취급소에서의 취급기준
  - 판매취급소에서는 **도료류, 제1류 위험물 중 염소산염류 및 염소산염류만을 함유한 것, 유황 또는 인화점이 38℃ 이상인 제4류 위험물을 배합실에서 배합하는 경우** 외에는 위험물을 배합하거나 옮겨 담는 작업을 하지 아니할 것
  - 위험물은 별도의 규정(별표 19의 Ⅰ)에 의한 운반용기에 수납한 채로 판매할 것
  - 판매취급소에서 위험물을 판매할 때에는 위험물이 넘치거나 비산하는 계량기(액용되를 포함한다)를 사용하지 아니할 것

33 판매취급소의 건축물 내부에 있는 배합실에 대한 다음 물음에 답하시오. [19년 제4회]

(1) 배합실 바닥의 최소면적은 몇 m² 인지 쓰시오.
(2) 배합실 바닥의 최대면적은 몇 m² 인지 쓰시오.
(3) 배합실의 벽은 어떤 구조로 해야 하는지 쓰시오.

Explanation & Advice

✿ [위험물안전관리법 시행규칙 별표14 / 판매취급소의 위치・구조 및 설비의 기준] – Ⅰ. 판매취급소의 기준 中

• 위험물을 배합하는 실은 다음에 의할 것
  - **바닥면적은 6m² 이상 15m² 이하로 할 것**
  - **내화구조 또는 불연재료로 된 벽으로 구획할 것**
  - 바닥은 위험물이 침투하지 아니하는 구조로 하여 적당한 경사를 두고 집유설비를 할 것
  - 출입구에는 수시로 열 수 있는 자동폐쇄식의 갑종방화문을 설치할 것
  - 출입구 문턱의 높이는 바닥면으로부터 0.1m 이상으로 할 것
  - 내부에 체류한 가연성의 증기 또는 가연성의 미분을 지붕 위로 방출하는 설비를 할 것

정답 **32** (1) 염소산염류   (2) 유황   (3) 제4류 위험물
       33 (1) 6m²   (2) 15m²   (3) 내화구조 또는 불연재료

34 이황화탄소가 담긴 비커에 [보기]의 액체들을 넣을 때 이황화탄소와 층 분리를 이룬 액체로 예상할 수 있는 물질은 무엇인지 [보기]에서 골라 쓰시오. [19년 제4회]

[보기]
물, 에테르, 에탄올, 벤젠

Explanation & Advice

이황화탄소(CS_2)는 물에는 녹지 않으며 나머지 에테르, 에탄올, 벤젠에는 녹으므로 위의 보기 중 서로 섞이지 않아 층 분리를 이루는 액체는 물이다. 이황화탄소는 물보다 무거워 물과 혼합하면 층 분리를 이루어 아래층에 존재한다.

⊙ **이황화탄소**(CS_2)

1. 제4류 위험물 중 특수인화물
2. 지정수량 50ℓ, 위험등급 I
3. 분자량 76, 인화점 −30℃, 착화점 100℃, 연소범위 1~44%
4. 순수한 것은 무색투명한 휘발성 액체이지만 햇빛에 노출되면 황색으로 변한다.
5. **비수용성이며 알코올, 에테르, 벤젠 등에는 녹는다.**
6. 비중이 1.26이므로 물보다 무겁고 독성이 있다.
7. 증기비중이 2.62로 공기보다는 무거워 증기 누출 시 바닥에 깔린다.
8. 착화온도는 100℃로 제4류 위험물 중 가장 낮다.
9. 연소반응 : $CS_2 + 3O_2 \rightarrow CO_2 + 2SO_2$
10. 150℃ 이상의 고온의 물과는 반응하여 황화수소를 발생한다.

    $CS_2 + 2H_2O \rightarrow CO_2 + 2H_2S$
11. 알칼리금속과 접촉하면 발화하거나 폭발할 수 있다.
12. 비스코스 레이온(인조섬유), 고무용제, 살충제, 도자기 등에 사용된다.
13. 가연성 증기의 발생 억제를 위해 물속에 저장한다.
14. 분말, 포말, 할로겐화합물 소화기를 이용해 질식소화 한다.

정답 **34** 물

35 휘발유 4,000ℓ를 취급하고 있는 위험물제조소에 대한 다음 물음에 답하시오. [19년 제4회]

(1) 제조소에서 취급하는 휘발유의 양은 지정수량의 몇 배인지 쓰시오.

(2) 제조소의 보유공지 너비는 몇 m 이상으로 해야 하는지 쓰시오.

Explanation & Advice

(1) 휘발유는 제4류 위험물 중 제1석유류(비수용성)에 속하는 물질로서 지정수량은 200ℓ, 위험등급은 Ⅱ등급이다. 따라서 위험물제조소에서 취급하는 휘발유 4,000ℓ는 지정수량의 20배에 해당하는 양이다.

(2) 위험물제조소에서 취급하는 휘발유 4,000ℓ는 지정수량의 20배이므로 법령상 지정수량의 10배 초과에 해당하므로 보유공지의 너비는 5m 이상으로 하여야 한다.

✿ [위험물안전관리법 시행규칙 별표4 / 제조소의 위치·구조 및 설비의 기준] - Ⅱ. 보유공지

• 위험물을 취급하는 건축물 그 밖의 시설(위험물을 이송하기 위한 배관 그 밖에 이와 유사한 시설을 제외한다)의 주위에는 그 취급하는 위험물의 최대수량에 따라 다음 표에 의한 너비의 공지를 보유하여야 한다.

취급하는 위험물의 최대수량	공지의 너비
지정수량의 10배 이하	3m 이상
지정수량의 10배 초과	**5m 이상**

정답 35 (1) 20배   (2) 5m 이상

저자 약력

한양대학교 생명과학과 학사
한양대학원 유전공학과(생화학 부전공) 석사
대상(주) 중앙연구소 연구원
벤처기업 공동 창업 및 M&A
수학·과학 전문학원 운영

2024 위험물기능사 필기·실기 논스탑 패스

2024년 9월 30일 초판 인쇄
2024년 10월 10일 초판 발행

저 자 | 이 병 철
펴낸이 | 최 영 호
발행처 | 지식과 실천
등록번호(일자) | 제2014-000032호(2014년 5월 8일)
주 소 | 서울특별시 관악구 양산길 33 성서빌딩 4F 412호
전 화 | 02 - 6012 - 9800
팩 스 | 02 - 2179 - 9810
ISBN | 979 -11-977328-4-3   13570

이 책의 내용과 편집디자인의 저작권은 지식과 실천과 지은이에게 있으므로 무단 전재 및 복제를 금합니다. 이 책을 무단 전재 또는 복제하면 관련법에 의하여 처벌될 수 있습니다.

정가 33,000원

파본은 구입하신 서점에서 교환하여 드립니다.